Krause/Krause/Bauschmann

Die Prüfung der Handelsfachwirte

Sie finden uns im Internet unter: www.kiehl.de

Die Prüfung der Handelsfachwirte

Von
Dipl.-Sozialwirt Günter Krause,
Dipl.-Soziologin Bärbel Krause und
Dipl.-Handelslehrer Erwin Bauschmann

18., aktualisierte Auflage

Bildnachweis Umschlag: © Jeanette Dietl – Fotolia.com

ISBN 978-3-470-**52788**-8 · 18., aktualisierte Auflage 2015

© NWB Verlag GmbH & Co. KG, Herne 1980

Kiehl ist eine Marke des NWB Verlags

Satz: Satz-Rechen-Zentrum Hartmann+Heenemann GmbH & Co. KG, Berlin
Druck: Beltz Bad Langensalza GmbH, Bad Langensalza

Vorwort

„Die Prüfung der Handelsfachwirte" erscheint bereits in der 18. Auflage und hat als Standardwerk zur Vorbereitung auf die IHK-Prüfung ihren festen Platz in der Weiterbildungsliteratur gefunden. Inhalt und Gliederung entsprechen dem Rahmenplan des DIHK in der Fassung vom April 2006 sowie der „Verordnung über die Prüfung zum anerkannten Abschluss Geprüfter Handelsfachwirt/Geprüfte Handelsfachwirtin vom 17.01.2006 (BGBl. I S. 59).

Der Rahmenplan umfasst sechs schriftlich zu prüfende Handlungsbereiche (fünf Pflichtfächer und ein Wahlfach). Die mündliche Prüfung gliedert sich in eine Präsentation und ein situationsbezogenes Fachgespräch.

Im ersten Teil des Buches – gedruckt auf weißem Papier – werden alle Handlungsbereiche in bewährter Frage-Antwort-Form knapp und präzise erläutert. Übersichten, Schaubilder, Aufzählungen und Struktogramme erleichtern das Lernen und machen Zusammenhänge deutlich. Die Nummern-Systematik der Gliederung entspricht der des Rahmenplans. Dies soll dem Leser die Orientierung erleichtern und die Verknüpfung zu den Inhalten der Prüfung ermöglichen. Wegen der zahlreichen Überschneidungen und Wiederholungen im Rahmenplan erschienen uns Querverweise (→) unerlässlich. Präsentation und Fachgespräch haben wir als eigenständigen Abschnitt ausführlich behandelt.

Im zweiten Teil – auf blauem Papier gedruckt – werden die Handlungsbereiche anhand klausurtypischer Fragestellungen vertieft, um so eine fundierte Vorbereitung auf die Prüfung zu gewährleisten. Im Vordergrund stehen dabei die Qualifikationsinhalte mit der Taxonomiestufe „anwenden" (z. B. auswählen, bearbeiten, erstellen).

Im dritten Teil hat der Leser die Möglichkeit durch die Bearbeitung der Musterklausuren seine Kenntnisse unter „echten Prüfungsbedingungen" zu kontrollieren. Mit aufgenommen wurde hier ein ausführlicher Vorschlag zur Gestaltung der Präsentation in der mündlichen Prüfung.

Das umfangreiche Stichwortverzeichnis ermöglicht es dem Leser, sich auch selektiv auf Einzelthemen vorzubereiten. Die nach Handlungsbereichen unterteilten Literaturhinweise geben zahlreiche Anregungen zu aktuellen und fachspezifischen Titeln.

Wenn aus Gründen der besseren Lesbarkeit im Text nur von Handelsfachwirt gesprochen wird, so umfasst die maskuline Bezeichnung auch immer die angehende Handelsfachwirtin.

Die Vorauflage wurde gründlich überarbeitet und aktualisiert. An einigen Textstellen wurden Themen ergänzt. Anregungen und konstruktive Kritik sind gerne willkommen.

Neustrelitz und Kempen im Juni 2015   *Diplom-Sozialwirt Günter Krause*
Diplom-Soziologin Bärbel Krause
Diplom-Handelslehrer Erwin Bauschmann

Inhaltsverzeichnis

2. Handelsmarketing

3. Führung und Personalmanagement

4. Volkswirtschaft für die Handelspraxis

5. Beschaffung und Logistik

6. Handelsmarketing und Vertrieb

8. Außenhandel

9. Mitarbeiterführung und Qualifizierung

10. Hinweise zur mündlichen Prüfung (Präsentation und Fachgespräch)

Klausurtypischer Teil (Aufgaben)

Klausurtypischer Teil (Lösungen)

Musterprüfungen

1. Unternehmensführung und -steuerung

────── *Prüfungsanforderungen* ──────

Nachweis der Fähigkeit,

das Zusammenwirken der betrieblichen Aufgabenbereiche bei der Erstellung von Handelsleistungen zu verstehen, zu beurteilen und Einzelmaßnahmen zu planen, umzusetzen und zu kontrollieren;

prozessorientiert und unternehmerisch zu denken und zu handeln, Kosten- und Ertragsdenken zu beherrschen, Controllinginstrumente anzuwenden und daraus Schlussfolgerungen zu ziehen und umzusetzen;

wesentliche Aspekte der Gründung und der Übernahme eines Unternehmens umzusetzen.

Qualifikationsschwerpunkte (Überblick)

1.1 Planen der Selbstständigkeit, Entwickeln einer Geschäftsidee, Erstellen eines Businessplans

1.2 Besonderheiten der Übernahme

1.3 Persönliche und fachliche Eignung zur unternehmerischen Selbstständigkeit

1.4 Voraussetzungen und Rahmenbedingungen, Chancen und Risiken unternehmerischer Selbstständigkeit

1.5 Managementaufgaben

1.6 Unternehmensorganisation

1.7 Angewandte Kosten- und Leistungsrechnung

1.8 Controllinginstrumente und ihr Zusammenwirken

1.9 Finanzierung

1.10 Rechtliche Grundlagen, Begriffe und anwendungsbezogene Beispiele bei Gründung und Führung eines Unternehmens

1.11 Qualitätsmanagement

1.12 Umweltmanagement

1.1 Planen der Selbstständigkeit, Entwickeln einer Geschäftsidee, Erstellen eines Businessplans

1.1.1 Entstehung und Bestandteile eines Unternehmenskonzepts

01. Wie wird eine erste, vage Geschäftsidee überprüft (Analyse der Ausgangslage)? → **1.4.1**

Die Idee, sich selbstständig zu machen, kann unterschiedlich motiviert sein (Freiraum, „eigener Chef", Produktidee, höheres Einkommen u. Ä.; vgl. ausführlich unter 1.41). Bei jeder Geschäftsidee muss unabhängig von der Branche grundsätzlich im Vorfeld geprüft werden, wie sich die *Ausgangslage* für diese Idee darstellt. Dazu gehört vor allem die Beantwortung folgender *Schlüsselfragen:*

Analyse der Ausgangslage	
Eignung	Eigne ich mich persönlich und fachlich zum Unternehmer? → vgl. 1.3
Produkt/ Leistung	Welches Produkt/welche Leistung kann ich am Markt anbieten? → vgl. 1.1.2
	Was ist das Besondere an diesem Produkt/an dieser Leistung?
Kunden	Gibt es eine Nachfrage nach diesem Produkt/nach dieser Leistung?
	Warum werden die Kunden bei mir kaufen und nicht bei anderen?
Standort	Wo sind meine Kunden?
	Wie erreichen mich meine Kunden?
	Wo muss meine Firma ihren Standort haben? → vgl. 2.4
Wettbewerb	Wer sind meine Wettbewerber?
	Wo haben sie ihren Standort?
	Welche Produkte/Leistungen bietet der Wettbewerb an?
	Worin unterscheide ich mich vom Wettbewerb?

02. Wie lassen sich Erfolg versprechende Geschäftsideen entwickeln? Gibt es „fertige" Konzepte, die sich nutzen lassen?

Die Basis für ein schlüssiges Unternehmenskonzept (Businessplan) ist eine Erfolg versprechende Geschäftsidee. Man kann auf bestehende Konzepte zurückgreifen (Fremdkonzept) oder selbst entwickeln (Eigenkonzept). Viele erfolgreich umgesetzte Geschäftsideen sind nicht wirklich neu, sondern wurden aus bereits existierenden weiterentwickelt oder auf andere Situationen/Märkte übertragen.

Das heißt: Erfolgreiche Geschäftsideen muss man sich erarbeiten. Eine erste, vage Idee, die dann ungeprüft realisiert wird, ist kein tauglicher Weg, um zu einem schlüssigen Unternehmenskonzept zu gelagen. Die Idee muss geprüft, verfeinert und auf ihre Markttauglichkeit hin „getestet" werden. Dabei sollte man viele Informationsquellen auswerten:

- Informationen über allgemeine wirtschaftliche Trends, „boomende" Branchen
- Lektüre erfolgreicher Geschäftsideen bzw. Beispiele gelungener Existenzgründungen
- Auswerten einschlägiger Fachzeitschriften und Medien:
  - Wirtschaftsmagazine (Printmedien und TV-Sendungen)
  - Online-Informationen im Internet
  - Marketingfachzeitschriften
  - Veröffentlichungen von Unternehmensberatungen
  - Internet-Recherche nach Marktstudien (aktuelle Marktstudien von Marktforschungsinstituten stehen häufig kostenlos zum Download im Internet zur Verfügung)
  - Recherchen mit Metasuchmaschinen
  - Fachzeitschriften/-magazine wie z. B. „die Geschäftsidee", „Chef', „franchise", „Pro Firma", „impulse"-Sonderhefte)
  - Gründermessen, Gründerwettbewerbe, Gründerinitiativen.

03. Welche Bestandteile hat ein Businessplan? Wie wird er verfasst?

Wer sich beruflich selbstständig machen will, muss wissen, wie er seine Geschäftsidee in ein schlüssiges Unternehmenskonzept umsetzen will. Dieser so genennante *Businessplan* ist die Regieanweisung für die Existenzgründerin/den Existenzgründer und enthält alle Faktoren, die für Erfolg oder Misserfolg der Geschäftsidee entscheidend sein können.

Jedes Konzept enthält *qualitative Elemente* („Soft facts"; weiche Fakten, die schwer messbar sind) und *quantitative Elemente* („Hard facts"; harte Fakten lassen sich in Daten und Zahlen wiedergeben und haben messbaren Einfluss auf die Unternehmenstätigkeit).

Der Businessplan ist Voraussetzung für den Erfolg der Geschäftsidee und erforderlich, um Kredite von der Bank sowie Fördermittel von Bund und Ländern zu erhalten. Der Plan sollte vom Existenzgründer selbst geschrieben werden, damit er mit dem Konzept vertraut ist, „dahinter steht" und es im Bankgespräch überzeugend präsentieren kann.

Form und Inhalt des Businessplans sollten folgende Anforderungen erfüllen:

- *einfach, klar* und gegliedert; keine komplizierten Fachbegriffe
- vorangestellt wird immer eine *Zusammenfassung*
- *Angebot und Kundennutzen* herausarbeiten
- *Konkurrenz und Kunden* beschreiben
- *Standortwahl* begründen.

Im Überblick:

Businessplan	
Quantitative Bestandteile, z. B.	**Qualitative Bestandteile**, z. B.
• Kapitalbedarf • Finanzierung • Planung des Umsatzes und der Kosten (Ertragsplanung) • Planung der Liquidität vgl. S. 20 f.	• Management • Leistungspotenzial • Marketingkonzept • Standort • Rechtsform vgl. S. 23, Frage 01.

Der Businessplan muss überzeugend präsentiert werden (vgl. 3.13) – z. B. beim Gespräch mit der Bank, bei der Beantragung von Fördermitteln, beim Gründungscoaching. Der Umfang des Businessplans hängt von der Geschäftsidee und von der Größe des Unternehmens ab. Das Bundesministerium für Wirtschaft und Technologie empfiehlt folgende Grobgliederung (Quelle: in Anlehnung an BMWi in: www.existenzgruender.de/businessplaner/hintergrundinfos):

1. Zusammenfassung

Form: Nicht mehr als zwei Seiten, Schriftgröße 12 Punkt, Ränder, Absätze, Zwischenüberschriften

Name des zukünftigen Unternehmens?

Name/n des/der Gründer/s?

Was wird das Unternehmen anbieten?

Was ist das Besondere daran?

Welche Kunden kommen dafür infrage?

Wie soll das Angebot die Kunden erreichen?

Welche speziellen Bedürfnisse/Probleme haben Ihre Kunden?

Welchen Gesamtkapitalbedarf benötigt das Vorhaben?

Welcher Starttermin ist geplant?

Welches kurz- und langfristige Umsatzpotenzial ist damit verbunden?

Besteht Abhängigkeit von wenigen Großkunden?

2. Geschäftsidee

Was ist die Geschäftsidee (Kurzbeschreibung)?

Was ist das Besondere daran? (sog. „Alleinstellungsmerkmal")

Was ist das kurz- und langfristige Unternehmensziel?

3. Unternehmen

Vorstellung des Unternehmens: Gründungsdatum, Gesellschafter, Geschäftsführer, Mitarbeiter, Sitz, Geschäftszweck, strategische Allianzen; ggf. Rechte, Lizenzen, Verträge.

In welcher Phase befindet sich das Unternehmen (Entwicklung, Gründung, Markteinführung, Wachstum)?

4. Produkt, Leistungsangebot

Welches Produkt/welche Leistung soll angeboten werden?

Was ist das Besondere an diesem Angebot/dieser Leistung?

Wie ist der Entwicklungsstand des Produktes/der Leistung?

Welche Voraussetzungen müssen bis zum Start noch erfüllt werden?

Welche gesetzlichen Vorgaben/Formalitäten (Zulassungen, Genehmigungen) sind noch zu erledigen?

5. Markt, Wettbewerb

Kunden:

Wer sind die Kunden? Wo sind Ihre Kunden?

Welche Bedürfnisse/Probleme haben diese Kunden?

Wie setzen sich die einzelnen Kundensegmente zusammen (z. B. Alter, Geschlecht, Einkommen, Beruf, Einkaufsverhalten, Privat- oder Geschäftskunden)?

Gibt es Referenzkunden? Wenn ja, welche?

Welches kurz-/langfristige Umsatzpotenzial ist mit den Referenzkunden verbunden?

Besteht Abhängigkeit von Großkunden?

Konkurrenz:

Wer sind die Konkurrenten?

Was kosten die vergleichbaren Produkte bei der Konkurrenz?

Welche Stärken/Schwächen haben die Konkurrenten?

Welche Schwächen hat das eigene Unternehmen? Wie können diese Schwächen abgebaut werden?

Standort:

Wo werden die Produkte/Leistungen angeboten?

Warum wurde dieser Standort gewählt?

Welche Nachteile hat der Standort?

Wie wird sich der Standort zukünftig entwickeln?

6. Marketing

Angebot:

Welchen Nutzen hat Ihr Angebot für potenzielle Kunden?

Was ist besser gegenüber dem Angebot der Konkurrenz?

Preis:

Welche Preisstrategie verfolgen Sie und warum?

Zu welchem Preis wollen Sie Ihr Produkt/Ihre Leistung anbieten?

Welche Kalkulation liegt diesem Preis zu Grunde?

Vertrieb:

Welche Absatzgrößen steuern Sie in welchen Zeiträumen an?

Welche Zielgebiete steuern Sie an?

Welche Vertriebspartner werden Sie nutzen?

Welche Kosten entstehen durch den Vertrieb?

Werbung:

Wie erfahren Ihre Kunden von Ihrem Produkt/Ihrer Dienstleistung?

Welche Werbemaßnahmen planen Sie wann?

7. Unternehmensorganisation

Unternehmensgründer:

Welche Qualifikationen/Berufserfahrungen/Zulassungen hat der Gründer?

Welche fachlichen Defizite gibt es? Wie können diese ausgeglichen werden?

Rechtsform:

Für welche Rechtsform haben Sie sich entschieden?

Aus welchen Gründen?

Mitarbeiter:

Wann sollen wie viele Mitarbeiter eingestellt werden?

Welche Qualifikationen sind erforderlich?

Welche Weiterbildungsmaßnahmen sind vorgesehen?

8. Chancen, Risiken

Welches sind die drei größten Chancen, die die weitere Entwicklung des Unternehmens positiv beeinflussen könnten?

Welches sind die drei größten Risiken, die eine positive Entwicklung des Unternehmens verhindern könnten?

Wie kann man diesen Risiken vorbeugend begegnen?

9. Finanzierung

Investitionsplan:

Wie hoch ist der Gesamtkapitalbedarf für Anschaffungen und Vorlaufkosten für den Unternehmensstart sowie für eine Liquiditätsreserve während der Anlaufphase (sechs Monate nach Gründung)?

Liegen Ihnen Kostenvoranschläge vor, um die Investitionsplanung zu belegen?

Finanzierungsplan:

Wie hoch ist das Eigenkapital?

Wie hoch ist der Fremdkapitalbedarf?

Welche Sicherheiten können eingesetzt werden?

Welche Förderprogramme kommen infrage?

Welche Beteiligungskapitalgeber kommen ggf. infrage?

Können bestimmte Objekte geleast werden? Zu welchen Konditionen?

Liquiditätsplan:

Wie hoch sind die monatlichen Einnahmen (verteilt auf drei Jahre)?

Wie hoch schätzen Sie die monatlichen Ausgaben (Material, Personal, Miete u. a.)?

Wie hoch sind die Investitionskosten (verteilt auf die ersten zwölf Monate)?

Wie hoch ist der monatliche Kapitaldienst?

Mit welchen monatlichen Liquiditätsreserven kann gerechnet werden?

Ertragsvorschau/Rentabilitätsrechnung:

Wie hoch ist der Umsatz in den nächsten drei Jahren? (Schätzung)

Wie hoch sind die Kosten in den nächsten drei Jahren? (Schätzung)

Wie hoch ist der Gewinn in den nächsten drei Jahren? (Schätzung)

10. Unterlagen (soweit erforderlich)

Tabellarischer Lebenslauf

Gesellschaftervertrag (Entwurf)

Pachtvertrag (Entwurf)

Kooperationsverträge (Entwurf)

Leasingvertrag (Entwurf)

Marktanalysen (Branchenkennzahlen, Gutachten)

Schutzrechte

Übersicht der Sicherheiten

Ggf. Organigramm des Unternehmens (mit Angaben zu den einzelnen Mitarbeitern: Alter, Qualifikation, Ausbildung, besondere Fähigkeiten)

1.1.2 Qualitative Bestandteile eines Businessplans

01. Was sind qualitative Bestandteile eines Businessplanes?

Jeder Businessplan enthält *qualitative Elemente*. Es sind die „Soft facts" (weiche Fakten), die schwer oder nicht messbar sind, aber trotzdem eine hohe Bedeutung für den Unternehmenserfolg haben. Beispiele: Management, Leistungspotenzial, Marketingkonzept, Standort, Rechtsform.

02. Welche Bedeutung haben die Führungsmerkmale?

Als Führungsmerkmale kann man die Elemente der Unternehmensführung bezeichnen, die vorrangig für die erfolgreiche Steuerung einer Organisation verantwortlich sind. Hier lassen sich u. a. nennen:

• Die *Unternehmensziele*
  sind der Maßstab des unternehmerischen Handelns. Sie müssen realistisch und messbar gestaltet sein und leiten sich aus der Analyse der Umwelt und der Potenziale des Unternehmens ab (vgl. 1.5.2 Zielbildung).

• Die richtige *Strategie* (strategos = Heerführer)
  haben bedeutet allgemein, proaktiv/vorausschauend zu handeln und dabei die Handlungen anderer zu berücksichtigen. Im Rahmen der Existenzgründung verbergen sich dahinter grundsätzliche Entscheidungen:
  - Wie will ich mich am Markt positionieren?
  - Wer will ich sein/wer nicht? (z. B. Niedrigpreisanbieter, Anbieter für Nischenmarkt)
  - Wie differenziere ich mich vom Wettbewerb?

• Das *Management* (die Gründerpersönlichkeit)
  muss über hinreichend persönliche und fachliche Voraussetzungen verfügen, um eine erste, vage Geschäftsidee in eine nachhaltig, erfolgreiche selbstständige Existenz zu überführen; vgl. dazu: 1.3 Gründerpersönlichkeit, 1.5 Managementaufgaben.

03. Welche Bedeutung hat die Wahl der Rechtsform?

Grundsätzlich entscheiden der oder die Unternehmer bzw. die Eigentümer über die Wahl der Rechtsform. Sie müssen sich jedoch vor der endgültigen Festlegung darüber im Klaren sein, dass jede Rechtsform mit Vor- und mit Nachteilen verbunden ist und dass jede spätere Änderung der Rechtsform mit Kosten, veränderten Steuern und auch mit Organisationsproblemen verbunden ist. Deshalb müssen die Vor- und Nachteile der einzelnen Gesellschaftsformen nach betriebswirtschaftlichen, handelsrechtlichen, steuerlichen und ggf. erbrechtlichen Gesichtspunkten sorgfältig abgewogen werden.

Der Existenzgründer sollte sich in jedem Fall beraten lassen.

Bei der Wahl der Rechtsform sind folgende Entscheidungskriterien relevant:

- die Haftung
- die Leitungsbefugnis
- die Gewinn- und Verlustbeteiligung
- die Finanzierungsmöglichkeiten
- die Steuerbelastung
- die Aufwendungen der Rechtsform (Gründungs- und Kapitalerhöhungskosten, besondere Aufwendungen für die Rechnungslegung, wie z. B. Pflichtprüfung durch einen Wirtschaftsprüfer und Veröffentlichung des Jahresabschlusses).

Für kleinere und mittlere Handelsunternehmen eignen sich insbesondere folgende Rechtsformen:

- Einzelunternehmen
- BGB-Gesellschaft (GbR)
- Unternehmergesellschaft (UG)
- Kommanditgesellschaft (KG)
- Offene Handelsgesellschaft (OHG)
- Stille Gesellschaft
- GmbH.

Weitere Aussagen zur Rechtsform finden Sie unter 1.10.5 (lt. Rahmenplan).

04. Was sind die Merkmale beim Einzelunternehmen?

Einzelunternehmen	
Das Einzelunternehmen ist ein Gewerbebetrieb, der von einem einzelnen Unternehmer verantwortlich geleitet wird.	
Gründungs- vorschriften	Eine natürliche Person muss Gründer sein.
Firma	Früher: Familiennamen und mindestens einen ausgeschriebenen Vornamen des Gründers: Hans Müller. Zusätzlich konnte eine Branchenbezeichnung angeführt werden: Großhandel, Einzelhandel, Kfz-Betrieb, usw. Heute: Es sind auch werbewirksame Fantasienamen als Firmierung möglich, z. B. „Frisiersalon Erna Maier".

Eigenkapital-ausstattung	Das Eigenkapital kommt vom Unternehmer allein.
Haftungsumfang	Die Haftung ist das wichtigste Kennzeichen des Einzelunternehmens: Der Eigentümer haftet mit seinem gesamten Vermögen, d. h., er haftet mit seinem Betriebs- und seinem Privatvermögen für die Verbindlichkeiten der Unternehmung. Im Ernstfall wird auch das private Vermögen zur Deckung von Betriebsschulden herangezogen.
Kredit-würdigkeit	Einem Gläubiger kann keine umfangreichere Haftung angeboten werden; die Kreditwürdigkeit ist deshalb hoch, sie richtet sich jedoch nach den jeweiligen Vermögensverhältnissen des Unternehmers.
Geschäftsführungs-befugnis, Vertretungsmacht	Der Unternehmer hat die alleinige Geschäftsführung und ist damit in seinen Entscheidungen frei und ungebunden. Nur er vertritt die Unternehmung nach außen.
Gewinn-, Verlustverteilung	Der Unternehmer trägt allein Gewinn und Verlust.
Besteuerung	Der Unternehmer unterliegt mit seinen Einkünften aus dem Gewerbebetrieb der Einkommensteuer.
Vorteile	• Der Einzelunternehmer hat die alleinige Entscheidungsbefugnis. Dies ermöglicht schnelle Entscheidungen und rasche Reaktionen auf neue Gegebenheiten. • Meinungsverschiedenheiten sind ausgeschlossen. • Der Einzelunternehmer muss seinen Gewinn nicht teilen.
Nachteile	• Der Einzelunternehmer muss das Eigenkapital allein aufbringen (begrenzte Finanzierungsmöglichkeiten). Dies kann notwendige oder gewünschte Betriebserweiterungen verhindern. • Der Einzelunternehmer trägt das Verlustrisiko allein. • Der Einzelunternehmer haftet auch mit seinem Privatvermögen für die Unternehmensschulden. • Die Gefahr von Fehlentscheidungen ist größer als bei Gesellschaftsunternehmen.

05. Was sind die charakteristischen Merkmale der BGB-Gesellschaft?

GbR • Gesellschaft bürgerlichen Rechts (BGB-Gesellschaft) • Merkmale	
Zweck	Sie ist eine Personengesellschaft und nicht im Handelsregister eingetragen. Gegenstand ist der Zusammenschluss mehrerer Personen, die beabsichtigen, ein gemeinsames Ziel zu verfolgen (kein Handelsgewerbe). Von daher kann zu jedem gesetzlich zulässigen Zweck ein BGB-Gesellschaft gegründet werden.

Gründung	§§ 705 ff. BGB (bitte lesen)
	Entsteht durch Gesellschaftsvertrag von mindestens zwei Gesellschaftern (kein Formzwang); Durch den Gesellschaftsvertrag verpflichten sich die Gesellschafter
	• die Erreichung des gemeinsamen Zieles zu fördern (z. B. Arbeitsgemeinschaft, sog. „Arge" bei einem Bauvorhaben) sowie
	• die vereinbarten Beiträge zu leisten (z. B. Mietanteile für ein gemeinsames Büro).
	• Mindestkapital ist nicht erforderlich.
Firma	Kann keine Firma führen (Gesellschafter sind keine Kaufleute). Tritt im Geschäftsverkehr unter dem Namen ihrer Gesellschaft auf (oder unter einer anderen Bezeichnung). Der Zusatz GbR ist nicht erforderlich.
Vertretung	• Geschäftsführung und Vertretung: i. d. R. gemeinschaftlich
	• abweichende Regelung im Gesellschaftsvertrag möglich.
Haftung	Die Haftung der GbR ist wie bei der OHG: unbeschränkt, unmittelbar und solidarisch.
Ergebnis-verteilung	• gleiche Anteile an Gewinn und Verlust
	• abweichende Regelung im Gesellschaftsvertrag möglich.
Auflösung	Auflösungsgründe sind u. a.:
	• Auflösungsvertrag
	• Erreichen des vereinbarten Ziels
	• Tod und die Kündigung eines Gesellschafters
	• Insolvenzeröffnung über das Vermögen eines Gesellschafters.
	Ist für die Gesellschaftsdauer eine Zeitdauer bestimmt, kann die Kündigung nur aus wichtigem Grund erfolgen. Der Gesellschaftsvertrag kann für den Fall des Todes eines Gesellschafters auch den Fortbestand der GbR regeln.
Liquidation	vgl. §§ 733 ff. BGB

06. Was ist eine Unternehmergesellschaft (UG, haftungsbeschränkt)?

Unternehmergesellschaft, haftungsbeschränkt	
Zweck	Die UG ist keine neue Rechtsform. Sie ist eine GmbH mit einem geringeren Stammkapital (Mini-GmbH, 1 €-GmbH).
Gründungs-vorschriften	Das Stammkapital muss mindestens 1 € betragen. Es gibt ein Verbot von Sacheinlagen.
Firma	muss den Zusatz „UG haftungsbeschränkt" enthalten
Eigenkapital-ausstattung	Es müssen jährlich mindestens 25 % des Gewinns in eine Rücklage eingestellt werden. Wenn diese (zusammen mit dem ursprünglichen Stammkapital) 25.000 € erreicht hat, können die Gesellschafter einen Kapitalerhöhungsbeschluss festlegen. Dieser ermöglicht es der UG:
	• künftig auf die Ansammlung der Rücklage in Höhe von 25 % des Jahresüberschusses zu verzichten,
	• die Firmierung zu ändern in „GmbH".

Haftungsumfang	gering zu Beginn der UG
Kredit-würdigkeit	gering zu Beginn der UG
Geschäftsführungs-befugnis, Vertretungsmacht	vgl. GmbH
Gewinn-, Verlustverteilung	vgl. GmbH
Besteuerung	Körperschaft- und Einkommensteuer
Vorteile	• leichte Gründungsmodalitäten
Nachteile	• geringe Kreditwürdigkeit

07. Was sind die charakteristischen Merkmale der Kommanditgesellschaft?

KG • Kommanditgesellschaft • Merkmale	
Zweck	wie OHG
Gründung	§§ 161 ff. HGB; mit vielen Verweisen zur OHG (bitte lesen) Die KG ist eine Handelsgesellschaft, deren Gesellschafter teils unbeschränkt (*Vollhafter*, Komplementär), teils beschränkt (Teilhafter, Kommanditist) haften. Die Kommanditgesellschaft muss mindestens einen Komplementär und mindestens einen Kommanditisten (haftet nur mit seiner Kapitaleinlage) haben. Abschluss eines Gesellschaftsvertrages. Im Übrigen: wie OHG
Handelsregister	Die KG muss sich im Handelsregister eintragen lassen; ebenso der Ein- und Austritt eines Gesellschafters, die Änderung der Firma sowie die Hafteinlage mindestens eines Kommanditisten. Die Eintragung hat deklaratorischen Charakter. Ab dem Eintritt des Kommanditisten in die Gesellschaft bis zu deren Eintragung haftet der Kommanditist grundsätzlich über seine Einlagesumme hinaus voll mit seinem gesamten Vermögen wie ein Komplementär, es sei denn, dem Gläubiger war die Stellung als Kommanditist bekannt.
Firma	muss den Zusatz „Kommanditgesellschaft" oder „KG" o. Ä. enthalten.
Geschäfts-führung/ Vertretung	• Komplementär: wie OHG • Kommanditist: keine Vertretung/Geschäftsführung, nur Kontrollrechte; nur bei außergewöhnlichen Geschäften besteht ein Widerspruchsrecht (im Außenverhältnis ohne Wirkung); der Gesellschaftsvertrag kann die Kommanditisten an der Geschäftsführung beteiligen.
Haftung	• KG selbst: mit Gesellschaftsvermögen • Komplementär: wie OHG • Kommanditist: nur mit Einlage • Klagemöglichkeiten: wie OHG
Ergebnis-verteilung	• Gewinn: 4 % der Einlage, der Rest in angemessenem Verhältnis (z. B. Höhe der Einlage und Arbeitsleistung) • Verlust: in angemessenem Verhältnis • Der Gesellschaftsvertrag kann etwas Anderes regeln.

Auflösung	Auflösungsgründe sind u. a.:
	• Ablauf der vereinbarten Zeit • Auflösungsbeschluss der Gesellschafter • Eröffnung des Insolvenzverfahrens • Kündigung des einzigen Komplementärs/Kommanditisten. Der Tod eines Gesellschafters führt nicht zur Auflösung der KG.
Liquidation	wie OHG

08. Was sind die charakteristischen Merkmale der offene Handelsgesellschaft?

OHG • Offene Handelsgesellschaft • Merkmale	
Zweck	Eine OHG ist eine *Personengesellschaft*, deren Zweck auf den Betrieb eines *Handelsgewerbes* unter gemeinschaftlicher Firma gerichtet ist.
Gründung	§§ 105 ff. HGB; ergänzend §§ 705 ff. BGB (bitte lesen) Gründung durch zwei oder mehr Gesellschafter; Gesellschaftsvertrag ist nicht zwingend vorgeschrieben; wichtige Regeln der Geschäftsführung sollten jedoch schriftlich fixiert werden. Mindestkapital ist nicht erforderlich. Die OHG entsteht mit der Aufnahme der Geschäfte oder mit der Eintragung der Gesellschaft in das HR. Sie ist nicht rechtsfähig, aber teilrechtsfähig, das heißt, sie kann • eigene Rechte erwerben • Verbindlichkeiten eingehen • klagen und verklagt werden.
Handelsregister	vgl. KG
Firma	muss den Zusatz „offene Handelsgesellschaft" oder „OHG" o. Ä. enthalten.
Geschäfts- führung/ Vertretung	• gewöhnliche Geschäfte: Einzelgeschäftsführung aller Gesellschafter mit Vetorecht der anderen • außergewöhnliche Geschäfte: Gesamtgeschäftsführung • der Gesellschaftervertrag kann Abweichungen vorsehen • grundsätzlich: Einzelvertretung aller Gesellschafter • Vertretungsmacht kann (inhaltlich) nicht beschränkt werden • Gesamtvertretung aller/einzelner Gesellschafter kann vereinbart werden und ist im HR einzutragen. Die Gesellschafter der OHG haben Wettbewerbsverbot, d. h. ohne Einwilligung des anderen Gesellschafters dürfen im gleichen Handelszweig keine Geschäfte auf eigene Rechnung durchgeführt oder in anderen Unternehmen der Branche Beteiligungen aufgenommen werden. Ansonsten entsteht ein Schadenersatzanspruch und die Ausschlussmöglichkeit.
Haftung	• OHG selbst: mit Gesellschaftsvermögen • jeder Gesellschafter: unbeschränkt, unmittelbar, gesamtschuldnerisch.

Ergebnis-verteilung	• Jeder Gesellschafter erhält zunächst 4 % seines Kapitalanteils, der verbleibende Gewinn wird gleichmäßig nach Köpfen verteilt. • Der Verlust wird nach Köpfen verteilt.
Auflösung	Auflösungsgründe sind u. a.: • Ablauf der vereinbarten Zeit • Auflösungsbeschluss der Gesellschafter • Eröffnung des Insolvenzverfahrens • Kündigung eines Gesellschafters bei einer 2-Mann-OHG. Der Tod eines Gesellschafters führt nicht zur Auflösung der OHG.
Liquidation	vgl. §§ 145 ff. HGB

09. Was sind die charakteristischen Merkmale der stillen Gesellschaft?

Stille Gesellschaft • Merkmale
Eine stille Gesellschaft (§§ 230 - 236 HGB; bitte lesen) ist nach außen nicht erkennbar. Sie entsteht, indem sich ein stiller Gesellschafter an dem Handelsgewerbe eines anderen mit einer *Einlage beteiligt*, die in das Vermögen des Inhabers des Handelsgewerbes übergeht. Der stille Gesellschafter wird nicht Miteigentümer am Vermögen des anderen. Er erhält vertraglich einen Anteil des Gewinns. Eine Verlustbeteiligung kann ausgeschlossen werden oder bis zur Höhe der Einlage vereinbart werden. Wird sie ausgeschlossen, kann der stille Gesellschafter im Insolvenzfall die Einlage als Insolvenzforderung geltend machen.
Der stille Gesellschafter ist an der Geschäftsführungsbefugnis nicht beteiligt, falls nichts anderes vereinbart wird. Ist der stille Gesellschafter an der Gesellschaft beteiligt, liegt der Fall einer *atypischen* stillen Gesellschaft vor. Der stille Gesellschafter hat Kontrollrechte wie ein Kommanditist. Durch den Tod des stillen Gesellschafters wird die Gesellschaft nicht aufgelöst.
Auf die Kündigung der Gesellschaft durch einen der Gesellschafter finden die Vorschriften der §§ 132, 134 und 135 HGB entsprechende Anwendung. So kann z. B. die Kündigung durch einen Gesellschafter entweder am Schluss eines Geschäftsjahres erfolgen, wenn eine Gesellschaft für unbestimmte Zeit eingegangen wurde.
Auflösungsgründe: Auflösungsvertrag, Kündigung, Eröffnung des Insolvenzverfahrens, Tod des Geschäftsinhabers (nicht: Tod des stillen Gesellschafters).

10. Was sind die charakteristischen Merkmale der Gesellschaft mit beschränkter Haftung?

GmbH • Gesellschaft mit beschränkter Haftung • Merkmale	
Zweck	• ist eine juristische Person (Formkaufmann; wie bei AG) • im Unterschied zur AG ist das Stammkapital nicht in Aktien verbrieft • kann jeden beliebigen (rechtlich zulässigen) Zweck verfolgen.

Gründung	**GmbH-Gesetz (GmbHG)** Eine GmbH kann auch durch eine einzige Person gegründet werden. Das *Stammkapital* beträgt mindestens 25.000 €. Sollen Sacheinlagen geleistet werden, so sind im Gesellschaftsvertrag (notarielle Beurkundung) der Gegenstand der *Sacheinlage* sowie der Betrag der *Stammeinlage*, auf die sich die Sacheinlage bezieht, festzustellen. • Mit der Kapitalaufbringung ist die GmbH *errichtet,* aber noch nicht gegründet (GmbH i. G). Wer die „werdende GmbH" im Geschäftsverkehr vertritt, haftet persönlich. • Die Gesellschafter müssen einen (oder mehrere) Geschäftsführer bestellen. • Der Antrag auf Eintragung in das HR ist zu stellen. • Mit der Eintragung entsteht die GmbH als juristische Person.
Handelsregister	Eintragung ist Pflicht (Formkaufmann)
Firma	muss den Zusatz „Gesellschaft mit beschränkter Haftung" oder „GmbH" o. Ä. enthalten.

Organe	• *Gesellschafterversammlung* ist das Beschlussorgan; Beschlüsse mit einfacher Mehrheit. Bei Änderung des Gesellschaftsvertrages ist eine 3/4-Mehrheit erforderlich.
	• Aufgaben:
	  - Bestellung/Abberufung von Geschäftsführern (GF)
	  - Weisungsrecht gegenüber GF
	  - Beschluss über Ergebnisverwendung und
	  - Erteilung von Handlungsvollmacht/Prokura.
	• Die *Geschäftsführung* ist das Leitungsorgan und der gesetzliche Vertreter der GmbH.
	• In einzelnen Fällen ist auch ein *Aufsichtsrat* vorgesehen und zwar nach dem Betriebsverfassungsgesetz bei mehr als 500 Arbeitnehmern.

Geschäftsführung/ Vertretung	• Gesamtgeschäftsführung/-vertretung • Die Vertretungsmacht ist nach außen unbeschränkbar.
Haftung	Den Gläubigern haftet ausschließlich das Gesellschaftsvermögen. Nur im Innenverhältnis kann eine Nachschusspflicht vorgesehen sein.
Ergebnisverwendung	• Die Verwendung eines Jahresüberschusses (Rücklage, Ausschüttung, Gewinnvortrag) unterliegt dem Beschluss der Gesellschafterversammlung. • Die Gewinnverteilung erfolgt nach dem Anteil der Geschäftsanteile. • Ein Verlust wird aus den Rücklagen gedeckt oder vorgetragen.
Auflösung	Auflösungsgründe sind u. a.: • Ablauf der Zeit lt. Gesellschaftsvertrag • Auflösungsbeschluss der Gesellschafterversammlung (3/4-Mehrheit) • gerichtliches Urteil • Eröffnung des Insolvenzverfahrens • Verfügung des Registergerichts (Mangel im Gesellschaftervertrag, Nichteinhalten von Verpflichtungen).
Liquidation	vgl. §§ 70 ff. GmbHG

11. Ist die Aktiengesellschaft als Rechtsform für einen Existenzgründer denkbar?

Ja, die sog. Kleine Aktiengesellschaft (Ein-Personen-AG) kann auch von einer Person gegründet werden. Die Kleine AG ist eine Gesellschaft mit einer kleinen Zahl von Aktionären, die für die finanzielle Grundausstattung sorgen. Die AG gehört zu den Kapitalgesellschaften.

Gegenüber der GmbH kann sie folgende *Vorteile* bieten:

- Die Anteile lassen sich einfacher übertragen (Partnerbeteiligung). Die Eigenkapitalbeschaffung ist leichter.

- Das Image ist ggf. besser als bei der GmbH.

- Im Aufsichtsrat können wichtige Partner (Experten, Geschäftspartner) als Mitglieder aufgenommen werden, die dem Unternehmer (dem Vorstand) mit Knowhow zur Seite stehen.

- Die AG ist „nachfolgefreundlich" (einfacher Verkauf der Aktien).

Die *Nachteile* gegenüber einer GmbH-Gründung sind allerdings:

- Die Gründungsformalitäten und die laufenden Pflichten sind relativ aufwändig.

- Das Grundkapital ist höher (50.000 €).

- Es muss ein Aufsichtsrat mit mindestens drei Mitgliedern eingerichtet werden.

- Der Vorstand (Unternehmer) ist dem Aufsichtsrat gegenüber rechenschaftspflichtig.

12. Was ist eine Kommanditgesellschaft auf Aktien?

Eine KGaA ist eine juristische Person, bei der *mindestens ein Gesellschafter unbeschränkt* haftet, während die übrigen, die Kommanditaktionäre, nur an dem in Aktien zerlegten Grundkapital beteiligt sind. Für die Kommanditgesellschaft auf Aktien gelten weitgehend die Vorschriften des Aktienrechts.

13. Was ist eine GmbH & Co. KG?

Die GmbH & Co. KG ist eine Rechtsform der Praxis. Rechtlich gesehen handelt es sich um *eine Kommanditgesellschaft* und somit um eine *Personengesellschaft*. Der persönlich haftende Gesellschafter ist jedoch *eine GmbH*, die Kommanditisten sind meist natürliche Personen. Die GmbH ist zur Geschäftsführung innerhalb der KG berechtigt. Sowohl die GmbH als auch die Kommanditisten haften nur bis zur Höhe der Einlagen.

14. Was ist das Wesen einer Genossenschaft?

Genossenschaften (e. G.) sind keine Handelsgesellschaften, da sie keine Gewinne erzielen, sondern einem bestimmten Personenkreis *wirtschaftliche Vorteile durch gemeinsames Handeln bringen wollen.* Sie sind eine Einrichtung der wirtschaftlichen Selbsthilfe und beruhen auf einem freiwilligen Zusammenschluss insbesondere von Kaufleuten, Handwerkern, Landwirten, Mietern, Verbrauchern. Genossenschaften sind nicht im Handelsregister, sondern in einem besonderen Genossenschaftsregister eingetragen.

15. Welche Arten von Genossenschaften werden unterschieden?

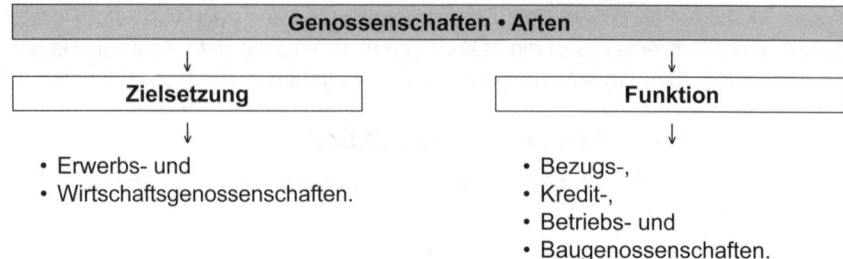

16. Welche Rechtsformen sind besonders für Existenzgründer geeignet und welche Vor- und Nachteile sind damit verbunden?

	Vorteile, z. B.	Nachteile, z. B.
Freiberufler	• muss sich nicht im HR eintragen lassen • muss sich nicht bei der IHK registrieren lassen • keine Vorgaben für die Buchführung (nach HGB) • man bestimmt selbst, welche Aufträge er annimmt	• uneingeschränkte Haftung mit dem Geschäfts- und Privatvermögen • Die Aufnahme von Krediten ist von der Bonität des Unternehmers abhängig.
Einzel-unternehmen	• Gründung: ohne rechtliche Vertretung und Vertrag • alleinige Geschäftsführung • alleinige Gewinnverwendung • Gründung ohne Mindestkapital	• uneingeschränkte Haftung mit dem Geschäfts- und Privatvermögen • Die Aufnahme von Krediten ist von der Bonität des Unternehmers abhängig.
GbR	• keine Eintragung in das HR • kein Gründungskapital • hohe Kreditwürdigkeit	• Die Haftung ist unbeschränkt und solidarisch.
KG	• Kapitalbeschaffung leicht möglich (Kommanditisten) • Kommanditisten: eingeschränkte Haftung und keine Tätigkeit erforderlich	• Haftung (wie OHG)
OHG	• geringe Gründungskosten • hohe Kreditwürdigkeit • kein Grundkapital	• alle Gesellschafter haben Vertretungsbefugnis • Haftung
UG	• vereinfachte Gründung • kaum Gründungskapital erforderlich • Vergütung der Gesellschafter ist steuerlich wirksam	• geringe Bonität • Thesaurierung ist erforderlich

17. Wer kann den Existenzgründer beraten?

Der Existenzgründer sollte seinen Businessplan so sorgfältig wie möglich ausarbeiten und sich dabei am besten von einem *Existenzgründungsberater* Unterstützung holen.

Der *Berufs- bzw. Branchenverband* oder auch die Volks- und Raiffeisenbanken sowie die *Sparkassen* bieten Zahlenmaterial zu Kundenstrukturen in bestimmten Regionen, zur Wettbewerbssituation und zu Umsätzen nach Branchen gegliedert.

Jede *Hausbank* und die *KfW-Mittelstandsbank* berät über Förderprogramme.

Es gibt eine Vielzahl von *Businessplan-Wettbewerben* in Deutschland. Sie unterstützen Teilnehmer bei der perfekten Ausarbeitung eines Unternehmenskonzepts.

Die Vielzahl der Beratungsmöglichkeiten kann heute schon fast als „Beratungsdschungel" bezeichnet werden. Kontakte und Anlaufstellen zur Existenzgründungsberatung z. B.:

www.ihk.de, **www.zdh.de**	Der DIHK, die IHKn sowie die Handwerkskammern sind klassische Anlaufstellen für Existenzgründer. Sie halten eine Fülle von Informationsmaterialien vorrätig und verfügen meist über einen Beraterpool.
www.existenzgruender.de	Informationsportal des Bundesministeriums für Wirtschaft und Technologie (BMWi): mehr als 1.000 Förderprogramme des Bundes, der Länder und der EU; Beraterbörsen, Checklisten und Weiterbildungsangebote.
www.kfw-mittelstandsbank.de	Die KfW-Mittelstandsbank berät in Finanzierungsfragen und bietet nützliche Zusatz-Informationen für Selbstständige.

18. Welche Bedeutung hat das Leistungsangebot?

Vgl. dazu: 1.1.1/Frage 03., Bestandteile des Businessplans, Nr. 4 und 8.

19. Marketingkonzept

Vgl. dazu: 1.1.1/Frage 03., Bestandteile des Businessplans, Nr. 5, 6 und 8.

Spezielle Empfehlung für den Einzelhandel:
Der Einzelhandel verkauft ausschließlich an den Endverbraucher. Es gilt, die anonyme Masse der Kunden in spezielle Zielgruppen und Segmente aufzuteilen und deren besondere Ansprüche herauszufiltern. Das Leistungsangebot muss auf spezifische Zielgruppen zugeschnitten sein. Der Existenzgründer im Einzelhandel muss vier Elemente der Marketingstrategie besonders beachten: Preis, Qualität, Service und Ergebnis.

Vgl. auch: 2. Handelsmarketing.

20. Welche Bedeutung haben die Dimensionen der Leistungserstellung?

Die Dimensionen der Leistungserstellung sind die Leistungsfaktoren des Handels. Ihre Planung und Gestaltung ist entscheidend für den zukünftigen Geschäftserfolg.

Leistungsfaktoren des Handels				
Standort des Betriebes	Gebäude, Laden (Objekt)	Betriebs- und Geschäftsaus- stattung	Sortiment, Warenbestände	Mitarbeiter
↑	↑	↑	↑	↑
Mikro-Standort? Makro-Standort? ...	Bauzustand? Ausstattung? Nachbargebäude? ...	Ausstattung? Alter? Funktionalität? Erlebnis? ...	Verfügbarkeit? Preiswürdigkeit? Kosten? ...	Qualifikation? Weiterbildung? ...

Diese Leistungsfaktoren des Handels werden lt. Rahmenplan in unterschiedlichen Abschnitten der Handlungsbereiche ausführlich behandelt:

2.4, Frage 08., unten	1.5.2	2.6	3.6

21. Welche Bedeutung hat der Standort?

Vgl. dazu ausführlich unter 2.4 Standortmarketing.

Spezielle Empfehlung für den Einzelhandel:
Der Einzelhandel braucht Laufkundschaft und muss dies bei der Standortwahl beachten. Die Entscheidung für einen Standort ist immer eine strategische Überlegung. Korrekturen lassen sich nur schwer bzw. mit hohem Aufwand (Zeit, Kosten) durchführen. Zu analysieren sind der eigentliche Betriebs-Ort (Mikro-Standort) und das Umfeld (Makro-Standort, also das weitere Einzugsgebiet: Straße, Stadtviertel, Stadt, ggf. Region). Dabei sind harte und weiche Standortfaktoren zu unterscheiden:

- *Hard facts,* z. B.:
  Verkehrsanbindung, Arbeitsmarkt, Zustand des Betriebsgebäudes, Parkplatzsituation, Lage zu Wettbewerbern

- Soft facts, z. B.:
  Mögliches Einzugsgebiet (Im Einzelhandel gilt: „All business is local."); Wohnumfeld, Umweltqualität, Freizeitwert, Einkommensverhältnisse der Bewohner/Kaufkraft, Image der Kommune usw.

22. Unternehmensstruktur

Die Unternehmensstruktur (Organisation) orientiert sich am Unternehmensziel. Es müssen alle notwendigen Anforderungen und Aufgaben durch die Qualifikation des Gründers und der Mitarbeiter abgedeckt sein. Die Zuweisung von Aufgabengebieten und die Gliederung in Stellen muss zweckmäßig und effizient sein.

Vgl. dazu: 1.1.1/Frage 03., Bestandteile des Businessplans, Nr. 7.
Vgl. 1.6 Unternehmensorganisation.

1.1.3 Quantitative Bestandteile eines Businessplans

01. Was sind quantitative Bestandteile eines Businessplanes?

Jeder Businessplan enthält weiterhin *quantitative Elemente*. Es sind die „Hard facts" (harte Fakten), die sich in Daten und Zahlen darstellen lassen und messbaren Einfluss auf den Unternehmenserfolg haben. Beispiele: Kapitalbedarf, Finanzierungsformen, Kapitalstruktur, Finanzierungsplan, Planbilanz/Ertragsplanung, Liquiditätsplanung.

02. Wie ist der Kapitalbedarf bei einer Existenzgründung zu ermitteln?

Der Kapitalbedarf bei der Existenzgründung ergibt sich aus der Summe der Finanzmittel, die für das Anlage- und das Umlaufvermögen benötigt werden. Hinzu kommen Betriebskosten der Anlaufphase, die vorfinanziert werden müssen, weil das Geschäft noch keine ausreichenden Erträge erwirtschaftet (Kosten für Werbung, Personal, Miete/Pacht usw.). Weiterhin sind Gründungskosten (Beratung, Gebühren/Genehmigungen, Notar usw.) zu erfassen und es müssen für die Anlaufphase die Kosten der persönlichen Lebensführung gesichert sein (Liquiditätssicherung: der Unternehmer bezieht kein Gehalt mehr aus seiner früheren Angestelltentätigkeit; sein Geschäft erbringt jedoch noch keine ausreichenden Erträge, um die privaten Ausgaben zu begleichen).

Der Kapitalbedarf kann nach folgendem Muster ermittelt werden:

A. Gründungskosten	Euro		B. Anlagevermögen	Euro
Beratung			Grundstücke	
Anmeldungen			Fahrzeuge	
Genehmigungen			Betriebs-/Geschäftsausstattung	
Notar			...	
Handelsregister			...	
...			...	
Gesamt			**Gesamt**	

C. Umlaufvermögen	Euro		D. Lebensunterhalt	Euro
Material-/Wareneinkauf			Private Miete	
Bezugskosten			Kleidung	
Betriebskosten in der Anlaufphase (Personal, Pacht, ...)			Energiekosten	
...			...	
...			Versicherungen	
			Sonstiges	
Gesamt			**Gesamt**	

E. Gesamtkapitalbedarf	Euro
A. Gründungskosten	
B. Anlagevermögen	
C. Umlaufvermögen	
D. Lebensunterhalt	
Gesamt	

Vgl. dazu ausführlich unter 1.9.2.1 Kapitalbedarfsplanung, S. 149 f.

03. Welchen Inhalt hat der Finanzierungsplan?

Der Finanzierungsplan zeigt, mit welchen Finanzmitteln der Kapitalbedarf gedeckt werden soll. Er wird im Anschluss an die Kapitalbedarfsermittlung erstellt. Die Existenzgründung kann grundsätzlich über folgende Quellen finanziert werden:

• Das *Eigenkapital* sollte im Regelfall 20 % des Kapitalbedarfs der Gründung nicht unterschreiten. Ggf. kann dieser Anteil mit Unterstützung von Freunden oder Verwandten erhöht werden. Möglich ist auch die Kapitalbeschaffung durch Teilhaber. Dabei sind jedoch die Mitspracherechte der Kapitalgeber in Abhängigkeit von der Rechtsform zu berücksichtigen (vgl. 1.10.5).

• Bei einem *Darlehen des Verkäufers im Rahmen einer Firmenübernahme* sollten die Kreditkonditionen sowie ggf. die Rückzahlungsmodalitäten genau vereinbart werden.

• Stille Beteiligung einer Kapitalbeteiligungsgesellschaft (Venture Capital; Risikokapital ohne banküblichen Sicherheiten).

• Bund und Länder (*öffentliche Mittel/Förderprogramme*) helfen Existenzgründern in Form von Darlehen und Beteiligungskapital. Öffentliche Fördermittel haben meist folgende Vorteile:

lange Laufzeiten, niedrige Zinsen, wenig Sicherheitenstellung.

• Kredite von Banken und Sparkassen (fest/variable, mit/ohne Tilgungsstreckung).

Die Finanzierungsplanung sollte ein ausgewogener Mix sein: Eigen-/Fremdkapital, kurzfristige/langfristige Finanzierung, ggf. Festzinsvereinbarung/variable Verzinsung mit Sondertilgungsmöglichkeit, Beachtung der Finanzierungskosten und der Tilgungsleistungen (vgl. dazu 1.9.2.4 Finanzierungsregeln).

04. Welche banküblichen Sicherheiten können gestellt werden?

Wer einen Bankkredit aufnimmt, muss in der Regel bankübliche Sicherheiten bieten, aus denen sich das Geldinstitut befriedigen kann, wenn der Kreditnehmer zahlungsunfähig wird. Nachfolgend ist eine Liste einzelner Sicherheiten dargestellt. Die aufgeführten Beleihungsgrenzen sind Erfahrungswerte aus der Praxis und verhandelbar:

Sicherheiten	
Grundstücke	60 % des Beleihungswertes
Bankguthaben	100 % des Nennwertes
Lebensversicherungen	100 % des Rückkaufswertes
Kundenforderungen	50 - 80 % des Forderungsbetrages
Wertpapiere	50 - 80 % des Kurswertes
Bürgschaften	Bürgschaft einer Bank: 100 % des Bürgschaftsbetrages
	Bürgschaft von Dritten: Prozentsatz je nach Bonität
Warenlager	50 % des Einstandspreises
Ladeneinrichtung	40 % des Zeitwertes
Pkw	60 % des Zeitwertes

05. Welche Aussage liefert eine Planbilanz?

Die Planbilanz wird auf der Basis der Kapitalbedarfsplanung (Mittelverwendung) und der Finanzierungsplanung (Mittelherkunft) erstellt. Sie zeigt, welche Mittel für die Existenzgründung benötigt werden und woher diese Mittel stammen sollen. Im einfachen Fall wird eine Planbilanz folgendes Aussehen haben:

Aktiva	Planbilanz	Passiva	
Anlagevermögen	20.000 €	Eigenkapital	10.000 €
Umlaufvermögen	40.000 €	Fremdkapital, kurzfristig	20.000 €
		Fremdkapital, langfristig	30.000 €
	60.000 €		**60.000 €**

Umfang und Grad der Differenzierung der Planbilanz hängen ab von der Kredithöhe, der Größe des Betriebes und der Rechtsform. Für Einzelunternehmen mit einer kleinen Betriebsgröße wird von den Banken keine Planbilanz gefordert, für Kapitalgesellschaften in jedem Fall.

06. Welche Bedeutung hat die Ertragsplanung?

Die Ertragsplanung ist das „A und O" der unternehmerischen Tätigkeit. Das Geschäft ist kein Selbstzweck oder Zeitvertreib, sondern angelegt, um Überschüsse (Erträge) zu erwirtschaften. Die Ertragsplanung (auch: Gewinnvorschau, Rentabilitätsvorschau) ist eine strukturierte Übersicht von *Umsatzerlösen* und *Kosten* sowie dem sich daraus ergebenden Jahresüberschuss. Der geplante Ertrag muss im Vergleich zur Angestelltentätigkeit über dem Nettogehalt liegen, da der Unternehmer die Beiträge für seine persönliche Kranken-, Renten- und Unfallversicherung allein tragen muss und der Gewinn noch zu versteuern ist (Einkommensteuer bei Einzelunternehmen).

Von besonderer Bedeutung im Handel ist der *Rohertrag*/Rohgewinn (Umsatz - Wareneinsatz). Er zeigt, wie viel Umsatz bereits für den Wareneinkauf „verbraucht" wurde und wie viel zur Verfügung steht, um die übrigen Kosten (Personalkosten, Sachgemeinkosten) zu decken. Gerade im Handel gliedert man zur besseren Übersicht die übrigen Kosten in Personal- und Sachgemeinkosten.

Der Ertragsplan im Handel zeigt anhand der Größe „Wareneinsatz" (vgl. Handelsspanne; 1.7) die alt bekannte Erfahrung: „Im Einkauf liegt der Segen!". Schlechte Einkaufskonditionen mindern den Rohertrag; zur Deckung der übrigen Kosten sowie einer akzeptablen Gewinnspanne „bleibt zu wenig übrig".

Die nachfolgende Übersicht enthält das Beispiel einer Ertragsplanung; dabei wurden die Begrifflichkeiten nach Datev verwendet (neutrale Erträge wurden nicht berücksichtigt). Diese Bezeichnungen werden dem Existenzgründer wiederbegegnen, wenn er von seinem Steuerberater die erste Monats-BWA erhält (Betriebswirtschaftliche Auswertung):

Ertragsplan		
Geplante Umsatzerlöse	... €	... %
- Material/Wareneinkauf	... €	... %
= Rohertrag 1	**... €**	**... %**
Personalkosten	... €	... %
- Löhne, Gehälter	... €	... %
- AG-Anteil SV	... €	... %
- AG-Anteil VL	... €	... %
- Weihnachtsgeld	... €	... %
- Urlaubsgeld	... €	... %
= Rohertrag 2	**... €**	**... %**
Sachgemeinkosten	... €	... %
- Raumkosten	... €	... %
- Energiekosten	... €	... %
- Betriebliche Steuern	... €	... %
- Versicherungen/Beiträge	... €	... %
- Kfz-Kosten (ohne Steuern)	... €	... %
- Werbe-/Reisekosten	... €	... %
- Kosten der Warenabgabe	... €	... %
- Abschreibungen	... €	... %
- Reparatur/Instandhaltung	... €	... %
- Bürobedarf, Telefon	... €	... %
- Beratungskosten (Steuerberatung, Buchführung)	... €	... %
= Betriebsergebnis	**... €**	**... %**

- Zinsaufwand	... €	... %
- Übrige Steuern	... €	... %
- Sonst. neutrale Aufwendungen	... €	... %
= Vorläufiges Ergebnis (hier: Planertrag)	**... €**	**... %**

Vgl. dazu auch: 1.7 Kosten- und Leistungsrechnung, 1.9 Finanzierung.

07. Warum muss ein Liquiditätsplan erstellt werden?

Der kurzfristige Liquiditätsplan (auch: Finanzplan) muss sicherstellen, dass das Unternehmen jederzeit seinen Zahlungsverpflichtungen nachkommen kann. Die Einnahmen und Ausgaben werden wöchentlich bzw. monatlich gegenübergestellt, sodass ggf. auftretende Liquiditätsengpässe erkennbar werden. Die Liquiditätsplanung wird ausführlich unter 1.9.2 behandelt.

Spezielle Empfehlung für den Einzelhandel:
Wenn Rechnungen fällig werden und der Unternehmer nicht genügend Geld flüssig hat, entstehen Liquiditätsprobleme und in der Folge Probleme mit den Lieferanten und einem nicht ausreichenden Warenbestand. Dieser notwendige Warenbestand lässt sich z. B. über branchenspezifische Kennzahlen ermitteln (z. B. Warenbestand je m^2 Verkaufsfläche je Branche, Lagerumschlag). Sie ergeben sich aus Betriebsvergleichen und Fachveröffentlichungen.

Vgl. dazu ausführlich 1.7 Finanzierung (mit einem Beispiel zur Liquiditätsplanung).

08. Welche Aspekte umfasst die Planung der Gewinnverwendung?

Nicht wenige Existenzgründer gehen von der irrigen Annahme aus, dass ihnen der erwirtschaftete Jahresgewinn persönlich in voller Höhe zur Verfügung steht. Diese Auffassung ist falsch: Der Einzelunternehmer muss entscheiden, welchen Betrag er selbst für seine Lebensführung entnehmen kann (Privatentnahmen), welchen Betrag er vorsieht für notwendige Investitionen des kommenden Geschäftsjahres, welche Rückstellungen er bilden muss für ausstehende Steuerzahlungen und in welcher Höhe er ggf. (freiwillige) Rücklagen für kritische Ertragsjahre (Erhöhung des Eigenkapitals) bildet. Dazu ein einfaches Rechenbeispiel (Einzelunternehmen):

Gewinnverwendung (Einzelunternehmen)	
Jahresüberschuss	70.000
- Investitionsvorhaben	-25.000
- Rückstellungen für noch abzuführende Steuern (z. B. Einkommen-, Umsatz-, Gewerbesteuer)	-12.000
- (freiwillige) Rücklage/Erhöhung des Eigenkapitals	-10.000
= Ausschüttung/Gewinnentnahme	= 23.000

Investitionsvorhaben sind meist in den ersten Jahren nach der Unternehmensgründung weniger relevant, da das Anlagevermögen noch nicht abgeschrieben ist.

Zu beachten sind aber die Rückstellungen für noch ausstehende Steuerzahlungen. Gerade in der Anfangsphase schwanken Einnahmen und Ausgaben sowie die damit verbundenen Umsatzsteuervorauszahlungen (z. B. können in den ersten Monaten Vorsteuerüberhänge aufgrund der relativ hohen Anschaffungskosten für Anlage- und Umlaufvermögen entstehen). Weiterhin ist es möglich, dass das Finanzamt im ersten Jahr der Geschäftstätigkeit keine Einkommensteuervorauszahlung festsetzt, da das zu versteuernde Einkommen (aufgrund eines niedrigen Plangewinns) unterhalb der Progressionsgrenze liegt. Die Überraschung ist dann groß, wenn nach einem erfolgreichen Geschäftsjahr „plötzlich" der Bescheid über eine Einkommensteuernachzahlung „auf dem Tisch liegt".

Manche Selbstständige „überstrapazieren" den Ertragswert ihres Unternehmens, indem sie zu hohe Privatentnahmen tätigen (überzogener Lebensstil). Selbst bei guter Geschäftslage übersehen sie dabei, dass oft die Eigenkapitaldecke in der Gründungsphase sehr knapp ist, sodass in ertragsreichen Jahren der Eigenkapitalanteil verbessert werden sollte. Damit trifft der Einzelunternehmer nicht nur Vorsorge für ertragskritische Geschäftsjahre, sondern er verbessert auch die Eigenkapitalquote und damit seine Bonität gegenüber der Bank. Aufgrund eines verbesserten Ratings (Basel II) erhöht sich seine Kreditwürdigkeit (Kreditvolumen und -konditionen).

Vgl. dazu auch: 1.7 Kosten- und Leistungsrechnung, 1.9 Finanzierung.

1.2 Besonderheiten der Übernahme

1.2.1 Vor- und Nachteile einer Betriebsübernahme

01. Welche Vor- und Nachteile hat eine Betriebsübernahme?

Auf den ersten Blick scheint eine Betriebsübernahme leichter zu sein als eine Unternehmensneugründung. Das dies nicht so ist, zeigt die nachfolgende Übersicht:

Betriebsübernahme	
Vorteile, z. B.:	**Nachteile, z. B.:**
• Das Unternehmen ist am Markt eingeführt. • Die Startphase mit ihren Unsicherheiten entfällt. • Es gibt gewachsene Beziehungen zu Kunden und Lieferanten. • Die Betriebsräume inkl. der Einrichtung sind vorhanden. • Es gibt ein „eingespieltes" Team von Mitarbeitern.	• Mitarbeiter, Kunden und Lieferanten sind auf den Senior-Inhaber eingestellt. Der Jung-Unternehmer muss sich auf diese Kultur einstimmen. • Veränderungen stoßen auf bestehende Strukturen. Der „Neue" muss Fingerspitzengefühl zeigen (keine „Brechstange"). • Nicht immer passt die Ausrichtung des bestehenden Betriebes komplett zu der Geschäftsidee. • Zum Teil sind Einrichtungen und Warenbestand überaltert, sodass erhebliche Neuinvestitionen erforderlich werden. • Der Firmenkauf ist häufig sehr teuer („Hypothek" für die Zukunft). Mitunter erweist sich der Kaufpreis als zu hoch, weil die Planerträge nicht realisiert werden können.

1.2.2 Informationsquellen zur Auffindung geeigneter Betriebe

01. Welche Informationsquellen zum Auffinden geeigneter Betriebe gibt es?

Es gibt eine Fülle von Print-Medien und Internet-Portalen für die Recherche nach geeigneten Betrieben, die zur Übernahme angeboten werden, z. B.:

www.nexxt.org	Wichtigste Plattform für Unternehmensnachfolgen; gemeinsame Initiative des BMWi, der KfW-Mittelstandsbank, des DIHK, des ZdH, des Volks- und Raiffeisenverbandes sowie des Sparkassen- und Giroverbandes.
www.newcome.de **www.ifex.de**	Alle zwei Jahre stattfindende Messe für Existenzgründung und Unternehmensnachfolge.
www.next-business-generation.net	Europaweites Netz zum Austausch von Erfahrungen für Unternehmensgründer und Nachfolger.
Kooperationsbörse	Die IHK-Zeitschriften bieten eine Rubrik, in der Unternehmensverkäufe/-verpachtungen unter Chiffre-Nummern angeboten werden.

1.2.3 Formen der Übernahme

01. Welche Formen der Betriebsübernahme haben sich am Markt etabliert?

Formen der Betriebsübernahme	
Familiennachfolge	Rund die Hälfte der zur Nachfolge anstehenden Unternehmen wird an Familienmitglieder übergeben – als vorweggenommene Erbfolge/Schenkung, als Überführung in eine Personen-/Kapitalgesellschaft, gegen Zahlung eines Kaufpreises oder gegen wiederkehrende Leistungen (Rente).
Outsourcing	„Auslagerungen" sind oft das Ergebnis von Firmen-Umstrukturierungen. Bestimmte Abteilungen/Bereiche (z. B. Werbeabteilung, EDV-Abteilung) werden „ausgelagert" und als selbstständiges Unternehmen weitergeführt.
Spin-off	ist eine Variante der Auslagerung. Der Unterschied zum Outsourcing liegt in der engen Partnerschaft zwischen dem Mutterunternehmen und der neu gegründeten Firma.
Management Buy-Out (MBO) **Management Buy-In (MBI)**	MBO und MBI sind spezielle Formen der Betriebsübernahme: MBO: Das eigene Management, leitende Angestellte oder die Geschäftsführung kaufen und übernehmen die bestehende Firma ganz oder teilweise. MBI: Die bestehende Firma wird von betriebsfremden Managern übernommen. Denkbar sind auch Betriebsübernahmen in Kombination von MBI und MBO.

1.2.4 Kriterien der Unternehmensbewertung

01. Welche Kriterien können herangezogen werden, um den Wert (Kaufpreis) eines Unternehmens zu ermitteln?

Nicht selten scheitert der Kauf eines Unternehmens an den sehr unterschiedlichen Vorstellungen der beiden Parteien über die Höhe des Kaufpreises. Die Materie der Unternehmensbewertung ist komplex und kann hier nur grob umrissen werden. Die Ermittlung eines realistischen Kaufpreises gehört in die Hand von Experten (z. B. IHK, Steuerberater, Wirtschaftsprüfer).

Bei der Bewertung eines Unternehmens können folgende Kriterien (besser: Unternehmensbestandteile) herangezogen werden:

1. Bewertung der Vermögensgegenstände	
	Warenbestand: Aufgrund der Inventarliste wird der Warenbestand ermittelt und bewertet. Dabei sind Anschaffungspreis, aktueller Buchwert und erzielbarer Verkaufspreis von Bedeutung.
	Betriebs- und Geschäftsausstattung: Bewertung analog zu oben
	Forderungen und zu übernehmende Verbindlichkeiten: Bewertung zum Nennwert oder vermindert um Risikoabschläge z. B. je nach Bonität des Kunden
	Immaterielle Wirtschaftsgüter: z. B. Patente, Rechte; schwierig zu bewerten; Experte erforderlich
	Firmenwert: Kundenstamm, Knowhow der Mitarbeiter, Kooperationen, Standort; schwierig zu bewerten; Experte erforderlich
Das Verfahren zur Unternehmensbewertung, das diese Faktoren zu Grunde legt, nennt man *Substanzwertmethode.*	

2. Bewertung der Ertagslage	
	Umsatz - Kosten = Gewinn
	Bei dieser Methode (*Ertragswertmethode*) werden die Gewinne der letzten drei Jahre zu Grunde gelegt und es wird ein Mittelwert berechnet. Dieser Durchschnittsgewinn wird mit einem „Branchenmultiplikator" gewichtet; aus dem gewichteten Gewinn lässt sich der Kaufpreis ableiten.

Daneben gibt es weitere Verfahren zur Kaufpreisermittlung, z. B. die Berechnung des Kaufpreises als gewogener Durchschnitt von Substanzwert und Ertragswert (Praktikermethode). Im einfachsten Fall wird der einfache Mittelwert aus beiden Größen gebildet. Jedes dieser Verfahren kommt zu unterschiedlichen Ergebnissen. Weiterhin werden in der Praxis noch Risikoabschläge vom Berechnungswert vorgenommen (z. B. aufgrund einer instabilen Marktprognose).

1.2.5 Kriterien für Kauf oder Pacht

01. Welche Kriterien muss der Existenzgründer bei der Entscheidung „Kauf oder Pacht" eines Unternehmens betrachten?

Beim *Kauf eines Unternehmens* geht das komplette Eigentum des Unternehmens vom Senior-Inhaber auf den Nachfolger über. Grundsätzlich gibt es drei wesentliche Varianten der Kaufpreiszahlung, die der Existenzgründer unbedingt mit seinem Steuerberater bzw. einem Experten (Gründungs-Coach) besprechen sollte (vgl. Tabelle, unten).

Bei der Verpachtung des Unternehmens erfolgt kein Eigentumswechsel, sondern die Firma wird gegen eine laufende Zahlung zur Verfügung gestellt. Veränderungen des Unternehmens darf der Pächter nur mit Zustimmung des Inhabers vornehmen.

Der nachfolgende Überblick zeigt wesentliche Unterschiede (Vor- und Nachteile) zwischen Kauf und Pacht, die der Existenzgründer sorgfältig abwägen sollte. Eine Beratung ist unbedingt erforderlich.

Kauf	Pacht
Fester Gesamtbetrag muss gezahlt werden (als Einmalzahlung, in Raten oder als Rente; Finanzierungsproblem).	Es muss kein Gesamtkaufpreis finanziert werden. Die Pacht kann aus den monatlichen Erträgen beglichen werden.
Abgeschlossener Vorgang, der nicht korrigierbar ist.	Problem, wenn die Höhe der Pacht und die Ertragslage in einem Missverhältnis stehen.
Eindeutige Planungsgrundlage Problem: In der Zukunft erweist sich der Kaufpreis als zu hoch.	Je nach Vertragsgestaltung ist der Pachtvertrag kurz- oder mittelfristig kündbar bzw. eine Veränderung der Konditionen möglich.
Der Käufer übernimmt (grundsätzlich) alle Forderungen und Verbindlichkeiten (Mietverträge, Arbeits- und Versicherungsverträge). Es bestehen vertragliche Möglichkeiten des Haftungsausschlusses (vgl. 1.2.6, Bestandteile des Kaufvertrages).	Nachteil: Der Pächter kann ohne Zustimmung keine wesentlichen Änderungen vornehmen, wenn z. B. Maßnahmen zur Verbesserung der Ertragslage notwendig werden (z. B. Sortimentsverlagerung, Umbau der Betriebsstätte).
Alle Chancen und Risiken der Senior-Firma werden grundsätzlich übernommen (ggf. vertraglicher Haftungsausschluss).	Die „Selbstständigkeit" kann durch Kündigung des Pachtvertrages beendet werden. Pacht ist immer „Selbstständigkeit auf Zeit".
Risiko: Der Gründer übernimmt/bezahlt ggf. eine Geschäftseinrichtung sowie Warenbestände, die veraltet sind, sodass ungeplante Investitionen kurz nach der Gründung entstehen.	Nachteil: Verbessert sich der Good Will des Unternehmens während der Pachtzeit (Kundenstamm, Kooperationsverträge, nachhaltige Ertragslage) fließen diese Vorteile bei Beendigung des Vertrages an den Verpächter.
Zusätzlich zu den genannten Argumenten ist eine steuerliche Gegenüberstellung der beiden Varianten erforderlich. Hier ergeben sich zum Teil deutliche Unterschiede. Eine Beratung ist unbedingt erforderlich (Steuerberater, Gründungs-Coach).	
Sowohl bei Kauf als auch bei Pacht muss das beim Übergang bestehende Personal übernommen werden (§ 613a BGB).	

1.2.6 Wesentliche Bestandteile eines Unternehmenskaufvertrages

01. Welche Bestandteile sollte der Kaufvertrag bei einer Firmenübernahme enthalten?

1. Name des Verkäufers und des Käufers

2. Kaufpreis, Zahlungsmodalitäten

3. Vereinbarung, ob der Name der Firma fortgeführt wird oder nicht

4. Inventarliste aller Gegenstände des Unternehmens

5. Bestätigung, dass der Verkäufer der Eigentümer der von ihm verkauften Gegenstände ist; ggf. Auflistung, welche Gegenstände ihm nicht gehören.

6. Eigentumsvorbehalt: Das Eigentum an den gekauften Gegenständen geht erst nach vollständiger Bezahlung an den Käufer über.

7. Auflistung der Forderungen und Verbindlichkeiten am Übertragungsstichtag

8. Regelung zum Umgang mit Forderungen und Verbindlichkeiten am Übertragungsstichtag

9. Ertragszusicherung zum Übergabezeitpunkt

10. Vereinbarung zur Betriebsprüfung durch das Finanzamt (z. B. der Altinhaber haftet im Innenverhältnis)

11. Bei Einzelunternehmen und Personengesellschaften: Zustimmung des Vermieters, der Versicherungsgesellschaft, der Lieferanten u. Ä.

12. Rücktrittsrecht des Käufers, falls Hindernisse entstehen, die er nicht zu vertreten hat (z. B. Miet-/Pachtvertrag mit dem Grundstückeigentümer kommt nicht zu Stande).

13. Auflistung: Lizenzen, Warenzeichen, gewerbliche Schutzrechte, Repräsentanzverträge, Kooperationsverträge, Lieferverträge, Kreditverträge, Versicherungsverträge, die übernommen werden.

14. Auflistung der Arbeitsverträge; Klausel, dass dem Käufer die Rechtsverpflichtungen aus den Arbeitsverträgen bekannt sind. Zusicherung des Verkäufers, dass er für Forderungen aus der Vergangenheit haftet.

15. Konkurrenzklausel: Der Verkäufer darf keine gleichartigen Tätigkeiten am Ort oder in der Region aufnehmen. Für Zuwiderhandlung wird eine Vertragsstrafe vereinbart.

16. Ggf. Vereinbarung, dass der Verkäufer für eine bestimmte Zeit als Berater im Unternehmen tätig wird; Klärung der Honorarfrage und der Inhalte der Beratertätigkeit.

17. Salvatorische Klauseln (Teilunwirksamkeit, Gerichtsstand, Schriftform, Nebenabreden u. Ä.).

02. Welche Anlagen gehören zum Kaufvertrag?

- Unbedenklichkeitsbescheinigung des Finanzamtes (alle öffentlichen Abgaben für das Betriebsgrundstück wurden bis zum Übertragungsstichtag abgeführt).

- Negativbescheinigung des Finanzamtes (bis zum Übertragungsstichtag liegen keine betrieblichen Steuerschulden vor).

- Bestätigung der Sozialversicherung, dass alle SV-Beiträge abgeführt wurden.

1.2.7 Wesentliche Bestandteile eines Pachtvertrages

01. Welche Bestandteile sollte der Pachtvertrag enthalten?

1. Beschreibung des Pachtgegenstandes

2. Beschreibung des Zubehörs und der Gegenstände, die mit verpachtet werden (Einrichtungsgegenstände, Inventar, Anlagevermögen, Grundstück usw.).

3. Pachtdauer (Beginn, ggf. feste Laufzeit)

4. Kündigungsmodalitäten (z. B. wenn der Pächter mit der Pachtzahlung im Rückstand ist oder gegen öffentlich-rechtliche Vorschriften verstößt; bei Insolvenz/Vergleich/Zwangsvollstreckung; Tod eines Vertragspartners)

5. Festlegung des Pachtzinses (konstante Ratenzahlung oder in Abhängigkeit vom Umsatz; Zahlungstermine, Umsatzsteuer; Möglichkeiten der Anpassung des Pachtzinses bei geänderten Verhältnissen, die sich personell oder betriebsbedingt ergeben)

6. Vereinbarung der Übernahme des Umlaufvermögens (Bestandsermittlung, Bewertung, Kaufpreis)

7. Vereinbarung über die Fortführung des Firmennamens

8. Auflistung der laufenden Verträge, die übernommen werden (Lieferverträge, Bezugsverträge, Versicherungsverträge, Energieversorgungsverträge, Arbeitsverträge usw.)

9. Regelung der Haftung für Pachtgegenstände (ggf. Abschluss einer Haftpflichtversicherung, Beschreibung der Instandhaltungsmaßnahmen)

10. Vereinbarung über die Möglichkeit, bauliche Veränderungen am Pachtgegenstand vornehmen zu dürfen; Regelung der Rückführung in den Altzustand bei Beendigung der Pacht

11. Vorkaufsrecht des Pächters bei Veräußerung des Pachtgegenstandes durch den Verpächter während der Pachtzeit

12 Ggf. Möglichkeit der Unterverpachtung

13. Konkurrenzverbot des Verpächters (vgl. oben: Kaufvertrag)

14. Kaution, Sicherheitsleistung

15. Salvatorische Klauseln (Teilunwirksamkeit, Gerichtsstand, Schriftform, Nebenabreden u. Ä.).

02. Welche Anlagen gehören zum Pachtvertrag?

Vgl. Anlagen zum Kaufvertrag.

1.3 Persönliche und fachliche Eignung zur unternehmerischen Selbstständigkeit

1.3.1 Körperliche, seelische, geistige und soziale Voraussetzungen   → 1.4.3

01. Welche persönlichen Voraussetzungen sollte ein Existenzgründer/Unternehmer mitbringen?

Bevor man den Schritt in die Selbstständigkeit konkret plant, ist es erforderlich einige Grundvoraussetzungen zu prüfen. Dazu gehört es im Vorfeld zu ermitteln, ob man ein „Unternehmertyp" ist, das heißt ob man persönlich für eine selbstständige Tätigkeit geeignet ist. Wichtige Voraussetzungen sollten erfüllt sein:

- stabile Gesundheit (geistig, körperlich, psychisch)
- stabiles Umfeld (Ehe, Kinder; emotionale Unterstützung Ihres Vorhabens durch die Familie)
- stabile Persönlichkeit und Eignung als Unternehmer (kontaktfähig, risikobereit, selbstbewusst, handlungsaktiv, aufgeschlossen für Neues)
- finanzielle Rücklage zur Überbrückung der Zeit, in der noch keine Einnahmen aus der Geschäftätigkeit entstehen.

Vgl. ausführlich unter 1.4.3, Chancen und Risiken einer selbstständigen Existenz.

Nachfolgend finden Sie eine Checkliste, die hilft, die notwendigen, persönlichen Voraussetzungen für eine Existenzgründung zu prüfen (in Anlehnung an: Existenzgründung, Wege in die Selbstständigkeit, Bundesanstalt für Arbeit):

Prüfen Sie Ihre Voraussetzungen für eine Existenzgründung			
Passt Ihre Berufsausbildung und ihre Erfahrung zur Branche, in der Sie sich selbstständig machen wollen?	√	Wenn Sie Mitarbeiter beschäftigen: Haben Sie Führungserfahrung?	
		Haben Sie Erfahrung im Vertrieb?	
Sind Sie bereit in der ersten Zeit 60 Stunden und mehr zu arbeiten?	√	Kommen Sie damit zurecht, dass Ihr Einkommen unregelmäßig und schwankend ist?	
Haben Sie ein finanzielles Polster?	√		
Können Sie für mindestens zwei Jahre auf Urlaub und Freizeit verzichten?	√	Hat Ihr (Ehe-)Partner eine positive Einstellung zu Ihrem Vorhaben und unterstützt er Sie emotional?	
Sind Sie fit und leistungsfähig?	√		
Sind Sie stressstabil? Lösen Sie anstehende Probleme oder gehen sie Ihnen aus dem Wege?	√	Haben Sie eine fundierte kaufmännische und/oder betriebswirtschaftliche Ausbildung/Erfahrung?	
Können Sie noch ruhig schlafen, wenn Sie an alle Unsicherheiten einer selbstständigen Existenz denken?		Gibt es ergänzende Einkommensquellen (Eltern, Ehepartner, Kapitalanlage)?	

1.3.2 Anmeldungen und Genehmigungen

01. Welche Anmeldungen sind erforderlich? Welche Genehmigungen müssen eingeholt werden?

Die Mehrzahl der Existenzgründer unterschätzen den Zeitaufwand, der mit Anmeldungen und Genehmigungen verbunden ist. Manche Vorgänge sind „reine Formsache", andere wiederum Voraussetzung für den Beginn der Geschäftstätigkeit. Verzögerungen können eintreten, wenn Genehmigungen aufeinander aufbauen. Kosten entstehen (fast) immer.

Im Überblick:

Deutsche Staatsangehörigkeit	Die deutsche Staatsangehörigkeit ist Voraussetzung für die Ausübung eines Gewerbes. Bei Anwohnern aus der EU ist der Status „EWR-Bürger" erforderlich. Über Einzelheiten informiert das Merkblatt der IHKn „Aufenthalt und Erwerbstätigkeit ausländischer Staatsbürger und Unternehmen in Deutschland".
Gewerbeschein	Jeder, der ein Gewerbe betreiben will (z. B. Handelsgewerbe nach § 1 Abs. 2 HGB), muss dies vorher anmelden: Den Gewerbeschein erhält man bei der Stadt- oder Gemeindeverwaltung; mitzubringen sind der Personalausweis oder Pass und ggf. erforderliche Nachweise/Genehmigungen (vgl. unten: Besondere Genehmigungen). Der Betrieb eines Gewerbes ist grundsätzlich jedermann gestattet. Das Gewerbeamt leitet die Anmeldung weiter an das Finanzamt, das statistische Landesamt, die Berufsgenossenschaft, die IHK bzw. Handwerkskammer und ggf. an das Handelsregister.
Finanzamt	Bei Gewerbetreibenden erhält das Finanzamt eine Mitteilung über die Existenzgründung vom Gewerbeamt. Freiberufler müssen sich selbst anmelden. Gewerbetreibende können sich zusätzlich selbst anmelden und so ggf. den Vorgang beschleunigen. Das Finanzamt stellt Fragen (geschätzte Einnahmen/Ausgaben) und erteilt eine Steuernummer.
Handelsregister	Die Pflicht oder die Möglichkeit der Handelsregistereintragung ist abhängig von der Rechtsform. Die IHK prüft und berät.
Agentur für Arbeit	Pflicht zur Anmeldung, wenn Mitarbeiter beschäftigt werden. Die Agentur erteilt eine Betriebsnummer und händigt ein Schlüsselverzeichnis der versicherungspflichtigen Tätigkeiten aus.
Krankenkasse	Die Anmeldung ist erforderlich, wenn Mitarbeiter beschäftigt werden und kann nach der Betriebsgründung erfolgen.
Berufsgenossenschaft	Bei Gründung oder Übernahme besteht Anmeldepflicht. Die BG prüft, ob der Geschäftsbetrieb versicherungspflichtig ist. Ggf. kann sich eine freiwillige Versicherung lohnen, da die Beiträge niedrig sind.

Besondere Genehmigungen	Für einige Geschäftszweige sind Sachkundenachweise erforderlich: Verkauf von Milch, Schusswaffen, frei verkäufliche Arzneimittel; Hotel und Gaststätten: Erlaubnis nach dem Gaststättengesetz und Teilnahme an einem 1-tägigen Kurs der IHK; Betreiben von Umwelt gefährdenden Anlagen: Genehmigung nach dem BISchG; Reisegewerbe (ohne feste Betriebsstätte): Erlaubnis beim Gewerbeaufsichtsamt erforderlich. Über weitere, genehmigungspflichtige Gewerbe informiert die zuständige IHK.
Formalitäten in eigenem Interesse	Anmeldung des Betriebes bei den Versorgungsbetrieben (Strom, Wasser, Müll); Bankverbindung, ggf. Postfach/Postvollmacht; Telefon-/Telefax-Anschluss; Webseite/Internetadresse; Firmenschild anbringen.

1.3.3 Qualifikationen

01. Welche Qualifikationen sind für eine selbstständige Existenz unerlässlich?

Da in Deutschland die Gewerbefreiheit im Artikel 12 des Grundgesetzes festgelegt ist, benötigt man vom Grundsatz her für die Ausübung eines Gewerbes keine Ausbildung. Nur in einigen Fällen ist die Sachkunde durch Ausbildung oder Prüfung nachzuweisen.

Auch wenn für die meisten Gründungen keine Ausbildung nachgewiesen werden muss, so gilt doch: Neben der persönlichen Eignung (vgl. 1.3.1) gehören Ausbildung und Erfahrung mit zum wichtigsten Startkapital des Existenzgründers. Gefordert sind Fachkenntnisse bezogen auf die Branche, in der man sein Geschäft eröffnen will (Produktkenntnisse, Marktbesonderheiten, Besonderheiten und Usancen (Handelsbrauch) der Branche, Detailkenntnisse über Preispolitik usw.). Unerlässlich sind betriebswirtschaftliche und kaufmännische Kenntnisse. Der Existenzgründer trifft schließlich auf Mitbewerber, die seit langer Zeit ihr Geschäft erfolgreich führen; gegen diese Erfahrung muss er antreten.

02. Wie findet der Existenzgründer geeignete Weiterbildungsmaßnahmen, um fachliche Defizite aufzuarbeiten?

Die Existenzgründung wird von Ministerien, Behörden und öffentlich-rechtlichen Einrichtungen intensiv durch Beratungsangebote, Sonderveröffentlichungen und Internetportale unterstützt. Weiterführend sind z. B. folgende Kontakte:

KURS*NET*	Datenbank für Aus- und Weiterbildung der Bundesagentur für Arbeit; sie enthält Bildungsangebote von Kammern, Verbänden und anderen Bildungsträgern, die sich speziell an Existenzgründer richten; die Angebote sind nach Themen gegliedert, z. B.: • Existenzgründung allgemein • Existenzgründung im Handel (Buch-, Einzelhandel, Vertreter) • Existenzgründung für Frauen • Unternehmensnachfolge.

BERUFE*NET*	Datenbank der Bundesagentur für Arbeit; zeigt aktuelle Anforderungen in den Berufen und erläutert Voraussetzungen und Chancen der Existenzgründung.
WIS www.wis.ihk.de	Weiterbildungs-Informationssystem des DIHK, des Deutschen Industrie- und Handelskammertages; WIS informiert über aktuelle Weiterbildungsangebote bundesweit.
Broschüre **Unternehmensnachfolge**	„Informationen für Nachfolger und Senior-Unternehmer"; Sonderveröffentlichung des DIHK; www.ihk.de
Broschüre **Existenzsicherung**	Sonderveröffentlichung des DIHK; www.ihk.de

1.4 Voraussetzungen und Rahmenbedingungen, Chancen und Risiken unternehmerischer Selbstständigkeit

1.4.1 Vor- und Nachteile unternehmerischer Selbstständigkeit

01. Welche Motive für die Selbstständigkeit (Existenzgründung) sind vorherrschend?

Die Motive zur Existenzgründung als Selbstständiger sind vielfältig. Für manche ist die Existenzgründung als Selbständiger eine Notlösung. Für andere ist es ein Traum, eigenverantwortlich und selbstbestimmt zu arbeiten. Hier sind die *Motive für die Existenzgründung* als Selbstständiger, die am häufigsten genannt werden:

- Flexible und kompetente Gestaltung des eigenen Lebens
- Vereinbarkeit von Beruf und Familie
- Möglichkeit zur Berufsausübung von zu Hause
- Chance zum Geld verdienen bis ins hohe Alter
- Niedrige Investitionskosten

- Freiheit zur Gestaltung des Arbeitsplatzes und des beruflichen Umfelds ohne Mobbing
- Orientierung auf die berufliche Arbeit ohne Zwang zur Karriereplanung
- Freie Arbeitszeiten
- Unabhängigkeit von (falschen) Managemententscheidungen.

02. Welche Vor- und Nachteile sind mit der Existenz als Selbstständiger verbunden?

Vorteile einer selbstständigen Existenz (Beispiele)	
Einkommen, Wirkungsgrad	Der Unternehmer bestimmt sein Einkommen selbst durch den Erfolg seiner Geschäftsidee. Er kann bei überdurchschnittlichem Erfolg sein Einkommen und damit seinen Lebensstandard beträchtlich steigern.
	Der Unternehmer hat einen besseren und unmittelbaren Wirkungsgrad seiner Tätigkeit, vorausgesetzt er organisiert sich richtig. Das hartnäckige Bemühen um einen Auftrag bringt bei erfolgreichem Verlauf ein unmittelbares Ergebnis. Der Angestellte dagegen wird für eine bestimmte Leistungsmenge bzw. für eine bestimmte Anzahl der im Betrieb verbrachten Stunden bezahlt. Besonderes Engagement wirkt sich nicht oder nur gemindert aus.
keine Fremdbestimmung (eigener Chef)	Der Unternehmer bestimmt selbst, wie er seine Ressourcen verwendet (physische, psychische Kraft, Zeitverwendung, Finanzmittel).
	Der Unternehmer kann seine eigene Idee entwickeln und am Markt umsetzen. Er wird „nur" durch die Rahmenbedingungen des Marktes beschränkt (gesetzliche Vorgaben, Kundenwünsche, Ämter/Behörden).
	Der Erfolg (finanziell, Bestätigung der Idee) gehört dem Unternehmer allein, er muss ihn mit niemandem teilen (außer mit dem Finanzamt und ggf. einem Geschäftspartner – je nach Rechtsform).
ganzheitliches Arbeiten	Der Unternehmer kann und muss ganzheitlich denken und handeln. Er muss jeden Einzelschritt einer Geschäftsidee planen, organisieren, umsetzen und den Erfolg kontrollieren; dabei sind alle relevanten Einflussfaktoren zu beachten (Märkte, Kunden, Gesellschaft, Gesetze, Volkswirtschaft). Dieser Sachverhalt ist ambivalent: Er kann als Vorteil begriffen werden, da ganzheitliches Handeln motiviert und einen hohen Lerncharakter hat.
Steuern	Der Gesetzgeber räumt dem Selbstständigen in Abhängigkeit von der Rechtsform Möglichkeiten der Absetzbarkeit von Ausgaben ein, die der Angestellte nicht hat.
	Dem Angestellten wird die Lohnsteuer unmittelbar monatlich vom Gehalt abgezogen. Der Unternehmer hat eine Reihe von Gestaltungsmöglichkeiten (z. B. Verlustvortrag, außerordentliche Abschreibung, Investitionsabzugsbetrag, Jahresabgrenzung), mit denen er sein zu versteuerndes Einkommen variieren kann.
Dynamik	Die Existenz eines Selbstständigen verläuft in der Regel dynamischer und nicht regelmäßig wie dies beim Angestellten ist (unvorhergesehene Aufträge können zu mehr Einkommen aber auch zu überproportionaler Mehrarbeit führen). Der Selbstständige muss dann präsent sein, wenn der Kunde nachfragt.

Nachteile einer selbstständigen Existenz (Beispiele)	
Finanzen, Liquidität, Bonität	*Einnahmen/Ausgaben:* Der Angestellte hat in der Regel am Monatsende sein Gehalt auf dem Konto. Das Einkommen des Unternehmers ist unregelmäßig und instabil (Höhe und Zeitpunkt der Einnahmen). „Verdientes" Geld ist noch nicht „eingenommenes" Geld. Er muss permanent dafür sorgen, dass jede Ausgangsrechnung in voller Höhe und in der vereinbarten Zeit beglichen wird.
	Finanzplanung: Der Unternehmer muss eine laufende kurz- und mittelfristige Liquiditäts-planung durchführen (Höhe und Zeitpunkt der Einnahmen/Ausgaben). Er muss Engpässe rechtzeitig überbrücken (Verlagerung von Ausgaben, Kontokorrentkredit usw.). Die Ausgaben wie Miete, Pacht und Energie-kosten werden pünktlich abgebucht („Darum müssen Sie sich nicht sor-gen!". Die Kunden zahlen im Regelfall nur selten pünktlich und in der vereinbarten Höhe). Der Unternehmer muss daher finanzielle Reserven einplanen.
	Vorleistung: Der Unternehmer kreditiert permanent seine Geschäftsaktivität (Vorleis-tungen in Form von Ware, Kraft, Arbeit, Zeit usw.), mitunter über einen sehr langen Zeitraum (Beispiel: Schriftsteller). Der Angestellte leistet nur für einen Monat vor, dann hat er seinen Verdienst auf dem Konto.
	Bonität: Im Regelfall hat der Angestellte bei seiner Bank ein persönliches Kredit-limit von 2 - 3 Monatsgehältern. Dies gilt seit vielen Jahren, obwohl sich die Kündigungsfristen verkürzt haben (4 Wochen). Nicht so der Einzel-unternehmer: Insbesondere bei der Existenzgründung tut sich die Haus-bank schwer, z. B. einen Kontokorrentkredit überhaupt einzuräumen. Hier helfen nur Existenzgründungskredite z. B. von der KfW.
Einzelkämpfer	Der Angestellte ist nur für einen Teilbereich verantwortlich und kann sich im Unternehmen Rat und Hilfestellung holen. Der Selbstständige muss vom Prinzip her alles allein können und wissen: Gesetzliche Bestim-mungen, Marketing, Finanzierung/Kapitalbedarf, Standort, Steuererklä-rung, Gespräche mit Banken/Behörden usw. Die Kunst besteht darin zu wissen, wann man sich fachmännischen Rat holen muss und wo man ihn (preiswert) bekommt. Der Unternehmer (vom Wort „unternehmen/ handeln") muss jede Initiative selbst entfalten. Wenn er „nichts tut, tut sich nichts" (Steuererklärung, Finanzen, Neukunden usw.).
Haftung, Risiko, Unsicherheiten	Der Angestellte hat Entgeltfortzahlung, Krankentagegeld, Kündigungs-schutz, Feiertagsbezahlung, bezahlte Weiterbildung, Anteile des Arbeit-gebers zur Sozialversicherung usw. Der Selbstständige muss sich für jedes Risiko selbst und in voller Höhe absichern: Krankheit, Unfall, Berufsunfähigkeit, Tod, Altersrente, Berufsgenossenschaft, Haftpflicht, Rechtsschutz (vgl. 1.4.3).

Mehrbelastung, Stress, permanentes Lernen	Jede Befragung erfolgreicher Unternehmer bestätigt: Sie arbeiten mehr als früher in ihrer Angestelltentätigkeit.
	Im Prinzip gibt es keinen Feierabend: Sonderauftrag eines Kunden, Beobachtung von Markt und Wettbewerb, Wahrnehmen von Geschäftsideen, Tages- und Fachzeitschriften sowie TV-Nachrichten auswerten, gesetzliche Bestimmungen umsetzen, volkswirtschaftliche und gesellschaftliche Entwicklungen analysieren etc. ...
	Mehrbelastungen, wechselnde Situationen, alleinige Verantwortung für alle Risiken, permanente Abstimmung von Privat- und Berufsleben führt zu Stress und der Gefahr der Überforderung der eigenen Kräfte.

1.4.2 Chancen unternehmerischen Handelns

01. Welche Chancen bietet eine selbstständige Existenz?

Chancen einer selbstständigen Existenz (Beispiele)	
Entfaltung, Entwicklung der eigenen Ideen	Es ist anregend zu erleben, wie eine Geschäftsidee entsteht, konkrete Formen annimmt und erfolgreich umgesetzt wird. Dieser Stress kann über weite Strecken auch positiver Stress (Eustress) sein.
Freiräume, keine Fremdbestimmung, Talente entdecken	Es gibt keine fremdbestimmten Anweisungen. Der Unternehmer kann „probieren" und sich auch „selbst ausprobieren". Aufgrund der vielfältigen Anforderungen erlebt man ggf. Stärken der eigenen Person, die man vorher nicht kannte (Organisationstalent, Kontaktfähigkeit, konzeptionelles Denken). Es wird hier bewusst nicht der Begriff „Freiheit" verwendet (vgl. Rahmenplan), da der Markt/der Kunde/der Gesetzgeber Grenzen setzt. Ein Unternehmer muss diszipliniert leben und handeln. „Nachlässigkeiten" bestraft der Markt.
Einkommen	Erfolgreiche Unternehmer können ihr Einkommen innerhalb gewisser Grenzen selbst bestimmen und beeinflussen. Dies kann Auswirkungen auf Lebensstil und -inhalt haben.
Dynamik, Handlungskompetenz	Der vielfältige Kontakt zu unterschiedlichen Kunden, die Reaktion auf wechselnde Situationen im Geschäftsleben fördern die Handlungskompetenz. Interessante Kontakte im Geschäftsleben können die eigene Lebensführung bereichern (Unternehmertreffen, Ideen von Geschäftspartnern u. Ä.).
Werte schaffen	Ein Geschäft, das über mehrere Jahrzehnte erfolgreich geführt wurde, stellt in der Regel einen Wert dar, der vererbt oder veräußert werden kann (Good will, Knowhow, Kundenstamm, Patente usw.).

1.4.3 Risiken einer selbstständigen Existenz

01. Welche Ursachen führen vorrangig zum Scheitern von Existenzgründungen?

Die Befragung von Gründungsberatern ergab folgende Ursachen (abfallende Bedeutung):

- Finanzierungsprobleme (mehr als 50 %)
- Marketing und Umfeldanalyse
- persönliche Defizite
- kaufmännische Defizite
- fachliche Defizite
- Kostenrechnung, Controlling
- Konzept, Vorbereitung, Idee
- Liquiditätsprobleme (ca. 14 %).

02. Welche Risiken sind mit einer selbstständigen Existenz verbunden?

Risiken einer selbstständigen Existenz (Beispiele)	
Fehlende Liquidität	Die Hauptursache von Firmeninsolvenzen in Deutschland ist Illiquidität, d. h. das Unternehmen kann seinen Zahlungsverpflichtungen nicht nachkommen. Erst an zweiter Stelle kommt der Faktor „fehlende Aufträge bzw. fehlender Umsatz".
Entscheidungen unter Unsicherheit	Jede Entscheidung im Geschäftsleben ist eine Entscheidung unter Unsicherheit: Besteht für diese Geschäftsidee eine Nachfrage? Ist der Preis marktgerecht? Lohnt sich der Vertragsabschluss? Welchen Einfluss hat die Witterung auf das Käuferverhalten? usw. Die Unsicherheit kann durch sorgfältige Recherchen und Analyse der gewonnenen Daten verringert werden, ausgeschlossen werden kann sie nicht.
Gesundheit	Nur bei stabiler psychischer, geistiger und körperlicher Verfassung lässt sich ein Geschäft auf Dauer erfolgreich führen.
Instabiles Umfeld	Jeder Unternehmer ist auf ein stabiles Umfeld angewiesen. Ein Todesfall in der Familie, ständiger Streit, fehlende Unterstützung des Ehepartners, permanente Belastungen in der Kindererziehung und nicht zuletzt ständige finanzielle Sorgen mindern die Kraft, die im Unternehmen dringend benötigt wird.
Instabile Persönlichkeit	Unternehmer sein heißt „etwas unternehmen/eine Sache tun/ die Dinge anpacken". Bei Unternehmerpersönlichkeiten sind in der Regel bestimmte Eigenschaften vorherrschend: selbstbewusst, zupackend, kontaktfreudig, risikobereit, offen für Neues und engagiert. Wer diese Eigenschaften auf Dauer nicht hat oder sie verliert (z. B. aufgrund psychischer Erkrankung) ist deshalb kein „schlechter Mensch" sondern eben nur kein Unternehmer.

Haftung	Vom Grundsatz her gilt: Der (Einzel-)Unternehmer haftet jederzeit und uneingeschränkt für sein Handeln. Jede Fehlentscheidung hat er selbst zu vertreten, jedes Risiko muss er allein tragen. Natürlich gibt es Ausnahmen: Haftungsbegrenzung, Verteilung der Haftung auf mehrere Gesellschaften (vgl. dazu: 1.10.5, Haftung in Abhängigkeit von der Rechtsform), Abschluss von Versicherungen gegen bestimmte Risiken (freiwillig oder vom Gesetzgeber vorgeschrieben). Dies ändert jedoch nichts an der grundsätzlichen Richtigkeit der oben getroffenen Aussage.
Armut im Alter	Leider trifft es auch auf erfolgreiche Unternehmer zu, dass sie in Zeiten des „Wachstums und der Blüte" zu wenig an die Altersvorsorge denken. Manchmal liegt dies an fehlenden Finanzmitteln, an einem überzogenen Lebensstandard oder einfach an der Verdrängung.

03. Welche Versicherungen sollte bzw. muss ein Selbstständiger abschließen?

Für einen selbstständigen Unternehmer existieren verschiedene Risiken: Sie reichen von persönlichen Risiken (Krankheit, Berufsunfähigkeit, Pflegebedürftigkeit, Alter) bis hin zu betrieblichen Risiken (Brand, Haftungsfragen gegenüber Geschäftspartnern, Insolvenz). Jeder Unternehmer muss sich daher einen Überblick verschaffen, welche Risiken in seinem Geschäftszweig von besonderer Bedeutung (Hauptrisiken) sind und entscheiden, welche Risiken er versichert (ggf. versichern muss) und für welchen Anbieter/Träger er sich entscheidet.

Bei der Ermittlung des Versicherungsbedarf gelten folgende Empfehlungen:

• Stellen Sie sicher, dass der Versicherungsschutz rechtzeitig beginnt (Existenzgründungstermin). Beachten Sie den Beginn des Versicherungsschutzes laut Vertrag. Bei einigen Versicherungsarten beginnt der Versicherungsschutz erst drei Monate nach Abschluss des Vertrages (z. B. Rechtsschutzversicherung).

• Holen Sie sich fachkundigen Rat (Versicherungsvertreter, Versicherungsmakler). Nicht immer ist die „beste" Versicherung aus dem Internet auch tatsächlich die preiswerteste.

Die nachfolgende Übersicht gibt Hinweise zu wesentlichen Versicherungsarten:

Persönliche Versicherungen für Existenzgründer und Unternehmer	
Lebensversicherung	Kann als Kapitallebensversicherung (Risikobeitrag + Sparbeitrag) oder als kostengünstige Risikolebensversicherung abgeschlossen werden.
Krankenversicherung	Seit Januar 2007 gilt für alle Bürger der BRD eine Versicherungspflicht (Ersatzkasse oder private Krankenversicherung). Der Abschluss einer Krankentagegeldversicherung sollte geprüft werden.
Pflegeversicherung	Versicherungspflicht (Ersatzkasse oder private Krankenversicherung)

Rentenversicherung	Die freiwillige Mitgliedschaft sollte geprüft werden (Anspruch auf Erwerbsminderungsrente); ebenso: „Riester-Rente" und „Rürup-Rente".
Unfallversicherung	Die gesetzliche Unfallversicherung ist eine Pflichtversicherung des Arbeitgebers. Daneben kann der Selbstständige für sich und seine Familie eine private Unfallversicherung abschließen.
Arbeitslosenversicherung	Es besteht die Möglichkeit der freiwilligen Versicherung; Einzelheiten nennen die Agenturen für Arbeit.
Erwerbsunfähigkeits-versicherung	Sollte in jedem Fall von jüngeren Existenzgründern abgeschlossen werden.

Betriebliche Versicherungen für Existenzgründer und Unternehmer	
Umwelthaftpflicht-versicherung	Versicherungsunternehmen; Ersatz von Leistungen bei Regress.
Gebäudeversicherung	Pflichtversicherung bei Immobilieneigentum
Produkthaftpflicht-versicherung	Versicherungsschutz bei Schäden aufgrund der hergestellten/vertriebenen Produkte
Kfz-Haftpflichtversicherung (Firmen-Kfz)	Pflichtversicherung; kann erweitert werden z. B. durch eine Vollkaskoversicherung.
Einbruchdiebstahl-versicherung	Private Versicherung; die Notwendigkeit hängt ab vom Wert der versicherten Objekte (z. B. Handel mit Food-Artikeln oder hochwertigen Elektronik-Bauteilen).
Berufshaftpflicht- bzw. Betriebshaftpflicht-versicherung	Schutz gegen Schäden zu Lasten Dritter, die sich aus der Geschäftstätigkeit ergeben.
Betriebsunterbrechungs-versicherung	Ersatz von Lohn- und Mietzahlungen, entgangener Gewinn bei Betriebsunterbrechungen (z. B. Feuer, technischer Defekt)
Glasbruchversicherung	Ersatz von Glasschäden (Schaufenster)
Transportversicherung	Ersatz von Transportschäden
Rechtsschutzversicherung	Ersatz von Anwalts- und Gerichtskosten für unterschiedliche Risiken (Verkehrs-, Familien-, Vertragsrechtsschutz, Rechtsschutz für selbstständige Tätigkeiten u. Ä.)
Kreditversicherung	Schutz gegen Forderungsausfall und bei Bürgschaften

04. Lohnt sich die Übernahme von Versicherungsverträgen bei der Übernahme eines Unternehmens (Firmennachfolge)?

Kauft bzw. übernimmt jemand ein Unternehmen, so gehen die bestehenden Sachversicherungsverträge auf den Erwerber über. Er kann jedoch alle Verträge innerhalb eines Monats kündigen und bei einer anderen Versicherung neue Verträge abschließen. Die Monatsfrist beginnt bei Mobilien (Einrichtung, Lagerware) mit dem Datum des Kaufvertrages, bei Immobilien (Gebäude, Grundstücke) mit dem Tag der Grundbucheintragung.

Der Erwerber sollte sorgfältig einen Vergleich durchführen zwischen den bestehenden Versicherungskonditionen und den Neuangeboten. Achtung: Mitunter ist die Übernahme z. B. einer Gebäudeversicherung sehr interessant, weil der Altvertrag bereits seit vielen Jahren existiert und mit dem (Alt-)Versicherungsnehmer günstige Konditionen abgeschlossen wurden, die heute nicht mehr angeboten werden. Vergleichen Sie jedoch in jedem Fall, ob der Leistungsumfang identisch ist (z. B. gleitender Neuwert, Hagel bei Gebäudeversicherungen).

05. Nach welchen Kriterien sollten die Angebote der Versicherungsunternehmen verglichen werden?

- Beitragshöhe
- Leistungsumfang bzw. Umfang der versicherten Risiken
- Zahlungskondition (z. B. Minderung der Beitragshöhe bei jährlicher Zahlung)
- Sonderbestimmungen/Zusatzvereinbarungen
- Leistungsausschluss in bestimmten Fällen
- Versicherungsbeginn, -ende (ggf. Wartezeit)
- Gleitklauseln
- Kündigungsfrist
- Allgemeine Geschäftsbedingungen (AGB).

06. Wie gewährleisten Sie, dass in Ihrem Betrieb risiko- und sicherheitsbewusst gearbeitet wird?

- Ermitteln Sie die spezifischen Risiken und Gefährdungen Ihres Betriebes (sog. Gefährdungsbeurteilung). Wiederholen Sie die Bewertung in regelmäßigen Zeitabständen.

- Erkundigen Sie sich bei Ihrer Berufsgenossenschaft (BG) über branchenspezifische Vorschriften (Einlagern, Auslagern, Transport, Führen eines Gabelstaplers usw.). Die BG berät umfassend und hält eine Fülle von Materialien zum Thema Arbeits-, Unfall- und Gesundheitsschutz bereit. Beachten Sie die Vorschriften der BG (Unfallverhütungsvorschriften bzw. (neu) Berufsgenossenschaftliche Vorschriften, BGV).

- Informieren Sie Ihre Mitarbeiter (z. B. vorgeschriebene Sicherheitsbelehrungen).

- Überlegen Sie – gemeinsam mit Ihren Mitarbeitern – wie Sie Risiken minimieren oder vermeiden können.

- Legen Sie Maßnahmen fest und kontrollieren Sie diese.

- Verhalten Sie sich selbst vorbildlich in allen Fragen des Arbeits-, Unfall- und Gesundheitsschutzes. Beispiele:
  - Gefährliche Stoffe nie ohne Schutzkleidung transportieren.
  - Gefährliche Arbeiten nie ohne PSA (Persönliche Schutzausrüstung) ausführen.

1.4.4 Kriterien zur Vereinbarkeit beruflicher Selbstständigkeit mit dem Privatleben

01. Wie lässt sich das Arbeitsleben des Selbstständigen mit seinem Privatleben vereinbaren? Gibt es geeignete Maßstäbe?

Diese Fragen lassen sich nicht allgemein gültig klären, weil die Antworten von der persönlichen Wertestruktur, dem Lebensentwurf und der genetischen Prägung (Erbanlagen) abhängig sind. Gemeint sind u. a. folgende Entscheidungen und Denkweisen:

• Was ist mir im Leben wichtig?	Erfolg, Geld, Harmonie im Zusammenleben mit anderen, Sinnerfüllung usw.
• In welchen beruflichen/privaten Situationen bin ich glücklich/zufrieden?	In Gruppen/im Team, als Einzelkämpfer, in der Freizeit/im Beruf usw.

Grundsätzlich gilt für jeden Menschen, dass er

- mit sich selbst
  (Beruf/Freizeit/Verpflichtungen in der Familie/Muße/Entspannung)
- und seinem Umfeld
  (Ehepartner, Kinder, Verwandte, Nachbarn, Freunde, Kollegen)

in der Balance sein muss. Empfindet er Störungen, so müssen diese analysiert werden. Erhält er Störsignale von seinem Umfeld, muss er darauf eingehen und Vereinbarungen schließen. Wie letztlich die oben genannten „Balance" zu definieren ist, kann jeder Selbstständige nur in seinem persönlichen Umfeld klären.

Nachfolgend werden als Hinweis einige Zielkonflikte in der Vereinbarkeit von Arbeits- und Berufsleben genannt und mit Handlungsempfehlungen verbunden:

Zielkonflikte in der Vereinbarkeit von Arbeits- und Berufsleben bei Selbstständigen		
Zielkonflikte	*Beispiele*	*Handlungsempfehlungen*
Zeitverwendung, Koordination von Terminen	Keine Zeit für das eigene Hobby	Klären Sie die wechselseitigen Bedürfnisse.
	Keine Zeit und fehlende Zuwendung gegenüber dem (Ehe-)Partner	Treffen Sie tragfähige Vereinbarungen und halten Sie diese ein.
	Keine Zeit für die Kinder	
	Termine mit Kunden/für Kunden stören permanent eine geordnete Zeitplanung.	Hilfreich sind folgende Maßstäbe: „Was ist dringlich/wichtig?"
	Private Termine werden vergessen oder nicht ausreichend geplant.	„Was passiert bei mir/beim anderen wenn ich Zusagen nicht einhalte?"
Anteilnahme, Engagement	Das Geschäft steht permanent im Vordergrund; für Privates fehlt die emotionale Kraft.	„Wie lerne ich, in den richtigen Momenten >nein< zu sagen?" „Wie erreiche ich eine geordnete Ziel- und Zeitplanung mit Pufferzeiten für Unvorhergesehenes?"
„Tunnelblick"	Die Überbetonung der Geschäftstätigkeit führt dazu, dass übrige Eindrücke und Glücksmomente nicht mehr wahrgenommen werden (z. B. Kunst, Natur, Muße, Hobby, zwanglose Gespräche mit anderen, Sexualität, Zärtlichkeit u. Ä.).	„Wie erkenne ich die Zeitdiebe und gewinne so mehr Zeit für wirklich Wesentliches?"
	Erfolg macht mich süchtig (nach Erfolg/Geld/Arbeit) und lässt mich zum Workaholic werden.	Gönnen Sie sich regelmäßig Auszeiten (eine Stunde, einen Tag, eine Woche, ein Jahr). Dies schafft Abstand und „rückt die Werte wieder an die richtige Stelle". Gehen Sie allein in die Natur. Sie hat klare Gesetzmäßigkeiten.
Ernährung	Keine Zeit für ausgewogene Mahlzeiten; hastiges Essen, falsche Ernährung.	Ihre Gesundheit ist das wichtigste Kapital als Selbstständiger. Empfehlung, z. B.:
Gesundheit	Vernachlässigung der Gesundheit; Nichteinhalten notwendiger Arztbesuche.	Arztbesuche werden geplant, terminiert, eingehalten und haben oberste Priorität (noch vor dem Kunden) – jeder wird das verstehen!
	Ständiger (Dis-)Stress zermürbt das Nervenkostüm und macht krank.	Analysieren Sie die Stressfaktoren. Vermindern Sie diese durch angemessene Planung. Lassen Sie sich nicht von jeder „kleinen Veränderung" aus der Ruhe bringen.

1.5 Managementaufgaben

1.5.1 System der integrierten Unternehmensführung

01. Wie lässt sich der Begriff „Unternehmensführung" definieren?

Die Unternehmensführung ist die Gesamtheit aller Handlungen, die den Prozess der betrieblichen Leistungserstellung und -verwertung gestalten, sodass die Unternehmensziele bestmöglichst erreicht werden – in Abhängigkeit von den internen und externen Rahmenbedingungen.

02. In welche Phasen lässt sich der Prozess der Unternehmensführung gliedern?

Der Prozess der Unternehmensführung umfasst fünf Phasen (auch: Management-Regelkreis):

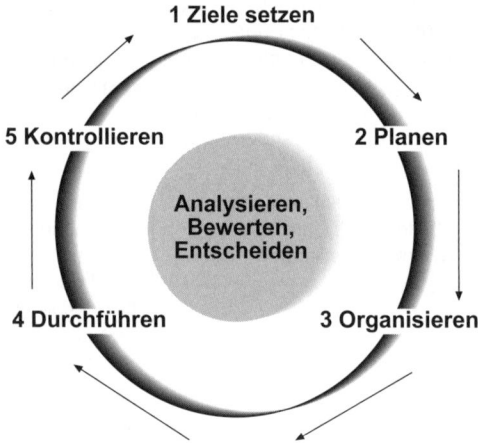

Auf jeder Prozessstufe ist zu analysieren, zu bewerten und zu entscheiden.

Beispiel 1:
Im Rahmen der Zielfindung sind infrage kommende Ziele zu analysieren und zu bewerten. Aus der Vielzahl der möglichen Ziele wird sich das Management für bestimmte Ziele entscheiden.

Beispiel 2:
Im Rahmen der Planung (gedankliche Vorwegnahme von Entscheidungen) sind die Plandaten zu analysieren und zu bewerten. Auf der so gewonnenen Grundlage ist zu entscheiden, welche Planungsinhalte, -strukturen und -prozesse als Sollwerte für die zukünftige Unternehmensentwicklung festgeschrieben werden.

Entscheidungen bestimmen über die Existenz von Unternehmen. Fehlentscheidungen oder „verschleppte" Entscheidungen führen oft zur Insolvenz, zum Rückzug von Teilmärkten oder zur Aufgabe der unternehmerischen Tätigkeit (vgl. die Versäumnisse und Fehlentscheidungen von General Motors im Rahmen der europäischen Modellpolitik).

Dabei haben die einzelnen Phasen des Management-Regelkreises (Prozess der Unternehmensführung) kurz gefasst folgenden Inhalt:

1. *Ziele* sind Maßstab und Orientierung für das zukünftige Handeln (vgl. unter 1.5.2).

2. *Planung* ist die gedankliche Vorwegnahme von Entscheidungen (vgl. unter 1.5.3).

3. *Organisation* ist das Festlegen von Regelungen für betriebliche Strukturen und Abläufe (vgl. ausführlich: 1.6 Unternehmensorganisation).

4. *Durchführung* ist die Umsetzung der geplanten und organisierten Aktivitäten mit dem Schwerpunkt „Mitarbeiterführung" (vgl. 3. Führung und Personalmanagement).

5. *Kontrolle* ist der Vergleich der realisierten Ist-Zustände mit den (geplanten) Soll-Zuständen (auch: Ziele); vgl. unter 1.5.5.

03. Welche Anforderungen werden an die Unternehmensführung gestellt?

Integration und Kontrolle der Handlungen	Unternehmensführung verlangt ganzheitliches Denken. Es müssen die Einflussfaktoren der Umwelt (Märkte, Gesetzgeber, Bevölkerung, Wertekultur, Umweltschutz usw.) und die Aktivitäten aller internen Funktionsbereiche (Beschaffung, Handling, Absatz, Logistik usw.) zu einem Ganzen zusammengefügt werden. Die Einzelziele der Funktionsbereiche (Beschaffung, Absatz, Personal, Rechnungswesen) sind zum Teil von unterschiedlichen Interessen und Umweltbedingungen geprägt (z. B. Lohnentwicklung ↔ Steigerung der Wirtschaftlichkeit). Sie sind widerspruchsfrei untereinander abzustimmen und die Einzelaktivitäten sind zu koordinieren. Zielsysteme und Prozesse sind zu überprüfen.
Effizienz, Zielerreichung (Ökonomische Orientierung)	Sicherung von Produktivität, Wirtschaftlichkeit und Rentabilität
	Gewährleistung der Flexibilität und der Entwicklungsfähigkeit der Organisation
	Langfristig: Sicherung der Unternehmensexistenz (Stichwort: Nachhaltigkeit).
	Shareholder-Ansatz: Die Interessen der Shareholder (Eigenkapitalgeber) sind zu beachten: Verbesserung der Einkommens- und Vermögensposition.
Umweltorientierung	Die Unternehmensführung hat die externen Einflussfaktoren angemessen zu berücksichtigen, z. B. Wertekultur und Wertewandel in der Gesellschaft, Einhalten der gesetzlichen Vorgaben oder Entwicklung der Märkte. Im Rahmen des Umweltschutzes unterscheidet man: • *Effizienzstrategie:* Ressourcen sind zu schonen und die Lebensdauer der Produkte soll nachhaltig sein. • *Substitutionsstrategie:* Die verwendeten Produkte sind durch solche zu ersetzen, die weniger umweltbelastend sind (z. B. abbaubare Kunststoffe).

Soziale Orientierung	Das Unternehmen ist in seinem Handeln den Interessen der Mitarbeiter, der Lieferanten und der Gesellschaft verpflichtet (Stakeholder-Ansatz).
Ökologische Orientierung	Unternehmerisches Handeln hat den Umweltschutz aktiv zu berücksichtigen.

Adressaten der Unternehmensgrundsätze sind vor allem

* Mitarbeiter,
* Kunden,
* Wettbewerber und
* Lieferanten.

04. Was versteht man unter „Unternehmensphilosophie"?

Als Unternehmensphilosophie wird ein System von Leitmaximen verstanden, deren Ausprägung von ethischen und moralischen Werthaltungen bestimmt wird. In der Unternehmensphilosophie kommt das Verhältnis der Eigentümer bzw. der Unternehmensführung zu Mitarbeitern, Aktionären, Kunden und Lieferanten sowie zur Gesellschaft zum Ausdruck. Die Unternehmensphilosophie hat Soll-Charakter.

Definiert werden können z. B.:

* das Bekenntnis zur Wirtschaftsordnung und zur gesellschaftlichen Funktion der Unternehmung
* die Einstellung zu Wachstum, Wettbewerb und technischem Fortschritt
* die Rolle des Gewinns für die Unternehmung und die Gesellschaft
* die Verantwortung gegenüber den Mitarbeitern und Aktionären
* die Spielregeln und Verhaltensnormen im Rahmen der Tätigkeit des Unternehmens.

05. Was bezeichnet man als Corporate-Identity (CI)?

Corporate-Identity-Politik hat zum Ziel, dem Unternehmen eine *bestimmte spezifische Identität* zu verschaffen. Man will auf diese Weise

* sich *am Markt* eindeutig (unverwechselbar) *positionieren* (= externe Zielrichtung),
* die *Mitarbeiter* möglichst gut in das Unternehmen *integrieren* (= interne Zielrichtung).

06. Aus welchen Gründen ist Corporate-Identity entstanden?

In vielen Bereichen sind die Produkte untereinander austauschbar, die erzielte Wirkung ist ähnlich, der Preisunterschied gering. Der Verbraucher ist also im gewissen Sinne hilflos. Er kann weder bei technischen Geräten noch bei Gebrauchsartikeln des täglichen Bedarfs Kriterien finden, nach denen er sich entscheiden könnte, sodass der Kauf mehr oder weniger zufällig erfolgt. Diese Situation ist für Hersteller und Händler einerseits unbefriedigend, andererseits mit zusätzlichen Kosten und einem zusätzlichen Beratungsbedarf verbunden. Mit CI will man gegenüber dem Absatzmarkt eindeutige Präferenzstrukturen schaffen.

07. Welche Gestaltungsfelder (= Bestandteile) und welche Einzelfaktoren der CI-Politik gibt es?

Corporate-Identity-Politik		
Corporate Design	**Corporate Communication**	**Corporate Behavior**
Erscheinungsbild	Kommunikation	Verhalten
Farben	Anzeigen	Mitarbeiterführung
Schriftzüge	Plakate	Öffentlichkeitsarbeit
Logo	Prospekte	Umgangston
Architektur	Slogans	Werte
Design	Broschüren	Kultur
Produkte	Zeitschriften	Personalpolitik
Verpackung	Transportmittel	Pressearbeit
Kleidung	Messen	
Uniformen		

Beispiele für CI-Kommunikation:

Audi: *Vorsprung durch Technik!*
Toyota: *Nichts ist unmöglich!*

08. Wie lässt sich die Zielsetzung des Corporate-Identity innerbetrieblich durchsetzen?

Corporate-Identity benötigt zu seiner Realisierung bei den Mitarbeitern ein klares Führungsinstrumentariums, das Zweck und Ziel klar herausstellt und den Mitarbeitern bewusst vermittelt.

09. Von welchen Vorstellungen müssen sich die Mitarbeiter leiten lassen?

Den Mitarbeitern muss bewusst sein, dass sie nicht irgendein Produkt verkaufen, sondern ein Produkt mit ganz bestimmten Eigenschaften, das sich sehr wohl von anderen Produkten gleicher Art abhebt. Die Mitarbeiter müssen sich mit diesem Produkt identifizieren, seine Vorzüge kennen und an der Beseitigung evtl. Nachteile von sich aus mitarbeiten. *Die Mitarbeiter sind die Mittler zwischen dem Produkt und dem Verbraucher.* Die Art und Weise, *wie die Mitarbeiter mit ihren eigenen Produkten umgehen, darüber sprechen und denken,* wirkt sich positiv oder negativ auf die Käufer und Verbraucher aus.

Die Mitarbeiter müssen eine hohe Affinität zu diesem Produkt haben, sie müssen es nach Möglichkeit selbst verwenden, seine Zusammensetzung, Eigenschaften, Verwendungsmöglichkeiten kennen und dem Käufer darstellen können. Sie müssen gleichzeitig einen Bezug zu dem produzierenden Unternehmen herstellen können und dessen Solidität, Erfahrungen, Erfolge, Anstrengungen usw. herausstellen. Wenn die Mitarbeiter ein Wir-Gefühl zu dem Unternehmen und zu den eigenen Produkten entwickeln und voller Stolz von „ihrem Unternehmen", „ihren Produkten" sprechen, überträgt sich diese Vorstellungsweise auch auf die Kunden. Verkäufer, die etwa bei Einwänden potenzieller Käufer selbst zu erkennen geben, dass sie das eigene Produkt für zu teuer, nicht ausgereift oder altmodisch halten, schaden dem Unternehmen. In vielen Fällen sind es die Mitarbeiter oder Kunden gewesen, die in schwierigen Situationen oder auch bei Managementfehlentscheidungen durch ihre Treue zum Unternehmen oder dem Produkt die Zukunft des Unternehmens gesichert haben.

10. Was müssen die Unternehmen im Hinblick auf interne CI-Politik tun?

Die Unternehmensführung muss ihre Ziele allen Mitarbeitern einsichtig machen, die Erfahrungen der Mitarbeiter nutzen und ferner an der Gestaltung beteiligen. Das so gewonnene Bild muss einheitlich dargestellt und allen Mitarbeitern durch entsprechende Schulungen, Vorträge und Seminare vermittelt werden.

11. Warum ist eine Kontrolle der Corporate-Identity erforderlich?

Die Unternehmen investieren viel Zeit, Geld und Ideen in das Bemühen, ihr Ansehen, ihre Unternehmenskultur und den Umgang mit Kunden, Lieferanten und der Öffentlichkeit zu verbessern. Sie wollen und müssen wissen, ob ihre Bemühungen erfolgreich waren, wo evtl. Schwächen liegen, welche Maßnahmen angekommen sind, d. h. wirken und wo sie evtl. missverstanden worden sind. Ein Beispiel aus dem Ausland mag dies verdeutlichen: Ein irisches Unternehmen wollte sein Produkt, ein Alkoholerzeugnis, auf dem deutschen Markt einführen und hat dazu den Namen Irish Mist gewählt und dazu die wörtliche Übersetzung von Mist als Schleier oder Nebel zu Grunde gelegt. Der negative Sinn des deutschen Wortes Mist war dem irischen Produzenten nicht bekannt. Das Unternehmen wunderte sich nur darüber, dass das als Mist bezeichnete Produkt in Deutschland nicht ankam.

12. Welche Arten von Kontrollen der CI-Politik sind möglich?

Man kann an den *Ruf* des Unternehmens anknüpfen, man kann den *Bekanntheitsgrad* des Produktes zur Grundlage machen und man kann den *Kundendienst*, also die *Mitarbeiter* zu Grunde legen. Es lassen sich alle Möglichkeiten der Marktforschung einsetzen, etwa Preisausschreiben entwickeln, um zu sehen, wie die Resonanz ist.

13. Wie kann die Wirkung der CI-Politik beim „Betrachtungsobjekt Mitarbeiter" überprüft werden?

Zum Beispiel:

• Kontrolle der Reparatur- und Serviceleistungen

• Testkäufe (= als Kunden getarnte Mitarbeiter besuchen die Verkaufsstellen)

• Kontrolle der Läden und Verkaufsräume im Hinblick auf das Erscheinungsbild, die Warenpräsentation, die Warenkenntnis und die Freundlichkeit der Verkäufer. Oftmals geschehen derartige Besuche kurz vor Dienstschluss oder sind mit ungewöhnlichen Kundenwünschen verbunden.

1.5.2 Zielbildung → 1.5.1

01. Welche Funktion haben „Ziele" im Managementprozess bzw. im Prozess der Unternehmensführung?

„Ziele setzen" ist die erste Phase im Managementprozess. Ziele sind Aussagen mit normativem Charakter über einen zukünftigen, angestrebten Zustand der Realität. „Ziele" bilden damit einen Maßstab für zukünftiges Handeln (z. B. „Der Umsatz soll im Jahr 20.. um 3 % gegenüber dem Vorjahr erhöht werden" ← operatives Ziel).

02. In welcher Beziehung können Ziele zueinander stehen?

- Ziele können sich gegenseitig ergänzen (*Komplementarität der Ziele*), z. B. leistet das Ziel „Senkung der Gemeinkosten" einen Beitrag zur Erreichung des Zieles „Gewinnmaximierung bei gleichem Umsatz".

- Ziele können miteinander im Wettbewerb stehen (*Konkurrenz der Ziele*), z. B. führt das Ziel „Verbesserung des Umweltschutzes" aufgrund notwendiger Investitionen zunächst zu einer Verschlechterung des Zieles „Kostenstabilität".

- Ziele können zueinander ohne Beziehung stehen (*Indifferenz der Ziele*), z. B. hat das Ziel „Verbesserung der Rohstoffausbeute" keinen Einfluss auf das Ziel „Verbesserung der Mobilität der Arbeitnehmer".

- Ziele stehen zueinander in einer *Rangordnung*:
  - Oberziele
  - Zwischenziele
  - Unterziele.

- Man kann weiterhin Ziele nach ihrem *zeitlichen Bezug* unterscheiden:
  - kurzfristige Ziele: ca. 3 - 12 Monate
  - mittelfristige Ziele: ca. 1 - 4 Jahre
  - langfristige Ziele: mehr als 4 Jahre.

03. Was bedeutet „Messbarkeit der Ziele"?

Ziele sind nur dann geeignet, Maßstäbe für zukünftiges Handeln zu sein, wenn sie messbar sind; sog. *operationale Ziele* sind festgelegt in den Punkten

- *Inhalt*, z. B. „Verringerung der Mitarbeiterzahl"
- *Ausmaß*, z. B. „um 6 Arbeiter"
- *Zeit*, z. B. „im II. Quartal 20..".

04. Welche Aspekte sind bei der Formulierung von Unternehmenszielen insgesamt zu beachten (Überblick)?

Aspekte der Zielformulierung (Überblick)		
Aspekte	*Arten*	*Beispiele*
Inhalt	**Formalziele**	sind *Erfolgsziele* und orientieren sich an ökonomischen Größen wie z. B. Umsatz und Rendite.
	Sachziele	sind *Leistungsziele* eines Funktionsbereichs; z. B. hat die Personalwirtschaft dem Unternehmen Personal zur richtigen Zeit, am richtigen Ort, in der richtigen Anzahl und mit der richtigen Qualifikation zur Verfügung zu stellen.
	Wirtschaftliche Ziele	sind primär an ökonomischen Größen ausgerichtet, z. B. Gewinn, Marktanteil, Produktivität.
	Soziale Ziele	richten sich primär an den Erwartungen der Mitarbeiter aus und sind Maßstab für den sozialen Beitrag des Unternehmens, z. B. Vorsorge, Fürsorge, Förderung.
	Monetäre Ziele	werden primär in Geldeinheiten dargestellt, z. B. Gewinn, Umsatz, Liquidität, Finanzierung.
	Nicht (direkt) monetäre Ziele	sind nicht in Geldeinheiten ausgedrückt; können wirtschaftliche oder auch soziale Ziele sein und sind meist die Vorstufe zur Realisierung monetärer Ziele, z. B. Marktanteil, Kundenzufriedenheit, Zufriedenheit der Mitarbeiter, Produktimage.
Fristigkeit	**Kurzfristige Ziele**	Zeitraum: ≤ 1 Jahr
	Mittelfristige Ziele	Zeitraum: > 1 Jahr; ≤ 4 Jahre
	Langfristige Ziele	Zeitraum: > 4 Jahre
Hierarchie, Bedeutung	**Oberziele**	sind (meist globale) Vorgaben des Top-Management für nachgelagerte Zielebenen, z. B. Unternehmensziele.
	Unterziele	sind nachgelagerte Ziele für einzelne Funktionsbereiche, z. B. Ziele des Marketing.
	Hauptziele	sind Primärziele, z. B. Verbesserung der Gewinnsituation.
	Nebenziele	sind nachgeordnete Ziele, z. B. Reduzierung der Lagerkosten.
	Strategische Ziele	sind langfristige Ziele und an der Schaffung zukünftiger Erfolgspotenziale ausgerichtet, z. B. neue Märkte, Produkte, zukünftige Cash-Kühe.
	Operative Ziele	sind kurzfristige Ziele und orientieren sich an den Erfolgsgrößen Liquidität und Cashflow (= Geldfluss, Kassenzufluss).

05. Wie lässt sich der Prozess der Unternehmenszielfindung beschreiben?

Das *Unternehmensleitbild* – als Ausdruck der Werte und Grundeinstellungen des Management – bildet die Ausgangsbasis der Zielfindung. Dabei stehen die Werte und Grundeinstellungen des Management in Abhängigkeit von den *generellen Umweltfaktoren* (Kultur, Politik usw.) als Ausdruck gesamtgesellschaftlicher Normen.

In einer nächsten Wirkungsebene sollte die Zielfindung geprägt sein von den Unternehmenspotenzialen, die wiederum direkt von den *speziellen Umweltfaktoren* (= Marktfaktoren) und indirekt von den generellen Umweltfaktoren abhängig sind.

Insofern führt die Zielfindung des Unternehmens zu einem Zielsystem, in das die unterschiedlichen Wirkfaktoren Eingang finden – mit jeweils unterschiedlicher Wertigkeit:

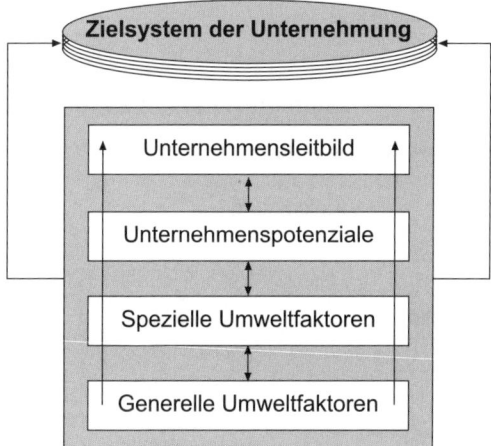

Die Kunst einer ausgewogenen Zielfindung als Grundlage für eine kontinuierlich erfolgreiche Unternehmensentwicklung besteht daher vor allem

* in der Vereinbarkeit von kurz- und langfristigem Denken,
* in der Abstimmung unternehmerischer Leitlinien mit gesellschaftlichen Normen,
* in der Übereinstimmung zwischen formulierten Leitlinien und den Werthaltungen der Mitarbeiter,
* im Erkennen strategischer Erfolgspotenziale sowie
* in der realistischen Bewertung interner Chancen und Risiken.

1.5.3 Aufgaben und Methoden der strategischen Unternehmensplanung

01. Was versteht man unter Planung?

Planung wird verstanden als die gedankliche Vorwegnahme von Entscheidungen unter Unsicherheit bei unvollständiger Information. Sie beruht auf Annahmen über den Eintritt zukünftiger Ereignisse und soll dazu dienen, alle Aktivitäten eines Unternehmens (einer Organisation) zu bündeln und klar am formulierten Ziel auszurichten. Planung hat somit den Charakter der

• Zukunftsbezogenheit,
• Gestaltung,
• Systematik und
• Abhängigkeit von Informationen.

02. Wie ist Planung in den Management-Regelkreis integriert?

Planung ist die zweite Phase im Management-Regelkreis:

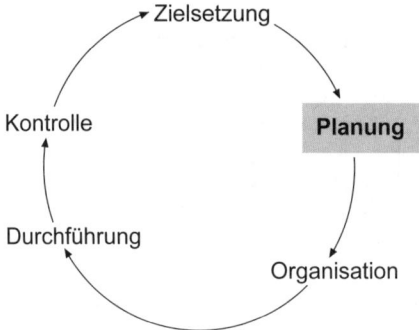

03. Welche Chancen und Risiken können mit der Planung verbunden sein?

Planung	
Chancen, z. B.:	**Risiken**, z. B.:
• Koordinierung • Integration • Methodik • Systematik • Kontrolle • Soll-Ist-Vergleich • Zielorientierung	• Unrealistische Annahmen • Hoher Planungsaufwand • Planungsfrustration • Unrealistische Ziele

04. Welche Planungsebenen unterscheidet man?

Man unterscheidet zwei grundsätzliche Planungsebenen:

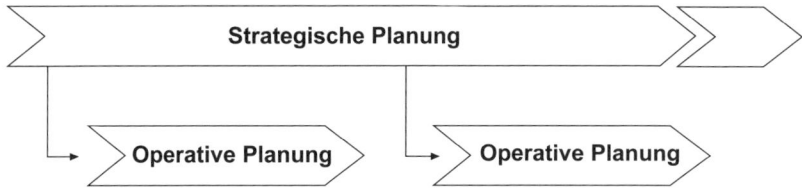

- *Strategische Planung:*
  Festlegung von Geschäftsfeldern, von *langfristigen* Produktprogrammen; Ermittlung der Unternehmenspotenziale.

- *Operative Planung:*
  Festlegung der *kurzfristigen* Pläne in den einzelnen Funktionsbereichen (z. B. Personalplanung) und Umsetzung der strategischen Planung in Aktionen.

05. Wie unterscheiden sich strategische und operative Planung?

Die strategische Planung kann von der operativen über Kriterien wie

- Fristigkeit,
- Abstraktionsniveau und
- Vollständigkeit der Planung

abgegrenzt werden.

- Demzufolge betrachtet die *strategische Planung*
  überwiegend globale Ziele wie Standortwahl, Organisationsstruktur, Produktprogramme, Geschäftsfelder. Es geht darum, so früh wie möglich und so gut wie möglich die Voraussetzungen für den zukünftigen Unternehmenserfolg zu schaffen – also *Erfolgspotenziale zu bilden und zu erhalten.*

- Gegenstand der *operativen Planung*
  ist die Festlegung der Pläne in den einzelnen Funktionsbereichen. Die operative Planung orientiert sich an der kurzfristigen Erfolgsrealisierung mit den zentralen Steuerungsgrößen *Liquidität* und Erfolg.

Hauptunterschiede zwischen strategischer und operativer Planung (Überblick)		
Unterscheidungs- merkmale	**Strategische Planung**	**Operative Planung**
Planungsträger	Top Management	Middle Management
Hierarchie	• übergeordnete Planung • hat Vorgabecharakter für die operative Planung	• nachgelagerte Planung • setzt die Vorgaben der strategischen Planung in Aktionen um

Zeithorizont	Langfristig	Mittel- bis kurzfristig
Inhalt/Bezug	Betrifft alle Unternehmensaktivitäten	Bezieht sich auf Unternehmensbereiche
Detaillierung	Global, nicht konkret	Konkret, detailliert
Orientierungsgrößen	Zukünftige Erfolgspotenziale: • strategische Geschäftsfelder (SGF) • neue Produktfelder	Aktuelle Erfolgsgrößen: • Liquidität • Ertrag
Grad der Zentralisierung	Zentral	Dezentral
Informationsbedarf	Benötigt externe und interne Daten.	Stützt sich in erster Linie auf interne Daten.

06. Welche Arten der Planung werden unterschieden?

Neben der Unterscheidung in „strategische und operative Planung" lässt sich die Planung weiterhin nach folgenden Merkmalen gliedern:

Arten der Planung			
Unterscheidungsmerkmal	*Arten, Beispiele*		
Zeitraum	Langfristige Planung	Mittelfristige Planung	Kurzfristige Planung
Datensituation	Planung bei Sicherheit	Planung bei Unsicherheit	Planung unter Risiko
Hierarchie	Strategische Planung		Operative Planung
Gegenstand	Projektplanung		Funktionsplanung
Detaillierungsgrad	Grobplanung		Feinplanung
Inhalt	Grundsatzplanung	Zielplanung	Strategieplanung / Maßnahmenplanung
Planungsrichtung	Progressive Planung (bottom-up)	Retrograde Planung (top-down)	Planung nach dem Gegenstromverfahren
Integration	Reihung	Stufung	Schachtelung
Flexibilität	Rollierende Planung	Alternativ-Planung	Not-Planung

1.5.4 Operative Entscheidungen

01. Welche Wechselwirkungen bestehen zwischen strategischer und operativer Planung?

Die Wechselwirkungen lassen sich zum Teil aus den oben dargestellten Hauptunterschieden ableiten (vgl. 1.5.3):

1. Die strategische Planung hat *Vorgabecharakter* für die operative Planung.

2. Die auf der Basis der strategischen Planung abgeleitete *operative* Planung hat für alle Funktionsbereiche so präzise wie möglich festzulegen,

   | was – wie – womit – wann – von wem – unter welchen Bedingungen |

   realisiert werden muss, um die Erreichung der strategischen Ziele zu gewährleisten.

3. Die *operative Planung* besteht aus einem Netz von Teilplänen (bereichsspezifische und bereichsübergreifende), die weder untereinander noch mit der strategischen Planung in Widerspruch stehen dürfen.

4. Diese *Harmonisierung der Pläne* untereinander und die Ausrichtung an der strategischen Planung ist *ein laufender Prozess:*

   • Zeigen sich in der strategischen Planung Änderungsnotwendigkeiten, so müssen diese Eingang in die operative Planung finden.

   • Umgekehrt gilt: Ergeben sich bei der Ausführung der operativen Pläne Widersprüche zur Realität, muss ggf. die strategische Planung überdacht werden; Beispiel: Ein strategisches Ziel, z. B. Marktführerschaft, erweist sich als unrealisierbar und muss korrigiert werden.

5. Die Verzahnung von strategischer und operativer Planung setzt eine *effektive Zusammenarbeit der oberen und mittleren Führungskräfte* voraus. Mangelhafte Abstimmungsprozesse aufgrund z. B. fehlender Einsicht oder Ressortegoismen gefährden die Realisierung der Ziele. Dies betrifft auch die Entscheidung, welche Eckdaten der Planung zentral festgelegt werden und wie viel Spielraum im Rahmen der operativen Planung und Ausführung gegeben wird.

6. Obwohl sich der Informationsbedarf der strategischen Planung von dem der operativen unterscheidet, muss sichergestellt werden, dass der insgesamt genutzte *Datenbestand kongruent* ist und nicht zu Widersprüchen führt.

02. Welche Probleme können in der Praxis bei der Abstimmung von operativer und strategischer Planung auftreten?

Der Übergang von der Strategie zum operativen Vorhaben wird in der Literatur meist als schrittweiser Vorgang begriffen, bei dem die Planungsinhalte zunehmend konkreter, kurzfristiger usw. werden. Diese Sichtweise kann eine gedankliche „Einbahnstraße" sein: Sie führt in der Praxis oft genug zum Unvermögen der Manager, die Strategie in die Praxis umzusetzen:

1. Bei „noch gutem Geschäftsverlauf" verweigert sich das Management der „Strategie"– mit dem Hinweis auf die (noch) gute *Tageskasse*. Es wird die falsche Polarität aufgebaut: Strategie argumentiert mit der (fernen) Zukunft, Tagesgeschäft argumentiert mit dem Jetzt. Mit Rücksicht auf die Realisierung einer kurzfristigen Gewinnmaximierung werden notwendige, strategische Entscheidungen unterlassen (z. B. Investitionen in maschinelle Anlagen, in Humankapital, Eröffnung strategischer Märkte und Überarbeitung der Produktpalette – vgl. das Beispiel General Motors/Opel).

2. Bekannt ist in der Praxis das *„Phänomen der alten Männer"*: Ein Geschäftsführer, der in zwei bis drei Jahren die Altersgrenze erreicht, verzichtet auf Neu- und Ersatzinvestitionen und vermeidet risikobehaftete, strategische Entscheidungen. Das Ergebnis (verkürzt): Der Kapitaleinsatz wird vermindert oder stabil gehalten, es entstehen keine Zusatzkosten für erhöhte Abschreibungen u. Ä. und der ROI bleibt auf einem „strahlenden" Niveau. Der Nachfolge-Geschäftsführer trägt die Konsequenzen: Veralteter Maschinenpark, unzureichende Qualifikation der Mitarbeiter, fehlende Erschließung neuer Märkte usw. „Sein ROI geht zunächst dramatisch in den Keller", weil er die Versäumnisse der Vergangenheit aufarbeiten muss.

03. Was versteht man unter einer Entscheidung?

Unter einer betrieblichen Entscheidung versteht man eine nach bestimmten Kriterien bewusst vollzogene Wahl zwischen Alternativen.

Merkmale einer Entscheidungen sind also:

- Es stehen mehrere Möglichkeiten zur Verfügung.
- Sie verändert grundsätzlich die Zukunft.
- Je ferner die Entscheidung, desto risikobehafteter ist sie.
- Sie ist ein bewusst vollzogener Vorgang.
- Es existiert ein Ermessensspielraum.

04. In welchen Phasen vollzieht sich der Entscheidungsprozess?

Phasen im Entscheidungsprozess

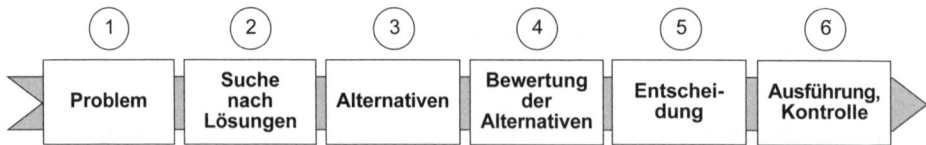

05. Welche Entscheidungskategorien werden unterschieden?

Entscheidungskategorien		
Kategorie:		Beschreibung:
1	**Entscheidungen bei Sicherheit**	• Jede Handlungsalternative ist bekannt. • exakte und umfassende Datenbasis • Bei der richtigen Strategie kann mit dem Eintreten des erwarteten Ereignisses mit Sicherheit gerechnet werden.
2	**Entscheidungen unter Unsicherheit**	• subjektiv unsichere Erwartungen • objektiv unsichere Erwartungen
3	**Entscheidungen unter Risiko**	• Der Eintritt bestimmter Ereignisse ist nicht sicher. • Die Wahrscheinlichkeitsfunktion des Eintritts ist bekannt. • Es liegt eine messbare Unsicherheit vor.

06. Welche Entscheidungsregeln wurden entwickelt?

Entscheidungsregeln im Überblick (Beispiele)		
Entscheidungskategorie	Entscheidungsregel	Kurzbeschreibung
Entscheidungen unter Unsicherheit	**Maximax-Regel**	Es wird die Alternative ausgewählt, die bei unterschiedlichen Szenarien den (subjektiv) höchsten Maximalwert zeigt (optimistische Grundhaltung).
	Maximin-Regel	Es wird die Alternative ausgewählt, die bei unterschiedlichen Szenarien den (subjektiv) höchsten Minimalwert zeigt (pessimistische Grundhaltung).
	Pessimismus-Optimismus-Regel (Hurwicz-Regel)	Kombination der Maximax- und der Maximin-Regel: Es wird ein Parameter a gebildet, der das Risikobewusstsein des Managers zeigt (z. B. a = 0,7). Die Minima werden mit 1 - a und die Maxima mit a gewichtet. Man entscheidet sich für die Alternative mit dem höchsten Summenwert.
Entscheidungen unter Risiko	**Bayes-Regel**	Die Erwartungswerte werden mit statistischen Wahrscheinlichkeiten gewichtet. Es wird die Alternative mit dem höchsten Gesamterwartungswert gewählt.

1.5.5 Planungs- und Kontrollrechnung

01. Was ist Gegenstand der Planungsrechnung?

Die Planungsrechnung ist eine *Vorschaurechnung*. Aus den Zahlen der Buchhaltung, der Kosten- und Leistungsrechnung und der Statistik wird eine mengen- und wertmäßige Schätzung betrieblicher Entwicklungen abgeleitet. Diese Eckdaten bilden die Sollwerte für die Zielplanung. Aus dem Vergleich der Sollzahlen mit den Istzahlen lassen sich Abweichungen und der Ursachen erkennen (Soll-Ist-Vergleich und Abweichungsanalyse). Die Planungsrechnung ist daher ein effektives Steuerungs- und Kontrollinstrument.

02. Auf welche Unternehmensbereiche kann sich die Planungsrechnung beziehen?

Die Planungsrechnung kann sich auf alle Unternehmensbereiche beziehen, z. B.:

* Beschaffungsplanung
* Planung der Leistungserstellung
* Absatzplanung
* Investitionsplanung
* Finanzplanung
* Personalplanung.

Die Planungsrechnung kann kurz-, mittel- oder langfristig angelegt sein.

1.6 Unternehmensorganisation

1.6.1 Ziele und Aufgaben der Organisation

01. Welche mehrfache Bedeutung hat der Begriff „Organisation" in der Betriebswirtschaftslehre?

* Ein Unternehmen *ist* eine Organisation (Systemansatz).
* Ein Unternehmen *hat* eine (bestimmte) Organisation.
* Organisation *ist* eine zielgerichtete *Tätigkeit*.
* Organisation *ist* das *Ergebnis* einer zielgerichteten Tätigkeit (Zustand).

02. Welche Aufgabe erfüllt die Organisation?

Die Betriebsorganisation legt (längerfristig oder vorübergehend) fest, wie die Faktoren Arbeitskräfte, Arbeitsmittel und Arbeitsstoffe so miteinander kombiniert werden, dass das Unternehmensziel ökonomisch und effizient erreicht werden kann (= 3. Phase im Managementregelkreis).

Organisieren heißt, generell oder fallweise Regelungen für die Aufbau- und Ablaufstrukturen festlegen.

03. Welche Elemente hat das System „Unternehmensorganisation"?

Systemelemente	Beispiele
→ Aufgaben:	Sachaufgaben, Führungsaufgaben
→ Menschen:	Mitarbeiter, Führungskräfte
→ Sachmittel:	Büroausstattung, Maschinen
→ Informationen:	Nachrichten, Rechnungen, EDV-Ausdruck

Die Organisation wird damit als sozio-technisches System angesehen.

04. Welchem Wandel unterliegen sozio-technische Systeme?

- *Sozio-technische Systeme:*
  = Systeme, in denen Menschen und Maschinen gemeinsam Leistungen erbringen
- *Elemente* derartiger Systeme sind:
  - Menschen
  - Maschinen
  - Bedingungen
  - organisatorische Regelungen.
- Beispiele für permanten Wandel:
  - *Menschen:*
  Veränderung der Wertvorstellungen, der Leistungsbereitschaft und -fähigkeit

  - *Maschinen:*
  Verschleiß, Innovation, technische Entwicklung, Auslastungsgrad

  - *Bedingungen:*
    · interne Bedingungen wie z. B. Finanzstruktur, Gestaltung der Arbeitsplätze
    · externe Bedingungen wie z. B. Absatz- und Einkaufsmärkte, Umwelteinflüsse

  - *Organisatorische Regelungen:*
  Festlegungen der Aufbau- und Ablauforganisation, Informationsbeziehungen.

05. Welchen Abhängigkeiten unterliegt ein sozio-technisches System?

Ein Unternehmen als sozio-technisches System ist nicht autark, sondern in vielfältiger Weise von anderen Systemen abhängig und mit ihnen verbunden, z. B.:

- Beziehungen zu anderen Unternehmen
- ökonomische und ökologische Umweltbedingungen
- Marktverhältnisse
- politische, rechtliche, soziale, kulturelle und technische Bedingungen.

Die „Kunst der Unternehmensführung" besteht nun darin, die Anpassungsfähigkeit der Organisation an veränderte Umweltbedingungen in hohem Maße zu gewährleisten, ohne dabei Stabilität und Kontinuität der Strukturen zu gefährden. Im Gegensatz zu früher *haben dabei Komplexität und Dynamik der Veränderungsprozesse zugenommen* und sind entsprechend schwieriger zu adaptieren.

06. Wie lassen sich Organisation, Disposition und Improvisation voneinander abgrenzen?

• *Organisation*
  = Festlegen von Regelungen (generell oder fallweise).

• *Disposition*
  = Im Rahmen der fallweisen Regelung kann der Mitarbeiter innerhalb vorgegebener Grenzen entscheiden – er kann disponieren.

• *Improvisation*
  = Mitunter müssen Entscheidungen „aus dem Stand heraus" getroffen werden. Man spricht in diesem Fall von Improvisation.

	Organisation	Disposition	Improvisation
Inhalt	Feste Regelungen, sicherheitsrelevante Bereiche	Rahmenregelungen mit Entscheidungsspielraum	Keine festen Regelungen, Einzelfallentscheidung
Anwendung	Gleichartige, wiederholbare Vorgänge	ungleichartige, unregelmäßig auftretende Fälle	Nicht planbare, unvorhergesehene Ereignisse, nicht sicherheitsrelevant

07. Welche Vor- und Nachteile sind mit der Organisation bzw. der Improvisation verbunden?

Organisation statt Improvisation	
Vorteile, z. B.	**Nachteile, z. B.**
Gleiche Arbeiten werden gleich behandelt.	Flexibilität und Anpassung an neue Bedingungen werden erschwert.
Häufig wiederkehrende Arbeiten werden strukturiert; immer wiederkehrendes Durchdenken des Problems entfällt.	Richtlinien hemmen die Motivation der Mitarbeiter für eigene Lösungsansätze.
Für die Einarbeitung und das Training der Mitarbeiter existieren klare Vorgaben.	Kreativität der Mitarbeiter nimmt ab.
Richtlinien schaffen Orientierung und Sicherheit für die Mitarbeiter.	Tendenz zur Überorganisation und Gefahr der Schwerfälligkeit.

08. Welche Ziele werden mit der Organisation verbunden?

Als Ziele der Organisation bezeichnet man die Vorstellung, welches Ergebnis die Organisation bewirken soll. Es werden verschiedene Ziele verfolgt (die nachfolgende Auflistung wird in der Literatur zum Teil auch als „Prinzipien der Organisation" behandelt):

Ziele der (idealen) Organisation	
Produktivität	Die Organisation soll die Produktionsfaktoren so kombinieren, dass das mengenmäßige Ergebnis bestmöglichst ist.
Wirtschaftlichkeit	Die Organisation hat wirtschaftlich zu sein. Ihr Aufwand muss durch ihren Nutzen gerechtfertigt werden.
Zukunftssicherung	Die Organisation soll Kontinuität und Stabilität des Unternehmens sichern; bewährte Grundsätze der Unternehmenspolitik kommen konsequent zur Geltung. Die Organisation hat sich am Unternehmensziel zu orientieren.
Image	Die Organisation ist so zu gestalten, dass sie intern und extern einen guten Ruf genießt (aus Kunden- und aus Mitarbeitersicht: am Markt orientiert; flexibel, aktuell, den derzeitigen Aufgaben angepasst usw.).
Koordination, Motivation	Die Organisation soll Arbeitsvorgänge so koordinieren, dass Reibung und Leerlauf vermieden werden. Die Organisation soll sich am Delegationsprinzip orientieren (Motivation, Initiative, Eigenverantwortung der Mitarbeiter) und weniger wichtige Entscheidungen auf nachgelagerte Führungsebenen übertragen.
Kontrolle	Die Organisation muss sicherstellen, dass keine Arbeit ohne Kontrolle bleibt.
Transparenz	Die Organisation hat einfach (in Sprache und Bild), klar und transparent zu sein, sodass sie von allen Mitarbeitern verstanden wird.
Flexibilität	Die Organisation soll dynamisch und flexibel sein, sodass sie sich kurzfristig geänderten Zielen oder Marktbedingungen anpassen kann.
Humanität	Die Organisation soll menschlich sein und von den Menschen im Unternehmen mitgetragen werden.

09. Warum gibt es keine „auf Dauer angelegte, ideale" Organisation?

Bezogen auf ein bestimmtes Unternehmen gilt: Die ideale Organisation gibt es nicht. Organisieren ist eine ständige Gratwanderung zwischen Aufwand und Nutzen, zwischen Betriebserfordernissen und den Wünschen bzw. Erwartungen der Mitarbeiter, zwischen Aufbau- und Ablauforientierung, zwischen Zentralisation und Dezentralisation, zwischen generellen und fallweisen Regelungen – um nur einige Aspekte hervorzuheben.

Veränderungen der Betriebsgröße, der Produktpalette, der Vertriebsstrategie, der Technologie, der gesetzlichen Rahmenbedingungen usw. führen *immer wieder zu der Notwendigkeit, die bestehende Organisation zu überprüfen und ggf. anzupassen.*

10. Welcher Unterschied besteht zwischen der formellen und der informellen Organisation?

Formelle Organisation	• rational organisiert und bewusst geschaffen • Verhaltensnormen sind extern vorgegeben • über längere Zeit oder befristet • Im Vordergrund stehen Effizienz und Aufgabenerfüllung. • Darstellung erfolgt im Organigramm eines Unternehmens. • Beispiele: Abteilungen, Stäbe, Projektgruppen, Arbeitsgruppen.
Informelle Organisation	• Basis der informellen Organisation ist die Bildung informeller Gruppen. • meist spontan, ungeplant • innerhalb oder neben der formellen Organisation • aufgrund der Bedürfnisse der Gruppenmitglieder (Kontakt, Zugehörigkeit, gleiche Interessen usw.) • Meist existiert eine soziale Rangordnung (informeller Führer). • Beispiele: Fahrgemeinschaft, Betriebssportgruppe, Gesprächs-gruppe beim gemeinsamen Mittagessen in der Kantine.

Zwischen der formellen und der informellen Organisation gibt es Wechselbeziehungen. Zum Beispiel kann sich die Bildung informeller Gruppen auf die formelle Organisation positiv oder negativ auswirken (Ablehnung oder Unterstützung formaler Normen; der informelle Führer beeinträchtigt oder unterstützt die Autorität des formalen Führers/des Vorgesetzten).

1.6.2 Analyseinstrumentarium

01. Wie lassen sich Aufbau- und Ablauforganisation unterscheiden?

Aufbauorganisation	Regelungen für den Betriebsaufbau; die Aufbauorganisation legt Orga-Einheiten fest, d. h. Stellen, Zuständigkeiten, Ebenen usw.
Ablauforganisation auch: Prozessorganisation	Regelungen für den Betriebsablauf; die Ablauforganisation regelt den Ablauf nach den Kriterien Ort, Zeit oder Funktion zwischen Orga-Einheiten, Bereichen usw.

02. In welche Phasen lässt sich der Organisationsprozess gliedern?

Die *Neuorganisation* eines Unternehmens oder eines Unternehmensteils (z. B. Grün-dung einer Niederlassung) bzw. die *Reorganisation* bestehender Strukturen (z. B. Um-gestaltung von der Linien- in eine Matrixorganisation) *ist ein Projekt*.

Die *Vorgehensweise* bei der Neu- bzw. Reorganisation von Strukturen und Abläufen wird als *Organisationsprozess* bezeichnet. Die logische Struktur ist mit der Abfolge beim Projektmanagement identisch (→ *Projektprozess*).

1. Analyse der Istsituation
2. Planung des Sollkonzepts
3. Entscheidung
4. Durchführung
5. Kontrolle.

Der Organisations- bzw. Projektprozess lässt sich in verschiedene Phasen gliedern. Die Darstellung in der Literatur ist uneinheitlich; sie reicht von 3-Phasen-Modellen bis hin zu 6-Phasen-Modellen. Die Darstellungen für Organisationsprozesse bzw. Projektprozesse sind mehr oder weniger identisch.

Beispiele für Prozessphasen/-stufen:

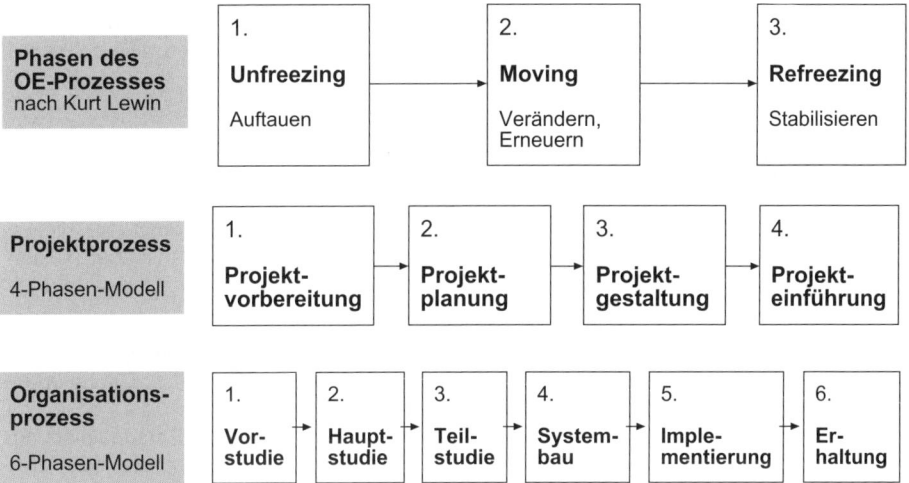

03. Was versteht man unter der Aufgabenanalyse?

Die Gesamtaufgabe des Unternehmens (z. B. Herstellung und Vertrieb von Elektrogeräten) wird in

- *Hauptaufgaben, z. B. –* Montage, Vertrieb, Verwaltung, Einkauf, Lager,
- *Teilaufgaben 1. Ordnung –* Marketing, Verkauf, Versand usw.,
- *Teilaufgaben 2. Ordnung und*
- *Teilaufgaben 3. Ordnung* usw.

zerlegt. Man bezeichnet diesen Vorgang als Aufgabenanalyse.

Gliederungsbreite und Gliederungstiefe sind abhängig von der Gesamtaufgabe, der Größe des Betriebes, dem Wirtschaftszweig usw. und haben sich am Prinzip der Wirtschaftlichkeit zu orientieren. In einem Industriebetrieb wird z. B. die Aufgabe „Produktion", in einem Handelsbetrieb die Aufgabe „Einkauf/Warenmanipulation/Verkauf" im Vordergrund stehen.

04. Welche Gliederungskriterien gibt es?

Die *Aufgabenanalyse* (und die spätere Einrichtung von Stellen) kann nach folgenden *Gliederungskriterien* vorgenommen werden:

Gliederungskriterien	
Verrichtung (Funktion)	Die Aufgabe wird in „Teilfunktionen zerlegt", die zur Erfüllung dieser Aufgabe notwendig sind, z. B. Personalplanung, Personalbetreuung, Personalabrechnung; Einkauf, Verkauf, Lagerhaltung, Transport.
Objekt	Objekte der Gliederung können z. B. sein: • Produkte (Maschine Typ A, Maschine Typ B), • Regionen (Nord, Süd; Nielsen•Gebiet 1, 2, 3 usw.; Hinweis: Nielsen Regionalstrukturen sind Handelspanel, die von der A. C. Nielsen Company erstmals in den USA entwickelt wurden), • Personen (Arbeiter, Angestellte) sowie • Begriffe (z. B. Steuerarten beim Finanzamt).
Zweckbeziehung	Man geht bei diesem Gliederungskriterium davon aus, dass es zur Erfüllung der Gesamtaufgabe (z. B. „Produktion") Teilaufgaben gibt, die unmittelbar (primär) dem Betriebszweck dienen (z. B. Fertigung, Montage) und solche, die nur mittelbar (sekundär) mit dem Betriebszweck zusammenhängen (z. B. Personalwesen, Rechnungswesen, DV).
Phase	Jede betriebliche Tätigkeit kann den Phasen „Planung, Durchführung und Kontrolle" zugeordnet werden. Bei dieser Gliederungsform zerlegt man also die Aufgabe in Teilaufgaben, die sich an den o. g. Phasen orientieren (z. B. Personalwesen: Personalplanung, Personalbeschaffung, Personaleinsatz, Personalentwicklung, Personalfreisetzung).
Rang	Teilaufgaben einer Hauptaufgabe können einen unterschiedlichen Rang haben. Eine Teilaufgabe kann einen ausführenden, entscheidenden oder leitenden Charakter haben. Als Beispiel sei hier die Hauptaufgabe „Investitionen" angeführt. Sie kann z. B. in Investitionsplanung sowie Investitionsentscheidung gegliedert werden.
Mischformen	In der Praxis ist eine bestehende Aufbauorganisation meist das Ergebnis einer Aufgabenanalyse, bei der verschiedene Gliederungskriterien verwendet werden.

05. Was versteht man unter der Aufgabensynthese?

Im Rahmen der Aufgabenanalyse wurde die Gesamtaufgabe nach unterschiedlichen Gliederungskriterien in Teilaufgaben zerlegt (vgl. Frage 03.). Diese Teilaufgaben werden nun in geeigneter Form in sog. organisatorische Einheiten zusammengefasst (z. B. Hauptabteilung, Abteilung, Gruppe, Stelle). Diesen Vorgang der Zusammenfassung von Teilaufgaben zu Orga-Einheiten bezeichnet man als *Aufgabensynthese.* Den Orga-Einheiten werden dann Aufgabenträger (Einzelperson, Personengruppe, Kombination Mensch/Maschine) zugeordnet.

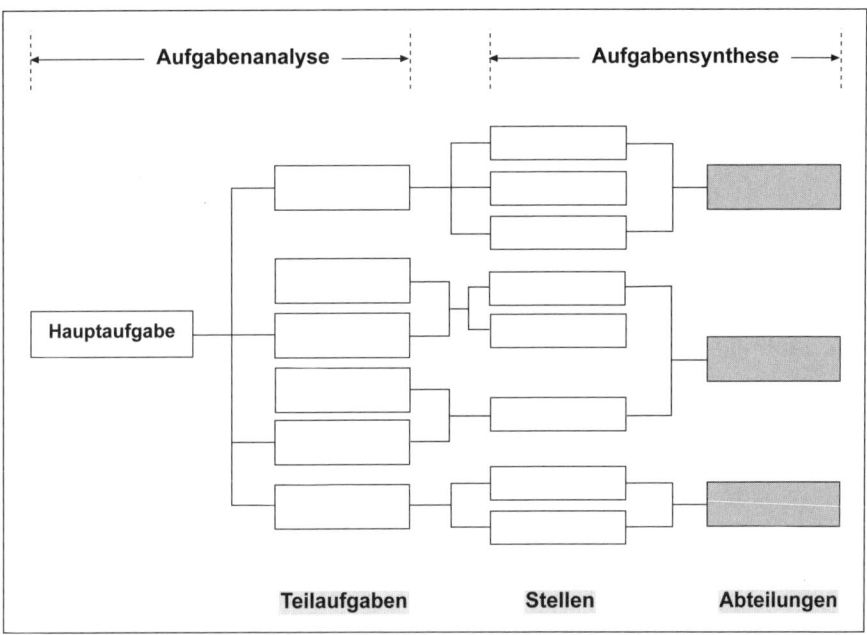

06. Wie erfolgt die Stellenbildung?

Eine *Stelle ist die kleinste betriebliche Orga-Einheit.* Die Anzahl der Teilaufgaben muss nicht notwendigerweise identisch mit der Anzahl der Stellen sein. Je nach Größe des Betriebes kann eine Teilaufgabe die Bildung mehrerer Stellen erfordern, oder mehrere Teilaufgaben werden in einer Stelle zusammengefasst.

Man unterscheidet zwischen

- *Leitungsstellen* (= Anordnungsrechte und -pflichten) und
- *Ausführungsstellen* (= keine Leitungsbefugnis).

07. Wie erfolgt die Bildung von Gruppen und Abteilungen?

Die in einem Betrieb gebildeten Stellen werden zu Bereichen zusammengefasst. In der Praxis ist die Zusammenfassung zu *Gruppen, Abteilungen, Hauptabteilungen, Ressorts* usw. üblich.

08. Was versteht man unter folgenden Begriffen: Instanz, Hierarchie, Leitungsspanne, Instanzentiefe/-breite, Managementebenen?

Instanz	ist eine Stelle mit Leitungsbefugnissen (Entscheidungs-/Weisungskompetenz); Instanzen können verschiedenen Leitungsebenen (= Managementebenen) zugeordnet sein.
Leitungsspanne	ist die Anzahl der weisungsgebundenen Stellen, die einem Vorgesetzten direkt unterstellt sind. Je höher die Ausbildung der Mitarbeiter und je anspruchsvoller ihr Aufgabengebiet ist, desto kleiner sollte die Leitungsspanne sein. Eine zu große Leitungsspanne hat zur Folge, dass die notwendigen Führungsaufgaben nicht angemessen wahrgenommen werden können.
Instanzentiefe	ist die Anzahl der verschiedenen Rangebenen.
Instanzenbreite	ist die Anzahl der (gleichrangigen) Leitungsstellen pro Ebene.
Hierarchie	ist die Struktur der Leitungsebenen. Eine starke Hierarchie mit vielen Instanzen kann zu schwerfälligen Informations- und Entscheidungsprozessen führen. Eine zu geringe Hierarchie – insbesondere bei großer Leitungsspanne – überlastet die Führungskräfte (Problem beim Ansatz „Lean Management"). Im Wesentlichen unterscheidet man drei Leitungsebenen (Hierarchien).
Top-Management	ist die oberste Leitungsebene, z. B.: Vorstand, Geschäftsleitung, Unternehmensinhaber.
Middle-Management	ist die mittlere Leitungsebene, z. B.: Bereichsleiter, Ressortleiter, Abteilungsleiter.
Lower-Management	ist die untere Leitungsebene, z. B.: Gruppenleiter, Meister.

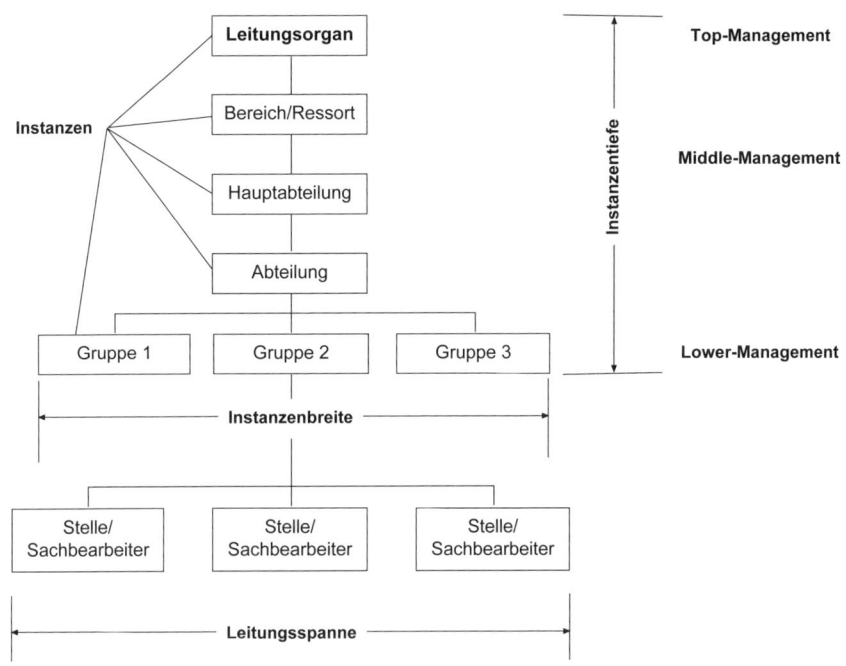

09. Was bezeichnet man als Dezentralisierung (Zentralisierung) von Aufgaben?

Mit *Dezentralisierung* bezeichnet man die Verteilung von Teilaufgaben nicht auf eine (zentrale) Stelle sondern auf verschiedene. Diese Verteilung kann dabei z. B. nach dem Objekt (= *Objekt-Dezentralisierung;* z. B.: Jede Niederlassung eines Konzerns vertreibt alle Produkte) oder nach der Verrichtung (= *Verrichtungs-Dezentralisierung;* z. B.: In jeder Niederlassung eines Konzerns sind alle wesentlichen, kaufmännischen Grundfunktionen vorhanden) vorgenommen werden. In der Praxis hat sich bei Großunternehmen aufgrund der positiven Erfahrung eine zunehmende Tendenz zur Dezentralisierung herausgebildet.

10. Was ist ein Organigramm und welche Darstellungsformen gibt es?

Die in einem Betrieb vorhandenen Stellen, ihre Beziehung untereinander und ihre Zusammenfassung zu Bereichen wird bildlich in Form eines Organisationsdiagramms (kurz: Organigramm) dargestellt.

In der Praxis ist die sog. *vertikale Darstellung* am häufigsten anzutreffen („von oben nach unten"); hier stehen gleichrangige Stellen nebeneinander.

Daneben kennt man die *horizontale Darstellung* („von links nach rechts"; gleichrangige Stellen stehen untereinander).

1.6.3 Aufbauorganisation

01. Welche Organisationsformen gibt es und wodurch sind diese gekennzeichnet?

Leitungssysteme (auch: Weisungssysteme, Organisationssysteme, Organisationsformen) sind dadurch gekennzeichnet, in welcher Form Weisungen von „oben nach unten" erfolgen.

Leitungssysteme (Organisationsformen)		
Einlinien-systeme	Linienorganisation	• Objektprinzip
	Stablinienorganisation	• Funktionsprinzip • Mischform
	Spezielle Linienorganisationen nach dem Objektprinzip: • Spartenorganisation (Divisionalisierung) • Projektorganisation • Produktorganisation • Regionalorganisation	
Mehrlinien-systeme	Funktionsmeistersystem (nach Taylor)	• Funktionsprinzip
	Matrixorganisation	• Funktionsprinzip und • Objektprinzip
	Tensororganisation	3 Dimensionen: • Funktionsprinzip und • Objektprinzip und • Funktions-/Objektprinzip
Abgeleitete Systeme	Teamorganisation	Mischform
	Costcenter-Organisation	
	Profitcenter-Organisation	

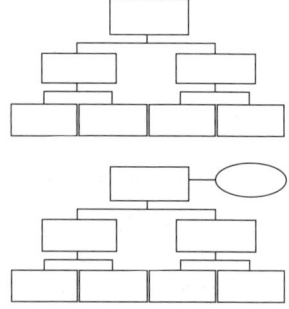

- *Bei der Einlinienorganisation* hat jeder Mitarbeiter nur einen Vorgesetzten; es führt nur „eine Linie von der obersten Instanz bis hinunter zum Mitarbeiter und umgekehrt". Vom Prinzip her sind damit gleichrangige Instanzen gehalten, bei Sachfragen über ihre gemeinsame, übergeordnete Instanz zu kommunizieren.

- *Die Stablinienorganisation*
  ist eine Variante des Einliniensystems. Bestimmten Linienstellen werden Stabsstellen ergänzend zugeordnet.

Stabsstellen
sind Stellen ohne eigene fachliche und disziplinarische Weisungsbefugnis. Sie haben die Aufgabe, als „Spezialisten" die Linienstellen zu unterstützen. Meist sind Stabsstellen den oberen Instanzen zugeordnet. Stabsstellen sind in der Praxis im Bereich Recht, Patentwesen, Unternehmensbeteiligungen, Unternehmensplanung und Personalgrundsatzfragen zu finden.

- *Das Mehrliniensystem*
  basiert auf dem Funktionsmeistersystem des Amerikaners Taylor (1911) und ist heute höchstens noch in betrieblichen Teilbereichen anzutreffen. Der Mitarbeiter hat zwei oder mehrere Fachvorgesetzte, von denen er *fachliche* Weisungen erhält.

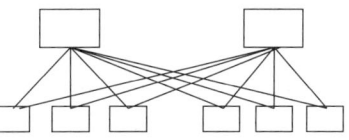

  Die Disziplinarfunktion ist nur einem Vorgesetzten vorbehalten. Der Rollenkonflikt beim Mitarbeiter, der „zwei oder mehreren Herren dient", ist vorprogrammiert, da jeder Fachvorgesetzte „ein Verhalten des Mitarbeiters in seinem Sinne" erwartet.

- *Bei der Spartenorganisation (Divisionalisierung)*
  wird das Unternehmen nach Produktbereichen (sog. Sparten oder Divisionen) gegliedert. Jede Sparte wird als eigenständige Unternehmenseinheit geführt. Die für das Spartengeschäft „nur" indirekt zuständigen Dienstleistungsbereiche wie z. B. Recht, Personal oder Rechnungswesen sind bei der Spartenorganisation oft als *verrichtungsorientierte Zentralbereiche* vertreten.

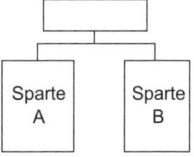

- *Die Projektorganisation*
  ist eine Variante der Spartenorganisation (vgl. oben). Das Unternehmen oder Teilbereiche des Unternehmens ist/sind nach Projekten gegliedert. Diese Organisationsform ist häufig im Großanlagenbau (Kraftwerke, Staudämme, Wasseraufbereitungsanlagen, Straßenbau, Industriegroßbauten) anzutreffen.

  Die Projektorganisation ist abzugrenzen von der „Organisation des Projektmanagement" (Einzelheiten dazu vgl. 3.11.4).

- *Die Produktorganisation*
  ist eine Variante der Spartenorganisation bzw. der Projektorganisation; sie kann als Einliniensystem oder – bei Vollkompetenz der Produktmanager – als Matrixorganisation ausgestaltet sein.

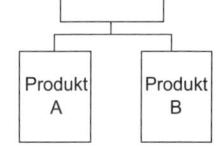

- *Die Matrixorganisation*
  ist eine Weiterentwicklung der Spartenorganisation und gehört zur Kategorie „Mehrliniensystem". Das Unternehmen wird in „Objekte" und „Funktionen" gegliedert. Kennzeichnend ist: Für die Spartenleiter und die Leiter der Funktionsbereiche besteht bei Entscheidungen Einigungszwang. Beide sind gleichberechtigt. Damit soll einem Objekt- oder Funktionsegoismus vorgebeugt werden. Für die nachgeordneten Stellen kann dies u. U. bedeuten, dass sie zwei unterschiedliche Anweisungen erhalten (Problem des Mehrliniensystems).

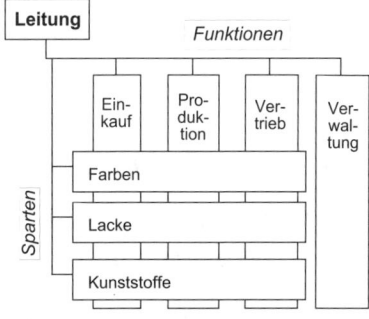

• *Teamorganisation*:
Hier liegt die disziplinarische Verantwortung
für Mitarbeiter bei dem jeweiligen Linienvor-
gesetzten (vgl. Linienorganisation). Um eine
verbesserte Objektorientierung (oder Verrich-
tungsorientierung) zu erreichen, werden über-
schneidende Teams gebildet. Die fachliche
Weisungsbefugnis für das Team liegt bei dem
betreffenden Teamleiter. Beispiel (verkürzt):
Ein Unternehmen der Informationstechnologie
hat die drei Funktionsbereiche Hardware, Software und Dokumentation.

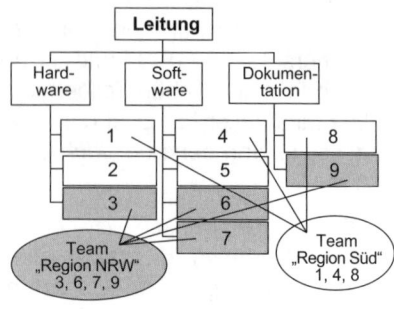

Um eine bessere Marktorientierung und Ausrichtung auf bestimmte Großkunden
(oder Regionen) zu realisieren, werden z. B. zwei Teams gebildet: Team „Region
NRW" und Team „Region Süd". Die Zusammensetzung und zeitliche Dauer der Teams
kann flexibel sein.

02. Was sind ergebnisorientierte Organisationseinheiten?

• Die Unternehmensleitung steuert bestimmte Kostenstellen nach dem sog. Cost-
center-Prinzip. Es hat erhebliche Nachteile: Es besteht oft kein Anreiz, die Kosten zu
unterschreiten; außerdem geht der Zusammenhang zwischen „Kosten und Leistungen" der Abteilung verloren.

Um diese Nachteile zu vermeiden werden heute zunehmend bestimmte Organisationseinheiten in der Produktion und im Vertrieb als geschlossene Einheit gefasst,
die nur über die Ergebnissteuerung geführt werden.

• Dieses Prinzip nennt man „Ergebnisorientierung" oder *„Profit-Center-Prinzip"*.

Der Leiter eines Profitcenters ist der Geschäftsführung „nur noch" hinsichtlich des
erwirtschafteten Ergebnisses verantwortlich. Welche Maßnahmen er dazu ergreift,
sprich „welche Kosten er dabei produziert", ist zweitrangig. Das angestrebte Ergebnis
wird im Wege der Zielvorgabe oder der Zielvereinbarung (= Management by Objectives) festgeschrieben. Der Gewinn, sprich „Profit", ist der Saldo von „Leistungen -
Kosten" bzw. „Umsatz - Kosten".

1.6.4 Ablauforganisation (Prozessorganisation)

1.6.4.1 Organisation betrieblicher Abläufe
(Prozesse und ihre Ordnungskomponenten)

01. Welche Aufgaben und Ziele verfolgt die Ablauforganisation?

Bei der Aufbauorganisation stehen die Gliederungskriterien *Verrichtung* (*„Was?"*) und
Objekt (*„Woran?"*) im Vordergrund. Bei der Ablauforganisation werden zusätzlich die
Merkmale *Raum* (*„Wo?"*) und *Zeit* (*„Wann?"*) berücksichtigt.

Die Ablauforganisation (Prozessorganisation) hat folgende *Zielsetzungen*:

- Arbeiten mit dem geringsten Aufwand zu erledigen (Wirtschaftlichkeitsprinzip)
- Bearbeitungs- und Durchlaufkosten zu minimieren
- Bearbeitszeiten und -fehler zu minimieren
- Termine einzuhalten
- Kapazitäten optimal zu nutzen
- Arbeitsplätze human zu gestalten.

02. Wie erfolgt die Arbeitsanalyse und -synthese?

- *Arbeitsanalyse*:
  Die Ablauforganisation untersucht die Einzelaufgabe „niedrigster Ordnung" (z. B. Bearbeiten einer Eingangsrechnung). Bei dieser Analyse lassen sich

  - die einzelnen *Verrichtungen* („Bearbeiten", „Prüfen" usw.),
  - die beteiligten *Stellen* („Einkauf", „Poststelle" usw.) sowie
  - der *Fluss* des Bearbeitungsgegenstandes („Rechnung")

  erkennen und sachlogisch strukturieren (Ist- und Sollstruktur).

- *dreistufige Arbeitsanalyse:*

Arbeitsgang	Gangstufe	Gangelement
		Brief öffnen
	Bestellung entgegennehmen	Eingangsstempel
		weiterleiten
	Bestellung prüfen	formal prüfen
		sachlich prüfen
Kundenbestellung bearbeiten bis zur Auftragsbestätigung	Bonität prüfen	OP-Liste prüfen
		Kredit prüfen
		Belieferung entscheiden
		.... usw.

- Im Rahmen der sog. *Arbeitssynthese*
  werden die gewonnenen Gangstufen und Gangelemente so miteinander kombiniert, dass sie zeitlich, räumlich, kostenmäßig, funktionell und ergonomisch sinnvoll sind – im Sinne der unter Frage 01. beschriebenen Ziele.

- *Erfassen der Arbeitsabläufe*:
Im Rahmen der Arbeitsanalyse und der Arbeitssynthese ist es für den Organisator erforderlich, folgende Fragen zu beantworten:

Fragestellung	Aspekt
Wann? Wie lange?	Zeit
Wo? Woher? Wohin?	Raum
Wie viel?	Menge
entweder – oder sowohl – als auch	logische Beziehung

03. Welche Verfahren zur Erhebung des Istzustandes kennt man?

- Befragung (schriftlich, mündlich)
- Beobachtung (Dauerbeobachtung, Multimomentaufnahme)
- Arbeitsablaufstudien
- Arbeitszeitstudien
- Kommunikationsanalyse

04. Welche Gliederungsprinzipien gelten in der Ablauforganisation?

- sachliche Prinzipien: Verrichtung, Objekt, Raum, Zeit
- formale Prinzipien: Rang, Phase, Zweckbeziehung.

Dabei bezeichnet man

- die Zusammenfassung gleichartiger Teilaufgaben als Zentralisation
- die Trennung gleichartiger Teilaufgaben als Dezentralisation.

Aufgrund dieser Gestaltungsprinzipien haben sich in Theorie und Praxis verschiedene Organisationsformen der Ablauforganisation herausgebildet, z. B.:

- Zentralisation nach dem Prinzip „Verrichtung" = Werkstattprinzip
- Zentralisation nach dem Prinzip „Objekt" = Bandprinzip, Fließfertigung
- Zentralisierung/Dezentralisierung nach dem Prinzip „Raum"
- Zentralisierung/Dezentralisierung nach dem Prinzip „Zeit".

05. Nach welchen Gesichtspunkten sind Handlungsvorgänge zu analysieren bzw. Arbeitsprozesse zu gestalten?

Handlungsvorgänge bzw. Arbeitsprozesse müssen wirtschaftlich gestaltet sein; Ziel ist es, Dauer und Kosten eines Vorgangs zu minmieren – bei hoher Qualität und ergonomischer Anordnung. Bei der Analyse von Handlungsvorgängen bzw. Arbeitsprozessen werden die Ablaufstrukturen zerlegt und u. a. nach folgenden Gesichtspunkten bewertet:

Analyse von Arbeitsprozessen nach den Merkmalen ...			
Arbeitsinhalt	Arbeitszeit	Arbeitsraum	Arbeitszuordnung

06. Welche Aspekte werden bei der Analyse von Arbeitsinhalten betrachtet?

Bei der *Analyse und Optimierung von Arbeitsinhalten* werden folgende Aspekte betrachtet:

* Artteilung, Mengenteilung
* Grad der Spezialisierung
* Delegationsumfang: Eigen-/Fremdbestimmung, Eigen-/Fremdverantwortung
* Motivation der Mitarbeiter.

07. Welche Aspekte werden bei der Analyse von Zeiten für Arbeitsvorgänge betrachtet?

Bei der *Analyse und Optimierung der Zeiten* für Arbeitsvorgänge bedient man sich der *Ablaufarten* nach REFA.

Ablaufarten sind Ereignisse, die beim Zusammenwirken von Mensch, Betriebsmittel und Arbeitsgegenstand auftreten können. Zeitarten sind Zeiten für bestimmte, gekennzeichnete Ablaufabschnitte (Rüst-, Ausführungszeit).

Man unterscheidet Ablaufarten bezogen auf den Menschen, das Betriebsmittel und den Arbeitsgegenstand:

Ablaufarten (nach REFA)		
M Mensch	B Betriebsmittel	A Arbeitsgegenstand

08. Welches Ziel hat die raumorientierte Ablaufplanung?

Die *raumorientierte Ablaufplanung hat das Ziel,*

* einen möglichst geradlinigen Ablauf der Arbeiten zu gewährleisten,
* die Entfernungen zwischen sachlich zusammenhängenden Arbeitsplätzen zu minimieren und
* die Transportzeiten und -kosten gering zu halten.

Beispiel: Bild 1 zeigt den Arbeitsfolgenprozess in einem System „alt". Stellt man bei der Analyse der Raumordnung fest, dass sich Flusslinien überkreuzen, hin und her bewegen oder rückläufig sind, so sollten diese Vorgänge detaillierter untersucht werden. Bild 2 (System „neu") zeigt eine Optimierung der Arbeitsplatzanordnung.

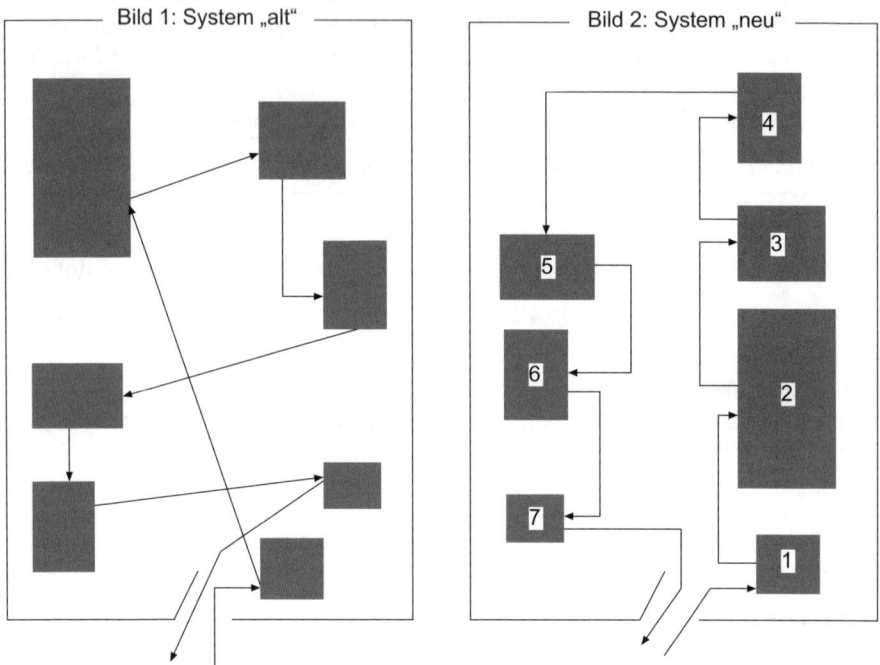

09. Welche Techniken zur Darstellung von Arbeitsabläufen sind in der Praxis gebräuchlich und wie kann man sie hinsichtlich ihrer Verwendung unterscheiden?

Für die Darstellung und Dokumentation von Istzuständen und Sollkonzepten in der Ablauforganisation bedient man sich verschiedener Techniken:

Darstellungstechniken der Ablauforganisation			
Aspekt „Verrichtung/Funktion"	Aspekt „Zeit"	Aspekt „Funktion + Zeit"	Aspekt „Raum"
Beispiele:			
• Arbeitsablaufdiagramm • Blockdiagramm • Flussdiagramm • Datenflussdiagramm	• Balkendiagramm • Meilensteindiagramm	• Listungstechnik • Netzplantechnik	• Raumorientierte grafische Darstellungen

1.6.4.2 Sonderprobleme der Ablauforganisation (Prozessorganisation) im Handel

01. In welche Teilprozesse lässt sich der Distributionsprozess vom Hersteller zum Endkunden zerlegen?

Der Handel ist das Distributionssystem zwischen Hersteller und Verbraucher bzw. Verwender (Endkunde). Der Gesamtprozess der Distribution vom Hersteller zum Endkunden lässt sich in Teilprozesse zerlegen, die parallel und/oder simultan verlaufen (die Darstellung ist vereinfacht):

1. *Warenbezogener Prozess* (auch: Warenfluss):
   Die Ware muss vom Hersteller zum Endkunden gelangen. Dabei können in der Beschaffung und im Absatz Spediteure/Lagerbetriebe zwischengeschaltet sein. Der Prozess ist zeitgebunden (Liefertermin, Verderblichkeit der Ware, Haltbarkeitsdatum/Kennzeichnung, keine Unterbrechung der Kühlkette) und der Warenfluss muss aus Gründen der Qualität, der Haftung, der Eigentumsfrage (Diebstahl, Schwund u. Ä.) bzw. aufgrund gesetzlicher Vorgaben (z. B. Herkunftsland, Erzeugernachweis; vgl. Fleisch-, Wurstwaren und Eiprodukte) lückenlos dokumentiert werden. Dazu gehört auch, dass jeder Artikel eindeutig identifiziert werden kann (vgl. z. B. Warenwirtschaftssystem). Im Regelfall ist der Warenfluss progressiv gerichtet. Bei Reklamation, Umtausch und anderen Sonderfällen ist der Prozess rückwärts gerichtet (retrograd; ggf. bis zurück zum Hersteller; vgl. Produkthaftungsgesetz).

Warenfluss						
Zulieferer	Spediteure, Lager-betriebe	Hersteller	Spediteure, Lager-betriebe	**Handel**	Spediteure	Endkunde

Berücksichtigt man die Subsysteme des Warenein- und -ausgangs, lässt sich der interne Warenfluss beim Handel noch weiter untergliedern, z. B.:

Warenfluss							
Liefe-rant	Waren-abholung	Waren-annahme	Eingangs-prüfung	Manipu-lation	Kommis-sionieren	Aus-lagern	Zustellung zum Kunden
	Handel						

2. *Monetärer Prozess* (auch: Geldfluss):
   Der Handel bezahlt seine Eingangsrechnungen und erhält Geld vom Endkunden. Dabei übernehmen unterschiedliche Elemente des Geldflusses eine wichtige Funktion: Bare/unbare Zahlung; Kassensysteme; Home Banking; EC-Kartensysteme; Payback-Systeme; Fragen der Datensicherheit und des Datenschutzes (Diebstahl/Fälschung von EC-Karten, Kundenkarten u. Ä.). Auch hier kann der Prozess ggf. rückwärts gerichtet sein (Reklamation/Rücknahme, nachträglicher Nachlass, Re-

gressforderung usw.; vgl. oben: Warenfluss). Der Geldfluss kann durch Banken oder Finanzierungssysteme unterstützt werden (Konsumentenkredit über Banken, Handel oder Hersteller; Ratenzahlungsvereinbarungen; Kauf oder Leasing u. Ä.).Warenfluss und Geldfluss können simultan erfolgen (Barkauf: Geld gegen Ware); oder auch zeitlich versetzt sein (Ratenkauf, Kreditkauf, Bezahlung mit Kundenkarte/EC-Karte). Im letzteren Fall können Fragen der Kreditwürdigkeit und der Eigentumssicherung eine Rolle spielen (Eigentumsvorbehalt, Pfandrecht, Bonität des Kunden usw.).

Geldfluss						
Zulieferer	Banken, Finanzie-rungssys-teme	Hersteller	Banken, Finanzie-rungssys-teme	Handel	Banken, Finanzie-rungssys-teme	Endkunde

3. *Eigentumsprozess* (auch: Eigentumsfluss):
Übergang des Eigentums von einem Teilnehmer des Distributionsprozesses zum anderen.

Eigentumsfluss						
Zulieferer	→	Hersteller	→	Handel	→	Endkunde

4. *Informationsprozess* (auch: Informationsfluss):
Der Informationsfluss lässt sich unterteilen in den warenbezogenen und den sonstigen Informationsfluss.

Warenbezogener Informationsfluss:
Für ein funktionierendes Warenwirtschaftssystem muss die Ware eindeutig gekennzeichnet werden (Menge, Preis, Haltbarkeitsdatum u. Ä.). Der Handel setzt dabei verschiedene Systeme der Datenerfassung und -übertragung ein (z. B. Barcode, RFID; vgl. Frage 02.). Zur Optimierung der Prozesskette ist es heute in weiten Bereichen gelungen, die Warenkennzeichnung zwischen den einzelnen Distributionsstufen zu vereinheitlichen. Auch setzt der Handel leistungsfähige Systeme der Warenidentifizierung ein (EAN, SSCC usw.).

Sonstiger Informationsfluss:
Der Handel ist bestrebt, von den vor- und nachgelagerten Teilnehmern des Distributionsprozesses Informationen zu erhalten, die nicht direkt warenbezogen sind. So wird z. B. angestrebt, über Preisausschreiben die persönlichen Daten, Vorlieben und Verkaufsverhalten des Kunden in Erfahrung zu bringen und datenmäßig zu verdichten. Ähnliche Informationen können über Payback-Karten und Kundenkarten gewonnen werden. Im Online-Handel sind diese Ziele bereits vielfach realisiert (vgl. eBay, amazon). Energisch wendet sich der Verbraucherschutz gegen Selbstzahlerkassen, weil hier eine eindeutige Verknüpfung zwischen dem gekauften Warensortiment und einem identifizierten Kunden hergestellt werden kann.

Vgl. dazu auch unter 1.6.5 Informationsorganisation.

				Informationsfluss			

Zulieferer	Spediteure, Lager- betriebe	Hersteller	Spediteure, Lager- betriebe	**Handel**	Spediteure	Endkunde

02. Welche Systeme der Warenerfassung und -kennzeichnung sowie der Informationserfassung und -übertragung werden im Handel eingesetzt?

Kleines ABC der Informationstechnologie im Handel:

AM	Akustomagnetische Technik der Warensicherung: Im Ausgangsbereich des Verkaufsraums sendet ein System Ultraschall-Schwingungen aus, die zwei dünne Metallplättchen in der Warenetikettierung in Schwingung versetzen. Das System erkennt diese Schwingungen und löst Alarm aus. Bei ordnungsgemäßer Bezahlung der Ware wird das Etikett entfernt oder deaktiviert.
AA	Autoaktive Technik der Warensicherung: Aktive Sicherungsetiketten an der Ware lösen beim Versuch, sie zu entfernen oder zu manipulieren, selbsttätig Alarm aus.
CPFR	Collaborative Planning, Forecasting and Replenishment (dt.: gemeinsame Planung, Prognose und Management): Innovativer, internetbasierter Prozess zur Optimierung der Informations- und Warenströme zwischen Hersteller und Handel, der Ende der 90er-Jahre entwickelt wurde.
Data Warehouse	Datenbanksystem, dass interne und externe Daten (Datenbanken) verknüpft, bündelt und selektive Datenabfragen erlaubt.
EAN	EAN-Code: Artikelkodierung (Internationale Artikelnummerierung; früher: Europäische Artikelnummerierung; maschineller Strichcode auf der Ware. Die Vergabe der EAN an den Hersteller erfolgt durch die GS1. Die EAN ist Bestandteil des EPC (Electronic Product Code).
EDI	Electronic Data Interchange (Elektronischer Datenaustausch innerhalb eines Unternehmens oder zwischen Unternehmen): Ziel ist die Beschleunigung des Datenaustausches, die Fehlerreduzierung und die Kostensenkung. EDI erlaubt eine Senkung der Warenbestände bei gleichzeitiger Verbesserung der Warenverfügbarkeit.
EAS	Europäische Artikelsicherung: Verhindert durch Anbringen von Sicherungsetiketten Warendiebstahl, Manipulation der Warenauszeichnung bzw. Vertauschen der Verpackung. Es gibt vier Systeme: AM, AA, EM, RFID.
EM	Elektromagnetische Technik zur Warensicherung: Das System erkennt ein speziell ausgewähltes Metall an der Ware und löst Alarm aus.
ESL	Electronic Shelf Labeling (Elektronische Preisauszeichnung): Die Verkaufsregale sind mit elektronischen Preisschildern ausgestattet (Displays). Über ein WLAN (Wireless Local Area Network) können Preisänderungen direkt an das Regaldisplay sowie an die Kasse gesendet werden. Das System wird bereits vereinzelt eingesetzt.

EPC	Electronic Product Code: Identifikationsnummer, die sich aus der EAN und einer neunstelligen Seriennummer zusammensetzt. Damit können zusätzliche Artikeldaten (Hersteller, Markenbezeichnung) gespeichert werden, sodass der Warenfluss lückenlos zu identifizieren ist. Trägertechnologie ist die RFID.
GS1	Global Standards One: Zusammenschluss von EAN International mit der amerikanischen Organisation UCC (Uniform Code Council) im Jahr 2004 zur international ausgerichteten Organisation GS1. Ziel ist die Entwicklung eines einzigen, weltweit gültigen Standards der Artikelnummerierung.
GLN	Global Location Number: International gültige, eindeutige und überschneidungsfreie Nummer zur Identifizierung von Unternehmen, Tochtergesellschaften und Niederlassungen.
GTIN	Global Trade Item Number: International gültige, eindeutige und überschneidungsfreie Artikelnummer nach EAN-Standard; Voraussetzung für die Zuteilung ist die GLN.
Intelligente Waage	Eine Gemüse- und Obstwaage, die mit einer Kamera ausgestattet ist. Sie erkennt die Ware (Oberfläche, Wärmebild, Farbe), wiegt und druckt das Etikett für die Kasse.
Intelligentes Regal	vgl. ESL
Kennzeichnungspflicht	Pflicht zur Warenkennzeichnung aufgrund gesetzlicher Vorgaben (z. B. Mindesthaltbarkeit, Materialzusammensetzung, Pflegeanleitung; als Text und/oder Symbol); Grundlage ist das Lebensmittel- und Bedarfsgegenständegesetz.
Kundenkarte (auch: Payback-Karte)	Karte im EC-Format, die für einen Kunden persönlich ausgestellt wurde (von Unternehmen, von einer Werbegemeinschaft oder von spezialisierten Serviceunternehmen); dazu gehört die Payback-Karte (mit/ohne Kreditkartenfunktion). Gewährt werden z. T. besondere Konditionen und Rabatte (Rückvergütung). Vorteile für das Unternehmen: Kundenbindung und Informationsverdichtung über das Konsumverhalten des Kunden.
Ladendiebstahl	Der Warenverlust wird im Handel auf 1 % des Umsatzes geschätzt; vgl. auch: AA, AM, EM, RFID.
NVE	Nummer der Versandeinheit; vgl. EAN-128-Code
PSA	Personal Shopping Assistant (Persönlicher Einkaufsberater): Der Begriff bezeichnet einen kleinen, mobilen Computer der am Einkaufswagen des Kunden angebracht ist. Er ist mit Touchscreen und Barcodeleser ausgestattet, informiert den Kunden (Warenpreis, Warenstandort im Markt, Gesamtsumme des getätigten Einkaufs). An der Kasse werden die Warendaten automatisch übernommen. Für den Kunden entfällt das lästige Umpacken der Waren auf das Band. In der Weiterentwicklung soll es für den Kunden möglich sein, am privaten PC zu Haus seine Bestellung mit Unterstützung des PSA zu erstellen und per Internet an den Future Store zu senden.
Preisauszeichnungspflicht	Die Preisauszeichnung ist im Einzelhandel gesetzlich vorgeschrieben (Preisangabenverordnung von 1985).

RFID	Radiofrequenz-Identifikation: Die Artikelnummer (EPC) ist auf einem Smart-Chip unter dem Warenetikett angebracht. Der Smart Chip verfügt über eine Miniantenne, sodass die EPC ohne Sichtverbindung von einem Empfangsgerät (Reader) gelesen werden kann. Die Reichweite liegt zwischen einem und zehn Metern. Die RFID kann auch zur Warensicherung eingesetzt werden: Mithilfe von Sende- und Empfangsantennen wird ein räumlich begrenztes Frequenzfeld erzeugt. Wird eine Ware aus diesem Feld entfernt, ertönt ein Alarmsignal.
Scanner	Das Gerät liest über einen Lichtstrahl den Barcode und wandelt die Information in elektrische Signale um. Dadurch können die Informationen an einer Scanner-Kasse zum Warenwirtschaftssystem weitergeleitet werden. Dies erlaubt z. B. eine tagesgenaue Bestandsführung und Umsatzermittlung je Artikel/Artikelgruppe.
Self-Checkout	System der Selbstzahlerkasse: Der Kunde scannt die Ware selbst und bezahlt (bar/EC-Karte/Kreditkarte) an einem Automaten ohne den Einsatz von Verkaufspersonal.
SSCC	Serial Shipping Container Code (auch: NVE, Nummer der Versandeinheit): Weltweit eindeutige und überschneidungsfreie Nummer der Versandeinheit (Palette, Karton) usw.) als Strichcode. Damit kann jede Transporteinheit innerhalb des logistischen Prozesses eindeutig identifiziert werden.
SINFOS	Dienstleistungsunternehmen, das Artikelstammdaten sammelt und weitergibt. Damit wird ein Datenpool geschaffen, der die Informationsgewinnung für Lieferanten und Handelsunternehmen auf eine Datenbank konzentriert.
Extranet	Beim Extranet wird das Internet durch eine Komponente erweitert, die nur von einem ausgewählten Kreis externer Benutzer verwendet werden kann (z. B. Kunden, Händler, Agenturen). Das Extranet ist für die Öffentlichkeit nicht zugänglich.

Quellen: Die Beschreibungen basieren auf Darstellungen im Metro-Handelslexikon 2014/2015, eigenen Internet-Recherchen sowie auf der zu diesem Handlungsbereich angegebenen Fachliteratur.

1.6.5 Informationsorganisation

01. Welche Entscheidungen sind bei der Gestaltung der Organisation hinsichtlich des Informationsflusses zu treffen?

Gestaltung der Organisation hinsichtlich des Informationsflusses	
Entscheidungen	*Beschreibung und Beispiele*
Gestaltung der Informationswege: → **Richtung**	• Längsverbindungen • Querverbindungen • Diagonalverbindungen • Außenverbindungen
Gestaltung der Informationswege: → **Holschuld/Bringschuld**	• einseitige Hol-/Bringschuld • zweiseitige Hol-/Bringschuld

Gestaltung der Informationswege: → **Stufung**	• direkt vom Informationslieferanten zum Empfänger • indirekt vom Informationslieferanten zum Empfänger über zwischengeschaltete Informationsträger
Gestaltung der Informationswege: → **Informationsgehalt**	• Mitteilung • Anweisung • Richtlinie • Kontrolle
Gestaltung der Informationsprozesse	1. Informationsbedarf 2. Informationsgewinnung und -bewertung 3. Informationsverarbeitung 4. Informationsspeicherung 5. Informationsbereitstellung
Festlegung der Informationsträger	• Papier • EDV-Speicher (analog/digital) • Mikrofilm • menschliches Gedächtnis
Gestaltung des Informationsmanagement	• Hard-/Software • Qualität/Quantität der Daten • Datenschutz/Datensicherung/Datensicherheit • Kommunikationssysteme/-dienste • Ergonomie, Flexibilität, Verfügbarkeit, Aktualität • strategisch/operativ

02. Welche Besonderheiten der Informationsorganisation sind beim Handel zu erkennen?

Um abgesicherte Marketingentscheidungen treffen zu können, benötigt der Handel eine Fülle von Informationen aus unterschiedlichen Systemen (Umwelt/Umsystem, Lieferanten, Kunden, interne Subsysteme). Es werden also vor allem folgende Informationen benötigt:

1. *Informationen aus dem Umsystem (Umwelt),* z. B.:
   Gesetzesänderungen, Branchenentwicklung, Bevölkerungsentwicklung, Besonderheiten der Absatzregion, Weltwirtschaft und EU.

2. *Informationen aus den Nachbarsystemen,* z. B.:
   Lieferanten, Kunden, Wettbewerber

3. *Informationen aus dem System* (aus dem Handelsunternehmen selbst), z. B.:
   Aufbaustruktur, Unternehmenspotenziale, Finanzkraft

4. *Informationen aus den Subsystemen* (interne Untersysteme des Handelsunternehmens), z. B.:
   Warenwirtschaftssystem, Personalinformationssystem, System Rechnungswesen, Vertriebssystem usw.

Dabei wird angestrebt, diese Informationsebenen datentechnisch zu normieren und zu verknüpfen. Ansätze dazu gibt es bereits über geeignete MIS (Managementinformationssysteme) bzw. über das Data Warehouse-Konzept.

1.6.6 Instrumente der Organisation

01. Welche Instrumente der Organisation werden eingesetzt?

Zur Realisierung organisatorischer Zielsetzungen lassen sich unterschiedliche Instrumente der Organisation einsetzen. Man subsumiert unter dem Begriff „Organisationsinstrumente" im Allgemeinen folgende „Werkzeuge":

1. *Organisationsmittel:*
   - Sachmittel (z. B. Arbeitsmittel, Arbeitsräume, Ordnungsmittel)
   - Mittel zur Datenverarbeitung (z. B. Hardware, Software, Orgware)
   - Kommunikationsmittel (z. B. Telefon, Telefax, Internet, Intranet).

2. *Hilfsmittel:*
   - Organisationsprinzipien
   - Anweisungen, Regelungen
   - Organisationsmodelle
   - Tools (z. B. Grafikprogramme zur Darstellung der betrieblichen Strukturen und Abläufe)
   - Maßnahmen (z. B. Schulung, Information).

3. *Organisationstechniken:*
   - Techniken der Ist-Aufnahme (z. B. Fragebogen, Selbstaufschreibung)
   - Analysetechniken (z. B. Checklisten, ABC-Analyse).

4. Organisationsmethoden, z. B.:
   - 3-Stufen-Methode
   - 6-Stufen-Methode nach REFA (vgl. 1.6.2).

Aus der Fülle der Organisationsinstrumente werden lt. Rahmenplan beschrieben:

| Organisations-handbuch | Das Organisationshandbuch ist eine gegliederte Zusammenfassung der allgemein gültigen betrieblichen Regelungen und Vorschriften. Es ist somit eine Dokumentation organisatorischer Sachverhalte. Es dient als Nachschlagewerk für die Mitarbeiter zur schnellen und gezielten Information. Durch die systematische Darstellung aller Regelungen kann eine ständige Weiterentwicklung der Gesamtorganisation abgesichert werden. Analog zu den Arbeitsanweisungen gilt: Das Organisationshandbuch ist laufend zu aktualisieren und es ist ein Element der Zertifizierung nach DIN ISO 9000. |

Betriebs-ordnung	Die Betriebsordnung ist ein Regelwerk über Verhaltensnormen sowie über die Handhabung sozialer Angelegenheiten im Betrieb und liegt meist in Form einer Betriebsvereinbarung vor; sie ist mitbestimmungspflichtig nach § 87 Abs. 1 Nr. 1 BetrVG. Typische Regelungssachverhalte sind: Torkontrollen, Rauch- und Alkoholverbote, Arbeitszeiten, Pausen, Urlaubsregelung, Unfall- und Schadensvergütung, Betriebliches Vorschlagswesen (BVW), ggf. Sozialleistungen, Ordnungsstrafen usw.
Stellen-beschreibung	Stellenbeschreibungen sind u. a. ein Instrument zur Dokumentation der betrieblichen Aufbaustruktur und enthalten alle wesentlichen Merkmale einer Stelle (Zielsetzung, Hauptaufgaben usw.); vgl. ausführlich unter 3.5.2, S. 374.
Arbeits-anweisungen	Durch eine Arbeitsanweisung werden Inhalt, Ort und Zeit einer Arbeitsleistung festgelegt. Der Arbeitgeber kann die Anweisung auch mit exakten Vorgaben zur Ausführung der Tätigkeit verbinden (schriftlich/mündlich). Das „Weisungsrecht" des Arbeitgebers ist u. a. in § 106 GewO festgelegt. Die Arbeitsanweisung hat unterschiedliche Funktionen/Aspekte: Führungsfunktion, Kontrollfunktion, Sicherheitsfunktion (für bestimmte gefahrgeneigte Arbeiten ist eine schriftliche Arbeitsanweisung vorgeschrieben). Außerdem sind Arbeitsanweisungen ein Element des Organisationshandbuches im Rahmen der Zertifizierung nach DIN ISO 9000. Arbeitsanweisungen sind laufend zu aktualisieren.
Führungs-anweisungen	Das Instrument „Allgemeine Führungsanweisung" geht zurück auf das Harzburger Modell. Es werden die Führungsprinzipien in einer für alle Mitarbeiter verbindlichen „Allgemeinen Führungsanweisung" festgelegt; sie besteht aus mehreren Elementen. Dadurch soll ein einheitlicher Führungsstil erreicht werden. Das Instrument hat heute an Bedeutung verloren, wird als zu starr empfunden und wurde in einigen Großunternehmen durch sog. Führungsleitlinien ersetzt; vgl. ausführlich unter 3.3.1, Dimensionen von Führungsanweisungen.

02. Wann sind Arbeitsanweisungen schriftlich zu verfassen?

Arbeitsanweisungen werden vom Vorgesetzten dann schriftlich gegeben, wenn die Arbeitsweise, in der der Mitarbeiter die Aufgabe erledigen soll, genau vorgeschrieben sein muss (z. B. Qualitätsvorgaben, Mengenvorgaben, Aspekte des Arbeits- und Gesundheitsschutzes, Dokumentation).

Unklare Arbeitsanweisungen können zu Terminüberschreitungen, fehlerhafter Arbeit und ähnlichen Störungen des Arbeitsablaufs führen – oft verbunden mit fruchtlosen Diskussionen „wer nun die Schuld trägt" (Führungsaspekt).

03. Wie müssen schriftliche/mündliche Arbeitsanweisungen verfasst werden?

Der Vorgesetzte trägt in jedem Fall die Verantwortung dafür, dass seine Arbeitsanweisungen ausgeführt werden. Dies setzt voraus, dass sie verstanden wurden. Die nachfolgenden *Leitsätze* können als Hilfestellung bei der Formulierung von Arbeitsanweisungen eingesetzt werden:

1. Knapp, präzise formulieren; dabei
   * die Arbeit genau bezeichnen,
   * Mengen und Termine nennen und
   * Qualitätsvorgaben machen!

2. Nicht zu schnell reden und – vor allem – nicht schreien!

3. Zum Nachdenken ermuntern!

4. Keine Redewendungen von sich geben wie: „Das sagte ich schon" oder „Wie oft soll ich das noch sagen". Diese Äußerungen helfen in der Sache nicht weiter, sie verärgern den Mitarbeiter höchstens. Geduld zeigen!

5. Anweisungen nicht über Dritte geben!

6. Anweisungen begründen!

7. Die Mitarbeiter mit Herr bzw. Frau ansprechen (nicht: „Huber, holen Sie mal die Vorrichtung")!

8. Die Anweisungen in Form einer Bitte äußern („Der Ton macht die Musik"; nicht: „Zu mir ...")!

9. Die „Sprache" des Mitarbeiters sprechen!

1.7 Angewandte Kosten- und Leistungsrechnung

1.7.1 Stellung der Kostenrechnung im System des betrieblichen Rechnungswesens

01. In welche Teilgebiete wird das Rechnungswesen gegliedert?

Teilgebiete des betrieblichen Rechnungswesens			
Buchführung	Kostenrechnung	Statistik	Planungsrechnung
↓	↓	↓	↓
Zeitrechnung	Stück-/Zeitraumrechnung	Vergleichsrechnung	Vorschaurechnung

Buchführung	**Zeitrechnung:** Alle Aufwendungen und Erträge sowie alle Bestände der Vermögens- und Kapitalteile werden für eine bestimmte Periode erfasst (Monat, Quartal, Geschäftsjahr).
	Dokumentation: Aufzeichnung aller Geschäftsvorfälle nach Belegen; die Buchführung liefert damit das Datenmaterial für die anderen Teilgebiete des Rechnungswesens.
	Rechenschaftslegung: Nach Abschluss einer Periode erfolgt innerhalb der Buchführung ein Jahresabschluss (Bilanz und Gewinn- und Verlustrechnung), der die Veränderung des Vermögens und des Kapitals sowie des Unternehmenserfolges darlegt.

Kostenrechnung auch: Kosten- und Leistungsrechnung, KLR):	**Stück- und Zeitraumrechnung:** Erfasst pro Kostenträger (Stückrechnung) und pro Zeitraum (Zeitrechnung) den Werteverzehr (Kosten) und den Wertezuwachs (Leistungen), der mit der Durchführung der betrieblichen Leistungserstellung und Verwertung entstanden ist.
	Überwachung der Wirtschaftlichkeit: Die Gegenüberstellung von Kosten und Leistungen ermöglicht die Ermittlung des Betriebsergebnisses und die Beurteilung der Wirtschaftlichkeit innerhalb einer Abrechnungsperiode.

Statistik	**Auswertung:** Verdichtet Daten der Buchhaltung und der KLR und bereitet diese auf (Diagramme, Kennzahlen).
	Vergleichsrechnung: Über Vergleiche mit zurückliegenden Perioden (innerbetrieblicher Zeitvergleich) oder im Vergleich mit anderen Betrieben der Branche (Betriebsvergleich) wird die betriebliche Tätigkeit überwacht (Daten für das Controlling) bzw. es werden Grundlagen für zukünftige Entscheidungen geschaffen.

Planungs-rechnung	Aus den Istdaten der Vergangenheit werden Plandaten (Sollwerte) für die Zukunft entwickelt. Diese Plandaten haben Zielcharakter. Aus dem Vergleich der Sollwerte mit den Ist-Werten der aktuellen Periode können im Wege des Soll-Ist-Vergleichs Rückschlüsse über die Realisierung der Ziele gewonnen werden bzw. es können angemessene Korrekturentscheidungen getroffen werden.

02. Was ist das Hauptziel der Kosten- und Leistungsrechnung (KLR)?

Die Kostenrechnung wird auch als *Kosten- und Leistungsrechnung (KLR)* bezeichnet. Ihr *Hauptziel* ist die Erfassung aller Aufwendungen und Erträge, die mit der Tätigkeit des Betriebes in engem Zusammenhang stehen. In engem Zusammenhang mit der Tätigkeit eines Handelsbetriebes stehen alle Aufwendungen und Erträge, die sich im Rahmen der Funktionen Beschaffung, Leistungserstellung (z. B. Warenmanipulation, Kommissionierung) und Absatz ergeben.

* Die *betriebsbezogenen Aufwendungen* werden als *Kosten* bezeichnet (z. B. Wareneinsatz, Löhne und Gehälter, Lagerkosten).

* Die *betriebsbezogenen Erträge* nennt man *Leistungen* (z. B. Umsatzerlöse).

* *Hauptziel der KLR ist also die periodenbezogene Gegenüberstellung der Kosten und Leistungen und die* Ermittlung des Betriebsergebnisses:

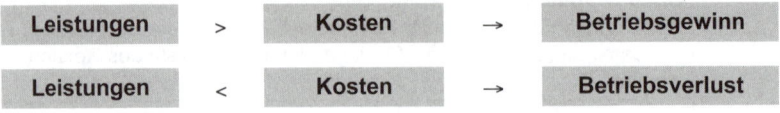

Leistungen	>	Kosten	→	Betriebsgewinn
Leistungen	<	Kosten	→	Betriebsverlust

03. Welche Aufgaben hat die KLR?

Aus dem Hauptziel der KLR, der periodenbezogenen Ermittlung des Betriebsergebnisses, ergeben sich folgende Aufgaben:

Aufgaben der Kosten- und Leistungsrechnung			
Darstellungsaufgaben		**Planungsaufgaben**	**Kontrollaufgaben**
Ermittlung der Selbstkosten und der Leistungen einer Abrechnungsperiode	Ermittlung der Selbstkosten je Produkt/je Einheit (= Stückkosten)	Grundlage für die Unternehmensplanung (Sollvorgaben)	Kontrolle der Wirtschaftlichkeit (Controlling)
Grundlage für die Ermittlung der Verkaufspreise (Kalkulation)	Bewertung der Lagerbestände	Grundlage für die Unternehmensentscheidungen (z. B. Investitionen)	

04. Welche Stufen/Teilgebiete umfasst die KLR?

Stufen der Kosten- und Leistungsrechnung	**Kostenartenrechnung**	Welche Kosten sind entstanden?	Ermittlung der Kostenarten in Klasse 3 und 4 des Kontenrahmens Groß- und Außenhandel
	Kostenstellenrechnung	Wo sind die Kosten entstanden?	Aufteilung der Kosten auf die Kostenverursacher, z. B. Einkauf, Lager, Vertrieb, Verwaltung
	Kostenträgerrechnung	Wer hat die Kosten zu tragen?	Zuordnung der Kosten auf Artikel-/gruppe, Sorte, Auftrag mithilfe der Kalkulationsverfahren

1.7.2 Begriffe des betrieblichen Rechnungswesens

01. Welche Begriffe des betrieblichen Rechnungswesens muss der Handelsfachwirt unterscheiden können?

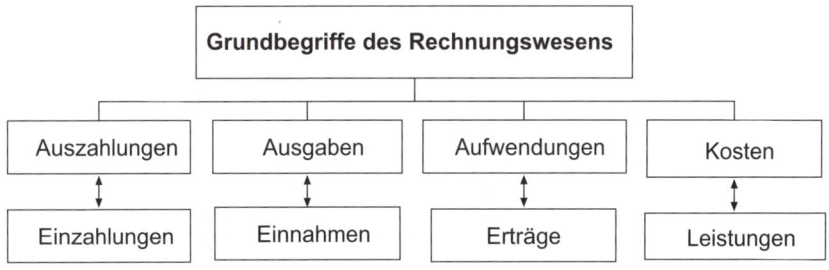

- *Auszahlungen* sind tatsächliche Abflüsse,
  Einzahlungen sind tatsächliche Zuflüsse von Zahlungsmitteln.

- *Einnahmen* sind Mehrungen,
  Ausgaben sind Minderungen des Geldvermögens.

Beispiel 1:
Der Betrieb kauft am 01.10. Ware mit einem Zahlungsziel von vier Wochen:
Der Kauf führt zu einer *Ausgabe am 01.10.* (Minderung des Geldvermögens). Der tatsächliche Abfluss von Zahlungsmitteln (*Auszahlung*) erfolgt *am 01.11.*

Im Gegensatz zur Finanzbuchhaltung will man in der KLR den tatsächlichen Verbrauch von Werten (= *Werteverzehr)* für Zwecke der Leistungserstellung festhalten. Dies führt dazu, dass die Begriffe der KLR und der Finanzbuchhaltung auseinander fallen:

- *Aufwendungen* sind der gesamte Werteverzehr; er ist zu unterteilen in den *betriebsfremden* Werteverzehr (= nicht durch den Betriebszweck verursacht; z. B. Spenden) und den *betrieblichen* Werteverzehr (= durch den Betriebszweck verursacht; z. B. Miete für eine Lagerhalle, Betriebssteuern).

Die betrieblichen Aufwendungen werden noch weiter unterteilt in:

- *ordentliche Aufwendungen*
  (= Aufwendungen die üblicherweise im „normalen" Geschäftsbetrieb anfallen) und
- *außerordentliche Aufwendungen*
  (= Aufwendungen, die unregelmäßig vorkommen oder ungewöhnlich hoch auftreten; z. B. periodenfremde Steuernachzahlungen, Aufwendungen für einen betrieblichen Schadensfall).

Die betrieblichen, ordentlichen Aufwendungen bezeichnet man auch als *Zweckaufwendungen.* Die betriebsfremden sowie die betrieblich-außerordentlich bedingten Aufwendungen ergeben zusammen die *neutralen Aufwendungen.*

Die Zweckaufwendungen bezeichnet man als *Grundkosten,* da sie den größten Teil des betrieblich veranlassten Werteverzehrs darstellen. Da sie unverändert aus der Finanzbuchhaltung in die KLR übernommen werden, heißen sie auch *aufwandsgleiche Kosten* (Aufwand = tatsächlicher, betrieblicher Werteverzehr = Kosten).

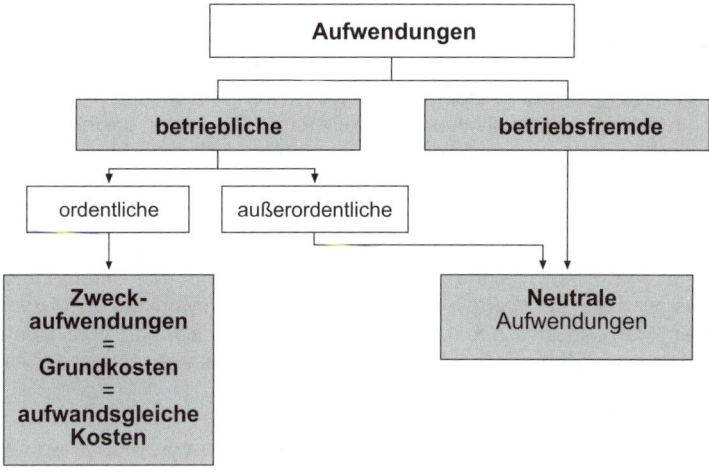

- Die Erträge werden analog zu den Aufwendungen gegliedert:
  Erträge sind der gesamte Wertezuwachs in einem Betrieb. Betrieblich bedingte, ordentliche Erträge sind *Leistungen*. Betriebsfremde Erträge sowie betrieblich bedingte, außerordentliche Erträge sind *neutrale Erträge:*

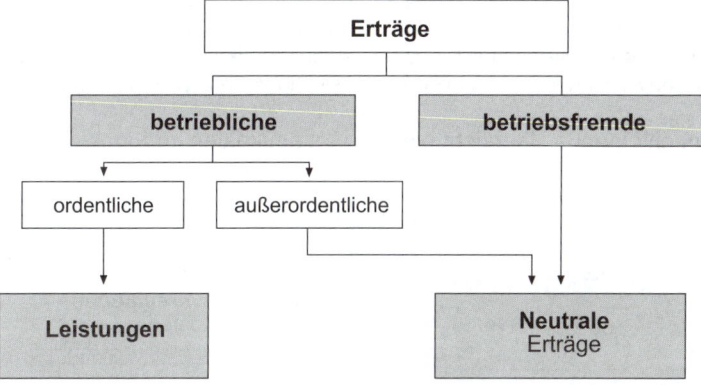

- *Kosten* sind der tatsächliche Werteverzehr für Zwecke der Leistungserstellung. Ein Teil der Kosten kann unmittelbar aus der Finanzbuchhaltung übernommen werden; Aufwand und Kosten sind hier gleich; dies ist der sog. Zweckaufwand = *Grundkosten.*

Für die Erfassung des tatsächlichen Werteverzehrs reicht dies jedoch nicht aus:

(1) *Zusatzkosten:*
Es gibt auch Kosten, denen kein Aufwand gegenübersteht (der Werteverzehr führt nicht zu Ausgaben). Sie heißen daher *aufwandslose Kosten* und zählen zur Kategorie der *Zusatzkosten.*

Beispiele:

- *Kalkulatorischer Unternehmerlohn*:
  Bei einem Einzelunternehmen erbringt der Inhaber durch seine Tätigkeit im Betrieb eine Leistung. Dieser Leistung steht jedoch keine Lohnzahlung (= Kosten) gegenüber. Damit trotzdem die Äquivalenz von Kosten und Leistungen gesichert ist, wird „kalkulatorisch" der Werteverzehr der Unternehmertätigkeit berechnet und in die KLR als „kalkulatorischer Unternehmerlohn" eingestellt.

- *Kalkulatorische Zinsen:*
  Wenn eine Personengesellschaft Fremdkapital von der Bank erhält, zahlt sie dafür Zinsen (= Kosten). Wenn der Inhaber Eigenkapital in das Unternehmen einbringt, muss auch hier der Werteverzehr erfasst werden, obwohl keine Aufwendungen vorliegen: Man erfasst also *rein rechnerisch („kalkulatorisch")* die Verzinsung des Eigenkapitals in der KLR, obwohl keine Aufwendungen dem gegenüberstehen.

(2) *Anderskosten:*
Bei den Anderskosten liegen zwar Aufwendungen vor, jedoch entsprechen die Zahlen der Finanzbuchhaltung nicht dem tatsächlichen Werteverzehr und müssen deshalb „anders" in der KLR berücksichtigt werden. Man nennt sie daher Anderskosten bzw. *aufwandsungleiche Kosten (Aufwand ≠ Kosten).*

Beispiel:
In der Finanzbuchhaltung wurde der Aufwand für den Werteverzehr der Anlagen (bilanzielle Abschreibung) gebucht. Diese Zahlen können jedoch z. B. nicht in die KLR übernommen werden, *weil der tatsächliche Werteverzehr anders ist.* Aus diesem Grunde wird ein anderer Berechnungsansatz gewählt („kalkulatorischer Wertansatz" → kalkulatorische Abschreibung). Analog berücksichtigt man z. B. kalkulatorische Wagnisse.

Die nachfolgende Übersicht gibt die Gesamtkosten im Sinne der KLR wieder:

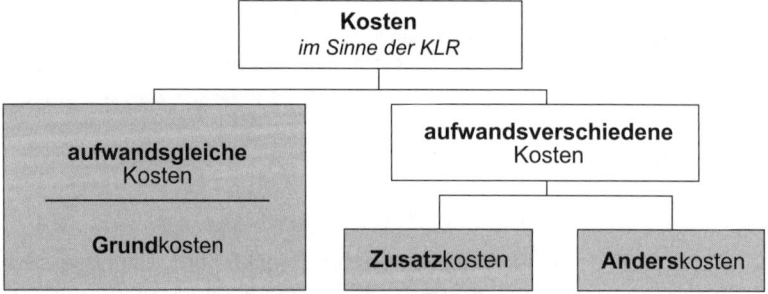

In Verbindung mit den oben dargestellten Ausführungen über „Aufwendungen" ergibt sich folgendes Bild:

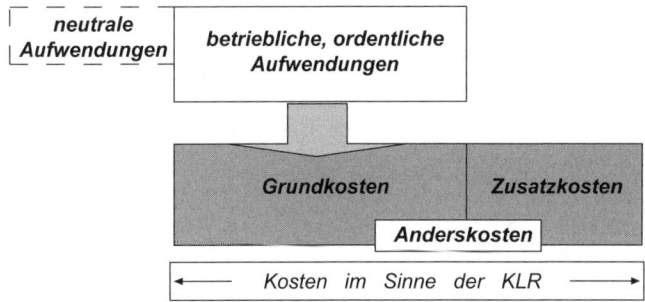

• Leistungen sind betriebsbedingte Erträge. Dies sind in erster Linie die Erträge aus *Absatzleistungen* sowie der *Mehrbestand am Lager.* Daneben kann es z. B. vorkommen, dass der Vorgesetzte den Bau einer Vorrichtung durch eigene Leute veranlasst; diese Vorrichtung verbleibt im Betrieb und wird nicht verkauft: Es liegt also ein betrieblich bedingter Werteverzehr (= Kosten, z. B. Material- und Lohnkosten) vor, dem jedoch keine Umsatzerlöse gegenüberstehen. Von daher wird diese *innerbetriebliche Leistungserstellung* als *„kalkulatorische Leistungserstellung"* in die KLR eingestellt.

In Verbindung mit der oben dargestellten Abbildung „Aufwendungen" ergibt sich folgende Struktur der *Leistungen*:

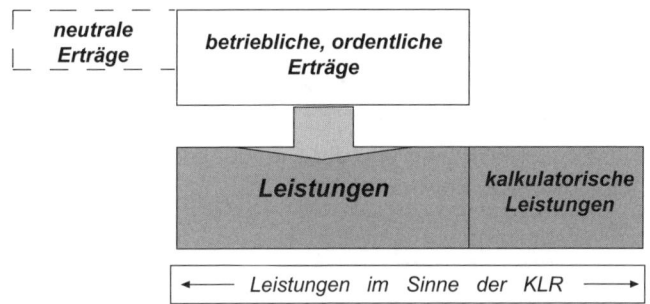

02. Wie setzt sich das Unternehmensergebnis (Gesamtergebnis) zusammen?

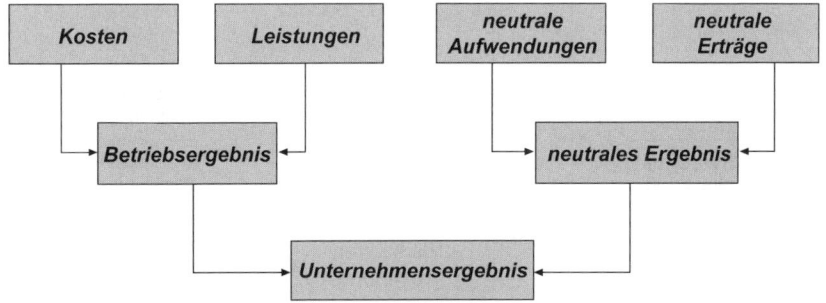

1.7.3 Kostenrechnungssysteme

01. Welche Systeme der Kostenrechnung gibt es?

• Die *Vollkostenrechnung* verrechnet alle Kosten auf die Kostenträger. Sie kann durchgeführt werden als
  - *Istkosten*rechnung,
  - *Normalkosten*rechnung,
  - *Plankosten*rechnung.

• Die *Teilkostenrechnung* bezieht nur die variablen Kosten auf die Kostenträger. Sie bedient sich
  - der *Istkosten* und
  - der *Plankosten*.

  → Beide Systeme arbeiten mit der Kostenarten-, Kostenstellen- und Kostenträgerrechnung.

• *Istkosten* sind tatsächlich entstandene Kosten (vergangenheitsbezogen). Im einfachen Fall gilt:

> Istkosten = Istmenge · Istpreis

• *Normalkosten* sind Durchschnittswerte der Vergangenheit (der Istkosten); sie dienen der Vorkalkulation.

• *Plankosten* werden ermittelt aufgrund der Erfahrungen der Vergangenheit und der Erwartungen an zukünftige Entwicklungen. Es gilt:

> Plankosten = Planmenge · Planpreis

• *Systeme der Kostenrechnung* im Überblick:

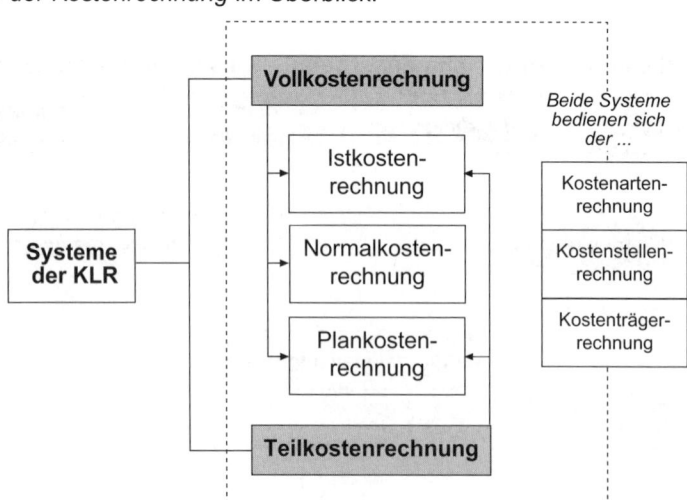

1.7.4 Kostenartenrechnung

01. Welche Aufgabe hat die Kostenartenrechnung?

Die Kostenartenrechnung hat die Aufgabe, alle Kosten zu erfassen und in Gruppen systematisch zu ordnen. Die Fragestellung lautet:

> → **Welche** Kosten sind entstanden?

02. Nach welchen Merkmalen können die Kostenarten in Handelsbetrieben gegliedert werden?

Legt man die betrieblichen *Funktionen* zu Grunde, so fallen folgende Kostenarten an:

- Beschaffungskosten
- Lagerkosten
- Manipulationskosten
- Kosten des Verkaufs
- Verwaltungskosten.

Gliedert man die Kosten nach den eingesetzten *Leistungsfaktoren* (Werteverzehr), so ergeben sich folgende Kostenarten:

- Kosten des Personals
- Kosten der Verkaufs- und Lagerräume
- Kosten der Ware
- Kosten des Kapitals
- sachliche Betriebsmittelkosten
- Kosten des Gesamtbetriebes.

Die Kontenklasse 4 teilt daher die Kostenarten z. B. auf in:

40	Personalkosten
41	Mieten, Pachten, Leasing
42	Steuern, Beiträge, Versicherungen
...	
47	Betriebskosten
49	Abschreibungen

Daneben gibt es noch weitere Gliederungsmerkmale der Kostenarten; im Überblick:

Gliederung der Kostenarten (Überblick)		
nach betrieblichen **Funktionen**	Beschaffungskosten Lagerkosten Manipulationskosten	Kosten des Verkaufs Verwaltungskosten
nach der Art der eingesetzten **Leistungsfaktoren**	Personalkosten Mieten, Pachten Steuern, Beiträge	Betriebskosten Abschreibungen
nach der Art der **Verrechnung**	**Einzelkosten**	Warenkosten = Wareneinsatz oder Aufwendungen für bezogene Ware
		Lohn- und Gehaltskosten
		Sondereinzelkosten des Verkaufs
	Gemeinkosten	Stromkosten, Lohngemeinkosten

nach der Art der **Kostenerfassung**	Grundkosten Anderskosten Zusatzkosten	
nach der Abhängigkeit von der **Beschäftigung**	**Fixe Kosten** **Variable Kosten**	Mischkosten

Der Unterschied zwischen Grundkosten und Zusatzkosten wurde bereits behandelt. Für den Handelsfachwirt ist es wichtig, Einzel- und Gemeinkosten sowie fixe und variable Kosten zu unterscheiden:

• *Einzelkosten können* dem einzelnen Kostenträger (Artikel, Auftrag) *direkt zugerechnet* werden.

• *Gemeinkosten* fallen für das Unternehmen insgesamt an und *können* daher *nicht direkt* einem bestimmten Kostenträger *zugerechnet werden*. Man erfasst die Gemeinkosten zunächst als Kostenart auf den Konten der Finanzbuchhaltung. Anschließend werden die Gemeinkosten über bestimmte *Verteilungsschlüssel* auf die Hauptkostenstellen umgelegt und später den Kostenträgern prozentual zugeordnet.

Beispiele: Steuern, Versicherungen, Gehälter, Hilfslöhne, Sozialkosten, kalkulatorische Kosten

• *Fixe Kosten sind beschäftigungsunabhängig* und für eine bestimmte Abrechnungsperiode konstant (z. B. Kosten für die Miete einer Lagerhalle, Gehälter für das Verwaltungspersonal, Zinsen, Gebäudeabschreibungen). Bei steigender Beschäftigung führt dies zu einem Sinken der fixen Kosten pro Stück (sog. *Degression der fixen Stückkosten*).

Zweckmäßig ist die Unterteilung in absolutfixe und sprungfixe Kosten; Beispiel: Die Gehälter des Verkaufspersonals sind absolutfixe Kosten. Bei zunehmender Auslastung des Geschäfts wird eine weitere Verkaufskraft eingestellt, die fixen Kosten steigen sprunghaft auf ein höheres Niveau (sprungfixe Kosten).

Außerdem können die Fixkosten in Nutzkosten und Leerkosten gegliedert werden; Beispiel: Wenn die neu eingestellte Verkaufskraft nicht voll ausgelastet ist, entstehen Leerkosten. Rechnerisch gilt:

Nutzkosten	= Fixkosten · Beschäftigungsgrad

Leerkosten	= Fixkosten - Nutzkosten

• *Variable Kosten verändern sich mit dem Beschäftigungsgrad*; steigt die Beschäftigung so führt dies z. B. zu einem Anstieg der Warenkosten, Transportkosten, Lagerkosten, Verpackungsmaterial und umgekehrt. Bei einem proportionalen Verlauf der variablen Kosten sind die variablen Stückkosten bei Änderungen des Beschäftigungsgrades konstant.

Die nachfolgende Abbildung zeigt *schematisch den Verlauf der fixen und variablen Kosten* sowie *der jeweiligen Stückkosten* bei Veränderungen der Beschäftigung. Dabei ist:

x = Ausbringungsmenge in Stück (Beschäftigung)

K_f = fixe Kosten $\dfrac{K_f}{x}$ = fixe Kosten pro Stück (k_f)

K_v = variable Kosten $\dfrac{K_v}{x}$ = variable Kosten pro Stück (k_v)

	Kosten	**Stückkosten**
fixe	K_f	$\dfrac{K_f}{x}$
variable	K_v	$\dfrac{K_v}{x}$

03. Warum ist eine vollständige Erfassung aller Kosten erforderlich?

Die Grundlage für die Kalkulation und die Kostenkontrolle ist die exakte und vollständige Erfassung aller Kosten. Nicht erfasste bzw. nicht korrekt erfasste Kosten und damit nicht kalkulierte bzw. falsch kalkulierte Kosten führen zu einer fehlerhaften Preisgestaltung.

04. Wie werden die Kostenarten erfasst?

1. *Ausgabewirksame und periodischen Kosten, z. B.:*
   Löhne, Gehälter, Mieten, Verkaufsprovisionen, Transportkosten, Telefon und Porto. Die Erfassung bereitet in der Regel keine Probleme: Sie werden über die Kostenarten der Klasse 4 kontiert. Es besteht Übereinstimmung zwischen der Finanzbuchhaltung (Zweckaufwand = kostengleicher Aufwand) und der Kostenrechnung (Grundkosten = aufwandsgleiche Kosten).

2. *Ausgaben, die nicht sofort Aufwand bzw. Kosten sind* (Anderskosten = aufwandsungleiche Kosten), z. B.:
   größere Mengen an Energiestoffen, Büromaterial, Werbematerial, Verpackungsmaterial. Beim Einkauf werden die Bestände in der Kontengruppe 39 erfasst. Der spä-

tere Verbrauch (Kosten) wird in der Abrechnungsperiode zur Kontenklasse 4 umgebucht (Klasse 4 an Klasse 3). Die Verbrauchsermittlung kann nach der Skontrationsmethode oder nach der Inventurmethode erfolgen.

3. *Ausgaben, die für das gesamte Wirtschaftsjahr anfallen* (Anderskosten = aufwandsungleich), z. B.:
Weihnachts-/Urlaubsgeld, Versicherungen, Mietvorauszahlungen. In der Finanzbuchhaltung wird die Ausgabe in voller Höhe erfasst (Gruppe 29). Die Kostenrechnung muss diese Ausgabe periodisch (z. B. monatlich) als Kosten berücksichtigen (Klasse 4 an Kontengruppe 29).

05. Wie werden die kalkulatorischen Kosten ermittelt?

• *Kalkulatorische Abschreibung:*
  - FiBu: Ausgangspunkt ist der Anschaffungswert (AW)
  - KLR: Ausgangspunkt ist der Wiederbeschaffungswert (WB)

• *Kalkulatorische Zinsen:*

Die Kostenrechnung verrechnet im Gegensatz zur Erfolgsrechnung, in die nur die Fremdkapitalzinsen als Aufwand eingehen, Zinsen für das gesamte, betriebsnotwendige Kapital.

Die Verzinsung des betriebsnotwendigen Kapitals erfolgt in der Regel zu dem Zinssatz, den der Eigenkapitalgeber für sein eingesetztes Kapital bei anderweitiger Verwendung am freien Kapitalmarkt erhalten würde.

Das *betriebsnotwendige Kapital* kann folgendermaßen ermittelt werden:

    Betriebsnotwendiges Anlagevermögen
  + Betriebsnotwendiges Umlaufvermögen
  ─────────────────────────────────────
  = Betriebsnotwendiges Vermögen
  - Abzugskapital
  ─────────────────────────────────────
  = Betriebsnotwendiges Kapital

• *Kalkulatorische Wagnisse:*

Die mit jeder unternehmerischen Tätigkeit verbundenen Risiken lassen sich im Wesentlichen in zwei Gruppen einteilen:

1. Das allgemeine Unternehmerrisiko (-wagnis) ist aus dem Gewinn abzudecken.
2. Spezielle Einzelwagnisse, die sich aufgrund von Erfahrungswerten oder versicherungstechnischen Überlegungen bestimmen lassen.

  2.1 Deckung auftretender Schäden durch Dritte (Versicherungen).
  2.2 Deckung durch *kalkulatorische Wagniszuschläge* als eine Art Selbstversicherung. Dabei wird langfristig ein Ausgleich zwischen tatsächlich eingetretenen Wagnisverlusten und verrechneten kalkulatorischen Wagniszuschlägen angestrebt.

Für die Einzelwagnisse werden folgende Bezugsgrößen gewählt:

Einzelwagnis	Beschreibung, Beispiele	Bezugsbasis
Anlagenwagnis	Ausfälle von Maschinen aufgrund vorzeitiger Abnutzung, vorzeitiger Überalterung	Anschaffungskosten
Beständewagnis	Senkung des Marktpreises, Überalterung, Schwund, Verderb	Bezugskosten
Vertriebswagnis	Forderungsausfälle, Währungsrisiken	Umsatz zu Selbstkosten
Gewährleistungswagnis	Preisnachlässe aufgrund von Mängeln, Zusatzleistungen, Ersatzlieferungen	
Berechnung(allgemein)	Wagniszuschlagssatz = Verlust : Bezugsbasis · 100	

- *Kalkulatorischer Unternehmerlohn:*

  Während bei Kapitalgesellschaften das Gehalt der Geschäftsführung als Aufwand in der Erfolgsrechnung verbucht wird, muss die Arbeit des Unternehmers bei Einzelunternehmungen oder Personengesellschaften aus dem Gewinn gedeckt werden. In der Kostenrechnung ist jedoch das Entgelt für die Arbeitsleistung des Unternehmers als Kostenfaktor zu berücksichtigen. Maßstab für die Höhe ist in der Regel das Gehalt eines leitenden Angestellten in vergleichbarer Funktion.

- *Kalkulatorische Miete:*

  Werden eigene Räume des Gesellschafters oder des Einzelunternehmers für betriebliche Zwecke zur Verfügung gestellt, sollte dafür eine kalkulatorische Miete in ortsüblicher Höhe angesetzt werden.

06. Wie kann die Auswertung der Kostenartenrechnung erfolgen?

Nach der Erfassung und Gliederung aller Kostenarten kann das Zahlengerüst der Kostenartenrechnung ausgewertet werden. Möglich sind folgende Ansätze:

1. *Innerbetrieblicher Vergleich:*

1.1 *Entwicklung der einzelnen Kostenarten im Zeitvergleich* (Ist-Ist-Vergleich), z. B.:

$$\text{Personalkosten}_{\text{Jahr 02}} = 840.000$$
$$\text{Personalkosten}_{\text{Jahr 01}} = 750.000$$

⇒ Anstieg der Personalkosten = 12 %

1.2 *Entwicklung von Kostenarten – bezogen auf den Umsatz, z. B.:*

⇒ Rückgang des Wareneinsatzes von 70 % auf 60 % des Umsatzes.

$$\text{Wareneinsatz}_{\text{Jahr 01}} : \text{Umsatz}_{\text{Jahr 01}} \cdot 100 = 1.330 \text{ T€} : 1.900 \text{ T€} \cdot 100$$
$$= 70 \text{ %}$$

$$\text{Wareneinsatz}_{\text{Jahr 02}} : \text{Umsatz}_{\text{Jahr 02}} \cdot 100 = 1.200 \text{ T€} : 2.000 \text{ T€} \cdot 100$$
$$= 60 \text{ %}$$

Analog lassen sich auch andere Kostenarten auf den Umsatz beziehen und ihre Relation zum Umsatz im Zeitvergleich betrachten. Für den Handel ist dabei die Relation Personalkosten zu Umsatz von großem Interesse.

1.3 *Analyse von Kostenstrukturen im Zeitvergleich, z. B.*
Personalkosten zu Gesamtkosten, Transportkosten zu Gesamtkosten u. Ä.

2. *Zwischenbetrieblicher Vergleich:*
Das Zahlengerüst der Kostenartenrechnung kann auch mit dem anderer Betriebe verglichen werden (ähnliche Größe, Sortiment, vergleichbarer Standort; Stichwort: Benchmarking).

1.7.5 Kostenstellenrechnung

01. Welche Aufgabe erfüllt die Kostenstellenrechnung?

Die Kostenstellenrechnung ist nach der Kostenartenrechnung die zweite Stufe innerhalb der Kostenrechnung. Sie hat die Aufgabe, die Gemeinkosten verursachergerecht auf die Kostenstellen zu verteilen, die jeweiligen Zuschlagsätze zu ermitteln und den Kostenverbrauch zu überwachen. Die zentrale Fragestellung lautet:

$\rightarrow$ **Wo** sind die Kosten entstanden?

02. Was ist eine Kostenstelle?

Kostenstellen sind nach bestimmten Grundsätzen abgegrenzte Bereiche des Gesamtunternehmens, in denen die dort entstandenen Kostenarten verursachungsgerecht gesammelt werden.

03. Nach welchen Merkmalen kann eine Einteilung der Kostenstellen im Handelsbetrieb erfolgen?

Verrechnungs-gesichtspunkte	Man unterscheidet hier zwischen kalkulatorisch selbstständigen und kalkulatorisch unselbstständigen Kostenstellen. Die **Hauptkostenstellen** sind kalkulatorisch selbstständig. Die Kosten dieser Kostenstellen werden nicht auf andere Kostenstellen weiterverrechnet, sondern direkt in die Kostenträgerrechnung übernommen. **Hilfskostenstellen** dagegen sind kalkulatorisch unselbstständig. Ihre Kosten müssen noch auf andere Kostenstellen umgelegt werden.
Verantwortungs-bereiche	Die Gliederung der Kostenstellen nach Verantwortungsbereichen ist sinnvoll, da eine Hauptaufgabe der Kostenstellenrechnung die Überwachung der Kosten ist. Es ist darauf zu achten, dass die Kompetenzen der Mitarbeiter klar abgegrenzt sind und dass auch für jeden Verantwortungsbereich nur ein Mitarbeiter zuständig ist.

Räume	Diese Gliederung ist dann vorzuziehen, wenn in einzelnen Räumen jeweils eine bestimmte einheitliche Arbeit wahrgenommen wird. Es bietet sich an, die Gliederung mit einer Einteilung nach Funktionen zu verbinden (z. B. Lager, Einkauf, Serviceabteilung).
Funktionen	Bei dieser Gliederung erfolgt eine Abgrenzung der Kostenstellen nach Tätigkeitsbereichen.

04. Warum stimmen die Kostenstellenpläne einzelner Betriebe nicht überein, auch wenn diese in der gleichen Branche tätig sind?

Jeder Betrieb hat seine Kostenstellen z. B. nach Funktionsbereichen eingerichtet, die wiederum Verantwortungsbereichen entsprechen. Ein Kostenstellenplan passt sich den individuellen Gegebenheiten des Betriebes an und muss die von der jeweiligen Kostenrechnung gestellten Anforderungen bestmöglich erfüllen.

05. Nach welchen Gesichtspunkten können im Handel Hauptkostenstellen gebildet werden?

Die Bildung von Hauptkostenstellen kann nach

• betrieblichen Funktionen,
• nach Verantwortungsbereichen, wie z. B. Verkaufsabteilungen oder Filialen,
• nach räumlichen Gesichtspunkten, wie z. B. Absatzgebieten oder nach Warengruppen

vorgenommen werden.

06. Was versteht man im Handel unter Hilfskostenstellen?

Hilfskostenstellen sind z. B. der Fuhrpark oder die Dekorationsabteilung. Sie erbringen ihre Leistungen nicht unmittelbar für den Markt, sondern für andere Kostenstellen.

07. Was versteht man im Handel unter allgemeinen Kostenstellen?

Allgemeine Kostenstellen erbringen ihre Leistungen für den Gesamtbetrieb, wie z. B. die Geschäftsführung.

08. Welche Ziele verfolgt der Betriebsabrechnungsbogen?

Er erfasst die Einzelkosten und die Gemeinkosten und rechnet die zuletzt genannten mithilfe von Verteilungsschlüsseln auf die Kostenstellen bzw. Kostenträger um. Außerdem dient er der Ermittlung der Gemeinkostenzuschlagssätze für die Zuschlagskalkulation zur Errechnung von Angebotspreisen.

09. In welchen Schritten wird ein Betriebsabrechnungsbogen (BAB) erstellt? Wie werden die Handlungskostenzuschläge ermittelt?

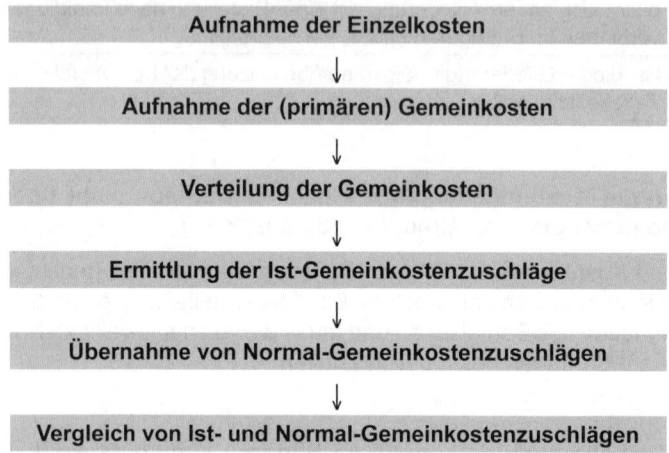

Im Handel sind die Hauptkostenstellen meist die einzelnen Warengruppen; der *einstufige Betriebsabrechnungsbogen (BAB) hat in der Regel folgende Grundstruktur:*

Kostenarten	Kosten	Schlüssel	Kostenstellen		
			Waren-gruppe I	Waren-gruppe II	Waren-gruppe III
Einzelkosten:					
Warengruppe I	A		A		
Warengruppe II	B			B	
Warengruppe III	C				C
∑ Einzelkosten			∑ A	∑ B	∑ C
Gemeinkosten:					
Gemeinkosten A	X	1:2:3	x	xx	xxx
Gemeinkosten B	Y	1:3:2	y	yy	yyy
∑ Gemeinkosten			∑ xy	∑ xy	∑ xy

Beispiel:
Der nachfolgende BAB mit drei Hauptkostenstellen ist zu erstellen und die Handlungsgemeinkostenzuschläge sind zu ermitteln (Angaben in Euro):

Kostenarten	Kosten	Schlüssel	Kostenstellen		
			Waren-gruppe I	Waren-gruppe II	Waren-gruppe III
Einzelkosten:					
Warengruppe I	180.000		180.000		
Warengruppe II	250.000			250.000	
Warengruppe III	70.000				70.000
∑ Einzelkosten	500.000		180.000	250.000	70.000

Gemeinkosten:					
Personal	360.000	1:2:3	60.000	120.000	180.000
Sonstige	90.000	1:3:2	15.000	45.000	30.000
∑ Gemeinkosten	450.000		75.000	165.000	210.000
Handlungskostensatz			41,7 %	66,0 %	300,0 %

Handlungskostensatz	Summe Gemeinkosten der Hauptkostenstelle · 100
	: Summe der Einzelkosten der Hauptkostenstelle

Beispiel: Warengruppe I

Handlungskostensatz **Warengruppe I**	$\dfrac{\text{Summe Gemeinkosten der Warengruppe I} \cdot 100}{\text{Summe der Einzelkosten der Warengruppe I}}$
	$\dfrac{75.000 \cdot 100}{180.000}$
	41,7 %

Die ermittelten Handlungskostensätze werden für die Kalkulation der einzelnen Warengruppen benötigt, d. h. sie finden in der Kostenträgerrechnung bei der Berechnung der Selbstkosten Anwendung.

10. Welche Verteilungsschlüssel sind in einem Betriebsabrechnungsbogen denkbar?

Kilowattstunden, Kubikmeter umbauter Raum, Fläche in Quadratmeter, investiertes Kapital, Vermögenswerte je Kostenstelle, Mitarbeiter je Kostenstelle, geschätzte Arbeitszeit der Geschäftsführung.

11. Warum trägt nicht immer jede Kostenstelle die Kosten, die sie auch selbst verursacht hat?

Es kann durchaus vorkommen, dass eine Kostenstelle nicht wirtschaftlich arbeiten kann, sie aber z. B. aus Prestigegründen nicht aufgelöst werden soll oder nicht aufgelöst werden kann, da andere Aufträge davon abhängen. Hier ist die Frage der *Kostentragfähigkeit* zu diskutieren, denn die anderen Kostenstellen müssen die Kosten dieser Kostenstelle mittragen.

12. Wie kann die Auswertung der Kostenstellenrechnung erfolgen?

Es gelten in Analogie die Aussagen unter 1.7.4/Frage 06. (Auswertung der Kostenartenrechnung). In der Praxis wird meist so verfahren, dass die Kostenstellenverantwortlichen einen monatlichen Report ihrer Kostenstelle(n) vom Rechnungswesen erhalten und diese bei größeren Abweichungen (z. B. ≥ 5 %) kommentieren müssen. Die monatliche Listung der Kostenarten je Kostenstelle weist in der Regel den laufenden Istwert des Monats, den Vergleichswert des Vorjahres, die bereits aufgelaufenen Werte der Vormonate und ggf. den vorgegebenen Planwert (Sollwert im Rahmen der Budgetierung).

Beispiel: Kostenstellenreport des Monats März der Kostenstelle 270699 (Auszug):

Kostenstellenreport März 20.. · Kostenstelle 270699									
		Berichtsmonat		Vorjahresmonat		Abweichung, Ist		Abweichung, Ist aufgel.	
Kto.	Kostenart	Ist	Ist, auf-gel..	Ist	Ist, aufgel..	absolut	in %	absolut	in %
4010	Löhne	8.250	24.640	7.500	22.000	750	10	2.640	12
4020	Gehälter	6.480	19.980	6.000	18.000	480	8	1.980	11
4100	Mieten, Pacht	...	...	...	...	...	...	...	...
4200	Steuern	...	...	...	...	...	...	...	...
4300	Energiekosten	...	...	...	...	...	...	...	...
4400	Werbekosten	...	...	...	...	...	...	...	...
4600	Kosten der Warenabgabe	...	...	...	...	...	...	...	...
Umlagen:.									
	Allg. Verwaltung	...	...	...	...	...	...	...	...
	Fuhrpark	...	...	...	...	...	...	...	...
	Dekoration	...	...	...	...	...	...	...	...
Summe		**143.100**	**429.300**	**135.000**	**405.000**	**8.100**	**6**	**24.300**	**6**

1.7.6 Kostenträgerrechnung

1.7.6.1 Aufgaben

01. Welche Aufgaben erfüllt die Kostenträgerrechnung?

Die Kostenträgerrechnung hat die Aufgabe zu ermitteln, _wofür die Kosten angefallen sind_, d. h. _für welche Kostenträger_ (= Produkte/Warengruppen/Kunden/Aufträge). Sie wird in zwei Bereiche unterteilt:

Kostenträgerzeit-rechnung	Die Kostenträgerzeitrechnung (auch: Kurzfristige Ergebnisrechnung, KER) überwacht laufend die Wirtschaftlichkeit des Unternehmens: Sie stellt die Kosten und Leistungen (Erlöse) einer Abrechnungsperiode (i. d. R. ein Monat) gegenüber – insgesamt und getrennt nach Kostenträgern. Sie ist damit die Grundlage zur Berechnung der Herstellkosten, der Selbstkosten und des Betriebsergebnisses einer Abrechnungsperiode. Außerdem kann der Anteil der verschiedenen Erzeugnisgruppen an den Gesamtkosten und am Gesamtergebnis ermittelt werden.

Bei der Gegenüberstellung von Kosten und Erlösen tritt ein Problem auf: Die Erlöse beziehen sich auf die _verkaufte Menge_, während sich die Kosten auf die _hergestellte Menge_ beziehen. Das heißt also, _das Mengengerüst von hergestellter und verkaufter Menge ist nicht gleich_ (Stichwort: _Bestandsveränderungen_). Um dieses Problem zu lösen, gibt es zwei Verfahren zur Ermittlung des Betriebsergebnisses:

(1) Die Erlöse werden an das Mengengerüst der Kosten angepasst: *Gesamtkostenverfahren.*

(2) Die Kosten werden an das Mengengerüst der Erlöse angepasst: *Umsatzkostenverfahren.*

Kostenträgerzeitrechnung · Verfahren				
Gesamtkostenverfahren			**Umsatzkostenverfahren**	
	Erlöse			Erlöse
+/-	Bestandsveränderungen		-	Herstellkosten der „umgesetzte" Produkte
-	Kosten (gesamte primäre Kosten)		-	Vertriebs- und Verwaltungskosten
=	**Betriebsergebnis**		=	**Betriebsergebnis**

Kostenträgerstück-rechnung	Die Kostenträgerstückrechnung ermittelt die Selbstkosten je Kostenträgereinheit. Sie kann als Vor-, Zwischen- oder Nachkalkulation aufgestellt werden:

Vorkalkulation		Nachkalkulation	Zwischenkalkulation
auch: Angebotskalkulation			auch: mitlaufende Kalkulation
Ermittlung der Angebotspreise	Entscheidung, ob ein Auftrag angenommen wird (DB-Rechnung)	Kontrolle der Kosten (Plankosten/Istkosten)	Laufende Ermittlung der Istkosten und Vergleich mit den Sollkosten

1.7.6.2 Kurzfristige Erfolgsrechnung (KER)

01. Was ist der Zweck der kurzfristigen Erfolgsrechnung?

Die kurzfristige Erfolgsrechnung wird monatlich oder vierteljährlich durchgeführt und soll die (nur) jährlich zu erstellende Gewinn- und Verlustrechnung ergänzen und zwar einmal deshalb, weil der Zeitraum von einem Jahr zu lang für eine Vielzahl betrieblicher Entscheidungen ist und zum anderen, weil der Gewinn in der GuV-Rechnung aus steuerlichen Gründen nicht die für das Betriebsgeschehen notwendigen Entscheidungen erlaubt. Außerdem umfasst die GuV-Rechnung neutrale Aufwendungen und Erträge, die im vorliegenden Fall unberücksichtigt bleiben müssen.

02. Wie wird die kurzfristige Erfolgsrechnung durchgeführt?

Die kurzfristige Erfolgsrechnung wird durch Gegenüberstellung der in einer Kostenrechnungsperiode – in der Regel einem Monat – für einen Kostenträger ermittelten Kosten und erzielten Erlöse durchgeführt. Sie gibt dem Handel – nach Warengruppen getrennt – einen Einblick in:

• Umsatzentwicklung
• Wareneingang
• Wareneingangskalkulation
• Preisänderungen

- Lagerbestand
- Lagerumschlag.

Man unterscheidet die kurzfristige Erfolgsrechnung

- zu Einstandswerten (Einstandswertverfahren) oder
- zu Verkaufswerten (Verkaufswertverfahren).

03. Wie wird die kurzfristige Erfolgsrechnung im Einstandswertverfahren angewandt?

Das Einstandswertverfahren eignet sich insbesondere dann, wenn infolge von Staffelpreisen oder Mengenrabatten nicht mit festen Verkaufspreisen gearbeitet werden kann. Berechnungsgrundlage sind die in der letzten Periode erzielten Handelsspannen je Warengruppe.

04. Wie wird die kurzfristige Erfolgsrechnung im Verkaufswertverfahren durchgeführt?

Es wird zunächst eine Aufteilung der Waren in Warengruppen vorgenommen. Sodann wird der Warenbestand aufgenommen und zwar bei Einführung des Systems sowohl nach den Einstandspreisen als auch nach den Verkaufspreisen, während in späteren Perioden nur noch die Verkaufspreise festgehalten werden brauchen. Es wird nun jeweils der Umsatz und der Wareneingang zu Verkaufspreisen erfasst. Zu berücksichtigen sind jedoch die Preisänderungen, die auf Preisumzeichnungen, d. h. Herauf- und Herabsetzungen und auf Preisnachlässen beruhen können. Berücksichtigt man den Einstandswert und den Bestand, so erhält man die tatsächlich erreichte Handelsspanne je Warengruppe für die gewählte Periode.

Das Verkaufswertverfahren der KER kommt vor allem für Betriebe in Frage, die mit festen, ausgezeichneten Verkaufspreisen arbeiten. Das ist die Mehrzahl der Einzelhandelsbetriebe.

Beispiel Verkaufswertverfahren:

		EW (Einstandswert) in €	VW (Verkaufswert) in €	Spanne
	Anfangsbestand	10.000	22.000	54,5 %
+	Warenzugänge	16.000	36.700	56,4 %
=	Summe	26.000	58.700	55,7 %
-	Umsatz		17.480 ⌐	
-	Preisänderungen		3.000	
=	**Lagerbestand**	**16.931**	**38.330**	**55,7 %**
=	Wareneinsatz	9.069		
	Umsatz	17.480 ◄		
-	Wareneinsatz	9.069		
=	**Rohertrag**	**8.411**		**48,1 %**

05. Wie wird die Break-even-Analyse im Handel durchgeführt?

Bei der Break-even-Analyse soll der Break-even-Point ermittelt werden. Dieser Punkt wird durch die Ermittlung jenes Absatzes oder Umsatzes von Artikeln, Warengruppen oder Filialen festgelegt, bei dem gerade die *Deckungsgleichheit von Umsatz und Gesamtkosten* erreicht wird. Der Break-even-Point (auch: Gewinnschwelle) liegt im Schnittpunkt der Umsatzerlöskurve und der Gesamtkostenkurve. Genau genommen ist die Break-even-Point-Betrachtung nur für „Ein-Produkt-Unternehmen" anwendbar.

> **Die Gewinnschwelle (Break-even-Point) wird bei der Beschäftigung erreicht, bei der gerade die gesamten Kosten gedeckt sind. Bei diesem Beschäftigungsgrad[1] wird weder Gewinn noch Verlust erzielt.**

A. *Rechnerische Ermittlung der Gewinnschwelle:*

Es gilt:

K_f Gesamte Fixkosten

K_v gesamte variable Kosten

k_f Fixkosten pro Stück

k_v variable Kosten pro Stück

K Gesamtkosten

k_g Gesamtkosten pro Stück

DB Gesamter Deckungsbeitrag

db Deckungsbeitrag pro Stück

U Gesamter Umsatz

p Umsatz pro Stück (Verkaufspreis)

x Stückzahl

G Gewinn

g Gewinn pro Stück

---

[1] *Beschäftigungsgrad:*
Unter Beschäftigung versteht man die tatsächliche Nutzung des Leistungsvermögens eines Unternehmens. Der Maßstab für die Beschäftigung ist der Beschäftigungsgrad. Im Handel kann im Allgemeinen die Kapazität nicht als Maßstab der Beschäftigung dienen (Ausnahme z. B.: Hochregallager, Verpackungsanlage im Großhandel). Als Maßstab wird daher in der Regel der geplante Wareneinsatz oder auch der geplante Umsatz genommen. Beim Zeitvergleich des Beschäftigungsgrades müssen allerdings dann Preisänderungen berücksichtigt werden.

Beschäftigungsgrad	$=$	$\dfrac{\text{Erreichter Wareneinsatz} \cdot 100}{\text{geplanter Wareneinsatz}}$

Im Break-even-Point gilt G = 0 und damit:

$$U = K_f + K_v$$
$$U - K_v = K_f$$
$$x \cdot p - x \cdot k_v = K_f$$
$$x\,(p - k_v) = K_f$$
$$x = K_f : (p - k_v)$$

$$x = \frac{K_f}{db}$$

Hinweis: Sie müssen die Herleitung nicht beherrschen – wohl aber das Ergebnis.

In Worten:

Die Gewinnschwellenmenge[1] x ergibt sich als Division der Fixkosten K_f durch den Deckungsbeitrag pro Stück db; dabei ist db = p - k_v (= Verkaufspreis pro Stück minus variable Stückkosten).

Beispiel:
Der Betrieb will einen neuen Artikel in das Sortiment aufnehmen. Der Preis soll 350 € (netto) betragen. Die geplanten Gesamtkosten beim Absatz von 1.000 Stück betragen 500.000 €. Davon sind 300.000 € fixe Kosten.

Es gilt: Verkaufspreis,	p	=	350 €
	Absatz	=	1.000 Stück
	K	=	500.000 €
	K_f	=	300.000 €
$\Rightarrow$	K_v	=	200.000 €
$\Rightarrow$	k_v	=	200 €
$\Rightarrow$	db	=	p - k_v
		=	350 - 200 €
		=	150 €
$\Rightarrow$	x	=	K_f : db
		=	300.000 : 150
		=	2.000 Stück

Die Gewinnschwellenmenge beträgt 2.000 Stück. Der Gewinnschwellenumsatz ist daher U = x · p = 2.000 · 350 € = 700.000 €.

---

[1] Achtung: Prüfungsschwerpunkt

B. *Grafische Ermittlung der Gewinnschwelle:*

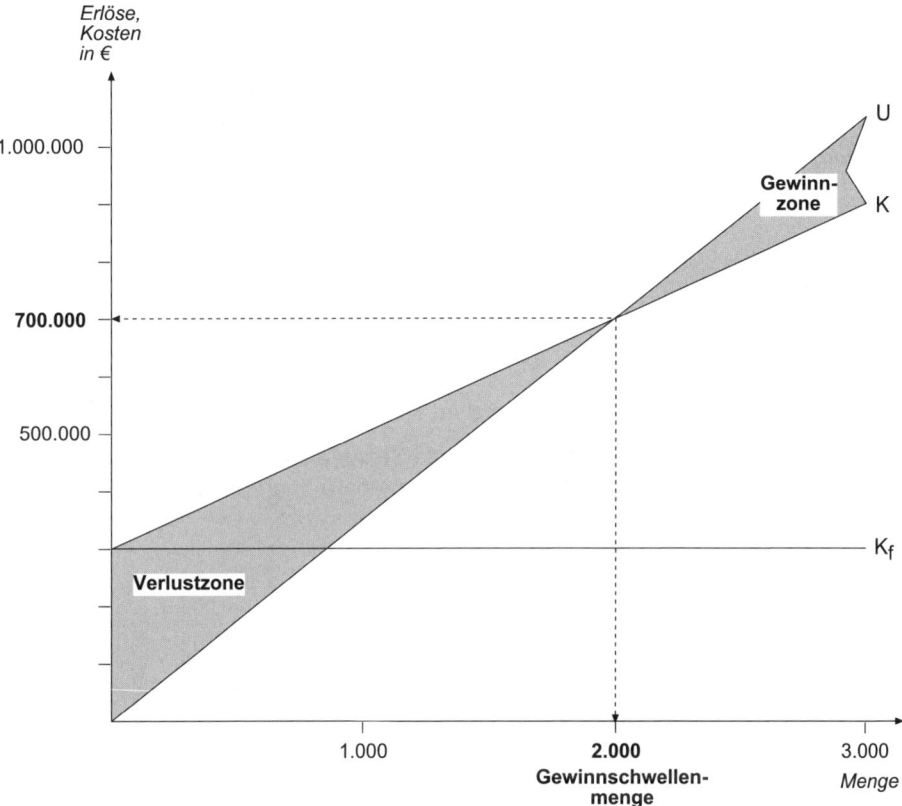

1.7.6.3 Kalkulationsverfahren (Formen)

01. Welche Kalkulationsverfahren finden im Handel Anwendung?

Im Handel wird in erster Linie das *Zuschlagsverfahren* angewendet. Ausgangsbasis ist der Listeneinkaufspreis der Ware. Abzuziehen sind Rabatte und Skonti, hinzuzurechnen sind die Bezugskosten wie Verpackung, Fracht und Rollgelder.

Dabei wird unterschieden:

- entsprechend den *Kalkulationsstufen* (bei der Vorwärtskalkulation)
  zwischen Bezugspreis-, Barverkaufspreis- und Verkaufskalkulation

- entsprechend der *Kalkulationsrichtung* (gewählte Ausgangsbasis)
  zwischen Vorwärts-, Rückwärts- und Differenzkalkulation

Vorwärtskalkulation	Die Vorwärtskalkulation (auch: progressive Kalkulation) geht vom Listeneinkaufspreis aus und ermittelt den Netto- bzw. Bruttoverkaufspreis.
Rückwärtskalkulation	Die Rückwärtskalkulation (auch: retrograde Kalkulation) geht von einem gegebenen Verkaufspreis (= Marktpreis) aus und berechnet, zu welchem Listeneinkaufspreis die Ware beschafft werden muss.
Differenzkalkulation	Die Differenzkalkulation geht von einem gegebenen Verkaufspreis (= Marktpreis) und einem gegebenen Listeneinkaufspreis aus und ermittelt, welcher Gewinn unter diesen Bedingungen noch zu realisieren ist.

- entsprechend dem *Zeitpunkt der Kalkulation*
  zwischen Vor- und Nachkalkulation sowie mitlaufender Kalkulation.

02. Welches Kalkulationsschema wird im Handel zu Grunde gelegt?

Der Handelskalkulation liegt das nachfolgende Schema zu Grunde (zur Erläuterung ist das Zahlengerüst einer Angebotskalkulation gegeben); man unterscheidet dabei einzelne Teile der Kalkulation (Bezugspreiskalkulation usw.):

Angebotskalkulation				*Beispiel*		
	Listeneinkaufspreis	LEP		210,00		
-	Liefererrabatt (in % vom LEP)	LRB	↑ 13 %	27,30		
=	Zieleinkaufspreis	ZEP		182,70		
-	Liefererskonto (in % vom ZEP)	LSK	↑ 2 %	3,65		
=	Bareinkaufspreis	BEP		179,05		
+	Bezugskosten (netto)	BZK	↑	0,15		
=	Einstandspreis (Bezugspreis)	EP		179,20		
+	Handlungskosten (in % vom EP)	HK	↑ 20 %	35,84		
=	Selbstkostenpreis	SKP		215,04		
+	Gewinn (in % SKP)	G	↑ 15 %	32,26		
=	Barverkaufspreis	BVP		247,30		
+	Kundenskonto (in % vom ZVP; i. H.)[1]	KSK	↓ 2 %	5,05		
+	Vertreterprovision (in % vom ZVP; i. H.)[1]	VPR	↓ 0 %	0,00		
=	Zielverkaufspreis	ZVP		252,35		
+	Kundenrabatt (in % vom LVP; i. H.)[1]	KRB	↓ 5 %	13,28		
=	Listenverkaufspreis, netto	LVP_{netto}		265,63		
+	Umsatzsteuer (in % vom LVP_{netto})	USt	↑ 19 %	50,47		
=	Listenverkaufspreis, brutto	LVP_{brutto}		316,10		

(Spaltenbeschriftungen: Bezugspreiskalkulation, Barverkaufspreiskalkulation, Verkaufskalkulation)

---

[1] Achtung: vom verminderten Wert bei der Vorwärtskalkulation, z. B. Kundenrabatt

$$95 \% - 252,35$$
$$100 \% - x$$
$$x = 265,63$$

03. Wie werden der Kalkulationszuschlag bzw. der Kalkulationsfaktor berechnet?

- *Im Großhandel:* Der *Kalkulationszuschlag* (in %) ist die Differenz zwischen Nettoverkaufspreis (= Netto VP) und Bezugspreis (= BP) in Prozent vom Bezugspreis. Man
bezieht sich auf den *Nettoverkaufspreis* wegen des getrennten Umsatzsteuerausweises.

Kalkulationszuschlag$_{GH}$	(Nettoverkaufspreis - Bezugspreis) · 100 : Bezugspreis

- *Im Einzelhandel:* Hier ist der Verkaufspreis immer einschließlich der Umsatzsteuer
anzugeben; als Berechnungsgröße ist daher der *Bruttoverkaufspreis* heranzuziehen:

Kalkulationszuschlag$_{EH}$	(Bruttoverkaufspreis - Bezugspreis) · 100 : Bezugspreis

Der Kalkulationsfaktor ist ein Kalkulationsaufschlag auf den Bezugspreis – bezogen
auf 1 €; z. B. bei 25 % (Kalkulationszuschlag in %) ergibt sich ein Kalkulationsfaktor
von 1,25.

Kalkulationsfaktor	1 + Kalkulationszuschlag

**04. Warum wird die Preisermittlung in der Praxis häufig mithilfe des Kalkulations-
zuschlages durchgeführt (vereinfachte Vorwärtskalkulation)?**

In vielen Fällen der Handelspraxis bleiben Handlungskosten, Gewinnzuschlag, Kundenskonto und Kundenrabatt bei der Ermittlung des Verkaufspreises unverändert. Man
kann daher mithilfe des Kalkulationszuschlages *die Vorwärtskalkulation verkürzen.* In
dem unter Frage 02. dargestellten Beispiel der Einzelkalkulation erhält man (ohne Berücksichtigung der Umsatzsteuer):

=	**Einstandspreis (Bezugspreis)**	EP			**179,20**
+	Handlungskosten (in % vom EP)	HK	↑	20 %	35,84
=	Selbstkostenpreis	SKP			215,04
+	Gewinn (in % SKP)	G	↑	15 %	32,26
=	Barverkaufspreis	BVP			247,30
+	Kundenskonto (in % vom ZVP; i. H.)	KSK		2 %	5,05
+	Vertreterprovision (in % vom ZVP; i. H.)	VPR	↓	0 %	0,00
=	Zielverkaufspreis	ZVP			252,35
+	Kundenrabatt (in % vom LVP; i. H.)	KRB	↓	5 %	13,28
=	**Listenverkaufspreis, netto**	LVP$_{netto}$			**265,63**

Kalkulationszuschlag$_{GH}$	(Nettoverkaufspreis - Bezugspreis) · 100 : Bezugspreis
	(265,63 - 179,20) · 100 : 179,20 = 48,23 %

Probe:

Listenverkaufspreis$_{netto}$	Bezugspreis · Kalkulationsfaktor
	179,20 · 1,4823 = 265,63

Mit anderen Worten:

Wenn einem Kaufmann bekannt ist, dass der Kalkulationszuschlag in seinem Betrieb bei einem bestimmten Artikel oder einer Warengruppe rd. 50 % beträgt kann er „verkürzt" (überschlägig) sehr schnell den Verkaufspreis ermitteln.

Beispiel:
Der Einstandspreis für Anoraks beträgt für einen Großhändler 80 €. Sein überschlägig ermittelter Nettoverkaufspreis liegt daher bei 80 € · 1,5 = 120 €. Der Großhändler könnte nun weiterhin überlegen, ob der Preis von 120 € beim Einzelhandel realisiert werden kann.

05. Wie wird die Handelsspanne ermittelt (vereinfachte Rückwärtskalkulation)?

Ebenso wie die Vorwärtskalkulation kann auch die Rückwärtskalkulation verkürzt werden, wenn Handlungskosten, Gewinnzuschlag, Kundenskonto und Kundenrabatt konstant sind. Wird der Nettoverkaufspreis gleich 100 % gesetzt, so kann in der Rückrechnung vom Nettoverkaufspreis vereinfacht auf den Einstandspreis mithilfe eines *Kalkulationsabschlags* geschlossen werden, den man Handelsspanne (HSp) nennt.

Die Handelsspanne ist die Differenz zwischen Nettoverkaufspreis (= Netto-VP) und Bezugspreis (= BP) in Prozent vom Nettoverkaufspreis:

Handelsspanne	(Nettoverkaufspreis - Bezugspreis) · 100 : Nettoverkaufspreis

Im Beispiel:

=	Einstandspreis (Bezugspreis)	EP			179,20
+	Handlungskosten (in % vom EP)	HK	↑	20 %	35,84
=	Selbstkostenpreis	SKP			215,04
+	Gewinn (in % SKP)	G	↑	15 %	32,26
=	Barverkaufspreis	BVP			247,30
+	Kundenskonto (in % vom ZVP; i. H.)	KSK	↓	2 %	5,05
+	Vertreterprovision (in % vom ZVP; i. H.)	VPR		0 %	0,00
=	Zielverkaufspreis	ZVP			252,35
+	Kundenrabatt (in % vom LVP; i. H.)	KRB	↓	5 %	13,28
=	Listenverkaufspreis, netto	LVP_{netto}			265,63

Handelsspanne	(265,63 - 179,20) · 100 : 265,63 = 32,54 %

Probe:

Bezugspreis	Nettoverkaufspreis · (1 - HSp : 100) = 265,63 · 0,6746 = 179,20

oder:

Bezugspreis	= 265,63 - 32,54 % von 265,63 = 179,20

06. Wie können Kalkulationszuschlag und Handelsspanne mithilfe des Rohgewinns ermittelt werden?

In der GuV-Rechnung gilt:

	Umsatz
-	Wareneinsatz
=	**Rohgewinn**

Wird der Rohgewinn auf eine Ware bezogen, so ergibt er sich als Differenz von Nettoverkaufspreis - Bezugspreis. Man kann daher die Formeln für die Berechnung des Kalkulationszuschlages bzw. der Handelsspanne mithilfe des Rohgewinns modifizieren:

Kalkulationszuschlag	Rohgewinn · 100 : Bezugspreis
Handelsspanne	Rohgewinn · 100 : Nettoverkaufspreis

Dies zeigt den engen Zusammenhang zwischen Handelsspanne und Kalkulationszuschlag: Beim Kalkulationszuschlag wird der Rohgewinn in Prozent des Bezugspreises (Einstandspreis, Wareneinsatz) gesetzt, bei der Handelsspanne in Prozent des Nettoverkaufspreises (Umsatzerlöse).

Hinweis: Auch hier muss – genau genommen – zwischen Brutto- und Netto-Rohgewinn unterschieden werden, je nachdem, ob der Bruttoverkaufspreis (Einzelhandel) oder der Nettoverkaufspreis (Großhandel) betrachtet wird.

07. Wie wird nach dem Verfahren der Divisionskalkulation gearbeitet?

Bei der Anwendung der Divisionskalkulation werden zunächst die Wareneinstandskosten, d. h. die Einkaufspreise zuzüglich der Verpackungskosten, Transportkosten und Finanzkosten sowie abzüglich der Rabatte und Skonti von den Handlungskosten getrennt. Die Wareneinstandskosten werden den Artikeln direkt zugeordnet. Die Handlungskosten werden in Beziehung zu den Wareneinstandskosten gesetzt und führen zu einer Kalkulationsquote.

Beispiel:

Der Wareneinsatz (Einzelkosten) für den Artikel betrug 60.000 €. Zunächst wird der Handlungskostenzuschlagssatz aus den Daten der zurückliegenden Periode (BAB) ermittelt:

	Gehälter	12.000 €
+	Raumkosten	8.000 €
+	Werbekosten	5.000 €
+	sonstige Gemeinkosten	2.000 €
=	Summe der Gemeinkosten	27.000 €

$$\frac{\text{Gemeinkosten} \cdot 100}{\text{Wareneinsatzkosten}} = \frac{27.000\,€ \cdot 100}{60.000\,€} = 45\,\%$$

Der Verkaufspreis wird nun auf der Basis der ermittelten einheitlichen Kalkulationsquote (Handlungskostenzuschlag) berechnet:

		Beispiel	
	Wareneinstandskosten pro Artikel	600,00 €	
+	Handlungskostenaufschlag (Kalkulationsquote)	270,00 €	45 %
=	Selbstkosten	870,00 €	
+	Gewinnaufschlag	130,50 €	15 %
=	Verkaufspreis	1.000,50 €	

08. Welche Nachteile hat die Divisionskalkulation?

Die Verteilung der Handlungskosten mithilfe eines einheitlichen Satzes wird der unterschiedlichen Warenstruktur nicht gerecht und unterschiedliche Kosten können den verursachenden Artikeln nicht angelastet werden. Die Nachteile der Divisionskalkulation lassen sich durch Äquivalenzziffern vermindern.

09. Worin liegen die Schwierigkeiten einer kostengerechten Kalkulation im Handel?

Die Schwierigkeiten einer kostengerechten Kalkulation im Handel sind darin begründet, dass ein großer Teil der Handlungskosten aus Fixkosten besteht, die den Handelsleistungen nur schwierig zurechenbar sind. Die Zurechnung der fixen Kosten im Rahmen der Vollkostenrechnung führt zu einer Kostenverteilung und weniger zu einer exakten Kostenverrechnung. Daher gibt es auch im Handel kein Kalkulationsverfahren, das den Anspruch erheben könnte, bei Vorliegen bestimmter Voraussetzungen zu optimalen Ergebnissen zu führen, wie dies in der Industrie der Fall ist.

10. Was bedeutet das Prinzip der Durchschnittskosten?

Der Handel bietet vielfach allen Abnehmern die einzelnen Produkte zu gleichen Preisen an, obwohl die von den Kunden verursachten Kosten unterschiedlich hoch sein können. So fallen z. B. bei der Warenanlieferung bei den Kunden je nach der Entfernung unterschiedliche Kosten an, die unberücksichtigt bleiben.

11. Wie ist ein kalkulatorischer Ausgleich zu erzielen?

Obwohl es vielfach im Handel schwierig ist, eine kostengerechte Kalkulation durchzuführen, kann nicht auf eine kostenorientierte Kalkulation verzichtet werden. Bestimmte Verlustartikel müssen in Kenntnis der Verlustsituation allein deshalb im Sortiment behalten werden, weil eine Verbundenheit der Artikel besteht und bei einer Streichung dieser Artikel aus dem Sortiment auch andere Artikel betroffen sind. Es kommt daher darauf an, einen kalkulatorischen Ausgleich zu erzielen, indem sog. *Ausgleichsnehmer,* das sind Verlustartikel, deren Handelsspanne die durchschnittliche Handelsspanne nicht erreicht, durch *Ausgleichsträger* „aufgefangen" werden.

12. Welche Artikel eignen sich als Ausgleichsträger?

Als Ausgleichsträger eignen sich in erster Linie Artikel, die keinem scharfen Preiswettbewerb ausgesetzt sind, insbesondere Artikel, die der Befriedigung eines individuellen Bedarfs dienen, aber trotzdem in großer Zahl verkauft werden können.

13. Welche Möglichkeiten bestehen für besonders niedrig kalkulierte Angebote?

Es kann ein besonderer Aktionsfonds gebildet werden, aus dem Verluste aus bewusst zu niedrig bemessenen Spannen getragen werden.

1.7.7 Teilkostenrechnungssysteme

01. Was versteht man unter der Teilkostenrechnung?

Unter der Teilkostenrechnung versteht man Kostenrechnungssysteme, die nicht alle Kosten sondern nur die variablen Kosten auf die Kostenträger verteilen und die gesamten fixen Kosten, den sog. Fixkostenblock, von der Verteilung ausschließen. Im Übrigen ist es erforderlich, einen sog. Deckungsbeitrag zur Deckung der fixen Kosten für jedes Produkt zu ermitteln.

02. Was sind die Unterschiede zwischen der Vollkostenrechnung und der Teilkostenrechnung in Handelsbetrieben?

Bei Anwendung der Vollkostenrechnung in Handelsbetrieben ergibt sich der Rohertrag durch Abzug des Wareneinsatzes vom Umsatz. Werden vom Rohertrag die Handlungskosten abgezogen, erhält man das Betriebsergebnis.

Bei Anwendung der Teilkostenrechnung hingegen wird der Deckungsbeitrag durch Abzug des Wareneinsatzes und der sonstigen variablen Kosten vom Umsatz ermittelt. Das Betriebsergebnis erhält man durch Abzug der fixen Kosten vom Deckungsbeitrag.

03. Was ist der Zweck der Erzielung des sog. Deckungsbeitrages?

Geht man von der herkömmlichen Vollkostenrechnung aus, so bringt bei einer Produktion unter der Voraussetzung, dass der Erlös über den Selbstkosten liegt, bereits das erste verkaufte Stück einen Stückgewinn. Bei der Teilkostenrechnung wird die *Differenz zwischen Erlös je Stück und variablen Kosten als Deckungsbeitrag* bezeichnet. Mit diesem Beitrag trägt dieses Stück zur Deckung der unverteilten fixen Kosten bei. Ein Gewinn ist erst dann erzielt, wenn die Summe der Deckungsbeiträge höher als die fixen Kosten ist.

> Der Deckungsbeitrag (DB) ergibt sich als Differenz zwischen Erlösen und variablen Kosten. Der Deckungsbeitrag dient zur Deckung der fixen Kosten und zur Erzielung eines angemessen Gewinns.

> **Umsatz (netto) - variable Kosten = Deckungsbeitrag**
>
> **U - K$_v$ = DB**

Für einen einzelnen Artikel (Stück) lässt sich der Deckungsbeitrag in gleicher Weise-
bestimmen:

> **Verkaufspreis (netto) - variable Kosten pro Stück = Deckungsbeitrag pro Stück**
>
> **p - k$_v$ = db**

04. Welche Formen der Teilkostenrechnung werden unterschieden?

Man unterscheidet

- das Direct-Costing,
- die Deckungsbeitragsrechnung auf Grenzkostenbasis und
- die Deckungsbeitragsrechnung auf Einzelkostenrechnungsbasis.

05. Was versteht man unter Direct-Costing?

Die Direktkostenrechnung geht von einer Trennung der Kosten in mengenabhängige
und fixe (zeitabhängige) Kosten aus und unterstellt, dass sich die variablen Kosten
proportional zum Beschäftigungsgrad ändern. Die Direktkostenrechnung ist meist identisch mit der Grenzkostenrechnung.

Für das Direct-Costing ergibt sich (bei einstufiger DB-Rechnung) folgendes Schema:

	Netto-Verkaufserlös
-	variable Kosten
=	**Deckungsbeitrag (DB)**
-	fixe Kosten des Gesamtunternehmens
=	Gewinn

06. Was versteht man unter der Deckungsbeitragsrechnung auf Grenzkostenbasis?

Die Deckungsbeitragsrechnung auf Grenzkostenbasis berücksichtigt auch die Erlöse
und wird im Handel nach folgendem Schema berechnet:

	Nettoeinkaufspreis einer Ware
+	sämtliche Einzelkosten einer Ware
+	proportionale Gemeinkosten der Ware
=	kalkulierte Teilkosten der Ware (Grenzkosten)

Der Deckungsbeitrag ergibt sich als Differenz zwischen dem Verkaufspreis der Ware
und den kalkulierten Teilkosten.

07. Was versteht man unter der Deckungsbeitragsrechnung auf Einzelkosten-rechnungsbasis?

Die Deckungsbeitragsrechnung auf Einzelkostenrechnungsbasis baut auf der direkten Kostenverteilung auf und rechnet alle Kosten dem Artikel, der Warengruppe, der Verkaufsabteilung und schließlich dem Betrieb als Einzelkosten direkt zu. Es ergibt sich der Deckungsbeitrag der Kostenstufe für den Artikel als Differenz zwischen den Artikelerlösen und ihren direkten variablen Kosten. Die gleiche Rechnung wird für Warengruppen, Verkaufsabteilungen und den ganzen Betrieb vorgenommen. Diese Form der Deckungsbeitragsrechnung arbeitet überdies mit der zeitlichen Bindung der Kosten und trennt zwischen ausgabenfernen und ausgabennahen Bestandteilen.

08. Welches Teilkostenverfahren kann erfolgreich im Handel eingesetzt werden?

Es eignet sich das sog. *Schichtkosten-* oder *mehrstufige Deckungsbeitragsrechnungsverfahren*. Voraussetzung für die Anwendung dieses Verfahrens ist die Bildung von Geschäftsbereichen mit verschiedenen Abteilungen. In jeder Abteilung muss ermittelt werden, ob bestimmte Artikel oder Warengruppen die von ihnen verursachten Kosten noch abdecken und auch noch einen Beitrag zur Deckung des Geschäftsbereichs leisten. Bestehen überdies mehrere Filialen, so müssen die einzelnen Filialen auch noch einen Beitrag zur Deckung des Gesamtunternehmens leisten oder diejenigen Filialen, die diesen Beitrag nicht leisten, müssen gegebenenfalls aufgegeben werden.

Möglich ist weiterhin folgendes Schema einer mehrstufigen Deckungsbeitragsrechnung, das zwischen warenabhängigen Fixkosten (z. B. Lohn eines Lagerarbeiters), warengruppenabhängige Fixkosten und Unternehmensfixkosten trennt:

	Nettoverkaufserlöse
-	variable Kosten
=	Deckungsbeitrag I
-	warenabhängige Fixkosten
=	Deckungsbeitrag II
-	warengruppenabhängige Fixkosten
=	Deckungsbeitrag III
-	Unternehmensfixkosten
=	Betriebsergebnis

09. Wie bestimmt sich die kurzfristige und langfristige Preisuntergrenze (PU)?

kurzfristige Preisuntergrenze	Kurzfristig müssen mindestens die variablen Kosten eines Artikels über seinen Preis gedeckt sein. Es gilt: $$p = k_v$$
langfristige Preisuntergrenze	Langfristig müssen über den Preis die variablen und die fixen Kosten (oder zumindest Teile der fixen Kosten) gedeckt sein. Es gilt: $$p = (K_v + K_f) : x \text{ oder}$$ $$p = (K_v + \text{Teile von } K_f) : x$$

10. Wie kann das Sortiment mithilfe des relativen Deckungsbeitrages gestaltet werden?

Betrachtet man lediglich den Deckungsbeitrag pro Artikel/pro Warengruppe ohne andere Faktoren zu berücksichtigen, so richtet sich die *Sortimentsgestaltung nach dem absoluten Deckungsbeitrag:* Es werden die Artikel/Warengruppen mit dem höchsten Deckungsbeitrag zuerst in das Sortiment aufgenommen.

Beispiel (Angaben in €):

		Artikel 1	Artikel 2	Artikel 3	Summe
	Erlöse	500.000	200.000	1.100.000	1.800.000
-	variable Kosten	260.000	160.000	935.000	1.355.000
=	DB	**240.000**	**40.000**	**165.000**	**445.000**
-	fixe Kosten	100.000	50.000	85.000	235.000
=	Betriebsergebnis	140.000	-10.000	80.000	210.000

Auf der Basis des absoluten Deckungsbeitrages lautet die Sortimentsrangfolge: Artikel 1, Artikel 3, Artikel 2.

Bezieht man den (absoluten) DB pro Artikel auf die Erlöse (netto), so bezeichnet man dies als *relativen Deckungsbeitrag:*

relativer DB	(absoluter) DB · 100 : Erlöse pro Artikel

Beispiel (Angaben in T€):

	Artikel 1	Artikel 2	Artikel 3
Erlöse	500	200	1.100
variable Kosten	260	160	935
DB (absolut)	240	40	165
relativer DB	240 : 500 · 100 = **48 %**	40 : 200 · 100 = **20 %**	165 : 1.100 · 100 = **15 %**

Auf der Basis des relativen Deckungsbeitrages lautet die Sortimentsrangfolge: Artikel 1, Artikel 2, Artikel 3.

Im vorliegenden Fall wurde der relative Deckungsbeitrag durch Bezug auf die Erlöse ermittelt. Denkbar sind jedoch auch andere Bezugsgrößen, z. B. die Lagerfläche je Stück, wenn die Lagerfläche einen Engpass darstellt und die Inanspruchnahme durch die einzelnen Artikel sehr unterschiedlich ist.

relativer DB	(absoluter) DB : Lagerfläche pro Artikel

Nimmt beispielsweise der Artikel 1 eine Lagerfläche von 300 m^2 in Anspruch so ergibt dies einen relativen DB von 240.000 : 300 m^2 = 800 €/m^2.

11. Aus welchen Gründen ist die Anwendung der Teilkostenrechnung im Handel erforderlich?

In Handelsbetrieben sind Sonderangebote zu einem nicht mehr wegzudenkenden Instrument des Verkaufs geworden. Hat man die Kosten nicht mehr im Griff und vertraut man nur den kostengünstig kalkulierten Sonderangeboten, so kann am Ende der Wirtschaftsperiode eine unangenehme Überraschung entstehen, wenn nämlich die anderweitig entstandenen Kosten das Betriebsergebnis schmälern. Aber auch für Zwecke der Preisdifferenzierung, für die Entscheidung zwischen verschiedenen alternativen Artikeln, Waren- oder Preisgruppen und nicht zuletzt für die Festlegung der Preisuntergrenzen und des Verkaufs unter Einstandspreisen ist eine gut funktionierende Teilkostenrechnung unerlässlich. Eine falsche Anwendung der Teilkostenrechnung kann wegen der Höhe der anderweitig entstandenen Kosten verhängnisvolle Folgen haben. Auch der Verkauf unter dem Einstandspreis ist problematisch.

Manchmal ist dies unerlässlich, sei es aus modischen Gründen, sei es wegen der Verderblichkeit der Waren oder wegen technischer Änderungen, aber dieser Teil muss klar erkannt sein, zumal die durch den Verkauf unter dem Einstandspreis nicht gedeckten Kosten entweder anderen Warengruppen zugeschlagen werden müssen oder den ohnehin sehr niedrigen Betriebsgewinn noch weiter schmälern. Die Anwendung der Teilkostenrechnung erfordert wesentlich mehr betriebswirtschaftliche Überlegungen als die Anwendung der Vollkostenrechnung und muss in jedem Fall exakt zwischen variablen und fixen Kostenbestandteilen differenzieren.

12. Welche Probleme entstehen in Handelsbetrieben bei der Anwendung der Teilkostenrechnung?

Die Anwendung der Teilkostenrechnung setzt eine Differenzierung der Kostenrechnung zwischen variablen und fixen Kostenbestandteilen voraus. Dies ist jedoch insofern problematisch, als die einzige *variable Kostenart*, die sich mit der Auslastung des Betriebes verändert, der *Wareneinsatz* ist, während die übrigen Kostenarten eines Handelsbetriebes bei kurzfristiger Betrachtungsweise als mehr oder weniger fix anzusehen sind.

13. Welche Erkenntnisse sind aus der Gegenüberstellung der Vollkostenrechnung und der Teilkostenrechnung zu ziehen?

Im Gegensatz zur Vollkostenrechnung bleiben bei der Teilkostenrechnung die fixen Kosten außer Ansatz. Es werden lediglich die variablen Kosten auf die Kostenträger verteilt. Würde sich jedoch die gelegentlich erhobene Forderung durchsetzen, bei der Kalkulation eines Produktes oder einer Warengruppe auf volle Kostendeckung zu verzichten, so wäre die Insolvenz des Unternehmens vorprogrammiert. Eine derartige Forderung bzw. Vorgehensweise kann sich nur auf einzelne Bereiche erstrecken. Insgesamt muss die fehlende Kostendeckung in einem Bereich durch hohe Gewinne in anderen Bereichen ausgeglichen werden. Eine totale Teilkostenrechnung ist undurchführbar.

Deshalb muss jedes Unternehmen bei der Anwendung seiner Kostenrechnungsverfahren sorgfältig prüfen, welches Verfahren das geeignetste ist. Am ehesten sind Zusatzaufträge für Teilkostenverfahren geeignet. Es empfehlen sich Überlegungen, bei welchem Preis der höchste Umsatz bzw. Gewinn zu erzielen ist, um dann zurückzurechnen, mit welchem Kostenverfahren der angestrebte Preis realisierbar ist. Die Kostenentwicklung muss immer und bei jedem Auftrag überschaubar bleiben und das Handeln bestimmen.

Der generelle Unterschied zwischen dem Vollkosten- und dem Teilkostensystem im Handel lässt sich schematisch folgendermaßen darstellen:[1]

Vollkostensystem		Teilkostensystem	
	Umsatz		Umsatz
-	Wareneinsatz	-	Wareneinsatz
=	Rohertrag	-	sonstige variable Kosten
-	Handlungskosten[2]	=	Deckungsbeitrag
=	Betriebsergebnis	-	fixe Kosten
		=	Betriebsergebnis

1.7.8 Aufgaben und Arten der Plankostenrechnung

01. Zur Wiederholung: Welche Systeme der Kostenrechnung gibt es? → 1.7.3

• Die *Vollkostenrechnung* verrechnet alle Kosten auf die Kostenträger. Sie kann durchgeführt werden als
- *Istkosten*rechnung,
- *Normalkosten*rechnung,
- *Plankosten*rechnung.

---

[1] Achtung: Zentraler Inhalt der Prüfung

[2] fixe + variable Kosten

- Die *Teilkostenrechnung* bezieht nur die variablen Kosten auf die Kostenträger. Sie bedient sich
  - der *Istkosten* und
  - der *Plankosten*.

  → Beide Systeme arbeiten mit der Kostenarten-, Kostenstellen- und Kostenträgerrechnung.

- *Istkosten* sind tatsächlich entstandene Kosten (vergangenheitsbezogen). Im einfachen Fall gilt:

Istkosten	=	Istmenge · Istpreis

- *Normalkosten* sind Durchschnittswerte der Vergangenheit (der Istkosten); sie dienen der Vorkalkulation.

- *Plankosten* werden ermittelt aufgrund der Erfahrungen der Vergangenheit und der Erwartungen an zukünftige Entwicklungen. Es gilt:

Plankosten	=	Planmenge · Planpreis

- *Systeme der Kostenrechnung* im Überblick:

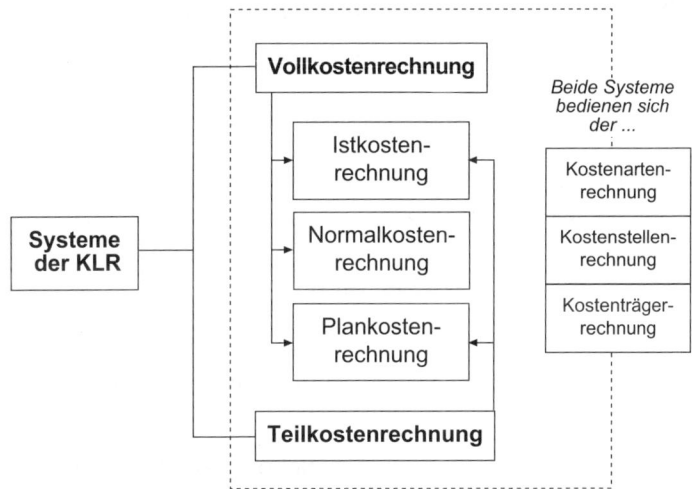

02. Wie ist das System der Vollkostenrechnung weitergehend gegliedert?

System der Vollkostenrechnung				
Istkostenrechnung	Normalkostenrechnung		Plankostenrechnung	
	starr	flexibel	starr	flexibel

03. Wie ist das Verfahren bei der starren Plankostenrechnung?

- *Merkmale*:
  - Sie führt keine Auflösung der Kosten in fixe und proportionale Bestandteile durch.
  - Die Vorgabe der Kosten (Planwerte) erfolgt primär auf der Basis zukünftiger Entwicklungen (Erwartungen).

- *Vorteile*:
  - Das Verfahren ist relativ einfach.

- *Nachteile*:
  - Der Beschäftigungsgrad wird nicht berücksichtigt.
  - Bei Beschäftigungsschwankungen ist keine exakte Kostenkontrolle möglich.
  - Abweichungen (Soll – Ist) können nur als Ganzes dargestellt werden.

Es gelten bei der starren Plankostenrechnung folgende Beziehungen (Formeln):

	Starre Plankostenrechnung (Formeln)		
1	Plankosten	=	Planmenge · Planpreis
2	Istkosten	=	Istmenge · Planpreis
3	Plankosten-verrechnungssatz	=	$\dfrac{\text{Plankosten}}{\text{Planbeschäftigung}}$
4	Verrechnete Plankosten	=	Istbeschäftigung · Plankostenverrechnungssatz
		=	Beschäftigungsgrad · Plankosten $\qquad\text{Beschäftigungsgrad} = \dfrac{\text{Istbeschäftigung} \cdot 100}{\text{Planbeschäftigung}}$
5	Abweichung	=	Istkosten - verrechnete Plankosten[1]

Achtung: Die Istkosten der Plankostenrechnung unterscheiden sich von den Istkosten der Istkostenrechnung:

• Istkostenrechnung:	→	Istkosten	=	Istmenge ·	Istpreis
• Plankostenrechnung:	→	Istkosten	=	Istmenge ·	Planpreis

04. Wie ist das Verfahren bei der flexiblen Plankostenrechnung?

- *Merkmale*:

  - Bei der flexiblen Plankostenrechnung erfolgt eine Aufspaltung der Kosten in fixe und variable Bestandteile. Dadurch lässt sich während der laufenden Rechnungsperiode eine Anpassung an die jeweils vorliegende Istbeschäftigung vornehmen.

  - Durch die Einführung der Sollkosten lässt sich die Gesamtabweichung differenziert in die Verbrauchsabweichung und die Beschäftigungsabweichung darstellen.

---

[1] In der Literatur findet sich auch: verrechnete Plankosten - Istkosten. Entscheidend ist also nicht das Vorzeichen der Abweichung, sondern die richtige Interpretation der Abweichung.

- *Vorteile*:
  - Die Kostenkontrolle ist wirksam – in der Kostenarten- und auch in der Kostenstellenrechnung.
  - Durch die Berücksichtigung von Beschäftigungsschwankungen während der laufenden Periode wird erreicht:
    - Die Genauigkeit der Kalkulation wird verbessert.
    - Die Abweichung kann differenziert als Verbrauchs- und als Beschäftigungsabweichung ermittelt werden.

- *Nachteil*:
  Die fixen Kosten haben die gleichen Bezugsgrößen wie die variablen Kosten („erzwungene Proportionalisierung").

- *Vorgehensweise*:
  1. Errechnung der *Plankosten je Kostenstelle*.
  2. *Aufspaltung der Plankosten* in fixe und variable Bestandteile.

Es gelten bei der flexiblen Plankostenrechnung folgende Beziehungen (Formeln):[1]

Flexible Plankostenrechnung (Formeln)		
1.1	**Proportionaler Plankostenverrechnungssatz**	= Proportionale Plankosten : Planbeschäftigung
1.2	**Fixer Plankostenverrechnungssatz**	= Fixe Plankosten : Planbeschäftigung
1.3	**Plankostenverrechnungssatz** (gesamt) bei Planbeschäftigung	= Proportionaler Plankostenverrechnungssatz + Fixer Plankostenverrechnungssatz
		= Plankosten : Planbeschäftigung
2	**Verrechnete Plankosten**	= Istbeschäftigung · Plankostenverrechnungssatz
		= Plankosten · Beschäftigungsgrad
3	**Sollkosten**	= Fixe Plankosten + Prop. Plankostenverrechnungssatz · Istbeschäftigung
		= Fixe Plankosten + Prop. Plankosten · Beschäftigungsgrad
4	**Beschäftigungsabweichung (BA)**[1] Abweichung, die auf einer Beschäftigungsänderung basiert	= Sollkosten - Verrechnete Plankosten
5	**Verbrauchsabweichung (VA)**[1] Abweichung, die nicht auf einer Beschäftigungsänderung basiert	= Istkosten - Sollkosten = (Istverbrauch · Planpreis) - (Sollverbrauch · Planpreis)
6	**Gesamtabweichung (GA)**	= Istkosten - Verrechnete Plankosten
		= Verbrauchsabweichung + Beschäftigungsabweichung

[1] Die Definition der BA und der VA sind in der Literatur nicht einheitlich; ebenso: vgl. Olfert, Kostenrechnung, a. a. O., S. 245 sowie Däumler/Grabe, Kostenrechnungs- und Controllinglexikon, a. a. O., S. 31, 321; anders: Schmolke/Deitermann, IKR, a. a. O., S. 485 (hier wird allerdings das Vorzeichen in Klammern gesetzt). Merke: Entscheidend ist nicht das Vorzeichen, sondern die richtige Interpretation der Abweichung.

1.8 Controllinginstrumente und ihr Zusammenwirken

1.8.1 Controlling als Instrument der Unternehmenssteuerung

01. Was versteht man unter Controlling?

Das Wort *Controlling* kommt aus dem Englischen und bedeutet so viel wie *steuern, messen, regeln.* Leider führt die Ähnlichkeit des Begriffes mit dem deutschen Wort Kontrolle häufig zu Missverständnissen und Fehlauffassungen. Eindeutig falsch ist es, Controlling mit Kontrolle gleich zu setzen und den Controller im Betrieb als Kontrolleur oder Revisor zu begreifen, den man misstrauisch beäugen muss.

Controlling – richtig verstanden – kann man an folgendem Vergleich deutlich machen:

„To have a ship under control" bedeutet, „das Schiff auf dem Kurs zu halten, den man sich vorgenommen hat. Dazu wurde der Zielkurs festgelegt und die Fahrtroute geplant; während der Fahrt werden dann laufend die Anzeigeinstrumente abgelesen und der tatsächliche Kurs wird mit dem geplanten verglichen; es findet also eine laufende Kontrolle statt. Ist alles o. k., muss der Kapitän nichts unternehmen. Gibt es jedoch Kursabweichungen, so muss die Brücke eine Kurskorrektur durchführen."

Controlling unterscheidet sich im Wesentlichen von der reinen Kontrolle durch einen vierten notwendigen Schritt, der Kurskorrektur, oder wie man im Controlling sagt, den (*Korrektur-*) *Maßnahmen* bzw. der *Steuerung.*

Der Vorgang des Controlling umfasst also vier Schritte:

Controlling		
1. Schritt	Soll-Wert festlegen	Planung (Budgetierung)
2. Schritt	Ist-Wert ermitteln	Realisierung und Informationsbedürfnis
3. Schritt	Vergleich: Soll-Ist	Kontrolle und Analyse
4. Schritt	Steuerung	Geeignete Korrekturmaßnahmen ergreifen

02. Warum ist Controlling ein laufender Prozess?

Controlling ist kein einmaliger Vorgang, sondern ein laufender Prozess: Im Unternehmen werden die zentralen Eckdaten wie z. B. Umsatz, Personalkosten, Handlingkosten, Liquidität, Rentabilität usw. – in der Regel im Herbst des lfd. Jahres – für das kommende Geschäftsjahr geplant.

Diese Plandaten bzw. Soll-Werte sind nur so gut, wie die Annahmen sind, die das Unternehmen bei seiner Planung einfließen lässt, z. B. Annahmen über Lohnabschlüsse, über den konjunkturellen Verlauf, über die Entwicklung der Einkaufspreise usw. Mit jeder neuen Planung „lernen die Beteiligten aus den Fehlern der alten Planungsperiode und werden so immer treffsicherer – ihre Annahmen werden präziser". Die auf diese Weise gewonnenen Soll-Werte liefern dem Unternehmen dann für das kommende Jahr einen klaren Maßstab, um die Entwicklung der Ist-Werte zu beurteilen. Natürlich gibt es auch Fälle, in denen eine Kurskorrektur durch geeignete Maßnahmen nicht möglich ist, z. B. wenn das Unternehmen einen nicht planbaren Umsatzeinbruch hat, weil ein wichtiger Kunde insolvent wird. In diesem Fall muss der Planumsatz nach unten korrigiert werden, das heißt, die Soll-Ist-Abweichung führt nicht zu einer Korrektur der Maßnahmen, sondern zu dem eher seltenen Fall der *Zielkorrektur.*

Controlling ist also ein laufender, zukunftsorientierter Prozess, der zusätzlich zur Kontrolle die Ableitung korrigierender Maßnahmen zur Steuerung des Unternehmens umfasst.

Bildlich dargestellt sieht der „Regelkreis des Controlling" folgendermaßen aus:

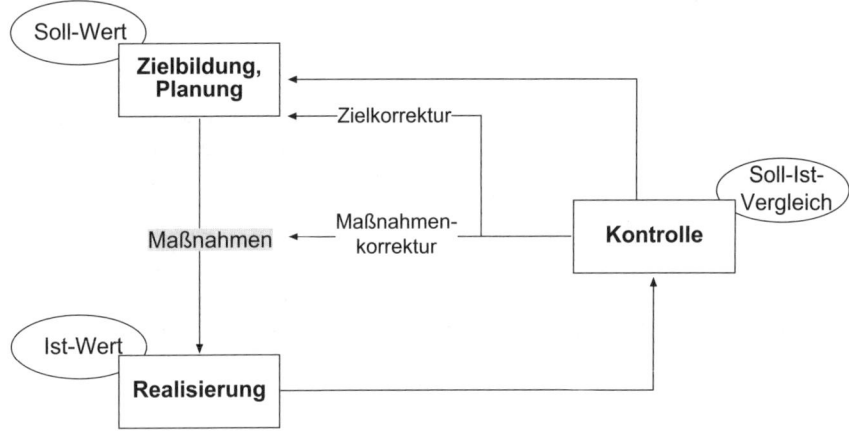

03. Welche Funktionen erfüllt das Controlling?

Mit *Funktion* bezeichnet man in der Betriebswirtschaftslehre in der Regel *die Leistung, die eine Sache oder ein Objekt in einem System erbringt.* Die Frage nach den Funktionen des Controlling kann man also auch umformulieren, indem man untersucht, *was das Controlling im Rahmen der Unternehmensführung zu leisten hat.*

• *Die 1. Funktion des Controlling ist die Planung:*
  Hier hat das Controlling die Aufgabe, die zukünftige Entwicklung des Unternehmens anhand zentraler Eckdaten festzulegen – auf der Basis der erwarteten Marktentwicklung und der kalkulierten Kosten.

• *Die 2. Funktion des Controlling ist die Informationsfunktion:*
  Diese Aufgabe ist permanent zu erfüllen und bezieht sich auf alle Phasen des Controllingprozesses: So müssen z. B. in der Planungsphase Informationen über den Markt und den Wettbewerb aufbereitet und in der Realisierungsphase die Ist-Daten ermittelt werden. Dabei ist zu beachten, dass die Daten rechtzeitig, richtig und problembezogen zur Verfügung stehen.

• *Die 3. Funktion des Controlling ist die Kontrollfunktion:*
Sie schließt die Funktion der Analyse mit ein. Hier geht es darum, die evtl. Abweichungen von den Plan-Werten zu ermitteln und zu analysieren. Mit Analyse bezeichnet man das Erkennen von Strukturen und Zusammenhängen anhand vorliegender Daten.

• *Daraus abgeleitet ergibt sich die 4. Funktion des Controlling, die Steuerung:*
Aufgrund der Abweichungsanalyse sind geeignete Maßnahmen zur Verbesserung der Unternehmensentwicklung einzuleiten.

Wichtig ist dabei, dass diese *Funktionen in einem engen Abhängigkeitsverhältnis zueinander stehen*: Kontrolle ist ohne Planung nicht möglich; Steuerung ist ohne vorhergehende Abweichungsanalyse undenkbar. *Die Controllingfunktionen bilden also zusammen einen Regelkreis*, der dann zusammenbricht, wenn eine der Funktionen nicht erfüllt wird.

Ein Teil der Fachliteratur nennt diese vier Controllingfunktionen und beendet damit das Thema. Das ist unvollständig: Es fehlt noch die *Hauptfunktion des Controlling*, die über den bisher genannten Funktionen steht – denn Controlling ist kein Selbstzweck.

Die Zielsetzung eines Unternehmens besteht z. B. darin, Waren und Dienstleistungen einzukaufen, zu veredeln und sie am Markt zu einem auskömmlichen Preis zu veräußern (Handelsunternehmen) bzw. Produkte und Dienstleistungen zu produzieren und am Markt abzusetzen (Produktionsunternehmen). Diese Wertschöpfung – vereinfacht gesagt, die Differenz von Einkaufswert und Verkaufswert – muss gesichert sein. Ansonsten ist der Betrieb gezwungen zu schließen.

• *Die Hauptfunktion des Controlling ist also die Sicherung der Wertschöpfung.*

04. Welches sind die „Schlüsselfragen" des Controllers?

Wenn der Controller Berichte für die Geschäftsleitung erstellt, dann interessieren die wesentlichen und relevanten Entwicklungen. Jeder Controller arbeitet nur dann effektiv, wenn er sich von vier Schlüsselfragen leiten lässt:

	Schlüsselfragen im Controlling		Beispiel
1	**Wo**	war die Abweichung?	→ *Rohgewinn*
2	**Wann**	war die Abweichung?	→ *Monat Juni*
3	**In welchem Ausmaß**	war die Abweichung?	→ *15 % unter Plan*
4	**Welche Konsequenz**	ergibt sich aus der Abweichung?	→ *Lieferantenwechsel*

Die Schlüsselfragen sind ein zentraler Bestandteil der Controllingarbeit.

05. Welche Controllingarten werden unterschieden?

Die Controlling-Theorie hat verschiedene Fachbegriffe entwickelt, die auch als „Controllingarten" bezeichnet werden. Die nachfolgende Matrix gibt dazu einen Überblick:

Controllingarten		
Unterschei-dungsmerkmal	*Bezeichnung*	*Kurzbeschreibung und Beispiele*
Ebene	**Strategisches Controlling**	bezieht sich auf Zeiträume größer/gleich vier Jahre und dient der langfristigen Existenzsicherung.
	Operatives Controlling	bezieht sich auf kurz- bis mittelfristige Zeiträume (1 - 3 Jahre) und dient der Sicherung der aktuellen Ertragslage.
Bereich	**Unternehmenscontrolling** auch: Gesamtcontrolling	erstreckt sich auf das gesamte Unternehmen.
	Beschaffungscontrolling	Erstreckt sich auf den jeweiligen Funktionsbereich; liefert Ergebnisse für das Unternehmenscontrolling und ist mit diesem abzustimmen (Wechselbeziehung).
	Fertigungscontrolling	
	Marketingcontrolling	
	Sortimentscontrolling	
	Finanzcontrolling	
	Personalcontrolling	
	...	
Struktur	**Zentrales Controlling**	Alle Aufgaben des Controlling (Planung, Kontrolle, Information und Steuerung) werden zentral ausgeführt.
	Dezentrales Controlling	Teilaufgaben bzw. Teilkompetenzen des Controlling werden an mittlere bis untere Ebenen oder Geschäftseinheiten delegiert; die Zusammenführung aller Daten erfolgt zentral mit Feedback an das dezentrale Controlling (Wechselwirkung).

| Eingliederung | Stabscontrolling | ist dem Top-Management als Stab mit funktionaler Weisungsbefugnis unterstellt (Weisungs-, Entscheidungs- und/oder Vetorecht in Verfahrensfragen). |
| | Liniencontrolling | ist als gleichberechtigte Linienfunktion in der obersten Leitungsebene eingerichtet. |

1.8.2 Steuerungsinstrumente im Controlling

01. Welche Instrumente setzt das Controlling zur Steuerung der Unternehmensentwicklung ein?

Die Anzahl der Steuerungsinstrumente im Controlling ist hoch. Die Instrumente werden laufend überarbeitet, ergänzt und den unternehmensspezifischen Besonderheiten angepasst. Grundsätzlich unterscheidet man strategische und operative bzw. quantitative und qualitative Steuerungsinstrumente. Die nachfolgende Matrix zeigt einen Überblick, der nicht vollständig ist und auch nicht vollständig sein kann:

Steuerungsinstrumente im Controlling	
Strategische Instrumente, z. B.:	**Operative Instrumente, z. B.:**
Produktlebenszyklus	Budgetierung:
Portfolioanalyse	• Soll-Ist-Vergleich
Konzept der Erfahrungskurve	• Ist-Ist-Vergleich Berichtswesen
Target Costing	Vergleich der Kalkulationsverfahren
Leverage-Effekte	Vorschaurechnung (Prognosen)
Verfahren der Investitionsrechnung	
ABC-Analyse	
Wertanalyse	
Balanced Scorecard	

Die Vielzahl der bekannten Steuerungsinstrumente wird in der Literatur unterschiedlich zugeordnet: Man bezeichnet sie (wie in der vorstehenden Tabelle) zum Teil als Controllinginstrumente; überwiegend werden sie jedoch unter Begriffen wie „Instrumente, Techniken und Methoden der Planung, Analyse und Kontrolle" abgehandelt. Nachfolgend ist eine Auswahl der gebräuchlichsten Instrumente/Methoden dargestellt; dabei wird nach quantitativen und qualitativen Instrumenten unterschieden:

Instrumente, Techniken und Methoden der Analyse, Planung und/oder Kontrolle im Überblick	
Bezeichnung	*Kurzbeschreibung, Beispiele*
1. Quantitative Instrumente (1)	
Kennzahlen	**Statistische Kennzahlen:** • Verhältniszahlen • Gliederungszahlen • Beziehungszahlen • Wertziffern und Indexzahlen
	Kennzahlen der Betriebswirtschaft: • Finanzierungsanalyse • Investitionsanalyse • Finanzanalyse • Ergebnisanalyse • Rentabilitätskennzahlen • Materialbeschaffung • Lagerwirtschaft • Absatzwirtschaft • Personalwirtschaft
	Volkswirtschaftliche Kennzahlen: • Elastizität • Produktivität, Kapitaleinsatz, Arbeitskosten, Beschäftigung, Staatsausgaben
Kostenanalysen, Kostenvergleiche	• Make-or-Buy-Analyse • Kritische Menge • Break-even-Analyse
Verfahren der Investitionsrechnung	• Statische Verfahren • Dynamische Verfahren
ABC-Analyse	Technik zur wertmäßigen Klassifizierung von Objekten (Wertanteil : Mengenanteil); Erkennen von Prioritäten.
XYZ-Analyse	Entscheidungshilfe für die Festlegung der Beschaffungsart (X-Güter: gleichförmiger Bedarfsverlauf usw.).
Wertanalyse	Verfahren zur Kostenreduzierung durch Gegenüberstellung von Funktionswert zu Funktionskosten (streng nach DIN bzw. VDI).
Ursachenanalysen	Beispiele: Kommunikationsanalysen, Ursache-Wirkungsdiagramme (z. B. Ishikawa)
FMEA	Fehler-Möglichkeits- und Einflussanalyse: Maßnahme zur Risikoerkennung und -bewertung; entstammt ursprünglich der technischen Qualitätssicherung.

Instrumente, Techniken und Methoden der Analyse, Planung und/oder Kontrolle im Überblick	
Bezeichnung	*Kurzbeschreibung, Beispiele*
1. Quantitative Instrumente (2)	
Nutzwertanalyse	Screening-Modelle
	Scoring-Modelle
Stärken-Schwächen-Analyse	Es werden relevante Leistungsmerkmale des eigenen Unternehmens erfasst (z. B. Marketing, F & E, Mitarbeiter) und mithilfe einer Skalierung bewertet.
Marktanalyse	Ist die systematische Untersuchung der relevanten Märkte – einmalig oder fallweise. Erfasst werden Strukturgrößen wie z. B. Gliederung des Marktes, Marktanteile, Verbraucherverhalten.
Konkurrenzanalyse	Analog zur Stärken-Schwächen-Analyse werden relevante Wettbewerber mithilfe geeigneter Merkmale untersucht und bewertet, z. B. Qualität, Technologie, Preis.
Kundenzufriedenheitsanalyse	Mithilfe geeigneter Merkmale, die meist gewichtet sind, erfolgt eine Kundenbefragung mit anschließender dv-gestützter Auswertung; Beobachtungsmerkmale sind z. B.: Erreichbarkeit des Ansprechpartners für den Kunden, Qualität, Termineinhaltung, Beratungsumfang.
Chancen-Risiken-Analyse	Zusammenfassung der Ergebnisse der Umwelt-, Markt-, Branchen-, Konkurrenz- und der Stärken-Schwächen-Analyse in einer Matrix: Chancen für das Unternehmen/Risiken für das Unternehmen – vom Markt, vom Wettbewerber, aufgrund eigener Faktoren usw.
Produkt-Matrix von Ansoff	Aus einer Matrix (Märkte: alt/neu : Produkte: alt/neu) werden Marktstrategien systematisch abgeleitet.
Wertschöpfungsanalysen	Betreffen den Innenbereich des Unternehmens: Die gesamte Wertschöpfungskette wird analysiert, um strategische Erfolgspotenziale aufzudecken, z. B. Verringerung der Fertigungstiefe, Angliederung/Ausgliederung von Fertigungsstufen.
Benchmarking	Benchmarking: Lernen von den Besten; Vergleich des eigenen Unternehmens mit dem Branchenprimus (kann quantitativ und/oder qualitativ durchgeführt werden); vgl. auch: Konkurrenzanalyse.
Früherkennungssysteme	Strategisches Instrument zum Erkennen relevanter Signale des internen und externen Umfeldes mithilfe geeigneter Faktoren, z. B. Reklamationen, Ausschuss/Konjunktur, soziale Entwicklung.
Planungstechniken	• Netzplantechnik • Diagrammtechniken
Phasenmodelle zur Optimierung der Aufbau und Ablaufstrukturen	• 3-Phasen-Modell • 5-Phasen-Modell vgl. 1.6.2 • 6-Stufen-Modell nach REFA

Instrumente, Techniken und Methoden der Analyse, Planung und/oder Kontrolle im Überblick	
Bezeichnung	*Kurzbeschreibung, Beispiele*
2. Qualitative Instrumente	
Problemlösungs- und Kreativitätstechniken	• Brainstorming • Synektik • Bionik • Morphologischer Kasten
Delphi-Modelle	Qualitative Prognosetechnik: Interne/externe Experten werden anonym und schriftlich befragt im Hinblick auf Entwicklungen bzw. Problemlösungen. Die Durchführung erfolgt in mehreren Phasen.
Szenario-Technik	Komplexes Instrument der strategischen Planung: Die Ergebnisse anderer Analysen ($\rightarrow$ Cross-Impact-, Gap-, Umfeld-Analyse) werden zusammengetragen. Es werden Szenarien entwickelt, z. B.: A = normaler Trend, A_1 = Entwicklung 1 unter Störungen, A_2 = Entwicklung 2 unter Störungen usw. Ziel ist die Ableitung von Strategien, Maßnahmen des strategischen Controlling usw.
Produktlebenszyklus	Darstellung des idealtypischen Verlaufs eines Produktes und Ableitung von Erkenntnissen über Umsatz- und Gewinnentwicklung in den einzelnen Phasen.
Erfahrungskurve	Erkenntnis der Kostendegression bei ansteigenden Stückzahlen.
Portfolio-Methode (BCG-Matrix)	Portfolio: Wertpapierdepot. Aus der Verbindung der Ansätze [Produktlebenszyklus + Erfahrungskurve] wird eine 4-Felder-Matrix entwickelt, aus der sich Normstrategien für die Produktpolitik ableiten lassen.
Potenzialanalyse	Als Potenzialanalyse im Rahmen der Prozessgestaltung bezeichnet man die Diagnose, welche Ressourcen im Basisgeschäft gebunden sind und welche ggf. für strategische Aktionen noch (oder nicht mehr) zur Verfügung stehen.

02. Welche Kennzahlen-Systeme werden im Rahmen des operativen Controlling eingesetzt?

Mithilfe von Kennzahlen versucht man Sachverhalte in einem Unternehmen in einer Zahlengröße zusammen zu fassen, um aus der Entwicklung bzw. dem Trend dieser Größen Entscheidungen zur Planung, Kontrolle und Steuerung des Unternehmens abzuleiten.

Es gibt in der allgemeinen Betriebswirtschaftslehre eine Fülle von Kennzahlen. Entscheidend ist in der Praxis immer die Notwendigkeit, diejenigen Kennzahlen zu beobachten, die speziell für den eigenen Betrieb von besonderer Bedeutung sind. Wenn beispielsweise ein Betrieb mit hochwertigen und erklärungsbedürftigen Produkten handelt, von denen pro Quartal nur wenige Stücke abgesetzt werden, so muss dieser Betrieb insbesondere die Kennzahlen der Lagerhaltung und der Kapitalbindung beobachten. Im Industriebetrieb gilt dies analog bei kapital- bzw. bei lohnintensiver Produktion.

Die nachfolgende Matrix zeigt beispielhaft eine Auswahl relevanter Kennzahlen der Warenwirtschaft:

Kennzahlen der Warenwirtschaft (ausgewählte Beispiele)		
Kennzahlen	Beispiele	Berechnung
der Beschaffung	Absatz	Menge der verkauften Ware
	Umsatzerlöse	Absatz · Verkaufspreis
	Wareneinsatz (WE)	Absatz · Wareneinstandpreis
	WE-Quote	WE : Umsatzerlöse · 100
	Rohgewinn	Umsatzerlöse - WE
	Handelsspanne (in %)	Rohgewinn : Umsatzerlöse · 100
der Lagerhaltung	Umschlagshäufigkeit	WE : ø Lagerbestand
	ø Lagerdauer (in Tg.)	360 : ø Lagerbestand
	Lagerkostenanteil (in %)	Lagerkosten : Gesamtkosten · 100
des Absatzes	ø Umsatz pro Mitarbeiter	Umsatzerlöse : Anzahl der Mitarbeiter
	ø Umsatz pro Verkaufsfläche	Umsatzerlöse : Verkaufsfläche (in m^2)
	ø Umsatz pro Kasse	Umsatzerlöse : Anzahl der Kassen
des Personals	ø Personalkosten/Mitarbeiter	Personalkosten : Anzahl der Mitarbeiter
	Anteil der Personalkosten (in %)	Personalkosten : Gesamtkosten · 100

1.8.3 Controllingkonzepte

01. Welche Controllingkonzepte sind bekannt?

Der Begriff „Controllingkonzept" hat in der Literatur keine eindeutige Zuordnung. Man subsumiert darunter:

• Entscheidungen über die *Eingliederung des Controlling* (vgl. Stabs-/Liniencontrolling),
• Entscheidungen über die *Struktur des Controlling* (vgl. Zentrales/Dezentrales Controlling)
• *Gestaltung des Controllingprozesses* (vgl. Frage 02.):
  - Verbindung von Planung und Kontrolle
  - Ableitungsrichtung der Informationen: Top-down-Verfahren, Bottom-up-Verfahren, Gegenstromverfahren.

02. Wie wird im Controllingprozess der Planungsprozess mit dem Kontrollprozess verbunden?

Im operativen Bereich ist folgende Vorgehensweise (Prozess) vorherrschend:

Planung	1.	**Erstellen der Teilpläne,** z. B.: • je Produktbereich • je Funktionsbereich • je Region usw.
	2.	**Abstimmung der Teilpläne**
	3.	**Umsetzen der Teilpläne** in (numerische) Daten, z. B.: • Verkaufspreise • innerbetriebliche Verrechnungspreise
	4.	**Vorgabe der Plandaten** (Budgeterstellung)
Kontrolle	5.	**Beschaffen von Vergleichsdaten,** z. B.: • interne Daten einer Vorperiode • externe Daten von Wettbewerbern (Benchmarking)
	6.	**Laufende Erfassung der Ist-Daten**
	7.	**Analyse der Abweichungen,** z. B.: • Ist-Ist • Soll-Ist
	8.	Information und Ableitung von **Korrekturmaßnahmen**

03. Welche Verfahren der Informationsgewinnung sind vorherrschend?

Eingesetzt werden folgende Verfahren (vgl. auch in der Literatur unter: Planungsprinzipien):

Top-down-Verfahren	„Von oben nach unten"; auch: retrograd: Die Planungsansätze werden von der Spitze des Unternehmens her entwickelt und schrittweise in den nachgelagerten Ebenen mit entwickelt und umgesetzt.
Bottom-up-Verfahren	„Von unten nach oben"; auch: progressiv: Die Planungsansätze gehen primär von der Basis aus und werden nach oben hin in Gesamtpläne verdichtet.
Gegenstrom-verfahren	Mischform; es wird sowohl von „oben nach unten" als auch „von unten nach oben" geplant: Die Leitungsebene erstellt einen vorläufigen Gesamtplan, der auf die nachfolgenden Ebenen „heruntergebrochen" wird. Die untere Ebene konkretisiert die vorläufigen Teilpläne und überprüft deren Machbarkeit. Dieser Prozess kann sich mehrfach wiederholen, bis die Bottom-up-Planung mit der Top-down-Planung vollkommen harmonisiert ist.

1.9 Finanzierung

1.9.1 Finanzwirtschaftliche Zielsetzung im Unternehmen

01. Wie ist der Zusammenhang von Finanzierung und Investition?

- *Finanzierung* im engeren Sinne ist die Beschaffung von Kapital (Geld, Sachgüter, Rechte), das zur Leistungserstellung benötigt wird (Passivseite der Bilanz: Mittelherkunft).

- *Finanzierung im weiteren Sinne* umfasst neben der Kapitalbeschaffung auch die Steuerung der Zahlungsströme und die Kapitaldisposition/-politik (Kapitalumschichtung/-rückzahlung).

- *Investition* ist die Verwendung finanzieller Mittel für Vermögensteile. Sie zeigt sich auf der Aktivseite der Bilanz, in den Positionen Anlage- und Umlaufvermögen.

Aktiv/Soll		Bilanz	Passiv/Haben
Anlagevermögen	AV	Eigenkapital EK	
Umlaufvermögen	UV	Fremdkapital FK	
Investition = *Mittelverwendung*		**Finanzierung** = *Mittelherkunft*	

02. Mit welchen zentralen Fragen beschäftigt sich die Finanzierung?

- Wie groß ist der Kapitalbedarf?   → Höhe?
- Wann entsteht welcher Kapitalbedarf?   → Zeitpunkt?
- Welche Finanzierungsform ist optimal?   → Formen?
- Zu welchen Konditionen erfolgt die Finanzierung? → Konditionen?

03. Welche Ziele verfolgt die Finanzwirtschaft?

Ziele der Finanzwirtschaft (auch: „Magisches Viereck")			
Liquidität	**Rentabilität**	**Sicherheit**	**Unabhängigkeit**

- *Liquidität* (= Zahlungsfähigkeit: Zeitpunkt + Höhe):
  Unter Liquidität versteht man die Fähigkeit, zu jeder Zeit den Zahlungsverpflichtungen nachkommen zu können. Je höher die Liquidität, desto sicherer das Unternehmen.

  Man unterscheidet folgende Liquiditätsbegriffe:
  1. Als *absolute Liquidität* bezeichnet man die Eigenschaft von Vermögensteilen, als Zahlungsmittel verwendet oder in flüssige Mittel umgewandelt werden zu können; ein Vermögensteil hat eine um so höhere *Liquidierbarkeit*, je schneller es sich in Zahlungsmittel umwandeln lässt.

     1.1 Die *natürliche* (auch: ursprüngliche) *Liquidität* ist die Eigenschaft von Vermögensteilen, durch den betrieblichen Leistungsprozess in flüssige Mittel umgewandelt zu werden. Ein Unternehmen kauft z. B. RHB-Stoffe am Beschaffungsmarkt, produziert Waschmittel und erhält durch den Verkauf über die Umsatzerlöse wieder liquide Mittel.

1.2 Als *künstliche* (auch: vorzeitige) *Liquidität* bezeichnet man den Vorgang, dass Vermögensteile vorzeitig verkauft werden (ggf. mit Wertabschlag).

2. Die *relative Liquidität* sagt aus, ob ein Unternehmen allen Zahlungsverpflichtungen fristgerecht nachkommen kann.

2.1 Die *statische Liquidität* bezieht sich auf einen bestimmten Zeitpunkt. Unterschieden werden folgende Liquiditätsgrade:

Liquidität 1. Grades auch: Barliquidität	Flüssige Mittel : Kurzfristige Verbindlichkeiten · 100
Liquidität 2. Grades auch: Einzugsliquidität	(Flüssige Mittel + kurzfristige Forderungen) : Kurzfristige Verbindlichkeiten · 100
Liquidität 3. Grades auch: Umsatzliquidität	(Flüssige Mittel + kurzfristige Forderungen + Vorräte) : Kurzfristige Verbindlichkeiten · 100

2.2 Die *dynamische Liquidität* bezieht sich auf einen bestimmten Zeitraum. Sie wird sichergestellt durch den Einsatz der Instrumente „Finanzplanung" und „Finanzdisposition" (vgl. 1.9.2.6).

- *Rentabilität:*
Die Rentabilität misst die Ergiebigkeit des Kapitaleinsatzes. Die Kennziffer wird gebildet als Verhältniszahl von Gewinn (auch: Ertrag, Return) und Kapitaleinsatz). Die Rentabilität ist eine wichtige Größe im Rahmen der Investitionsrechnung. Betrachtet werden vor allem folgende Rentabilitäten:

Eigen-kapital-rentabilität	Gewinn · 100 : Eigenkapital	Zeigt die Beziehung von Gewinn (= Jahresüberschuss) zu Eigenkapital (= Grundkapital + offene Rücklagen)
Gesamt-kapital-rentabilität	(Gewinn + Fremdkapitalzinsen) · 100 : Gesamtkapital	Zeigt die Beziehung von Gewinn und Fremdkapitalzinsen zu Gesamtkapital; Verzinsung des Gesamtkapitals zeigt die Leistungsfähigkeit des Unternehmens ($\rightarrow$ Leverage-Effekt).
Umsatz-rentabilität	Gewinn · 100 : Umsatzerlöse	Zeigt die relative Erfolgssituation des Unternehmens: Niedrige Umsatzrenditen bedeuten i. d. R. eine ungünstige wirtschaftliche Entwicklung (siehe: Branchenvergleich und Zeitvergleich über mehrere Jahre).
ROI	$\dfrac{\text{Return} \cdot 100}{\text{Umsatz}} \cdot \dfrac{\text{Umsatz}}{\text{Investiertes Kapital}}$	Return: meist definiert als „Gewinn + FK-Zinsen"

- *Sicherheit:*

  Das finanzwirtschaftliche Ziel der Sicherheit ist unter mehreren Aspekten zu betrachten:

  - *Für den Kapitalnehmer* bedeutet „Sicherheit", dass

    - die Kapitalverwendung mit möglichst geringen Risiken verbunden ist (zukünftige Erträge von Investitionen, Geldwertschwankungen, vorzeitige technologische Überalterung),

    - die Form der Finanzierung mit möglichst geringen Risiken behaftet ist (Zinsrisiko, Zuverlässigkeit des Kreditgebers, Laufzeit des Kredites, vorzeitige Kündigung).

  - *Für den Kreditgeber* bedeutet „Sicherheit", dass

    - seine Kapitaleinlage (möglichst) nicht durch Haftungsrisiken bedroht ist (Haftungsausschluss, Kreditsicherheiten, Prüfung der Kreditwürdigkeit),

    - Verzinsung und Tilgung in vereinbarter (erwarteter) Höhe fließen.

- *Unabhängigkeit*

  als Ziel der Finanzwirtschaft bedeutet, in der Führung des Unternehmens möglichst frei von Beeinflussungen der Kapitalgeber zu sein. Wachsende Fremdfinanzierung ist i. d. R. verbunden mit einer Zunahme der Informationspflichten, der Kontrollen, der Beeinflussung unternehmerischer Entscheidungen sowie der Sicherheitsleistungen.

04. Welche finanzwirtschaftlichen Zielkonflikte existieren?

Finanzwirtschaftliche Zielkonflikte (Beispiele)	
Rentabilität ↔ Liquidität	Eine hohe Liquidität kann mit einem hohen Kapitaleinsatz verbunden sein → Sinken der Rentabilität.
	Das Bereithalten liquider Mittel kann im Rahmen der Finanzdisposition die ertragsreiche Anlage von Kapital vermindern → sinkende Zinserträge, Sinken der Rentabilität.
	Langfristig können positive Ertragslagen nur gesichert werden, wenn kontinuierlich die erforderlichen Investitionen getätigt werden. Dies kann zu Liquiditätsengpässen führen.
Rentabilität ↔ Sicherheit	In der Regel sind ertragsreiche Investitionen mit höheren Risiken verbunden.
	Unter dem Aspekt der Sicherheit könnte eine möglichst hohe Finanzierung durch Eigenkapital gefordert werden. Dagegen kann die Aufnahme von Fremdkapital aufgrund des Leverage-Effektes stehen.
Liquidität ↔ Unabhängigkeit	Eine hohe Liquidität kann zur Aufnahme von Fremdkapital und damit zur Abhängigkeit von Kreditgebern führen.

05. Wie lässt sich der finanzwirtschaftliche Prozess im Handel darstellen?

Verkürzte Darstellung:

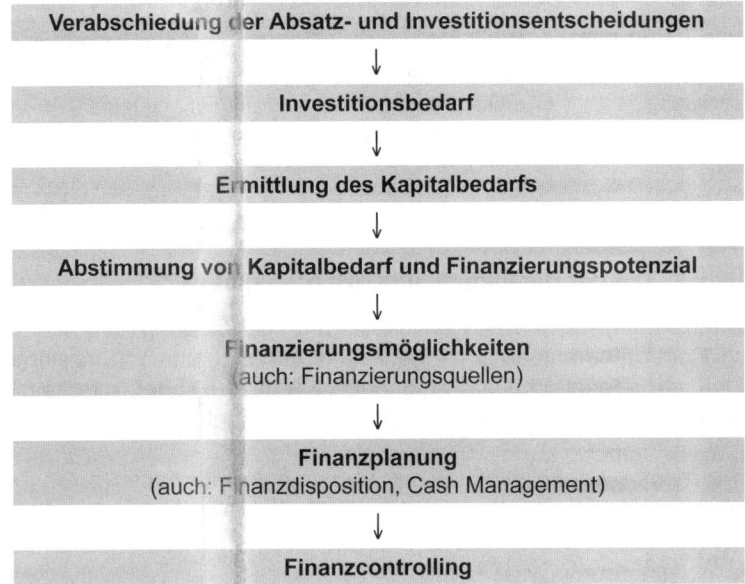

Verabschiedung der Absatz- und Investitionsentscheidungen
↓
Investitionsbedarf
↓
Ermittlung des Kapitalbedarfs
↓
Abstimmung von Kapitalbedarf und Finanzierungspotenzial
↓
Finanzierungsmöglichkeiten (auch: Finanzierungsquellen)
↓
Finanzplanung (auch: Finanzdisposition, Cash Management)
↓
Finanzcontrolling

1.9.2 Finanzierung eines Handelsunternehmens

1.9.2.1 Kapitalbedarfsplanung auf Basis einer Investitionsplanung

01. Wie wird der Kapitalbedarf eines Unternehmens ermittelt?

Man unterscheidet zwei Fälle:

1. Bei *laufendem Geschäftsbetrieb*
   wird der Kapitalbedarf über den kurz- und mittelfristigen Finanzplan ermittelt (auch: kurzfristige Liquiditätsplanung; vgl. Ziffer 1.9.2.6).

2. Bei der *Neugründung* bzw. *Erweiterung*
   wird der Kapitalbedarf für das Anlagevermögen sowie das Umlaufvermögen mithilfe von Näherungsberechnungen ermittelt. Außerdem sind einmalige Kosten der Unternehmensgründung zu berücksichtigen.

Ermittlung des Kapitalbedarfs	
A. Bei Neugründungen, Erweiterungen	**B. Bei laufendem Geschäftsbetrieb**
↓	↓

Berechnung   Finanzplan (auch: Liquiditätsplan)
• des Anlagekapitalbedarfs
• des Umlaufkapitalbedarfs
• der einmaligen Kosten (Notar usw.)

1.9.2.2 Finanzierungsmöglichkeiten

Es werden behandelt (lt. Rahmenplan):

Eigenkapitalbeschaffung	Fremdkapitalbeschaffung	Sonderformen
• Kapitaleinlagen • Beteiligungsfinanzierung	• Kreditfinanzierung • Kreditsubstitute • Kreditwürdigkeitsprüfung (Ratingverfahren) • Förderprogramme	• Leasing • Factoring

01. Welche Möglichkeiten der Beteiligungsfinanzierung gibt es?

Die Beteiligungsfinanzierung (auch: Einlagenfinanzierung) gehört zu den Formen der Eigenfinanzierung: Dem Unternehmen wird Eigenkapital vom Eigentümer (Einzelunternehmen), Miteigentümer (Gesellschafter/Personengesellschaften) oder Anteilseigner (Kapitalgesellschaften) zur Verfügung gestellt. Man unterscheidet:

a) *Beteiligungsfinanzierung bei Einzelfirmen und Personengesellschaften*, z. B.:
   • Private Mittel des Unternehmers bzw. der Gesellschafter
   • Neuaufnahme von Gesellschaftern

b) *Beteiligungsfinanzierung bei Kapitalgesellschaften*, z. B.:
   • GmbH: Aufnahme neuer Gesellschafter oder Erhöhung der Einlage bestehender Gesellschafter
   • AG: Ausgabe neuer Aktien.

c) Überlassung des Kapitals durch
   • Einzahlung von Barmitteln
   • Einbringen von Sachwerten (z. B. Rechte, Immobilien).

02. Welche Aktienarten unterscheidet man?

Aktienarten		
Unterscheidung	*Bezeichnung*	*Beschreibung*
Übertragungs-art	**Inhaberaktie**	Die Aktie gehört dem jeweiligen Besitzer. Sie wird frei an der Börse gehandelt. Nur die verkaufende Bank kennt den Namen des Inhabers.
	Namensaktie	Die Aktie ist namentlich auf den Inhaber ausgestellt (Eintragung im Aktienregister); Weitergabe ist nur durch Indossament (Übertragungsvermerk) möglich.
	Vinkulierte Namensaktie	Die Indossierung ist nur mit Zustimmung der AG möglich (Vinkulus, lat: Fessel).

Umfang der Rechte	Stammaktie	Normale Rechte
	Vorzugsaktie	Besondere Rechte, z. B. Bevorzugung bei der Gewinnverteilung, erhöhter Liquidationsanteil bei Insolvenz; häufig ist das Stimmrecht ausgeschlossen.
Ausgabezeitpunkt	Alte Aktie	Ausgabe bei der Unternehmensgründung
	Junge Aktie	Ausgabe bei Kapitalerhöhungen
Nennwert	Nennwertaktie	Wert = feststehender Anteil am Grundkapital; bei Kapitalerhöhungen müssen neue Nennwertaktien ausgegeben werden.
	Stückaktie	Wert = ergibt sich als Quotient aus Grundkapital und Anzahl der Aktien; bei Kapitalerhöhungen steigt der Wert der Aktie; neue Aktien müssen nicht ausgegeben werden.

03. Was ist das Bezugsrecht?

Das *Bezugsrecht* ist das Recht eines Aktionärs auf Bezug neuer Aktien bei einer ordentlichen Kapitalerhöhung. Das Bezugsrecht ist ein Geldwert, der an der Börse gehandelt wird; der tatsächliche Geldwert ergibt sich durch Angebot und Nachfrage. Der Bezugswert kann rein rechnerisch ermittelt werden:

$$\text{Bezugsrecht} \ = \ \frac{\text{Kurs}_{\text{alte Aktien}} - \text{Kurs}_{\text{neue Aktien}}}{\dfrac{\text{Anzahl}_{\text{Aktien alt}}}{\text{Anzahl}_{\text{Aktien neu}}} + 1}$$

04. Welche Formen der Erhöhung des Grundkapitals einer Aktiengesellschaft gibt es?

Erhöhung des Grundkapitals	
Mit Zuführung von Vermögenswerten	**Ohne Zuführung von Vermögenswerten**
• Ordentliche Kapitalerhöhung, §§ 182 ff. AktG • Bedingte Kapitalerhöhung, §§ 192 ff. AktG • Genehmigte Kapitalerhöhung, §§ 202 ff. AktG	Kapitalerhöhung aus Gesellschaftsmitteln, §§ 207 ff. AktG

05. Welche Formen der Fremdfinanzierung gibt es?

Im Überblick:

Formen der Fremdfinanzierung (Fremdkapitalbeschaffung)	
Langfristige Fremdfinanzierung	Kurzfristige Fremdfinanzierung
• Investitionskredit √ • Schuldscheindarlehen • Schuldverschreibungen • Null-Kupon-Anleihen • Zinsvariable Anleihen • Optionsanleihen	• Kontokorrentkredit √ • Lieferantenkredit √ • Kundenanzahlungen √ • Wechselkredit √ • Kurzfristige Darlehen √ • Dokumentenakkreditiv √ • Avalkredit √

Behandelt werden (lt. Rahmenplan) nur die gekennzeichneten Formen (√).

06. Welche Besonderheiten hat das langfristige Bankdarlehen (Investitionskredit)?

Langfristige Bankdarlehen dienen der Finanzierung größerer Investitionsvorhaben. Die Laufzeit beträgt mehr als vier Jahre und kann frei vereinbart werden – bis zu 20 Jahren und mehr. Kreditgebende Banken sind z. B.: Hausbank, Kreditanstalt für Wiederaufbau (KfW), Industriekreditbank in Düsseldorf, regionale Banken zur Förderung des Mittelstandes in den jeweiligen Bundesländern (vgl. im Internet, z. B. www.google/Mittelstandsförderung). Die Absicherung erfolgt in der Regel über Grundschulden, Pfandrechte, Sicherungsübereignung und/oder Bürgschaften der öffentlichen Hand.

Bei kürzeren Laufzeiten ist der Zinssatz fest vereinbart oder variabel. Für längere Laufzeiten kann eine Gleitklausel vereinbart werden bzw. es wird vertraglich eine Neuverhandlung der Vertragsmodalitäten vereinbart. *Zu beachten ist, dass der Kreditnehmer generell nach zehn Jahren eine Neugestaltung der Vertragsbedingungen oder die Kündigung des Vertrages verlangen kann.* Es können Sondertilgungen vereinbart oder ausgeschlossen werden.

07. Welche Formen der kurzfristigen Fremdfinanzierung sind vorherrschend?

1. *Kontokorrentkredit:* → kurzfristiger Bankkredit

= laufendes Konto; auch: Dispositionskredit bei Privatpersonen: Mit der Bank vereinbarte Kreditlinie (befristet/unbefristet) bei variablen Kreditkosten; abgerechnet werden nicht die einzelnen Zahlungen, sondern der Saldo von Ein-/Auszahlungen; sollte nur zur Abdeckung kurzfristiger Liquiditätsengpässe genutzt werden, da es ein teurer Kredit ist; der Zinssatz für Kontokorrentkredite beträgt ca. 11,5 % (Stand: Frühjahr 2013). Zum Beispiel kostet die durchschnittliche Überziehung des Geschäftskontos um 25.000 € (für 30 Tage bei 11,5 %) 239,58 €.

2. *Lieferantenkredit*: → kurzfristiger Kredit durch Zahlungsziel des Lieferanten

Beispiel: „Die Rechnung ist fällig innerhalb von 30 Tagen ab Rechnungsdatum ohne Abzug, mit 2 % Skonto innerhalb von 10 Tagen." Verzichtet der Unternehmer auf die Ausnutzung von Skonto entsteht ihm ein Nachteil (sog. *Opportunitätskosten*). Bezieht man den Skontosatz auf ein Jahr (Jahreszins) ergeben sich hohe Prozentwerte:

$$\text{Jahreszins} = \frac{\text{Skontosatz} \cdot 360}{\text{Zahlungsziel - Skontofrist}}$$

Beispiel:

$$\text{Jahreszins} = \frac{2 \cdot 360}{30 - 10} = 36\,\%$$

Der Lieferantenkredit gehört also zu den teuersten Kreditarten.

3. *Kundenanzahlungen:* → kurzfristiger Kredit des Kunden

Bei Großprojekten lassen sich zum Teil Kundenanzahlungen am Markt durchsetzen (Anlagen-, Immobilienbau). Kundenanzahlungen haben eine *Kredit- und eine Sicherungsfunktion*: Bei Insolvenz des Kunden während der Ausführung des Auftrags ist der mögliche Verlust geringer. Zinszahlungen erfolgen nicht. Der Kunde kann sich seine Anzahlung durch Bankbürgschaft oder Treuhänderkonto absichern lassen.

4. *Wechselkredit:* → kurzfristiger Kredit eines Dritten (z. B. Bank, Lieferant)

Schuldverpflichtung des Ausstellers (Schuldwechsel), fällig am Verfalltag (z. B. in drei Monaten) mit erhöhter Sicherheit für den Gläubiger (Wechselstrenge).

5. *Kurzfristige (Bank-)Darlehen:*

Es wird ein bestimmter Geldbetrag für eine bestimmte Zeit kreditiert. Man unterscheidet generell folgende Darlehensarten:

5.1 *Fälligkeitsdarlehen*:
Rückzahlung zum Fixtermin; Zinsen immer gleich hoch.

5.2 *Tilgungsdarlehen mit gleichbleibender Annuität:*
Gleichbleibende Rate von Tilgung und Zins; dabei nimmt der Zinsanteil je Rate ab und der Tilgungsanteil steigt (sofortige Verrechnung der Tilgung).

Beispiel:

Tilgung + Zins	=	Annuität
50 + 30	=	80
51 + 29	=	80
52 + 28	=	80

5.3 *Tilgungsdarlehen mit fallender Annuität:*
Tilgungsrate gleich hoch; Zinsbeträge sinken; Annuität sinkt.

Beispiel:

Tilgung + Zins	= Annuität
50 + 30	= 80
50 + 29	= 79
50 + 28	= 78

Merke:

Tilgung	=	Rückzahlungsbetrag
Annuität	=	Tilgung + Zinsen

6. *Dokumentenakkreditiv* (vgl. *S.* 823):

Das Akkreditiv (lat.: Beglaubigungsschreiben) ist der Bankauftrag (eines Importeurs) zur Auszahlung einer Summe an einen Dritten (Exporteur) unter bestimmten Bedingungen (Übergabe der erforderlichen Dokumente). Das Dokumentenakkreditiv wird oft bei Auslandsgeschäften verwendet. Es hat für den Käufer eine Finanzierungs- und Sicherungsfunktion: Ihm wird der Kaufpreis erst bei Eingang der Dokumente (z. B. Frachtbrief, Versicherungsschein) belastet. Der Verkäufer hat den Vorteil, dass er den Kaufpreis bereits erhält, obwohl sich die Ware noch auf dem Versandweg befindet (vgl. nachfolgende Abbildung).

Rechtsgrundlage sind die von fast allen Staaten anerkannten „Einheitlichen Richtlinien und Gebräuche für Dokumentenakkreditive". Der Inhalt des Dokumentenakkreditivs ist:

• Dokumentation des Akkreditivs und Laufzeit
• Akkreditivbetrag
• Währung
• Bezeichnung der Ware (Art, Menge, Preis)
• Lieferbedingungen
• Verladefrist.

7. *Avalkredit:*

Bank als Bürge. Die Bank haftet selbstschuldnerisch aufgrund einer eingegangenen Bürgschaftsverpflichtung, sie gibt ihren guten Namen (Kosten für den Kreditnehmer).

08. Welche Voraussetzungen müssen für die Kreditgewährung vorliegen?

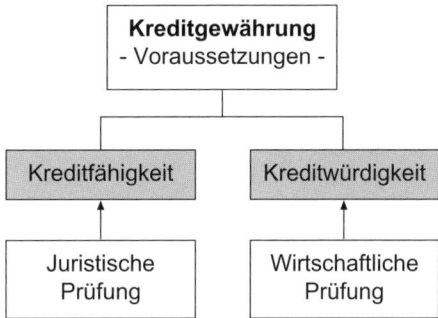

- *Kreditfähigkeit:*

  Bei der juristischen Prüfung werden die rechtlichen Voraussetzungen geklärt:
  - Bei *natürlichen Personen*:
    Geschäftsfähigkeit, Güterstand bei Verheirateten (Haftung).
  - Bei *juristische Personen*:
    Nachweis der Vertretungsvollmacht (z. B. Prokura).

- *Kreditwürdigkeit:*

  Die Prüfung der Kreditwürdigkeit erstreckt sich auf zwei Bereiche:

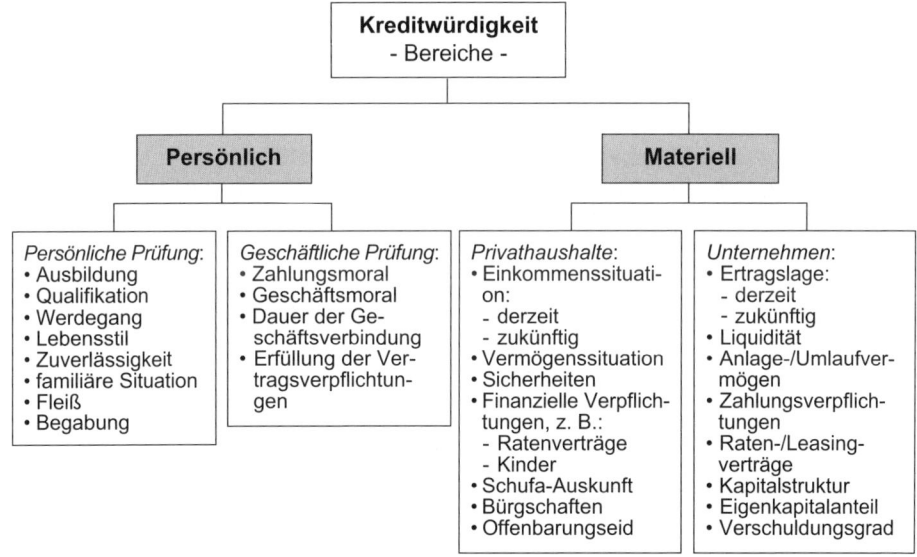

09. Was ist Rating?

Die Banken versuchen naturgemäß, das Risiko der Kreditvergabe (Kapitalrisiko und Zinsrisiko) einzuschränken. Ein wichtiges Instrument ist dabei das *Rating*: Es ist die Einschätzung der Zahlungsfähigkeit eines Schuldners bei der Kreditvergabe. Das Rating erfolgt i. d. R. durch die Bank (Bankenrating; auch: internes Rating) oder ggf. durch Ratingagenturen (externes Rating). Als „Noten" (auch: *Ratingcodes*) werden im Ergebnis der Analyse vergeben:

AAA	→ höchste Bonität	Außergewöhnlich gute Fähigkeit des Schuldners, seinen finanziellen Verpflichtungen nachzukommen
AA		Sehr gute Fähigkeit ...
...		
DDD	→ schlechteste Bonität	Schuldner ist in Zahlungsverzug.

In der Regel wird ein Kunde mit einem schlechten Rating Kredite nur mit höheren Zinsen oder gar nicht von der Bank erhalten. Jedes Unternehmen, das Kredite benötigt, ist daher gut beraten, sein Rating durch geeignete Maßnahmen zu verbessern. Es gibt mittlerweile für interessierte Unternehmen eine Fülle von Printprodukten zur Rating-Vorbereitung bzw. von elektronischen Verfahren zum Rating-Selbstcheck; eine Auswahl über derartige Produkte zeigt die Übersicht des DIHK zum Thema Rating (www.ihk.de/Rating). Unterstützung finden Unternehmen selbstverständlich auch bei ihrer regionalen IHK.

10. Wie kann ein Rating-System ausgestaltet sein?

Es gibt in Deutschland kein einheitliches Bewertungsverfahren. Weit verbreitet ist ein Ratingsystem, dass die Analyse der Kreditwürdigkeit des Kunden in die Untersuchung und Bewertung von Hard-facts und Soft-facts („Harte" und „weiche" Unternehmensdaten) gliedert:

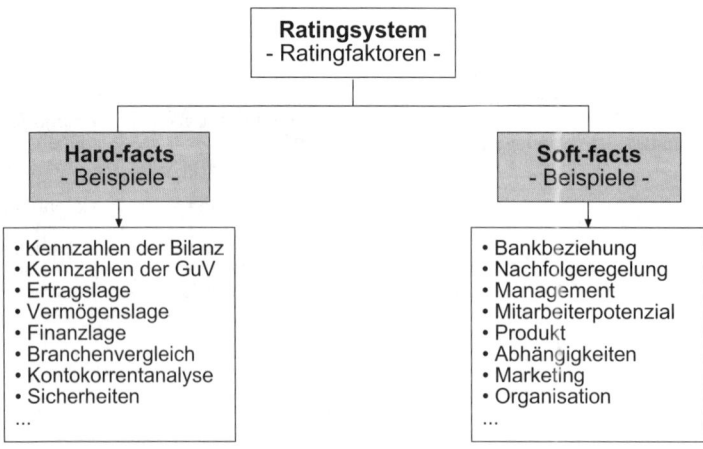

Einen Einblick in das Ratingverfahren gibt das *Programm „IHK-Win-Rating"*, das in Anlehnung an die Ratingverfahren der Banken und Sparkassen konzipiert wurde und den Unternehmen kostenlos zur Verfügung steht (www.spannuth-ihk.de/scripts/winrating.dll). Der nachfolgende *Auszug aus diesem Programm* verdeutlicht beispielhaft das Verfahren:

Beispiel:
Der gesamte Fragenkatalog von mehr als 36 Fragen ist in Bereiche (z. B. G1 ... G5), *Themen* (z. B. B01 ... B15) und Fragen (z. B. F01 ... F10) eingeteilt. Pro Frage ist ein Ranking von sechs Alternativen von sehr gut bis schlecht vorgegeben. Jeder Alternative ist eine Punktzahl von 1 (sehr gut) bis 6 (sehr schlecht) zugeordnet. Im Ergebnis führt eine geringe Punktzahl zu einem guten Ranking bzw. eine hohe Punktzahl zu einem schlechten Ranking.

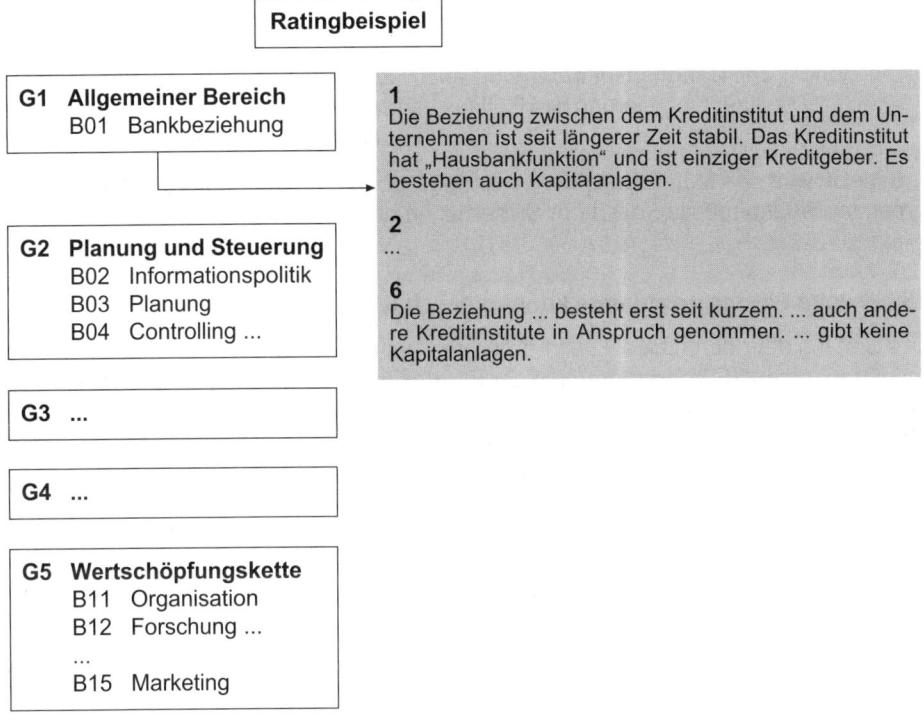

11. Welche Auswirkungen hat Basel II auf die Kreditvergabe?

Wie bisher werden die Banken die Hard-facts bei der Kreditvergabe sorgfältig prüfen und gewichten. Zusätzlich werden die Soft-facts mit einbezogen und erhalten bei der Kreditvergabe ein deutliches Gewicht.

In Wirtschaftskreisen wird mit einer Verschärfung der Kreditvergabebedingungen – insbesondere für kleine und mittlere Unternehmen – aufgrund der Vorschrift *Basel II* (Baseler Ausschuss für Bankenaufsicht) gerechnet. Im Mittelpunkt dieser Vorschrift steht u. a. die Weiterentwicklung der Mindestkapitalanforderungen: *Bei der Kreditvergabe an private Unternehmen wird eine stärkere Eigenkapitalunterlegung gefordert*; damit soll eine bonitätsabhängige Gewichtung der Kreditforderungen erfolgen.

Für den Kreditsuchenden wird dies zu der Konsequenz führen, dass er bei geringer Eigenkapitalunterlegung mit Risikozuschlägen und daher mit höheren Kreditkosten rechnen muss. Außerdem ist der Mittelstand gut beraten, das Rating seines Unternehmens sorgfältig vorzubereiten und die erforderlichen Unterlagen in geeigneter Weise vorzulegen. Dies gilt gleichermaßen für das Kreditvergabegespräch.

12. Welche Auswirkungen hat Basel III auf die Kreditvergabe?

* Kreditinstitute sollen nach Basel III mehr und qualitativ besseres Eigenkapital zur Absicherung eines Kreditausfalls zurücklegen. Um also die Kreditvergabemöglichkeiten in der heutigen Größenordnung aufrechterhalten zu können, müssen Banken ihre Eigenkapitalausstattung erheblich verbessern.

* Die Bonität der Darlehensnehmer wird auch künftig mithilfe von Rating-Verfahren ermittelt. Mit einer Optimierung des Ratings, einer hohen Eigenkapitalquote und werthaltigen Sicherheiten lassen sich Kreditkosten also auch künftig steuern.

* Basel III wird den Mittelstand überproportional belasten. Kredite werden für ihn knapper, teurer und müssen mit mehr Sicherheiten hinterlegt werden.

13. Welche Förderprogramme können die Unternehmen nutzen?

Der Umfang der unterschiedlichen Förderprogramme und -töpfe ist für den Laien nicht mehr transparent (Förderprogramme der EU, des Bundes, der Länder, der Kommunen; steuerliche Anreize, Subventionen u. Ä.). Die Varianten wechseln häufig. Der Mittelstand sollte sich professionelle Beratung holen (Hausbank, KfW, IHK, Existenzgründungsberatung). Die Großunternehmen verfügen über interne Spezialisten.

14. Was ist Leasing?

Leasing (engl.: mieten, pachten) ist die Vermietung bzw. Verpachtung von Anlagen oder Gütern durch Hersteller oder Leasinggesellschaften für eine vereinbarte Zeit gegen Entgelt. Der Leasingnehmer wird Besitzer, aber nicht Eigentümer. Hersteller oder Leasinggesellschaft bleiben Eigentümer.

15. Welche Arten des Leasing unterscheidet man?

Leasingarten		
Unterschei-dungsmerkmal	*Bezeichnung*	*Merkmale*
Wer ist Leasinggeber?	**Direktes Leasing**	Hersteller ist Leasinggeber.
	Indirektes Leasing	Leasinggesellschaft ist Leasinggeber.
Anzahl der Leasingobjekte?	**Equipment-Leasing**	Leasing einzelner, beweglicher Wirtschaftsgüter.
	Plant-Leasing	Leasing ortsfester, gesamter Betriebsanlagen.
Art der Leasingobjekte?	**Konsumgüter-Leasing**	Leasing von Verbrauchsgütern für Haushalte.
	Investitionsgüter-Leasing	Leasing von Anlagegütern für Produktionszwecke.
Anzahl der Vorbesitzer?	**First-Hand-Leasing**	Leasing neuer Wirtschaftsgüter.
	Second-Hand-Leasing	Leasing gebrauchter Wirtschaftsgüter.
Art des Leasingvertra-ges?	**Operate Leasing**	*Unechtes Leasing:* Kurzfristige Nutzungsverträge mit Kündigungsfrist; von der Laufzeit unabhängige Leasingrate; hohe Kosten.
	Finance Leasing	*Echtes Leasing:* Längerfristige Nutzungsüberlassung; Leasingrate abhängig von der Anzahlung und der Grundmietzeit; Leasingnehmer trägt die Gefahr des Untergangs des Leasinggegenstandes.

16. Welche steuerlichen Voraussetzungen müssen beim Finance Leasing gegeben sein, damit der Leasingnehmer nicht Eigentümer wird?

Aufgrund mehrerer Erlasse des Bundesministerium für Finanzen (BMF) gilt: Ist die Grundmietzeit zwischen 40 und 90 % der betriebsüblichen Nutzungsdauer lt. steuerlicher AfA-Tabelle (z. B. bei Pkw = 5 Jahre, bei EDV-Hardware = 3 Jahre) und wurde der Leasing-Vertrag ohne Kauf- oder Verlängerungsoption geschlossen, so ist der Leasing-Gegenstand dem Leasinggeber zuzurechnen. Für den Leasingnehmer sind die Leasingraten Betriebsausgaben und unterliegen der Umsatzsteuer mit 19 %. Weitere Einzelheiten vgl. den Mobilien-Leasing-Erlass.

17. Welche Vor- und Nachteile bestehen für den Leasingnehmer beim Leasing im Vergleich zum Barkauf mit Eigenkapital bzw. zum Kreditkauf mit Abzahlung während der Laufzeit?

Beispiele:

	Vorteile	Nachteile
Leasing	geringes Investitionsrisiko	Bindung an den Leasingvertrag
	geringere Belastung der Liquidität bzw. Mittel können anderweitig eingesetzt werden	keine Möglichkeit der Ausgabengestaltung – z. B. bei einer Verschlechterung der Ertragssituation
	geringere Kapitalbindungskosten	
	kalkulierbare Betriebsausgaben	relativ hohe Kosten
	technisch aktuelles Produkt	geringerer Cashflow wegen fehlender Abschreibungsgegenwerte
	keine oder geringe Wartungskosten	
	Leasingraten sind Betriebsausgaben und mindern das Betriebsergebnis	keine Möglichkeit der Abschreibung bzw. Wahl der Abschreibungsart
	keine Rücklagenbildung für Ersatzbeschaffung erforderlich	
Barkauf mit Eigenkapital	Ausnutzung von Barzahlungsrabatt	hohe Kapitalbindung
	keine weiteren Kosten, z. B. Zinsen, Bearbeitungsgebühren	Verlust von Zinserträgen für die gebundenen Mittel
	Gegenstand wird Eigentum: Möglichkeit der Abschreibung bzw. Wahl der Abschreibungsart (AfA mindert den Gewinn bzw. den Steueraufwand)	Verschlechterung der Liquidität
		Investitionsrisiko, z. B. vorzeitige Überalterung
Kreditkauf mit Rückzahlung während der Laufzeit	Bei Finanzierung über die Hausbank: Ausnutzung von Barzahlungsrabatt	Investitionsrisiko, z. B. vorzeitige Überalterung
		Kreditwürdigkeit verschlechtert sich
	Gegenstand wird Eigentum: Möglichkeit der Abschreibung bzw. Wahl der Abschreibungsart (AfA mindert den Gewinn bzw. den Steueraufwand)	Risiko, wenn Kreditlaufzeit und Nutzungsdauer unterschiedlich sind
		Zinsbelastung

Rechenbeispiel: Vergleich von Finance Leasing und Kreditkauf

Das Unternehmen will einen Pkw für den Außendienst anschaffen. Leasing: 1,95 % monatlicher Mietzins vom Nettoanschaffungspreis (26.000 €) bei einer Vertragsdauer von fünf Jahren. Bank: Laufzeit fünf Jahre, Zinssatz 8 %, Rückzahlung in fünf gleichen Raten jeweils Ende des Jahres, Zinszahlung jeweils Ende des Jahres, Restwert 6.000 €.

Es gilt: Nettoanschaffungswert: 26.000,00 €
Bruttoanschaffungswert: 30.940,00 €
Jährliche Tilgung: 6.188,00 €
Leasingrate, mtl., netto   507,00 €
Leasingrate, p. a., brutto   7.239,96 €

Jahr	Bankkredit			Leasing
	Tilgung	Zinsen	Annuität	
1	6.188,00[1]	2.475,20	8.663,20	7.239,96
2	6.188,00	1.980,16[2]	8.168,16	7.239,96
3	6.188,00	1.485,12	7.673,12	7.239,96
4	6.188,00	990,08	7.178,08	7.239,96
5	6.188,00	495,04	6.683,04	7.239,96
Summe			38.365,60	
- Restwert			-6.000,00	
Summe			**32.365,60**	**36.199,80**

Die hier dargestellte Rechnung kann nur Modellcharakter haben (häufiger Gegenstand der Prüfung). In der Praxis ist eine derartige, statische Betrachtung nicht tauglich. Eine zuverlässige Entscheidungsgrundlage muss weitere Faktoren einbeziehen, u. a.:

• Berücksichtigung mehrerer Kreditangebote von unterschiedlichen Banken; je nach Absatzlage und Saison werden z. B. direkte Kreditangebote der Hersteller „subventioniert".

• Die Leasingkonditionen können für das gleiche Objekt je nach Leasinggesellschaft stark differieren. Zum Teil geben Hersteller z. B. beim Pkw-Leasing je nach Modell besonders günstige Konditionen, um den Absatz zu fördern.

• Ein exakter Vergleich (Kredit/Leasing) erfordert die Berücksichtigung steuerlicher Aspekte:
  - AfA und Kreditzinsen im Vergleich zur Leasingrate
  - Vorsteuer pro rata temporis oder en bloc beim Kauf
  - Aktivierung des Objektes im Anlagevermögen und AfA bzw. Leasingrate = Betriebsausgaben.

18. Was ist Factoring?

Neben dem Leasing, bei dem Anlagegegenstände durch Dritte vorfinanziert werden, stellt das Factoring eine weitere Möglichkeit dar, einen Teil des Vermögens (Umlaufvermögen), durch spezielle Gesellschaften finanzieren zu lassen:

Der Factor kauft von einem Unternehmen die Forderungen aus Warenlieferungen und zahlt die Rechnungsbeträge unter Abzug eines bestimmten Betrages sofort aus. Für das Unternehmen bedeutet dies eine zeitlich vorgezogene Verflüssigung (Vorschuss), der in den Außenständen gebundenen Geldmittel. Beim Factoring findet demnach ein Gläubigerwechsel statt: Für den Kunden, der die Ware erhält, ist nicht mehr der Lieferant, sondern der Factor der Gläubiger.

---

[1] 30.940 : 5 = 6.188

[2] 30.940 - 6.188 = 24.752; davon 8 % = 1.980,16

Merke: Factoring ist der regresslose Verkauf von Forderungen.

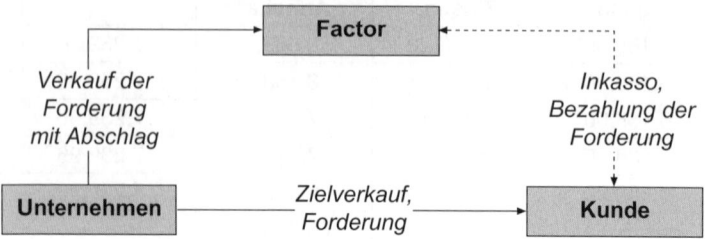

- Das Factoring erfüllt folgende *Funktionen* (Vorteile):

  1. *Dienstleistungsfunktion:*
     - Fakturierung
     - Debitorenbuchhaltung
     - Mahnwesen
     - Inkasso

  2. *Finanzierungsfunktion*

  3. *Delkrederefunktion:*
     Der Factor übernimmt das Risiko des Forderungsausfalls (echtes Factoring).

- Der Factor kalkuliert folgende *Kosten*:

  - Factoring- und Delkrederegebühr
  - Zinskosten
  - Kreditprovision
  - Kosten der Buchhaltung.

Factoring kommt nur für Unternehmen mit Jahresumsätzen ab 2 Mio. € oder mehr infrage. Der Verbesserung der Liquidität und der Sicherheit des Zahlungseingangs steht ein möglicher Imageschaden bei den eigenen Kunden gegenüber.

19. Welche Formen der Innenfinanzierung sind vorherrschend?

Innenfinanzierung	Das Kapital stammt aus dem Unternehmen selbst – also aus dem betrieblichen Leistungsprozess.

Man unterscheidet folgende Formen der Innenfinanzierung:

- Finanzierung aus Umsatzerlösen
- Finanzierung aus Abschreibungsgegenwerten
- Verkauf von nicht notwendigen Vermögensgegenständen
- ggf. Verkauf von betriebsnotwendigen Vermögensgegenständen.

20. Was versteht man unter Selbstfinanzierung?

Bei der Selbstfinanzierung werden Teile des Gewinns nicht ausgeschüttet, sondern zurückbehalten (Gewinnthesaurierung).

- *Offene Selbstfinanzierung:* → Finanzierung aus versteuertem Gewinn

  Der einbehaltene Gewinn wird
  - bei Einzel- und Personengesellschaften dem EK-Konto zugeschrieben,
  - bei Kapitalgesellschaften dem Rücklagenkonto gutgeschrieben.

- *Stille Selbstfinanzierung:* → Finanzierung aus unversteuertem Gewinn

  Der tatsächliche Gewinn wird gemindert durch Bildung stiller (verdeckter) Rücklagen:
  - Unterbewertung der Vermögensteile (Aktiva, z. B. hohe AfA, Unterbewertung des Umlaufvermögens)
  - Überbewertung der Schulden (Passiva, z. B. hohe Rückstellungen, hohe Rechnungsabgrenzungsposten).

21. Welche Wirkungen sind mit der Selbstfinanzierung verbunden?

- *Steuerstundung:*
  Bei der Bildung stiller Reserven wird der zu versteuernde Gewinn gemindert (Liquiditätsvorteil). Die Auflösung stiller Reserven in der Folgeperiode erhöht den zu versteuernden Gewinn (Liquiditätsbelastung).

- *Zinsvorteil:*
  Der Betrag der Steuerstundung steht zinslos zur Verfügung.

- *Steuernachteil:*
  Die stille Selbstfinanzierung kann sich steuerlich nachteilig auswirken, wenn der Steuersatz in der Folgeperiode (Auflösung stiller Reserven) höher ist als in der Vorperiode (Steuerprogression).

22. Unter welchen Voraussetzungen ist eine Finanzierung aus Umsatzerlösen möglich?

Das Unternehmen erhält beim Verkauf Umsatzerlöse vom Markt (Menge · Preis). In der Regel wird der Verkaufspreis unter Berücksichtigung der Gewinnspanne, der Abschreibungs- und Rückstellungswerte kalkuliert sein.

23. Unter welchen Voraussetzungen ist eine Finanzierung aus Abschreibungsgegenwerten möglich?

Abschreibungen sind der Aufwand für Wertminderungen bei materiellen und immateriellen Gegenständen. Das Unternehmen kalkuliert diese Abschreibungen bei der Gestaltung seiner Angebotspreise mit ein. Beim Verkauf der Produkte und Leistungen erhält das Unternehmen Einzahlungen (Abschreibungsrückflüsse), die zu Finanzierungszwecken verwendet werden können.

Man unterscheidet zwei mögliche *Effekte*:

Finanzierung aus Abschreibungen • Effekte	
Effekt der Kapitalfreisetzung	Effekt der Kapazitätserweiterung (Lohmann-Ruchti-Effekt)

Beispiel:
Ein Unternehmen beschafft in vier aufeinander folgenden Jahren eine Transportanlage für Werk 1, danach für Werk 2 usw. Die Anlage wird linear mit 25 % abgeschrieben; der Restwert ist Null. Der Wiederbeschaffungswert für eine neue Anlage ist konstant bei 200.000 €. Ende des vierten Jahres wird reinvestiert (Ersatzbeschaffung). Sobald die Abschreibungsgegenwerte die Kosten der Neuanschaffung einer Anlage erreicht haben, werden sie reinvestiert.

	Jahre					
	1	2	3	4	5	6
Werk 1	50.000	50.000	50.000	50.000	50.000	50.000
Werk 2		50.000	50.000	50.000	50.000	50.000
Werk 3			50.000	50.000	50.000	50.000
Werk 4				50.000	50.000	50.000
Gesamt-AfA pro Jahr	**50.000**	**100.000**	**150.000**	**200.000**	**200.000**	**200.000**
Reinvestition	–	–	–	200.000	200.000	200.000
Kapitalfreisetzung	50.000	150.000	300.000	300.000	300.000	300.000

Achtung: häufig Gegenstand der Prüfung.

Vom Ende des 4. Jahres an entspricht die jährliche Summe aller Abschreibungsbeträge genau dem erforderlichen Kapitalbedarf für die Reinvestition. Ab dem 3. Jahr stehen über die Kapitalfreisetzung Mittel für Erweiterungsinvestitionen zur Verfügung. Diesen *Kapazitätserweiterungseffekt* nennt man auch *„Lohmann-Ruchti-Effekt"*.

Damit die Abschreibungen zu einem Finanzierungseffekt führen, müssen zwei Bedingungen erfüllt sein:

1. Die verrechneten Abschreibungen müssen über Umsatzerlöse verdient sein.

2. Die Abschreibungsgegenwerte müssen dem Unternehmen als Einzahlung zugeflossen sein, und diesem Zugang darf in der gleichen Periode kein auszahlungswirksamer Aufwand gegenüberstehen.

24. Welche Finanzierungsformen aus sonstigen Kapitalfreisetzungen sind denkbar?

Finanzierungsformen aus sonstigen Kapitalfreisetzungen	
Finanzierungsform	*Beschreibung, Beispiele*
Finanzierung durch **Rationalisierungs-** **maßnahmen**	Optimierung der logistischen Prozesse (JIT, Kanban) → Verminderung der Lagerbestände, Reduzierung des Umlaufkapitalbedarfs
	Verbesserung des Forderungsmanagement → Reduzierung der durchschnittlichen Außenstandsdauer
Finanzierung durch **Vermögensum-** **schichtung** auch: Substitutionsfinanzierung	Verkauf von nicht benötigten Vermögensgegenständen, z. B.: • Grundstücke • Anlagen • Vorräte • Wertpapiere
Sale-and-Lease- **back-Verfahren**	Das Unternehmen verkauft betriebsnotwendige Vermögensgegenstände (i. d. R. Anlagen) an eine Leasinggesellschaft und least diese Gegenstände (Desinvestition + Leasing).
	Vorteile: Kapitalfreisetzung durch Verkauf; Verbesserung der aktuellen Liquiditätslage.
	Risiken: Längerfristige Bindung an die Leasinggesellschaft; Belastung der Liquidität durch laufende Leasingraten; ggf. Auflösung stiller Reserven (→ Buchwert/Verkaufspreis); Veränderung der Bilanzstruktur (→ Rating).

25. Wann dürfen und müssen Rückstellungen gebildet werden und welche Arten gibt es?

Für Verbindlichkeiten, die zwar dem Grunde aber nicht der Höhe und Fälligkeit nach feststehen, *ist* eine Rückstellung zu bilden (ungewisse Verbindlichkeiten und drohende Verluste aus schwebenden Geschäften) nach § 249 Abs. 1 Satz 1 HGB (*Pflicht*).

Die Rückstellungen erfassen nachträgliche Ausgaben oder drohende Verluste, die im laufenden Geschäftsjahr verursacht werden (Imparitätsprinzip).

Nach § 249 Abs. 2 HGB *sind* (*Pflicht*) weiterhin Rückstellungen zu bilden für

• im Geschäftsjahr unterlassene Aufwendungen für Instandhaltung, die im folgenden Geschäftsjahr *innerhalb von drei Monaten* nachgeholt werden,

• im Geschäftsjahr unterlassene Aufwendungen für Abraumbeseitigung, die im folgenden Geschäftsjahr nachgeholt werden,

• Gewährleistungen ohne rechtliche Verpflichtungen,

• latente Steuern (nur für Kapitalgesellschaften).

26. Welcher Finanzierungseffekt ergibt sich aus der Bildung von Rückstellungen?

Der Finanzierungseffekt entsteht dadurch, dass in der laufenden Periode ein Aufwand gebucht wird, der erst in den Folgeperioden aufgelöst wird. In der Praxis sind kurzfristige Rückstellungen als Finanzierungsinstrument von geringer Bedeutung. Interessant sind im Wesentlichen Pensionsrückstellungen: Sind Zuführungen und Auszahlungen annähernd gleich, steht dem Unternehmen ein „Sockelbetrag" für Zwecke der Innenfinanzierung auf Dauer zur Verfügung. Außerdem mindern Pensionsrückstellungen in der Einführungsphase die Ertragssteuern (z. B. Körperschaftsteuer, Gewerbesteuer).

1.9.2.3 Auswirkungen der Finanzierung auf die Unternehmensrentabilität

01. Wie kann die Größe „Rentabilität" ermittelt werden?   → 1.9.1

Die Rentabilität misst die Ergiebigkeit des Kapitaleinsatzes. Die Kennziffer wird gebildet als Verhältniszahl von Gewinn (auch: Ertrag, Return) und Kapitaleinsatz. Betrachtet werden vor allem folgende Rentabilitäten:

Eigen-kapital-rentabilität	$\dfrac{\text{Gewinn} \cdot 100}{\text{Eigenkapital}}$	Zeigt die Beziehung von Gewinn (= Jahresüberschuss) zu Eigenkapital (= Grundkapital + offene Rücklagen)
Gesamt-kapital-rentabilität auch: Unterneh-mensrenta-bilität	$\dfrac{(\text{Gewinn} + \text{Fremdkapitalzinsen}) \cdot 100}{\text{Gesamtkapital}}$	Zeigt die Beziehung von Gewinn und Fremdkapitalzinsen zu Gesamtkapital; Verzinsung des Gesamtkapitals zeigt die Leistungsfähigkeit des Unternehmens (→ Leverage-Effekt).
Umsatz-rentabilität	$\dfrac{\text{Gewinn} \cdot 100}{\text{Umsatzerlöse}}$	Zeigt die relative Erfolgssituation des Unternehmens: Niedrige Umsatzrenditen bedeuten i. d. R. eine ungünstige wirtschaftliche Entwicklung (siehe: Branchenvergleich und Zeitvergleich über mehrere Jahre).
ROI	$\dfrac{\text{Return} \cdot 100}{\text{Umsatz}} \cdot \dfrac{\text{Umsatz}}{\text{Investiertes Kapital}}$	Der Return ist meist als „Gewinn + FK-Zinsen" definiert.

Die Problematik der Rentabilitätsberechnung liegt in der Definition der Größe „Gewinn": Der Gewinn wird in der Praxis von den Unternehmen meist als „Return" bezeichnet und kann unterschiedlich definiert sein, z. B.

• Return = Gewinn
• Return = Gewinn + Fremdkapitalzinsen (häufiger Fall)
• Return = Cashflow (z. B. Gewinn + Zinsen + Abschreibungen).

02. Welche Aussagekraft hat der Return on Investment (ROI)?

Der ROI entspricht rechnerisch der Gesamtkapitalrentabilität (auch: Unternehmens-rentabilität):

$$\text{Gesamtkapitalrentabilität} = \frac{\text{Return} \cdot 100}{\text{ø Kapitaleinsatz}}$$

Mitunter wird als Return (vereinfacht) die Größe Gewinn genommen:

$$\text{Gesamtkapitalrentabilität} = \frac{\text{Gewinn} \cdot 100}{\text{ø Kapitaleinsatz}} = \frac{G \cdot 100}{K}$$

Durch die Erweiterung des Quotienten [G · 100 : K] mit der Größe Umsatz (U) entsteht eine differenzierte Berechnungsgröße, die sich aus den Faktoren [Umsatzrendite] und [Kapitalumschlag] zusammensetzt:

$$ROI = \frac{G \cdot 100 \cdot U}{K \cdot U} \Rightarrow ROI = \frac{G \cdot 100}{U} \cdot \frac{U}{K}$$

$$= [\text{Gewinn} : \text{Umsatz} \cdot 100] \cdot [\text{Umsatz} : \text{Kapitaleinsatz}]$$

$$= \text{Umsatzrendite} \cdot \text{Kapitalumschlag}$$

Das Kennzahlensystem ROI ist vom amerikanischen Chemieunternehmen Du Pont entwickelt worden. Es ermöglicht – im Gegensatz zur Kennzahl Gesamtkapitalrentabi-lität (= Unternehmensrentabilität) – die Aussage, ob Veränderungen in der Verzinsung des eingesetzten Kapitals auf einer Veränderung der Umsatzrendite oder des Kapital-umschlags beruhen.

Der ROI lässt sich daher auf folgendes Schema erweitern:

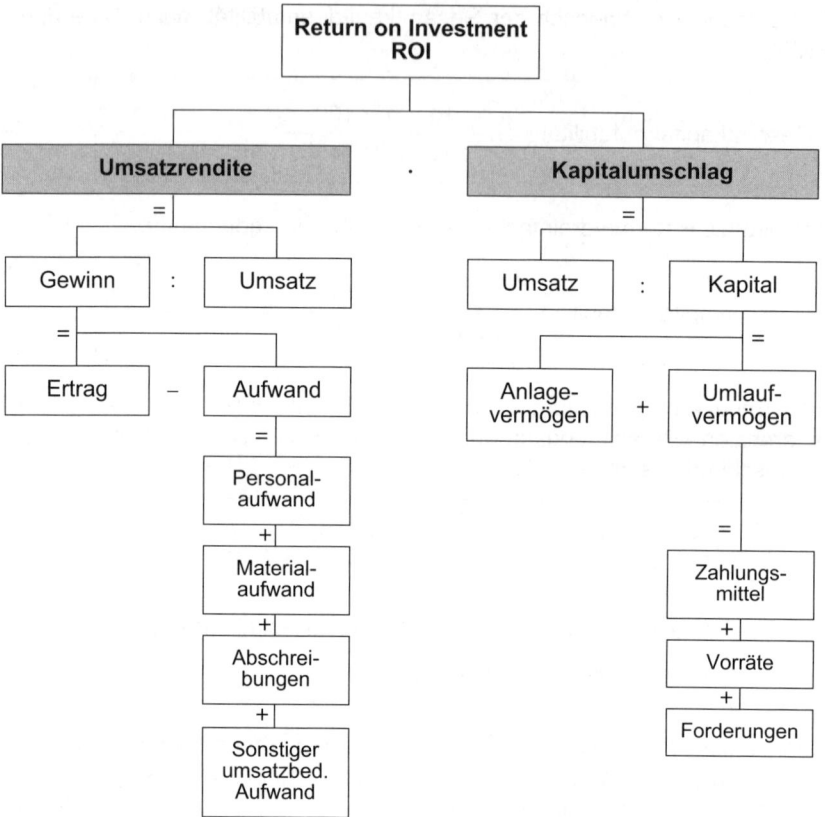

Aus dem Kennzahlensystem von Du Pont lassen sich Maßnahmen zur Verbesserung des ROI (bzw. der Unternehmensrentabilität) ableiten; die nachfolgenden Beispiele gelten unter der Voraussetzung, dass alle anderen Größen jeweils unverändert bleiben:

Der ROI steigt, wenn

* der Kapitaleinsatz sich verringert,
* die Forderungsbestände sinken,
* der Gewinn steigt,
* der Aufwand sinkt und
* die Verbindlichkeiten steigen.

Ist die Größe Return definiert als „Gewinn + Fremdkapitalzinsen + Abschreibungen" (= einfacher Cashflow), so führen steigende Fremdkapitalzinsen und steigende Abschreibungen (bei gleichem Kapitaleinsatz) zu einer Erhöhung des ROI (der Unternehmensrentabilität).

03. Was bezeichnet man als Leverage-Effekt im Zusammenhang mit der Eigen-kapital- und Gesamtkapitalrentabilität?

Sind die Kosten des Fremdkapitals geringer als die Gesamtkapitalrendite, so führt der zusätzliche Einsatz von Fremdkapital zur Erhöhung der Eigenkapitalrendite – *positiver Leverage-Effekt.*

Beispiel: *Fremdkapitalzinsen 6 %*

Eigen-kapital	Fremd-kapital	Gewinn vor Zinsen	Zinsen	Gewinn nach Zinsen	Gesamt-kapital-rentabilität	Eigen-kapital-rentabilität
€					%	
1.000.000	–	100.000	–	100.000	10,0	10,0
800.000	200.000	100.000	12.000	88.000	10,0	11,0
500.000	500.000	100.000	30.000	70.000	10,0	14,0
200.000	800.000	100.000	48.000	52.000	10,0	26,0

Sinkt die Gesamtkapitalrentabilität unter den Fremdkapitalzinssatz fällt die Eigenkapital-rentabilität. Man spricht dann vom *negativen Leverage-Effekt* (häufig Gegenstand der Prüfung).

1.9.2.4 Auswirkungen der Finanzierung auf die Bilanz

01. Welche Aussagen liefern die Kennzahlen der Kapitalstruktur?

Bei der Kapitalstruktur wird die Passivseite der Bilanz untersucht. Unter Kapitalstruktur versteht man das prozentuale Verhältnis des Eigenkapitals bzw. des Fremdkapitals zum Gesamtvermögen. Die verschiedenen Kapitalquoten setzen sich wie folgt zusammen:

Eigenkapitalquote	$\dfrac{\text{Eigenkapital}}{\text{Gesamtkapital}} \cdot 100$
Fremdkapitalquote auch: Verschuldungsgrad, Anspannungskoeffizient	$\dfrac{\text{Fremdkapital}}{\text{Gesamtkapital}} \cdot 100$

02. Welche Aussagen können aus der Errechnung der Kapitalquoten hinsichtlich der Anlagenfinanzierung getroffen werden?

Je höher die Eigenkapitalquote ist, umso günstiger gestalten sich Investitionen im Be-reich des Anlagevermögens. Da Investitionen dem Unternehmen dauernd dienen, soll-ten sie mit Kapital finanziert werden, das ebenfalls dem Unternehmen dauernd dient – *„Goldene Bilanzregel".*

Unternehmen mit hohem Eigenkapital sind konkurrenzfähiger, da bei der Kalkulation auf die kalkulatorischen Zinsen verzichtet werden kann. Weiterhin sind die Unternehmen mit hohem Eigenkapital kreditwürdiger, da das Eigenkapital Grundlage und Sicherheit für die Aufnahme von Fremdkapital ist.

03. Was versteht man unter „Liquidität" und welche Liquiditätsgrade gibt es?

Unter Liquidität versteht man die Fähigkeit, zu jeder Zeit den Zahlungsverpflichtungen nachkommen zu können. Anhand der aufbereiteten Bilanz kann man die Liquidität berechnen. Unterschieden werden:

Liquidität 1. Grades auch: Barliquidität	$\dfrac{\text{Flüssige Mittel}}{\text{Kurzfristige Verbindlichkeiten}} \cdot 100$
Liquidität 2. Grades auch: Einzugsliquidität	$\dfrac{\text{(Flüssige Mittel + kurzfristige Forderungen)}}{\text{Kurzfristige Verbindlichkeiten}} \cdot 100$
Liquidität 3. Grades auch: Umsatzliquidität	$\dfrac{\text{(Flüssige Mittel + kurzfristige Forderungen + Vorräte)}}{\text{Kurzfristige Verbindlichkeiten}} \cdot 100$

Je höher die Liquidität, desto sicherer das Unternehmen.

04. Welche Finanzierungsregeln sind zu beachten?

Man unterscheidet vertikale und horizontale Finanzierungsregeln (Achtung: häufig Gegenstand der Prüfung.):

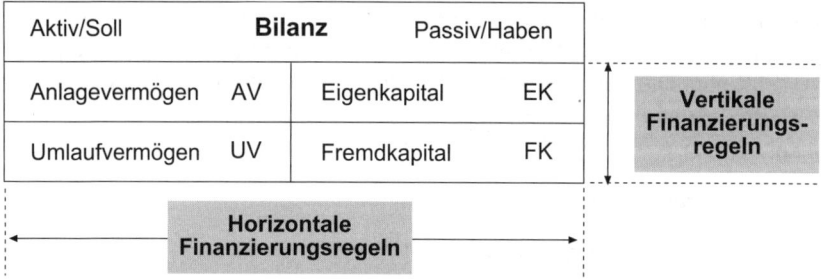

05. Welche vertikalen Finanzierungsregeln und -strukturen sind relevant?

Aus den Größen *Eigen-, Fremd- und Gesamtkapital* werden Verhältniszahlen gebildet, die Aussagen über die *Finanzierungsstruktur* (Passivseite der Bilanz) des Unternehmens erlauben. Es existieren vertikale Finanzierungsregeln, die von den Banken bei der Kreditwürdigkeitsprüfung Gültigkeit haben (vgl. auch 1.9.2.3).

Kennzahlen der Kapitalstruktur		
Eigenkapitalquote	$\dfrac{\text{Eigenkapital}}{\text{Gesamtkapital}} \cdot 100$	
Fremdkapitalquote auch: Verschuldungsgrad, Anspannungskoeffizient	$\dfrac{\text{Fremdkapital}}{\text{Gesamtkapital}} \cdot 100$	Bonitätsgröße – je nach Größe und Branche des Unternehmens
Statischer Verschuldungsgrad	$\dfrac{\text{Fremdkapital}}{\text{Eigenkapital}} \cdot 100$	Kennzahl der Banken bei der Kreditwürdigkeitsprüfung; → Finanzierungsregeln
Vertikale Finanzierungsregeln		
1 : 1-Regel	FK : EK ≤ 1	Gilt als *erstrebenswert!*
1 : 2-Regel	FK : EK ≤ 2	Gilt als *gesund!*
1 : 3-Regel	FK : EK ≤ 3	Gilt als *noch zulässig!*

06. Welche horizontalen Finanzierungsregeln und -strukturen sind relevant?

Zur Ableitung horizontaler Finanzierungsregeln werden Aktiv- und Passivseite der Bilanz betrachtet. Es werden Verhältniszahlen gebildet, die Aussagen erlauben, welche Vermögenswerte in welcher Form finanziert sind. Damit soll u.. sichergestellt werden, dass langfristiges Vermögen auch langfristig finanziert ist.

Statische Liquiditätsanalyse, kurzfristig		
Liquidität 1. Grades auch: Barliquidität	Flüssige Mittel : Kurzfristige Verbindlichkeiten · 100	Kann unter 100 % liegen.
Liquidität 2. Grades auch: Einzugsliquidität	(Flüssige Mittel + kurzfristige Forderungen) : Kurzfristige Verbindlichkeiten · 100	Soll 100 % erreichen.
Liquidität 3. Grades auch: Umsatzliquidität	(Flüssige Mittel + kurzfr. Ford. + Vorräte): Kurzfristige Verbindlichkeiten · 100	Soll 200 % erreichen.
Working Capital	= Kurzfristiges Umlaufvermögen - Kurzfristige Verbindlichkeiten	Soll positiv sein.
Statische Liquiditätsanalyse, langfristig		
Das Prinzip der Fristenkongruenz ist zu beachten.		
Goldene Bilanzregel I Deckungsgrad A	EK : AV ≥ 1	AV soll zu 100 % durch EK gedeckt sein.
Goldene Bilanzregel II Deckungsgrad B	(EK + langfr. FK) : AV ≥ 1	AV soll zu 100 % langfristig finanziert sein.
Goldene Bilanzregel III Deckungsgrad C	(EK + lfr. FK) : (AV + lfr. UV) ≥ 1	AV + lfr. UV sollen zu 100 % langfristig finanziert sein.
Goldene Finanzierungsregeln (auch: Goldene Bankregeln)	Kurzfr. Vermögen : Kurzfr. Kapital ≥ 1	Mittelbindung und Kapitalverfügbarkeit sollen sich entsprechen.
	Langfr. Vermögen : Langfr. Kapital ≤ 1	

1.9.2.5 Cashflow

01. Welche Aussagefähigkeit hat die Cashflow-Analyse?

Die einfache Definition für die Ermittlung des Cashflow lautet:

Einzahlungen
- Auszahlungen
= Cashflow

Mithilfe der Cashflow-Analyse können zusätzliche Aussagen über die Finanz- und Ertragskraft des Unternehmens getroffen werden. Sie ist in ihrer Aussage genauer als andere Kennzahlen, da z. B. Wertansätze für Vermögensgegenstände, Bewertungswahlrechte, Bewertungsspielräume bei Abschreibungen und Rückstellungen aus dem Jahresüberschuss herausgerechnet werden.

Der Cashflow wird stufenförmig ermittelt:

	Jahresüberschuss	
+	Abschreibungen	
-	Zuschreibungen	
=	**Cashflow I**	**Cashflow im engeren Sinne**
+	Erhöhungen langfristiger Rückstellungen	
-	Auflösung langfristiger Rückstellungen	
=	**Cashflow II**	**Allgemeiner Cashflow**
+	außerordentliche Aufwendungen	
-	außerordentliche Erträge	
+	Einstellungen in den Sonderposten mit Rücklageanteil	
-	Auflösung in den Sonderposten mit Rücklageanteil	
=	**Cashflow III**	**Erweiterter Cashflow**

1.9.2.6 Liquiditätsplanung als kontinuierliche Entscheidungshilfe und Kontrollinstrument

01. Aus welchen Gründen ist eine Liquiditätsplanung (auch: Finanzplanung im engeren Sinne) erforderlich?

Um rechtzeitig zu erkennen, ob finanzpolitische Maßnahmen zur Wahrung der Liquidität notwendig werden und um zu vermeiden, dass Störfaktoren nicht zur Zahlungsunfähigkeit führen, müssen die künftigen Ein- und Auszahlungen geplant werden.

02. Wie ist bei Aufstellung eines Finanzplanes vorzugehen und worauf ist zu achten?

Im Finanzplan werden die *Einnahmen und Ausgaben* gegenübergestellt sowie der Kapitalbedarf und die Kapitaldeckungsmöglichkeiten aufgeführt. Alle Bereiche eines Unternehmens müssen in den Finanzplan miteinbezogen werden, so z. B. der Beschaffungs- und Investitionsplan, der Forschungs- und Entwicklungsplan oder der Produktionsplan.

Es muss darauf geachtet werden, dass alle Informationen *vollständig und übersichtlich* erfasst werden. Die *Zukunftsbezogenheit* verlangt, dass die Änderungen bei Löhnen, Zinsen usw. berücksichtigt werden müssen. Bereits getroffene Maßnahmen dürfen nur dann miteingerechnet werden, wenn sie Ein- oder Auszahlungen im Planungszeitraum bewirken.

Ebenso ist das *Bruttoprinzip* einzuhalten, d. h. es dürfen *keine Saldierungen* (Verrechnungen) von Ein- und Auszahlungen vorgenommen werden. Darunter leidet die Klarheit bzw. Übersichtlichkeit. Die Planungsansätze müssen auf realistischen Annahmen basieren und Absatzerwartungen oder Lohn- und Preissteigerungen berücksichtigen.

Die *Termingenauigkeit* verlangt, dass Ein- und Auszahlungen zu den Zeitpunkten erfasst werden, an denen sie anfallen, denn nur so können Rückschlüsse auf die Einhaltung der ständigen Zahlungsfähigkeit gezogen werden.

03. Wie ist die Finanzplanung in der Betriebshierarchie eingeordnet?

Die Finanzplanung ist Bestandteil der Unternehmensplanung. Der betriebliche Leistungsprozess kann nur dann störungsfrei ablaufen, wenn die Zahlungsströme so aufeinander abgestimmt sind, dass der Betrieb das finanzielle Gleichgewicht wahrt, indem sowohl Illiquidität als auch unrentable Überliquidität vermieden wird.

04. Wie ist die Finanzplanung strukturiert?

Die Finanzplanung kann *kurzfristig, mittelfristig oder langfristig* aufgebaut sein. Der Finanzplan beruht auf den Einzahlungen und Auszahlungen bzw. den Einnahmen und Ausgaben, wobei bei dem ersten Begriffspaar nur die Kassenbestände und jederzeit verfügbaren Bankguthaben enthalten sind, während bei dem zweiten auch die Kreditvorgänge enthalten sind.

Die Daten für den Finanzplan werden aus den übrigen Teilplänen, wie z. B. der Warenbeschaffung, den Lagerkosten abgeleitet. Die Finanzplanung muss, um eine ständige Liquidität zu garantieren, immer auf den Zeitpunkt der festgelegten Ausgaben bezogen sein.

05. Welche Größen müssen in der kurzfristigen Finanzplanung (auch: kurzfristige Liquiditätsplanung) berücksichtigt werden?

1. Anfangsbestand an Zahlungsmitteln und den liquiden Mitteln. Hierzu zählen:

- Bargeld,
- sofort fällige Forderungen und
- evtl. Kreditlinien.

2. Einzahlungen, gegliedert nach

- Einzahlungen aus Umsätzen,
- Finanzvorgängen und
- sonstigen, außerhalb des Geschäftsbetriebs liegenden Vorgängen.

3. Auszahlungen, gegliedert nach Auszahlungen

- für den laufenden Geschäftsbetrieb,
- für Finanzvorgänge und
- sonstige, außerhalb des Geschäftsbetriebs fallende Vorgänge.

4. Über- bzw. Unterdeckung, die mithilfe des Finanzplans vermieden werden soll.

Finanzpläne sind oftmals mit Unsicherheiten bezüglich künftiger Einnahmen oder Ausgaben behaftet (Höhe und Zeitpunkt), sodass sich eine monatliche Fortschreibung bzw. Korrektur aufgrund inzwischen bekannt gewordener Veränderungen empfiehlt.

Beispiel zur kurzfristigen Finanzplanung eines Unternehmens (1. - 4. KW) (Achtung: häufig Gegenstand der Prüfung.):

Kurzfristige Finanzplanung	1. KW	2. KW	3. KW	4. KW	Summe
	alle Angaben in Tsd. €				
Einnahmen:					
Forderungen aus LL	20	25	10	10	65
Umsätze	400	350	300	300	1.350
Anzahlungen	80	100	60	80	320
sonstige Einnahmen	20	40	10	10	80
Summe Einnahmen	520	515	380	400	1.815
Ausgaben:					
Löhne und Gehälter			120		120
Lohnsteuer		15			15
Sozialabgaben		50			50
Berufsgenossenschaft		5			5
Verbindlichkeiten aus LL	380	350	400	360	1.490
Darlehen	30			10	40
Steuern		20			20
Tilgung	10				10
Privatentnahmen	10			5	15
sonstige Ausgaben	50	50			100
Summe Ausgaben	480	490	520	375	1.865
Saldo: Einnahmen - Ausgaben	40	25	-140	25	
Bankkonto; Anfangsbestand: -50	-10	15	-125	-100	
Limite: 100					

Analyse der kurzfristigen Finanzplanung:

1. Der finanzielle Engpass ist in der 3. und 4. KW.
2. In der 3. KW ist das Unternehmen kurzfristig zahlungsunfähig.
3. In der 4. KW ist der Kontokorrentkredit mit -100 T€ voll ausgeschöpft.

Mögliche kurzfristige Maßnahmen im Einnahmenbereich, z. B.:
• Einbringen der Forderungen aus LL der 4. KW bereits in der 3. KW.
• Erhöhung der Kundenanzahlungen: in der 3. KW und 4. KW um je 10 T€.

Mögliche kurzfristige Maßnahmen im Ausgabenbereich, z. B.:
• Finanzieren auf Kosten der Lieferanten („Verschleppen der Bezahlung der Verbindlichkeiten"), z. B. in der 3. und 4. KW um jeweils 20 T€.
• Verzicht auf Privatentnahmen in der 4. KW.

Langfristige Betrachtung:
Es ist sorgfältig zu beobachten, ob das Unternehmen nicht möglicherweise ein generelles Liquiditätsproblem hat, das mittel- und langfristig in jedem Fall gelöst werden muss (Renditestruktur, Kostenstruktur, Fristigkeit der Einnahmen und Ausgaben, Kapitalbedarf u. Ä.). Die oben vorgeschlagenen Maßnahmen können nur kurzfristiger Natur sein. In der Praxis wird die Finanzplanung dv-gestützt durchgeführt.

> **Mangelde Liquidität ist Ursache Nr. 1 bei Zusammenbrüchen deutscher Firmen (nicht mangelnde Aufträge).**

06. Welche Möglichkeiten zur Verbesserung der Einnahmeseite bestehen?

• Absatz verstärkt nur gegen Barzahlung
• forcierte Eintreibung fälliger Forderungen
• Verkauf von Forderungen durch Factoring
• Aufnahme neuer Kredite
• Liquidierung langfristig gebundener Vermögensteile durch Verkauf
• Eigenkapitalerhöhungen durch Geldeinlagen der Inhaber.

07. Welche Möglichkeiten bestehen zur Entlastung der Auszahlungen?

• Verschiebungen des Kaufs von Investitionsgütern
• Leasing statt Kauf von Investitionsgütern
• Hinausschieben von Bestellungen, die bar bezahlt werden müssen
• Verlängerung der Kreditfristen durch verspätetes Begleichen von Rechnungen
• Verzicht auf Gewinnausschüttungen
• Reduzierung der Privatentnahmen seitens des Unternehmers.

1.10 Rechtliche Grundlagen, Begriffe und anwendungsbezogene Beispiele bei Gründung und Führung eines Unternehmens

1.10.1 Steuerrechtliche Grundsätze

01. Auf welchen Rechtsgrundlagen basiert das Steuerrecht?

Rechtsgrundlagen des Steuerrechts sind Gesetze, Rechtsverordnungen und Verwaltungsvorschriften oder Richtlinien, die den Ermessensspielraum der Verwaltungsbehörden regeln. Außerdem ergeben sich Hinweise aus der Rechtsprechung des Bundesfinanzhofes und der Finanzgerichte.

Das Steuerrecht ist Bestandteil des öffentlichen Rechts und hier Teil des besonderen Verwaltungsrechts.

02. Wie werden Steuern, Gebühren und Beiträge unterschieden?

- *Steuern sind* gem. § 3 AO *Geldleistungen, die nicht eine Gegenleistung* für eine besondere Leistung *darstellen* (also nicht zu den Kausalabgaben zählen) und von einem öffentlich-rechtlichen Gemeinwesen – Bund, Ländern und Gemeinden – zur Erzielung von Einkünften allen auferlegt werden, bei denen der Tatbestand zutrifft, an den das Gesetz die Leistungspflicht knüpft.

- *Gebühren sind Entgelte für bestimmte öffentliche Leistungen* (sog. Kausalabgaben); z. B.:
  - Verwaltungsgebühren (z. B. Kfz-Zulassung),
  - Benutzungsgebühren (z. B. öffentliches Schwimmbad),
  - Verleihgebühren (z. B. Konzessionsabgaben).

- *Beiträge* gehören ebenso wie die Gebühren zu den *Kausalabgaben.* Es handelt sich um *Entgelte* für angebotene öffentliche Leistungen. Beiträge hat derjenige zu entrichten, der *einen dauerhaften Vorteil* aus einer öffentlichen Einrichtung ziehen *kann* (auf die tatsächliche Nutzung kommt es nicht an); z. B. Beiträge von Straßenanliegern, Sozialversicherungsbeiträge.

03. Wie werden die Steuern unterteilt?

Es gibt verschiedene Gliederungskriterien, z. B.:

- Gliederung nach der *Steuerhoheit*, z. B.
  - Gesetzgebungshoheit, z. B. Bundessteuern, Landessteuern
  - Ertragshoheit, z. B. Trennsteuern (ein Steuergläubiger), Gemeinschaftssteuern (mehrere Steuergläubiger).

- Gliederung nach dem *Steuerobjekt*, z. B.

- *Besitzsteuern*	Die wichtigsten Besitzsteuern sind: Einkommensteuer (Lohn-, Kapitalertragsteuer), Körperschaftsteuer, Erbschaft- und Schenkungsteuer, Gewerbe- und Grundsteuer.
- *Verkehrsteuern*	Die wichtigsten Verkehrsteuern sind: Versicherungsteuer, Wechselsteuer, Umsatzsteuer (Mehrwertsteuer), Kraftfahrzeugsteuer, Rennwett- und Lotteriesteuer, Feuerschutzsteuer, Spielbankenabgabe, Grunderwerbsteuer, Vergnügungsteuer, Hundesteuer, Jagdsteuer, Schankerlaubnissteuer.
- *Verbrauchsteuern*	Die wichtigsten Verbrauchsteuern sind: Steuern auf Branntwein, Mineralöle, Schaumwein, Tabak, Bier.
- *Zölle*	

- Gliederung nach der *Überwälzbarkeit*, z. B.
  - direkte Steuern
  - indirekte Steuern.

- Gliederung nach dem *Steuertarif*, z. B.
  - proportionale Steuern
  - progressive Steuern.

- Gliederung nach der *Art und Häufigkeit der Erhebung*, z. B.
  - Veranlagungssteuern
  - Fälligkeitssteuern
  - laufende Steuern
  - einmalige/gelegentliche Steuern.

- Gliederung nach dem *Steueraufkommen*, z. B.
  - aufkommensstarke Steuern (z. B. Umsatzsteuer)
  - aufkommensgeringe Steuern (z. B. Bagatellsteuern).

- Gliederung nach der *Hauptbemessungsgrundlage*, z. B.
  - Ertragsteuern
  - Verkehrsteuern,
  - Substanzsteuern.

04. Was versteht man unter Personen- bzw. Realsteuern?

- *Personensteuern* knüpfen an die individuelle Leistungsfähigkeit einer Person an und berücksichtigen die individuellen Verhältnisse, wie Familienstand, Kinderzahl, Alter, Krankheit, Höhe des Gesamteinkommens usw.

- *Realsteuern* bemessen die Steuerlast nur nach bestimmten äußeren Merkmalen des Steuerobjekts, z. B. der Größe des Grundstücks.

05. Was sind Besitzsteuern, Verkehrsteuer und Verbrauchsteuern?

- *Besitzsteuern* sind Steuern auf Vermögen und Vermögenszuwachs. Dazu gehören die Erbschaftsteuer, Einkommensteuer und die Ertragsteuern wie die Grund- und die Gewerbesteuer.

- *Verkehrsteuern* knüpfen an bestimmte Vorgänge des rechtlichen und wirtschaftlichen Verkehrs an. Dazu zählen z. B. die Umsatzsteuer und die Grunderwerbsteuer.

- *Verbrauchsteuern* belasten den Verbrauch, wie z. B. die Steuern auf Nahrungs- und Genussmittel.

06. Von welchen Grundsätzen lässt sich die Steuergesetzgebung leiten?

Für die Besteuerung sollen (möglichst) folgende Prinzipien gelten:

- Gleichmäßigkeit
- Gesetzmäßigkeit
- Mitwirkungspflichten der Steuerpflichtigen
- Leistungsfähigkeit der Steuerpflichtigen.

07. Welche Mitwirkungspflichten existieren gegenüber dem Finanzamt?

1. Mitwirkung bei der Personenstands- und Betriebsaufnahme nach § 135 AO für
   - Grundstückseigentümer,
   - Wohnungsinhaber und Untermieter,
   - Inhaber von Betriebsstätten, Lagerräumen und sonstigen Geschäftsräumen.

2. Anzeigepflicht über die Eröffnung, Verlegung und Aufgabe eines Betriebes, einer Betriebsstätte oder der freiberuflichen Tätigkeit nach §§ 137 ff. AO für
   - Körperschaften, Vereinigungen und Vermögensmassen,
   - Gewerbetreibende,
   - Land- und Forstwirte,
   - freiberuflich Tätige.

3. Verpflichtung zur Buchführung, zur Aufzeichnung des Warenein- und -ausgangs nach §§ 140 ff.

4. Einhaltung der Vorschriften nach §§ 145 ff. AO zur
   - Ordnungsmäßigkeit der Buchführung,
   - Aufbewahrung von Unterlagen.

5. Pflicht zur Abgabe der Steuererklärung nach §§ 149 ff. AO.

6. Mitwirkungspflicht bei Außenprüfungen nach § 200 AO.

08. Welches Finanzamt ist zuständig?

Steuerart	zuständiges Finanzamt
• Steuern vom Einkommen und Vermögen - natürliche Personen - juristische Personen	 Wohnfinanzamt Geschäftsleitungsfinanzamt
• Umsatzsteuer	Betriebsfinanzamt
• Gewerbesteuer	Betriebsfinanzamt

09. Wie ist der Ablauf des Besteuerungsverfahrens?

(1) Ermittlungsverfahren
(2) Festsetzungsverfahren
(3) Bekanntgabeverfahren
(4) [Berichtigungsverfahren/Rechtsbehelfsverfahren]
(5) Erhebungsverfahren
(6) Vollstreckungsverfahren.

10. Welche Mitwirkungspflichten haben die Finanzbehörden und der Steuerpflichtige im Ermittlungsverfahren?

• *Finanzbehörde:*
  - allgemeine Mitwirkungspflichten, z. B. Besteuerungsgrundsätze, Untersuchungsgrundsatz
  - besondere Mitwirkungspflichten, z. B. Außenprüfung, Steuerfahndung.

• *Steuerpflichtiger:*
  - allgemeine Mitwirkungspflichten
  - besondere Mitwirkungspflichten, z. B. Anzeigepflichten, Buchführungs- und Aufzeichnungspflichten.

11. Welche Bestandteile hat ein Steuerbescheid?

• *Inhalt:*
  - Steuerschuldner
  - Steuerart
  - Steuerbetrag
  - Besteuerungszeitraum

• *Form*
  - Schriftform

• *Absender*
  - erlassende Behörde

• *Begründung*
  - Angabe der Besteuerungsgrundlagen

• *Rechtsbehelfsbelehrung.*

1.10.2 Vertragsrecht → 5.7.2

1.10.3 Wettbewerbsrecht → 2.14

1.10.4 Arbeitsrecht → 3.12

Beachten Sie bitte, dass Aspekte des Vertrags-, des Wettbewerbs- und des Arbeitsrechts auch im 1. Handlungsbereich geprüft werden können.

1.10.5 Haftung

01. Wie ist die Haftung bei den unterschiedlichen Rechtsformen der Unternehmen geregelt?

Die Haftung bzw. die Möglichkeit der Haftungsbeschränkung ist ein zentrales Merkmal bei der Wahl der Unternehmensform. Im Einzelnen:

Haftung und Klagemöglichkeiten in Abhängigkeit von der Rechtsform des Unternehmens	
BGB-Gesellschaft GbR §§ 420 BGB	Für Gesellschaftsverbindlichkeiten haften die Gesellschafter gesamtschuldnerisch und unbegrenzt (mit Privat- und Gesellschaftsvermögen) – wie bei der OHG. Beim Mandantenvertrag ist eine Beschränkung der Haftung auf die Haftpflicht-Versicherungssumme zulässig (z. B. bei Steuerberatern).
	Klagemöglichkeiten: Klage gegen jeden einzelnen Gesellschafter zur Befriedigung aus dem jeweiligen Privatvermögen. Es ist auch möglich die GbR unter ihrem Namen zu verklagen. Dabei müssen zur Identifizierbarkeit alle Gesellschafter aufgeführt sein.
Offene Handelsgesellschaft OHG §§ 124, 128 - 130 HGB	Für Gesellschaftsverbindlichkeiten haftet die OHG mit dem Gesellschaftsvermögen. Die Gesellschafter haften unbeschränkt, gesamtschuldnerisch, unmittelbar und primär. Ein Gläubiger kann also die OHG in Regress nehmen oder sich direkt an den Gesellschafter A oder B usw. halten. Beim Ausscheiden haftet ein Gesellschafter noch fünf Jahre für bis dahin bestehende Verbindlichkeiten. Ein eintretender Gesellschafter haftet auch für Verbindlichkeiten, die bei seinem Eintritt bereits bestehen.
	Klagemöglichkeiten: Klage gegen die Gesellschaft.
Kommanditgesellschaft KG §§ 171 ff., 176 HGB	Die KG haftet mit ihrem Gesellschaftsvermögen. Die Komplementäre haften wie OHG-Gesellschafter (persönlich, unbeschränkt, gesamtschuldnerisch). Die Haftung der Kommanditisten ist auf die Höhe der Einlage begrenzt. Bis zur Eintragung in das Handelsregister haftet der Kommanditist allerdings unbeschränkt (seine Kommanditisteneigenschaft ist noch nicht bekannt). Beim Ausscheiden haftet ein Gesellschafter noch fünf Jahre für bis dahin bestehende Verbindlichkeiten (der Kommanditist nur mit der Haftsumme/frühere Einlage).
	Klagemöglichkeiten: wie bei der OHG.

Stille Gesellschaft § 230 HGB	Der stille Gesellschafter haftet nur mit seiner Einlage (Innenverhältnis). Gegenüber Dritten haftet er nicht.
Gesellschaft mit beschränkter Haftung GmbH §§ 13, 26 ff. GmbHG	Die GmbH haftet ausschließlich mit dem Gesellschaftsvermögen. Im Gesellschaftsvertrag kann eine (beschränkte oder unbeschränkte) Nachschusspflicht der Gesellschafter geregelt sein (Gläubiger haben darauf keinen Einfluss und auch keine direkte Zugriffsmöglichkeit).
Unternehmer-gesellschaft (UG)	Die Gesellschafter werden in Zukunft stärker in die Haftung genommen. Dies gilt insbesondere für die Einzahlung und den Erhalt des vollen Einlagekapitals. Die verdeckte Sacheinlage wird zukünftig strenger sanktioniert. Auch die Vorschriften gegen die *missbräuchliche „Bestattung"* der GmbH werden verschärft. Zukünftig müssen die Gesellschafter bei „Führungslosigkeit" in Zukunft selbst Insolvenzantrag stellen. Die Gesellschafter dürfen für die Dauer des Insolvenzverfahrens – höchstens für ein Jahr – nicht ihr Aussonderungsrecht an zum Gebrauch überlassenen Gegenständen geltend machen, wenn diese zur Betriebsfortführung der GmbH von erheblicher Bedeutung sind. Die Inhaber sind haftungsbeschränkt.

Die UG kann vor Gericht klagen und verklagt werden. |
| Kommanditgesell-schaft auf Aktien KGaA | Die KGaA haftet mit dem gesamten Gesellschaftsvermögen. Der Komplementär haftet persönlich und unbeschränkt. |
| Eingetragene Genossenschaft e. G. §§ 2, 105 ff. GenG | Die e. G. haftet mit dem Gesellschaftsvermögen. Das Statut kann eine Nachschusspflicht (beschränkt oder unbeschränkt) vorsehen. Eine Begrenzung der Haftung für getätigte Geschäfte der e. G. auf das Vermögen der e. G. ist möglich. Die Mitglieder der e. G. haften also dann nicht mit ihrem vollen Privatvermögen. |
| GmbH & Co. KG | Die Haftung des Komplementärs beschränkt sich auf die Haftung der GmbH (Gesellschaftsvermögen). Die Kommanditisten haften nur in Höhe ihrer noch nicht geleisteten Einlage.

Klagemöglichkeiten: gegen die GmbH & Co. KG und gegen die GmbH. |

1.10.6 Liquidation

01. Wie lässt sich der Lebenszyklus eines Unternehmens darstellen?

Vereinfacht und idealtypisch dargestellt verläuft der Lebenszyklus eines Unternehmens in folgenden Phasen:

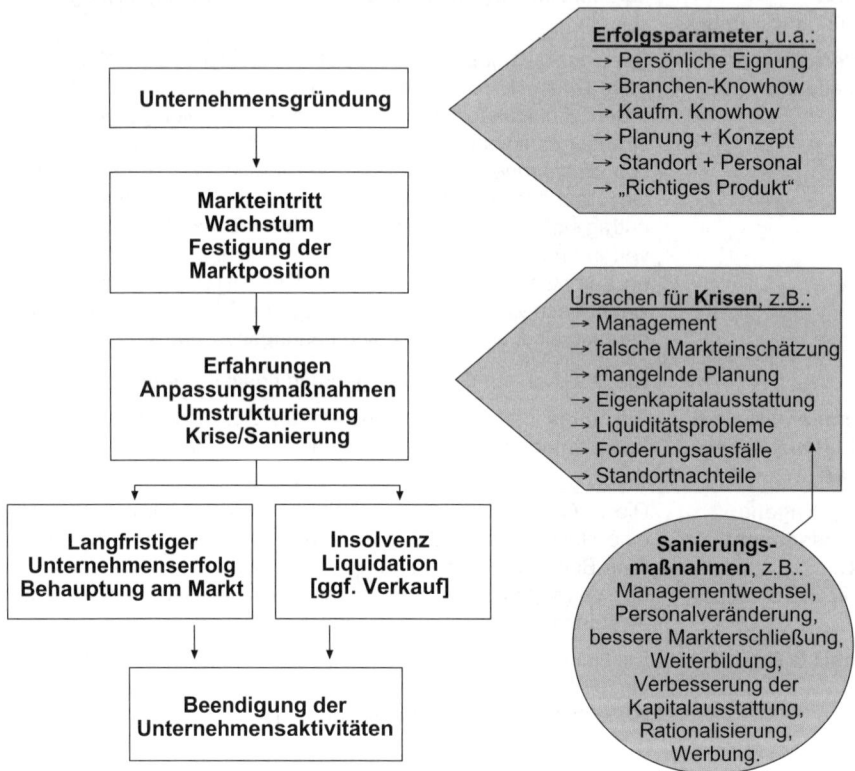

02. Was ist eine außergerichtliche Sanierung und welche Maßnahmen gibt es?

Die außergerichtliche Sanierung (auch: freiwillige Sanierung) umfasst alle Maßnahmen, um bestehenden oder drohenden Zahlungsschwierigkeiten eines Unternehmens zu begegnen – ohne die Einschaltung eines Gerichts.

Geeignete Maßnahmen sind z. B.:

• *Maßnahmen der Organisation, z. B.:*
  - Optimierung der Aufbau- und Ablaufstrukturen (Effizienz und Kostensenkung)
  - Personalabbau
  - Optimierung der Absatzstruktur (z. B. neue Vertriebspartner).

* *Maßnahmen der betrieblichen Finanzpolitik, z. B.:*
  - Vermögensveräußerung (z. B. Immobilien; vgl. Karstadt Quelle)
  - Aufnahme neuer Gesellschafter
  - Erhöhung der Kapitalanteile bestehender Gesellschafter
  - Auflösung von Rücklagen
  - Reduzierung der Forderungsbestände (verbessertes Mahn- und Inkassowesen).

* *Außergerichtlicher Vergleich als*
  - Stundungsvergleich (Vereinbarung eines Zahlungsaufschubs mit Gläubigern)
  - Erlassvergleich (Gläubiger verzichten auf einen Teil ihrer Forderungen).

03. Was ist eine außergerichtliche Liquidation?

Sie ist eine freiwillige Auflösung des Unternehmens durch Verkauf (als Ganzes oder in einzelnen Vermögensteilen) bzw. durch Beendigung der Geschäftätigkeit. Der Verkauf bzw. die freiwillige Beendigung muss dem Finanzamt angezeigt werden; bei vorliegender Firmeneintragung im Handelsregister sind Beginn und Ende der Liquidation anzumelden; während des Verfahrens erfolgt die Eintragung „i. L." (in Liquidation). Nach Abschluss der Liquidation erfolgt die Löschung im Handelsregister. Bei der Auflösung sind sämtliche Verbindlichkeiten zu begleichen. Vielfach nehmen die Finanzämter eine Unternehmensliquidation zum Anlass, eine Betriebsprüfung durchzuführen. Sämtliche Schriftstücke und Geschäftsbriefe sind zehn Jahre aufzubewahren. Der Aufbewahrungsort wird vom Amtsgericht bestimmt. Die Liquidation ist nur zulässig, wenn keine Insolvenzgründe vorliegen.

Gründe für die Liquidation können sein:

* negativer Geschäftsverlauf
* unüberwindliche Liquiditätsprobleme

* persönliche Gründe (Alter, Krankheit)
* fehlender Nachfolger.

1.10.7 Insolvenz und Insolvenzplan

01. Wie erfolgt die Einleitung des Insolvenzverfahrens?

Für den Antrag auf Eröffnung eines Insolvenzverfahrens ist das Amtsgericht zuständig, in dessen Bezirk der Schuldner seinen Gerichtsstand hat. Antragsberechtigt sind

* der Schuldner – bei „drohender Zahlungsunfähigkeit" (Eigenantrag; § 18 InsO)
* Schuldner oder Gläubiger – bei „Zahlungsunfähigkeit" (§ 17 InsO) bzw. „Überschuldung" (bei juristischen Personen; § 19 InsO).[1]

Das Gericht prüft den Insolvenzantrag und beschließt

* die Eröffnung des Verfahrens oder

---

[1] Vor dem Hintergrund der Instabilität der Finanzmärkte wurde im Oktober 2008 das Insolvenzrecht geändert: Der Begriff der *Überschuldung* wurde so angepasst, dass Unternehmen, die voraussichtlich in der Lage sind, *mittelfristig ihre Zahlungen zu leisten,* auch wenn eine vorübergehende bilanzielle Unterdeckung vorliegt, *keinen Insolvenzantrag stellen müssen.*

• die Ablehnung des Verfahrens „mangels Masse" (Vermögen reicht nicht aus, um die Kosten des Verfahrens zu decken).

Die Insolvenzverschleppung (z. B. verspätete Insolvenzanmeldung, „geschönte Bilanzen") gehört mit zu den am häufigsten entdeckten Wirtschaftsstraftaten, denn die Insolvenzgerichte sind verpflichtet, die Staatsanwaltschaft zu informieren, wenn sie ein Insolvenzverfahren eröffnen bzw. die Eröffnung eines Insolvenzverfahrens mangels Masse ablehnen.

02. Welche Wirkung hat das Insolvenzverfahren für Schuldner und Gläubiger?

Wirkung des Insolvenzverfahrens:

→ Der Insolvenzschuldner verliert mit sofortiger Wirkung die Verwaltungs- und Verfügungsberechtigung und ist mitteilungspflichtig (notfalls auch „Postsperre"); seine Vollmachten erlöschen.

→ Die Gläubiger verlieren das Recht auf Zwangsvollstreckung und müssen ihre Forderungen schriftlich beim Insolvenzverwalter anmelden.

→ Die Schuldner sind verpflichtet, nur noch an den Insolvenzverwalter zu leisten.

Maßnahmen des Insolvenzverwalters (→ FVVV):

• „**F**eststellen": Massegegenstände erfassen, Gläubigerverzeichnis erstellen usw.;
• „**V**erwalten": Führen der lfd. Geschäfte, Kündigung von Verträgen, Führen von Prozessen, Insolvenzplan/Sanierungsplan erstellen;
• „**V**erwerten": Verkauf/Versteigerung von Vermögensgegenständen;
• „**V**erteilen": Insolvenzmasse nach festgelegter Reihenfolge verteilen.

03. Wie ist der Ablauf des Insolvenzverfahrens?

1. Das Amtsgericht entscheidet über Eröffnung oder Ablehnung des Verfahrens (vgl. Frage 01.).

2. Bestellung eines vorläufigen Insolvenzverwalters (Sequester). Dieser muss in der Gläubigerversammlung bestätigt werden.

3. Auferlegung eines „Verfügungsverbots" für den Schuldner oder Festlegung der „Verfügung nur mit Zustimmung des Insolvenzverwalters".

4. Ggf. Einstellung von Zwangsvollstreckungsmaßnahmen.

5. Eröffnungsbeschluss:
   • Veröffentlichung im Bundesanzeiger und in einer überregionalen Zeitung
   • Zustellung an alle Gläubiger, alle Schuldner und den Insolvenzgläubiger
   • Mitteilung an das Handels- bzw. Genossenschaftsregister
   • Eintragung in das Grundbuch

6. Bestätigung bzw. Bestellung des Insolvenzverwalters

7. Alle Gläubiger teilen ihre Forderungen und Sicherungsrechte dem Insolvenzverwalter mit.

8. Der Insolvenzverwalter erstellt
   • ein Verzeichnis aller Gegenstände der Insolvenzmasse
   • ein Verzeichnis aller Forderungen und Rechte der Gläubiger.

9. Der Insolvenzverwalter bestimmt zwei Termine:
   • *Berichtstermin:*
     Lage des Insolvenzschuldners/des Unternehmens; über die Fortführung oder Stilllegung des Unternehmens entscheiden die Gläubiger.
   • *Prüftermin:*
     In der Prüfversammlung werden die Forderungen der Gläubiger auf ihre Berechtigung geprüft.

10. Bei Stilllegung des Unternehmens erfolgt die Befriedigung der Gläubiger in der Reihenfolge:
    • Aussonderung (§ 47 InsO)
    • Absonderung (§ 49 ff. InsO)
    • Massegläubiger (§§ 53 ff., 209 InsO)
    • Insolvenzgläubiger (§ 38 InsO)
    • nachrangige Insolvenzgläubiger (§ 39 InsO).

11. Nach der Schlussverteilung: Aufhebung des Verfahrens durch das Amtsgericht

12. Bei Fortführung des Unternehmens (Gläubigerbeschluss) kann der Insolvenzverwalter zur Erstellung eines *Insolvenzplanes* aufgefordert werden. Dieser kann folgenden Inhalt haben:

Insolvenzplan	
Vergleichsplan	Die Gläubiger verzichten auf einen Teil ihrer Forderungen oder stunden sie.
Liquidationsplan	Das Unternehmen bleibt nur bis zur endgültigen Liquidation bestehen (Vergrößerung der Insolvenzmasse).
Übertragungsplan	Das Unternehmen wird verkauft, weil der Erlös höher ist als der Erlös aus dem Verkauf der einzelnen Vermögenswerte.

1.11 Qualitätsmanagement

1.11.1 Ziele und Aufgaben

01. Was ist ein Qualitätsmanagementsystem?

Ein *Qualitätsmanagementsystem* ist ein System zur Realisierung des *ganzheitlichen, auf die Qualität gerichteten* Management, auch *Total Quality Management (TQM)* genannt, unter *Einbeziehung aller Unternehmensbereiche* und *aller Mitarbeiter*.

02. Was ist das Ziel eines Qualitätsmanagementsystem?

• Steigerung der Unternehmens-Effizienz und der Qualitätsfähigkeit in allen Bereichen und Prozessen des Unternehmens

• Schaffung von umfassenden Voraussetzungen zur Realisierung einer anforderungs-gerechten Produktbeschaffenheit

• Festigung des Qualitätsgedankens bei allen Mitarbeitern

• Verbesserung der Kundenzufriedenheit.

03. Was ist die Aufgabe eines Qualitätsmanagementsystem?

Durchsetzung des Qualitätsmanagement zur Verbesserung der Produktqualität durch:

• gezielte Fehlervermeidung,
• frühzeitige Ermittlung möglicher Fehlerursachen und ganzheitliche Fehlererfassung und Auswertung,
• umfassende Fehlererkennung und effektive Fehlerbeseitigung.

04. Welche Bedeutung hat ein Qualitätsmanagementsystem für das Unternehmen?

• *Interne Bedeutung:*
  - eindeutige Organisationsstruktur
  - klare Verantwortlichkeiten und Zuständigkeiten
  - geregelte Abläufe und Verfahren.

• *Externe Bedeutung:*
  - Erhöhung der Akzeptanz des Unternehmens auf dem Markt und bei den Kunden
  - Imagesteigerung.

Die führenden Branchen in der Anwendung von Qualitätsmanagementsystemen sind weltweit die Unternehmen der Luftfahrt- und Fahrzeugindustrie sowie ihre Zulieferer, wie z. B. Webasto (Fahrzeugheizungen, Schiebedächer), Bosch (Steuergeräte), Hella (Elektrik, Leuchten) u. a.

05. Welche Elemente stehen im Mittelpunkt der Qualitätssicherung des Handels?

• Sicherung der Qualität der vom Lieferanten gekauften und an den Kunden verkauften Ware
• Schaffung von Qualitätsstandards des Warenangebots
• Sicherheit von Lebensmitteln und die dafür verwendeten Rohstoffe
• Auditierung der Hersteller und Lieferanten
• Auditierung des Warentransports, der Kühlkette und der Hygiene in den Betriebsstätten.

Die Metro setzt dafür ein computergestütztes Dokumentations- und Rückverfolgungs-system ein.

06. Welche Maßnahmen sind im Rahmen eines Qualitätsmanagements (QM) erforderlich?

Beispiele:

* die Geschäftsführung erkennt die Gesamtverantwortung für das QM an
* Einrichtung eines QM-Systems
* QM-Handbuch
* Information und Überzeugung der Mitarbeiter
* Einrichtung von KVP (kontinuierlicher Verbesserungsprozess)
* Prozessorientierung als Handlungsanweisung
* Dokumentation der Abläufe
* Messung und Analyse der Prozessqualität
* Schulung der Auditoren.

07. Welche Aufgabe hat die QS Qualität und Sicherheit GmbH?

Sie ist eine freiwillige Initiative des deutschen Handels, der Lebensmittelindustrie und der Agrarwirtschaft und wurde 2001 gegründet. Ihre Aufgabe ist die Organisation des QS-Systems für Lebensmittel (zunächst nur für Fleischwaren; seit 2004 auch für Obst, Gemüse und Kartoffeln). Ware aus diesem QS-System wird mit dem QS-Prüfzeichen versehen.

08. Wodurch ist der Kontinuierliche Verbesserungsprozess (KVP) gekennzeichnet?

Durch die Integration der Mitarbeiter in das KVP-Team erhalten sie die Möglichkeit, ihre Erfahrungen und Ideen zur Verbesserung des Prozesses direkt beizutragen und umzusetzen. Dabei wirkt der KVP in *drei Zielrichtungen,* die jede für sich, aber auch zusammengefasst, Gegenstand einer KVP-Aufgabenstellung sein können.

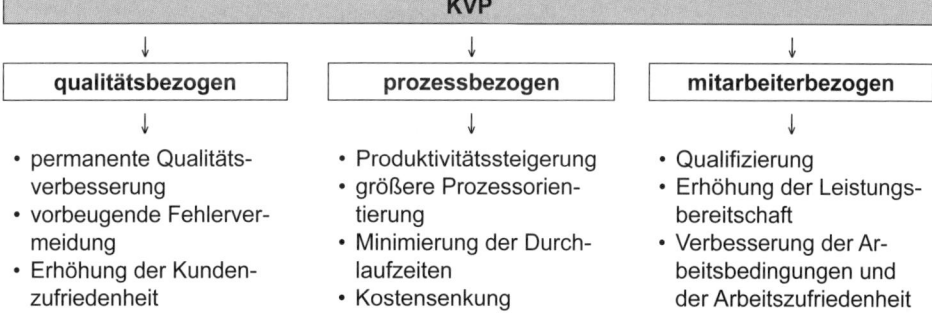

09. Wie wirkt das Qualitätsmanagement auf den kontinuierlichen Verbesserungs-prozess?

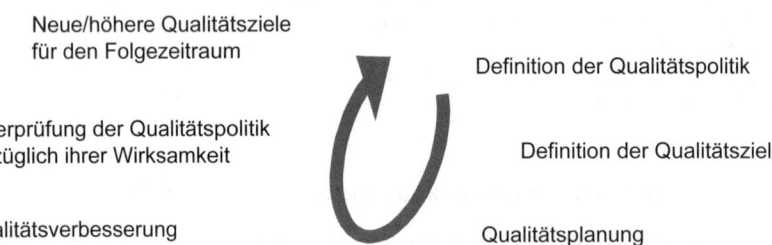

10. Welchen Einfluss hat das Qualitätsmanagementsystem auf die Kunden-Lie-feranten-Kette?

Die Globalität eines Qualitätsmanagementsystems schließt sämtliche Kunden-Liefe-ranten-Beziehungen mit ein und wirkt als permanente, intensive Wechselbeziehung zwischen ihnen.

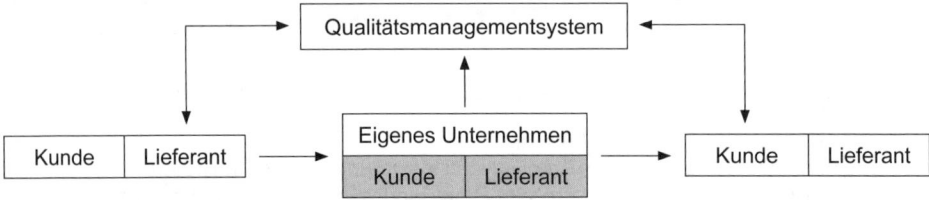

11. Was ist Qualität?

Die DIN ISO 8402 definiert die Qualität als *„realisierte Beschaffenheit einer Einheit bezüglich der Einzelanforderungen an diese".*

Der Qualitätsbegriff vereint also die Begriffe *Beschaffenheit, Einheit* und *Qualitätsan-forderung.*

Qualität ist demnach *nicht* das Maximum an Realisierbarkeit, sondern *die korrekte Realisierung der für eine Einheit definierten Qualitätsforderungen.*

$$\text{Qualität}_{\text{Einheit}} = \frac{\text{Realisierte Beschaffenheit}}{\text{Qualitätsforderung}} \cdot 100$$

→ Hierbei beträgt der Wert für die Qualitätsforderung *immer* 100.

→ Ist $\text{Qualität}_{\text{Einheit}}$ < 100 %, ist die Qualitätsforderung *nicht* erfüllt.

12. Was ist ein Qualitätsmerkmal?

Ein Qualitätsmerkmal ist die Eigenschaft einer Einheit, auf deren Grundlage die Qualität dieser Einheit beurteilt werden kann. Eine Einheit kann mehrere Qualitätsmerkmale beinhalten.

13. Wer definiert die Qualitätsforderungen an eine Einheit?

Forderer	Ursachen
Kunde (z. B. Handel, Endkunde, Verbraucher)	• Entwicklungs- und Modetrends • geändertes Anspruchsdenken • Preisbewusstsein • Zeitgeist • mangelhafter Service.
Markt	• Moralischer Verschleiß des Produktes • Konkurrenzvergleich • Anpassung an Regionalmärkte • Neue Technologien und Materialien.
Produktlebenszyklus	• Erforderliche Produktverbesserung • Materialsubstitution • Rationalisierung der Prozesse.
Gesetzliche Regelungen	• Umweltgesetze • Zulassungs- und Betriebsbestimmungen • Arbeitsschutzvorschriften.

14. Was ist ein Qualitätsregelkreis?

Der *Qualitätsregelkreis* ist ein Prozessablauf zur Feststellung von Anforderungsabweichungen und Einleitung von Regulierungsmaßnahmen für eine Einheit.

15. Wie ist die Wirkungsweise eines Qualitätsregelkreises?

Ähnlich der Wirkungsweise des Qualitätsmanagement im kontinuierlichen Verbesserungsprozess wirkt der Qualitätsregelkreis konkret auf die betreffende Einheit:

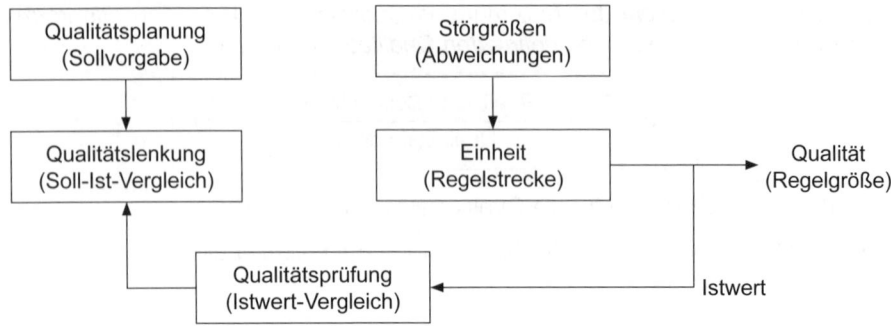

16. Welcher Zusammenhang besteht zwischen Wirtschaftlichkeit und Qualitäts-management?

Alle Prozesse eines Unternehmens unterliegen den Anforderungen des Prinzips „Wirt-schaftlichkeit".

Diese Anforderungen kennzeichnen die Qualität der Prozesse.

Die durch Störungen entstehenden Abweichungen und deren Beseitigung führen zu (un-geplanten) Mehrkosten und beeinträchtigen damit die Wirtschaftlichkeit der Prozesse.

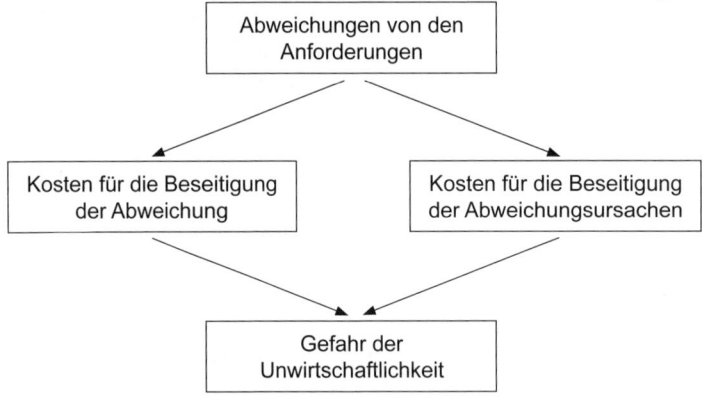

Die Wirtschaftlichkeit eines Unternehmens wird durch die konsequente Anwendung des Qualitätsmanagement nachhaltig verbessert.

1.11.2 Auditierung und Zertifizierung eines Systems

01. Welchen Inhalt haben die Normen der ISO 9000:2005 bis 9004:2009?

• *DIN EN ISO 9000:2005*
  Grundlagen und Begriffe von QM-Systemen und Leitfaden für die Anwendung auf Computer-Software

• *DIN EN ISO 9001:2008*
Anforderungen an die QM-Systeme

• *DIN EN ISO 9004:2009*
Leitfaden zur Leistungsverbesserung von QM-Systemen und für Dienstleistungen.

02. Welche allgemein gültigen Normen sind für ein QM-System maßgebend?

Norm	Erläuterung
DIN EN ISO 9000:2005 bis 9004:2009 (Umgangssprachlich wird nur der Begriff „ISO 9000"… verwendet.)	Abgestuftes, universelles internationales Normenwerk als Grundlage und Leitfaden zur Realisierung eines wirksamen QM-Systems. Gilt als weltweite qualitätsbezogene Bewertungsbasis von Unternehmen.
DIN ISO 14001	International gültiger Forderungskatalog für ein systematisches Umweltmanagement (UM). Wird im Rahmen des TQM voll in das Qualitätsmanagement integriert.

03. Was sind Branchenstandards?

Branchenstandards sind Normen mit branchenbezogener Anwendung, die nationale oder internationale Gültigkeit besitzen können. Sie wirken häufig in Verbindung/auf der Grundlage der allgemein gültigen Qualitätsnormen (vgl. im Handel: IFS).

04. Warum ist die ISO 9001:2008 von zentraler Bedeutung für QM-Systeme?

Die ISO 9001:2008 stellt mit ihren Anforderungen den direkten Bezug zur Umsetzung eines QM-Systems im Unternehmen dar.

In dieser Norm werden definiert:

• das *Qualitätsmanagementsystem* als solches
• dessen grundlegende Dokumentation, das *„Qualitätsmanagementhandbuch"*
• die *Verantwortung der Leitung*
• das *Management von Ressourcen*
• die *Produktrealisierung*
• die *Messung, Analyse und Verbesserung.*

05. Wie werden die unterschiedlichen Qualitätsmanagement-Anforderungen der Unternehmen in der ISO 9001:2008 berücksichtigt?

Die Unternehmen haben unterschiedliche Voraussetzungen, die eine vergleichbare Anwendung eines QM-Systems mit einheitlichen Anforderungen erschweren. Diese Voraussetzungen können z. B. bedingt sein durch die Betriebsstruktur, die Produktpalette oder die Einbindung des Unternehmens in übergeordnete Organisationsstrukturen.

In der ISO 9001:2008 werden diese unterschiedlichen Voraussetzungen durch drei entsprechende Anwendungsmodule berücksichtigt. Unternehmen, die ein QM-System anwenden wollen, müssen sich gemäß der Definition dieser Module einordnen.

06. Wie wird die Realisierung und Einhaltung der QM-Ziele kontrolliert?

Die Kontrolle der QM-Ziele erfolgt durch ein *Audit*. Audits haben einen sehr hohen Stellenwert, da sie von den Normen des Qualitäts- und Umweltmanagementszwingend gefordert werden. Die Zertifizierung eines Unternehmens nach DIN EN ISO 9000:2005 ff. ist nur nach einer erfolgreichen, externen Auditierung möglich.

07. Was ist ein Audit?

Ein *Audit* ist eine *qualitätsorientierte Bewertungsmethode*, durch Befragung (Audit-Fragenkatalog), Anhörung und Untersuchung von definierten Einheiten die Erreichung der jeweiligen Forderungen festzustellen.

Die ISO 9000:2005 definiert das Audit folgendermaßen:

„Audit ist ein systematischer, unabhängiger und dokumentierter Prozess zur Erlangung von Auditnachweisen (Aufzeichnungen, Feststellungen und andere Informationen, Anm. d. Verf.) und zu deren objektiven Auswertung, um zu ermitteln, inwieweit Auditkriterien (QM-Ziele, Anm. d. Verf.) erfüllt sind."

08. Wer darf Auditierungen durchführen?

Audits dürfen nur durch speziell ausgebildete, offiziell geprüfte Qualitätsexperten, den *Auditoren*, durchgeführt werden.

09. Wodurch werden die ersten Qualitätsmerkmale eines Produktes bestimmt?

Die aus der Marktforschung ermittelten und durch den Kunden direkt geäußerten Wünsche stellen die *ersten Qualitätsmerkmale* dar, die in der Regel im weiteren Verlauf bis zur Auftragsauslösung und darüber hinaus noch präzisiert bzw. ergänzt werden. Aus diesen Qualitätsmerkmalen definieren sich die Qualitätsforderungen.

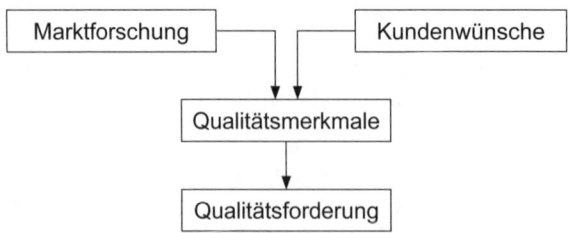

10. Wie lassen sich Kundenforderungen an ein Produkt strukturieren?

Nach *Kano* lassen sich Kundenforderungen *an ein Produkt* in drei Kategorien einteilen. Diese Kategorien können unterschiedliche Einflüsse auf die Qualitätsplanung haben:

* *Grundforderungen:*
  Diese Forderungen *müssen* erfüllt werden. Sie stellen die grundlegenden Eigenschaften des Produktes oder der Dienstleistung dar.

* *Normalforderungen:*
  Sie beinhalten die Forderungen, die die überwiegende Mehrheit der Kunden als üblichen Standard ansehen oder die dem allgemeinen Zeitgeschmack entsprechen. Diese Forderungen *sollten* erfüllt werden.

* *Begeisterungsforderungen:*
  Die Funktion dieser Forderungskategorie liegt darin, die Kaufentscheidung des Kunden zielführend zu beeinflussen. Häufig sind die Begeisterungsmerkmale die einzigen Unterschiede in einer gleichartigen Produktpalette mehrerer Wettbewerber. Die Begeisterungsforderungen *können* erfüllt werden.

Diese Anforderungen lassen sich im *Kano-Modell* im Verhältnis zu Zufriedenheit und Erfüllungsgrad abbilden.

Beispiel: Kaffeemaschine

11. Wie werden Lieferanten in die Qualitätsplanung mit einbezogen?

Die Einbeziehung der Lieferanten in die Qualitätsplanung erfolgt mittels *APQP* (Advanced Product And Control Plan) – die Produkt-Qualitätsvorausplanung und Kontrollplanung.

Diese Qualitäts- und Prüfplanung erfolgt auf der Grundlage der ISO 9000:2005 ff. in der Phase der Produktentwicklung. Das Ergebnis des APQP ist ein vom Lieferanten unterzeichnetes, verbindliches Qualitätsdokument. Der Begriff „Lieferant" steht hier für externe und interne Lieferanten.

12. Was versteht man unter „Zertifizierung" und „Auditierung"?

- *Zertifizierung* ist die Abnahme eines Managementsystems nach einer Norm (z. B. der Normenfamilie ISO 9000:2005).

- *Auditierung* ist die eingehende Untersuchung des Gesamtbetriebes durch einen unabhängigen Gutachter im Hinblick auf die Erfüllung bestimmter Normen; *die Auditierung ist also die Voraussetzung zur endgültigen Zertifizierung.*

- *Vorteile der Zertifizierung*, z. B.:
  - Verbesserung der Marktchancen; das Zertifikat kann als Werbemittel eingesetzt werden
  - Optimierung der Abläufe, Fehlervermeidung und Reduzierung der Kosten
  - Verbesserung der Prozessleistung (die kontinuierliche Verbesserung wird unterstützt)
  - Steigerung der Qualität
  - Imagegewinn für das Unternehmen, Möglichkeit der Kundenbindung.

13. Wie ist der Ablauf bei einer Zertifizierung?

1. Interessenbekundung bei einer zugelassenen Zertifizierungsstelle
2. Einreichung der Unterlagen (schriftlich)
3. Angebot durch die Zertifizierungsstelle und Abschluss des Vertrages
4. Berufung der Auditorengruppe
5. Übergabe der QM-Dokumente an die Zertifizierungsstelle
6. Prüfung der QM-Dokumente durch Auditor (auch Prüfung vor Ort)
7. Bericht über Audit mit Empfehlung der Zertifikatserteilung
8. Entscheidung über die Zertifikatserteilung durch den Zertifizierungsausschuss
9. Beurkundung der Zertifizierung
10. Re-Zertifizierung nach drei Jahren (falls gewünscht).

1.11.3 Total-Quality-Management (TQM) als Weiterentwicklung der Organisationsprozesse des Qualitätsmanagement

01. Worauf basieren Qualitätsmanagementsysteme (QM-Systeme)?

Qualitätsmanagementsysteme basieren auf nationalen oder internationalen Normen und Standards. Diese sind branchenbezogen oder allgemein anwendbar. Eine Verknüpfung unterschiedlicher Normen zu einer gemeinsamen Basis für ein Qualitätsmanagementsystem eines definierten Unternehmens ist möglich und in bestimmten Branchen, z. B. der Fahrzeugindustrie, gefordert. Daraus wird erkennbar, dass die angestrebte *Qualitätsphilosophie* in der Regel das *Totale Qualitätsmanagement (TQM)* ist.

02. Wie ist das TQM definiert?

Nach der Definition der Deutschen Gesellschaft für Qualität (DGQ) ist das TQM eine „auf der Mitwirkung aller Mitglieder beruhende Führungsmethode einer Organisation, die Qualität in den Mittelpunkt stellt...".

1.11.4 Wechselwirkung mit anderen Managementsystemen

01. Welche Gesetze, Normen und Regelwerke gibt es im Bereich der Qualitätssicherung?

Gesetze, Normen und Regelwerke zur Qualitätssicherung	
Abkürzung	*Kurzbeschreibung*
ProdHaftG	Regelung der *verschuldensunabhängigen* Haftung der Produzenten für Personen und Sachschäden (Gefährdungshaftung) für das Inverkehrbringen von Produkten.
ProdSG	Das *Produktsicherheitsgesetz* (ProdSG) enthält Regelungen zu den Sicherheitsanforderungen von technischen Arbeitsmitteln und Verbraucherprodukten. Es ersetzt seit Dezember 2011 das Geräte- und Produktsicherheitsgesetz (GPSG).
BGB	Deliktische Haftung nach § 823 Abs. 1 BGB
DIN EN ISO 9000:2005 ff.	• *DIN EN ISO 9000:2005* Grundlagen und Begriffe von QM-Systemen, Leitfaden für die Anwendung von Computer-Software • *DIN EN ISO 9001:2008* Anforderungen an die QM-Systeme • *DIN EN ISO 9004:2009* Leitfaden zur Verbesserung von QM-Systemen und für Dienstleistungen
ISO 4802, DGQ	Definition der Qualitätssicherung
DGQ-Schriften	Definition von TQM

ISO/IEC 17000 EN 45012	Anforderungen an Stellen, die QM-Systeme begutachten und zertifizieren.
HACCP	Methode der Risikoanalyse in der Lebensmittelindustrie (Hazard Analysis and Critical Controll Point). Anerkanntes Verfahren, das Schwachstellen im Herstellungsprozess erkennt und durch geeignete Maßnahmen beseitigt (wichtig für die Prüfung).
IFS	International Food Standard: Von der METRO Group und anderen deutschen Händlern gemeinsam entwickeltes System zur Auditierung von Lieferanten, das auf den HACCP-Regeln basiert.

02. Wie sind integrierte Managementsysteme aufgebaut?   → 1.12.1

Integrierte (auch: integrative) Managementsysteme fassen zwei oder *mehrere, einzelne Managementsysteme* zusammen, um *Synergieeffekte* zu erzielen und Ressourcen zu bündeln. Sehr häufig werden Arbeitsschutz- und Umweltmanagementsysteme zusammengefasst. Durch die natürlichen Berührungspunkte zwischen beiden Gebieten ist diese Variante sehr praktikabel. Denkbar ist die Integration weiterer Managementsysteme. Im Vergleich zu einzelnen, isolierten Managementsystemen ist dadurch insgesamt ein schlankeres, effizienteres Management möglich. Die Grundstruktur aller Managementsysteme ist im Wesentlichen gleich.

1.12 Umweltmanagement

1.12.1 Normativer Rahmen der ökologieorientierten Unternehmensführung

01. Was versteht man unter dem Begriff „Umweltschutz"?

Der Umweltschutz umfasst alle Maßnahmen zur Erhaltung der natürlichen Lebensgrundlagen von Menschen, Pflanzen und Tieren.

Der Umweltschutz ist in Deutschland ein Staatsziel. Er ist deshalb in Art. 20a des Grundgesetzes festgeschrieben. Im Gegensatz zum Arbeitsschutzrecht zielt der Begriff nicht nur auf den Schutz von Menschen als Lebewesen, sondern schließt den Schutz von Tieren und Pflanzen sowie den Schutz des Lebensraumes der Bürger ein.

02. Welche Aufgabe verfolgt die Umweltpolitik?

Aufgabe der Umweltpolitik im engeren Sinne ist der *Schutz vor den schädlichen Auswirkungen der ökonomischen Aktivitäten des Menschen auf die Umwelt.*

Hierbei haben sich

• die Maßnahmen zur Bewahrung von *Boden und Wasser* vor Verunreinigung durch chemische Fremdstoffe und Abwasser,

- die Reinhaltung der *Luft*,
- die Reinhaltung der *Nahrungskette*,
- die *Lärmbekämpfung*,
- die *Müllbeseitigung*, die Wiedergewinnung von Abfallstoffen (*Recycling*) und
- mit besonderer Aktualität der *Strahlenschutz*

bewährt.

Ferner gehören hierzu Vorschriften und Auflagen zur Erreichung größerer Umweltverträglichkeit von *Wasch- und Reinigungsmitteln*. In der Textilindustrie und dem Handel kommt deshalb dem Umweltschutz eine große und vielfältige Bedeutung zu.

03. Nach welchen Gesichtspunkten lässt sich der Umweltschutz unterteilen?

Unterteilen kann man den Umweltschutz in die *Bereiche*:

- *Medialer* Umweltschutz:
  → Schwerpunkt ist der Schutz der Lebenselemente Boden, Wasser und Luft

- *Kausaler* Umweltschutz:
  → Schwerpunkt ist die Prävention von Gefahren

- *Vitaler* Umweltschutz:
  → Naturschutz, Landschaftsschutz und Waldschutz zählen zum vitalen Umweltschutz.

04. Welche Sachgebiete des Umweltschutzes gibt es?

Als Sachgebiete des Umweltschutzes gelten:

- Immissionsschutz
- Strahlenschutz
- Gewässerschutz
- Abfallwirtschaft und Abfallentsorgung
- Naturschutz
- Landschaftspflege
- Wasserwirtschaft.

05. Welche Prinzipien gelten im Umweltschutz und daraus folgend im Umweltrecht?

Prinzipien des Umweltschutzes	
Verursacher-prinzip	Der Verursacher hat für die Beseitigung der von ihm verursachten Umweltschäden zu sorgen und die Kosten zu tragen.
Vorsorge-prinzip	Dem Versorgeprinzip entsprechen alle Bestimmungen und Maßnahmen, die dem Ziel der Vermeidung und Verminderung von Umweltbelastungen durch Präventionsmaßnahmen dienen.
Kooperations-prinzip	Zwischen Betreibern Umwelt gefährdender Anlagen und den zuständigen Behörden ist die Zusammenarbeit vorgeschrieben. Nachbarländer müssen bei grenzüberschreitenden Problemen zusammenarbeiten.

Gemeinlast- prinzip	Wenn sich kein Verursacher von Umweltbelastungen ermitteln lässt, so trägt die Allgemeinheit die Kosten für die Beseitigung. Das Gemeinlastprinzip sieht für diese Fälle vor, dass die öffentlichen Haushalte hierfür Mittel bereitstellen. Dieses Prinzip hat nachrangige Bedeutung (Subsidiaritätsprinzip).

06. Welche Gesetze, Normen und Regelwerke bestimmen den Umweltschutz?

Gesetze, Normen und Regelwerke zum Umweltschutz	
Abkürzung	*Kurzbeschreibung*
BGB	§§ 906, 907 BGB Beeinträchtigungen in Form von Gasen, Dämpfen, Gerüchen, Rauch, Ruß, Geräusch, Erschütterungen usw.
StGB	Strafgesetzbuch, 28. Abschnitt: Straftaten gegen die Umwelt
BImSchG	Das Bundesimmissionsschutzgesetz ist das bedeutendste Recht auf dem Gebiet des Umweltschutzes. Zweck ist es, Menschen, Tiere und Pflanzen, den Boden, das Wasser, die Atmosphäre sowie Kultur und Sachgüter vor schädlichen Umwelteinwirkungen zu schützen sowie vor den Gefahren und Belästigungen von Anlagen.
TA Luft, TA Lärm, TA Abfall, Störfallverordnung	Durchführungsverordnungen zum BImSchG
BBodSchG	Zielsetzung: Die Beschaffenheit des Bodens nachhaltig zu sichern bzw. wiederherzustellen.
KrWG	Mit dem neuen Kreislaufwirtschaftsgesetz (KrWG) wird das bestehende deutsche Abfallrecht umfassend modernisiert. Ziel des neuen Gesetzes ist eine nachhaltige Verbesserung des Umwelt- und Klimaschutzes sowie der Ressourceneffizienz in der Abfallwirtschaft durch Stärkung der Abfallvermeidung und des Recyclings von Abfällen.
WHG	Vermeidung von Schadstoffeinleitungen in Gewässer
WRMG	Gesetz über die Umweltverträglichkeit von Wasch- und Reinigungsmitteln
ChemG	Gesetz zum Schutz vor gefährlichen Stoffen; regelt die Vermarktung umweltgefährdender Stoffe.
Verpackungs-verordnung	Reduzierung der Verpackungsmengen und Rückführung in den Stoffkreislauf (Wiederverwendung/-verwertung, Weiterverwendung/-verwertung).
DIN ISO 14001	International gültiger Forderungskatalog für ein systematisches Umweltmanagement (UM). Wird im Rahmen des TQM voll in das Qualitätsmanagement integriert.
Öko-Audit-Verordnung EMAS	Die Verordnung geht über die DIN ISO 14001 hinaus. Die Zertifizierung nach EMAS III (Eco-Management and Audit Scheme) ist im Gegensatz zur DIN ISO 14001 öffentlich-rechtlich geregelt und freiwillig.

07. Welche Gesetzgeber gestalten das Umweltrecht?

Gesetzgeber des Umweltrechts				
Europäische Union	**Der Bund**	**Die Länder**	**Die Kommunen**	**Normungs-gremien**
• Richtlinien • Verordnungen	Themen: • Luftreinhaltung • Lärmschutz • Strahlenschutz • Abfallbeseitigung	Bereiche: • Wasser • Naturschutz	Bereiche: • Wasser • Abfall	• DIN • ATV • VDI

08. Welche Bedeutung hat das europäische Umweltrecht?

Die Umweltpolitik besitzt innerhalb der EU eine hohe Bedeutung. Mit dem Vertrag von Maastricht wurden der EU umfangreichere Regelungskompetenzen übertragen. Zurzeit existieren mehr als 200 *europäische Rechtsakte* mit umweltpolitischem Bezug. Diese Rechtsakte regeln nicht nur das Verhältnis zwischen den Staaten, sondern sie sind auch verbindlich für den einzelnen Bürger und die Unternehmen. Die europäischen Rechtsakte haben allerdings einen sehr unterschiedlichen Verbindlichkeitscharakter:

EU-Richtlinien	werden von den Mitgliedsstaaten der EU innerhalb einer bestimmten Frist in nationales Recht umgesetzt (z. B. UVP-Richtlinie → UVP-Gesetz).
EU-Verordnungen	gelten unmittelbar in allen Mitgliedsstaaten; gegebenenfalls werden sie durch nationales Recht ergänzt (z. B. Öko-Audit-Verordnung).

09. Welche deutschen Rechtsvorschriften sind beim Umweltschutz vom Unternehmer zu beachten?

Umweltschutz • Deutsche Rechtsvorschriften				
Umwelt-informations-gesetz	**Umwelt-verträglichkeits-prüfung**	**Öko-Audit-Verordnung**	**Rechtsnormen zur Abfallwirt-schaft**	**Rechtsnormen zur Luft-reinhaltung**
Rechtsnormen zum Gewässerschutz	**Genehmigungs-verfahren**	**Umwelt-strafrecht**	**Umweltord-nungswidrig-keitenrecht**	**Umwelt-haftungsrecht**

10. Welchen Inhalt hat das Umwelthaftungsrecht?

Es regelt die *zivilrechtliche Haftung bei Umweltschädigungen*. Hier können auch *juristische Personen* verklagt und in Anspruch genommen werden. Die Ansprüche gliedern sich in drei *Bereiche:*

- Gefährdungshaftung
- Verschuldenshaftung
- nachbarrechtliche Ansprüche.

11. Welchen Inhalt hat das Umweltstrafrecht?

Das Umweltstrafrecht wurde 1980 in das Strafgesetzbuch eingearbeitet. *Bestraft werden können nur natürliche Personen.* Straftatbestand kann ein bestimmtes Handeln, aber auch ein bestimmtes Unterlassen sein. Die Geschäftsleitung haftet stets in umfassender Gesamtverantwortung.

Bestraft werden z. B. folgende Tatbestände:

• Verunreinigung von Gewässern
• Boden- und Luftverunreinigung
• unerlaubtes Betreiben von Anlagen
• Umwelt gefährdende Beseitigung von Abfällen.

12. Was unterscheidet Emissionen von Immissionen?

Emissionen	sind alle von einer Anlage ausgehenden Luftverunreinigungen, Geräusche, Erschütterungen, Licht, Wärme, Strahlen und ähnliche Erscheinungen.
Immissionen	sind auf Menschen, Tiere und Pflanzen, den Boden, das Wasser sowie die Atmosphäre einwirkende Luftverunreinigungen, Geräusche und ähnliche Belastungen.

13. Welcher Unterschied besteht zwischen allgemeinen und arbeitsspezifischen Umweltbelastungen?

Man unterscheidet zwischen allgemeinen und arbeitsspezifischen Umweltbelastungen:

• *Allgemeine Umweltbelastungen*
sind diejenigen, die in den einschlägigen Gesetzen beschrieben sind – meist in Form von Oberbegriffen und Generalklauseln; z. B. Luft: → allgemeine Umweltbelastungen durch Immissionen; Boden: → allgemeine Umweltbelastungen durch Altöle.

• *Arbeitsspezifische Umweltbelastungen*
sind konkrete, arbeitsplatz-/betriebsspezifische Belastungen, deren Vermeidung der Vorgesetzte in seinem Verantwortungsbereich zu beachten hat; z. B. Wasser/Boden: → Vermeidung der Kontaminierung des Bodens und des Wassers durch unsachgemäß entsorgte Putzlappen, Nichtbeachten der Abwasservorschriften.

14. Welche allgemeinen Umweltbelastungen gibt es? Welche wichtigen, einschlägigen Gesetze und Verordnungen sind zu beachten?

Medium	Allgemeine Umweltbelastungen	Gesetze, Verordnungen, z. B.:	
Luft	Emissionen, Immissionen (Gase, Dämpfe, Stäube)	BImSchG ChemG StörfallV	TA Luft TA Lärm
Wasser	Entnahme von Rohwasser; Einleiten von Abwasser	WHG AbwAG WRMG	ChemG Landes- wasserrecht

Boden	Stoffliche/physikalische Einwirkungen, Beeinträchtigung der ökologischen Leistungsfähigkeit; Gewässerverunreinigung durch kontaminierte Böden; Kontaminierung durch Immissionen, Altdeponien und ehemalige Industrieanlagen	BbodSchG ChemG Strafgesetzbuch	AltölV Bundesnaturschutzgesetz Ländergesetze
Abfall	Fehlende/fehlerhafte Abfallvermeidung, Abfallverwertung, Abfallentsorgung	KrWG AltölV BestbüAbfV	NachwV ElektroG
Natur	Beeinträchtigung des Naturhaushalts und des Landschaftsbildes durch Bauten, deren wesentliche Änderung und durch den Bau von Straßen	Bundesnaturschutzgesetz Bauleitplanung	Bebauungspläne Flächennutzungspläne

15. Welche wesentlichen Bestimmungen enthält das Kreislaufwirtschaftsgesetz?

Mit dem neuen Kreislaufwirtschaftsgesetz (KrWG) vom 24.02.2012 wurde das bestehende deutsche Abfallrecht umfassend modernisiert. Ziel des neuen Gesetzes ist eine nachhaltige Verbesserung des Umwelt- und Klimaschutzes sowie der Ressourceneffizienz in der Abfallwirtschaft durch Stärkung der Abfallvermeidung und des Recyclings von Abfällen.

Kern des KrWG ist die fünfstufige Abfallhierarchie (§ 6 KrWG):

• Abfallvermeidung
• Wiederverwendung
• Recycling
• sonstiger Verwertung von Abfällen
• Abfallbeseitigung.

Vorrang hat die jeweils beste Option aus Sicht des Umweltschutzes. Die Kreislaufwirtschaft wird somit konsequent auf die Abfallvermeidung und das Recycling ausgerichtet, ohne etablierte ökologisch hochwertige Entsorgungsverfahren zu gefährden.

16. Was versteht man unter Recycling? Welche Ziele werden damit verfolgt?

Unter Recycling versteht man die Wiedergewinnung von Rohstoffen aus Abfällen für den Produktionsprozess. Im Idealfall soll durch Recycling ein nahezu geschlossener Kreislauf hergestellt werden, bei dem kaum noch Restabfälle entstehen. Man realisiert damit folgende Ziele:

• Es müssen weniger Reststoffe vernichtet oder deponiert werden; dadurch wird die Belastung der Umwelt reduziert.

• Der Wiedereinsatz von recycelten Materialien führt im Produktionsprozess zu Kostenersparnissen.

• Es entstehen weniger Entsorgungskosten.

Recycling • Formen	
Wiederverwendung	Die gebrauchten Materialien werden in derselben Art und Weise mehrfach wiederverwendet, z. B. Paletten, Fässer, Behälter, Flaschen und andere Verpackungsmaterialien. Die Wiederverwendung ist innerbetrieblich relativ problemlos zu organisieren. Auch im Warenverkehr zwischen Unternehmen können wiederverwendbare Materialien eingesetzt werden. Das Rückholsystem oder Sammelsystem kann ggf. mit Kosten verbunden sein, die höher sind als der Einsatz von Einwegmaterialien. Aus ökologischer Sicht ist die Wiederverwendung allen anderen Formen der Abfallentsorgung vorzuziehen.
Weiterverwendung	Die gebrauchten Materialien bzw. Abfälle werden für einen anderen Zweck weiterverwendet (Beispiele: Abgase zur Energiegewinnung, Abwärme zum Heizen, Schlacken im Bauwesen). Der Weiterverwendung sind Grenzen gesetzt. Materialien und Abfälle, die mit Umweltschadstoffen belastet sind, können meist nicht weiterverwendet werden.
Wiederverwertung	Gebrauchte Materialien und Abfälle werden aufgearbeitet, sodass sie im Produktionsprozess erneut entsprechend ihrem ursprünglichen Zweck eingesetzt werden können; Beispiele: Gebrauchte Reifen werden zerkleinert und wieder als Rohstoff eingesetzt; analog: Kunststofffolien, Altöl. Die Regenerierung hat Grenzen: Mit jeder Aufbereitung verschlechtert sich in der Regel die Qualität der Ausgangsmaterialien.
Weiterverwertung	Die gebrauchten Materialien/Abfälle werden aufgearbeitet und einem anderen als dem ursprünglichen Verwendungszweck zugeführt. Es handelt sich dabei meist um Materialien, deren Qualität bei der Aufarbeitung stark abnimmt, sodass die wiedergewonnenen Rohstoffe nicht mehr für den ursprünglichen Zweck verwendet werden können. Aus Regenerat von Kunststoffgemischen oder verunreinigten Kunststoffen werden z. B. Tische und Bänke oder Schallschutzwände produziert.

Achtung: häufig Gegenstand der Prüfung.

17. Welche Umweltbelastungen entstehen im Regelfall in den Phasen eines Produktlebenslaufs?

Beispiele:

- Bei der *Produktion:*
  - Verbrauch von Rohstoffen und Energie
  - Emissionen von Schadstoffen und Lärm
  - Entstehung von Abfällen
  - Herstellung Umwelt gefährdender Produkte.

- Beim *Vertrieb:*
  - Energieverbrauch insbesondere beim Transport der Erzeugnisse
  - Materialverbrauch bei der Verpackung.

- Beim *Konsum:*
  - Entsorgung des Verpackungsmaterials
  - Energieverbrauch bei der Nutzung
  - Entstehung von Abfällen bei der Nutzung.

- Bei der *Entsorgung:*
  Beseitigung von Abfällen.

1.12.2 Strategisches und operatives Umweltmanagement

01. Wie lassen sich strategisches und operatives Umweltmanagement voneinander abgrenzen?

- *Strategisches Umweltmanagement* betracht längerfristige Zielsetzungen der betrieblichen Umweltpolitik und die Integration in die strategische Unternehmenspolitik. Es geht um das Erkennen langfristiger Chancen und die Schaffung von Erfolgspotenzialen. Viele Unternehmen haben z. B. erkannt, dass sie sich über umweltverträgliches Handeln am Markt positionieren können: Das angebotene Produkt ist frei von Giftstoffen, verursacht wenig Ressourcenverbrauch bei der Herstellung und lässt sich idealerweise recyclen. Der Verbraucher ist heute bereit, dieses Engagement der Unternehmen auch über einen vertretbar höheren Preis zu honorieren. Ein Negativbeispiel für einen immensen materiellen Schaden verbunden mit langfristigen Imageverlusten lieferte im September 2007 das Unternehmen MATELL: Tausende von Spielzeugartikeln, die in China hergestellt worden waren, mussten vom Markt zurückgenommen werden, weil sie kontaminiert waren.

  Weiterhin gehört zu den strategischen Aspekten die Integration des Umweltmanagement in die „Prozesslandschaft der im Betrieb vorhandenen Managementsysteme".

- *Operatives Umweltmanagement* konzentriert sich auf die Tagesfragen des betrieblichen Umweltschutzes, z. B. lückenloser Nachweis der ordnungsgemäßen Entsorgung, Einhaltung der Umweltschutzbestimmungen, Schulung der Mitarbeiter, Wettbewerbe, Abfalltrennung usw.

2. Handelsmarketing

Prüfungsanforderungen

Nachweis der Fähigkeit,

Veränderungen der Bedingungen auf nationalen und internationalen Absatzmärkten einzuschätzen;

systematisch und entscheidungsorientiert Marktbeobachtung, -analyse und -bearbeitung mit den entsprechenden Instrumenten darzustellen und zu bewerten sowie Maßnahmen zur Kundengewinnung und -bindung zu erarbeiten und umzusetzen

und dabei zu zeigen, dass die Marketinginstrumente des Handels zielorientiert eingesetzt werden können und ihr Erfolg überprüft werden kann.

Qualifikationsschwerpunkte (Überblick)

2.1   Handelsentwicklungen

2.2   Kooperationen

2.3   Marktanalyse, Marktstrategien

2.4   Standortmarketing

2.5   Zielgruppenmarketing (Target-Marketing)

2.6   Sortimentssteuerung

2.7   Verkaufskonzepte und Servicepolitik

2.8   Gestaltung von Verkaufsflächen (Visual Merchandising), Warenpräsentation

2.9   Werbung, Verkaufsförderung, Werbeerfolgskontrolle

2.10   Öffentlichkeitsarbeit

2.11   Zusammenwirken der Marketinginstrumente

2.12   E-Commerce, E-Business

2.13   Controlling

2.14   Wettbewerbsrecht

2.1 Handelsentwicklungen

2.1.1 Grundlagen des Marketing

01. Was versteht man unter Absatz?

Der Begriff *Absatz* wird unterschiedlich verwendet:

1. = *Menge* der in einer Periode verkauften Güter und Dienstleistungen.

2. = Menge der Güter und Dienstleistungen multipliziert mit dem Preis; in dieser Verwendung ist der Begriff identisch mit dem *Umsatz* (= x · p).

3. = Schlussphase des innerbetrieblichen Leistungs- und Umsatzprozesses (*engere Definition*).

4. = Unter Absatz versteht man nicht nur die reine Verkaufstätigkeit, sondern auch die Vorbereitung, Anbahnung, Durchführung und Abwicklung der vertriebs- und absatzorientierten Tätigkeit eines Unternehmens (*weiter gefasste Definition*).

02. Was versteht man unter Marketing?

Nach Meffert ist „Marketing die bewusst marktorientierte Führung des gesamten Unternehmens, die sich in Planung, Koordination und Kontrolle aller auf die aktuellen und potenziellen Märkte ausgerichteten Unternehmensaktivitäten niederschlägt." Man kann diesen logischen Ablauf der Marketingaktivitäten – analog zum Managementregelkreis – als *Kreislauf des Marketings* darstellen:

Marketingkontrolle:
• Umsatz, Kosten
• Abläufe, Verfahren
• Handelsspanne

Marktforschung

Marketing-Ziele

Durchführung:
Einsatz des Marketing-Mix

Durchführung des Marketing:
Einsatz der Marketing-Instrumente

03. Welche Ziele hat das Marketing?

Ebenso wie in anderen betrieblichen Teilfunktionen kann man die Ziele des Marketing nach unterschiedlichen Gesichtspunkten differenzieren:

Ziele des Marketing			
Allgemeine Ziele	**Spezielle Ziele**	**Quantitative Ziele**	**Qualitative Ziele**
Beispiele:			
Produktziele, z. B. Sortimentsbereinigung	Verbesserung des Marktanteils	Umsatzziele	Bekanntheitsgrad
Distributionsziele, z. B. Erschließung des Marktes X	Erhöhung des Bekanntheitsgrades	Gewinnziele	Image
Kontrahierungsziele, z. B. Verbesserung der Verkaufskonditionen	Neukundengewinnung	Marktanteilsziele	Qualität
	Einführung neuer Produkte	Kostenziele	Vertrauen
Kommunikationsziele, z. B. Verbesserung des Bekanntheitsgrades	Imageverbesserung		Kundenzufriedenheit

04. Welche Aufgaben hat das Marketing?

Die Aufgaben des Marketing leiten sich aus den Zielen ab und sind zweigeteilt:

Aufgaben des Marketing	
1. Informationsbeschaffung	**2. Einsatz der Marketinginstrumente**

Zu 1: *Marktforschung und Marktbeobachtung*, d. h. die Erfassung von Daten über die einzelnen Märkte, wie z. B. die Zahl der Abnehmer, deren regionale Verteilung, deren Kaufkraft usw., ferner die Erforschung der Konkurrenzsituation, der Kapazität der Konkurrenten, deren Marktanteile sowie die Untersuchung der Produkte.

Zu 2: Optimaler Einsatz der Instrumente zur Marktgestaltung:

- *Produktpolitik*
  z. B. Sortimentspolitik, Produktgestaltung, Produktprogrammpolitik, Kundendienst

- *Preispolitik* (auch: Kontrahierungspolitik)
  z. B. Rabattpolitik, Zahlungs- und Lieferbedingungen

- *Distributionspolitik*
  z. B. Absatzwege, Logistik

- *Kommunikationspolitik*
  z. B. Werbung, persönlicher Verkauf, Verkaufsförderung, Public Relations, Sponsoring.

Vgl. 2.11.1 Marketing-Mix.

05. Welche Schlussfolgerungen sind für das Handelsmarketing zu ziehen?

Das Marketing im Handel muss

- zielbewusster,
- kundenorientierter,
- differenzierter und
- abwechslungsreicher

als in anderen Branchen sein, um ein Gut erfolgreich und auf Dauer

- in den Markt zu bringen (*Markterschließung*),
- es im Markt zu erhalten (*Marktsicherung*) und
- seinen Marktanteil auszuweiten (*Marktausweitung*).

06. Vor welchen Problemen steht das Handelsmarketing?

Beispiele:

- Die Vielzahl unterschiedlicher Kunden ist relativ schwer mit einer einzigen Marketing-maßnahme zu erfassen.
- Die Konkurrenzsituation ist oftmals nicht transparent.
- Die Produkte unterscheiden sich in den Augen der potenziellen Käufer nur geringfügig.
- Es kann oftmals keine umfassende Produktkenntnis vorausgesetzt werden.

07. Worin besteht der Unterschied zwischen Industrie und Handel hinsichtlich des Verkaufs/Vertriebs?

Die Industrie verkauft ihre Erzeugnisse in den seltensten Fällen an den Endverbraucher. Der Verkauf von Industrieerzeugnissen wird daher auch oftmals als industrieller Vertrieb bezeichnet. Der Verkauf erfolgt über Reisende oder Handelsvertreter an den Groß- und Außenhandel. Deshalb kommt ein Industriebetrieb mit dem Endverbraucher weniger in Berührung als der Handel. Ein Industrieunternehmen muss deshalb die Kundenwün-sche, die es zum Gegenstand seiner Produktion machen will, erst ergründen und muss dann versuchen, diese Kundenwünsche mit seinen Produktionsmöglichkeiten unter Berücksichtigung der beiderseitigen Preisvorstellungen in Übereinstimmung zu bringen. Hingegen steht der Handelsbetrieb mit seinen Kunden in einem ständigen, persönlichen Kontakt. Kundenwünsche erreichen den Handel schneller als die Industrie (hier in der Regel nur über den Handel).

08. Von welchen zum Teil unterschiedlichen Marketingansätzen ist die Industrie/ ist der Handel geprägt?

- *Die Industrie* kann ihre Marketingmaßnahmen nur auf der Grundlage ihrer Produk-tionsmöglichkeiten aufbauen, falls die finanziellen Mittel fehlen, eine neue Produk-tionsanlage aufzubauen, die den veränderten Kundenwünschen unverzüglich Rechnung tragen kann. Zwar geht jedes erfolgreich tätige Industrieunternehmen von dem Ziel der optimalen Befriedigung der Kundenwünsche aus, doch lassen sich diese technisch, finanziell und organisatorisch nicht immer sofort und problemlos lösen. Weiterhin wird die Industrie ihre Marketingmaßnahmen so gestalten, dass sie z. B. möglichst jederzeit eine optimale Auslastung der Kapazitäten hat, möglichst in Groß- serien fertigt und die Rüstzeiten gering hält.

- *Der Handel* denkt in erster Linie an die unmittelbare Kundenbefriedigung durch den Verkauf seiner vorhandenen und lieferbaren Produkte und an die sofortige Befriedi- gung neu und plötzlich entstandener Kundenwünsche. Diese entwickeln sich oftmals „über Nacht" oder entstehen durch Importe aus fremden Ländern und Kulturen. Die- se Wünsche macht sich ein gut geführtes Handelsunternehmen sofort zu eigen. Es stellt die Kundenwünsche fest und importiert oder kauft die Produkte, wo immer sie zum günstigen Preis zu haben sind. So gehen die Marketingimpulse oftmals vom Handel und nicht von der Industrie aus. Im Marketinggeschehen haben in der Regel die Vorstellungen des Handels größeres Gewicht als die Vorstellungen der Industrie.

Aus den genannten Gründen können sich Zielkonflikte zwischen dem Marketingansatz der Industrie und dem des Handels ergeben.

2.1.2 Entwicklung vom Verkäufermarkt zum Käufermarkt

01. Wie hat sich die Entwicklung vom Verkäufer- zum Käufermarkt in Deutschland im Wesentlichen vollzogen?

- In den Jahren nach dem 2. Weltkrieg bestand aufgrund der Zerstörung eine Mangel- wirtschaft. Es herrschte ein Verkäufermarkt. Ein „Verkauf" im heutigen Sinne war nicht erforderlich. Hersteller und Handel „verteilten" die Produkte.

Verkäufermarkt: Die Ware wird verteilt. Der Verkäufer besitzt die Marktmacht.	
Anbieter	Nachfrager
ẙ ẙ ẙ	♱ ♱

- Bereits Anfang bis Mitte der 60er-Jahre zeichnete sich ein Überangebot an Waren ab. Der Verkäufermarkt wandelte sich schrittweise zum „Käufermarkt". Die Ware musste „verkauft" werden, der Kunde musste „beworben" werden. Die Anbieter muss- ten sich von ihren Wettbewerbern abgrenzen. Aus dem Vertriebsansatz wurde folge- richtig ein Marketingansatz im heutigen Sinne.

Käufermarkt: Die Ware muss verkauft werden. Der Käufer besitzt die Marktmacht.	
Anbieter	Nachfrager

- In den nachfolgenden Jahren bis heute hat sich der Wettbewerb auf fast allen Märkten verschärft (Verdrängungswettbewerb). Einige Märkte sind gesättigt; der Kunde fragt nur noch Ersatzbedarf nach. Es muss um jeden einzelnen Kunden „gerungen" werden. Es entwickeln sich Nischenmärkte. Der Kunde hat überwiegend die Wahl: Produkt A oder B, Firma X oder Y, Kaufentscheidung oder -zurückhaltung. Verbraucherschutz und -aufklärung sowie das Internet fördern für den Verbraucher die Markttransparenz. Die Informationsgeschwindigkeit hat rasant zugenommen. Fehlentscheidungen in der Produktgestaltung und im Marketing können „über Nacht" die Existenz eines Unternehmens zerstören. Die Bedeutung des Wertewandels in der Gesellschaft und der ökologischen Entwicklung hat zugenommen. Dies gilt auch für Marketingentscheidungen.

2.1.3 Dynamik der Betriebsformen des Einzel- und Großhandels

01. Welche Betriebs- und Vertriebsformen im Einzelhandel sind in den letzten Jahren „Gewinner" und „Verlierer" gewesen?

1. *Anteil der Betriebsformen am Umsatz im Lebensmitteleinzelhandel:*

	2007	2012
SB-Warenhäuser **Große Verbrauchermärkte** (ab 2.500 m²)	27,6 %	**28,2 %**
Kleine Verbrauchermärkte (1.000 - 2.499 m²)	15,6 %	**18,5 %**
Große Supermärkte (400 - 999 m²)	11,4 %	11,0 %
Kleine Supermärkte (100 - 399 m²)	4,9 %	3,0 %
Discounter	40,5 %	**41,4 %**

Quelle: nach Angaben im Metro-Handelslexikon 2014/2015, S. 87

An Marktanteil hinzugewonnen haben die Discounter und die Verbrauchermärkte.

2. *Anteil an allen Filialen des Lebensmitteleinzelhandels:*

	2008	2012
SB-Warenhäuser **Große Verbrauchermärkte** (ab 2.500 m²)	5,1 %	**5,9 %**
Kleine Verbrauchermärkte (1.000 - 2.499 m²)	12,0 %	**14,6 %**
Große Supermärkte (400 - 999 m²)	14,6 %	14,4 %
Kleine Supermärkte (100 - 399 m²)	24,8 %	**17,2 %**
Discounter	43,4 %	**47,9 %**

Quelle: nach Angaben im Metro-Handelslexikon 2014/2015, S. 25

Der Anteil an Filialen hat bei den Discountern und den Verbrauchermärkten zugenommen.

02. Welche Entwicklung zeigt sich bei den Betriebsformen des Großhandels?

Die Betriebsformen des Großhandels erweisen sich als relativ stabil. Anpassungen erfolgen überwiegend im Wege der Sortimentsveränderung.

03. Welche Veränderung der Betriebsformen in Abhängigkeit von den Bestimmungsfaktoren ist möglich?

Die Wahl der Betriebsform im Handel wird von einer Vielzahl von Faktoren beeinflusst; sie unterliegen einem ständigen Wandel und beeinflussen sich gegenseitig. Häufig werden auch von den Handelsunternehmen *Mischformen* gewählt bzw. es wird eine *Betriebsformendiversifikation/Vertriebstypendifferenzierung* gewählt.

Dazu einige **Beispiele**:

* zum Faktor *„Umwelt"*:
  Damit sind die Einflüsse gemeint, die vom Gesetzgeber, den Parteien, den Gewerkschaften und der gesamtwirtschaftlichen Lage ausgehen;
  z. B. könnte eine Aufhebung des Ladenschlussgesetzes dazu führen, dass der Automatenverkauf zurück geht.

* zum Faktor *„Konkurrenten"*:
  Die Veränderung der Betriebsform(en), die ein Wettbewerber durchführt, kann einen Handlungsdruck auf das eigene Unternehmen auslösen;
  z. B. kann die Präsenz von Markenartikeln des Nonfood-Bereiches in einem Factory-Outlet-Center (FOC) dazu führen, dass der eigene Betrieb zur Nachahmung gezwungen ist (vgl. die Präsenz von Nike, Adidas in FOC).

* zum Faktor *„Kunde"*:
  Demografische, soziografische und psychografische Veränderungen sowie Veränderungen aufgrund technischer Entwicklungen, können den eigenen Betrieb dazu zwingen, seine Betriebsform zu ändern bzw. zu diversifizieren;
  z. B. Zunahme von Single-Haushalten, Zunahmen des Durchschnittsalters der Kun-

den im Absatzgebiet, Rückgang des verfügbaren Einkommens, fehlende Bereitschaft des Kunden bei nicht erklärungsbedürftigen Waren hohe Preise zu bezahlen.

*   zum Faktor *„Lieferanten"*:
    Im Großhandel ist z. B. der Trend zu verzeichnen, dass in größeren Mengen in größeren Intervallen an den Einzelhandel geliefert wird, der damit eine stärkere Lagerhaltungsfunktion übernehmen muss. Beim Einzelhandel kann dies Auswirkungen auf seine Sortimentspolitik haben.

*   zum Faktor *„das Handelsunternehmen selbst"*:
    Technische Veränderungen und/oder neue Marketingkonzepte können dazu führen, dass das Handelsunternehmen von sich aus seine Betriebsform ändert oder diversifiziert. Umgekehrt kann es auch sein, dass dem Handelsunternehmen das notwendige Knowhow oder die Kapitalkraft zur Einführung neuer Betriebsformen fehlt.

2.1.4 Handelsrelevante Trends

01. Welche Trends sind für den Handel von Bedeutung?

Beispiele:

Sinkender Eigen-kapitalanteil	In nahezu allen Handelsbetrieben wird die Eigenkapitalausstattung als Folge der starken Substitution von Personal durch Sachmittel, durch größere Verkaufsflächen, Präsentationstechnologie und Lagerbestand immer geringer.
Sinkender Gewinn	Es zeigt sich deutlich eine Tendenz des sinkenden Gewinns von kleinen und mittleren Handelsbetrieben.
Rückläufiger Anteil der Selbstständigen	Tendenz des rückläufigen Anteils der Selbstständigen in der Wirtschaft. Die zunehmende Konzentration und die daraus resultierende Marktanteilssteigerung der Großbetriebe hat zur Folge, dass kleine und mittlere Handelsunternehmen vom Markt verdrängt werden.
Informierter, kritischer Kunde	Tendenz ist, dass die Kunden nicht nur im Laufe der Jahre bessere Informationen über die Waren gewonnen haben, sondern aufgrund dieses Wissens auch kritischer geworden sind.

Schneller Wandel der Verbraucherwünsche	Tendenz ist, dass sich die Verbraucherwünsche wesentlich schneller wandeln. Auf diese Entwicklung müssen sich Hersteller und Händler einstellen. Der Händler ist jedoch das letzte Glied in dieser Kette. Er bleibt auf solchen Waren sitzen, die den Geschmack der Verbraucher nicht mehr treffen und muss sie dann mit hohen Preisabschlägen absetzen. Kauft er aber zu geringe Mengen ein, kann er keine entsprechenden Mengenrabatte erhalten und ist dann, wenn die Ware besonders „einschlägt", nach kurzer Zeit nicht mehr lieferbereit und verliert auf diese Weise Kunden. Deshalb steigen die Anforderungen im Hinblick auf das sichere Erkennen von Kaufgewohnheiten und deren Veränderung.
	Convenience-Orientierung der Verbraucher: Convenience („Bequemlichkeit") ist die Vermeidung von Einkaufskosten in Form von Zeit und physischer, kognitiver und emotionaler Mühe. Sie lässt sich unterteilen in:
	• *Convenience goods* sind Güter des täglichen Bedarfs, die der Kunde schnell und bequem erreichen bzw. zubereiten kann (Brötchen, vorgefertigte Speisen). Dabei achtet er auf eine hohe Qualität. • *Entscheidungs-Convenience* (z. B. gute Information, klare Alternativen, übersichtliches Angebot) • *Abwicklungs-Convenience* (z. B. Kundenfreundlichkeit, reibungsloser Kassiervorgang) • *Nachkauf-Convenience* (z. B. Reibungslosigkeit des After Sales, Service und Reklamation).
Konsumrückgang	Der Anteil der privaten Konsumausgaben, der in den Einzelhandel fließt, ist seit Jahren rückläufig (1991: 40 %; 2012: 28 %). Für Wohnung und Wohnungsnebenkosten muss mehr Geld ausgegeben werden.
Kein Wachstum	Der gesamte Handel verzeichnete in den letzten Jahren einen leichten Umsatzrückgang.
Produkte: Gewinner/ Verlierer	Zuwächse bei Bürobedarf, Computer, Telekommunikation, Tabakwaren. Speziell 2012 lagen elektronische Haushaltsgeräte im Trend. Rückgang bei Haushaltswaren, Glas, Porzellan, Textilien, Bekleidung, Schuhen, Einrichtung.
Kaufkraft-Gruppen	Am höchsten ist die Kaufkraft der 30- bis 60-Jährigen; sie wird mit geringem Abstand gefolgt von der Gruppe der 65plus.

Eine Übersicht über das „Spannungsfeld" Handel gibt folgende Darstellung:

Handel im Spannungsfeld	
Wirtschaftsentwicklung	**Öffentliche Hand**
• Konjunkturprobleme • Globalisierung • Lohn- und Gehaltsentwicklung • Arbeitslosigkeit ...	• Ladenöffnungszeiten • Gewerbeflächenpolitik • Wettbewerbsrecht • Staddtmarketing • Fiskalpolitik ...

Wettbewerb	Verbraucher
• Preiswettbewerb	• Einkaufspräverenzen
• Flächenwachstum	• Discount/Convenience-Orientierung
• Leerstände	• Individualisierung
• Betriebsformendynamik	• Demografischer Wandel
• Konzentration	• Konsumzurückhaltung
...	...

Quelle: www.kom.tu-darmstadt.de/Handel_im_Wandel_Metro.pdf

02. Welche Entwicklungstendenzen sind im Großhandel erkennbar?

Im Großhandel zeichnen sich folgende Trends ab:

• Eine zusätzliche Einschaltung selbstständiger Großhandlungen erfolgt aufgrund der Internationalisierung der Warenströme.

• Die Zahl der im Großhandel vertriebenen Waren nimmt durch den technischen Fortschritt zu.

• Es ist eine stärkere Differenzierung nach Betriebstypen zu erwarten.

• Die vertikale Kooperation mit dem Einzelhandel und dem Handwerk einerseits und mit den Herstellern andererseits setzt sich verstärkt fort.

• Die Verdrängung durch Einkaufsgemeinschaften des Einzelhandels sowie durch Importgesellschaften gewinnt an Bedeutung.

• Die Verdrängung des Großhandels durch Integration seiner Funktionen in die Industrie nimmt zu.

• Die Konzentration durch Fusion und Expansion geht weiter.

• Die Verbindung von selbstständigem Großhandel mit einer Tätigkeit als Einkaufsgemeinschaft wird bedeutender.

• Die Konkurrenz zwischen Hersteller und selbstständigem Großhandel bei der Kundenbetreuung, Liefergeschwindigkeit und Qualität des Kundendienstes als wichtige Konkurrenzfelder wird stärker.

• Im Trend liegen über das Internet veranstaltete Auktionen.

• Trendwende im Großhandel: vom „Denken in Lieferscheinen" zum „strategischen Kundenmanagement" (Kundenwerte und Handwerker-/Fachhandelsbindung im Fokus, Chancenmentalität, unausgeschöpfte Potenziale erkennen, Denken in Kundennutzen und Mehrwerten).

03. Welche Spezialisierungstendenzen sind im Großhandel zu erwarten?

Die Spezialisierungstendenzen verlaufen in folgende Richtungen:

* *Kommunikations- und Dispositionsspezialisten*: Sie machen Waren und Dienste bekannt und sorgen für den Eingang von Aufträgen, die sie an die Auftraggeber weiterleiten,

* *Logistikspezialisten:* Ihnen obliegen Lagerhaltung und Transport der Waren,

* *Servicespezialisten.* Sie übernehmen Dienstleistungen gegenüber den Kunden bzw. Reparaturarbeiten,

* *Systemspezialisten:* Diese sind zuständig für die Weiterentwicklung von Hardware und Software und damit für die Aufrechterhaltung bestehender und die Entwicklung neuer Vertriebskanäle.

Es ist aber auch feststellbar, dass der Großhändler verstärkt zum Logistikpartner der Industrie wird, die diese Funktion für ihren Bereich aufgibt.

2.2 Kooperationen

2.2.1 Ziele von Kooperationen

01. Was sind Kooperationen und warum haben sie sich entwickelt?

Kooperationen gibt es zwischen Hersteller und Handel, im Großhandel sowie im Einzelhandel. Sie zeichnen sich dadurch aus, dass mehrere Elemente einer (freiwilligen) Zusammenarbeit vertraglich fixiert werden. Kooperationen sind Überlebensstrategien vor dem Hintergrund wachsender Kostenbelastungen und zunehmend gesättigter Märkte: Die auf den gesättigten Märkten überlebensnotwendige Marktmacht ist nur durch Masse, die Wahrnehmung von Chancen sowie die Abwehr von Risiken zu erreichen und dies verlangt nach strategischen Allianzen.

02. Welche Kooperationsformen sind im Handel vorherrschend?

Als Grundformen kennt man

* die *beschaffungsorientierte Kooperation* (Einkaufsseite), z. B.: Verbesserung der Einkaufskonditionen, Minimierung der Risiken und

* die *absatzorientierte Kooperation* (Absatzseite), z. B.: Optimierung der Werbemaßnahmen, Verbesserung der Verkaufsflächenleistung und Minimierung des Absatzrisikos.

Im Handel unterscheidet man in Abhängigkeit von der Handelsstufe folgende Kooperationsformen:

	Horizontale Kooperationen	Vertikale Kooperationen
Einzel- handel	• Einkaufsverband, Einkaufsgenossenschaft • Werbegemeinschaft • Einkaufszentren (Shoppingcenter; räumliche Konzentration von unabhängigen Einzelhandels- und Dienstleistungsbetrieben führt zu Branchenmix; Trägergesellschaft vermietet Verkaufsflächen	• Vertragshandel (exklusiver Vertrieb bestimmter Produkte) • Shop-in-Shop • Franchise[1] • Depothandel (Einzelhändler als Kommissionär für gesamtes Angebot eines Herstellers)
Groß- handel	• Einkaufskontor, Einkaufsverband (Groß- und Einzelhandelsbetriebe einer Branche schließen sich vor allem zum Zwecke der gemeinsamen Beschaffung zusammen).	• Franchise[1] • Vertragshandel • Freiwillige Handelsketten • Rack-Jobber

03. Welche Zielsetzungen werden bei der Bildung von Kooperationen verfolgt?

Kooperationen verfolgen immer unabhängig von der Handelsstufe oder dem Schwerpunkt der Zusammenarbeit (Beschaffung, Absatz usw.) die Wahrnehmung von Chancen sowie die Abwehr von Risiken (vgl. Haller, S., a. a. O., S. 434 f.):

Ziele der Kooperation	
Wahrnehmung von Chancen	**Abwehr von Risiken**
• neue Vertriebswege	• Synergien im Einkauf
• neue Betriebstypen	• Synergien in der Werbung
• neue Sortimente	• Absicherung des Standortes (Aufteilung von Absatzregionen)
• neue Preisstrategien	
• Vernetzung der Informationsstrukturen	• Zusammenarbeit in Urlaubsphasen, bei Personalengpässen
• Bündelung der Vertriebsaktivitäten (Werbeverbund, Partievermarktung)	

2.2.2 Erfolgsfaktoren für Kooperationen

01. Welche Faktoren sind Voraussetzung für den Erfolg von Kooperationen?

Kooperationen sind freiwillig auf der Basis vertraglicher Regelungen. Der Vertrag bildet die Rechtsbasis; er ist notwendig, aber nicht hinreichend. Unverzichtbar sind der Wille zur Zusammenarbeit und die Bereitstellung notwendiger Ressourcen. Es folgen beispielhaft wichtige *Erfolgsfaktoren der Kooperation:*

---

[1] Franchisenehmer als selbstständige Unternehmer binden sich durch Kooperationsvertrag an einen Franchisegeber, der das Marketingkonzept entwickelt sowie seinen Namen und sein Knowhow zur Verfügung stellt.

- ausreichende Zeit und Ressourcen: Zeit, Personal, Finanzen
- ausreichende Kenntnisse über den Markt, die Kunden und den Wettbewerb
- passende „Chemie": Strategien, Produkte, Marktverhalten usw.
- Vertrauen: Die Kooperationspartner müssen sich aufeinander verlassen können
- klare Zuständigkeiten innerhalb der Organisation und zwischen den Unternehmen
- permanenter, reibungsloser Informationsaustausch
- passende Bedingungen: Unternehmensgröße, Firmenkultur, Marktsegment
- ausgewogener Nutzen für alle Partner
- Konfliktfähigkeit und Kompromissbereitschaft (der „Ruf nach dem Anwalt" ist nicht geeignet).

2.3 Marktanalyse, Marktstrategien

2.3.1 Aufgaben der Marktforschung

01. Warum ist Marktforschung (Marketingforschung) notwendig?

Die Unternehmen sind heute nicht mehr in der Lage, alle Einzelheiten des Marktes und die vielseitigen wirtschaftlichen Verflechtungen zu erkennen und nach Fingerspitzengefühl die richtigen Entscheidungen im Hinblick auf die Produkte und deren Preise, Ausstattung und die Verbraucherwünsche zu treffen. Auch der Konsument hat in der Regel keine Möglichkeit mehr, alle angebotenen Produkte zu kennen. So weiß der Unternehmer nicht ohne weiteres, ob gerade seine Erzeugnisse den Vorstellungen der Kunden entsprechen. Mithilfe der Marktforschung kann das einzelne Unternehmen weitgehend die Absatzchancen seiner Erzeugnisse feststellen und seine Programmpalette daran ausrichten.

02. Welche Funktionen erfüllt die Marktforschung?

- Innovationsfunktion: Erkennen von Marktnischen/-lücken, Marktchancen
- Verminderung der Unsicherheiten aufgrund klarer Datenbasis
- Selektionsfunktion: Erkennen der wirklich relevanten Daten
- Frühwarnfunktion: Rechtzeitiges Erkennen von Veränderungen
- Prognosefunktion: Ableitung zukünftiger Entwicklungen.

03. In welchen Phasen verläuft der Prozess der Marktinformationsbeschaffung?

1. Entscheidungsproblem
2. Informationsbedarf
3. Informationsbeschaffung
4. Informationsverarbeitung
5. Informationsaufbereitung
6. Informationsverwendung.

04. Welche Arten der Marktforschung werden unterschieden?

Markterkundung	liegt vor, wenn sich das Unternehmen mit einfachen, nicht systematischen Methoden einen Überblick über die Marktsituation verschaffen will. Dies geschieht durch Kontaktaufnahme mit Kunden und Lieferanten und durch Auswertung von Mitteilungen von Vertretern und Geschäftsfreunden.
Marktforschung (i. e. S.)	Marktforschung im eigentlichen Sinne ist die systematische, auf wissenschaftlicher und methodischer Analyse beruhende Untersuchung des Marktes.
Marktanalyse	Wird zu einem bestimmten Zeitpunkt oder für eine ganz bestimmte Zeitspanne ein bestimmter, regional und nach Warengattungen abgegrenzter Teilmarkt untersucht, so spricht man von Marktanalyse (statisch).
Marktbeobachtung	ist eine laufende Betrachtung der Entwicklung des Marktes über einen längeren Zeitraum (dynamisch).
Marktprognose	ist die Abschätzung und Berechnung der künftigen Marktentwicklung.

05. Welche Bereiche der Marktforschung werden unterschieden?

Man unterscheidet:

- Beschaffungsmarktforschung und Absatzmarktforschung

- Konsumgütermarktforschung oder Verbrauchsforschung und Produktionsgütermarktforschung

- retrospektive Marktforschung (Rückschau) und prospektive (vorausschauende) Marktforschung

- Bedarfsforschung, Produktforschung, Konkurrenzforschung.

06. Welche Methoden der Marktforschung gibt es?

Methoden der Marktforschung			
Primärforschung		Sekundärforschung	
Erhebungsart: • Befragung • Beobachtung • Test	Auswahlverfahren: • Vollerhebung • Teilerhebung • Quotenverfahren • Randomverfahren • Panelverfahren	aufgrund interner Daten	aufgrund externer Daten

- *Sekundärforschung*
  = Auswertung bereits vorliegender Informationen für Zwecke der Marktforschung

- *Primärforschung*
  = Durchführung eigener Untersuchungen bzw. Gewinnung originärer Daten für Zwecke der Marktforschung.

Bei seinen Marktforschungsaktivitäten wird sich der Handelsbetrieb z. B. auf folgende Untersuchungsobjekte konzentrieren:

- Preisgestaltung
- Konditionengestaltung
- Strategien zur Einführung neuer Produkte
- Fragen der Sortimentsgestaltung
- Standortfragen
- Vertriebsstrukturen
- Fragen der Logistik.

07. Welche Vor- und Nachteile hat die Sekundärforschung im Vergleich zur Primärforschung?

Vorteile, z. B.:
- geringerer Zeitaufwand
- geringere Kosten
- Gewinnung ergänzender Erkenntnisse.

Nachteile, z. B.:
- Material ist bereits „überholt"
- Material entspricht nicht exakt der Fragestellung.

08. Wie wird eine primärstatistische Erhebung durchgeführt?

- Wahl des geeigneten *Auswahlverfahrens*:
  - Voll- oder Teilerhebung
  - Festlegung der Grundgesamtheit
  - willkürliche Auswahl, Zufallsauswahl, Quotenverfahren, Randomverfahren, Panelverfahren.

- Festlegung der *Erhebungsart*:
  - *Befragung*, z. B.:
    - persönlich, schriftlich, mündlich, telefonisch
    - standardisiert, teilstandardisiert, offen
    - weiches, hartes oder neutrales Interview
    - direkte oder indirekte Fragetechnik
    - offene oder geschlossene Fragen, Ergebnisfragen, Eisbrecher-Fragen, Kontroll-Fragen
    - einmalige oder mehrfache Befragung
    - Einzel- oder Gruppeninterview
    - Einthemen- oder Mehrthemenbefragung (Omnibusbefragung)
    - Verbraucher-, Händler- oder Produzentenbefragung.

  - *Beobachtung*, z. B.:
    - systematisch oder zufällig
    - persönlich oder apparativ
    - offen oder verdeckt
    - Eigen- oder Fremdbeobachtung
    - Labor- oder Feldbeobachtung.

- *Experiment*, z. B.:
  · im medizinischen Sektor
  · im Bereich der Technik
  · im Bereich der Verhaltensforschung.

09. Wie kann die sekundärstatistische Auswertung vorgenommen werden?

Für die Zwecke der betrieblichen Marktforschung eignet sich die Auswertung von:

- Umsatz- und Lagerstatistiken
- Veröffentlichungen des Statistischen Bundesamtes, der statistischen Landesämter, von Fachverbänden, Industrie- und Handelskammern, Ministerien, wissenschaftlichen Instituten und Zeitschriften
- Jahrbüchern
- Pressemitteilungen der Konkurrenz
- Auskunfteien.

Aus den Angaben der amtlichen Statistik lassen sich mitunter bis auf Stadt- und Kreisebene wichtige Daten zur Analyse des Marktes eines Unternehmens erkennen. So stehen z. B. folgende Angaben zur Verfügung:

- Einwohner männlich und weiblich
- Eheschließungen
- Wanderungsbewegungen
- Geburten, Sterbefälle
- Haushalte nach der Größe
- Bestände an Kraftfahrzeugen
- Einzelhandels- und Handwerksumsätze nach Branchen und Zahl der Betriebe
- Wohnungsbestand
- Fremdenmeldungen
- Industriebeschäftigte und Zahl der Betriebe nach Branchengruppen.

10. Worin unterscheidet sich das Randomverfahren vom Quotenverfahren?

- Beim *Randomverfahren* ist die *vollständige Auflistung aller Erhebungselemente* erforderlich, damit jedes Erhebungselement dieselbe Chance hat, in die Stichprobe zu gelangen (z. B. Befragung der Teilnehmer am Lehrgang Handelsfachwirt IHK in einem bestimmten Kammerbezirk).

- Das Randomverfahren ist zufallsgesteuert.

- Das *Quotenverfahren* ist ein nicht zufälliges Verfahren, das festlegt wie die Stichprobe aus der Grundgesamtheit (in Teilgesamtheiten zerlegt) gezogen wird. Je nach ihrem Anteil in der Grundgesamtheit wird der Teilgesamtheit eine bestimmte Anzahl von Elementen (= Quote) entnommen.

11. Was versteht man unter einer Panelerhebung?

Bei einer Panelerhebung wird ein gleichbleibender Personenkreis zum selben Thema über einen längeren Zeitraum hinweg mehrfach und in regelmäßigen Abständen befragt. Der Vorteil des Panelverfahrens liegt in der Feststellung der Entwicklung des Marktgeschehens, im Gegensatz zu einer einmaligen Befragung. Der Nachteil besteht darin, dass Teilnehmer am Panelverfahren sterben, wegziehen, krank werden oder durch Unlust an der Teilnahme unzuverlässige Angaben machen (sog. nachteilige Paneleffekte). An Bedeutung haben elektronische Panels gewonnen (Scanner-Kassen, Chip-Karten, Sehbeteiligung beim Fernsehen).

12. Welche Panel sind bekannt?

Bekannt ist das *Einzelhandelspanel*, bei dem Einzelhandelsgeschäfte befragt bzw. die zu befragenden Sachverhalte durch besondere Mitarbeiter selbst festgestellt werden. Nach diesem Panel werden die unter das Panel fallenden Geschäfte alle 61 Tage aufgesucht. Dabei wird der Lagerbestand bestimmter Waren festgestellt. Sodann wird anhand der vorliegenden Rechnungen und Lieferscheinen der Einkauf beim Großhandel und direkt bei den Herstellern ermittelt und anschließend der Endverbrauchersatz festgestellt. Mithilfe dieses Panels sind folgende Informationen gegeben: Trend des Gesamteinzelhandelsumsatzes, Trend des Umsatzes einzelner Waren bzw. Warengruppen, Endverbraucherabsatz nach Menge und Wert, Lagerbestand, durchschnittlicher Monatsabsatz je Geschäft, Zahl der Geschäfte, die den Artikel vorrätig haben, Zahl der Geschäfte, die den Artikel führen bei gleichzeitiger Gewichtung der Umsatzbedeutung, Zahl der Geschäfte, die den Artikel zwar führen, aber nicht vorrätig haben.

2.3.2 Marktanalysen

01. Welche Marktanalysen lassen sich unterscheiden?

Je nach Betrachtungsobjekt der Analyse unterscheidet man folgende Arten:

Markt-analyse	Daten über die Marktlage des Betriebes z. B. Marktanteil, Absatzpotenzial
	Informationen über die Nachfrage z. B. Bedarf und Größe des betreffenden Marktes (Marktpotenzial, Marktvolumen)
Kunden-analyse	Zielgruppenprofil, Marktsegmentierung, Verbrauchergewohnheiten, Wertewandel usw.
Distributions-analyse	Informationen über Vertriebsstrukturen, Kooperationspartner in der Logistik, Vergleich der Absatzwege der „Besten"
Wettbewerbs-analyse	Informationen über die Konkurrenz z. B. Anzahl der Konkurrenten, Marktanteil, Preisstrategien

Umfeld-analyse	Gesamtwirtschaftliche Kenngrößen z. B. Veränderung des BIP, Arbeitslosenquote, Preissteigerungsrate
	Politische Daten z. B. Zölle, Währungsabkommen, Handelsbeschränkungen, Wettbewerbsverzerrungen, Subventionen, Veränderungen der Wirtschaftsordnung
	Rechtliche Daten z. B. gesetzliche Auflagen, DIN-Normen, Lebensmittelrecht
	Ökologische Daten z. B. Umweltschutzbestimmungen, Verordnung über Alt-Pkws, Abgasvorschriften
	Technische Daten und Entwicklungen z. B. Mikroprozessortechnik, Automatisierungstechnik, Gentechnik, Forschungsergebnisse in der Medizin und der Energietechnik

2.3.3 Ausgewählte Methoden der Marktanalyse

01. Welche Methoden können zur Analyse des Marktes eingesetzt werden?

Es gibt eine Reihe strategischer Instrumente (auch: Verfahren, Methoden), die zur Analyse der Marktgegebenheiten eingesetzt werden können. Aus den Ergebnissen lassen sich z. B. Entscheidungen zur Marktpositionierung (Strategien; vgl. unter 2.3.4) ableiten. Es werden behandelt:

Ausgewählte Methoden der Marktanalyse			
Konkurrenz-analyse	Portfolio-analyse	Stärken-Schwächen-Analyse	Chancen-Risiken-Analyse (SWOT)

1. *Stärken-/Schwächenanalyse:*
   Man beschreibt und bewertet (subjektiv) den Vergleich zwischen relevanten Merkmalen des eigenen Unternehmens und denen eines Wettbewerbers (Wettbewerber = Marktführer oder Wettbewerber = Branchendurchschnitt).

2. *Konkurrenzanalyse:*
   Analog zur Stärken-Schwächenanalyse werden die relevanten Wettbewerber identifiziert und mithilfe geeigneter Merkmale (mit/ohne Gewichtung) untersucht und bewertet, z. B.:

Konkurrenzanalyse		Wettbewerber		
Merkmals-gruppe	*Merkmal*	Firma 1	Firma 2	Firma 3
Produkt	Qualität	3	2	0
	Design	1	0	3
	Patente	0	1	1
	Produktvariationen	...	...	...
	...	...	...	...

Personal	Qualifikation	...	...	...
	Betriebsklima	...	...	...
	Lohnniveau	...	...	...
	...	...	...	...
Service	After-Sales-Service	3	0	2
	Pre-Sales-Service	3	1	1
	Beratung	2	0	2
	Reparatur	...	...	...
	...	...	...	...
Marketing	Marktanteil	...	...	...
	CI-Politik	...	...	...
	Internet-Präsenz	...	...	...
	Bekanntheitsgrad	...	...	...
	...	...	...	...
...	...	...	...	...
	$\sum$	13	5	9

Skalierung: 0, 1, 2, 3; 0 = niedrige Bewertung; 3 = hohe Bewertung

3. *Chancen-Risiken-Analyse:*
   Sie fasst die Ergebnisse der Umwelt-, Markt-, Branchen-, Konkurrenz- und der Stär-ken-Schwächenanalyse zukunftsbezogen zusammen, um die Chancen und Risiken des eigenen Unternehmens auf einem bestimmten Markt zu beurteilen. Eine Form der Chancen-Risiken-Analyse ist die SWOT-Analyse:

   Es werden zwei Extrempaare gebildet:

   1. Stärken/Schwächen (+/-) → intern, gegenwartsbezogen
   2. Chancen/Risiken (+/-) → extern/zukunftsbezogen

   Aus der Gegenüberstellung von „Gegenwart/Zukunft" und „Positiv/Negativ" entsteht eine Matrix (Portfolio), in die die Chancen und Risiken verbal eingetragen werden:

SWOT-Analyse	**Gegenwart**	**Zukunft**
+	Stärken	Chancen
-	Schwächen	Risiken

4. *Portfolio-Methode (BCG-Matrix)[1]:*
   Das Portfolio (it.: Geldtasche, Wertpapierdepot) ist eine Methode, die aus der Ver-bindung der Ansätze „Produktlebenszyklus und Erfahrungskurve" eine 4-Felder-Ma-trix entwickelt, aus der Normstrategien für Produkte oder strategische Geschäftsein-heiten (SGE) abgeleitet werden können:

---

[1] Beachten Sie, dass in der Literatur die Achsen sowie die Skalierung zum Teil in unterschiedlicher An-ordnung dargestellt werden, sodass sich daraus eine veränderte Positionierung der SGE-Typen ergibt. Statt von einem SGE-Portfolio wird häufig auch (vereinfachend) von einem Produkt-Portfolio gespro-chen (vgl. die Terminologie im Rahmenplan).

- Auf der *Ordinate* wird das *Marktwachstum* (MW) des relevanten Marktes in Prozent abgetragen – mit der Skalierung „niedrig/hoch". Ein Wert von 10 % und mehr wird als „hoch" angesehen.

- Die *Abzisse* erfasst den *relativen Marktanteil* (RMA) der SGEs im Verhältnis zum größten Wettbewerber – mit der Skalierung „niedrig/hoch".

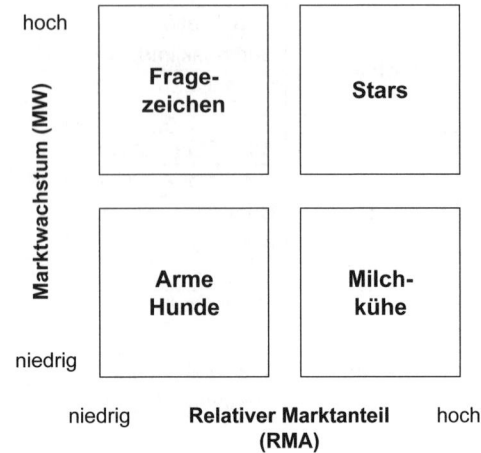

Es entsteht eine 4-Felder-Matrix, die vier Typen von SGEs (Strategische Geschäftseinheiten) ausweist:

Vorteile der Portfolioanalyse, z. B.:

- leicht anwendbar
- Aufteilung in strategische Geschäftsfelder
- Normstrategie je Geschäftsfeld (Vorsicht: keine schematische Anwendung)
- Instrument der Sortimentsanalyse
- Instrument für den Einsatz der Marketing-Mix-Instrumente.

Man unterscheidet folgende Felder innerhalb der BCG-Matrix:

Milchkühe	... sind in der Reife- bzw. Sättigungsphase.
	... erbringen einen hohen Deckungsbeitrag.
	... sind die Quellen für Gewinn und Liquidität.
Stars	... wachsen schnell und verbrauchen viel Cash.
	... haben einen hohen Marktanteil.
	... sind die Milchkühe von morgen.
Fragezeichen	... verbrauchen mehr Cash, als sie erzeugen.
	... können auf Dauer nur existieren, wenn es gelingt einen höheren Marktanteil zu erringen.
Arme Hunde	... verbrauchen meist wenig Cash, erzeugen aber auch nicht viel Cash (sog. Cash-Fallen).
	... sollten in der Regel vom Markt genommen werden.

Auf der Basis einer sorgfältigen Analyse werden die SGEs des Unternehmens in der 4-Felder-Matrix positioniert; dabei symbolisiert die Größe des Kreises den Umsatz der betreffenden SGE und zeigt ihre Bedeutung für das Unternehmen. In der nachfolgenden Grafik sind sechs SGEs beispielhaft dargestellt.

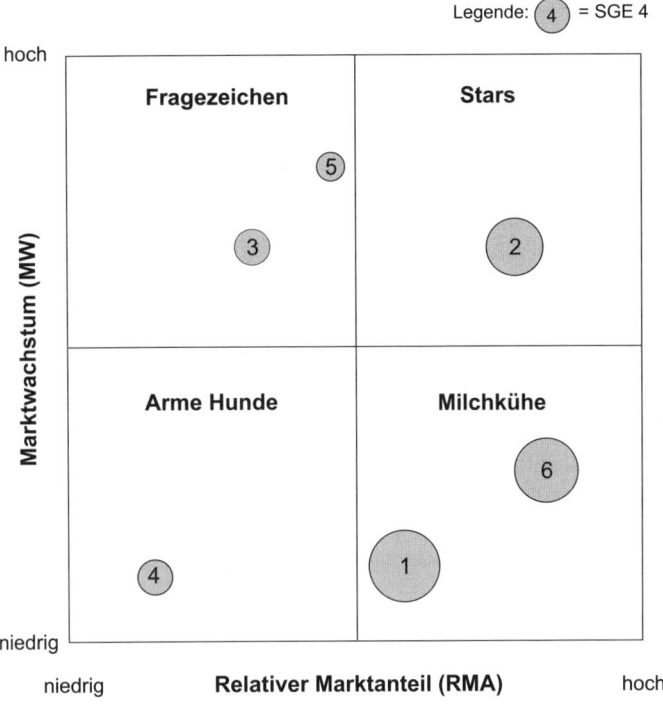

Legende: (4) = SGE 4

Aus den Erkenntnissen der *Erfahrungskurve* (Degression der Stückkosten bei steigender Produktionsmenge) und des *Produktlebenszyklusses* (Einführung → Wachstum → Reife → Sättigung → Rückgang) können für den *Cashflow* je SGE-Typ folgende grobe Aussagen abgeleitet werden:

hoch

Fragezeichen	
Einnahmen	+
Ausgaben	- -
Cashflow	-

Stars	
Einnahmen	+ +
Ausgaben	- -
Cashflow	0

Arme Hunde	
Einnahmen	+
Ausgaben	-
Cashflow	0

Milchkühe	
Einnahmen	+ + +
Ausgaben	-
Cashflow	+ +

Marktwachstum (MW)

niedrig

niedrig   **Relativer Marktanteil (RMA)**   hoch

Nachdem das Unternehmen aufgrund sorgfältiger Analyse seine SGEs in der 4-Felder-Matrix positioniert hat, ist zu untersuchen, ob das Portfolio ausgeglichen ist. Im vorliegenden Fall kann das bejaht werden: Das Unternehmen hat zwei Milchkühe (SGE 1 und 6), zwei Fragezeichen (SGE 3 und 5); einen Star (SGE 2) und nur einen armen Hund (SGE 4).

Im nächsten Schritt muss das Unternehmen klären, welche Strategie je Geschäftseinheit eingeschlagen und in welchem Maße Ressourcen je SGE zur Verfügung gestellt werden sollen. Dazu bietet die BCG-Matrix *Normstrategien* an. Die nachfolgende Abbildung zeigt mögliche Alternativen:

Normstrategien auf der Grundlage der BCG-Matrix		
Norm-strategien	*Beschreibung*	*Beispiele*
Ausbauen	Es werden Mittel investiert, um den Marktanteil der SGE zu vergrößern; dabei wird ein kurzfristiger Gewinnverzicht in Kauf genommen.	Erfolg versprechende **Fragezeichen** bzw. **Stars**, z. B. SGE 5 und/oder 3.
Erhalten, Ernten	Geringer Mitteleinsatz; ggf. geringfügige Überarbeitung der Produkte. Weiterhin ernten zur Bildung von Investitionsmitteln für Stars.	Lukrative **Milchkühe**, z. B. SGE 1 und/oder 6.
Ernten	Ernten bedeutet, kurzfristige Mittel aus der SGE abziehen, auch wenn dies ggf. negative Folgen hat.	Lukrative **Milchkühe**.
		Ggf. auch bei • **Fragezeichen** und • **Armen Hunden**, bevor diese z. B. eliminiert werden.
Eliminieren	Eliminieren bedeutet, die SGE verkaufen oder aufgeben.	**Arme** Hunde
		Fragezeichen, die nicht Erfolg versprechend sind.

In der Umkehrung kann also je SGE-Typ folgende Strategie zweckmäßig sein (die Aussagen verstehen sich im Sinne von „und/oder"):

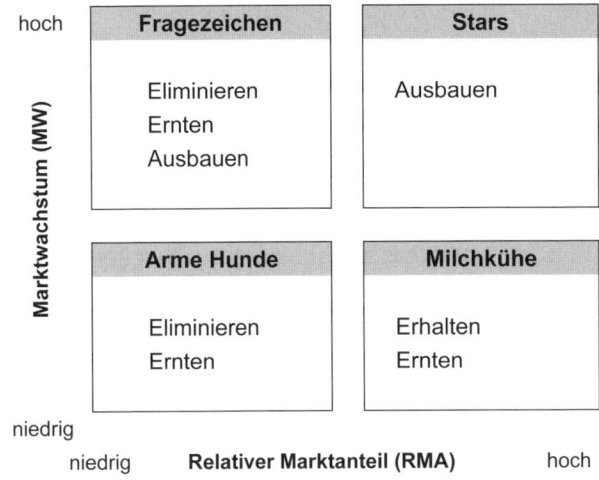

Achtung: häufig Gegenstand der Prüfung.

2.3.4 Marketingstrategien   → 2.5.1

01. Was ist eine Marketingstrategie?

Eine Marketingstrategie ist eine langfristig orientierte Grundsatzentscheidung zur Erreichung der Marketingziele. Sie übernimmt die Funktion, Marketing-Maßnahmen zu kombinieren und zu koordinieren und damit einen gemeinsamen Handlungsrahmen zu bilden. Marketingstrategien sind ausgerichtet auf Bedarfssituationen und/oder Wettbewerbssituationen auf Märkten bzw. dienen der Entwicklung des unternehmenseigenen Leistungspotenzials.

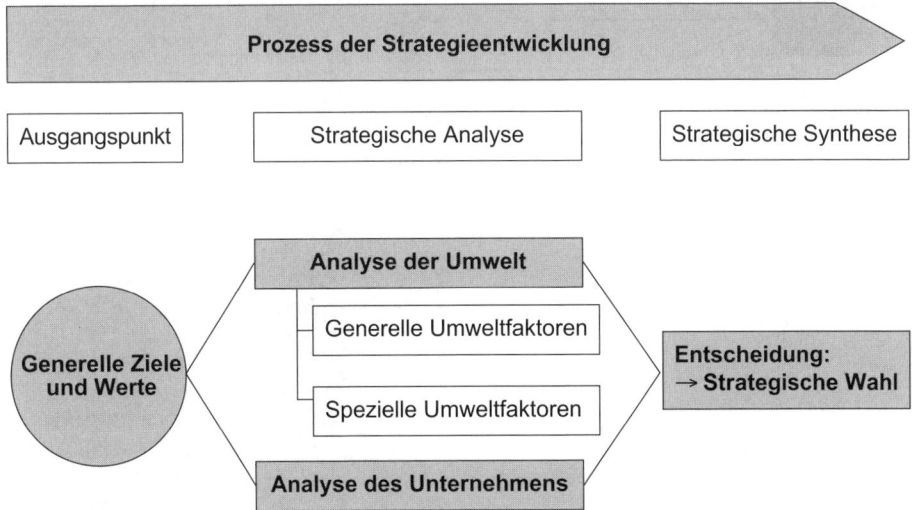

02. Welche Strategien sind geeignet, um das eigene Unternehmen in einem neuen Markt zu positionieren?

Angenommen, ein Unternehmen hat sich entschieden, in einen für ihn neuen Markt einzutreten, so muss es sich auf diesem Markt *positionieren:*

- Es muss vom Kunden als Anbieter wahrgenommen werden.

- Es muss den Nutzen seiner Produkte an den Kunden transportieren.

- Der Nutzen seiner Produkte muss im Verhältnis zur Konkurrenz höher sein, sodass der Kunde sich dafür entscheidet.

- Das Unternehmen muss sich in der Wahrnehmung des Kunden vom Wettbewerb abheben (Politik der Differenzierung).

Es gibt eine Vielzahl von *Strategien und Maßnahmen, das eigene Unternehmen am Markt zu positionieren:*

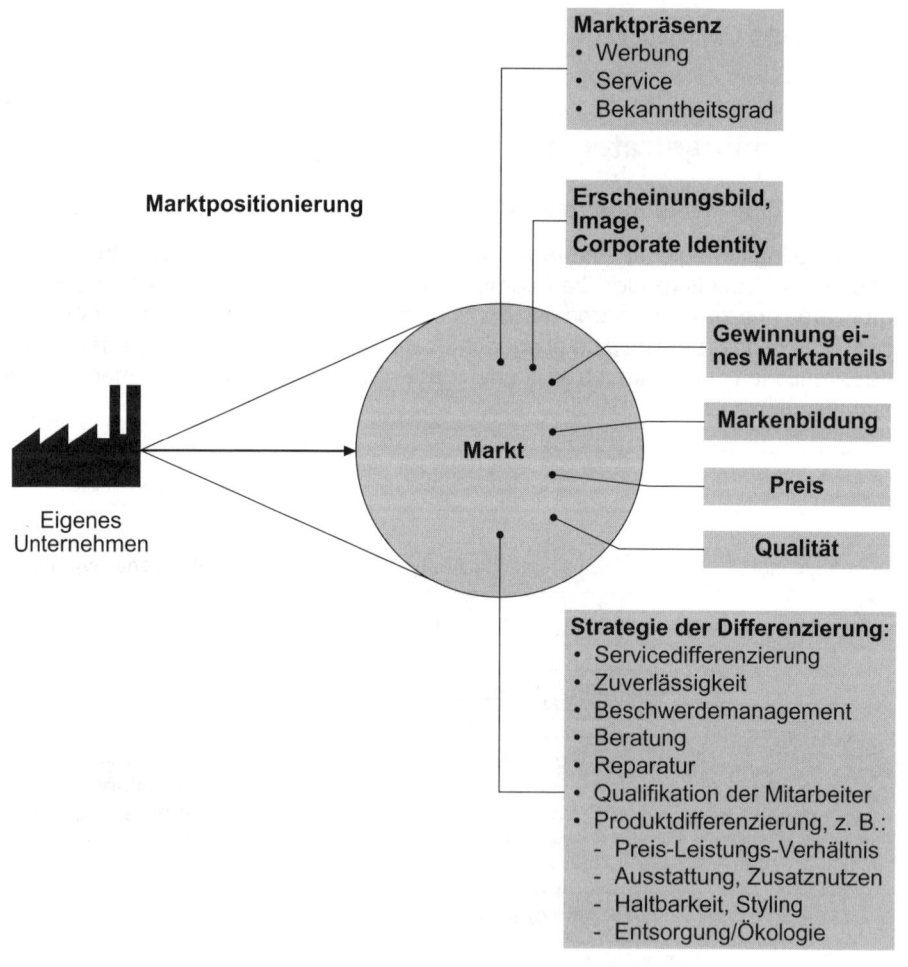

03. Welche Marketingstrategien können von den Unternehmen eingesetzt werden?

Es gibt eine Vielzahl von Marketingstrategien. Sie unterscheiden sich nach ihrem Inhalt und nach dem im Vordergrund stehenden Betrachtungsobjekt (z. B. Preis, Distribution, strategische Geschäftseinheit u. Ä.). Es werden nachfolgend die im Rahmenplan genannten Strategien behandelt (Anmerkung: Die Auswahl im Rahmenplan ist willkürlich und relativ unsystematisch).

04. Wie werden strategische Geschäftseinheiten definiert?

Eine strategische Geschäftseinheit (SGE) ist die Zusammenfassung real existierender, organisatorischer Einheiten zur Umsetzung einer gemeinsamen Strategie. Eine SGE kann ein strategisches Geschäftsfeld (SGF) oder auch mehrere bearbeiten. *SGF ist der marktorientierte Begriff. SGE ist der nach innen, auf die Organisation des Unternehmens ausgerichtete Begriff.*

Die Bildung strategischer Geschäftseinheiten soll sich an folgenden *Merkmalen* orientieren:

Merkmale zur Definition strategischer Geschäftseinheiten (SGE)	
Merkmale: SGEs sollen ...	*Beispiele*
1. in ihrer **Marktaufgabe eigenständig**, das heißt von anderen SGEs unabhängig sein,	Die SGE „Babypflege" bearbeitet den Markt unabhängig von der SGE „Gesundheitspflege".
2. eindeutig **identifizierbare Konkurrenten** haben,	Konkurrenten – Babypflege: Firmen A, B, C Konkurrenten – Gesundheitspflege: Firmen X, Y
3. über **Potenzial** zur Erreichung eines relativen Wettbewerbsvorteils verfügen,	Man hält derzeit einen Marktanteil von 25 %. Die Aussichten für eine weitere Marktdurchdringung werden positiv beurteilt.
4. in sich möglichst **homogen** (Produkt-/Marktkombination) und bezogen auf andere SGEs möglichst **heterogen** sein,	Die Produktpalette der SGE „Babypflege" ist weitgehend geschlossen und ergänzt sich (Homogenität). Sie unterscheidet sich von der „Gesundheitspflege" klar hinsichtlich Preis, Verwendung, Ausstattung und Substituierbarkeit (Heterogenität).
5. über ausreichende **Kompetenz** verfügen.	Die SGE „Babypflege" hat im Management und im Kreis der ausführenden Mitarbeiter ausgeprägte Fachkompetenz; die Technologie ist auf hohem Niveau.

05. Welchen Inhalt hat die Marktwahlstrategie?

Jedes Handelsunternehmen muss grundsätzlich entscheiden, auf welchen (Teil-)Märkten es tätig werden will und auf welchen nicht (nationaler/internationaler Markt, Bundesland, Region, Hochpreis-/Niedrigpreissegment u. Ä.). Es muss diese Entscheidung aus einer

Reihe relevanter Faktoren ableiten: Besonderheiten des eigenen Sortiments, Leistungspotenzial des Unternehmens, Wettbewerbsstruktur, Nachfrageentwicklung.

Beispiel aus der Praxis (vereinfacht):
Die Brüder G. und P. Wolters haben eine Meisterausbildung (Metallbau, Elektrik). Sie beabsichtigen ein Fachgeschäft für Werkzeuge, Metallartikel und Baubedarf zu eröffnen. Kein vernünftiger Mensch würde Ihnen empfehlen, das Sortiment und die Zielgruppe an den Baumärkten OBI oder Praktiker auszurichten. Sie werden stattdessen ein qualitativ hochwertiges Spezialsortiment mit überwiegender Ausrichtung am Profibedarf anbieten (Auswahl eines Nischenmarktes).

Die richtige Entscheidung über die Marktwahl ist eine strategische Entscheidung und bildet die Basis für Erfolg oder Misserfolg der Unternehmenstätigkeit.

06. Welche Strategien zur Marktbearbeitung sind denkbar?

1. Für die Bearbeitung alter und neuer Märkte bietet die Produkt-Markt-Matrix (nach *Ansoff*) geeignete Ansatzpunkte:

Produkt-Markt-Matrix (nach Ansoff)		
	Märkte alt/vorhanden	Märkte neu/nicht vorhanden
Produkte alt/vorhanden	**Marktdurchdringung:** • Marktbesetzung • Verdrängung	**Marktentwicklung:** • Internationalisierung • Marktsegmentierung
Produkte neu/nicht vorhanden	**Produktentwicklung:** • Produktinnovation • Produktdifferenzierung	**Diversifikation:** • vertikal • horizontal • lateral

2. Neben einer Strategie zur Marktaufteilung (vgl. oben) muss das Unternehmen entscheiden, wie es sich im Wettbewerb behaupten will. Nach Porter ist die Wettbewerbsstrategie abhängig von fünf „Wettbewerbskräften":

• potenzielle neue Konkurrenten
• Gefahr der Produktsubstitution
• Verhandlungsstärke gegenüber Lieferanten
• Verhandlungsmacht der Kunden
• Grad der Rivalität unter den Wettbewerbern.

Je nach Ausprägung dieser fünf Wettbewerbsfaktoren können drei *Strategietypen* Erfolg versprechend sein:

Strategie der umfassenden Kostenführerschaft	Ziel ist die Bildung interner Kostenvorteile; dies setzt eine permanente Kontrolle der Kosten und hohe Marktanteile (Degression der Fixkosten) voraus. Gefordert sind hohe Wirtschaftlichkeit, Produktivität und Rentabilität.
Strategie der Differenzierung	Die eigenen Produkte und Leistungen müssen in der Branche als einzigartig erscheinen (Preis, Produktnutzen, Qualität).
Strategie der Konzentration auf Schwerpunkte	Der Unternehmenserfolg besteht in der Konzentration auf bestimmte, abgegrenzte Märkte und/oder Produktbereiche. Auf maximale Umsätze und Marktanteile wird verzichtet.

07. Welche Strategien sind bei vorhandener Marktsegmentierung möglich?

- *Segmentkonzentration*
  = begrenzte Produktpalette auf einem kleinen Teilmarkt

- *Produktspezialisierung*
  = ein Produkt für den gesamten Markt

- *Marktspezialisierung*
  = mehrere Produkte für einen bestimmten Markt

- *selektive Spezialisierung*
  = bestimmte Produkte (z. T. unterschiedlich) auf bestimmten Märkten

- *Marktabdeckung*
  = für einen Gesamtmarkt werden alle dazugehörigen Produkte angeboten.

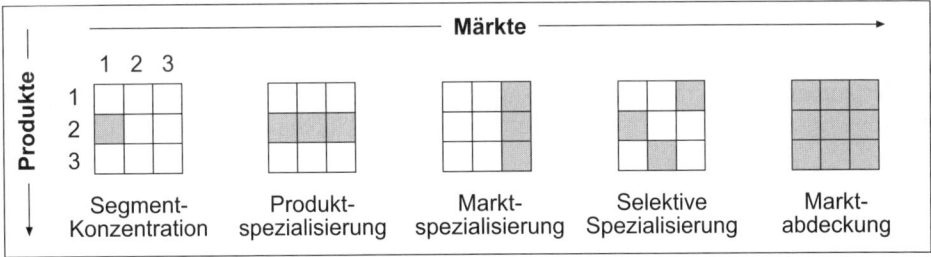

08. Welchen Wert haben Marketingstrategien für den Eintritt in internationale Märkte?

Marktstrategien, die sich im Inland bewährt haben, können nicht ungeprüft auf internationale Märkte übertragen werden („Der ausländische Kunde denkt anders!"). Diese Erkenntnisse haben eine Reihe von Unternehmen schmerzlich erfahren müssen:

Quellentext:

Bei Philips machte man in Japan erst dann Gewinne, als man die Kaffeemaschinen so verkleinerte, dass sie zu den japanischen Küchen passten, und die Rasierapparate verkleinerte, sodass sie in die kleineren Hände der japanischen Männer passten.

Coca-Cola musste seine 2-Liter-Flaschen in Spanien zurückziehen, nachdem man entdeckt hatte, dass nur wenige Spanier Kühlschränke besaßen, deren Kühlfächer dafür groß genug waren.

Quelle: Kotler/Keller/Bliemel, a. a. O., S. 624

Der Eintritt in internationale Märkte ist ungleich schwieriger und mit mehr Risiken verbunden als der Markteintritt in nationale (Teil-)Märkte:

• Markteintrittsbarrieren (gesetzlich, Schutz heimischer Produkte)

• Entscheidung über die Art des Markteintritts (z. B. indirekter/direkter Export, Lizenzvereinbarung, Joint Ventures)

• Berücksichtigung ethnologischer Besonderheiten (z. B. japanische Kultur, indische Kultur)

• Beachtung gesellschaftlicher Widerstände (vgl. den Rückzug von Coca-Cola vom indischen Markt)

• Anpassung von Preis, Kommunikation und Produkt an den ausländischen Markt (Verbrauchererwartung, Einkommen, Preisniveau, Sprache).

09. Wie sind Marketingstrategien zu implementieren?

Als Implementierung (dt.: einbauen, einpflanzen) bezeichnet man die Art und Weise, in der eine Strategie (längerfristiges Handlungskonzept) in konkrete Aktionen umgesetzt wird.

Die Implementierung von Marketingstrategien gelingt nur, wenn

• die Handlungsmaxime in konkrete Aktionen umgesetzt werden und diese in die Unternehmensgesamtplanung integriert sind (Kompatibilität aller Teilpläne),

• die Organisation, die Prozesse und die Unternehmenskultur der Strategie angepasst sind bzw. angepasst werden (vgl. Organisationsentwicklung),

• die Mitarbeiter motiviert und mobilisiert werden im Sinne der Strategie (Akzeptanz, aktive Unterstützung, Überwindung von Widerständen).

2.4 Standortmarketing

2.4.1 Standortentscheidungen im Rahmen langfristiger Strategien

01. Was ist der Standort?

Der Standort ist der geografische Ort der Niederlassung eines Betriebs.

02. Welcher Standort ist am günstigsten?

Der günstigste Standort ist für ein Unternehmen derjenige, *bei dem auf Dauer der maximale Gewinn erwirtschaftet werden kann* und der damit die größtmögliche Verzinsung des eingesetzten Kapitals gewährleistet.

03. Welche Bedeutung hat die Wahl des Standorts?

Die Wahl des optimalen Standorts gehört neben der Festlegung der Rechtsform und der Frage von Zusammenschlüssen mit anderen Unternehmen zu den grundlegenden, strategischen Entscheidungen. Sie sind in der Regel auf Dauer angelegt und können meist nur schwer korrigiert werden (Zeit, Aufwand, Bekanntheitsgrad, Kundengewinnung u. Ä.).

04. Was bezeichnet man als gebundenen bzw. freien Standort?

- Beim *gebundenen Standort* wird die Wahl des Standortes von vornherein festgelegt oder eingeschränkt; Beispiele: in der Nähe von Abbaubetrieben (Kohle, Salze), z. T. Energiebetriebe.

- Beim *freien Standort* kann die Wahl des optimalen Standortes allein nach ökonomischen Gesichtspunkten unter Abwägung aller relevanten Standortfaktoren erfolgen.

2.4.2 Kriterien und Methoden der Standortwahl

01. In welchen Schritten ist über den Standort zu entscheiden (Ebenen der Standortwahl)?

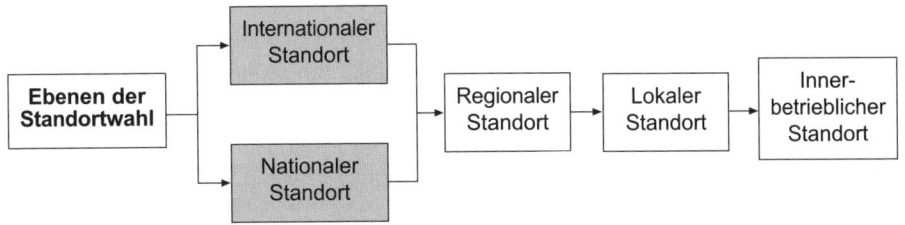

1. Das Unternehmen muss entscheiden, ob der Standort im *Ausland* oder im *Inland* sein soll.

2. Innerhalb der gewählten Volkswirtschaft ist die geeignete *Region* festzulegen (z. B. Bundesland in der BRD).

3. Danach ist der lokale Standort zu ermitteln (*Mikrostandort innerhalb der Region*, z. B. Stadt oder ein bestimmtes Gewerbegebiet).

4. Abschließend erfolgt die *innerbetriebliche Standortwahl*: Es muss über die räumliche Lage der Betriebsteile und Abteilungen eine möglichst optimale Zuordnung getroffen werden.

Dabei sind vor allem folgende Prinzipien zu berücksichtigen:

• Minimierung der Transportzeiten

• zentrale Anordnung von Abteilungen/Stellen mit hoher Kommunikationsfrequenz (Kommunikationsanalyse)

• Trennung von Arbeits- und Pauseneinrichtungen (vgl. auch: ArbStättV)

• Einhaltung des Zusammenhangs von Betriebsbereichen.

02. Welche Faktoren sind bei der Wahl des Standortes grundsätzlich relevant?

Standortfaktoren – ausgewählte Beispiele –			
Faktoren der Beschaffung	**Faktoren des Absatzes**	**Staatliche Rahmenbedingungen**	**Landschafts- bedingungen**
Rohstoffe, Hilfsstoffe	Absatz, Umsatz, Nachfrage, Kaufkraft, Einzugsgebiet	Steuern, Zölle, Abgaben, Subventionen	Klima, Umwelt
Energie, Fremdleistungen	Konkurrenz: Zahl, Größe, Entfernung, Attraktivität	Wirtschaftspolitik, Bildungspolitik	Geologische Bedingungen
Arbeitskräfte, Qualifikationen	Objekt: Verkaufsfläche, La- gerfläche, Raumhöhe, gute Anlieferung, Baunutzungs- verordnung	Verbraucherschutz	
		Soziale Umwelt, Politische Umwelt	
Verkehrsverhältnis- se, Transportkosten		Forschung	
	Verkehrsverhältnisse, Park- plätze, Verkehrsanbindung	Umweltschutz	
	Transportkosten		
	Absatzmittler		

Der Handel wird insbesondere folgende Standortfaktoren prüfen und bewerten:

• die Trends in der Nachfrageentwicklung
• die Bevölkerungsentwicklung (generell oder in der Region)
• die Einkommensentwicklung und die Einkommensverteilung im Einzugsbereich
• Verbraucherdaten
• die Marktanteile

- die Konkurrenzsituation
- die Lagermöglichkeiten
- der Bestand an Arbeitskräften und die Möglichkeiten der Personalwerbung
- die Lage im Hinblick auf die Verkehrsmittel
- die Höhe der Gemeindesteuern
- die Möglichkeiten der Inanspruchnahme öffentlicher Wirtschaftsförderung
- die Möglichkeiten zur Bebauung des Grundstücks einschließlich notwendiger Erweiterungen
- Parkmöglichkeiten
- rechtliche Schwierigkeiten beim Erwerb von Grundstücken (Denkmalschutz)
- Nachbargeschäfte (passend: Niveau, Preislagen, Warenart)
- Grundstückspreise
- der Werbewert des geplanten Standortes
- Größe und Aufteilung der Verkaufsräume (passend zur Warenart/zum Sortiment) sowie Schaufenster/Frontbreite.

Je nach der Betriebsform im Handel variiert die Bedeutung einzelner Standortfaktoren, z. B.:

- Großhandel, z. B.: ausreichende Fläche, Anbindung an die Autobahn, Gleisnetz oder Wasserstraße, niedrige Objektkosten bzw. Grundstückspreise

- Einzelhandel, z. B.: Parkplätze, Parkleitsystem, U-Bahn-Anschluss, Anlieferungsmöglichkeit (Belieferungszeiten)

- Die METRO Group bevorzugt zum Beispiel für ihre Galeria Kaufhof Filialen 1-a-Lagen in Innenstädten, während die Cash & Carry Märkte an Stadtrandlagen angesiedelt sind.

03. Welche Standortfaktoren sind im Handel besonders relevant?

Der Standort im Handel richtet sich nach den *Absatzmöglichkeiten* und nach den *Absatzkontakten*. Voraussetzung für die Existenz eines Handelsunternehmens an einem Standort ist, dass der notwendige *Mindestumsatz* erzielt werden kann. Besonders relevant sind z. B. Faktoren wie Grundstückspreise bzw. Mietkosten und die o. g. Absatzorientierung. Gegenstände des gehobenen Bedarfs sind weniger stark ortsgebunden als solche des täglichen Bedarfs.

04. Was versteht man unter einem konkurrenzmeidenden Standort und was – im Gegensatz dazu – unter Konkurrenzagglomeration?

Bei bestimmten Artikeln, bei denen sich die Betriebe das Absatzpotenzial zu teilen haben, besteht oft das Bestreben vieler Betriebe, der Konkurrenz aus dem Wege zu gehen.

In vielen Fällen kann die Attraktivität einer Branche oder einer Einkaufsstraße durch das Hinzukommen eines neuen Betriebes gesteigert werden. Damit ergeben sich Absatz fördernde Maßnahmen aus einer Wettbewerbshäufung (Ballung, z. B. „Automeile").

05. Welche Bedeutung haben Steuern für die Standortwahl?

Da die Gemeinden sowohl bei der Wahl der zu erhebenden Steuern als auch in der Höhe der Steuersätze bei der Gewerbe- und bei der Grundsteuer gewisse Variationsmöglichkeiten haben und die Gemeinden teilweise Steuervergünstigungen aufgrund unterschiedlicher Gesetze gewähren können, spielt die Besteuerung für die Wahl des Standortes eine nicht unwichtige Rolle.

06. Welche Faktoren sind insbesondere bei der international orientierten Standortwahl zu berücksichtigen?

Beispiele:

- Niveau der Lohnkosten und der Lohnzusatzkosten
- politische und soziale Stabilität des Landes
- Verfügbarkeit von Facharbeitern
- Steuersätze des Landes
- Angebote nationaler und regionaler Förderung bei der Unternehmensgründung
- Verfügbarkeit von Ressourcen, z. B. Energie, Wasser
- Regelungen der Umweltpolitik, z. B. Kosten der Entsorgung
- regionale Infrastruktur und Anbindung an das internationale Verkehrsnetz.

07. Wie kann eine Standortanalyse durchgeführt werden?

Die Standortbewertung und Standortwahl (auch: Standortanalyse) wird überwiegend in folgenden Schritten durchgeführt:

1. *Festlegen der* für das betreffende Unternehmen relevanten *Entscheidungsmerkmale*

2. *Gewichten der Entscheidungsmerkmale* ($\sum$ Gewichte = 1)

3. *Ermitteln der (einfachen) Nutzwerte*, das heißt, bewerten der Standortalternativen mithilfe einer Skalierung, z. B.: ordinale Skalierung: 1 = sehr gut; 2 = gut; 3 = gut – mit Einschränkungen usw.

4. *Ermitteln der gewichteten Nutzwerte* (einfacher Nutzwert · Gewicht pro Merkmal)

5. *Addieren der gewichteten Nutzwerte* pro Standortalternative

6. *Entscheidung* für den Standort mit der höchsten Nutzwertsumme.

Das Ergebnis dieser „quasiobjektiven" Methode (Nutzwertanalyse) darf jedoch nicht darüber hinweg täuschen, dass es sich um ein subjektives Verfahren handelt. Die Entscheidung wird nur tragfähig sein, wenn die Merkmale sorgfältig bestimmt und die Bewertungen mit ausreichender Information und entsprechendem Kenntnisstand durchgeführt wurden.

Beispiel für den Ansatz einer einfachen *Nutzwertanalyse* im Rahmen der Entscheidung für einen *internationalen Standort*:

Relevante Standortfaktoren	Gewichtung	Standort 1		Standort 2	
		Einfacher Nutzwert	Gewichteter Nutzwert	Einfacher Nutzwert	Gewichteter Nutzwert
Logistikkosten	0,1	3	0,3	5	0,5
Lohnniveau	0,3	8	2,4	3	0,9
Infrastruktur	0,1	5	0,5	5	0,5
Nähe zum Absatz-markt	0,3	7	2,1	4	1,2
Steuern, Abgaben	0,1	4	0,4	4	0,4
Stabilität der politischen Verhältnisse	0,1	6	0,6	6	0,6
$\sum$	1,0		6,3		4,1
Skalierung: [10 = sehr gut; ... ; 1 = sehr schlecht]					

Nach diesem Verfahren bietet der Standort 1 den höheren Gesamtnutzen.

08. Wie wird die Kaufkraftkennziffer einer Region ermittelt? Was besagt die Zentralitätskennziffer?

- *Kaufkraftkennziffer:*
  Vom Nettoeinkommen der Haushalte einer Region wird die Sparquote abgezogen (vgl. 4. Volkswirtschaft in der Handelspraxis). Dadurch erhält man das ausgabefähige Einkommen. Davon sind die Ausgaben abzuziehen, die nicht dem Einzelhandel zukommen (Miete, Energiekosten usw.). Derzeit werden nur noch ca. 27 % des ausgabefähigen Einkommens für den Einzelhandel ausgegeben (vgl. 2.1.4/Frage 01.). Kaufkraftkennziffern werden regelmäßig von Marktforschungsinstituten wie z. B. der GfK in Nürnberg (Gesellschaft für Konsumforschung) ermittelt und zeigen für eine bestimmte Region an, ob sie über oder unter dem Bundesdurchschnitt liegt. Der Bundesdurchschnitt ist 100. Daher besagt z. B. eine Kaufkraftkennziffer von 130 für eine Stadt, dass diese in ihrer Kaufkraft 30 % über dem Bundesdurchschnitt liegt.

- Die *Zentralitätskennziffer*
  ist ein Maß für die Attraktivität eines Standortes als Einkaufsregion. Eine Stadt mit hoher Einkaufsattraktivität hat eine Zentralitätskennziffer von 100 oder darüber.

09. Welche Bedeutung haben sog. Leitsysteme?

Im Handel zeichnet sich ab, dass als Folge fehlenden oder zu teuren Verkaufspersonals auch die wichtigste Auskunftsquelle für Informationen der Kunden wegrationalisiert wird. Während für die selbstbedienungsfördernden Techniken der Warenpräsentation immer zweckmäßigere Methoden und Geräte eingesetzt werden, *fehlen häufig noch kundenfreundliche Leit- und Orientierungshilfen für die Kunden*. Diese irren durch die Läden und können die von ihnen angestrebten Artikel nicht finden, zumal aus psychologischen Gründen die Waren von Zeit zu Zeit nach anderen Gesichtspunkten zusammengestellt und damit aus der Sicht des Kunden, der sich an einen bestimmten Standort für eine bestimmte Ware gewöhnt hat, zum Schlechten verändert worden sind. Als Folge dieser Entwicklung muss dann Fachpersonal „zweckentfremdet" eingesetzt werden. Die Qualität der Antworten wird vom Engagement und der Motivation der Mitarbeiter stark beeinflusst. Deshalb ist der Handel bemüht, durch *optische Leitsysteme, wie Bilder und Farben*, den Kunden die Fragen zu erleichtern, wo und wie er zur richtigen Abteilung und zur richtigen Ware findet. Ein solches Leitsystem darf aber nicht zu kompliziert sein, weil es sonst ebenfalls zur Rückfrage vieler Kunden führt, es muss plausibel, d. h. schnell und eindeutig in seiner Bedeutung erkannt werden, es muss gut gestaltet sein und es muss gut und schnell erkennbar sein. Derartige Leitsysteme sind jedoch nicht selten teuer und nur schwer veränderbar, d. h. Änderungen können nicht leicht angepasst werden.

2.4.3 Veränderung der Standorte

01. Welche Bedeutung hat die Attraktivität der Innenstädte?

Der Einzelhandel lebt oder stirbt mit der Stadtentwicklung. Veröden die Innenstädte und wird der Einzelhandel zur reinen Versorgungsfunktion degradiert und in die Randgebiete der Stadt bzw. auf die grüne Wiese abgedrängt, so kann der Handel seiner eigentlichen Aufgabe, nämlich der optimalen Versorgung der Bevölkerung mit allen Artikeln des täglichen und des gehobenen Bedarfs nicht mehr entsprechen. Eine Stadt muss als Ganzes begriffen werden. Eine attraktive Vielfalt wird durch ein breites und tiefes Einzelhandels- und Dienstleistungsangebot der verschiedensten Art einschließlich der Banken und gastronomischer Betriebe erreicht. Alle Betriebstypen müssen in einer Stadt in entsprechender Zahl verbraucherfreundlich vorhanden sein. Das führt zum Beispiel aufgrund steigender Personalkosten zu großflächigeren Ladengeschäften. Allerdings werden als Folge steigender Mietpreise nicht alle Branchen in den Innenstädten vertreten sein können. Die Attraktivität der Innenstädte ist Voraussetzung für entsprechende Einkaufsmöglichkeiten. Eine Innenstadt, in der zunehmend mehr Geschäfte schließen und zum Teil Platz machen für „schrille" Warenangebote wird der Kunde meiden.

Die Problematik ist von den Kommunen und vom Handel erkannt worden. Es wurden Kooperationen und Standortgemeinschaften entwickelt (Öffnungszeiten, Erscheinungsbild/Farbgebung, Werbeaktionen, Beleuchtung, Sicherheit, Bepflanzung u. Ä.). Bürgermeister, Makler und Ladeninhaber verständigen sich auf gemeinsame Maßnahmen (Events, Tourismus, Flächenrückbau). Einige Städte haben die Funktion eines Center-Managers geschaffen. Bemerkenswert ist die Initiative der Stadt Hamburg. Sie hat rechtlich den Weg geebnet für das Konzept „Business Improvement District": Wenn eine ausreichende Anzahl von Eigentümern Maßnahmen zur Verbesserung der Attraktivität eines Quartiers beschließen, so ist das Konzept zu realisieren.

Weitere Maßnahmen der Kommune können z. B. sein:

* vereinfachte und beschleunigte Genehmigungsverfahren
* Reduzierung der Gewerbesteuer
* Verbesserung der Parkplatzsituation.

02. Warum muss die Attraktivität des Standorts beobachtet werden?

Die Standortfaktoren unterliegen einer Veränderung.

Beispiele:

* bauliche Maßnahmen der Stadt können zu einer Verbesserung oder Verschlechterung der Attraktivität des Standortes führen (Fußgängerzone, geänderte Verkehrsführung, Straßenbaumaßnahmen über viele Monate usw.);

* Verringerung/Erhöhung der Anzahl der Wettbewerber;

* Veränderungen im Straßenbild (Leerstand, Verfall, Wechsel in der Bevölkerungsschicht, für den Standort wichtige Betriebsformen schließen);

* strukturelle Veränderungen der Region, die positive oder negative Auswirkungen auf die Kaufkraft haben (z. B. Bremen: Schließung der Werften und großer Teile des Hafens und der damit angrenzenden Industrie);

* Schließung oder Verlagerung von großen Handelsunternehmen, die bisher eine *Magnetfunktion* für den Standort hatten.

Dies bedeutet, dass der gewählte Standort sorgfältig in seiner Entwicklung zu beobachten ist. Auf Veränderungen muss reagiert werden – bis hin zu der gravierenden Maßnahme, den Standort zu wechseln.

03. Was versteht man unter Store-Erosion?

Store Erosion (Ladenverschleiß) ist der Verschleiß der Leistungskomponenten einer Handelseinrichtung, z. B. unmoderne, abgenutzte Ladeneinrichtung, veraltete Warenpräsentation, altmodisches Sortiment, unzeitgemäße Ansprache des Kunden durch das Verkaufspersonal, fehlende Weiterbildung.

2.5 Zielgruppenmarketing (Target-Marketing)   → 2.9.1

2.5.1 Marktsegmentierung als Basisstrategie für Zielgruppenbildung

01. Was versteht man unter Marktsegmentierung? Welche Vorteile sind damit verbunden?

Marktsegmentierung ist die Aufteilung des Gesamtmarktes in genau *definierte Teilmärkte* (= Marktsegmente; Stichwort: relevanter Markt).

Vorteile der Marktsegmentierung:

• differenzierter Einsatz des Marketing-Mix
• spezielles Eingehen auf Kundenbedürfnisse
• präzise Markterfassung und -prognose möglich
• präzise Marktabgrenzung möglich
• Abgrenzung zum Wettbewerb.

Die Marktsegmentierung nach relevanten Merkmalen ist Grundlage der Zielgruppenbestimmung. Als Zielgruppe bezeichnet man eine relativ homogene Gruppe existierender oder potenzieller Kunden, die mit einem Produkt oder einem bestimmten Marketingkonzept angesprochen werden soll. Ein Problem liegt in der Dynamik der Zielgruppe (sie verändert sich im Zeitablauf: Gewohnheiten, Geschmack u. Ä.).

2.5.2 Marktsegmentierungskriterien

01. Nach welchen Merkmalen kann der Markt segmentiert werden?

Kriterien der Marktsegmentierung	
Geografische Merkmale	Stadt, Stadtteile, Regionen, Bundesland, Nord/Süd usw.
Soziodemografische Merkmale	Geschlecht, Alter, Familienstand, Berufsgruppe, Wohnsituation u. Ä.
Psychografische Merkmale	Herkunft, Lebensstil, Lebensgewohnheiten, Wertvorstellungen, soziale Gruppe/Schicht, Interessen/Freizeit usw.
Verhaltens-merkmale	Traditionsbewusstsein, Einstellungen, Verhaltens- und Wertemuster, Produkt-/Markentreue
Medienorientierte Merkmale	Zeitungsleser, Internetnutzer, Radiohörer

2.5.3 Möglichkeiten der direkten Zielgruppenansprache

01. Welche Möglichkeiten bestehen, eine bestimmte Zielgruppe direkt anzusprechen?

Aufgrund der charakteristischen Merkmale einer Zielgruppe (vgl. 2.5.2), können spezielle Marketingaktionen für diese entwickelt werden; Beispiele:

Zielgruppe (Beispiele)	Marketingaktion (Beispiele)
Hauseigentümer, Hausbauer	Hausmesse im Baumarkt (im Fachhandel, in der Fußgängerzone, im Einkaufscenter): Produktvorführungen, Fragebogen, Verlosung (mit Adressengewinnung)
Autokäufer	Event: „Das neue XYZ-Cabrio steht zur Probefahrt für Sie bereit!"; Probefahrt, Wirkung des neuen Modells auf den Käufer, Fragebogenaktion, Verlosung, Aktionen für Kinder usw.
Hausfrauen	Vorführung von Küchengeräten
	Schaukochen und Verkostung
	Hersteller zeigen neue Küchenmodelle (und fragen nach Verbrauchergewohnheiten); Test neuer Produktentwicklungen
	Vorführung von Elektrogeräten (Waschmaschine, Trockner, Geschirrspüler); ggf. im Verbund mit Waschmittelhersteller
Frauen (in bestimmten Altersgruppen)	Modeschauen mit Unterhaltungswert und Moderation
	„Heute große Modenschau für die mollige Dame!"
	„Was trägt man darunter? Wir zeigen es Ihnen!" Models präsentieren in stilvoller Umgebung Dessous für den gehobenen Anspruch.

2.6 Sortimentssteuerung

2.6.1 Ziele und Aufgaben der Sortimentspolitik

01. Was bezeichnet man als Sortimentspolitik?

Der Begriff Sortiment ist in der Regel im Handel üblich, während man in der Industrie den Begriff Produktpolitik verwendet. Die Sortimentspolitik beinhaltet die Zusammenstellung verschiedener Artikel oder Artikelgruppen in der Weise, dass sie den Kunden „ansprechen" und ihn zum Kauf anregen.

Das Warensortiment kann dabei zusätzlich mit Dienstleistungen, wie Beratung oder Kreditgewährung, verbunden sein.

02. Was bezeichnet man als Sortimentskompetenz?

Sortimentskompetenz ist die Fähigkeit eines Handelshauses sein Sortiment überzeugend und wettbewerbsfähig darzustellen und zu vermarkten. Wichtige Faktoren sind dabei: breites oder spezialisiertes Warenangebot, überzeugendes Preis-Leistungs-

Verhältnis, ansprechende Warenpräsentation (übersichtlich, logisch), orientiert an den tatsächlichen Kundenbedürfnissen.

03. Was sind die Aufgaben der Sortimentspolitik?

Die Sortimentspolitik umfasst alle Maßnahmen zur Planung, Realisation und Kontrolle des Sortiments, um dieses zeitlich und örtlich in ausreichender Menge zur Verfügung zu stellen.

Die sortimentspolitischen Maßnahmen können sich auf verschiedene Bereiche beziehen: Bei Waren z. B. auf Warengruppen (z. B. Schuhe), auf Artikelgruppen (z. B. Damenschuhe) und auf Artikel (z. B. Damen-Wildlederschuhe). Sie können auf eine Ausweitung des Sortiments (Sortimentsexpansion), seine Variation (Sortimentsvariation) oder seine Einengung (Sortimentskontraktion) zielen. Dadurch werden Sortimentsbreite, -tiefe und -lage festgelegt. Die Entscheidungen können kurz-, mittel- oder langfristig sein.

04. Welche Ziele verfolgt die Sortimentspolitik?

Hauptziel der Sortimentspolitik ist die Realisierung der Unternehmensziele (z. B. Umsatz, Gewinn, Marktanteil u. Ä.). Als eigenständige Unterziele existieren:

- klares Erscheinungsbild des Sortiments
- für den Kunden erkennbare Abstufung der Preislagen
- Profilierung gegenüber dem Wettbewerb
- Image der Betriebsform/des Unternehmens.

05. Welche Warenklassifikation ist üblich (Sortimentspyramide)?

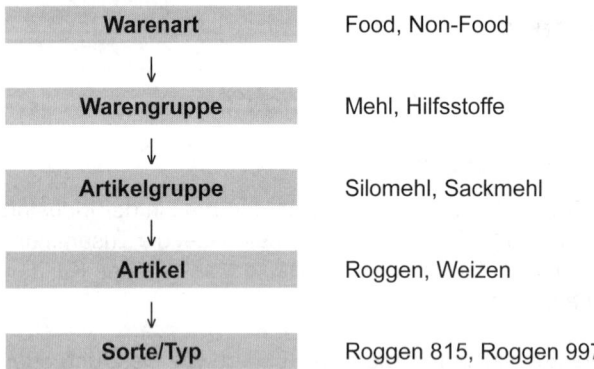

Warenart	Food, Non-Food
↓	
Warengruppe	Mehl, Hilfsstoffe
↓	
Artikelgruppe	Silomehl, Sackmehl
↓	
Artikel	Roggen, Weizen
↓	
Sorte/Typ	Roggen 815, Roggen 997

06. Was bezeichnet man als Sortimentsbreite und Sortimentstiefe?

Ein breites Sortiment	hat eine große Anzahl von Warenarten und Warengruppen.
Ein tiefes Sortiment	hat ein großes Angebot innerhalb einer Warengruppe.

	Sortimentsbreite	
	schmal	**breit**
Sortimentstiefe flach	Boutique, Discounter	Warenhaus
tief	Fachgeschäft Spezialgeschäft	unüblich

07. Welche Sortimentsarten lassen sich unterscheiden?

1. Nach der *Bedeutung des Sortiments:*

Sortimentsarten nach der Bedeutung			
Kernsortiment	Saisonsortiment	Spitzensortiment	Neuheitensortiment
Randsortiment	Ramschsortiment	Branchenfremdes Sortiment	

2. Nach der *Ausrichtung des Sortiments:*

Herkunftsbezogenes Sortiment	Materialien gleicher Herkunft oder gleicher Technik	Textilien, Porzellan, Hifi-Geräte
Hinkunftsbezogenes Sortiment	Unterschiedliche Materialien für eine bestimmte Zielgruppe	Sportartikel, Anglerbedarf
Preislagenbezogenes Sortiment	Waren werden nach dem Preisniveau zusammengestellt (meist: Niedrigpreisniveau)	Resteverwerter Insolvenzware, Kleinpreisgeschäft

2.6.2 Einflussfaktoren der Sortimentsgestaltung

01. Welche Faktoren bestimmen die Sortimentsbildung?

1. *Interne Faktoren der Sortimentsbildung:*

Kosten	Je tiefer ein Sortiment ist, umso mehr nimmt die Erklärungsbedürftigkeit der Produkte zu. Dies erfordert fachkundiges Personal (Anzahl der Verkäufer, hohe Personalkosten).
	Ein breites und tiefes Sortiment erfordert eine große Verkaufsfläche.
Finanzausstattung, Liquidität	Breite, Tiefe und Warenverfügbarkeit sind abhängig von der Finanzkraft des Unternehmens.
Geschäftspolitik	Es werden zum Beispiel hochpreisige Artikel angeboten, weil hier die Gewinnspannen besser sind.

2. *Externe Faktoren der Sortimentsbildung:*

Branche, Betriebsform	Die Branche bzw. die Betriebsform bestimmen das Sortiment; Beispiel: Vom Warenhaus erwartet der Kunde ein breites Sortiment.
Produkteigenschaften, Marken	Die Eigenschaften eines Produkts (vgl. Frage 02.) können für den Verkaufserfolg entscheidend sein (Image, Lebensdauer usw.). Von daher können sich Notwendigkeiten ergeben, bestimmte Produkte oder Marken in das Sortiment aufzunehmen.
Kaufverhalten der Kunden	Der Handel muss sich je nach Betriebsform und Branche schnell auf veränderte Kundenwünsche einstellen (Mode, Trend, Neuerscheinungen, Substitution von Produkten, Testberichte, Rückrufaktionen, ökologische Veränderungen).
Kundenstruktur	In einer Region mit geringer Kaufkraft ist es nicht profitabel, ein hochpreisiges Sortiment zu führen.
Herstellerwerbung	Hersteller betreiben zum Teil eigene, direkte Kundenwerbung, sodass der Kunde umworbene Artikel nachfragt und der Handel gezwungen ist, diese in sein Sortiment aufzunehmen.
Randsortiment	Bei bestimmten Warengruppen erwartet der Kunde, dass auch ergänzende Artikel, die zum Hauptprodukt gehören, mit angeboten werden (Staubsauger + Staubsaugerbeutel).
Wettbewerb	Ein Händler kann gezwungen sein, einen Artikel/eine Artikelgruppe mit in das Sortiment aufzunehmen, weil der Wettbewerber dies anbietet und die Kunden entsprechend nachfragen.

02. Welche Produkteigenschaften bestimmen über den Verkaufserfolg?

Im Einzelnen können folgende Produkteigenschaften für den Verkaufserfolg entscheidend sein:

Produkteigenschaften			
Verfügbarkeit	Image	Marke	Lebensdauer
Qualität	Preis	Nutzen	Form
Service	Verpackung	Erhältlichkeit	Umwelteigenschaften

2.6.3 Gestaltungsvarianten innerhalb der Sortimentspolitik

01. Was versteht man unter der Sortimentsgestaltung?

Unter Sortimentsgestaltung versteht man das Bestreben, das geführte Sortiment vor allem in *Breite, Tiefe und Preisklassen* (Preisniveau) so auf die Wünsche der Kunden abzustellen, dass den Kunden eine breite Auswahl geboten wird, ohne dass die Vergrößerung des Angebots um weitere Produkte zu einer wesentlichen Erhöhung der Kosten der Verkaufsorganisation, der Verkaufsfläche, des Lagers und der Transportwege führt.

02. Welche Gestaltungsmöglichkeiten gibt es im Rahmen der Sortimentspolitik?

Sortimentserweiterung	Das Sortiment wird durch die Aufnahme artverwandter Ware oder neuer Ware verbreitert oder vertieft.
Sortimentsbereinigung	Schlecht absetzbare oder unrentable Ware wird aus dem Regal genommen. Die Interessenlage der Kunden ist dieser Politik entgegengesetzt. Sie verlangen oder erwarten ein reichhaltiges Sortiment um besser auswählen zu können. Ein Kompromiss ist oftmals schwer zu finden. Überdies stehen Sortimentsbereinigungen aufgrund von ABC-Analysen und die Einführung neuer Produkte mitunter im Widerspruch.
Differenzierung[1]	Zu den vorhandenen *Artikeln* werden *neue aufgenommen*, die zur gleichen Artikelgruppe passen, z. B. das Sortiment Frischkäse wird durch „Frischkäse + Knoblauch" und „Frischkäse + Bärlauch" ergänzt.
Diversifikation[1]	Aufnahme *neuer* Betriebsformen und/oder Geschäftsaktivitäten und/oder *Warengruppen*.
	Horizontale Diversifikation: Aufnahme von Ware, die zu dem bestehenden Sortiment *artverwandt* sind, z. B. bisher: Sportbekleidung; zukünftig: Angebotserweiterung um Sportschuhe.
	Vertikale Diversifikation: Erweiterung um eine Betriebsform auf *vor- oder nachgelagerte Wirtschaftsstufen*, z. B. eine Kaffeerösterei gründet ein Filialnetz für den Absatz der eigenen Produkte.
	Laterale Diversifikation: Aufnahme völlig neuer Produkte, die zum bestehenden Sortiment *nicht artverwandt* sind, z. B. Verkauf von Textilien usw. in Tchibo-Filialen.
Modifikation	Sortimentsmodifikation bedeutet, dass Artikel/Sorten ausgelistet und durch andere ersetzt werden; die Gesamtzahl der Artikel bleibt im Wesentlichen gleich. Beispiel: Die Wurstprodukte der Firma Müller werden ausgelistet und durch Waren eines regionalen Anbieters ersetzt (häufig bei Netto und Aldi zu beobachten).
SLO	Selfliquidating Offers: Temporäre Aufnahme neuer Artikel, um die Attraktivität der Betriebsstätte zu erhöhen; die Artikel sind besonders preisgünstig (ggf. auch sehr hochwertig); ursprünglich als Maßnahme der Verkaufsförderung eingesetzt; heute als eigenständige Sortimentspolitik auf Dauer genutzt (vgl. Tchibo).
Präsentation, Verpackung	Die Warenpräsentation hängt ab von der Betriebsform und der Preispolitik; vgl. 2.8 Visual Merchandising.
Markenpolitik	Massenartikel sind für den Verbraucher in der Regel homogene Güter. Industrie und Handel versuchen durch die Bildung von Handelsmarken (Retail Brand) diese Homogenität aufzuheben. Handelsmarken sollen das eigene Produkt vom Wettbewerb abheben und bestimmte Eigenschaften signalisieren (vgl. ausführlich Frage 03. ff.).

---

[1] Achtung: Differenzierung und Diversifikation werden oft verwechselt.

Preispolitik, Preisniveaupolitik	Die Preispolitik entscheidet wesentlich über den Verkaufserfolg der Unternehmung und die Höhe des erzielten Gewinns. Es muss also versucht werden, einen Preis zu finden, der einen optimalen Absatz garantiert, entsprechenden Gewinn bringt und sich am Markt durchsetzen lässt; vgl. ausführlich Frage 07.
Rabattpolitik	Preisnachlässe sollen die Betriebsstätte und/oder bestimmte Artikel in den Augen des Kunden attraktiver erscheinen lassen. Die vielerorts zu beobachtende „Rabatt-itis" ist jedoch langfristig keine Weg zur Kundengewinnung/-bindung und mindert die Erlössituation; vgl. zu den Rabattarten Frage 14.
Servicepolitik	Servicepolitik ist die Summe aller zielorientierten Entscheidungen über die Gestaltung des immateriellen Leistungsangebotes eines Handelsunternehmens an die Kunden; vgl. ausführlich unter 2.7.3.

03. Welche Zielsetzung hat die Markenpolitik?

Massenartikel sind für den Verbraucher in der Regel homogene Güter. Industrie und Handel versuchen durch die *Bildung von Handelsmarken* diese Homogenität aufzuheben. Handelsmarken sollen das eigene Produkt vom Wettbewerb abheben und bestimmte Eigenschaften signalisieren.

Die Vorteile von Handelsmarken können z. B. sein:

* höhere Marge als bei Standardartikeln
* Handelsmarken können zur Kundenbindung beitragen
* Handelsmarken können ein Alleinstellungsmerkmal sein (USP).

Die Einrichtung von Handelsmarken ist allerdings i. d. R. mit höheren Marketingkosten verbunden.

04. Welche generellen Merkmale weisen Handelsmarken auf?

* einheitliches Erscheinungsbild (Verpackung, Aufmachung)
* gleichbleibende Qualität
* direkte Verbraucherwerbung
* Kennzeichnung der Produktherkunft.

Den Status *Retail Brand* (auch: Store Brand = unverwechselbare Unternehmensmarke im Handel) erlangt z. B. bei der METRO Group eine Vertriebsmarke, wenn sie grundlegende Erwartungen des Kunden erfüllt (*Quality Execution*), sich unverwechselbar gegenüber dem Wettbewerb profiliert (Betreuungs- und Wertstrategie; *Retail Excellence*) und ihre Identität als Marke kommuniziert. Als *Retail Branding* bezeichnet man die Strategie der Entwicklung von Vertriebsformaten.

05. Welche Strategien der Bildung von Handelsmarken gibt es?

Bildung von Handelsmarken		
Strategien	*Beschreibung*	*Beispiele*
Einzelmarke auch Monomarke	Für jedes einzelne Produkt wird ein spezieller Markenname gewählt. Eine Verbindung zum Firmennamen besteht nicht. *Vorteil:* Kein Einfluss auf das Firmenimage. *Nachteil:* Keine Überstrahlungseffekte auf andere Produkte des Unternehmens.	• Ata • Tempo • Persil • Weißer Riese • Pril • BMW • Audi
Mehrmarken	Mehrere Sortimentsmarken für unterschiedliche Produktbereiche.	Baiersdorf: Nivea für Körperpflege; Tesa für Klebefolien
Dachmarke	Es wird ein einziger Dachname für alle Produkte gewählt. *Vorteil:* Überstrahlungseffekt der Werbung (Goodwill-Transfer), geringere Werbeaufwendungen je Einzelprodukt.	• Ritter-Sport • Maggi • Knorr • Kraft
Kombinationsmarke auch: Mehrschichtige Markenverknüpfung	Kombination von Produktname + Firmenname.	• AEG-Lavamat • VW-Passat • VW Golf • Audi-Quattro

06. Warum müssen Marken gepflegt werden?

Marken sind Aktiva des Unternehmens und stellen einen beträchtlichen Wert dar, der erhalten werden muss. Es gibt viele Beispiele dafür, dass Marken, wenn sie gepflegt werden, nicht dem Lebenszyklus unterliegen (vgl. Coca-Cola, Gillette, Persil, Braun). Marken dürfen daher nicht durch widersprüchliche Firmenpolitik beschädigt werden (Materialverwendung, Qualität; vgl. z. B. den Imageschaden der Marke VW, als Mitte der 70er-Jahre minderwertige Bleche aus Russland beim Golf verarbeitet wurden). Der Wert der Marke besteht in der Verbindung zum Kundenkreis, der der Marke treu bleibt (Markenkapital ist Kundenkapital; vgl. *Kotler/Keller/Bliemel*, a. a. O., S. 684). Daher müssen die Eigenschaften und Merkmale der Marke erhalten und verbessert werden (Qualität, Funktionseigenschaften, Langlebigkeit, Bekanntheitsgrad usw.).

Zur Pflege der Marke setzen die Firmen folgende Maßnahmen ein:

• Einrichtung spezieller Produktmanager (Markenkapital-Manager)
• gezielte F&E-Investitionen zur Verbesserung der Marke
• gezielte Werbung
• Serviceverbesserung.

07. Welche Instrumente umfasst die Preispolitik?

Innerhalb der *Preispolitik* (umfassender: *Kontrahierungspolitik*) hat der Unternehmer folgende Steuerungsinstrumente:

Preispolitik			
Preispolitik im engeren Sinne	**Rabattpolitik**	**Liefer- und** **Zahlungsbedingungen**	**Kreditpolitik**

08. Welche Ziele können mithilfe der Preispolitik realisiert werden?

- die Maximierung des Umsatzes
- Kundengewinnung und Kundenerhaltung
- Gewinnung von Marktanteilen
- Ausschaltung von Konkurrenten.

09. Welche Aufgaben hat die Preispolitik?

Es gilt,

- das generelle Preissegment festzulegen,
- den Preis neuer Produkte festzulegen,
- gegebenenfalls Preisdifferenzierungen zu planen und
- Vergleiche mit den Preisen der Konkurrenz durchzuführen.

10. Welche Bedeutung hat die Preispolitik?

Die Preispolitik entscheidet wesentlich über den Verkaufserfolg der Unternehmung und die Höhe des erzielten Gewinns. Es muss also versucht werden, einen Preis zu finden, der einen optimalen Absatz garantiert, entsprechenden Gewinn bringt und sich am Markt durchsetzen lässt.

11. Welche Einflussfaktoren bestimmen die Preisbildung?

Neben der Einbindung in ein wirkungsvolles Marketing-Mix können folgende Bestimmungsgrößen (Determinanten) für die Preisbildung maßgebend sein:

Determinanten der Preispolitik	
Sonstige Faktoren	**Preispolitische Strategie**
Markformen Verhalten der Nachfrager Verhalten der Konkurrenz	Prämien-/Promotionpreise
	Abschöpfungs-/Penetrationspreise
Kostenentwicklung Produktlebenszyklus Gesetzliche Vorschriften	Preisdifferenzierung: • räumlich • zeitlich • personell • mengenmäßig
	Preispolitischer Ausgleich
	Psychologische Preisgestaltung

12. Welche preispolitischen Möglichkeiten bestehen vor allem für ein Handelsunternehmen?

Das Unternehmen kann sich bei seiner Preispolitik auf *eine bestimmte Strategie* stützen; es kann aber *auch zwei oder mehrere Strategien* in Kombination einsetzen. Im Überblick:

Preisdifferenzierung	Dieses Instrument wird von vielen Unternehmen eingesetzt. Es gibt verschiedene Arten:
	Räumliche Preisdifferenzierung liegt vor, wenn ein Unternehmen auf regional abgegrenzten Märkten seine Waren zu verschieden hohen Preisen verkauft (z. B. Stadt, Land, Inland, Ausland, Nord, Süd).
	Zeitliche Preisdifferenzierung liegt dann vor, wenn ein Unternehmen für gleiche Leistungen je nach zeitlicher Inanspruchnahme verschieden hohe Preise fordert (z. B. Tag, Nacht, werktags, sonntags).
Sachliche Preisdifferenzierung	Preisdifferenzierung *nach Absatzmengen* ist dann gegeben, wenn ein Unternehmen seine Preise nach der Menge der abgenommenen Waren staffelt (z. B. Großkunden, Kleinkunden).
	Preisdifferenzierung *nach dem Verwendungszweck* liegt dann vor, wenn die Preise nach dem Verwendungszweck der Erzeugnisse unterschiedlich festgesetzt werden (z. B. Heizöl, Dieselkraftstoff). Liegen jedoch Qualitätsunterschiede vor, so ist es nicht gerechtfertigt von Preisdifferenzierung zu sprechen.
	Bei der *persönlichen* Preisdifferenzierung wird ein unterschiedlicher Preis je nach Personenstatus gefordert (z. B. Rentner, Studenten, Schüler, Preise für Einzelpersonen/Gruppen).
Psychologische Preisgestaltung	Jeder Endverbraucher kennt diese Form der Preisgestaltung: Preise „unterhalb runder Preise" sind vermeintlich billiger, z. B. 4,98 € statt 5 €. Dazu gehört auch die Preisgestaltung von Multipacks, z. B. 5 Dosen Bier für 2,75 € statt 1 Dose für 0,59 €; ebenso die Politik, bestimmte Schwellenwerte nicht zu überschreiten (z. B. 1 Tafel Schokolade für ≤ 0,99 €).
Preisabstufungen	Die Praxis dieser Preisgestaltung kennt man besonders im Automobilsektor: Je nach Modellvariante werden verschiedene Preisstufen gestaltet. Diese Stufen sollten Unterschiede in den Kosten, dem Wert und dem Preis der Konkurrenten berücksichtigen. Ähnliches gilt für die *Preisabstufungen bei Sonderausstattungen*.
Niedrigpreisstrategie	Mit *Penetrationspreisen* wird versucht, durch niedrige Preise eine schnelle Markteinführung zu erreichen (kurzfristige Preise). *Promotionpreise* sind „Niedrigpreise auf Dauer".
Hochpreisstrategie	*Prämienpreise* sind „Hochpreise auf Dauer", z. B. aufgrund von Image, Qualität, technischem Vorsprung usw. *Skimmingpreise* sind Hochpreise in der Einführungsphase des Produkts. Man versucht den Markt „abzuschöpfen", bevor Konkurrenten „nachziehen".
Preispolitischer Ausgleich	Insbesondere der Handel nutzt die Möglichkeit, Artikel mit schlechter Handelsspanne durch Artikel mit guter Handelsspanne zu stützen. Gewinnartikel sollen Verlustartikel stützen.

Achtung: häufig Gegenstand der Prüfung.

13. Welche Bedeutung haben Preisbeurteilungstechniken der Konsumenten?

Die Preispolitik muss die Preisbeurteilungsmechanismen der Konsumenten berücksichtigen. In vielen Fällen wird der Konsument *die absolute Preishöhe als Beurteilungskriterium* wählen und die Qualität, die technischen Besonderheiten, den Service außer Acht lassen.

In anderen Fällen verändert sich die Verkaufsmöglichkeit bei Überschreiten bestimmter *Preisschwellen* sprunghaft. In solchen Fällen müssen Qualität und Menge verändert werden, um ein bestimmtes Preisniveau halten zu können. In bestimmten Fällen wird der *Preis als Qualitätsindikator* herangezogen. Dies ist dann der Fall, wenn der Kunde Produktkenntnisse bzw. Erfahrungen nicht oder nur in geringem Umfang hat, wenn keine Produktinformationen vermittelt werden, wenn das zu beurteilende Produkt sehr komplex ist oder wenn das Kaufrisiko hoch ist.

Außerdem werden *Preise durch den Konsumenten nicht kontinuierlich bewertet*. Der Konsument bildet bestimmte Preisintervalle, die durch Preisschwellen begrenzt sind. Preisänderungen innerhalb dieser Intervalle haben geringere Auswirkungen als solche, die derartige Preisschwellen über- oder unterschreiten (Stichwort: Preiselastizität des Einkommens und der Nachfrage).

14. Welche Rabattarten lassen sich unterscheiden?

Rabattarten	
Funktionsrabatte	werden dem Groß- und Einzelhandel eingeräumt, wenn er bestimmte Aufgaben (Funktionen, z. B. Werbung) wahrnimmt.
Mengenrabatte	werden bei Abnahme größerer Mengen gewährt (z. B. Bar- oder Naturalrabatte, Boni).
Zeitrabatte	werden bei Abnahme zu bestimmten Zeitpunkten oder innerhalb bestimmter Zeiträume eingeräumt (z. B. Einführungs-, Saison- oder Auslaufrabatte).
Barzahlungsrabatte	bei Barzahlung (Anm.: Skonto ist ein Rabatt für Zahlung innerhalb einer bestimmten Frist).

2.6.4 Produktlebenszyklus   → 2.3.3, 4.2.2

01. In welche Phasen wird der Lebenszyklus eines Produkts gegliedert?

Die Beschreibung des Produktlebenszyklus wurde in den 20er-Jahren in Anlehnung an den Ablauf des biologischen Prozesses entwickelt. In der Regel werden in der Literatur vier oder fünf Phasen unterschieden:

- die Einführungsphase
- die Wachstumsphase
- die Reifephase
- die Sättigungsphase
- die Schrumpfungsphase oder der Rückgang

Vgl. dazu ausführlich unter 4.2.2 Zusammenhang zwischen Produktzyklus und Marktformen.

02. Welche Bedeutung hat das Konzept des Produktlebenszyklusses auf die Sortimentspolitik?

Viele Artikel haben nur eine begrenzte Lebensdauer. In Abhängigkeit von dem bekannten oder erwarteten Lebenszyklus eines Artikels muss dieser in der Regel dann aus dem Sortiment genommen werden, wenn er keinen ausreichenden Deckungsbeitrag mehr erwirtschaft (Stichwort: Ladenhüter, Renner-/Penner-Listen).

2.6.5 Sortimentspolitische Maßnahmen

Hinweis: In diesem Abschnitt lautet die Lernzieltaxonomie des Rahmenplans: „Sortimentspolitische Maßnahmen anwenden"; das heißt, es wird inhaltlich kein neues Stoffgebiet behandelt sondern die Anwendung der in 2.6.3 dargestellten Gestaltungsvarianten der Sortimentspolitik. Nachfolgend werden daher nur die Grundlagen der Sortimentskontrolle (als Ausgangsbasis von Maßnahmen der Sortimentsanpassung) und einige Sonderaspekte der Sortimentsgestaltung erörtert. Anwendungsbeispiele zur Sortimentspolitik finden Sie im Übungsteil dieses Buches.

01. Welche Maßnahmen werden zur Sortimentskontrolle eingesetzt?

Maßnahmen der Sortimentskontrolle		
Präsenzkontrolle	Ergebniskontrolle	
• Überprüfung der Bestände • Abstimmung von Nachfrage, Beständen und Einkauf	• Absatz, Umsatz, Ergebnis • Deckungsbeitrag • Lagerumschlag • Renner-/Penner-Listen	• Handelsspanne • ABC-Analyse • Portfolio

02. Wie müssen die Handelsbetriebe in der Praxis hinsichtlich ihrer Sortimentspolitik verfahren?

Die angeführten Entscheidungsmöglichkeiten setzen eine sorgfältige *Analyse der Marktgegebenheiten* und der potenziellen *Käuferschichten* sowie eine Analyse der Sortimentsgestaltung der *Konkurrenzbetriebe* (Stichwort: Benchmarking) voraus.

Möglicherweise liegt die Zukunft eines Betriebes gerade darin, dass er sich im Sortiment und in der Preisklasse *deutlich von seinen Mitbewerbern unterscheidet* und so den Kunden eine gute Alternative zu bestehenden Betrieben bietet.

Möglicherweise sind auch im Laufe der Zeit *Sortimentsveränderungen* und *Änderungen der Preisklasse* erforderlich.

Ferner ist es denkbar, dass in bestimmten Bereichen *Testverkäufe* unternommen werden, indem ein etwas anders gestaltetes Sortiment oder eine andere Preisgruppe in einem eng abgegrenzten Raum angeboten werden *(Testmarkt)*. Reagieren die Kunden positiv, kann diese Konzeption ausgebaut werden, ist dieser Versuch negativ, so ist der Schaden verhältnismäßig gering, wenn die Waren unverzüglich zu herabgesetzten Preisen angeboten werden.

03. Welche Schwierigkeiten sind bei der Einführung eines neuen Produktes zu überwinden?

Jedes neue Produkt ruft einen sog. primären Marktwiderstand hervor. Die Verbraucher bringen dem Neuen zunächst Skepsis entgegen, sie wollen nicht „Versuchskaninchen" sein und warten ab, bis andere das Produkt ausprobiert haben. Erst dann, wenn sich Nachahmer gefunden haben und sich das Produkt durchgesetzt hat, vielleicht gar zum Prestigeobjekt geworden ist, lässt es sich im größeren Rahmen verkaufen.

04. Was kann generell getan werden, um Produkte am Markt zu positionieren?

Man kann bisherige Produkte unter einem anderen Namen verkaufen, man kann die Verpackung ändern, andere Funktionen einführen, zusätzliche Verwendungsmöglichkeiten schaffen.

2.7 Verkaufskonzepte und Servicepolitik

2.7.1 Einführung

01. Welche Betriebsformen gibt es im Handel?

Als Betriebsform bezeichnet man eine Kategorie von Handelsbetrieben ‚die eine längere Zeit über gleiche oder ähnliche Merkmale verfügen. Der Handel kennt verschiedene Betriebsformen (= Organisationsformen, Betriebstypen; vgl. Katalog E des Ausschusses für Begriffsdefinitionen aus der Handels- und Absatzwirtschaft).

Die Unterscheidung der Betriebsformen hängt ab von:

- der Sortimentsgestaltung
- der Absatz-/Beschaffungsreichweite
- der Dienstleistungs-/Logistikintensität.

Die Einteilung ist nicht starr, sondern unterliegt aufgrund des Wettbewerbs und der Veränderung der Verbrauchergewohnheiten einem Wandel. Im Allgemeinen werden Betriebsformen nach folgenden Merkmalen unterschieden:

- nach den Sortimenten
- nach dem Standort
- nach der Methode der Leistungserstellung
- nach der Betriebsgröße
- nach dem Betriebsträger
- nach der Preisgestaltung
- nach der Verkaufsorganisation.

02. Was bezeichnet man als Multichannel Retailing?

Multichannel Retailing ist der Vertrieb von Waren über mehrere Absatzkanäle, die prozessual miteinander verknüpft sind (Informationssystem, Warenwirtschaftssystem).

Beispiel: Ein Händler bietet seine Ware an: im Markt, im Internet, im Katalog oder per TV-Werbung (z. B. Schmuckhandel, Blumenhandel).

03. Welche Kooperationsformen sind im Handel vorherrschend?   → 2.2.1

Beispiele:

Kooperationsformen auf der Einzelhandelsseite (horizontal oder anorganisch)		Kooperationsformen zwischen Großhandel und Einzelhandel (vertikal)	
Einkaufsverband	Einkaufszentrum	Franchising	Rack Jobber
Einkaufsgenossenschaft	Shop in Shop	Freiwillige Ketten	

2.7.2 Verkaufskonzepte im Einzelhandel

01. Wie gliedert man die Einzelhandelsbetriebe nach ihrem Standort?

Man unterscheidet:

- Einzelhandelsgeschäfte mit festem Verkaufslokal (Ladengeschäft)
- Einzelhandelsgeschäfte ohne festes Verkaufslokal (z. B. Marktgeschäfte, ambulanter Handel, Hausierhandel)
- zentralisierte Einzelhandlungen und dezentralisierte Einzelhandlungen (Filialgeschäfte).

02. Wie werden die Einzelhandelsbetriebe nach der Betriebsgröße unterteilt?

Man unterscheidet *Groß-, Mittel- und Kleinbetriebe*. Die Großbetriebe sind typisch für den Verkauf von Waren des mittel- und des langfristigen Bedarfs bzw. von problemlosen Waren. Die Klein- und Mittelbetriebe überwiegen bei Waren des kurzfristigen Bedarfs und bei erklärungsbedürftigen Gütern.

03. Wie werden die Einzelhandelsgeschäfte nach der Verkaufsorganisation unterteilt?

- Fremdbedienungsläden
- Selbstbedienungsläden
- Supermärkte, Verbrauchermärkte
- Discountgeschäfte (hier insbesondere Geschäfte mit schmalem Sortiment und hohem Warenumschlag).

04. Was sind die wichtigsten Geschäftsarten im Einzelhandel?

Geschäftsart	Merkmale
Ladengeschäft	Das *Ladengeschäft* ist die herkömmliche Form des Einzelhandels. Das Verkaufsgeschehen wird durch Ladenraum, Schaufenster und das Bedienungsprinzip bestimmt. Dabei werden unterschieden:
	Das *Fachgeschäft*, das Waren einer Branche (tiefes Sortiment) mit ergänzenden Dienstleistungen anbietet, wobei in vielen Branchen das Bedienungsprinzip überwiegt.
	Das *Gemischtwarengeschäft*, das Waren der verschiedensten Branchen enthält und insbesondere in ländlichen Gegenden üblich ist.
Warenhaus	Das Warenhaus ist ein Einzelhandelsgroßbetrieb, der in verkehrsgünstiger Geschäftslage Waren mehrerer Branchen bei unterschiedlichen Bedienungsformen anbietet.
Kaufhaus	Das Kaufhaus ist ein größerer Einzelhandelsbetrieb, der überwiegend im Wege der Bedienung Waren aus zwei oder mehr Branchen, davon wenigstens aus einer Branche in tiefer Gliederung anbietet, ohne dass ein warenhausähnliches Sortiment, das eine Lebensmittelabteilung beinhalten würde, vorliegt. Kaufhäuser führen meist Textilien und Bekleidung.
Gemeinschafts-warenhaus	Das Gemeinschaftswarenhaus ist der räumliche und organisatorische Verbund von zumeist selbstständigen Fachgeschäften und Dienstleistungsbetrieben verschiedener Art und Größe. Das Ziel ist ein warenhausähnliches Angebot, das einer von allen Beteiligten akzeptierten Konzeption folgt.
Boutique	Die Boutique ist ein zumeist kleines Einzelhandelsgeschäft, das durch auffällige Aufmachung Käuferkreise ansprechen will, die für das den jeweiligen modischen und extravaganten Strömungen angepasste Sortiment (z. B. Bekleidung, Einrichtungsgegenstände, Antiquitäten, Schmuck) besonders aufgeschlossen sind. Die Boutique ist auch als Shop-in-Shop in Kaufhäusern üblich.
Spezialgeschäft	Ein Spezialgeschäft ist ein Einzelhandelsbetrieb, dessen Warenangebot sich auf einen Ausschnitt des Sortiments eines Fachgeschäftes beschränkt, aber tiefer gegliedert ist. Für Spezialgeschäfte sind Sortimente charakteristisch, die besonders hohe Auswahlansprüche stellen und Bedienung erfordern.
Ambulanter Handel	Der ambulante Handel ist ein Teil des Einzelhandels – aber nicht an feste Standorte und offene Verkaufsstellen gebunden. Zum ambulanten Handel gehören die Hausierer (Wanderhandel), die private Haushalte aufsuchen und die angebotenen Waren mit sich führen, der Markthandel (Wochenmärkte, Weihnachtsmärkte), der Straßenhandel (Obstkarren) und Verkaufswagen, deren Inhaber teils als Spezialisten Waren (Obst, Gemüse, Fisch, Eier und sonstige Frischwaren) anbieten, teils größere Sortimente führen und vorzugsweise in Regionen mit dünnem Einzelhandelsnetz zu finden sind (mobile Supermärkte).

Handwerkshandel	Unter Handwerkshandel wird die Einzelhandels- und auch Großhandelsfähigkeit von Handwerksbetrieben verstanden – die, wie z. B. Bäcker, Fleischer, Elektroinstallateure oder Kraftfahrzeugmechaniker – zur Ergänzung ihrer selbst hergestellten Waren auch Erzeugnisse anderer Produzenten anbieten.
Filialbetriebe	Filialbetriebe sind Betriebe mit mindestens fünf standortmäßig getrennten, aber unter einheitlicher Leitung stehenden Verkaufsstellen.
Freiwillige Kette	Die Freiwillige Kette ist eine Form der Kooperation, bei der sich Groß- und Einzelhandelsbetriebe meist gleichartiger Branchen zur gemeinsamen Durchsetzung unternehmerischer Aufgaben vorwiegend unter einheitlichen Organisationszeichen zusammenschließen.
Versandhandel	Der Versandhandel ist eine Form des Einzelhandels, bei der Waren mittels Katalog, Prospekt, Anzeige bzw. durch Vertreter angeboten und dem Käufer nach Bestellung auf dem Versandweg durch die Post oder auf andere Weise zugestellt werden. Die Versandhandlungen unterhalten zum Teil auch offene Verkaufsstellen, wie umgekehrt der stationäre Einzelhandel sich mitunter ebenfalls im Versandhandel durch Schaffung besonderer Versandabteilungen betätigt.
Selbstbedienungs-geschäft	Das Selbstbedienungsgeschäft als ein Typ, bei dem ganz oder überwiegend auf Bedienung durch Verkaufspersonal verzichtet wird. Es hat sich aus dem Bestreben nach möglichst weitgehender Vereinfachung und Beschleunigung des Verkaufsablaufs entwickelt.
Fachmärkte	Fachmärkte sind vergleichsweise großflächige Einzelhandelsbetriebe, die im Rahmen ihres zielgruppen- oder bedarfsorientierten Spezialisierungskonzeptes ein breites und tiefes Sortiment führen. Sie bieten eine gut gegliederte, übersichtliche Warenpräsentation mit der Möglichkeit zur Vorwahl und Selbstbedienung. Fachmärkte können sein: • warenorientiert (Tiefkühlzentren, Getränkemärkte), • bedarfsorientiert (Gesundheitsfachmärkte, Gartencenter, Hobby- und Heimwerkermärkte) oder • segmentorientiert (Bekleidung, Schuhe, Möbel, Elektro).
Verbrauchermarkt	Ein Verbrauchermarkt ist ein meist preispolitisch aggressiver, großflächiger Einzelhandelsbetrieb (mindestens 1.000 m² Verkaufsfläche), der vor allem Nahrungs- und Genussmittel (auch Frischwaren) anbietet und ergänzend als Randsortiment Waren anderer Branchen (Nonfood) führt, die für die Selbstbedienung geeignet sind und schnell umgeschlagen werden. Verbrauchermärkte befinden sich häufig in Stadtrandlagen und verfügen in der Regel über weiträumige Kundenparkplätze, verzichten jedoch auf kostspielige Kundendienstleistungen.

Selbstbedienungs-warenhaus	Ein Selbstbedienungswarenhaus ist ein nach dem Discountprinzip arbeitender Einzelhandelsgroßbetrieb, der ein umfassendes warenhausähnliches Sortiment anbietet, soweit dieses zum überwiegenden Teil für die Selbstbedienung geeignet ist. Diese Betriebe finden sich häufig in Stadtrandlagen, verfügen dort über weiträumige Kundenparkplätze, verzichten jedoch zumeist auf kostspielige Kundendienstleistungen. Gegenwärtig wird eine Verkaufsfläche von 3.000 m², manchmal von 4.000 m² als Mindestgröße für ein Selbstbedienungswarenhaus angesehen. Nach einer Definition des Instituts für Selbstbedienung (ISB) ist ein SB-Center „ein Einzelhandelsgeschäft, das überwiegend in Selbstbedienung Güter des kurz- und mittelfristigen Bedarfs anbietet, wobei nicht mehr als 50 % der Verkaufsraumfläche auf den Lebensmittelbereich entfallen. SB-Center verfügen über 1.500 m² und mehr Verkaufsraumfläche, über Service-Betriebe sowie in der Regel über Kundenparkplätze".
Supermarkt	Der Supermarkt ist ein Einzelhandelsbetrieb, der auf einer Verkaufsfläche von mindestens 400 m² Nahrungs- und Genussmittel einschließlich Frischwaren (Obst, Gemüse, Südfrüchte, Fleisch u. Ä.) und ergänzend problemlose Waren anderer Branchen vorwiegend in Selbstbedienung anbietet.
Discountgeschäft	Das Discountgeschäft ist eine Form des Einzelhandels, bei der ein auf raschen Umschlag ausgerichtetes Sortiment von Waren zu niedrig kalkulierten Preisen angeboten und auf Dienstleistungen weitgehend verzichtet wird.
Off-Price-Store	Ein Off-Price-Store ist eine spezielle Form des Fach- bzw. Mehrfachdiscounters. Überwiegend werden bekannte Markenartikel aus dem Nonfood-Bereich in Selbstbedienung unter dem üblichen Preisniveau angeboten. Angeboten wird nicht ein reguläres Sortiment, sondern Überschussware, Auslaufmodelle, Ware zweiter Wahl oder Waren aus Firmeninsolvenzen. Das Sortiment verändert sich rasch und ist unvollständig sortiert.
Catalog-Showroom	Im Catalog-Showroom bietet ein Versandhandel Teile seines Sortiments aus dem Katalog zur Besichtigung an. Einige Waren werden auch zum sofortigen Kauf angeboten; die übrigen Artikel können im Showroom bestellt werden; bekanntestes Beispiel sind die Quelle-Verkaufsläden.
Duty-Free-Shop	Im Duty-Free-Shop können Waren zollfrei eingekauft werden (auf Schiffen und Flughäfen).
Partievermarkter/Partiediscounter	Partievermarkter/Partiediscounter bieten ein geringes Grundsortiment, das z. T. auch wechselt. Die Ware wird zu großen Mengen eingekauft, sodass sich gute Qualitäten zu günstigen Preisen anbieten lassen (z. B. Tchibo/Eduscho). Daneben gibt es Partiediscounter, die ausschließlich Sonderposten (Restposten, Überproduktionen, Versicherungsschäden, Insolvenzen) verkaufen, z. B. Havaria, Philips, Rudi's Reste Rampe.

| Internet-Handel | Beim Internet-Handel (virtueller Handel) kann der Verbraucher über das Internet Waren zu den angebotenen Verkaufsbedingungen bestellen. Die Bedeutung des Internet-Handels hat deutlich zugenommen. |

Achtung: häufig Gegenstand der Prüfung.

05. Was bezeichnet man als Mehrfachmärkte?

Fachmärkte, die mehrere Bedarfsfelder abdecken, z. B. Bau und Hobby, Möbel und Geschenke.

06. Was ist ein Einkaufszentrum?

Unter einem Einkaufszentrum oder Shopping-Center wird die gewachsene oder aufgrund einer Planung entstandene räumliche Konzentration von Einzelhandels- und Dienstleistungsbetrieben verschiedener Art und Größe verstanden.

07. Was ist ein Großmarkt?

Ein Großmarkt ist eine Veranstaltung, auf der eine Vielzahl von Anbietern Waren im Wesentlichen an gewerbliche Wiederverkäufer, gewerbliche Verbraucher oder Großabnehmer vertreiben (Legaldefinition § 66 GewO). Typisch für die Großmärkte sind leichtverderbliche Erzeugnisse: Obst, Gemüse, Südfrüchte, Blumen, Fische. Dazu sind andere Waren getreten, die der Lebensmittelhandel führt und die dieser zusammen mit den Frischwaren auf den Großmärkten einkauft.

08. Was ist ein Spezialmarkt?

Ein Spezialmarkt ist eine im Allgemeinen regelmäßig in größeren Zeitabständen wiederkehrende, zeitlich begrenzte Veranstaltung, auf der eine Vielzahl von Anbietern bestimmte Waren feilbieten (Legaldefinition § 68 Abs. 1 GewO). Zu den Spezialmärkten gehören z. B. bestimmte Viehmärkte, insbesondere Märkte für lebendes Kleinvieh.

09. Was ist ein Wochenmarkt?

Ein Wochenmarkt ist eine regelmäßig am gleichen Ort wiederkehrende, zeitlich begrenzte Veranstaltung, auf der eine Vielzahl von Anbietern eine oder mehrere der folgenden Warenarten feilbieten:

* Lebensmittel mit Ausnahme alkoholischer Getränke
* Produkte des Obst- und Gartenbaus, der Land- und Forstwirtschaft und der Fischerei
* rohe Naturerzeugnisse mit Ausnahme des größeren Viehs.

10. Was versteht man unter Einkaufsvereinigungen des Einzelhandels?

Einkaufsvereinigungen des Einzelhandels sind organisatorische Zusammenschlüsse selbstständiger Einzelhandelsunternehmen mit dem Zweck kostengünstiger Warenbeschaffung. Sie werden unter den verschiedensten Bezeichnungen geführt, wie z. B. *Einkaufs-Ringe*, *Verbände*, *Zentren* und *Kontore*. Mit der Gründung von Einkaufsorganisationen versuchen mittelständische Unternehmen sich die Vorteile des Filialprinzips zunutze zu machen, ohne die eigene Entscheidungsfähigkeit aufgeben zu müssen.

Nach der Rechtsform werden *Einkaufsgenossenschaften* und *Einkaufsverbände* unterschieden. Aus der Rechtsform werden unterschiedliche Formen der Abrechnung zwischen den angeschlossenen Unternehmen und der Zentrale ersichtlich:

* *Das Eigengeschäft* der Einkaufsgenossenschaft erfolgt auf eigene Rechnung und unter eigenem Namen. Die Waren werden entweder auf Lager genommen oder im Streckengeschäft für die Genossenschaft abgesetzt.

* *Im Fremdgeschäft* wird im fremden Namen auf eigene oder fremde Rechnung abgeschlossen, dabei unterscheidet man folgende Formen:

  - das *Zentralregulierungsgeschäft*, d. h. Bezahlung der Mitgliederrechnung durch die Genossenschaft

  - das *Delkrederegeschäft,* d. h. Übernahme der Ausfallbürgschaft durch die Genossenschaft

  - das *Abschlussgeschäft*, d. h. Abschluss von Rahmenverträgen durch die Genossenschaft mit einer Abnahmeverpflichtung bestimmter Waren

  - das *Empfehlungsschreiben*, d. h. Empfehlung von Lieferanten und Waren durch die Genossenschaft.

11. Von welchen Faktoren ist der Erfolg eines Einzelhandelsunternehmens abhängig?

Der Erfolg eines Einzelhandelsbetriebes hängt im Wesentlichen von seiner *Sortimentspolitik*, der Wahl des *Standortes* und seiner *Preispolitik* ab. Dabei kann sich kein Betrieb darauf verlassen, dass eine einmal getroffene Entscheidung für ein bestimmtes Sortiment immer Gültigkeit hat. Er muss sein Warenangebot ständig den sich ebenfalls ständig wandelnden Wünschen der Kunden anpassen. Hierzu bedarf es einer ständigen Kontrolle und Pflege des Sortiments mit dem Ziel, Sortimentslücken einerseits und schlecht verkäufliche Teile des Warenangebots andererseits unverzüglich festzustellen. Dabei müssen Schnelldreher und Ladenhüter ebenso wie Präsenzlücken, die zu Umsatzverlusten führen, unverzüglich ermittelt werden.

12. Welche Ursachen können zu außergewöhnlichen Umsatzrückgängen im Einzelhandel führen?

Es sind folgende Ursachen denkbar:

- im Betrieb selbst, wenn die Ware schlecht platziert wurde,
- durch die örtliche Konkurrenz, die die Waren preiswerter anbietet,
- beim Hersteller, der entsprechende Werbung unterlässt,
- durch die Entwicklung besserer Konkurrenzprodukte,
- durch Veränderung der Verbrauchergewohnheiten.

13. Was versteht man unter einstufigem bzw. zweistufigem Einzelhandel?

- *Einstufige Methode*, z. B. Lebensmittel- oder Schuheinzelhandel, liegt dann vor, wenn Filialen ihrer Zentrale gegenüber voll verantwortlich sind, wie z. B. bei Aldi oder Tengelmann.

- Der *zweistufige Handel* umfasst freiwillige privatwirtschaftliche und/oder genossenschaftliche Kooperationen mit institutionellen Großhandels- und Einzelhandelsstufen, wie z. B. bei *Edeka* und *Rewe*. Die Einzelhändler haben sich zwar zu einem gemeinsamen Einkauf oder auch zu einer gemeinsamen Werbung zusammengeschlossen, sind jedoch faktisch selbstständige Unternehmer geblieben.

2.7.3 Verkaufskonzepte im Großhandel

01. Wer übt die Großhandelsfunktion aus?

Die Großhandelsfunktion wird zum einen *von Kaufleuten* wahrgenommen, die eigene Unternehmen gegründet haben, zum anderen aber auch *von Herstellern, Großbetrieben des Einzelhandels oder von speziellen Genossenschaften*, sofern sie die Merkmale des Großhandels erfüllen. Die nachfolgende Matrix zeigt eine mögliche Form der Systematisierung des Großhandels:

Systematik des Großhandels		
Merkmale	*Arten*	
Sortiment	**Sortimentsgroßhandel**	**Spezialgroßhandel**
Bedienform	**Selbstbedienungsgroßhandel**	**Bediengroßhandel**
Wirtschaftssektor des Kunden	**Produktionsverbindungshandel** Hersteller → Großhandel → Hersteller	**Sektorübergreifender Handel** Hersteller → Großhandel → Einzelhandel
Mengen-relationen	**Absatzgroßhandel** Beschaffung in großen Mengen; Verkauf in kleinen Mengen; wenige Lieferanten/ viele Kunden	**Aufkaufgroßhandel** Beschaffung in kleinen Mengen; Verkauf in großen Mengen; viele Lieferanten/wenige Kunden
Betriebsform	**Zustellhandel; Abholhandel; Rack Jobber**	

02. Welche Betriebsformen kennt man im Großhandel?

- Der Großhandel betätigt sich als *Spezialgroßhandel*, wenn er sich nur mit einer Warenart befasst und als *Sortimentsgroßhandel*, wenn er Waren aus verschiedenen Bereichen führt.

- Beim *Aufkaufgroßhandel* kaufen die Großhandelsbetriebe von Herstellern bestimmte Erzeugnisse in kleinen Mengen, die von nachgeordneten Betrieben nur unregelmäßig als Zusatzstoffe benötigt werden. Somit werden zwei aufeinander folgende Produktionsstufen verbunden, deren Verkaufs- und Beschaffungsprogramm in diesen Gütern nicht aufeinander abgestimmt ist.

- Der *Produktionsverbindungshandel* versorgt Produktionsbetriebe mit Investitionsgütern, Roh-, Hilfs- und Betriebsstoffen.

- In der Sonderform des *Cash-and-Carry-Betriebes* werden die Waren vom Käufer im Wege der Selbstbedienung entnommen und bar bezahlt (z. B. Metro, Handelshof).

- *Rack Jobber* (= Regalgroßhändler) sind Großhändler oder Hersteller, die in Einzelhandelsverkaufsstätten Regale bzw. Verkaufsflächen anmieten und dort für eigene Rechnung Waren anbieten, die das Sortiment des Einzelhandelsbetriebes ergänzen. Der Rack Jobber sorgt selbst für die Preisauszeichnung und Manipulation der Ware. Der Vermieter der Regale/der Verkaufsfläche erhält eine umsatzabhängige Provision.

  Der Regalgroßhändler ist abzugrenzen vom *Food Broker* oder *Service Merchandiser*, der im Rahmen eines Auftrages die Pflege von Waren/Regalen und Sortiment gegen Rechnung übernimmt. Es handelt sich hier um keine spezielle Betriebsform, sondern um eine Leistung gegen Rechnung, die meist innerhalb des Vertriebssystems von Herstellern angesiedelt ist.

- Eine *Werkshandelsgesellschaft* ist ein rechtlich selbstständiges Unternehmen, das wirtschaftlich von einem oder mehreren Produktionsgesellschaften abhängig ist und deren Produkte vertreibt.

- Beim *Streckengeschäft* oder Streckenhandel betreibt der Großhändler einen Handel, bei dem die Ware direkt (ohne Zwischenlagerung bei ihm) vom Vorlieferanten zum Kunden befördert wird („der Streckengroßhändler sieht die Ware nur auf dem Papier").

03. Was versteht man unter einem Großhandelszentrum?

Ein Großhandelszentrum stellt die räumliche Zusammenfassung einer Mehrzahl von Großhandlungen an einem geeigneten Standort dar. Das Großhandelszentrum ist darauf eingerichtet, den Einkauf der Kunden zu erleichtern und für die beteiligten Betriebe durch gemeinsame Nutzung bestimmter Einrichtungen wie Bahnanschlüssen, Lagerhallen, Fuhrparks, EDV-Anlagen oder Parkplätze, Kosten zu senken.

04. Welchen Weg durchläuft die Ware im Großhandelsunternehmen?

Die Ware nimmt nach der Warenannahme folgenden Weg:

- *Lagern*; die Ware wird zunächst in das Lager gebracht. In den modernen Hochregallagern, wie sie besonders der Lebensmittel-Großhandel verwendet, wird die Ware in der Regel dort abgestellt, wo gerade Platz ist. Den Lagerplatz „merkt sich der Computer" (chaotische Lagerhaltung).

- *Auspacken*; diese Tätigkeit konnte wesentlich eingeschränkt werden. Es müssen heute höchstens Umhüllungen von den Paletten entfernt und Umkartons geöffnet werden.

- *Kommissionieren*; die von den Kunden bestellte Ware wird im Lager gesammelt (kommissioniert) und zu einem Auftrag (Kommission) zusammengestellt. Vorher wird sie von der Lagerzone in die ebenerdige Greifzone verbracht, wo sie per Hand entnommen und in den Rollbehälter gelegt werden kann. In der Greifzone hat sie einen gleichbleibenden Stammplatz, im Unterschied zur Lagerzone.

- *Warenausgangskontrolle*; die in den Rollbehältern oder anderen Behältern gesammelte Ware wird in eine besondere Zone des Lagers (im Lebensmittelgroßhandel nennt man sie die Kommissionszone) verbracht und dort vor dem Verladen in unterschiedlichster Weise kontrolliert (Zahl der Gebinde = Colli oder Zahl der Rollbehälter; Angaben, die die Rechnung enthält).

- *Verladen der Ware*; diese Arbeit lässt sich heute bei Verwendung von Rollbehältern sehr rasch erledigen.

- *Transport zum Kunden;* mit dem eigenen Fuhrpark bzw. durch Spediteure, bei Versandhandel durch die Post, wird die Ware zum Kunden gebracht.

- *Fakturieren;* für die bestellten Waren wird eine Rechnung geschrieben. Meist geht die Rechnung bereits mit der Ware zum Kunden oder sie wird kurz nach der Lieferung vom Bankkonto des Kunden abgebucht, wie es im Lebensmittelgroßhandel üblich ist.

2.7.4 Absatzwege

01. Welche Absatzwege sind möglich?

Als Absatzweg (auch: Vertriebsweg, Absatzform, Absatzkanal, Distributionskanal) bezeichnet man die Form, in der die Produkte vom Hersteller zum Verbraucher gelangen. Beim *direkten Absatzweg* bedient man sich nicht des Handels; beim indirekten Absatzweg wird der Handel eingesetzt, um die räumliche und zeitliche Distanz zum Verbraucher zu überbrücken. Der indirekte Absatz wird unterteilt in ein- und mehrstufigen Absatz (Handel).

Überblick (1):

		Beispiele	

Direkte Absatzwege	**Unternehmens-eigene Absatzorgane**	• Verkaufsniederlassungen
		• E-Commerce:
		  - Business-to-Business: B2B
		  - Business-to-Customer: B2C
			• Reisende
			• Geschäftsleitung
			• Innendienst
			• Verkaufsbüros

	Unternehmens-fremde Absatzorgane	• Handelsvertreter • Kommissionäre	• Makler • Franchise-Systeme

Indirekte Absatzwege	Einzelhandel	• Gemischtwarengeschäft • Versandhaus • Einkaufzentrum • Fachhandel	• Spezialhandel • Filialunternehmen • Supermarkt • SB-Warenhaus
	Großhandel	• Sortimentsgroßhandel • Zustellgroßhandel • Spezialgroßhandel	• Abholgroßhandel • Rack Jobber

Überblick (2):

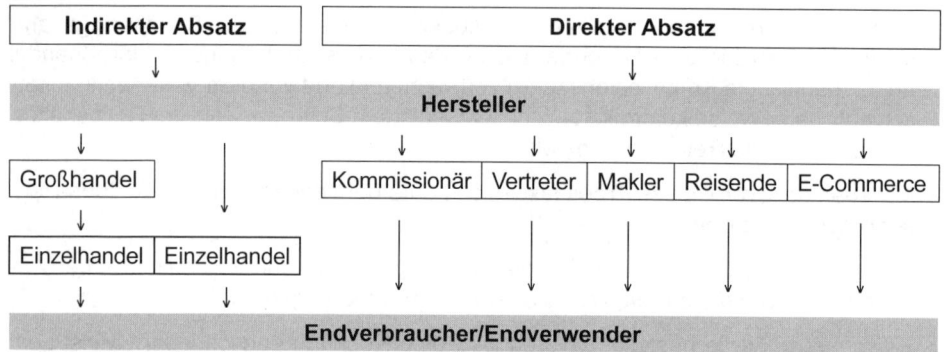

Quelle: in Anlehnung an: Weis, H. Ch., Kompakt-Training Marketing, a. a. O., S. 157

Die grundsätzliche Entscheidung über die Wahl der Absatzwege ist insbesondere von folgenden Faktoren abhängig:

- Produktart (Food/Non-Food, verderblich/nicht verderblich usw.)
- Marktgröße
- Größe des eigenen Unternehmens und Marktanteil
- Anzahl und Struktur der Kunden
- Größe und Verhalten der Wettbewerber
- rechtliche Vorgaben (z. B. Zigaretten, Gefahrstoffe, Arzneimittel).

Achtung: häufig Gegenstand der Prüfung.

02. Was bezeichnet man bei der Wahl der Absatzkanäle als Integrations- bzw. als Separationsstrategie?

Wahl der Absatzkanäle	
Integrations-strategie	Vernetzung der Prozesse zwischen den Absatzkanälen (ganzheitliches Absatzsystem), z. B. einheitliches Erscheinungsbild, Verbundwirkung erzeugen.
Separations-strategie	Keine Vernetzung zwischen den Absatzkanälen; Verbindungen zwischen den Absatzkanälen sollen nicht transparent werden.

03. Wann ist der indirekte Absatz vorherrschend?

Der indirekte Absatz ist notwendig, wenn der Vertrieb nicht von den Herstellern selbst vorgenommen werden soll oder kann. Das trifft in der Regel zu bei Massenprodukten, die in kleinen Mengen verbraucht werden; wie z. B.:

- beim so genannten Aufkaufhandel;
- bei einer Weiterverarbeitung durch den Handel;
- bei technisch aufwändiger Lagerhaltung und schwierigem Transport;
- bei der Notwendigkeit besonderer Sachkenntnis von Waren und Marktverhältnissen;
- beim Absatz komplementärer Güter;
- bei großen Qualitätsunterschieden in der Produktion, denen beim Verbraucher ein Bedarf nach gleichwertigen Erzeugnissen gegenübersteht und bei weitgehender Spezialisierung der Produktion, die als Folge des Fehlens eines Vollsortiments die Zwischenschaltung des Handels erfordert.

04. Welche Formen des indirekten Absatzes werden unterschieden?

Man unterscheidet den Absatz durch den Handel in seinen vielfältigen Formen wie Fach- und Spezialgeschäft, Kaufhaus, Warenhaus, Gemeinschaftswarenhaus, Filialbetrieb, Versandhaus, Supermarkt, Verbrauchermarkt, Selbstbedienungswarenhaus, Cash-and-Carry-Lager, Shopping-Center, Genossenschaften, freiwillige Ketten, Discounthäuser.

05. Welche Vor- und Nachteile des indirekten Absatzes lassen sich nennen?

Indirekter Absatz	
Vorteile	**Nachteile**
• großer Kundenkreis wird erreicht	• Identität kann verloren gehen
• hohe Absatzmengen können realisiert werden	• Störungen/Auflagen in der Zusammenarbeit
• Sortimentswerbung des Handels wird genutzt	• kein direkter Zugang zu Marktinformationen
• Degression der Vertriebs- und Logistikkosten möglich	• fehlende Beeinflussung der Marketingaktionen
	• Umgehung der Preisempfehlungen

06. Wann ist der direkte Absatz zweckmäßig?

Der direkte Absatz ist nur dann zu empfehlen, wenn Fertigung und Verbrauch räumlich nicht zu weit entfernt liegen, der Hersteller die Waren bereits in konsumfähiger Größe und Verpackung liefert, die Qualität gleichbleibend ist, Fertigung und Absatz gleichmäßigen Marktschwankungen unterworfen sind oder bei Objekten, die nur auf Bestellung geliefert werden.

07. Wie erfolgt der Vertrieb im Rahmen des direkten Absatzes?

Der Vertrieb erfolgt

- durch die Geschäftsleitung selbst (in der Regel bei Großprojekten)
- durch dezentrale Verkaufsbüros, die bestimmte Absatzgebiete betreuen und den Geschäftsverkehr mit den Kunden abwickeln

- durch Reisende
- durch Fabrikfilialen, die sich insbesondere für Massenartikel eignen.

08. Wann werden zur Intensivierung des Absatzes Handelsvertreter und wann Reisende eingesetzt?

Handelsvertreter sind rechtlich selbstständige Kaufleute und üben ihre Tätigkeit auf eigenes Risiko aus.

Reisenden hingegen sind angestellte Mitarbeiter des Unternehmens.

Es ist daher zu prüfen, ob die Kosten der Reisenden oder die der Handelsvertreter höher sind. Die Handelsvertreter erhalten eine umsatzabhängige Provision, die Reisenden ein umsatzunabhängiges Gehalt und eine umsatzabhängige Prämie.

Jedoch dürfen Kostengesichtspunkte nicht allein ausschlaggebend sein, da die Handelsvertreter in der Regel nur die Erfolg versprechenden Kunden aufsuchen. Durch Reisende, deren Aufgabe auch eine intensivere Betreuung der Kunden und potenzieller Abnehmer ist, lässt sich der vorhandene Markt für die eigenen Produkte besser erschließen (vgl. Übung S. 1206).

09. Welche Rechtsverhältnisse liegen beim Franchising vor?

Franchise (engl.) = Konzession = Vertriebssystem zwischen Hersteller (Franchisegeber; FG) und Händler (Franchisenehmer; FN) aus den USA: Der FG überträgt dem FN das alleinige Recht für den Vertrieb seiner Produkte in einer bestimmten Region unter Verwendung gemeinsamer Namen, Warenzeichen, Erscheinungsbild. Der FN ist rechtlich selbstständig. Der FG stellt sein Absatzkonzept zur Verfügung, übernimmt die Werbung und kontrolliert die Einhaltung des Erscheinungsbildes und der Qualitätsstandards. Beispiele: Jannys Eis, OBI, McDonald's, NORDSEE, Hertz, Ibis.

10. Welche Vorteile hat Franchise für den Franchisenehmer (FN)?

- Das Konzept ist bewährt und der Name ist bekannt.
- Der Kunde kann i. d. R. auf einen bekannten Standard (Qualität) vertrauen.
- Der FN wird durch den Franchisegeber beraten und unterstützt.
- Es gibt Erfahrung mit dem Konzept, daher besteht ein geringeres Risiko.
- kürzere Startphase und geringere Anlaufkosten.

2.7.5 Servicepolitik

01. Was beinhaltet der Begriff „Servicepolitik"?

Servicepolitik ist die Summe aller zielorientierten Entscheidungen über die *Gestaltung des immateriellen Leistungsangebotes* eines Handelsunternehmens an die Kunden. Bekannte Formen sind z. B.:

Serviceleistungen, bezogen auf ...	
die Zahlung	• Bezahlung mit EC-Karte • Bezahlung mit Kreditkarte • Bezahlung in Raten • Verkauf auf Rechnung • Schnellkasse (bei wenigen Artikeln).
das Sortiment	• Lieferung kostenlos • Hol-/Bringservice • Änderungsdienst • Verpackung als Geschenk • Anfertigung nach Aufmaß • Beratung im Hause des Kunden • Reparatur, Wartung.
den Kunden	• Zeitschrift für Kunden • Cafeteria, Erfrischungen • Spiel- und Babyecke • Schirmverleih • eigene Parkplätze (kostenlos oder kostengünstig) • Sitzgelegenheiten • Videovorführungen.

02. Welche Bedeutung hat die Servicepolitik für Kunden und Händler?

Eine ausgeprägte Servicepolitik kann für die Kaufentscheidung ausschlaggebend sein. Für Handelsbetriebe kann ein derartiger Reparaturservice z. B. zu einem Preis angeboten werden, der auch Gewinn erwirtschaftet, die volle Kostendeckung beinhaltet oder ggf. nur einen Teil der entstandenen Kosten deckt.

03. Welche Bedeutung haben die Kosten der Servicepolitik für das Handelsunternehmen?

Das Handelsunternehmen kann die Kosten für die Servicepolitik nicht selbst übernehmen, sondern muss sie im Sortimentspreis mit berücksichtigen. Dabei kann differenziert vorgegangen werden. Auch wenn z. B. Parkplätze kostenlos angeboten werden, sind sie tatsächlich nicht kostenlos, weil Grund und Boden für den Händler ebenso wie die Bewirtschaftung der Parkplätze Kosten verursachen, die entweder direkt oder indirekt in den Preisen der angebotenen Waren verrechnet werden müssen.

04. Wie kann die Durchführung von Serviceleistungen organisiert sein?

Je nach der technischen Beschaffenheit der Geräte kann diese Leistung

• von einem Beauftragten des Händlers (Miele-Kundendienst, Siemens-Kundendienst),
• vom Handelsunternehmen selbst – etwa im Bereich des Radio- und Fernsehhandels oder
• von einem Partner des Handelsunternehmens

durchgeführt werden.

Handelt es sich um einen freien Partner, so wird die Serviceleistung im vollen Umfang vom Kunden bezahlt werden müssen. Wird der Service von dem Unternehmen vorgenommen, das die Geräte verkauft hat, so können gewisse, später anfallende Wartungskosten bereits im Verkaufspreis berücksichtigt werden. Das Handelsunternehmen wird jedoch bei einem vielseitigen Warenangebot – insbesondere, wenn es technisch hochwertig ist – kaum in der Lage sein, für alle Sparten entsprechende Dienstleistungen vorzuhalten. Es wird daher notwendigerweise auf die Gewinnung von Partnern angewiesen sein.

05. Welche Bedeutung hat der Kundendienst für den Absatz?

In vielen Branchen, insbesondere in Bereichen, in denen hochtechnisierte Geräte verkauft werden, ist der Kundendienst eine entscheidende Voraussetzung für den Absatzerfolg. Der Kundendienst hat die Aufgabe, eine ständige *Überwachung* zu garantieren, das notwendige Ersatzmaterial ständig vorrätig zu haben, Reparaturmöglichkeiten zu schaffen und ständig bei der Benutzung beraten zu können (z. B. durch Gebrauchsanweisungen). Der Kundendienst kann zentralisiert und dezentralisiert durchgeführt werden.

2.8 Gestaltung von Verkaufsflächen (Visual Merchandising), Warenpräsentation

2.8.1 Visual Merchandising im Rahmen der Gesamtdarstellung eines Unternehmens

01. Was versteht man unter „Visual Merchandising"?

Visual Merchandising umfasst alle Maßnahmen der kreativen Warenpräsentation, der bildhaften Informationsvermittlung und der Platzierung innerhalb der Verkaufsfläche (POS: Point of Sale). Es werden alle Sinne angesprochen. Damit soll dem Kunden die Orientierung erleichtert werden (Warenauswahl) und es sollen Kaufimpulse ohne den Einsatz von Verkaufspersonal entstehen. Hauptziel ist die Realisierung einer Einkaufsatmosphäre, in der der Kunde sich wohl fühlt (Erlebniseinkauf) und die bewusst oder unbewusst zum (Mehr-)Kauf animiert und damit den Umsatz steigert.

02. Warum muss Visual Merchandising in die Corporate-Identity-Politik (CI-Politik) integriert sein? → 1.5.2

Visual Merchandising ist abzuleiten aus den Elementen der CI-Politik:

Corporate-Identity-Politik		
Corporate Design	**Corporate Communication**	**Corporate Behavior**
Erscheinungsbild	Kommunikation	Verhalten
Farben	Anzeigen	Mitarbeiterführung
Schriftzüge	Plakate	Öffentlichkeitsarbeit
Logo	Prospekte	Umgangston
Architektur	Slogans	Werte
Design	Broschüren	Kultur
Produkte	Zeitschriften	Personalpolitik
Verpackung	Transportmittel	Pressearbeit
Kleidung	Messen	
Uniformen		

Gleichzeit soll die CI-Politik durch Visual Merchandising verstärkt werden (Wiedererkennung, Differenzierung vom Wettbewerb, Wiederholung der Merkmale wie Logo, Farben usw.).

2.8.2 Handlungsfelder des Visual Merchandising (VM)

2.8.2.1 Grundlagen der Warenpräsentation und der Verkaufspsychologie

01. Worauf ist bei der Warenpräsentation zu achten?

Die Warenpräsentation ist zweifellos von Artikel zu Artikel unterschiedlich, dennoch gibt es eine Reihe von Grundregeln. So ist zunächst darauf zu achten, dass die Ware *übersichtlich angeordnet* wird. Die Ware muss ferner *in ihrer Gebrauchsfähigkeit zu erkennen sein* und der Kunde muss unschwer erkennen können, ob die von ihm in Aussicht genommene oder ihm vorgelegte Ware seinen Vorstellungen entspricht.

02. Welche Bedeutung hat die Verkaufspsychologie?

Jeder Verkäufer sollte über Kenntnisse der Verkaufstechnik verfügen, d. h. Bescheid wissen über das richtige Ansprechen der Kunden und Darbietung der Waren. Er soll die Kaufmotive kennen sowie über die wichtigsten Kundentypen Bescheid wissen.

03. Was sind die wichtigsten Kaufmotive?

Beispiele:

* Geldersparnis
* Eitelkeit, Modebedürfnis
* Geltungsbedürfnis
* Bedürfnis, Freude zu machen und zu schenken
* Besitzstreben
* Nachahmungstrieb
* Genussbedürfnis
* Wunsch nach Schönheit, nach Bequemlichkeit
* Bedürfnis nach Gesundheit, Sicherheit
* hygienische Bedürfnisse.

04. Welche Arten von Kundentypen werden unterschieden?

Beispiele:

* der freundliche und gesprächige Kunde
* der schweigsame, verschlossene Kunde
* der ungeduldige, reizbare, impulsive Kunde
* der ruhige, bedächtige, langsame Kunde
* der unentschlossene, unsichere Kunde
* der sichere, entschlossene Kunde.

05. Welche Funktion erfüllt das Schaufenster?

Das Schaufenster ist *das optische Hauptwerbemittel des Einzelhandels*, das die Kaufwünsche der Vorübergehenden wecken und diese zum Betreten des Ladens auffordern soll. Es vermittelt den Passanten, die davor stehen bleiben, einen allgemeinen Eindruck von der Art und den Preisen der Ware, die das Geschäft führt. Aber das Schaufenster will die Betrachter nicht nur sachlich informieren, sondern es will vor allem durch die Dekoration der Waren und die Beleuchtung des Fensters auf sie attraktiv wirken.

06. Welche Arten und Formen des Schaufensters werden unterschieden?

Das *Stapelfenster* (auch Katalog- oder Spezialfenster genannt) ist sachlich und einheitlich aufgebaut und will durch die Menge von Artikeln der gleichen Warenart oder Warengruppe und deren Preisherausstellung wirken.

Das *Ideenfenster* (Fantasiefenster, Stimmungsfenster) ist ein Fenster für gehobene Waren und Luxuserzeugnisse und zeigt nur wenige, besonders ausgesuchte Stücke des gleichen Artikels oder auch verschiedener Waren in fantasievoller und farbenprächtiger, aber ruhig und vornehm wirkender Aufmachung.

Das *kombinierte Fenster* steht in der Regel unter einem besonderen Leitgedanken (z. B. alles für die Ferienreise, das schöne Heim) und ist dementsprechend mit verschiedenartigen Artikeln dekoriert.

Das *Sonderveranstaltungsfenster* wird nur bei bestimmten Anlässen (Weihnachten, Ostern) dekoriert und kann Stapelfenster, Ideenfenster oder kombiniertes Fenster sein.

07. Welchen Anforderungen muss der Verkaufsraum genügen?

Die Aufmachung der *Ladenfront und die Dekoration der Schaufenster* bringen den besonderen Charakter des Geschäfts zum Ausdruck und sollen auf die Passanten einen entsprechenden Eindruck machen, etwa den eines vielseitigen, modernen oder mehr konservativ geführten, eines eleganten, luxuriösen oder eines soliden schlichten Geschäfts. Dieser äußere Eindruck erweckt in den Vorübergehenden ganz bestimmte Erwartungen und Vorstellungen vom Inneren des Ladens, vom Verkaufsraum und auch vom Verkaufspersonal und der Bedienung.

Um diese Erwartungseinstellung, in der der Kunde das Geschäft betritt, nicht zu enttäuschen, sondern zu bestätigen, müssen die Ausstattung und die Einrichtung des Verkaufsraumes dem Charakter der Fassade und dem Stil der Schaufensterdekoration angepasst sein und entsprechen.

08. Woran orientiert sich die Einrichtung des Verkaufsraumes?

Sie richtet sich nach der Ware und nach der Einstellung des jeweiligen Kundenkreises. In Vitrinen und Verkaufsschränken werden wertvolle Waren aufbewahrt. Sie erhalten durch die Art der Zurschaustellung eine besondere Wertsteigerung beim Kunden. Gondeln, bewegliche Verkaufstische und Spezialtheken ermöglichen im Laden einen schnellen Wechsel der Waren. Warentische und Regale dienen zur Ausstellung oder Stapelung von Waren.

09. Welche Bedeutung kommt der Verkäuferschulung zu?

Ohne ständige Verkäuferschulung lassen sich keine dauernden Verkaufserfolge erzielen. Die Verkäuferschulung muss *beim Eintritt neuer Mitarbeiter* in das Unternehmen beginnen und für alle tätigen Mitarbeiter von Zeit zu Zeit wiederholt werden. Schließlich sind bestimmte zusätzliche Schulungen erforderlich, die sich auf bestimmte *neue Produkte, neue Eigenschaften* oder Verwendungsmöglichkeiten erstrecken.

Die Verkäuferschulung hat sich dabei neben der Ware auch auf das fachliche Wissen und Können, die Kontaktaufnahme zwischen Kunden und Verkäufer und auf die Verkaufspsychologie zu erstrecken.

10. Welche Bedeutung hat das Verkaufsgespräch?   → 6.7

Das Verkaufsgespräch ist eine Werbung für das Unternehmen und für die angebotene bzw. nachgefragte Ware. Der Verkäufer muss daher unbedingt *Menschenkenntnis*, *Einfühlungsvermögen*, *gutes Benehmen* und *Warenkenntnis* besitzen. Der Kunde erwartet eine eingehende Beratung und keine Überrumpelung zum Kauf. Dabei kommt es insbesondere darauf an, dass der Verkäufer zuverlässig die Argumente beherrscht, die für die anzubietende Ware sprechen und auch die Unterschiede kennt, die die nachgefragte Ware von anderen Artikeln unterscheidet. Der Verkäufer muss aber auch den Verwendungszweck im Rahmen des Verkaufsgesprächs erfragen.

11. Was sind Verkaufsargumente?

Verkaufsargumente sind diejenigen Angaben, Aussagen, Hinweise und Andeutungen des Verkäufers über die Beschaffenheit der Ware, über ihren Wert und über den Kauf, welche geeignet sind, die Konsum- und Kaufmotive des Kunden so eindringlich und überzeugend anzusprechen, dass er bereit ist, diesen Argumenten zu folgen und die angebotene Ware zu kaufen.

Man unterscheidet

*   informierende,
*   inspirierende und
*   rationalisierte Verkaufsargumente.

12. Der Einzelhandel klagt zunehmend über „Beratungsdiebstahl". Was versteht man darunter und wie kann der Einzelhandel dem entgegenwirken?

*   Gemeint ist damit folgendes *Phänomen:* Der Kunde lässt sich im Fachhandel ausführlich über das Produkt beraten und kauft dann im Internet.

*   Vorschläge um dieser Erscheinung *entgegenzuwirken:* Ein Patentrezept gibt es wohl nicht. So mancher Facheinzelhandel hat sein Geschäft geschlossen aufgrund der Internet-Konkurrenz. Zu empfehlen sind folgende Ansätze:

    - fachkundiges Personal
    - unproblematische Rückgabe der Ware bzw. Reklamationsbearbeitung
    - After-Sale-Service: z. B. Reparaturen, Ersatzteile, Zubehör
    - sofortige Verfügbarkeit der Ware
    - riskant: Bezahlung der Beratung und Anrechnung bei Kauf (wird von einigen Fachhändlern in Deutschland bereits praktiziert und vom Kunden auch angenommen).

13. Wie verläuft ein Verkaufsgespräch?   → 6.7

Die Form, in der ein Verkaufsgespräch verläuft, besteht aus Reden, Fragen und Schweigen. Die Kunst der Kundenbehandlung besteht vor allem in der Kunst, mit dem Kunden richtig zu sprechen. Wenn der Kunde Interesse für bestimmte Waren zeigt, sind Fragen zweckmäßig um festzustellen, ob der Kunde den Argumenten des Verkäufers folgt und zu kaufen beabsichtigt. Ein guter Verkäufer muss aber auch zuhören und im richtigen Moment schweigen können.

2.8.2.2 Handlungsfelder des Visual Merchandising

01. Welche Handlungsfelder des visuellen Marketing gibt es?

Beispiele:

Einkaufs-atmosphäre	Dekorationsmittel, Farben, Musik, Beleuchtung, Geruch/Düfte, Erholzone (Sitzecken, Getränkeausschank/Restaurant)
Maßnahmen der Laden-gestaltung	**Unterteilung in verkaufsstarke und verkaufsschwache Flächen:** In der Regel haben die Kunden einen „Rechtsdrall": rechte Wandseite, gegen den Uhrzeigersinn, rechts greifen; vordere Verkaufsflächen passiert der Kunde zügig (mit Straßengeschwindigkeit), erst dann wird das Tempo reduziert; u. Ä.
	Warenplatzierung: Zusammenstellung nach Warengruppen (Categories): Waren des täglichen Bedarfs, Warengruppen, die besonders herausgestellt werden sollen. Mittlerweile weit verbreitet ist die Bildung von Sortimenten oder Artikeln auf Palette mitten im Laufgang (zum Teil noch mit roter Etikettierung): Damit sollen dem Kunden „Sonderangebote" suggeriert werden, obwohl dies häufig nicht der Fall ist. Man kann generell unterscheiden: Erstplatzierung sowie Zweit- und Drittplatzierung. Zusammenstellung nach Farben wie z. B. bei Textilien; Zusammenstellung nach Marken oder Herstellern; Zusammenstellung nach Preislage, z. B. Boxen „Jeder Artikel 1 €"; Teure Waren in Blickhöhe, preiswerte im unteren Regal („Bückware"; ein Begriff, der in der ehemaligen DDR eine andere Bedeutung hatte).
	Einsatz von Licht: Licht zum Sehen, zum Ansehen, zum Hinsehen
Displays	Verkaufsdisplay („Stumme Verkäufer"), Paletten-Display (Palette vom Hersteller inkl. Dekoration), Präsentationsdisplay (Prospekthalter, Produktproben), Dauerdisplays (Regale und Regaleinbauten auf Dauer vom Hersteller)
Instore-Medien	Ladenfunk, Instore-TV, elektronische Displays, intelligente Regale (vgl. Future Shop)

Quelle: in Anlehnung an: Haller, S., a. a. O., S. 329 ff.

Achtung: häufig Gegenstand der Prüfung.

2.8.3 Zusammenarbeit im Bereich visuelles Marketing

01. Wie sind die Aktivitäten des visuellen Marketing zu koordinieren?

• Die Maßnahmen des visuellen Marketing sind *widerspruchsfrei* zu gestalten und müssen sich gegenseitig stützen und fördern:
CI-Politik, Öffentlichkeitsarbeit, Werbung, Visual Merchandising und das Verhalten des Verkaufspersonals müssen identische Botschaften in Wort, Schrift und Erscheinungsbild kommunizieren (Firmenphilosophie, Leitgedanken).

• Große Handelsunternehmen verfügen über eigene *Spezialisten,* die standardisierte Präsentationskonzepte des Visual Merchandising für die Filialen und Märkte des Konzern bereitstellen. Hier ist der Identitätsgedanke tragendes Merkmal der Gestaltung und in der Regel auch gewährleistet.

• Der Einzelhandel kann/muss Handlungsfelder und Gestaltungselemente des Visual Merchandising vom Hersteller, Großhandel oder vom Franchisegeber übernehmen.

• Es gibt *Beratungsunternehmen,* die sich auf die Gestaltung von Feldern des Visual Merchandising spezialisiert haben. Hier ist es wichtig, dass der Auftraggeber bei der Vergabe ein umfassendes und mit den Elementen der Unternehmensphilosophie abgestimmtes Briefing übergibt.

• Mittlerweile ist in einigen Geschäftstypen zu beobachten, dass die Aktivitäten des Visual Merchandising von Hersteller und Handel *konkurrieren* und sich zum Teil gegenseitig behindern, sodass der Grundgedanke von VM nicht immer in voller Wirkung umgesetzt werden kann; vgl. z. B. die produktspezifischen und auf den Hersteller zugeschnittenen VM-Gestaltungselemente im Bereich der Foodware (Mon Cherie, Lindt-Schokolade, Weinhersteller). Durch das Bemühen des Herstellers, seine Produkte am Point of Sale in besonderer, unverwechselbarer Weise herauszustellen, wird das Erscheinungsbild des Verkaufsraums (einer Kette) in Farbe und Regalgröße zergliedert, kann im Widerspruch zum Erscheinungsbild des Supermarktes stehen und beim Kunden Irritation und Desorientierung bewirken.

2.9 Werbung, Verkaufsförderung, Werbeerfolgskontrolle

2.9.1 Werbung

01. Was versteht man unter Werbung?

Werbung ist der gezielte Einsatz von Kommunikationsmitteln, um das Verhalten bestimmter Zielpersonen zu beeinflussen, deren Aufmerksamkeit man gewinnen will und deren Kaufentscheidung man für das werbende Unternehmen herbeiführen möchte.

Werbung und Verkaufsförderung (Sales-Promotion) lassen sich über folgende Merkmale voneinander abgrenzen:

Sales-Promotion	Werbung
• Bietet Anreize: „Produkt zum Kunden"	• Bietet Kaufmotive: „Kunde zum Produkt"
• Kurzfristig und einmalig	• Längerfristig, kontinuierlich, wiederkehrend
• Wirkung: eher schnell (oder nicht)	• Wirkung: eher längerfristig (oder nicht)
• Mix aus speziellen Instrumenten	• Ein bestimmtes Werbemittel dominiert.
• Eher nachrangiges Kommunikationsmittel	• Eher vorrangiges Kommunikationsmittel

02. Welche Aufgaben hat die Werbung im Einzelnen?

• Gewinnung von Aufmerksamkeit und Interesse
• Unterrichtung und Information
• Beeinflussung mit dem Ziel der Begründung von Überzeugungen
• Weckung von Bedarf und Kaufbereitschaft
• Gewinnung, Erweiterung und Sicherung von Märkten
• Schaffung von Transparenz im Absatz- und Beschaffungsmarkt
• Einführung oder Wiedereinführung von Erzeugnissen, Marken oder Herstellernamen
• Identifizierung von Erzeugnissen oder Marken, Leistungs- und Qualitätsgarantien
• Absatz- und Verkaufserleichterungen
• Hilfe im Vertrieb
• Verbrauchs- und Umsatzsteigerungen
• Gewinnung von Vertrauen
• gezielte Beeinflussung des Wettbewerbs.

03. Welche Ziele verfolgt die Werbung?

Ökonomische Ziele	Steigerung/Erhaltung von Umsatz, Ergebnis, Deckungsbeitrag, Marktanteil und/oder ähnliche Ziele unter Beachtung der Werbekosten
Außerökonomische Ziele (besser: indirekte Ziele)	Bekanntheitsgrad, Image, Vertrauen beim Kunden zum Unternehmen und zum Produkt; damit soll indirekt und langfristig die Ertragslage stabilisiert/verbessert werden.

04. Welche Arten von Werbung werden unterschieden?

Fasst man die Arten der Werbung unter Oberbegriffen zusammen, so lässt sich z. B. folgender Überblick geben:

Arten der Werbung			
nach der Zahl der Werbenden	nach der Zielsetzung	nach der Wirkung	nach der Zahl der Umworbenen
• Einzelwerbung • Sammelwerbung • Verbundwerbung • Huckepackwerbung	• Einführungswerbung • Expansionswerbung • Erhaltungswerbung	• Suggestivwerbung • Informationswerbung • vergleichende Werbung	• Einzelwerbung • Gruppenwerbung

nach dem Werbeobjekt	nach der Art der Ansprache	nach dem Werbenden	nach der psychologischen Gestaltung
• Produktwerbung • Imagewerbung	• Massenwerbung • Individualwerbung	• Herstellerwerbung • Handelswerbung	• offene Werbung • verdeckte Werbung • unterschwellige Werbung

05. Was versteht man unter Werbemitteln und welche werden unterschieden?

Das Werbemittel ist die Form/der Inhalt der Werbebotschaft. Sie wird durch Werbeträger (Medium) übermittelt, z. B.:

Werbemittel		Werbeträger
• Anzeige	→	• Zeitung
• Werbespot	→	• Hörfunk, Fernsehen

Man unterscheidet bei den Werbemitteln:

*   *Optische Werbemittel* und zwar zunächst einmal die Ware selbst, die als Warenprobe und in der Packung werblich aufgemacht wird oder in Schaufenstern oder Schaukästen, auf Messen und Ausstellungen ausgebreitet werden kann.

*   *Grafische Werbemittel* und zwar in Form von Werbebriefen, Drucksachen, Handzetteln, Flugblättern, Anzeigen und Plakaten, den Einsatz von Film und Licht in Form von Werbefilmen, Flutlicht, Schaufensterbeleuchtung, Werbeleuchtschriften und -schildern.

*   Die *Geschenkwerbung* in Form von Werbegeschenken, Zugaben, Gutscheinen, Gewinnen bei Preisausschreibungen usw., wobei allerdings die einschlägigen gesetzlichen Vorschriften wie UWG, Zugabenverordnung u. a. beachtet werden müssen.

*   Die *Werbung im Straßenverkehr*, wie z. B. in Werbewagen, Werbekolonnenfahrten, Werbeumzüge und Werbebeschriftung von Fahrzeugen; Plakatträger und Werbemittel in der Luft.

*   *Architektonische Werbemittel*, wie z. B. Gebäudegestaltung, besondere Repräsentationsräume, Schaufenstergestaltung, Firmenschilder, Ladeneinrichtungen.

*   *Akustische Werbemittel* und zwar das Wort, wie z. B. bei Verkaufsgesprächen durch Verkäufer, Reisende, Ausrufer, Promoter, Werbeversammlungen sowie durch Film und Funk, wie Werbefilme und Werbefernsehen, Werbehörfunk, Lautsprecherwerbung.

*   Weiterhin den *Service*, wie z. B. Kundendienst und Verkaufshilfen.

06. Was versteht man unter einem Werbeträger?

Werbeträger sind zum einen *die Materialien*, aus denen die Werbemittel hergestellt sind, wie z. B. aus Holz, Papier, Filme und zum anderen *die Hilfsmittel*, auf denen die Werbemittel angebracht sind, wie z. B. die *Zeitung* für das Inserat, das *Schaufenster* für die ausgestellte Ware, die Plakatsäule für das Plakat, die Fernsehanstalten für den Fernsehspot, die Kinos für den Werbefilm usw. Dabei ist es entscheidend, dass der Werbeträger dazu beiträgt, die Werbewirkung des Werbemittels zu erhöhen und nicht etwa zu zerstören.

07. Was versteht man unter einem Werbeplan?

Der Werbeplan beruht auf den Ergebnissen der Marktforschung und der Absatzplanung und zeigt auf, in welcher Weise für die Erzeugnisse geworben werden soll.

08. Wie wird ein Werbeplan aufgestellt?

Es wird zunächst die *Zielgruppe* definiert, d. h. die Gruppe der Verbraucher festgestellt, die mit der Werbung angesprochen werden soll. Danach wird die Werbekonzeption entwickelt, d. h. die *inhaltliche Aussage* der Werbung festgelegt und dann die Auswahl der *Werbeträger und Werbemittel* getroffen. Die Werbeträger wiederum hängen in starkem Maße von der Zielgruppe ab. Ist diese Auswahl getroffen, wird der *Zeitpunkt* der Werbung bestimmt, der wiederum mit den anderen infrage kommenden Abteilungen abgestimmt sein muss, damit die Ware zu dem Zeitpunkt, zu dem geworben wird, auch tatsächlich im notwendigen Umfang auf Lager ist. Insgesamt werden der Umfang der Werbung und die daraus resultierenden Kosten in einem *Werbebudget* geplant. Der Gesamtvorgang der Werbeplanung ist ein *schrittweiser Prozess*. In jeder Teilphase und am Schluss dieses Prozesses ist „zurückzukoppeln" zum Werbeziel *(Werbeerfolgskontrolle)*, das letztendlich zu erreichen ist.

Die *Phasen des Werbeprozesses* im Einzelnen:

1. Werbeziel festlegen (im Rahmen der Marketingziele)
2. Werbeetat festlegen/ermitteln
3. Auswahl und Festlegung der Werbeobjekte und -subjekte
4. Gestaltung der Werbeinhalte (-botschaften)
5. Auswahl der Werbemittel
6. Prognose des Werbeerfolgs (Pretest)
7. Auswahl der Werbeträger
8. Auswahl der Werbezeitpunkte, zeiträume, -gebiete
9. Durchführung der Werbung
10. Werbeerfolgskontrolle.

Dabei orientiert man sich an der bekannten *AIDA-Formel:*

A	I	D	A
Attention	**Interest**	**Desire**	**Action**
Informieren und Aufmerksamkeit erregen	Interesse wecken durch Detailinformation (Unternehmen, Sortiment, Artikel)	Kaufmotiv und Besitzwunsch erzeugen	Zum Handel auffordern und Kaufentscheidung bewirken

09. An welchen Eckdaten wird sich die Höhe des Werbebudgets orientieren?

Die Höhe des Werbebudgets wird vorrangig bestimmt durch die Ziele und Aufgaben der betreffenden Werbemaßnahme (z. B. Einführungswerbung oder Erinnerungswerbung). Daneben können natürlich die Werbeaktivitäten der Konkurrenz und die vorhandenen eigenen finanziellen Ressourcen sowie die Ertragslage nicht außer Acht bleiben. Die Orientierung an Kennzahlen (z. B. Prozentzahlen vom Umsatz oder Anteile vom Gewinn) ist weniger geeignet.

Entscheidungskriterien zur Festlegung der Höhe des Werbebudgets	
Merkmal	*Bewertung*
In % vom Umsatz	Vorteil: leicht zu bestimmen.
In % vom Gewinn	Nachteil: prozyklische Höhe des Werbebudgets
Finanzvolumen	ggf. prozyklisch; ggf. unklare Höhe des Finanzvolumens
Konkurrenz	Problem: Ermittlung des Werbebudgets der Konkurrenz
Werbeziele	empfehlenswert: eigenständige Zielsetzung

Nachdem das Werbebudget ermittelt wurde, kann es mithilfe einer weiteren Matrix auf die einzelnen Werbeträger/Medien/Aktionen je Zeitabschnitt je Produkt usw. verteilt werden.

Beispiel einer Jahres-Werbeplanung:

	Anzeigen			Prospekte, Handzettel			Schaufenster, Dekoration			Hörfunk			
	Termin	Kosten		Termin	Kosten		Termin	Kosten		Termin	Kosten		Kommentar
		Ist	Soll	+/-		Ist	Soll	+/-		Ist	Soll	+/-		Ist	Soll	+/-	
Jan.													
Feb.													
März													
...													
gesamt													

Das ermittelte Gesamtbudget kann *gleichmäßig* auf die einzelnen Monate aufgeteilt oder aber *nach Schwerpunkten* (Saisonartikel, geplante Sonderverkäufe etc.) verteilt werden.

Das monatliche Budget wird anschließend auf die infrage kommenden Werbeträger bzw. -mittel umgelegt.

Die geplanten Kosten werden am Ende der jeweiligen Werbeaktion mit den tatsächlichen Kosten verglichen. Dieser Soll-Ist-Vergleich ermöglicht eine Kostenkontrolle und dient gleichzeitig auch als Anhaltspunkt für die zukünftige Planung des Werbebudgets.

In der Spalte „Kommentar" können z. B. Werbeaktivitäten von Konkurrenzunternehmen, beworbene Produkte etc. vermerkt werden.

10. Was bezeichnet man als Mediaselektion?

Mediaselektion ist die Auswahl eines Werbeträgers. Man unterscheidet:

Inter-Mediaselektion	Auswahl zwischen verschiedenen Werbeträgern (Werbeträgergattungen), z. B. Zeitung, Fernsehen.
	Die Auswahlkriterien sind: Verfügbarkeit, Reichweite, Zielgruppe, Kosten, Realisierung des Werbeziels, Image, Affinität.
Intra-Mediaselektion	Auswahl einer Medienart innerhalb einer Werbeträgergattung, z. B. Tageszeitung/Wochenzeitung, regionale/überregionale Zeitung.
	Die Auswahlkriterien sind: Verbreitungsgebiet, Zielgruppenaffinität, Reichweite, Kosten, Kontaktqualität, Umfeld.

Dabei haben die Mediabegriffe folgende Bedeutung:

Reichweite (in %)	Prozentsatz der Personen, die durch einen Werbeträger erreicht werden
Kennzahlen zur Reichweite	**LpN-Wert:** Leser pro Nummer (Ausgabe); wird durch Befragung ermittelt.
	WLK-Wert: Weitester Leserkreis
	K-Wert: durchschnittliche Leserschaft einer Zeitung
	LpE-Wert: Leser pro Exemplar
	Räumliche Reichweite: Geografisches Gebiet, in dem das Medium vertrieben wird
	Quantitative Reichweite: verkaufte Auflage · LpE-Wert
	Qualitative Reichweite: quantitative Reichweite · Anteil der Zielgruppe an den Nutzern des Mediums
	Einzelreichweite: Einfache Schaltung in einem Werbeträger
	Bruttoreichweite: Summe der Einzelreichweiten bei Schaltung in mehreren Medien
	Nettoreichweite: Bruttoreichweite - Überschneidungen (Anzahl der Personen, die die Anzeige mehrfach lesen, weil sie Kontakt mit mehreren Medien haben)
	Kombinierte Reichweite: Anzahl der Personen, die bei Mehrfachbelegung mindestens einmal angesprochen werden
	Kumulierte Reichweite: Anzahl der Personen, die erreicht werden – bei mehrfacher Schaltung in einem Medium oder bei einmaliger Schaltung in mehreren Medien
Affinität	Prozentualer Anteil der Reichweite bei Zielpersonen an der Reichweite der Grundgesamtheit
Tausenderkontaktpreis (TKP)	Kosten für die Erreichung von 1.000 Zielpersonen
	Schaltkosten · 1.000 : Reichweite (Auflage)
Kontaktintensität	Anzahl der Kontakte des Werbeträgers mit den Zielpersonen
Gross Rating Points (GRP)	Reichweite in % · Kontaktintensität

Carry-over-Effekt	Ausstrahlungseffekt, zeitlich: Zwischen der Werbemaßnahme und deren Wirkung auf den Verbraucher besteht eine zeitliche Verzögerung.
Spill-over-Effekt	Ausstrahlungseffekt, sachlich: Die Werbewirkung einer beworbenen Warengruppe (z. B. Werkzeuge) wird auf andere Warengruppen übertragen (z. B. Gartengeräte).

11. Was ist Direktwerbung und welche Formen gibt es?   → 2.5.3

Bei der Direktwerbung werden aufgrund der charakteristischen Merkmale einer Zielgruppe ausgewählte Empfänger angesprochen. Die Direktwerbung nimmt heute den dritten Platz hinter der Werbung in Tageszeitung und TV ein.

• *Vorteile:*
  - Zielgruppenspezifischer Einsatz
  - Minimierung der Streuverluste
  - Schnelligkeit, Flexibilität
  - Rückantworten
  - relativ leichte Messbarkeit der Werbewirksamkeit.

• *Inhalt einer Direktaussendewerbung:*
  - Werbebriefumschlag
  - Werbebrief
  - Prospekt
  - Antwortkarte
  - Stuffer/Flyer (z. B. Aufkleber zur Verstärkung; z. B. „Ihre Gratispunkte – hier aufkleben", „Ihr Gratisgeschenk – hier ausschneiden und beifügen/ankreuzen").

12. Welches Ziel haben Werbekooperationen und welche Formen gibt es?

Eine Werbekooperation ist die Zusammenarbeit rechtlich und wirtschaftlich selbstständiger Unternehmen bei der Durchführung von Werbemaßnahmen. Dadurch soll der Wirkungsgrad der Werbung (Effektivität) verbessert und die Kosten gesenkt werden. Weiterhin können Auftreten am Markt und Imageeffekte damit verbunden sein.

Beispiel (horizontale Werbekooperation):

Das neue Cabrio von ... steht für Sie bereit! **Starten Sie durch und gewinnen Sie ...**			
Das Warten hat ein Ende. Ab Montag steht ....Sie können .... gewinnen ....testen Sie........Die Zusatzausstattung kann sich sehen lassen.....................			
Autohaus Jahn	**Autohaus Müller**	**Automobile Kumpermann**	**Automobile Fritz**

Formen der Werbekooperation	
Horizontale Werbekooperation	z. B. Einzelhandelsbetriebe schalten regelmäßig eine gemeinsame Anzeige.
Vertikale Werbekooperation	Hersteller und Handel arbeiten bei Werbeaktionen zusammen: Vorbereitung, Kostenbeteiligung, Abstimmung von Werbeaktionen, Erscheinungsbild, Slogan u. Ä. (analog: Großhandel/Einzelhandel).
Sammelwerbung	z. B. verschiedene Einzelhandelsgeschäfte unterschiedlicher Branchen beteiligen sich einmalig/regelmäßige an gemeinsamen Werbeaktionen (z. B. alle Geschäfte in einer bestimmten Einkaufsstraße/einem Einkaufscenter).
Gemeinschaftswerbung	z. B. Werbeaktion des Bäckerhandwerks („Natursauerteig, keine Fertigbackmischungen")

2.9.2 Verkaufsförderung

01. Wodurch unterscheiden sich Werbung und Verkaufsförderung?

In der Praxis wird die Verkaufsförderung im Vergleich zur Werbung und zum persönlichen Verkauf meist als zweitrangig eingestuft. Allerdings sollte man nicht unterschätzen, dass der geschickte Einsatz dieses Kommunikationsmittels einen wichtigen Beitrag zum Marketingerfolg leisten kann. *In den letzten Jahren hat die Bedeutung der Verkaufsförderung stetig zugenommen.* Unternehmen, die es verstehen, die Mittel der Verkaufsförderung gekonnt einzusetzen, sind in der Lage, einen deutlichen Wettbewerbsvorteil zu erzielen. *Verkaufsförderung* umfasst eine Vielzahl von Anreizen (meist kurzfristiger Natur), um den Handel oder den Verbraucher zum Kauf zu stimulieren. Der zentrale Unterschied zwischen Werbung und Verkaufsförderung lässt sich folgendermaßen auf den Punkt bringen:

- *Werbung* gibt einen Kaufgrund (Motivbildung)!
  „Kunde zum Produkt!"

- *Verkaufsförderung* bietet einen Anreiz, den Kauf zu vollziehen!
  „Produkt zum Kunden!"

Etwas erklärungsbedürftig sind hierbei die „Anreize", die zur Erhöhung des Kaufvolumens führen sollen. Kaufanreize werden meist durch besondere zusätzliche Leistungen zum Produkt ausgelöst. Beispiele für solche Kaufanreize sind Gutscheine auf Verkaufsverpackungen und attraktive Displays (z. B. von Süßigkeiten in Kassennähe oder kleine Geschenke), auf denen meist auch eine Werbebotschaft aufgedruckt ist (z. B. Gratisproben des Produkts, Sampling) oder aber Preisnachlässe (Rabatte) oder Treueprämien für Käufer, die ein Produkt in größerem Umfang kaufen. Die Anreize können sich an die Konsumenten, Absatzmittler oder das Verkaufspersonal richten. Verkaufsförderungsaktionen sind zeitlich begrenzt, deshalb spricht man auch von „kurzfristigen" Kaufanreizen – im Gegensatz zu Werbemaßnahmen, die mehr oder weniger längerfristig/konstant auf ein Produkt oder eine Dienstleistung aufmerksam machen.

Kaufanreize können auf vielfältige Weise gegeben werden und verfolgen unterschiedliche Zwecke: Gratisproben sollen den Verbraucher zum Testen eines Produkts anregen (Gewinnung von Neukunden), Treueprämien belohnen Kunden, die häufig ein bestimmtes Produkt kaufen oder sie zielen auf eine Erhöhung der Wiederholungskäufe von gelegentlichen Verwendern (Markenwechsler). Eine kostenlose Betriebsberatung für den Händler soll die langfristige Geschäftsbeziehung mit ihm festigen.

Man spricht bei allen Mitteln, die kurzfristig Kaufanreize auslösen sollen, von Instrumenten der Verkaufsförderung. Ziel dabei ist immer, dass „Produkt zum Kunden zu bringen, während die Werbung „den Kunden zum Produkt bringen soll!"

02. Welche Formen der Verkaufsförderung lassen sich unterscheiden?

Welche Instrumente der Verkaufsförderung zum Einsatz kommen hängt u. a. davon ab, welche Zielgruppe angesprochen werden soll. In der Regel besteht der angesprochene Personenkreis entweder aus den Endabnehmern eines Produkts (Verbraucher-Promotion, Consumer Promotion), den Handelspartnern (Händler-Promotion, Trade Promotion) oder aber aus den Verkäufern (Außendienst-Promotion, Trade Promotion). Dementsprechend lassen sich verschiedene Formen der Verkaufsförderung mit ihren unterschiedlichen Ausprägungen unterscheiden:

Verkaufsförderung (Sales Promotion) • „Produkt zum Kunden"		
Verbraucher-Promotion (Consumer Promotion)	**Händler-Promotion (Dealer Promotion)**	**Außendienst-Promotion (Staff-Promotion)**
Beispiele		
• Gewinnspiele • Einführungspreise • Treuerabatte • Kundenzeitschrift • Produktvorführungen • Produktproben • Gutscheine • Tauschaktionen („Alt für Neu") • Promoter	• Einführungsrabatte • Werbekostenzuschüsse • Händlerpreisausschreiben • Tagungen/Schulungen • Tagungen/Schulungen • Schaufenstergestaltung Einführungsmuster • Produktvorführungen • Displays	• Verkaufstraining • Sonder-Verkaufsprämien • Sonder-Verkaufsprämien • Ideenwettbewerbe • Produktmuster • Verkaufswettbewerbe • Incentives • Verkaufsmedien

1. Verbraucher-Promotion (Kundenförderung)

Verbraucher-Promotion kann vom Hersteller initiiert *(Hersteller-Promotion)* oder aber von den Einzelhändlern durchgeführt werden *(Einzelhändler-Promotion)*. Es folgen einzelne Beispiele:

• *Geschenke* sind Waren, die entweder kostenlos oder aber zu einem niedrigen Preis angeboten werden. Die Verbraucher erhalten damit die Möglichkeit, das Produkt kennen zu lernen.

- *Gutscheine und Coupons* garantieren dem Inhaber beim Kauf eines bestimmten Produktes eine genau festgelegte Ersparnis. Einerseits lassen sich mit diesem Mittel bei Produktneueinführungen neue Kunden gewinnen oder aber im Fall nachlassender Verkaufszahlen bei Produkten, die in die Reifephase des Produktlebenszyklus gekommen sind, können die Verkaufszahlen ggf. wieder gesteigert werden.

- *Rückvergütungsrabatte* sind Preisermäßigungen, die der Verbraucher durch Einschicken eines Kaufnachweises nachträglich gewährt bekommt. Das Produkt wird häufig mit Treuepunkten versehen.

- *Treueprämien* sind Belohnungen, die in Form von Geld, Waren oder sonstigen Werten für den häufigen Kauf von Produkten vergeben werden.

- *Gewinnspiele* bieten die Chance, Waren, Geld, Gutscheine oder Reisen zu gewinnen. Der Teilnehmer muss meist eine Aufgabe lösen und den Teilnahmeschein an den Veranstalter schicken. Aus rechtlicher Sicht muss jedoch der Veranstalter darauf achten, dass der Kunde keinem Kaufzwang unterliegt, d. h. die Teilnahme am Gewinnspiel muss vom Produktkauf unabhängig sein, die Gewinnchancen dürfen z. B. durch den Kauf nicht erhöht werden.

- *Probenutzungsangebote* sind eine Einladung an den potenziellen Käufer, ein Produkt kostenlos für eine festgelegte Zeitspanne zu testen. Der testende Verbraucher soll von den Vorzügen des Produkts überzeugt und damit angeregt werden, das Produkt auch zu kaufen.

- *Sonderpreispackungen* bieten dem Verbraucher ein oder mehrere Produkte zu einem ermäßigten Preis an. Häufig findet man Mehrfachpackungen (z. B. drei Einzelpackungen werden zum Preis von zweien angeboten) oder aber Koppelungspackungen (z. B. Waschmittel und Weichspüler werden zusammen angeboten).

- *Produktproben* sollen den Verbraucher dazu animieren, ein Produkt kostenlos zu testen. Produktproben werden meist als Minipackungen im Laden verteilt, anderen Produkten beigelegt oder durch Verteiler oder auf dem Postweg dem Verbraucher angeboten.

- *Garantieleistungen* gewähren dem Verbraucher eine Sicherung der Funktionsfähigkeit des Produktes. Garantieleistungen sind bei qualitätsbewussten Verbrauchern ein starkes Verkaufsargument, da diese von der Garantieleistung auf die Qualität des Produktes schließen.

- *POP-Displays und -vorführungen* (POP = Point of purchase; z. B. Hinweisschilder, Plakate, Aufsteller, Regalstopper) sollen die Aufmerksamkeit des Verbrauchers auf ein bestimmtes Produkt bzw. eine Produktgruppe richten. Die Displays werden am Ort des Verkaufs angebracht oder aufgestellt. Da viele Händler sich nicht gerne die Mühe für das Aufstellen des Schaumaterials machen, wird dies häufig vom Hersteller übernommen.

2. Händler-Promotion (Händlerförderung)

Die auf den Handel ausgerichtete Verkaufsförderung hat in den letzten Jahren immer mehr an Bedeutung gewonnen aufgrund der zunehmenden Konzentration von Einkaufsmacht in den Händen weniger großer Einzelhandelsorganisationen. Dies ermöglicht es dem Handel, verstärkt auf die Unterstützung der Hersteller zurückzugreifen.

Beispiele:

* *Kaufnachlässe* sind Preisnachlässe, die dem Händler vom Hersteller als direkter Abzug vom Listenpreis für Käufe innerhalb eines festgelegten Zeitraumes gewährt werden. Der Händler kann die Preisersparnis wiederum für Preissenkungen, für Werbeaktionen etc. nutzen.

* *Funktionsrabatte* sind Rabatte, die dem Händler vom Hersteller dafür gewährt werden, dass dieser die Produkte eines Herstellers besonders herausstellt.

* *Gratiswaren* werden als zusätzliche Warensendungen an die Absatzmittler abgegeben, wenn bestimmte Umsatzgrenzen überschritten werden oder wenn bestimmte Produkt-Charakteristika wie Geschmacksrichtung oder Packungsgrößen werblich besonders herausgestellt werden.

3. Außendienst-Promotion (Außendienstförderung)

Die Förderung der Außendienstarbeit wird im Vergleich zu den anderen beiden Arten der Verkaufsförderung meist nur in zweiter Linie verfolgt. Die Ausgaben in diesem Bereich sind i. d. R. auch weitaus geringer als die Ausgaben für die anderen beiden Bereiche. Folgende Instrumente können zum Einsatz kommen:

* *Messen und Ausstellungen* unterstützen die Arbeit des Außendienstes und bieten die Möglichkeit, auch Kunden anzusprechen, die normalerweise nicht über die Verkaufsorganisation zu erreichen sind. Messen bieten den Unternehmen die Möglichkeit, ihre (neuen) Produkte durch Gespräche mit potenziellen Neukunden vorzustellen. Da die Teilnahme allerdings nicht gerade billig ist, muss eine sorgfältige Vorbereitung erfolgen.

* *Verkaufswettbewerbe* richten sich direkt an die eigene Verkaufsorganisation oder den Handel und sollen zur Verbesserung der Verkaufsergebnisse innerhalb eines bestimmten Zeitraumes dienen. Für erfolgreiche Verkäufer werden Preise in Form von Bargeld, Geschenken oder Reisen (Incentives) vergeben.

* *Geschenkartikel* werden vom Verkaufspersonal an potenzielle oder bestehende Kunden verteilt. Meist befindet sich ein Aufdruck des Firmennamens oder des Firmenlogos auf den Waren und/oder eine Werbebotschaft. Größere Geschenke sind allerdings rechtlich problematisch.

03. Wie muss eine Verkaufsförderungsaktion geplant und realisiert werden?

Eine Verkaufsförderungsaktion muss sorgfältig geplant werden. Mehrere Entscheidungen müssen getroffen werden. Zunächst muss sich das Unternehmen über die angestrebten Verkaufsförderungsziele Gedanken machen und dann entsprechend der ins Auge gefassten Ziele angemessene Verkaufsförderungsinstrumente auswählen.

Soweit es die finanzielle Situation zulässt, ist es dann auch sinnvoll, die angewandten Instrumente vor deren Einsatz und nach der Durchführung der Verkaufsförderungsaktion durch Tests auf ihre Wirksamkeit hin zu untersuchen. Eine Kontrolle und Bewertung der Aktion kann auch durch den Vergleich der Verkaufszahlen vor und nach der Aktion oder allgemein durch Rentabilitätsberechnungen oder Kosten-Nutzen-Vergleiche erfolgen. Es existiert auch bei der Planung und Durchführung von Verkaufsförderungsaktionen der bekannte Regelkreis:

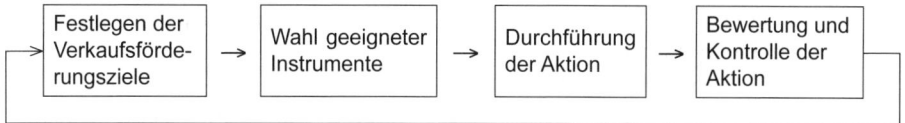

04. Was ist das Ziel der Tätigkeit von Verkaufsförderern?

Promoter stellen meist in Kaufhäusern neuartige oder erklärungsbedürftige Waren vor. Durch diese Tätigkeit können die Hersteller von Konsumartikeln auch noch durch Gratisproben, Zugaben, Preisausschreiben, Gutscheine u. Ä. zusätzlich werben und mithilfe von Display-Material die Produkte am Ort des Verkaufs besser präsentieren.

05. Was ist eine Aktion?

Eine Aktion ist eine Maßnahme, die ein Anbieter im Rahmen seiner Werbung oder Verkaufsförderung durchführt. Aktionen können allein, aber auch in Kooperation mit Herstellern oder Einkaufsvereinigungen durchgeführt werden. *Eine Aktion strebt eine hohe Publikumswirkung an.* Beispiele sind Dichterlesungen, Ausstellungen, Versteigerungen, Verkauf von Wein im Beisein der Weinkönigin usw.

2.9.3 Werbeerfolgskontrolle

01. Welche Bedeutung hat die Werbeerfolgskontrolle?

Mithilfe der Werbeerfolgskontrolle soll festgestellt werden, ob die durchgeführte Werbung den beabsichtigten Effekt (Werbeerfolg) erzielt hat. Eine solche Feststellung ist jedoch in der Praxis häufig sehr schwer zu treffen: Zum einen sind die Werbeziele oft nicht operational (messbar) gestaltet. Zum anderen lässt sich meist keine direkte kausale Beziehung zwischen der Werbung für ein bestimmtes Produkt und der Entwicklung des Absatzes herstellen. Trotz dieser Problematik gibt es Ansätze zur Systematisierung des Werbeerfolgs.

(1) *Beim außerökonomischen Werbeerfolg* konzentriert man sich auf Untersuchungsgrößen wie

- Bekanntheitsgrad des Produktes,
- Informationsstand über das Produkt,
- Image des Produkts u. Ä.,
- Testverfahren zur Wiedererkennung (z. B. Recognition) und

- Testverfahren zur Kontaktmessung („Kommen die Werbesubjekte mit der Werbebotschaft bzw. den Trägern der Werbebotschaft in Berührung?").

(2) *Der ökonomische Werbeerfolg* – z. B. gemessen an Kenngrößen wie Absatz oder Umsatz – wirft Probleme auf. Trotzdem gibt es auch hier Verfahrensansätze, die in der Praxis zufriedenstellende Ergebnisse liefern können, wie z. B.:

- **B**estellung **u**nter **B**ezugnahme **a**uf das **W**erbemittel (Bu-BaW-Verfahren)
- Methoden der Direktbefragung („... welche Werbemaßnahme hat zu dieser Kaufentscheidung geführt ...")
- Messung des Werbeerfolgs in Testmärkten.

| **Werbeerfolg** | Werbebedingter Umsatzzuwachs : Werbekosten |
| | werbebeeinflusster Umsatz - werbeloser Umsatz |

02. Auf welche Weise wird die Werbung beeinträchtigt?

Die Adressaten der Werbung fühlen sich durch die Reizüberflutung durch die Werbung und die Medien überfordert. Aus diesem Grunde prägen sich Werbespots und Anzeigen nur noch ein, wenn sie sich von anderen Spots und Anzeigen deutlich abheben. Inserate werden nicht mehr gelesen, wenn sie alltäglich wirken. Überdies neigen viele Fernsehzuschauer nach den Feststellungen von Marktforschungsinstituten dazu, während der Werbezeiten die Tasten der Fernbedienung zu betätigen und auf andere Sender überzugehen, wenn sie sich von der Werbung nicht angesprochen fühlen. Diese Situation zwingt die Werbetreibenden und die Werbeagenturen zu sorgfältigen Überlegungen und zu neuen Konzepten um angesichts der Werbevielfalt und der Ermüdungserscheinungen beim Konsumenten weiterhin Aufmerksamkeit zu erregen. Dieses gelingt in der Regel nur mit besonders originellen Texten und Bildern.

03. Vor welchen Problemen steht die Telefonwerbung?   → 2.14.3

Die Telefonwerbung ist das umweltfreundlichste Werbemittel, weil sich Werbebriefe zum größten Teil später als mühsam zu beseitigendes Abfallprodukt erweisen und überdies viele vorgesehene Empfänger solcher Werbebriefe durch einen entsprechenden Aufdruck den Empfang im Briefkasten ablehnen.

Dagegen steht, dass viele Bürger die Telefonwerbung als einen ungebetenen Eingriff in ihre häusliche Privatsphäre empfinden. Der Gesetzgeber hat dem Rechnung getragen: Am 04.08.2009 trat das *Gesetz zur Bekämpfung unerlaubter Telefonwerbung* und zur Verbesserung des Verbraucherschutzes bei besonderen Vertriebsformen in Kraft. Das Gesetz verbietet Werbeanrufe bei Verbrauchern, wenn diese nicht vorher ausdrücklich ihre Einwilligung erklärt haben. Werbeanrufer dürfen ihre Telefonnummer nicht mehr unterdrücken. Verstöße gegen diese Verbote können mit empfindlichen Geldbußen geahndet werden. Zudem werden die Widerrufsrechte von Verbrauchern bei telefonischen Vertragsschlüssen erweitert.

2.10 Öffentlichkeitsarbeit

2.10.1 Ziele und Zielgruppen der Public Relations (PR)

01. Welche Zielsetzung hat Public Relation?

Unter Public Relation (Öffentlichkeitsarbeit) versteht man die Information des Publikums über das Unternehmen als Ganzes um auf diese Weise den Good Will des Betriebes zu erhöhen, d. h. das Unternehmen wirbt in der Öffentlichkeit um Vertrauen in seine Leistungen. Öffentlichkeitsarbeit wird nur dann erfolgreich sein, wenn sie von Wahrheit und Ehrlichkeit geprägt ist.

02. An welche Zielgruppen wendet sich Public Relation und welche Instrumente _ werden eingesetzt?

Mithilfe der Public Relation werden Informationen über das Unternehmen, seine Tätigkeit und seine Produkte an Kunden, Lieferanten, Banken, Konkurrenten, Verbände, Behörden, Parteien, Schulen und nicht zuletzt an die eigenen Mitarbeiter gegeben. Zu diesem Zweck wird eine Öffentlichkeitsabteilung eingerichtet, die je nach Betriebsgröße, eigene Firmenzeitschriften herausgibt oder sich mit der Herausgabe von Berichten über die Geschäftsentwicklung, Fachartikel usw. begnügt. Es werden aber auch Messen und Ausstellungen beschickt, auf denen die Leistungen des Unternehmens herausgestellt werden. Oftmals empfehlen sich auch Tage der offenen Tür.

2.10.2 Externe Kommunikationsinstrumente der PR

01. Was bezeichnet man als Corporate Identity (CI)?   → 2.8.1

Corporate Identity-Politik hat zum Ziel, dem Unternehmen eine *bestimmte spezifische Identität* zu verschaffen. Man will auf diese Weise

- sich *am Markt* eindeutig (unverwechselbar) *positionieren* (externe Zielrichtung)
- die *Mitarbeiter* möglichst gut in das Unternehmen *integrieren* (interne Zielrichtung).

Man unterscheidet drei Elemente der CI-Politik (vgl. 2.8.1):

- Corporte Design
- Corporate Communication
- Corporate Behavior.

02. Aus welchen Gründen ist Corporate Identity entstanden?

In vielen Bereichen sind die Produkte untereinander austauschbar, die erzielte Wirkung ist ähnlich, der Preisunterschied gering. Der Verbraucher ist also im gewissen Sinne hilflos. Er kann weder bei technischen Geräten noch bei Gebrauchsartikeln des täglichen Bedarfs Kriterien finden, an denen er sich entscheiden könnte, sodass der Kauf mehr oder weniger zufällig erfolgt. Diese Situation ist für Hersteller und Händler einerseits unbefriedigend, andererseits mit zusätzlichen Kosten und einem zusätzlichen Beratungsbedarf verbunden. Mit CI will man gegenüber dem Absatzmarkt eindeutige Präferenzstrukturen schaffen.

03. Welche externen Instrumente der PR werden unterschieden?

Pressearbeit	Kontakt zu den Redakteuren der regionalen und überregionalen Presse, Vorbereitung von Pressemitteilungen – generell und anlassbezogen (Jubiläum, Eröffnung neuer Filialen, Wechsel in der Führungsetage, Verabschiedung von Auszubildenden usw.), Interviews in der Presse.
Lobbyismus	Präsenz und Engagement des Inhabers/des Vorstands in Vereinen, Verbänden, auf Fachtagungen oder in politischen Ausschüssen; Kontakt, Meinungsbildung, Multiplikatoren, Einfluss auf Vorhaben des Gesetzgebers
Sponsoring	Sponsoring ist die Unterstützung einzelner Personen (z. B. Sportler) oder Organisationen (z. B. Fußballvereine) mit Geldmitteln. Ausgewählt werden solche Personen usw., die sich als Werbeträger eignen (Bekanntheitsgrad, Erscheinungsbild, Charakterprofil) und zu denen eine Affinität im Hinblick auf die Werbebotschaft besteht. Als Gegenleistung für die Geldmittel erwartet der Sponsor von dem Gesponserten die Realisierung bestimmter Marketingziele (z. B. Bekanntheitsgrad des Produktes, Auftritt bei öffentlichen Veranstaltungen). Am bekanntesten sind Sportsponsoring, Soziosponsoring (Sponsoring im gesellschaftlichen Bereich), Kultursponsoring und Medien-/Programmsponsoring (z. B. Unterstützung eines Fersehprogramms). Der Erfolg von Sponsoring ist schwer messbar. Er kehrt sich dann um, wenn der Gesponserte in der Öffentlichkeit an Ansehen verliert (Vertrauensverlust).
Kunden-zeitschrift	Herausgabe einer Kundenzeitschrift: allein, im Verbund mit anderen Unternehmen oder als Branchenzeitschrift; Inhalte sind: Warenkunde/-präsentation, Testberichte, Pressemitteilungen über das Unternehmen/über erfolgreiche Produkte, Veranstaltungskalender, Veränderungen im Unternehmen, Leserbriefe u. Ä.
Product-Placement	Präsentation und Positionierung von Marken oder Name des Unternehmens in Fernsehsendungen, Filmen und Hörfunk.

04. Was versteht man unter einer Image-Untersuchung?

Es wird festgestellt, ob die Verbraucher ein bestimmtes Unternehmen kennen und wie sie es beurteilen. Zu diesem Zweck werden z. B. Passanten befragt mit dem Ziel festzustellen, „wie die Kunden dieses Unternehmen sehen". Es wird ermittelt, in welchem Unternehmen die Befragten bevorzugt bestimmte Waren kaufen und warum. Gleichzeitig soll festgestellt werden, warum bestimmte Geschäfte gemieden werden. Außerdem soll z. B. der Bekanntheitsgrad eines Unternehmens ermittelt werden.

2.10.3 Interne Kommunikationsinstrumente der PR → 1.5.2

01. Wie lässt sich die Zielsetzung des Corporate Identity innerbetrieblich durchsetzen?

Corporate Identity bedarf zu seiner Realisierung bei den Mitarbeitern eines klaren Führungsinstrumentariums, das Zweck und Ziel klar herausstellt und den Mitarbeitern bewusst vermittelt.

Interne Kommunikationsinstrumente der PR sind z. B.:

- BVW, Betriebssportgruppen, Incentives, Quality Circle u. Ä.
- Mitarbeiterzeitschriften, Intranet, Broschüre für (neue) Mitarbeiter
- Schwarzes Brett
- Sozialbericht
- Betriebsversammlung, -feste, Weiterbildung
- Sozialleistungen, Veranstaltungen für „Ehemalige".

02. Von welchen Vorstellungen müssen sich die Mitarbeiter leiten lassen?

Den Mitarbeitern muss bewusst sein, dass sie nicht irgendein Produkt herstellen oder verkaufen, sondern ein Produkt mit ganz bestimmten Eigenschaften, das sich sehr wohl von anderen Produkten gleicher Art abhebt. Die Mitarbeiter müssen sich mit diesem Produkt identifizieren, seine Vorzüge kennen und an der Beseitigung evtl. Nachteile von sich aus mitarbeiten. *Die Mitarbeiter sind die Mittler zwischen dem Produkt und dem Verbraucher.* Die Art und Weise, *wie die Mitarbeiter mit ihren eigenen Produkten umgehen, darüber sprechen und denken,* wirkt sich positiv oder negativ auf die Käufer und Verbraucher aus.

03. Was müssen die Unternehmen im Hinblick auf interne CI-Politik tun?

Die Unternehmensführung muss ihre Ziele allen Mitarbeitern einsichtig machen, die Erfahrungen der Mitarbeiter nutzen und ferner an der Gestaltung beteiligen. Das so gewonnene Bild muss einheitlich dargestellt und allen Mitarbeitern durch entspechende Schulungen, Vorträge und Seminare vermittelt werden.

04. Warum ist eine Kontrolle der Corporate Identity erforderlich?

Die Unternehmen investieren viel Zeit, Geld und Ideen in das Bemühen, ihr Ansehen, ihre Unternehmenskultur und den Umgang mit Kunden, Lieferanten und der Öffentlichkeit zu verbessern. Sie wollen und müssen wissen, ob ihre Bemühungen erfolgreich waren, wo ggf. Schwächen liegen, welche Maßnahmen angekommen sind und wo sie evtl. missverstanden wurden. Ein Beispiel aus dem Ausland mag dies verdeutlichen: Ein irisches Unternehmen wollte sein Produkt, ein Alkoholerzeugnis, auf dem deutschen Markt einführen und hat dazu den Namen Irish Mist gewählt und dazu die wörtliche Übersetzung von Mist als Schleier oder Nebel zu Grunde gelegt. Der negative Sinn des deutschen Wortes Mist war dem irischen Produzenten nicht bekannt. Das Unternehmen wunderte sich nur darüber, dass das als Mist bezeichnete Produkt in Deutschland nicht ankam.

05. Welche Arten von Kontrollen der PR- und CI-Politik sind möglich?

Man kann an den *Ruf* des Unternehmens anknüpfen, man kann den *Bekanntheitsgrad* des Produktes zur Grundlage machen und man kann den *Kundendienst,* also die *Mitarbeiter* zu Grunde legen. Es lassen sich alle Möglichkeiten der Marktforschung einsetzen, etwa Preisausschreiben entwickeln um zu sehen, wie die Resonanz ist.

06. Wie kann die Wirkung der CI-Politik beim „Betrachtungsobjekt Mitarbeiter" überprüft werden?

Beispiele:

• Kontrolle der Reparatur- und Serviceleistungen
• Testkäufe (als Kunden getarnte Mitarbeiter besuchen die Verkaufsstellen)
• Kontrolle der Läden und Verkaufsräume im Hinblick auf das Erscheinungsbild, die Warenpräsentation, die Warenkenntnis und die Freundlichkeit der Verkäufer. Oftmals geschehen derartige Kontrollen kurz vor Dienstschluss oder sind mit ungewöhnlichen „Kundenwünschen" verbunden.

2.10.4 Verhalten im Krisenfall

01. Welchen Stellenwert hat PR-Arbeit vor dem Hintergrund der heutigen Informationstechnologie und dem Wertewandel in der Gesellschaft?

Wenn ein „Unternehmen negativ in die Schlagzeilen" kommt, kann die PR-Arbeit ganzer Jahre zunichte gemacht werden. Viele Beispiele der Vergangenheit liefern dafür eindrucksvolle Beweise: Umetikettierung von Gammelfleisch, Schmiergeldaffären, Bestechungsvorwürfe an Mitglieder der Geschäftsleitung, Steuerbetrug, spektakuläre Rückrufaktionen wegen Materialkontaminierung u. Ä. Die Schäden derartiger Krisen reichen von der (zeitweiligen) Kaufzurückhaltung der Verbraucher bis hin zur Existenzgefährdung des Unternehmens. Verstärkt werden solche Ereignisse durch die Geschwindigkeit der Informationsweiterleitung: Am Vormittag aufgedeckt – wird der Vorgang bereits im Hörfunk und im Fernsehen eine Stunde später gesendet. Spätestestens am Abend findet der Sachverhalt „seinen Sendeplatz" in den 20:00 Uhr-Nachrichten und wird dann laufend wiederholt. Parallel wird die Negativmeldung mit rasanter Geschwindigkeit über das Internet verbreitet. Am nächsten Tag folgt die ausführliche Darstellung in der Tagespresse.

Jedes Unternehmen sollte entsprechend seiner Größe und Bedeutung für den regionalen Standort in seiner PR-Arbeit auf derartige Situationen vorbereitet sein bzw. im Rahmen seines Qualitätsmanagementsystems (QMS) Vorsorge zur Vermeidung treffen.

02. Welche Vorkehrungen sollte die PR-Arbeit für den Krisenfall treffen?

1. Die für den Krisenfall notwendigen Maßnahmen müssen geplant sein („Arbeitsanweisungen für den Ernstfall").

2. Maßnahmen, Abläufe und Verantwortlichkeiten müssen eindeutig vorgegeben sein; z. B. darf es nicht zu widersprüchlichen Presseverlautbarungen von unterschiedlichen Stellen kommen. Es äußern sich nur die dafür befugten Personen.

3. In interdisziplinären Workshops sollte ein Katalog aller „für den Ernstfall" notwendigen Maßnahmen diskutiert und schriftlich verabschiedet werden. Dies betrifft Maßnahmen zur Reaktion gegenüber der Darstellung in der Öffentlichkeit sowie Sofortmaßnahmen zur Begrenzung des direkten Schadens (Rückrufaktion, Information der Kunden, Filialen usw.).

4. Auflistung „sensibler Themen" und Information der Mitarbeiter und Führungskräfte sowie Verhaltensmuster (z. B. größere Entlassungsaktionen, Führungsstil; Personalentlohnung – vgl. dazu die Pressemitteilungen zu Schlecker, Zusammenarbeit mit dem Betriebsrat, Verantwortung für Ausbildung, Liquiditätsprobleme und ähnliche Themenkomplexe).

5. Im Rahmen der Qualitätssicherung bzw. der Auditierung des QMS sind mögliche Gefahrenquellen aufzudecken und präventive Maßnahmen zur Abwehr zu treffen: Auditierung des Lieferanten durch das eigene Unternehmen, Qualitätssicherungsvereinbarungen mit ausländischen Lieferanten, regelmäßigen Erfahrungsaustausch zwischen Lieferant und Handel über Marktentwicklungen und die gesellschaftliche Bewertung sensibler Themen.

2.11 Zusammenwirken der Marketinginstrumente

2.11.1 Marketing-Mix

01. Was versteht man unter „Marketing-Mix"?

Als *konstitutives Marketing-Mix* bezeichnet man die grundlegende, generelle Unterscheidung der Subsysteme des Marketing-Mix. Es umfasst folgende Bereiche:

- *Produktmix:* Produktqualität, Produktdesign, Markierung, Verpackung, Image, Kundendienst/Service, Sortiment

- *Distributionsmix:* Standort, Absatzkanal, Außendiensteinsatz, Logistik (physische Distribution)

- *Kontrahierungsmix:* Listenpreis, Rabatte, Lieferungsbedingungen, Zahlungsbedingungen, Verpackungs-/Frachtkosten

- *Kommunikationsmix:* Werbung, Verkaufsförderung, Public-Relations.

Operatives Marketing-Mix bedeutet, dass das System des Marketing-Mix nicht starr sein darf, sondern sich den jeweiligen Marktverhältnissen und -veränderungen anpassen muss. Marketing-Mix ist immer die zu einem bestimmten Zeitpunkt getroffene Auswahl von Marketingaktivitäten in einer bestimmten Ausprägung.

Man bezeichnet im Amerikanischen die vier Marketinginstrumente auch als die *„4-P Aktionsparameter"* des Marketing in der Bedeutung:

product	→	Produktmix
price	→	Kontrahierungsmix
place	→	Distributionsmix
promotion	→	Kommunikationspolitik.

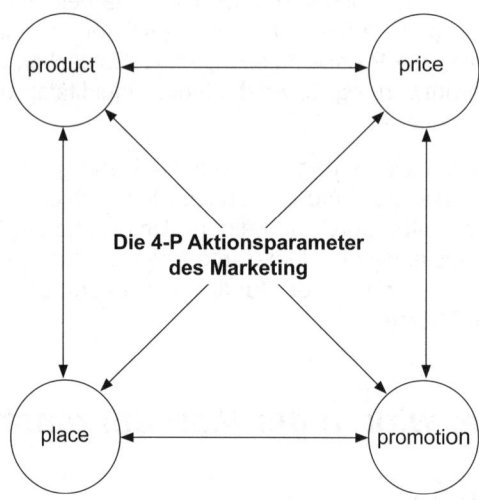

02. Was beinhaltet der Produktmix im Einzelnen?

Der Produktmix umfasst alle Entscheidungstatbestände, die sich auf die Gestaltung der Absatzleistungen beziehen, z. B.:

• Produktentscheidungen (z. B. Innovation, Variation, Differenzierung, Herausnahme)
• Produktgestaltung, Materialart, Verwendung, Form und Farbe
• Verpackung, Namensgebung (ggf. Marke)
• Service in Verbindung mit dem Produkt.

Zwischen der Produktpolitik und der Sortimentspolitik besteht eine enge Verbindung.

03. Was beinhaltet der Distributionsmix im Einzelnen?

Der Distributionsmix bezieht sich auf alle Entscheidungen, die im Zusammenhang mit dem Weg eines Produktes zum Endverkäufer stehen, z. B.:

- Absatzkanäle
- Optimierung der Logistik.

04. Was beinhaltet der Kontrahierungsmix im Einzelnen?

Der Kontrahierungsmix umfasst die Gesamtheit vertraglicher Vereinbarungen über das Leistungsangebot, z. B.:

- Preis, Preisstrategien
- Rabattpolitik, Lieferungs- und Zahlungsbedingungen.

05. Was beinhaltet der Kommunikationsmix im Einzelnen?

Der Kommunikationsmix beschäftigt sich mit der bewussten Gestaltung der auf den Absatzmarkt gerichteten Informationen eines Unternehmens zum Zweck einer Verhaltenssteuerung der tatsächlichen und der potenziellen Käufer, z. B.:

- persönlicher Verkauf
- Werbung
- Verkaufsförderung
- Öffentlichkeitsarbeit.

Beispiel (verkürzt) für einen geeigneten Marketing-Mix:
Ein technologisch hochwertiges *Produkt* wird hochpreisig (*Preis*) angeboten, über den Hersteller mit angeschlossenen Fachhändlern ausschließlich vertrieben (*Distribution*) und über Öffentlichkeitsarbeit, Werbung im Fernsehen sowie im Internet beworben (*Kommunikation*). Es wird als Marke verkauft (Markenpolitik).

06. Von welchen Faktoren ist der Marketing-Mix abhängig?

- Betriebsform/Branche
- Produkt
- Käuferverhalten
- Wettbewerb.

Beispiel:
Beim Verkauf von Automobilen steht die Produkt-, Preis- und Kundendienstpolitik im Vordergrund während bei Massengütern des täglichen Bedarfs der Kundendienst keine Bedeutung hat.

2.11.2 Marketinginstrumente bei Kundengewinnung und Kundenbindung

01. Welche Bedeutung hat die Kundenbindung für ein Unternehmen?

Ein Unternehmen, dass nicht über eine hinreichende Zahl von Kunden verfügt, wird auf Dauer vom Markt verschwinden. Jedes Unternehmen muss langfristig zur Existenzsicherung einen „auskömmlichen" Gewinn erzielen. Es gilt bekanntermaßen:

$$\text{Gewinn} = \text{Umsatz} - \text{Kosten}$$
$$G = x \cdot p - K_v - K_f$$
$$G = x \cdot p - x \cdot k_v - K_f$$

$$\frac{G}{x} = p - k_v - \frac{K_f}{x}$$

K_v	=	variable Kosten
K_f	=	fixe Kosten
k_v	=	variable Stückkosten
$G : x$	=	Stückgewinn
p	=	Stückpreis
x	=	Menge

Der Verlust von Kunden führt in der Regel zu folgenden Entwicklungen:

1. Die Absatzmenge x sinkt → dies führt zu verringerten Einkaufsmengen → die Einkaufsposition (-macht) verschlechtert sich → die gewährten Einkaufsrabatte sinken → die Kosten steigen (z. B. die Kosten des Wareneinsatzes).

2. Bei gestiegenen Einkaufskosten und sinkender Absatzmenge wird die Gewinnmarge kleiner.

3. Sinkende Einkaufs- und Absatzmengen engen den preispolitischen Spielraum auf der Absatzseite ein: Das Unternehmen kann bei sinkenden Kundenzahlen „weniger über den Preis verkaufen". Dies schwächt z. B. die Wettbewerbsposition, den Bekanntheitsgrad u. Ä.

4. Sinkende Kundenzahlen und – damit verbunden – sinkende Umsätze erhöhen die Fixkosten pro Stück. Der Stückdeckungsbeitrag db verschlechtert sich.

5. Im Marketing gilt heute eine Grundsatzerfahrung:
   Neukundengewinnung ist bis zu 5-mal teurer als entsprechende Aktionen zur Kundenbindung.

6. Ein Kunde, der im Unternehmen häufiger kauft, ermöglicht zusätzliche „Erfolgsbeiträge":

   • Es können auch hochwertige Produkte bzw. Produkte mit hohen Preiszuschlägen verkauft werden.

   • Das Unternehmen wird von „überzeugten Kunden" weiterempfohlen. Das Unternehmen erhält auf diese Weise Neukunden ohne den Einsatz kostenintensiver Marketingaktionen.

   • Ein zufriedener Kundenstamm erlaubt Zusatzverkäufe.

02. Welche Erkenntnisse gibt es über Prozesse der Kundengewinnung und Kundenbindung?

Dazu einige Thesen und Erkenntnisse der Marktforschung:

1. Ein erfolgreiches Handelsunternehmen ist ein kundenorientiertes Unternehmen. Kundenorientierung bedeutet Serviceorientierung und Problemlösung. Im Mittelpunkt der Marketingaktivitäten stehen die Bedürfnisse des Kunden.

> Der Kunde will kein Produkt kaufen, sondern er sucht eine Problemlösung. Beispiele: Die Hausfrau will keine Waschmaschine sondern saubere Wäsche. Der Hauseigentümer möchte keine Dachrinne sondern die Ableitung des Regenwassers.

2. Kundenzufriedenheit ist der Schlüssel zur Kundenbindung. Kundenzufriedenheit hängt von den Erwartungen der Kunden ab. Das heißt für jedes Unternehmen, dass es die Erwartungen seiner Kunden in Erfahrung bringen muss, um darauf entsprechend reagieren zu können. Der angebotene Service richtet sich nach der Zielgruppe (Marktsegmentierung).

3. Stammkunden sind tendenziell weniger preissensibel als Neukunden.

4. Je länger eine Kundenbindung besteht, desto höher ist die Bereitschaft des Kunden „zu verzeihen", wenn der Service einmal nicht den Erwartungen entspricht.

5. Generell erwarten Kunden Freundlichkeit und Effizienz sowie eine schnelle und zuvorkommende Bedienung.

2.11.3 Marketinginstrumente im Customer Relationship Management (CRM)

01. Welche Zielsetzung verbirgt sich hinter dem Begriff „Customer Relationship Management" (CRM)?

Customer Relationship Management kann übersetzt werden mit Kundenbeziehungsmanagement und Kundenbindungsmanagement. Ziel ist es, vorhandene Kunden zu binden und potenzielle Kunden zu gewinnen. Die Beziehung zum Kunden soll verbessert bzw. stabilisiert und die Abwanderung vermieden werden.

02. Was versteht man unter „Efficient Consumer Response" (ECR)?

Efficient Consumer Response (ECR) ist die ganzheitliche Betrachtung der Wertschöpfungskette vom Hersteller über den Handel bis hin zum Kunden. Ziel ist dabei, die Wünsche des Kunden in Erfahrung zu bringen und bestmöglich zu befriedigen – unter Beachtung der Kosten. Dabei müssen sowohl die Waren- als auch die Informationsströme zwischen Hersteller, Handel und Kunde untersucht werden.

In der Logistik wird ein ähnlicher Begriff verwendet: *Supply Chain Management* (SCM; englisch: supply = liefern, versorgen; chain = Kette). Darunter versteht man die Optimierung der gesamten Prozesse der Güter, der Informationen sowie der Geldflüsse entlang der Wertschöpfungskette vom Lieferanten bis zum Kunden.

03. Wie orientiert sich die Kundenpolitik am Marketing?

Jedes Handelsunternehmen sollte, wenn es nicht von der sog. Laufkundschaft leben kann, Wert auf die Bildung eines festen Kundenstammes legen. Hierzu eignen sich die Kundenberatung, die sofortige Auftragserledigung, falls die gewünschte Ware nicht vorhanden ist und erst bestellt werden muss, die Art und Weise, wie Reklamationen erledigt werden usw. Dabei ist zu bedenken, dass schlechte Verkäufer, schlechte Kundenbedienung und schlechte Ware die Wirkung einer *Kundenausschaltung* haben, d. h. die Kunden fühlen sich benachteiligt oder brüskiert und wenden sich anderen Anbietern zu. Kundenförderung kann man betreiben, indem ein bestimmter Kundenkreis, an dem man interessiert ist, durch besondere Werbebriefe auf günstige Angebote, neue Warenlieferungen, neue Sortimente usw. hingewiesen wird.

04. Welche Methoden lassen sich zur Messung der Kundenzufriedenheit einsetzen?   → 2.3.1

Methoden   • der Sekundärforschung und
             • der Primärforschung.

• *Sekundärstatistisch*, z. B.:
  - Umsatz- und Lagerstatistiken
  - Veröffentlichungen des Statistischen Bundesamtes, der statistischen Landesämter, von Fachverbänden, Industrie- und Handelskammern, Ministerien, wissenschaftlichen Instituten
  - Jahrbücher
  - Pressemitteilungen der Konkurrenz
  - Besuchsberichte
  - Reklamationen
  - Auskunfteien.

• *Primärstatistisch*, z. B.:
  - *Befragung*, z. B.:
    · persönlich, schriftlich, mündlich, telefonisch
    · standardisiert, teilstandardisiert, offen
    · weiches, hartes oder neutrales Interview
    · direkte oder indirekte Fragetechnik
    · offene oder geschlossene Fragen, Ergebnisfragen, Eisbrecher-Fragen, Kontrollfragen
    · einmalige oder mehrfache Befragung
    · Einzel- oder Gruppeninterview
    · Einthemen- oder Mehrthemenbefragung (Omnibusbefragung)
    · Verbraucher-, Händler-, Kunden-, Vertreter-, Reisende- und Produzentenbefragung.

- *Beobachtung*, z. B.:
  · systematisch oder zufällig
  · offen oder verdeckt
  · Labor- oder Feldbeobachtung
  · persönlich oder apparativ
  · Eigen- oder Fremdbeobachtung.

- *Experiment*, z. B.:
  · im medizinischen Sektor
  · im Bereich der Verhaltensforschung
  · im Bereich der Technik.

- *Sonderformen*, z. B.:
  · Produkttests (z. B. Funktion, Farbe, Form)
  · Untersuchung von Testmärkten (Untersuchungen in regional abgegrenzten Märkten)
  · Paneluntersuchungen
  · Store-Tests (z. B. Kundenlauf im Verkaufsraum, Blickrichtung und -höhe)
  · Warentests (z. B. Fachzeitschriften, Stiftung Warentest, ADAC).

2.12 E-Commerce, E-Business

2.12.1 Elektronische Geschäftsprozesse und Geschäftsmodelle

01. Welche Geschäftsfelder umfasst der Begriff „E-Business"?

E-Business			
E-Commerce	**E-Banking**	**E-Procurement**	**E-Logistic**
Elektronischer Handel	Elektronischer Zahlungsverkehr	Elektronische Beschaffung	Elektronische Logistikprozesse

• *E-Commerce*
  ist die Zusammenarbeit über das Internet der an der Wertschöpfungskette beteiligten Unternehmen – von der Rohstoffbeschaffung bis hin zur Entsorgung.

• *E-Banking*
  ist der elektronische Zahlungsverkehr über Internet oder Extranet (Homebanking, Telebanking).

• *E-Procurement*
  ist die elektronische Abwicklung von Beschaffungsprozessen. Hierbei werden Güter und Dienstleistungen über elektronische Medien eingekauft.

• Unter dem Begriff *E-Logistik* (auch: E-Logistic)
  werden alle informationstechnisch gestützten Verfahren zur Planung und Steuerung der logistischen Prozesse zusammengefasst (z. B. Nutzung der Internet- und Intranet-Technologie).

02. Welche Instrumente/Komponenten lassen sich im Rahmen des E-Procurement nutzen?

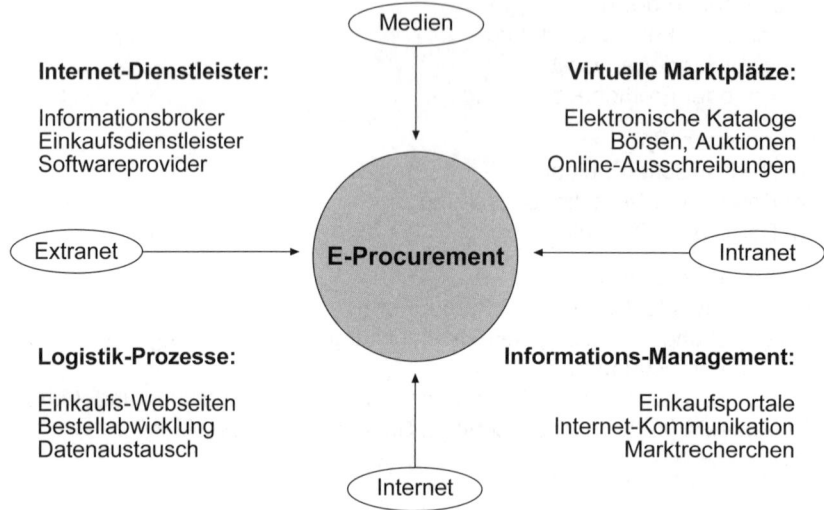

03. In Verbindung mit E-Business und E-Commerce haben sich Abkürzungen wie zum Beispiel B2B etabliert. Was bedeuten diese und andere Kurzbezeichnungen?

	Consumer	Business	Administration
Consumer	**C2C; CtoC**	**C2B; CtoB**	**C2A; CtoA**
	Geschäfte unter Privatleuten, z. B. Privatverkauf einer Sache über ebay	Privatleute und Unternehmen, z. B. Privatperson kauft eine Sache bei einem Unternehmen	Privatleute und Behörden, z. B. Abgabe der Steuererklärung
Business	**B2C; BtoC**	**B2B; BtoB**	**B2A; BtoA**
	Unternehmen und Privatleute, z. B. Versandhandel verkauft eine Sache an Privatpersonen	Unternehmen und Unternehmen, z. B. Firma X kauft R-H-B-Stoffe bei Firma Y	Unternehmen und Behörden, z. B. Abgabe der Umsatzsteuererklärung
Administration	**A2C; AtoC**	**A2B; AtoB**	**A2A; AtoA**
	Behörden und Privatleute, z. B. Grundsteuerbescheid an eine Privatperson	Behörden und Unternehmen, z. B. Gewerbesteuerbescheid	Behörden und Behörden, z. B. Transaktionen zwischen Bund und Ländern

04. Welche Chancen und Risiken kann E-Commerce für den Handel bieten?

E-Commerce	
Chancen, z. B.	**Risiken,** z. B.
• neue Kunden werden gewonnen • andere Zielgruppen werden erreicht • das Unternehmen wird vom Standort un-abhängig • der Einkauf wird variabler und kosten-günstiger • man kann direkt mit dem Kunden kommu-nizieren	• Wettbewerb mit dem E-Commerce des Herstellers • Sicherheit der Daten gefährdet (Kunden-daten, Geldtransfer) • das Beratungsgespräch verliert seine Funktion

2.12.2 Online-Vertrieb

01. Was sind elektronische Kataloge?

Elektronische Kataloge sind im Rahmen des C-Teile Management wichtige Hilfsmittel. Sie stehen sowohl online als auch auf Datenträger zur Verfügung.

Beispiel: Beschaffung von Büromaterial per Internet (www.viking.de)

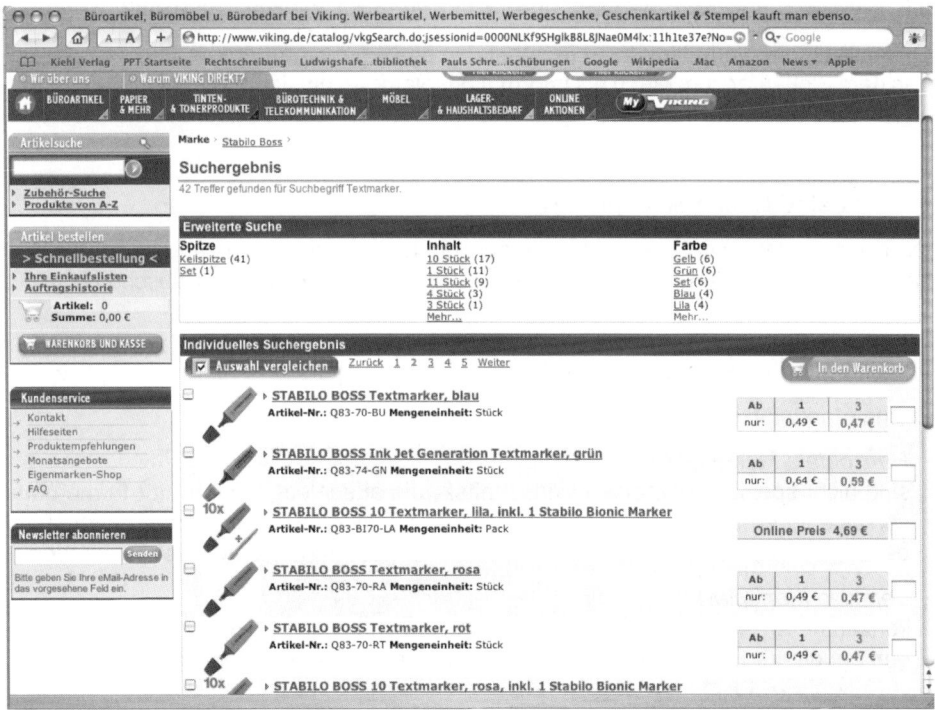

02. Was ist eine Auktion?

Eine *Auktion* (auch: Versteigerung) ist eine besondere Form der Preisermittlung. Dabei werden von potenziellen Käufern und/oder Verkäufern Gebote abgegeben. Der Auktionsmechanismus bestimmt, welche der abgegebenen Gebote den Zuschlag erhalten und definiert die Zahlungsströme zwischen den beteiligten Parteien. Hintergrund dieser Preisfindung sind Informationssymmetrien im Markt. Ein Anbieter kennt häufig nicht die Zahlungsbereitschaft seiner Kunden. Setzt er einen zu hohen Preis fest, so kann er seine Ware nicht verkaufen. Setzt er seinen Preis zu niedrig fest, so schöpft er nicht den möglichen Umsatz aus. Die Bieter hingegen kennen ihre jeweilige Zahlungsbereitschaft. In dieser Situation bietet die Auktion dem Anbieter einen flexiblen Preisfindungsmechanismus, der im Idealfall zum Verkauf zum aktuellen Marktpreis führt und die Zahlungsbereitschaft der Kunden optimal ausschöpft.

03. Was sind Internet(Online)-Auktionen?

Die Internet- bzw. Online-Auktion ist eine über das Internet veranstaltete Versteigerung. Der bekannteste Veranstalter von Internetauktionen ist eBay. Nach erfolgter Auktion findet die Übergabe der Ware in der Regel auf dem Versandweg statt.

04. Welche Bedeutung haben Online-Auktionen für die Beschaffung?

Online-Auktionen erhalten in der Beschaffung eine immer größere Bedeutung. Sie dienen dem Einkäufer zum einen als Informationsplattform hinsichtlich Angebot und Preisfindung. Zum anderen können hier insbesondere C-Teile sehr flexibel beschafft werden.

05. Was sind Online-Marktplätze?

Online-Marktplätze sind virtuelle Plätze, auf denen eine beliebige Anzahl Käufer und Verkäufer Waren und Dienstleistungen (offen) handeln und Informationen tauschen können.

06. Wie gliedern sich Online-Marktplätze?

Online-Marktplätze sind folgendermaßen gegliedert:

* *Horizontale Marktplätze*
  sind nicht spezifisch für einen Wirtschaftszweig ausgelegt, sondern für Firmen aus verschiedenen Branchen offen. Sie handeln mit Waren, die branchenübergreifend benötigt werden und meist nicht unmittelbar für die Produktion verwendet werden.

* *Vertikale Marktplätze*
  konzentrieren sich auf eine bestimmte Branche und bieten Waren und Dienstleistungen an, die für Unternehmen dieser Branche besonders interessant sind.

Einkaufen „im Netz"

Umsatzentwicklung des
Online-Handels in
Deutschland in Mrd. €

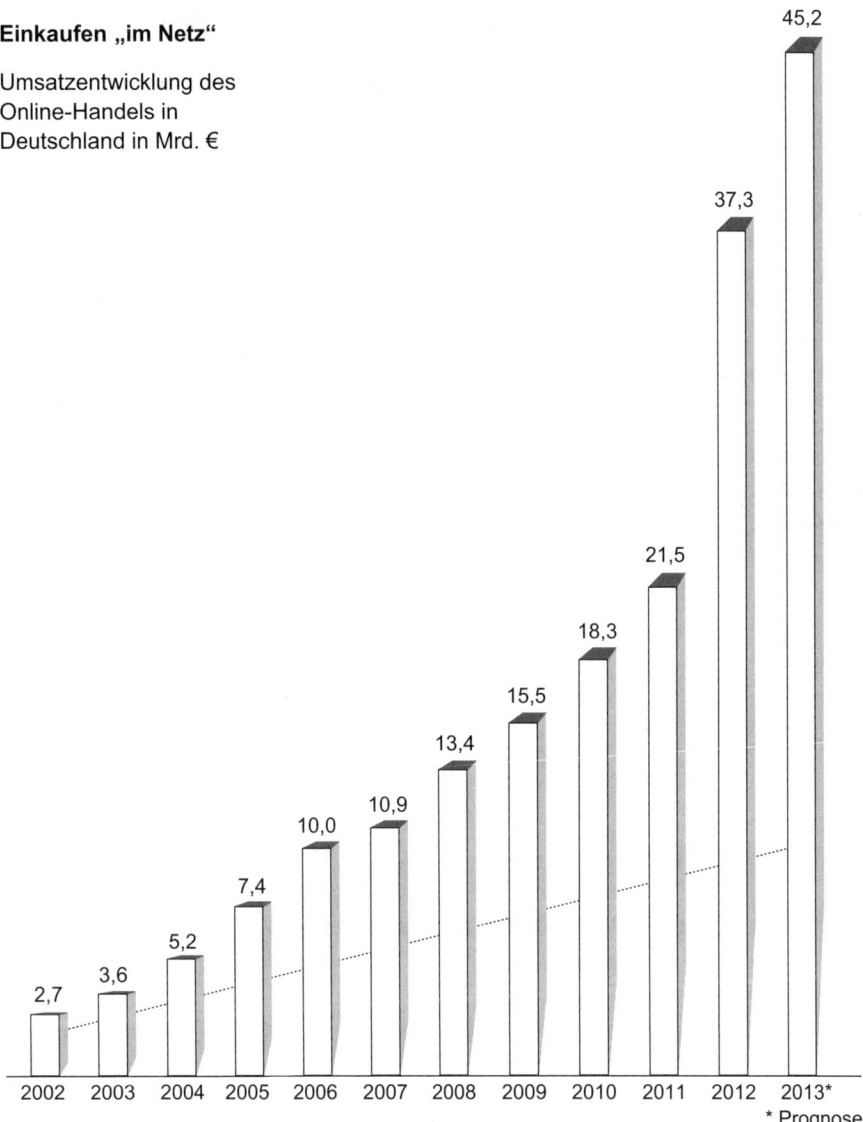

* Prognose

2.12.3 Instrumente der Kundenbindung im Internet

01. Welche neuen Kommunikationsmedien werden heute im Vertrieb eingesetzt und können zur Kundenbindung beitragen?

Medium	Vorteile	Nachteile
Mailing mit Adresse (Direktmailing)	direkte, individuelle Ansprache	Streuverluste
Telefonmarketing	Kontaktbrücke, Informationsgewinnung	rechtliche Grenzen; vgl. UWG zu Telefonwerbung bei Verbrauchern
Einrichten einer Hotline für Kundendienst/Service und Beschwerdemanagement	schneller Kontakt, Beschwerdemanagement, Kundenzufriedenheit	kostenintensiv, verlangt geschultes Personal, Kundenunzufriedenheit bei „Telefon-Schleifen" (Wartezeit)
Bestellservice per Telefon	kundenorientiert, schnell	personalintensiv
Telefax	effizient, kostengünstig	rechtliche Grenzen, i. d. R. nur bei bestehenden Kontakten
Homepage im Internet (Online-PR)	Image, weltweit, kostengünstig	permanente Aktualisierung erforderlich
E-Mail	schnell, kostengünstig	Grad des Nutzen steigt erst jetzt
Web-TV	interaktiv, weltweit	bisher noch geringe Verbreitung

2.13 Controlling   → 1.8

2.13.1 Planungs- und Kontrollsysteme in der Unternehmung

01. Welche strategischen Prozesse müssen vom Controlling erfasst werden?

Controlling der strategischen Prozesse	
Controlling der Wertschöpfung	• **Controlling der Kernprozesse:**
	• **Optimierung der direkt wertschöpfenden Prozesse:** unmittelbare Arbeit am Produkt/an der Dienstleistung
	• **Optimierung der indirekt wertschöpfenden Prozesse:** z. B. Logistik, Weiterbildung
	• **Eliminieren der nicht wertschöpfenden Prozesse:** Dies sind Arbeiten, wofür der Kunde nicht bereit ist zu zahlen: Verschwendung, Ausschuss, Verzögerungen, Wartezeiten, Nacharbeiten, Reklamationen.
	• **Beachtung der Wertschöpfungskennzahlen, z. B.:** Wertschöpfungsquote = Wertschöpfung: Umsatz · 100 Arbeitsproduktivität = Wertschöpfung: Ø Personalbestand

Controlling der Informations-prozesse	• Aktualität • Geschwindigkeit • Quantität • Qualität • Informationswege • Informationsmanagement
Controlling strategischer Bereichsprozesse	• **Beschaffungsprozess**, z. B.: Logistik, Lieferanten, Einkaufsmärkte, Konditionen, Beschaffungs-konzepte (JIT, Kanban) • **Fertigungsprozess**, z. B.: Fertigungsverfahren, Konzepte (Lean Production, TQM, Insour-cing/Outsourcing) • **Marketingprozess**, z. B.: Absatzlogistik, Werbung, Konditionen, Kunden, Marktsegmentie-rung, Marktanteile, SGF
Prozesscontrolling	1. Zielbildungsprozess 2. Planungsprozess 3. Organisationsprozess (Aufbau-/Ablauforganisation) 4. Realisierungsprozess (Führungsstrukturen u. Ä.) 5. Kontrollprozess

02. Wie unterscheidet man Controlling im Hinblick auf den Zeitpunkt der Durch-führung?

Parallelcontrolling	Mitlaufendes (paralleles) Controlling während einer Maßnahme zur Realisierung angestrebter Ziele; Beispiele: mitlaufende Kalkulation, mitlaufende Kontrolle eines Verkaufsförderungsprojektes. Der Vor-teil liegt in der Möglichkeit, während der laufenden Maßnahme kor-rigierend eingreifen zu können.
Ex-Post-Controlling	Controlling „im Nachhinein", nach Abschluss der Maßnahme. Nach-teil: Der Vorgang ist unkorrigierbar abgeschlossen. Es können (le-diglich) Handlungsempfehlungen für zukünftige Maßnahmen for-muliert werden.

2.13.2 Marketing-Controlling

01. Welche Funktion hat das Marketing-Controlling und welche Instrumente kön-nen eingesetzt werden?

Das *Marketing-Controlling* (veraltet: Absatzkontrolle) ist die letzte, abschließende Pha-se im Prozess des Marketing-Managements. Sie ist (ex post = im Nachhinein oder permanent) die *Rückkopplung* des realisierten Zustandes (Ergebnis) zu den vorherge-henden Phasen des Marketing-Managements und kann/muss infolge von Lernprozes-sen zu einer Veränderung der Zielgrößen, der Strategien und des Instrumenteneinsat-zes führen. Sie wird heute unterteilt in folgende Gebiete:

- Das *ergebnisorientierte Marketing-Controlling* ist eine ex-post-Betrachtung mit den bekannten, meist operativen Instrumenten der Kosten- und Leistungsrechnung (Leistungskennzahlen im Handel, Wirtschaftlichkeitsbetrachtungen) und einer Vielzahl strategischer Instrumente der Planung, Analyse und Kontrolle (vgl. ausführlich 1.8.2).

- Beim *Marketing-Audit* (auch als *Marketing-Revision* bezeichnet; Audit: Prüfung) ist der Ansatz *grundsätzlicher und zukunftsbezogener Natur.* Es geht um die generelle Überprüfung der Strategien und Führungsmaßnahmen im Marketingprozess und ihre laufende Anpassung an Veränderungen der Umwelt (z. B. kürzere Produktlebenszyklen, veränderte Anforderungen der Kunden).

Marketing-Controlling (Teilgebiete und Instrumente)	
Ergebnisorientiertes Marketing-Controlling	**Marketing-Audit**
• DB-Rechnung, DB (pro Kunde, Produktart) • Marktanteile (absolut/relativ) • Gewinn (nach Region, Produkt usw.) • Cashflow-Analyse • Soll-Ist-Vergleich (z. B. bezogen auf den Umsatz) • ABC-Analyse • Portfolioanalyse • Imageanalyse	• Marketing-Mix-Audit • Strategien-Audit • Organisations-Audit • Verfahrens-Audit

02. In welchen Phasen verläuft das Marketing-Controlling?

1. *Sollgrößen festlegen*, z. B.:
Gewinn, Umsatz, Marktanteil, Image, Werbekosten pro Umsatz usw.

2. *Istwerte ermitteln*:
Ggf. die Istwerte um Zufallsschwankungen bereinigen.

3. *Soll-Ist-Vergleich durchführen*

4. *Soll-Ist-Analyse*:
Die Ursachen der Abweichungen von den Sollwerten sind zu ermitteln und die Störungen zu beseitigen.

5. *Korrekturmaßnahmen*

03. Welche Fragestellungen eignen sich besonders für eine Kontrolle der Marketing-Aktivitäten?

Beispiele:

- Wie verteilen sich die *Umsätze* auf die verschiedenen Auftragsgrößenklassen?

- Kann durch Selektion bestimmter Kleinabnehmer der *Vertriebsaufwand* ohne größere Einbußen gesenkt werden?

- Wie verteilen sich der *Umsatz und der Gewinn* auf die verschiedenen Abnehmergruppen?

- Welche *Absatzgebiete* oder Filialen haben einen besonders hohen Vertriebsaufwand? Wäre es sinnvoller, sich auf bestimmte Absatzgebiete zu beschränken?

- Welche *Absatzmethode* weist die höchste Produktivität auf?

- Welche *Produkte* oder Produktgruppen tragen über- bzw. unterdurchschnittlich zum Unternehmensergebnis bei?

- Welche absatzpolitischen *Instrumente* fördern den Umsatz besonders stark? Hat der Einsatz eines neuen Instruments den gewünschten Erfolg gebracht?

Vgl. dazu „Kennzahlen der Warenwirtschaft" (operatives Controlling) 1.8.2/03.

04. Welche Kennzahlen sind geeignet, um die Leistung der Verkäufer zu erfassen?

Beispiele:

- Anzahl der Neuabschlüsse pro Zeiteinheit
- Anzahl der Kundenbesuche pro Tag (pro Woche, pro Monat)
- Anzahl der „verlorenen" Kunden pro Halbjahr
- durchschnittlicher Deckungsbeitrag pro Auftrag
- Summe der gewährten Rabatte pro Monat.

05. Was ist die Aufgabe der Umsatzkontrolle?

Die Umsatzkontrolle hat insbesondere die folgenden Aufgaben:

- Überprüfung der Planziele und gegebenenfalls die Feststellung, welche Ziele nicht erreicht und welche Maßnahmen anders als ursprünglich geplant vorgenommen wurden bzw. welche Schwachstellen bestehen

- Soll-Ist-Vergleich des Umsatzes, aufgegliedert nach Produktgruppen, Kundenkreisen, Filialen, Verkaufsbezirken usw.

- Analyse der Entwicklung der Kosten im Soll-Ist-Vergleich einschließlich der Feststellung der Deckungsbeiträge der einzelnen Produktgruppen

- Kontrolle des Ablaufs der Betriebsorganisation.

06. Welche Kontrollmöglichkeiten bestehen im Hinblick auf den Umsatz?

Der Umsatz kann nach A-, B- und C-Artikeln aufgegliedert werden (ABC-Analyse) um festzustellen, ob sich durch eine andere Sortimentsgliederung eine Erhöhung des Umsatzes, eine Senkung der Kosten oder eine Erhöhung der Deckungsbeiträge bzw. des Gewinns erzielen lässt.

Die Umsatzkontrolle lässt sich mithilfe von Datenkassen und Scannern optimal steuern: Der Handel kann durch Einschaltung der EDV mittels Datenkassen die zügige Abwicklung am „Verkaufspunkt" (Point of Sale; POS) ermitteln. Eine Datenkasse kann Daten über einen längeren Zeitraum sammeln und an einen Computer über eine Leitung oder durch Austausch von Datenträgern weiterreichen. Datenkassen ermöglichen häufig auch einen – begrenzten – Preisabruf. Dabei werden bestimmte Artikelnummern mit den zugehörigen Preisen in der Kasse oder im Computer gespeichert und bei der Eingabe der Artikelnummer automatisch ausgewiesen. Auf diese Weise können Preise kurzfristig verändert bzw. es kann ermittelt werden, wie sich Preisänderungen auf Umsatz und Ertrag auswirken.

07. Mit welchen Methoden kann eine Imageanalyse durchgeführt werden? Welche Fragestellungen sind dabei von Interesse?

Imageanalyse		
Methoden, z. B.:	**Fragestellungen,** z. B.:	
Fragen mit Satzergänzung	Produkt/Sortiment: Breite, Tiefe, Preisniveau, Qualität, Warenpräsentation, Service	Personal: Bedienungsfreundlichkeit, Information, Reklamationsbearbeitung
Polaritätsprofil		
Fragen + spontane Assoziationen		
Zufriedenheitseinteilung		

08. Was ist Gegenstand der Ablaufkontrolle im Marketing?

Bei der Ablaufkontrolle steht der gesamte Prozess der Marketingaktivitäten im Mittelpunkt der Betrachtung – von der Zielplanung über die Maßnahmenplanung bis hin zur Planung der Marketingkontrolle. Einzelfragestellungen sind dabei z. B.:

• Ist das Planungsverfahren zielführend?
• Sind die Kontrollverfahren effizient?
• Ist die Informationsversorgung ausreichend?
• Entspricht die Aufbau- und Ablauforganisation den gesetzten Zielen?

2.14 Wettbewerbsrecht

2.14.1 Aufgaben und Rechtsquellen

01. Welche Aufgaben hat das Wettbewerbsrecht?

Die Wirtschaftsordnung der sozialen Marktwirtschaft kann auch als Wettbewerbswirtschaft bezeichnet werden. Der Wettbewerb ist als Steuerungsinstrument von entscheidender Bedeutung für den gesamten Wirtschaftskreislauf der BRD. Hersteller von Gütern und Dienstleistungen konkurrieren um die Kaufkraft der Nachfrager. Ein solcher Wettbewerb setzt große Entscheidungsfreiheiten der Marktteilnehmer voraus. Die Bedingungen dafür müssen durch die Wirtschaftsordnung eines Landes geschaffen werden (grundgesetzliche Rahmenbedingungen und andere Rechtsnormen wie z. B. Gewerbefreiheit, Vertragsfreiheit, Konsumfreiheit, Freiheit der Berufs- und Arbeitsplatzwahl, Eigentumsfreiheit).

Die Gesamtbeziehungen können jedoch nicht sich selbst überlassen werden, sondern es muss durch eine geeignete Wirtschaftspolitik Einfluss genommen werden. Die Ziele der Wirtschaftspolitik bestehen daher darin, möglichst solche Teilordnungen und Rechtsnormen zu schaffen, die dem Funktionieren des Gesamtsystems am besten dienen.

Die Wirtschaftspolitik lässt sich unter diesem Aspekt in die Bereiche Konjunktur-, Struktur- und Ordnungspolitik einteilen. Aufgabe der Ordnungspolitik ist es, den Wettbewerb funktionsfähig zu halten. Die Wettbewerbspolitik ist zentraler Bestandteil der Ordnungspolitik. Sie schränkt die wirtschaftliche Freiheit durch ordnende Maßnahmen ein und will damit trotz Einschränkungen einen funktionierenden Wettbewerb schaffen. Dabei reichen die Maßnahmen von marktkonformen bis hin zu marktinkonformen Festlegungen. Während marktkonforme Maßnahmen durch indirekte Eingriffe des Staates nur Markt- oder Rahmenbedingungen verändern ohne den Marktmechanismus nachhaltig zu stören, sind marktinkonforme Maßnahmen direkte Eingriffe in den Markt, wie z. B. Verbraucherschutz, Produzentenhaftung, Mieterschutz. Zum Teil wird der Marktmechanismus auch bewusst ausgeschaltet (z. B. Mindest-, Höchst- und Festpreise; Einschränkungen der Konsum-, Gewerbe- und Wettbewerbsfreiheit sowie Freiheit in der Eigentumsnutzung).

02. Welche Rechtsquellen zählen zum Wettbewerbsrecht?

Rechtsgrundlagen des Verbraucherschutzes							
BGB			Sonstige Gesetze				
AGB	Haustür-geschäfte	Fernab-satz-verträge	Preisan-gaben-verord-nung	Gesetz über die Haftung fehlerhafter Produkte	Produkt-sicherheits-gesetz	Gesetz gegen den un-lauteren Wettbe-werb	Gesetz gegen Wettbe-werbsbe-schrän-kungen
§§ 305 ff.	§§ 312 ff.	§§ 312b ff.	PAngV	ProdHaftG	ProdSG	UWG	GWB

2.14.2 Gesetz gegen Wettbewerbsbeschränkungen

01. Welche Bestimmungen enthält die Neufassung des Gesetzes gegen Wettbewerbsbeschränkungen (GWB; auch: Kartellgesetz)?

Im Juli 2005 erfolgte die Bekanntmachung der Neufassung des Gesetzes gegen Wettbewerbsbeschränkungen (GWB). Damit wurde das deutsche Wettbewerbsrecht grundlegend reformiert und dem europäischen Wettbewerbsrecht angepasst (vgl. Art. 81 des EG-Vertrages; EGV). Eine grenzüberschreitende Zusammenarbeit der Kartellbehörden in Europa ist nunmehr durchführbar. Der Zweck des GWB ist die Aufrechterhaltung des Wettbewerbs als Basis für das Funktionieren marktwirtschaftlicher Strukturen. Die Neufassung des GWB trifft im Wesentlichen folgende Regelungen (Die Paragrafen beziehen sich auf das GWB):

§ 1   Verbot wettbewerbsbeschränkender Vereinbarungen
Vereinbarungen zwischen Unternehmen, die eine Verhinderung, Einschränkung oder Verfälschung des Wettbewerbs bezwecken, sind verboten.

§ 2   Freigestellte Vereinbarungen
Vom Verbot des § 1 ausgenommen sind Vereinbarungen, die unter angemessener Beteiligung der Verbraucher an dem entstehenden Gewinn zur Verbesserung der Warenerzeugung/-verteilung oder zur Förderung des technischen/wirtschaftlichen Fortschritts beitragen.

§ 3   Mittelstandskartelle
Rationalisierungsvereinbarungen zwischen Unternehmen sind nach § 2 dann zulässig, wenn der Wettbewerb nicht wesentlich beeinträchtigt und die Wettbewerbsfähigkeit kleiner und mittlerer Unternehmen (KMU) verbessert wird.

§ 19   Missbrauch einer marktbeherrschenden Stellung
Die missbräuchliche Ausnutzung einer marktbeherrschenden Stellung durch ein oder mehrere Unternehmen ist verboten. Ein Unternehmen ist marktbeherrschend, wenn

- es ohne Wettbewerber ist oder
- eine überragende Marktstellung hat (Marktanteil, Finanzkraft, Marktzugang, Verflechtung mit anderen Unternehmen).

Es wird vermutet, dass ein Unternehmen marktbeherrschend ist, wenn es einen Marktanteil von mindestens einem Drittel hat.

Eine Gesamtheit von Unternehmen gilt als marktbeherrschend, wenn

- drei oder weniger Unternehmen zusammen einen Marktanteil von 50 % erreichen, oder
- fünf oder weniger Unternehmen zusammen einen Marktanteil von zwei Dritteln erreichen.

Der Missbrauch einer marktbeherrschenden Stellung liegt insbesondere vor, wenn

- der Wettbewerb ohne sachlichen Grund beeinträchtigt wird,
- Entgelte oder sonstige Geschäftsbedingungen gefordert werden, die sich bei wirksamem Wettbewerb nicht ergeben würden,
- der Zugang zu eigenen Netzen oder Infrastrukturen gegen angemessenes Entgelt nicht gewährt wird (vgl. Energieversorgungsunternehmen).

§ 20   Diskriminierungsverbot, Verbot unbilliger Behinderung
- Verboten ist die Aufforderung zur Gewährung von Vorteilen ohne sachlichen Grund.
- Der Wettbewerb gegenüber KMU (kleine und mittlere Unternehmen) darf nicht dadurch behindert werden, indem Waren unter dem Einstandspreis angeboten werden (Ausnahme: sachliche Rechtfertigung).
- Entsteht der Anschein, dass ein Unternehmen seine Marktmacht ausnutzt, obliegt es dem Unternehmen, diesen Anschein zu widerlegen.

§ 21 *Boykottverbot, Verbot sonstigen wettbewerbsbeschränkenden Verhaltens*
- Die Aufforderung an andere Unternehmen zu unbilligem Verhalten, zu Liefer- oder Bezugssperren sind verboten.

- Ebenso unzulässig ist es, Nachteile anzudrohen oder zuzufügen bzw. Vorteile zu versprechen oder zu gewähren, um andere Unternehmen zu einem unbilligen Verhalten im Sinne des GWB zu veranlassen.

§ 24 *Wettbewerbsregeln*
Wirtschafts- und Berufsvereinigungen können für ihren Bereich Wettbewerbsregeln aufstellen.

§ 45 *Monopolkommission*
Die Monopolkommission hat alle zwei Jahren ein Gutachten über Stand und Entwicklung der Unternehmenskonzentration zu erstellen.

§ 48 *Kartellbehörden*
Die Kartellbehörden (Bundesminister für Wirtschaft, Bundeskartellamt, Landeskartellbehörden) sind zur Amtshilfe und Benachrichtigung verpflichtet.

Ein Verstoß gegen das Kartellgesetz (GWB) kann die genannten Rechtsfolgen haben, z. B.:

- Nichtigkeit der Vereinbarung (§ 1)
- Verbot der Vereinbarung (§ 32)
- Unterlassung und Schadensersatzansprüche der Mitbewerber und auch der Endverbraucher (§ 33)
- Abschöpfung des Vorteils durch die Kartellbehörde (§ 34)
- Bußgelder durch die Kartellbehörde.

2.14.3 Gesetz gegen den unlauteren Wettbewerb

01. Welche Veränderungen enthält das Gesetz gegen den unlauteren Wettbewerb (UWG)?

Mit Wirkung vom 08.07.2004 trat das *neue Gesetz gegen den unlauteren Wettbewerb* (UWG) in Kraft. Das Gesetz folgt in vielen Bereichen der Rechtsprechung der Vergangenheit und integriert einen umfassenden Verbraucherschutz. Das UWG enthält fünf Kapitel:

Kapitel 1: Allgemeine Bestimmungen (Ziele, Definitionen)
Kapitel 2: Rechtsfolgen bei Verstößen
Kapitel 3: Verfahrensvorschriften (Wie Verstöße zu ahnden sind.)
Kapitel 4: Strafvorschriften
Anhang zu § 3 Abs. 3

Die Novellierung des UWG bringt folgende, wesentliche Veränderungen:

§ 3   *Definition „Unlautere Wettbewerbshandlung":*
Bisher waren alle Wettbewerbspraktiken verboten, die gegen die guten Sitten verstoßen. Zukünftig werden nur noch „Beeinträchtigungen oberhalb einer Spürbarkeitsgrenze" geahndet. Kleinere, fahrlässige Verstöße sind davon ausgenommen.

„Unlautere geschäftliche Handlungen sind unzulässig, wenn sie geeignet sind, die Interessen von Mitbewerbern, Verbrauchern oder sonstigen Marktteilnehmern spürbar zu beseitigen."

§§ 4 - 7 Das Gesetz nennt – im Gegensatz zur alten Fassung – Beispiele für unlautere Handlungen:

§ 4   *Unlautere Handlungen* sind:
• unangemessene, unsachliche *Beeinflussung des Kunden* (z. B. Druck, Ausnutzen der Spiellust/des Vertrauens)
• *Ausnutzen der geschäftlichen Unerfahrenheit* von Kindern und Jugendlichen
• *Schleichwerbung* bleibt verboten.
• *nicht ausreichende Information* bei Preisnachlässen, Geschenken oder Zugaben bzw. Preisausschreiben oder Gewinnspielen
• Die *Kopplung* von Gewinnspielen/Preisausschreiben mit Kauf-/Dienstleistungsverträgen *ist verboten*.
• Herabsetzung von Mitbewerbern.

Beispiele für unlautere Handlungen:
„Bei jedem Kauf über 40 € nehmen Sie an einem Gewinnspiel teil!"
„In 40 Tagen 40 kg abnehmen – mit unserem Z-FAST kein Problem!"

§ 5   *Irreführende Werbung bleibt verboten*, Beispiele:
• *Lockvogel-Ware* ist verboten. Derartige Ware muss wenigstens für zwei Tage die Nachfrage decken.
• ebenso: manipulierte Preisnachlässe (*Mondpreise* mit anschließender Preissenkung).

§ 6   Vergleichende Werbung ist zulässig, es sei denn, sie ist unlauter; dies ist dann der Fall, wenn sie ...
• sich nicht auf Waren oder typische Eigenschaften bezieht
• zu Verwechslungen führt
• den Wettbewerber verunglimpft.

Beispiele:
„Die Z-Bank – die und keine andere!"   →   Zulässig!
„Kommen Sie vor die Tore der Stadt und kaufen dort ein
– bei uns finden Sie Parkplätze!"   →   Zulässig!
„Bei Aldi kostet der Z-Riegel 0,55 € – bei uns nur 0,49 €!"   →   Zulässig!
„Bei uns können Sie auf die Qualität vertrauen
– im Gegensatz zu unseren Mitbewerbern!"   →   Unzulässig!

§ 7 *Unzumutbare Belästigungen* sind klar definiert und eingeschränkt:
- Telefonanrufe bei Verbrauchern ohne deren Einwilligung sind eine unzumutbare Belästigung.
- Anders bei Unternehmern: Hier wird eine mutmaßliche Einwilligung unterstellt.
- Werbung per Fax, E-Mail und SMS ist unlauter, wenn keine Einwilligung vorliegt.

§ 8 Werden die Zuwiderhandlungen in einem Unternehmen von einem Mitarbeiter oder Beauftragten begangen, so sind der Unterlassungsanspruch und der Beseitigungsanspruch auch gegen den Inhaber des Unternehmens begründet.

Die *Bestimmungen über Sonderverkäufe* (Schluss-/Räumungs-/Jubiläumsverkäufe usw.) wurden *aufgehoben*. Es gibt bei Sonderverkäufen keine Beschränkungen mehr in Bezug auf Termine, Anlässe und Warensortiment. *Zukünftig ist jede Aktion erlaubt, sofern sie nicht unlauter ist.* Gibt also beispielsweise ein Geschäft als Anlass einen „Räumungsverkauf" an, so muss dies der Wahrheit entsprechen. Es hat sich gezeigt, dass der Einzelhandel weiterhin die Praxis des „Sommer-/Winterschlussverkaufs" beibehält.

2.14.4 Rechtsfolgen (UWG)

01. Wie erfolgt die Beseitigung und Unterlassung unlauterer Wettbewerbshandlungen?

Wer unlautere Wettbewerbshandlungen nach § 3 UWG vornimmt, kann

- auf *Beseitigung* und
- bei Wiederholungsgefahr auf *Unterlassung*

in Anspruch genommen werden (§ 8 UWG). Die Inanspruchnahme ist dann unzulässig, wenn sie unter Berücksichtigung der gesamten Umstände missbräuchlich ist (z. B. wenn lediglich der Anspruch auf Ersatz von Aufwendungen oder Kosten der Rechtsverfolgung entstehen soll).

Anspruchsberechtigt sind:

- jeder Mitbewerber
- rechtsfähige Vereine
- Industrie- und Handelskammern
- Handwerkskammern.

02. Wann kann Schadensersatz nach § 9 UWG verlangt werden?

Jeder Mitbewerber kann bei vorsätzlichen oder fahrlässigen Zuwiderhandlungen gegen § 3 UWG vom Verursacher Ersatz des daraus entstehenden Schadens verlangen.

03. Was bedeutet Gewinnabschöpfung nach § 10 UWG?

Rechtsfähige Vereine, Industrie- und Handelskammern sowie Handwerkskammern
können vom Verursacher unlauterer Handlungen die Herausgabe des Gewinns an den
Bundeshaushalt verlangen, wenn die Handlung vorsätzlich war und zu Lasten einer
Vielzahl von Abnehmern zu einem Gewinn führte.

04. Wie kann der Unterlassungsanspruch nach § 12 UWG geltend gemacht werden?

1. Anrufen der *Einigungsstelle:*
   Die Landesregierungen errichten bei den Industrie- und Handelskammern Eini-
   gungsstellen. Der Gläubiger kann dies nur tun, wenn der Gegner zustimmt.

2. *Abmahnung* an den Schuldner/Verursacher (geht dem gerichtlichen Verfahren vor):
   Der Gläubiger verlangt vom Schuldner die Abgabe einer Unterlassungsverpflichtung,
   die mit einer angemessenen Vertragsstrafe bewehrt ist. Der Ersatz von Aufwendungen kann verlangt werden.

3. *Einstweilige Verfügung:*
   Der Gläubiger kann seine Ansprüche auf Unterlassung im Wege der einstweiligen
   Verfügung beim Landgericht beantragen.

4. *Klage auf Unterlassung:*
   Das Gericht kann der obsiegenden Partei das Recht zusprechen, das Urteil auf Kosten der unterliegenden Partei zu veröffentlichen.

05. Welche Gerichte sind für Streitigkeiten nach dem UWG zuständig?

Es sind ausschließlich die *Landgerichte* zuständig. Die Klage muss bei dem Gericht
eingereicht werden, in dessen Bezirk der Beklagte seine Niederlassung hat oder ggf.
bei dem Gericht, in dessen Bezirk die Handlung begangen wurde.

06. Welche Strafvorschriften enthält das neue UWG?

- bei strafbarer Werbung → Freiheitsstrafe bis zu 2 Jahren oder Geldstrafe

- Verrat von Geschäfts- und Betriebsgeheimnissen → Freiheitsstrafe bis zu 3 Jahren oder Geldstrafe

- unbefugte Verwertung von Vorlagen (z. B. Rezepte, Zeichnungen, u. Ä.) → Freiheitsstrafe bis zu 2 Jahren oder Geldstrafe

- Anstiftung zum Verrat → Freiheitsstrafe bis zu 2 Jahren oder Geldstrafe

3. Führung und Personalmanagement

───── *Prüfungsanforderungen* ─────

Nachweis der Fähigkeit,

zielorientiert mit Mitarbeitern, Geschäftspartnern und Kunden zu kommunizieren,

Mitarbeiter und Projektgruppen zu führen,

bei Verhandlungen und Konfliktfällen lösungsorientiert zu agieren und dabei Methoden der Präsentation, Kommunikation und Motivationsförderung zu berücksichtigen,

personalpolitische Ziele und Aufgaben im Unternehmen systematisch und entscheidungsorientiert zu analysieren und darzustellen und

dabei Zusammenhänge zwischen Unternehmens- und Personalpolitik zu beurteilen und daraus entsprechend begründete Handlungsschritte abzuleiten sowie Mitarbeiter effektiv und effizient einzusetzen und zu fördern.

Qualifikationsschwerpunkte (Überblick)

3.1	Führungsgrundsätze und Führungsmethoden
3.2	Personalpolitik
3.3	Psychologische Grundlagen zur Führung, Zusammenarbeit und Kommunikation
3.4	Beurteilungsgrundsätze
3.5	Personalbedarfs-, Personalkosten- und Personaleinsatzplanung
3.6	Organisations- und Personalentwicklung
3.7	Personalmarketing
3.8	Personalcontrolling
3.9	Entgeltsysteme
3.10	Konfliktmanagement
3.11	Planung und Steuerung von Arbeits- und Projektgruppen
3.12	Ausgewählte arbeitsrechtliche Bestimmungen
3.13	Moderations- und Präsentationstechniken

3.1 Führungsgrundsätze und Führungsmethoden

3.1.1 Ziele und Aufgaben der Personalführung

Vorbemerkung:

Der Handelsbetrieb ist durch das Ergebnis menschlicher Arbeitsleistung stärker geprägt als die meisten anderen Branchen. Trotz der fortgeschrittenen Selbstbedienung muss jeder Handelsbetrieb über Mitarbeiter verfügen, die sich auf die Kunden einstellen und bei ihren Kaufabsichten unterstützen können. Die Verkäufer sind es, die fehlende Ware, schlechte Qualität oder sonstige Mängel von unzufriedenen Kunden als erste vorgehalten und den Unmut der Kunden zu spüren bekommen. Von den Verkaufsmitarbeitern werden umfassende Warenkenntnisse, Umgang mit den verschiedenen Kundentypen und stets höfliches Auftreten erwartet. Dabei erstreckt sich die Arbeitszeit, auch wenn Mittagspausen dazwischenliegen, oftmals auf eine längere Zeit als in anderen Branchen. „Dass niemand mehr dienen will, aber alle bedient werden wollen, zeigt sich neben dem Hotelgewerbe besonders auch in Handelsbetrieben."

Wie in anderen Wirtschaftsbereichen wird auch im Handel der Faktor Arbeit getrennt betrachtet als *dispositiver* und als *operativer Faktor* bzw. es wird unterschieden in *führende* und *ausführende Arbeit*.

Je komplexer die Handelsgüter sind, desto höher ist der Qualitätsanspruch an den Faktor Arbeit. Im Getränkeeinzelhandel werden z. B. in der Regel nur einfache Dienstleistungen gegenüber dem Kunden erforderlich sein und es reicht eine eher geringe Qualifikation der Mitarbeiter aus.

Das Mengengerüst der Ware und die Anzahl der Kunden bestimmt die Anzahl der Mitarbeiter bzw. die Quantität des Faktors Arbeit. Je größer des Mengengerüst ist, umso mehr Personal ist in der Regel erforderlich.

Die Bedeutung des Faktors Arbeit ist im Handel von folgenden Faktoren abhängig:		
Komplexität der Waren	Mengengerüst der Waren	Anzahl der Kunden
↓	↓	
Qualität des Faktors Arbeit	Quantität des Faktors Arbeit	

01. Was heißt „Mitarbeiter führen"?

• *Begriff* (auch: Aufgabe der Personalführung):
  Führen heißt, das Verhalten der Mitarbeiter zielorientiert zu beeinflussen, sodass die betrieblichen Ziele erreicht werden – unter weitgehender Beachtung der Ziele der Mitarbeiter.

* *Ziel* der Führungsarbeit ist es:

1. Betrieblicher Aspekt (*Zielerfolg*)
   - Leistung zu erzeugen,
   - Leistung zu erhalten und
   - Leistung zu steigern.

2. Mitarbeiteraspekt (*Individualerfolg*)
   - Erwartungen und Wünsche der Mitarbeiter zu berücksichtigen in Abhängigkeit von den betrieblichen Möglichkeiten und
   - Mitarbeiter zu motivieren.

02. Welchen Einflussfaktoren unterliegt die tägliche Führungsarbeit?

Einflussfaktoren der Personalführung		
Der Vorgesetzte	**Der Mitarbeiter**	**Die betrieblichen Rahmenbedingungen**
• Persönlichkeit	• Persönlichkeit	• Organisation
• Autorität	• Erwartungen	• Arbeitsklima
• Eigenschaften	• Erfahrung	• Technik, Arbeitsmittel
• Führungsstil	• Alter	• Abläufe
• Erfahrung	• Geschlecht	• Ertragslage
• usw.	• usw.	• usw.

03. Welche Anforderungen werden heute an eine Führungskraft gestellt?
→ 3.3.1

1. Der Vorgesetzte muss heute so führen, dass sich die Leistung der Mitarbeiter *zielorientiert* entfaltet, d. h., Führung hat die Aufgabe, alle Kräfte des Unternehmens zu bündeln und auf den Markt zu konzentrieren (Führung → Ziele → zielorientierte Aufgabenerfüllung → Leistung → Wertschöpfung → Zielerreichung).

2. Der Vorgesetzte muss Ziele entwickeln und mit seinen Mitarbeitern vereinbaren. Die Ziele des Unternehmens werden aus der *Wechselwirkung von Betrieb und Markt/ Kunde* gewonnen. Sie werden „heruntergebrochen" in Zwischen- und Unterziele für nachgelagerte Führungsebenen.

3. Der Vorgesetzte muss heute so führen,
   * dass seine Führungsarbeit die Funktion der *Klammer, der Koordination und der Orientierung* für seine Mitarbeiter erfüllt. Dabei muss er den „Spagat" zwischen der Beachtung ökonomischer und sozialer Ziele herbeiführen.
   * dass er durch *geeignete Maßnahmen* die Voraussetzungen für Leistung schafft (Fähigkeit + Bereitschaft + Möglichkeit der Mitarbeiter).

4. Zielorientierte Führungsarbeit orientiert sich am *Management-Regelkreis*:

Ziele setzen → Planen → Organisieren → Durchführen → Kontrollieren

5. Der Vorgesetzte formuliert messbare Ziele. Ziele sind dann *messbar*, wenn sie eine Festlegung in drei Punkten enthalten:

Beispiel für eine messbare Zielformulierung:

1. Inhalt: „die Anzahl der Mitarbeiter verringern"
2. Zeit: „bis zum Ende dieses Quartals"
3. Maß: „um 10 %"

04. Welche Konsequenzen ergeben sich daraus für Rolle, Aufgaben und Verantwortung des Vorgesetzten?

Der Vorgesetzte hat einerseits die von der Unternehmensleitung vorgegebenen Ziele und die damit verbundenen Aufgaben wahrzunehmen und gleichzeitig – im Rahmen dieser Ziele – die (berechtigten) Erwartungen der Mitarbeiter zu berücksichtigen.

- Daraus erwächst seine *Rolle* als
  - Vorgesetzter (mit Vorbildfunktion),
  - Koordinator,
  - Mittler,
  - Coach und Berater seiner Mitarbeiter.

- *Aufgaben:*
  Die Führungsaufgaben des Vorgesetzten umfassen das gesamte Spektrum der Managementfunktionen und lassen sich grob einteilen in:
  - fachspezifische,
  - organisatorische und
  - personelle Aufgaben.

  Im Betriebsalltag heißt das u. a. konkret:
  - Die Arbeit planen, vorbereiten und an Mitarbeiter verteilen.
  - Mitarbeiter anweisen und unterweisen.
  - Die Durchführung der Arbeiten steuern und überwachen.
  - Die Leistungsbereitschaft und Leistungsfähigkeit der Mitarbeiter fördern.
  - Den Gruppenzusammenhalt fördern.
  - Mitarbeiter beurteilen.
  - Mitarbeiter ihren Fähigkeiten entsprechend einsetzen.
  - Mitarbeiter über die Ziele des Unternehmens informieren.
  - Sich für die Belange und Anliegen der Mitarbeiter einsetzen.
    → Vgl. dazu Frage 05. Führungsaufgaben.

- *Verantwortung:*
  Schlechte Mitarbeiterführung hat negative Folgen: Mitarbeiterverhalten ist stets auch eine Reaktion auf Führungsverhalten. In diesem Sinne ist der Vorgesetzte (mit)verant-wortlich für negative Entwicklungen – wie z. B.:
  - Fluktuation,
  - mangelhafte Koordination,
  - geringere Produktivität,
  - geringere Aktivität der Mitarbeiter,
  - Unzufriedenheit der Mitarbeiter,

- Flucht der Mitarbeiter in die Krankheit,
- seelische Probleme der Mitarbeiter (Alkoholismus),
- Einengung der Entscheidungsfreiheit der Mitarbeiter,
- mangelnde Befriedigung zwischenmenschlicher Bedürfnisse,
- mangelnder Wille zur Zusammenarbeit,
- mangelnde/keine Identifikation der Mitarbeiter mit den betrieblichen Zielen,
- Verunsicherung der Mitarbeiter,
- nachlassendes Qualitätsbewusstsein,
- Vernachlässigung von Umweltschutz, Arbeitssicherheit u. Ä. und
- schlechtes Betriebsklima.

05. Welche Führungsaufgaben hat der Vorgesetzte?

Entsprechend dem Rahmenplan werden die folgenden Führungsaufgaben (auch: Führungsinstrumente) behandelt:

Ausgewählte Führungsaufgaben			
Delegation	Information	Motivation	Kontrolle

06. Wie wird richtig delegiert?

Die Bereitschaft der Führungskräfte zur Delegation ist unabdingbare Voraussetzung für die Gestaltung von Zielvereinbarungsprozessen. Delegation wird in der Praxis nicht immer richtig gehandhabt. Oft genug wird dem Mitarbeiter *lediglich Arbeit übertragen* – ohne klare Zielsetzung und ohne Entscheidungsrahmen (Kompetenz). Richtig delegieren heißt, dem Mitarbeiter ein (möglichst messbares und damit überprüfbares)

- *Ziel* zu setzen sowie ihm
- die *Aufgabe* und
- die *Kompetenz* zu übertragen.

Elemente („Bausteine") der Delegation		
Ziel	Aufgabe	Kompetenz

Der Begriff „Kompetenz" hat einen doppelten Wortsinn:

- Kompetenz im Sinne von Befähigung/eine Sache *beherrschen* (z. B. Führungskompetenz)
- Kompetenz im Sinne von Befugnis/eine Sache *entscheiden dürfen* (z. B. die Kompetenz/Vollmacht zur Unterschrift).

Aus der Verbindung dieser *drei Bausteine der Delegation* erwächst für den Mitarbeiter die *Handlungsverantwortung* – nämlich seine Verantwortung für die Aufgabenerledigung im Sinne der Zielsetzung sowie die Nutzung der Kompetenz innerhalb des abgesteckten Rahmens. Verantwortung übernehmen heißt, für die Folgen einer Handlung einstehen.

Die Führungsverantwortung bleibt immer beim Vorgesetzten: Er trägt als Führungskraft immer die Verantwortung für Auswahl, Einarbeitung, Aus- und Fortbildung, Einsatz, Unterweisung, Kontrolle usw. des Mitarbeiters (*Voraussetzungen der Delegation*).

Diese Unterscheidung von Führungs- und Handlungsverantwortung ist insbesondere immer dann wichtig, wenn Aufgaben schlecht erfüllt wurden und die Frage zu beantworten ist: „Wer trägt für die Schlechterfüllung die Verantwortung? Der Vorgesetzte oder der Mitarbeiter?"

07. Welche Ziele werden mit der Delegation verbunden?

- Beim Vorgesetzten: - Entlastung, Prioritäten setzen
                      - Knowhow der Mitarbeiter nutzen.

- Beim Mitarbeiter: - Förderung der Fähigkeiten („Fordern heißt fördern!")
                      - Motivation, Arbeitszufriedenheit.

08. Welche Grundsätze müssen bei der Delegation eingehalten werden?

1. Ziel, Aufgabe und Kompetenz müssen sich entsprechen (*Äquivalenzprinzip* der Delegation). Je anspruchsvoller die Zielsetzung ist, desto umfangreicher muss die Kompetenz gestaltet sein.

2. Der Vorgesetzte muss die *Voraussetzungen* zur Delegation schaffen:
   - bei sich selbst: Bereitschaft zur Delegation, Vertrauen in die Leistung des Mitarbeiters
   - beim Mitarbeiter: das Wollen (Motivation) + das Können (Beherrschen der Arbeit)
   - beim Betrieb: organisatorische Voraussetzungen (Werkzeuge, Hilfsmittel, interne Information, dass der betreffende Mitarbeiter für diese Aufgabe zuständig ist).

3. *Keine Rückdelegation* zulassen! („Herr Müller, ich schaffe das nicht. Könnten Sie das nicht übernehmen? Sie haben doch viel mehr Erfahrung!")

4. Festlegen, *welche Aufgaben delegiert werden können* und welche nicht! Hinweis: Führungsaufgaben können i. d. R. nicht delegiert werden.

5. *Hintergrund* der Aufgabenstellung erklären!

6. Formen der Kontrolle festlegen/vereinbaren (z. B. Zwischenkontrollen)!

7. Genaue Arbeitsanweisungen geben!

8. Die richtige Fehlerkultur praktizieren:
   - Fehler können vorkommen!
   - Aus Fehlern lernt man!
   - Einmal gemachte Fehler sind zukünftig zu vermeiden!

09. Welche Handlungsspielräume kann der Vorgesetzte seinen Mitarbeitern bei der Delegation einräumen?

Das Maß/den Umfang der Delegation kann der Vorgesetzte unterschiedlich gestalten: Betrachtet man die „Bausteine der Delegation" (vgl. Frage 06.), so ergeben sich für ihn die nachfolgenden Möglichkeiten, das Maß der Delegation „eng zu gestalten" oder „weit zu fassen". Dementsprechend gering oder umfangreich sind die sich daraus ergebenden Handlungsspielräume für die Mitarbeiter:

1. Der Vorgesetzte kann das Ziel

   1.1 vorgeben: →   einseitige Festlegung:
                                        Zielvorgabe, Arbeitsanweisung

   1.2 vereinbaren: →   Zielfestlegung im Dialog:
                                          Zielvereinbarung (MbO)

2. Er kann den Umfang und   →   *Art + Umfang* der Aufgabe:
   die Art der delegierten Aufgabe   leicht/schwer bzw. klein/groß
                                         unterschiedlich gestalten:

3. Er kann den Umfang der Kompe-   →   *Kompetenzumfang:*
   tenzen weit fassen oder begrenzen   gering/umfassend

Umfang der Delegation - Gestaltungsmöglichkeiten des Vorgesetzten -		
Ziel	**Aufgabe**	**Kompetenz**
→ Zielvorgabe → Zielvereinbarung (MbO)	→ geringe Anforderungen → hohe Anforderungen	→ eng begrenzt → umfassend

Welchen Handlungsspielraum der Vorgesetzte dem Mitarbeiter einräumt, muss im Einzelfall entschieden werden und hängt ab

- von der Erfahrung, der Fähigkeit und der Bereitschaft des Mitarbeiters und
- von der betrieblichen Situation und der Bedeutung der Aufgabe (wichtig/weniger wichtig; dringlich/weniger dringlich; Folgen bei fehlerhafter Ausführung).

10. Was ist bei der Gestaltung von Informationsprozessen zu beachten?

Information und Kommunikation sind heute für den Unternehmenserfolg unerlässlich. Information ist eine der Grundvoraussetzungen für Leistung und Leistungsbereitschaft. Information schafft Motivation, bedeutet Anerkennung und verhindert Gerüchte. Anders gesagt:

> - Mitarbeiten kann nur, wer mitdenken kann!
> - Mitdenken kann nur, wer informiert ist!
> - Nur informierte Mitarbeiter sind wirklich gute Mitarbeiter!
> - Information ist Chefsache!

11. Welche Gefahren und Grenzen der innerbetrieblichen Kommunikation lassen sich aufzeigen?

Die Fülle an Informationen nimmt permanent zu (Informationsflut). Dieser Zustand wird sich wohl kaum umkehren (lassen). Der Einzelne ist dazu aufgefordert, den richtigen (d. h. effektiven und effizienten) Umgang mit der Information zu lernen.

Informationen werden in Computern gespeichert und vernetzt. Die Gefahr des Informations- und damit auch Machtmissbrauchs wächst und muss durch Zugriffssicherungen sowie Mitarbeiteraufklärung begrenzt werden (vgl. auch 1.6.5, Informationsorganisation).

12. Welche psychologischen Grundlagen sollte der Vorgesetzte bei der Gestaltung von Motivationsprozessen beachten?

Das *Motiv ist der Beweggrund für ein bestimmtes Handeln und Denken.* Typisch menschliche Motive sind: Befriedigung existenzieller Bedürfnisse wie Durst, Hunger; Befriedigung sozialer Bedürfnisse wie Kontakt zu anderen, Befriedigung von Machtbedürfnissen (vgl. Maslow/Herzberg).

Mitarbeiter motivieren bedeutet demnach, den Mitarbeitern konkrete Beweggründe für ein bestimmtes Handeln oder Denken geben, ihnen also *Handlungsanreize liefern.*

Vereinfacht gesagt kann man auch formulieren: *Mitarbeiter motivieren heißt, Mitarbeiter durch Anreize zu veranlassen, das zu tun, was sie tun sollen.*

Man unterscheidet zwei Arten der Motivation:

Arten der Motivation	
Intrinsische Motivation	**Extrinsische Motivation**
Beweggründe aus der Sache heraus, z. B. der Mitarbeiter hat eine Vorliebe für die Arbeit mit Menschen.	Beweggründe, die von außen kommen, z. B. Belohnung, Anerkennung, Strafe, sozialer Status, Vermeidung (Kritik, Angst).

13. Wie kann durch Motivation das Leistungsverhalten des Mitarbeiters gefördert werden?

Von Motivation spricht man dann, wenn in konkreten Situationen aus dem Zusammenwirken verschieden aktivierter Motive ein bestimmtes Verhalten bewirkt wird. Das menschliche Verhalten wird jedoch nicht nur allein durch eine Summe von Motiven bestimmt. Wesentlich hinzu kommen als Antrieb die persönlichen Fähigkeiten und Fertigkeiten. Eine entscheidende Rolle für das menschliche Verhalten spielt auch die gegebene Situation. Bei konstanter Situation (beispielsweise am Arbeitsplatz) kann man sagen, dass sich *das Verhalten aus dem Zusammenwirken von Motivation mal Fähigkeiten plus Fertigkeiten ergibt.* Das Leistungsverhalten des Einzelnen kann durch Verbesserung der Fähigkeiten und Fertigkeiten bei hoher Motivation verbessert werden.

14. Wie unterscheiden sich Manipulation und Motivation?

Als Abgrenzung zur Motivation ist die Manipulation die bewusste Verhaltensbeeinflussung von Mitarbeitern durch den Vorgesetzten *mit unlauteren und/oder egoistischen Zielen* der Führungskraft.

15. Welche Aussagen liefert die Motivationstheorie von Maslow?

Maslow hat die menschlichen Bedürfnisse strukturiert und in eine hierarchische Ordnung gefasst; seine „Bedürfnispyramide" – unterteilt in Wachstumsbedürfnisse und Defizitbedürfnisse – war die Grundlage für eine Reihe von Theorien über Bedürfnisse und Motivation (z. B. ERG-Theorie; Zwei-Faktoren-Theorie nach Herzberg mit der Unterscheidung in Motivatoren und Hygienefaktoren) sowie den Motivationsbestrebungen in der Praxis:

Bedürfnispyramide nach Maslow	
Stufe 1 (Basis)	Physiologische Grundbedürfnisse, wie Selbsterhaltung, Hunger, Durst usw.
Stufe 2 (aufbauend)	Sicherheitsbedürfnisse, längerfristige Sicherung der Befriedigung der Grundbedürfnisse; Beispiele: Mindesteinkommen, Pension, Versicherung usw.
Stufe 3	Soziale Bedürfnisse: Gruppeneinordnung, Kommunikation, Harmonie usw.
Stufe 4	Statusbedürfnisse, wie Aufstieg, Titel, Anerkennung, Kompetenzen, Stellung in der Gruppe usw.
Stufe 5	Bedürfnis nach Bestätigung, Liebe, Kreativität, Persönlichkeitsentfaltung.

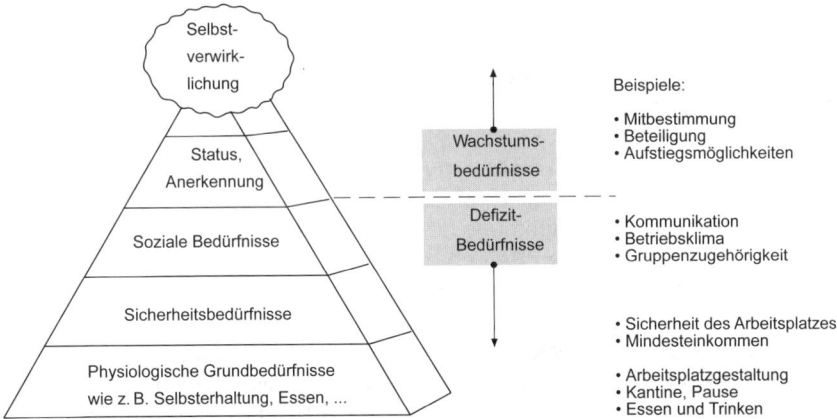

- *Defizitbedürfnisse* streben danach, dass sie befriedigt werden. Wenn sie erfüllt sind, besteht keine Motivation mehr, sie weiterhin zu befriedigen („befriedigte Bedürfnisse haben keine Motivationskraft").

- *Wachstumsbedürfnisse* können nie abschließend befriedigt werden („ihre Motivationskraft endet nie").

• Das *Progressionsprinzip* besagt, dass menschliches Verhalten grundsätzlich durch das hierarchisch niedrigste unbefriedigte Bedürfnis motiviert wird. Der Mensch versucht also zunächst, seine Grundbedürfnisse zu befriedigen.

Hieraus können Hauptmotive der Arbeitnehmer abgeleitet werden:

• Geldmotiv
• Kontaktmotiv
• Statusmotiv
• Sicherheitsmotiv
• Kompetenzmotiv
• Leistungsmotiv.

16. Was kennzeichnet die 2-Faktoren-Theorie nach Herzberg?

Die Ergebnisse von Untersuchungen des amerikanischen Psychologen Frederick Herzberg wurden auch für den deutschen Sprachraum bestätigt. Nach Herzberg hat der Mensch ein zweidimensionales Bedürfnissystem:

• Er hat *Entlastungsbedürfnisse* und *Entfaltungsbedürfnisse*.

Das heißt, er möchte alles vermeiden, was die Mühsal des Lebens ausmacht. Die zivilisatorischen Errungenschaften nimmt er als selbstverständlich hin. Sie sind für ihn *kein Grund zu besonderer Zufriedenheit*.

Dazu gehören auch die äußeren Arbeitsbedingungen wie z. B.

- die Organisationsstruktur
- das Führungsklima
- das Entgelt
- die zwischenmenschlichen Beziehungen
- die Arbeitsbedingungen.

• Diese Faktoren werden nach Herzberg *Hygienefaktoren* genannt. Mit Hygienefaktoren kann man Mitarbeiter nicht zu einer besonderen Leistung motivieren. Sie sind aber für die positive Grundstimmung bei der Arbeit unerlässlich und bewirken, dass sich der Mitarbeiter gut in den Betrieb eingebettet fühlt. Die Hygienefaktoren bilden somit die Grundlage für ein gesundes Betriebsklima.

• Für die *Entfaltungsbedürfnisse* bedeutet das, dass der einzelne Mitarbeiter sich als Person entfalten möchte. Werden diese Bedürfnisse befriedigt, entsteht echte und andauernde Zufriedenheit. Dazu gehört u. a. die Arbeit (an sich) wie z. B.

- das Gefühl, etwas zu schaffen
- sachliche Anerkennung
- Verantwortung
- Vorwärtskommen.

Diese Faktoren werden nach Herzberg *Motivatoren* genannt. Motivatoren sind mit Erwartungsspannung und Erfolgserlebnissen verknüpft. Sie regen zur Eigenaktivität an und führen zu echter Leistungsmotivation.

Für den Vorgesetzten bedeutet das, einerseits dazu beizutragen, dass die Entlastungsbedürfnisse befriedigt werden, andererseits seine Führungsfähigkeiten so einzusetzen,
dass die Entfaltungsbedürfnisse Anreize erfahren.

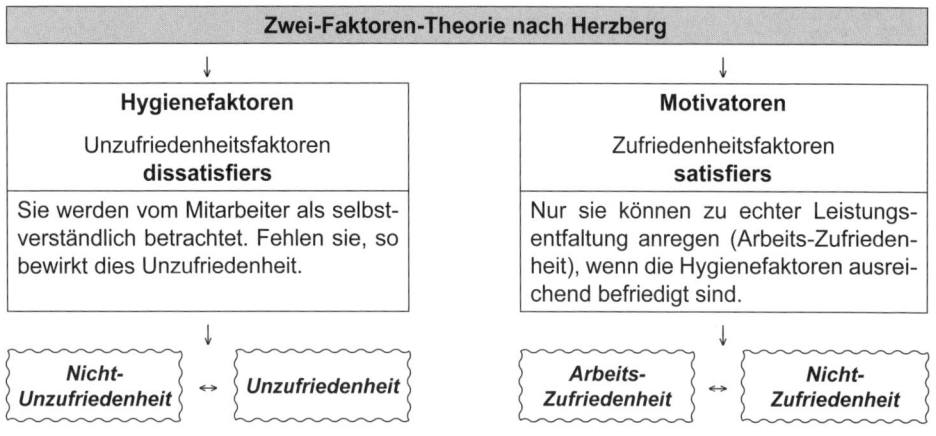

17. Was verbindet man mit dem Erscheinungsbild „innere Kündigung"?

Der Mitarbeiter, der „innerlich kündigt", hat das Gefühl gewonnen, dass er mit seinen Vorstellungen ins Leere läuft, beim Vorgesetzten kein Gehör findet und vielleicht sogar als
Querulant abgestempelt wird. Er ändert daraufhin sein Verhalten, muckt nicht mehr auf,
sondern erfüllt scheinbar bereitwillig seinen Dienst, vermeidet jede Kritik an Maßnahmen
oder an Vorgesetzten, sondern beglückwünscht diesen auch noch dann, wenn er erkennbar falsch gehandelt hat. Während er nach außen nicht aufzufallen sucht, macht er mehr
oder weniger lustlos seine Aufgaben, denkt nicht über Verbesserungsmöglichkeiten nach,
sondern freut sich auf den Feierabend, in dem er ein ganz anderer Mensch sein will. Die
betriebliche Tätigkeit ist zur reinen Gelderwerbsquelle ohne inneres Engagement geworden.

18. Was ist Kontrolle? Welche Einzelaspekte enthält die Arbeitskontrolle?

Kontrolle ist ein wichtiges Element innerhalb der Führungsaufgaben des Vorgesetzten.
Es ist sehr eng mit den Themen Anerkennung, Kritik und Beurteilung sowie mit der
Delegation verknüpft: In allen Fällen muss ein brauchbarer *Maßstab* vorliegen und es
sind *Formen der Rückmeldung* (Feedback-Maßnahmen).

> **Kontrolle ist der Vergleich eines Ist-Zustandes mit einem Soll-Zustand.**

Insofern besteht der Vorgang der Kontrolle aus folgenden Schritten:

1. *Soll-Wert* festlegen/vereinbaren:

   Es muss ein *Soll-Wert*, d. h. ein Maßstab existieren; z. B. „Erledigung der Arbeit bis
   Do, 16:00 Uhr" oder „Beherrschen der Maschine X innerhalb der Einarbeitungszeit
   von zwei Wochen".

2. *Ist-Wert* ermitteln:

Kontrolle setzt weiterhin voraus, dass ein *Ist-Wert* ermittelt wurde, d. h. der Vorgesetzte muss das reale Leistungsverhalten des Mitarbeiters erfassen – und zwar möglichst wertfrei.

3. *Ursachen* analysieren.

19. Warum ist Kontrolle notwendig?

Kontrolle ist erforderlich,

* um die *Zielerreichung* zu gewährleisten bzw. um eine Abweichung vom Ziel festzustellen,
* um dem Mitarbeiter ein *Feedback* über sein Leistungsverhalten zu geben und
* um *Ursachen* für Abweichungen zu ermitteln und zu beheben.

20. Welches Kontrollverfahren hat welche Wirkung?

* *Selbstkontrolle*:
  - hohe Motivationswirkung
  - wenn das Ergebnis dem Vorgesetzten nicht mitgeteilt wird:
    Korrektur kann nicht oder zu spät erfolgen.

* *Fremdkontrolle:*
  - hoher Sicherheitsgrad
  - kann motivationshemmend wirken.

* *Vollkontrolle:*
  - totale Sicherheit
  - wirkt demotivierend
  - Abweichungen sind sofort korrigierbar
  - hoher Aufwand
  - widerspricht dem Delegierungsprinzip.

* *Stichprobenkontrolle:*
  - Abweichungen sind sofort korrigierbar
  - bewirkt unter Umständen Misstrauen.

* *Ergebniskontrolle:*
  - hohe Motivationswirkung
  - bei Abweichungen kann nicht mehr korrigiert werden
  - kein Hinweis, mit welchen Mitteln das Ergebnis erreicht wurde.

* *Zwischen- oder Tätigkeitskontrolle*:
  - laufende Einwirkungsmöglichkeiten
  - zeitaufwändig
  - i. d. R. geringe Motivationsbeeinträchtigung.

Empfehlung:

Langfristig gesehen ist es besser, das *Maß der Eigenkontrolle* durch den Mitarbeiter zu *erweitern* und sich verstärkt auf die *Kontrolle von Ergebnissen* zu konzentrieren. Dies setzt beim Mitarbeiter einen hohen Ausbildungstand sowie einen gut entwickelten Reifegrad voraus.

21. Welche Grundsätze sollten für ein angemessenes Kontrollverhalten berücksichtigt werden?

- *Alles was delegiert wurde, muss auch kontrolliert werden!*
  (Aber: das Maß der Kontrolle ist der Situation anzupassen; vgl. Frage 20.)

-

Regel „O-S-K-A-R"		Beispiele
O	Offen	• nicht hinter dem Rücken des Mitarbeiters
S	Sachlich	• keine persönliche Verunglimpfung des Mitarbeiters
K	Klar/konstruktiv	• verständlich, mit Hilfestellung
A	Abgesprochen	• Vereinbarungen treffen (z. B. Zeitpunkt)
R	Rücksichtsvoll	• auf zentrale Punkte eingehen, keine „Nebenkriegsschauplätze"

22. Welchen Zweck verfolgen Führungsgrundsätze?

Der Zweck von Führungsgrundsätzen (auch: Führungsrichtlinien) ist:

- Sie sollen im Einklang mit den generellen Unternehmenszielen stehen und diese unterstützen.
- Sie sollen die Wertvorstellungen des Unternehmens in Worte fassen.
- Sie sollen die generellen Erwartungen des Managements und der Mitarbeiter artikulieren.
- Sie legen für alle Mitarbeiter des Unternehmens relativ verbindliche Verhaltensnormen fest.
- Sie sollen das Führungsgeschehen im Alltag unterstützen.
- Sie sollen zu einer „gemeinsamen Sprache im Führungsgeschehen" verhelfen und so Reibungsverluste abbauen.

23. Welche Probleme können mit der Implementierung von Führungsgrundsätzen verbunden sein?

- Die Implementierung (Einführung) kann zu Verwirrung, Unruhe und Überreaktionen der Mitarbeiter führen.

Empfehlung: Diskussion mit allen Beteiligten in abgestufter Form auf allen Ebenen; Workshops u. Ä.

• Die Führungskräfte fühlen sich „gegängelt" und betrachten die Führungsgrundsätze als „bloßes Disziplinierungsinstrument" der Geschäftsleitung.

Empfehlung: Den Charakter der Führungsgrundsätze im Sinne von Führungs*leitlinien* in der gemeinsamen Diskussion herausarbeiten. Aufzeigen, dass keine Gleichschaltung der Führungskräfte beabsichtigt ist.

• Das tatsächlich praktizierte Führungsverhalten der (einiger) Führungskräfte steht in krassem Gegensatz zu den formulierten Grundsätzen.

Empfehlung: Training, Diskussion und Coaching mit den Führungskräften; Herausarbeiten der Widersprüche und gemeinsame Diskussion von Lösungsansätzen.

3.1.2 Führungsmethoden und -stile

Hinweis: Bevor das Thema „Führungsstile" im Einzelnen behandelt wird, halten wir es für notwendig die Begriffe der Führungstillehre abzugrenzen:

01. Wie lassen sich die Begriffe Führungsprinzip, Führungsstil, Führungskonzeption, Führungsmodell, Führungsmittel und Führungstechnik theoretisch voneinander abgrenzen und welche Bedeutung hat diese Unterscheidung in der Praxis?

Führungs-prinzipien	Führungsprinzip ist der am wenigsten umfassende Begriff. Er beschreibt den Sachverhalt, dass sich eine Führungskraft in ihrem konkreten Verhalten an einem oder mehreren Grundsätzen orientiert, z. B. dem Prinzip der Delegation.
Führungs-stile	Mit Führungsstil will man das Führungsverhalten eines Vorgesetzten beschreiben, das durch eine einheitliche Grundhaltung gekennzeichnet ist. Der Führungsstil ist also ein Verhaltensmuster, das sich aus mehreren Orientierungsgrößen zusammensetzt (Werte, Normen, Grundsätze, Erfahrung, Persönlichkeit), zeitlich relativ überdauernd und in unterschiedlichen Situationen relativ konstant ist (z. B. kooperativer Führungsstil).
Führungs-modelle	Führungsmodelle erheben den Anspruch, praxisorientierte Konzeptionen mit normativem oder idealtypischem Charakter zu sein, z. B. Management-by-Modelle.
Führungs-konzeptionen	Führungskonzeptionen basieren auf den Erkenntnissen über Führungsstile, bringen diese in Beziehung zueinander und ergänzen sie durch weitere Dimensionen. In der Regel haben Führungskonzepte eine Leitidee (z. B. Delegation) und integrieren diese in (unterschiedlich ausgestaltete) Regelkreise der Planung, Durchführung und Kontrolle.
Führungs-mittel	Führungsmittel sind Mittel und Verfahren, die zur Gestaltung des Führungsprozesses eingesetzt werden (z. B. Delegation, Beurteilung usw.). Der Begriff Führungsinstrumente und Führungsaufgaben wird teilweise synonym verwendet.

Führungs-techniken	Die meisten Autoren verwenden Führungstechniken im Sinne von Managementtechniken, z. B. Analysetechniken, Planungstechniken, Entscheidungstechniken, vor dem Hintergrund des allgemeinen Managementprozesses: (Ziele setzen → planen → organisieren → realisieren → kontrollieren).

02. Zu welchen Ergebnissen sind der „Eigenschaftsansatz" und der „Verhaltensansatz" in der Führungsstillehre gekommen?

• Der *Eigenschaftsansatz* geht aus von den *Eigenschaften des Führers* (z. B. Antrieb, Energie, Durchsetzungsfähigkeit usw.). Es wurde daraus eine *Typologie der Führungskraft* entwickelt:

- autokratischer Führer
- demokratischer Führer
- laissez faire Führer.

Andere Erklärungsansätze nennen unter der Überschrift „Tradierte Führungsstile" (= überlieferte Führungsstile):

- patriarchalisch (= väterlich)
- charismatisch (= Persönlichkeit mit besonderer Ausstrahlung)
- autokratisch (= selbstbestimmend)
- bürokratisch (= nach Regeln).

Der Eigenschaftsansatz impliziert, dass Führungserfolg von den Eigenschaften des Führers abhängt. Der Eigenschaftsansatz konnte empirisch nicht bestätigt werden.

• Der *Verhaltensansatz* basiert in seiner Erklärungsrichtung auf den *Verhaltensmustern der Führungskraft* innerhalb des Führungsprozesses. Im Mittelpunkt stehen z. B. Fragen: „Wie kann Führungsverhalten beschrieben werden?". Ergebnis dieser Forschungen sind die Führungsstile und Führungsmodelle mit ihren unterschiedlichen Orientierungsprinzipien, wie sie in der nachfolgenden Darstellung abgebildet sind:

Typologie der Führungsstile		
Bezeichnung	*Orientierungsgröße(n)*	*Ausprägung*
1-dimensionale Führungsstile auch: Klassische Führungsstile	• Grad der Mitarbeiterbeteiligung	Autoritärer Führungsstil Kooperativer Führungsstil Laissez faire-Führungsstil
2-dimensionaler Führungsstil auch: Grid-Konzept	• Sachorientierung • Mitarbeiterorientierung	Managerial Grid mit unterschiedlichen Ausprägungen im Verhaltensgitter, z. B. 9.1-Stil, 5.5-Stil usw.
3-dimensionaler Führungsstil auch: Situativer Führungsstil	• Sachorientierung (Ziel) • Mitarbeiterorientierung • Situationsorientierung	Führung wird als das Zusammenwirken mehrerer Faktoren begriffen. In der Regel werden drei genannt, die insgesamt ein Spannungsfeld der Führung ergeben.

- Die *klassischen Führungsstile* können mit den 1-dimensionalen gleichgesetzt werden. Das Orientierungsprinzip (Unterscheidungs-) ist der *Grad der Mitarbeiterbeteiligung*.

Ein Führungsstil ist eindimensional, wenn zur Beschreibung und Beurteilung von Führungsverhalten nur ein Kriterium herangezogen wird. Daher gehören „Klassische Führungsstile" typologisch zu den eindimensionalen. Bei den zwei- und mehrdimensionalen Führungsstilen ist der Erklärungsansatz von zwei oder mehr Kriterien (= Orientierungsprinzipien) geprägt.

- Das *2-dimensionale Verhaltensmodell* wählt „Sache" und „Mensch" als Orientierungsprinzipien (Grid-Konzept).

- Das *3-dimensionale Verhaltensmodell* wählt „Mitarbeiter", „Sache" und „betriebliche Situation" als Orientierungsprinzipien.

03. Welches Verhalten ist charakteristisch für den autoritären Führungsstil?

Der autoritär führende Vorgesetzte entscheidet allein und erwartet von seinen Mitarbeitern die uneingeschränkte Ausführung seiner Weisungen. Die Mitarbeiter werden in Entscheidungsprozesse nicht einbezogen (Extrem).

Der Übergang zum kooperativen (beteiligenden) Führungsstil ist fließend; Beispiel: Vorgesetzter A führt völlig ohne Beteiligung der Mitarbeiter; Vorgesetzter B führt autoritär, bezieht aber seine Mitarbeiter gelegentlich mit ein (z. B. bei Entscheidungsprozessen von großer Tragweite) usw. Man spricht in der Literatur von einem so genannten Kontinuum der Führung (nach Tannenbaum und Schmidt).

Kontinuum der Führung				
Autoritärer Führungsstil	↔			**Kooperativer Führungsstil**
Der Vorgesetzte entscheidet allein und gibt Anweisungen.	...	...	...	Die Mitarbeiter werden in hohem Maße einbezogen.

04. Nach welchen Grundsätzen wird kooperativ geführt und welche Vorteile bietet dieser Führungsstil?

Kooperieren heißt, *zur Zusammenarbeit bereit sein*. Der kooperative Führungsstil bedeutet „Führen durch Zusammenarbeit". Charakteristisch sind folgende Grundsätze und Merkmale:

- Die betrieblichen *Aktivitäten werden* zwischen dem Vorgesetzten und den Mitarbeitern *abgestimmt.*

- Der kooperative Führungsstil ist *zielorientiert* (Ziele des Unternehmens und Erwartungen der Mitarbeiter).

- Der Vorgesetzte bezieht die Mitarbeiter in den *Entscheidungsprozess mit ein*.

- Die Zusammenarbeit ist geprägt von *Kontakt, Vertrauen, Einsicht und Verantwortung*.

- Formale *Machtausübung* tritt in den *Hintergrund*.

- Es gilt das Prinzip der *Delegation*.

- Fehler werden *nicht bestraft*, sondern es werden die Ursachen analysiert und behoben. Der Vorgesetzte gibt dabei Hilfestellung.

- Es werden die *Vorteile der Gruppenarbeit* genutzt.

Vorteile/Chancen des kooperativen Führungsstils, z. B.:

- ausgewogene Entscheidungen auf Gruppenbasis
- Kompetenzen der Mitarbeiter werden genutzt
- Entlastung der Vorgesetzten
- Motivation und Förderung der Mitarbeiter.

05. Wie lässt sich das Grid-Konzept erklären?

Aus der Reihe der mehrdimensionalen Führungsstile hat der Ansatz von Blake/Mouton in der Praxis starke Bedeutung gefunden: Er zeigt, dass sich Führung grundsätzlich an den beiden Werten „Mensch/Person" bzw. „Aufgabe/Sache" orientieren kann. Daraus ergibt sich ein zweidimensionaler Erklärungsansatz:

Ordinate des Koordinatensystems: → Mitarbeiter
Abszisse des Koordinatensystems: → Sache

Teilt man beide Achsen des Koordinatensystems in jeweils neun „Intensitätsgrade" ein, so ergeben sich insgesamt 81 Ausprägungen des Führungsstils bzw. 81 Variationen von Sachorientierung und Menschorientierung. Die Koordinaten 1.1 (Überlebenstyp) bis 9.9 (Team/Partizipation) zeigen die fünf dominanten Führungsstile, die sich aus dem Verhaltensgitter ableiten lassen.

Kurz gesagt:
Das Managerial Grid spiegelt die Überzeugung wider, dass der 9.9-Stil (hohe Sach- und Mensch-Orientierung) der effektivste ist.

Das zweidimensionale Verhaltensgitter (Managerial Grid) nach Blake/Mouton hat folgende Struktur:

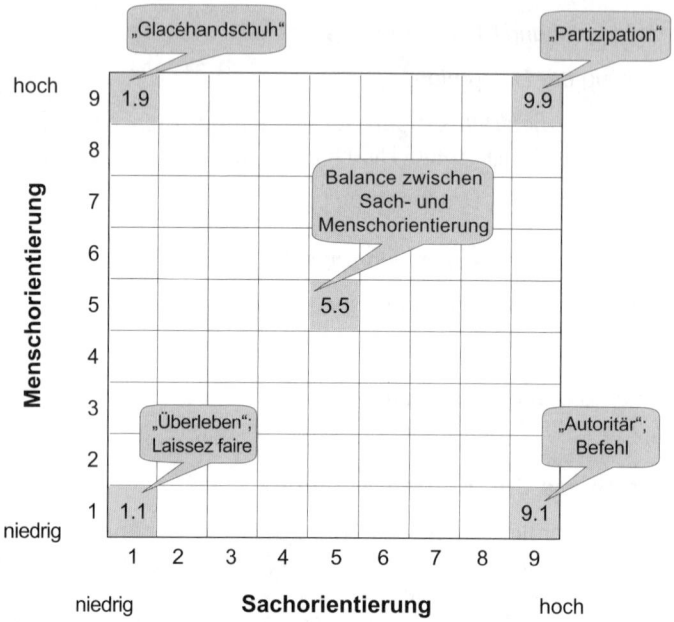

06. Was versteht man unter dem situativen Führungsstil?

Die Erklärungsansätze „1-dimensionaler und 2-dimensionaler Führungsstil" haben Lücken und führen zu Problemen:

• Zwischen Führungsstil und Führungsergebnis besteht nicht unbedingt ein lineares Ursache-Wirkungs-Verhältnis.

• Führungsstil und Mitarbeiter„typus" stehen miteinander in Wechselbeziehung. Andere Mitarbeiter können (müssen) zu einem veränderten Führungsverhalten bei ein und demselben Vorgesetzten führen.

• Die äußeren Bedingungen (die Führungssituation), unter denen sich Führung vollzieht, verändern sich und beeinflussen den Führungserfolg.

Diese Einschränkungen haben dazu geführt, dass *heute Führung als das Zusammenwirken mehrerer Faktoren* (im Regelfall werden drei genannt) *betrachtet wird, die insgesamt ein „Spannungsfeld der Führung" ergeben:*

• dem Ziel
• dem Mitarbeiter/der Gruppe
• der spezifischen Führungssituation.

Man bezeichnet diesen Ansatz als *situatives Führen.* Es ist Aufgabe der Führungskraft, die jeweils spezifische Führungssituation (Führungskultur, Zeitaspekte, Besonderheit und Bedeutung der Aufgabe usw.) zu erfassen, die Wahl und Ausgestaltung der Führungsmittel auf die jeweilige Persönlichkeit des Mitarbeiters abzustellen (Erfahrung, Persönlichkeit, Motivstruktur, Reifegrad, seine WEZs = Wünsche, Erwartungen, Ziele usw.) und dabei die Vorzüge/Stärken der eigenen Persönlichkeit (Entschlusskraft, Sensibilität, Systematik o. Ä.) einzubringen:

Hinweis:
Nachfolgend werden die im Rahmenplan genannten Management by-Techniken MbO, MbD und MbE behandelt. Die Bezeichnung im Rahmenplan unter 3.1.2.2, Führungstechniken, ist nach herrschender Literatur nicht zutreffend. Der Begriff „Führungstechniken" (auch: Managementtechniken) umfasst den Einsatz von Instrumenten der Problemlösung der Analyse usw. (vgl. Frage 01.). Die Management by-Techniken gehören typologische zu den Management-/Führungsmodellen.

07. Welche Management by-Techniken gibt es?

Die Management by-Modelle versuchen, konkretes Führungsverhalten zu beschreiben, zu erklären und *Handlungsempfehlungen* für den Führungsprozess zu geben.

In den 60er- und 70er-Jahren tauchten eine Vielzahl von „Management by's ..." auf, die teilweise „als das Non plus Ultra" verkauft wurden. Keine dieser Konzepte ist für sich allein genommen ein geschlossenes Führungsmodell. Sie ergänzen und überlappen sich und bedürfen in der praktischen Anwendung einer sorgfältigen Abwägung der jeweiligen Vor- und Nachteile.

Zwischendurch, zum Schmunzeln: Was ist Management by Bluejeans? → An allen wichtigen Stellen im Unternehmen sitzen Nieten! Was ist Management by Helikopter? → Der Chef kommt angeschwirrt, wirbelt Staub auf und verschwindet wieder!

Von Bestand für die heutige Praxis haben im Wesentlichen nur noch MbO (= Management by Objectives = Führen durch Zielvereinbarung) und MbD (= Management by Delegation). Die anderen Management by-Modelle spielen als eigenständige Konzeptionen kaum eine Rolle.

Die „Flut der Management by's" folgt einer Grundregel: Es wird meist eine bestimmte Phase im Managementprozess favorisiert (Ziele setzen → Planen → Organisieren → (Durch-)Führen → Kontrollieren) und „zum Kern des Führungserfolgs stilisiert". Man kann die Modelle nach sachbezogenen und personenbezogenen unterscheiden:

Sachbezogene Mb-Modelle, z. B.	personenbezogene Mb-Modelle, z. B.

• MbE   Management by Exception
          Führen nach dem Ausnahmeprinzip
• MbDR Management by Decision Rules
          Führen anhand von Entscheidungs-
          regeln
• MbO   Management by Objectives
          Führen durch Zielvereinbarung
• MbR   Management by Results
          Führen durch Ergebnisorientierung
	• MbI Management by Information
	          Führen durch gezielte Information
	• MbM Management by Motivation
	          Führen durch Motivation
	• MbD Management by Delegation
	          Führen nach dem Delegationsprinzip

08. Welchen Ansatz verfolgt Management by Objectives (MbO)?   → 9.3.4

Management by Objectives (Führen durch Zielvereinbarung) wird heute in einer Reihe von Großunternehmen praktiziert. Die Entscheidungsebenen arbeiten gemeinsam an der Zielfindung. Dabei legen Vorgesetzter und Mitarbeiter gemeinsam das Ziel fest, überprüfen es regelmäßig und passen das Ziel an. Da das Gesamtziel der Unternehmung und die daraus abgeleiteten Unterziele ständig am Markt orientiert sind, ist MbO durch kontinuierliche Zielpräzisierung ein Prozess. Die Wahl der einzusetzenden Mittel zur Zielerreichung bleibt den Mitarbeitern überlassen. Diese Methode wirkt Formalismus, Bürokratie, Unbeweglichkeit und Überbetonung der Verfahrenswege direkt entgegen. Kriterium sind Effektivität und Zweck. Die Zielerreichung ist der Erfolg. Die Leistung wird im Soll-Ist-Vergleich beurteilt.

- *Vorteile:*
  - Entlastung der Vorgesetzten von Routinetätigkeiten
  - Identifikation der Mitarbeiter mit den Zielen des Unternehmens
  - Transparenz der am Zielvereinbarungsprozess Beteiligten
  - Leistungsbereitschaft und Initiative der Mitarbeiter aufgrund von Delegation
  - verbesserte Arbeitsergebnisse
  - mehr Handlungsspielraum und ggf. Entscheidungsspielraum für die Mitarbeiter
  - mehr Entscheidungsspielraum für die Vorgesetzten
  - höhere Effizienz
  - höhere Motivation durch persönliche Erfolgserlebnisse.

- *Nachteile:*
  - Benachteiligung qualitativer Ziele gegenüber quantitativen
  - Schwierigkeiten und Konflikte bei der Zielvereinbarung
  - Konflikte bei der Zielanpassung im Rahmen einer Abweichungsanalyse

- schwierige Koordination der Ziele oberhalb der Abteilungsebene
- Erhöhung des Leistungsdrucks auf den einzelnen Mitarbeiter.

Das Zielvereinbarungsgespräch ist Bestandteil des Führungsprinzips MbO. Vorgesetzter und Mitarbeiter haben eine Reihe von Aspekten zu berücksichtigen – und zwar vor, während und nach dem Gespräch:

- *Vor dem Gespräch*:
  Der *Vorgesetzte* soll
  - Mitarbeiter auffordern, einen Zielkatalog für die zu planenden Perioden zu erstellen (evtl. vor dem Gespräch als schriftliche Kopie vorlegen lassen)
  - eine eigene Position über die zu vereinbarenden Ziele erarbeiten
  - Gesprächstermin vereinbaren
  - Rahmenbedingungen klären und organisieren (Raum, Getränke)
  - möglichst jegliche Störungen des Gespräches schon im Vorfeld ausschließen.

  Weiterhin ist im Rahmen der Vorbereitung zu berücksichtigen:
  - Ist der Mitarbeiter bereit und geeignet? (Motivation, Bildungsstand, Kenntnisse, Reifegrad usw.)
  - Analyse der Aufgaben des Mitarbeiters im Hinblick auf die Formulierung geeigneter Ziele
  - Erarbeitung (möglichst) messbarer Zielformulierungen
  - Harmonisierung der Mitarbeiteziele mit den Gruppen-, Abteilungs- und Bereichszielen
  - Vorbereitung geeigneter Kontrollen (Eigen-/Fremdkontrolle, Zeitabschnitte, Teilziele).

  Der *Mitarbeiter* soll
  - eigene Zielvorstellungen erarbeiten und eventuell als Kopie dem Vorgesetzten übergeben
  - Argumente erarbeiten und festhalten
  - Fragen und Probleme, die besprochen werden sollen, aufschreiben.

- *Während des Gesprächs*:
  Der *Vorgesetzte* soll
  - zu Beginn den Kontakt zum Mitarbeiter herstellen, eine entspannte Gesprächsatmosphäre schaffen, nicht mit der Tür ins Haus fallen
  - den Mitarbeiter seine Zielvorstellungen detailliert erklären lassen; hierbei nicht unterbrechen oder frühzeitig bewerten
  - nicht die eigene Meinung an den Anfang stellen
  - sich auf die Zukunft konzentrieren und dem Mitarbeiter Vertrauen in sich selbst und in die Unterstützung durch den Vorgesetzten vermitteln
  - zu einer gemeinsamen Entscheidung „moderieren" und festhalten; vom Vorgesetzten dominierte Ziele motivieren eher wenig.

  Der *Mitarbeiter* soll
  - die eigene Zielkonzeption ausführlich darlegen
  - seine Wünsche an den Vorgesetzten offen äußern
  - die Meinung des Vorgesetzten erfassen und überdenken (respektieren)
  - selbst auf eine konkrete tragfähige Vereinbarung achten.

• Nach dem Gespräch:
Der Vorgesetzte soll
- mit Interesse das Vorankommen des Mitarbeiters verfolgen
- Hilfsmittel erarbeiten, um den Grad der Zielerreichung zu erfassen und um den Mitarbeiter unterstützen zu können.

Der Mitarbeiter soll
- für sich selbst ein Kontrollsystem installieren
- bei Änderungen der Rahmenbedingungen das Gespräch über Zielmodifikationen suchen
- bei Problemen den Vorgesetzten informieren
- bei schlechtem Vorankommen den Vorgesetzten um Unterstützung bitten.

Die Vertiefung des Themas MbO erfolgt unter Ziffer 9.3.4.

09. Welchen Ansatz verfolgt Management by Delegation (MbD)?   → **3.1.1**

Hauptinhalt ist die Delegation der zur Aufgabe gehörenden Verantwortung. Anliegen des MbD ist es, durch Motivation und Aufgabenverteilung in die unteren Ebenen den Gesamtbetrieb effektiver zu gestalten. Zuständigkeiten, Verantwortung und Entscheidungsbefugnis sind – soweit möglich – auf untere Ebenen zu delegieren; Einzelheiten zum Prinzip der Delegation vgl. unter Ziffer 3.1.1/Frage 06. ff.)

10. Welchen Ansatz verfolgt Management by Exception (MbE, Führen nach dem Ausnahmeprinzip)?

Hauptinhalt ist die Delegation der Entscheidungskompetenz. Nicht alle Vorgänge sind Führungsaufgaben und werden daher auf die Mitarbeiter zur selbstständigen Erledigung delegiert. Alle im normalen Ablauf anfallenden Entscheidungen werden von der jeweils nachgeordneten Entscheidungsebene getroffen. Der Entscheidungsspielraum wird durch generelle Anweisungen bestimmt. Die Mitarbeiter handeln selbstständig in definierten Handlungsspielräumen. Die Kompetenz zur Entscheidung ist entweder auf die Aufgabe oder das zu erreichende Ziel bezogen. *Nur in Ausnahmefällen kann sich der Mitarbeiter an den Vorgesetzten wenden.* Die Entscheidungskompetenz kann nur dann rückdelegiert werden, wenn die Erreichung des Ziels gefährdet ist. Zu beachten ist die Gefahr nicht ausreichender gegenseitiger Information. Da die Mitarbeiter weitgehend selbstständig arbeiten, bedarf MbE der qualifizierten Motivation (MbM). Evtl. Misserfolge müssen mit Unterstützung der Führungskraft verarbeitet werden.

• Vorteile:
Der Vorgesetzte wird von Routineaufgaben entlastet. Die Mitarbeiter können selbstständig handeln – innerhalb eines bestimmten Rahmens.

• Nachteile:
Da sich die Handlungsfreiheit im Wesentlichen auf Routinebereiche beschränkt, besteht beim Mitarbeiter die Gefahr der Demotivation. Die Festlegung der Handlungs- und Entscheidungsgrenzen kann schwierig sein. Dieses Führungsprinzip erfasst nur einen Teilbereich des gesamten Führungsfeldes.

3.2 Personalpolitik

3.2.1 Grundsätze und Ziele der Personalpolitik

01. Was versteht man unter Personalpolitik?

Die Personalpolitik legt *grundsätzliche Ziele und Handlungsnormen* für den Personalsektor fest. Die Ziele der Personalpolitik sind in Maßnahmen umzusetzen. Bei diesem Prozess ist die Personalpolitik mit der Bereichspolitik der anderen Ressorts abzustimmen und umgekehrt – und zwar so, dass insgesamt die Ziele des Unternehmens erreicht werden.

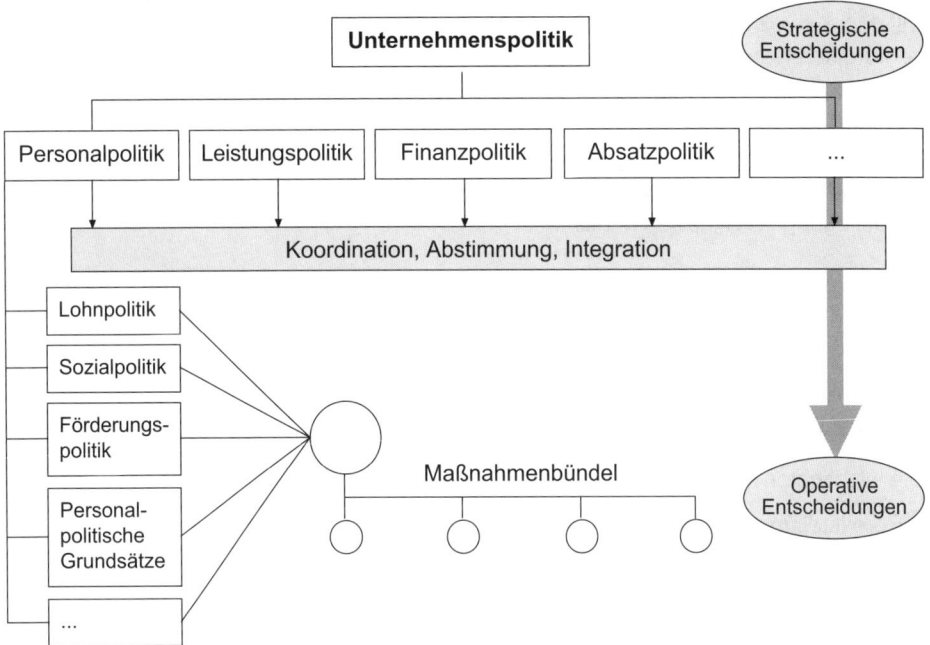

02. Was ist die Aufgabe der Personalpolitik?

Aufgabe der Personalpolitik ist es, ein sinnvolles und störungsfreies Zusammenwirken des Produktionsfaktors Arbeit mit den übrigen Produktionsfaktoren und den betrieblichen Teilbereichen sicherzustellen. Dabei handelt es sich im Einzelnen um die *Sicherung der Leistungsbereitschaft und -fähigkeit des Betriebes*, soweit diese von der Belegschaft abhängig sind, um die *Erhaltung und Steigerung der Arbeitsproduktivität* und damit der Wirtschaftlichkeit des Betriebes. Hinzu kommen die sozialen Ziele, d.h. die Erwartungen, Bedürfnisse und Interessen der Mitarbeiter, die sie an das Unternehmen stellen und die eine wesentliche Voraussetzung dafür sind, dass leistungsfähige und leistungswillige Mitarbeiter zur Verfügung stehen.

03. Auf welche Bereiche erstreckt sich die Personalpolitik?

Die Personalpolitik erstreckt sich auf alle Vorgänge, die sich mit der Planung, dem Einsatz, der Überwachung, der Entlohnung sowie der Pflege der menschlichen Arbeitskraft im Betrieb befassen (Lohnpolitik, Sozialpolitik, Förderungspolitik usw.).

04. Was sind personalpolitische Grundsätze?

Ein Teil der Personalpolitik beschreibt nicht nur Ziele, sondern er legt Handlungsmaxime für alle Unternehmensbereiche und alle Vorgesetzten in Sachen Personal fest. Dieser Teil wird meist mit dem Begriff *personalpolitische Grundsätze* beschrieben. Man will dadurch erreichen, dass bestimmte Personalthemen im Unternehmen „einheitlich" gehandhabt werden ohne dass damit eine Gleichschaltung der Führungskräfte gemeint ist. In derartigen Grundsätzen finden sich z. B. folgende Inhalte wieder:

• Formulierung von Führungsleitlinien
• Richtlinien zur Förderung der Mitarbeiter
• Prinzip der Nachwuchsentwicklung aus eigenen Reihen
• Festlegung von Auswahlrichtlinien.

Ebenso wie in den Politiken der anderen Unternehmensbereiche lässt sich auch in der Personalpolitik eine Unterscheidung zwischen *operativen und strategischen Zielsetzungen* erkennen.

05. Welche Aufgaben haben die Träger der Personalpolitik?

Die wichtigsten Aufgaben sind z. B.:

• Bereitstellung der notwendigen Arbeitskräfte
• Planung des Personaleinsatzes
• optimale Gestaltung der menschlichen Arbeitsleistungen
• Gestaltung einer leistungegerechten Entlohnung
• Entwicklung einer betrieblichen Sozialpolitik
• Sicherung des Arbeitsplatzes im Rahmen der Unfallschutzbestimmungen
• planmäßige und systematische Ausbildung des Nachwuchses
• formale Festlegung personalpolitischer Grundsätze
• Regelungen im Rahmen der Betriebsverfassung.

06. Wo liegen die Grenzen der Personalpolitik?

Die Personalpolitik findet ihre Grenzen in staatlichen Gesetzen, Einflüssen des Marktes, der öffentlichen Meinung und der wirtschaftlichen Entwicklung.

3.2.2 Personalmanagement

01. Was sind die Ziele des Personalmanagements?

Wie jede andere Disziplin, so muss auch das Personalmanagement über einen Maßstab verfügen, an dem es sich in seinen Aktivitäten orientiert. Diesen Zweck verfolgen *Ziele*: Sie geben die Richtung an und *bilden die Orientierung für zukünftiges Handeln.*

Ebenso wie in anderen Disziplinen der Betriebswirtschaftslehre hat man es bei der betrieblichen Personalarbeit nicht nur mit einem einzigen Ziel zu tun, sondern in der Praxis liegt meist ein *Bündel von Zielen* vor, die in unterschiedlichem Verhältnis zueinander stehen können.

- Unter den *Sachzielen* des Personalmanagements versteht man die Aufgabe, dem Unternehmen

  - zur richtigen *Zeit,*
  - am richtigen *Ort,*
  - die richtige *Anzahl* von Mitarbeitern
    (quantitativer Aspekt)
  - mit der richtigen *Qualifikation*
    (qualitativer Aspekt: Leistungsfähigkeit und Leistungsbereitschaft; mit anderen Worten: das Können und das Wollen)

  zur Verfügung zu stellen und *zu erhalten.*

Beispiel:
Aus Unternehmenssicht erwartet man natürlich, dass die Mitarbeiter dann zur Verfügung stehen, wenn sie gebraucht werden: Wenn beispielsweise für das kommende Jahr eine Umsatzsteigerung geplant ist, wird von den Personalverantwortlichen erwartet, dass sie rechtzeitig vor Beginn der neuen Periode dafür Sorge tragen, dass die zusätzlich erforderlichen Mitarbeiter in ausreichender Anzahl und mit der dafür notwendigen Ausbildung und Erfahrung in den betreffenden Niederlassungen zur Verfügung stehen. Eine nicht immer einfache Aufgabe.

- Als *Formalziele* bezeichnet man die Forderung, die *wirtschaftlichen* und *sozialen* *Ziele* des Unternehmens miteinander in Einklang zu bringen.

Wirtschaftliche Ziele sind primär an ökonomischen Größen wie Gewinn, Marktanteil, Umsatz, Produktivität/Steigerung der Arbeitsleistung, Rentabilität, Optimierung/Kostenminimierung der Beschäftigung, und Kostendisziplin orientiert – als Basis für den ergebnismäßigen Bestand des Unternehmens.

Soziale Ziele richten sich aus an den Erwartungen und Bedürfnissen der Mitarbeiter und sind Maßstab für den sozialen Beitrag des wirtschaftlichen Handelns; verfolgt wird hier der soziale Bestand des Unternehmens; Beispiele: Beiträge zur Gestaltung des Betriebsklimas, Vorsorge und Fürsorge, Selbstbestimmung am Arbeitsplatz, marktgerechte sowie leistungsgerechte Lohnpolitik, Motivation und Förderung der Mitarbeiter, Förderung der Unternehmenskultur, die den Erwartungen der Mitarbeiter gerecht wird.

Zwischen beiden Zielsetzungen besteht ein ständiges Spannungsfeld; kurzfristig stehen wirtschaftliche und soziale Ziele fast immer im Gegensatz zueinander:

Beispiel:
Die Erfüllung überzogener Mitarbeitererwartungen (soziale Ziele; z.B. hoher Standard der Sozialleistungen) kann die Erreichung der wirtschaftlichen Ziele (Umsatz- und Gewinnziele) verhindern und ggf. langfristig den Bestand des Unternehmens gefährden.

Umgekehrt kann die „Nur-Orientierung" an wirtschaftlichen Zielen (z.B. durch überzogene Leistungserwartungen und/oder verfehlte Lohnpolitik) zu einem verhältnismäßig hohem Krankenstand, zu Ausschuss und Schlechtleistungen bzw. zur Fluktuation gut ausgebildeter Arbeitskräfte führen – und damit direkt oder indirekt die Realisierung wirtschaftlicher Ziele gefährden.

Kurzfristig führen Investitionen in der Aus- und Fortbildung sowie im Sozialwesen eines Betriebes zu höheren Kosten und damit zu einer Gewinnschmälerung. Sorgt man jedoch für einen effektiven Einsatz der Mittel, so besteht die berechtigte Erwartung, dass sich diese Investitionen langfristig „auszahlen": steigende Leistungsbereitschaft, Identifikation mit dem Unternehmen und der Aufgabe, geringe Fluktuation und Fehlzeiten führen zu einem Anstieg der Produktivität sowie einer hohen Produktqualität und liefern auf diese Weise ihren Beitrag zur Bestandssicherung des Unternehmens.

Es kommt also darauf an, dass in einem Unternehmen wirtschaftliche und soziale Ziele in angemessener Form ausgewogen sind und in Einklang stehen – in Abhängigkeit von

- der Konjunkturlage,
- der Wirtschaftslage des Unternehmens,
- dem Beschäftigungsgrad am Arbeitsmarkt und
- dem Wertegefüge der Mitarbeiter usw.

Im Überblick:

Ziele des Personalmanagements		
Sachziele	**Formalziele**	
	Wirtschaftliche Ziele	**Soziale Ziele**
Dem Unternehmen Personal zur Verfügung zu stellen und zu erhalten: • am richtigen Ort • zur richtigen Zeit • in der richtigen Menge • mit der richtigen Qualifikation.	• Gewinn • Marktanteil • Umsatz • Produktivität • Rentabilität • Kostenoptimierung • Ablaufoptimierung	• Vorsorge und Fürsorge • Arbeitsbedingungen • Arbeitszeit • Betriebsklima • Förderung/Entwicklung • Karrieremöglichkeiten • gerechte Entlohnung

02. Welche Bedeutung hat betriebliche Personalarbeit heute und welche Ursachen für den erkennbaren Bedeutungswandel lassen sich nennen?

Aus der früheren, rein verwaltenden Funktion der Personalarbeit entwickelt sich heute die Tendenz und Notwendigkeit zum gestaltenden, unternehmerisch agierenden Personalmanagement mit zunehmend hoher Einbindung in die Entscheidungen der Unternehmensleitung. Die Ursachen für den Wandel, den die Personalarbeit in ihrer Bedeutung erfahren hat, sind vor allem Folgende:

- Bedeutung und Entwicklung des Arbeitsrechts (Fachwissen ist unbestritten notwendig)

- wachsende Veränderungen in den Technologien und damit wachsende Erfordernisse der Personalschulung und -entwicklung (Anpassungsleistung)

- Wertewandel der Mitarbeiter (z. B.: das Anspruchsniveau an Führung und Zusammenarbeit steigt)

- Veränderungen am Arbeitsmarkt (sinkende Mobilität, Spezialisten fehlen z. T. trotz hoher Arbeitslosigkeit usw.)

- Der Personalkostenblock entscheidet wesentlich (mit) über die wirtschaftliche Lage des Unternehmens.

- Starre Formen der Arbeitsorganisation (Linienorganisation) weichen zu Gunsten flexiblerer Formen (Projektorganisation, Einrichtung von „Netzwerken" mit Verzicht auf starre Kompetenzen).

- Unternehmen werden heute u. a. auch daran gemessen, welchen Stellenwert bei ihnen der Faktor Arbeit hat (Ausrichtung der Personalpolitik).

Die wachsende und veränderte Bedeutung der Personalarbeit in den deutschen Unternehmen zeigt sich auch deutlich in den gestiegenen und interdisziplinären Anforderungen an Personalleiter (früher: i. d. R. Jurist; heute: Moderator, Initiator von Veränderungsprozessen, Kundenorientierung, Aufbau von Qualitätsstandards).

03. Welche Aufgaben hat das Personalmanagement?

Man kann die Aufgaben des Personalmanagements unterteilen in Rahmenaufgaben und Kernaufgaben. Die Rahmenaufgaben erstrecken sich über das gesamte Unternehmen; die Kernaufgaben sind die funktionellen Schwerpunkte der Personalwirtschaft:

Aufgaben des Personalmanagements	
Rahmenaufgaben	Kernaufgaben
• Personalpolitik • Personalorganisation • Personalführung • Personalcontrolling	• Personalplanung • Personalbeschaffung • Personaleinsatz • Personalentwicklung • Personalbetreuung • Personalentlohnung • Personalverwaltung • Personalabbau

Daneben lassen sich die Aufgaben des Personalmanagements nach weiteren Aspekten unterteilen:

* Von *Stabsaufgaben*
spricht man, wenn das Personalmanagement (lediglich) eine beratende Funktion hat. Die Fachabteilung entscheidet hier allein. Typische Themenfelder sind z. B.
  - Auswahl interner Nachfolgekandidaten
  - spezielle Prämiensysteme
  - Beratung bei Einzelmaßnahmen der Entlohnung
  - Fragen der Personal- und Organisationsentwicklung.

Die Personalabteilung wird sich hier dem Fachbereich als Berater anbieten. Inwieweit sie damit in der Praxis Erfolg hat, wird sehr wesentlich von Faktoren wie Fachkompetenz, Überzeugungsfähigkeit, Informationspolitik aber auch der Chemie zwischen Personalwesen und Fachbereich abhängen. Gute Arbeit der Personalleiter und Referenten muss sich auch gerade hier, in der Stabsfunktion, bewähren. Dies geht nur auf dem Wege langfristig angelegter, solider, überzeugender und fachkompetenter Arbeit auch im Detail.

* *Grundsatzaufgaben*
sind vom Personalwesen dann zu leisten, wenn die Notwendigkeit besteht, generelle personelle Regelungen und Rahmenbedingungen inhaltlich aufzubereiten und sie der Unternehmensleitung zur Genehmigung vorzulegen (z. B. Versorgungswerk, Dienstwagenregelung, Vermögensbeteiligungsmodelle). Auch hier hat die Personalabteilung in der Regel nur eine beratende Funktion.

* *Aufgaben in Linienfunktion:*
Bei Linienaufgaben liegt die alleinige Entscheidungskompetenz beim Aufgabenträger, in diesem Fall also beim Personalwesen. Die Linienfunktion der Personalabteilung wird vor allem in den speziellen Fachaufgaben wie Entgeltabrechnung, Berichtswesen und Sozialverwaltung wahrgenommen. In der Praxis werden diese unterschiedlichen Aufgaben, ihre konkrete Ausgestaltung sowie die Kompetenzverteilung zwischen Personalabteilung und Fachbereich oft in Form eines *Personalhandbuchs* dokumentiert. Mitunter werden diese Darstellungen ergänzt durch Organigramm-Teile und durch wichtige Regelungen aus dem Arbeitsrecht i. V. m. der Erläuterung bestehender Betriebsvereinbarungen. Auf diese Weise existiert für die Führungskräfte ein aktuelles Nachschlagewerk in Sachen Personalarbeit.

* *Aufgaben aufgrund der Beteiligung an überbetrieblichen Tätigkeiten/Einrichtungen:*
Personalmanagement ist eine Ressort übergreifende Disziplin, die internen aber auch externen Einflussgrößen unterliegt. Von daher ergibt sich die Notwendigkeit, dass Vertreter des Personalmanagements in überbetrieblichen Gremien und Aktivitäten tätig sind, um dort ihren Informationsbedarf zu decken und um Einfluss auf gesetzliche und politische Veränderungen und Gesetzesvorhaben zu nehmen. Beispiele dafür sind:

- Mitgliedschaft und ggf. Wahrnehmung von Aufgaben im *Arbeitgeberverband*

- Tätigkeit in überbetrieblichen, regionalen oder überregionalen *Erfahrungsaustauschgruppen*

- *Vertretung in Projekten der Aus- und Weiterbildung,* z.B. in Gremien des Deutschen Industrie- und Handelskammertages (*DIHK*, Berlin), des Bundesinstitutes für Berufsbildung (*BiBB*, Berlin), der Industrie- und Handelskammern (IHKn; z.B. Berufsbildungsausschüsse, Prüfungsausschüsse)

- Tätigkeit von Personalleitern z.B.
  - als ehrenamtliche Richter an Arbeitsgerichten
  - in Tarifkommissionen.

04. Welche Fragestellungen sind bei der Organisation des Personalwesens grundsätzlich zu klären?

Organisation des Personalmanagements		
Eingliederung in die Gesamtorganisation	Zentral/dezentral	
	Kompetenzabgrenzung: Personalabteilung ↔ Fachabteilung	
	Hierarchie:	hoch, mittel, gering
	Modelle der Integration in die Geschäftsbereiche	• Inhaber-Modell
		• Personalleiter-Modell
		• Modell „Arbeitsdirektor"
		• Führungskräfte-Modell
		• Sonderformen: - Outsourcing - Profitcenter
Interne Gliederung der Personalwirtschaft	Spezialisierung	hoch/mittel/gering
	Gliederungsprinzip	• Objektorientierung
		• Funktionsorientierung
		• Mischformen, z.B.: Referentenmodell

05. Wie kann die Personalabteilung in die Gesamtorganisation des Unternehmens eingegliedert/eingeordnet sein?

1. Zentrale/Dezentrale Organisation:

In großen Unternehmen mit zahlreichen Tochtergesellschaften und/oder Niederlassungen stellt sich regelmäßig die Frage, welche Personaldienstleistungen zentral oder dezentral erbracht werden sollen. Aus organisatorischer Sicht sind mit der Zentralisation bzw. Dezentralisation grundsätzlich eine Reihe von Vorteilen bzw. Risiken verbunden:

Zentralisation	
Vorteile	**Nachteile**
• einheitliche Regelungen • einheitliche Entscheidungen • gebündeltes Fachwissen an einem Ort • bessere Nutzung der Ressourcen	• langsame Entscheidungen • ggf. Überlastung der Zentrale, Überorganisation • kein Freiraum für Entscheidungen vor Ort • mangelnde Flexibilität • keine Berücksichtigung regionaler Unterschiede • Gefahr der Entscheidung vom „grünen Tisch"

2. *Kompetenzabgrenzung zwischen Personabteilung und Fachabteilung:*

Die Phase der übermäßigen Konzentration von Aufgaben in der Personalabteilung gehört heute zum Glück der Vergangenheit an. Personalmanager von heute sind unternehmerisch agierende Berater und Dienstleister im Betrieb. Sie sind weiterhin Vermittler zwischen Arbeitgeber- und Arbeitnehmerinteressen und Moderator innerbetrieblicher Veränderungsprozesse (Stichwort „Change Agent"). Heute ist in den meisten Mittel- und Großbetrieben eine Aufgabenteilung zwischen Personal- und Fachabteilung vorherrschend, die modellhaft etwa folgende Struktur aufweist:

Kompetenz **der Personalabteilung** **als Berater/Dienstleister**	↔	**Kompetenz** **der Fachabteilung** **(Personalarbeit vor Ort)**
Personalabteilung **entscheidet allein**	**Personalabteilung** **und Fachabteilung** **entscheiden gemeinsam**	**Fachabteilung** **entscheidet allein**
	Beispiele	
• Personalverwaltung • Personalcontrolling • Zusammenarbeit mit dem Betriebsrat	• Personalplanung • Personalauswahl • Personalabbau	• Personaleinsatz • Arbeitsstrukturen • Führung, Kommunikation • Aufgaben/MbO • Personalentwicklung

3. *Integration in die Geschäftsbereiche;* folgende Modelle sind in der Praxis vorherrschend:

Geschäftsführer-Modell (Inhaber-Modell):
Etwas spöttisch, aber durchaus zutreffend formuliert, wurde früher die reine Personalverwaltung vom „Hauptbuchhalter des Unternehmens quasi miterledigt". Er verstand etwas von Zahlen, also konnte er die Lohnabrechnung mit betreuen. Die übrige Personalarbeit lief „nebenher mit". Die gestalterischen Entscheidungen (z. B. die Personalauswahl) traf der Unternehmensleiter. Meist trifft dies auch heute noch für viele Kleinbetriebe zu – mitunter sogar noch für Mittelbetriebe. Die Nachteile dieser Eingliederung sind leicht erkennbar: Der Stellenwert der Personalarbeit ist gebunden an die Einstellung des Inhabers/des Geschäftsführers sowie an seine Kompetenz in Personalfragen. Die Gefahr der Unprofessionalität ist hoch; ebenso die Tendenz zu Ad-hoc-Entscheidungen, wenn kurzfristig Personalüberhänge oder -defizite auftreten. Langfristig orientierte, strategisch ausgerichte Personalarbeit ist in Klein- und Mittel-

betrieben in Deutschland nur selten anzutreffen. Vielleicht ist folgende Bemerkung charakteristisch, die der Betriebsleiter eines größeren Unternehmens dem Personalleiter gab: „Aber ich bitte Sie, Personalarbeit muss man doch nicht studieren oder lernen; das kann man oder man kann es nicht!"

Personalleiter-Modell:
In Mittel- und Großbetrieben ist überwiegend eine Personalabteilung mit mehr oder weniger starker Aufgabendifferenzierung anzutreffen. Der Personalleiter ist mehr oder weniger komplett für alle Personalfragen zuständig. Mitunter ist er sogar Mitglied der erweiterten Geschäftsleitung.

In Großbetrieben, z. B. Aktiengesellschaften, finden wir diese Position noch stärker vertreten: Ein Vorstandsmitglied ist verantwortlich für die Personalarbeit im gesamten Unternehmen. Häufig hat der Vorstandsvorsitzende diese Kompetenz auf sich vereinigt. Leider zeigte die Entwicklung dieses Modells in der Vergangenheit auch negative Züge: Die Tendenz zum Zentralismus nahm überhand: Der Personalleiter entwickelte sich zum „Gaufürsten, der geheimnisumwittert vertrauliche Personalakten jonglierte" und oft eine Personalarbeit an den verantwortlichen Führungskräften vorbei praktizierte. Akzeptanzprobleme und Reibungsverluste waren vorprogrammiert.

Nach dieser Entwicklungsphase der „Konzentration von Aufgaben in der Personalabteilung" ist heute (zum Glück) wieder eine *Tendenz „hin zum Fachvorgesetzten"* zu verzeichnen. Eine Reihe von Personalaufgaben werden wieder dorthin verlagert, wo sie hingehören – zum Fachvorgesetzten.

Modell des Arbeitsdirektors:
Der Arbeitsdirektor ist das gesetzlich vorgeschriebene, gleichberechtigte Mitglied des Vorstandes als Organ der Mitbestimmung der Arbeitnehmer auf Unternehmensebene. Die Bestellung dieses Vorstandsmitgliedes, das dann auf oberster Ebene für alle Fragen des Personal- und Sozialwesens – im Einvernehmen mit seinen Vorstandskollegen – verantwortlich zeichnet, ist unterschiedlich geregelt (vgl.: Montanmitbestimmungsgesetz, Mitbestimmungsergänzungsgesetz, Mitbestimmungsgesetz).

Führungskräfte-Modell:
Das Personalleiter-Modell kann sich in negativer Weise verselbstständigen („vom Personalleiter zum Personalleiterfürsten") und hat starke zentralistische Züge. Die Gegenwart zeigt eine allmähliche Abkehr von diesem Modell: Den Führungskräften der jeweiligen Fachbereiche werden wieder in starkem Maße Verantwortlichkeiten für Personalfragen der ihnen unterstellten Mitarbeiter übertragen: Der Fachvorgesetzte entscheidet bei Fragen der Personalauswahl, der Personalentwicklung und der Personalorganisation; die Personalabteilung unterstützt ihn dabei administrativ und steht beratend zur Seite. Auch in Fragen der Personalplanung erfolgt eine zunehmend stärkere Einbindung der Fachvorgesetzten. Der Personalbereich gewährleistet die einwandfreie Abwicklung der Administration, übernimmt die Rolle des Beraters, des Koordinators für bereichsübergreifende Lösungen, vertritt das Unternehmen in Personalfragen nach außen und wächst tendenziell in die *Rolle des Coachs für notwendige Veränderungsprozesse* (→ Organisationsentwicklung). Derzeit ist in Mittel- und Großbetrieben eine klare *Tendenz zum Führungskräfte-Modell* zu verzeichnen.

Sonderformen, Center-Organisation:
Die beiden nachfolgenden Modelle kann man als Sonderformen der Eingliederung bezeichnen. Genau genommen sind hiermit nicht nur Fragen der Eingliederung verbunden, sondern es müssen auch andere organisatorische Entscheidungen getroffen werden, z. B. Fragen der Gliederung, der Zentralisation/Dezentralisation. Beide Sonderformen sind noch relativ jung in der deutschen Unternehmenslandschaft, die Erfahrungen dazu uneinheitlich.

• *Personalbereich als Profitcenter:*
Der Personalbereich oder Teile davon können nach dem Profitcenter-Prinzip organisiert werden; Beispiel „Aus- und Fortbildung (A+F) als Profitcenter": Die Abteilung A+F bietet ihren Katalog von Leistungen sowohl intern als auch extern zu festgelegten Verrechnungssätzen/Preisen an; Qualität und Maß der Wertschöpfung werden gemessen an der Größe „Gewinn" (Profit; vgl. die Ausgliederung der VW-Coaching-Gesellschaften).

• *Outsourcing*
von Personaldienstleistungen heißt, Teile der Personalarbeit auslagern und von externen Anbietern gegen Honorar durchführen zu lassen. Beispiele dafür: Kantine, Personalbeschaffung, Konzeptarbeiten z. B. für Entgeltsysteme, Personalabrechnung.

Die *Vorteile* können z. B. sein:
- Reduktion der Kosten (Kosten für Fremdbezug < Kosten der Eigen„fertigung")
- flexible Anpassung an Kapazitätserfordernisse
- hohe Spezialisierung des Lieferanten (Qualität der Leistung).

Nachteile können sich aus folgenden Aspekten ergeben, z. B.:
- Abhängigkeit vom Lieferanten (Termine, Qualität)
- Verlust von Knowhow im Unternehmen.

06. Nach welchen Prinzipien kann die Gliederung des Personalwesens erfolgen?

Die interne Gliederung des Personalwesens ist vorwiegend abhängig von der Größe und dem Zweck des Unternehmens. Vom Prinzip her gilt: Je größer das Unternehmen, desto stärker ist die Personalfunktion gegliedert *(Grad der Spezialisierung)*. Bei Konzernen spielen außerdem Überlegungen der Zentralisierung bzw. Dezentralisierung eine wichtige Rolle. Unabhängig davon sind heute drei Grundtypen der Gliederung des Personalwesens anzutreffen, die hier anhand von drei Beispielen schematisch dargestellt werden:

1. Gliederung nach *Funktionen:*
Das Beispiel 1 zeigt die funktionale Gliederung des Personalwesens eines Mittelbetriebes mit geringer Gliederungsbreite:

Leiter Personal- und Sozialwesen			
Personal- beschaffung	Ausbildung, Fortbildung	Personal- abrechnung	Soziale Dienste

2. Gliederung *nach Objekten sowie nach Funktionen:*
Das Beispiel 2 zeigt die Gliederung des Personalwesens eines Mittelbetriebes mit geringer Gliederungsbreite und mittlerer Gliederungstiefe. Die 2. Ebene ist funktionsorientiert. Die 3. Ebene ist als Mischform von objekt- und funktionsorientierter Gliederung strukturiert:

Leiter Personal- und Sozialwesen			
Personal-beschaffung	**Ausbildung, Fortbildung**	**Personal-abrechnung**	**Soziale Dienste**
• Arbeiter • Angestellte • Führungskräfte		• Arbeiter • Angestellte • Führungskräfte	• Altersversorgung • Sozialleistungen • Werksärztlicher Dienst

3. *Referentenmodell:*
Das Beispiel 3 zeigt den Auszug aus der Gliederung des Personalwesens eines Mittelbetriebes nach der Umgestaltung von Beispiel 2 in ein *Referentensystem.* Die Abteilungen „Soziale Dienste" sowie „Aus- und Fortbildung" sind weiterhin funktionsorientiert gestaltet – sie übernehmen Servicefunktionen für die beiden Abteilungen „Personalreferent 1" und „Personalreferent 2".

Leiter Personal- und Sozialwesen				
Personal-referent 1	**Personal-referent 2**	**Ausbildung, Fortbildung**	**Personal-abrechnung**	**Soziale Dienste**
Geschäftsbereiche: • Einkauf • Verwaltung	Geschäftsbereiche: • Vertrieb • Verkauf			

Das Referentenmodell ist eine neuere Form der Strukturierung; dahinter steht das Organisationsprinzip der *Objektorientierung.* Der Personalreferent als der „Personalleiter im Kleinen" betreut eigenständig einen bestimmten Mitarbeiterbereich (z. B. *alle Mitarbeiter* des Geschäftsbereichs Vertrieb, Technik und Verwaltung) *in allen Fragen der Personalarbeit.* Er wird dabei von Spezialisten unterstützt (hier: Soziale Dienste, Aus- und Fortbildung, Altersversorgung, Personalabrechnung). Der Leiter Personal- und Sozialwesen trifft die grundsätzlichen, übergeordneten Entscheidungen und „bildet die Klammer" der gemeinsamen Arbeit.

- *Vorteile*:
  Der jeweilige Geschäftsbereich hat nur einen Ansprechpartner in allen Personalfragen (Kundenorientierung).

- *Risiken*:
  Der Grad der Spezialisierung bei den Referenten ist geringer; es besteht die Gefahr falsch verstandener Konkurrenz unter den Referenten und der unterschiedlichen Behandlung gleicher Sachverhalte (Beispiel: Fortbildungszuschüsse im Geschäftsbereich Einkauf bzw. Vertrieb).

07. Wie haben sich die Rahmenbedingungen für das Management deutscher Unternehmer in den letzten Jahren verändert und welche Ursachen lassen sich nennen?

Nachfolgend einige Beispiele zu den veränderten Rahmenbedingungen:

1. *Entwicklung der Lohnnebenkosten:*

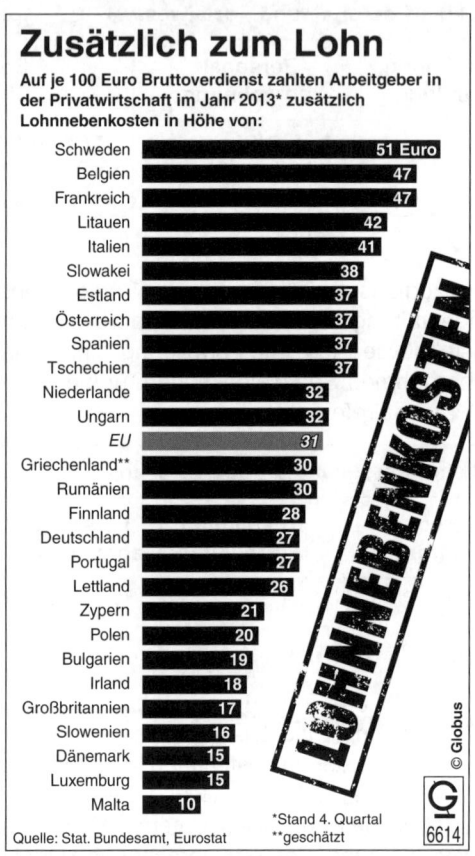

Zusätzlich zum Lohn

Auf je 100 Euro Bruttoverdienst zahlten Arbeitgeber in der Privatwirtschaft im Jahr 2013* zusätzlich Lohnnebenkosten in Höhe von:

Land	Euro
Schweden	51 Euro
Belgien	47
Frankreich	47
Litauen	42
Italien	41
Slowakei	38
Estland	37
Österreich	37
Spanien	37
Tschechien	37
Niederlande	32
Ungarn	32
EU	31
Griechenland**	30
Rumänien	30
Finnland	28
Deutschland	27
Portugal	27
Lettland	26
Zypern	21
Polen	20
Bulgarien	19
Irland	18
Großbritannien	17
Slowenien	16
Dänemark	15
Luxemburg	15
Malta	10

*Stand 4. Quartal
**geschätzt
Quelle: Stat. Bundesamt, Eurostat
© Globus 6614

Deutschland liegt unter dem EU-Durchschnitt: Die Lohnnebenkosten betragen hier in der Privatwirtschaft berechnet auf 100 € Bruttolohn 27 €. Innerhalb der gesamten EU ergeben sich Nebenkosten von 31 € je 100 € Lohn. Die Lohnnebenkosten setzen sich vor allem aus den Sozialbeiträgen der Arbeitgeber, den Aufwendungen für die betriebliche Altersversorgung und den Kosten für die Lohnfortzahlung im Krankheitsfall zusammen.

Quelle: Globus

2. *Arbeits- und Bildungsmarkt sowie Bevölkerungsentwicklung:*
Die Situation am Arbeitsmarkt ist uneinheitlich: Strukturelle Arbeitslosigkeit, fehlende Fachkräfte in bestimmten Berufssparten, Abwanderung von Ost nach West usw. sind gepaart mit einem Beklagen der Bildungsmisere. „Das Exportland Deutschland als Schlusslicht der PISA-Studie!" Derzeit ist das Verhältnis von Erwerbstätigen zu Rentenbeziehern etwa 3:1. Es wird sich in den nächsten 40 Jahren dramatisch verschlechtern zu Lasten der Erwerbstätigen aufgrund der bekannten Vergreisung der deutschen Bevölkerung.

3. *Wertewandel:*
Der Hang zur Individualität hat insbesondere in der Stadtbevölkerung zugenommen. Mitarbeiter stellen höhere Ansprüche an die Führungsfähigkeit der Vorgesetzten und sind nur noch bedingt durch rein materielle Anreize motivierbar.

4. *Globalisierung, technologische Entwicklung:*
Fortschreitende Informationstechnologie, die Bildung und Erweiterung der Europäischen Union, der Wegfall von Handelsschranken (Schengener Abkommen), die kaum noch kalkulierbaren Verwerfungen auf den internationalen Aktienmärkten sowie eine bisher nie dagewesene Konzentration der Konzerne führt zu einer weltweiten Verflechtung der Einkaufs- und Absatzmärkte. Hinzu kommt ein sich ständig beschleunigender Produktwechsel in vielen Branchen mit einer damit verbundenen Zunahme der Flexibilität des Einsatzes und der Qualifizierung von Mitarbeitern.

08. Welcher Wandel hat sich im Selbstverständnis der Personalmanager vollzogen bzw. muss sich vollziehen? Welche Anforderungen werden an die heutige Personalarbeit gestellt?

Entsprechend dem Qualitätsverständnis der 60er-Jahre stand *früher* die *Qualität des Produkts* im Vordergrund (nach innen gekehrter Betrachtungsansatz) – gepaart mit einem vorherrschenden Funktionsdenken (Funktionsegoismus). Total Quality Management – auch im Personalwesen – verlangt heute eine nach außen gekehrte Betrachtungsweise. Es sollten folgende Maxime gelten:

> Maßstab für die Qualität der Arbeit ist der Kunde – sowohl der externe Kunde als auch der interne Kunde. Mit internem Kunden sind alle Kollegen, Mitarbeiter und Vorgesetzte entlang des Wertschöpfungsprozesses gemeint. Der Kunde ist heute Partner.

Der Personalleiter/Personalfachmann von heute ist managender

- Analytiker,
- Berater und Empfehler (Coach),
- Unterstützer und
- (Mit)entscheider und Realisierer (Change Manager).

Er ist kein Alleingänger und auch kein Alleinentscheider, sondern arbeitet immer mit den Verantwortlichen der anderen Fachbereiche und der Unternehmensleitung zusammen – als unternehmerisch Denkender.

> Eine funktionierende Personalabteilung ist für alle da! Ihre Kunden sind primär alle Mitarbeiter des Unternehmens – gleich welcher Verantwortung und Ebene!

3.3 Psychologische Grundlagen zur Führung, Zusammenarbeit und Kommunikation

3.3.1 Anforderungen an Führungskräfte

01. Welche Anforderungen muss heute eine erfolgreiche Führungskraft erfüllen?

Über die Anforderungen an Führungskräfte und an Mitarbeiter (vgl. 3.3.2) gibt es keinen allgemeingültigen Konsens. Jedes Unternehmen wird derartige Anforderungskataloge mit unterschiedlichem Inhalt füllen. *Anforderungen an Führungskräfte und Mitarbeiter werden auf der Basis der Wertekultur des Unternehmens und seiner spezifischen Situation formuliert* (Märkte, Produkte, Strategie, Entwicklungsphase).

Eine gewisse Übereinstimmung in Theorie und Praxis herrscht darüber, dass der *Erfolg der Führungsarbeit eines Vorgesetzten* von drei *Dimensionen* abhängig ist:

- *Verhalten:*
  Normen, Lebenswerte, Einstellungen; Verantwortungsübernahme, Vorbildfunktion

- *Fähigkeiten:*
  Wissen, Erfahrung, Fertigkeiten, Fachkompetenz, Methodenkompetenz, soziale Kompetenz

- *Persönlichkeitseigenschaften:*
  pragmatisch, ergebnisorientiert, risikobereit, handlungsorientiert, Machermentalität.

Eine von der Unternehmensberatung Kienbaum in Deutschland durchgeführte Studie zeigt, dass sich

- 16 % der befragten Manager zu den Entdeckern,
- 43 % zu den Analytikern und
- 41 % zu den Realisatoren zählen.

02. Welchen Herausforderungen müssen sich Führungskräfte heute und morgen in der Praxis stellen?

Beispielhaft wird dazu ein Katalog von Kienbaum dargestellt (Quelle: www.kienbaum. de/Anforderungen):

- Umgang mit Marktrückgang, Krisenmanagement
- Unternehmen und Standorte zusammenführen
- Spagat: Personalabbau und Produktivitäts-Steigerung
- Einführung neuer Organisationsmodelle
- Kulturwandel
- Entscheidungsqualität und Risikomanagement
- Internationalisierung, globale Märkte bearbeiten.

03. Welche Maßnahmen sind geeignet, um Führungsdefizite zu erkennen und zu verringern?

Bei der Verbesserung und dem Training des eigenen Führungsverhaltens geht es nicht darum, die eigene Persönlichkeit „zu verbiegen", sondern um die Beantwortung der Fragen:

- Welche *Chancen* bietet die eigene Persönlichkeit?
  Welche Verhaltensmuster sind positiv und müssen daher stabilisiert werden?
- Welche *Risiken* sind mit der eigenen Persönlichkeit verbunden?
  Welche Verhaltensweisen wirken sich im Führungsprozess negativ aus?

Die Antworten darauf können gewonnen werden durch

- *Fremdbeobachtung* (Fremdanalyse),
  z. B. Feedback von Vorgesetzten, Kollegen, Mitarbeitern, Mentoren, Trainern

- *Eigenbeobachtung* (Eigenanalyse),
  z. B. Reflexion über Erfolg oder Misserfolg in der Bewältigung bestimmter Führungsaufgaben, durch Selbstaufschreibung geeigneter Beobachtungen.

Führungskräfte sollten also

- den eigenen Führungsstil erkennen,
- sich bewusst machen, an welchen Prinzipien und Normen sie sich in ihrem Führungsverhalten orientieren,
- reflektieren, welche positiven und negativen Wirkungen ihr Führungsstil entfaltet,
- bereit sein, den eigenen Führungsstil kritisch aus der Sicht „Eigenbild" und „Fremdbild" zu betrachten sowie Stärken herauszubilden und Risiken zu mildern.

04. Wie kann der Mitarbeiter an Entscheidungsprozessen partizipieren? → 3.1.1

Partizipation bedeutet, dass der Mitarbeiter an Entscheidungsprozessen seines Aufgabenfeldes bzw. seines Betriebes teilhat. Die Beteiligung der Mitarbeiter kann unterschiedlich ausgeprägt sein (*Intensitätsgrade*) und auf verschiedenen *Ebenen* stattfinden:

Ebenen der Mitarbeiterpartizipation		
Partizipation im Aufgabenfeld		**Partizipation auf Unternehmensebene**
Im Rahmen der täglichen Führungspraxis: • Delegation • Zielvereinbarung • KVP	In Einzelfällen: • Qualitätszirkel • BVW	• Betriebsverfassungsgesetz • Montanmitbestimmung • Drittbeteiligungsgesetz

Der Umfang der Delegation lässt sich unterschiedlich gestalten und wird unter 3.1.1, Delegation, behandelt.

Partizipation verlangt vom Vorgesetzten, die (ehrliche) Bereitschaft, den Mitarbeiter zu beteiligen und setzt Vertrauen in die Leistungsfähigkeit voraus. Der Mitarbeiter muss bereit und in der Lage sein, sich am Entscheidungsprozess zu beteiligen. Er darf nicht über- oder unterfordert sein. Die Teilhabe der Mitarbeiter darf weder ein Alibivorgang sein, noch dürfen Beteiligungsprozesse in fruchtlose Diskussionen münden, die das Leistungsziel infrage stellen.

Partizipation

• ist ein Führungsinstrument, das die Erfahrung der Mitarbeiter nutzt und i.d.R. die *Qualität* von Entscheidungen verbessert,
• führt zu mehr *Akzeptanz* auf der Mitarbeiterebene,
• fördert die Motivation und Zufriedenheit der Mitarbeiter.

> Partizipation ist Voraussetzung für den Erfolg einer Entscheidung (Qualität, Quantität, Akzeptanz) sowie für die Zufriedenheit der Mitarbeiter.

05. Welche Bedeutung hat Kommunikation im beruflichen Alltag?

Menschen sind soziale Wesen und brauchen den Austausch mit anderen. Die zwischenmenschliche Kommunikation befriedigt das *Kontaktbedürfnis*; sie gibt dem Einzelnen *Orientierung* in der Gruppe und schafft das Gefühl der *Zusammengehörigkeit.*

Kommunikation im beruflichen Alltag nimmt bei vielen Mitarbeitern den überwiegenden Teil ihrer Arbeitszeit in Anspruch. Fast immer geht es um *zweckgerichtete Kommunikation*:

Beispiele: Wir telefonieren mit dem Kunden, weil wir seine Zustimmung zu einem Angebot wollen. Wir reden mit dem Kollegen, weil wir von ihm eine Information benötigen. Der Vorgesetzte bespricht mit dem Mitarbeiter eine Arbeitsaufgabe, weil er möchte, dass diese sach- und termingerecht erledigt wird.

Regel:
> Das Gespräch ist das zentrale Instrument, andere zu erreichen und selbst erreicht zu werden. Führung ohne wirksames Gesprächsverhalten ist nicht denkbar. Der „sprachlose Vorgesetzte" führt nicht!

06. Was ist Kommunikation?

Kommunikation ist die Übermittlung von sprachlichen und nicht-sprachlichen Reizen vom Sender zum Empfänger. Jeder Kommunikation liegt das Sender-Empfänger-Modell zu Grunde (nach Schulz von Thun):

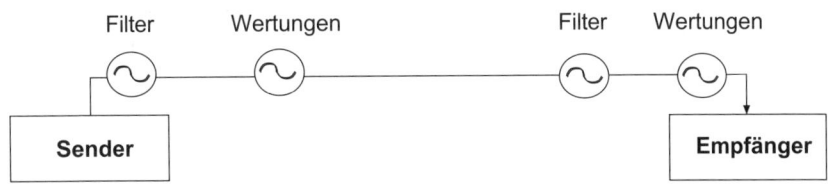

Der *Sender* gibt eine Information. Dabei sagt er nicht unbedingt alles, was er wirklich sagen will, er *filtert*. Außerdem verknüpft er seine Aussage mit *Wertungen*.

Analog verhält sich der *Empfänger:*
Auch er nimmt nicht (unbedingt) den gesamten Inhalt der Nachricht auf; *er filtert.* Auch er versieht die angekommene Nachricht mit seiner *Wertung.*

Regel: Es gibt keine objektive Information, keine objektive Nachricht, keinen objektiven Reiz.

07. Welche vier Aspekte einer Nachricht werden im Kommunikationsmodell unterschieden?

Beispiel: Ein Arbeitskollege kommt in den Büroraum. Er möchte sich eine Tasse Kaffee holen; er stellt fest, dass die Kaffeekanne leer ist und sagt: „Der Kaffee ist alle!" Die Kollegin antwortet: „Wie wäre es, wenn Sie selbst einmal Kaffee kochen würden?"

Zum Grundwissen über zwischenmenschliche Kommunikation gehört *das Modell nach Schulz von Thun* (Prof. Dr. Friedemann Schulz von Thun, geb. 1944, Hochschullehrer am Fachbereich für Psychologie der Universität Hamburg):

Regel:

Ein und dieselbe Nachricht enthält vier verschiedene Aussagen:

1. Sachaspekt

2. Beziehungsaspekt

3. Aspekt der Selbstoffenbarung

4. Appellaspekt

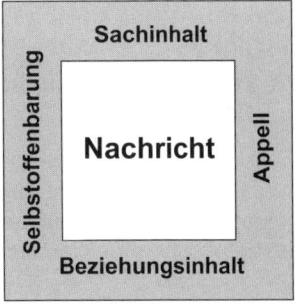

1. Der *Sachaspekt*
zeigt die Sachinformation.

→ *Worüber ich informiere!*
Im Beispiel von oben erfahren wir, dass
kein Kaffee mehr in der Kanne ist.

2. Der *Beziehungsaspekt*
zeigt, wie der Sender zum Empfänger steht, was er von ihm hält. Zum
Ausdruck kommt dies z. B. im Tonfall, in der Wortwahl oder in begleitenden Signalen der Körpersprache.

→ *Was ich von Dir halte/ wie wir zueinander stehen!*
Da wir nicht den Tonfall und evtl. beglei-
tende Körpersignale aus dem Beispiel
kennen, lässt sich die Beziehung nur
vermuten, z. B. der Mitarbeiter miss-
billigt, dass die Kollegin nicht für neuen
Kaffee gesorgt hat.

3. Die *Selbstoffenbarung*
zeigt Informationen über die Person des Senders; dieser Anteil an
Selbstdarstellung kann gewollt oder
unfreiwillig sein.

→ *Was ich von mir selbst kundgebe!*
Im Beispiel ist zu erkennen: Der Mitarbeiter kennt sich im Büro aus; er
weiß, wo die Kaffeemaschine steht
und möchte vermutlich Kaffee trinken.

4. Der *Appell*
ist der Teil der Nachricht, mit dem
man auf den Empfänger Einfluss
nehmen will. Kaum etwas wird „nur
so", ohne Grund gesagt. Fast immer
möchte der Sender den Empfänger
veranlassen, Dinge zu tun, zu unterlassen oder etwas zu denken oder
zu fühlen. Der Appell kann offen
oder verdeckt erfolgen.

→ *Wozu ich Dich veranlassen möchte!*
Im Beispiel ist anzunehmen, dass der
Mitarbeiter möchte, dass die Kollegin
neuen Kaffee kocht; evtl. möchte er
weiterhin, dass sie zukünftig regelmäßig darauf achtet, dass immer ausreichend Kaffee vorhanden ist.

In der Praxis der betrieblichen Gesprächsführung kann nicht von jedem Vorgesetzten
und jedem Mitarbeiter erwartet werden, dass er dieses Kommunikationsmodell beherrscht. Aus der Theorie in die Praxis hat sich jedoch die (reduzierte) Erkenntnis übertragen:

Regel: Es ist hilfreich, bei jeder Nachricht nicht nur die *Sachinhalte*, sondern auch die
Beziehungsinhalte zu beachten.

08. Welche Bedeutung haben der Sachaspekt und der Beziehungsaspekt einer Nachricht?

Viele Einzel- und Gruppengespräche im Betrieb verlaufen erfolgreich: Der Sender transportiert seine Nachricht zum Empfänger; trotz möglicher Filter und Bewertungen auf
beiden Seiten führt das Gespräch zu dem angestrebten Ziel: Eine Information wird
ausgetauscht, eine Handlung oder eine bestimmte Haltung wird veranlasst.

Wenn die Kommunikation allerdings versagt, ist es hilfreich, sich genauer mit der Sachebene und der Beziehungsebene einer Nachricht zu befassen. Diese Analyse bietet Ansätze, um die vorliegende Kommunikationsstörung zu beheben. In vielen Fällen liegt die Ursache einer missglückten Gesprächsführung nicht in sachlich begründeten Auffassungsunterschieden, sondern in einer Störung der Beziehungsebene. Trotz aller Beteuerungen, „Lassen Sie uns doch bitte sachlich bleiben!", führt die Diskussion nicht zum Ziel und eskaliert oft genug in Wortgefechten, Scheinargumenten und unnötigen Selbstdarstellungen der Teilnehmer.

Ist man in seiner Gesprächsführung an einem derartigen Punkt angekommen, so hilft es nur weiter, wenn die Beteiligten bewusst überprüfen, ob ihre Beziehungsebene gestört ist. Man muss die Sachebene verlassen, die Beziehungsebene überprüfen und „reparieren", indem man Störungen aufarbeitet. Dies lässt sich erreichen, indem Gefühle und Befindlichkeiten beim Sender und Empfänger offen ausgesprochen und geklärt werden. Die Aussagen dazu erfolgen in der Ich-Form; in der Psychologie nennt man dies Ich-Botschaften („Von sich selbst darf man sprechen; seine eigenen Gefühle darf man zeigen."):

„Ich glaube, dass Kollege Müller etwas gegen mich hat, weil ..."
„Warum werde ich ständig von Ihnen unterbrochen. Das machen Sie doch bei den anderen nicht ..."

Regel:	Ist eine Kommunikation missglückt aufgrund einer gestörten Beziehung zwischen Sender und Empfänger, muss erst die Beziehungsebene wieder hergestellt werden, bevor auf der Sachebene weiter argumentiert wird.

09. Welche weiteren Empfehlungen für konstruktive Kommunikationsformen lassen sich nennen?

Regeln:	Der Sender hat immer die höhere Verantwortung für das Gelingen der Kommunikation; er muss sich hinsichtlich Wortwahl und Satzbau der Gesprächssituation/dem Empfängerkreis anpassen.
	Jede Nachricht wirkt auf den Empfänger über die Sprache und die sie begleitende Körpersprache. Je echter und harmonischer die sprachlichen und nichtsprachlichen Wirkungsmittel eines Menschen sind, desto glaubwürdiger und authentischer wird er von der Umwelt wahrgenommen.
	Reden und Handeln aller Mitarbeiter eines Unternehmens müssen übereinstimmen. Dies schafft eine Atmosphäre des Vertrauens und der Verlässlichkeit.
	Zuhören, Ausreden lassen, Feedback geben.

3.3.2 Mitarbeiter im Prozess der Führung und Zusammenarbeit

01. Welche Bedeutung hat die Identifikation der Mitarbeiter mit dem Unternehmensleitbild?

• *Identifikation beschreibt den Vorgang*, dass Individuen die Einstellungen und Verhaltensmuster einer Organisation übernehmen.

• *Identifikation* mit den gestellten Aufgaben, der Arbeit, den Personen und Gruppen sowie dem Unternehmensleitbild *ist ein wesentlicher Faktor der Leistungsbereitschaft* der Mitarbeiter. Leistungsbereitschaft ist eine der Voraussetzungen für die Erreichung gesetzter/vereinbarter Ziele.

> „Wenn du ein Schiff bauen willst, so trommle nicht Leute zusammen, um Holz zu beschaffen, Werkzeuge vorzubereiten, Aufgaben zu vergeben und die Arbeit einzuteilen, sondern wecke in ihnen die Sehnsucht nach dem weiten, endlosen Meer." nach Antoine de Saint-Exupéry.

Woran liegt es, dass die Anpassung der Werte des Individuums und der der Organisation nicht immer gelingt?

Wenn ein Mitarbeiter in einem Unternehmen seine Tätigkeit aufnimmt, so hat er mit dem Arbeitgeber einen *Arbeitsvertrag* geschlossen, der die gegenseitigen Rechte und Pflichten festlegt. Dieser Teil fixiert die rechtliche Seite zwischen beiden Parteien. Daneben schließen Mitarbeiter und Arbeitgeber einen weiteren Kontrakt:

Arbeitsvertrag	+	**Psychologischer Vertrag**

• Im *psychologischen Vertrag* (= Wertevertrag)
werden die gegenseitigen Ansprüche der Organisation und der Mitarbeiter geregelt: Die Organisation erwartet von ihren Mitarbeitern, dass diese als Gegenleistung für den Lohn, die Sicherung der Existenz und die allgemeine Betreuung (Gesundheit, Betriebsklima u. Ä.) ihre Arbeitskraft uneingeschränkt zur Verfügung stellt. Dazu gehören Gehorsam und die Einhaltung betrieblicher Regeln und Normen. Dieser psychologische Vertrag setzt eine hinreichend notwendige Übereinstimmung der Werte des Individuums und der der Organisation voraus.

Der psychologische Vertrag ist nicht statisch: Menschen verändern im Laufe des Lebens ihre Einstellungen und Werthaltungen; Unternehmen passen ihre Ziele den sich wandelnden Marktbedingungen an. Übersteigen nun die „Leistungsbeiträge" des Mitarbeiters nach seinem Empfinden die „Vergütungsbeiträge" der Organisation, ist der psychologische Vertrag in seinem Gleichgewicht gestört. Der Mitarbeiter beginnt damit, seinen Leistungsbeitrag zu überdenken, infrage zu stellen oder zu mindern. Die innere Verbindung zur betrieblichen Aufgabe geht schrittweise verloren. Es kommt zu einem *Identifikationsverlust.*

02. Welche Anforderungen werden an Mitarbeiter gestellt?

Erfolgreiche Führungsarbeit und die Erreichung der Unternehmensziele setzt voraus, dass der Mitarbeiter ebenfalls eine Reihe von Anforderungen erfüllt bzw. sich bemüht, diese zu erfüllen (auch: Voraussetzungen der Teamarbeit):

1. Jedes Teammitglied muss nach dem *Prinzip* handeln:
   Nicht jeder für sich allein, sondern alle gemeinsam und gleichberechtigt!
   (Bereitschaft und Fähigkeit zur Kommunikation und Zusammenarbeit)

2. Jedes Teammitglied muss die *Ausgewogenheit/Balance* zwischen dem Ziel der Aufgabe, der Einzelperson und der Gesamtgruppe anstreben!

3. Jedes Teammitglied respektiert das andere Gruppenmitglied im Sinne von *„Ich bin o. k., du bist o. k.!"* (Stichwort: Transaktionsanalyse)

4. Fehler können gemacht werden! Jeder Fehler nur einmal! Aus Fehlern lernt man! Ziel ist das Null-Fehler-Prinzip!

5. Jedes Teammitglied erarbeitet mit den anderen schrittweise *Regeln* der Zusammenarbeit und der Kommunikation, die eingehalten werden, solange sie gelten:

> • Jeder ist für den Erfolg (mit-)verantwortlich!
> • Vereinbarte Termine und Zusagen werden eingehalten!
> • Jeder hat das Recht, auszureden!
> • Jede Meinung ist gleichberechtigt! Jeder kommt zu Wort!
> • Jeder spricht zu den Anwesenden, nicht über sie!
> • Keine langen Monologe!
> • Es gibt keine dummen Fragen!
> • Störungen haben Vorrang!
> • Kritik wird konstruktiv und in der Ich-Form vorgebracht!

6. Jedes Teammitglied verfügt über die Bereitschaft, gemeinsam verabschiedete *Veränderungen mitzutragen.*

7. Jedes Teammitglied sorgt eigenständig für seine fachliche Fortbildung bzw. arbeitet erkannte Defizite auf (fachliche Professionalisierung).

8. Jedes Teammitglied ist bereit, über sein eigenes Verhalten zu reflektieren und zu lernen.

03. Welche Möglichkeiten und Grenzen der Mitarbeitermotivation lassen sich nennen? → 3.1.1

Das *Motiv ist der Beweggrund für ein bestimmtes Handeln und Denken. Mitarbeiter motivieren* bedeutet demnach, den Mitarbeitern konkrete Beweggründe für ein bestimmtes Handeln oder Denken geben, ihnen also *Handlungsanreize liefern* (vgl. ausführlich Ziffer 3.1.1/Frage 12. ff).

Konkret lassen sich daraus für den Vorgesetzten folgende Handlungsempfehlungen zur Motivation seiner Mitarbeiter ableiten:

Möglichkeiten der Mitarbeitermotivation **- Handlungsempfehlungen für den Vorgesetzten -**	
Die unbefriedigten Motive seiner Mitarbeiter kennen lernen!	• Gespräch mit dem Mitarbeiter
	• Motive erkennen/wecken
	• Anreize bieten
Erwünschtes Verhalten verstärken!	• Bestätigung, Anerkennung
Unerwünschtes Verhalten vermeiden/ sanktionieren!	• Kritik, Beurteilung
Voraussetzungen für positives Verhalten schaffen!	• Information, Arbeitsplatzgestaltung
	• optimale Arbeitsabläufe, -mittel
Gegengerichtete Motive verhindern!	• Vertrauen durch Verständigung schaffen

Motivation als Führungsinstrument hat auch Grenzen, wie die folgenden Beispiele zeigen:

• Es gibt *keinen mechanistisch-linearen Zusammenhang* zwischen „Situation → Motiv → Anreiz → Handlung des Mitarbeiters → Ergebnis: Handlungen sind meist das Ergebnis eines Motivbündels. Motive wechseln in ihrer Wertigkeit. Die Motivstrukturen der Menschen sind unterschiedlich.

• Es gibt Mitarbeiter, die über eine *hohe Eigenmotivation* verfügen und z.B. wenig Bestätigung von außen benötigen. Umgekehrt lassen sich manche Mitarbeiter auch durch starke Handlungsanreize generell oder in einer bestimmten Situation nur wenig motivieren. Die Ursachen sind unterschiedlich: Veranlagung, mangelndes Interesse, Erkrankung, private Sorgen u.Ä.

• *Fehlen die betrieblichen Voraussetzungen,* sind viele der Motivationsbemühungen der Vorgesetzten zum Scheitern verurteilt; Beispiele: fehlende unternehmerische Zielsetzung, mangelnder Erfolg am Markt, unklare Lohnstruktur, fehlende Aufstiegsmöglichkeiten, unzureichende Ressourcen (Arbeitsmittel, Informationen u.Ä.).

04. Besteht zwischen dem Verhalten der Mitarbeiter und dem Führungsverhalten des Vorgesetzten ein Zusammenhang?

Die Praxis bestätigt häufig, dass zwischen dem Verhalten des Führenden und dem der Geführten ein Zusammenhang (Beziehungsgeflecht) mit folgenden Variablen besteht:

Zusammenhang zwischen dem Vorgesetzten und den Geführten - Verhalten und Eigenschaften -		
Führungskraft		**Mitarbeiter (Geführte)**
• Anlagen • Erfahrungen • Fachkompetenz • Sozialkompetenz • Methodenkompetenz ...	↔ Beziehungs- geflecht ↔	• Anlagen • Erwartungen • Erfahrungen • Gruppenstruktur • Gruppenziel (formell/informell) ...

Beispiele aus der Praxis (verkürzte Darstellung):
Ein Vorgesetzter mit schwachem Selbstvertrauen sucht sich im Rahmen der Personalauswahl einen Mitarbeiter, der persönlich ähnlich gelagert ist: „Der schwache Vorgesetzte sucht sich schwache Mitarbeiter!" Eine Verbindung, die nicht selten negative Folgen hat.

Ein Vorgesetzter, der seine Führungsrolle gegenüber der Gruppe nicht wahrnimmt, muss damit rechnen, dass sich ein informeller Führer herausbildet, der seine Rolle/seinen Status einnimmt.

Herr Müller führt seit kurzem eine Abteilung. Aufgrund seiner Erfahrung praktiziert er einen kooperativen Führungsstil – und scheitert. Seine Mitarbeiter legen sein Führungsverhalten als Schwäche aus: Freiräume werden nicht oder unsachgemäß genutzt. Den Mitarbeitern fehlt der notwendige Reifegrad und die Erfahrung mit kooperativer Führung. Herr Müller überdenkt sein Führungsverhalten und „schwenkt um" zu einem mehr autoritären Führungsstil.

3.3.3 Einflussnahme der Führung und Wirkungen auf Mitarbeiter und Arbeitsergebnisse → 3.1.1, 3.3.1

01. Welchen Einfluss hat die Führungsarbeit auf die Mitarbeiter und auf deren Arbeitsergebnisse?

Der Vorgesetzte hat so zu führen, dass die betrieblichen Ziele erreicht werden (Zielerfolg, zielorientierte Führung) und dabei soweit wie möglich die Erwartungen der Mitarbeiter berücksichtigt werden (Individualerfolg). Er hat dies zu tun unter Beachtung der aktuellen Situation (Situativer Führungsstil; 3.2.1) und er wird dabei geeignete Führungsinstrumente einsetzen.

Zwischen der Führungsarbeit, dem Verhalten der Mitarbeiter und den realisierten Arbeitsergebnissen lässt sich folgender Zusammenhang herstellen:

Zielorientierte Führungsarbeit verlangt, dass ...		
die Fähigkeiten der Mitarbeiter entwickelt werden ↓ „das Können"	die Bereitschaft der Mitarbeiter geschaffen wird ↓ „das Wollen"	die betrieblichen Möglichkeiten vorliegen ↓ „das Erlauben/Zulassen"
Beispiele		
Die Mitarbeiterfähigkeiten erkennen, bewerten, fördern und richtig einsetzen.	Motive erkennen und mit den Unternehmenszielen (soweit wie möglich) in Einklang bringen.	Einfache klare Aufbau- und Ablauforganisation ohne bürokratische Hemmnisse.
Personalanpassung vornehmen durch Abbau, Beschaffung, Einsatz und Entwicklung.	Werteorientierte Anreize schaffen. Erwünschte Verhaltensmuster bestärken.	Freiräume schaffen (Delegation, MbO). Keine unangemessene Einengung, keine Bevormundung.
	Am Erfolg teilhaben lassen (Anerkennung, Geld, Beteiligung).	Arbeitsmittel und -bedingungen müssen geeignet sein.
Maßstab des Handelns ist die unternehmerische Zielerreichung und nicht der persönliche Egoismus/das Machtstreben des Vorgesetzten.		

02. Warum ist der situative Führungsstil in der heutigen Zeit Erfolg versprechender als überkommenes (tradiertes) Vorgesetztenverhalten?

Heute sind betriebliche Situationen und Entscheidungsprozesse geprägt von Zeitdruck, Komplexität der Zusammenhänge und einer fortschreitenden Abhängigkeit der Einzelmärkte von der weltwirtschaftlichen Entwicklung (Stichworte: Entwicklung der Rohölpreise, politische Krisengebiete, Umweltpolitik, Informationsflut usw.). Der Anspruch an die Führungsqualität der Vorgesetzten ist deutlich gestiegen: Sie müssen sich permanent auf wechselnde Situationen einstellen, diese richtig analysieren und kompetent handeln. Ein absolut starrer Führungsstil wird bei diesen Entwicklungen weniger Erfolg haben: Führungskräfte müssen z. B. in Ausnahmesituationen schnell und eindeutig handeln; die Anweisungen werden stark direktiv sein und lassen wenig Spielraum für Beteiligung. In anderen Fällen sind die betrieblichen Probleme derart komplex und können nur mit Unterstützung und Akzeptanz aller Mitarbeiter durchgeführt werden. Hier ist kooperativ zu führen; den Mitarbeitern müssen Freiräume und Eigenständigkeit eingeräumt werden. Der situative Führungsstil verlangt von den Führungskräften ein hohes Maß an Flexibilität. Trotzdem müssen sie gegenüber ihren Mitarbeitern ihre Identität bewahren und glaubwürdig bleiben. Weicht ein Vorgesetzter von seinen vorherrschend erlebten Verhaltensmustern ab, so müssen die Gründe für die Mitarbeiter nachvollziehbar sein (vgl. 3.1.2).

03. Welcher Zusammenhang besteht zwischen dem Betriebsklima und dem in einem Unternehmen vorherrschenden Führungsstil?

Das Betriebsklima ist *Ausdruck für die soziale Atmosphäre*, die von den Mitarbeitern empfunden wird. Das Betriebsklima umfasst Faktoren, die mit der sozialen Struktur eines Betriebes zu tun haben, also zum Teil auch „außerhalb" des arbeitenden Menschens liegen, jedoch auf ihn einwirken, aber auch von ihm z.T. wiederum beeinflusst werden.

Faktoren des Betriebsklimas sind u.a.:

Eine gute Betriebsorganisation, die Arbeitssysteme und Arbeitsbedingungen, die Kommunikation der Mitarbeiter mit ihren Vorgesetzten und der Mitarbeiter untereinander; ferner Möglichkeiten der Mitbestimmung und der Partizipation, direkte und indirekte Anerkennung, Gruppenbeziehungen, die Art der erlebten Führung durch den Vorgesetzten, letztendlich auch der Ton – wie man miteinander umgeht.

Der Führungsstil des einzelnen Vorgesetzten allein vermag nicht das Betriebsklima positiv zu prägen; das Führungsverhalten der Vorgesetzten muss in die Führungskultur des Unternehmens eingebettet sein und von ihr getragen werden. Ist dies der Fall, so bewirkt ein überwiegend kooperativer Führungsstil, der auf Vertrauen, Delegation und Beteiligung beruht, Motivationsanreize, die auch nicht ausreichend vorhandene Hygienefaktoren ausgleichen können (vgl. 3.1.1, Herzberg).

04. Welche Möglichkeiten (Strategien) zur Überwindung von Widerständen der Mitarbeiter gegenüber Veränderungen sind geeignet?

Unternehmen sind auf Dauer nur dann erfolgreich, wenn sie sich den Erfordernissen der Umwelt in richtiger Weise anpassen. Dieser Wandel kann geplant oder ungeplant verlaufen; er kann aktiv durch entsprechende Konzepte des Managements oder gezwungenermaßen durch Krisen ausgelöst werden.

Veränderungen im Unternehmen lösen beim Mitarbeiter unterschiedliche Reaktionen hervor – je nach Erfahrung, Ausbildungsstand und Persönlichkeit, z.B.:

*   *Unsicherheit:*
    Gewohnheit schafft Sicherheit und gibt eine klare Orientierung für das eigene Verhalten.

*   *Ängste:*
    Die Auswirkungen von Veränderungen können nicht eingeschätzt werden. Ungewissheit über die Folgen und Bedenken, den Veränderungen nicht gewachsen zu sein, führen zu Ängsten.

*   *Neugier, positive Spannung:*
    Was kommt an Neuem? Was kann ich hinzu lernen?

Dem Management stehen grundsätzlich folgende Ansätze zur Überwindung von Widerständen in der Organisation zur Verfügung:

→ einseitige Machtausausübung

→ gemeinsame Machtausübung

→ delegierte Machtausübung.

Für die Strategie der delegierten Machtausübung und die der gemeinsamen Machtausübung bieten sich u.a. folgende Verfahren/Methoden an:

• Führen durch Zielvereinbarung (MbO)
• Delegation
• Information und Feedback (Holen und Geben)
• Mitarbeiterzeitschrift
• Lernstatt, Qualitätszirkel, KVP, TQM
• Projektmanagement
• Arbeitstrukturierung, z. B. Teilautonomie in der Gruppenarbeit.

Aus der Sozialpsychologie weiß man, dass Veränderungen im Unternehmen dann von den Mitarbeitern tendenziell eher mitgetragen werden, wenn

• der Nutzen des Wandels rational nachvollziehbar ist und
• die Mitarbeiter in die Veränderungs- und Lernprozesse (möglichst frühzeitig) einbezogen werden: „Mache die Betroffenen zu Beteiligten!"

> In der Mehrzahl der geplanten Veränderungen im Unternehmen wird also die Strategie der Beteiligung (Partizipation) erfolgreicher sein als die einseitige Machtausübung durch das Management.

In Ausnahmesituationen, z. B. unvorhersehbaren Krisen, kann der Einsatz einseitiger Top-down-Strategien notwendig werden. Das Aufgeben von Widerständen wird erzwungen.

3.4 Beurteilungsgrundsätze

3.4.1 Ziele und Aufgaben der Personalbeurteilung

01. Warum sind Personalbeurteilungen notwendig? Welche Ziele und Aufgaben werden damit verbunden?   → 3.8.3

Aus betrieblicher Sicht hat die Mitarbeiterbeurteilung folgende Ziele und Aufgaben:

• Die Beurteilung soll zur *Objektivierung* beitragen. Durch systematische Beurteilungssysteme, Leistungsstandards, Festlegung von Leistungsmerkmalen und deren Ausprägung soll *ein klarer Maßstab* gewonnen werden, der die Vergleichbarkeit von Mitarbeiterleistungen ermöglicht.

• Aufgrund von Mitarbeiterbeurteilungen sind Führungskräfte gehalten, sich mit Führungssituationen und Führungsergebnissen auseinander zu setzen. Dies kann *zur Verbesserung ihrer Führungsqualifikation* beitragen.

• Die Beurteilung von Mitarbeitern kann dazu beitragen, *Potenziale zu erkennen und sie zu nutzen.*

• *Leistungsdefizite können erkannt werden* und durch individuelle und der Situation angemessene Fördermaßnahmen beseitigt werden. *Die Erhaltung und Steigerung der Mitarbeiterleistung ist dadurch tendenziell besser möglich.*

• Beurteilungen sind häufig *Grundlage für* Entlohnungen, Beförderungen, Versetzungen, Eingruppierungen, Laufbahnüberlegungen, Disziplinarmaßnahmen.

• Nach § *84 BetrVG* kann der Mitarbeiter eine Beurteilung verlangen (Hinweis: auch wenn kein Betriebsrat existiert; sog. individualrechtliche Norm des BetrVG).

Aus der Sicht der Mitarbeiter hat die Beurteilung folgende Ziele und Aufgaben:

• Neben der Kritik als der mehr spontanen Reaktion des Vorgesetzten auf das Verhalten seiner Mitarbeiter gibt der Vorgesetzte in der Beurteilung eine Aussage über die Leistung der Mitarbeiter während eines größeren Zeitraums (z. B. ein Jahr). Die Beurteilung kann damit *Leistungsanreize* schaffen, sie bietet *Orientierungsmöglichkeiten* zur Veränderung und sie kann bei starken Leistungsdefiziten dem Mitarbeiter deutliche Hinweise geben, bevor es ggf. zu arbeitsrechtlichen Maßnahmen kommen muss (Abmahnungen, Kündigung).

• Sozusagen *als „Spiegelfunktion"* erhält der Mitarbeiter die Information, wie er in diesem Unternehmen gesehen wird.

• Ein systematisches Beurteilungsverfahren ist „ein gewisser Schutz vor subjektiver und willkürlicher Bewertung" durch den Vorgesetzten.

• Verbesserung der eigenen Einschätzung durch *Fremdeinschätzung* und damit besseres Erkennen von Stärken und Schwächen im Verhalten.

• Verbesserte *Einschätzung realer Aufstiegsmöglichkeiten*; dadurch werden tendenziell überzogene Erwartungen und ggf. spätere Enttäuschungen vermieden.

02. Welche Anlässe der Personalbeurteilung und welche Methoden der Leistungsmessung (Formen[1]) lassen sich unterscheiden?

Anlässe und Formen der Beurteilung			
Form	Freie Beurteilung	Gebundene Beurteilung	Teilweise gebundene Beurteilung
Inhalt, Gegenstand	Leistungsbeurteilung		Potenzialbeurteilung
Häufigkeit	Regelmäßige Beurteilung		Außerplanmäßige Beurteilung je nach Anlass, z. B. Wechsel der Aufgabe/des Vorgesetzten
Beurteilter	Mitarbeiter-beurteilung	Kollegenbeurteilung; in der Praxis selten.	Vorgesetztenbeurteilung; in der Praxis eher selten.
	Beurteilung einer Einzelperson		Beurteilung einer Gruppe
Beurteilender	Fremdbeurteilung durch den Vorgesetzten	Selbstbeurteilung; wird gelegentlich bei Führungskräften praktiziert	360°-Beurteilung: Beurteilung durch sich selbst und Beurteilung durch Vorgesetzte, Kollegen, Kunden und unterstellte Mitarbeiter; in Deutschland eher selten, in den USA häufiger.
Merkmale, Kriterien	Quantitative Merkmale, z. B. • Arbeitsmenge • Anzahl der Fehler (NiO-Teile)		Qualitative Merkmale, z. B.: • Arbeitsgüte • Zusammenarbeit
Merkmals-differenzierung	Summarische Bewertung: Bewertung als Ganzes (en bloc) ohne Einzelmerkmale		Analytische Bewertung: Bewertung auf der Basis einzelner Merkmale

- *Planmäßige* (regelmäßige) *Beurteilungen* sind erforderlich:
  - vor Ablauf der Probezeit
  - vor Beginn des Kündigungsschutzes (6-Monats-Frist; § 1 KSchG)
  - im Rahmen der jährlichen Gehaltsüberprüfung
  - in bestimmten Zeitabständen (z. B. alle zwei Jahre – entsprechend dem Zeitraster im Beurteilungssystem).

- *Außerplanmäßige Beurteilungen* (im Einzelfall) können erforderlich werden:
  - bei Versetzungen, Beförderungen oder Wechsel des Arbeitsplatzes
  - bei Wechsel des Vorgesetzten
  - bei Beförderungen
  - in Verbindung mit Fortbildungsmaßnahmen
  - auf besonderen Wunsch des Vorgesetzten oder des Mitarbeiters
  - bei außerplanmäßiger Entgeltanpassung
  - beim Austritt des Mitarbeiters.

---

[1] Die Begrifflichkeit in der Literatur ist uneinheitlich (auch: Arten der Beurteilung).

03. Welche Voraussetzungen muss eine Beurteilung erfüllen?

Beurteilungen müssen

- sich auf *Beobachtungen* stützen,
- sie müssen *beschreibbar, bewertbar*
- und *vergleichbar* sein.

04. Wie müssen die Beobachtungen gestaltet sein?

Die Beobachtungen müssen so erfolgen, dass sie das natürliche Verhalten des Mitarbeiters im Arbeitsprozess erfassen, d. h. die festgestellten Arbeitsergebnisse im Hinblick auf Arbeitstempo, Arbeitsergebnisse, Genauigkeit und Fertigkeiten umfassen und auch das Arbeitsverhalten berücksichtigen.

05. Was bedeutet Vergleichbarkeit der Beurteilung?

Die Beurteilungen müssen untereinander vergleichbar sein. Zur Bildung eines gültigen Urteils führt das Vergleichen von Merkmalen untereinander bei einer Person oder ein- und desselben Merkmals bei mehreren Personen.

06. Was bedeutet Bewertbarkeit?

Die Bewertbarkeit beruht auf einem *Maßstab, der eine qualitative und quantitative Abstufung ermöglicht (Skalierung).* Die Beurteilung ist an einem Normalverhalten oder an einer durchschnittlichen Leistung gegenüber bestimmten Anforderungen des Arbeitsplatzes orientiert.

07. Welche Merkmale (Kriterien) können für eine Beurteilung herangezogen werden?

Im Allgemeinen werden das Arbeitsverhalten, das Denkverhalten und das mitmenschliche Verhalten beurteilt, wobei die zu bewertenden Beurteilungskriterien bei weniger qualifizierten Mitarbeitern mehr nach Leistungsmerkmalen und bei höher qualifizierten Mitarbeitern, insbesondere bei solchen mit Vorgesetztenfunktionen, mehr nach Persönlichkeitsmerkmalen ausgewählt werden. Im konkreten Fall richten sich die Kriterien nach den Anforderungen des Arbeitsplatzes (vgl. Anforderungsarten nach REFA sowie Genfer Schema).

Beurteilungsmerkmale (Beispiele)	
Arbeitsverhalten	Arbeitsmenge, -qualität, -geschwindigkeit, vorhandenes Fachwissen, Engagement, Einsatzbereitschaft, Belastbarkeit, Kreativität
Zusammenarbeit	Verhalten gegenüber Kollegen und Kunden (Kontakt, Freundlichkeit, Bereitschaft zur Integration in die Gruppe)

| Führungsverhalten | Fähigkeit zur Planung und Analyse, Entscheidungs- und Durchsetzungsfähigkeit, Kontrolle, Motivation (Eigenmotivation/Antrieb und Motivation der Mitarbeiter) |
| Kognitive Fähigkeiten | Auffassungsgabe, Merkfähigkeit, Konzentration, Logik |

08. Welche Beurteilungsmaßstäbe sind geeignet?

Die Ergebnisse der Mitarbeiterbeobachtungen müssen bewertet werden. Dazu benötigt man einen geeigneten Beurteilungsmaßstab. Geeignet sind folgende Verfahren zur Bildung eines Maßstabs:

Beurteilungsmaßstäbe (Verfahren)	
Skalen	Skalen sind Reihen, Stufenfolgen.
• Skalenwert-beschreibung	Es werden geeignete Skalenwerte gebildet und jeder Skalenwert wird eindeutig beschrieben: Hervorragend: Die Arbeitsleistung liegt weit über dem Durchschnitt. ... Ungenügend: Die Arbeitsleistung liegt weit unter dem Durchschnitt.
• Nominalskala	Die Einteilung erfolgt mithilfe abgestufter Einteilung, z.B.: - gut/mittel/schlecht - immer/häufig/manchmal/selten
• Numerische Skala	Es werden auf- oder absteigende Zahlenfolgen gebildet. Jeder Skalenwert muss eindeutig beschrieben werden, z.B.: 1–2–3–4–5–6–7 (Likert-Skala) 1 = hervorragend 7 = nicht ausreichend
• Grafische Skala	Die möglichen Beurteilungswerte sind beschrieben und werden grafisch abgebildet (Skalenstrahl oder Skalenscheibe).
Rangfolgeverfahren	Für jedes Beurteilungsmerkmal (1, 2, 3 ...) werden die Mitarbeiter (A, B, ...) paarweise in eine Rangfolge gebracht, z.B.: Merkmal 1: A = B, B < C
Grad der Zielerreichung	Dem Mitarbeiter werden messbare Ziele vorgegeben oder mit ihm vereinbart. Beispiel: Umsatzanstieg im kommenden Quartal um 12 %. Die Beurteilung erfolgt am Grad der Zielerreichung, z.B. der Mitarbeiter hat einen Umsatzanstieg von 8 % erreicht (= 67 % Zielerreichung).
Critical Events	Anhand der Methode der kritischen Vorfälle erfolgt eine Bewertung (häufig in Verbindung mit anderen Verfahren), z.B.: Positive Vorfälle: Verkaufsabschluss, Neukundengewinnung, Termineinhaltung usw.

09. Welche Phasen sind bei einem Beurteilungsvorgang einzuhalten?

Ein wirksamer Beurteilungsvorgang setzt die Trennung folgender Phasen voraus:

Phasen der Beurteilung		
1	Beobachtung	Gleichmäßige Wahrnehmung der regelmäßigen Arbeitsleistung und des regelmäßigen Arbeitsverhaltens.
2	Beschreibung	Möglichst wertfreie Wiedergabe und Systematisierung der Einzelbeobachtungen im Hinblick auf das vorliegende Beurteilungsschema.
3	Bewertung	Anlegen eines geeigneten Maßstabs an die systematisch beschriebenen Beobachtungen.
4	Beurteilungsgespräch	Zweier-Gespräch zwischen dem Vorgesetzten und dem Mitarbeiter über die durchgeführte Beurteilung.
5	Gesprächsauswertung	Initiierung erforderlicher Maßnahmen/Kontrakte (Verhaltensänderung, Schulung, Aufstieg, Versetzung usw.)

10. Welche Elemente enthält ein strukturiertes Beurteilungssystem?

Jedes Beurteilungssystem/-verfahren enthält *mindestens drei Elemente* – unabhängig davon, in welchem Betrieb oder für welchen Mitarbeiterkreis es eingesetzt wird:

- Merkmale/Merkmalsgruppen
- Gewichtung
- Skalierung/Bewertungsmaßstab.

Strukturierter Beurteilungsbogen (Beispiel)							
Merkmale	Gewichtung	Skalierung					
		entspricht selten den Erwartungen	entspricht im Allgemeinen den Erwartungen	entspricht voll den Erwartungen	liegt über den Erwartungen	liegt weit über den Erwartungen	
		1	2	3	4	5	
Arbeitsquantität	0,3						
Arbeitsqualität	0,2						
Fachkenntnisse	0,2						
Arbeitskenntnisse	0,1						
Zusammenarbeit	0,2						
Summe	1,0						

11. Wie ist die Auswertung der Beurteilung durchzuführen?

Die Beurteilung ist mit dem Mitarbeiter zu besprechen (vgl. 3.4.2). Das Gespräch wird mit einer *Maßnahmenvereinbarung* abschließen: Verhaltensänderung, Verhaltensstabilisierung, Entwicklungsmaßnahme; Kontrolle der eigenen Zusagen (Vorgesetzter), Kontrolle der Zusagen des Beurteilten.

3.4.2 Beurteilungsgespräche   → 9.3.4

01. Wie ist ein Beurteilungsgespräch vorzubereiten?

Beurteilungsgespräche müssen, wenn sie erfolgreich verlaufen sollen, *sorgfältig vorbereitet werden.* Dazu empfiehlt sich für den Vorgesetzten, folgende Überlegungen anzustellen bzw. Maßnahmen zu treffen:

• Dem Mitarbeiter rechtzeitig den *Gesprächstermin* mitteilen und ihn bitten, sich ebenfalls vorzubereiten.

• Den *äußeren Rahmen* gewährleisten: Keine Störungen, ausreichend Zeit, keine Hektik, geeignete Räumlichkeit, unter „4-Augen" usw.

• *Sammeln und Strukturieren der Informationen:*
  - Wann war die letzte Leistungsbeurteilung?
  - Mit welchem Ergebnis?
  - Was ist seitdem geschehen?
  - Welche positiven Aspekte?
  - Welche negativen Aspekte?
  - Sind dazu Unterlagen erforderlich?

• *Was ist das Gesprächsziel?* Mit welchen Argumenten? Was wird der Mitarbeiter vorbringen?

02. Wie ist das Beurteilungsgespräch durchzuführen?

Für ein erfolgreich verlaufendes Beurteilungsgespräch gibt es kein Patentrezept. Trotzdem ist es sinnvoll, dieses Gespräch in Phasen einzuteilen, das heißt, das Gespräch zu strukturieren und dabei eine Reihe von Hinweisen zu beachten, die sich in der Praxis bewährt haben:

1. *Eröffnung:*
   • sich auf den Gesprächspartner einstellen, eine zwanglose Atmosphäre schaffen
   • die Gesprächsbereitschaft des Mitarbeiters gewinnen, evtl. Hemmungen beseitigen
   • ggf. Verständnis für die Beurteilungssituation wecken.

2. Konkrete Erörterung der *positiven Gesichtspunkte (Fremdbild):*
   • nicht nach der Reihenfolge der Kriterien im Beurteilungsraster vorgehen
   • ggf. positive Veränderungen gegenüber der letzten Beurteilung hervorheben
   • Bewertungen konkret belegen
   • nur wesentliche Punkte ansprechen (weder „Peanuts" noch „olle Kamellen")
   • den Sachverhalt beurteilen, nicht die Person.

3. Konkrete Erörterung der *negativen Gesichtspunkte:*
*   analog wie Ziffer 2
*   negative Punkte zukunftsorientiert darstellen (Förderungscharakter).

4. Bewertung der Fakten durch den *Mitarbeiter (Eigenbild):*
*   den Mitarbeiter zu Wort kommen lassen, interessierter und aufmerksamer Zuhörer sein
*   aktives Zuhören, durch offene Fragen ggf. zu weiteren Äußerungen anregen
*   asymmetrische Gesprächsführung, d. h. in der Regel dem Mitarbeiter den größeren Anteil an Zeit/Worten überlassen
*   evtl. noch einmal einzelne Beurteilungspunkte genauer begründen
*   zeigen, dass die Argumente ernst genommen werden
*   eigene „Fehler" und betriebliche Pannen offen besprechen
*   in der Regel keine Gehaltsfragen diskutieren (keine Vermengung); falls notwendig, „abtrennen" und zu einem späteren Zeitpunkt fortführen.

5. Vorgesetzter und Mitarbeiter *diskutieren* alternative Strategien und *Maßnahmen* zur Vermeidung zukünftiger Fehler:
*   Hilfestellung nach dem Prinzip „Hilfe zur Selbsthilfe" („ihn selbst darauf kommen lassen")
*   ggf. konkrete Hinweise und Unterstützung (betriebliche Fortbildung, Fachleute usw.)
*   kein unangemessenes Eindringen in den Privatbereich
*   sich Notizen machen; den Mitarbeiter anregen, sich ebenfalls Notizen zu machen.

6. *Positiver Gesprächsabschluss mit Aktionsplan:*
*   wesentliche Gesichtspunkte zusammenfassen
*   Gemeinsamkeiten und Unterschiede klarstellen
*   ggf. zeigen, dass die Beurteilung überdacht wird

Gemeinsam festlegen:
*   Was unternimmt der Mitarbeiter?
*   Was unternimmt der Vorgesetzte?
*   ggf. Folgegespräch vereinbaren: Wann? Welche Hauptaufgaben/Ziele?
*   Zuversicht über den Erfolg von Leistungskorrekturen vermitteln
*   Dank für das Gespräch.

03. Welches wirksame und auch weniger wirksame Gesprächsverhalten ist bei Vorgesetzten im Rahmen von Beurteilungsgesprächen zu beobachten?

Wirksames Gesprächsverhalten:
*   Positive Gesprächseröffnung:
    „Ich bin der Meinung, Sie haben sich in der Probzeit sehr engagiert und mit großem Interesse in das neue Aufgabengebiet eingearbeitet. Dafür möchte ich Ihnen danken".
    (Möglichst in der Ich-Form sprechen – ich als Vorgesetzter – und nicht in der Wir-Form – wir als Betrieb; die Wir-Form wirkt weniger verbindlich).
*   Richtig formulierte Beanstandungen:
    „Ich sehe in Ihren Arbeitsergebnissen noch die Möglichkeit, sich in dem Gebiet „X, Y" zu verbessern, z. B. durch …

„Mir ist aufgefallen, dass Ihnen bei folgenden Aufstellungen...... (konkret nennen) noch Fehler unterlaufen......"

• Kritik an der Sache (nicht an der Person):
„Ich musste feststellen, dass Sie im letzten Monat – wenn ich mir das Ergebnis ihrer Zeitsummenkarte betrachte – häufiger zu spät gekommen sind"; (nicht : „Sie kommen ständig zu spät.")

• Überleitung zur Stellungnahme durch den Mitarbeiter:
„Ich habe Ihnen eine Reihe von Punkten genannt ..., mich interessiert, wie sehen Sie das?".

Negativ wirkende Gesprächsführung:
• Die Person wird beanstandet:
„Sie arbeiten fehlerhaft und nachlässig".
„Ihre Bereitschaft, sich engagiert in die neu gebildete Gruppe einzubringen, lässt noch sehr zu wünschen übrig".

• Suggestivfragen, Fangfragen verwenden:
„Sie sind doch wohl mit mir auch der Meinung, dass ...?"
„Ich glaube kaum, dass Sie behaupten können, dass ..."

• Den anderen nicht durch unangemessene Unmutsäußerungen frustrieren: „Das kann man so doch wohl nicht sehen".

• Auch unangemessen langes Schweigen (mit „Pokerface") kann den anderen frustrieren.

Allgemein gilt für jede Durchführung eines Beurteilungsgesprächs:
• Der Vorgesetzte sollte nicht versuchen, im Beurteilungsgespräch zu viel zu erreichen. Gegebenenfalls sollten sich beide Seiten mit Teilerfolgen zufrieden geben. Es kann unter Umständen notwendig sein, das Gespräch zu vertagen, weil eine oder beide Seiten im Moment nicht über die Gelassenheit verfügen, um das Gespräch erfolgreich bearbeiten zu können.

• Das abschließende Gesprächsergebnis („Wie sehen beide die einzelnen Punkte, welche Vereinbarungen/Kontrakte werden getroffen?") sind der Grundstein für das nächstfolgende Gespräch.

• Der Sinn des Beurteilungsgesprächs wird völlig verfehlt, wenn durch die Art der Gesprächsführung die zukünftige emotionale Basis der Zusammenarbeit nachhaltig gestört wird. Es ist dann besser, abzubrechen und zu vertagen.

• Die objektive Dauer des Beurteilungsgesprächs ist weniger bedeutsam als die Vermittlung des subjektiven Gefühls „Zeit gehabt zu haben".

• Auch bei harten Auseinandersetzungen und bei massiven Meinungsverschiedenheiten hinsichtlich der Leistungsbeurteilung ist der konstruktive Ausgang des Gesprächs anzustreben.

• Ein unvorbereitetes Beurteilungsgespräch führt in der Regel zum Desaster. Dazu gehört auch, dem Mitarbeiter rechtzeitig den Gesprächstermin anzukündigen, und ihn zu bitten, sich selbst darauf vorzubereiten.

• Ebenfalls zu vermeiden ist eine einseitige Entscheidung des Vorgesetzten über notwendige Aktionen (Fortbildung, Nachholen von Einarbeitungsschritten u.Ä.).

- Ebenfalls fehlerhaft ist es, neue Informationen, die der Mitarbeiter bringt, in der Beurteilung einfach zu ignorieren.
- Und „last but not least" ist eine „versteckte Beurteilung", die dem Mitarbeiter nicht bekannt ist bzw. nicht mit ihm besprochen wurde, abzulehnen.

04. Welche Beurteilungsfehler sind in der Praxis anzutreffen?

- *Fehleinschätzungen in der Wahrnehmung*:
  - Beim *Halo-Effekt* wird von einer Eigenschaft auf andere Merkmale geschlossen.
  - Beim *Nikolaus-Effekt* basiert die Beurteilung speziell auf Verhaltensweisen, die erst in jüngster Zeit beobachtbar waren bzw. stattgefunden haben.
  - Beim *Selektions-Effekt* erkennt der Vorgesetzte nur bestimmte Verhaltensweisen, die ihm relevant erscheinen.
  - *Vorurteile*, z. B. „Mitarbeiter mit langen Haaren und nachlässiger Kleidung sind auch in der Leistung schlampig".
  - *Primacy-Effekt*: Die zuerst erhaltenen Informationen und Eindrücke werden in der Beurteilung sehr viel stärker berücksichtigt als spätere Verhaltensweisen.
  - *Kleber-Effekt*: Mitarbeiter, die über einen längeren Zeitraum nicht befördert wurden, werden unbewusst unterschätzt und entsprechend schlechter beurteilt.
  - *Hierarchie-Effekt*: Mitarbeiter einer höheren Hierarchieebene werden besser beurteilt als Mitarbeiter der darunter liegenden Ebenen.
  - *Lorbeer-Effekt*: In der Vergangenheit erreichte Leistungen (Lorbeeren) werden unangemessen stark berücksichtigt, obwohl sie sich in der jüngeren Vergangenheit nicht mehr bestätigt haben.
  - Phänomen des ersten Eindrucks: voreilige Schlussfolgerungen.
- *Fehlerquellen im Maßstab*:
  - Tendenz zur Mitte
  - Tendenz zur Milde
  - Tendenz zur Strenge
  - Sympathiefehler
  - unangemessene Subjektivität
  - überzogen positive Beurteilung („Wegloben").

3.4.3 Rechtliche Bestimmungen zur Beurteilung → 3.12.1, 3.12.2

01. Welche Rechte hat der Beurteilte?

Die Ergebnisse der Beurteilung müssen in jedem Fall dem Beurteilten vorgelegt werden. Sie sollten überdies zum Gegenstand eines Beurteilungsgesprächs gemacht werden, in dessen Verlauf der Beurteilte die Gründe für die Beurteilung erfährt und die Möglichkeit erhält, sich zu äußern und schriftlich zu dem Ergebnis Stellung zu nehmen. Der Beurteilte hat überdies das Recht, ein Betriebsratsmitglied hinzuzuziehen und Einsicht in seine Personalakten zu nehmen. Es empfiehlt sich daher, dem Beurteilten einen Durchschlag seiner Beurteilung auszuhändigen.

Rechtsbestimmungen zur Beurteilung im Überblick:

§ 82 Abs. 2 BetrVG	Der Arbeitnehmer *kann verlangen* ... dass mit ihm die Beurteilung seiner Leistungen ... erörtert werden. ... Er kann ein Mitglied des Betriebsrats hinzuziehen.
§§ 84, 85 BetrVG	*Beschwerderecht* des Arbeitnehmers Anmerkung: Kann indirekt herangezogen werden als Anspruchsgrundlage für die Durchführung von Personalbeurteilungen.
§ 94 BetrVG	*Personalfragebögen* bedürfen der Zustimmung des Betriebsrats. ... Abs. 1 gilt entsprechend für die Aufstellung allgemeiner Beurteilungsgrundsätze.
§ 83 Abs. 1 BetrVG	Der Arbeitnehmer hat das Recht, in die über ihn geführten *Personalakten* Einsicht zu nehmen. Anmerkung: Personalbeurteilungen sind regelmäßig Bestandteil der Personalakten, auch wenn sie an einem anderen Ort aufbewahrt werden.
§ 16 BBiG	Ausbildende haben den Auszubildenden bei Beendigung des Berufsausbildungsverhältnisses ein schriftliches *Zeugnis* auszustellen.
§ 630 BGB	Bei der Beendigung eines dauernden Dienstverhältnisses kann der Verpflichtete von dem anderen Teil ein schriftliches *Zeugnis* ... fordern.
Tarifverträge	Grundsätzlich ist der Arbeitgeber nicht verpflichtet, Beurteilungsverfahren betrieblich einzusetzen. Zu beachten ist jedoch, dass zahlreiche Tarifverträge eine so genannte *Leistungsbeurteilung* vorschreiben (direkte Kopplung von Beurteilung und Entgeltanpassung).

3.5 Personalbedarfs-, Personalkosten- und Personaleinsatzplanung

3.5.1 Ziele und Aufgaben der Personalplanung   → 3.2, 3.6-3.9, 3.12

01. Welche Ziele verfolgt die Personalplanung?

Dem Unternehmen ist vorausschauend das Personal

* in der erforderlichen *Anzahl* (→ quantitative Personalplanung),
* mit den erforderlichen *Qualifikationen* (→ qualitative Personalplanung, → PE),
* zum richtigen *Zeitpunkt*,
* am richtigen *Ort*,
* mit den optimalen *Kosten*

zur Verfügung zu stellen.

02. Welche Aufgaben hat die Personalplanung?

* Planung des Personal*bedarfs* (quantitativ und qualitativ)
* Planung der Personal*beschaffung* (intern und extern)
* Planung des Personal*einsatzes*
* Planung der Personal*entwicklung* und Förderung
* Planung des Personal*abbaus*
* Planung der Personal*kosten*.

3.5.2 Personalplanung im gesamtbetrieblichen Planungsgeschehen

01. Welche Bedeutung/Funktion hat die Personalplanung?

Planung – auch im Personalsektor – hilft, notwendige Maßnahmen frühzeitig vorzubereiten und damit i. d. R. deren Qualität zu verbessern und Konfliktpotenziale zu mildern.

Im Einzelnen:

Bedeutung und Funktion der Personalplanung		
Aus der Sicht der Arbeitgeber	**Aus der Sicht der Arbeitnehmer**	**Aus der Sicht der Gesellschaft (Umfeld)**
bessere Verfügbarkeit des Personals	verbesserte Planungssicherheit	geringe Belastung des externen Arbeitsmarktes durch Adhoc-Maßnahmen
verbesserte Steuerung der Personalkosten	Transparenz des internen Arbeitsmarktes	frühzeitige Zusammenarbeit mit externen Stellen (z. B. Agenturen für Arbeit)
Nutzung der Mitarbeiterpotenziale	verbesserte Transparenz der Entgeltstrukturen	Versachlichung von Anpassungsmaßnahmen
Optimierung des Personaleinsatzes	bessere Planbarkeit der individuellen, beruflichen Ziele	Berücksichtigung von gesetzlichen Vorgaben (z. B. Anzeigepflichten)
geringere Abhängigkeit vom externen Arbeitsmarkt	Minderung der Risiken bei Anpassungsmaßnahmen	Verknüpfung betrieblicher und gesellschaftlicher Zielvorstellungen (→ SGB)
Senkung der Personalbeschaffungskosten	verbesserte Chancen am internen und externen Arbeitsmarkt	
Wettbewerbsfähigkeit und Motivation der Mitarbeiter	Einbindung schutzbedürftiger Personengruppen	
Transparenz: • Kosten • Bestände • Strukturen • Entwicklung		

02. Wie ist die Personalplanung in die Unternehmensplanung integriert?

Personalplanung ist heute (noch) vorwiegend eingebunden in die Unternehmensgesamtplanung in Form einer *derivativen (abgeleiteten) Planung*:

Als *Folgeplanung* der anderen Teilplanungen (Produktionsplanung, Vertriebsplanung usw.) setzt sie die dort fixierten Eckdaten in konkrete Personalplanungsgrößen um.

Beispiel: Die X-GmbH erwartet im kommenden Jahr einen Absatzrückgang. Es wird angenommen, dass diese Absatzschwäche längerfristig bestehen wird. Im Personalsektor wird dies voraussichtlich zu einer Reduzierung der Gesamtbelegschaft von 250 Arbeitern und 80 Angestellten führen. Der Personalabbau soll sozialverträglich und weitgehend durch Einstellungsstopp, Umstrukturierung, natürliche Fluktuation und ggf. durch Aufhebungsverträge realisiert werden. Die Personalplanung der X-GmbH hat die Aufgabe, die zu erwartende Absatzsituation in feste Ziele und Maßnahmen umzusetzen.

Unternehmensgesamtplanung

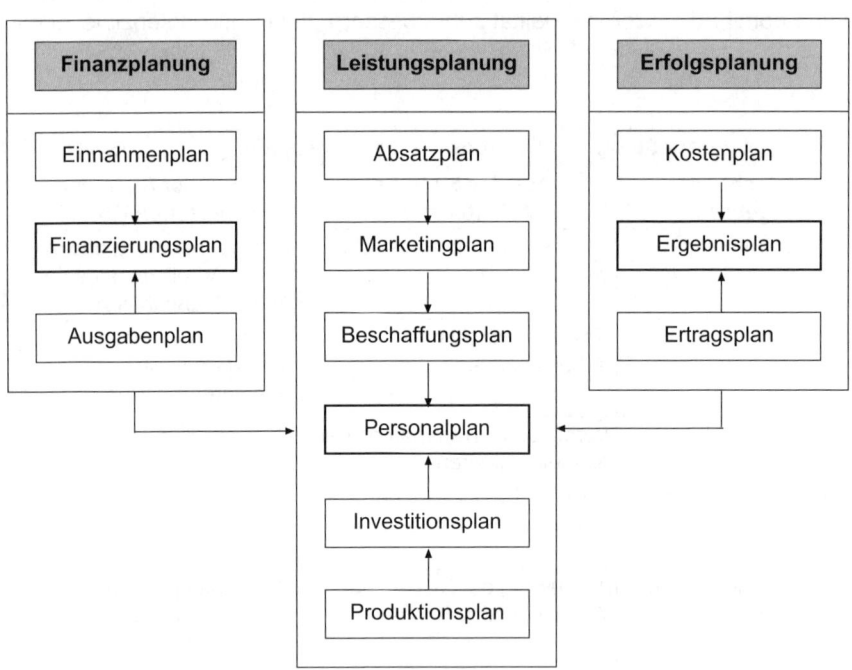

03. Welche Faktoren bestimmen das Ergebnis der Personalplanung?

Man bezeichnet diese Faktoren auch als Determinanten (Bestimmungsgrößen) der Personalplanung.

Determinanten der Personalplanung	
Externe	**Interne**
• Marktentwicklung • Technologiewandel • Arbeitsmarkt • Arbeitszeiten • Bevölkerungsentwicklung • Rechtliche Rahmenbedingungen, z. B. Arbeitsrecht	• Unternehmensziele • Investitionen • Fluktuation • Arbeitsstrukturen • Altersstruktur • Personalbestand • Qualifikationsniveau

04. Welche Hilfsmittel/Instrumente der Personalarbeit lassen sich im Rahmen der Personalplanung nutzen?

Instrumente (Hilfsmittel) der Personalplanung				
Stellen-pläne	Anforderungs-profile	Eignungs-profile	Leistungs-beurteilungen	Potenzial-beurteilungen
Stellenbesetzungspläne	Personal-statistiken	Personal-akten	Stellen-beschreibungen	Personalinformationssysteme

05. Welche Arten der Personalplanung lassen sich unterscheiden?

Aus der Aufgabenstellung der Personalplanung ergeben sich eine Reihe von Teilaufgaben (= Teilpläne), die auch häufig mit der Bezeichnung „Arten der Personalplanung" überschrieben werden. Diese Teilpläne lassen sich nach unterschiedlichen Gesichtspunkten systematisieren:

Arten der Personalplanung (Teilpläne)	
Personalbedarfsplanung	Quantitative Planung (Anzahl der Stellen/Mitarbeiter): • Bruttopersonalbedarf • Nettopersonalbedarf • Verfahren
	Qualitative Planung (Anforderungs-/Eignungsprofile)
Personalanpassungsplanung	Personalbeschaffungsplanung: • Beschaffungswege (intern/extern) • Methoden der Personalauswahl
	Personaleinsatzplanung
	Personaleinarbeitungsplanung
	Personalentwicklungsplanung: • Entwicklungspläne (Standardpläne/individuelle Pläne) • Nachfolgepläne (kurzfristig/langfristig)
	Personalabbauplanung • indirekter Personalabbau • direkter Personalabbau

Personalkostenplanung	Budgetierung
	Personalcontrolling

Die einzelnen Teilaufgaben der Personalplanung lassen sich nicht exakt trennen. Es gibt Überschneidungen und Abhängigkeiten. Nicht in jedem Unternehmen sind alle Teilaspekte vertreten.

- *Bei der Individualplanung* steht der einzelne, namentlich genannte Mitarbeiter im Mittelpunkt. Für eine wirksame Gestaltung muss sich die Individualplanung nicht nur an den Unternehmenszielen orientieren, sondern maßgeblich auch die Wünsche, Erwartungen und Ziele der Mitarbeiter berücksichtigen.

- *Bei der kollektiven Personalplanung (Kollektivplanung)* geht es um die Planungsfragen der Gesamtbelegschaft oder einer bestimmten Teilgesamtheit (z. B. Bedarfsplanung der Angestellten).

- *Die quantitative Personalplanung* ermittelt das zahlenmäßige Mengengerüst der Planung (Anzahl der Mitarbeiter je Bereich, Vollzeit-/Teilzeit-„Köpfe" usw.).

- *Bei der qualitativen Personalplanung* geht es um die Qualifikationserfordernisse des festgestellten Mitarbeiterbedarfs. Insofern gibt es hier erhebliche Überschneidungen zur Personalentwicklung.

- *Laufbahnplanung:* Laufbahnpläne (synonym: Karrierepläne) enthalten Positionsstrukturen – unternehmens- oder bereichsbezogen – und beantworten die Frage: „Welche Positionen kann ein Mitarbeiter „normalerweise" schrittweise im Unternehmen erreichen, wenn er bestimmte Qualifikationsmerkmale (Fachwissen, Führungswissen, Praxiskenntnisse usw.) erfüllt. Man kann diesen Begriff auch grob mit „vorstrukturierte Karriereleiter im Unternehmen" umreißen. Man kann derartige Laufbahnpläne

  - rein positionsbezogen gestalten (*standardisierte Laufbahnpläne*; in dieser Form sind sie streng genommen ein Teilgebiet der Kollektivplanung) oder

  - auf einzelne Mitarbeiter „zuschneiden" (*individueller*, nicht standardisierter *Entwicklungsplan*).

- *Nachfolgepläne* sind gedanklich vorweggenommene Überlegungen zur zukünftigen Besetzung von Positionen – bezogen auf feste Termine. Die Fragestellungen lauten:

  - „Welcher Kandidat kommt für die Nachfolge der Position X, in welcher Zeit, ggf. bei welcher Zusatzqualifizierung infrage?"

  - „Welche Kandidaten kommen alternativ oder gleichrangig für eine bestimmte Position infrage?"

- *Stellenbesetzungsplanung:* Eine Variante des Nachfolgeplans ist der Stellenbesetzungsplan. Er enthält alle Stellen des Unternehmens, ggf. gegliedert nach Mitarbeitern, Leitungsfunktionen, Ebenen, Projektstellen i. V. m. Überlegungen zur Nachfolge oder zeitlicher Vertretung. Im Idealfall kann der Organisationsplan eines Unternehmens – bei laufender Aktualisierung – für die Stellenbesetzungsplanung benutzt werden.

- *Einarbeitungsplanung:* Nur aufgrund einer detaillierten Einarbeitungsplanung können neue Mitarbeiter den Anforderungen des Arbeitsplatzes gerecht werden.

- *Personaleinsatzplanung:* Aufgabe der Personaleinsatzplanung ist die Zuordnung von Stellen und Arbeitskräften unter Berücksichtigung ökonomischer Ziele und Bedingungen sowie mitarbeiterbezogener Ziele und Erwartungen.

- *Personalbeschaffungsplanung:* Die Personalbeschaffung ist ebenso zu planen wie die anderen Teilbereiche der Personalarbeit. Rechtzeitig und vorausschauend sind die Voraussetzungen für eine effektive Personalbeschaffung bereitzustellen. Die Planung der Personalbeschaffung gibt Antwort auf die Fragen:
  - Wann entsteht der Bedarf?
  - In welcher Höhe?
  - Mit welcher Qualifikation?
  - Wann müssen welche Beschaffungsmaßnahmen eingeleitet werden?
  - Wie kann das interne und externe Beschaffungspotenzial effektiv genutzt werden?

- *Personalentwicklungsplanung:* Der Personalentwicklungsplan (teilweise synonym: Fortbildungsplanung) ist die Feststellung des Bildungsbedarfes und die Prognose der Bildungserfordernisse.

- *Die Personalkostenplanung* ist neben der Personalbedarfsplanung der wichtigste Eckpfeiler der Planungen im Personalbereich. Basis für eine sachgerechte Planung der Personalkosten ist die systematische Erfassung aller Personalkosten. Die Analyse der Personalkosten muss folgende Fragen beantworten:
  - Entstehung der Kosten (Welche? Wo? Wann? In welchem Ausmaß?)
    · Wie werden sich diese Kosten entwickeln?
    · Wie sind sie zu beeinflussen?
    · Durch welche Controllinginstrumente können die Kosten innerhalb der geplanten Grenzen gehalten werden?
    · Über welche systematischen Schritte erfolgt die Planung der Personalkosten – von der Detailplanung pro Unternehmenseinheit bis hin zur Einbindung in die Unternehmensplanung?

- *Die Personalbedarfsplanung* ist das „Herzstück" der Personalplanung. Sie stellt die Verbindung zwischen der Umsatz-, Ergebnis- und Produktionsplanung einerseits und der Anpassungs- und Kostenplanung andererseits her. Der geplante Personalbedarf hat Zielcharakter für die anderen Felder der Personalplanung.

- *Die Personalanpassungsplanung* ist der Oberbegriff für Maßnahmen, die aufgrund der Ergebnisse der Personalbedarfsplanung eingeleitet werden müssen:
  - bei Personalunterdeckung: Beschaffung
  - bei Personalüberdeckung: Abbau (mit oder ohne Reduzierung der Belegschaft)
  - bei Qualifikationsdefiziten: Entwicklung, Förderung.

Daneben kann man im weiteren Sinne die Einarbeitungs- und Einsatzplanung zu den Anpassungsmaßnahmen zählen.

- *Personalabbauplanung:* Ergibt sich aus der Personalbedarfsplanung die Feststellung, dass für die kommende Periode ein Personalüberhang zu erwarten ist, so ist im Wege der Personalabbauplanung der Personalbestand den zukünftigen Erfordernissen anzupassen.

06. Welche Arten des Personalbedarfs sind zu unterscheiden?

Arten des Personalbedarfs	
Ersatzbedarf	Bedarf aufgrund ausscheidender Mitarbeiter
Neubedarf	Bedarf aufgrund neu geplanter/genehmigter Stellen (→ Kapazitätserweiterung)
Mehrbedarf	Bedarf aufgrund gesetzlicher Veränderungen bei gleicher Kapazität (→ Verkürzung der Arbeitszeit; Fachkraft für Ökologie)
Reservebedarf	Bedarf aufgrund von Ausfällen und Abwesenheiten (Urlaub, Erkrankung usw.)
Nachholbedarf	Bedarf aufgrund noch offener Planstellen der zurückliegenden Planungsperiode

07. Welchen Inhalt und welche Funktion hat eine Stellenbeschreibung?

Die Stellenbeschreibung (auch: Aufgaben-, Funktions-, Arbeitsplatzbeschreibung) enthält die Hauptaufgaben der Stelle, die Eingliederung in das Unternehmen und i. d. R. die Befugnisse der Stelle. Meist wird das Anforderungsprofil mit dargestellt. In der Praxis hat sich keine eindeutige Festlegung der inhaltlichen Punkte einer Stellenbeschreibung herausgebildet:

Wichtig ist, dass die Stellenbeschreibung *sachbezogen, also vom Stelleninhaber unabhängig ist,* und darauf geachtet wird, dass sie wirklich nur die „wichtigsten Zuständigkeiten" nennt (Problem: Pflegeaufwand, Aktualisierung).

Stellenbeschreibungen werden als Instrument der Organisation sowie als personalpolitisches Instrument für vielfältige Zwecke eingesetzt, z. B.:

• Kompetenzabgrenzung
• Personalauswahl
• Personalentwicklung
• Organisationsentwicklung
• Stellenbewertung
• Lohnpolitik/Gehaltsfindung
• Mitarbeiterbeurteilung
• Feststellung des Leitenden-Status
• interne und externe Stellenausschreibung.

Stellenbeschreibung	
I.	**Beschreibung der Aufgaben**
	1. Stellenbezeichnung 2. Unterstellung An wen berichtet der Stelleninhaber? 3. Überstellung Welche Personalverantwortung hat der Stelleninhaber? 4. Stellvertretung • Wer vertritt den Stelleninhaber? (passive Stellvertretung) • Wen muss der Stelleninhaber vertreten? (aktive Stellvertretung) 5. Ziel der Stelle 6. Hauptaufgaben und Kompetenzen 7. Einzelaufträge 8. Besondere Befugnisse.
II.	**Anforderungsprofil**
	Fachliche Anforderungen: • Ausbildung • Berufspraxis • Weiterbildung • Besondere Kenntnisse. ... **Persönliche Anforderungen:** • Kommunikationsfähigkeit • Führungsfähigkeit • Analysefähigkeit. ...

08. Wie wird der Nettopersonalbedarf ermittelt?

Die Ermittlung des Nettopersonalbedarfs vollzieht sich generell in drei Arbeitsschritten:

1. Schritt: Ermittlung des Bruttopersonalbedarfs *(Aspekt „Stellen"):*
Der gegenwärtige Stellenbestand wird aufgrund der zu erwartenden Stellenzu- und -abgänge „hochgerechnet" auf den Beginn der Planungsperiode. Anschließend wird der Stellenbedarf der Planungsperiode ermittelt.

2. Schritt: Ermittlung des fortgeschriebenen Personalbestandes *(Aspekt „Mitarbeiter"):*
Analog zu Schritt 1 wird der Mitarbeiterbestand „hochgerechnet" aufgrund der zu erwartenden Personalzu- und -abgänge.

3. Schritt: Ermittlung des Nettopersonalbedarfs *(= „Saldo"):*
Vom Bruttopersonalbedarf wird der fortgeschriebene Personalbestand subtrahiert. Man erhält so den Nettopersonalbedarf (= Personalbedarf i.e.S.).

Man verwendet folgendes Berechnungsschema, das hier durch ein einfaches Zahlenbeispiel ergänzt wurde:

Berechnungsschema zur Ermittlung des Nettopersonalbedarfs			
Lfd. Nr.		*Berechnungsgröße*	*Zahlenbeispiel*
1		Stellenbestand	28
2	+	Stellenzugänge (geplant)	2
3	-	Stellenabgänge (geplant)	-5
4	=	**Bruttopersonalbedarf**	25
5		Personalbestand	27
6	+	Personalzugänge (sicher)	4
7	-	Personalabgänge (sicher)	-2
8	-	Personalabgänge (geschätzt)	-1
9	=	**Fortgeschriebener Personalbestand**	28
10		**Nettopersonalbedarf (Zeile 4 - 9)**	-3

Im dargestellten Beispiel ist also ein Personalabbau von drei Mitarbeitern (auf Vollzeitbasis) erforderlich.

09. Welche Verfahren werden zur Ermittlung des Bruttopersonalbedarfs eingesetzt?

Globale Bedarfsprognose	• Schätzverfahren • Kennzahlenmethode: globale Kennzahlen
Differenzierte Bedarfsprognose	• Stellenplanmethode • Verfahren der Personalbemessung • Kennzahlenmethode: differenzierte Kennzahlen

• *Schätzverfahren* sind relativ ungenau, trotzdem – gerade in Klein- und Mittelbetrieben – sehr verbreitet. Die Ermittlung des Personalbedarfs erfolgt aufgrund subjektiver Einschätzung einzelner Personen. In der Praxis werden meist Experten und/oder die kostenstellenverantwortlichen Führungskräfte gefragt, wie viele Mitarbeiter mit welchen Qualifikationen für eine bestimmte Planungsperiode gebraucht werden. Die Antworten werden zusammengefasst, einer Plausibilitätsprüfung unterworfen und dann in das Datengerüst der Unternehmensplanung eingestellt.

• *Die Kennzahlenmethode* kann sowohl als globales Verfahren aufgrund globaler Kennzahlen sowie als differenziertes Verfahren aufgrund differenzierter Kennzahlen durchgeführt werden. Bei der Kennzahlenmethode versucht man, Datenrelationen, die sich in der Vergangenheit als relativ stabil erwiesen haben, zur Prognose zu nutzen; infrage kommen z. B. Kennzahlen wie

- Umsatz : Anzahl der Mitarbeiter,
- Absatz : Anzahl der Mitarbeiter,
- Umsatz : Personalgesamtkosten,
- Arbeitseinheiten : geleistete Arbeitsstunden.

- *Verfahren der Personalbemessung*: Hier wird auf Erfahrungswerte oder arbeitswissenschaftliche Ergebnisse zurückgegriffen (REFA, MTM, Work-Factor). Zu ermitteln ist die Arbeitsmenge, die dann mit dem Zeitbedarf pro Mengeneinheit multipliziert wird („Zähler"). Im Nenner der Relation wird die übliche Arbeitszeit pro Mitarbeiter eingesetzt:

Personalbedarf	Arbeitsmenge · Zeitbedarf/Einheit : Arbeitszeit pro Mitarbeiter

Nach REFA führt dies zu folgender Berechnung:

Personalbedarf	(Rüstzeit + Einheiten · Ausführungszeit/E) : Arbeitszeit pro Mitarbeiter

- *Stellenplanmethode:*
  Bei diesem Verfahren werden Stellenbesetzungspläne herangezogen, die sämtliche Stellen einer bestimmten Abteilung enthalten bis hin zur untersten Ebene – inkl. personenbezogener Daten über die derzeitigen Stelleninhaber (z. B. Eintrittsdatum, Vollmachten, Alter). Der Kostenstellenverantwortliche überprüft den Stellenbesetzungsplan i. V. m. den Vorgaben der Geschäftsleitung zur Unternehmensplanung für die kommende Periode (Absatz, Umsatz, Produktion, Investitionen) und ermittelt durch Schätzung die erforderlichen personellen und ggf. organisatorischen Änderungen. Der weitere Verfahrensablauf vollzieht sich wie im oben dargestellten Schätzverfahren.

10. Welche Verfahren setzt man zur Ermittlung des Personalbestandes ein?

- Abgangs-/Zugangstabelle
- Verfahren der Beschäftigungszeiträume
- Statistiken und Analysen zur Bestandsentwicklung:
  - Statistik der Personalbestände
  - Altersstatistik
  - Fluktuationsstatistik.

11. Wie wird die Abgangs-/Zugangsrechnung durchgeführt?

Bei der Methode der Abgangs-/Zugangsrechnung werden die Arten der Ab- und Zugänge möglichst stark differenziert. Die Aufstellung kann sich auf Mitarbeitergruppen oder Organisationseinheiten beziehen. Dabei sind die einzelnen Positionen mit einer unterschiedlichen Eintrittswahrscheinlichkeit behaftet. Man kann daher die einzelnen Werte der Tabelle noch differenzieren in

- feststehende Ereignisse und
- wahrscheinliche Ereignisse.

Beispiel einer Abgangs-/Zugangsrechnung zur Ermittlung des Personalbestandes:

	Veränderungen	Berichtsperiode	Planungsperiode
	Bestand zu Beginn der Periode:	**40**	**38**
-	**Abgänge:**		
	Pensionierungen	-1	-2
	Bundesfreiwilligendienst	-2	-1
	Fortbildung	-1	0
	Kündigung, Arbeitgeber	0	-1
	Kündigung, Arbeitnehmer	-1	0
	Tod	-1	0
	Mutterschutz	0	-2
	Sonstige	0	0
=	**Summe Abgänge**	**-6**	**-6**
+	**Zugänge:**		
	Bundesfreiwilligendienst	1	2
	Versetzungen	1	1
	Fortbildung	0	0
	Mutterschutz	0	1
	Übernahmen (Ausbildung)	2	3
	Sonstige	0	1
=	**Summe Zugänge**	**4**	**8**
	Bestand zum Ende der Periode	**38**	**40**

3.5.3 Personalkostenplanung als Analyse- und Steuerungsinstrument

01. Welche Aufgaben hat die Personalkostenplanung? → 3.9

Die Personalkostenplanung ist neben der Personalbedarfsplanung *der wichtigste Eckpfeiler der Planungen im Personalbereich.* Die Personalkostenplanung erfolgt auf der Basis der Personalbedarfsplanung. Möglichst ohne Verzögerung ist die Personalkostenplanung im Wechselspiel mit der Personalanpassungsplanung laufend zu aktualisieren. Voraussetzung für eine sachgerechte Planung der Personalkosten ist die *systematische Erfassung aller Personalkosten.*

Die Personalkostenplanung hat folgende Aufgaben:

1. Auf der *operativen Ebene* (kurzfristig) stehen Fragen der Personalentlohnung im Vordergrund: Die Äquivalenz von Lohn und Leistung muss sichergestellt werden (Anreizprinzipien, Wirtschaftlichkeitsprinzipien; vgl. Kap. 3.9, Entgeltsysteme).

2. Auf der *taktischen Ebene* sind die Vorgaben der Finanzplanung einzuhalten; Planung und Controlling der Personalkosten erfolgt meist über ein Personalkostenbudget (abteilungs- und bereichsbezogen; vgl. Kap. 9.8, Beispiel zur Budgetierung).

3. Auf der strategischen Ebene stehen Fragen der Kostenstrukturierung im Vordergrund: Lohnpolitik, Einflussfaktoren, Reaktion auf Bedingungen am Arbeitsmarkt (Tarifpolitik), Struktur der variablen und fixen Lohnbestandteile.

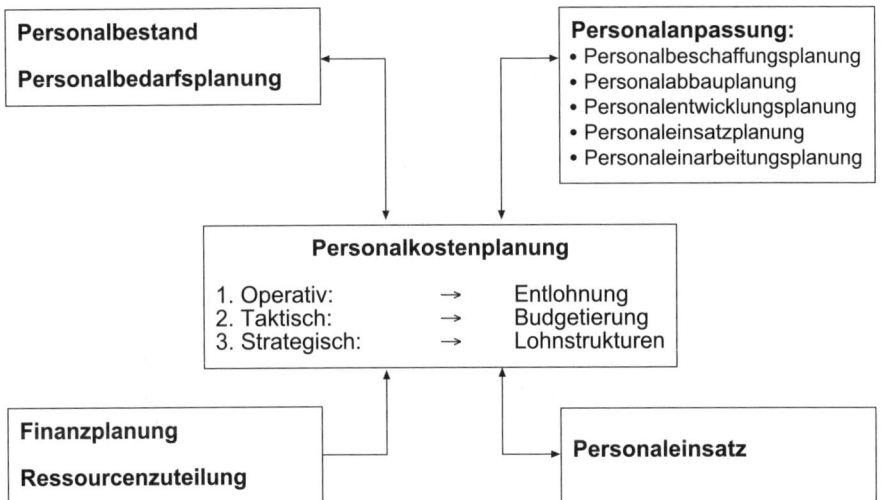

02. Nach welchen Aspekten müssen die Personalkosten analysiert werden?

Die *Analyse der Personalkosten* muss folgende Fragen beantworten:

- Entstehung der Kosten (Welche? Wo? Wann? In welchem Ausmaß?)
- Wie werden sich diese Kosten entwickeln?
- Wie sind sie zu beeinflussen?
- Durch welche Controllinginstrumente können die Kosten innerhalb der geplanten Grenzen gehalten werden? → vgl. Kap. 3.8
- Über welche systematischen Schritte erfolgt die Planung der Personalkosten – von der Detailplanung pro Unternehmenseinheit bis hin zur Einbindung in die Unternehmensplanung?

03. Wie erfolgt die kurzfristige Planung der Personalkosten (im Rahmen der Plankostenrechnung)?

Personalkosten sind alle Kosten, die durch den Einsatz von Arbeitnehmern entstehen. Der kalkulatorische Unternehmerlohn gehört nicht dazu. Personalkosten lassen sich folgendermaßen auft2eilen:

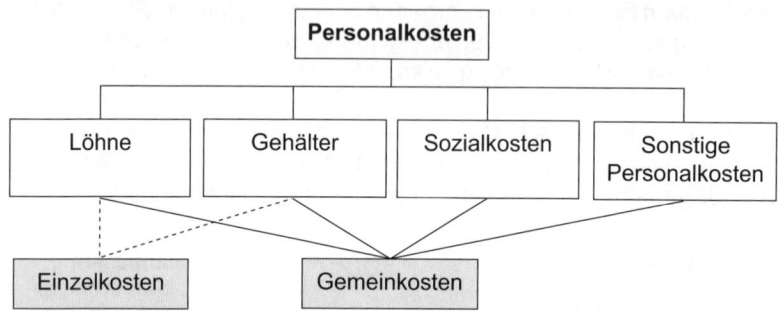

1. Ermittlung der *Arbeitszeit:*
   Zentraler Bestandteil ist die Planung der Arbeitszeit für die zukünftige Periode. Im Ein-Schicht-Modell wird z. B. die *Standard-Arbeitszeit* ermittelt, indem die jährlichen Arbeitstage (mithilfe eines Planungskalenders für die Planperiode) durch 12 dividiert werden:

   z. B.:   240 Arbeitstage : 12 = 20 Arbeitstage/Standardmonat

2. *Gehälter* sind Einzel- oder Gemeinkosten; es sind die Plangehälter für die Planungsperiode zu bestimmen; dabei sind zu erwartende Gehaltsanpassungen (tariflich/betrieblich) sowie die voraussichtlichen Sätze der Sozialversicherung (SV-Beiträge) zu planen:

   z. B.:   Istgehalt$_n$ + betriebliche Anpassung + tarifliche Anpassung
   = Plangehalt$_{n+1}$

   3.000 + 3 % aufgrund Umgruppierung + 2 % Tariferhöhung
   = Plangehalt$_{n+1}$

   3.000 + 90 + 61,80
   = 3.151,80

Bei Gehältern als Einzelkosten werden die gesetzlichen SV-Beiträge (Arbeitgeberanteile) direkt addiert – unter Beachtung der in der Planungsperiode geltenden, gesetzlichen Beträge.

z. B.:   Istjahr   Planungsjahr

KV	14,00 %	Anstieg auf	15,50 %
RV	19,50 %	Anstieg auf	19,90 %
AV	6,50 %	Senkung auf	2,80 %
PV	1,70 %	Anstieg auf	1,95 %
Summe	41,70 %		40,15 %

Daraus ergibt sich ein Arbeitgeberanteil für das Planjahr von rd. 20,075 %.

Plangehalt · Faktor (direkte Personalzusatzkosten) = Bruttogehaltskosten

3.500 · 1,20075   = 4.202,63

Gehälter als Einzelkosten werden i. d. R. von der verantwortlichen Stelle geplant; Gehälter als Gemeinkosten werden zentral vom Personalwesen geplant.

3. *Fertigungslöhne* sind Einzelkosten und werden direkt zugerechnet:

Zeitlohn = Plan-Lohnsatz je Zeiteinheit · Anzahl der Plan-Zeiteinheiten
z. B.:
$$= 18 \cdot 7,5 \cdot 22,20 \text{ Arbeitstage} \cdot 13,5 \text{ Mon.} \cdot 1,20075$$

$$= 48.581,74 \text{ (Jahres-Bruttoarbeitslohnkosten)}$$

Leistungslöhne werden von der verantwortlichen Kostenstelle geplant unter Berücksichtigung der Planungsvorgaben (Absatzplan, Fertigungsplan, Personalbedarfsplan, Lohnart: Akkord-/Prämienlohn, Zuschläge usw.).

4. Die übrigen *Sozialkosten* (Weiterbildung, Mutterschaft, Freistellungen, Feiertage, freiwillige Sozialleistungen usw.) werden aufgrund von Erfahrungssätzen als Gemeinkosten geplant und betragen in Deutschland ca. 50 % (bezogen auf die Grundkosten) je nach Betriebsgröße und der Sozialpolitik des Unternehmens, d. h. insgesamt beträgt der Zuschlag der Personalzusatzkosten in der BRD rd. 70 %.

04. Wie lässt sich eine Kontrolle der Personalkostenentwicklung mithilfe einer Abweichungsanalyse durchführen?

Auf der taktischen Ebene (vgl. Frage 01.) wird die Kontrolle der Personalkosten in der Praxis meist über ein *Personalkostenbudget* durchgeführt: Die laufenden Ist-Daten einer Periode (z. B. Monat) werden – nach Kostenarten gegliedert – den Soll-Werten gegenübergestellt. Der Kostenstellenverantwortliche erhält den entsprechenden Report i. d. R. monatlich. Bei größeren Abweichungen (Soll-Ist; absolut und in Prozent) sind entsprechende Maßnahmen der Gegensteuerung zu ergreifen. In zahlreichen Unternehmen haben z. B. die Kostenstellenverantwortlichen die Auflage, Abweichungen von mehr als 5 % zu kommentieren.

Beispiel: Die nachfolgende Matrix enthält (ansatzweise) einen Ausschnitt aus einem Personalkostenbudget des laufenden Monats.

Personalkostenbudget				Monat: ...
Kostenarten:	Soll	Ist	Soll - Ist	(Soll - Ist) : Soll · 100
		in €		in %
Gehälter, AT	7.000	7.000	0	0
Gehälter, Tarif	25.000	26.000	1.000	4,0
Löhne	10.000	12.000	2.000	20,0
Tarifliche Zulagen	2.600	2.600	0	0
Mehrarbeitsvergütung	1.600	2.800	1.200	75,0
Gesetzl. Sozialabgaben	16.800	20.300	3.500	20,8
Betr. Altersversorgung	1.800	1.800	0	0
Sonst. gesetzl. Sozialaufwand	...	...	...	...
Werksärztlicher Dienst	...	...	...	...
Arbeitssicherheit	...	...	...	...
Betriebsratsarbeit	...	...	...	...
Personalbeschaffung	...	...	...	...
Ausbildung	...	...	...	...
Fortbildung	...	...	...	...
Sozialeinrichtungen	...	...	...	...
Sonstige Personalkosten	...	...	...	...
Summen	**98.600**	**106.500**	**7.900**	**8,0**

Abweichungsanalyse (Beispiel):

• Lt. Vorgabe der Geschäftsleitung ist die Abweichung „Gehälter, Tarif" nicht zu kommentieren, da < 5 %.

• Die Abweichung bei der Position „Löhne" ist mit 20 % erheblich. Hier besteht Handlungsbedarf: Der Kostenstellenverantwortliche muss sich vom Rechnungswesen die detaillierten Hintergrundinformationen geben lassen. Sie liefern Aufschluss über die Ursachen der Abweichung (z.B. Mengenaspekt: Es wurden mehr Mitarbeiter eingesetzt, z.B. Aushilfen; Wertaspekt: Es wurden höhere Löhne gezahlt als lt. Planung vorgesehen). Mögliche Ursachen und Konsequenzen (Beispielhaft):

  - Aushilfen wurden eingestellt wegen eines überproportionalen Krankenstandes; zu prüfen ist, ob Maßnahmen zur Senkung des Krankenstandes möglich sind.

  - Es wurden Aushilfen eingestellt, da ein Sonderauftrag mit der bestehenden Personalressource nicht zu bewältigen war. Fazit: Einmaliger Sachverhalt; der Mehrvergütung steht eine Mehrleistung gegenüber (Stichwort: Prinzip der Äquivalenz von Lohn und Leistung).

• Der Anstieg der Mehrarbeitsvergütung um 75 % deutet auf ein Überschreiten der geplanten Überstunden hin. Zu untersuchen ist, ob die Mehrarbeit angeordnet war und warum sie erforderlich wurde. Zu prüfen ist weiterhin, ob die Mehrarbeit mit Zuschlägen belastet ist oder ein Zeitausgleich mit der Regelarbeitszeit im Folgemonat durchgeführt wird (Entlastung des Budgets).

05. Welche Maßnahmen sind geeignetet, um die Personalkosten zu beeinflussen?
→ 9.8.3

Abgesehen von direkten Maßnahmen des Personalabbaus (Entlassung, Aufhebungsverträge u. Ä.) sollte der Vorgesetzte z. B. beachten:

• keine Anordnung vermeidbarer Überstunden (Mengengerüst)
• keine „indirekte Schaffung nicht genehmigter Planstellen" (z. B. Aushilfen)
• keine Lohn- und Gehaltsanpassungen, die nicht geplant sind (Wertgerüst)
• Vermeidung von Unfällen und Fehlzeiten durch sicherheitsbewusstes Arbeiten
• beachten und ggf. reduzieren des Krankenstandes (z. B. Rückkehrgespräche, Betreuung)
• Vermeidung von Fehlern und Nacharbeiten
• Einsatz flexibler Arbeitszeitmodelle vorschlagen/einführen
• Effektive Nutzung der Regelarbeitszeit.

3.5.4 Ziele und Aufgaben der Personaleinsatzplanung

01. Was ist das Ziel der Personaleinsatzplanung?

Durch die Personaleinsatzplanung ist die Personalressource (quantitativ und qualitativ)
dem Arbeitsanfall (Arbeitsvolumen) anzupassen – kurz-, mittel- und langfristig:

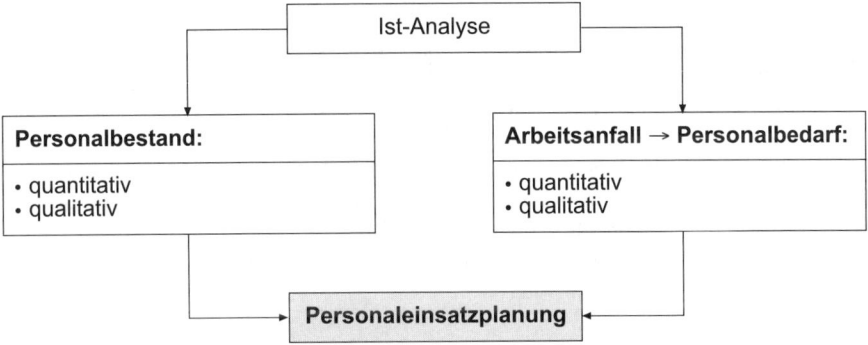

Mit diesem Hauptziel werden folgende Unterziele verknüpft:

• Arbeits- und Gesundheitsschutz
• Ergonomie der Arbeit
• Senkung der Fluktuation
• Senkung der Fehlzeiten
• Verbesserung der Motivation.

02. Welche Teilgebiete (Arten) der Personaleinsatzplanung werden unterschieden?

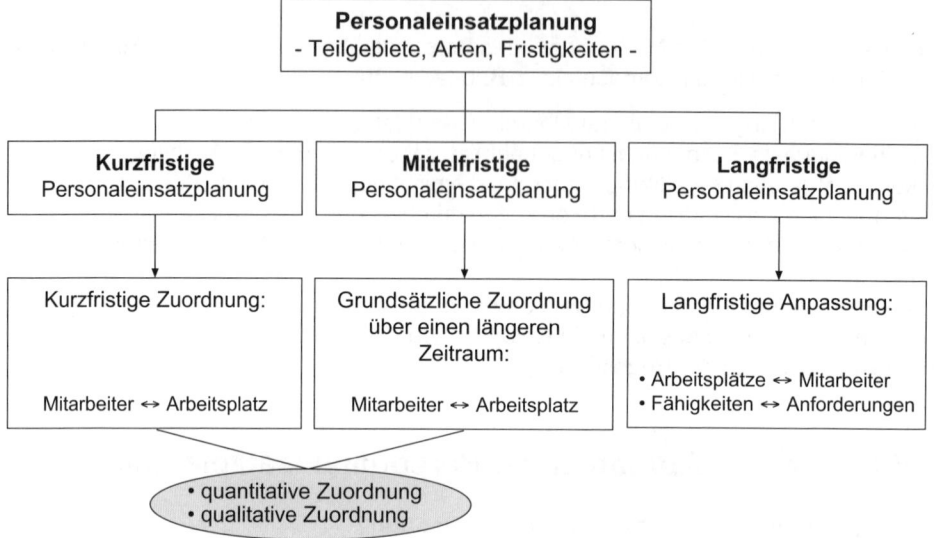

03. Welche Rahmenbedingungen (Kriterien) sind bei der Personaleinsatzplanung zu berücksichtigen?

Rahmenbedingungen (Kriterien) der kurzfristigen Personaleinsatzplanung	
Außerbetriebliche Eckdaten	Gesetze (insbesondere Schutzgesetze): ArbZG, TzBfG, JArbSchG, MuSchG, SGB III, AltTzG
Innerbetriebliche Eckdaten	Mitbestimmung (insbesondere § 87 BetrVG), Zeiterfassung, Arbeitszeiten, Arbeitszeitmodelle, Arbeitstrukturen, Arbeitsverträge, Auftragslage, Kundenerwartungen
Eckdaten des Mitarbeiters	Fähigkeiten, Gesundheit, Familie, Ziele/Werte, Neigung/Eignung, Biorhythmus, Alter

04. Welche Maßnahmen/Instrumente der Personaleinsatzplanung können betrieblich genutzt werden?

Die Maßnahmen/Instrumente der Personaleinsatzplanung überschneiden sich zum Teil mit denen der Personalplanung (generell) bzw. mit denen der Personalentwicklungsplanung. Zwischen quantitativer und qualitativer Zuordnung kann nicht immer exakt getrennt werden:

Beispiele:

- Mehrarbeit
- Kurzarbeit
- Versetzung
- Arbeitsplatzgestaltung
- Arbeitszeitmodelle

- Personalleasing
- Insourcing/Outsourcing
- befristete Arbeitsverträge
- Arbeitstrukturierung.

05. Wie können leistungsgeminderte und leistungsgewandelte Mitarbeiter eingesetzt werden? Welche Maßnahmen sind denkbar und geeignet?

Grundsätzlich sind bei derartigen Maßnahmen die kollektivrechtlichen sowie die individualrechtlichen Bestimmungen zu beachten; denkbar sind z. B. folgende Maßnahmen:

- Anpassung des Arbeitsplatzes, z. B. bei schwerbehinderten Menschen (SGB IX)
- Veränderung des Aufgabengebietes/Reduzierung der Anforderungen – mit/ohne Entgeltminderung; ständig oder zeitlich begrenzt; Versetzung – mit/ohne Entgeltminderung
- flankierende Bildungsmaßnahmen
- Unterstützung durch den ärztlichen und den psychologischen Dienst sowie durch andere Stellen (Berufsgenossenschaft, Suchthilfe e. V.)
- Teilzeit, Altersteilzeit (TzBfG, AltTzG)
- Kuren.

06. Welche Qualifikationsmaßnahmen sind zur Wiedereingliederung Erfolg versprechend – zum Beispiel nach Berufspausen und Auslandseinsätzen?

Beispiele:

- besonders sorgfältige Einarbeitung und Einführung in das neue Aufgabengebiet
- Vermittlung fehlender Kenntnisse; Auffrischung und Aktualisierung
- Start über: Teilzeittätigkeit, in einer Projektaufgabe, Praktika
- Zuweisung eines Mentors/Tutors
- Finanzierung und/oder Freistellung für Basislehrgänge (Produktkenntnisse, PC-Kenntnisse usw.)
- Einarbeitungshilfen; Eingliederungsbeihilfen (siehe SGB III)
- Förderprogramme (betrieblich, staatlich).

Speziell für Rückkehrer aus dem Ausland, z. B.:

- frühzeitige Planung des Einsatzes
- klare und verbindliche Zusagen
- Abgleich der betrieblichen Möglichkeiten mit den Erwartungen des Mitarbeiters
- Gehaltsrahmen und Entwicklungsmöglichkeiten
- speziell: Wie können die Auslandserfahrungen für beide Seiten nutzbringend verwertet werden?

07. Welche Bedeutung hat die Einarbeitungsplanung?

Die Einarbeitungsplanung ist Teil der Personaleinsatzplanung. Nur aufgrund einer detaillierten Einarbeitung können neue Mitarbeiter den Anforderungen des Arbeitsplatzes gerecht werden. Im Einzelnen heißt das:

- Kennen lernen des Unternehmens
- Einarbeitung in spezielle Aufgaben
- Kennen lernen der Mitarbeiter/ Kollegen
- Vertrautheit mit Regelungen und Usancen im Unternehmen durch
  - Informationsgespräche mit Mitarbeitern

- Teilnahme an Konferenzen und Besprechungen
- Teilnahme an Schulungen und Trainingsmaßnahmen
- Teilnahme an Praktika
- Besuche in eigenen Werken, Niederlassungen, bei Kunden.

Dadurch erhält der „Neue" die Gelegenheit, sich zügig und umfassend einzuarbeiten. Er erwirbt Sicherheit im Verhalten und die Einbindung in das soziale Gefüge („Vermittlung eines Fahrgefühls"). Eine sorgfältige Einarbeitungsplanung ist geeignet, Fluktuation und unnötige Kosten zu vermeiden.

08. Welche Vorteile bietet der Einsatz einer Qualifikationsmatrix im Rahmen der kurzfristigen Personaleinsatzplanung?

Das zur Verfügung stehende Personal ist häufig unterschiedlich qualifiziert, hat unterschiedliche Fähigkeiten, Fertigkeiten, Kenntnisse und berufliche Erfahrung. Für einen reibungslosen Arbeitsablauf sind diese Gegebenheiten zu berücksichtigen.

Bei Auftragsschwankungen oder Störungen kann es zeitweise erforderlich sein, *das Personal innerhalb eines Arbeitstages/einer Schicht an unterschiedlichen Arbeitsplätzen einzusetzen*. Das setzt eine entsprechende Qualifizierung geeigneter Mitarbeiter auf die möglichen Arbeitsaufgaben innerhalb des Bereiches voraus.

Eine schnelle Übersicht über den möglichen Einsatz der Mitarbeiter bietet eine *Qualifikationsmatrix* nach folgendem **Beispiel:**

Mitarbeiter	Arbeitsplatz 1	Arbeitsplatz 2	Arbeitsplatz 3	Arbeitsplatz 4
Frau Mischberger	x	x		
Herr Kerner	x	x		x
Herr Beckmoser			x	x

Das Beispiel zeigt außerdem, dass am Arbeitsplatz 3 sehr schnell ein personeller Engpass entstehen kann, da nur Herr Beckmoser in dieses Arbeitsgebiet eingewiesen ist. Eine derartige „Monopolisierung" von Kenntnissen/Fähigkeiten ist in jedem Fall zu vermeiden. Eine entsprechende Qualifizierung eines weiteren Mitarbeiters für Arbeitsplatz 3 sollte zügig eingeleitet werden (ansonsten wird „der Chef zum Springer" – häufig geübte Praxis).

09. Welchen Einfluss haben Arbeitszeitsysteme auf den Personaleinsatz?

Arbeitszeitsysteme (auch: Arbeitszeitmodelle) sind Gestaltungsformen der betrieblichen Arbeitszeit. Traditionelle Arbeitszeitsysteme lassen sich durch fünf Merkmale charakterisieren:

• die Arbeitszeitbedingungen sind uniform (starres Arbeitszeitmuster für alle Mitarbeiter)
• gleichzeitige Anwesenheit aller Mitarbeiter
• Pünktlichkeit
• Fremdbestimmung der Arbeitszeitstruktur
• Identität von Arbeitszeit und Betriebszeit.

Die traditionellen Arbeitszeitsysteme versagen zunehmend. Die Gründe sind insbesondere:

• teilweise Mangel an Fachkräften
• Wettbewerb z. B. auf den Absatz- und Arbeitsmärkten
• zunehmende Kapitalintensität der Leistungsprozesse mit der Notwendigkeit, Betriebsnutzungszeit und Arbeitszeit der Mitarbeiter zu entkoppeln
• Wertewandel der Mitarbeiter
• demografische Faktoren.

Ein modernes Arbeitszeitmanagement muss folgende Ziele in Einklang bringen:

• Humanisierung der Arbeitsgestaltung
• Produktivitätsverbesserungen
• Entschärfen von Beschäftigungsproblemen
• Berücksichtigung der betrieblichen Erfordernisse
• Berücksichtigung der Mitarbeitererwartungen
• Berücksichtigung der Umwelt: Kunden, Lieferanten, Märkte
• Entkopplung von Arbeits- und Betriebszeit.

10. Welche grundsätzlichen Variablen (Gestaltungsmöglichkeiten) hat ein Arbeitszeitsystem? Welche Formen der Arbeitszeitflexibilisierung sind denkbar?

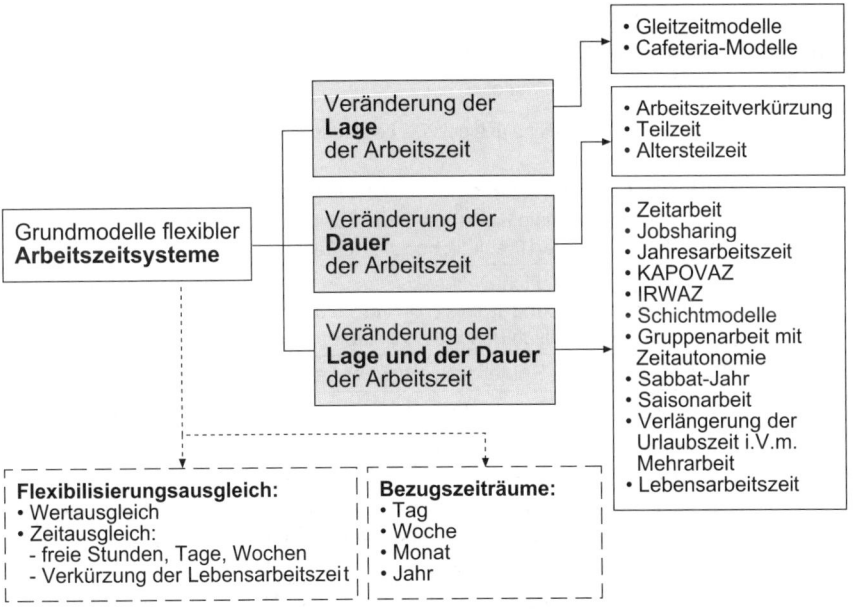

11. Welche Grundsätze und Regelungen sind bei der Gestaltung von Schichtplänen zu berücksichtigen?

Bei Schichtarbeit wird in aufeinander folgenden Phasen gearbeitet; je Arbeitsphase ist eine andere Belegschaft eingesetzt. Schichtarbeit ist erforderlich aufgrund der Notwendigkeit der Arbeitsbereitschaft am Markt/gegenüber dem Kunden (Ladenöffnungszeiten, Bereitschaft: Feuerwehr, Polizei, Krankenhäuser) oder aufgrund der generellen Entwicklung in der industriellen Fertigung: Kapitalintensive Anlagen sollen wirtschaftlich genutzt werden. Dies führt zu einem immer stärkeren *Auseinanderdriften von individueller täglicher Arbeitszeit* (i. d. R. zwischen 7 - 8 Stunden) und *der Betriebsmittelnutzungszeit* (in Extremen 24 Stunden). Bei der Gestaltung von Schichtplänen sind folgende *Einflussfaktoren* zu berücksichtigen:

Einflussfaktoren auf die Gestaltung von Schichtplänen (Beispiele)	
Betriebliche Erfordernisse	Maximale Nutzung der technischen Kapazität der Betriebsmittel (Maximierung der Betriebsmittelnutzungszeit).
	Reduktion der Kosten für den Einsatz der Betriebsmittel und die Lage der Schichtzeiten (AfA-Kosten, Zuschläge für Nachtarbeit usw.).
	Verfahrenstechnologische Erfordernisse (hohe Anfahrkosten für Anlagen, Einhalten thermischer Zustände der Anlagen z. B. in der Chemie und der Stahlerzeugung).
	Notwendigkeit, gegenüber dem Markt/dem Kunden das Leistungsangebot über acht Stunden täglich hinaus aufrecht zu erhalten (Wachdienste, Handel, Verkehr, Gesundheitswesen, Instandhaltung usw.).
Erfordernisse aus der Sicht der Mitarbeiter	Ergonomische Gestaltung der Arbeitsplätze und -zeiten
	Biologische Erfordernisse:
	• verminderte, körperliche und geistige Leistungsfähigkeit in der Nacht (Biorhythmus)
	• ausreichender Wechsel von Arbeit, Erholung, Schlaf, Freizeit
	• Notwendigkeit, soziale Isolierung durch Schichtarbeit zu vermeiden (Familie, Ehepartner, Freunde, soziale Kontakte).
	Gestaltung eines Schichtwechselzyklusses, der den gen. menschlichen Erfordernissen Rechnung trägt (z. B. Vermeidung von Wechselschichten, die psychisch und physisch besonders belastend sind).
Gesetzliche Rahmenbedingungen	Mitbestimmung des Betriebsrates bei der Lage der Arbeitszeit, § 87 BetrVG
	Einhaltung der Schutzgesetze, z. B.: ArbZG, JArbSchG, MuSchG, z. B.:
	• Verbot der Nachtarbeit in bestimmten Fällen
	• Die Regelarbeitszeit beträgt 8 Stunden; sie kann auf 10 Stunden täglich ausgedehnt werden, wenn innerhalb von sechs Kalendermonaten oder 24 Wochen im Durchschnitt 8 Stunden nicht überschritten werden (§ 3 ArbZG).
	• Nachtarbeit ist die Zeit von 23:00 bis 6:00 Uhr (§ 2 ArbZG).
Datengerüst	Anzahl der Arbeitsplätze, der Schichten, der Mitarbeiter (Voll-/Teilzeit)
	Besetzungsstärke je Arbeitsplatz/je Betriebsmittel
	Arbeitszeit der Mitarbeiter (einzelvertraglich oder nach Tarif)
	Abwesenheitsquote
	Urlaub und sonstige Ausfallzeiten

3.6 Organisations- und Personalentwicklung

3.6.1 Organisationsentwicklung und Personalentwicklung (Abgrenzung)

01. Wie gliedert das Berufsbildungsgesetz die Berufsbildung?

Berufsbildung nach § 1 BBiG sind

* die Berufsausbildungsvorbereitung,
* die Berufsausbildung,
* die berufliche Fortbildung und
* die berufliche Umschulung.

02. Gibt es einen Unterschied zwischen den Begriffen „Fortbildung" und „Weiterbildung"?

* Unter Fortbildung
verstehet man die Fortsetzung der fachlich-beruflichen Ausbildung im Anschluss an eine Berufsbildung in Verbindung mit mehrjähriger Berufspraxis (Begriff nach § 1 Abs. 4 BBiG).

* Der Begriff Weiterbildung
charakterisiert die generelle Erweiterung der Bildung über die berufsspezifischen Bereiche der Fortbildung hinaus in Richtung auf ein allgemeines Verständnis komplexer Probleme; z. B. eine Führungskraft erlernt generelle Fähigkeiten des Zeitmanagements oder eignet sich allgemeine Zusammenhänge der Ökologie an.

03. Was versteht man unter dem Begriff „Personalentwicklung" (PE)?

Personalentwicklung ist die systematisch vorbereitete, durchgeführte und kontrollierte Förderung der Anlagen und Fähigkeiten des Mitarbeiters

* in Abstimmung mit seinen Erwartungen und
* den Zielen des Unternehmens.

Der Begriff der Personalentwicklung ist also umfassender als der der Aus-/Fortbildung und Weiterbildung. Personalentwicklung vollzieht sich innerhalb der Organisationsentwicklung und diese wiederum ist in die Unternehmensentwicklung eingebettet.

Betriebliche Bildungsarbeit (Aus-, Fort- und Weiterbildung) ist also ein Instrument der Personalentwicklung bzw. der Organisationsentwicklung. Jedes Element ist Teil des Ganzen. Mit jeder Stufe nehmen Komplexität und Vernetzung zu. Daneben gilt: Jede Personalentwicklung, die nicht in eine korrespondierende Organisations- und Unternehmensentwicklung eingebettet ist, führt in eine Sackgasse, da sich die Aktivitäten dann meistens in der Durchführung von Seminaren erschöpfen und lediglich Bildungsarbeit „per Gießkanne" praktiziert wird.

04. Welche Ziele verfolgt die Personalentwicklung?

PE zielt ab auf die *Änderung menschlichen Verhaltens*. Zur langfristigen Bestandssicherung muss ein Unternehmen über die Verhaltenspotenziale verfügen, die erforderlich sind, um die gegenwärtigen (*operativer Ansatz* der PE) und zukünftigen Anforderungen (*strategischer Ansatz* der PE) zu erfüllen, die vom Betrieb und der Umwelt gestellt werden.

Als *Unterziele* können daraus abgeleitet werden:

- firmenspezifisch qualifiziertes Personal entwickeln
- Innovationen auslösen und systematisch fördern
- Zusammenarbeit fördern
- Organisations- und Arbeitsstrukturen motivierend gestalten
- Mitarbeiter dazu motivieren, ihr Qualifikationsniveau (speziell Lernbereitschaft und -fähigkeit) anzuheben
- Mitarbeiterpotenziale erkennen
- Lernfähigkeit der Fach- und Führungskräfte verbessern
- Flexibilität und Mobilität der Mitarbeiter erhöhen
- Berücksichtigung des individuellen und sozialen Wertewandels
- Hilfestellung bei der Sicherung der Personalbedarfsdeckung
- Einrichten einer Personalreserve.

05. Was versteht man unter Organisationsentwicklung?

- *Begriff:*
  Organisationsentwicklung (OE) ist ein *langfristig* angelegter *systemorientierter Prozess* zur *Veränderung der Strukturen* eines Unternehmens und *der* darin arbeitenden *Menschen*. Der Prozess beruht auf der Lernfähigkeit aller Betroffenen durch direkte Mitwirkung und praktische Erfahrung.

Damit gehören zur OE auch Einstellungs- und Verhaltensänderungen im Umgang mit Arbeitsanforderungen, der eigenen Leistungsfähigkeit, mit Gesundheit und Krankheit. Dies kann durch eine enge Verknüpfung der technischen, ergonomischen, arbeitsorganisatorischen und betriebsklimatischen Elemente bei der Verbesserung der Arbeitsbedingungen erfolgen.

Organisationsentwicklung ist ein langfristig angelegter Entwicklungsprozess und zielt ab auf

- die notwendige Anpassung bestehender Organisationsformen (Hard facts) sowie
- die Veränderung der Organisationskultur (Soft facts).

Organisationsentwicklung wird getragen vom Gedanken der lernenden Organisation (gemeinsames Lernen, Erleben und Umsetzen).

- Das *Ziel*
  besteht in einer gleichzeitigen *Verbesserung der Leistungsfähigkeit der Organisation* (Effektivität) und der *Qualität des Arbeitslebens*. Unter der Qualität des Arbeitslebens bzw. der Humanität versteht man nicht nur materielle Existenzsicherung, Gesundheitsschutz und persönliche Anerkennung, sondern auch Selbstständigkeit (angemessene Dispositionsspielräume), Beteiligung an den Entscheidungen sowie fachliche Weiterbildung und berufliche Entwicklungsmöglichkeiten.

06. Welche Überlegungen stehen hinter dem Begriff „lernende Organisation"?

Das Unternehmen wird als Organisation in einem Umfeld begriffen, das sich ständig verändert. Um wettbewerbsfähig zu bleiben, müssen die Veränderungen erkannt und im Handeln betrachtet werden. Durch selbstgesteuertes Lernen erkennen die Mitarbeiter die Notwendigkeit der laufenden Personalentwicklung und betreiben diese kontinuierlich und auch aus eigener Initiative. Die Organisation (das Unternehmen) entwickelt also einen Automatismus hinsichtlich der Anpassungsfähigkeit an Veränderungen der Umwelt und lernt konstant. Als Beispiele lassen sich betriebliche Bereiche nennen, in denen ein intensiver Kontakt mit der Umwelt/dem Kunden besteht, z. B.:

- Produktentwicklung
- Kundenmontage
- Kundenberatung
- Vertrieb
- Service.

07. Worin unterscheiden sich die Ansätze der klassischen Organisationslehre von denen der Organisationsentwicklung?

Die klassische Organisationslehre hat einen betriebswirtschaftlichen Ansatz und setzt an bei einer mehr formalen *Optimierung der Aufbau- und Ablaufstrukturen* (Linien-/ Matrixorganisation, Gliederungsbreite/-tiefe, Zentralisation/Dezentralisation usw.), ohne in der Regel den Mitarbeiter selbst im Mittelpunkt von Veränderungsprozessen zu sehen.

Die Organisationsentwicklung hat einen *ganzheitlichen Ansatz:* Angestrebt wird eine Anpassung der formalen Aufbau- und Ablaufstrukturen *und* der Verhaltensmuster der Mitarbeiter an Veränderungen der Umwelt (Kunden, Märkte, Produkte).

| Ansätze zur Veränderung von Organisationen ||
Ansätze der klassischen Organisationslehre	Ansätze der Organisationsentwicklung
Gestaltung der Aufbau- und Ablaufstrukturen	**Aspekt „Betrieb":** Veränderung der strukturellen und technischen Bedingungen der Leistungserstellung
	+
	Aspekt „Mitarbeiter": Veränderung der Einstellungen und Verhaltensweisen der Menschen im Betrieb
↑ **Betriebswirtschaftlicher Ansatz**	↑ **Betriebswirtschaftlicher und sozialwissenschaftlicher Ansatz**

3.6.2 Notwendigkeit der systematischen Entwicklung von Mitarbeitern

01. Warum ist eine systematische Entwicklung der Mitarbeiter notwendig?

→ 9.6.1

• *Aus betrieblicher Sicht* ergeben sich folgende Notwendigkeiten:

- Erhaltung und Verbesserung der Wettbewerbsfähigkeit durch Erhöhung der Fach-, Methoden- und Sozialkompetenz der Mitarbeiter und der Auszubildenden,

- Verbesserung der Mitarbeitermotivation und Erhöhung der Arbeitszufriedenheit,

- Verminderung der internen Stör- und Konfliktsituationen,

- größere Flexibilität und Mobilität von Strukturen und Mitarbeitern/Auszubildenden,

- Verbesserung der Wertschöpfung.

• *Für Mitarbeiter und Auszubildende* bedeutet Personalentwicklung, dass

- ein angestrebtes Qualifikationsniveau besser erreicht werden kann,

- bei Qualifikationsmaßnahmen i. d. R. die Arbeit nicht aufgegeben werden muss,

- der eigene „Marktwert" und damit die Lebens- und Arbeitssituation systematisch verbessert werden kann.

• Die *generelle Bedeutung* einer systematisch betriebenen Personalentwicklung ergibt sich heute auch aus der Globalisierung der Märkte:

- Kapital- und Marktkonzentrationen auf dem Weltmarkt lassen regionale Teilmärkte wegbrechen. Veränderungen der Wettbewerbs- und Absatzsituation sind die Folge.

- Die Möglichkeiten der Differenzierung über Produktinnovationen nimmt ab; gleichzeitig nimmt die Imitationsgeschwindigkeit durch den Wettbewerb zu.

Umso wichtiger ist es für Unternehmen, sich auf die Bildung und Förderung interner Ressourcen zu konzentrieren, die nur schwer und mit erheblicher Verzögerung imitiert werden können. Die Qualifikation und Verfügbarkeit von Fach-, Führungskräften und Auszubildenden spielt eine zentrale Rolle im Kampf um Marktanteile, Produktivitätszuwächse und Kostenvorteile.

> **Personalentwicklung ist ein kontinuierlicher Prozess, der bei systematischer Ausrichtung zu langfristigen Wettbewerbsvorteilen führt.**

3.6.3 Ausbildung als Grundlage der Personalentwicklung → 3.12.1.5, 9.4.3

01. Welche Voraussetzungen sind für die Einrichtung und Durchführung der betrieblichen Ausbildung zu schaffen bzw. zu prüfen?

1. *Eignung der Ausbildungsstätte* (§ 27 BBiG; bitte lesen)

2. *Eignung von Ausbildenden und Ausbildern* oder Ausbilderinnen (§ 28 BBiG; bitte lesen)

3. *Persönliche Eignung* (§ 29 BBiG; bitte lesen)

4. *Fachliche Eignung* (§ 30 BBiG; bitte lesen)

5. Beachten der *gesetzlichen Vorgaben* für die Planung, Durchführung und Kontrolle der betrieblichen Ausbildung:
   * Ausbildungsberufsbild
   * Ausbildungsordnung (§ 5 BBiG); es gibt folgende Arten von Ausbildungsberufen:
     - Ausbildungsberufe ohne Spezialisierung
     - Ausbildungsberufe mit Spezialisierung
     - Stufenausbildung
   * Ausbildungsrahmenplan
   * Anrechnung beruflicher Vorbildung (§ 7 BBiG)
   * Abkürzung und Verlängerung der Ausbildungszeit (§ 8 BBiG)
   * Prüfungsordnung
   * Jugendarbeitsschutzgesetz
   * Betriebsverfassungsgesetz
   * Ausbilder-Eignungsverordnung (AEVO)
   * Erstellung der Ausbildungspläne:
     - Ausbildungsinhalte
     - zeitliche Anpassung an die Gegebenheiten des Betriebes und der Berufsschule
     - Festlegung der Ausbildungs-Fachabteilungen
   * Didaktische Koordination von praktischer Ausbildung im Betrieb und theoretischer Ausbildung in der Berufsschule; dabei sind die Formen des Unterrichts zu berücksichtigen (Blockunterricht, Unterricht an einzelnen Wochentagen).

- Methoden und Medien der Ausbildung, z. B.:
  - Unterweisung vor Ort, Lehrgespräch, Fallmethode, Lehrwerkstatt usw.
  - betrieblicher Ergänzungsunterricht.

Die nachfolgende Abbildung zeigt die Planung, Durchführung und Kontrolle der betrieblichen Ausbildung als Regelkreis:

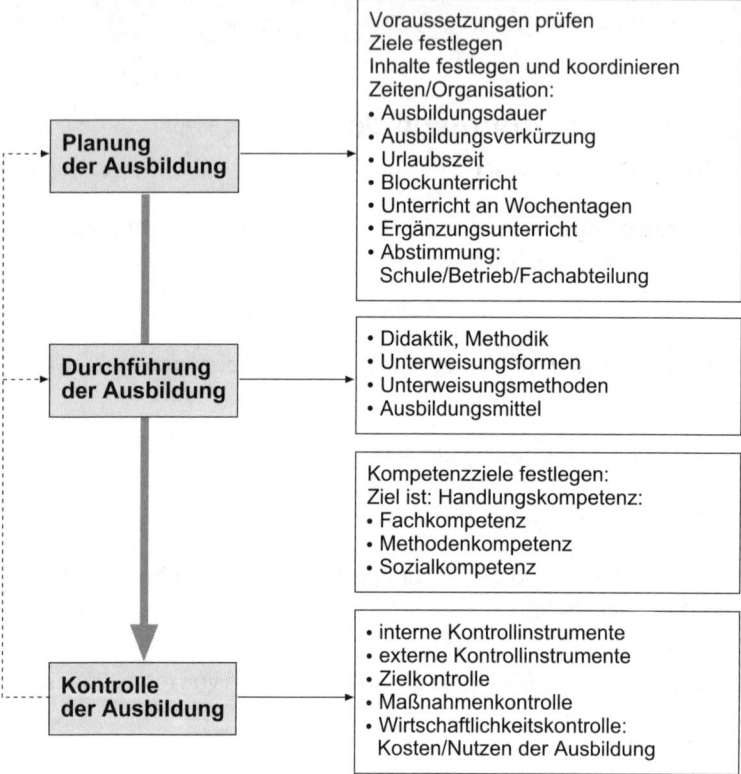

6. Strukturierung der Ausbildung in vier *Handlungsfelder* lt. AEVO:

Die berufs- und arbeitspädagogische Eignung umfasst die Kompetenz zum selbstständigen Planen, Durchführen und Kontrollieren der Berufsausbildung in den vier Handlungsfeldern:

Handlungsbereiche der AEVO	
Handlungsbereiche	**Inhalte/zu erledigen (Beispiele)**
1. Ausbildungsvoraussetzungen prüfen und Ausbildung planen	Gründe für die Ausbildung? Rahmenbedingungen? Ausbildungsberufe? Eignung? Organisation?
2. Ausbildung vorbereiten und bei der Einstellung von Auszubildenden mitwirken	Auswahlverfahren? Anmeldung/Eintragung bei IHK?

| 3. | Ausbildung durchführen | Ausbildungsplätze? Lernerfolgskontrollen? Lern-/Arbeitstechniken? Kontakte halten? Kurzvorträge? Lehrgespräche? Teambildung? |
| 4. | Ausbildung abschließen | Prüfungsvorbereitung/-anmeldung? Zeugnis? |

7. Richtige *Einführung* der Auszubildenden in die Ausbildungsstätte:

   Ein Auszubildender darf insbesondere zu Beginn seiner Berufsausbildung nicht durch zu viele auf ihn einstürmende Ereignisse und Informationen überfordert werden. Er muss mit den für seine Ausbildung wichtigen Personen bekannt gemacht werden und in methodisch und pädagogisch sinnvoller Weise – vom Einfachen zum Schweren – die späteren Tätigkeiten, die in der Ausbildungsordnung vorgeschrieben sind, kennen lernen. Ein fester Ausbildungsplatz und ein bestimmter, jederzeit ansprechbarer Ausbilder müssen zur Verfügung stehen.

8. *Anwendung von Prinzipien der Kommunikation und Kooperation* zur Förderung des Lernerfolgs:

   Der Ausbildende bzw. der Ausbilder hat den Lernerfolg in besonderer Weise dadurch zu fördern, dass er geeignete Prinzipien der Führung und Kommunikation einsetzt:

   • Auszubildende von dem Entwicklungsstand aus fördern, auf dem sie jeweils sind (altersspezifisch und individuell; das sog. „Bahnhofsmodell", d. h., den anderen dort abzuholen, wo er sich befindet, gilt auch hier)
   • für zunehmend schwierigere und komplexere Aufgaben Verantwortung übergeben; dabei den Lernprozess unterstützen, ohne dem Auszubildenden vorschnell Lösungen anzubieten
   • Vertrauen entgegenbringen
   • mit den Auszubildenden reden und ihnen zuhören
   • Lob aussprechen
   • klare, eindeutige Verhaltens- und Leistungsziele setzen
   • konstante Rückmeldung über die Leistung auf dem Weg zum vereinbarten Ziel geben (Feedback geben und holen)
   • Wissen vermitteln und informieren (z. B. Zweck, Bedeutung und Ablauf eines Arbeitsprozesses erklären).

9. Einsatz wirksamer *Methoden und Medien* bei der Durchführung der Ausbildung: Als geeignete Methoden und Medien der Ausbildung kommen z. B. infrage:

   • Unterweisung vor Ort
   • Lehrgespräch
   • Fallmethode
   • Lehrwerkstatt
   • Gruppenarbeit
   • Projektmethode
   • Leittextmethode
   • betrieblicher Ergänzungsunterricht
   • Lehr- und Lernmittel, Arbeitsmittel, Ausbildungshilfsmittel.

10. *Laufende Lernkontrolle:*

Am Ende eines jeden Ausbildungsabschnittes ist mit dem Auszubildenden ein *Beurteilungsgespräch* zu führen. Dabei soll gemeinsam herausgearbeitet werden, ob die Ausbildungsinhalte vermittelt wurden/vermittelt werden konnten, welches Lern- und Arbeitsverhalten zu beobachten war und ob ggf. ergänzende Fördermaßnahmen erforderlich sind.

Neben diesen wiederkehrenden – mehr kurzzeitigen Kontrollgesprächen – ist i. d. R. einmal pro Ausbildungsjahr ein generelles Beurteilungsgespräch zu führen, dessen Ergebnis schriftlich festzuhalten ist (meist in Verbindung mit einem standardisierten Beurteilungsbogen).

Dieses Beurteilungsgespräch ist als *Dialog* zu betrachten: Gegenstand des Gesprächs kann auch die Frage sein, ob in dem betreffenden Ausbildungsabschnitt alle notwendigen personellen, methodisch-didaktischen Voraussetzungen zur Vermittlung der Ausbildungsinhalte geschaffen wurden. Für die Vorbereitung und Durchführung der Beurteilungsgespräche mit Auszubildenden gelten die allgemeinen Grundsätze für Beurteilungsverfahren, die speziell in Kapitel 5.3 behandelt werden.

Erfolgskontrollen sind notwendig:

Aus der Sicht des Betriebes, z. B.:
• Probezeit = „Ausprobierzeit"
• Verkürzung/Verlängerung der Ausbildungszeit
• Prüfen der Übernahme im Anschluss an die Ausbildung
• Überprüfung der Ausbildungsorganisation und -prozesse.

Aus der Sicht des Auszubildenden, z. B.:
• Feststellen der Eignung für den Ausbildungsberuf
• Feedback und „Kontrast" zu seiner eigenen Einschätzung
• Beurteilung = Anerkennung und Wertschätzung sowie Steuerungsmöglichkeit.

11. Wahl geeigneter Standards als Maßstäbe der Erfolgskontrolle:
Maßstab für die Erfolgskontrolle der Ausbildung sind vor allem folgende Rechtsquellen:
• der Ausbildungsvertrag (§§ 10 f. BBiG)
• die Ausbildungsordnung (§ 5 BBiG)
• der Prüfungsgegenstand (§ 38 BBiG).

Geeignete Instrumente der Erfolgskontrolle sind z. B. folgende Maßnahmen:
• Auswertung der Zwischen- und Abschlussprüfungen, die vor der Kammer abgelegt wurden
• Auswertung der Berichtshefte
• schriftliche und/oder mündliche Lernerfolgskontrollen
• fachpraktische Prüfungen im Labor, in der Lehrwerkstatt usw.
• Projektarbeiten
• Anfertigen von Arbeitsproben
• Einsetzen der Fähigkeiten und Fertigkeiten innerhalb von Planspielen, Simulationen, Übungsfirmen usw.

12. *Einsatz geeigneter Beurteilungssysteme:*

Der Beurteilungsbogen enthält Beurteilungsmerkmale bzw. Gruppen von Beurteilungsmerkmalen sowie eine plausible Skalierung der Merkmalsausprägungen. Das Verfahren ist mitbestimmungspflichtig, muss hinreichend beschrieben sein und verlangt eine Schulung der Beurteiler.

3.6.4 Bedarfs- und zielgruppengerechte Weiterbildung

01. Welche Elemente und Phasen enthält ein Personalentwicklungs-Konzept?

Jedes Personalentwicklungs-Konzept (PE-Konzept; auch: Weiterbildungskonzept) geht immer von zwei Grundelementen aus – nämlich den *Stellendaten* und den *Mitarbeiterdaten* – und mündet über mehrere Phasen in die Kontrolle der Personalentwicklung (= Evaluierung):

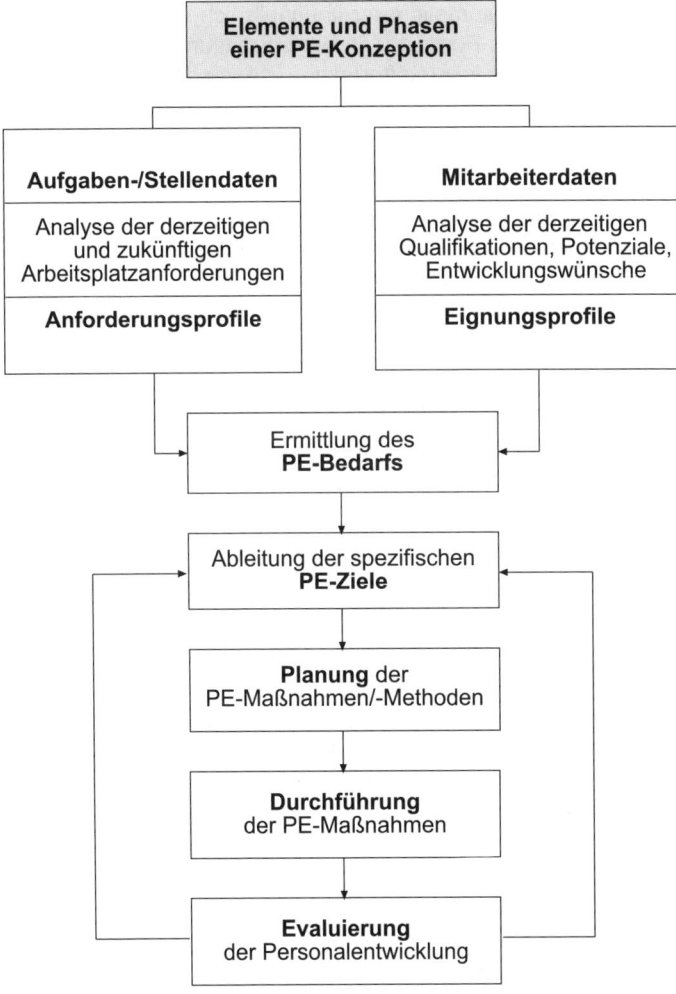

Hinweis:
Für „PE-Konzept" wird in der Literatur auch überwiegend synonym verwendet: Weiterbildungs-konzept, Bildungskonzept, Fortbildungskonzept.

Die Ermittlung des *Weiterbildungsbedarfs* muss sich innerhalb einer Gesamtkonzeption vollziehen: Aus den Ergebnissen der quantitativen und qualitativen Personalplanung ist der *Weiterbildungsbedarf* (im weiteren Sinn: der PE-Bedarf) zu ermitteln; dabei sind die *Maßnahmen* und *Methoden* aufeinander abzustimmen und auf die angestrebten *Weiterbildungsziele* auszurichten (*Konzeptgedanke*). Im Einzelnen sind folgende Schritte im Zusammenhang mit der Bedarfsermittlung sachlogisch „abzuarbeiten":

* *Phase 1: Analyse der Ist-Situation*
  Jede Ermittlung des Bildungsbedarfs setzt die Erhebung eines Ist-Wertes und eines Soll-Zustandes voraus. Bildungsdefizite resultieren aus internen und/oder externen Einflussfaktoren (vgl. Determinanten der Personalplanung).

* *Phase 2: Ermittlung des Bildungsbedarfs*
  Der Bildungsbedarf kann einmalig oder kontinuierlich ermittelt werden; dabei muss entschieden werden über: Form der Bedarfsermittlung, Zielgruppe der Erhebung sowie Art der Erhebung; es ist zu differenzieren nach dem Weiterbildungsbedarf.
  - aus der Sicht des Unternehmens (Unternehmensziele) sowie
  - aus der Sicht der Mitarbeiter (persönlicher Weiterbildungsbedarf: individuelle Er-wartungen und Ziele, Karrierewünsche usw.)

* *Phase 3: Verdichten und Bewerten der Ergebnisse*
  Die Ergebnisse der Bedarfsermittlung sind zu verdichten und auf Zusammenhänge zu untersuchen. Aus der Analyse von Soll-Werten und dem Ist-Zustand ergeben sich die Weiterbildungsinhalte (*„Aktionsfelder"*). Sie sind nach Prioritäten zu gewichten.

* *Phase 4: Präsentation der Weiterbildungskonzeption*
  Eine Weiterbildungskonzeption ohne Akzeptanz im Unternehmen ist nicht das Geld wert, das die Maßnahmen kosten. Die Leitungsebene muss „hinter den geplanten Aktionen" stehen. Die Mitarbeiter andererseits müssen Sinn und Zweck der Weiter-bildungsmaßnahmen kennen und bejahen. Ein auf das Unternehmen abgestimmtes Marketing der Weiterbildung ist unerlässlich.

* *Phase 5: Realisierung des Weiterbildungskonzeptes*
  Bei der Umsetzung der Einzelaktivitäten einer Weiterbildungskonzeption ist u. a. über folgende Fragen zu entscheiden: Lernziele? Lernzielkontrollen? intern oder extern? Methoden? Teilnehmer? Kosten? usw.

* *Phase 6: Kontrolle, Transfer und Weiterentwicklung*
  Weiterbildungsarbeit hat langfristig nur Bestand, wenn sie erfolgreich ist, d. h. also, wenn „Gelerntes" – gemessen am formulierten Lernziel – in die Praxis transferiert wurde. Der Erfolg betrieblicher Bildungsarbeit ist selten präzise messbar. Außerdem muss das bestehende Weiterbildungskonzept kontinuierlich aktualisiert und weiter-entwickelt werden.

02. Welche Methoden werden zur Ermittlung des Weiterbildungsbedarfs eingesetzt?

Der Personalentwicklungsbedarf (auch: qualitativer Personalbedarf, Weiterbildungsbedarf) ergibt sich als Differenz zwischen dem *Anforderungsprofil* der Stelle und dem *Eignungsprofil* des infrage kommenden Mitarbeiters. Dabei sind vorhandene *Entwicklungspotenziale* und berechtigte *Entwicklungswünsche* des Mitarbeiters zu berücksichtigen.

Es können folgende Methoden zur Ermittlung des PE-Bedarfs eingesetzt werden:

- Befragung der Mitarbeiter (schriftlich und/oder mündlich)
- Befragung der Vorgesetzten (schriftlich und/oder mündlich)
- Feedback-Aktion der Mitarbeiter und Vorgesetzten zum derzeitigen PE-Programm (auch: Fortbildungskatalog)
- spezielle Workshops zur PE-Bedarfsermittlung
- Defizitanalyse (Anforderungsprofile ↔ Eignungsprofile)
- Assessmentcenter
- Auswertung der Personalentwicklungsgespräche
- Szenario-Technik, z. B.: „Welche Anforderungen wird unsere Firma innerhalb der nächsten fünf Jahre benötigen?" usw.

03. Welche Methoden der Personalentwicklung lassen sich on the job, near the job und off the job einsetzen?

Maßnahmen der Qualifizierung		
on the job *am Arbeitsplatz*	**near the job** *in der Nähe zum Arbeitsplatz*	**off the job** *außerhalb des Arbeitsplatzes*
• Assistenz • Stellvertretung • Arbeitskreis • Projektgruppe • Unterweisung • Job Enlargement • Job Enrichment • Job Rotation • Auslandseinsatz • Teilautonome • Arbeitsgruppe	• Lernstattmodelle • Zirkelarbeit • Coaching • Mentoring • Entwicklungsgespräche • Ausbildungswerkstatt • Gruppendynamik • Konflikttraining • Übungsfirma • Routinebesprechungen	• Vortrag • Tagung • Fernlehrgang • Förderkreise • Lehrgespräch • Online-Training • CBT-Training • Planspiel • Fallstudie • Programmierte • Unterweisung

04. Welche Maßnahmen der Personalentwicklung/Weiterbildung lassen sich unterscheiden (Überblick)?

- Externe Maßnahmen:
  An *Maßnahmen im außerbetrieblichen Sektor* werden vor allem angeboten:

  - offene ein- oder mehrtägige Seminare
  - Lehrgänge mit *Zertifikatsabschluss* oder mit dem Ziel einer *öffentlich-rechtlichen Prüfung*

- Maßnahmen zur Umschulung oder zur beruflichen Rehabilitation
- Fernunterricht und Fernstudium.

Seminare sind – im Unterschied zu *Lehrgängen* – auf einen kurzen Zeitraum begrenzt; ein spezielles Thema wird besonders intensiv bearbeitet – mit überwiegend teilnehmer-aktivierenden Methoden.

- *Interne Maßnahmen:*
  Innerbetrieblich kann sich der Betrieb z. B. auf folgende Aktivitäten stützen:
  - interne Fach- und Führungsseminare
  - Besuch von Messen, Ausstellungen und Kongressen
  - Einrichtung einer innerbetrieblichen Fachbibliothek
  - Training vor Ort (on the job)
  - Abonnement von Fachzeitschriften
  - Beteiligung an Betriebsbesichtigungen.

3.6.5 Laufbahnbezogene Personalentwicklung   → 9.2.3

01. Welchen Inhalt können konkrete Personalentwicklungsmaßnahmen in der Praxis haben?

Beispiele:
- Nachfolgepläne
- Laufbahnpläne (individuelle oder kollektive)
- Rotationspläne
- Vertretungspläne („Vertretung" als Instrument der PE)
- spezielle Pläne zur Förderung von Nachwuchskräften
- spezielle Pläne zur Förderung der Auszubildenden.

02. Welchen Inhalt haben Karriere- und Laufbahnpläne als Elemente der Personalentwicklungsplanung?

Laufbahnpläne (in der Praxis synonym: Karrierepläne) enthalten Positionsstrukturen – unternehmens- oder bereichsbezogen – und beantworten die Frage: „Welche Positionen kann ein Mitarbeiter „normalerweise" schrittweise im Unternehmen erreichen, wenn er bestimmte Qualifikationsmerkmale (Fachwissen, Führungswissen, Praxiskenntnisse usw.) erfüllt. Dieser Begriff lässt sich auch grob mit „vorstrukturierte Karriereleiter im Unternehmen" umreißen.

Man kann derartige Laufbahnpläne folgendermaßen strukturieren:

- rein positionsbezogen (standardisierte Laufbahnpläne) als
  - Fachlaufbahn
  - Führungslaufbahn.

- auf einzelne Mitarbeiter „zuschneiden" (individueller, nicht standardisierter Entwicklungs-/Karriereplan, potenzialorientiert).

3.6.6 Anpassungsprozesse der Personal- und Organisationsentwicklung

01. Welche Anpassungsprozesse der Personal- und Organisationsentwicklung können sich in der täglichen Führungspraxis ergeben?

Die Notwendigkeit, erforderliche Anpassungsprozesse zu erkennen und einzuleiten ergibt sich für den Vorgesetzten aus den Zielen der Personalentwicklung sowie der Organisationsentwicklung (vgl. 3.6.1/Frage 01. ff.). Daraus lassen sich beispielhaft folgende Ursachen für notwendige Anpassungsprozesse ableiten (auch: Auslöser der PE), die sich (vereinfacht dargestellt) aus einer Differenz zwischen Anforderungs- und Eignungsprofil ergeben (auch: Ergebnis der sog. Defizitanalyse):

Auslöser für PE-Maßnahmen (Beispiele)	
A. Auslöser: Mitarbeiter (Eignungsprofile, Erwartungen, Bedürfnisse)	
Ergebnisse der Leistungsbeurteilung, der Potenzialbeurteilung umsetzen	Versetzung, Umsetzungen, Aufstiegsförderung
	interne, externe Schulungen
	Training on the job, near the job
Entwicklungsbedürfnisse der Mitarbeiter	Unterstützung der Mitarbeiterfortbildungsaktivitäten durch Zeitflexibilität und finanzielle Unterstützung/Darlehen
B. Auslöser: Organisation, Stellen, Strukturen	
Stellenanforderungen, Veränderung der Stellenanforderungen	Anpassungsqualifizierung (auch: Anpassungsfortbildung), z. B. Einarbeitung in ein neues Dialogsystem
	Erweiterungsqualifizierung, z. B. Vorbereitung auf zusätzliche Aufgaben (z. B. im Rahmen von Job Enlargement)
	Aufstiegsqualifizierung, z. B. Vorbereitung auf höher qualifizierte Tätigkeit (Aufstieg vom Sachbearbeiter zum Gruppenleiter)
	Erhaltungsqualifizierung: Auffrischung selten benötigter Kenntnisse (z. B. Inverturverfahren)
	Etablierung neuer Ausbildungsberufe
Veränderung der Wertekultur des Unternehmens	Neue Firmenphilosophie (z. B. von der Verwaltung zur Kundenorientierung)
	Neue Rolle des Vorgesetzten: Vom Chef zum Change-Agent und Coach
Neugestaltung der Abläufe	Schulung der Mitarbeiter → Prozessoptimierung (an der Grenze zur Organisationsentwicklung)
	Teamentwicklung

3.7 Personalmarketing

3.7.1 Ziele und Konzepte des Personalmarketings

01. Welche Ziele verfolgt das Personalmarketing?

Personalmarketing ist die marktbezogene Betrachtung der Personalarbeit vorwiegend im Rahmen der Personalbeschaffung; z. B.: Imagebild am Arbeitsmarkt, Gestaltung von Anzeigen (Corporate Identity), Kontakt zu Hochschulen und Ausbildungsstätten, aber auch Verhalten zu externen und internen Bewerbern.

02. Was versteht man unter „Personalmarketing-Mix" und welche Instrumente werden eingesetzt?

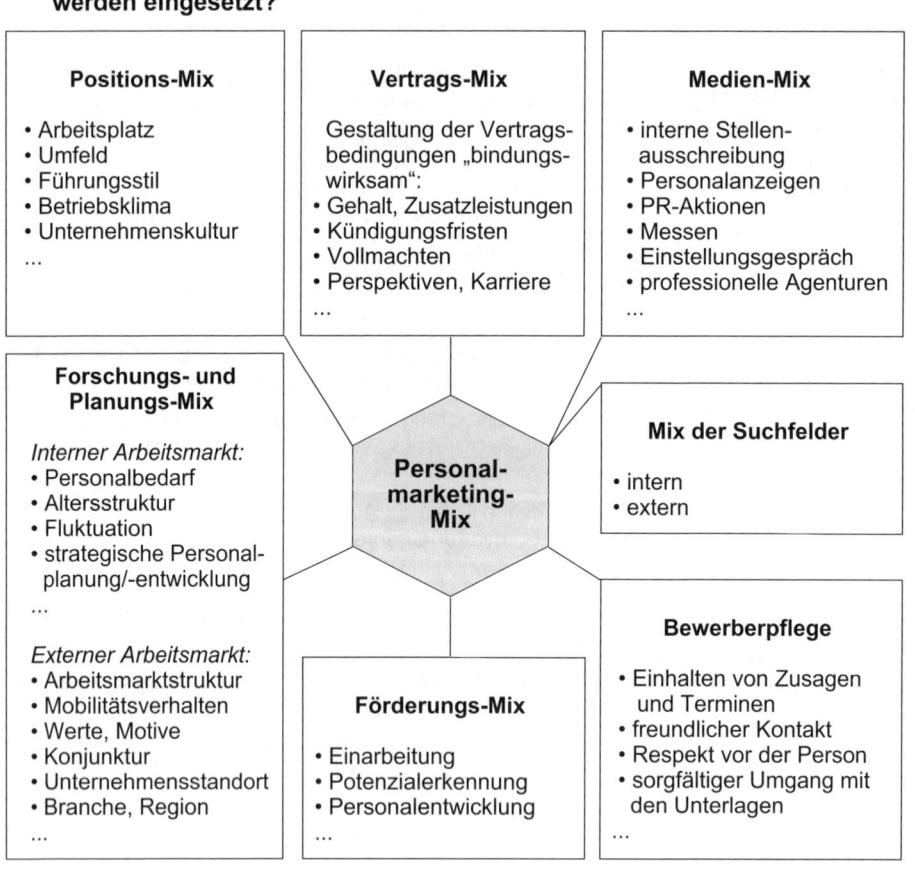

Gemeint ist damit, die Personalarbeit – insbesondere die Personalbeschaffung – marktorientiert zu gestalten. Über den Personalmarketing-Mix werden alle Gestaltungsfelder der Personalbeschaffung voll ausgeschöpft.

03. Welche internationalen Aspekte sind beim Personalmarketing zu berücksichtigen (Internationales Personalmanagement)?

Die deutsche Wirtschaft ist in hohem Maße exportorientiert. Vor diesem Hintergrund ist für viele Betriebe internationales Personalmanagement unverzichtbar. Theorie und Praxis dieses Teilgebietes der Personalarbeit sind bisher noch uneinheitlich, nicht geschlossen und lückenhaft. Angesichts der Europäischen Union und der Erweiterung der EU ist auf diesem Gebiet noch viel Detailarbeit zu leisten.

Grundsätzlich wird sich internationale Personalarbeit mit den *Strategien und Maßnahmen* beschäftigen, die erforderlich sind, *um Mitarbeiter im Ausland einzusetzen und sie nach der Rückkehr in die aufnehmenden Organisationseinheiten wieder zu integrieren.* Maßnahmen dieser Art erfordern neben der notwendigen Sachkenntnis vor allem einen hohen zeitlichen Vorlauf.

Im Einzelnen wird man sich mit folgenden *Fragestellungen bezüglich des Gastlandes* auseinandersetzen müssen:

* *Natürliche* Rahmendaten: z.B. Klima, geografische Lage, Logistik

* *Ökonomische* Bedingungen: z.B. Lohnniveau, Währung, Kaufkraft, Wechselkurs

* *Politische* Eckdaten: z.B. Ausbildungssysteme, Ausbildungsniveau, Gewerkschaften, Stabilität des Regierungssystems

* *Rechtliche* Bedingungen: z.B. Arbeitnehmerschutzgesetze, Formen der Mitbestimmung

* *Kulturelle* Rahmenbedingungen: z.B. Motivstrukturen, kulturelle Gepflogenheiten, Geschichte des Landes, Gleichstellung von Mann und Frau.

04. In welchem Zusammenhang stehen Personalmarketing und Work-Life-Balance?

Der Begriff *Work-Life-Balance* beschreibt die Situation, in der sich Arbeit und Privatleben miteinander im Einklang befinden. Man sollte die Bereiche Work und Life nicht gegeneinander aufwiegen, sondern Work-Life-Balance als Gesamtnenner betrachten. Gemeint ist die Balance von Arbeit, Freizeit, Leistungsvermögen, Gesundheit, Familie, Fitness und Erholung. Wenn einem Unternehmen diese Balance gelingt (z. B. Vermeidung von permanenten Überstunden, Teilzeit, Altersteilzeit, Sportgruppe, Betriebskindergarten u. Ä.), hat es hohe Chancen, qualifizierte Mitarbeiter zu gewinnen und langfristig zu binden.

3.7.2 Ermittlung des Personalbedarfs   → 3.5.2, 3.6.4

Das Thema wird ausführlich unter Ziffer 3.6.4, Methoden zur Ermittlung des Weiterbildungsbedarfs, behandelt (Wiederholung im Rahmenplan).

3.7.3 Innerbetriebliche und außerbetriebliche
Personalbeschaffung   → 3.12.1

01. Welche Einzelfragen sind im Rahmen der Personalbeschaffungsplanung zu klären?

Die Personalbeschaffung knüpft an die Personalbedarfsplanung an und setzt deren Ergebnis quantitativ, qualitativ, zeitlich und örtlich um. Bevor Fachbereich und Personalwesen mit der eigentlichen Beschaffung beginnen, sind folgende Fragen zu beantworten:

* *Wer wird gesucht?*
  (Stellenbeschreibung, Anforderungsprofil, Anzahl, Qualifikation)

* *Welche Konditionen gelten?*
  (Gehalt, besondere Anreize, Entwicklungsperspektiven der Stelle u. Ä.)

* *Wie ist der besondere „Hintergrund der Stelle"?*
  (Ist die Stelle noch besetzt? Einarbeitung durch den Vorgänger möglich? Gibt es besondere erschwerende, interne Bedingungen? – z. B. besonders hohe Erwartungshaltung des Unternehmens an den neuen Stelleninhaber usw.)

* *Wo wird gesucht?*
  (Die Frage des Beschaffungspotenzials, interner oder externer Arbeitsmarkt)

* *Wie wird gesucht?*
  (Beschaffungswege, Beschaffungsinstrumente)

* *Wie wird ausgewählt?*
  (Auswahlinstrumente und -methoden)

* Zu welchem *Zeitpunkt* muss der neue Mitarbeiter zur Verfügung stehen?

* Wo, an welchem *Ort* wird er gebraucht?

* *Wer nimmt* am Beschaffungsvorgang und am Auswahlprozess *teil?*

* *Wie wird überprüft,* ob der Beschaffungsvorgang erfolgreich war?
  (Kontrolle der Beschaffungskosten, der Zeit, der Reaktion auf Stellenanzeigen, der Auswahlinstrumente usw.; nachgeschaltete Kontrolle im Rahmen der Probezeitbeurteilung u. Ä.).

02. Welche Instrumente sind Basis für die Personalbeschaffung?

Instrumente der Personalbeschaffung sind:

* Stellen- bzw. Funktionsbeschreibung
* Stellen- bzw. Stellenbesetzungsplan
* Anforderungsprofil
* Eignungsprofil.

03. Welche grundsätzlichen Möglichkeiten der Personalbeschaffung hat der Betrieb?

Beschaffungswege	
Interne Beschaffung	**Externe Beschaffung**
Versetzung aufgrund • innerbetrieblicher Stellenausschreibungen • von Vorschlägen des Fachvorgesetzten • von Nachfolge- oder Laufbahnplanungen • systematisch betriebener Personalentwicklung	Personalanzeige (externe Stellenausschreibung: Printmedien/Internet)
	Personalleasing
	Private Arbeitsvermittler
	Personalserviceagenturen (PSA)
Mehrarbeit („Überstunden")	Personalberater
Urlaubsverschiebung	Anschlag am Werkstor
Verbesserung der Mitarbeiterqualifikation (Leistungssteigerung)	Auswertung von Stellengesuchen in Tageszeitungen
Einsatzplanung von „Rückkehrern" (Mutterschutz, Bundeswehr)	Auswertung unaufgeforderter („freier") Bewerbungen
Veränderung der Vertragsbedingungen (Ausmaß und Lage der Arbeitszeit, Arbeitszeitflexibilisierung, Teilzeit u. Ä.)	Arbeitsagenturen (BA)
	Messen
	über Mitarbeiter (Bekannte, Freunde, Angehörige usw.)
	Kontaktpflege zu Schulen, Bildungseinrichtungen usw.

04. Welche Vorteile bietet die Besetzung freier Arbeitsplätze durch Mitarbeiter des Betriebes?

Es entfallen die oft sehr hohen Einstellungskosten. Das Wissen und Können des Mitarbeiters kann besser als das neuer Mitarbeiter eingeschätzt werden. Der bisherige Mitarbeiter kennt die betrieblichen Gegebenheiten und das Betriebsklima wird dadurch verbessert, dass die Mitarbeiter das Gefühl haben, sie können innerbetrieblich aufsteigen.

05. Welche Gründe können gegen eine innerbetriebliche Besetzung freier Stellen sprechen?

Sind mehrere gleich gute Mitarbeiter vorhanden, so kann die Auswahl eines Mitarbeiters von den anderen als Zurücksetzung empfunden werden. Auch sind neue Mitarbeiter nicht betriebsblind und können aufgrund ihrer in anderen Betrieben gewonnenen Erfahrungen neue Ideen unterbreiten.

06. Was versteht man unter einer Versetzung im Sinne des Betriebsverfassungsgesetzes?

Nach § 95 Abs. 3 BetrVG ist eine *Versetzung* „die Zuweisung eines anderen Arbeitsbereichs, die voraussichtlich die Dauer von *einem Monat* überschreitet *oder* die mit einer *erheblichen Änderung der Umstände* verbunden ist ...".

07. Welche Einzelpunkte müssen in einer innerbetrieblichen Stellenausschreibung genannt werden?

Eine generelle Festlegung über den Inhalt interner Stellenausschreibungen gibt es nicht – es sei denn, dass dieser Aspekt in der Betriebsvereinbarung verbindlich geregelt ist. Im Allgemeinen wird man über folgende Einzelpunkte in einer innerbetrieblichen Stellenausschreibung Aussagen machen:

• Nummerierung des „Stellentelegramms"
• Bezeichnung der ausgeschriebenen Stelle
• Kurzbeschreibung der Einzelaufgaben
• Anforderungen an den Bewerber
• Abteilung/Bereich
• Beschreibung der erforderlichen Unterlagen
• ggf. Hinweis auf Formular „Innerbetriebliche Bewerbung"
• Gehalts-/Lohngruppe.

11.02.20..

Innerbetriebliche Stellenausschreibung

Kenn-Nr.:   Labor 008-20..

Aufgabe: Entwicklung und Qualitätssicherung von Tinten für die Anwendungen Prozessschreiber, Druckköpfe, Plotter und Tintenstrahldrucker.

Kennwort: **Chemielaborant für das Tintenlabor (m/w)**

Einstufung: T 4/1

Anforderungen:
• Ausbildung zum Chemielaboranten (m/w)
• Kenntnisse und Interesse an physikalisch-chemischen Arbeiten: u. a. Messung und Auswertung von physikalischen Kennwerten wie Viskosität, Oberflächenspannung, elektrische Leitfähigkeit.
• vorteilhaft sind Kenntnisse in der Farbstoffchemie
• kreatives, flexibles Arbeiten
• Englischkenntnisse sind erforderlich
• Zuverlässigkeit, Einsatzfreude und Bereitschaft zur Einarbeitung in die bestehende Gruppe.

Bewerbungen sind im Sekretariat der Geschäftsleitung bei Frau Ohligs bis zum 27.03.20.. einzureichen. Bitte verwenden Sie dafür das Formular „Interne Bewerbung". Rückfragen bitte an Herrn Feldmann, Tel. 1554.

Die Eingruppierung (nicht die konkrete Lohnhöhe) muss *immer genannt werden*, da der Betriebsrat ein Mitbestimmungsrecht in Sachen Arbeitsbewertung und Eingruppierung hat – u. a. nach § 87 Abs. 1 Nr. 10 BetrVG.

08. Was können die Arbeitsagenturen leisten?

Die Beschaffung über die regionale Arbeitsagentur kann schon deshalb nützlich sein, weil die Leistungen kostenlos sind und niemand über eine bessere Transparenz des örtlichen Arbeitsmarktes verfügt. Trotz vielfacher „Schelte" der Bundesagentur für Arbeit bleibt festzustellen: Die Arbeitsagenturen sind meist sehr schnell in ihrer Vermittlungstätigkeit und bieten Unterstützungsmöglichkeiten, die oft nur unzureichend bekannt sind (z. B. Einarbeitungsbeihilfen, Lohnkostenzuschüsse bei Langzeitarbeitslosen usw.; vgl. SGB III).

Der Nachteil: Die Mehrzahl der Führungskräfte und besonders der qualifizierten Fachkräfte scheuen teilweise die Vermittlung über die Arbeitsagentur, sodass von daher bestimmte Vakanzen nicht bedient werden können. Aber auch für die Zusammenarbeit mit der Arbeitsagentur gilt: Eine qualifizierte Vermittlungsarbeit kann nur zu Stande kommen, wenn auch die Mitarbeiter der Agentur ein exaktes Briefing der Stelle erhalten. Die Arbeitsagenturen sind ständig bemüht, ihr Vermittlungsangebot zu verbessern – durch Informationsvernetzung zwischen den Agenturen, durch Zeitschriften und Sonderdrucke sowie durch die Beratung bei der Gestaltung von Personalanzeigen.

09. Welche Bedeutung hat die Personalrekrutierung via Internet?

Die Bedeutung hat zugenommen; die Mehrzahl der befragten Firmen wollen darauf nicht mehr verzichten. Als Pro-Argumente werden vor allem genannt:

• praktisch, zeitökonomisch, zukunftsweisend, sinnvoll, effektiv
• Selektionsmöglichkeit, Bedienungskomfort, Zielgruppenansprache, Preis-/Leistungsverhältnis, Image, Globalisierung (Euro-Raum).

Die Vorteile überwiegen evt. *Nachteile*:

• Gefahr von Viren, Datensicherheit
• Online-Bewerbungsformular (Aufwand für den Bewerber).

10. Welche weiteren Maßnahmen der Personalbeschaffung sind ebenfalls von Bedeutung?

Als weitere Maßnahmen der Personalbeschaffung können indirekt folgende Möglichkeiten berücksichtigt werden:

• Mehrarbeit
• Urlaubsverschiebung
• Verbesserung der Mitarbeiterqualifikation (Leistungssteigerung)
• D*ienstvertrag*, z. B.
  Abschluss von Honoraraufträgen mit Selbstständigen für die Erstellung von Stellenbeschreibungen, Konzipierung eines Assessmentcenters, Unterstützung bei der Personalauswahl usw.

- *Werkvertrag:*
  Abschluss von Werkverträgen, z. B. Kantinenbewirtschaftung, Automatenbewirtschaftung, Reinigung der Büroräume
- Überbrückung kurzfristiger Personalengpässe durch Personalleasing/Arbeitnehmerüberlassung.

11. Welche Aspekte sind bei der Gestaltung von Stellenanzeigen zu berücksichtigen?

- Zentraler *Maßstab* für eine erfolgreich geschaltete Anzeige ist:
  - Die Anzeige muss gelesen werden – und zwar von der richtigen Zielgruppe.
  - Die Anzeige muss potenziell geeignete Kandidaten zum Handeln veranlassen – nämlich sich zu bewerben.
- *Grundschema:*
  - Wir sind: Werbende Information über das inserierende Unternehmen (Image!)
  - Wir haben: Aussagen über die freie Stelle
  - Wir suchen: Aussagen über erforderliche Voraussetzungen
  - Wir bieten: Aussagen über Leistungen des inserierenden Unternehmens
  - Wir bitten: Angaben über Bewerbungsart und -technik.
- *Inhaltliche Aspekte:*
  - Rechtschreibung
  - Textinhalt
  - Sprache
  - Textstruktur.
- *Technisch-organisatorische Aspekte:*
  - Anzeigengröße
  - Anzeigenträger
  - Anzeigen-Layout
  - Anzeigentermin
  - Anzeigenart
  - Anzeigen-Platzierung.

3.7.4 Personalauswahl   → 9.5.1

01. Welches Ziel muss eine effektive Personalauswahl realisieren?

Ziel der Personalauswahl ist es,

- auf rationellem Wege,
- zum richtigen Zeitpunkt, den Kandidaten zu finden,
- der möglichst schnell die geforderte Leistung erbringt und
- der in das Unternehmen „passt" (in die Gruppe, zum Chef).

02. Welche Grundsätze sind bei der Personalauswahl zu beachten?

Es ist jeder Führungskraft zu empfehlen, bei der Auswahl von Bewerbern einige Grundsätze zu beachten, die sich in der Praxis bewährt haben:

- Es gibt nie den idealen Kandidaten;
  (Wo können oder müssen (bewusst, vertretbar) Kompromisse gemacht werden?)
- Personalauswahl ist immer ein subjektiver Bewertungsvorgang;
  (Wie kann man trotzdem eine gewisse Objektivität erreichen?)
- keine Auswahl von Bewerbern ohne genaue Kenntnis des Anforderungsprofils;
- Analyse des „Umfeldes" der zu besetzenden Stelle vornehmen;
  (Mitarbeiter, Kollegen, Vorgesetzter, Unternehmenskultur usw.)
- Systematik einhalten;
  (Reihenfolge der Auswahlstufen, Berücksichtigung aller Informationen, Berücksichtigung interner Bewerber im Verhältnis zu externen);
- Versuch, ein Höchstmaß an Objektivität zu erreichen;
- Aufwand und Zeitpunkt der Auswahl der Bedeutung der Stelle anpassen;
- Fehlentscheidungen kosten Zeit und Geld;
  (Wie kann man Einstellungsentscheidungen möglichst gut absichern?
  Wie gestaltet man die Probezeit zur „Ausprobierzeit"?)
- den Betriebsrat rechtzeitig und angemessen einbeziehen.

03. Welche Methoden der Personalauswahl können eingesetzt werden?

Insbesondere sind folgende Methoden (auch: Verfahren, Instrumente) geeignet:

• Interview	• Referenzen	• Analyse der Unterlagen	• Personalbogen
• Schriftbildanalyse	• Assessmentcenter	• Ärztliche Eignungs-	• Biografischer
• Testverfahren	• Arbeitsproben	untersuchung	Fragebogen

04. Nach welchen Gesichtspunkten werden eingereichte Bewerbungsunterlagen geprüft?

Einen ersten Eindruck über potenzielle Kandidaten erhält das Unternehmen über die Analyse der Bewerbungsunterlagen. Im Normalfall sind das:

• Anschreiben	• Arbeitszeugnisse
• Lebenslauf	• Schulzeugnisse und ggf.
• Lichtbild	• Unterlagen zur Fortbildung.

05. Welche Aussagen lassen sich aus der Analyse der Bewerbungsunterlagen ableiten?

• *Analysekriterien*

Die Bewerbungsunterlagen werden analysiert nach den Gesichtspunkten *Vollständigkeit, Inhalt, Stil und Form.*

• Beim *Bewerbungsschreiben* wird man vor allem auf folgende Aspekte achten:

- *Form,* z. B.:
  · ordentlich, sauber, klar gegliedert

- *Vollständigkeit,* z. B.:
  · Sind alle wesentlichen Unterlagen vorhanden?
  · Sind alle lt. Anzeige geforderten Unterlagen und Angaben vorhanden?

- *Inhalt,* z. B.:
  · Warum erfolgte die Bewerbung?
  · Welche Tätigkeit hat der Bewerber zurzeit?
  · Welche besonderen Fähigkeiten – bezogen auf die Stelle – existieren?
  · Welche Zusatzqualifikationen liegen vor?
  · Was erwartet der Bewerber von einem Stellenwechsel?
  · Wird auf den Anzeigentext eingegangen?
  · Gibt es Widersprüche? (z. B. zu den Zeugnisaussagen)
  · Ist der Inhalt verständlich gegliedert?

- *Sprachstil,* z. B.:
  · aktiv, konkret, sachlich, Verwendung von Verben oder passiv, unbestimmt, Verwendung von Substantiven;
  · einfacher, klarer Satzbau, logische Satzverbindungen oder Schachtelsätze, unlogische Satzverbindungen;
  · großer Wortschatz, treffende Wortwahl oder geringer Wortschatz, „gestelzte" bzw. unpassende Wortwahl.

• Beim *Lebenslauf* sind drei Analysekriterien aufschlussreich:

- *Die Zeitfolgenanalyse* (= Lückenanalyse) prüft Zeitzusammenhänge, Termine und fragt nach evt. Lücken in der beruflichen Entwicklung. Wie oft wurde die Stelle gewechselt? Wie war die jeweilige Positionsdauer? Gibt es Abweichungen zu den Angaben in den Arbeitszeugnissen? Sind die beruflichen Stationen mit Monatsangaben versehen? Erfolgte der Positionswechsel während der Probezeit? Sind häufige „Kurzzeiträume" vorhanden? Wie ist die Tendenz bei der zeitlichen Dauer? Steigend oder fallend?

- *Die Entwicklungsanalyse* fragt nach dem positionellen Auf- oder Abstieg, dem Wechsel und der Veränderung im Arbeitsgebiet bzw. im Berufsfeld. Ist die berufliche Entwicklung nachvollziehbar? Welchen Trend zeigt sie? Ist die Entwicklung kontinuierlich oder gibt es einen „Bruch"? Werden gravierende Veränderungen begründet? Lassen sich Wechselmotive erkennen?

- *Die Firmen- und Branchenanalyse* untersucht die Fragen: Klein- oder Großbetrieb? Gravierender Wechsel in der Branche? Gibt es – bezogen auf die ausgeschriebene Position – verwertbare Kenntnisse aus vor- oder nachgelagerten Produktionsstufen oder Branchen? Gibt es Gründe für den Branchenwechsel bzw. den Wechsel vom Klein- zum Großbetrieb?

06. Nach welchen Merkmalen werden Arbeitszeugnisse analysiert?

Die Analyse der Arbeitszeugnisse erstreckt sich auf

- *Objektive Tatbestände* sind z. B.:
  - persönliche Daten
  - Dauer der Tätigkeit
  - Tätigkeitsinhalte
  - Komplexität, Umfang der Aufgaben
  - Anteil von Sach- und Führungsaufgaben
  - Vollmachten wie Prokura, Handlungsvollmacht
  - Termin der Beendigung.

- *Tatbestände, die einer subjektiven Bewertung unterliegen,* wie z. B.:
  - die *Schlussformulierung*
    (z. B. „... wünschen wir Herrn ... Erfolg bei seinem weiteren beruflichen Werdegang und ...")
  - der Grund der Beendigung; er ist nur auf Verlangen des Mitarbeiters in das Zeugnis aufzunehmen (z. B. „auf eigenen Wunsch", „in beiderseitigem Einvernehmen")
  - Formulierungen aus dem sog. *Zeugniscode* (Formulierungsskala):
    - sehr gut   = „stets zur vollsten Zufriedenheit"
    - gut   = „stets zur vollen Zufriedenheit"
    - befriedigend   = „zur vollen Zufriedenheit"
    - ausreichend   = „zur Zufriedenheit"
    - mangelhaft   = „im Großen und Ganzen zur Zufriedenheit"
    - ungenügend   = „hat sich bemüht"
  - der Gebrauch von *Spezialformulierungen* (ist in der Rechtsprechung umstritten)
  - das *Hervorheben unwichtiger Eigenschaften* und Merkmale
  - das *Fehlen relevanter Aspekte* (Eigenschaften und Verhaltensweisen, die bei einer bestimmten Tätigkeit von besonderem Interesse sind; z. B. Führungsfähigkeit bei einem Vorgesetzten).

07. Welche Bedeutung hat der Personalfragebogen im Rahmen von Vorstellungsgesprächen?

Im Zusammenhang mit Vorstellungsgesprächen müssen Bewerber in vielen Betrieben zusätzlich zu den Bewerbungsunterlagen noch Personal- oder Einstellungsfragebögen beantworten. Diese Personalbögen enthalten Fragen, die z. T. in der Bewerbung nicht angesprochen wurden, aber für das Unternehmen von Bedeutung sind.

Übliche und erlaubte Fragen in Personalfragebögen sind:

- gekündigtes oder ungekündigtes Arbeitsverhältnis
- derzeitiges Arbeitsverhältnis als ...
- Fragen nach einem Wettbewerbsverbot oder einer Konkurrenzklausel
- wiederholte Bewerbung im Unternehmen
- Frage nach Schwerbehinderung
- Krankenkasse
- Einkommenswunsch.

→ Zum Fragerecht im Rahmen von Auswahlverfahren vgl. ausführlich 3.12.1., S. 483.

08. Welche Merkmale sind typisch für das Assessmentcenter?

- Charakteristisch für ein Assessmentcenter (AC) sind folgende *Merkmale*:
  - Mehrere Beobachter (z. B. sechs Führungskräfte des Unternehmens) beurteilen mehrere Kandidaten (i. d. R. 8 - 12) anhand einer Reihe von Übungen über ein bis drei Tage.

  - Aus dem Anforderungsprofil werden die markanten Persönlichkeitseigenschaften abgeleitet; dazu werden dann betriebsspezifische Übungen entwickelt. Die „Regeln" lauten:
    - Jeder Beobachter sieht jeden Kandidaten mehrfach.
    - Jedes Merkmal wird mehrfach erfasst und mehrfach beurteilt.
    - Beobachtung und Bewertung sind zu trennen.
    - Die Beobachter müssen geschult sein (werden); das AC darf nicht von Laien durchgeführt werden (Anmerkung: die Verfasser).
    - In der „Beobachterkonferenz" erfolgt eine Abstimmung der Einzelbewertungen.
    - Das AC ist zeitlich exakt zu koordinieren.
    - Jeder Kandidat erhält am Schluss im Rahmen eines Auswertungsgesprächs sein Feedback.

- *Typische Übungsphasen* beim AC sind:

  - Gruppendiskussion mit Einigungszwang
  - Einzelpräsentation
  - Gruppendiskussion mit Rollenverteilung
  - Einzelinterviews
  - Postkorb-Übung
  - Fact-finding-Übung (Suche nach Fakten in einer Fallstudie).

09. Welche Testverfahren können bei der Personalauswahl eingesetzt werden?

- *Begriff:*
  Testverfahren im strengen Sinne des Wortes sind wissenschaftliche Verfahren zur Eignungsdiagnostik. Testverfahren müssen folgenden Anforderungen genügen:
  - Die Testperson muss ein typisches Verhalten zeigen können.
  - Das Verfahren muss gleich, erprobt und zuverlässig messend sein.
  - Ergebnisse müssen für das künftige Verhalten typisch (gültig) sein.
  - Die Anwendung bedarf grundsätzlich der Zustimmung des Bewerbers.
  - In der Regel ist die Mitbestimmung des Betriebsrates zu berücksichtigen.

- Man unterscheidet u. a. folgende Testverfahren:

  - *Persönlichkeitstests* erfassen Interessen, Neigungen, charakterliche Eigenschaften, soziale Verhaltensmuster, innere Einstellungen usw.

  - *Leistungstests* messen die Leistungs- und Konzentrationsfähigkeit einer Person in einer bestimmten Situation.

  - *Intelligenztests* erfassen die Intelligenzstruktur in Bereichen wie Sprachbeherrschung, Rechenfähigkeit, räumliche Vorstellung usw.

Testverfahren können – bei richtiger Anwendung – das Bewerberbild abrunden oder auch Hinweise auf Unstimmigkeiten geben, die dann im persönlichen Gespräch hinterfragt werden sollten. Der Aufwand ist i. d. R. nicht unbeträchtlich und rechtfertigt sich nur bei einer großen Anzahl von Kandidaten und homogenem Anforderungsprofil.

Daneben gibt es im betrieblichen Alltag eine Reihe von Auswahlmethoden, die sich mehr oder weniger stark an Prüfungsverfahren anlehnen; z. B. Rechenaufgaben, Rechtschreibübungen, Fragen zum Allgemeinwissen u. Ä., die vor allem bei der Auswahl von Lehrstellenbewerbern eingesetzt werden; fälschlicherweise hat sich auch hier die Bezeichnung „Test" eingebürgert.

10. Welcher Zweck wird mit der ärztlichen Eignungsuntersuchung verfolgt?

- *Zweck:*
  Die ärztliche Eignungsuntersuchung überprüft, ob der Bewerber den Anforderungen der Tätigkeit physisch und psychisch gewachsen ist. In Groß- und Mittelbetrieben wird der Werksarzt die Untersuchung vornehmen, ansonsten übernimmt dies der Hausarzt des Bewerbers auf Kosten des Arbeitgebers.

Das Ergebnis der Untersuchung wird dem Bewerber und dem Arbeitgeber anhand eines Formulars oder Kurzgutachtens mitgeteilt und enthält wegen der ärztlichen Schweigepflicht nur die Aussage
- geeignet,
- nicht geeignet oder
- bedingt geeignet.

Der untersuchende Arzt muss sich präzise über die Anforderungen des Arbeitsplatzes informieren – u. U. vor Ort. Der Wert der ärztlichen Untersuchung ist vor allem darin zu sehen, dass ein Fachmann die gesundheitliche Tauglichkeit für eine bestimmte Tätigkeit überprüft; so können Fehleinschätzungen und mögliche spätere gesundheitliche Schäden bereits im Vorfeld vermieden werden.

• *Gesetzliche Vorgaben:*

  - Daneben ist für bestimmte Tätigkeiten die Untersuchung gesetzlich vorgeschrieben (z. B. Arbeiten im Lebensmittelbereich).

  - Hinzu kommt, dass Jugendliche nur beschäftigt werden dürfen, wenn sie innerhalb der letzten 14 Monate von einem Arzt untersucht worden sind (Erstuntersuchung) und dem Arbeitgeber eine von diesem Arzt ausgestellte Bescheinigung vorliegt (§§ 32 ff. JArbSchG).

11. Welche Grundsätze sind bei der Durchführung des Vorstellungsgesprächs (Einstellungsgespräch, Auswahlinterview) einzuhalten?

Grundsätze:

• Der Hauptanteil des Gesprächs liegt beim Bewerber.
• Überwiegend öffnende Fragen verwenden, geschlossene Fragen nur in bestimmten Fällen, Suggestivfragen vermeiden.
• Zuhören, Nachfragen und Beobachten, sich Notizen machen, zur Gesprächsfortführung ermuntern usw.
• In der Regel: Keine ausführliche Fachdiskussion mit dem Bewerber führen.
• Die Dauer des Gesprächs der Position anpassen.
• Äußerer Rahmen: keine Störungen, kein Zeitdruck, entspannte Atmosphäre.

12. Nach welchen Phasen wird das Vorstellungsgespräch üblicherweise strukturiert?

Phasenverlauf beim Personalauswahlgespräch		
Phase	*Inhalt*	*Beispiele*
I	**Begrüßung**	• gegenseitige Vorstellung • Anreisemodalitäten • Dank für Termin
II	**Persönliche Situation des Bewerbers**	• Herkunft • Familie • Wohnort
III	**Bildungsgang des Bewerbers**	• Schule • Weiterbildung
IV	**Berufliche Entwicklung des Bewerbers**	• erlernter Beruf • bisherige Tätigkeiten • berufliche Pläne

V	Informationen über das Unternehmen	• Größe, Produkte • Organigramm der Arbeitsgruppe
VI	Informationen über die Stelle	• Arbeitsinhalte • Anforderungen • Besonderheiten
VII	Vertragsverhandlungen	• Vergütungsrahmen • Zusatzleistungen
VIII	Zusammenfassung, Verabschiedung	• Gesprächsfazit • ggf. neuer Termin

Die Reihenfolge einiger Phasen kann verändert werden – je nach Gesprächssituation und Erfahrung des Interviewers.

3.8 Personalcontrolling

3.8.1 Ziele und Aufgaben des Personalcontrolling

01. Welche Zielsetzung verfolgt das Personalcontrolling?

• *Begriff:*
  Der Terminus „Controlling" stammt aus dem Rechnungswesen: Unter „to controll" versteht man im Englischen neben „kontrollieren" auch „steuern, lenken, regeln von Prozessen".

• *Zielsetzung:*
  Mithilfe des Personalcontrollings sollen personalpolitische Ziele anhand von Plandaten, Kennziffern und Maßnahmen umgesetzt werden. Die Soll-Ist-Analyse liefert Maßstäbe für die Zielerreichung bzw. zeigt Notwendigkeiten der Zielkorrektur auf.

In der betrieblichen Personalarbeit hat dieser Begriff bisher noch keinen festen Inhalt. Personalcontrolling als Steuerungsinstrument für den ökonomischen Einsatz des Faktors Personal wird jedoch eine der kommenden Schwerpunktaufgaben aller Führungskräfte werden. Gemeint ist nicht einfach nur die simple Betrachtung von Personalkosten und deren budgetmäßige Einhaltung, sondern die Frage: „Welche Personalkosten entstehen und welche Wertschöpfung steht diesen Kosten gegenüber?"

02. Welche Aufgaben hat das Personalcontrolling?

Die Aufgaben des Controlling gehen über den Vorgang der reinen Kontrolle hinaus: Aus dem Vergleich von Soll- und Ist-Werten sind notwendige Korrekturmaßnahmen abzuleiten; dabei können die Korrekturmaßnahmen darin bestehen, dass die formulierten Ziele ggf. korrigiert werden (Zielcontrolling) oder dass die Maßnahmen der Realisierung nachgebessert werden (Aktivitätscontrolling); denkbar sind aber auch Korrekturmaßnahmen bezüglich der Phasen „Planung" und „Organisation" (Planungscontrolling).

Von daher entsprechen die Aufgaben des Personalcontrolling in ihrer logischen Struktur dem *Management-Regelkreis*:

Aufgaben des Personalcontrolling	
Zielcontrolling	Personalpolitische Ziele werden eigenständig formuliert oder aus den Zielen der anderen Funktionsbereiche abgeleitet und kontrolliert (Personalbestände, Qualifikation, Personalkosten, Leistungen des Faktors Arbeit usw.).
Planungscontrolling	Personalarbeit ist zu planen und zu organisieren (Arbeitsstrukturen, Organisation des Personalwesens usw.); die Planungsinstrumente selbst sind wiederum einer Kontrolle zu unterziehen.
Aktivitätscontrolling	Der Prozess der Leistungserstellung ist zu realisieren in Abhängigkeit von den gesetzten Zielen. Die Führung der Mitarbeiter gewinnt dabei ihren besonderen Stellenwert (Konzentration der Ressourcen auf gesetzte oder vereinbarte Ziele).
Erfolgscontrolling	Ziele und Maßnahmen sind zu kontrollieren; ebenso die Wirksamkeit der eingesetzten Kontrollinstrumente. Das Ergebnis des Gesamtprozesses führt in Verbindung mit Lernprozessen wiederum zu einer Formulierung neuer Sollwerte im Personalsektor.

Diese Aufgaben werden als abgeleitete (derivative) Aufgaben bezeichnet. Oberster Maßstab (*Hauptaufgabe*) aller Controllingaktivitäten ist jedoch die *Steuerung und Sicherung der Wertschöpfung* in einem Unternehmen:

Aufgaben des Controlling			
Ziel- **controlling**	**Planungs-** **controlling**	**Aktivitäts-** **controlling**	**Erfolgs-** **controlling**
↓	↓	↓	↓
Steuerung und Sicherung der Wertschöpfung			

03. Wie lauten die Schlüsselfragen des Controlling?

Der Controller hat für die Steuerung des Personalsektors u. a. relevante Ist-Daten zu erheben und die Abweichung „Soll-Ist" zu analysieren. Die *Schlüsselfragen des Controllers* lauten dabei immer:

1. *Wo* war die Abweichung?
2. In welchem *Ausmaß*?
3. *Wann* war die Abweichung?
4. Welche *Konsequenzen* ergeben sich daraus?

3.8.2 Datenmaterial für das Personalcontrolling

01. Welche Untersuchungsobjekte betrachtet das Personalcontrolling?

1. Ist-Daten, die sich auf bestimmte Zustände im Personalsektor beziehen: *Zustandsanalysen*; Beispiel: Höhe der Personalkosten zum Zeitpunkt t_x

2. Ist-Daten, die sich auf die Relation „Kosten/Nutzen" beziehen: *Nutzenanalysen*; Beispiele:

   * „Welche Kosten hat die Personalanzeige X verursacht und welche Wirkung/Nutzen hat sie erbracht?

   * „Was kosten die freiwilligen betrieblichen Sozialeinrichtungen und welche Wirkung/ Nutzen entfalten sie?"
   Das Problem: Die Kosten können i. d. R. recht gut quantifiziert werden; die Zuordnung und Quantifizierbarkeit des Nutzens ist fast immer schwierig (vgl. z. B. die Ansätze im Bildungscontrolling).

3. Ist-Daten, die sich auf einen bestimmten Vorgang/Prozess beziehen: *Vorgangsanalysen* (Prozesscontrolling);

   Beispiel:
   Wie erfolgt in diesem Unternehmen der Prozess der Personalbeschaffung? Zeitlicher Rahmen, Entscheidungsträger, Ablauf der Vorgänge, Wirksamkeit der Beschaffungs- und Auswahlinstrumente, Qualität der innerbetrieblichen Kommunikation usw. Mithilfe des Prozesscontrollings sollen zentrale Prozesse der Wertschöpfung im Personalsektor optimiert werden.

02. Was ist ein Personalinformationssystem (PIS) und wie kann es im Rahmen des Personalcontrolling genutzt werden?

Personalinformationssysteme verknüpfen *unterschiedliche Datenbestände* miteinander und erlauben eine benutzerfreundliche flexible *Auswertung nach unterschiedlichen Kriterien*, die auch miteinander kombiniert werden können (z. B. Personalplanung: „Welche Mitarbeiter der Führungsebene ... mit einem Gehalt ≤ 4.000 € werden in ... Jahren die Altersgrenze 63 erreichen?" usw.).

Ein modernes PIS unterstützt die Tagesfragen der Personalarbeit (z. B. Berichtswesen; intern und extern) und liefert die relevanten Daten für ein effektives Personalcontrolling als Grundlage für personalpolitische Entscheidungen. Die Implementierung eines PIS *ist mitbestimmungspflichtig* (§ 87 Abs. 1 Nr. 6 BetrVG). In der Regel wird man eine *Betriebsvereinbarung* schließen.

Zu beachten ist, dass

* jede Auswertung nur so gut ist, wie die Qualität der Datenbasis, von der man ausgeht

* Pflegeaufwand und Nutzung in wirtschaftlichem Verhältnis stehen

* derartige Systeme die Personalarbeit quantitativ unterstützen, aber nicht die Fach- und Führungskompetenz der Personalverantwortlichen ersetzen können.

03. Welche Kennzahlen der Statistik können für Zwecke des Personalcontrollings genutzt werden?

Überwiegend werden im Personalsektor Verhältniszahlen zur Steuerung der Wirtschaftlichkeit und der Produktivität des Faktors Arbeit eingesetzt. Man analysiert

- *Mengendaten* (Kopfzahlen, Beschäftigte, Pensionäre, Abgänge usw.)
- *Strukturdaten* (Angestellte, Arbeiter, männlich, weiblich, Nationalität, Alter usw.)
- *Kostendaten* (fixe Personalkosten, variable, tarifliche, übertarifliche usw.)
- *qualitative Daten* (Qualifikation, Bildungsabschlüsse, Betriebszugehörigkeit usw.)
- *Verhaltens-/Ereignisdaten* (Krankenstand, Fluktuation, Versetzungen, Urlaub usw.).

Bei dieser Systematisierung gibt es zahlreiche *Überschneidungen*. Letztlich muss jeder Betrieb das personalstatistische Instrumentarium und Berichtswesen für sich selbst entwickeln. Beobachtet werden müssen besonders diejenigen *Eckdaten*, die *für die betriebliche Wertschöpfung* relevant sind. Im Handel sind beispielsweise die betrieblichen Funktionen „Einkauf", „Verkauf" und „Warenmanipulation" sowie die dortige Personalleistung von Interesse.

Daneben ist zu beachten, dass personalstatistische Kennzahlen nicht „stur auswendig gelernt werden können": Sie sind in ihrer Definition in Literatur und Praxis nicht einheitlich (vgl. z. B. die Definition „Fluktuation"). Letztlich ist jede Zahlenrelation sinnvoll, die zur Beantwortung einer bestimmten interessierenden Fragestellung führt.

Aus der Fülle der personalstatistischen Kennzahlen werden im Folgenden einige zentrale Berechnungen exemplarisch behandelt; dabei wird der Versuch einer Systematik unternommen; zum Teil werden die Kennzahlen mit 100 multipliziert oder nicht, je nachdem, ob die Basis gleich 100 gesetzt wird oder nicht:

1. Personalkosten-Kennzahlen:

1.1 Struktur der gesamten Personalkosten, z. B.:

$$\frac{\textit{Entgelt (Löhne und Gehälter)}}{\textit{Personalkosten gesamt}}$$

$$\frac{\textit{Personalzusatzkosten}}{\textit{Personalkosten gesamt}}$$

1.2 Struktur der Personalkosten nach Mitarbeitergruppen, z. B.:

$$\frac{\textit{Personalkosten Lohnempfänger}}{\textit{Personalkosten gesamt}}$$

$$\frac{\textit{Personalkosten Angestellte}}{\textit{Personalkosten gesamt}}$$

1.3 Beziehung der Personalkosten verschiedener Mitarbeitergruppen, z. B.:

$$\frac{\textit{Personalkosten Gehaltsempfänger}}{\textit{Personalkosten Lohnempfänger}}$$

1.4 Personalkosten in Relation zu Daten der Bilanz und der GuV, z. B.:

$$\frac{\textit{Personalkosten}}{\textit{Umsatz}}$$

$$\frac{\textit{Personalkosten}}{\textit{Wert der Produktion}}$$

$$\frac{\textit{Personalkosten}}{\textit{geleistete Arbeitsstunden}}$$

1.5 Personalkosten „pro Kopf", z. B.:

* *Personalkosten gesamt/Kopf*
* *Personalzusatzkosten/Kopf*
* *Personalzusatzkosten, tariflich/Kopf*
* *Durchschnittslohn pro Lohnempfänger*
* *Durchschnittsgehalt pro Gehaltsempfänger*
* *Durchschnittsgehalt pro AT-Angestellter*
* *Mehrarbeitskosten pro Mitarbeiter*
* *Fortbildungskosten pro Mitarbeiter*
* *Fehlzeitenkosten pro Mitarbeiter.*

2. Kennzahlen des Personalbestandes

dabei bedeutet: ø = durchschnittlich, im Durchschnitt

$\sum$ = Summe

2.1 Mittelwerte, z. B.:

$$\textit{ø Personalbestand pro Jahr} = \frac{\sum \textit{der Monatsendbestände Januar - Dezember}}{12}$$

2.2 Strukturdaten, z. B. Gliederung nach folgenden Merkmalen:

* *Nationalität*
* *Vertragsverhältnis (befristet, unbefristet usw.)*
* *Berufsbild/-abschluss*
* *Alter, Geschlecht, Familienstand, Dienstzeit, Ebene, Funktion usw.*

2.3 spezielle Strukturquoten, z. B.:

$$Arbeiterquote\ in\ \% = \frac{Zahl\ der\ Arbeiter \cdot 100}{Personalbestand\ gesamt}$$

$$Ausländerquote\ in\ \% = \frac{Zahl\ der\ ausländ.\ Mitarbeiter \cdot 100}{Personalbestand\ gesamt}$$

$$Facharbeiterquote\ in\ \% = \frac{Zahl\ der\ Facharbeiter \cdot 100}{Anzahl\ der\ Arbeiter\ gesamt}$$

$$Nachwuchsquote\ in\ \% = \frac{Nachwuchsbedarf \cdot 100}{ø\ Personalbestand\ pro\ Jahr}$$

dabei ist:

$$Nachwuchsbedarf = \frac{ø\ Personalbestand\ pro\ Jahr}{ø\ Berufstätigkeit\ in\ Jahren}$$

$$Fluktuationsquote\ in\ \% = \frac{Zahl\ der\ Personalabgänge \cdot 100}{ø\ Personalbestand}$$

$$= \frac{Zahl\ der\ ersetzten\ Personalabgänge \cdot 100}{ø\ Personalbestand}$$

Analog zur Fluktuationsrate lässt sich die Versetzungsrate pro Abteilung ermitteln (hier nach BDA):

$$Versetzungsrate\ pro\ Abt.\ in\ \% = \frac{Zahl\ der\ Abgänge/Abt.\ X \cdot 100}{ø\ Personalbestand\ der\ Abt.\ X}$$

3. Kennzahlen zur Arbeitszeit

$$effektive\ Arbeitszeit\ in\ \% = \frac{Ist\text{-}Arbeitszeit\ (Std.\ oder\ Tage) \cdot 100}{Sollarbeitszeit\ (Std.\ oder\ Tage)}$$

$$Fehlzeitenquote\ in\ \% = \frac{Summe\ der\ Fehlzeiten\ (Std.\ oder\ Tage) \cdot 100}{Sollarbeitszeit\ (Std.\ oder\ Tage)}$$

$$\begin{matrix} Krankenquote\ in\ \% \\ (pro\ Periode:\ Monat/Jahr) \end{matrix} = \frac{Anzahl\ der\ erkrankten\ Mitarbeiter \cdot 100}{ø\ Personalbestand\ (pro\ Periode)}$$

$$\text{Krankheitsausfallquote in \%} = \frac{\text{Krankheitsausfallzeit (Std. oder Tage)} \cdot 100}{\text{Sollarbeitszeit (Std. oder Tage)}}$$

$$\text{Überstundenquote in \%} \atop \text{(Mehrarbeitsquote)} = \frac{\text{Summe der Überstunden gesamt} \cdot 100}{\text{Sollarbeitszeit in Stunden}}$$

4. Kennzahlen der Personalbeschaffung

$$\text{Quote der} \atop \text{Personalbedarfsdeckung in \%} \atop \text{(pro Periode: Monat, Quartal, Jahr)} = \frac{\text{Gedeckter Bedarf (Stellenanzahl)} \cdot 100}{\text{Geplanter Bedarf (Stellenanzahl)}}$$

$$\text{Vorstellungsquote in \%} \atop \text{(pro Vorgang)} = \frac{\text{Anzahl der Vorstellungen} \cdot 100}{\text{Anzahl der Bewerbungen}}$$

$$\text{Einstellungsquote in \%} \atop \text{(pro Vorgang)} = \frac{\text{Anzahl der Einstellungen} \cdot 100}{\text{Anzahl der Bewerbungen}}$$

$$\text{Quote der internen} \atop \text{Stellenbesetzung in \%} \atop \text{(i. d. R. pro Jahr)} = \frac{\text{Anzahl der Stellenbesetzungen aufgrund interner Besetzungen} \cdot 100}{\text{Anzahl der Stellenbesetzungen gesamt}}$$

$$\text{Verbleibquote in \%} \atop \text{(i. d. R. pro Jahr)} = \frac{\text{Anzahl der 20.. eingestellten und heute noch vorhandenen Mitarbeiter} \cdot 100}{\text{Anzahl der 20.. eingestellten Mitarbeiter gesamt}}$$

5. Kennzahlen der Personalentwicklung

$$\text{ø Anzahl der Weiterbildung} \atop \text{pro Jahr pro Mitarbeiter} = \frac{\text{Anzahl der Weiterbildungstage gesamt}}{\text{ø Anzahl der Mitarbeiter pro Jahr}}$$

$$\text{Rendite eines} \atop \text{Bildungsprojekts in \%} = \frac{\text{[Wert/Einnahmen des Projekts - Kosten] in €} \cdot 100}{\text{Kosten des Projekts in €}}$$

3.8.3 Qualitative Aspekte des Personalcontrolling

01. Welche Ansätze eines qualitativen Personalcontrolling gibt es?

Die unter 3.8.2 dargestellten Kennzahlen (Verhältniszahlen, Gliederungszahlen, Zeitreihen usw.) erfassen quantitative (mengenmäßige) Größen zur Messung von Input- und Outputgrößen im Personalsektor. Daneben ist zusätzlich die Kontrolle qualitativer Aspekte von Interesse. Beispiele dafür sind:

- Zufriedenheit der Mitarbeiter
- Motivationslage der Mitarbeiter
- Beurteilungsverfahren und Beurteilungsergebnisse
- Entwicklung der Mitarbeiterqualifizierung bzw. Stand der Personalentwicklung
- Qualität der Mitarbeiterführung.

Derartige „Soft-facts" können nur indirekt gemessen werden und die Ergebnisse sind mit subjektiven Einschätzungen behaftet. Eingesetzt werden z. B. folgende Instrumente um zu Größenvergleichen bzw. einem Ranking zu gelangen:

- Seminarbewertungen
- Vorgesetztenbeurteilung
- Mitarbeiterbefragung
- Personalportfolio
- Personalbilanz (z. B. Gegenüberstellung von Beförderungen, Neueinstellungen, Personalaustritten je Bereich).

Beispiel eines Personalportfolios (auch: Human Resource-Portfolio):
In einer Matrix werden die derzeitigen Stärken und Schwächen der Personalstruktur bzw. einzelner Mitarbeiter abgebildet (in Abwandlung der BCG-Matrix).

		Entwicklungspotenzial	
		niedrig	hoch
Ist-Leistung	niedrig	Leistungsschwache	Nachwuchskräfte „Young Turks"
	hoch	Sehr gute Fachkräfte „Work Horses"	Leistungsstarke „Stars"

3.8.4 Balanced Scorecard

01. Wie ist der konzeptionelle Ansatz bei der Balanced Scorecard?

In heutiger Zeit ist das Management – insbesondere in den börsennotierten Unternehmen – versucht, der kurzfristigen Ergebnisorientierung den Vorrang vor einer langfristigen Unternehmensausrichtung zu geben. Relevant ist die „Portokasse" (der kurzfristige Gewinn, Shareholder Value); die Sicherung langfristiger Erfolgspotenziale (Kunden, Produkte, Märkte) „bleibt auf der Strecke". Um dieser Denkweise entgegenzuwirken, wurde die Balanced Scorecard entwickelt (BSC; balanced: bilanzierend; scorecard: Ergebniskarte):

Das Unternehmen stellt für seine spezielle Situation ein Zahlengerüst zusammen, das die Realisierung strategischer Ziele absichert. Für dieses Zahlensystem sind lediglich die Betrachtungsfelder („Perspektiven": Finanzen, Geschäftsprozesse, Kunden, Innovation/Wachstum) vorgegeben. Die konkrete Ausgestaltung liegt in der Verantwortung des Unternehmens. Es werden nicht nur quantitative sondern auch relevante, qualitative Faktoren wie z. B. Kundenzufriedenheit abgebildet. Mithilfe der BSC kann das visionäre Denken in „den Köpfen der Mitarbeiter" gefördert werden.

Betrachtungsfelder der Balanced Scorecard

Finanzen					Kunden			
Ziele	Kenn-zahlen	Vor-gaben	Maß-nahmen	↔ Strategien, Visionen, Erfolgs-potenziale ↔	Ziele	Kenn-zahlen	Vor-gaben	Maß-nahmen
Geschäftsprozesse					Innovation/Wachstum			
Ziele	Kenn-zahlen	Vor-gaben	Maß-nahmen		Ziele	Kenn-zahlen	Vor-gaben	Maß-nahmen

3.9 Entgeltsysteme

3.9.1 Grundsätze der Entgeltfindung   → 3.12.2

01. Was versteht man unter „Entgelt"?

Das Entgelt (synonym: Arbeitsentgelt, Vergütung, Lohn) stellt die *materielle Gegen-leistung* des Arbeitgebers an den Arbeitnehmer für geleistete Arbeit dar. Grundsätzlich kann zwischen dem Lohn (= Entgelt der gewerblichen Arbeitnehmer) und dem Gehalt (= Entgelt der Angestellten) unterschieden werden.

02. Welche Bedeutung hat der Lohn für den Arbeitgeber/die Arbeitnehmer?

* *Für die Arbeitnehmer* ist der Lohn eine Frage der *Existenzsicherung* und damit ein „Muss". Ab einer bestimmten Lohnhöhe kann der Lohn zusätzliche Anreizwirkung entfalten (vgl. dazu die Thesen von Herzberg: „Lohn als Hygienefaktor" und „Lohn als Motivationsfaktor").

* *Für den Arbeitgeber* ist der Lohn (meist) ein bedeutender *Kostenfaktor*, der seinen Gewinn beeinflusst. Der Faktor Personal ist (trotz) aller schön gemeinten Worte ein „Kostenverursacher" und damit ebenfalls ein „Faktor der Existenzsicherung auf der Arbeitgeberseite".

03. Welche Zielsetzung verfolgt die betriebliche Entgeltpolitik?

* Der gezahlte Lohn soll dem Arbeitnehmer als gerecht erscheinen. Lohngerechtigkeit bedeutet dabei

  - *gerechte Entlohnung innerhalb* der Produktionsfaktoren (gerechte Verteilung be-zogen auf die betrieblichen Produktionsfaktoren: ausführende Arbeit, dispositive Arbeit, R-H-B-Stoffe, Betriebsmittel)

  - *gerechte Lohndifferenzierung* („Mehr Leistung → mehr Lohn").

* Dem gezahlten Lohn („Kosten") muss auf betrieblicher Seite ein äquivalentes Ergebnis gegenüberstehen.

* Lohnpolitik wird bestrebt sein, wirtschaftliche Input/Output-Relationen zu erhalten und zu verbessern (Stichwort: Produktivität des Faktors Arbeit).

04. Was bedeutet „relative Lohngerechtigkeit"?

Eine *absolute Lohngerechtigkeit ist nicht erreichbar*, da es keinen absolut objektiven Maßstab zur Lohnfindung gibt. Bestenfalls ist eine relative Lohngerechtigkeit realisier-bar. „Relativ" heißt vor allem, dass

* unterschiedliche Arbeitsergebnisse zu unterschiedlichem Lohn führen
* unterschiedlich hohe Arbeitsanforderungen differenziert entlohnt werden.

05. Welche Grundsätze der Entgeltfindung lassen sich nennen?

1. *Leistung des Mitarbeiters („Leistungsgerechtigkeit"):* Bei gleichem Arbeitsplatz (gleichen Anforderungen) soll eine unterschiedlich hohe Leistung differenziert entlohnt werden. Dazu bedient man sich

   - der Arbeitsstudien (Stichwort: Normalleistung),
   - unterschiedlicher Verfahren der Leistungsbeurteilung oder auch
   - dem Instrument der Zielvereinbarung i. V. m. ergebnisorientierter Entlohnung,

   um die Leistung des Mitarbeiters „objektiv zu messen". Im Ergebnis führt dies zu unterschiedlichen Lohnformen (Leistungslohn, Zeitlohn, erfolgsabhängige Entlohnung, Prämie, Tantieme usw.).

2. *Anforderungen des Arbeitsplatzes („Anforderungsgerechtigkeit"):* Mithilfe der *Arbeitsbewertung* soll die relative Schwierigkeit einer Tätigkeit erfasst werden. Über verschiedene Methoden der Arbeitsbewertung (summarisch oder analytisch; Prinzip der Reihung oder Stufung) werden die unterschiedlichen Anforderungen eines Arbeitsplatzes erfasst. Im Ergebnis führt dies zu unterschiedlichen „Lohnsätzen" (z. B. Gehaltsgruppen), und zwar je nach Schwierigkeitsgrad der zu leistenden Arbeit auf dem jeweiligen Arbeitsplatz.

3. *Soziale Überlegungen („Sozialgerechtigkeit"):* Neben den Kriterien „Anforderung" und „Leistung" können soziale Gesichtspunkte wie Alter, Familienstand, Betriebszugehörigkeit des Arbeitnehmers herangezogen werden.

4. *Leistungsmöglichkeit (Arbeitsumgebung):* Bei gleicher Anforderung und gleicher Leistungsfähigkeit wird eine bestimmte Tätigkeit trotzdem zu unterschiedlichen Leistungsergebnissen führen, wenn die *Arbeits- und Leistungsbedingungen unterschiedlich sind*, z. B.:

   - Ausstattung des Arbeitsplatzes
   - Unternehmensorganisation
   - Betriebsklima usw.
   - Führungsstil
   - Informationspolitik.

   In der Praxis ist dieser Sachverhalt bekannt. Da er sich kaum oder gar nicht quantifizieren lässt, wird er meist nur ungenügend bei der Entgeltbemessung berücksichtigt.

5. *Sonstige Bestimmungsfaktoren*: Darüber hinaus gibt es weitere Faktoren, die im speziellen Fall bei der Lohnfindung eine Rolle spielen können, z. B.:

   - *Branche* (z. B. Handel oder Chemie),
   - *Region* (z. B. München oder Emden),
   - *Tarifzugehörigkeit*,
   - spezielle *Gesetze* sowie
   - *Qualifikation* (Entgeltdifferenzierung nach allgemein gültigen Bildungsabschlüssen).

3.9.2 Entgeltformen

01. Welche grundsätzlichen Entgeltformen (Lohnformen) gibt es?

Formen der Entgeltgewährung	Geldlohn	
	Naturallohn	
Differenzierung nach Mitarbeitergruppen	Arbeiter → Lohn	
	Angestellte → Gehalt	
	Auszubildende → Ausbildungsvergütung	
	Rentner → Betriebsrente	
Differenzierung nach der Art der Berechnung	**Zeitlohn**	reiner Zeitlohn (ohne Zulagen)
		Zeitlohn + Zulagen, z. B. Leistungszulage
		Zeitlohn (Fixum) + Provision
		Zeitlohn + Prämie
	Leistungslohn	Akkordlohn: • Zeitakkord/Geldakkord • Einzelakkord/Gruppenakkord

		Prämienlohn:
		• Grundprämienlohn
		• Zusatzprämienlohn:
		  Mengen-, Qualitäts-, Nutzungs-, Ersparnis-,
		  Termin-, Sorgfaltsprämie
		• Einzelprämie/Gruppenprämie

		Pensumlohn: • Vertragslohn • Programmlohn • Festlohn mit Tagesleistung
	Sonderformen, Zusatzentgelte	Zuschläge: • Mehrarbeit • Nachtarbeit
		Sozialzulagen: • Nachteilsausgleich • Leistung • Besitzstand • Funktion
		Mitarbeiterbeteiligung: • Erfolgsbeteiligung • Kapitalbeteiligung
		Gratifikationen/Zusatzleistungen: • Betriebliche Altersversorgung • Dienstwagen • Weihnachts-/Urlaubsgeld
		Provisionen: • Umsatz • Ergebnis • Deckungsbeitrag
		Lohn ohne Leistung: Krankheit, Urlaub, Feiertage, tarifliche Freistellungs-sachverhalte

02. Welche Lohnformen lassen sich nach der Art der Berechnung differenzieren?

- Beim *Zeitlohn* wird die im Betrieb verbrachte Zeit vergütet – unabhängig von der tatsächlich erbrachten Leistung. Ein mittelbarer Bezug zur Leistung besteht nur insofern, als „ein gewisser normaler Erfolg laut Arbeitsvertrag geschuldet wird". Der Zeitlohn wird insbesondere eingesetzt bei

  - besonderer Bedeutung der Qualität des Arbeitsergebnisses,
  - erheblicher Unfallgefahr,
  - kontinuierlichem Arbeitsablauf,
  - nicht beeinflussbarem Arbeitstempo,
  - nicht vorherbestimmbarer Arbeit,
  - quantitativ nicht messbarer Arbeit sowie
  - schöpferisch-künstlerischer Arbeit usw.

- *Löhne* (im eigentlichen Sinne) werden an gewerbliche Mitarbeiter (Arbeiter) gezahlt; hier erfolgt die Entlohnung i. d. R. auf Stundenbasis (Anzahl der Stunden · Lohnsatz pro Stunde); z. B. ergibt sich bei einem Arbeiter mit einem Stundenlohn von 10 € und einer Arbeitszeit von 167 Stunden im Monat ein Bruttomonatsentgelt von 167 Std. · 10 € = 1.670 €.

- *Gehälter* werden an technische und kaufmännische Angestellte gezahlt; pro Zeiteinheit (meist pro Monat) ist vertraglich ein fester Euro-Wert vereinbart, z. B.: der technische Angestellte Huber erhält lt. Arbeitsvertrag ein monatliches Bruttoentgelt von 1.800 €. Nach der Tarifbindung unterscheidet man z. B. innerhalb der „Gehälter" folgende Formen:

  - Von *Tarifgehältern* spricht man, wenn das vereinbarte Gehalt innerhalb der Tarifgruppen liegt.
  - Bei sog. *AT-Gehältern* (= außertariflichen Gehältern) liegt das vereinbarte Gehalt oberhalb der höchsten Tarifgruppe. Das AT-Gehalt ist sprachlich zu unterscheiden vom übertariflichen Gehalt; hier zahlt der Arbeitgeber neben dem Tarifgehalt eine *übertarifliche Zulage.*

- *Zulagen/Prämien:* Löhne und Gehälter können als „reiner Lohn" (oder Gehalt) gezahlt werden oder in Verbindung mit einer Zulage und/oder einer Prämie. Bei den Zulagen kommt vor allem die (meist tariflich vorgeschriebene) *Leistungszulage* in Betracht.

- *Vor- und Nachteile des Zeitlohns:*

Zeitlohn	
Vorteile	**Nachteile**
• einfache Berechnung	• fehlender/geringerer Anreiz zur Mehrleistung
• Vermeidung von Überbeanspruchung	
• Schaffung hoher Qualitätsstandards	• Minderleistungen gehen zu Lasten des Arbeitgebers
• konstantes Einkommen für den Mitarbeiter	
• weniger Stress	• ist schwieriger zu kalkulieren (Äquivalenz von Lohn und Leistung)
• geringere Unfallgefahr	

- Der *Akkordlohn* ist ein echter Leistungslohn. Die Höhe des Entgelts ist von der tatsächlichen Arbeitsleistung direkt abhängig. Der Akkordlohn kann dann eingesetzt werden, wenn folgende Voraussetzungen vorliegen:

  - *Akkordfähigkeit,* d. h. der Arbeitsablauf ist im Voraus bekannt, gleichartig und regelmäßig.

  - *Akkordreife,* d. h. der Arbeitsablauf weist keine Mängel auf und wird von der Arbeitskraft in ausreichendem Maße beherrscht.

  - *Beeinflussbarkeit,* d. h. die Arbeitskraft muss die Leistungsmenge direkt und in erheblichem Maße beeinflussen können.

Die Berechnungsbasis beim Akkordlohn besteht aus zwei Bestandteilen:

- dem tariflich garantierten Mindestlohn und
- dem Akkordzuschlag.

Beispiel:

	Mindestlohn lt. Tarif	20,00 €
+	Akkordzuschlag von z. B. 25 %	5,00 €
=	Akkordrichtsatz	25,00 €

Der Akkordrichtsatz ist die Ausgangsbasis für die Berechnung, bei der zwei Berechnungsarten unterschieden werden:

- Beim *Stückakkord* wird ein bestimmter Geldbetrag pro Leistungseinheit festgelegt:

Stückakkordsatz	Akkordrichtsatz : Normalleistung pro Zeiteinheit in Einheiten
Stückakkord	Stückzahl · Stückakkordsatz

- Der *Zeitakkord* setzt sich aus zwei Berechnungskomponenten zusammen:

1. Minutenfaktor	Akkordrichtsatz : 60
2. Zeitakkordsatz	60 : Normalleistung pro Stunde

Der Akkordlohn ergibt sich hier rechnerisch aus der Multiplikation von (1) und (2), mit der Stückzahl, d. h.

Zeitakkord	Zeitakkordsatz · Minutenfaktor · Stückzahl

Der Akkordlohn kann als *Einzelakkord* oder als *Gruppenakkord* gestaltet sein.

* *Vor- und Nachteile beim Akkordlohn:*

Akkordlohn	
Vorteile	**Nachteile**
• Anreiz zur Mehrleistung	• Gefahr der Überlastung
• verbesserte Lohngerechtigkeit	• Gefahr von Qualitätseinbußen
• Beeinflussung durch den Mitarbeiter möglich	• gf. höherer Material- und Energieverbrauch
• Arbeitgeber trägt nicht das Risiko der Minderleistung	• höhere Unfallgefahr
• konstante Stückkosten → klare Kalkulation	

* Der *Prämienlohn* besteht aus

  - einem leistungsunabhängigen Teil, dem *Grundlohn* und
  - einem leistungsabhängigen Teil, der *Prämie.*

Der Prämienlohn kann immer dann eingesetzt werden, wenn

  - die Leistung vom Mitarbeiter (noch) beeinflussbar ist, aber
  - die Ermittlung genauer Akkordsätze nicht möglich oder unwirtschaftlich ist,
  - die Arbeitsbedingungen einigermaßen konstant und für die betreffenden Mitarbeiter gleich sind sowie
  - Vorgabeleistungen ermittelt worden sind.

Weiterhin gehört zu den Voraussetzungen, dass die Prämie so gestaltet ist, dass

  - sie für den Arbeitnehmer einen Anreiz darstellt,
  - das System transparent und nachvollziehbar ist und
  - sie für den Arbeitgeber wirtschaftlich ist.

Analog zum Akkordlohn unterscheidet man *Einzelprämie* und *Gruppenprämie.* *Bemessungsgrundlagen* beim Prämienlohn können sein:

  - Mengenleistungsprämie
  - Qualitätsprämie (Güteprämie)
  - Ersparnisprämie (Rohstoffausnutzung, Abfallvermeidung)
  - Nutzungsprämie bezogen auf den Maschineneinsatz
  - Termineinhaltungsprämie
  - Umsatzprämie usw.

Das Grundprinzip bei der Prämiengestaltung ist, dass der Nutzen der erbrachten Mehrleistung zwischen Arbeitgeber (Zusatzerlöse) und Arbeitnehmer (Prämie) planmäßig in einem bestimmten Verhältnis aufgeteilt wird (z. B. konstant 50:50). Die Prämie kann an quantitative oder qualitative Merkmale gebunden sein.

Je nachdem, wie der Arbeitgeber das Leistungsverhalten des Arbeitnehmers beeinflussen will, wird der Verlauf der Prämie unterschiedlich sein:

- Beim *progressiven Verlauf* soll der Arbeitnehmer zu maximaler Leistung angespornt werden. Mehrleistungen im unteren Bereich werden wenig honoriert.

- Beim *proportionalen Verlauf* besteht ein festes (lineares) Verhältnis zwischen Mehrleistung und Prämie. Der Graph dieser Prämie ist eine Gerade mit konstanter Steigung. Maßnahmen zur Steuerung der Mehrleistung sind hier nicht vorgesehen.

- Beim *degressiven Prämienverlauf* wird angestrebt, dass möglichst viele Arbeitnehmer eine Mehrleistung (im unteren Bereich) erzielen. Mehrleistungen im oberen Bereich werden zunehmend geringer honoriert – die Kurve flacht sich ab.

- Der *s-förmige Prämienverlauf* ist eine Kombination von progressivem, proportionalem und degressivem Verlauf. Der Arbeitgeber will erreichen, dass möglichst viele Arbeitskräfte eine Mehrleistung im Bereich des Wendepunktes der Kurve erzielen.

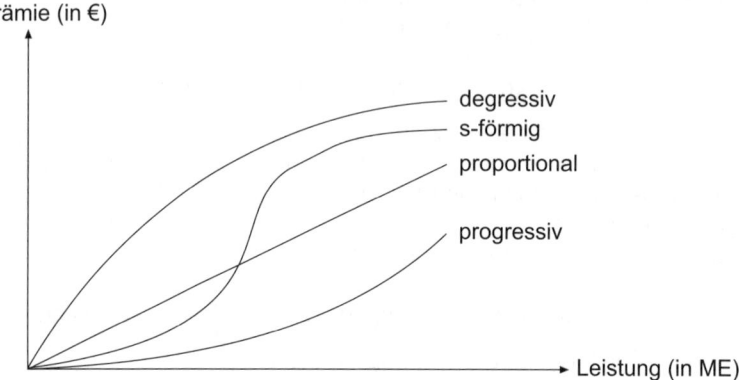

- *Vor- und Nachteile* des Prämienlohns:

Prämienlohn	
Vorteile	**Nachteile**
Anreiz zu wirtschaftlicher Arbeit	Probleme bei der Gestaltung des Verteilungsschlüssels
Motivation und ggf. geringere Fluktuation	meist aufwändig in der Berechnung
positive Beeinflussung der Qualität	schwieriger zu kalkulieren

- Kennzeichnend für den *Gruppenlohn* ist, dass mehrere Arbeitnehmer gemeinsam entlohnt werden. Sinnvoll ist die Gruppenentlohnung im Allgemeinen nur dann, wenn bestimmte *Voraussetzungen* erfüllt sind:

  - Die Arbeitsgruppe muss überschaubar und stabil sein.
  - Die Tätigkeiten der Gruppenmitglieder müssen ähnlich sein.
  - Die Leistungsunterschiede dürfen nur relativ gering sein.
  - Die Entlohnungsform muss transparent und nachvollziehbar sein.

Die Gruppenentlohnung kann auf einem Akkordsystem oder einem Prämiensystem basieren. Das Kernproblem liegt in der Gestaltung des Verteilungsschlüssels, der zur *Aufteilung des Mehrverdienstes* herangezogen wird. In der Praxis erfolgt die Verteilung des Mehrverdienstes meist über sog. Äquivalenzziffern, die nach den o. g. Prinzipien (oder einer Kombination dieser Prinzipien) gebildet werden.

* *Vor- und Nachteile des Gruppenlohns*:

Gruppenlohn	
Vorteile	**Nachteile**
gegenseitige Kontrolle der Gruppenmit-glieder	Probleme bei der Wahl des Verteilungs-schlüssels
„Leistungsschwächere" werden motiviert	ggf. Auftreten von Konflikten
„Leistungsstarke" werden „gefördert"	„Leistungsstarke" werden „gebremst"
Förderung der Kooperation und des Zusammenhalts	ggf. sozialer Druck gegen Leistungs-schwächere

03. Welche Lohnzuschläge sind gängige Praxis?

Neben dem Grundlohn können *Zuschläge* (z. T. auch als *Zulagen* bezeichnet) vergütet werden – z. B. als feste Euro-Größe oder als prozentualer Zuschlag zum Entgelt. Sie werden z. B. gezahlt auf der Grundlage von *Tarifbestimmungen* (z. B. Zuschläge für Sonntagsarbeit), aufgrund *einzelvertraglicher* Vereinbarung oder von Fall zu Fall als *freiwillige Leistung* des Arbeitgebers, z. B.:

* Nachtzuschläge
* Feiertagszuschläge
* Trennungsentschädigungen
* Kinderzuschläge
* Sonntagszuschläge
* Gefahrenzuschläge
* Auslösungen
* Mehrarbeitszuschläge usw.

Mehrarbeitszuschläge sind immer dann zu zahlen, wenn die tatsächliche Arbeitszeit über die Regelarbeitszeit hinausgeht; üblich sind Zuschläge zwischen 20 - 50 % des regelmäßigen Entgelts. *Voraussetzung* ist, dass die Mehrarbeit *angeordnet* oder vom Arbeitgeber geduldet wurde. Bei der Anordnung der Mehrarbeit hat der Arbeitgeber die *Mitbestimmungsrechte* des Betriebsrates sowie die einschlägigen Gesetze zu beachten (z. B. ArbZG).

04. Welche Nebenleistungen werden in der Praxis häufig gewährt?

* *Sondervergütungen zu bestimmten Anlässen*, z. B.:
  - Weihnachten   - Urlaub
  - Geschäftsjubiläen   - Dienstjubiläen
  - Heirat   - Gratifikation.
  - Geburt eines Kindes usw.

- *Sondervergütungen aufgrund eines Regelungswerkes* sind z. B.:
  - Erfindervergütungen
  - Tantiemen
  - Boni
  - Zahlungen aus dem betrieblichen Vorschlagswesen (BVW).

Unter bestimmten Voraussetzungen kann sich bei einigen Sondervergütungen für den Arbeitnehmer eine *Rückzahlungspflicht* ergeben; z. B. wenn er das Arbeitsverhältnis zum 31.03. des Folgejahres kündigt (Stichwort: Weihnachtsgeld). Einzelheiten dazu sind dem jeweiligen Tarifvertrag oder dem Arbeitsvertrag zu entnehmen.

- *Erfolgsbeteiligungen*, z. B.:
  - Barauszahlungen
  - Schuldscheine
  - Belegschaftsaktien
  - Sparkonten.

Der Arbeitgeber hat bei der Gestaltung von Sonderzahlungen den *Gleichbehandlungsgrundsatz* zu beachten.

05. Wie sind Umsatzprovisionen gestaltet?

Eine Provision ist das Entgelt für die Vermittlung eines Auftrags (eines Verkaufs). Man unterscheidet: Umsatzprovisionen, Vermittlungsprovisionen, Abschlussprovisionen.

Sie ist im Verkauf/Vertrieb (Reisende) eine übliche Form der Vergütung und kann als Prozentsatz oder Promillesatz (bei sehr hochwertigen Wirtschaftsgütern) vom erzielten Umsatz berechnet werden. Denkbar ist auch die Kopplung an den Deckungsbeitrag oder andere betriebswirtschaftliche Kennziffern. Die Umsatzprovision gehört zu den variablen Entgeltformen: In der Regel erhält der Mitarbeiter eine *fixe Grundvergütung* (auch: Fixum; die Mindesthöhe ist in einigen Tarifverträgen für Tarifmitarbeiter festgeschrieben) und eine *variable Umsatzvergütung*. Die Provision kann durchaus deutlich höher sein als das Festgehalt. Damit sollen Leistungsanreize geschaffen werden. Der Mitarbeiter ist direkt am Verkaufserfolg beteiligt, trägt aber auch ein nicht unerhebliches Risiko der Höhe und der Konstanz seines Einkommens.

Beispiel:	Festgehalt:	1.800 €		
	Umsatz im Monat Juni:	250.000 €		
	Provisionssatz:	1,5 % vom Umsatz		
	Gehalt im Monat Juni:			
	Festgehalt	=	1.800 €	
	Provision	=	1,5 % von 250.000 €	= 3.750 €
	Summe	=	5.550 €	

Alternativ zur Provisionsgestaltung können auch Prämien gezahlt werden, z. B.:

- Prämien auf Einzelartikel
- Prämien auf Artikelgruppen (z. B. Zubehör)
- Prämien bei Erreichen eines bestimmten Zielumsatzes.

06. Welche Inhalte und Möglichkeiten bieten Cafeteria-Systeme?

• *Inhalte:*
Ein Cafeteria-System ist ein individuelles und flexibles System der Vergütung. Bezogen auf die Gewährung betrieblicher Sozialleistungen erhalten die Mitarbeiter die Möglichkeit, aus einer Palette von Maßnahmen diejenigen auszuwählen, die für sie einen entsprechenden Anreiz darstellen: So wird z. B. der ältere Mitarbeiter eher die betriebliche Altersversorgung wählen, während für jüngere mehr das Baudarlehen und/oder der Dienstwagen interessant ist. Auf diese Weise kann der Betrieb „ein Paket betrieblicher Sozialleistungen schnüren", dessen Kosten steuerbar bleiben (meist erfolgt in der Praxis eine Reduzierung der Gesamtleistung); die Attraktivität wird dadurch erhöht, dass die Mitarbeiter entsprechend ihrer Motivlage auswählen können und dadurch die einzelne Leistung bewusster als Wert wahrnehmen.

Die Merkmale eines Cafeteria-Systems sind im Einzelnen:

- Wahlmöglichkeit
- Quantifizierung der einzelnen Leistung
- Wahlturnus (= Geltungsdauer der Wahl)
- Festlegung der Periode (pro Kalenderjahr oder ggf. Übertragbarkeit)
- Restsummenregelung (Regelung über „nicht verbrauchte Leistungen")
- Mitbestimmung des Betriebsrates (§ 87 Abs. 10 BetrVG).

• *Möglichkeiten:*
1. *Auswahlplan:*   Auswahl *aus der gesamten Palette* im Rahmen eines individuellen Budgets (jede Leistung muss in Geldeinheiten quantifiziert sein).

2. *Kernangebot*
+ *Zusatzangebot:*   Alle *Mitarbeiter erhalten ein Kernangebot* (z. B. betriebliche Altersversorgung); aus einer Zusatzpalette weiterer Leistungen kann im Rahmen eines Budgets gewählt werden.

3. *Auswahlpläne*
für Zielgruppen: Die betrieblichen Leistungen werden in Einzelpakete strukturiert, die sich an der Motivstruktur und der Vergütung bestimmter Zielgruppen orientieren; der Mitarbeiter kann auswählen aus dem für seine Zielgruppe spezifischem Paket;

Beispiel:

Paket 1: →AT-Angestellte

Dienstwagen inkl. privater Nutzung:	12.000 Geldeinheiten
Altersversorgung:	6.000 Geldeinheiten
Baudarlehen:	6.000 Geldeinheiten
Parkplatz/Tiefgarage:	1.000 Geldeinheiten

- Herr Huber, Leiter Marketing, wählt „Dienstwagen + Parkplatz"
  ($\sum$ = 13.000 GE).
- Herr Zahl, Leiter Rechnungswesen, wählt „Altersversorgung + Baudarlehen"
  ($\sum$ = 12.000 GE; zuzüglich einer Restsumme von 1.000 GE).

07. Welche Festlegungen enthält die Mindestlohnregelung?

• Der Mindestlohn wird vom Gesetzgeber festgelegt. In Deutschland sind 8,50 € pro Arbeitsstunde vorgeschrieben. Die Höhe des Mindestlohns kann durch eine Tarifkommission geändert werden.

• Der Mindestlohn gilt in Deutschland für bestimmte Branchen und gilt für festangestellte, befristet sowie geringfügig Beschäftigte. Dadurch gelten in einigen Branchen Mindestlohnbestimmungen, auch wenn die Unternehmen nicht tarifgebunden sind.

• Der gesetzliche Mindestlohn ist ein Eingriff in die Tarifhoheit der Tarifpartner.

• *Grafische Darstellung:*

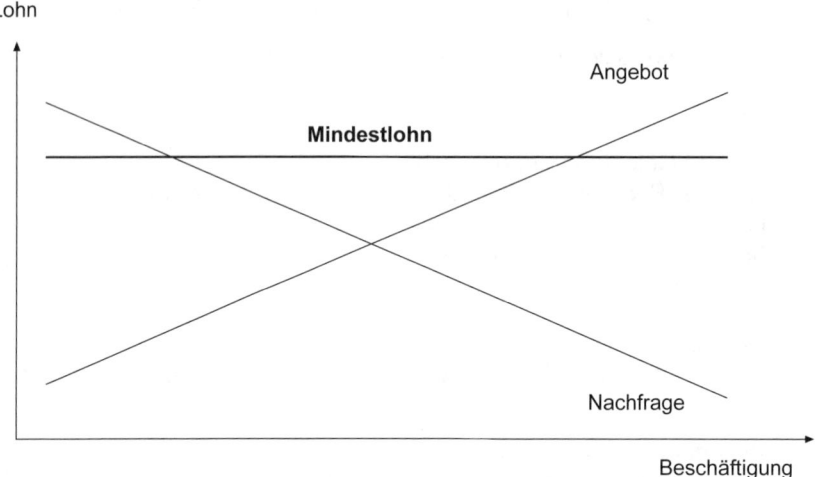

3.9.3 Freiwillige Sozialleistungen

01. Welche Ziele verfolgt die betriebliche Sozialpolitik?

Heute verfolgt die betriebliche Sozialpolitik – ebenso wie andere Felder der Personalpolitik – vor allem *wirtschaftliche* und *soziale* Ziele. Im Einzelnen:

• Steigerung der Arbeitsmotivation und Verbesserung der Leistung
• Stabilisierung der Leistungskraft der Mitarbeiter
• Verbesserung der Arbeitszufriedenheit
• Erarbeiten von Vorteilen am Arbeitsmarkt (Beitrittsfunktion)
• Bindung der Mitarbeiter an das Unternehmen (Bindungsfunktion; Verringerung der Fluktuation)
• Förderung der Mitarbeiter (Entwicklungsfunktion)
• Wahrnehmung von Steuer- und Finanzvorteilen
• Ausgleich sozialer Härten
• ethische Motivation (Fürsorgegedanke)
• Verbesserung des Unternehmensimage.

02. Welche Bedeutung hat die betriebliche Sozialpolitik?

• Im Verhältnis *Unternehmen/Gesellschaft* ist die betriebliche Sozialpolitik:

- eine Ergänzung der staatlichen Sozialpolitik
- abhängig von den Einzelpolitiken des Staates, wie z. B. Steuerpolitik, Strukturpolitik, Familienpolitik
- eingebettet in den gesellschaftlichen und politischen Wandel
- abhängig von der allgemeinen wirtschaftlichen und konjunkturellen Lage.

• Im Verhältnis *Unternehmen/Mitarbeiter* ist die betriebliche Sozialpolitik:

- eingebunden im Spannungsverhältnis von „Werteorientierung der Mitarbeiter" und „Ertragslage des Unternehmens"
- getragen vom Leitgedanken des „Ausgleichs zwischen wirtschaftlichen und sozialen Zielen".

03. Wie werden Sozialleistungen und Sozialeinrichtungen unterschieden?

• Bei den *Sozialleistungen* richtet sich die Wirkung der Maßnahme *direkt an den einzelnen Mitarbeiter*, sie ist oft mit ihm namentlich verbunden, z. B.:

- Gratifikationen
- Darlehen
- Fonds für Härtefälle
- verlängerte Entgeltfortzahlung
- Leistungen zu besonderen Anlässen (Tod, Geburt, Heirat) usw.

• Bei den *Sozialeinrichtungen* besteht nur eine *indirekte Wirkung für den einzelnen Mitarbeiter*. Weiterhin bezeichnet dieser Sammelbegriff i. d. R. betriebliche Einrichtungen, die – auf Dauer angelegt – bestimmten sozialen Zwecken dienen und für die bis zu einem gewissen Grade *eine eigene Organisation* für die Verwaltung der Mittel besteht, z. B.:

- Kantine	- Werkswohnungen
- Verkaufsstellen	- Erholungseinrichtungen
- Automaten zum Verkauf verbilligter Waren	- Sportanlagen
- Parkraum	- Werksverkehr mit Bussen
- Kindertagesstätten	- betriebsärztlicher Dienst usw.

04. Welche Gestaltungsformen der betrieblichen Altersversorgung sind zu unterscheiden?

• Bei der *Direktzusage* erhalten die Arbeitnehmer einen Rechtsanspruch auf Versorgungsleistungen *direkt gegenüber dem Arbeitgeber* – vorausgesetzt, dass dieser entsprechende Rückstellungen in der Steuerbilanz vorgenommen hat (sonst nach Vereinbarung). Träger der Leistung ist das Unternehmen selbst. Eine Eigenbeteiligung der Arbeitnehmer ist ausgeschlossen.

• Die *Unterstützungskasse* gewährt unter bestimmten Voraussetzungen neben Renten meist auch Beihilfen unterschiedlichster Art. Es besteht kein Rechtsanspruch auf die Versorgungsleistung. Unterstützungskassen sind jedoch an den Grundsatz von Treu und Glauben gebunden, sodass eine Kürzung oder Beendigung der Leistungen nur bei Vorliegen sachlicher Gründe erfolgen kann. Träger der Unterstützungskasse ist das Unternehmen; dabei ist die Unterstützungskasse eine *rechtlich selbstständige Einrichtung* (e. V., GmbH).

• Die *Pensionskassen/Pensionsfonds* (einzelner oder mehrerer Unternehmen) haben eine *eigene Rechtspersönlichkeit* (Versicherungsverein auf Gegenseitigkeit) und gewähren einen Rechtsanspruch auf die Versorgungsleistung. Die Pensionskassen unterliegen der Versicherungsaufsicht. Die Finanzierung der Beiträge erfolgt durch das Unternehmen. Eigenleistungen der Mitarbeiter sind jedoch möglich.

• Bei der *Direktversicherung* schließt der Arbeitgeber bei einer privaten Versicherungsgesellschaft einen Versicherungsvertrag (z. B. Lebensversicherung in Form einer Einzel- oder einer Gruppenversicherung) zu Gunsten des Arbeitnehmers ab. Die Leistungen werden ganz oder teilweise vom Arbeitgeber finanziert. Möglich ist jedoch auch eine Eigenbeteiligung der Mitarbeiter in Form einer Gehaltsumwandlung innerhalb der steuerlichen Höchstgrenzen. Die Gehaltsumwandlung bringt für den Arbeitnehmer den Vorteil der Pauschalversteuerung. Der Mitarbeiter erwirbt einen Rechtsanspruch.

• *Förderung:*
Der Staat fördert die Entgeltumwandlung zugunsten einer betrieblichen Altersversorgung zweifach: Für Beiträge bis zu 4 % der Beitragsbemessungsgrenze in der gesetzlichen Rentenversicherung fallen keine Sozialabgaben an. Zusätzlich gibt es steuerliche Vorteile, die sich je nach Form der betrieblichen Altersversorgung und dem Zeitpunkt der Versorgungszusage unterscheiden.

• *Steuerliche Behandlung:*
Bei einer Direktzusage oder einer Unterstützungskasse zahlen Arbeitnehmer während der Ansparphase keine Steuern. Erst die Versorgungsleistungen sind steuerpflichtig. Beiträge zu Pensionsfonds, Pensionskassen oder für Direktversicherungen werden unterschiedlich gefördert, je nachdem, wann der Arbeitgeber die Versorgungszusage erteilt hat. Die ausgezahlten Leistungen, die auf steuerfreien Beiträgen beruhen, werden in voller Höhe nachgelagert mit dem individuellen Steuersatz versteuert. Darüber hinaus fallen in der Regel Beiträge für die gesetzliche Kranken- und Pflegeversicherung an.

• *Vorteile:*
- Pensionsfonds, Pensionskassen und Direktversicherungen leisten eine lebenslange, monatliche Rente. Zudem können sie bis zu 30 % des Kapitals auszahlen.
- Bei Verträgen mit Pensionskassen und bei Direktversicherungen besteht ggf. die Möglichkeit, ein Kapitalwahlrecht zu vereinbaren und das gesamte Kapital auf einmal zu bekommen.
- Die betriebliche Altersversorgung über einen Pensionsfonds, eine Pensionskasse oder mittels einer Direktversicherung kann mit einer „Riester"-Förderung kombiniert werden.
- Die betriebliche Altersversorgung kann berufsspezifische Risiken absichern.

- Durch die große Anzahl von versicherten Arbeitnehmern kann die betriebliche Altersversorgung günstiger sein als die private Vorsorge.
- Die betriebliche Altersversorgung ist grundsätzlich „Hartz-IV-fest": Sie ist in der Ansparphase vor jedem Zugriff Dritter geschützt, also auch vor der Anrechnung bei Bezug von Arbeitslosengeld II und Sozialhilfe. Eine spätere Auszahlung aus der geförderten Vorsorge ist – genauso wie andere Einkünfte auch – nicht besonders geschützt (Quelle: in Anlehnung an: www.aba-online.de).

05. Wie werden Sozialleistungen nach der Rechtsgrundlage unterschieden?

Beispiele im Überblick:

Gesetzliche Sozialleistungen	Arbeitgeberanteile zur	
	• Rentenversicherung	• Arbeitslosenversicherung
	• Krankenversicherung	• Pflegeversicherung
	• Unfallversicherung (Beiträge zur Berufsgenossenschaft)	
	• Ausgleichsabgabe nach SGB IX (Reha und Schwerbehinderung)	
	• Entgeltfortzahlung	
	• Leistungen nach dem Mutterschutzgesetz	
Tarifliche Sozialleistungen	• Urlaubsgeld	• Kontoführungsgebühr
	• Erschwerniszuschläge	• Bildungsurlaub
	• Vermögenswirksame Leistungen	
	Sonderurlaub für persönliche Angelegenheiten:	
	• Hochzeit	• Geburt
	• Sterbefall	
Betriebliche Sozialleistungen	Freiwillige Leistungen: Die Sozialleistungen sind nur dann freiwillig, wenn sie nicht aufgrund einer Betriebsvereinbarung oder nicht aufgrund betrieblicher Übung (Gewohnheitsrecht) gezahlt werden.	
	Im anderen Fall (Betriebsvereinbarung oder betriebliche Übung) sind die Leistungen für eine bestimmte Zeit verpflichtend und nicht „wirklich freiwillig", z. B.:	
	• zusätzliches Urlaubsgeld	• Fortbildungsbeihilfen
	• Fahrtkostenbeihilfen	

06. Welche Problematik stellt sich derzeit innerhalb der betrieblichen Sozialpolitik?

Maßnahmen der betrieblichen Sozialpolitik hatten in der Vergangenheit die Tendenz zur Stagnation und Verkrustung. Die Funktionen (Ausgleichsfunktion, Motivationsfunktion, Bindungsfunktion) können auf Dauer nur realisiert werden, wenn zukünftig

• die betriebliche Sozialpolitik *bezahlbar bleibt* und
• die Maßnahmen vom Mitarbeiter als „Wert" angenommen werden, d. h. eine *Anreizwirkung* entfalten.

3.10 Konfliktmanagement

3.10.1 Formen und Ursachen von Konflikten

01. Was sind Konflikte?

Konflikte sind *der Widerstreit gegensätzlicher Auffassungen*, Gefühle oder Normen von Personen oder Personengruppen.

Konflikte gehören zum Alltag eines Betriebes. Sie sind normal, allgegenwärtig, Bestandteil der menschlichen Natur und nicht grundsätzlich negativ. Die Wirkung von Konflikten kann *destruktiv* oder *konstruktiv* sein.

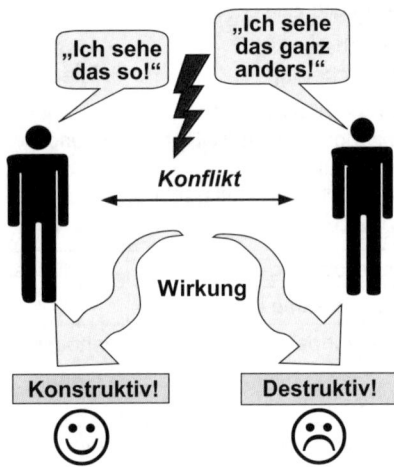

02. Welche Konfliktarten werden unterschieden?

Konfliktarten	
Wahrnehmung, Intensität	Latente Konflikte sind unterschwellig.
	Offene Konflikte sind für die Beteiligten erkennbar
Beteiligte	Intrapersonell: innerhalb einer Person (innere Widersprüche)
	Interpersonell: zwischen zwei Personen
	zwischen einer Person und einer Gruppe
	innerhalb einer Gruppe
	zwischen mehreren Gruppen

Inhalt (Dimension)	*Sachkonflikte:* Der Unterschied liegt in der Sache, z. B. unterschiedliche Ansichten darüber, welche Methode der Bearbeitung eines Werkstückes richtig ist.
	Emotionelle Konflikte (Beziehungskonflikte): Es herrschen unterschiedliche Gefühle bei den Beteiligten: Antipathie, Hass, Misstrauen.
	Wertekonflikte: Der Unterschied liegt im Gegensatz von Normen; das Wertesystem der Beteiligten stimmt nicht überein.
	Achtung! Sachkonflikte und emotionelle Konflikte überlagern sich häufig. Konflikte auf der Sachebene sind mitunter nur vorgeschoben; tatsächlich liegt ein Konflikt auf der Beziehungsebene vor. Beziehungskonflikte erschweren die Bearbeitung von Sachkonflikten.

Beispiel 1 (verkürzt):
Der ältere Mitarbeiter ist der Auffassung: „Die Alten haben grundsätzlich Vorrang – bei der Arbeitseinteilung, der Urlaubsverteilung, der Werkzeugvergabe – und überhaupt."

Beispiel 2:
Zwischen dem Arbeitgeber bzw. dem Kapitaleigner und der Arbeitnehmerschaft besteht ein grundsätzlicher Konflikt über die Verteilung der erbrachten Wertschöpfung („Industrieller Konflikt; Shareholder Value/Stakeholder Value; vgl. auch: Verteilung des „Mehrwerts" in: Marx, K., Das Kapital).

Die Mehrzahl der Konflikte tragen Elemente aller drei Dimensionen (siehe oben) in sich und es bestehen *Wechselwirkungen*.

03. Wie ist der „typische" Ablauf bei Konflikten?

Kein Konflikt gleicht dem anderen. Trotzdem kann man im Allgemeinen sagen, dass folgendes Ablaufschema „typisch" ist:

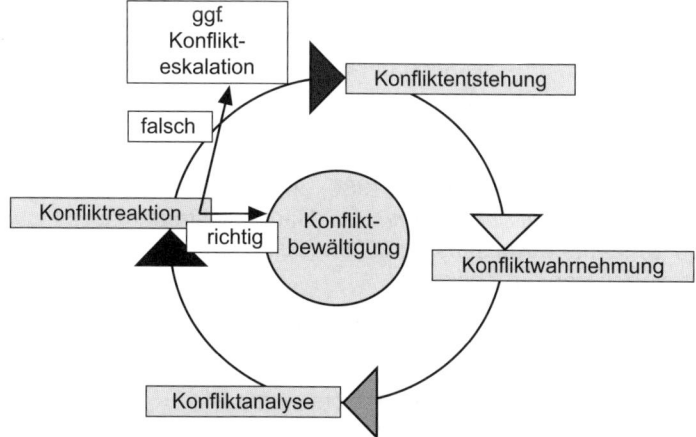

3.10.2 Formen und Folgen kooperativen und unkooperativen Verhaltens   → 3.3.1

01. Wie lassen sich Konfliktsignale frühzeitig wahrnehmen?

Die Mehrzahl der betrieblichen Konflikte hat eine „Entstehungsgeschichte". Oft kann man bereits in einem frühen Stadium so genannte Konfliktsignale wahrnehmen; dies können sein:

* *Offene Signale*:
  Mündliche oder schriftliche Beschwerden

* *Verdeckte Signale*:
  Desinteresse, förmliches Verhalten, unnötiges Beharren auf dem eigenen Standpunkt

Geht der Vorgesetzte mit Konfliktsignalen bewusst um, so bietet sich ihm die Chance, bestehende Differenzen frühzeitig zu klären, bevor die Gegensätze kaum noch überbrückbar sind.

02. Welche betrieblichen Folgen können sich aus schwelenden Konflikten ergeben, die nicht thematisiert werden?

Mögliche Folgen, z. B.:

* Gefahr der Eskalation
* Störung des Betriebsklimas
* Gerüchtebildung
* Vertrauensverluste
* Frustration, ggf. mit der Folge von Aggression
* Minderung der Leistungsergebnisse.

03. Welche Maßnahmen zur Vermeidung und zum bewussten Umgang mit Konflikten sind wirksam?

* *Ziel der Konfliktbewältigung* ist es, durch offenes Ansprechen eine sachliche Problemlösung zu finden, aus der Situation gestärkt hervorzugehen und den vereinbarten Konsens gemeinsam zu tragen.

* *Konfliktstrategien:*
  Dazu bietet sich nach Blake/Mouton (1980) an, eine *gleichmäßig hohe Gewichtung* zwischen den *Interessen des Gegenübers* (Harmoniestreben) und *Eigeninteressen* (Macht) vorzunehmen: *Konsens zu stiften* (vgl. auch: Win-win-Strategie; Gordon-Führungstraining; Harvard Konzept).

Fließen die Interessen beider Parteien nur halb ein, dann ist das Ergebnis (nur) ein *Kompromiss.*

Wird der Konflikt nur schwach oder gar nicht thematisiert (Flucht/Vermeidung/"unter den Teppich kehren"), ist nichts gewonnen.

Dominiert der andere, ist ebenfalls wenig gewonnen, man gibt nach, verzichtet auf den konstruktiven Streit. Setzt man sich allein durch, ist das Resultat erzwungen und wird mit Sicherheit von der Gegenpartei nicht getragen.

		Konflikt		
		unvermeidbar	*vermeidbar*	
		Ausgleich nicht möglich		*Ausgleich möglich*
Reaktion	*aktiv*	Kämpfe	Rückzug (eine Partei gibt auf)	**Problemlösung**
		Vermittlung, Schlichtung	Isolation	**tragfähiger Kompromiss**
	passiv	zufälliges Ergebnis	Ignorieren des anderen	(friedliche) Koexistenz

Der Vorgesetzte sollte die Reaktionen fördern, die für eine Konfliktbearbeitung konstruktiv sind (siehe gerasterte Felder)

→ Vermittlung, Schlichtung
→ Problemlösung
→ ausgewogener tragfähiger Kompromiss

bzw.

→ Bedingungen im Vorfeld von Konflikten vermeiden, die eine konstruktive Bearbeitung unmöglich werden lassen, z. B. länger andauernde irreparable „Verletzungen" durch Mobbing o. Ä.

04. Wie ist ein Konfliktgespräch zu führen?

Bei der Behandlung von Konflikten gilt für den Vorgesetzten grundsätzlich:

Nicht Partei ergreifen, sondern die Konfliktbewältigung moderieren!

Dazu sollte er bei der Moderation von Konfliktgesprächen in folgenden Schritten vorgehen:

1. *Kontaktphase:*
   entspannen, emotionale Beziehung herstellen

2. *Orientierungsphase:*
   Konflikt erkennen und definieren: Worum geht es den Parteien – auf der Sachebene, auf der Beziehungsebene?

3. *Argumentations-/Diskussions-/Bearbeitungsphase:*
   logisch argumentieren, zuhören; die Meinung des anderen respektieren/nicht interpretieren; Lösungsalternativen suchen; dabei alle Beteiligten einbeziehen.

4. *Entscheidungs- und Kontraktphase:*
   Lösungsalternativen bewerten: Was spricht für Alternative 1, was spricht dagegen? Vereinbarungen (Kontrakte) treffen; den anderen dabei nicht überreden; Wege der Umsetzung ermitteln.

5. Abschlussphase:
Rückschau: Wird die vereinbarte „Lösung" allen Beteiligten gerecht? Wird das Problem gelöst? Formen der Umsetzungskontrolle verabschieden; Emotionen glätten, „nach vorn schauen"; sich höflich und verbindlich verabschieden (Wertschätzung).

Beispiel für die Bearbeitung eines Sachkonflikts:
Für die nächste Woche haben Sie den Herrn Hurtig zwei Tage für wichtige Sonderaufgaben abgestellt, die schon lange geplant waren. Sie erfahren heute (Mittwoch), dass Ihr Chef Herrn Hurtig in der nächsten Woche für die Betriebsbegehung mit einem wichtigen Kunden unbedingt braucht. Er hatte noch keine Zeit, Ihnen seine Absicht mitzuteilen. Der Kontakt zu Ihrem Chef ist unbelastet. Am Nachmittag haben Sie ein Gespräch mit ihm, um die Sache zu klären. Wie werden Sie das Gespräch strukturieren? Welche Argumente wollen Sie vortragen?

Lösungsansätze/Gesprächsablauf:

* Verständnis für die Betriebsbegehung zeigen.
* Dem Chef die Bedeutung der Sonderaufgabe an Herrn Hurtig beschreiben.
* Dem Chef einen anderen, ebenfalls geeigneten Mitarbeiter vorschlagen.
* Mit dem Chef gemeinsam einen geeigneten *Maßstab* (aus der Sicht des Betriebes) für die Lösung des Problems erarbeiten, z. B.:
  Was passiert, wenn Herr Hurtig nicht für die Betriebsbegehung zur Verfügung steht?
  Welche Folgen für den Betrieb treten ein, wenn er die Sonderaufgabe nicht ausführen kann?
  Dabei keine „Gewinner-Verlierer-Strategie" einschlagen.
* Bei Zustimmung durch den Chef (Hurtig → Sonderaufgabe):
  - Für das Verständnis danken.
  - Dem Chef Unterstützung anbieten bei der Lösung „seines Problems".
* Bei Ablehnung durch den Chef (Hurtig → Betriebsbegehung):
* Lösungen für das „eigene Problem" erarbeiten und dabei den Chef um Unterstützung bitten.

Die Bearbeitung von (tatsächlichen) *Sachkonflikten* ist auch über *Anweisungen* oder einseitige Regelungen (mit Begründung) durch den Vorgesetzten möglich; z. B. Festlegung von Arbeitsplänen.

Bei *Beziehungs- und Wertekonflikten* führt dies nicht zum Ziel. Hier ist es als Vorstufe zur Konfliktregelung wirksam, dass die Konfliktparteien jeweils dem anderen sagen, wie sie die Dinge sehen oder empfinden. Man zeigt damit dem anderen seine eigene Haltung, ohne ihn zu bevormunden.

In der Psychologie bezeichnet man dies *als „Ich-Botschaften":*

Beispiele:

* „Ich sehe es so";
* „Ich empfinde es so";
* „Auf mich wirkt das ...";
* „Mich ärgert, wenn Sie ...".

Destruktiv sind Formulierungen wie:

* „Sie haben immer ...";
* „Können Sie nicht endlich mal ...";
* „Kapieren Sie eigentlich gar nichts?"

Abgesehen vom Tonfall wird hier der andere auf *„Verteidigungsposition"* gehen, seinerseits seine „verbalen Waffen aufrüsten und zurückschießen", da er diese Aussagen als Bevormundung empfindet; sein Selbstwertgefühl ist gefährdet.

* *Wechselwirkung zwischen Sachebene und Beziehungsebene:*

   In vielen Fällen des Alltags beruht der Konflikt nicht in dem vermeintlichen Unterschied in der Sache, sondern in einer Störung der Beziehung:

   „Der andere sieht mich falsch, hat mich verletzt, hat mich geärgert ..."

   Der Vorgesetzte muss hier zunächst die Beziehungsebene wieder tragfähig herstellen, bevor das eigentliche Sachthema erörtert wird. Sachkonflikte sind häufig Beziehungskonflikte.

3.10.3 Konstruktive Verhandlungsregeln

01. Welche praktischen Empfehlungen im Umgang mit Konflikten haben sich bewährt?

* Der Vorgesetzte sollte sich im Erkennen von Konfliktsignalen trainieren!

* Der Vorgesetzte sollte eine klare Meinung von den Dingen haben, sich aber davor hüten, alles nur von seinem Standpunkt heraus zu betrachten!

* Der Vorgesetzte sollte bei der Konfliktbewältigung keine „Verlierer" zurück lassen. Verlierer sind keine Leistungsträger!

* Konflikte in Gesprächen bearbeiten!

* Spielregeln der Zusammenarbeit vereinbaren!

* Je früher ein Konflikt erkannt und bearbeitet wird, umso besser sind die Möglichkeiten der Bewältigung.

* Konflikte bewältigen heißt „Lernen". Dafür ist Zeit erforderlich!

02. Welche Regeln zur Verhandlungsführung enthält das Harvard Konzept?

Verhandlungen im betrieblichen Alltag sind nicht selten von Machtstrukturen und Positionsdenken geprägt. Das Ergebnis ist häufig: Unterordnung/Niederlage einer Partei oder ein Kompromiss, der beide Seiten nicht wirklich zufriedenstellt.

Ziel des Harvard Konzepts ist es, die Verhandlung so zu führen, dass für beide Parteien eine Gewinnsituation entsteht, die dem herkömmlichen Kompromissergebnis überlegen ist. Dabei sind vier Prinzipien zu beachten:

Prinzipien des Harvard Konzepts

1 Sachorientiert verhandeln!	2 Interessen erkennen!	3 Optionen entwickeln!	4 Objektive Beweise erbringen!
Menschen und Probleme werden getrennt voneinander behandelt.	Die Interessenlage der Beteiligten wird offen dargelegt → Warum-Fragen.	Es werden Wahlmöglichkeiten entwickelt, die die beiderseitigen Interessen erfassen.	Die Entscheidung baut auf objektiven (nachvollziehbaren) Prinzipien auf.

Das nachfolgende Beispiel ist in der Literatur vielfach bekannt und soll in einfacher Weise die vier Prinzipien veranschaulichen:

Quellentext:

Die Sache mit den Orangen: Regula, die Mutter zweier Kinder, hat noch eine Orange in der Früchteschale. Da kommen beide Töchter gerannt und rufen: „Ich will die Orange unbedingt haben!" Was tun? Soll nun Mutter Regula die Frucht zerschneiden? Soll sie eine Münze werfen? Oder soll sie Anna und Lea um die Orange kämpfen lassen? Intuitiv macht die Mutter das Richtige und fragt: „Warum wollt ihr die Orange unbedingt haben?" Anna will einen Kuchen backen und braucht dazu nur die Schale. Lea hat Durst und möchte nur den frisch gepressten Orangensaft trinken. Die Orange ohne Schale genügt ihr. Nach der Klärung der Bedürfnisse ist die Lösung plötzlich einfach ... Beim schnellen Kompromiss mit zwei halben Orangen hätten zwei unzufriedene Kinder die Küche verlassen.

Quelle: Vgl. z. B.: Knill + Knill Kommunikationsberatung (www.rhetorik.ch/Harvardkonzept); www.mam.de; Fisher/Ury/Patton, a. a. O.

Weiterhin werden Gesprächstechniken eingesetzt, die aus der allgemeinen Rhetorik-Literatur bekannt sind (vgl. auch 3.3.1, Kommunikation):

• aktives Zuhören
• Fragetechnik
• positives Gesprächsklima
• sprachliche/nichtsprachliche „Türöffner" (Nicken, Zuwendung, Blickkontakt).

Der Grundtenor der Verhandlungsführung nach dem Harvard Konzept lässt sich mit der Aussage umschreiben:

Hart in der Sache, freundlich zur Person!

Die Prinzipien des Harvard Konzepts sind jedermann einleuchtend, in der Praxis allerdings ohne Training nur schwer umzusetzen.

3.11 Planung und Steuerung von Arbeits- und Projektgruppen

3.11.1 Handlungsfähigkeit von Teams

01. Welche Merkmale hat eine soziale Gruppe?

In der Soziologie, der Wissenschaft zur Erklärung gesellschaftlicher Zusammenhänge, bezeichnet man als soziale Gruppe mehrere Individuen mit einer bestimmten Ausprägung sozialer Integration (Eingliederung, Zusammenschluss).

In diesem Sinne hat eine (soziale) *Gruppe* folgende *Merkmale*:

1. direkter Kontakt zwischen den Gruppenmitgliedern (Interaktion)
2. physische Nähe
3. Wir-Gefühl (Gruppenbewusstsein)
4. gemeinsame Ziele, Werte, Normen
5. Rollendifferenzierung, Statusverteilung
6. gegenseitige Beeinflussung
7. relativ langfristiges Überdauern des Zusammenseins.

Eine zufällig zusammentreffende Mehrzahl von Menschen (z. B. Fahrgäste in einem Zugabteil, Zuschauer im Theater) ist daher keine (soziale) Gruppe im Sinne dieser Definition; ihr fehlen z. B. die Merkmale 3, 5 und 7.

02. Welche Gruppenarten unterscheidet man in der Soziologie?

Gruppenarten aus soziologischer Sicht		
nach der Größe	**nach der Entstehung**	**nach der Intimität des Kontakts**
• Kleingruppe • Großgruppe	• formelle Gruppe • informelle Gruppe	• Primärgruppe • Sekundärgruppe

Kleingruppe, Großgruppe	Es gibt keine gesicherte Erkenntnis über die ideale Gruppengröße bzw. eine exakte zahlenmäßige Abgrenzung zwischen Klein- und Großgruppe. Häufig wird als Kleingruppe eine Mitgliederzahl von 3 - 6 genannt; der kritische Übergang zur Großgruppe wird vielfach bei 20 - 25 Mitgliedern gesehen.
	In der Praxis wird die Arbeitsfähigkeit einer Kleingruppe von den Variablen Zeit, Aufgabe, Bedingungen und soziale Qualifikation der Mitglieder abhängen.

Formelle Gruppen	entstehen durch bewusste Planung und Organisation. Im Betrieb entsprechen diese Gruppen den festgelegten Organisationseinheiten: die Arbeitsgruppe im Versand, die Abteilung Z, die Hauptabteilung Y. Die Verhaltensweisen der Mitglieder sind von außen vorgegeben und normiert, z. B. Arbeitszeit, Arbeitsort, Arbeitsmenge und -qualität.
	Formelle Gruppen können auf Dauer (Abteilung) oder befristet (Projektgruppe) gebildet werden.

Informelle Gruppen	können innerhalb oder neben formellen Gruppen entstehen. Gründe für die Bildung informeller Gruppen sind die Bedürfnisse der Menschen nach Kontakt, Nähe, Freundschaft, Sicherheit, Anerkennung, Orientierung und Geborgenheit.
	Anlässe zur Bildung informeller Gruppen können sein:
	Im Betrieb: Organisatorische Gegebenheiten und Vorgaben fördern die Entstehung informeller Gruppen; z. B.: Fünf der zwanzig Mitarbeiter im Lager nehmen regelmäßig ihre Mahlzeit gemeinsam in der Kantine ein. Innerhalb einer Projektgruppe (formelle Gruppe) bildet sich im Verlauf mehrerer Sitzungstermine eine informelle Gruppe: Die Gruppenmitglieder stehen regelmäßig in den Sitzungspausen beieinander und unterhalten sich; sie begrüßen sich zu jedem Sitzungsbeginn betont herzlich und suchen bei ihrer Sitzordnung physische Nähe.
	Außerhalb des Betriebes: Gemeinsame Interessen, Ziele oder Nutzenüberlegungen führen zur Bildung informeller Gruppen; Beispiele: Fahrgemeinschaft, Sportgruppe, private Treffen und Feiern.
	Der Einfluss informeller Gruppen auf das Betriebsgeschehen kann positiver oder negativer Natur sein.

Primärgruppen	sind Kleingruppen mit besonders stabilen, meist lang andauernden und intimen Kontakten. Es besteht eine hohe emotionale Bindung und eine starke Prägung der Verhaltensmuster der Mitglieder durch die Gruppe. Als Beispiel für eine Primärgruppe wird als Erstes die Familie angeführt; denkbar sind jedoch auch: Freundschaften aus der Militärzeit, Cliquen aus der Jugendzeit, Freundschaften aus langjähriger Zusammenarbeit im Arbeitsleben.

Sekundärgruppen	sind nicht organisch gewachsen, sondern bewusst extern vorgegeben und organisiert (z. B. Arbeitsgruppe). Es besteht keine oder nur eine geringe emotionale Bindung der Mitglieder untereinander.

03. Welche Bedeutung hat die betriebliche Arbeitsgruppe für den Prozess der Leistungserstellung gewonnen?

Die betriebliche Arbeitsgruppe[1] ist eine formell gebildete Sekundärgruppe zur Bewältigung einer gemeinsamen Aufgabe; sie kann eine Klein- oder Großgruppe sein.

Bis etwa 1930 interessierte man sich in der Betriebswirtschaftslehre und der Führungsstillehre überwiegend für den arbeitenden Menschen als Einzelperson: Es wurde untersucht, unter welchen Bedingungen der Mitarbeiter zur Leistung bereit und fähig ist und wie diese Arbeitsleistung gesteigert werden kann.

Erst schrittweise wurden Erkenntnisse der Soziologie in die Betriebswirtschaftslehre übertragen: Man begann den arbeitenden Menschen weniger als Individuum, sondern mehr als Gruppenmitglied zu begreifen. *Die Bildung und Führung von Gruppen als Instrument zur Verbesserung der Produktivität und der Zufriedenheit der Mitglieder wurde zum zentralen Gegenstand.*

In der Folgezeit entwickelte die Betriebswirtschaftslehre sowie die Führungsstillehre eine Vielzahl fast unüberschaubarer Formen betrieblicher Arbeitsgruppen (vgl. Frage 05. ff.). Der Glaube an die Überlegenheit der Gruppenarbeit gegenüber der Einzelarbeit geht teilweise auch heute noch soweit, *dass Arbeit in Gruppen als Allheilmittel aller betrieblichen Effizienz- und Produktivitätsprobleme betrachtet wird* (vgl. Staehle, W. H., a. a. O., S. 241 ff.).

Hier ist Skepsis angebracht:

- *Gruppenarbeit ist nicht nur mit Vorteilen verbunden, sondern birgt auch Risiken in sich!*

- *Gruppenarbeit führt nur dann zu einer Verbesserung der Produktivität des Arbeitssystems und der Zufriedenheit der Mitarbeiter, wenn die notwendigen Voraussetzungen vorliegen!*

Beispiele für notwendige Voraussetzungen: Klare Zielsetzung und Zuweisung der Verantwortlichkeiten, passende Aufgabenstellung, Umgebungsbedingungen, Führung der Gruppe u. Ä. (zu den Einzelheiten vgl. Frage 07.).

04. Was ist ein Team?

Die Darstellungen über Teams sind in der Praxis meist verschwommen bis hin zu unklar, deshalb zur Klarstellung: Der Oberbegriff ist Gruppenarbeit. *Das Team ist eine Sonderform der Gruppenarbeit.*

---

[1] Zum Begriff „Team als Sonderform der Arbeitsgruppe" vgl. Frage 04.

Das Team ist eine Kleingruppe

• mit intensiven Arbeitsbeziehungen und einem ausgeprägten Gemeinschaftssinn, der nach außen hin auch gezeigt wird,	→ *Wir sind ein Team!*
• mit spezifischer Arbeitsform und	→ *Teamwork!*
• einem relativ starken Gruppenzusammenhalt.	→ *Teamgeist!*

Beispiel
für eine informelle Teambildung: Im Versand für Kleinartikel arbeiten vier Frauen (Arbeitsgruppe Versand). Im Laufe der Zusammenarbeit entwickelt die Arbeitsgruppe ohne äußere Einflüsse, aber mit Zustimmung des Vorgesetzten, eine spezielle Form der Zusammenarbeit: Die Einzelarbeiten werden entsprechend dem Ablauf auch nach Neigung und Fähigkeit der Gruppenmitglieder zugeordnet. Die Vertretung bei kurzer Abwesenheit wird selbstständig geregelt. Telefonanrufe anderer Abteilungen werden von der Mitarbeiterin entgegengenommen, die gerade Zeit hat; die Gruppenmitglieder verstehen sich gut untereinander und treten nach außen hin geschlossen auf; sie sind stolz auf ihre reibungslose Zusammenarbeit und das Arbeitsergebnis ihrer Gruppe. Bei auftretenden Problemen helfen sie sich untereinander.

Umgangssprachlich werden diese Unterschiede von Gruppenarbeit und Teamarbeit nicht immer eingehalten.

Im Rahmen der Organisationsentwicklung wird versucht, die Gruppenarbeit zur Teamarbeit zu gestalten (extern initiierte Teamentwicklung) in der Überzeugung, dass Teamarbeit die allgemeinen Vorzüge der Gruppenarbeit weiter steigern kann (weniger Reibung, mehr Effizienz, mehr Zufriedenheit u. Ä.).

05. Welche Chancen und Risiken können mit der Gruppenarbeit verbunden sein?

Gruppenarbeit führt *nicht automatisch* zu bestimmten Vorteilen (vgl. Frage 03.). Ebenso wenig ist jede Gruppenarbeit immer mit Nachteilen verbunden. Deshalb werden hier die Begriffe Chancen und Risiken verwendet. Die in der nachfolgenden Tabelle dargestellten Aussagen sind im Sinne von „möglich, tendenziell" zu bewerten; die Aufstellung ist nicht erschöpfend:

Gruppenarbeit	
Chancen	**Risiken**
• Breites Erfahrungsspektrum	• Gefahr von Konflikten
• Unterschiedliche Qualifikationen, die sich ergänzen können.	• Intelligente Lösungen werden unterdrückt; die „unfähige Mehrheit" dominiert.
• Konkurrenz von Einzelmeinungen; dadurch geringere Gefahr von Fehlentscheidungen	• Spielregeln werden nicht eingehalten; Folgen: hoher Zeitaufwand, geringe Qualität der Lösung u. Ä.
• Formen der Beteiligung führen zu mehr Akzeptanz der Lösungen und einer Identifikation mit den Ergebnissen.	• Gefahr bei risikoreichen Entscheidungen und unklarer Verantwortlichkeit: „Keiner muss die Folgen der Entscheidung verantworten."
• Die Erfahrung der Mitglieder wird erweitert.	
• Training der Sozial- und Methodenkompetenz (Gruppe als lernende Organisation).	• Hoher Koordinationsaufwand
• Stimulanz im Denken; mehr Assoziationen.	• Informelle Gruppen stören betriebliche Normen.
• „Wir-Gefühl" entsteht; Leistungsausgleich und -unterstützung; Kontakt; Geborgenheit in der Gruppe.	• Die Erwartungen der Gruppenmitglieder sind unvereinbar.

06. Welche Formen der Gruppenarbeit werden in der Betriebswirtschaftslehre unterschieden?

Die Formen der *Gruppenarbeit* unterscheiden sich im Wesentlichen hinsichtlich folgender *Merkmale:*

Formen der Gruppenarbeit/Unterscheidungsmerkmale			
Ziel der Gruppenarbeit?	**Wer leitet die Gruppe?**	**Wie erfolgt die Teilnahme?**	**Hat die Gruppe Entscheidungskompetenzen?**
Beispiele:			
• Lernziel • Leistungsziel	• Vorgesetzter • Gruppenmitglied	• freiwillig • angeordnet • freigestellt • parallel zur Hauptaufgabe	• keine Kompetenzen • Teilkompetenzen • volle Kompetenz

Eine weitere, häufig anzutreffende Gliederung der Gruppenarbeit ist folgende Unterscheidung (die Darstellung enthält Überschneidungen):

Formen der Gruppenarbeit aus betriebswirtschaftlicher Sicht			
nach der betrieblichen Funktion	nach der Eingliederung in die Arbeitsorganisation	nach der vorherrschenden Zielsetzung	
Beispiele			
• Fertigungsgruppe • Kundendienstgruppe	Integrierte Gruppe: • Arbeitsgruppe • teilautonome Gruppe	Qualifizierung: • Lernstatt-Gruppe • Lerngruppe	Auftragserfüllung: • Arbeitsgruppe • Werkstattgruppe
• Montagegruppe • Versandgruppe	Nicht integrierte Gruppe: • Projektgruppe • Zirkel	Problemlösung: • Kollegien, Gremien • Task Force • Wertanalyse-Team	Prozessverbesserung: • TQM-Gruppe • KVP-Gruppe

07. Welche Maßstäbe sind geeignet, um den Erfolg von Gruppenarbeit zu messen?

1	Zielerfolg	**Erfüllung der Zielsetzung und der Aufgaben:** Gruppenarbeit ist dann erfolgreich, wenn die übertragene Aufgabe umfassend bewältigt und das vereinbarte Ziel erreicht wurde. In Verbindung damit wird meist zusätzlich die Verbesserung des Arbeitssystems gefordert. z. B. Mengen-, Qualitäts-, Ablaufverbesserung, Senkung der Kosten usw.
2	Individualerfolg	**Erfüllung der Bedürfnisse der Gruppenmitglieder:** Damit ist gemeint, dass die (berechtigten) Erwartungen der Gruppenmitglieder erfüllt werden, z. B. Kontakt, Respektieren der Meinung, gerechte Entlohnung beim Gruppenakkord u. Ä.
3	Erhaltungserfolg	**Zusammenhalt der Gruppe:** Neben dem Ziel- und Individualerfolg ist der Zusammenhalt der Gruppe durch geeignete Maßnahmen zu sichern.

08. Welche Bedingungen muss der Vorgesetzte gestalten, um Gruppenarbeit zum Erfolg zu führen?

Damit betriebliche Arbeitsgruppen erfolgreich sein können, müssen

1. die *Ziele* messbar formuliert sowie die *Aufgabenstellung* klar umrissen sein, z. B.
   • Art und Schwierigkeitsgrad der Aufgabe?
   • Befugnisse der Gruppe bzw. Restriktionen?
   • Befugnisse einzelner Gruppenmitglieder?
   • ausgewogene fachliche Qualifikation der Gruppenmitglieder im Hinblick auf die Gesamtaufgabe (Alter, Geschlecht, Erfahrungshintergrund)?
   • laufende Information über Veränderungen im Betriebsgeschehen?

2. die *Bedürfnisse der Gruppenmitglieder* berücksichtigt werden, z. B.
   * Sympathie/Antipathie?
   * bestehende informelle Strukturen berücksichtigen und nutzen?
   * gegenseitiger Respekt und Anerkennung?

3. Maßnahmen zum inneren *Zusammenhalt der Gruppe* gesteuert werden, z. B.
   * Größe der Gruppe?
   * Solidarität untereinander?
   * Bekanntheit und Akzeptanz der Gruppe im Betrieb (Gruppensprecher)?
   * Stellung der Gruppe innerhalb der Organisation?
   * Arbeitsstrukturierung (Mehrfachqualifikation, Rotation, Springer)?
   * Förderung der Lernbereitschaft und der Teamfähigkeit durch den Führungsstil des Vorgesetzten.

09. Welches Sozialverhalten der Gruppenmitglieder ist für eine effiziente Zusammenarbeit erforderlich?

Zur Klarstellung:

Effektiv heißt, die richtigen Dinge tun!   → Hebelwirkung
Effizient heißt, die Dinge richtig tun!   → Qualität

Eine formell gebildete Arbeitsgruppe ist nicht grundsätzlich „aus dem Stand heraus" effizient in ihrer Zusammenarbeit. *Gruppen- bzw. Teamarbeit entwickelt sich in der Regel nicht von allein, sondern muss gefördert und erarbeitet werden.*

Neben den notwendigen *Rahmenbedingungen* der Gruppenarbeit

* Zielfestlegung,
* klare Aufgabenbeschreibung,
* Zuweisung von Kompetenzen und Ressourcen und
* ergonomische Arbeitsbedingungen

müssen die Mitglieder der Arbeitsgruppe *Verhaltensweisen* beherrschen/erlernen, um zu einer echten Teamarbeit zu gelangen:

Grundsätze und Spielregeln der Zusammenarbeit in Gruppen

1. Jedes Teammitglied muss nach dem *Prinzip* handeln:
   Nicht jeder für sich allein, sondern alle gemeinsam und gleichberechtigt!

2. Jedes Teammitglied muss die *Ausgewogenheit/Balance* zwischen dem Ziel der Aufgabe, der Einzelperson und der Gesamtgruppe anstreben!

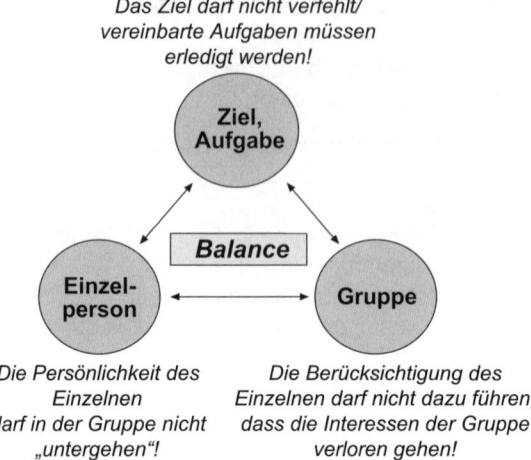

Das Ziel darf nicht verfehlt/
vereinbarte Aufgaben müssen
erledigt werden!

**Ziel,
Aufgabe**

Balance

**Einzel-
person**   **Gruppe**

Die Persönlichkeit des   Die Berücksichtigung des
Einzelnen   Einzelnen darf nicht dazu führen,
darf in der Gruppe nicht   dass die Interessen der Gruppe
„untergehen"!   verloren gehen!

3. Jedes Teammitglied respektiert das andere Gruppenmitglied im Sinne von „Ich bin o. k., du bist o. k.!" (Stichwort: Transaktionsanalyse)

4. Fehler können gemacht werden! Jeder Fehler nur einmal! Aus Fehlern lernt man! Ziel ist das Null-Fehler-Prinzip!

5. Jedes Teammitglied erarbeitet mit den anderen schrittweise *Regeln* der Zusammenarbeit und der Kommunikation/Moderation, die eingehalten werden, solange sie gelten, z. B.:

Regeln für Gruppenmitglieder bei der Moderation:
• Jeder ist für den Erfolg (mit-)verantwortlich!
• Vereinbarte Termine und Zusagen werden eingehalten!
• Jeder hat das Recht, auszureden!
• Jede Meinung ist gleichberechtigt! Jeder kommt zu Wort!
• Jeder spricht zu den Anwesenden, nicht über sie!
• Keine langen Monologe!
• Es gibt keine dummen Fragen!
• Störungen haben Vorrang!
• Kritik wird konstruktiv und in der Ich-Form vorgebracht!

6. Jedes Teammitglied verfügt über die Bereitschaft, gemeinsam verabschiedete *Veränderungen mitzutragen*.

10. Wie wird eine Projektgruppe richtig besetzt?

Die Ziele von Projektmanagement sind immer:

• *Erfüllung des Sachziels*:
Der Projektauftrag muss *quantitativ* und *qualitativ* erfüllt werden.

• *Einhaltung der Budgetgrößen:*
Termine und *Kosten*.

Eine der Voraussetzungen zur Realisierung der Projektziele ist immer *die richtige Besetzung der Projektgruppe* (synonym: Projektteam). Dies bedeutet, dass *folgende Aspekte* bei der Bildung der Projektgruppe *geprüft werden müssen:*

1. Hinsichtlich der *Zielvorgabe:*
In der Projektgruppe müssen die Fachbereiche vertreten sein, deren *Kompetenz* gefordert ist.

   Die Bedeutung des Projektziels entscheidet u. a. darüber, in welcher Form das Projektteam in die Organisation eingebunden ist und ob die Mitglieder für die Arbeit im Projekt freigestellt sind oder nicht.

2. *In personeller Hinsicht:*
   * Anzahl der Mitglieder?
   Bei großen, komplexen Projekten sind ggf. ein *Kernteam* (4 - 7 Mitglieder), *spezielle Fachteams* und/oder *Ad-hoc-Teams* (fallweise Inanspruchnahme) zu bilden.
   * Freistellung der Mitglieder oder nicht?
   * Erforderliche Fach-, Methoden- und Sozialkompetenz vorhanden?

3. In *sachlicher Hinsicht:*
   * Sind die entsprechenden betrieblichen Funktionen vertreten, deren
   * Kompetenz benötigt wird (Experten)?
   * Entscheidung benötigt wird (Leiter)?
   * Bereich von Veränderungen betroffen ist?
   * Sind Mentoren und Machtpromotor erforderlich?
   * Verfügt das Projektteam über ausreichende Befugnisse?

4. *In finanzieller Hinsicht:*
   * Ist die Gruppe mit finanziellen Mitteln angemessen ausgestattet?
   Mittel zur Fremdvergabe? Reisekosten? Beschaffung von Sachmitteln? usw.

5. *In zeitlicher Hinsicht:*
   Stehen Projektaufwand und -komplexität in ausgewogenem Verhältnis zur Kapazität des Projektteams?

11. Was bezeichnet man als „Entscheidungsfähigkeit"?

Als Entscheidung bezeichnet man die Wahl einer Handlung aus einer Menge von Alternativen.

Beispiel:
Für die Besetzung einer freiwerdenden Stelle im Lager I stehen zur Wahl:

1. Versetzung eines Mitarbeiters aus dem Lager II
2. Besetzung der Stelle von außen
3. Übernahme eines Azubis im Anschluss an die Ausbildung

Aufgrund bestimmter Merkmale (Maßstab!) entscheidet man sich für die Alternative 3.

Der Entscheidungsprozess erfolgt in fünf Phasen:

Entscheidungsprozess				
1 Problem erkennen	2 Ziel setzen	3 Alternativen suchen	4 Alternativen bewerten	5 Entscheidung = Wahl der besten Alternative

Mit Entscheidungsfähigkeit der Gruppe ist also die Befähigung (das Können) gemeint, den Entscheidungsprozess methodisch zu beherrschen und zu sachlich zutreffenden Entscheidungen zu gelangen.

12. Wie kann der Vorgesetzte (Moderator) die Entscheidungsfähigkeit von Gruppen analysieren und beurteilen?

Entscheidungsprozesse in der Gruppe können mit Defiziten behaftet sein, z. B.:

* Der Zeitaufwand ist unangemessen hoch.
* Es beteiligen sich nur wenige Mitglieder.
* Die Suche nach Alternativen fällt schwer.
* Das Problem wird nicht hinreichend erkannt.
* Es werden nicht alle für die Entscheidung relevanten Faktoren berücksichtigt.

Im Ergebnis ist die Quantität und/oder Qualität der Entscheidung mit Mängeln behaftet. Der Vorgesetzte/Moderator muss derartige Schwächen in der Entscheidungsfähigkeit der Gruppe erkennen und Maßnahmen zur Verbesserung einleiten.

Die Entscheidungsfähigkeit der Gruppe hängt von einer Vielzahl von Variablen (auch: Einflussfaktoren) ab; sie stehen zum Teil in wechselseitiger Beziehung. Die nachfolgende Aufstellung beschreibt einige dieser Variablen und gibt dem Vorgesetzten/Moderator entsprechende Handlungsempfehlungen:

Variablen für die Entscheidungsfähigkeit der Gruppe · Beispiele	
Variablen der Persönlichkeit	Bei den Gruppenmitgliedern: Der Gruppe oder einzelnen Mitgliedern fehlt aufgrund der Persönlichkeit und/oder mangelnder Erfahrung der Reifegrad, im Team zu arbeiten, z. B. unangemessenes Dominanzstreben, Respektieren der Meinung anderer usw. Handlungsempfehlung, z. B.: Bewusstmachen der negativen Verhaltensmuster; Vorzüge wirksamen Verhaltens zeigen und trainieren; Vereinbarung von Regeln der Zusammenarbeit. Die Gruppe entscheidet sich häufig nicht für die „beste", sondern für die „einfachste" Lösung. Handlungsempfehlung, z. B.: Risikobereitschaft der Gruppe trainieren; Konsequenzen „einfacher" Lösungen aufzeigen; Rückhalt für „unbequeme" Entscheidungen in der Organisation suchen (beim Vorgesetzten, in der Geschäftsleitung).
	Beim Vorgesetzten/Moderator: Unwirksame Verhaltensmuster des Vorgesetzten/Moderators dominieren die Meinung der Mitglieder; die Beteiligung an der Entscheidungsfindung wird eingeschränkt. Handlungsempfehlung, z. B.: Erkennen des eigenen Verhaltens; Ziele der Verhaltensänderung erarbeiten; ggf. Coaching durch einen erfahrenen Moderator (z. B. den eigenen Vorgesetzten).

Variablen der Kommunikation	Die Gruppenmitglieder zeigen keine Rededisziplin, haben nicht gelernt zu zu hören, die Argumente der anderen werden nicht einbezogen, die Beteiligung ist nicht ausgewogen u. Ä. Handlungsempfehlung, z. B.: Schwachstellen in der Kommunikation bewusst machen; wirksame Kommunikation in der Gruppe trainieren; Spielregeln der Kommunikation erarbeiten und beachten.
Variablen der Techniken	Die Gruppe beherrscht Techniken der Ideenfindung nicht ausreicht; die Suche nach Alternativen fällt schwer, dauert unangemessen lang, die Lösungsalternativen sind dem Problem nicht angemessen. Die Gruppe kann sich über geeignete Maßstäbe bei der Bewertung von Alternativen nicht verständigen und beherrscht Techniken der Entscheidungsfindung nicht ausreichend. Handlungsempfehlung, z. B.: Erläutern und Trainieren der notwendigen Techniken.
Variablen der Organisation	Entscheidungen kommen unter (echtem oder vermeintlichem) Zeitdruck zu Stande. Die Mitglieder der Gruppe oder die Organisation erkennen nicht den Zeitbedarf bei komplexen Problemen. Das Unternehmen verlangt „schnelle Lösungen". Die Arbeits- und Rahmenbedingungen beeinträchtigen die Suche nach angemessenen Alternativen (Krisenstimmung, Unruhe/Unsicherheit im Unternehmen aufgrund genereller Veränderungen u. Ä.). Handlungsempfehlung, z. B.: Der Vorgesetzte/Moderator muss die notwendigen Umfeldbedingungen für die Gruppenarbeit absichern: Gespräche mit dem Management, Ergebnisse und Nutzen dokumentieren und informieren; Bedeutung aufzeigen u. Ä.
Variablen der Wertekultur	Das Management schenkt den Ergebnissen der Gruppenarbeit wenig Beachtung und setzt Ergebnisse nicht oder nur zögerlich um. Einige Mitglieder erscheinen nicht oder mit Verspätung zu den Teamsitzungen; übernommene Aufgaben aus den Gruppengesprächen werden nicht erledigt. Handlungsempfehlung, z. B.: Bedeutung der Ergebnisse aufzeigen (vgl. 4. Variablen der Organisation). Den Mitgliedern die Notwendigkeit einer konstruktiven Teilnahmeethik verdeutlichen; Konsequenzen erläutern für andere: Warten, Verärgerung, ungenutzte Zeit u. Ä. Regeln vereinbaren und auf deren Einhaltung drängen.

3.11.2 Teambesprechungen

01. Welche Variablen bestimmen den Erfolg eines Gruppengesprächs?

Eine erfolgreiche Besprechung setzt voraus, dass eine Reihe von *Variablen wirksam gestaltet werden:*

- Vorbereitung der Besprechung
- Ablauf der Besprechung
- Nachbereitung der Besprechung
- Rahmenbedingungen: Ort, Zeit, Raum usw.
- Person des Moderators
  (Leiter der Besprechung/Teamsitzung)
- Teilnehmer der Besprechung.

Hinweis:
Bitte prägen Sie sich diese Variablen der Gesprächsführung besonders gut ein; sie sind für die Praxis und die Prüfung von Bedeutung.

02. Welcher Ablauf einer Besprechung ist wirksam?

Jede betriebliche Besprechung hat ihre Besonderheiten. Trotzdem lässt sich für den *Besprechungsprozess* eine brauchbare Ablaufsystematik empfehlen, die wesentlich zum Erfolg von Gruppengesprächen beiträgt:

Ablauf von Gruppengesprächen (Teamsitzungen):

1. Begrüßung, Kontakt, Atmosphäre
2. Thema, Gesprächsziel nennen
3. Analyse der Probleme
4. Sammeln und Bewerten der Lösungen
5. Entscheidung, Dokumentation der Ergebnisse
6. Umsetzung: Aktionen, Vereinbarungen
7. Reflexion über die Besprechung.

03. Warum muss zu jedem Gruppengespräch ein Protokoll angefertigt werden?

Die mitlaufende Visualisierung der Schwerpunkte einer Besprechung zeigt der Gruppe und dem Moderator den Stand der Ergebnisse: Jeder Teilnehmer *hört und sieht* den wesentlichen Verlauf des Gesprächs; dies trägt zur Behaltenswirksamkeit bei; jeder Teilnehmer kann bei Unstimmigkeiten sofort intervenieren; die Visualisierung trägt zur Konsensbildung bei und stellt sicher, dass nichts vergessen wird. Die Ergebnisse werden von der Tafel, dem Flipchart oder von den Karten abgeschrieben oder ggf. auch fotografiert.

Das *Besprechungsprotokoll* erfüllt folgende Aufgaben:

- *Zweck:*   - Niederschrift der Besprechung; Beweismittel
  - Gedächtnisstütze für Teilnehmer: Ablauf, Inhalte, Vereinbarungen
  - Informationsmittel für Abwesende
  - Dokumentation und Kontrolle der notwendigen Aktionen.

- *Formen:*   - *Ergebnisprotokoll:*
    Es enthält lediglich die Ergebnisse des Gesprächs; in der Besprechungs-
    praxis des Meisters wird das Ergebnisprotokoll Vorrang haben.
  - *Verlaufsprotokoll:*
    Es enthält eine lückenlose Wiedergabe des Verlaufs einer Sitzung; dazu
    gehören die einzelnen Diskussionsbeiträge und die Ergebnisse.

- *Schema:*   - *Überschrift:*   Protokoll der ....
                            Art/Gegenstand der Sitzung
  - *Ort, Tag, Uhrzeit:*   am ... von . . . bis . . . Uhr .....
  - *Anwesende,*
    Entschuldigte,
    ggf. Gäste: ....
  - *Aktionen,*
    Verantwortlichkeiten,
    Termin: ....

Zu jedem Tagesordnungspunkt wird festgehalten:

Wer?	V: Verantwortlich
Macht was?	
Bis wann?	T: Termin

Diese Form der Zielvereinbarung (V; T) stellt sicher, dass Besprechungs-ergebnisse und notwendige Aktionen auch tatsächlich in die Praxis um-gesetzt werden.

04. Nach welchen Gesichtspunkten muss der Vorgesetzte/Moderator Gruppen-gespräche analysieren, bewerten und umsetzen?

Erfolgsvariablen der Gesprächsführung			
Sachebene	Prozessebene	Orga-Ebene	Interaktionsebene

Gruppengespräche sind dann erfolgreich, wenn das Gesprächsziel erreicht wurde (Ziel-erfolg), der Zusammenhalt der Gruppe gefördert (Erhaltungserfolg) und die (berechtig-ten) persönlichen Bedürfnisse der Teilnehmer (Individualerfolg) befriedigt wurden.

Der Vorgesetzte/Moderator von Gruppengesprächen muss daher im Anschluss an die Besprechung in einer Rückschau überprüfen, ob die Besprechung/Teamsitzung erfolg-reich war. Diese *Gesprächsreflexion* wird er *anhand der Erfolgsvariablen* durchführen:

Der Vorgesetzte wird im Einzelnen überprüfen:

• die *Sachebene:*	- Gesprächsziel erreicht?
	- Alle Aspekte ausreichend behandelt?
• die *Prozessebene:*	- Vorbereitung ausreichend?
	- Ablauf systematisch?
	- Wurde eine Nachbereitung durchgeführt? Mit welchen Er-gebnissen/Aktionen?
• die *Orga-Ebene:*	- Ort, Zeit, Raum und sonstige Rahmenbedingungen pas-send?
• die *Interaktionsebene:*	- Kommunikation und Verhalten des Moderators wirksam?
	- Kommunikation und Interaktion der Teilnehmer untereinan-der und in Beziehung zum Moderator wirksam?
	- Waren Thema/Ziel, Gruppe und Individuum in der Balance?

Zeigen sich in der Rückschau durchgeführter Besprechungen *Schwachstellen*, so *müssen* sie *thematisiert werden*, um den Erfolg zukünftiger Gruppengespräche zu verbessern.

Beispiele für Schwachstellen betrieblicher Gespräche:

1. *Sachebene:*
   Das Gesprächsziel wurde im Rahmen der Vorbereitung nicht hinreichend präzisiert; Folge: die Realisierung kann nicht messbar überprüft werden.

Aktion/Abhilfe:
Präzise, möglichst messbare Zielformulierung bei jeder Vorbereitung auf eine Gruppenbesprechung.

2. *Prozessebene:*
Der Ablauf der Besprechung war unsystematisch.

Aktion/Abhilfe:
Vereinbarung und Visualisierung eines Gesprächsleitfadens. Die Teilnehmer legen fest, dass jeder den anderen unterstützt, diesen Leitfaden zu beachten.

3. *Orga-Ebene:*
Der Besprechungsbeginn 16:00 Uhr ist für die Herren Kurz und Mende nicht gut geeignet, da sie in dieser Zeit ihre Schicht übergeben und es zu Verzögerungen kommen kann.

Aktion/Abhilfe:
Der Besprechungsbeginn wird auf 16:30 Uhr verlegt.

4. *Interaktionsebene:*
Herrn Hans Kerner fällt es schwer, themenzentriert zu argumentieren; er schweift häufig ab und assoziiert Randthemen, die nicht direkt zum Gesprächsziel führen.

Aktion/Abhilfe:
Der Vorgesetzte/Moderator führt mit Herrn Kerner ein Einzelgespräch und verdeutlicht anhand konkreter Beispiele dieses Gesprächsverhalten. Er versucht bei Herrn Kerner Einsicht zu erzeugen und gibt ihm Hilfestellung für eine themenzentrierte Kommunikation.

3.11.3 Gruppendynamische Prozesse

01. Welche Phasen der Teamentwicklung werden unterschieden?

Wenn eine Arbeits- oder Projektgruppe gebildet wird, so benötigen Menschen immer eine hinreichende Entwicklungszeit, um zu einer effizienten Zusammenarbeit zu gelangen. Der amerikanische Psychologe Tuckmann teilt den Prozess der Gruppenbildung in vier Phasen ein:

Phasen der Teamentwicklung nach Tuckmann			
1. Forming	**2. Storming**	**3. Norming**	**4. Performing**
Formende Phase	**Stürmische Phase**	**Regelungsphase**	**Zusammenarbeitsphase**
• Kontaktaufnahme	• Machtkämpfe	• Lernprozesse	• Reifephase:
• Kennen lernen	• Egoismen	• Spielregeln	Entwicklung zu einem
• Höflichkeiten	• Frustrationen	• sachliche Auseinandersetzung	leistungsfähigen Team
• Unsicherheiten	• Konflikte		
	• Statusdemonstrationen	• Vertrauen und Offenheit	

Der Vorgesetzte/Moderator muss diese Entwicklungsphasen kennen. Die Prozesse sind bei jeder Gruppenbildung mehr oder weniger ausgeprägt und gehören zur „Normalität". Der Zeitaufwand, „bis die Gruppe sich gefunden hat" ist notwendig und muss eingeplant werden.

Es kann in der Praxis auch vorkommen, dass Gruppen die Phasen 1 - 2 nicht überwinden und sehr ineffizient arbeiten; ggf. muss dann die Gruppe neu gebildet werden, wenn die Voraussetzungen einer Teamarbeit nicht gegeben sind.

02. Wie kann der Vorgesetzte den Gruppenbildungsprozess fördern?

Der Vorgesetzte/Moderator kann den Gruppenbildungsprozess fördern in der ...	
	Beispiele
Phase 1	den Kontakt, das Kennenlernen fördern (Übungen, Vorstellungsrunde);
Phase 2	die Ursachen und Hintergründe von Machtkämpfen bewusst machen und die Konsensbildung fördern;
Phase 3	motivieren, Fortschritte in der Kooperation verdeutlichen, bei der Erarbeitung von Spielregeln der Zusammenarbeit helfen;
Phase 4	der Gruppe mehr Freiräume zugestehen; Selbststeuerung zulassen; die Gruppe fordern; Sachziele realisieren und Erfolge erleben lassen.

03. Nach welchen (soziologischen) Regeln verhalten sich Gruppen?

Gruppenverhalten • Regeln	
Interaktions-regel	Im Allgemeinen gilt: Je häufiger Interaktionen zwischen den Gruppenmitgliedern stattfindet, umso mehr werden Kontakt, „Wir-Gefühl" und oft sogar Zuneigung/Freundschaft gefördert. Die räumliche Nähe beginnt an Bedeutung zu gewinnen.
Angleichungs-regel	Mit längerem Bestehen einer Gruppe gleichen sich Ansichten und Verhaltensweisen der Einzelnen an. Die Gruppen-Normen stehen im Vordergrund.
Distanzierungs-regel	Sie besagt, dass eine Gruppe sich nach außen hin abgrenzt – bis hin zur Feindseligkeit gegenüber anderen Gruppen (vgl. dazu die Verhaltensweisen von sog. Fußballfan-Gruppen). Zwischen dem „Wir-Gefühl" (Solidarität) und der Distanzierung besteht oft eine Wechselwirkung. „Wir-Gefühl" entsteht über die Abgrenzung zu anderen (z. B. „Wir nach dem Kriege, wir wussten noch ..., aber heute – die junge Generation ...")。

04. Welche (soziologischen) Erkenntnisse gibt es über Gruppenbeziehungen?

Gruppenbeziehungen (in Gruppen/zwischen Gruppen)	
Beziehungen zu anderen Gruppen	können sich positiv oder negativ gestalten. Die Unterschiede hinsichtlich der Normen und Verhaltensmuster können gravierend oder gering sein – bis hin zu Gemeinsamkeiten. Von Bedeutung ist auch die Stellung einer Gruppe innerhalb des Gesamtbetriebes (z. B. Gruppe der Leitenden). Im Allgemeinen beurteilen Menschen das Verhalten der eigenen Gruppenmitglieder positiver als das fremder Gruppenmitglieder (vgl. auch „Distanzierung"). Auch die Leistung der Fremdgruppe wird im Allgemeinen geringer bewertet (z. B. Mitarbeiter der Personalabteilung Angestellte versus Personalabteilung Arbeiter). Bedrohung der eigenen Sicherheit kann zu feindseligem Verhalten gegenüber der anderen Gruppe oder einzelnen Mitgliedern dieser Gruppe führen.
Beziehungen innerhalb der Gruppe	Innerhalb einer Gruppe, die über längere Zeit existiert, entwickelt sich neben der formellen Rangordnung (z. B. Vorgesetzter-Mitarbeiter) eine informelle Rangordnung (z. B. informeller Führer). Die informelle Rangordnung ist geeignet, die formelle Rangordnung zu stören.
Störungen innerhalb der Gruppe	Massive Störungen in der Gruppe (z. B. erkennbar an: häufige Beschwerden über andere Gruppenmitglieder, verbale Aggressionen, Cliquenbildung, Absonderung, Streit, Fehlzeiten) sollten vom Vorgesetzten bewusst wahrgenommen werden. Er muss die Störungsursache „diagnostizieren" und entgegenwirken. Zunehmende Störungen und nachlassender Zusammenhalt können zum Zerfall einer Gruppe führen.

05. Welche besonderen Rollen werden zum Teil von einzelnen Gruppenmitgliedern wahrgenommen? Welcher Führungsstil ist jeweils zu empfehlen?

Dazu ausgewählte **Beispiele:**

Der „Star"	Der „Star" ist meist der informelle Führer der Gruppe und hat einen hohen Anteil an der Gruppenleistung. *Empfehlung:* Fördernder Führungsstil, Anerkennung, tragende Rolle des Gruppen „Stars" nutzen und einbinden in die eigene Führungsarbeit, Vorbildfunktion des Vorgesetzten ist wichtig.
Der „Freche"	Es handelt sich hier meist um extrovertierte Menschen mit Verhaltenstendenzen wie Provozieren, Aufwiegeln, „Quertreiben", unangemessenen Herrschaftsansprüchen (Besserwisser, Angeber, Wichtigtuer usw.). *Empfehlung:* Sorgfältig beobachten, Grenzen setzen, mitunter auch Strenge und vor allem Konsequenz zeigen; Humor und Geduld nicht verlieren.
Der „Intrigant"	*Empfehlung:* Negatives Verhalten offen im Dialog ansprechen, bremsen und unterbinden, auch Sanktionen „androhen".
Der „Problembeladene"	*Empfehlung:* Ermutigen, unterstützen, Hilfe zur Selbsthilfe leisten, (auch kleine) Erfolge ermöglichen, Verständnis zeigen („Mitfühlen aber nicht mitleiden").

Der „Drückeberger"	*Empfehlung:* Fordern, Anspornen und Erfolg „erleben" lassen, zu viel Milde wird meist ausgenutzt.
Der „Neuling"	*Empfehlung:* Maßnahmen zur Integration, schrittweise einarbeiten, Orientierung geben durch klares Führungsverhalten, in der Anfangsphase mehr Aufmerksamkeit widmen und betreuen.
Der „Außenseiter"	*Empfehlung:* Versuchen, den Außenseiter mit Augenmaß und viel Geduld zu integrieren, es gibt keine Patentrezepte; mitunter ist das vorsichtige Aufspüren der Ursachen hilfreich.

Nachfolgend ein Überblick über Empfehlungen zum Führungsverhalten bei Gruppenmitgliedern, die eine spezielle Rolle wahrnehmen (Quelle: in Anlehnung an: Crisand/ Rahn, a. a. O., S. 70 f.); die Hinweise können nur eine grobe Orientierung sein:

Spezielle Rolle des Gruppenmitglieds	Führungsempfehlung
Überehrgeizige, Intriganten, Freche, Clowns	bremsen, Grenzen aufzeigen;
Stars, Leistungsstarke	fördern; Vorsicht: Gleichbehandlung der anderen beachten;
Drückeberger, Faule	fordern, anspornen, Erfolge erleben lassen;
Außenseiter, Neulinge	integrieren, Kontakte vermitteln;
Schüchterne, Problembeladene	ermutigen, unterstützen, Hilfe zur Selbsthilfe;
Frohnaturen, Ausgleichende	anerkennen, wertschätzen.

06. Welche „Signale" können Hinweise auf Störungen im Gruppenprozess sein?

Störungen im Gruppenprozess sind u. a. erkennbar an folgenden „Signalen":

• unverhältnismäßig hoher Zeitaufwand bei der Bearbeitung gestellter Aufgaben
• geringe Produktivität der Leistung
• nicht ausreichende Qualität der Leistung
• Beschwerden der Gruppenmitglieder und Unzufriedenheit
• verbale Aggression, Streit
• Cliquenbildung
• Absonderung
• fehlende Mitarbeit
• Absentismus.

07. Welche Arten von Störungen im Gruppenprozess können auftreten?

Störungen im Gruppenprozess lassen sich den nachfolgenden Ebenen zuordnen (Variablen = Störungsursachen). Dabei hat der Vorgesetzte/Moderator verschiedene *Instrumente* und *Verhaltensweisen*, um Störungen im Gruppenprozess zu bearbeiten; es folgen ausgewählte Beispiele:

Störungen im Gruppenprozess • Ebenen/Variablen • Instrumente		
Ebenen	*Variablen*	*Instrumente, z. B.*
Persönlichkeit des Einzelnen	Persönlichkeit einzelner Gruppenmitglieder; Persönlichkeit des Moderators: Interrollenkonflikte	Einzelgespräch; Einsicht in fehlerhaftes Verhalten erzeugen
Beziehung zwischen zwei Gruppenmitgliedern	Sympathie, Antipathie, Rivalität, Konkurrenz, Vorurteile; Sach- und Beziehungskonflikte	Strategien der Konfliktbearbeitung
Beziehung zwischen dem Einzelnen und der Gruppe	Rollen, Intrarollenkonflikte, Erwartungen, Normen, Kommunikation; Einzelziele versus Gruppenziele	Einzelgespräch; Klären und Vermitteln; vgl. Strategien der Konfliktbearbeitung.
Beziehung zwischen der Gruppe und dem Moderator	Personale und fachliche Autorität, gegenseitige Erwartungen, Kommunikation, Befugnisse, informeller Führer	Reflexion über das eigene Verhalten; Sichern der fachlichen Autorität; Beherrschen der Techniken; Aussprache mit der Gruppe: Konflikt thematisieren (Methode „Blitzlicht").
Beziehungen von Gruppen untereinander	Konflikte zu anderen Gruppen, Konflikte innerhalb der Gruppe, Cliquenbildung, Gruppengröße beachten	Gemeinsame Sitzung der rivalisierenden Teams: Konflikt thematisieren, Erwartungen klären, Regeln der Zusammenarbeit vereinbaren.
Beziehung der Gruppe zur Organisation (Unternehmen)	Werte, Normen, Erwartungen, Ziele, Stellung der Gruppe innerhalb der Organisation, Restriktionen/ Auflagen, Führungskultur	Erwartungen der Gruppe an das Management formulieren und vortragen; unterschiedliche Werthaltungen thematisieren und Konsens anstreben; Stellung der Gruppe in der Organisation klären; Unterstützung im Management suchen.

08. Warum muss der Vorgesetzte über das Ergebnis von Gruppenprozessen reflektieren?

Über den Ablauf der Arbeit in Gruppen zu reflektieren, heißt sich Gruppenprozesse bewusst zu machen. Stärken und Schwachstellen im Gruppenprozess zu erkennen und zu analysieren bietet die Möglichkeit, bewusst positive Entwicklungen zu fördern und bei negativen gegen zu steuern. Dazu wird der Vorgesetzte/Moderator sein *Instrumentarium* einsetzen, z. B.:

- seine Persönlichkeit und Erfahrung
- das Beherrschen der Moderations- und Kommunikationstechniken
- Kenntnisse über Gruppenprozesse und die „Gütekriterien" erfolgreicher Gruppenarbeit
- Strategien zur Konfliktbearbeitung.

3.11.4 Projektmanagement (Überblick)

01. Welche Funktionen soll Projektmanagement erfüllen?

Mit Projektmanagement – als neuer Technik der Innenorganisation – sind insbesondere folgende Funktionen verbunden:

- geplanter Wandel
- steigende Produktivität
- erhöhte Flexibilität
- Impulse geben
- Prozesse der Zukunftssicherung gestalten
- Krisenresistenz.

02. Durch welche Merkmale ist ein Projekt bestimmt?

- *Projekte* sind kurzlebige, zeitlich terminierte Aufgabenkomplexe, an denen Experten aus verschiedenen Fachbereichen und Hierarchiestufen arbeiten. Management umfasst alle planenden, organisierenden, steuernden, kontrollierenden und sanktionierenden Tätigkeiten zur Auftragserfüllung.

- *Projektmanagement* ist die überlebensnotwendige Kunst, all die Aufgaben zu lösen, die den Leistungsrahmen der klassischen Organisationsformen übersteigen. Projektmanagement dient daher vorrangig der Aufgabe, trotz gegebener Organisationsstruktur die unternehmerische Flexibilität und Zukunftssicherung zu erhalten.

03. Welche zwei Hauptziele hat Projektmanagement zu erfüllen?

Die Ziele von Projektmanagement heißen immer:

- Erfüllung des Sachziels (Projektauftrag: quantitativ, qualitativ)
- Einhaltung der Budgetgrößen (Termine, Kosten).

04. In welchem Spannungsfeld bewegen sich Projektsteuerung und -controlling?

Projektsteuerung und Projektcontrolling vollziehen sich im Spannungsfeld eines „magischen" Vierecks (Kontrollmerkmale der Projektsteuerung) mit den Veränderlichen: Zeit, Kosten, Quantität und Qualität.

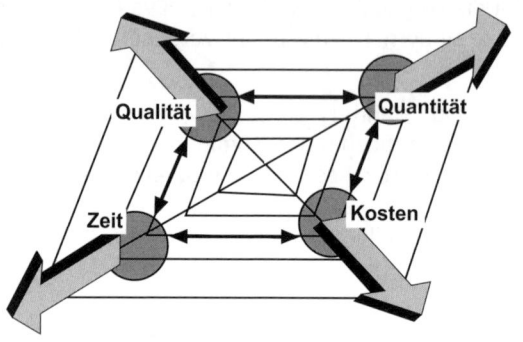

05. Wie kann Projektmanagement in die Aufbaustruktur integriert werden?

Hier ist die Aufgabe zu lösen: „Wer macht was und ist wofür verantwortlich?", d. h. es ist eine zeitlich befristete und der Aufgabe/Zielsetzung angemessene Organisation von Projektmanagement zu schaffen. Für die organisatorische Eingliederung des Projektmanagers kommen in der Praxis drei grundsätzliche Formen infrage:

Eingliederung von Projektmanagement in die Aufbaustruktur des Unternehmens			
Organisatorische Eingliederung des Projektmanagers	*Funktion des Projektmanagers*	*Form des Projektmanagements*	*Funktion der Linie*
Stab	Information, Beratung	**Einfluss-**Projektmanagement	Entscheidung
Matrix	Projektverantwortung	**Matrix-**Projektmanagement	disziplinarische Weisungsbefugnis
Linie	Entscheidung (Vollkompetenz)	**reines** Projektmanagement	Information, Beratung

- *Einfluss-Projektmanagment:*
  Der Projektmanager hat gegenüber der Linie (nur) eine *beratende Funktion*. Die Entscheidungs- und Weisungsbefugnis verbleibt bei den Linienmanagern (Materialwirtschaft, Produktion usw.).

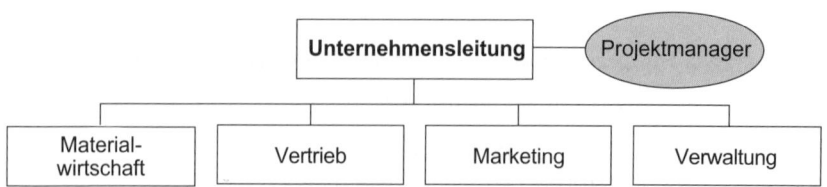

• *Reines Projektmanagement:*
Das „Reine Projektmanagement" ist der Gegenpol zum „Einfluss-Projektmanagement": Der Projektmanager hat *volle Kompetenz* in allen Sach- und Ressourcenfragen *im Rahmen des Projektmanagements* und kann die Realisierung von Projektzielen ggf. auch gegen den Willen der Linienmanager durchsetzen. Dies betrifft auch den Zugriff auf Personalressourcen der Linie.

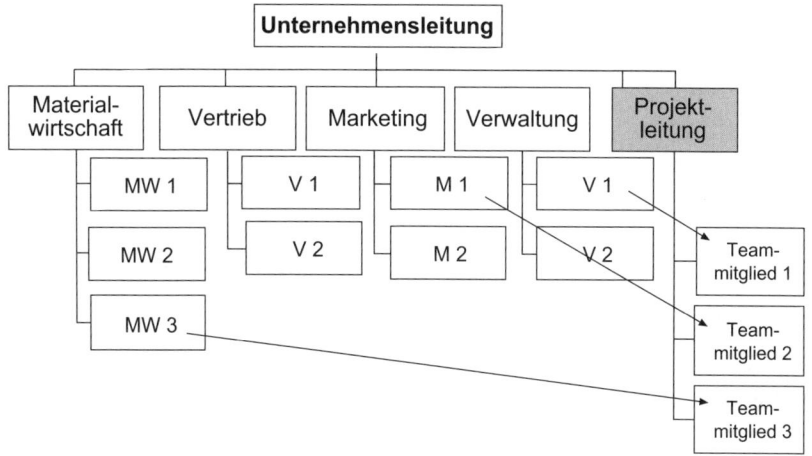

• *Matrix-Projektmanagement:*
Dies ist eine Mischform aus „Einfluss-Projektmanagement" und „Reinem Projektmanagement": Der Projektleiter hat die volle Kompetenz in allen Fragen, die das Projekt betreffen (Kosten, Termine, Sachziele). Die Linienmanager haben die volle Kompetenz bezogen auf ihren Verantwortungsbereich (z. B. Weisungsbefugnis). Kennzeichnend für die Matrix-Organisation ist der „Einigungszwang": Projektmanager und Linienmanager müssen sich einigen bei der Lösung des Projektauftrages.

Beispiel 1: Im vorliegenden Fall (s. Abb.) gehören Mitarbeiter der Abteilung V1, M1 und MW3 zum Projektteam. Über die Präsenz dieser Mitarbeiter in Teamsitzungen kann nicht allein der Projektleiter entscheiden, er muss sich mit dem jeweiligen Leiter von MW3, M1 bzw. V1 verständigen.

Beispiel 2: Ein Teilauftrag des Projektes ist die Fragestellung, ob ein Ersatzteillager zentral oder dezentral eingerichtet werden soll; die Änderungen betreffen auch den Ressort Marketing und Vertrieb: Hier muss sich die Projektleitung mit dem Leiter Marketing und dem Leiter Materialwirtschaft einigen.

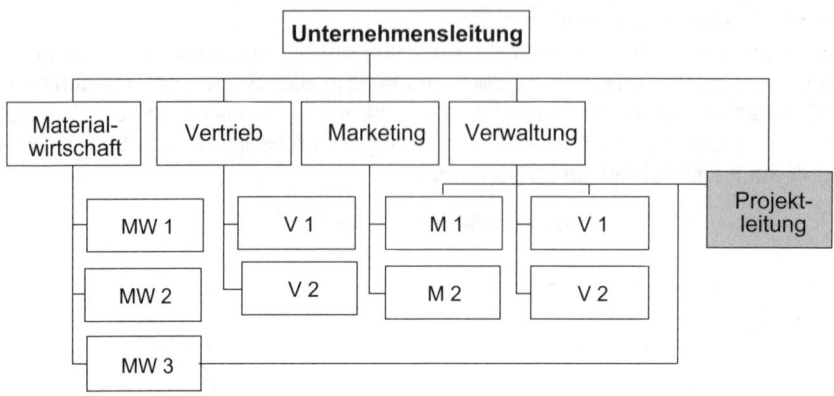

06. Was ist bei der Ablauforganisation von Projekten zu berücksichtigen?

Die Kernfragen lauten hier:

* Was ist wie zu regeln?
* Wie ist vorzugehen?
* Welche Teilziele werden abgesteckt?

usw., d. h. es ist der technisch und wirtschaftlich geeignete Projektablauf festzulegen. Dabei sind zwei grundsätzliche Formen denkbar:

a) *Sequenzielle* Ablaufgestaltung:
   Teilprojekte bzw. Arbeitspakete werden *nacheinander*, schrittweise abgearbeitet.
   Beurteilung: zeitaufwändig, aber sicherer.

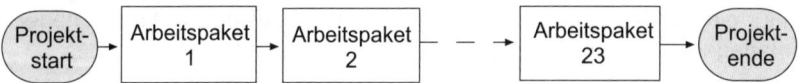

b) *Parallele (simultane)* Ablaufgestaltung:
   Teilprojekte bzw. Arbeitspakete werden ganz oder teilweise gleichzeitig abgearbeitet.
   Beurteilung: schneller Projektfortschritt, aber ggf. Risiken bei der Zusammenführung von Teillösungen zur Gesamtlösung.

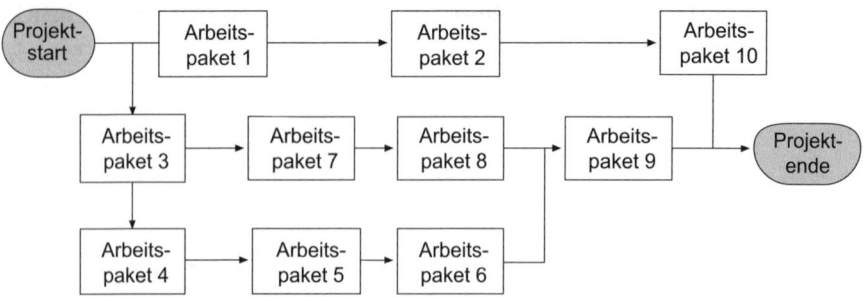

In der Literatur werden vor allem folgende *Merkmale* hervorgehoben:

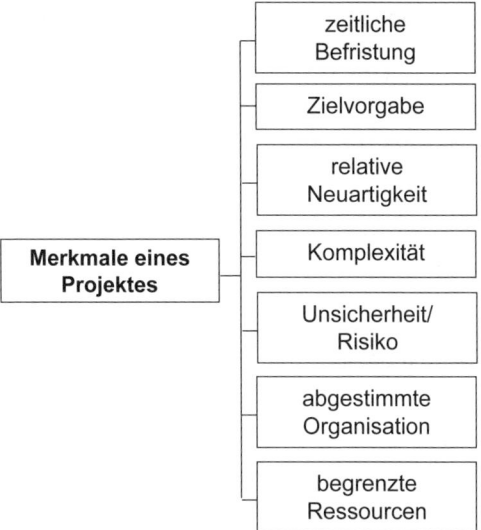

07. Wie erfolgt die Projektbestimmung durch Zielvorgaben?

Projekte haben eigenständige Zielsetzungen. Die Ziele liefern die Richtung für die Planung des Projekts, geben Orientierung für die Steuerung und liefern den Maßstab für die Kontrolle.

- Man unterscheidet *vier Zielfelder*; sie *konkurrieren* miteinander (vgl. „Magisches Viereck des Projektmanagements"):

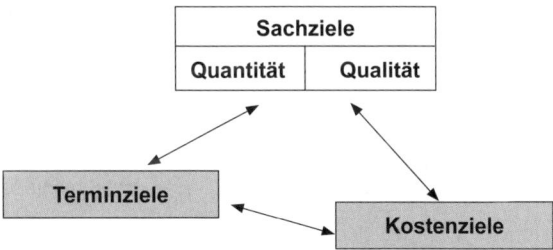

- Ziele können ihre Funktion nur erfüllen, wenn sie *operationalisiert*, d. h. *messbar,* sind. Messbar bedeutet, dass das Ziel hinsichtlich Inhalt, Ausmaß und Zeitaspekt eindeutig beschrieben ist.

Beispiel:
Falsch: Das Ziel „Die Kosten in der Montage müssen deutlich gesenkt werden" ist nicht operationalisiert. Was heißt „deutlich"? „Bis wann?"

Richtig: Die Kosten   → Zielinhalt
           müssen innerhalb von sechs Monaten   → Zeitaspekt
           um 15 % gesenkt werden.   → Ausmaß

08. In welche Haupt- und Teilphasen lässt sich Projektmanagement strukturieren?

Die Phasen des Projektmanagement folgen grundsätzlich der Logik des Management-Regelkreises (Ziele setzen – planen – organisieren – realisieren – kontrollieren). Die neuere Fachliteratur unterscheidet im Detail zwischen drei bis sieben Phasen (je nach Detaillierungsgrad), wobei die Unterschiede nicht grundlegend sind. Es gibt jedoch noch keine einheitliche Terminologie. Die nachfolgende Darstellung unterscheidet drei Hauptphasen:

(1) Projekte auswählen
(2) Projekte lenken
(3) Projekte abschließen.

Hinter diesen Hauptphasen verbergen sich folgende Teilpläne und -aktivitäten (Gesamtübersicht des Phasenmodells):

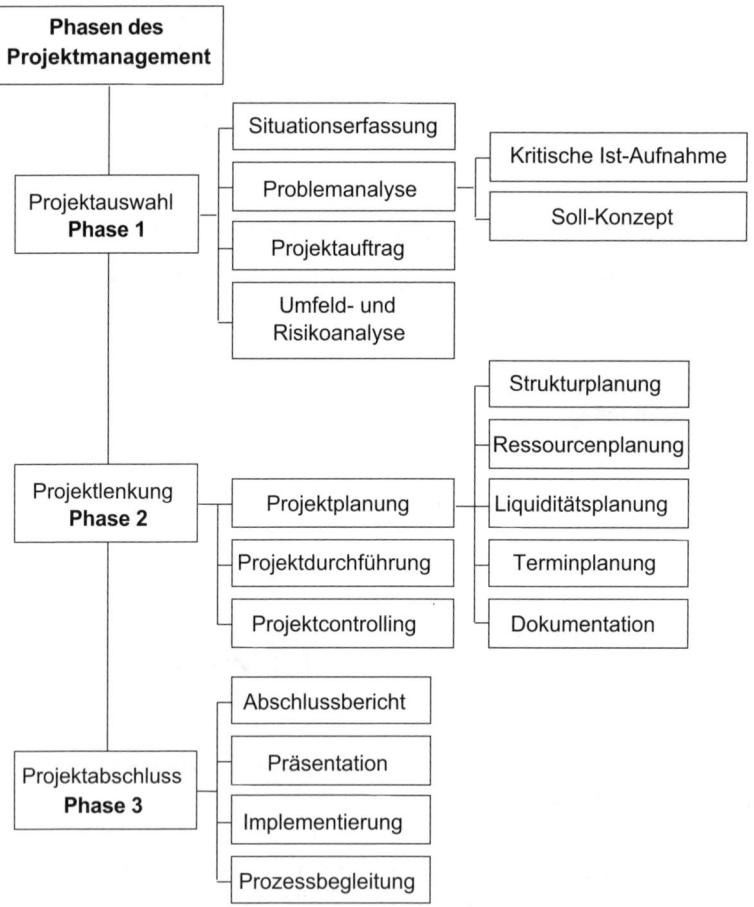

Nachfolgend ist ein weiteres *Phasenmodell* abgebildet. Sie können erkennen, dass keine grundsätzlichen Unterschiede zu oben bestehen; lediglich die Zuordnung sowie die Bezeichnungen von Teilphasen differieren geringfügig:

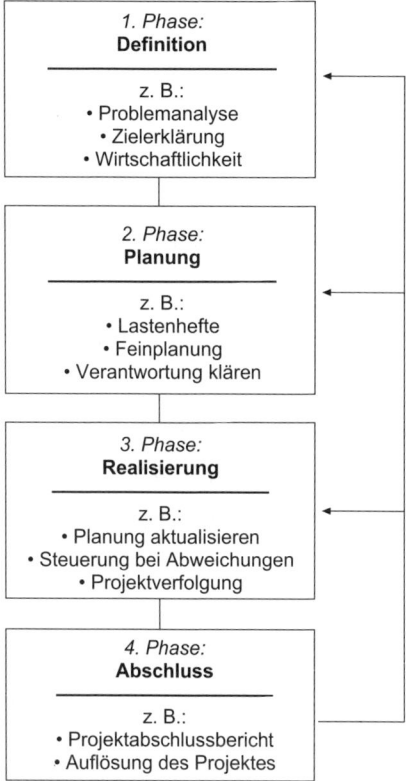

09. Was versteht man unter dem „Problemlösungszyklus"?

Der Problemlösungszyklus ist die *Schrittfolge* zur Realisierung der Ziele *je Projektphase*; er ist also *ein sich mehrfach wiederholender Prozess je Phase.*

Man kann das Phasenmodell des Projektmanagements auch bezeichnen als „Regelkreis im Großen" und den Problemlösungszyklus als „Regelkreis im Kleinen".

Man unterscheidet fünf Schrittfolgen im Problemlösungszyklus:

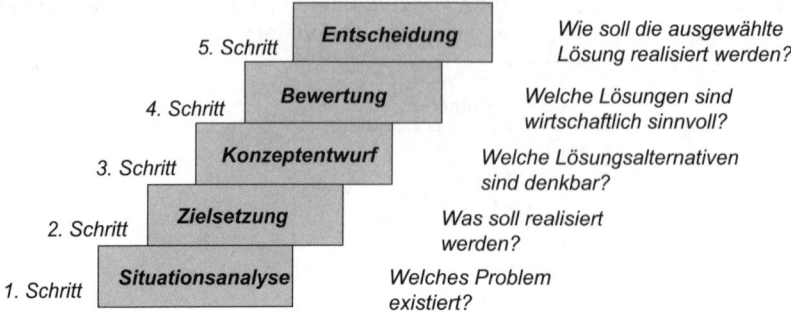

5. Schritt	**Entscheidung**	*Wie soll die ausgewählte Lösung realisiert werden?*
4. Schritt	**Bewertung**	*Welche Lösungen sind wirtschaftlich sinnvoll?*
3. Schritt	**Konzeptentwurf**	*Welche Lösungsalternativen sind denkbar?*
2. Schritt	**Zielsetzung**	*Was soll realisiert werden?*
1. Schritt	**Situationsanalyse**	*Welches Problem existiert?*

Zusammenfassung:

Die systematische Vorgehensweise bei der Projektbearbeitung wird also durch folgende Prinzipien gestaltet:

1. Strukturierung der Projektbearbeitung in Phasen (Phasenmodell).

2. Schritt für Schritt vorgehen, vom Ganzen zum Einzelnen, vom Groben zum Detail.

3. Je Phase wiederholt sich der Kreislauf der Problemlösung (Problemlösungszyklus).

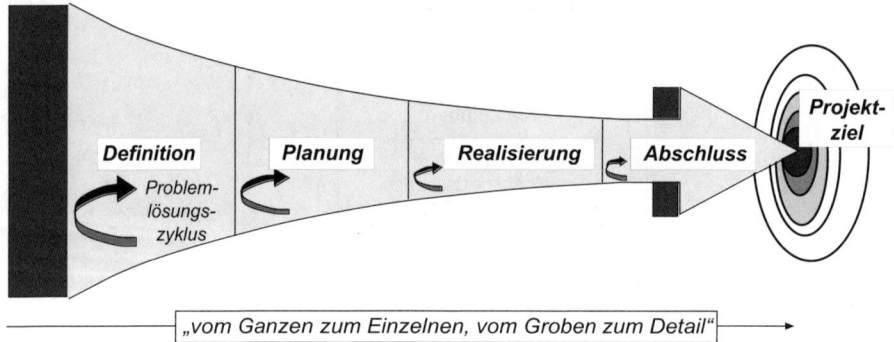

10. Wie muss der Projektauftrag formuliert sein?

Bei der Formulierung des Projektauftrages sind insbesondere folgende Inhalte zu berücksichtigen:

- Projektleiter benennen

- Budget festlegen

- Die zu erbringende Leistung (Zielsetzung und Aufgaben) ist genau zu bezeichnen.

- Als Auftraggeber ist in jedem Fall ein Machtpromotor (ein Mitglied der Unternehmensleitung) namentlich anzuführen.

- Die Gesamtdauer des Projektes ist zu begrenzen.

- Die Befugnisse sind zu klären: Rolle des Projektmanagers, Rolle der unterstützenden Fachbereiche; eventuell Einsatz eines Projektsteuerungs- und -koordinierungsgremiums, das den Projektleiter vom Dokumentations- und Informationssuchaufwand freihält.

Projektauftrag

Projekt: ....Projekt-Nr.: ....

Projektleiter: ....Projektteam: ....

1. Beschreibung des Problems ....

2. Zielsetzung, Prioritäten ....

3. Umfeld- und Rahmenbedingungen ....

4. Erwartete Wirkung ....

5. Budget ....

Kostenarten	Grobplanung	Feinplanung	......
Personal			
Material			
Investitionen			
Fremdleistungen			
Sonstige Ausg.			
Summe			

6. Projektabschluss   7. Berichterstattung

8. Starttermin   9. Auftraggeber

10. Projektleiter   11. Verteiler

11. Welche Bestandteile hat die Projektplanung?

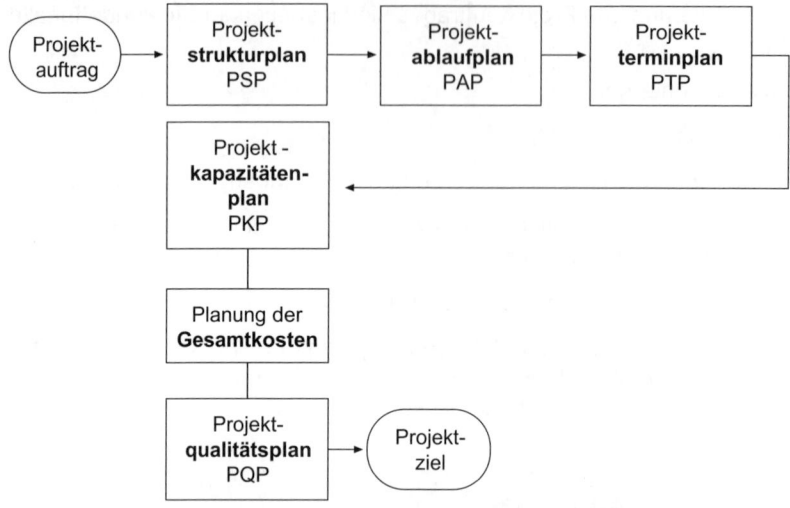

12. Welchen Inhalt haben die einzelnen Teilpläne der Projektplanung?

* Zu Beginn eines Projektes wird der *Projektstrukturplan* (PSP) erstellt; er legt
  - Teilprojekte,
  - Arbeitspakete und
  - Vorgänge inkl. der Leistungsbeschreibungen

  fest und ist somit der *Kern eines jeden Projektes.*

Inhaltlich kann der Projektstrukturplan funktionsorientiert, erzeugnis(objekt)orientiert oder gemischt-orientiert sein. Der Projektstrukturplan ist an unterschiedlichen Stellen unterschiedlich tief gegliedert. Kriterien für die Detaillierung können sein:

  - Dauer
  - Kosten
  - Komplexität
  - Überschaubarkeit des Ablaufs
  - Risiko
  - organisatorische Einbettung.

Schematischer Aufbau eines Projektstrukturplanes:

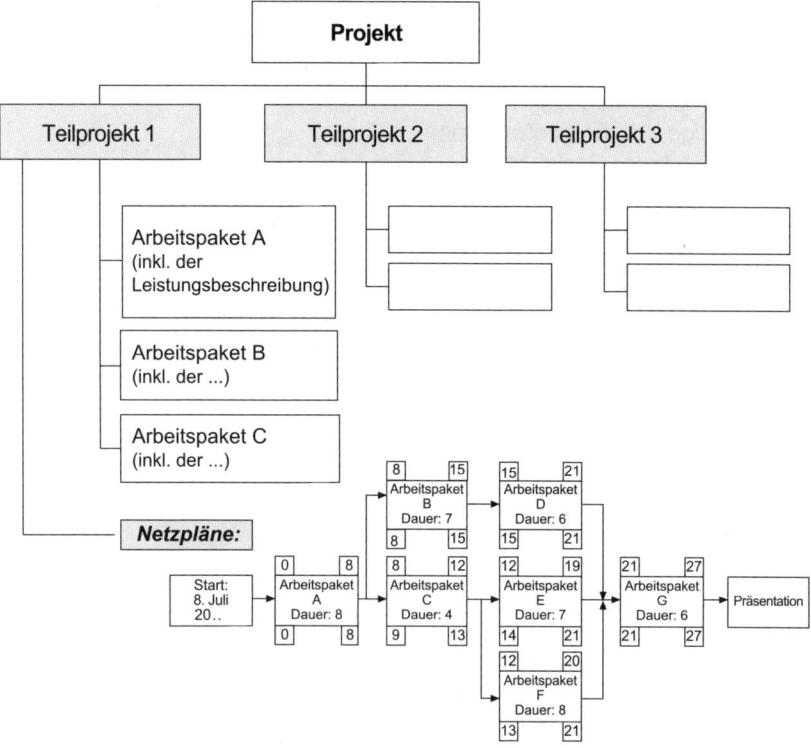

- Der *Projektablaufplan (PAP)* legt die logische Reihenfolge der Bearbeitung fest, z. B.:
    - Welche Arbeitspakete können parallel und welche sequenziell bearbeitet werden?
    - Wie ist der Zeitbedarf pro Arbeitspaket?
    - Welche Ressourcen werden pro Arbeitspaket benötigt?

- Der *Projektterminplan* (PTP)
    - legt die Anfangs- und Endtermine einzelner Teilprojekte und Arbeitspakete fest
    - und benennt die Verantwortlichen und Beteiligten.

    Als Hilfsmittel werden Terminlisten, Balkendiagramme oder Netzpläne eingesetzt.

- Die *Planung der Projektkapazitäten* (PKP) wird auch als Ressourcenplanung bezeichnet und enthält Schätzungen über die benötigten Ressourcen:
    - Qualifikation und Anzahl der Projektteam-Mitglieder
    - Dauer der Strukturelemente
    - Budget
    - Einsatzmittel (Materialien, Anlagen, EDV-Unterstützung)
    - Informationen
    - Räume.

• Grundlage der *Gesamtkostenplanung* ist die vorausgegangene Planung der Kapazitäten und der Einzelkosten pro Arbeitspaket. Die Hauptprobleme, die bei dieser Planung auftreten können, sind:

- Zuordnung der Kosten auf die Vorgänge (Einzelkosten/Gemeinkosten)
- Erfassungs- und Pflegeaufwand
- unvollständige Kosten-Informationen
- Kalkulationen unter Unsicherheit
- Auswirkungen von Soll-Ist-Abweichungen
- Erfassung von Änderungsaufträgen während der Projektrealisierung.

• *Projektqualitätsplanung* (PQP):

Projektmanagement kann nur dann die angestrebten Leistungen erbringen, wenn Mengen und *Qualitäten* der einzelnen Arbeitspakete *geplant, kontrolliert und gesichert* werden. Qualitätsstandards müssen also soweit wie möglich messbar beschrieben werden. Dazu verwendet man z. B. DIN-Normen oder Lieferantenbewertungen (Pflichtenhefte).

13. Welche Funktion hat die Projektsteuerung?

Der Oberbegriff ist Projektlenkung. Er umfasst den Regelkreis der Projektplanung, -durchführung/steuerung und -kontrolle als permanenten Soll-Ist-Vergleich.

• Das *Planungs-Soll* ist die Ausgangsbasis der Projektdurchführung und -überwachung.

• Bei der *Durchführung* wird periodisch ein *Ist* realisiert. Die *Projektüberwachung* gleicht ab, ob der Ist-Zustand bereits den Soll-Zustand erfüllt.

• Ist dies nicht der Fall, erfolgt eine Abweichungsinformation an die *Projektsteuerung* (ggf. ein besonderes Gremium im Betrieb). Hier wird entschieden, ob die Abweichung durch weitere Maßnahmenbündel behoben werden kann oder ein Änderungsauftrag an die Projektplanung geleitet wird.

• *Änderungsaufträge* an die Projektplanung beinhalten ein erhebliches Risiko für das Gesamtprojekt (Realisierung von Teilplanungen, Gesamtkosten, Abschlusstermin).

Die nachfolgende Abbildung zeigt schematisch den dynamischen Zusammenhang von Projektplanung, -durchführung, -überwachung und -steuerung:

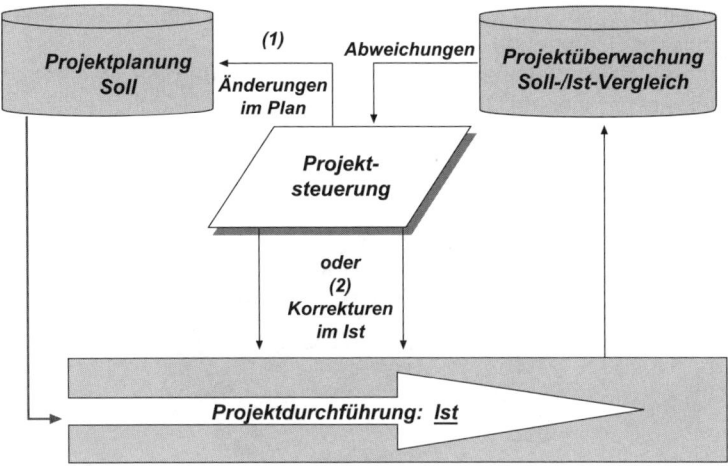

14. Welche Aufgaben hat der Projektleiter am Schluss?

1. Er muss die *Abnahmebedingungen* lt. Projektauftrag und Projektqualitätsplanung (PQP) überprüfen:

Abnahmebedingungen	eingehalten
Zielvorgaben, quantitativ	√
Zielvorgaben, qualitativ	√
Ressourcen	√
Termine	√
Kosten	√

2. Er muss den *Abschlussbericht* erstellen. Er besteht aus drei Hauptteilen:

- *Dokumentation* von Projektauftrag und Projektverlauf:
  Ziele, Struktur, Daten, Termine
- *Beschreibung* der Projektresultate:
  Ergebnisse, Leistungen, Erfahrungen, Kosten
- *Wegweiser* zur Ergebnis-Implementierung und Akzeptanzsicherung:
  Prozessbegleiter, Projektabnahme (Unterschrift durch Auftraggeber).

Der *Verteilerkreis* des Abschlussberichtes umfasst die Betroffenen und Beteiligten sowie evtl. im Projektverlauf hinzugekommene Personen und Fachbereiche. Keineswegs ist er nur an Mitglieder der Unternehmensleitung zu richten. Selbstverständlich kann der Umfang der einzelnen Hauptteile je nach Betroffenheitsgrad der Adressaten schwanken. Zu den direkt Beteiligten kommen alle Unterstützer des Projektes und alle von der Implementierung Betroffenen hinzu.

3. Er muss das Projektergebnis in einer *Abschlusssitzung* dem Auftraggeber präsentieren, d. h. Präsentation der Projektresultate und der geplanten Implementierungsschritte. Für die Praxis empfiehlt sich

- die frühzeitige Einladung der an der Präsentation teilnehmenden Personen
- eine geeignete Raum- und Zeitwahl
- Auswahl der Präsentationsmedien und die Gestaltung der Präsentationsinhalte nach den Ansprüchen der Teilnehmer.

4. Er muss sich in der Projektabschlusssitzung *Multiplikatoren* für die Umsetzung der Projektergebnisse *sichern:*

Zu viele Projekte mit Veränderungswirkungen auf die Innenorganisation scheitern am Desinteresse oder der Abwehr von Führungskräften und/oder Mitarbeitern. Grundsätzlich gilt die Weisheit: „Der Mensch liebt den Fortschritt und hasst die Veränderung". Oft liegt die Abwehrhaltung in zwar unbegründeten, jedoch dominanten Ängsten. Dieses natürliche, menschliche Phänomen kommt während der Implementierungsphase regelmäßig in reduzierter Form vor, *wenn die Betroffenen vorher Beteiligte des Projektes waren.*

5. Er muss *Feedback von den Projektteammitgliedern* einholen:

Feedback zum Projekt „ ...."

1. In welchem Projektteam waren Sie beteiligt?
....

2. Waren Sie mit der Organisation des Projektes zufrieden?

nicht zufrieden				sehr zufrieden
1	2	3	4	5

3. Waren Sie mit der Betreuung zufrieden?

nicht zufrieden				sehr zufrieden
1	2	3	4	5

4. Waren Sie mit der Kommunikation zufrieden?

nicht zufrieden				sehr zufrieden
1	2	3	4	5

....

8. Welche Verbesserungen sollten bei zukünftigen Projektdurchführungen berücksichtigt werden?
....

6. Er muss sich bei dem *Projektteam bedanken* und die *Leistung* der Mitglieder *würdigen*:

7. Er muss die *Reintegration der Projektteammitglieder* in die Linie rechtzeitig vorbereiten:

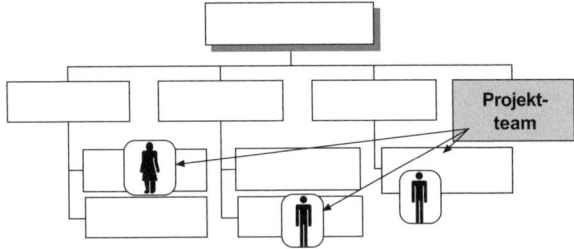

8. Er sollte dafür sorgen, dass die *positiven Erfahrungen und neues Knowhow,* die im Rahmen der Projektrealisierung gemacht wurden, im Unternehmen *genutzt werden*:

Eine Führungskultur im Unternehmen, die Werte, Normen und Einstellungen wie Individualität, Beteiligung der Mitarbeiter, sachorientierte Lösung von Konflikten usw. präferiert, bietet eine gute Basis für Projektarbeit. Analog wird erfolgreiches Projektmanagement genau die Werte und Normen einer Führungskultur stärken, durch die es gestützt wird.

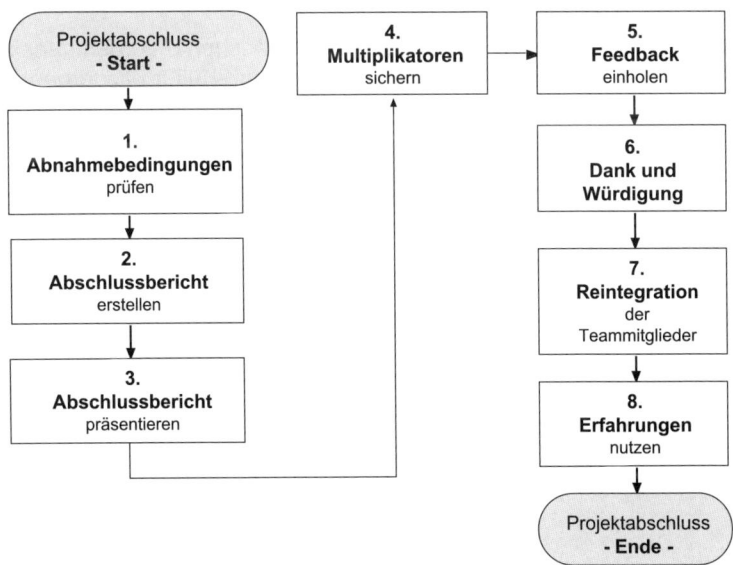

15. Welche Hilfestellung kann die EDV für das Projektmanagement leisten?

Gerade größere Projekte sind komplex und umfassen eine Vielzahl von Teilprojekten und Arbeitsaufträgen. Die EDV kann hier in zweifacher Hinsicht eine gute Unterstützung bieten:

• Die im Unternehmen vorhandene EDV-Organisation kann die Projektplanung und -steuerung unterstützen, indem sie z. B. Kennzahlensysteme des Betriebes im Rahmen der Ist-Analyse, zur Erstellung des Soll-Konzepts, zur Projektsteuerung (Strukturen, Abläufe, Termine, Dokumentation usw.) und für das Projektcontrolling liefert. Weiterhin kann mit ihrer Hilfe der Informations- und Bearbeitungsaufwand effizient gestaltet werden (Listen, Grafiken usw.).

• Daneben wird auf dem Markt spezielle Software angeboten, die unmittelbar auf die Erfordernisse von Projektmanagement zugeschnitten ist (Planungsformulare, Checklisten, Dokumentation des Projektfortschritts usw.). Die einschlägige Fachliteratur liefert hier genügend Angebote.

16. Welche Wechselbeziehungen bestehen zwischen Unternehmenskultur und Projektmanagement?

• Die Gesamtheit von Werten, Normen, Verhaltensmustern und Einstellungen nennt man Kultur (z. B. Landeskultur, *Unternehmenskultur*, Führungskultur, Kultur des Individuums).

• Projektmanagement verlangt von den Mitarbeitern und Führungskräften kritische Kreativität, Disziplin sowie die Bereitschaft zur Veränderung. Andererseits stärkt erfolgreiches Projektmanagement genau diese individuellen „Kulturelemente", durch die es gestützt wird. Eine Führungskultur, die Werte, Normen und Einstellungen wie Individualität, Beteiligung der Mitarbeiter, sachorientierte Lösung von Konflikten usw. präferiert, bietet also eine gute Basis für Projektarbeit.

• Je stärker die Werte, Normen und Einstellungen zwischen Unternehmenskultur, Führungskultur, Individualkultur und „Projektmanagement-Kultur", kongruent sind,

    - desto geringer ist das Konfliktpotenzial
    - desto stärker wirkt die „Keilidee" (Konzentration der Kräfte auf den Markt)
    - desto effektiver ist das Projektmanagement.

3.12 Ausgewählte arbeitsrechtliche Bestimmungen

3.12.1 Auswählen und Einstellen von Mitarbeitern

→ 3.7.3, 3.7.4

01. Was ist das Arbeitsrecht?

Das Arbeitsrecht ist das Sonderrecht der Arbeitnehmer, also derjenigen, die *Arbeit im Dienste eines anderen nach dessen Weisung leisten (fremdbestimmte Arbeit).*

02. Wie unterscheidet man das Individualarbeitsrecht und das kollektive Arbeitsrecht?

Das *Individualarbeitsrecht* regelt die Rechtsbeziehung zwischen dem Arbeitgeber und dem einzelnen Arbeitnehmer.

Das *kollektive Arbeitsrecht* regelt die Beziehungen zwischen Gruppen wie zum Beispiel zwischen den Betriebsräten und Arbeitgebern bzw. den Gewerkschaften und den Arbeitgeberverbänden. Zum kollektiven Arbeitsrecht gehören insbesondere:

• das Koalitionsrecht
• das Tarifvertragsrecht
• das Arbeitskampfrecht
• das Betriebsverfassungsrecht
• das Arbeitsverbandsrecht
• die Unternehmensmitbestimmung.

03. Welche Aufgabe hat das Arbeitsrecht?

Aufgabe des Arbeitsrechts:

a) Die Arbeitnehmer vor Beeinträchtigungen ihrer Persönlichkeit, vor wirtschaftlichen Nachteilen und vor gesundheitlichen Gefahren schützen.

b) Das Arbeitsleben ordnen. Hierzu muss es so flexibel sein, dass es den erforderlichen Spielraum für Anpassungen an betriebliche und wirtschaftliche Notwendigkeiten behält.

04. Wer ist Arbeitnehmer?

Arbeitnehmer sind diejenigen Personen, die für einen anderen haupt- oder nebenberuflich aufgrund eines privatrechtlichen Vertrages zur Arbeit verpflichtet sind. Maßgeblich sind vor allem die Aspekte:

• Umfang der Weisungsgebundenheit hinsichtlich Ort, Zeit und Dauer
• Eingliederung in die organisatorische Struktur des Betriebes
• Unterstellung unter einen Vorgesetzten
• Notwendigkeit einer laufenden, engen Zusammenarbeit.

05. In welchen Bundesgesetzen sind arbeitsrechtliche Tatbestände geregelt?

a) *Allgemeine Gesetze*: z. B. BGB, HGB (Regelungen für kaufmännische Angestellte und Handelsvertreter), Gewerbeordnung (Bestimmungen für gewerbliche Arbeitnehmer), Handwerksordnung, Seemannsordnung.

b) *Spezielle Gesetze*: z. B. Kündigungsschutzgesetz; Arbeitsgerichtsgesetz; Gesetz über gewerbsmäßige Arbeitnehmerüberlassung; Berufsbildungsgesetz; Betriebsverfassungsgesetz; Personalvertretungsgesetz; Bundesurlaubsgesetz; Jugendarbeitsschutzgesetz; Mutterschutzgesetz; Bundeselterngeld- und Elternzeitgesetz (BEEG); Tarifvertragsgesetz; Mitbestimmungsgesetz; Heimarbeitsgesetz; Entgeltfortzahlungsgesetz.

c) *Sonstige Gesetze* mit arbeitsrechtlichen Auswirkungen: z. B. Sozialgesetzbuch; Kindergeldgesetz; Betreuungsgeldgesetz; Insolvenzordnung; Arbeitssicherheitsgesetz; Produktsicherheitsgesetz; Arbeitnehmererfindungsgesetz; Vermögensbildungsgesetz; Arbeitsplatzschutzgesetz.

06. Welche Rechtsgrundsätze und Rechtsquellen prägen außerdem die Auslegung arbeitsrechtlicher Bestimmungen?

- geltende Tarifverträge
- Betriebsvereinbarungen
- Regelungsabreden
- Richtlinien zwischen Arbeitgeber und Sprecherausschuss
- betriebliche Einheitsregelung (Gesamtzusage)
- betriebliche Übung
- Grundsatz der Gleichbehandlung
- Inhalte des Arbeitsvertrages
- arbeitsgerichtliche Rechtsprechung.

07. Welche Pflichten ergeben sich aus dem vorvertraglichen Schuldverhältnis?

Mit der Aufnahme tatsächlicher Verhandlungen entsteht zwischen den Parteien ein gesetzliches Schuldverhältnis, aus dem sog. *Sekundärpflichten* erwachsen: Dies sind Verhaltenspflichten zur gegenseitigen *Sorgfalt* und *Rücksichtnahme*. Bei Verletzung der Sekundärpflichten können Schadensersatzansprüche entstehen (Rechtsgrundlage: Verschulden bei Vertragsabschluss = culpa in contrahendo = c. i. c. bzw. Grundsatz von Treu und Glauben).

Bei Vertragsverhandlungen entstehen folgende Gruppen von *Pflichten*:

1. *Aufklärungspflichten*, z. B.
   - wahrheitsgemäße Beantwortung zulässiger Fragen (→ „Fragerecht")
   - Aufklärung des anderen über alle Umstände, die für das Vertragsverhältnis von Bedeutung sind, auch ohne dass dieser danach fragt (z. B. Hinweis auf Schwerbehinderteneigenschaft auch ohne Befragung).

2. *Obhutspflichten*, z. B.
- sichere Verkehrswege im Betrieb
- sorgfältiger Umgang mit den überlassenen Bewerbungsunterlagen bzw. mit den erhaltenen Informationen (keine unberechtigte Weitergabe, kein Kopieren, Rücksendung).

3. *Vermeidung nutzloser Aufwendungen*, z. B.
- Bestellung eines Dienstwagens
- Wechsel des Wohnortes.

08. Welche Pflichten hat der Arbeitgeber bei der Anbahnung von Arbeitsverhältnissen?

a) Der Arbeitgeber hat über die Anforderungen des in Aussicht gestellten Arbeitsplatzes *zu unterrichten*.

b) *Bewerbungsunterlagen* unterliegen der besonderen Sorgfaltspflicht des Arbeitgebers; er hat über sie Stillschweigen zu bewahren. Die Unterlagen sind dem Bewerber wieder auszuhändigen, sobald feststeht, dass kein Arbeitsvertrag zu Stande kommt.

c) Beim *Vorstellungsgespräch* darf der Arbeitgeber nicht die Erwartung wecken, dass es in jedem Fall zum Vertragsabschluss kommt. Kündigt der Bewerber in einem solchen Fall seinen bisherigen Vertrag und kommt es dann doch nicht zu einer Einstellung, so ist der Arbeitgeber zu Schadensersatz verpflichtet.

d) Fordert der Arbeitgeber einen Bewerber zur Vorstellung auf, so ist er zur Übernahme der *Kosten* verpflichtet (im üblichen bzw. im angebotenen Umfang).

e) Das *Fragerecht* des Arbeitgebers beschränkt sich auf solche Tatsachen, die für das Arbeitsverhältnis relevant sind.

09. Welche Pflichten hat der Arbeitnehmer bei der Anbahnung von Arbeitsverhältnissen?

Die Pflichten des Arbeitnehmers bei den Vorverhandlungen bestehen hauptsächlich in der wahrheitsgemäßen Beantwortung zulässiger Fragen des Arbeitgebers, wie z. B. nach beruflich-fachlichen Fähigkeiten, Erfahrungen, Fertigkeiten und Kenntnissen, nach dem beruflichen Werdegang sowie nach Prüfungs- und Zeugnisnoten.

10. Was ist bei der Anbahnung eines Arbeitsverhältnisses nach dem AGG zu beachten?

§ 11 AGG legt fest: Ein Arbeitsplatz darf nicht unter Verstoß gegen § 7 AGG Abs. 1 ausgeschrieben werden. § 7 AGG verbietet die Benachteiligung aus Gründen der Rasse, des Geschlechts, einer Behinderung usw. (bitte lesen!). Die §§ 611a, b BGB wurden aufgehoben.

11. Wie wird ein Arbeitsverhältnis begründet?

Ein Arbeitsverhältnis wird durch Abschluss eines Arbeitsvertrages begründet, der durch Angebot und Annahme zu Stande kommt. Aus dem Arbeitsvertrag ergeben sich die beiderseitigen Rechte und Pflichten.

Mit der Kontaktaufnahme zwischen Bewerber und Arbeitgeber entsteht ein vorvertragliches Vertrauensverhältnis (= *Anbahnungsschuldverhältnis*). Pflichtverletzungen (z. B. Vertraulichkeit, Datenschutz, Beschränkung des Fragerechts, Wahrheitspflicht, Offenbarungspflicht) können hier zu Schadenersatzansprüchen führen. Einen Einstellungsanspruch kann der Bewerber daraus nicht ableiten.

Bei Übereinstimmung der Vorstellungen von Bewerber und Arbeitgeber kann der Arbeitsvertrag geschlossen werden – vorbehaltlich der Zustimmung des Betriebsrates und evt. notwendiger Eignungsuntersuchung.

12. Welche Rechtsgrundsätze sind bei der Anbahnung eines Arbeitsvertrags zu beachten?

* *Allgemeines:*
  - Arbeitgeber und Bewerber haben die Pflicht zur gegenseitigen *Sorgfalt* und *Rücksichtnahme*; insbesondere:
    · über alle relevanten Umstände *zu informieren* (z. B. Reisetätigkeit oder besondere körperliche Anforderungen der Stelle)
    · die Bewerbungsunterlagen sorgfältig aufzubewahren und vertraulich zu behandeln
    · dafür Sorge zu tragen, dass dem Verhandlungspartner kein Schaden entsteht.

* *Freistellung für Bewerbungen:*
  Der Arbeitnehmer hat das Recht auf Freistellung für die Stellensuche, wenn das unbefristete Arbeitsverhältnis gekündigt wurde. Er muss sich dabei mit dem Arbeitgeber abstimmen.

* *Ausschreibung im Betrieb:*
  Der Betriebsrat kann die innerbetriebliche Ausschreibung von Stellen verlangen.

* *Beteiligung des Betriebsrates:*
  In Betrieben mit in der Regel mehr als 20 wahlberechtigten Arbeitnehmern muss der Betriebsrat vor jeder Einstellung beteiligt werden: Er kann verlangen, dass ihm die Bewerbungsunterlagen aller Bewerber vorgelegt werden. Ferner muss die tarifliche Eingruppierung mitgeteilt werden.

* *Stellenanzeigen:*
  Die Stellenanzeige stellt rechtlich kein Angebot dar, sondern lediglich die Aufforderung, Arbeitsangebote abzugeben. Werden z. B. bestimmte Sozialleistungen in der Anzeige angeboten, kann der Arbeitnehmer auf die spätere Gewährung vertrauen. Stellenanzeigen müssen i. d. R. geschlechtsneutral ausgeschrieben werden.

- *Bewerbungsgespräch:*
  Mündliche Zusagen im Gespräch – z. B. die Aussage des Arbeitgebers, mit dem Bewerber einen Arbeitsvertrag abzuschließen – können dann zu Schadenersatzforderungen führen, wenn sie später nicht eingehalten werden.

- *Bewerberfragebogen:*
  Zulässige Fragen müssen wahrheitsgemäß beantwortet werden. Ansonsten besteht ein Recht zur Anfechtung.

- *Aufklärungspflichten:*
  Auch ohne ausdrückliches Befragen sind beide Seiten verpflichtet, *alle für den Einzelfall relevanten Umstände unaufgefordert zu nennen* (z. B. Arbeitgeber: Betriebsverlegung, – Stilllegung; Arbeitnehmer: z. B. Krankheit, Strafverfahren).

- *Tests:*
  In der Regel können Tests nur mit Zustimmung des Bewerbers durchgeführt werden. Die Anfertigung eines grafologischen Gutachtens bedarf der ausdrücklichen Zustimmung. Der Inhalt vom Test unterliegt der Mitbestimmung. Ergebnisse von Tests müssen dem Bewerber mitgeteilt werden und sind vertraulich zu behandeln.

- *Ersatz von Bewerbungskosten:*
  - Wird der Bewerber ausdrücklich eingeladen, sind ihm alle entstandenen Bewerbungskosten *zu erstatten* (grundsätzliche Regel). Fahrtkosten mit dem Pkw richten sich meist nach steuerlichen Grundsätzen. Flugreisen sollten vor Antritt der Reise abgestimmt werden.
  - Der Arbeitgeber ist *nicht zum Ersatz der Kosten verpflichtet,*
    · wenn er vorher ausdrücklich darauf hinweist, dass er die Kosten nicht übernimmt oder
    · wenn sich der Bewerber unaufgefordert vorstellt.

- *Medizinische Untersuchung:*
  Im Regelfall muss der Bewerber einer medizinischen Untersuchung *nicht zustimmen.*
  Ausnahmen:
  - Tätigkeiten im Lebensmittelbereich
  - ausdrückliche Vereinbarung im Arbeitsvertrag
  - Erst- und Nachuntersuchung nach dem JArbSchG.

13. Welche Fragen dürfen Bewerbern nicht bzw. nur eingeschränkt gestellt werden?

Das Fragerecht des Arbeitgebers ist geprägt von dem Grundsatz: Es dürfen die Fragen gestellt werden, an deren Beantwortung der Arbeitgeber *ein berechtigtes Interesse* hat (Bezug zur Tätigkeit). Zulässigerweise gestellte Fragen müssen wahrheitsgemäß beantwortet werden, ansonsten entsteht für den Arbeitgeber das Recht zur Anfechtung des Arbeitsvertrages. Unzulässigerweise gestellte Fragen dürfen wahrheitswidrig beantwortet werden, ohne dass dem Arbeitnehmer daraus später Nachteile entstehen.

Daneben gibt es folgende Einzelbestimmungen:

- Die Frage nach der *Religionszugehörigkeit* ist im Allgemeinen nicht zulässig, es sei denn, es handelt sich um konfessionelle Einrichtungen, wie Kindergärten, Schulen oder Krankenhäuser (sog. Tendenzbetriebe).

- Die Frage nach *Schulden* ist nur bei Positionen im finanziellen Bereich, wie z. B. bei Bankkassierern erlaubt.

- Die Frage nach einer *Schwangerschaft* ist generell unzulässig. Sie ist ausnahmsweise dann zulässig, wenn für die Mutter und/oder das ungeborene Kind aufgrund der Art der Tätigkeit bzw. der Umgebungseinflüsse Schädigungen entstehen könnten (z. B. Arbeiten mit gefährlichen Stoffen, Arbeiten im Labor o. Ä.).

- Ebenso unzulässig ist die Frage nach der Höhe des bisherigen *Verdienstes*. Dies gilt zumindest dann, wenn die frühere Vergütung keinen Aufschluss über die notwendige Qualifikation gibt und der Bewerber nicht seine bisherige Vergütung zur Mindestvergütung für seine neue Eingruppierung macht.

- Zulässig ist die Frage nach *Vorstrafen* nur dann, wenn es sich um einschlägige Vorstrafen handelt, die im Bundeszentralregister noch nicht gelöscht sind, wie z. B. die Frage nach Alkoholstrafen bei Berufskraftfahrern und nach Verurteilungen wegen Vermögensdelikten bei Buchhaltern.

- Fragen nach *Krankheiten* sind nur gestattet, soweit sie tatsächlich die Arbeitsleistung beeinflussen können; ebenso: Frage nach einer Schwerbehinderung.

14. Nach welchen Merkmalen sind Arbeitszeugnisse zu beurteilen?

Vgl. ausführlich unter 3.7.4/Frage 06.

15. Welche Rechtsbestimmungen sind beim Abschluss und der inhaltlichen Gestaltung eines Arbeitsvertrages zu beachten?

- *Vertragsabschluss:*
  - Der Vertrag kommt durch Angebot und Annahme zu Stande.
  - Bei Minderjährigen ist die Zustimmung der gesetzlichen Vertreter erforderlich.

- *Inhalt des Arbeitsvertrages:*
  - Grundsätzlich besteht Gestaltungsfreiheit.
  - Einschränkungen ergeben sich aus einer Vielzahl von Schutzvorschriften.
  - Die Nichtbeachtung derartiger Schutzvorschriften führt i. d. R. zur Unwirksamkeit des betreffenden Arbeitsvertragsinhaltes.

- *Formvorschriften:*
  - Grundsätzlich: mündlich, schriftlich oder durch schlüssiges Verhalten.
  - Ausnahmen:
    · Schriftform lt. Tarifvertrag
    · Lt. NachwG vom 01.07.1995 muss der Arbeitgeber spätestens einen Monat nach Beginn des Arbeitsverhältnisses die wesentlichen Vertragsbedingungen schriftlich niederlegen, unterzeichnen und aushändigen. Insgesamt sind mindestens zehn inhaltliche Vertragspunkte gefordert (vgl. NachwG).

- *Faktisches Arbeitsverhältnis:*
  Ist ein Arbeitsverhältnis in Vollzug gesetzt worden und stellt sich später heraus, dass es nichtig ist oder wirksam angefochten wurde, so ist das Arbeitsverhältnis für die Zukunft beendet. Für die Vergangenheit hat der Arbeitnehmer trotzdem einen Entgeltanspruch (Unmöglichkeit der Rückabwicklung von Lohn und Leistung).

- *Probezeit:*
  Die Dauer der Probezeit ist gesetzlich nicht vorgeschrieben. Sie beträgt i. d. R. bis zu sechs Monaten, da nach Ablauf von sechs Monaten der allgemeine Kündigungsschutz (vgl. KSchG) greift. Während der Probezeit kann eine *Kündigungsfrist von zwei Wochen* vereinbart werden (vgl. § 622 BGB). Dabei ist entscheidend, dass der Ausspruch der Kündigung während der Probezeit erfolgt. Zu unterscheiden ist das *unbefristete Arbeitsverhältnis mit vorgeschalteter Probezeit* und das *befristete Probearbeitsverhältnis* (letzteres endet automatisch mit Fristablauf).

- *Arbeitspapiere:*
  Zu Beginn des Arbeitsverhältnisses muss der Arbeitnehmer folgende „Papiere" aushändigen:
  - Sozialversicherungsnachweisheft
  - Sozialversicherungsausweis (Vorlage)
  - Urlaubsbescheinigung
  - ggf. Arbeitserlaubnis
  - ggf. Gesundheitszeugnis
  - Unterlagen über vermögenswirksame Leistungen.

16. Welche Arten des befristeten Arbeitsvertrages lassen sich unterscheiden?

Nach dem Teilzeit- und Befristungsgesetz (TzBfG) gilt:

(1) *Vorliegen eines sachlichen Grundes:*
   Die Befristung des Arbeitsvertrages kann auf der Basis eines sachlichen Grundes erfolgen (§ 14 Abs. 1 TzBfG), z. B. Vertretung, Erprobung, kurzfristige Erkrankung des Stelleninhabers.
   Der Vertrag endet mit Fristablauf bzw. mit Erreichen des Zwecks.

(2) *Ohne sachlichen Grund:*
   Auch ohne Vorliegen eines sachlichen Grundes ist eine *Befristung bis* zur Gesamtdauer von *zwei Jahren* möglich; innerhalb dieses Zeitraumes ist maximal eine *dreimalige Verlängerung* zulässig (§ 14 Abs. 2 TzBfG).

(3) *Bei Existenzgründern:*
   Hier gilt seit Januar 2004 aufgrund des *Gesetzes zu Reformen am Arbeitsmarkt* die Besonderheit, dass bei *Neugründung* eines Unternehmens eine Befristung ohne sachlichen Grund bis zur Gesamtdauer von *vier Jahren* zulässig ist; innerhalb dieser Gesamtfrist ist eine *mehrfache Verlängerung* erlaubt (§ 14 Abs. 2a TzBfG).

Hinweis:
Arbeitnehmer haben in Deutschland einen *Rechtsanspruch auf Teilzeitarbeit*. Der Gesetzgeber hat beschlossen, dass Beschäftigte in Betrieben mit mehr als 15 Angestellten eine kürzere Arbeitszeit auch gegen den Willen des Arbeitgebers einfordern können. Dem dürften aber keine „betrieblichen Gründe" entgegenstehen (§§ 6 ff. TzBfG).

17. Welche Hauptpflichten ergeben sich aus dem Arbeitsvertrag?

- Arbeitgeber: Vergütungspflicht
- Arbeitnehmer: Arbeitsspflicht.

18. Welche Nebenpflichten müssen die Parteien erfüllen?

- *Arbeitnehmer:*

  → Allgemeine *Treuepflicht:*
    - Verschwiegenheitspflicht
    - Unterlassung von ruf- und kreditschädigenden Äußerungen
    - Verbot der Schmiergeldannahme
    - Wettbewerbsverbot
    - Pflicht zur Anzeige und Abwendung drohender Schäden
    - weitere Nebenpflichten:
      - Einhalten der betrieblichen Ordnung
      - Leistung der dringend erforderlichen Mehrarbeit
      - sorgsamer Umgang mit dem Eigentum des Arbeitgebers.

- *Arbeitgeber:*

  → Allgemeine *Fürsorgepflicht:*
    - Fürsorge für Leben und Gesundheit des Arbeitnehmers
    - Fürsorge für eingebrachte Sachen des Arbeitnehmers
    - Pflicht zum Schutz des Vermögens des Arbeitnehmers
    - Pflicht zum Schutz vor sexueller Belästigung
    - Pflicht zur Gewährung von Erholungsurlaub
    - Pflicht zur Fortzahlung der Vergütung im Krankheitsfalle
    - Pflicht zur Zeugniserteilung
    - weitere Nebenpflichten:
      - Freistellung zur Arbeitssuche nach Kündigung
      - Gleichbehandlungsgrundsatz
      - Informations- und Anhörungspflicht.

19. Wie muss die Verpflichtung zur Entgeltzahlung vom Arbeitgeber erfüllt werden?

a) Die Vergütung wird erst fällig, wenn die Arbeitsleistung erbracht worden ist. Damit ist der Arbeitnehmer grundsätzlich zur Vorleistung verpflichtet.

b) Für Mehrarbeit ist ein Zuschlag zu zahlen.

c) Es besteht ein Entgeltanspruch auch dann, wenn keine Arbeit geleistet wurde, z. B.:
   - an gesetzlichen Feiertagen, die nicht auf einen Sonntag oder arbeitsfreien Samstag fallen
   - bei vorübergehender Verhinderung des Arbeitnehmers
   - in den Fällen von Krankheit.

20. Welche Freistellungssachverhalte mit Fortzahlung der Vergütung gibt es?

- Arbeitsunfähigkeit wegen Krankheit
- Bildungsurlaub
- Erholungsurlaub
- Feiertage
- Kuren
- Pflege des kranken Kindes (nur in sehr eingeschränktem Umfang)
- Wiedereingliederung in das Erwerbsleben (z. B. teilweiser Arbeitsleistung nach längerer, schwerer Krankheit; Krankengeld zzgl. ggf. einem Zuschuss bis zur Höhe des Nettoentgelts)
- Freistellung Jugendlicher und Auszubildender (z. B. Berufsschulunterricht, Prüfungen)
- sonstige Tatbestände, z. B.:
  - Betriebsratstätigkeit
  - Eheschließung
  - Niederkunft der Ehefrau
  - Todesfälle im engeren Familienkreis
  - schwere Erkrankung des Ehegatten
  - Wahrnehmung von Ehrenämtern (sofern keine Erstattung von dritter Seite)
  - Vorladung als Zeuge vor Gericht.

21. Welche Fälle von Lohnersatzleistungen gibt es?

Bei Lohnersatzleistungen wird von dritter Seite geleistet – anstelle des üblicherweise zu zahlenden Entgelts. Infrage kommen:

- Kurzarbeitergeld
- Krankengeld
- Betreuungsgeld
- Übergangsgeld
- Verletztengeld
- Elterngeld.

22. Welche Rechtsfolgen können sich aus einer Verletzung der Pflichten aus dem Arbeitsverhältnis ergeben?

- Bei *Pflichtverletzungen des Arbeitnehmers*:
  - Entgeltminderung
  - Einbehaltung des Entgelts
  - Abmahnung
  - Kündigung
  - Schadensersatzansprüche
  - Unterlassungsklage
  - ggf. Betriebsbußen.

- Bei *Pflichtverletzungen des Arbeitgebers*:
  - Zurückhaltung der Arbeitskraft
  - Kündigung
  - Verlangen nach Erfüllung der Pflichten
  - Schadensersatzansprüche
  - Bußgelder nach den gesetzlichen Bestimmungen.

23. Welche wesentlichen Bestimmungen enthält das Bundesurlaubsgesetz?

- Jeder Arbeitnehmer hat Anspruch auf bezahlten Erholungsurlaub.

- Arbeitnehmer im Sinne dieses Gesetzes sind Arbeiter, Angestellte und die zu ihrer Berufsausbildung Beschäftigten (also auch: Auszubildende, Anlernlinge, Praktikanten, Volontäre).

- Berechnungsgrundlage für das Urlaubsentgelt ist der Durchschnittsverdienst der letzten 13 Wochen.

- Die Mindestdauer des Urlaubs beträgt 24 Werktage im Kalenderjahr.

- Der volle Urlaubsanspruch entsteht erst nach sechs Monaten Wartezeit.

- Über den gewährten oder abgegoltenen Urlaubsanspruch ist eine Bescheinigung auszustellen.

- Bei der zeitlichen Festlegung des Urlaubs muss der Arbeitgeber die Wünsche des Arbeitnehmers berücksichtigen. Der Arbeitgeber kann Betriebsferien anordnen – jedoch nicht willkürlich (i. d. R. in den Sommer-Schulferien); der Betriebsrat hat dabei ein Mitbestimmungsrecht.

- Teilurlaub: Einer der Urlaubsteile muss mindestens 12 aufeinander folgende Werktage betragen. Teilurlaubsanspruch entsteht in Höhe eines Zwölftes für jeden vollen Monat (Beschäftigungsmonat!), in dem das Arbeitsverhältnis besteht. Bruchteile von Urlaubstagen, die mindestens einen halben Tag ergeben, sind aufzurunden.

- Der Urlaub ist im laufenden Kalenderjahr zu nehmen. Nur im Ausnahmefall ist der Urlaub auf die ersten drei Monate des Folgejahres übertragbar.

- Nachgewiesene Krankheitstage sind auf den Urlaub nicht anzurechnen.

- Abgeltung: Grundsätzlich besteht ein Abgeltungsverbot; Ausnahme: In Verbindung mit der Beendigung des Arbeitsverhältnisses.

- Urlaubs*geld* ist die zusätzlich zum Urlaubs*entgelt* gezahlte Vergütung (z. B. freiwillig oder aufgrund von Tarifvertrag).

24. Wann hat ein Arbeitnehmer Anspruch auf bezahlte Freizeit zur Stellensuche?

Es muss sich gemäß § 629 BGB um ein dauerhaftes Arbeitsverhältnis handeln und das Arbeitsverhältnis muss gekündigt sein.

25. Welche Pflichten aus dem Ausbildungsvertrag ergeben sich für den Ausbildenden und den Auszubildenden? → **3.6.3**

Hinweis:
Die Paragrafen beziehen sich auf das BBiG; bitte die angegebenen Paragrafen lesen.

Pflichten aus dem Ausbildungsvertrag nach dem BBiG			
Ausbildender (Betrieb)		**Auszubildender**	
§ 7	Anrechnung beruflicher Vorbildung	§ 13	Verhalten während der Ausbildung, Nr. 1. - 6. (bitte lesen):
§ 8	Abkürzung/Verlängerung der Ausbildungszeit		Aufgaben sorgfältig ausführen
§ 11	schriftliche Vertragsniederschrift		an Ausbildungsmaßnahmen teilnehmen
§ 12	Beschränkungen nach Abschluss der Ausbildung sind nichtig; Ausnahme: Vereinbarung über ein Arbeitsverhältnis innerhalb der letzten sechs Monate		Weisungen befolgen
			geltende Ordnung beachten
			Werkzeuge pfleglich behandeln
§ 14	Planung der Ausbildung		über Betriebs- und Geschäftsgeheimnisse Stillschweigen zu bewahren
	Selbst ausbilden oder Ausbilder bestellen		
	kostenlose Ausbildungsmittel		
	Besuch der Berufsschule		
	charakterliche Förderung		
	angemessene Aufgaben		
§ 15	Freistellung: Berufsschule und Prüfungen		
§ 16	Zeugnisausstellung		
§ 17	Ausbildungsvergütung zahlen		

3.12.2 Betriebsverfassungsgesetz und Tarifrecht → 3.9.1

01. Wie unterscheidet man das Individualarbeitsrecht und das kollektive Arbeitsrecht?

Einteilung des Arbeitsrechts		
Das **Individualarbeitsrecht**	Regelt die Rechtsbeziehungen zwischen dem Arbeitgeber und einem einzelnen Arbeitnehmer.	• Arbeitsvertragsrecht • Arbeitnehmerschutzrechte • Arbeitssicherheitsgesetze
Das **Kollektive Arbeitsrecht**	Regelt die Beziehungen zwischen Gruppen wie zum Beispiel den Betriebsräten und Arbeitgebern bzw. den Gewerkschaften und den Arbeitgeberverbänden.	• Betriebsverfassungsgesetz • Sprecherausschussverfassung • Unternehmensverfassung • Tarifvertragsrecht • Arbeitskampfrecht

02. Welchen Einfluss hat das kollektive Arbeitsrecht auf das Individualarbeitsrecht?

Durch das Einwirken arbeitsrechtlicher Gesetze und Kollektivvereinbarungen hat der individuelle Vertrag einen schwächeren Einfluss auf den Inhalt des einzelnen Arbeitsverhältnisses als etwa bei Verträgen zwischen Verkäufer und Käufer oder Vermieter und Mieter. Ein Individualarbeitsvertrag muss sich daher immer an den übergeordneten Normen kollektivrechtlicher Bestimmungen orientieren. Der Abschluss untertariflicher Arbeitsbedingungen im Einzelarbeitsvertrag ist damit z. B. nichtig; zulässig sind aber günstigere Einzelbedingungen.

03. Was sind Tarifverträge?

Tarifverträge werden schriftlich zwischen Gewerkschaften und Arbeitgeberverbänden oder einzelnen Arbeitgebern geschlossen. Daher sind sie Verträge und unterliegen den gleichen Regeln wie zum Beispiel der Abschluss eines Kaufvertrages. Die Besonderheit beim Tarifvertrag ist, dass die in ihm festgelegten Rechte und Pflichten wie ein Gesetz *unmittelbar* und *zwingend* für und gegen die Arbeitnehmer eines Betriebes wirken – sofern der Betrieb und die Arbeitnehmer tarifgebunden sind.

Dabei bedeutet *unmittelbar*, dass die tariflich vereinbarten Normen automatisch auf die Arbeitsverhältnisse anzuwenden sind, ohne dass es einer besonderen Vereinbarung bedarf. *Zwingend* heißt, dass von den Bestimmungen des Tarifvertrages nicht zu Ungunsten des Arbeitnehmers abgewichen werden darf – es sei denn, der Tarifvertrag lässt derartige Vereinbarungen ausdrücklich zu (so genannte *Zulassungs- oder Öffnungsklausel*).

Darüber hinaus kann zu Gunsten eines Arbeitnehmers vom Tarifvertrag abgewichen werden; es gilt hier das *Günstigkeitsprinzip*.

04. Welche Funktionen erfüllt ein Tarifvertrag?

Ein Tarifvertrag erfüllt

a) die *Schutzfunktion* des Arbeitnehmers gegenüber dem Arbeitgeber,

b) die *Ordnungsfunktion* durch Typisierung der Arbeitsverträge und

c) die *Friedensfunktion*, denn der Tarifvertrag schließt während seiner Laufzeit Arbeitskämpfe und neue Forderungen hinsichtlich der in ihm geregelten Sachverhalte aus.

05. In welchen Fällen ist ein Tarifvertrag auf ein Einzelarbeitsverhältnis anzuwenden?

1. *Generelle Regel*: Tarifverträge binden grundsätzlich nur diejenigen Arbeitgeber, die Mitglied im betreffenden Arbeitgeberverband sind bzw. den Tarifvertrag selbst geschlossen haben (Landesverband Einzelhandel/Großhandel; Haustarif) und die gewerkschaftsangehörigen Arbeitnehmer (ver.di; NGG). Mit anderen Worten: Ein tarifgebundener Arbeitgeber braucht die Normen eines Tarifvertrages nicht gegenüber den Arbeitnehmern anzuwenden, die nicht Mitglied in der betreffenden Gewerkschaft sind.

Ausnahme: Die betrieblichen und betriebsverfassungsrechtlichen Normen des Tarifvertrages gelten auch für alle Betriebe, deren Arbeitgeber tarifgebunden sind und für alle dort tätigen Arbeitnehmer – ohne Rücksicht auf deren Zugehörigkeit zu einer Gewerkschaft.

2. *Allgemeinverbindlichkeitserklärung*: Der Bundesminister für Arbeit und Sozialordnung kann einen Tarifvertrag für allgemein verbindlich erklären. In diesem Fall gilt innerhalb seines Geltungsbereiches der betreffende Tarifvertrag für alle Arbeitnehmer und Arbeitgeber – gleichgültig, ob sie einer Gewerkschaft bzw. dem Arbeitgeberverband angehören (vgl. www.boeckler.de).

3. *Vereinbarung im Arbeitsvertrag*: Sind der Betrieb und/oder der betreffende Arbeitnehmer nicht tarifgebunden, kann die Geltung von Tarifverträgen einzelvertraglich vereinbart werden. Solchermaßen geltende Tarifverträge wirken jedoch nicht nach.

4. Aufgrund *betrieblicher Übung* (Gewohnheitsrecht).

06. Was bedeutet die „Nachwirkung" eines Tarifvertrages?

Nach Ablauf eines Tarifvertrages gelten seine Rechtsnormen weiter, bis sie durch eine andere „Abmachung" ersetzt werden (so genannte Nachwirkung). In diesem Fall und ab diesem Zeitpunkt kann der Arbeitgeber mit den einzelnen Arbeitnehmern nicht nur günstigere, sondern auch ungünstigere Vereinbarungen treffen. Diese Vorgehensweise ist jedoch nur dann zweckmäßig, wenn nicht zu erwarten ist, dass einzelvertragliche, ungünstige Regelungen bereits nach kurzer Zeit aufgrund eines neuen Tarifvertrages verdrängt und somit nichtig werden.

07. Welche Tarifvertragsarten sind zu unterscheiden?

Tarifvertragsarten	Inhalte	Laufzeit
Entgelttarife	Festlegung der konkreten Entgelthöhe	i. d. R. ein Jahr
Entgeltrahmentarife	Einteilung der Lohn- und Gehalts- gruppen sowie der Entgeltarten	mehrere Jahre oder befristet
Manteltarife	allgemeine Arbeitsbedingungen, wie z. B. wöchentliche Arbeitszeit, Zu- schläge für Mehrarbeit, Jahresurlaub	mehrere Jahre oder unbefris- tet; z. T. unterschiedliche Lauf- zeit einzelner Bestandteile
Sondertarife	Regelung von Einzeltatbeständen wie z. B. Teilzeitarbeit, vermögenswirksa- me Leistungen	i. d. R. mehrere Jahre

08. Was versteht man unter der Friedenspflicht?

Die *relative Friedenspflicht* verpflichtet die Tarifvertragsparteien, während der Dauer eines Tarifvertrages arbeitsrechtliche Kampfmaßnahmen zur Aufhebung oder Änderung der vereinbarten Tarifnormen zu unterlassen und auf ihre Mitglieder einzuwirken, dass sie den Arbeitsfrieden wahren. Maßnahmen einer Tarifvertragspartei (z. B. Streiks), die dieser Pflicht widersprechen, sind rechtswidrig und verpflichten zum Schadensersatz, wenn dadurch dem Vertragspartner oder seinen Mitgliedern ein Schaden entsteht.

09. Welche Zielsetzung verfolgt das Betriebsverfassungsgesetz?

Das Betriebsverfassungsgesetz schränkt das Direktionsrecht des Arbeitgebers ein. Dazu werden dem *Betriebsrat* verschiedene *Beteiligungsrechte* mit unterschiedlicher Qualität eingeräumt. Außerdem erhalten die Arbeitnehmer in den §§ 81 - 86 *unmittelbare Rechte* gegenüber dem Arbeitgeber.

10. Welche grundsätzlichen Beteiligungsrechte hat der Betriebsrat?

Die Beteiligungsrechte des Betriebsrates sind von unterschiedlicher Qualität – von schwach bis sehr stark ausgeprägt – und lassen sich in die beiden Felder Mitwirkung und Mitbestimmung klassifizieren.

Beteiligungsrechte des Betriebsrates		
Mitwirkungsrechte (MWR)	die Entscheidungsbefugnis des Arbeitsgebers bleibt unberührt.	• Informationsrecht • Beratungsrechte • Anhörungsrecht • Vorschlagsrecht
Mitbestimmungsrechte (MBR)	Der Arbeitgeber kann eine Maßnahme nur im gemeinsamen Entscheidungsprozess mit dem Betriebsrat regeln.	• Vetorecht • Zustimmungsrecht • Initiativrecht

- Das *Informationsrecht* ist das schwächste Recht des Betriebsrats. Es ist jedoch die unverzichtbare Voraussetzung für die Wahrnehmung aller Rechte und oft die Vorstufe zur Mitbestimmung. Neben einzelnen Fällen der Information formuliert das Gesetz in § 80 einen allgemeinen Anspruch des Betriebsrats auf „rechtzeitige und umfassende Information".

- Das *Beratungsrecht* ermöglicht dem Betriebsrat, von sich aus Gedanken und Anregungen zu entwickeln. Der Arbeitgeber ist gehalten, sich mit diesen Meinungen ernsthaft auseinander zu setzen.

- Beim *Recht auf Anhörung* ist der Arbeitgeber unbedingt verpflichtet, vor seiner Entscheidung die Meinung des Betriebsrats einzuholen. Die Anhörung muss „ordnungsgemäß" sein. Im Fall der Kündigung führt eine Missachtung des Anhörungsrechts bereits aus formalrechtlichen Gründen zur Unwirksamkeit der Maßnahme.

- Beim *Vetorecht* kann der Betriebsrat die Maßnahme des Arbeitgebers verhindern bzw. bestimmte Rechtsfolgen einleiten (z. B. gerichtliche Ersetzung). Der Betriebsrat ist also nicht völlig gleichberechtigt am Entscheidungsprozess beteiligt, kann aber eine „Sperre" einlegen – aus den im Gesetz genannten Gründen.

- Das *Zustimmungsrecht* – auch als obligatorische Mitbestimmung bezeichnet – ist das qualitativ stärkste Recht. Der Arbeitgeber kann ohne die Zustimmung des Betriebsrats keine Entscheidung treffen. Bei fehlender Zustimmung kann er diese nicht gerichtlich ersetzen lassen, sondern muss den Weg über die Einigungsstelle gehen. Die Fälle der obligatorischen Mitbestimmung lassen sich im Gesetz leicht erkennen: Die jeweiligen Normen enthalten immer den Satz: „Der Spruch der Einigungsstelle ersetzt die Einigung zwischen Arbeitgeber und Betriebsrat".

- Schließlich ist das *Initiativrecht* (§ 92a BetrVG) im Mitbestimmungsrecht enthalten: Der Betriebsrat kann von sich aus in den Fällen der erzwingbaren Mitbestimmung vom Arbeitgeber die Regelung einer bestimmten Angelegenheit verlangen. Das Initiativrecht findet seine Grenzen in den Fällen, in denen es um den Kern der unternehmerischen Entscheidung geht (z. B. Produktpolitik, Standortpolitik, u. Ä.).

11. Welche Beteiligungsrechte hat der Betriebsrat in personellen, sozialen, wirtschaftlichen und arbeitsorganisatorischen Angelegenheiten?

- Die Beteiligung des Betriebsrats *in personellen Angelegenheiten* zerfällt in drei Unterabschnitte:
  - allgemeine personelle Angelegenheiten
  - Berufsbildung
  - personelle Einzelmaßnahmen.

  Dabei sind die Beteiligungsrechte überwiegend in Form der Mitbestimmung ausgeprägt.

  Die Mitbestimmungsrechte bei den vier personellen Einzelmaßnahmen

  - Einstellung,
  - Versetzung,
  - Eingruppierung und
  - Umgruppierung

  stehen selbstständig und unabhängig voneinander und sind demzufolge separat *zustimmungsbedürftig*.

- Bei der Beteiligung *in sozialen Angelegenheiten* ist zu unterscheiden zwischen
  - sozialen Angelegenheiten,
    - die obligatorisch der Mitbestimmung unterliegen (§ 87),
    - die durch freiwillige Betriebsvereinbarung geregelt werden können (§ 88) sowie
  - der Mitwirkung bei der Gestaltung des Arbeitsschutzes (§ 89).

  In sozialen Angelegenheiten des § 87 BetrVG ist die Beteiligung des Betriebsrats am stärksten ausgeprägt. Die Ziffern 1 - 12 enthalten eine abschließende Aufzählung von Tatbeständen. Entsprechend dem Eingangssatz gilt das Mitbestimmungsrecht jedoch nur, soweit keine gesetzliche oder tarifliche Regelung besteht. In allen Fällen des § 87 BetrVG kann also der Arbeitgeber eine Regelung nur mit dem Einverständnis des Betriebsrats treffen.

  Nach ständiger Rechtsprechung setzen die Normen des § 87 Abs. 1 Nr. 1 - 12 einen kollektiven Regelungstatbestand voraus (z. B. alle Arbeitnehmer eines Betriebes betreffend). Lediglich in den Ziffern 5 (Urlaub) und 9 (Werkswohnungen) greift die Mitbestimmung auch im Einzelfall.

- *In wirtschaftlichen Angelegenheiten* ist die Beteiligung des Betriebsrats qualitativ am schwächsten ausgeprägt. Nach dem Willen des Gesetzgebers soll hier die unternehmerische Entscheidungsfreiheit nicht eingeschränkt werden, sondern lediglich sichergestellt sein, dass die Arbeitnehmer über die wirtschaftliche Lage des „Unternehmens" informiert werden. Insofern sind die Beteiligungsrechte beschränkt.

• *In arbeitsorganisatorischen Angelegenheiten* kommt dem Betriebsrat lediglich ein Unterrichtungs- und Beratungsrecht zu. Der Arbeitgeber bleibt also letztlich in seiner Entscheidung frei. Im Einzelnen existiert ein Mitwirkungsrecht bei der Planung von

- Neu-, Um- und Erweiterungsbauten,
- technischen Anlagen,
- Arbeitsverfahren, -abläufen und
- Arbeitsplätzen.

Eine Ausnahme bildet der § 91 BetrVG: Wenn der Arbeitgeber „gegen gesicherte, arbeitswissenschaftliche Erkenntnisse verstößt", steht dem Betriebsrat ein „korrigierendes Mitbestimmungsrecht" zu: Er kann angemessene Maßnahmen zur Abwendung, Minderung oder zum Ausgleich der Belastung der Arbeitnehmer *verlangen*. Im Konfliktfall entscheidet die Einigungsstelle.

Der einzelne Arbeitnehmer kann Vorschläge zur Gestaltung des Arbeitsplatzes und -ablaufes machen.

Beteiligungsrechte des Betriebsrates im Überblick (BetrVG)		
Beteiligung in ...	**Mitwirkung**	**Mitbestimmung**
Sozialen Angelegenheiten	§ 89 Arbeits-/Umweltschutz	§ 87, z. B. Fragen der ... • Ordnung • Arbeitszeit • Urlaubsgrundsätze • Sozialeinrichtungen • Lohngestaltung
Personellen Angelegenheiten	§ 92 Personalplanung	§ 93 Interne Stellenausschreibung
	§ 93a Beschäftigungssicherung	§ 94 Personalfragebogen
	§ 96 Förderung der Berufsbildung	§ 94 Beurteilungsgrundsätze
	§ 97 Abs. 1 Einrichtungen der Berufsbildung	§ 95 Auswahlrichtlinien
	§ 105 Leitende	§ 97 Abs. 2 Berufsbildung (Einführung)
		§ 98 Abs. 1 Berufsbildung (Durchführung)
		§ 98 Abs. 2 Bestellung von Ausbildern
		§ 99 Einstellung, Eingruppierung ...
		§ 102 Kündigung
		§ 103 Kündigung (Betriebsrat)
Wirtschaftlichen Angelegenheiten	§ 106 Wirtschaftsausschuss	§ 112 Sozialplan
	§ 112 Interessenausgleich	§ 112a Erzwingbarer Sozialplan
Arbeitsorganisatorischen Angelegenheiten	§ 90 Unterrichtung/Beratung	§ 91 Mitbestimmung

12. Welche betriebsverfassungsrechtlichen Organe gibt es?

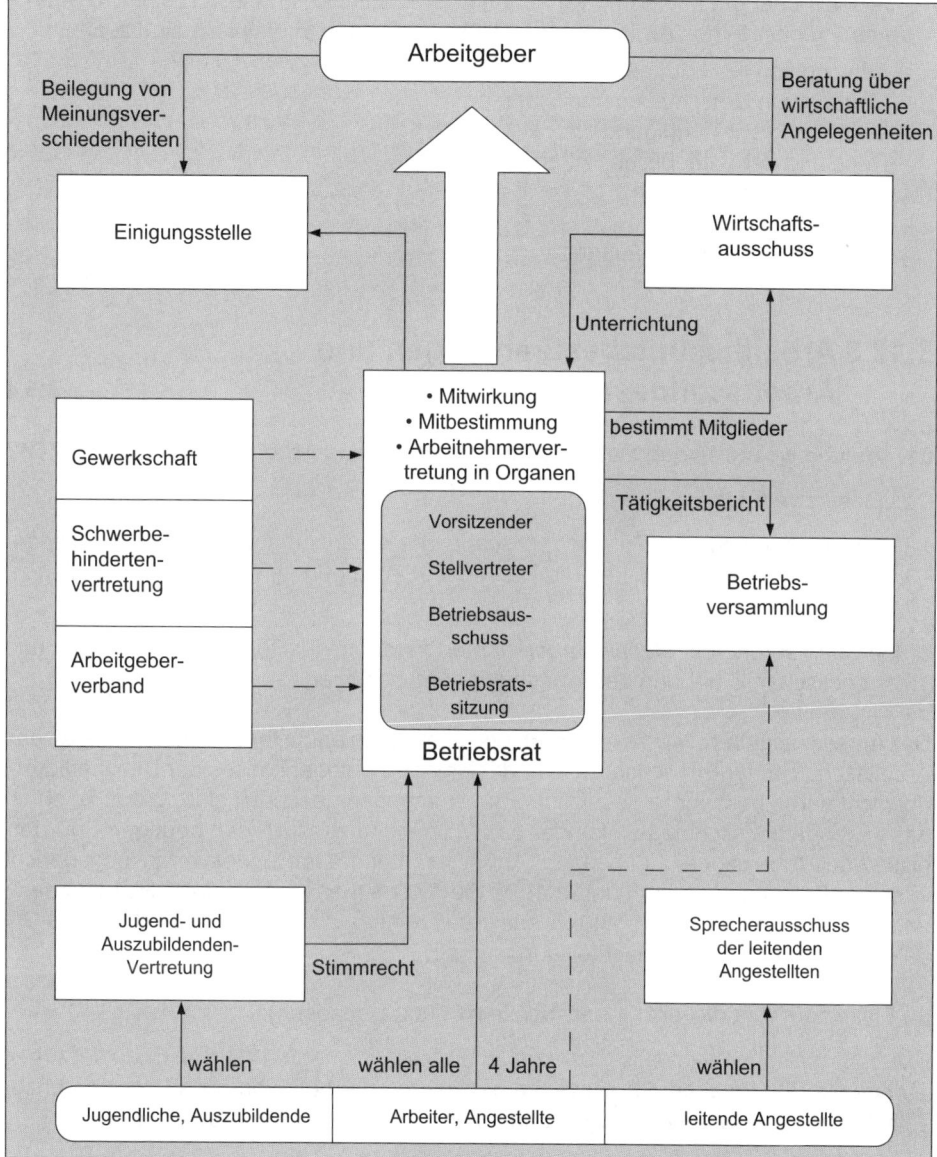

13. Was versteht das Betriebsverfassungsgesetz unter Interessenausgleich und Sozialplan?

• Der *Interessenausgleich* ist die Vereinbarung des Arbeitgebers mit dem Betriebsrat über die technische und organisatorische Abwicklung der Betriebsänderung (Notwendigkeit, Zeitpunkt und Umfang der Betriebsänderung).

- Der *Sozialplan* ist die Vereinbarung des Arbeitgebers mit dem Betriebsrat über den Ausgleich oder die Milderung wirtschaftlicher Nachteile, für die von einer *Betriebsänderung* betroffenen Arbeitnehmer. Die Inhalte eines Sozialplans sind z. B.:
  - Zahlung von Abfindungen
  - Vorrang von Umschulungsmaßnahmen
  - Versetzung vor Kündigung
  - Regelung der betrieblichen Altersversorgung
  - Überbrückungsbeihilfen
  - Umzugsbeihilfen
  - Mietrecht in Werkswohnungen.

3.12.3 Arbeitsschutzbestimmungen und Arbeitszeitgesetz   → 3.5.4

01. Welche wesentlichen Bestimmungen enthält das Arbeitszeitgesetz (ArbZG)?

Das Gesetz verfolgt den Zweck:

1. Die *Sicherheit und den Gesundheitsschutz* der Arbeitnehmer bei der Arbeitszeitgestaltung zu gewährleisten und die Rahmenbedingungen für flexible Arbeitszeiten zu verbessern sowie

2. den *Sonntag* und die *staatlich anerkannten Feiertage* als Tage der Arbeitsruhe und der seelischen Erhebung der Arbeitnehmer zu schützen.

Das Arbeitszeitgesetz will die in der Arbeitszeitordnung enthaltenen Bestimmungen des Arbeitsschutzes für Erwachsene, d. h. desjenigen Personenkreises der Beschäftigten, die nicht durch besondere gesetzliche Bestimmungen geschützt sind, wie z. B. durch das Jugendarbeitsschutzgesetz oder das Mutterschutzgesetz, den heutigen Erfordernissen des Arbeitslebens anpassen. Außerdem hatte das Bundesverfassungsgericht in seiner Entscheidung vom Jahre 1992 die AZO außer Kraft gesetzt, weil das darin enthaltene Nachtarbeitsverbot für Frauen unvereinbar war mit dem Art. 3 Abs. 1, 3 GG (Gleichheitsgrundsatz, Benachteiligungsverbot).

Im Einzelnen ist in diesem Gesetz bestimmt (Text bitte lesen):

- *Arbeitszeit* im Sinne dieses Gesetzes ist die Zeit vom Beginn bis zum Ende der Arbeit ohne die Ruhepausen. Arbeitszeiten bei mehreren Arbeitgebern sind zusammenzurechnen. Im Bergbau unter Tage zählen die Ruhepausen zur Arbeitszeit.

- *Arbeitnehmer* im Sinne dieses Gesetzes sind Arbeitnehmer und Angestellte sowie zu ihrer Berufsbildung Beschäftigte.

- *Nachtzeit* im Sinne dieses Gesetzes ist die Zeit von 23:00 - 06:00 Uhr. Nachtarbeit im Sinne dieses Gesetzes ist jede Arbeit, die mehr als zwei Stunden der Nachtzeit umfasst, Nachtarbeitnehmer sind Arbeitnehmer, die aufgrund ihrer Arbeitszeitgestaltung normalerweise Nachtarbeit in Wechselschicht zu leisten haben oder die Nachtarbeit an mindestens 48 Tagen im Kalenderjahr leisten.

- Die *werktägliche Arbeitszeit* der Arbeitnehmer darf *acht Stunden* nicht überschreiten. Sie kann jedoch *auf bis zu zehn Stunden verlängert werden*, wenn innerhalb von sechs Kalendermonaten oder innerhalb von 24 Wochen im Durchschnitt acht Stunden werktäglich nicht überschritten werden.

- Die Arbeit ist durch im Voraus feststehende *Ruhepausen* von mindestens 30 Minuten bei einer Arbeitszeit von mehr als sechs bis zu neun Stunden und 45 Minuten bei einer Arbeitszeit von mehr als neun Stunden insgesamt zu unterbrechen. Die Ruhepausen können in Zeitabschnitte von jeweils mindestens 15 Minuten aufgeteilt werden. Länger als sechs Stunden hintereinander dürfen Arbeitnehmer nicht ohne Ruhepause beschäftigt werden.

- Die Arbeitnehmer müssen nach Beendigung der täglichen Arbeitszeit eine ununterbrochene *Ruhezeit* von mindestens 11 Stunden haben. In einigen Bereichen, wie z. B. in Krankenhäusern, in Gaststätten und Beherbergungsbetrieben, in Verkehrsbetrieben, beim Rundfunk und in der Landwirtschaft, kann die Dauer der Ruhezeit dann um bis zu eine Stunde verkürzt werden, wenn jede Verkürzung der Ruhezeit innerhalb eines Kalendermonats oder innerhalb von vier Wochen durch Verlängerung einer anderen Ruhezeit auf mindestens 12 Stunden ausgeglichen wird.

- Die Arbeitszeit der *Nacht- und Schichtarbeitnehmer* ist nach den gesicherten arbeitswissenschaftlichen Erkenntnissen über die menschengerechte Gestaltung der Arbeit festzulegen. Die werktägliche Arbeitszeit der Nachtarbeitnehmer darf *acht Stunden* nicht überschreiten, kann jedoch bei einem entsprechenden Ausgleich *vorübergehend auf bis zu zehn Stunden* erhöht werden. Nachtarbeitnehmer sind überdies berechtigt, sich vor Beginn der Beschäftigung und danach in regelmäßigen Zeitabständen von nicht weniger als drei Jahren arbeitsmedizinisch untersuchen zu lassen. Nach Vollendung des 50. Lebensjahres steht dieses Recht den Nachtarbeitern in Zeitabständen von einem Jahr zu. Die Kosten dieser Untersuchungen trägt der Arbeitgeber.

- In einem *Tarifvertrag* oder aufgrund eines Tarifvertrages in einer *Betriebsvereinbarung* kann abweichend geregelt werden, dass die Arbeitszeit über zehn Stunden werktäglich auch ohne Ausgleich verlängert werden kann, wenn in die Arbeitszeit regelmäßig und in erheblichem Umfang *Arbeitsbereitschaft* fällt. Ferner kann ein anderer Ausgleichszeitraum festgelegt werden und es kann die Arbeitszeit ohne Ausgleich auf bis zu zehn Stunden werktäglich an höchstens 60 Tagen im Jahr verlängert werden.

- Die Bundesregierung kann durch *Rechtsverordnung* für einzelne Beschäftigungsbereiche, für bestimmte Arbeiten oder für bestimmte Arbeitnehmergruppen, bei denen besondere Gefahren für die Gesundheit der Arbeitnehmer zu erwarten sind, die Arbeitszeit über die in diesem Gesetz vorgesehenen Zeiten weiter beschränken oder die Ruhepausen oder Ruhezeiten erhöhen.

- Arbeitnehmer dürfen *an Sonn- und gesetzlichen Feiertagen* von 00:00 - 24:00 Uhr nicht beschäftigt werden, in mehrschichtigen Betrieben mit regelmäßiger Tag- und Nachtschicht kann der Beginn oder das Ende der Sonn- und Feiertagsruhe um bis zu sechs Stunden vor- oder zurückverlegt werden, wenn für die auf den Beginn der Ruhezeit folgenden 24 Stunden der Betrieb ruht. Ausnahmen bestehen für Kraftfahrer, in Not- und Rettungsdiensten sowie bei der Feuerwehr, in Krankenhäusern, Gaststätten, Theater, Museen, beim Sport, in Energie- und Wasserversorgungsbetrieben, in der Landwirtschaft, beim Rundfunk, bei der Reinigung und Instandhaltung von Betriebseinrichtungen, zur Verhütung des Verderbs von Naturprodukten oder des Misslingens von Arbeitsergebnissen, aber auch in den Fällen, in denen die Arbeiten nicht an Werktagen vorgenommen werden können.

• Mindestens 15 *Sonntage* im Jahr müssen beschäftigungsfrei bleiben, sofern die Beschäftigten unter die Ausnahmeregelung des Verbots der Sonn- und Feiertagsbeschäftigung fallen.

• Unter bestimmten Voraussetzungen und für bestimmte Bereiche, wie z. B. für Theater und Rundfunk, können in Tarifverträgen oder Betriebsvereinbarungen abweichende Regelungen getroffen werden.

• Die Bundesregierung kann *Schutzbestimmungen* selbst erlassen, diese Regelung den Landesregierungen für deren jeweiligen Bereich übertragen und diese wiederum können durch Rechtsverordnung die Einhaltung aller Vorschriften bzw. den Erlass von besonderen Schutzbestimmungen auf oberste Landesbehörden – in der Regel auf die Gewerbeaufsichtsämter – übertragen. Diese können aber auch Ausnahmen für außergewöhnliche Fälle, wie z. B. vorübergehende Arbeiten in Notfällen, die unabhängig vom Willen der Betroffenen eintreten und deren Folgen nicht auf andere Weise zu beseitigen sind, erlassen werden.

• Arbeitgeber, die gegen die zwingenden Vorschriften dieses Gesetzes verstoßen, etwa, indem Ruhepausen nicht eingehalten werden, können mit *Geldbußen* belegt werden, da der Gesetzgeber alle Verstöße als Ordnungswidrigkeiten eingestuft hat.

02. Welche Bedeutung hat der Arbeitsschutz in Deutschland?

Das *Grundgesetz* der Bundesrepublik Deutschland sieht das Recht der Bürger auf *Schutz der Gesundheit und körperliche Unversehrtheit* als ein *wesentliches Grundrecht* an. Die Bedeutung dieses Grundrechtes kommt auch dadurch zum Ausdruck, dass es in der Abfolge der Artikel des Grundgesetzes schon an die zweite Stelle gesetzt wurde.

03. Warum ist der Arbeitgeber der Hauptgarant für die Arbeitssicherheit und den Arbeitsschutz der Mitarbeiter?

Alle wesentlichen Normen des Arbeitsschutzrechtes wenden sich an den *Arbeitgeber* als Adressaten. Dies ist die logische Folge dessen, dass das Rechtssystem der Bundesrepublik Deutschland streng dem sog. *„Verursacherprinzip"* folgt.

Im Arbeitsschutzrecht bedeutet dies konkret, dass *dem Arbeitgeber* vom Gesetzgeber *öffentlich-rechtliche Pflichten* zum Schutz der Arbeitnehmer *auferlegt werden*, weil er

• mit dem Geschäft, das auf seine Rechnung läuft, *die Ursachen* für die Gefährdungen *setzt* und
• seiner Stellung gemäß das *Direktionsrecht* ausübt.

Dem Arbeitgeber/Unternehmer wird damit vom Gesetz her eine so genannte *„Garantenstellung" gegenüber* seinen Mitarbeitern zugewiesen. Insofern kann man das *„Arbeits-*

schutzrecht" auch als *„Arbeitnehmerschutzrecht"* bezeichnen. Die Schutzrechte für die Arbeitnehmer gelten als Bestandteile der Arbeitsverhältnisse und sind somit arbeitsrechtlich verpflichtend.

04. Wie ist das deutsche Arbeitsschutzrecht gegliedert?

Es gibt kein einheitliches, in sich geschlossenes Arbeitsschutzrecht in Deutschland. Es umfasst eine Vielzahl von Vorschriften. Grob unterteilen lassen sich die Arbeitsschutzvorschriften in:

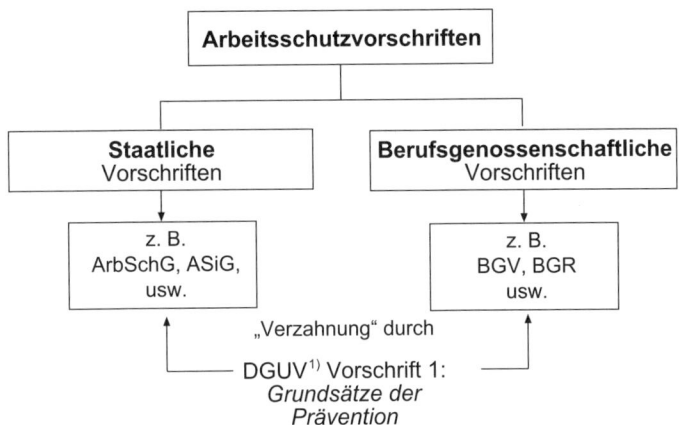

• *Staatliche Vorschriften,* z. B.:

- Arbeitsschutzgesetz	ArbSchG
- Arbeitssicherheitsgesetz	ASiG
(Gesetz über Betriebsärzte, Sicherheitsingenieure und andere Fachkräfte für Arbeitssicherheit)	
- Betriebssicherheitsverordnung	BetrSichV
- Arbeitsstättenverordnung	ArbStättV
- Gefahrstoffverordnung	GefStoffV
- Produktsicherheitsgesetz	ProdSG
- Chemikaliengesetz	ChemG
- Bildschirmarbeitsverordnung	BildscharbV
- Bundesimmissionsschutzgesetz	BImSchG
- Jugendarbeitsschutzgesetz	JarbSchG
- Betriebsverfassungsgesetz	BetrVG
- Sozialgesetzbuch Siebtes Buch (Gesetzliche Unfallversicherung)	SGB VII
- Sozialgesetzbuch Neuntes Buch (Rehabilitation und Teilhabe behinderter Menschen)	SGB IX
- EU-Richtlinien	

---

[1] Deutsche Gesetzliche Unfallversicherung

- *Berufsgenossenschaftliche Vorschriften, z. B.:*
  - Berufsgenossenschaftliche Vorschriften   BGV
    (Unfallverhütungsvorschriften)
    gem. § 15 SGB VII
  - Berufsgenossenschaftliche Regeln   BGR
  - Berufsgenossenschaftliche Informationen   BGI
  - Berufsgenossenschaftliche Grundsätze   BGG

> Die *DGUV Vorschrift 1* ist somit die wichtigste und grundlegende Vorschrift
> der Berufsgenossenschaften und kann daher als *„Grundgesetz der Prä-
> vention"* bezeichnet werden.

05. Nach welchem Prinzip ist das Arbeitsschutzrecht in Deutschland aufgebaut?

Der Aufbau des Arbeitsschutzrechtes in Deutschland folgt streng dem *„Prinzip vom
Allgemeinen zum Speziellen"*. Diese Rangfolge ist ein wesentlicher Grundgedanke in
der deutschen Rechtssystematik und wird vom Gesetzgeber deswegen durchgängig
verwendet:

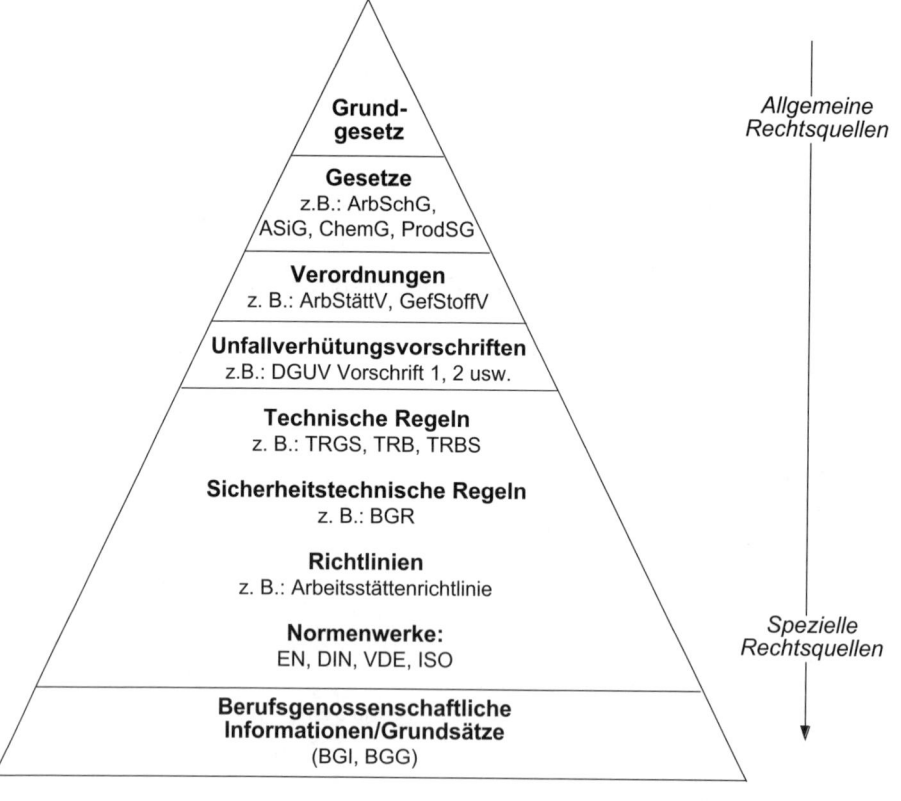

Den allgemeinen Rechtsrahmen stellt das Grundgesetz dar. Alle gesetzgeberischen Akte, auch die gesetzlichen Regelungen für den Arbeitsschutz, müssen sich am Grundgesetz messen lassen. Ebenso muss jede nachfolgende Rechtsquelle mit der übergeordneten vereinbar sein (*Rangprinzip*).

Die Gesetze und Vorschriften unterteilen sich in Regeln des *öffentlichen Rechts* (regelt die Beziehungen des Einzelnen zum Staat) und allgemein anerkannte Regeln des *Privatrechts* (Rechtsbeziehungen der Bürger untereinander). Der Arbeitnehmerschutz und die Arbeitssicherheit gehören zum öffentlichen Recht.

06. Welche Schwerpunkte hat der Arbeitsschutz?

Die Schwerpunkte des Arbeitsschutzes sind:

• *Unfallverhütung* (klassischer Schutz vor Verletzungen)
• Schutz vor *Berufskrankheiten*
• Verhütung von *arbeitsbedingten Gesundheitsgefahren*
• Organisation der *Ersten Hilfe*.

07. Wie lässt sich der Arbeitsschutz in Deutschland unterteilen?

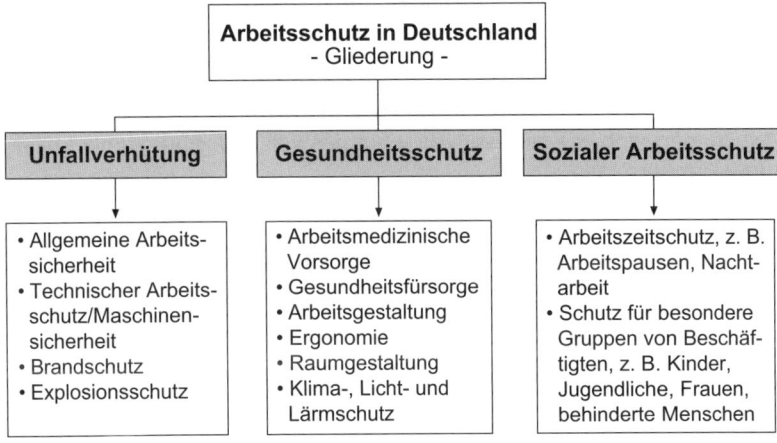

08. Wer überwacht die Einhaltung der Vorschriften und Regeln des Arbeitsschutzes?

Das Arbeitsschutzsystem in Deutschland ist dual aufgebaut. Man spricht vom *„Dualismus des deutschen Arbeitsschutzsystems"*. Diese Struktur ist in Europa einmalig:

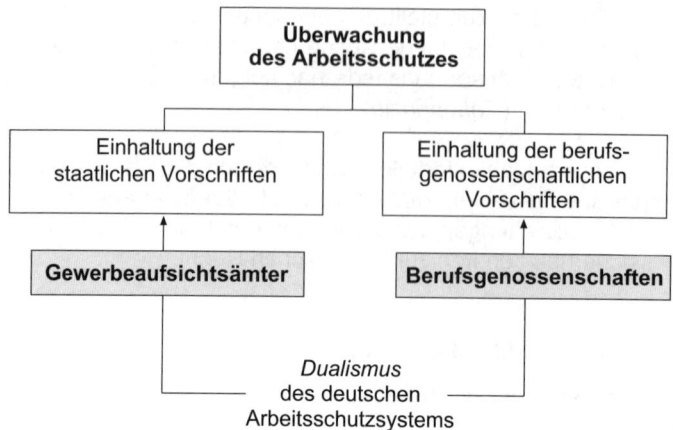

- Dem dualen Aufbau folgend wird die *Einhaltung der staatlichen Vorschriften von den staatlichen Gewerbeaufsichtsämtern* überwacht (neue Bezeichnung: Staatliche Ämter für Arbeitsschutz und Sicherheitstechnik). Die Gewerbeaufsicht unterliegt der Hoheit der Länder.

- *Die Einhaltung der berufsgenossenschaftlichen Vorschriften wird von den Berufsgenossenschaften* überwacht. Die Berufsgenossenschaften sind Körperschaften des öffentlichen Rechts und agieren hoheitlich wie staatlich beauftragte Stellen.

Die Berufsgenossenschaften sind nach Branchen gegliedert. Sie liefern Prävention und Entschädigungsleistungen aus „einer Hand". Sie arbeiten als bundesunmittelbare Verwaltungen, d. h. sie sind entweder bundesweit oder aber zumindest in mehreren Bundesländern tätig.

09. Welcher Unterschied besteht zwischen Rechtsvorschriften und Regelwerken im Arbeitsschutz?

- *Rechtsvorschriften* (Gesetze, Verordnungen) schreiben allgemeine Schutzziele vor.

  - Dabei sind *Gesetze* ihrer Natur gemäß mit einem weitaus *höheren Allgemeinheitsgrad* versehen als Verordnungen.

  - *Verordnungen* sind vom Gesetzgeber schon etwas *spezieller formuliert.* Aus Anwendersicht sind sie jedoch immer noch sehr allgemein gehalten und eng am *Schutzziel* orientiert.

  - Die *Unfallverhütungsvorschriften* der Berufsgenossenschaften sind lediglich eine *besondere Form* von Rechtsvorschriften und *im Range von Verordnungen* zu sehen.

Die *Befolgung der Forderungen* von Gesetzen und Verordnungen ist *zwingend.*

10. Welche Pflichten hat der Arbeitgeber im Rahmen des Arbeits- und Gesundheitsschutzes?

Der Arbeitgeber trägt – vereinfacht formuliert – die Verantwortung dafür, dass „seine Mitarbeiter am Ende des Arbeitstages möglichst genauso gesund sind, wie zu dessen Beginn". Er hat dazu alle erforderlichen Maßnahmen zur Verhütung von

* Arbeitsunfällen,
* Berufskrankheiten und
* arbeitsbedingten Gesundheitsgefahren sowie für
* wirksame Erste Hilfe

zu ergreifen.

Das *Arbeitsschutzgesetz* (ArbSchG) legt die *Pflichten des Arbeitgebers im Arbeits- und Gesundheitsschutz* als Umsetzung der Europäischen Arbeitsschutz-Rahmenrichtlinie fest. *Die Grundpflichten des Unternehmers sind also europaweit harmonisiert.* Nach dem Arbeitsschutzgesetz kann man die Verantwortung des Arbeitgebers für den Arbeitsschutz in Grundpflichten, besondere Pflichten und allgemeine Grundsätze gliedern:

* *Grundpflichten des Arbeitgebers* nach § 3 ArbSchG:
  Die Grundpflichten des Unternehmers sind im § 3 des Arbeitsschutzgesetzes genau beschrieben. Danach muss der Unternehmer

  - alle notwendigen *Maßnahmen* des Arbeitsschutzes *treffen*,
  - diese Maßnahmen auf ihre *Wirksamkeit überprüfen* und ggf. *anpassen*,
  - dafür sorgen, dass die Maßnahmen den *Mitarbeitern* bekannt sind und *beachtet* werden,
  - für eine *geeignete Organisation* im Betrieb sorgen und
  - die *Kosten* für den Arbeitsschutz *tragen*.

* *Besondere Pflichten des Arbeitgebers* nach §§ 4 - 14 ArbSchG, z. B.:
  Um sicher zu stellen, dass wirklich geeignete und auf die Arbeitsplatzsituation genau zugeschnittene wirksame Maßnahmen ergriffen werden, schreibt § 5 des Arbeitsschutzgesetzes vor, dass der Arbeitgeber

  - die *Gefährdungen* im Betrieb *ermittelt* und
  - die *Gefährdungen beurteilen* muss.

  Der Arbeitgeber ist verpflichtet, *Unfälle* zu *erfassen*. Dies betrifft insbesondere *tödliche Arbeitsunfälle*, Unfälle mit *schweren Körperschäden* und Unfälle, die dazu geführt haben, dass der Unfallverletzte *mehr als drei Tage arbeitsunfähig* war. Für Unfälle, die diese Bedingungen erfüllen, besteht gegenüber der Berufsgenossenschaft eine *Anzeigepflicht*. Der Arbeitgeber muss für eine *funktionierende Erste Hilfe* und die erforderlichen *Notfallmaßnahmen* in seinem Betrieb sorgen (§ 10 ArbSchG).

* *Allgemeine Grundsätze* nach § 4 ArbSchG:
  Der Arbeitgeber hat bei der Gestaltung von Maßnahmen des Arbeitsschutzes folgende allgemeine Grundsätze zu beachten:

1. Eine Gefährdung ist möglichst zu vermeiden; eine verbleibende Gefährdung ist möglichst gering zu halten.

2. Gefahren sind an ihrer Quelle zu bekämpfen.

3. Zu berücksichtigen sind: Stand der Technik, Arbeitsmedizin, Hygiene sowie gesicherte arbeitswissenschaftliche Erkenntnisse.

4. Technik, Arbeitsorganisation, Arbeits- und Umweltbedingungen sowie soziale Beziehungen sind sachgerecht zu verknüpfen.

5. Individuelle Schutzmaßnahmen sind nachrangig.

6. Spezielle Gefahren sind zu berücksichtigen.

7. Den Beschäftigten sind geeignete Anweisungen zu erteilen.

8. Geschlechtsspezifische Regelungen sind nur zulässig, wenn dies biologisch zwingend ist.

Pflichten des Arbeitsgebers nach dem ArbSchG im Überblick				
Grundpflichten § 3 ArbSchG	**Besondere Pflichten** §§ 5 - 14 ArbSchG		**Allgemeine Grundsätze** § 4 ArbSchG	
Maßnahmen treffen	Gefährdungsbeurteilung, Analyse, Dokumentation	§ 5 - 6	Gefährdungsvermeidung	
Wirksamkeit kontrollieren	sorgfältige Aufgabenübertragung	§ 7	Gefahrenbekämpfung	
Verbesserungspflicht	Zusammenarbeit mit anderen Arbeitgebern	§ 7	Überprüfen des Technikstandes	
Vorkehrungs-/ Bereitstellungspflicht	Vorkehrungen bei besonders gefährlichen Arbeitsbereichen	§ 9	Schutz besonderer Personengruppen	
Kostenübernahme	Erste Hilfe	§ 10	Planungspflichten	
	arbeitsmedizinische Vorsorge	§ 11	Anweisungspflicht	
	Unterweisung der Mitarbeiter	§ 12	Diskriminierungsverbot	

11. Welche Bedeutung hat die Übertragung von Unternehmerpflichten nach § 7 ArbSchG?

Dem Unternehmer/Arbeitgeber sind vom Gesetzgeber Pflichten im Arbeitsschutz auferlegt worden. Diese Pflichten obliegen ihm *persönlich*. Im Einzelnen sind dies (vgl. Frage 10., Grundpflichten)

- die *Organisationsverantwortung,*
- die *Auswahlverantwortung* (Auswahl der „richtigen" Personen) und
- die *Aufsichtsverantwortung* (Kontrollmaßnahmen).

Je größer das Unternehmen ist, desto umfangreicher wird natürlich für den Unternehmer das Problem, die sich aus der generellen Verantwortung ergebenden Pflichten im betrieblichen Alltag persönlich wirklich wahrzunehmen.

In diesem Falle überträgt er seine persönlichen Pflichten auf *betriebliche Vorgesetzte* und/oder *Aufsichtspersonen*. Er beauftragt sie mit seinen Pflichten und bindet sie so in seine Verantwortung mit ein.

- § 13 der Unfallverhütungsvorschrift DGUV 1 „Grundsätze der Prävention" legt fest, dass der *Verantwortungsbereich* und die *Befugnisse*, die der Beauftragte erhält, um die beauftragten Pflichten erledigen zu können, vorher *genau festgelegt* werden müssen. Die *Pflichtenübertragung* bedarf der *Schriftform*. Das Schriftstück ist vom Beauftragten zu unterzeichnen. Dem Beauftragten ist ein Exemplar auszuhändigen.

- Die Pflichten von Beauftragten, also Vorgesetzten und Aufsichtspersonen, bestehen jedoch rein rechtlich auch ohne eine solche schriftliche Beauftragung, also unabhängig von § 13 DGUV 1. Dies ist deswegen der Fall, weil sich die *Pflichten des Vorgesetzten* bzw. der Aufsichtsperson aus deren *Arbeitsvertrag* ergeben. Alle Vorgesetzten sollten ganz genau wissen, dass sie ab *Übernahme der Tätigkeit* in ihrem Verantwortungsbereich nicht nur für einen geordneten Arbeits- und Produktionsablauf *verantwortlich* sind, sondern auch für die *Sicherheit der unterstellten Mitarbeiter*.

- Um dieser Verantwortung gerecht zu werden, räumt der Unternehmer dem Vorgesetzten *Kompetenzen* ein. Diese *Kompetenzen* muss der Vorgesetzte *konsequent einsetzen.* Aus der *persönlichen Verantwortung* erwächst immer auch die *persönliche Haftung*.

12. Welche Pflichten sind den Mitarbeitern im Arbeitsschutz auferlegt?

- *Rechtsquellen:*

  - Die *Pflichten* der Mitarbeiter sind in § 15 ArbSchG *allgemein* beschrieben.

  - § 16 ArbSchG legt *besondere Unterstützungspflichten* der Mitarbeiter dem Unternehmer gegenüber fest. Natürlich sind alle Mitarbeiter verpflichtet, im innerbetrieblichen Arbeitsschutz aktiv mitzuwirken.

  - Die §§ 15 und 18 der berufsgenossenschaftlichen Unfallverhütungsvorschrift „Grundsätze der Prävention" (DGUV 1) regeln die diesbezüglichen Verpflichtungen der Mitarbeiter im betrieblichen Arbeitsschutz. Das 3. Kapitel der berufsgenossenschaftlichen Unfallverhütungsvorschrift DGUV 1 „Grundsätze der Prävention" regelt die Pflichten der Mitarbeiter ausführlich.

- *Pflichten der Mitarbeiter im Arbeitsschutz:*

  - Die Mitarbeiter müssen die *Weisungen* des Unternehmers für ihre Sicherheit und Gesundheit *befolgen*. Die *Maßnahmen*, die der Unternehmer getroffen hat, um für einen wirksamen Schutz der Mitarbeiter zu sorgen, sind von den Mitarbeitern *zu unterstützen*. Sie dürfen sich bei der Arbeit nicht in einen Zustand versetzen, durch den sie sich selbst oder andere gefährden können (*Pflicht zur Eigensorge und Fremdsorge*). Dies gilt insbesondere für den Konsum von Drogen, Alkohol, anderen berauschenden Mitteln sowie die Einnahme von Medikamenten (§ 15 Abs. 1 ArbSchG).

    § 15 der DGUV 1 sieht in der neuesten Fassung vom 01.01.2004 derartige Handlungen als Ordnungswidrigkeiten an. Deswegen ist es möglich, dass Mitarbeiter, die bei der Arbeit unter Alkohol- bzw. Drogeneinfluss stehen, durch die Berufsgenossenschaft mit einem *Bußgeld* belegt werden können.

- Die Mitarbeiter müssen *Einrichtungen,* Arbeitsmittel und Arbeitsstoffe *sowie Schutz-vorrichtungen bestimmungsgemäß benutzen* und dürfen sich an gefährlichen Stellen im Betrieb nur im Rahmen der ihnen übertragenen Aufgaben aufhalten; die persönliche Schutzausrüstung ist bestimmungsgemäß zu verwenden (§ 15 Abs. 2 ArbSchG).

- Gefahren und Defekte sind vom Mitarbeiter unverzüglich zu melden (§ 16 ArbSchG).

- Die Mitarbeiter haben gemeinsam mit dem Betriebsarzt (BA) und der Fachkraft für Arbeitssicherheit (Sifa) den Arbeitgeber in seiner Verantwortung zu unterstützen; festgestellte Gefahren und Defekte sind dem BA und der Sifa mitzuteilen (§ 16 Abs. 2 ArbSchG).

13. Welche Gesichtspunkte sind bei der Organisation eines PC-Arbeitsplatzes zu berücksichtigen?

Der Vorgesetzte sollte bei sich selbst und seinen Mitarbeitern darauf achten, dass die grundlegenden Bestimmungen über PC-Arbeitsplätze eingehalten werden. Werden diese Vorschriften nicht beachtet, kann es schnell zu den bekannten körperlichen Beeinträchtigungen kommen: Rücken-/Nacken-/Augen-/Kopfschmerzen, Durchblutungsstörungen, vorzeitige Ermüdung oder Verkrampfungen.

• Für *PC-Arbeitsplätze* gelten wichtige Regeln/Empfehlungen:

- *Arbeitstisch:*
  höhenverstellbar (Beine im rechten Winkel gebeugt; Unterarme waagerecht zur Tastatur; ggf. Fußstütze)

- *Arbeitsstuhl:*
  nach DIN 4551 und 4552; verstellbar, mit Armlehnen, nur noch fünffüßige Drehstühle

- *Beleghalter:*
  zwischen 15° und 75° zur Horizontalen

- *Monitor:*
  blendfrei, flimmerfrei, vom Fenster abgewandt, dreh- und neigbar, strahlungsarm; Schrift: Zeichen scharf und deutlich, ausreichender Zeilenabstand; Helligkeit und Kontrast einstellbar

- *Maus:*
  ausreichende Arbeitsfläche, direkte Reaktion der Maus auf Bewegungen (keine Verschmutzung)

- *Tastatur:*
  ergonomisch gestaltet, mit verstellbarem Winkel

- *Raumbeleuchtung:*
  blendfrei, punktgenau.

- Für die *Ergonomie* der Software kann folgender Anforderungskatalog als Beurteilungsgrundlage dienen:

  - Erfolgen Eingaben per Maus und Tastatur betriebssystemkonform?

  - Entspricht die Benutzer-Oberfläche der Software den üblichen Oberflächenmerkmalen des Betriebssystems in Bezug auf Farben, Schriftarten, Schriftgrößen, Symbolen (Icons), Menüs, Meldungen etc.?

  - Beinhaltet die Software eine Hilfefunktion, nach Möglichkeit sogar eine kontextsensitive Hilfe?

  - Beinhalten die Bildschirmmasken bzw. -anzeigen immer nur die erforderlichen und relevanten Daten und nicht eine zu hohe Informationsflut?

  - Beinhaltet eine erforderliche Dateneingabe keine Eingabe-Redundanzen, also Daten, die aus bereits vorhandenen Daten ermittelt werden können?

  - Ist es in der Dialogführung möglich, jede bereits gemachte Eingabe nachträglich nochmals zu korrigieren?

  - Beinhaltet die Dialogführung sinnvolle oder häufig verwendete Standardeingaben als Vorbelegung der Eingabefelder?

  - Werden Dateneingaben auf Plausibilität hin überprüft?

  - Sind die Fehlermeldungen der Software verständlich?

  - Erhält man aufgrund einer Fehlermeldung Lösungsvorschläge?

- Die *Bildschirmarbeitsverordnung* ist dann zu beachten, wenn täglich zwei Stunden oder mehr am Bildschirmgerät gearbeitet wird (sog. Bildschirmarbeitsplatz); für gelegentliche Arbeiten am Bildschirm, z. B. bei Bedienerplätzen von Maschinen, gilt dies nicht. Die Anforderungen sind:

  - Der Vorgesetzte hat die *Arbeitsbedingungen zu beurteilen* im Hinblick auf mögliche Gefährdungen des Sehvermögens sowie körperlicher/psychischer Belastungen.

  - Die Vorschriften über die *Gestaltung des PC-Arbeitsplatzes* sind zu beachten.

  - Regelmäßige *Pausen oder Unterbrechungen* durch andere Arbeiten sind vorgeschrieben.

  - *Augenuntersuchungen* sind verpflichtend: vor Beginn und alle 5 Jahre; bei Personen über 45 Jahre: alle 3 Jahre.

  - Eine *Bildschirmbrille* ist vorgeschrieben, falls ärztlich angezeigt.

3.12.4 Rechtsgrundlagen zur Beendigung von Arbeits- und Ausbildungsverhältnissen

01. Wie kann ein Arbeitsverhältnis beendet werden?

- Anfechtung
- Betriebsschließung
- Insolvenz
- Befristung
- Zweckerreichung.

- Aufhebungsvertrag
- Auflösung durch Gerichtsurteil
- Tod des Arbeitnehmers
- Erreichen der Altersgrenze

02. Welche Kündigungsarten gibt es?

Kündigungsarten sind:

- ordentliche Kündigung (§ 622 BGB)
- außerordentliche Kündigung (§ 626 BGB)
- Änderungskündigung (§ 2 KSchG)
- Massenentlassung (§ 17 KSchG).

03. Welche formalen Wirksamkeitsvoraussetzungen sind bei einer Kündigung zu prüfen?

- *Zugang* der schriftlichen Kündigungserklärung:
  Wird die Schriftform nicht beachtet, ist die Kündigung unwirksam und das Arbeitsverhältnis dauert fort.

- Ablauf der *Kündigungsfrist* (bei ordentlicher Kündigung).

- Beachtung von Kündigungsverboten, z. B.:
  - für werdende Mütter,
  - für Elternzeitberechtigte.

- *Ausschluss der ordentlichen Kündigung,* z. B.:
  - bei Wehrpflichtigen,
  - bei Berufsausbildungsverhältnissen,
  - bei Mitgliedern des Betriebsrates usw.,
  - bei Ausschluss aufgrund des Arbeitsvertrages.

- *Zustimmungserfordernis,* z. B.:
  - bei der a. o. Kündigung von Mitgliedern des Betriebsrates usw.,
    → Zustimmung des Betriebsrates,
  - bei der Kündigung eines schwerbehinderten Menschen,
    → Zustimmung des Integrationsamtes.

- *Beachtung des Kündigungsschutzes* (→ KSchG).

- *Anzeigepflicht* bei Massenentlassungen.

04. Welche Tatbestände kann der Arbeitnehmer anführen, um die Unwirksamkeit einer Kündigung zu rügen?

- Fehlende Anhörung des Betriebsrates (§ 102 BetrVG)
- fehlende Vollmacht des Kündigenden
- Versäumnis der Anhörung des Arbeitnehmers (nur bei einer Verdachtskündigung)
- Nichteinhaltung der Kündigungserklärungsfrist
- Versäumnis der Angabe von Kündigungsgründen (nur bei außerordentlicher Kündigung von Berufsausbildungsverhältnissen)
- Verstoß gegen ein gesetzliches Verbot (z. B. MuSchG)
- Verstoß gegen die guten Sitten (z. B. Umgehung des KSchG)
- fehlende Abmahnung
- fehlende oder fehlerhafte Sozialauswahl (bei betriebsbedingter Kündigung)
- Verstoß gegen die Anzeigepflicht bei Massenentlassungen.

05. Welche Tatbestände können einen wichtigen Grund darstellen, die den Arbeitgeber zu einer außerordentlichen Kündigung berechtigen?

Beispiele (es sind immer die Umstände des Einzelfalles zu prüfen):

- Abwerbung
- Alkoholmissbrauch bei Vorgesetzten und Kraftfahrern (ansonsten: Trunksucht ist eine Krankheit, die nur eine ordentliche Kündigung unter erschwerten Voraussetzungen ermöglicht)
- gravierende Arbeitsverweigerung
- schwerwiegender Verstoß gegen Arbeitssicherheitsbestimmungen
- Beleidigungen in schwerwiegender Form
- private Ferngespräche in größerer Form auf Kosten des Arbeitgebers
- Schmiergeldannahme
- Spesenbetrug und Straftaten im Betrieb
- Urlaubsüberschreitungen
- Verstoß gegen Wettbewerbsverbot.

06. In welchen Fällen kann der Arbeitnehmer aus wichtigem Grund außerordentlich kündigen?

- Lohnrückstände trotz Aufforderung zur Zahlung
- Insolvenz des Arbeitgebers, wenn er die Vergütung nicht zahlt/nicht zahlen kann
- schwerwiegende Vertragsverletzungen (z. B. zugesagte Beförderung wird nicht eingehalten).

07. Wer ist berechtigt, nach dem Kündigungsschutzgesetz zu klagen?

Nach dem Kündigungsschutzgesetz sind alle Arbeitnehmer klageberechtigt, deren Arbeitsverhältnis in demselben Betrieb oder Unternehmen ohne Unterbrechung *länger als sechs Monate* bestanden hat. Darunter fallen auch leitende und außertarifliche Angestellte. Das Kündigungsschutzgesetz ist im Wesentlichen auf Kleinbetriebe nicht anwendbar (zehn oder weniger Arbeitnehmer; § 23 KSchG).

08. In welchen Fällen ist eine ordentliche Kündigung sozial gerechtfertigt?

Die ordentliche Kündigung ist nach § 1 KSchG nur gerechtfertigt, wenn folgende Gründe vorliegen:

*   personenbedingte Gründe
*   verhaltensbedingte Gründe
*   betriebsbedingte Gründe.

09. Was können Beispiele für personenbedingte Gründe sein?

Beispiele (es sind immer die Umstände des Einzelfalles zu prüfen):

*   fehlende Arbeitserlaubnis bei ausländischen Mitarbeitern
*   fehlende Eignung für die Aufgaben (fachlich/charakterlich)
*   in Tendenzbetrieben: besondere Eignungsmängel
*   bei Krankheit, Trunksucht, Drogenabhängigkeit (unter bestimmten Voraussetzungen).

10. Was können Beispiele für verhaltensbedingte Gründe sein?

Beispiele (es sind immer die Umstände des Einzelfalles zu prüfen):

*   Arbeitsverweigerung
*   Alkoholmissbrauch
*   mangelnder Leistungswille
*   Nichteinhaltung eines Alkohol-/Rauchverbots
*   Verletzung von Treuepflichten
*   Störung des Betriebsfriedens
*   häufige Lohnpfändungen, die die Verwaltungsarbeit massiv stören
*   Schlechtleistungen trotz Abmahnung
*   Missbrauch von Kontrolleinrichtungen (Stempeluhr, Zeiterfassung)
*   unbefugtes Verlassen des Arbeitsplatzes.

11. Was können Beispiele für betriebsbedingte Gründe sein?

Es muss sich um dringende betriebliche Erfordernisse handeln, z. B. Umsatzrückgang, neue Fertigungsverfahren, Rationalisierung.

Neu: Künftig ist die *Sozialauswahl* auf folgende vier Merkmale *beschränkt*: Dauer der Betriebszugehörigkeit, Lebensalter, Unterhaltspflichten und eine evt. Schwerbehinderteneigenschaft.

Außerdem gilt seit 01.01.2004: Der Arbeitnehmer erhält bei einer betriebsbedingten Kündigung eine Abfindung, wenn der Arbeitgeber ihm dies in der Kündigung anbietet. Damit erfolgt eine „Quasi-Honorierung" des Verzichts auf die Kündigungsschutzklage.

12. Innerhalb welcher Frist muss eine Kündigungsschutzklage erhoben werden?

Eine Kündigungsschutzklage, in der ein Arbeitnehmer gerichtlich geltend machen will, dass die Kündigung sozial ungerechtfertigt ist, muss *innerhalb von drei Wochen* nach Zugang der Kündigung beim zuständigen Arbeitsgericht erhoben werden.

13. Für welche Personen besteht ein besonderer Kündigungsschutz?

Ein besonderer Kündigungsschutz besteht

* für werdende und junge Mütter,
* Betriebsräte, Mitglieder der Auszubildenden-/Jugendvertretung,
* schwerbehinderte Menschen,
* Personen in Berufsausbildung und
* Vertrauensleute der schwerbehinderten Menschen.

14. Welche gesetzlichen Kündigungsfristen gelten?

* Probezeit: → i. d. R. 2 Wochen

* reguläre Kündigungsfristen: → 4 Wochen   - zum 15-ten des Monats oder
                                             - zum Monatsende

* verlängerte Kündigungsfristen: →

Betriebszugehörigkeit[1]	Frist (zum Monatsende)
2	1 Monat
5	2 Monate
8	3 Monate
10	4 Monate
12	5 Monate
15	6 Monate
20	7 Monate

15. Unter welchen Voraussetzungen, mit welchen Fristen und zu welchen Bedingungen kann ein Berufsausbildungsverhältnis aufgelöst werden?

a) *In der Probezeit* (maximal vier Monate) sofort mit oder ohne Bekanntgabe von Gründen.

b) *Fristlos bei Vorliegen eines wichtigen Grundes,* sofern dieser in den letzten 14 Tagen passiert oder bekannt geworden ist, alle diese Gründe schriftlich dem Auszubildenden und bei nicht volljährigen Auszubildenden auch den Erziehungsberechtigten mitgeteilt worden sind und der Betriebsrat gehört wurde. Fehlt eine dieser Voraussetzungen, ist die Kündigung, selbst wenn sie sachlich gerechtfertigt wäre, aus formellen Gründen nichtig.

---

[1] Neu: Bei der Berechnung längerer Kündigungsfristen ist das Alter des Arbeitnehmers nicht mehr zu beachten (vgl. § 622 BGB; so der Europäische Gerichtshof im Januar 2010).

c) Auf Wunsch des Auszubildenden, wenn dieser die Berufsausbildung ganz aufge-
    geben hat oder in einen anderen Beruf überwechselt (nicht jedoch im gleichen
    Beruf in einem anderen Betrieb). Die Frist beträgt 4 Wochen.

d) Eine Auflösung im beiderseitigen Einvernehmen. Sie ist jederzeit ohne Einhaltung
    einer besonderen Frist möglich.

Hinweis:
Das Ausbildungsverhältnis endet mit dem Ablauf der Ausbildungszeit. Dieser Grundsatz gilt
auch dann, wenn z. B. die Prüfung erst einige Wochen nach Ablauf der Ausbildungszeit abgelegt wird.

3.13 Moderations- und Präsentationstechniken

3.13.1 Moderation

01. Was bedeutet Moderation?

Moderation (lateinisch: „moderatio") bedeutet das „rechte Maß zu finden, Harmonie".

Moderation dient der

*   Problemlösung,
*   Themenbearbeitung und
*   Zielerreichung.

Moderation ist vorrangig eine Gruppenarbeitstechnik. Die Grundidee ist, diejenigen, die
von einem Veränderungsprozess betroffen sind, zu Beteiligten des Prozesses zu machen. Der Arbeits-/Problemlösungsprozess wird vorgedacht, geplant und geführt von
einem Moderator. Dieser ist für die Struktur (Dramaturgie), für die Arbeitstechnik (Visualisierung und Fragetechnik) und für den Umgang mit Konflikten und Widerständen
verantwortlich, *nicht aber für die Inhalte*. Diese kommen von den Teilnehmern. Die Arbeit
wird gesteuert durch moderatorische Fragen. Die Arbeitsergebnisse werden in *Ergeb-
nisspeichern* festgehalten. Während des gesamten Prozesses werden alle Beiträge
konsequent visualisiert (sichtbar mitgeschrieben). Hierdurch ist der Fortgang der Arbeit
jederzeit nachvollziehbar, und es entsteht ein simultanes Protokoll.

Die wichtigste Regel der Moderation lautet: Kein Gespräch, keine Moderation ohne
Zielsetzung! Im Einzelgespräch kann die Zielsetzung heißen: „Welche Verhaltensän-
derung soll beim Mitarbeiter im Rahmen eines Kritikgesprächs bewirkt werden?" In der
Moderation eines Workshops erfolgt die Zielsetzung i. d. R. über abgestufte Schlüssel-
fragen: „Was behindert in unserer Firma den Erfolg unserer Arbeit?" „Welcher dieser
Faktoren hat davon die stärkste Wirkung?" usw.

02. Welche Einsatzgebiete der Moderation gibt es?

Moderation wird bei Besprechungen und Gruppenarbeiten eingesetzt (auch Einzelgesprächen). Sie ist ein zentrales Instrument zur Gesprächsführung. Dabei nimmt der

vom Moderator zu beherrschende Schwierigkeitsgrad – angefangen beim Einzelgespräch über Besprechungen bis hin zu Gruppenarbeiten – zu. Die höchsten Anforderungen werden an den Moderator bei der Projektleitung gestellt.

03. Welche Rolle hat der Moderator?

• An die *Rolle des Moderators* werden besondere Ansprüche gestellt:
  - „Übereifrige, Schnelle" bremsen und „Langsame, Vorsichtige" aktivieren,
  - Ideen der Einzelnen ermöglichen,
  - Spannungen entschärfen und
  - Konsens unter den Beteiligten im Rahmen der Zielsetzung herstellen.

• Der *Moderator* muss über wichtige Eigenschaften verfügen:
  - Ausgeglichenheit und Glaubwürdigkeit,
  - Partizipation und Verantwortung,
  - Ernstnehmen und aktiv zuhören,
  - Offenheit für Menschen, Ideen und Entwicklungen,
  - Verbundenheit mit Umfeld und Umwelt sowie
  - Durchsetzungsstärke durch persönliche Akzeptanz.

04. Welche Regeln gelten für die Moderation?

Regeln der Moderation:

• Der Moderator setzt das Ziel und bestimmt die Methodik/Didaktik.
• Die Gruppe bestimmt die Inhalte und Lösungen.
• Die Balance zwischen Individuum, Gruppe und Thema ist zu halten.
• Die Kommunikationsklippen sind zu berücksichtigen.
• Latente Spannungen und Konflikte sind zu thematisieren.

05. Wie ist der Ablauf der Moderation (Moderationszyklus)?

Moderationszyklus	
Vorbereitung	Problemdefinition (Anlass): • Was ist der Anlass der Moderation? • Wo drückt der Schuh?
	Zeiten (Arbeitszeiten, Pausen, Gesamtdauer)
	Raumwahl und Raumgestaltung (nach Größe des Teilnehmerkreises, den erforderlichen Materialien und Medien)
	Einladung (Personenkreis)
	Rollenverteilung
	Themen und Themen-Folge
	Materialien und Medien
	Eröffnung (Moderationseinstieg) planen

Durchführung	Begrüßung, Kennenlernen, Anwärmen
	Problemorientierung
	• Zielsetzung beachten • Zielführende Schlüsselfragen
	Problembearbeitung
	• Plenum • Einzelarbeit, Gruppenarbeit
	Ergebnisorientierung
	• Lösungsalternativen finden • Lösungsalternativen bewerten und verabschieden
	Abschluss
	• Präsentation aller Ergebnisse • Protokoll (Dokumentation der gewonnenen Ergebnisse): Das Pinnwand-Protokoll (Fotoaufnahmen aller Pinnwände) ist dem schriftlich getexteten Ergebnisprotokoll vorzuziehen.

• Bei der *Durchführung*
   ist stets das Moderationsziel zu verfolgen. Dabei muss die angesprochene Balance zwischen Individuum, Thema und Gruppe erreicht werden. Der Moderator hat also seine Konzentration und seine Kraft auszurichten auf das Thema, die Gruppe, den Prozess und auf sich selbst. Bei der Durchführung können verschiedene Techniken der Ideensammlung, der Kreativität und der Problemlösung eingesetzt werden (z. B. Metaplantechnik, Brainstorming, morphologischer Kasten).

• *Abschluss:*
   Das erarbeitete Resultat der Moderation wird festgehalten und unter Berücksichtigung des betroffenen Personenkreises präsentiert – z. B. mithilfe des Flipcharts, über Folien, Metaplan-Wänden oder der Szenario-Technik.

06. Welche Fragetechniken werden eingesetzt?

> **Wer fragt, der führt!**
> **Wer fragt, bekommt Antworten (Informationen)!**
> **Nicht behaupten, sondern fragen!**

Mithilfe richtiger (vorbereiteter) Fragestellungen führt der Moderator die Gruppe zum Ziel (Arbeitsergebnis). Er kann mithilfe der Fragetechnik den Prozess steuern, unterstützend eingreifen und schwierige Situationen meistern. Der Moderator muss die Fragetechnik beherrschen. Die konkreten Schlüsselfragen eines Workshops sind sorgfältig vorzubereiten; Improvisation ist hier fehl am Platz.

> **Was erwartet der Kunde von uns?**
> **Warum ist die Konkurrenz besser?**

Grundsätzlich können folgende *Fragetechniken* zum Einsatz kommen (ausgewählte Beispiele):

Offene Fragen	W-Fragen: Wer, was, wie, welche, wozu...; man nennt sie zu Recht auch „öffnende Frage": Die Teilnehmer „öffnen sich" und liefern ihre Erfahrung.
Geschlossene Fragen	Die Antwort lautet „ja" oder „nein". Geschlossene Fragen dienen der Abgrenzung und Entscheidungsfindung. „Wollen wir so vorgehen?"
Alternativfragen	werden eingesetzt, wenn eine Entscheidung zwischen Wahlmöglichkeiten erforderlich ist.
Rhetorische Fragen	sind keine echten Fragen, da (eigentlich) keine wörtliche Antwort erwartet wird; in der Moderation eher selten.
Suggestivfragen	geben dem Zuhörer die Antwort vor. „Sie müssen mir doch zustimmen, dass .."; in der Moderation eher selten.
Gegenfragen	Eine Frage wird mit einer Frage beantwortet. Hat in der Moderation dann ihren Sinn, wenn unterschiedliche Standpunkte verdeutlich werden sollen; sonst ungeeignet.
Höflichkeitsfragen	Fragen, die indirekt mit einer „Entschuldigung" verbunden sind: „Darf ich Sie kurz stören?" (obwohl keine Störung zulässig ist)
Informationsfragen	Direkte Frage nach einer Auskunft: „Stellt Ihr Unternehmen dieses Produkt her?"

07. Welche Regeln der Visualisierung sind zu beachten?

Visualisierung bedeutet Gesprochenes, Geschriebenes und Gedachtes bildhaft erklären, unterstützen und ersetzen. Die Ziele der Visualisierung sind:

- den Zuhörer/Zuschauer motivieren/anregen (Stimulanz)
- die Behaltenswirksamkeit verbessern („Ein Bild sagt mehr als tausend Worte!"
- die Darstellung gliedern
- Elemente der Information betonen
- Informationen dokumentieren.

Dabei sind folgende Regeln hilfreich (Auswahl):

Regeln der Visualisierung	
Erprobung	Niemals visuelle Hilfen ohne vorherige Probe verwenden!
Wahrnehmung ist der Maßstab der Gestaltung	Visuelle Hilfen gezielt einsetzen (keine „Malerei", kein „Schmuck")!
	Darstellung auf ein Thema begrenzen!
	Komplexe Darstellungen sind ungeeignet (z. B. elektronischer Schaltkreis)!

Gestaltung ist wichtiger als Technik	Beispiel: Eine einfache OH-Folie, die Akzente setzt, ist wirksamer als ein Monitor, der flimmert.
	Gestaltung immer einheitlich (Hervorhebungen, Akzente Schrift, Hintergrund usw.)!
	Keine dunklen Farben einsetzen!
	Kontraste schaffen!
	Symbolik der Farben beachten, z. B. Grün = „Erlaubt", Rot = „Verboten"!
OH-Folien, Texte gestalten	Saubere Schrift!
	Keine GROSSBUCHSTABEN, sondern Groß-/Kleinschreibung verwenden. GROSSBUCHSTABEN SIND SCHWER LESBAR!
	Möglichst keine Serifen-Schrift (besser F/Arial statt F/Times)!
	Nur wenige, übersichtliche Folien einsetzen (kein „Folien-Spielfilm")! Darstellung suksessiv entwickeln!
	Mindestens Schriftgrad 24, fett!
	Für jedes neue Thema eine neue Folie; bei der Kartentechnik/ Metaplan-Technik: Nur eine Idee pro Karte!
	Allgemein verständliche Symbole verwenden (Pfeile, Rahmen, Kreise)!
	Nicht kopieren sondern gestalten!
	Folie erst auflegen, dann OHP einschalten!
Wirkung	Allen Zuhörern freie Sicht auf die visuellen Hilfen lassen.
	Visuelle Hilfen wirken lassen.
	Lauter als normal sprechen.
	Erst schreiben, dann reden oder umgekehrt.
Diagrammtypen richtig auswählen und beschriften	Anteile → Kreisdiagramm, Struktogramm, Piktogramm
	Zeitreihe → Liniendiagramm
	Anteile → Balkendiagramm, Liniendiagramm, Säulendiagramm
	regionale Verteilung → Kartogramm
	Titel, Maßstab, Achsenbezeichnung, Quelle

08. Welche Moderationstechniken gibt es?

Techniken (auch: Methoden) der Moderation dienen der Ideengewinnung, -strukturierung und -bewertung. Sie werden in der Literatur auch unter Bezeichnungen wie Kreativitätstechniken, Problemlösungstechniken bzw. Entscheidungstechniken behandelt. Aus der Fülle der Methoden wird nachfolgend eine Auswahl häufig eingesetzter Techniken in Kurzform behandelt:

Moderationstechniken

Metaplan-Technik (auch: Brainwriting)	
Äußerungsphase	• bis zu 20 Teilnehmer • Ideen auf Karten • je Karte nur eine Idee • alle Ideen werden dokumentiert • keine Idee geht verloren • Dauer: 5 - 10 Minuten • während der Ideensammlung: kein Kommentar, keine Bewertung • es gibt keine Tabus, keine Grenzen, keine Normen.
Ordnungsphase, (Klumpen bilden)	Die Ideen werden geordnet/gruppiert (dabei gilt: der Urheber entscheidet bei Nicht-Einigung in der Gruppe, in welche Ordnung seine Idee gehört; eventuell Karte doppeln).
Bewertungsphase	Die Ideen werden in der Gruppe bewertet (erst jetzt wird „Unsinniges", Unrealistisches usw. beiseite gelegt). Alle Ideen werden besprochen, die Inhalte sind dann jedem einzelnen Gruppenmitglied bekannt.
Vertiefungsphase	In der Regel werden danach die interessierenden Themenfelder (sprich „Klumpen") in Gruppenarbeiten im Detail strukturiert und inhaltlich aufbereitet.
Schlussphase, Aktionsphase	In der Schlussphase werden die gewonnenen Ergebnisse in Aktionen umformuliert, um so Eingang in die Praxis zu finden: Wer? Macht was? Wie? Bis wann?

Mind-Mapping

Eine Technik, um Informationen und Problemstellungen auf eine übersichtliche Art zu strukturieren und zu dokumentieren; ist geeignet für die Analyse von Problemen, aber auch für die Gliederung von Lösungswegen. Das Problem wird in „Hauptäste" und „Zweige" zerlegt und grafisch veranschaulicht:

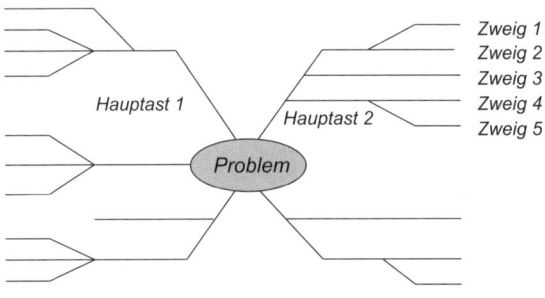

Ishikawa-Diagramm (Ursache-Wirkungs-Diagramm)	
Die Problemursachen werden nach Bereichen kategorisiert und in einer Grafik veranschaulicht.	
Die Einzelschritte sind:	*Beispiele:*
1 Problem definieren	Motor springt nicht an.
2 Ursachenbereiche unterscheiden:	• Mensch • Maschine • Material • Methode
3 Mögliche Ursachen je Bereich erkunden	• Mensch: fehlende Kenntnis • Maschine: keine Stromzufuhr
4 Grafisch darstellen	Vgl. Abbildung unten.

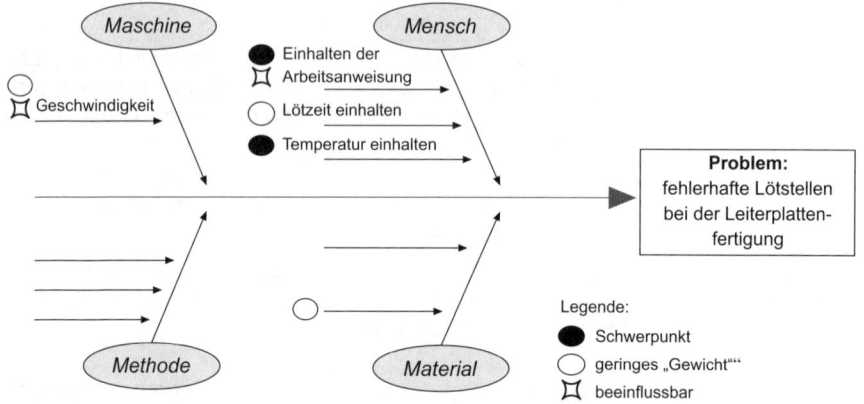

Synektik	
Durch geeignete Fragestellungen werden Analogien gebildet. Durch Verfremdung des Problems will man zu neuen Lösungsansätzen kommen. Beispiel: „Wie würde ich mich als Kolben in einem Dieselmotor fühlen?"	

Bionik	
Ist die Übertragung von Gesetzen aus der Natur auf Problemlösungen. Beispiel: „Echo-Schall-System der Fledermaus → Entwicklung des Radarsystems".	

Morphologischer Kasten	
Die Hauptfelder eines Problems werden in einer Matrix mit x Spalten und y Zeilen dargestellt. Zum Beispiel erhält man bei einer „4 x 4-Matrix" 16 grundsätzliche Lösungsfelder.	

Assoziieren	
Einem Vorgang/einem Begriff einzeln oder in Gruppenarbeit werden weitere Vorgänge/Begriffe zugeordnet; z. B.: „Lampe": Licht, Schirm, Strom, Birne, Schalter, Fuß, Hitze.	

Methode 635
6̲ Personen entwickeln 3̲ Lösungsvorschläge; jeder hat pro Lösungsvorschlag 5̲ Minuten Zeit; einfache Handhabung.

CNB-Methode
Es wird ein gemeinsames Notizbuch angelegt (Collective Notebook): In einer Expertengruppe erhält jeder ein CNB und trägt einzeln, über einen Monat lang seine Ideen ein. Der Moderator fasst alle Ideen aller CNBs zusammen. Danach erfolgt eine gemeinsame Arbeitssitzung.

Pareto-Analyse		
Das *Pareto-Prinzip* (Ursache-Wirkungs-Diagramm; benannt nach dem italienischen Volkswirt und Soziologen Vilfredo Pareto, 1848-1923) besagt, dass wichtige Dinge normalerweise einen kleinen Anteil innerhalb einer Gesamtmenge ausmachen. Diese Regel hat sich in den verschiedensten Bereichen betrieblicher Fragestellungen als sog. 80:20-Regel bestätigt:		
20 % der Kunden	„bringen"	80 % des Umsatzes
20 % der Fehler	„bringen"	80 % des Ausschusses

IO-Methode		
Die IO-Methode (= I̲nput-O̲utput-Methode) ist ein analytischer Weg, der hauptsächlich auf komplizierte dynamische Systeme angewendet wird (z. B. Bewegung, Energie, Konstruktion). Die Bearbeitung des Problems erfolgt in vier Stufen:		
Stufe:	*Vorgang:*	*Beispiel:*
1	Das erwünschte Ergebnis wird festgesetzt. → Output	Warnsignal bei Feuer!
2	Die gewünschte Ausgangsbasis wird festgelegt. → Input	Zu hohe Wärme!
3	Man fügt die Nebenbedingungen hinzu ohne den Fluss der Kreativität einzuschränken.	• Das Warnsignal muss wartungsfrei sein. • Die Kosten dürfen nicht über ...
4	Es werden Lösungen entwickelt.	?

Weiterhin werden innerhalb der Moderation spezielle Techniken der Visualisierung auf Pinnwänden eingesetzt (ausgewählte Beispiele):

Moderationstechniken: Spezielle Techniken der Visualisierung			
Gruppenspiegel	**Erwartungsabfrage**	**Themenspeicher**	**Punktabfrage**
Fadenkreuz	**Maßnahmenplan**	**Stimmungsbarometer**	

- *Gruppenspiegel:*
  Zum Anwärmen der Gruppenarbeit: Name, Funktion, „Das mag ich/das mag ich nicht"
  werden auf einer Metaplanwand festgehalten.

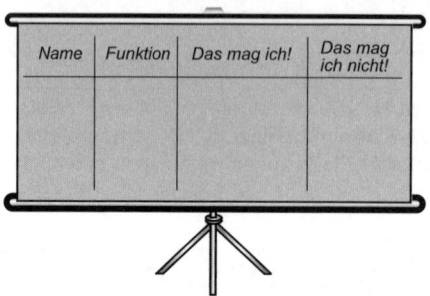

- *Erwartungsabfrage:*
  Zum Einstieg, zum Abbau von Vorbehalten und Ängsten, z. B. über folgende Fragen
  auf der Metaplanwand:

  „Was soll passieren?"
  „Was darf nicht passieren?"
  „Ich erwarte von dieser Sitzung ..."

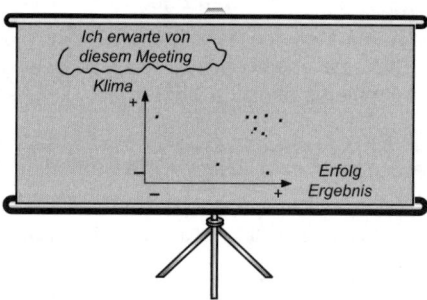

- *Themenspeicher:*
  Gefundene Ideen werden gesondert festgehalten; ebenso: noch zu bearbeitende
  Felder.

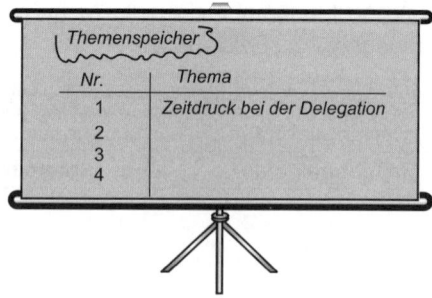

- *Punktabfrage:*
  Die Teilnehmer bewerten Fragen oder Lösungsansätze mit Punkten; z. B. kann jeder
  Teilnehmer bei acht Lösungen drei bis vier Punkte zur Vergabe erhalten.

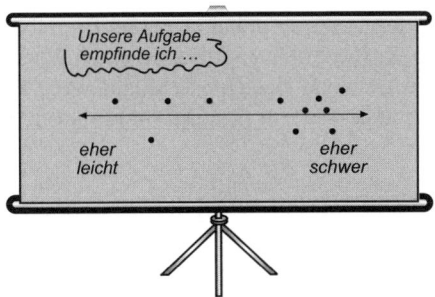

- *Fadenkreuz:*
  Der Moderator unterteilt eine bestimmte Fragestellung in vier Felder; z. B. Soll, Ist,
  Widerstände, Lösungsansätze.

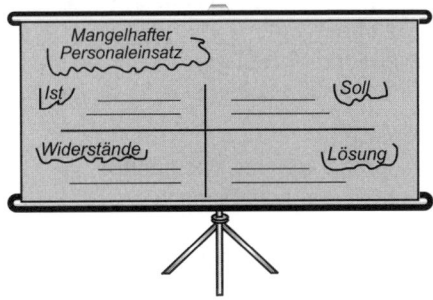

- *Maßnahmenplan:*
  Die gefundenen Lösungen werden als Einzelmaßnahme festgehalten mit den Spalten: Maßnahmen-Nr., Wer?, Mit wem?, Bis wann?

- *Stimmungsbarometer:*
  Auf einem Flipchart wird die Stimmungslage der Gruppe festgehalten, z. B. am Ende
  einer Sitzung.

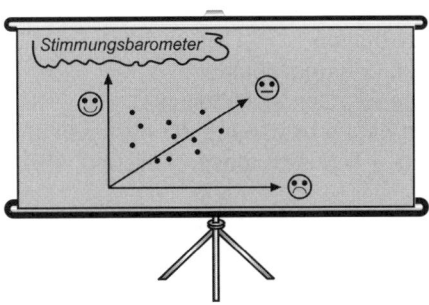

3.13.2 Präsentation

01. Was ist das Ziel einer Präsentation?

Präsentieren heißt, eine Idee verkaufen. Dabei ist der Begriff Idee gleichbedeutend mit ähnlichen Begriffen wie z. B. Konzept, Angebot, Entwurf, Vorschlag, aber auch Ergebnisse aus Forschung und Entwicklung. Der Schlüssel zum Präsentationserfolg heißt daher: Nur Nutzen und Vorteile sind für den Zuhörer interessant und motivierend.

Merke:
* Jede Idee muss präsentiert werden, wenn der Urheber seine Idee auch realisieren will.
* Präsentieren ist also nicht nur: Weitergabe von Informationen.
* Präsentieren ist: Andere für seine Ideen begeistern.

Der Präsentator hat immer zwei Ziele:

* *Sachliche Präsentationsziele:*
  - Die anderen sollen verstehen, welchen Nutzen seine Idee für potenzielle Interessenten und für sie selbst hat.
  - Die Zuhörer sollen seine Idee akzeptieren.
  - Die Adressaten der Präsentation sollen sich für seine Idee entscheiden.

* *Persönliche Präsentationsziele:*
  - Der Präsentator will Anerkennung als Fachmann.
  - Der Präsentator will Bestätigung als Mensch.

Gerade die persönlichen Wirkungsmittel sind mitbestimmend für den Präsentationserfolg. Jeder, der eine Idee präsentiert, präsentiert auch sich selbst. Eine noch so gute Präsentationstechnik hilft nicht, wenn die Zuhörer unterschwellig spüren, dass man nicht hinter seiner Idee steht.

02. Welche Einsatzgebiete sind für eine Präsentation denkbar?

Die Präsentation hat ihren Stellenwert in der gesamten täglichen Arbeitspraxis – immer dann, wenn eine Idee (Produkt, Vorschlag usw.) einer Gruppe „verkauft" werden soll. Es folgen ausgewählte Beispiele:

* Kunden → Produktpräsentation
* Mitarbeiter → neue Unternehmensstruktur
* Öffentlichkeit → Sozialreport/Geschäftsbericht
* Führungskräfte → Unternehmensplanung der nächsten fünf Jahre
* Mitarbeiterbesprechung → Reklamationsentwicklung, Arbeitsziele usw.

03. Welche Voraussetzungen müssen für eine erfolgreiche Präsentation erfüllt sein?

Eine Präsentation wird dann erfolgreich sein, wenn der Präsentator folgende Voraussetzungen sicherstellt:

1. *Adressatenanalyse:*
   Wen habe ich vor mir? Auf welchem Niveau kann ich präsentieren? Welche Zeit habe ich zur Verfügung?

2. *Fachlich gut vorbereitet* sein:
   Stichwortmanuskript o. k.? Raum und Medien vorbereitet? Funktioniert die Technik?

3. *Mental gut vorbereitet* sein:
   ausgeschlafen, positive Stimmung, munter, agil, innerlich „aufgeräumt"

4. In der *Präsentationstechnik geübt* sein:
   Vorher: üben, üben, ... Helfer suchen! (Kollegen, Familie); Vortragsweise, Wortwahl

5. *Visualisierungsmittel* vorbereiten:
   Overheadprojektor/Folien, Flipchart, Wandtafel, Pinnwand, Beamer

Merke:

> **Eine Präsentation ohne Visualisierung ist keine Präsentation!**

04. Wie wird eine Präsentation vorbereitet?

Zielgruppen-analyse	Im Rahmen der Zielgruppenanalyse gilt es, sich Gedanken zu machen über die Frage: „Wem will ich etwas präsentieren?" Hilfreich ist hier die „SIE-FORMEL": **S** ituation: Wie viel Personen, welches Alter, welches Geschlecht? **I** nteresse: Was erwarten die Zuhörer? Welche Einstellungen haben Sie? **E** igenschaften: Bildung, Ausbildung, Beruf, Vorwissen?
Inhalts-analyse	Anschließend erfolgt die Sammlung, Bewertung und Verdichtung einzelner Themenpunkte. Die Frage: „Was sage ich?" lässt sich über die „SAGE-FORMEL" gestalten: **S** ammeln **A** uswählen **G** ewichten **E** inteilen.
	Stichwortmanuskript
Methoden, Medien	Die dritte Fragestellung, die innerhalb der Vorbereitung zu beantworten ist, heißt: „Wie präsentiere ich?" Eine Gedankenbrücke liefert die „VLAK-FORMEL": **V** erständlich **L** ebendig **A** nschaulich **K** ompetent.

Organisation	Ist der Ort geeignet (ggf. Anreiseweg, gut zu finden usw.)?
	Ort vorbereiten (Bestuhlung, Tische, Technik, Pausengetränke usw.) Hat der Präsentator sich mit der Räumlichkeit vertraut gemacht? • Medien störungsfrei einsetzbar? • Ersatzbirne? • ausreichend Flipchartpapier? • Stifte nicht ausgetrocknet? usw.
	Tischvorlage, Handout, Visualisierung vorbereiten
	Zeit, Dauer, Pausen planen
	Ist der Präsentator persönlich vorbereitet? • Gut gelaunt? • Ausgeschlafen? • Sprache, Körpersprache (geübt, angemessen)

05. Wie ist der Ablauf einer Präsentation?

1. *Ablauflogik:* Für die Präsentation gibt es verschiedene Möglichkeiten, seine Argumente logisch miteinander zu verknüpfen; in jedem Fall gilt: Der Stoff muss gegliedert dargeboten werden.

Generell gilt folgender Ablauf:

Einleitung	Hauptteil	Schluss
• Begrüßung	• Ist-Situation	• Fazit
• ggf. sich vorstellen	• Daten, Fakten	• zum Handeln auffordern
• Zielsetzung	• Konsequenzen	

Innerhalb des Hauptteils kann gegliedert werden nach:

• Ist → Fakten → Soll → Gründe → Maßnahmen + Nutzen ...

• Ist → Fakten → Soll/Pro-Argumente → Soll/Contra-Argumente → Bewertung ...

Im Allgemeinen ist es falsch, ein Wort-für-Wort-Manuskript zu erstellen. Besser ist es, ein Stichwort-Manuskript als gut gegliedertes Drehbuch mit Regieanweisungen zu gestalten:

2. *Durchführung der Präsentation:*

Durchführung	• Blickkontakt und Anrede zu Beginn
	• sich persönlich vorstellen
	• Thema nennen und Gliederung zeigen
	• Zusammenfassungen geben
	• Präsentation richtig abschließen (nicht: „Ich bin am Ende.")

Der Schluss einer Präsentation hat besonderen Stellenwert. Der Präsentator sollte hierzu eine geeignete Formulierung eingeübt haben. Generell lautet die Aussage am Schluss immer:

„Zum Handeln, zum Denken, zum Überdenken auffordern!"

Die Aussage, „ich danke für Ihre Aufmerksamkeit" ist zwar nicht falsch, wirkt aber müde und abgegriffen. Nachfolgend zwei Beispiele für eine richtige und eine falsche Schlussaussage:

So nicht!	Besser so!
„Ich bin am Ende!" „Ich habe fertig!" „Ich bin fertig!"	„Die Kosten der Entsorgung werden deutlich ansteigen. Wir haben aber die Chance ... Lassen Sie uns das gemeinsam angehen ... ich bitte Sie um Ihre Unterstützung!"

3. *Nachbereitung der Präsentation:*

Die Nachbereitung der Präsentation umfasst eine Reihe von Anschlussarbeiten. Außerdem steht sie im Zeichen der „Verbesserung zukünftiger Präsentationen". Im Einzelnen sind folgende Fragen zu beantworten bzw. Arbeiten durchzuführen:

Nachbereitung	• War die Präsentation wirksam? Ist das Ziel erreicht worden? • Was kann bei zukünftigen Präsentationen wirksamer gestaltet werden? Hier hilft die Bitte an die Teilnehmer, ein unmittelbares Feedback zu geben. • Müssen die Teilnehmer ggf. ein Protokoll der anschließenden Diskussion erhalten? • Welche Aktionen sollen/müssen aufgrund der Präsentation ausgelöst werden? Wer macht was, wie, bis wann?

06. Welche Präsentationsmedien sind gebräuchlich?

Präsentationsmedien (Beispiele)				
Flipchart	Overhead-Projektor (OHP)	Wandtafel	Whiteboard	Dia-Projektor
Pinnwand	Kamera-Rekorder	Hand-Out	Beamer	Großbild-Monitor

Nachfolgend werden einige der gebräuchlichsten Präsentationsmedien kurz erläutert:

Flipchart	
Vorteile	• Aufzeichnungen bleiben erhalten (z. B. für Protokolle oder als Basis für weitere Bearbeitung). • Die einzelnen Blätter können als Gesamtergebnis nebeneinander an die Wand geheftet werden (Szenerie). • Das Gestell ist leicht zu bewegen (Kleingruppenarbeit). • Das Arbeiten mit dem Flipchart ist weitgehend problemlos.

Nachteile	• Beim Schreiben und Visualisieren ist der Rücken zur Gruppe gewandt. • Die Aufzeichnungen können nicht gelöscht werden (Unterschied zur Wandtafel).
Hinweise	• Sind genügend Blätter vorhanden? • Sind es die richtigen Blätter (weiß, kariert, liniert)? • Haben die Blätter die passende Aufhänge-Perforation? • Sind ausreichend Farbstifte vorhanden und sind diese funktionsfähig?
Eignung	• Präsentationen, Notizen, Visualisierung, Ideenspeicher, Rechenwerke, Diskussionsprotokoll

Wandtafel	
Vorteile	• relativ problemlos, kostengünstig • unmittelbare Aufzeichnungen • Schreibfehler können sofort korrigiert werden.
Nachteile	• Beim Schreiben/Visualisieren ist der Rücken zum Publikum gewandt. • Der Transport ist umständlich; oft fest installiert. • erinnert an die Schule • Ergebnisse werden weggewischt und stehen für Protokoll oder tiefergehende Arbeiten nicht mehr zur Verfügung.
Hinweise	• Denken Sie an Kreide/Stifte und Schwamm (+ Wasser).
Eignung	• Visualisierung, Rechenwerke, Notizen

Videorekorder/Kamera	
Vorteile	• Wiedergabe von Fernsehsendungen oder Lehrprogrammen • Aufzeichnung und Wiedergabe von Rollenspielen und Präsentationen • Gezielte/sequenzielle Auswertung und Bearbeitung ist möglich. • einfache Dokumentation und Archivierung
Nachteile	• Der Einsatz der Kamera verlangt Übung. • ggf. Versagen der Technik • kostenintensiv • Transport (Kamera, Videorecorder, Fernsehgerät)
Hinweise	• gute Vorbereitung erforderlich • Vorher ausprobieren, ob Videorekorder und TV-Gerät abgestimmt sind. • Nicht zu lange Sequenzen zeigen (Spielfilm/Ermüdung)
Eignung	• Präsentationen, Lehrprogramme, Verhaltenstraining

Overhead-Projektor	
Vorteile	• Es ist kein Abdunkeln erforderlich. • Beim Schreiben ist der Blick zum Publikum gewandt. • Das Erstellen von Folien ist verhältnismäßig einfach: Fotokopierer, PC, per Hand. • Realaufnahmen sind möglich. • Der Referent sieht die Abbildung der nächsten Folie und kann sich textlich darauf einstellen. • Eine Änderung der Folien-Reihenfolge während des Vortrags ist möglich. • Folien können während des Vortrages handschriftlich ergänzt und schriftlich kommentiert werden. • Die Abdeckung der im Moment nicht gefragten Textteile ist möglich (Abdecktechnik).
Nachteile	• Projektionswand erforderlich • Farbfolien sind teurer als Dias. • Das abschließende Arbeitsergebnis kann nicht durch Nebeneinanderstellen der Einzelergebnisse dargestellt werden.
Hinweise	• Ist der Projektor funktionsfähig? • Sind Verlängerungskabel und Ersatzbirne vorhanden? • Stellen Sie das Gerät nicht auf den Tisch (gestörter Blickwinkel), sondern so, dass sich die Glasplatte mit Folie in Tischhöhe befindet. • Achten Sie darauf, dass Sie nicht „im Bild" stehen! • Verschiedenfarbige Folienstifte und Leerfolien (Folienrolle) bereitlegen. • Justieren Sie das Gerät vorher auf Größe und Schärfe. • Prüfen Sie, ob Spiegel und Glasplatte sauber sind. • Demonstrieren Sie auf der Folie und nicht an der Leinwand (Rücken!) • Folien nicht mit Informationen überladen („weniger ist mehr"). • Kabel fixieren (Vorsicht Fußangel!)
Eignung	• Präsentationen, Visualisierungen

Pinnwand	
Vorteile	• verhältnismäßig große Fläche pro Wand • Mit Pinnwand-Karten können sehr schnell Ideen und Erfahrungssammlungen durchgeführt werden. • Karten können umgesteckt und neu geordnet werden. Strukturierung der gesammelten Informationen ist sofort möglich. • Die einzelnen Arbeitsergebnisse können in Form einer Szenerie (mehrere Pinnwände nebeneinander) zu einem Gesamtergebnis zusammengeführt werden. • Verschiedene Gestaltungselemente sind möglich: Kreise, Pfeile, Rechtecke, Wolken usw. (kein starres Schema). • Alle Informationen bleiben präsent.

Nachteile	• Beim Anpinnen der Karten oder beim Schreiben ist der Rücken zum Publikum gewandt (Lassen Sie daher anpinnen bzw. schreiben!).
	• Die Wände sind sperrig beim Transport.
	• Zur Pinnwand gehören bestimmte Utensilien (Kosten).
	• aufwändige Archivierung und Dokumentation
Hinweise	• Überlegen Sie vorher, wie viele Wände gebraucht werden (vollständiges Sortiment).
	• Filzschreiber für jeden Teilnehmer
	• Auf Wandfläche Freiraum für Ergänzungen lassen.
	• Roter Faden für den gezielten Einsatz ist notwendig (Nummerierung; besonders bei mehreren Pinnwänden).
Eignung	• Präsentationen, Ideenspeicher, Visualisierung, Projektarbeit, Ideen-/Erfahrungssammlung

07. Welche Hauptaspekte müssen bei einer wirksamen Präsentation beachtet werden (Zusammenfassung)?

Hauptaspekte einer wirksamen Präsentation			
Vorbereitung	Thema, Ziel nennen	Persönliche Wirkung	Visualisieren
Nutzen, Gliederung, Verständlichkeit		Zeit einhalten	Nachbereiten

4. Volkswirtschaft für die Handelspraxis

Prüfungsanforderungen

Nachweis der Fähigkeit,

Auswirkungen von volkswirtschaftlichen Entwicklungen auf Unternehmen zu verstehen sowie Schlussfolgerungen und Maßnahmenvorschläge daraus abzuleiten. Dabei sind internationale Märkte zu berücksichtigen.

Qualifikationsschwerpunkte (Überblick)

4.1 Markt und Preis

4.2 Wettbewerb

4.3 Wachstum und Konjunktur

4.4 Wirtschaftspolitische Steuerungsinstrumente

4.5 Außenwirtschaft

4.1 Markt und Preis

4.1.1 Markt-Preis-Modell der vollständigen Konkurrenz

01. Was ist der Markt?

Das Zusammentreffen von Angebot mit einer kaufkräftigen Nachfrage wird als Markt bezeichnet.

02. Welcher Zusammenhang besteht zwischen Bedürfnissen, Bedarf, Nachfrage und Angebot sowie Markt?

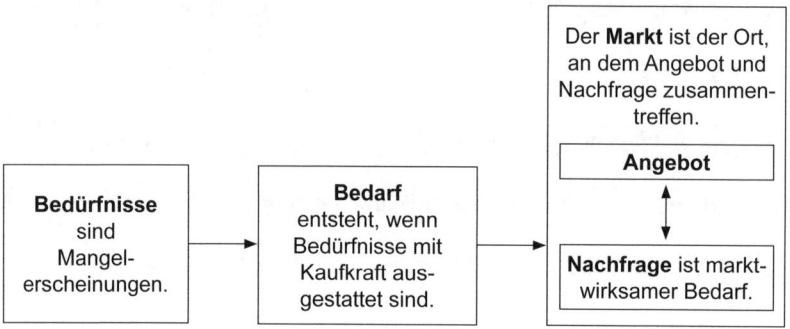

03. Welche Markt*arten* werden unterschieden?

Man unterscheidet:

Faktormärkte	Gütermärkte
• Arbeitsmarkt • Kapitalmarkt (Geld- und Realkapital) • Immobilienmarkt.	• Konsumgütermarkt • Investitionsgütermarkt.

04. Welche Markt*typen* werden unterschieden?

Von Markttypen wird gesprochen, wenn die Frage des „Marktzugangs" betrachtet wird:

* Am *freien Markt* existieren für die Marktteilnehmer keine Zugangsbeschränkungen.

* Bei *Märkten mit beschränktem Zugang* gibt es rechtliche oder wirtschaftliche Schranken, z. B. Konzessionspflicht, Mindestkapitalmenge, Zulassung an der Börse.

05. Durch welche Faktoren wird der Marktzutritt neuer Anbieter erschwert?

Der Marktzutritt neuer Anbieter wird erschwert durch absolute Kostenvorteile der bestehenden Unternehmen, sei es durch Patente, die neue Produkte oder neue Produktionsverfahren ermöglichen oder durch Vorteile in der Beschaffung; ferner durch das Vorhandensein spezialisierter Fachkräfte, eine günstige Kapitalstruktur oder gute Kredit- und Finanzierungsmöglichkeiten, Absatzvorteile, ein sicherer Kundenstamm, eine gute Organisation.

06. Wann spricht man von einem vollkommenen (unvollkommenen) Markt?

Die Wirtschaftstheorie hält folgende Voraussetzungen (Prämissen) bei einem vollkommenen Markt für erforderlich:

Bedingungen des vollkommenen Marktes	
Sehr viele Anbieter und Nachfrager	Die Anzahl der Anbieter und Nachfrager wird als so groß angenommen, dass die Angebots- und Nachfragemengen eines einzelnen Anbieters oder Nachfragers sehr gering sind.
Fehlen von Präferenzen	Das Fehlen von Präferenzen setzt homogene Güter voraus. Homogene Güter sind gleichartig – tatsächlich oder nach der Meinung der Verbraucher (z. B. Glühbirne der Firma X oder Y).
	Die Marktteilnehmer lassen sich nicht von persönlichen oder sonstigen Vorstellungen leiten. Im Einzelnen: keine sachlichen, räumlichen oder zeitlichen Präferenzen (Vorlieben).
Vollständige Markttransparenz	Jeder Marktteilnehmer hat einen vollständigen Überblick über das gesamte Marktgeschehen und über die Preise (vollständige Information).
Unendlich große Reaktionsgeschwindigkeit der Marktteilnehmer	Jeder Marktteilnehmer reagiert ohne Verzögerung auf jede Änderung am Markt.

Auf einem vollkommenen Markt gibt es zu jeder Zeit für jedes Gut nur einen Preis.

Fehlt eine der genannten Bedingungen, so spricht man von einem *unvollkommenen Markt*.

07. Was bezeichnet man als Markt*form*?

Als Marktform bezeichnet man ein gedankliches Modell, das die Situation auf den Märkten im Hinblick auf die *Zahl der Marktteilnehmer* charakterisiert und die damit gegebenen Konkurrenzbeziehungen. Für die Preisbildung werden die Angebots- und Nachfragebeziehungen in der Wirtschaftstheorie auf den Märkten in Monopole, Oligopole und Polypole unterteilt.

		Zahl der Anbieter		
		viele	wenige	einer
Zahl der Nachfrager	viele	zweiseitiges **Polypol** / **Vollständige Konkurrenz**	Angebots-oligopol	Angebots-monopol
	wenige	Nachfrage-oligopol	zweiseitiges **Oligopol**	beschränktes Angebots-monopol
	einer	Nachfrage-monopol	beschränktes Nachfrage-monopol	zweiseitiges **Monopol**

Bei der *vollständigen Konkurrenz* (bilateralem Polypol) stehen sich also viele Anbieter und Nachfrager mit sehr kleinen Marktanteilen gegenüber.

08. Was versteht man im Wirtschaftsleben unter Konkurrenz?

Unter *Konkurrenz* werden alle Beziehungen verstanden, die zwischen Wirtschaftssubjekten als Anbietern oder Nachfragern bestehen.

Angebotskonkurrenz liegt vor, wenn es sich um Beziehungen unter Anbietern handelt, *Nachfragekonkurrenz*, wenn es sich um Beziehungen zwischen Nachfragern handelt.

09. Welche Merkmale sind charakteristisch für die Marktform der vollständigen Konkurrenz?

Die Antwort lässt sich aus der Betrachtung der Marktformen-Matrix in Frage 07. ableiten:

Merkmale der vollständigen Konkurrenz	
Große Zahl der Anbieter und Nachfrager	Atomistischer Markt (atomistisch, griech.: in kleinste Teile zerlegt)
Jeder Anbieter/Nachfrager hat einen in etwa gleich großen Marktanteil.	Dies schließt aus, dass es einen Anbieter/Nachfrager mit einem überproportional großen Marktanteil gibt.
Vollkommener Markt	keine Präferenzen (vgl. Frage 06.)
	vollständige Markttransparenz (vgl. Frage 06.)
Der Preis ist ein Datum.	Das einzelne Unternehmen kann den Preis nicht beeinflussen. Es kann sich nur mit der Menge anpassen (Mengenanpasser).

Im Modell der vollständigen Konkurrenz bestimmen Angebot und Nachfrage den Preis (Modell der „idealen Preisbildung").

10. Welchen Aussagewert hat das Modell der vollständigen Konkurrenz?

Das Modell ist eine gedankliche Konstruktion, die in der Realität selten zutrifft. Es ermöglicht aber, einige Vorgänge der Wirklichkeit zu verstehen und zu erklären.

Jedes Erklärungsmodell ist abhängig von den Prämissen, die unterstellt werden. Es ist klar: Je mehr Annahmen eine gedankliche Konstruktion trifft, desto eher stößt es als Erklärungsmodell an seine Grenzen, da die entsprechenden Fälle in der Realität selten vorzufinden sind.

Der nachfolgende Text von E. Schmalenbach zeigt anschaulich, was es in der täglichen Praxis für die Nachfrageseite bedeuten würde, die Bedingungen der vollständigen Konkurrenz herzustellen:

Quellentext:

> „Ich brauchte seinerzeit einen neuen Regenschirm. Es war zu überlegen, wie ich in meiner Rolle als Arbeitnehmer die in der freien Marktwirtschaft mir obliegende Pflicht der Auswahl am besten treffen könnte. In Köln gibt es, so nahm ich an, etwa 50 Läden, in denen man einen Regenschirm kaufen kann. Diese müsste ich pflichtgemäß alle aufsuchen ... Dann gibt es schätzungsweise 200 Sorten Regenschirme für Herren. Da es ein schwarzer Regenschirm mit gebogener Krücke sein sollte, mag sich die Sortenzahl auf 100 ermäßigen. Nun aber geht es mir um einen möglichst dauerhaften Regenschirm, dessen Stoff, Stock und Mechanik lange halten und auch bei starkem Wind lange brauchbar bleiben sollte. Ich fand bald heraus, dass, allein um die Güte der Regenschirmstoffe auf Haltbarkeit und Wasserdurchlässigkeit zu prüfen, ein Kursus nötig sei, den ein Freund auf Wochen Dauer schätzte. Auch die Mechanik sei, so meinte er, in ihrer Qualität verschieden, und man müsse schon etwas davon verstehen, wenn man eine sachkundige Auswahl treffen wolle. Diese Überlegungen führten dahin, dass ich, um mich und meine Familie mit dem nötigen Hausrat und der nötigen Bekleidung zu versehen, meinen Beruf aufgeben und dazu noch einen Assistenten anstellen müsste. Dieses bedenkend; verzichtete ich auf jede Konkurrenzprüfung, ging in den nächsten Laden und kaufte unter den zehn vorgelegten Schirmen einen ohne lange Prüfung und zahlte dafür, was gefordert wurde.“

Quelle: Schmalenbach, E., Der freien Wirtschaft zum Gedächtnis, Köln 1958, S. 58.

11. Worin unterscheidet sich die soziale Marktwirtschaft von der freien Marktwirtschaft?

* Der Staat greift in das Wirtschaftsgeschehen ein (z. B. Ordnungs-, Sozial- und Strukturpolitik.
* Der Staat nimmt über die Steuerpolitik eine Einkommensumverteilung vor.
* Die Wettbewerbspolitik soll den Wettbewerb sichern.

4.1.2 Einflussgrößen auf das Anbieter- und Nachfrage- verhalten

01. Wie entstehen Angebots- und Nachfragebeziehungen?

Die wirtschaftliche Aktivität der Unternehmen äußert sich in der Weise, dass sie sowohl als Anbieter von Produkten auftreten als auch zur Erzeugung dieser Produkte Leistungen von Produktionsfaktoren nachfragen. Daneben agieren die Haushalte als Anbieter von Faktorleistungen, aus denen sie auf den Märkten der Produktionsfaktoren Einkommen erzielen. Mit diesem Einkommen fragen sie diejenigen Güter nach, die von den Unternehmungen auf den Gütermärkten angeboten werden. Auf diese Weise entstehen Angebots-Nachfrage-Beziehungen zwischen Unternehmen und Haushalten, aus denen sich die Güterpreise ergeben.

Das Modell des einfachen Wirtschaftskreislaufs betrachtet (lediglich) das Zusammenwirken von zwei Sektoren (*2-Sektoren-Modell*):

* die Unternehmen und
* die Haushalte.

Man unterstellt folgende Prämissen:

* Es existiert eine geschlossene Volkswirtschaft (ohne Ausland).
* Es existiert eine stagnierende Volkswirtschaft (ohne Wachstum).
* Es existiert eine Volkswirtschaft ohne staatliche Aktivitäten.
* Das gesamte Einkommen fließt in Ausgaben (es wird weder gespart noch investiert).
* Es existiert kein Timelag (keine zeitliche Verzögerung zwischen Produktion und Konsum).

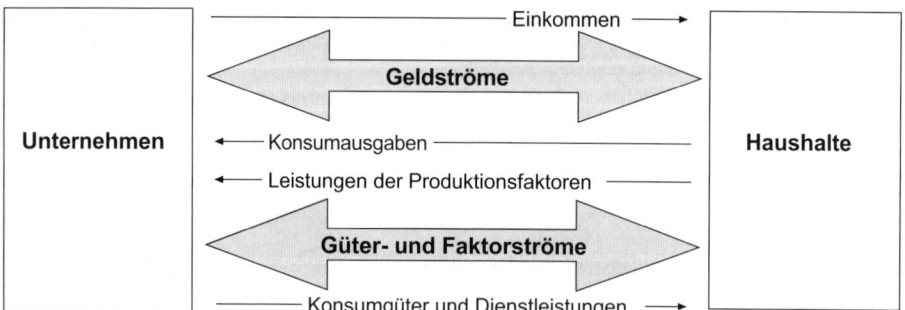

02. Wie entsteht Nachfrage?

Die Nachfrage nach Gütern wird durch die Bedürfnisse von Individuen hervorgerufen, die Güter zu erwerben wünschen, um damit ihre Bedürfnisse zu befriedigen. Da aber die Knappheit der Güter eine Befriedigung aller Bedürfnisse ausschließt, hat der Preis die Aufgabe, eine Sättigung dieser Bedürfnisse nur in dem Ausmaß zuzulassen, das der vorhandenen Gütermenge entspricht. Deshalb bestimmt der Preis, welche Bedürfnisse am Markt effektiv als Nachfrage wirksam werden.

03. Von welchen Einflussgrößen hängt die Gesamtnachfrage nach einem Gut ab?

In einer Marktwirtschaft trägt jeder einzelne durch seine Kaufentscheidungen dazu bei, die Höhe, Struktur und Art der Nachfrage am Markt mit zu beeinflussen.

Die nachgefragte Menge nach einem Gut ist abhängig:

- von dem Preis dieses Gutes
- von dem Preis konkurrierender Güter
- dem Einkommen der Nachfrager
- der Bedürfnisstruktur
- den Ersparnissen
- den Kreditmöglichkeiten.

04. Welche (idealtypische) Abhängigkeit der Nachfrage vom Preis des Gutes wird unterstellt?

Sinkt der Preis des Gutes, so steigt die Nachfrage und umgekehrt (inverse Beziehung). Preisänderungen des Gutes führen also zu *Bewegungen auf der Nachfragefunktion* (die Abbildung unterstellt eine lineare Beziehung zwischen Preis und Menge):

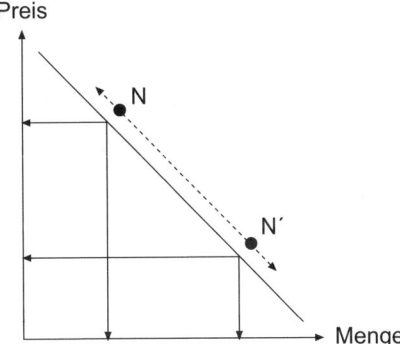

05. Welche Faktoren können die Nachfrage nach einem bestimmten Gut verändern?

Die Nachfrage nach einem Gut kann sich verändern durch:

- die Preise anderer Güter, insbesondere von Substitutionsgütern
- neue technische Produktionsverfahren
- Veränderungen in den Produktionskosten
- das Angebots- und Preisverhalten anderer Anbieter
- die Änderung der Erwartungen der Konsumenten (Hamsterkäufe, die Annahme, dass die Preise steigen oder fallen; das Aufkommen alternativer Produkte).

Die Gesamtnachfrage kann sich verändern durch:

- Änderung der Bedürfnisse
- Veränderungen in der Höhe und Struktur der Einkommen
- Änderung der Bevölkerungszahl oder deren altersmäßige Zusammensetzung.

06. Welche Reaktion zeigt die Gesamtnachfrage bei der Änderung der Bedürfnisstruktur?

Bleibt der Preis des Gutes konstant, ändert sich aber

* die Bedürfnisstruktur,
* der Preis anderer Güter,
* die Zahl der Nachfrager,

so führt dies zu einer Verschiebung der Nachfragefunktion, also zu *Bewegungen der Nachfragefunktion*:

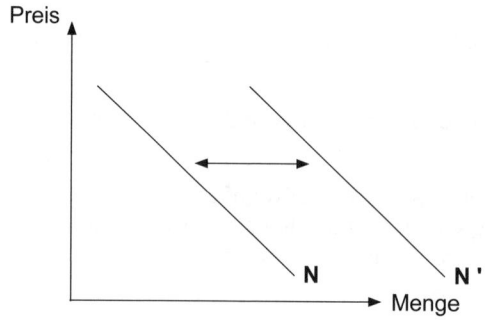

07. Welche Größen beeinflussen das Angebot der Unternehmen?

Das Angebot der Unternehmen hängt von zwei entscheidenden Größen ab:

* dem Kostenverlauf des Unternehmens und
* den Erlösen, die erzielt werden können.

08. Welche Preis-Mengen-Relation wird bei der Angebotsfunktion unterstellt?

Steigt der Preis des Gutes (bei sonst konstanten Bedingungen), so steigt das Angebot (*Bewegungen „auf der Kurve"*; proportionale Beziehung).

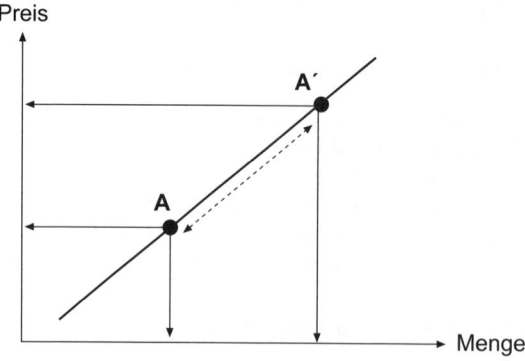

- Eine Verschiebung der Angebotsfunktion („*Bewegung der Kurve*") erfolgt bei Änderung

  - der Produktionsfaktoren
  - der Preise anderer Güter
  - der Produktionskosten
  - der Zahl der Anbieter.

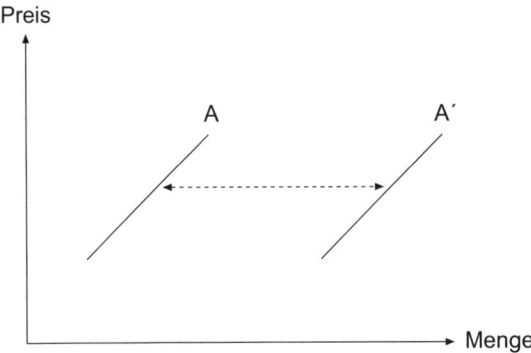

4.1.3 Prozesse und Funktionen der Preisbildung

01. Was versteht man unter dem Preis?

Unter dem Preis versteht man den in Geld ausgedrückten Gegenwert (Tauschwert) einer Ware, eines Rechtes oder einer Dienstleistung.

02. Welche Arten von Preisen unterscheidet man?

Man unterscheidet:

- den Warenpreis,
- den Zins als Preis für das Kapital und
- den Lohn als Preis für die Arbeit.

03. Welche Arten des Warenpreises werden unterschieden?

- Den *Wettbewerbspreis* (Marktpreis). Er wird zwischen Anbietern und Nachfragern im Wettbewerb auf dem Markt gebildet;

- den *Monopolpreis*, der autonom von einem alleinigen Anbieter – in seltenen Fällen auch von einem alleinigen Nachfrager – festgesetzt wird;

- den *staatlich gebundenen Preis*, der vom Staat durch Gesetz als Höchst- oder Mindestpreis unmittelbar festgesetzt wird.

04. Wie erfolgt die Preisbildung?

• Der Preis für eine Ware oder eine Dienstleistung bildet sich am Markt unter dem Einfluss von Angebot und Nachfrage. Umgekehrt beeinflusst der Preis den Umfang von Angebot und Nachfrage mit der Tendenz, beide zum Ausgleich zu bringen.

• Bei großem Angebot und knapper Nachfrage sinkt der Preis, sodass die Nachfrage sich ausweitet und das Angebot sinkt.

• Bei knappem Angebot und großer Nachfrage steigt der Preis, sodass das Angebot sich ausweitet und die Nachfrage sinkt.

• Steigen die Preise allgemein, so bedeutet dies ein Sinken der Kaufkraft des Geldes.

05. Welche Faktoren bestimmen die Höhe des Preises?

Für die Höhe des Preises, den ein Unternehmen erzielen kann, ist entscheidend, welche Marktform vorliegt. Je stärker der Wettbewerb ist, desto geringer ist die Marktmacht des einzelnen Unternehmens (vgl. unter 4.1.1).

06. Wie bildet sich der Gleichgewichtspreis bei vollständiger Konkurrenz?

Prämissen (vollkommener Markt, vollständige Konkurrenz; vgl. unter 4.1.1):

• Markt für ein Gut
• Polypol, d. h. auf beiden Seiten gibt es viele Marktteilnehmer
• Wettbewerbsbedingungen
• Markttransparenz
• Homogenität des Gutes
• Präferenzen auf der Nachfrageseite.

Es werden in einem Diagramm die dargestellte Angebots- sowie die Nachfragefunktion eingetragen; linearer Verlauf wird unterstellt:

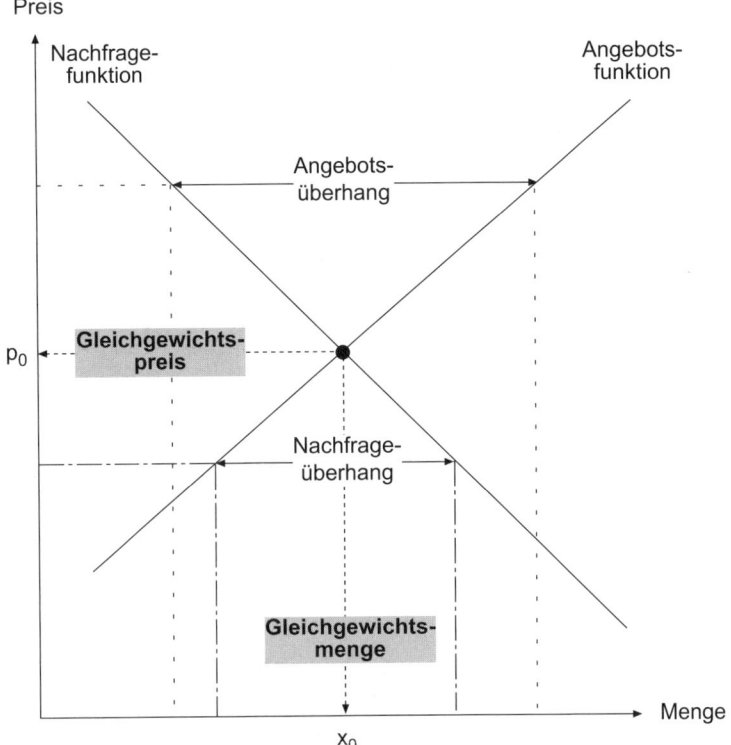

Der Preismechanismus bewirkt, dass längerfristig kein Ungleichgewicht am Markt herrscht, sondern eine Tendenz zu einem Marktgleichgewicht besteht.

Das Marktgleichgewicht wird sich immer dann ändern, wenn eine Verschiebung der Gesamtnachfrage- oder der Gesamtangebotskurve erfolgt (vgl. unter 4.1.2).

07. Welche Funktionen erfüllt der Marktpreis?

Der Preis ist das Hauptelement der sich selbst regulierenden Prozesse in einer Marktwirtschaft. Der Marktpreis erfüllt folgende Funktionen:

Funktionen des Marktpreises	
Informations- und Signalfunktion	Der Preis zeigt die relative Knappheit eines Gutes.
	Der Preis informiert über das Verhältnis von Gesamtangebot zu Gesamtnachfrage.
	Änderungen des Marktpreises geben Signale über das Verhalten der Marktteilnehmer.
Koordinations- funktion	Der Preis koordiniert die Pläne der Marktteilnehmer und sorgt so für einen Ausgleich zwischen Angebot und Nachfrage.

Selektions-funktion	Selektion der Anbieter: Produzenten, die nicht zum Marktpreis anbieten können – z. B. aus internen Kostennachteilen – werden vom Markt verdrängt.
	Selektion der Nachfrager: Nachfrager, die nicht über die erforderliche Kaufkraft verfügen, um den aktuellen Marktpreis zahlen zu können, werden von denen mit hoher Kaufkraft abgesondert.
Lenkungs-funktion	Der Preis lenkt die Produktionsfaktoren und Güter in die Bereiche mit maximalem Nutzen bzw. Ertrag (auch: Allokationsfunktion).
Verteilungs-funktion	Die Produktionsfaktoren werden über den Preis entlohnt (Zins, Warenpreis, Lohn; vgl. Frage 02.). Damit gibt der Preis den jeweiligen Beitrag zur Produktion wieder (Verteilung entsprechend dem Leistungsbeitrag).

Diese Funktionen des Marktpreises werden dann gestört, wenn einzelne Marktteilnehmer z. B. aufgrund von Marktmacht den Preis eines Gutes setzen können, oder wenn der Staat regulierend in den Marktmechanismus eingreift (z. B. Subventionen).

08. Was bezeichnet man als absolute und relative Preise?

- *Relative Preise:*
  Der Wert eines Gutes oder einer Dienstleistung wird ermittelt, indem man ihn ins Verhältnis setzt zu dem Wert eines anderen Gutes. Bevor Geld als Tauschmittel eingeführt wurde, war dies notwendig um den Tausch von Waren zu gewährleisten:

  Beispiel: Der Preis für 1 kg Brot beträgt 0,5 kg Fleisch. Entsprechend bekommt man für 1 kg Fleisch 2 kg Brot.

  Die Ermittlung von relativen Preisen ist sehr aufwändig, weil alle Güter und Dienstleistungen miteinander verglichen werden müssen. Aber auch in der heutigen Zeit werden relative Preise verwendet, um Werte von Gütern auszudrücken.

  Beispiel: Für einen Kinobesuch (5 €) muss eine Verkäuferin im Einzelhandel (Lohn 10 €/ Std.) eine halbe Stunde arbeiten.

- *Absolute Preise:*
  Von absoluten Preisen spricht man, wenn ein Bezugsgut (heutzutage Geld) zur Bewertung von Gütern verwendet wird.

  Beispiel: 1 kg Brot kostet 3 €.

4.1.4 Staatliche Eingriffe in Preisbildungsprozesse

01. Welche staatlichen Eingriffe in Preisbildungsprozesse gibt es?

Staatliche Eingriffe in Preisbildungsprozesse		
Instrumente	*Kurzbeschreibung*	*Beispiele*
Mindest-/Höchstpreis	Der Staat legt bestimmte Mindest-/Höchstpreise fest.	Landwirtschaftliche Produkte (EU-Agrarmarkt), Sozialmieten
Preis-festsetzung	Der Staat legt Preise privater oder öffentlicher Anbieter fest.	Gebühren für GEZ, Müllabfuhr, Behördenleistungen
Preis-kontrolle	Private Anbieter müssen ihre Preise genehmigen lassen.	Post, Energiekontrollkommission, öffentlich-rechtliche Rundfunkanstalten
Preis-beeinflussung	Über Verbrauchssteuern und Zölle versucht der Staat die Nachfrage zu beeinflussen.	Kraftstoffe, Tabak
Subventionen	Unterstützungszahlungen des Staates an Regionen, Branchen oder Unternehmen.	Landwirtschaft, Bergbau, Existenzförderung, Bürgschaften, Wohngeld
Beschränkung des Marktzugangs	Der Staat schafft Markteintrittsbarrieren.	Zölle, Kontingentierung, Fischfangquoten der EU, Gewerbeerlaubnis, tarifäre und nicht-tarifäre Handelsbeschränkungen (vgl. unter 4.5.1)

02. Was sind Subventionen und welche wirtschaftspolitischen Ziele werden damit verbunden?

Subventionen sind das ökonomische Gegenstück zur Steuer. Sie sind *Finanzhilfen oder Steuervergünstigungen des Staates ohne direkte Gegenleistung.* Die Zielsetzung kann unterschiedliche Ansatzpunkte haben:

- Förderung strukturschwacher Regionen (z. B. Investitionszulage in den neuen Bundesländern),

- Unterstützungszahlungen an bestimmte Branchen (z. B. Bergbau, Landwirtschaft),

- Förderung des Umweltbewusstseins bzw. Einführung ressourcenschonender Technologien (z. B. „Dächer-Programm", Solar- und Windenergie).

In einer Reihe von Fällen führen Subventionen auch zu Fehlentwicklungen, wenn keine nachhaltigen Kosten-Nutzen-Analysen erstellt werden bzw. die sachgemäße Verwendung der Subventionen nicht überprüft wird:

- Der (subventionierte) Preis verliert seine Signalfunktion; Ressourcen werden fehlgeleitet (z. B. EU-Landwirtschaft).

- Branchen oder Unternehmen verbleiben am Markt, obwohl sie im Grunde nicht mehr wettbewerbsfähig sind (z. B. Bergbau in Deutschland).

- Subventionierte Bereiche/Unternehmen haben eine geringere Notwendigkeit, sich den Marktveränderungen anzupassen.

- Subventionen verzerren den Wettbewerb (z. B. staatliche Unterstützung der chinesischen Solarindustrie).

03. Welche negativen Folgen können mit den Eingriffen des Staates in das Marktgeschehen verbunden sein?

Staatliche Eingriffe in den Markt und mögliche, negative Folgen	
Instrumente	*Negative Folgen, z. B.*
Mindestpreis	Der Mindestpreis liegt über dem Gleichgewichtspreis.
	Überangebot, Überproduktion, erhöhte Lagerhaltungskosten.
	Gegenregulierung durch Kontingentierung bzw. Anreizsysteme zur freiwilligen Reduzierung des Angebots (vgl. Flächenstilllegung in der Agrarwirtschaft).
Höchstpreis	Der Preis liegt unter dem Gleichgewichtspreis.
	Gefahr der Bildung von Schwarzmärkten.
	Gefahr, dass das Angebot am Markt zu gering ist und durch weitere, staatliche Maßnahmen Anreize geschaffen werden müssen (Subventionen).
Preisfestsetzung	Verzerrung von Angebot und Nachfrage.
	Gefahr, dass kein dauerhaftes Marktgleichgewicht entsteht.
	Der staatlich festgelegte Preis spiegelt nicht die tatsächlichen Kosten bzw. den Ressourcenverbrauch wider.
Preiskontrolle	Der staatlich festgelegte Preis spiegelt nicht die tatsächlichen Kosten bzw. den Ressourcenverbrauch wider.
	Monopolstellungen werden ggf. gestützt. Zu teure Anbieter verschwinden nicht vom Markt.
Preisbeeinflussung	Eine Erhöhung der Verbrauchssteuern bewirkt eine Verteuerung der Produkte und einen Rückgang der Nachfrage (bei entsprechender Elastizität).
Subventionen	Monopolstellungen werden ggf. gestützt. Zu teure Anbieter verschwinden nicht vom Markt.
	Subventionen müssen über Steuereinnahmen finanziert werden. Dies erhöht die Steuerlast.
Beschränkungen des Marktzugangs	Der Markteintritt neuer Wettbewerber wird verhindert (Wettbewerbsverzerrung).
	Monopolstellungen werden ggf. gestützt. Zu teure Anbieter verschwinden nicht vom Markt.

Neben diesen Eingriffen des Staates in das Marktgeschehen gibt es vielfältige Eingriffe privater Unternehmen durch Kooperation und Konzentration.

04. Welche wichtigen Formen von Unternehmenszusammenschlüssen gibt es?

Unternehmenszusammenschlüsse (Beispiele)				
Konsortium	Kartell	Interessen-gemeinschaft	Konzern	Trust
Vereinigung mehrerer Banken zur Durchführung gemeinsamer Geschäfte	Vereinbarung von Unternehmen über einen gemeinsamen Zweck (z. B. Absatz); vgl. GWB	Unternehmens-zusammen-schluss zur Förderung gemeinsamer Interessen	Zusammfas-sung von Unternehmen unter einheit-licher Leitung	Zusammenfassung von Unternehmen unter Aufgabe der wirtschaftlichen und rechtlichen Selbst-ständigkeit
Wirtschaftliche Selbstständigkeit wird z. T. aufgegeben.			Wirtschaftliche Selbstständigkeit wird völlig aufgegeben.	
Rechtliche Selbstständigkeit bleibt erhalten.			... wird völlig aufge-geben.	

4.1.5 Angebots- und Nachfrageelastizitäten

01. Was beinhaltet der Begriff „Elastizität"?

Mit dem Begriff Elastizität wird die Wirkung einer unabhängigen Größe, wie z. B. des Preises, auf eine abhängige Größe, wie z. B. die Menge eines Gutes, verstanden, wenn beide Größen in einem funktionalen Zusammenhang zueinander stehen.

02. Wie ist die direkte Preiselastizität der Nachfrage definiert?

Die *direkte Preiselastizität der Nachfrage* gibt die prozentuale Änderung der nachge-fragten Menge eines Gutes an, wenn sich der Preis dieses Gutes um 1 % ändert. Im Normalfall steigt die nachgefragte Menge mit sinkendem Preis. Ist die relative Mengen-änderung geringer als die relative Preisänderung, so spricht man von einer unelasti-schen Nachfrage.

Bezeichnet man mit E_N die direkte Preiselastizität, mit Δx die relative Mengenänderung und mit Δp die relative Preisänderung, so gilt:

direkte Preiselastizität der Nachfrage	= prozentuale Mengenänderung : prozentuale Preisänderung
E_N	$= \Delta x : \Delta p$

Beispiel: Angenommen, der Preis eines Gutes steigt von 80 Geldeinheiten (GE) auf 100 GE (Δp = 25 %) und die nachgefragte Menge geht von 2.000 Einheiten auf 1.800 Einheiten zurück (Δx = -10 %), so beträgt die direkte Preiselastizität der Nachfrage:

E_N	= - 10 % : 25 % = -0,4

Grafische Darstellung:

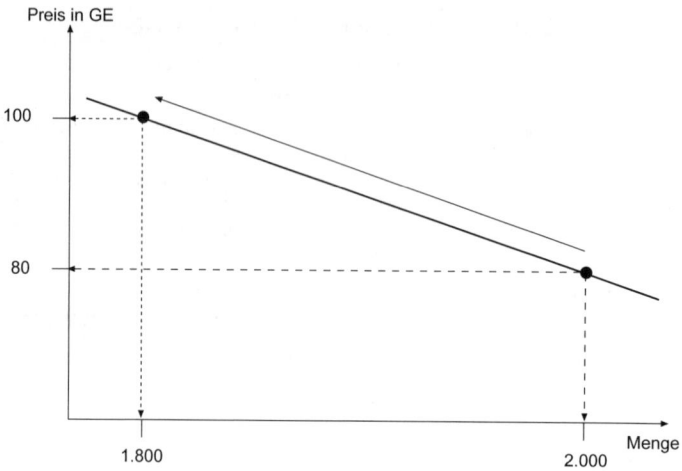

Es lassen sich fünf grundsätzliche Situationen unterscheiden:

$E_N > 1$	Elastische Nachfrage	Mengenänderung ist stärker als die Preisänderung.
$E_N < 1$	Unelastische Nachfrage	Preisänderung ist stärker als die Mengenänderung.
$E_N = 1$	Proportional-elastische Nachfrage	(auch: iso-elastische): Preisänderungen führen zu proportionalen Mengenänderungen.
$E_N = 0$	Vollkommen unelastische Nachfrage	Preisänderungen führen zu keinen Mengenänderungen.
$E_N = \infty$	Vollkommen/unendlich elastische Nachfrage	Die Käufer sind bereit, jede zu einem bestimmten Preis angebotene Menge zu kaufen.

03. Wie ist die Kreuzpreiselastizität der Nachfrage definiert?

Bei der *Kreuzpreiselastizität der Nachfrage* E_K wird die Reaktion der mengenmäßigen Nachfrage nach einem Gut X aufgrund einer Preisänderung eines anderen Gutes Y ermittelt. Es gilt analog:

Kreuzpreiselastizität der Nachfrage	= prozentuale Mengenänderung$_{Gut\,X}$: prozentuale Preisänderung$_{Gut\,Y}$
E_K	= $\Delta x_{Gut\,X} : \Delta p_{Gut\,Y}$

Beispiel: Angenommen, der Preis des Gutes X steigt von 80 GE auf 90 GE und die nachgefragte Menge des Gutes Y geht von 4.000 Einheiten auf 3.000 Einheiten zurück, so beträgt die Kreuzpreiselastizität

E_K	= - 25 % : 12,5 % = -2,0

Das heißt, es handelt sich bei Gut X und Gut Y um komplementäre Güter.

Es lassen sich drei grundsätzliche Situationen unterscheiden:

$E_K > 0$	Substitutive Güter	Die Nachfrage nach Gut X steigt, wenn der Preis von Gut Y steigt; Gut X und Gut Y sind substitutive (sich ersetzende) Güter.
$E_K < 0$	Komplementäre Güter	Die Nachfrage nach Gut X sinkt, wenn der Preis von Gut Y steigt; Gut X und Gut Y sind komplementäre (sich ergänzende) Güter.
$E_K = 0$	Indifferente Güter	Die Nachfrage nach Gut X ändert sich nicht, wenn sich der Preis von Gut Y ändert; Gut X und Gut Y sind indifferente (voneinander unabhängige) Güter.

04. Welche Aussage erlaubt die Einkommenselastizität?

Die Einkommenselastizität E_Y misst die Veränderung der Nachfrage nach einem Gut bei Einkommensänderungen.

Einkommenselastizität	= prozentuale Mengenänderung : prozentuale Einkommensänderung
E_Y	$= \Delta x : \Delta Y$

Beispiel: Angenommen das Einkommen steigt um 10 % und führt zu einer Änderung der Nachfragemenge bei einem Gut um 5 % so ergibt sich für die Einkommenselastizität 0,5 (unelastische Nachfrage).

Es lassen sich fünf grundsätzliche Situationen unterscheiden:

$E_Y > 1$	Elastische Nachfrage	z. B.: Luxusgüter
$E_Y < 1$	Unelastische Nachfrage	z. B.: Lebensmittel
$E_Y = 1$	Proportional-elastische Nachfrage	z. B.: Freizeitgüter
$E_Y = 0$	Vollkommen unelastische Nachfrage	z. B.: Grundnahrungsmittel
$E_Y < 0$	Nachfrage sinkt bei steigendem Einkommen	Mit steigendem Einkommen werden z. B. inferiore Güter weniger nachgefragt zu Gunsten superiorer (höherwertiger) Güter.

4.2 Wettbewerb

4.2.1 Auswirkungen unterschiedlicher Wettbewerbssituationen

01. Welche Marktformen unterscheidet man aus quantitativer Sicht?

Die Anzahl der Marktteilnehmer kann auf jeder Marktseite zwischen einem und vielen liegen. In der volkswirtschaftlichen Theorie geht man von drei konkreten Marktformen aus (vgl. 4.1.1/Frage 07.):

Marktformen aus quantitativer Sicht	
Polypole	Viele Anbieter stehen vielen Nachfragern gegenüber.
Oligopole	Wenige Anbieter oder wenige Nachfrager haben bedeutende Marktanteile.
Monopole	Ein Anbieter oder ein Nachfrager hat eine marktbeherrschende Stellung.

02. Wie ist die Wettbewerbssituation im Polypol?

Im Polypol stehen sich jeweils viele Anbieter und Nachfrager mit sehr kleinen Marktanteilen gegenüber. Maßnahmen eines einzelnen Marktteilnehmers, z. B. eines Anbieters, führen nicht zu einer Bedrohung des Wettbewerbs. Aufgrund der geringen Marktanteile muss ein Anbieter nur den Gesamtmarkt und die Gesamtheit der Wettbewerber beobachten. Für Anbieter im Polypol ist der Marktpreis ein Datum. Sie können nur bestimmen, welche Menge sie am Markt anbieten (*Mengenanpasser*).

> **Jeder Anbieter im Polypol ist Preisnehmer und Mengenanpasser.**

03. Wie ist die Wettbewerbssituation im Oligopol?

Beim Oligopol haben wenige Anbieter oder wenige Nachfrager einen bedeutenden Marktanteil. Man unterscheidet:

Oligopole (Formen)		
	Anbieter	Nachfrager
zweiseitiges Oligopol (auch: bilaterales)	wenige	wenige
Angebotsoligopol	wenige	viele
Nachfrageoligopol	viele	wenige

*   *Angebotsoligopol:*
    In der Praxis dürfte die Marktform des Angebotsoligopols die am häufigsten anzutreffende Marktform sein. Ein Angebotsoligopol liegt vor, wenn wenigen Anbietern mit ungefähr gleich großen Marktanteilen viele Nachfrager mit nur geringen Marktanteilen gegenüberstehen z. B. Mineralölindustrie, Banken, Gasanbieter. Bei einem Oligopol rechnen die Anbieter also damit, dass aufgrund ihres hohen Anteils an diesem Markt der einzelne Marktteilnehmer einen Einfluss auf das Marktgeschehen ausübt. Beim Angebotsoligopol muss der einzelne Anbieter neben seinen eigenen Reaktionen (Mengen-/Preisfestsetzung) und denen der Nachfrager auch die Reaktionen seiner Mitbewerber berücksichtigen. *Es existiert Reaktionsverbundenheit.*

*   *Nachfrageoligopol:*
    Wenige Nachfrager stehen vielen Anbietern gegenüber; Beispiel: Automobilindustrie ↔ Zulieferbetriebe.

Strategien im Oligopol	
Verdrängung	Ein Anbieter versucht durch Preisunterbietung andere Anbieter vom Markt zu verdrängen. Dies setzt voraus, dass zusätzliche Marktanteile über den „Niedrigpreis" zu gewinnen sind und dass interne Kostenvorteile diese Preisstrategie zulassen. Risiko: Die Konkurrenten reagieren ihrerseits mit Preissenkungen (*oligopolistischer Preiskampf;* vgl. z. B. zum Teil: Aldi, Netto, Lidl). Es besteht die Möglichkeit der Gefährdung der eigenen Existenz.

Friedliches Verhalten	*Qualitäts- und Servicewettbewerb:* Erleidet ein Unternehmen durch Aktionen eines anderen Unternehmens Nachteile (Marktanteil, Gewinneinbuße), so wird versucht durch „Zusatznutzenangeboten" die alte Position wieder herzustellen (besserer Service, Qualitätsverbesserung, Produktverbesserung).
	Preisführerschaft: Das Unternehmen mit dem höchsten Marktanteil hat die Funktion der Preisführerschaft. Die anderen Anbieter orientieren sich an seiner Preispolitik.
Zusammenarbeit	Die Anbieter agieren am Markt ohne sich gegenseitig zu stören bis hin zu (unerlaubten) Absprachen über Preise, Absatzregionen, Mengen u. Ä.

04. Wie ist die Wettbewerbssituation im Monopol?

Monopolsituationen sind durch das Fehlen von Wettbewerb gekennzeichnet. Man unterscheidet:

Monopole (Formen)	
Angebotsmonopol	Die Marktform des *Angebotsmonopols* liegt vor, wenn ein Anbieter vielen Nachfragern gegenübersteht und jeder Nachfrager nur über einen geringen Marktanteil verfügt.
Nachfragemonopol (auch: Monopson)	Umgekehrt stehen beim *Nachfragemonopol* einem Nachfrager viele Anbieter mit jeweils nur geringen Marktanteilen gegenüber.
Zweiseitiges Monopol	Steht einem Anbieter nur ein Nachfrager gegenüber, so ist der Fall eines zweiseitigen oder bilateralen Monopols gegeben. Der Preis bildet sich in diesem Fall erst nach harten Preiskämpfen.

* Vorherrschend in der Praxis ist die Form des *Angebotsmonopols:*
  Der Angebotsmonopolist kann den Preis autonom festsetzen. Er ist jedoch gebunden an das Verhalten der Nachfrager. Er kann also nicht gleichzeitig Preis und Menge beliebig festsetzen. Er muss die Preis-/Mengenrelation ermitteln, die für ihn gewinnoptimal ist. Besteht auf dem betreffenden Markt eine Substitutionskonkurrenz (ein Gut kann durch ein anderes ersetzt werden, z. B. Edelmetall durch Keramik), so werden die Nachfrager bei zu hohen Preisen des Monopolisten zu Substitutionsprodukten wechseln.

* *Volkswirtschaftlicher Nachteil:*
  Der Markt wird preis- und mengenmäßig nicht so versorgt, wie dies unter Wettbewerbsbedingungen mögliche wäre (z. B. künstliche Verknappung des Angebots, fehlender Anreiz für Innovationen).

* *Preisdifferenzierung:*
  Der Angebotsmonopolist nutzt häufig die Strategie der Preisdifferenzierung: Auf unterschiedlichen Teilmärkten werden Güter gleicher Art zu verschiedenen Preisen ver-

kauft. Dadurch wird der Gesamtgewinn erhöht und eine optimale Auslastung der Kapazitäten erreicht. Die Voraussetzung sind:

- unvollkommener Markt
- Unterschiedliche Preiselastizitäten, z. B. auf einem Teilmarkt mit geringer Preiselastizität wird ein höherer Preis gefordert.
- Die Nachfrager können nicht von einem Teilmarkt zum anderen wechseln.

Beispiel: Die Mineralölkonzerne nutzen diese Strategie: In einer Region mit einem geringen Tankstellennetz wird ein höherer Preis gefordert als in einer Region mit einem dichten Netz.

Man unterscheidet folgende Formen der Preisdifferenzierung:

Formen der Preisdifferenzierung	
Räumliche Preisdifferenzierung	Räumliche Preisdifferenzierung liegt vor, wenn ein Unternehmen auf regional abgegrenzten Märkten seine Waren zu verschieden hohen Preisen verkauft (z. B. Stadt, Land, Inland, Ausland, Nord, Süd).
Sachliche Preisdifferenzierung	**Zeitliche Preisdifferenzierung** liegt dann vor, wenn ein Unternehmen für gleiche Leistungen je nach ihrer zeitlichen Inanspruchnahme verschieden hohe Preise fordert (z. B. Tag, Nacht, werktags, sonntags; vgl. z. B. Strompreise).
	Bei der **persönlichen Preisdifferenzierung** wird ein unterschiedlicher Preis je nach Personenstatus gefordert (z. B. Rentner, Studenten, Schüler, Preise für Einzelpersonen/Gruppen).
	Produktbezogene Preisdifferenzierung: Ein Produkt wird als Markenartikel verkauft und parallel dazu – bei gleicher Qualität – als No-Name-Produkt (vgl. z. B. Waschmittelprodukte).
Preisdifferenzierung nach Absatzmengen	Preisdifferenzierung nach Absatzmengen ist dann gegeben, wenn ein Unternehmen seine Preise nach der Menge der abgenommenen Waren staffelt (z. B. Großkunden, Kleinkunden).
Preisdifferenzierung nach dem Verwendungszweck	Preisdifferenzierung nach dem Verwendungszweck liegt dann vor, wenn die Preise nach dem Verwendungszweck der Erzeugnisse unterschiedlich festgesetzt werden (z. B. Heizöl, Dieselkraftstoff). Liegen jedoch Qualitätsunterschiede vor, so ist es nicht gerechtfertigt, von Preisdifferenzierung zu sprechen.

05. Welche Behörden überwachen den Wettbewerb?

Bundeskartellamt, Bundesministerium für Wirtschaft und Arbeit und Wettbewerbskommissariat der EU überwachen den Wettbewerb.

4.2.2 Auswirkungen des Zusammenhangs zwischen Produktzyklus und Marktformen

01. Welche Aussagen trifft die Theorie des Produktlebenszyklus?   → 2.6.4

Die Lebensspanne eines Produktes im Markt lässt sich – von Ausnahmen abgesehen – meist in fünf klar nach Umsatz- oder Absatzzahlen differenzierbare zeitlich aufeinander folgende Phasen unterteilen:

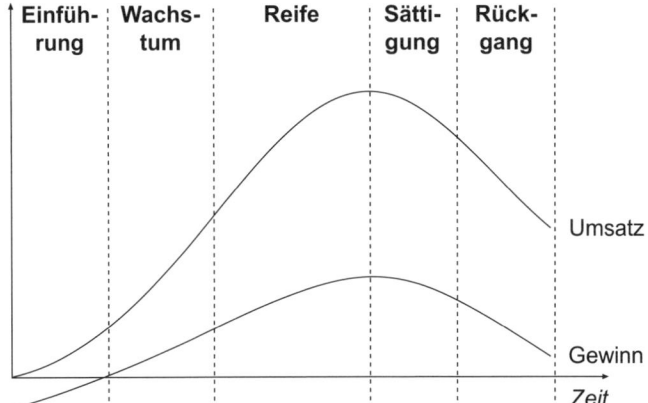

1. *Einführungsphase:*
   Das Produkt wird am Markt eingeführt und hat mit Kaufwiderständen zu kämpfen. Werbung, PR, Verkaufsförderung und eine aggressive Preisstrategie sind die wichtigsten Elemente einer Einführungsstrategie.

2. *Phase des schnellen Wachstums:*
   Preis- und Konditionenpolitik werden jetzt wichtiger, weil Konkurrenten versuchen, ähnliche oder gleiche Produkte als Konkurrenz auf den Markt zu bringen, und damit von den Einführungsanstrengungen des Erstanbieters kostengünstig zu profitieren (free rider Problem).

3. *Reifephase:*
   Die Reifephase ist zu strecken, weil sie zumeist die profitabelste ist: Erhaltungsmarketing und Produktvariationen sind hier notwendig, um weitere Marktsegmente zu erschließen.

4. *Sättigungsphase:*
   Die Nachfrage ist nahezu befriedigt; es gibt vornehmlich nur noch Ersatzkäufer. Strategie: Weitere Produktvariationen, erste Preissenkungen.

5. *Rückgang* (Degeneration):
   Das Produkt sollte so lange am Markt gehalten werden, wie sein Deckungsbeitrag positiv ist bzw. eine über dem Break-even-Punkt liegende Menge verkauft werden kann.

02. Welcher Zusammenhang existiert zwischen Produktlebenszyklus und Markt-formen?

Wenn ein Unternehmen ein neues, innovatives Produkt entwickelt, das vom Markt sehr gut angenommen wird, kann dies für eine gewisse Zeit zu einer Monopolstellung führen; Beispiel aus früherer Zeit: Die Entwicklung der Keramikkochfläche von Schott.

Nach einiger Zeit werden weitere Anbieter am Markt auftreten, wenn sie erkannt haben, dass dieses Produkt gute Margen verspricht (Imitatoren, Me-too, Nachahmer). Die monopolartige Marktstellung des Innovators wird abgebaut und kann in konkurrenz-ähnliche Verhältnisse münden. Dies ist ein Beispiel dafür, wie sich die Marktform im Zeitablauf verändert – in Abhängigkeit vom Lebenszyklus eines bestimmten Produktes oder eines spezifischen Wirtschaftszweiges.

Obwohl die Länge des Produktlebenszyklus von Produkt zu Produkt unterschiedlich ist (vgl. z. B. Aspirin von Bayer und Pkw-Modelle), kann generell gesagt werden: Die Pro-duktentwicklungszeit steigt und der Lebenszyklus sinkt. Daraus resultiert für die Unter-nehmen die Notwendigkeit, mithilfe von Marketinginstrumenten den Produktlebens-zyklus einer Ware oder einer Dienstleistung so weit wie möglich zu verlängern.

Um den Lebenszyklus eines Produkts auszuweiten, können verschiedene Instrumente eingesetzt werden (vgl. 2.11.1 Marketing-Mix), die aber kein Garant für eine verlänger-te Lebensdauer sind:

• Produktanpassung an Verbrauchergewohnheiten
• neue Märkte/Zielgruppen
• Design, Verpackung.

4.3 Wachstum und Konjunktur

4.3.1 Wirtschaftliche Entwicklung

01. Was ist das Sozialprodukt?

Das Sozialprodukt verkörpert den Wert aller in der Volkswirtschaft während eines Jah-res produzierten Konsum- und Investitionsgüter sowie der geleisteten Dienste und wird mithilfe der Wertschöpfung berechnet. Das Sozialprodukt kann als Wertmesser der Wirtschaftskraft einer Volkswirtschaft angesehen werden.

02. Wie ist das Bruttoinlandsprodukt definiert?

Das Bruttoinlandsprodukt (BIP) ist eine neue Berechnungsgröße. Es misst die Produk-tion von Waren und Dienstleistungen in einem bestimmten Gebiet – dem Inland – un-abhängig davon, ob diejenigen, die die Produktionsfaktoren bereitgestellt haben, ihren ständigen Wohnsitz in diesem Gebiet haben oder nicht. *Das Bruttoinlandsprodukt re-präsentiert also die im Inland in einem bestimmten Zeitraum erbrachte wirtschaftliche Leistung ("Inlandskonzept").*

Das *Bruttonationaleinkommen* hingegen bezieht sich auf diejenigen Güter, die mithilfe der Faktorleistung Arbeit und Kapital der Einwohner eines bestimmten Gebietes produziert wurden, und zwar unabhängig davon, ob diese Faktorleistung im Inland oder im Ausland erbracht wurde („Inländerkonzept"). Es gilt:

Bruttoinlandsprodukt	(in Deutschland erbrachte wirtschaftliche Leistungen)
- geleistete Faktoreinkommen	(an Wirtschaftseinheiten, die in der übrigen Welt ihren Sitz haben)
+ empfangene Faktoreinkommen	(aus der übrigen Welt an Wirtschaftseinheiten in Deutschland erbrachte Leistungen)
= Bruttonationaleinkommen	

Der Vorteil des Bruttoinlandsproduktes als Indikator für das Wirtschaftswachstum liegt darin, dass es die Produktion von Waren und Dienstleistungen in einem Wirtschaftsgebiet unmittelbar misst. Es lässt sich gut mit anderen Konjunkturindikatoren wie Auftragseingang, Produktion, Umsatz oder Zahl der Beschäftigten in Relation setzen.

03. Wie unterscheiden sich nominales und reales Bruttoinlandsprodukt?

• Das *nominale Bruttoinlandsprodukt* erfasst die produzierten Güter und Dienstleistungen *zum jeweiligen Marktpreis*. Das Wachstum des nominalen Bruttoinlandsprodukts enthält also auch Preissteigerungen. Daher wird zur Messung der gesamtwirtschaftlichen Entwicklung die Veränderung des realen BIP genommen.

• Die Berechnung des *realen Bruttoinlandsprodukts* erfolgt, indem die Menge der in einem Jahr erstellten Güter und Dienstleistungen mit dem Preis eines Basisjahres multipliziert wird. Man kann also den rein mengenmäßigen Zuwachs an Gütern und Dienstleistungen ermitteln, indem man die preisbedingte Veränderung eliminiert.

04. Was bezeichnet man als Wachstum?

Wachstum ist die Zunahme des realen Bruttoinlandsprodukts pro Kopf der Bevölkerung von einer Periode zur nächsten, für eine längere Zeitdauer. Wachstum ist aber auch die Zunahme des Produktionspotenzials einer Volkswirtschaft.

Mithilfe des Wachstums sollen folgende Ziele erreicht werden:

• Hebung des Wohlstands der Bevölkerung

• bessere soziale Absicherung

• Höhere Staatseinnahmen als Folge eines höheren Pro-Kopf-Einkommens, die zur Verbesserung der Infrastruktur und zur besseren Befriedigung der Kollektivbedürfnisse führen.

• Förderung technologischer Neuerungen: Diese erfordern ständig strukturelle Anpassungen, die bei hohen Wachstumsraten des realen Pro-Kopf-Einkommens leichter erfolgen können als bei schrumpfenden oder stagnierenden Wachstumsraten, denn nur in Wachstumsbranchen entsteht ein Bedarf für neue Arbeitskräfte.

• Eine bessere Lösung der Verteilungsprobleme, die i. d. R. bei einem hohen Wachstum optimaler realisiert werden können.

05. Welche kritischen Einwände werden gegen das Wachstum erhoben?

Allgemein wird kritisiert, dass die gewünschten Ziele kaum durch Wachstum alleine erreicht werden können. Außerdem wird auf die schrumpfenden Ressourcen verwiesen, die einen besonders sorgfältigen Umgang mit allen Naturschätzen erfordern. Ferner wird argumentiert, dass in die Berechnung des realen BIP auch die Beseitigung der Schäden einbezogen ist, die erst durch das Wachstum entstanden sind und dass die Umweltschäden und deren Kosten häufig unberücksichtigt bleiben. Auch wird behauptet, dass zwischen Wirtschaftswachstum und psychischem Wohlbefinden kein Zusammenhang besteht.

Weitere Einwände gegen das Wachstum besagen, dass mehr Wohlstand und mehr Freizeit zur verstärkten Hinwendung der Menschen zu „Ungütern" führen, d. h. dass der Verbrauch an Alkohol und Rauschgift steigt, eine ungesunde Lebensweise eintritt und dass die Natur beeinträchtigt wird, da sie zu viele Erholungssuchende und Freizeitsportler verkraften muss. Auch wird auf die zunehmende Umweltzerstörung verwiesen und dargelegt, dass das Wachstum die Unsicherheit und die Lebensangst in der Gesellschaft erhöhen würde. Der Einzelne würde vom technischen Fortschritt überrollt. Mit Mühe erlernte Kenntnisse und Fertigkeiten seien schon morgen nicht mehr gefragt. Das erzeuge ein Gefühl der Ohnmacht und des Misstrauens in die Zukunft. Auch werde das Mehr an Bruttoinlandsprodukt zu ungleich verteilt.

Die Problematik von Wachstum versus Ökologie zeigte sich einmal mehr auf dem letzten G8-Gipfel: Japan, China und Indien sind derzeit die Nationen mit dem größten Ressourcenverbrauch in der Welt. Der CO_2-Ausstoß von China übertrifft den anderer Länder bei weitem. Die USA haben weltweit den größten Kraftstoffverbrauch pro Pkw. Trotzdem ist keiner der gen. Nationen derzeit bereit, Abkommen zum Klimaschutz zu unterzeichnen, weil sie befürchten, dass dadurch das aktuelle Wachstum gebremst würde.

06. Wie unterscheidet und misst man quantitatives und qualitatives Wachstum?

• *Quantitatives Wachstum* wird gemessen an der Zunahme des realen Bruttoinlandsprodukts (Anstieg gegenüber der Vorperiode; vgl. Frage 04).

• *Qualitatives Wachstum* wird beschrieben als die Verbesserung (Zunahme) der Lebensqualität (z. B. Verbesserung der Lebens- und Arbeitsbedingungen). Veränderungen dieses Indikators sind schwierig zu messen.

07. Was versteht man unter Konjunktur?

Unter Konjunktur versteht man das Phänomen mehrjähriger und in gewisser Regelmäßigkeit auftretender wirtschaftlicher Wechsellagen, denen das gesamte nationale und auch internationale Wirtschaftsleben in Form von *expansiven und kontraktiven Prozessen* unterworfen ist.

08. Wie können die einzelnen Konjunkturphasen charakterisiert werden?

Der *Aufschwung* (Expansionsphase) ist charakterisiert durch stärkeres Wachstum des Bruttoinlandsprodukts, Abbau des Überangebots, Zunahme der Auslastung der Produktionsanlagen, Abnahme der Arbeitslosigkeit und einen geringen Preisanstieg.

Die *Hochkonjunktur* (auch: Boom) ist charakterisiert durch schnelles und hohes Wachstum des Bruttoinlandsprodukts, große Nachfrage, die größer als das Angebot ist, hohen Beschäftigungsstand und wenig Arbeitslose sowie einen starken Preisanstieg.

Die *Abschwungphase* (auch: Rezession) ist charakterisiert durch geringeres Wachstum des Bruttoinlandsprodukts, Abbau des Nachfrageüberhangs, Auslastungsrückgang der Produktionsanlagen, Zunahme der Arbeitslosigkeit und anhaltenden Preisauftrieb.

Die *Depressionsphase* (auch: Krise) ist charakterisiert durch geringeres, stagnierendes oder rückläufiges Wachstum des Bruttoinlandsprodukts. Das Angebot übersteigt die Nachfrage. Dies führt zu geringer Auslastung der Produktionsanlagen, hoher Arbeitslosigkeit und Rückgang des Preisauftriebs.

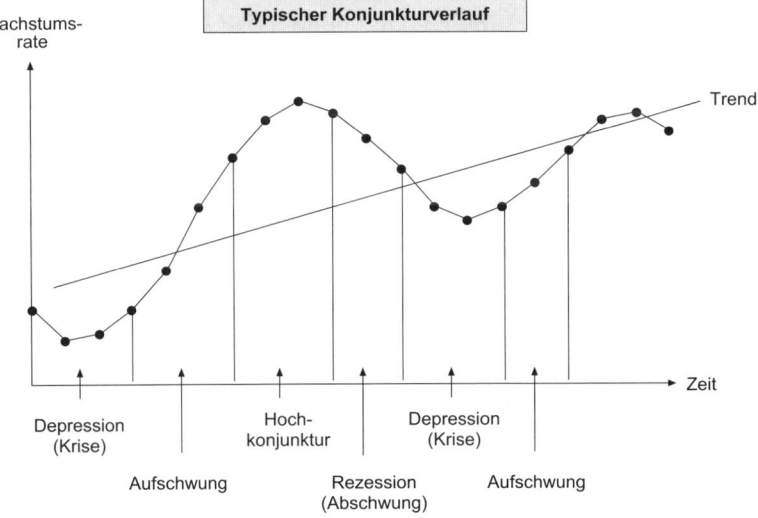

Über die Dauer eines Konjunkturzyklus gibt es unterschiedliche Theorien: Meist wird eine Zyklusdauer von sieben Jahren angenommen. Es wurden jedoch auch kürzere Zyklen von vier Jahren sowie längere von 11 Jahren (Bausektor) beobachtet. Weiterhin gibt es eine Theorie, die von langfristigen Konjunkturwellen von rd. 50 Jahren ausgeht, die von innovativen Wachstumsphasen begleitet wird.

09. Was sind „lange Reihen"?

Mit „langen Reihen" werden statistische Daten über einen längeren Zeitraum erfasst. Derartige Daten des Bundesstatistikamtes reichen für ausgewählte Bereiche bis in das Jahr 1950 zurück. Anhand dieser Werte lassen sich Aussagen über die Tendenz von Entwicklungen (Trends) treffen. So stellt man mithilfe „langer Reihen" im Rahmen der Konjunkturanalyse, die Wachstumsraten des Bruttoinlandsprodukts im Zeitverlauf dar.

Quelle: www.destatis.de

10. Was bezeichnet man als Konjunkturindikatoren?

Konjunkturindikatoren dienen dazu, bestimmte makroökonomische Größen zu erfassen und aus ihnen Schlussfolgerungen für den Verlauf der Konjunktur abzuleiten. Solche Einzelindikatoren sind:

Konjunkturindikatoren, z. B.	
• Produktion	• Arbeitslosenquote
• Auslastungsgrad der Produktion	• Wachstum des BIP
• Auftragseingänge und -bestände	• Beschäftigungsgrad
• Lagerhaltung	• Entwicklung des Preisniveaus

11. Welche Ursachen und Wirkungen konjunktureller Schwankungen bestehen?

Die Ursachen konjunktureller Schwankungen können „hausgemacht" sein, d. h. durch eine falsche Wirtschafts-, Finanz- und Steuerpolitik eines Landes verursacht sein, sie können aber auch – wegen der weltwirtschaftlichen Verflechtungen – weltweit eintreten oder aus anderen Staaten „überschwappen". Die Wirkungen konjunktureller Schwankungen lassen sich nur selten im nationalen Alleingang bewältigen. Es bedarf dazu in vielen Fällen der finanziellen Unterstützung durch die Weltbank oder anderer Länder bzw. Institutionen. Ist eine konjunkturelle Krise eines Landes mit einer Änderung des Wechselkurses verbunden, so wirkt sich diese wegen der Welthandelsverflechtungen auch in anderen Ländern z. B. mit Exporteinbrüchen negativ aus.

12. Welche Entwicklung zeigt(e) das BIP in Deutschland für 2010 bis 2015?

	2010	2011	2012	2013	2014[1]	2015[1]
Anstieg des BIP gegenüber dem Vorjahr, preisbereinigt	4,2 %	3,0 %	0,8 %	1,1 %	1,2 %	2,0 %

---
[1] Prognose

4.3.2 Stabilitätspolitische Ziele und Kriterien

01. Welche Ziele liegen einer optimalen Wirtschaftsentwicklung zu Grunde?

Im sog. Stabilitätsgesetz von 1967 hat die Bundesregierung Ziele gesetzt, die im Rahmen der marktwirtschaftlichen Ordnung gleichzeitig realisiert werden sollten:

1. ein stetiges langfristiges Wachstum gemessen an der Steigerung des BIP (ca. 2 %)
2. außenwirtschaftliches Gleichgewicht (ausgeglichene Leistungsbilanz)
3. eine möglichst hohe Beschäftigung (Arbeitslosenqote nicht mehr als 1 - 2 %)
4. ein langfristig relativ konstantes Preisniveau (Inflationsrate unter 2 %).

Diese gesetzlich fixierten Ziele (= *Magisches Viereck*) sind durch weitere Ziele ergänzt worden, insbesondere durch das Ziel einer gerechten Einkommens- und Vermögensverteilung und den Umweltschutz (= *Magisches Achteck*).

02. Wie wird „angemessenes und stetiges Wachstum" quantifiziert?

Wachstum ist die Zunahme des realen Bruttoinlandsprodukts pro Kopf der Bevölkerung von einer Periode zur nächsten, für eine längere Zeitdauer. Von einem *stetigen Wachstum* wird gesprochen, wenn die Wachstumsraten über einen längeren Zeitraum gleichmäßig sind und keine überproportionalen Ausschläge vorliegen. Das Wachstum ist angemessen, wenn es dazu beiträgt, die übrigen Ziele des Stabilitätsgesetzes zu erreichen. Es soll z. B. hoch genug sein, um die Probleme der Einkommensverteilung lösen zu können; es soll aber nicht so hoch ausfallen, dass z. B. das Ziel der Preisniveaustabilität gefährdet ist.

03. Was wird unter Vollbeschäftigung verstanden?

Vollbeschäftigung	Das Ziel der Vollbeschäftigung wird in der Bundesrepublik Deutschland als erreicht angesehen, wenn die Arbeitslosenquote rd. 1 - 2 % beträgt. Der Beschäftigungsstand wird über *zwei Größen* gemessen:
	Die Bundesagentur für Arbeit (BA) berechnet die
	$$\text{Arbeitslosenquote} = \frac{\text{Zahl der registrierten Arbeitslosen} \cdot 100}{\text{Zahl der (zivilen) Erwerbspersonen}}$$
	Das Statistische Bundesamt ermittelt die Erwerbslosenquote nach den Kriterien der International Labour Organization (ILO). Die nach den ILO-Kriterien ermittelte Größe ist deutlich niedriger.
	$$\text{Erwerbslosenquote} = \frac{\text{Erwerbslose} \cdot 100}{\text{Zahl der (zivilen) Erwerbspersonen}}$$

Im Jahr 2009 stieg die Zahl der Arbeitslosen – aufgrund der weltweiten Wirtschaftskrise – weniger an als befürchtet. Eine der Ursachen wird im Kurzarbeiter-Programm der Bundesregierung gesehen. Die Bundesagentur für Arbeit erwartet für 2013/14 erstmals wieder eine leichte Zunahme der Erwerbslosigkeit aufgrund der Schuldenkrise in der EU, deren Folgen auch Deutschland erreichen wird.

	2007	2008	2009	2010	2011	2012	2013[1]	2014[1]
Arbeitslose (Anzahl in Mio.)	3,7	3,2	3,4	3,0	32,9	2,8	2,95	2,95
Arbeitslosenquote	10,1 %	8,7 %	9,1 %	7,7 %	6,9 %	6,6 %	6,8 %	6,8 %

04. Welche Arten von Arbeitslosigkeit werden unterschieden?

Man unterscheidet:

* *Fluktuationsarbeitslosigkeit*: sie entsteht durch den Wechsel zwischen Arbeitsplätzen und Berufen.

* *friktionale Arbeitslosigkeit*: sie entsteht durch den freiwilligen Wechsel zwischen Regionen, Berufen oder unterschiedlichen Stadien des Lebenszyklus (familiär bedingte Entscheidung).

* *saisonale Arbeitslosigkeit* (z. B. beim Bau in den Wintermonaten)

* *strukturelle Arbeitslosigkeit*: sie entsteht dadurch, dass die Arbeitslosen keine den Anforderungen entsprechende Qualifikation haben.

* *konjunkturell bedingte Arbeitslosigkeit*

* *Arbeitslosigkeit aus persönlichen Gründen* (Unfähigkeit, kriminelle Handlungen).

05. Was bezeichnet man als Inflation und welche Arten gibt es?

Als Inflation bezeichnet man die anhaltende Preissteigerung in Verbindung mit Kaufkraftschwund und Geldentwertung.

Man unterscheidet u. a. folgende Inflationsarten:

* *Nachfrageinduzierte Inflation:*
  Die gesamtwirtschaftliche Nachfrage ist größer als das gesamtwirtschaftliche Angebot.

* *Angebotsinduzierte Inflation:*
  Unternehmen erhöhen die Preise, z. B. aufgrund gestiegener Rohstoffe oder verknappen das Angebot aufgrund ihrer Marktmacht.

* *Importierte Inflation:*
  Übertragung der ausländischen Inflation auf das Inland.

* *Politisch verursachte Inflation:*
  Inflation ist das Ergebnis von Machtstrukturen oder Folge einer kontraproduktiven Anti-Inflationspolitik der Zentralbank (z. B. unangemessene Erhöhung der Geldmenge).

---

[1] Prognose

Preisniveau- stabilität	Zur Messung der Preisentwicklung werden unterschiedliche Preisindizes verwendet. Der deutsche Verbraucherpreisindex wird vom Statistischen Bundesamt ermittelt. Das Statistische Amt der Europäischen Gemeinschaft (Eurostat) berechnet den sog. harmonisierten Verbraucherpreisindex (HVPI).
	Ziel der Stabilitätspolitik in Deutschland ist eine Preissteigerungsrate von unter, aber nahe bei 2 %.
Inflationsrate	$= \dfrac{\text{VPi lfd. Monat - VPi Vorjahresmonat}}{\text{VPi Vorjahresmonat}} \cdot 100$

06. Wann ist das Ziel „Preisniveaustabilität" erreicht?

Preisniveaustabilität liegt dann vor, wenn der allgemeine Preisanstieg auf ein geringes Maß begrenzt ist und die Landeswährung ihren Wert behält. Der Maßstab dafür ist die Inflationsrate (vgl. Frage 05.). Welche Höhe der Inflationsrate mit dem Ziel der Preisniveaustabilität noch vereinbar ist, wird unterschiedlich beurteilt: Die herrschende Meinung spricht von 1,5 - 2,0 %. Die sog. *Konvergenzkriterien* (Maastricht-Vertrag) besagen: Die *Inflationsrate eines Landes darf nicht mehr als 1,5 Prozentpunkte* über der Inflationsrate jener drei Mitgliedsstaaten liegen, die auf dem Gebiet der Preisstabilität das beste Ergebnis erzielt haben.

07. Welche Preisindizes gibt es?

Der Preisindex vergleicht die Preise von Güter- und Dienstleistungen zu verschiedenen Zeitpunkten. Zur Berechnung wird die so genannte Basisperiode mit der Berichtsperiode verglichen.

Folgende Preisindizes werden vom statistischen Bundesamt erfasst:

• Verbraucherpreisindex (früher: Preisindex für die Lebenshaltung aller privaten Haushalte in Deutschland)
• Index der Einzelhandelspreise
• Index der Einfuhrpreise
• Index der Ausfuhrpreise
• Index der Erzeugerpreise gewerblicher Produkte
• Index der Großhandelsverkaufspreise.

Auf europäischer Ebene wird der *Harmonisierte Verbraucherpreisindex* (HVPI) verwendet um Preisentwicklungen aufzuzeigen.

Quelle: www.destatis.de

08. Wann ist außenwirtschaftliches Gleichgewicht erreicht?   → 4.5.1

Außenwirtschaftliches Gleichgewicht ist dann realisiert, wenn sich bei konstanten oder flexiblen Wechselkursen Zahlungseingänge und -ausgänge im Güter- und Kapitalverkehr ausgleichen, ohne dass vom Inland oder Ausland zahlungsbedingte Transaktionen, wie z. B. Schuldenmoratorien, internationale Kreditgewährung oder Restriktionen, wie z. B. Kapitalverkehrskontrollen, vorgenommen werden müssen.

Bei festen Wechselkursen lässt sich das außenwirtschaftliche Gleichgewicht an der Konstanz der Währungsreserven der Zentralbank ablesen. Bei flexiblen Wechselkursen ist die Konstanz der Währungsreserven gegeben, sofern die Zentralbank nicht an den Devisenmärkten interveniert.

Von nahezu allen Staaten wird zur quantitativen Bestimmung des Ziels des außenwirtschaftlichen Gleichgewichts sowohl bei flexiblen als auch bei festen Wechselkursen die Leistungsbilanz als Kriterium herangezogen, da diese die Veränderung der Nettoforderungen gegenüber dem Ausland ersichtlich macht.

Vereinfacht gesagt:
Außenwirtschaftliches Gleichgewicht ist dann erreicht, wenn eine Volkswirtschaft aus dem Ausland nicht mehr an Leistungen empfangen hat wie sie für das Ausland erbracht hat (Saldo der Leistungsbilanz ≈ 0).

09. Welche Bedeutung hat das außenwirtschaftliche Gleichgewicht?

Bei einer Gefährdung des außenwirtschaftlichen Gleichgewichts entstehen immer binnenwirtschaftliche Stabilisierungs-, Beschäftigungs- und Wachstumsprobleme. Außerdem wirkt sich wegen der engen Verflechtungen der Staaten untereinander das außenwirtschaftliche Ungleichgewicht eines Staates auch in anderen Ländern aus, sodass dort ebenfalls die Gefahr eines Ungleichgewichts mit den entsprechenden Folgen für die Beschäftigung und das Preisniveau besteht.

Beispiel: Ein hoher Exportüberschuss führt zu einer starken Abhängigkeit vom Ausland und kann ausländische Staaten zahlungsunfähig machen.

Deutschland hat 2013 Waren im Wert von rund 200 Mrd. € mehr exportiert als importiert. Das ist nicht nur der größte Exportüberschuss der deutschen Geschichte, sondern auch der größte weltweit.

Diese sogenannten Ungleichgewichte sollen nach Auffassung einiger Experten ein Grund für die Finanz- und Schuldenkrise in Europa sein. Denn Ländern mit Exportüberschüssen stehen solche mit Defiziten gegenüber.

10. Welche Zielbeziehungen bestehen zwischen den wirtschaftspolitischen Globalzielen?

Grundsätzlich sind folgende Zielbeziehungen denkbar:

Zielbeziehungen im magischen Vieleck	
Identität	Die Ziele sind gleich.
Komplementarität	Die Ziele ergänzen sich.
Neutralität	Die Ziele beeinflussen einander nicht.
Konflikt	Die Ziele behindern sich wechselseitig.
Antinomie	Die Ziele stehen im Widerspruch zueinander.

Beispiele für mögliche Zielbeziehungen:

- *Wachstum ↔ hohe Beschäftigung (Komplementarität):*
  Die Ziele „Wachstum" und „hohe Beschäftigung" können *komplementär* zueinander sein: Bei positiver konjunktureller Entwicklung fragen die Unternehmen (mit zeitlicher Verzögerung) vermehrt Arbeitskräfte nach. Dieser Effekt tritt dann nicht ein, wenn von den Unternehmen Rationalisierungsinvestitionen getätigt werden, weil z. B. steigenden Lohnforderungen begegnet werden soll.

- *Wirtschaftswachstum ↔ Preisniveaustabiltät (Konkurrenz):*
  Wachstum führt zu einem Anstieg der Investitionstätigkeit und der Beschäftigung. Kommt es zu Engpässen im Investitionsgüterbereich kann dies hier zu *Preissteigerungen* führen. Wächst parallel das Einkommen der privaten Haushalte kann sich die Nachfrage nach Konsumgütern erhöhen mit der Folge, dass auch von diesen Sektoren Preissteigerungstendenzen ausgehen. Folge: Bei übermäßigem Wachstum kann das Ziel der Preisniveaustabilität gefährdet sein (*Konkurrenz der Ziele*).

4.4 Wirtschaftspolitische Steuerungsinstrumente

4.4.1 Wirtschaftspolitische Konzepte

01. Welche wirtschaftspolitischen Aufgaben nimmt der Staat in der sozialen Marktwirtschaft wahr (Überblick)?

Maßnahmen des Staates in der sozialen Marktwirtschaft		
Maßnahmen	*Einzelpolitiken, Gesetze*	*Beispiele*
Ordnungspolitik	**Wettbewerbspolitik**	GWG, UWG, Verordnungen der EU
	Eigentumspolitik	Art. 14 GG
	Währungspolitik	Kompetenzen der EZB, Konvergenzkriterien, IWF, Regelung des Zahlungsverkehrs mit dem Ausland
	Handelspolitik	Gewerbeordnung, Handwerksordnung, BGB, HGB, AktG, GmbHG
	Arbeitsmarktpolitik	Art. 9 Abs. 3 GG, TVG, ArbZG, SGB III, Hartz-Gesetze, Gesetz zu Reformen am Arbeitsmarkt
	Umweltschutzpolitik	BImSchG, WHG, VerpV, KrwG
Sozialpolitik	**Arbeitsschutzpolitik**	JArbSchG, MuSchG, SGB IX usw.
	Familienpolitik	Steuerliche Regelungen, Kindergeld, Elternzeit/Elterngeld (BEEG), Betreuungsgeld
	Systeme der sozialen Sicherung	RV, AV, KV, UV, PV, ALG II usw.
Prozesspolitik	**Stabilitätsgesetz**	Magisches Viereck (Vieleck)
	Konjunkturpolitik	Subventionen, Steuergesetze
	Fiskalpolitik	Nachfrage-/angebotsorientierte Beschäftigungspolitik
Strukturpolitik	**Infrastrukturpolitik**	Verkehrsverbindungen, Energieversorgung
	Regionalpolitik	Investitionsförderprogramme
	Sektorale Strukturpolitik	Förderung entwicklungsschwacher Branchen (Landwirtschaft, Bergbau)
		Förderung zukunftsweisender Branchen und Technologien (Windkraft, Forschungsprojekte)

02. Was bezeichnet man als angebotsorientierte Wirtschaftspolitik?

Die angebotsorientierte Wirtschaftspolitik umfasst alle Maßnahmen, die zum Ziel haben, die *Menge an dauerhaft und rentabel zur Verfügung stehenden Produktionsmöglichkeiten zu vergrößern*. Dabei liegt der Akzent bewusst auf dem Verzicht massiver Eingriffe des Staates in den Wirtschaftsprozess. Vielmehr sollen Privatinitiative, Leistungs- und Verantwortungsbereitschaft gestärkt werden, um dadurch eine dauerhafte Verbesserung der Angebotsbedingungen in der Wirtschaft zu erreichen.

03. Welche einzelnen Gestaltungselemente werden vorwiegend im Rahmen einer angebotsorientierten Wirtschaftspolitik eingesetzt?

Beispiele:

- Abbau von Wirtschaftshemmnissen (z. B. Gesetze, Verordnungen, Vorschriften)
- Entwicklung eines motivierenden Steuersystems
- Förderung der Existenzgründung und der Bildung von Risikokapital
- Schaffung stabiler Wettbewerbsbedingungen
- Förderung von Forschung und Entwicklung sowie von Mobilität und Qualifizierung
- Konsolidierung der Staatsfinanzen und Reduzierung des Staatsanteils.

04. Was ist das Ziel einer nachfrageorientierten Wirtschaftspolitik?

Insbesondere soll durch eine nachfrageorientierte Wirtschaftspolitik versucht werden, über eine *Anregung der Nachfrage* die Produktivität und über die Produktivität die Beschäftigung zu steigern.

Eine nachfrageorientierte Beschäftigungspolitik setzt im Wesentlichen eine expansive Geldpolitik und eine expansive Fiskalpolitik voraus (der Staat erhöht seine Nachfrage, ggf. verbunden mit Neuverschuldung, deficit spending). Dies wiederum bedeutet bei konstantem Preisniveau eine Erhöhung der Geldmenge. Führt die expansive Geldpolitik zu Preissteigerungen, so schwächt dies die Erfolge der nachfrageorientierten Beschäftigungspolitik. Fehlen zusätzliche Produktionskapazitäten, so steigt das Preisniveau. Aus diesen Gründen werden der Nachfragesteuerung in der Wirtschaftspolitik gegenwärtig wenig Erfolgsaussichten beigemessen. Diese auf den englischen Nationalökonomen Keynes zurückgehende Theorie kann hauptsächlich in wirtschaftlichen Notsituationen Wirkung zeigen. Tatsächlich hat eine nachfrageorientierte Beschäftigungspolitik in der Regel inflationäre Auswirkungen. Im Übrigen bleibt zu berücksichtigen, dass die Steuerung der Geldmenge hoheitlich bei der europäischen Zentralbank liegt. Der Staat hat also z. B. keine Möglichkeit, Einfluss auf das Zinsniveau zu nehmen.

05. Welche Bedeutung hat die Fiskalpolitik im Konzept der Nachfragesteuerung?

Die Fiskalpolitik ist die als Konjunkturpolitik betriebene Finanzpolitik, die mittels öffentlicher Einnahmen und Ausgaben die zu geringe oder zu große Nachfrage des privaten Sektors im Verhältnis zur gesamtwirtschaftlichen Kapazität ausgleichen soll. Eine wichtige Voraussetzung für eine erfolgreiche Fiskalpolitik ist der Ausgleich des Staatshaushalts über den gesamten Konjunkturzyklus. Ein Ziel, das in der Bundesrepublik Deutschland in den zurückliegenden Jahren nicht erreicht wurde.

Grundsätzlich hat der Staat folgende Möglichkeiten erhöhte Ausgaben im Rahmen seiner Haushaltspolitik zu finanzieren:

* Erhöhung der Nettokreditaufnahme
* Erhöhung der Steuern
* Aussetzen geplanter Steuersenkungen
* Verwendung außerordentlicher Einnahmen
* Verschiebung/Veränderung der Positionen des Staatshaushaltes (z. B. Verringerung von Subventionszahlungen, Kürzung der Ausgaben in anderen Ressorts)
* Verkauf von Vermögenswerten des Staates (z. B. Aktienanteile, Immobilien, sog. „Tafelsilber").

06. Welche Bedeutung hat die Arbeitsmarktpolitik?

Arbeitsmarktpolitik ist die Gesamtheit der Maßnahmen, die auf eine dauerhafte, den individuellen Neigungen und Fähigkeiten entsprechende Beschäftigung aller Arbeitsfähigen und Arbeitswilligen gerichtet sind und das Entstehen struktureller Arbeitsmarktungleichgewichte verhindern oder beseitigen sollen.

Hierzu dienen Berufsaufklärung, Berufsberatung, Arbeitsberatung, Arbeitsvermittlung, Mobilitätsförderung sowie die Förderung der beruflichen Umschulung und Fortbildung. Die von den Arbeitsagenturen angebotenen sachlichen und finanziellen Hilfen tragen in vielfacher Weise zur Wiedereingliederung von Arbeitslosen bei. Die Grenzen der Arbeitsmarktpolitik liegen dort, wo die Politik die Voraussetzungen für verbesserte Rahmenbedingungen liefern muss. Da die Arbeitslosigkeit in Deutschland und in den meisten europäischen Ländern überwiegend strukturelle Ursachen hat, kann die Geldpolitik die Arbeitslosigkeit kaum vermindern, da sie die Preisstabilität gefährdet. Mithilfe finanzieller Maßnahmen kann nur das Los der einzelnen Arbeitslosen verbessert werden. Zu bedenken ist auch, dass als Folge der Globalisierung die Arbeitsmarktpolitik mit zusätzlichen Schwierigkeiten zu kämpfen hat. Durch die Globalisierung werden Nationalstaaten und Sozialsysteme z. T. „ausgehebelt".

07. Welche Bedeutung hat die Tarifpolitik?

Die jeweils festgesetzten Löhne und Gehälter wirken auf die Konjunkturentwicklung ein. Werden seitens der Gewerkschaften mittels Streik zu hohe Lohnforderungen durchgesetzt, welche die Betriebe kostenmäßig nicht verkraften können, so kommt es einerseits zu Betriebszusammenbrüchen und andererseits zu Betriebsverlagerungen ins Ausland. Höhere Löhne sind für die Betriebe höhere Kosten, für die Arbeitnehmer höhere Nettoeinkommen und damit zusätzliche Kaufkraft und für den Staat höhere Steuereinnahmen. Diejenigen Betriebe, welche die höheren Lohnkosten nicht verkraften können, sehen sich veranlasst, Arbeitskräfte freizusetzen, die dann seitens der Arbeitsagenturen unterstützt werden müssen. Andererseits stehen die Gewerkschaften unter dem Druck ihrer Mitglieder, höhere Löhne aufgrund der Preisentwicklung und vielleicht auch aufgrund höherer Gewinne der Unternehmen durchzusetzen. Das Problem besteht darin, dass sowohl gut ausgelastete und gut verdienende Betriebe die gleichen Löhne zahlen müssen, wie die weniger gut ausgelasteten, sofern nicht Sonderzahlungen für den Fall guter Betriebsergebnisse vereinbart worden sind. Die Lohnpolitik und ihre Auswirkungen auf die Gesamtwirtschaft sind daher ein Streitobjekt zwischen den Tarifparteien, und es ist schwierig, zwischen einer sachgerechten Tarifpolitik und den unterschiedlichen Wünschen der Betroffenen einen vertretbaren Kompromiss zu finden. Während in Europa die Reallöhne gestiegen sind, zeigen sie in Deutschland seit Jahren eine fallende Tendenz. Nach Abzug der Inflation „blieb für den Arbeitnehmer weniger übrig".

08. Welchen gedanklichen Ansatz enthält die Kaufkrafttheorie des Lohns?

Dieser Ansatz wird u. a. stark von gewerkschaftlicher Seite vertreten: Lohnerhöhungen führen zu einem Anstieg des Einkommens der privaten Haushalte und regen somit die Nachfrage nach Konsumgütern an. Werden die Löhne nicht der wirtschaftlichen Entwicklung angepasst, sinkt die Kaufkraft der privaten Haushalte.

Dieser Ansatz ist mit folgenden Problemen behaftet:

1. *Lohnerhöhungen führen nicht in gleichem Maße zu einem Anstieg der inländischen Nachfrage:*
   Ein Teil wird vom Staat einbehalten (Steuer, Sozialabgaben), ein Teil wird von einigen Haushalten gespart und ein weiterer Teil wird für Exportgüter und -dienstleistungen ausgegeben.

2. *Lohnerhöhungen können zu einem Anstieg der Preise führen* (Überwälzung, Lohn-Preis-Spirale).

3. Lohnerhöhungen können zu einer *Substitution des Faktors Arbeit* durch den Faktor Kapital führen. Folge: Verstärkte Rationalisierungsinvestitionen; das Beschäftigungsniveau sinkt; die Gesamtnachfrage der privaten Haushalte sinkt.

4. Lohnerhöhungen können zu einer *Verlagerung von Betrieben in das Ausland* führen (Folgen wie unter 3.).

5. Wenn Unternehmen die gestiegenen Kosten nicht auf die Preise überwälzen können, so mindert sich ihr Gewinn. Dies ist meist mit einer verminderten Fähigkeit der Eigenfinanzierung von Investitionen verbunden. Mögliche Folgen: Unternehmen werden vom Markt verdrängt; Arbeitsplätze gehen verloren.

09. Welchen gedanklichen Ansatz enthält die produktivitätsorientierte Lohnpolitik?

Der Ansatz geht von einer Konstanz der Lohnstückkosten aus (L : x). Steigen z. B. die Löhne um 4 % (ΔL) und ist dies verbunden mit einer Produktivitätssteigerung in gleicher Höhe (Δx; aufgrund von Rationalisierungsmaßnahmen), so bleiben die Lohnstückkosten konstant, da ΔL = Δx und somit L : x = konstant.

Dieser Ansatz vernachlässigt z. B. folgende Aspekte:

- Wenn sich der Anteil der Lohnkosten an den Gesamtkosten verändert, verändern sich auch die Stückkosten insgesamt – trotz einer produktivitätsorientierten Erhöhung der Löhne.

- Lohnerhöhungen können zu einer Substitution des Faktors Arbeit führen. Der Anteil des Faktors Arbeit an der betrieblichen Wertschöpfung wird kleiner.

10. Welche Bedeutung hat die Umweltpolitik als prozesspolitische Maßnahme?

Umweltpolitik hat die Aufgabe, die Umwelt zu schonen und mithilfe umweltgerechter Maßnahmen neue umweltschonende Produktionsverfahren und Produkte zu entwickeln und auf diese Weise neue Beschäftigungsmöglichkeiten zu schaffen. Tatsächlich ist dies in weiten Bereichen gelungen: Viele Unternehmen stellen erfolgreich umweltschonende Produkte her, die qualitativ hochwertig sind. Eines der Mittel zur Durchsetzung umweltschonender Produkte ist die Senkung des Energieverbrauchs. Aber auch andere Maßnahmen, wie z. B. ein konsequentes Umweltcontrolling, haben in vielen Betrieben zu Kostenentlastungen geführt.

11. Welche Aufgaben übernimmt der Staat im Rahmen der Sozialpolitik?

In einer sozialen Marktwirtschaft übernimmt der Staat die Aufgabe, die Rechte der Marktteilnehmer zu schützen und andererseits Ungleichgewichte zu verhindern bzw. zu mildern. In diesem Sinne ist der Staat in folgenden Bereichen tätig:

- Arbeitsmarktpolitik (SGB III)

- Verteilungspolitik (z. B. Elternzeit/Elterngeld (BEEG), Kindergeld, Betreuungsgeld, Wohngeld, BAFÖG, Arbeitslosengeld II)

- Arbeitsschutzpolitik (Arbeitsvertragsschutz, Arbeitssicherheit und Unfallschutz, Schutzgesetze für besondere Personengruppen: Mutterschutz, Kündigungsschutz usw.)

- gesetzliche Sozialversicherung (KV, RV, PV, AV)

- sonstige Maßnahmen des Staates, die sozialpolitische Elemente enthalten (z. B. im Umweltschutz, in der Gesundheitspolitik, in der Bildungspolitik).

4.4.2 Mögliche Konsequenzen wirtschaftspolitischer Maßnahmen

01. Welche Chancen und Risiken können wirtschaftspolitische Maßnahmen haben?

Die nachfolgende Darstellung beschränkt sich auf einen Überblick zentraler Steuerungsinstrumente der Wirtschaftspolitik und die Beschreibung möglicher Chancen und Risiken:

Steuerungsinstrumente der Wirtschaftspolitik	Chancen/Pro/Befürworter (Beispiele):	Risiken/Contra/Kritiker (Beispiele):
Nachfrageorientierte Beschäftigungspolitik	Der Staat tritt verstärkt als Nachfrager auf. Dies soll zu einer Auslastung der Produktionskapazitäten führen mit der Folge einer stabilen Beschäftigungslage.	Der Staat verschuldet sich unangemessen. Die zusätzliche Staatsnachfrage kann die Preisniveaustabilität gefährden. Aufgrund der zeitlichen Verzögerung (time lag) wirken die Maßnahmen zu spät.
Angebotsorientierte Beschäftigungspolitik	Die Wirtschaft erhält z. B. Anreize für Investitionen und positive Strukturbedingungen für Unternehmensgründungen. Dies stärkt den Wirtschaftsstandort Deutschland und sichert das Beschäftigungsniveau.	Insbesondere Großunternehmen nutzen steuerliche Anreize und Investitionshilfen (Mitnahmeeffekt). Trotzdem werden Unternehmensteile nach einer gewissen Zeit in das Ausland verlagert. Aufgrund von Rationalisierungsmaßnahmen und Outsourcing entstehen keine beschäftigungsstützenden Effekte.
Subventionen	Strukturschwache Regionen oder Branchen werden gestützt.	Es entsteht eine Verzerrung der Kostensituation. Die Notwendigkeit zu wirtschaftlicher Umgestaltung geht verloren.
Steuergesetze	Steuerliche Anreize verbessern die Attraktivität des Wirtschaftsstandortes Deutschland. Verbesserte Gewinnmöglichkeiten fördern das Investitionsklima.	Aufgrund der Komplexität der Steuergesetzgebung können Anreize und Varianten überwiegend nur von Großunternehmen ausgeschöpft werden (Finanzkraft und Knowhow). Der Bundesregierung ist es nicht gelungen, die Schwarzarbeit zu verringern.
Arbeitsmarktpolitik	Die Beratung, Versorgung und Vermittlung von Arbeitsuchenden wird gefördert (ALG II, Sonderprogramme, SGB III).	Die Arbeitsagenturen sind überwiegend mit der Verwaltung der Arbeitslosen beschäftigt; die Vermittlungsarbeit „bleibt auf der Strecke"; die Qualifizierung erfolgt nicht bedarfsorientiert sondern „per Gießkanne".
Wettbewerbspolitik	Insbesondere die Neufassung der Gesetze UWG und GWG soll zu mehr Wettbewerb führen – ergänzt durch Verordnungen der EU.	Die Konzentration der Wirtschaft nimmt zu: Monopolstrukturen auf dem Energiemarkt (vier Großunternehmen auf der Angebotsseite), die Deutsche Bahn AG als Monopolist.
Umweltschutzpolitik	Förderung erneuerbarer Energien; geregelte Abfallentsorgung (KrwG).	Starke Belastung deutscher Unternehmen mit behördlichen Auflagen; der Anteil der erneuerbaren Energien liegt bei unter 8 %.

Bei der Diskussion von Pro und Contra bestimmter wirtschaftspolitischer Maßnahmen muss u. a. beachtet werden:

• Die Einzelmaßnahmen beeinflussen sich in ihrer Wirkung häufig untereinander.

• Viele Maßnahmen wirken erst mit zeitlicher Verzögerung; die wirtschaftlichen Rahmenbedingungen können sich bis dahin bereits geändert haben.

*   Die Wirkung nationaler Einzelmaßnahmen ist vor dem Hintergrund von Internationalisierung und Globalisierung oft begrenzt.

*   Im Euroland wurde die Hoheit über die Geldpolitik an die EZB übertragen.

4.5 Außenwirtschaft

4.5.1 Außenwirtschaftliche Entwicklungen und mögliche Auswirkungen

4.5.1.1 Tendenzen im Außenhandel

01. Was bezeichnet man als Außenhandel?

Der Außenhandel umfasst die Beschaffung und/oder den Absatz von Waren über die nationalen Grenzen eines Staates hinaus. Den Gegensatz bildet der Binnenhandel (vgl. 4.5.2.1, Europäischer Binnenmarkt). Die Grundformen des Außenhandels sind:

*   Import
*   Export
*   Transithandel.

02. Welchen Stellenwert hat der Außenhandel für Deutschland (Bedeutung und Tendenzen)?

Die Wirtschaft der Bundesrepublik Deutschland ist in sehr hohem Maße vom Außenhandel abhängig:

*   Rund ein Drittel der im Inland produzierten Güter wird exportiert.

*   Mehr als jeder vierte deutsche Arbeitsplatz ist exportabhängig.

*   Den Titel des „Exportweltmeisters" hat Deutschland in 2009 an China abgeben müssen. Man geht davon aus, dass China für lange Zeit Exportweltmeister bleibt. Trotzdem ist Deutschlands Außenhandel auf Rekordkurs (Stand 2013).

*   „Exportschlager" sind: Autos, Maschinen, chemische Erzeugnisse und Metalle/Metallerzeugnisse.

*   Der deutsche Außenhandel erstreckt sich auf alle Länder der Erde. Der Schwerpunkt des Exports entfällt auf die EU, die USA, Japan sowie Schwellen- und Entwicklungsländer.

03. Welche Faktoren stützen die Marke „Made in Germany"?

Trotz hoher Inlandskosten und einem damit verbundenen hohen Preisniveau deutscher Produkte auf dem Weltmarkt sowie mancher Negativerscheinungen (Rückrufaktionen, Korruption in Vorstandsetagen deutscher Unternehmen, qualitative Mängel) werden als „Trümpfe deutscher Produkte" immer noch überwiegend genannt:

- konstante Qualität
- Erfahrung
- Termintreue
- Lieferbereitschaft

- Umfang und Flexibilität im Service
- Technologievorsprung und Innovation
- Zahlungs- und Lieferkonditionen.

4.5.1.2 Wirkung verschiedener Wechselkurssysteme

01. Welche Funktionen hat das Geld?

- Zahlungs-/Tauschmittel
- Recheneinheit (Wertmesser)
- Wertaufbewahrungsmittel (Sparen)
- Wertübertragungsmittel (Übertragung von Vermögen).

02. Was beinhaltet der Begriff Geldwert?

Der Geldwert drückt die *Kaufkraft* oder die Menge an Gütern und Dienstleistungen aus, die mit einer Geldeinheit im In- oder Ausland gekauft werden kann. Der Binnenwert des Geldes wird mit dem *Verbraucherpreisindex* gemessen. Der Geldwert im Verkehr mit dem Ausland ändert sich jeweils mit einer Änderung des *Wechselkurses*.

03. Was ist der Wechselkurs einer Währung?

Der Wechselkurs ist der Preis einer Währung ausgedrückt in einer anderen Währung. So beträgt z. B. der Wechselkurs für 1 Euro = 1.1013 USD (US-Dollar; Stand: Mai 2015).

Begriffe im Überblick:

Wechselkurs	Der Wechselkurs ist der Preis einer Währung ausgedrückt in einer anderen Währung.
Kurs	Preis für ausländische Zahlungsmittel.
Der Außenwert	einer Währung steigt, wenn ihr Kurs steigt; Beispiel: Der Außenwert des Euro steigt, wenn der Kurs des US-Dollars sinkt (und umgekehrt).
Devisen	Ausländische Zahlungsmittel (Fremdwährung)

04. Welche Wechselkurssysteme gibt es?

In einer Marktwirtschaft werden die Wechselkurse in zwei Grundformen festgesetzt:

*   Im *System fester Wechselkurse* wird entweder eine offizielle Parität oder ein Leitkurs festgelegt, um die der Wechselkurs nur innerhalb einer engen Bandbreite schwanken kann. Ein System fester Wechselkurse wird weiterhin unter dem Gesichtspunkt unterteilt, ob die einmal festgelegte *Parität grundsätzlich unveränderlich ist* – wie z. B. im Goldstandard vor dem ersten Weltkrieg oder *derzeit beim Euro* – oder ob er anpassungsfähig ist. Anpassungsfähigkeit bedeutet, dass die einmal festgelegten Wechselkurse unter bestimmten Voraussetzungen – etwa bei einem anderweitig nicht erreichbaren Zahlungsbilanzausgleich – schwanken kann.

*   In einem *System flexibler Wechselkurse* bildet sich der Wechselkurs durch Angebot und Nachfrage nach Devisen frei am Devisenmarkt. Das Ausmaß von Schwankungen ist im Voraus nicht erkennbar. In der Regel kommt es bei flexiblen Wechselkursen gelegentlich zu staatlichen Interventionen zur Stützung der Landeswährung, um volkswirtschaftlichen Schaden zu vermeiden oder um das Vertrauen kreditgebender Länder nicht zu gefährden; z. B. Wechsel-Kurs „Euro/US-Dollar", „Euro/jap. Yen".

05. Welche Wirkungen haben Wechselkursänderungen auf den Außenhandel?

*   *Abwertung der eigenen Währung* (z. B. Euro)*:*
    - *Inländer* müssen für die gleiche Menge importierter Güter mehr inländische Währung bezahlen. Dies kann zu einem Rückgang der Importe führen.

    - *Ausländer* müssen weniger ihrer Währung aufwenden, um die gleiche Gütermenge zu erhalten. Dies führt i. d. R. zu einem Anstieg der Exportmenge (z. B. im Euroraum). Eine Abwertung wirkt sich also i. d. R. stimulierend auf die Exportwirtschaft aus. Man bezeichnet die Wirtschaftspolitik, die zum Ziel hat, über Abwertungen der eigenen Währung die Wettbewerbsfähigkeit auf Kosten anderer Länder zu steigern, als Beggar-my-neighbour-Politik (dt: Bring meinen Nachbarn an den Bettelstab.).

*   *Aufwertung der eigenen Währung:*
    Mittelfristig bedeutet eine Aufwertung einen Verlust an Wettbewerbsfähigkeit der inländischen Unternehmen, da die exportierten Güter im Ausland teurer werden und die Exporte zurückgehen werden.

*   Der *Euro* war auch im Jahr 2013 bei deutschen Exporten in die Länder außerhalb der Europäischen Union das beliebteste Zahlungsmittel: 67 % dieser Geschäfte wurden in Euro abgewickelt. In US-Dollar wurden 24 % der Exportgeschäfte abgerechnet. Nur 9 % der Exporte wurden in anderen Währungen bezahlt.

4.5.1.3 Ziele und Instrumente der Außenwirtschaftspolitik

01. Was ist Gegenstand und Ziel der Außenwirtschaftspolitik?   → 4.3.2

Außenwirtschaftspolitik wird als Gestaltung, Erhaltung oder Veränderung der ordnungspolitischen Rahmenbedingungen internationaler Wirtschaftsbeziehungen definiert; d. h.

Gestaltung des Außenhandels, des Kapitalverkehrs, des internationalen Zahlungsverkehrs und die prozesspolitische Beeinflussung internationaler Transaktionen.

Die Instrumente der Außenwirtschaftspolitik sind:

- Einführung, Veränderung oder Abschaffung von Zöllen
- Exportsubventionen
- Regulierung des Exports/Imports (z. B. Einfuhr-/Ausfuhrverbote, Kontingente).

Hauptziel der Außenwirtschaftspolitik ist die Realisierung des außenwirtschaftlichen Gleichgewichts (vgl. auch: 4.3.2/Frage 08.).

02. Was ist die Zahlungsbilanz?

Die Zahlungsbilanz ist die systematische Erfassung aller wirtschaftlichen Transaktionen zwischen Inländern und dem Ausland bezogen auf einen bestimmten Zeitraum. Sie erfüllt folgende Funktionen:

- Feststellung des außenwirtschaftlichen Gleichgewichts
- Maßstab für wirtschaftspolitische Entscheidungen
- Darstellung der volkswirtschaftlichen Verpflichtungen.

Das Zahlungsbilanzkonto hat folgendes, vereinfachtes Grundschema:

Aktiva		**Zahlungsbilanz**	*Passiva*
	A.	**Leistungsbilanz**	
Güterexport		Handelsbilanz	Güterimport
Dienstleistungsexport		Dienstleistungsbilanz	Dienstleistungsimport
Auslandseinkommen von Inländern		Bilanz der Erwerbs- und Vermögenseinkommen	Inlandseinkommen von Ausländern
Unentgeltliche Leistungen vom Ausland		Übertragungsbilanz	Unentgeltliche Leistungen an das Ausland
Einnahmen	**B.**	**Bilanz der Vermögensübertragungen**	Ausgaben
Direktinvestitionen von Ausländern im Inland	**C.**	**Kapitalverkehrsbilanz**	Direktinvestitionen von Inländern im Ausland
Abnahme der Gold- und Devisenbestände	**D.**	**Devisenbilanz**	Zunahme der Gold- und Devisenbestände
	E.	**Restposten**	

Die Salden der Handelsbilanz und der Dienstleistungsbilanz ergeben zusammen den Außenbeitrag zum BIP.

03. Welche Wirkungen haben die Handelsbeziehungen mit dem Ausland?

Umfang und Zusammensetzung von Export und Import sind durch ihren Einfluss auf den Geld- und Güterkreislauf für jede Volkswirtschaft von entscheidender Bedeutung. Falls der Export den Import über einen längeren Zeitraum stark übersteigt (aktive Handelsbilanz) wird sich der Beschäftigungsgrad im Inland erhöhen und möglicherweise zur Überbeschäftigung führen. Wenn das dadurch erhöhte Gesamteinkommen der Arbeitnehmer überwiegend oder gar vollständig auf dem Markt als Nachfrage wirksam wird, steht nicht die adäquate Gütermenge zur Verfügung, da ein Teil der inländischen Produktion ausgeführt, aber nicht entsprechend viele ausländische Güter eingeführt wurden. Die das Angebot übersteigende Nachfrage birgt die Gefahr von Preissteigerungen im Inland.

Falls umgekehrt der Import wesentlich höher ist als der Export, entsteht im Inland Unterbeschäftigung und das Einkommen der Arbeitnehmer geht zurück. Es kommt zwar viel Ware auf den Markt, aber die Nachfrage danach ist zu niedrig, da das verfügbare Einkommen geringer geworden ist. Das Preisniveau sinkt.

Vgl. dazu „Außenwirtschaftliches Gleichgewicht", 4.3.2/09.

04. Welche außenhandelspolitischen Instrumente gibt es?

Die besonderen Bedingungen im Auslandsgeschäft erfordern den Einsatz spezieller Instrumente, z. B.:

*   Lieferungs- und Zahlungsbedingungen (z. B. Incoterms, Akkreditiv, dca/dcp)
*   Nicht-dokumentärer und dokumentärer Zahlungsverkehr
*   Außenhandelsfinanzierung
*   Absicherungsinstrumente
*   Ausfuhrversicherungen.

05. Was versteht man unter tarifären Handelshemmnissen?   → **8.7**

Als tarifäre Handelshemmnisse gilt alles, was den freien Verkehr von Gütern, Dienstleistungen und Kapital zwischen Volkswirtschaften dadurch beeinträchtigt, dass Importe künstlich verteuert und Exporte künstlich verbilligt werden. *Die tarifären Handelshemmnisse lassen sich also in Euro und Cent ausdrücken* (tarifieren, franz.: Tarife festlegen). Insbesondere zählen Zölle, Verbrauchssteuern und Kontingente zu den Instrumenten, die den internationalen Handel auf tarifäre Weise behindern.

Zölle sind das klassische tarifäre Handelshemmnis. Deshalb setzte sich die Europäische Wirtschaftsgemeinschaft bei ihrer Gründung 1957 zum Ziel, die Zölle innerhalb der Gemeinschaft allmählich abzubauen. Mit dem im Maastrichter Vertrag vereinbarten und am 01.01.1993 verwirklichten Binnenmarkt hat die Europäische Gemeinschaft dieses Ziel inzwischen erreicht: Innerhalb der EG und des EWR gibt es keine Binnenzölle mehr, lediglich gegenüber dem Drittstaatsgebiet wird ein gemeinsamer Außenzoll erhoben, wobei es politisches Ziel bleibt, Zölle generell abzuschaffen.

Vgl. zu tarifären/nicht-tarifären Handelshemmnissen ausführlich 8.7.

06. Was sind nicht-tarifäre Handelshemmnisse?

Alle Maßnahmen, die den freien Handel behindern, ohne direkt auf die Preise zu wirken, stellen nicht-tarifäre Handelshemmnisse dar. Hierzu gehören neben den klassischen Fällen eines Import- oder Exportverbots und eines Embargos vor allem Vorschriften, die bei Import bzw. Export eingehalten werden müssen, z. B. Kennzeichnungspflichten und die Vorgabe technischer Normen. Nicht in jedem Fall ist damit allerdings die Absicht verbunden, den freien Handel zu behindern und Importe bzw. Exporte zu erschweren. Was immer auch die Absicht bestimmter Vorschriften sein mag: In der Wirkung sind sie immer handelshemmend.

Nicht fassbar sind hingegen Hemmnisse infolge schleppender Zollbehandlung, umständlicher Genehmigungsverfahren, nicht bekannter Vorschriften, unverständlicher Formulare usw. Die handelshemmende Wirkung bürokratischer Verfahren ist zwar unstrittig, aber ob dahinter auch eine handelshemmende Absicht steckt, ist schlicht nicht nachweisbar.

07. Was sind Embargos?

Ein Embargo richtet sich nicht gegen einzelne Unternehmen, sondern gegen Staaten. Mit einem Land, gegen das ein Embargo verhängt ist, dürfen keine Handelsbeziehungen unterhalten werden. Unternehmen dürfen aus dem Embargoland weder Waren importieren noch dorthin exportieren (Totalembargo) oder nur die Waren beziehen oder liefern, die vom Embargo ausdrücklich ausgenommen sind (Teilembargo).

Welche Waren betroffen sind, ergibt sich aus der Ausfuhrliste im Anhang der Außenwirtschaftsverordnung (AWV).

08. Welche währungspolitischen Instrumente können im Außenhandel eingesetzt werden?

1. *Abwertung:*
Vgl. 4.5.1.3/05.

2. *Schaffung gespaltener (multipler) Wechselkurse:*
Multiple Wechselkurse liegen dann vor, wenn ein Staat für unterschiedliche Grenzen überschreitende Geschäfte und Transaktionen *verschiedene Wechselkurse* vorschreibt, z. B. Differenzierung von Wechselkursen zwischen Warengeschäften und Finanzgeschäften. Damit sollen z. B. Warengeschäfte erleichtert und andere Geschäfte erschwert werden. Die Einführung gespaltener Wechselkurse ist nach dem IWF genehmigungsbedürftig.

4.5.2 Internationalisierung der Wirtschaftsbeziehungen

4.5.2.1 Europäische Union

01. Was ist der europäische Binnenmarkt?

Durch die Bildung der Europäischen Union (EU) als Fortentwicklung der EWG und später der EG und weitergehender Integration der Mitgliedstaaten sowie dem Beitritt weiterer Staaten ist ein neuer Binnenmarkt („Raum ohne Binnengrenzen") entstanden, der die Grenzen zwischen den Mitgliedstaaten abgeschafft und inzwischen weltweit neben den USA die größte Bedeutung erlangt hat.

Kennzeichnend für den europäischen Binnenmarkt sind die sogenannten vier Grundfreiheiten:

• freier Warenverkehr
• freier Dienstleistungsverkehr
• freier Kapitalverkehr
• freier Personenverkehr.

Damit verbunden ist der Wegfall der Grenzkontrollen, die Harmonisierung von Normen und der Abbau nicht tarifärer Handelsbeschränkungen.

02. Welche Vorteile und Risiken ergeben sich für Handelsunternehmen aus der Schaffung des europäischen Binnenmarktes?

Europäischer Binnenmarkt	
Vorteile, z. B.	**Risiken**, z. B.
• keine Devisentransaktionskosten • kein Wechselkursrisiko • verbesserte Preistransparenz • Ausdehnung des in einer Währung abrechnenden Absatzmarktes • verbesserter Zugang zum europäischen Kapitalmarkt • höhere Risikostreuung wegen Präsenz in mehreren Ländern.	• verstärkter Wettbewerb mit entsprechendem Preisdruck • Anstieg der Kriminalität wegen Wegfall der Grenzen • Niedriglohnländer gefährden das allgemeine Lohnniveau.

03. Welche Staaten sind Mitglied der EU?

Belgien, Bundesrepublik Deutschland, Frankreich, Italien, Luxemburg, Niederlande, Dänemark, Großbritannien, Irland, Griechenland, Portugal, Spanien, Finnland, Österreich und Schweden; die hier „unterstrichenen" Länder sind sog. „pre-ins", d. h. sie betreiben noch eine eigenständige Geld- und Währungspolitik.

Beitritt 2004:
Zum 01.05.2004 wurden folgende Staaten Mitglied der EU: Estland, Lettland, Litauen, Malta, Polen, Slowakei, Slowenien, Tschechien, Ungarn, Zypern.

Beitritt 2007:
Rumänien, Bulgarien.

Beitritt 2013:
Kroatien

Die EU der 28 Mitgliedsstaaten hat damit ca. 505 Mio. Einwohner und entspricht rd. zwei Drittel der Bevölkerung aller europäischen Staaten.

04. Was ist die Besonderheit der EU?

Die EU ist ein Gebilde eigener Art. Sie besitzt eigene Hoheitsrechte und Befugnisse, auf die ihre Mitgliedstaaten durch Aufgabe eigener Souveränitätsrechte verzichtet haben. Die EU strebt einen ausgewogenen wirtschaftlichen und sozialen Fortschritt in ihren Mitgliedsländern an und betreibt eine gemeinsame Außen- und Sicherheitspolitik sowie eine gemeinsame Innen- und Rechtspolitik. Hingegen wird z. B. eine gemeinsame Steuerpolitik von den meisten Mitgliedsstaaten abgelehnt.

05. Welche Ziele verfolgt die EU?

Die wirtschafts-, währungs- und sozialpolitischen Ziele der EU sind:

- Förderung eines ausgewogenen und dauerhaften wirtschaftlichen und sozialen Fortschritts über folgende Maßnahmen:
  - Binnenmarkt
  - Wirtschafts- und Währungsunion mit gemeinsamer Währung
  - Abstimmung einzelner Politikbereiche, z. B. Verkehrs-, Kommunikationspolitik, gemeinsame Forschung, Umwelt- und Verbraucherschutz, Wettbewerb
- gemeinsame Außen- und Sicherheitspolitik (GASP)
- gemeinsame Innen- und Rechtspolitik, z. B. Bekämpfung der Kriminalität, Asylrecht.

06. Welche Wirtschafts- und Währungsbeziehungen existieren zwischen den Mitgliedsstaaten der EU?

1. *Zollunion:*
   Ein- und Ausfuhrzölle sowie Abgaben zwischen den Mitgliedsstaaten der EU sind verboten. Gegenüber Drittländern existiert ein gemeinsamer Zolltarif.

2. *Gemeinsamer Markt:*
   Der Euro-Markt ist ein „Gemeinsamer Markt", der
   - die Freiheit des Waren- und Kapitalverkehrs garantiert sowie

- die Freizügigkeit für Arbeitnehmer und die Niederlassungsfreiheit für Unternehmer gewährleistet (für die Neumitglieder, z. B. Polen, Tschechien usw. gibt es Übergangsfristen).

3. *Währungsunion*:
   Das Ziel einer gemeinsamen Währung ist zum Teil innerhalb der EU seit 2002 erreicht (Ausnahme: z. B. Großbritannien).

07. Welche Voraussetzungen müssen die Mitgliedsländer der EU für die Aufnahme in das Eurosystem erfüllen?

Die im sog. Maastricht-Vertrag festgelegten *Konvergenzkriterien*, die ein Mitgliedsstaat der EU erfüllen muss, um den Euro einführen zu können, sind:

1. Die Inflationsrate darf nicht mehr als 1,5 Prozentpunkte über der Inflationsrate jener drei Mitgliedsstaaten liegen, die auf dem Gebiet der Preisstabilität das beste Ergebnis erzielt haben.

2. Die öffentlichen Budget-Defizite dürfen höchstens 3 % des Bruttoinlandsprodukts betragen.

3. Die Staatsverschuldung soll 60 % des Bruttoinlandsprodukts nicht überschreiten.

4. Der Wechselkurs der Landeswährungen muss sich zwei Jahre innerhalb der Bandbreite des EWS bewegt haben und die Währung darf nicht abgewertet worden sein.

5. Der Nominalzins für langfristige staatliche Wertpapiere darf um nicht mehr als 2 Prozentpunkte über dem Satz der drei Länder mit der besten Preisstabilität liegen.

08. Wie wird die langfristige Stabilität des Euro beurteilt?

Die weltweite Wirtschaftskrise im Jahr 2009 und die Stabilitätsprobleme der Länder Griechenland und Irland im Jahr 2010 ließen die Frage nach der langfristigen Stabilität des Euro und seiner Zukunft als gemeinschaftliche Währung aufkommen. Im Ergebnis sind sich die Finanzminister der wichtigsten europäischen Mitgliedstaaten einig: Sie glauben an die Stabilität des Euro und wollen sich für den Erhalt der Gemeinschaftswährung einsetzen.

09. Welche Organe hat die EU?

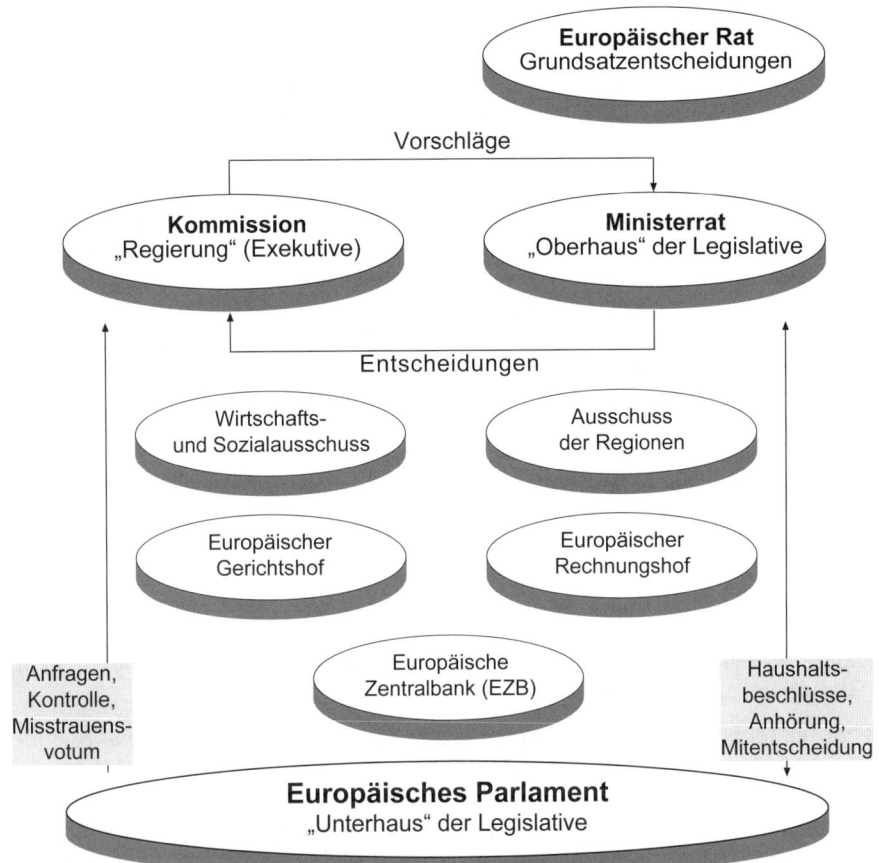

Entsprechend dem demokratischen Staatsaufbau bestehen folgende Organe:

1. Der Europäische Rat (Mitglieder: Staats- und Regierungschefs, Kommissionspräsident).

2. Der Ministerrat ist die Legislative.

3. Die Kommission ist die Exekutive.

4. Das Europäische Parlament übt Haushalts- und Kontrollrechte aus und wirkt bei der Gesetzgebung mit (Berater, Kritiker und Kontrolleur von Legislative und Exekutive).

5. Der Europäische Gerichtshof ist das oberste rechtsprechende Organ, d. h. die Judikative.

6. sonstige Organe:
   - Europäischer Rechnungshof
   - Wirtschafts- und Sozialausschuss (WSA)
   - Ausschuss der Regionen
   - Europäische Zentralbank (EZB).

10. Welchen Rechtscharakter haben Verordnungen, Richtlinien und Empfehlungen der EU?

• *Verordnungen* der EU werden unmittelbar in allen Mitgliedsstaaten Gesetz. Eine EU-Verordnung steht im Zweifels- oder Streitfall über jedem nationalen Gesetz. Eine EU-Verordnung darf nicht mit dem deutschen Begriff Rechtsverordnung verwechselt werden.

• *Richtlinien* der EU sind gewissermaßen Gesetzesrahmen, die erst noch ausgefüllt werden müssen. Jedes Mitgliedsland der EU ist verpflichtet, innerhalb einer vorgegebenen Frist nationale Gesetze zu erlassen, die gewährleisten, dass das in der Richtlinie geforderte Ziel erreicht wird. Erst durch diese nationale Gesetzgebung wird eine Richtlinie in geltendes Recht verwandelt. Versäumt ein Mitgliedstaat die gesetzliche Frist, kann er von der Kommission ermahnt und nach einer weiteren Frist vor dem Europäischen Gerichtshof verklagt werden.

• *EU-Empfehlungen* haben keine bindende Wirkung. Sie sind aber in der Regel die Vorstufe einer Richtlinie und sollen den Mitgliedstaaten signalisieren, in welcher Weise künftige einheitliche Regelungen aussehen werden, damit sich die einzelnen Länder entsprechend vorbereiten können.

4.5.2.2 Globalisierung

01. Welche Entwicklungen werden mit den Begriffen „Internationalisierung" und „Globalisierung" umschrieben?

Mit Globalisierung bzw. Internationalisierung bezeichnet man die *Zunahme der internationalen Verflechtung der Wirtschaft* und das *Zusammenwachsen der Märkte* über die nationalen Grenzen hinaus. Einerseits versuchen die Unternehmen, ihre internationale *Präsenz auf den Absatzmärkten* zu festigen durch Gründung von Tochtergesellschaften im Ausland, Firmenzusammenschlüsse und Joint Ventures, andererseits ist man bestrebt, sich neue *Einkaufsquellen* zu erschließen, um dem wachsenden Kostendruck zu entgehen.

02. Welche Tendenzen lassen sich als Folge der Globalisierung erkennen?

Als Folge der Globalisierung sind folgende Tendenzen zu verzeichnen (die nachfolgende Aufzählung kann nur unvollständig sein):

• *Informationstechnologie, Informationsgewinnung:*
Zunahme der Informationsgeschwindigkeit (Computervernetzung); Verdichtung von Raum und Zeit; damit gewinnt der „Rohstoff Wissen" als Grundlage der wirtschaftlichen Entwicklung an Bedeutung.

Wissensintensive Industrien und Dienstleistungen weisen in allen entwickelten Volkswirtschaften die größten Wachstumsraten auf. Die Unternehmen sind gezwungen, sich diesen Veränderungen der Produktionsbedingungen und Märkte flexibel anzupassen. Neue unternehmensorientierte Dienstleistungen, die Weiterentwicklung und breite Anwendung von Informations- und Kommunikationstechnik, Multimedia sowie bio- und gentechnische Innovationen zeigen beispielhaft, welche Beschäftigungschancen der Strukturwandel bietet.

Durch die zunehmende Globalisierung der Märkte wird die Zahl der Kunden so hoch, dass sie von einem Unternehmen kaum noch überschaut werden kann. Dies führt zu einer wachsenden Bedeutung international orientierter Marktforschung.

Speziell im Handel werden neue Angebots- und Vertriebsformen auf elektronischer Basis weiterhin zunehmen (grenzüberschreitende Vernetzung informationstechnischer Systeme; B2B, B2C usw.).

- *Internationale Arbeitsteilung:*
  Konkurrenz des Produktionsfaktors Arbeit (z. B. unterschiedliches Lohnniveau deutscher, holländischer und polnischer Bauarbeiter); die Globalisierung der Märkte sowie die Verkürzung der Produktlebenszyklen führen u. a. zu einem ansteigenden Kostendruck und damit zu dem Zwang, den Faktor Arbeit noch wirtschaftlicher einzusetzen. Beispiel: Entwicklung und Konstruktion eines neuen Produkts in Deutschland, Herstellung der Teile in Polen und Tschechien, Montage in Spanien, Vertrieb weltweit.

  Die Globalisierung der Märkte verlangt immer häufiger Fremdsprachenkompetenz der Mitarbeiter.

- *Konkurrenz der Standorte:*
  Tendenz zur Verlagerung der Produktionsstandorte in das Ausland mit einhergehenden Chancen und Risiken (Abbau von Arbeitsplätzen am nationalen Standort, Kostenvorteile, ggf. Qualitätsprobleme);

- *Logistik:*
  Zunahme des internationalen Verkehrsaufkommens und der Bedeutung der Logistik;

- *Internationale wirtschaftliche Verflechtung:*
  Wachsende Abhängigkeit der nationalen Unternehmens- und Wirtschaftsentwicklung vom Weltmarkt (z. B. Abhängigkeit der deutschen Wirtschaft von den Entwicklungen in den USA und in China); zunehmende Abhängigkeit der Güter- und Geldmärkte; durch die zunehmende Globalisierung nimmt die Komplexität der Beschaffung immer mehr zu.

  Neben dem politischen Willen, den freien Handel international zu fördern (z. B. erklärtes Ziel der EU), schützt am besten die gegenseitige Abhängigkeit der Volkswirtschaften davor, dass dauerhaft Handelshemmnisse errichtet werden. Keine Volkswirtschaft ist autark. Globalisierung ist somit nicht nur die Folge freien Handels, sondern garantiert ihn zugleich.

- *Wachsende internationale Einflüsse auf nationale Wirtschafts- und Sozialpolitiken:*
  Als Folge der Globalisierung hat z. B. die Arbeitsmarktpolitik mit zusätzlichen Schwierigkeiten zu kämpfen. Durch die Globalisierung werden nationalstaatliche Maßnahmen und Sozialsysteme z. T. „ausgehebelt".

• *Rechtssysteme, Patente/Lizenzen:*
Angesichts der fortschreitenden Globalisierung wird es immer wichtiger, auch für Auslandsinvestitionen einheitliche internationale rechtliche Rahmenbedingungen zu schaffen; die Bedeutung gewerblicher Schutzrechte – weltweit – nimmt zu.

Die steigende Standortflexibilität von Unternehmen führt dazu, dass neue, innovative Produkte und Verfahren häufig dort entstehen, wo die Infrastruktur für Forschung und Entwicklung sowie der Produktion besonders günstig sind. Damit ist der weltweite Wettstreit der großen ökonomischen Kraftfelder Japan, China, Indien, USA und Europa mittlerweile auch zu einem Wettstreit von Patenten und Lizenzen geworden. Wer auf diesem Feld nichts zu bieten hat, der kann in dem globalen Kampf um die Märkte nicht mithalten.

5. Beschaffung und Logistik

Prüfungsanforderungen

Nachweis der Fähigkeit,

Beschaffungs- und Logistikprozesse im nationalen und internationalen Handelsystema-
tisch und entscheidungsorientiert zu bearbeiten und umzusetzen.

Qualifikationsschwerpunkte (Überblick)

5.1	Beschaffungspolitik, E-Business
5.2	Kundenbezogene Gestaltung des Waren- und Datenflusses (Efficient Consumer Response)
5.3	Effizientes Management der Wertschöpfungskette (Supply Chain Management)
5.4	Transport
5.5	Lagerwirtschaft
5.6	Controlling
5.7	Relevante Rechtsbestimmungen
5.8	Entsorgung

5.1 Beschaffungspolitik, E-Business

5.1.1 Ziele und Aufgaben der Beschaffungspolitik

01. Was versteht man unter Beschaffung?

Unter den Begriff Beschaffung fällt die Versorgung eines Unternehmens mit allen benötigten Produktionsfaktoren, d. h. Arbeitskräfte, Grundstücke, Maschinen, Einrichtungen, Waren sowie das Kapital, ferner Rechte und Dienstleistungen.

Bei einem *Handelsunternehmen* erstreckt sich die Beschaffung *hauptsächlich auf den
Einkauf von Handelswaren*, die entweder verändert oder unverändert zum Verkauf an
andere Händler oder an Endverbraucher bestimmt sind, ferner die nötigen Rechte,
Genehmigungen, Räume oder Lager.

Die Beschaffung von Personal fällt in die Zuständigkeit der Personalabteilung und die
Beschaffung von Kapital in das Finanzressort, sodass man von der *Beschaffung im
engeren Sinne nur von der Beschaffung von Gütern und Dienstleistungen spricht.*

02. Was ist Gegenstand der Beschaffungspolitik?

Gegenstand der Beschaffungspolitik (auch: Aufgaben) sind die längerfristig gültigen
Grundsatzentscheidungen im Beschaffungsbereich des Unternehmens. Diese Grundsatzentscheidungen lassen sich als Antwort auf folgende Fragen bestimmen:

• Was wird beschafft?
• Wie viel wird beschafft?
• Zu welchem Preis wird beschafft?
• Wann wird beschafft?
• Bei wem wird beschafft?
• Wo wird beschafft?

Aufgaben der Beschaffungspolitik					
Was?	Wie viel?	Zu welchem Preis?	Wann?	Bei wem?	Wo?
↓ Sortiment	↓ Menge	↓ Preis	↓ Zeitpunkt	↓ Lieferant	↓ Ort, Region, Nation

Die Beschaffungspolitik kann nicht isoliert handeln:

• Sie ist integriert in die Unternehmenspolitik.

• Sie ist abzustimmen mit den Politiken der anderen Unternehmensbereiche (z. B.
Produktpolitik, Produktions- und Absatzpolitik.

03. Wie kann ein Zielsystem der Beschaffung definiert sein?

Die Ziele der Beschaffung leiten sich aus den Unternehmenszielen ab. Ein Beschaffungszielsystem kann folgendermaßen definiert sein:

1. *Strategische Ziele:*
   - Kostenreduzierungsziel
   - Leistungsverbesserungsziel
   - Autonomieerhaltungsziel.

2. *Operative Ziele*
   sind alle aus der materialwirtschaftlichen Zielsetzung abgeleiteten Ziele: „Alle Betriebsmittel in der geforderten *Menge* und *Qualität* zur richtigen *Zeit* am richtigen *Ort* bereitzustellen.

Die Einzelziele der Beschaffung sind also:

- Sicherung der Versorgung
- Minimierung der Kosten:
  - Beschaffungskosten
  - Bestellkosten
  - Lagerkosten
  - Kosten der Kapitalbindung
- Sicherung der Qualität.

Zwischen diesen Zielen bestehen mehrfache Abhängigkeiten und zum Teil Konflikte, z. B.:

- Zielkonflikt: Versorgungssicherheit ↔ Kostenminimierung
- Zielkonflikt: Minimierung der Lagerkosten ↔ Versorgungssicherheit
- Zielkonflikt: Minimierung der Beschaffungskosten ↔ Optimierung der Qualität.

04. Worin liegt die besondere Bedeutung der Beschaffung für den Handel?

Der Handel steht zwischen zwei unterschiedlichen Interessengruppen: Auf der einen Seite möchte die Industrie langfristig disponieren und den Handel zu verbindlichen, mengenmäßig genau festgelegten und qualitativ exakt beschriebenen Bestellungen veranlassen, andererseits ist der Kunde vielfach „unberechenbar", von neuen Trends, konjunkturellen und arbeitsmäßigen Veränderungen abhängig, sodass der Handel bei falschen Dispositionen auf seinen Waren „sitzen bleibt" oder sie nur unter Gewährung hoher Preisnachlässe absetzen kann.

Diese Diskrepanz kann niemals aufgehoben, sondern nur gemildert werden, indem der Handel erst nach sorgfältiger Marktforschung disponiert und die Hersteller ihre Produktionszeiten verkürzen. In vielen Fällen ist die Vorlaufzeit zu lang und umfasst Planungsperioden, die der Handel nicht exakt erfassen kann. Moderne Herstellungsverfahren versetzen die Industriebetriebe in die Lage, schneller auf die Bestellungen des Handels zu reagieren, wobei allerdings die Auslastung der Hersteller größeren Schwankungen unterliegen dürfte.

Der Handel muss kurzfristig auf Kundenwünsche reagieren können. Dies muss sich in sachgerechten Angeboten der Hersteller niederschlagen und dem Handel die Beschaffung erleichtern. Vor dem Hintergrund des europäischen Binnenmarktes haben sich die Chancen des Handels verbessert, weil sich die Beschaffungsmöglichkeiten erweitert haben, sodass die bisherigen Anbieter/Hersteller gezwungen sind, stärker und schneller auf die Bedürfnisse des Handels und seiner Kunden zu reagieren.

5.1.2 Organisationsformen des Beschaffungsprozesses

01. Welche Fragen sind bei der Organisation der Beschaffung generell zu entscheiden?

Die Aufbauorganisation der Beschaffung (synonym: Materialwirtschaft, Einkauf) orientiert sich an den grundsätzlichen *Prinzipien der Organisationslehre* (vgl. ausführlich unter 1.6; bitte ggf. wiederholen). Insofern sind folgende Aspekte zu klären (Überblick).

Organisatorische Eingliederung			Interne Gliederung
Hierarchie:	**Organisation:**	**Leitungssystem, z. B.:**	**Grad der Differenzierung:**
• hierarchisch hoch	• zentral	• Stablinienorganisation	• stark/schwach gegliedert
• hierarchisch niedrig	• dezentral	• Matrixorganisation	**Gliederungsprinzip, z. B.:**
		• Produktorganisation	• funktionsorientiert
		• Divisionalorganisation	• objektorientiert
		• Tensororganisation	• phasenorientiert
← **Mischformen** →			
Je nach Größe des Unternehmens, Branche, Bedeutung der Materialwirtschaft, Kunden, Materialbesonderheiten u. Ä.			

Bei der Aufgabenverteilung ist zwischen den Prinzipien der *Zentralisation* und *Dezentralisation* zu unterscheiden. Man kann differenzieren in *Objektzentralisation* (z. B. Produkte, Warengruppen) und *Verrichtungszentralisation* (Einkauf, Lagerung).

• Bei der *dezentralen Organisationsform* können z. B. die Aufgaben der Materialwirtschaft/Beschaffung auf verschiedene, meist räumlich voneinander getrennte Stellen aufgeteilt sein (hier: Verrichtungsdezentralisation).

• Bei der *zentralen Organisationsform* können z. B. die Aufgaben an einer Stelle zusammengefasst sein (hier: Verrichtungszentralisation).

• In der Praxis findet man sehr häufig *Mischformen*, die versuchen die Vorteile der jeweiligen Organisationsform miteinander zu verbinden; z. B.:

  - Verrichtungszentralisation für bestimmte Warengruppen und
  - Objektdezentralisation im Bereich der Logistik (Lager Nord und Lager Süd).

02. Was sind die Voraussetzungen einer zentralen Einkaufsorganisation und welche Vor- und Nachteile hat sie?

- *Voraussetzungen*:
  - Bedarf einheitlich
  - Bedarfsmengenbündelung möglich
  - gleiches oder ähnliches Produktionsprogramm in den Orga-Einheiten.

- *Vorteile*, z. B.:
  - Vorteile in der Beschaffung durch Erzielung besserer
    - Preise
    - Zahlungsbedingungen
    - Lieferbedingungen
  - bessere Kontrolle durch einheitliche Führung
  - gezielter Einsatz von Organisationsmitteln
  - verbesserte Materialvereinheitlichung (Normung, Typung)
  - geringerer Personalbedarf
  - Einsatz von qualifiziertem Personal möglich
  - die Marktmacht steigt
  - sinnvolle Anwendung von Kontraktpolitik möglich.

- *Nachteile/Risiken*, z. B.:
  - geringerer Erfahrungsaustausch zwischen Materialverwendern und Lieferanten
  - ggf. schwerfälliger in der Reaktion auf Besonderheiten, z. B. in der Produktion, bei Terminproblemen, bei Reklamationen, bei Bedarfsänderungen usw.
  - längere Informationswege zwischen Einkauf und Bedarfstellen.

03. Wie lassen sich die Nachteile eines zentralen Einkaufs mildern?

Viele Handelsbetriebe möchten die Vorteile eines zentralen Einkaufs nutzen, aber deren Nachteile vermeiden. Zu diesem Zweck haben sich *Mischformen* herausgebildet. Z. B. ist es möglich, zwar den *Einkauf zentral* zu handhaben, die *Lagerung aber dezentral* vorzunehmen und dadurch den einzelnen Abteilungen oder Filialen einen *Einfluss auf die Sortimentsausbildung* zuzugestehen.

Auch ist es möglich, zwar den Zentraleinkauf generell beizubehalten, aber bestimmte Bestellmöglichkeiten aus einem vorgegebenen Lieferantenkreis und im Rahmen eines vorgegebenen Artikelsortiments und einem vorgegebenen Limit den Abteilungen oder Filialen eigenverantwortlich zu übertragen. In diesem Fall können die Vorteile des Großeinkaufs beibehalten werden, während den Abteilungen oder Filialen die Einzelbestellung zu den von der Zentrale ausgehandelten Bedingungen obliegt.

04. Nach welchen Kriterien kann die Materialwirtschaft/Beschaffung (intern) gegliedert sein? → 1.6.3

Im Gegensatz zur Eingliederung einer Orga-Einheit (vgl. Frage 01.) bezieht sich die *Gliederung* auf die interne Struktur und den Grad der Spezialisierung einer Orga-Einheit. Für die Gliederung der Materialwirtschaft/Beschaffung gelten grundsätzlich die bekannten, allgemeinen Prinzipien der Gliederung und Bildung von Orga-Strukturen (vgl. ausführlicher unter 1.6.3 Aufbauorganisation). Von daher kann die Materialwirtschaft/Beschaffung gegliedert sein:

- nach dem *Verrichtungsprinzip*, z. B.:
  - Funktionen
  - Sachgebieten

- nach dem *Objektprinzip*, z. B.:
  - Endprodukte
  - Länder, Regionen
  - Projekte
  - Lieferanten

- *Mischformen*.

Das *Leitungssystem* (auch: Weisungssystem) in der Materialwirtschaft/Beschaffung kann gestaltet sein als:

- Linien-, Stab-Linienorganisation
- Spartenorganisation (Divisionalisierung)
- Produktorganisation
- Matrixorganisation (Zweiliniensystem)
- Tensororganisation (Dreiliniensystem).

05. Warum kann es zweckmäßig sein, das Arbeitsvolumen im Einkauf in strategische und operative Aufgaben zu gliedern?

Die Gliederung des Arbeitsvolumen in strategische und operative Aufgaben resultiert aus den unterschiedlichen Anforderungen an die Mitarbeiter hinsichtlich Erfahrung und Kenntnisstand. Da die Qualifizierung der Mitarbeiter sowie ihre Entlohnung und die Bedeutung strategischer und operativer Aufgaben unterschiedlich ist, kann eine Differenzierung sinnvoll sein:

- *Strategische Aufgaben* werden von erfahrenen Mitarbeitern mit fundierter Ausbildung wahrgenommen, z. B.:
  - Beschaffungsmarkterkundung und -forschung
  - Lieferantenkontakte pflegen und Beurteilung der Lieferanten
  - Analysen der Bedarfe
  - Abschluss von Rahmenverträgen
  - preissenkende Verhandlungen/Maßnahmen.

- *Operative Aufgaben*, z. B.:
  - Anfragen erstellen und sichten
  - Bestellungen
  - Angebotsprüfungen
  - Terminverfolgung
  - Mahnwesen
  - Information der Bedarfsstellen
  - Datenpflege.

06. Welche Probleme ergeben sich im Rahmen einer Organisation, bei der die Einkaufsabteilung in den Bereich der Warenwirtschaft eingegliedert ist?

Eine Abteilung Einkauf, der gleichzeitig die Funktionen der Warenwirtschaft zugeordnet sind, hat eine gute Kontrolle über das Lager und die Lagerbestände. Es besteht jedoch die Gefahr, dass die Gesichtspunkte des Einkaufs gegenüber einer aktiven Verkaufspolitik überwiegen. Eine dynamische Einkaufsabteilung unter Einschluss des Lagers wird bestrebt sein, dem Verkauf die Produkte vorzuschlagen, die aus ihrer Sicht zweckmäßigerweise verkauft werden sollten. Eine dynamische Verkaufsabteilung dagegen wird der Einkaufsabteilung vorschlagen, welche Produkte aus der Sicht des Verkaufs zweckmäßigerweise eingekauft werden sollten, sodass bei einer derartigen organisatorischen Aufgliederung in jedem Falle eine Abstimmung zwischen den Ressorts erfolgen muss.

07. Welche Probleme können sich aus der Einbeziehung des Marketingbereichs in den Einkauf ergeben?

Ist der Einkaufsabteilung auch der Marketingbereich übertragen, so besteht einerseits die Möglichkeit, selbst unter Berücksichtigung der Kundenwünsche einzukaufen, andererseits muss darauf geachtet werden, dass die unternehmerische Gesamtkonzeption nicht beeinträchtigt wird.

08. Welche Sonderformen des Einkaufs bestehen?

Sonderformen des Einkaufs sind das *Streckengeschäft*, bei dem die Lieferung nicht an den Besteller, sondern an einen Dritten erfolgt; ferner die *Einkaufsverbände*, bei denen sich selbstständige Handelsbetriebe zwecks Ausnutzung der Vorteile des Großbezugs zusammengeschlossen haben und der dezentrale Einkauf mit zentraler Aktion. Diese Form ist etwa bei Ketten üblich und erstreckt sich nur auf bestimmte Waren, die unter einer gemeinsamen Marke angeboten werden oder auf Waren, die als Sonderaktion zu einem bestimmten Zeitpunkt abgesetzt werden.

09. Welche Regelungen sollten in den Organisationsanweisungen für den Einkauf enthalten sein?

In jedem Fall muss in den Organisationsanweisungen geregelt sein, wer für den *Einkauf* bestimmter Produkte oder die Einkaufshöhe verantwortlich ist, wer den *Bestelltermin* festzulegen hat, wer für die *Lieferantenauswahl* verantwortlich ist, welche *Einkaufsbedingungen* zu beachten sind, welche *Preise* akzeptiert werden können, wer die Zusammensetzung der *Sortimente* bestimmt, welche *Informationen*, z. B. über Lieferschwierigkeiten oder verstärkt auftretende Mängel, die die Einkäufer veranlassen könnten, anders als bisher zu disponieren, an welche Stellen weiterzugeben sind.

Organisationsanweisungen sollen in jedem Fall *schriftlich* niedergelegt sein. Sie müssen von Zeit zu Zeit überarbeitet und jedem Mitarbeiter *ausgehändigt werden*.

5.1.3 Beschaffungsprozess

01. Wie ist der generelle Ablauf bei der Beschaffung (Beschaffungsprozess)?

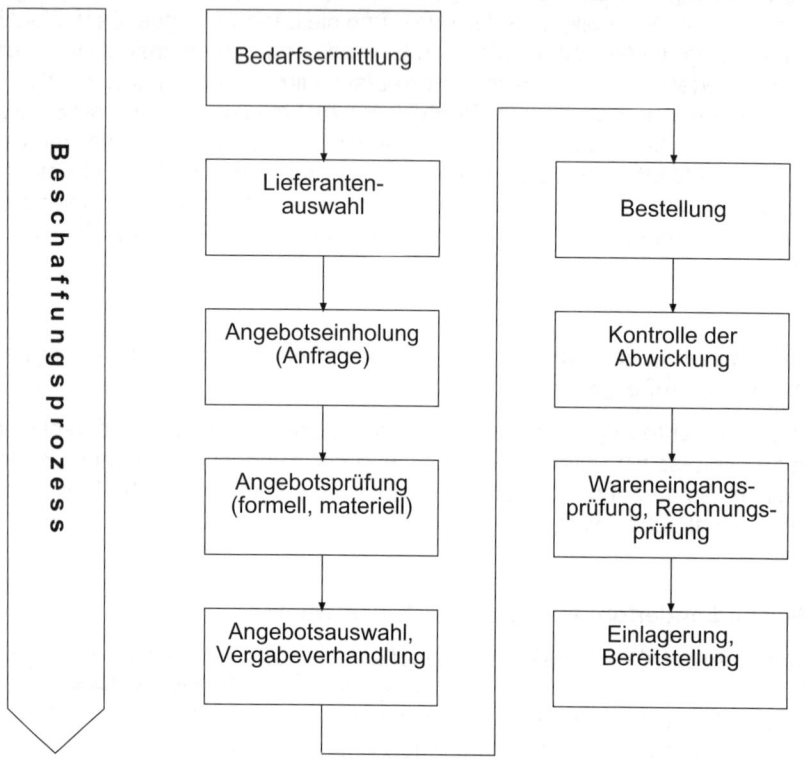

02. Was ist die Aufgabe der Beschaffungsmarktforschung?   → 2.3

Die Aufgabe der Beschaffungsmarktforschung ist die systematische und methodische
Ermittlung von Beschaffungsmöglichkeiten. Ihr Ziel ist es, die relevanten Märkte für die
zuständigen Einkaufsstellen transparent zu gestalten. Weiterhin sollen frühzeitig Be-
schaffungsengpässe erkannt und neue Beschaffungsquellen eröffnet werden (z. B. bei
instabilen politischen Verhältnissen sowie instabilen Märkten und Lieferanten).

03. Welche Methoden werden innerhalb der Beschaffungsmarktforschung angewandt?

Markterkundung	liegt vor, wenn sich das Unternehmen mit einfachen, nicht systematischen Methoden einen Überblick über die Marktsituation verschaffen will. Dies geschieht durch Kontaktaufnahme mit Kunden und Lieferanten und durch Auswertung von Mitteilungen von Vertretern und Geschäftsfreunden.
Marktforschung (i. e. S.)	Marktforschung im eigentlichen Sinne ist die systematische, auf wissenschaftlicher und methodischer Analyse beruhende Untersuchung des Marktes.
Marktanalyse	Wird zu einem bestimmten Zeitpunkt oder für eine ganz bestimmte Zeitspanne ein bestimmter, regional und nach Warengattungen abgegrenzter Teilmarkt untersucht, so spricht man von Marktanalyse (statisch).
Marktbeobachtung	ist eine laufende Betrachtung der Entwicklung des Marktes über einen längeren Zeitraum (dynamisch).
Marktprognose	ist die Abschätzung und Berechnung der künftigen Marktentwicklung.

Vgl. zum Themenkreis „Marktforschung" ausführlich unter 2.3.

04. Was versteht man unter primärer und was unter sekundärer Beschaffungsmarktforschung?

• Bei der *Primärforschung* (auch: direkte Forschung) müssen alle notwendigen Informationen erst gewonnen werden durch z. B.:
 - Anfrage
 - Vertreterbesuche
 - Firmenbesuche, Betriebsbesichtigungen.

• Bei der *Sekundärforschung* (auch: indirekte Forschung) wird auf vorhandene Daten und Unterlagen zurückgegriffen, z. B.:
 - Preislisten, Kataloge, Prospekte
 - Bezugsquellenverzeichnisse
 - IHK-Verzeichnisse
 - Markt- und Börsenberichte
 - Information der Wirtschaftsverbände, der Außenhandelsbanken
 - öffentlich zugängliche Datenbanken.

05. Welches sind die geläufigsten Informationsquellen der Beschaffungsmarktforschung?

- Bezugsquellenverzeichnisse
- Industrie- und Handelskammern
- Messekataloge
- Kataloge
- Fachzeitschriften
- Innungen
- Auskunfteien
- Banken
- Mailboxen
- Betriebsbesichtigungen
- Hausmessen
- Werbung
- Gewerkschaften
- Marktberichte
- Wirtschaftsministerien
- Probelieferungen
- alte Einkaufsvorgänge
- Botschaften

- Branchenfernsprechbuch
- Handwerkskammern
- Erfahrung des Einkäufers
- Tageszeitungen
- Verbände
- Vertreterbesuche
- Geschäftsberichte
- Datenbanken
- Messebesuche
- Quality Audits
- Preislisten
- Stellenanzeigen
- Marktforschungsinstitute
- Börsennotierungen
- Handelsmissionen
- Referenzen
- Konsulate
- Anfragen.

06. Wie ist der generelle Ablauf bei der Beschaffungsmarktforschung?

- Informationssammlung
- Verarbeitung der gesammelten Informationen
- Weiterleitung der Ergebnisse
- Archivierung der gewonnenen Ergebnisse.

07. Welche Objekte werden bei der Beschaffungsmarktforschung untersucht?

Markt-veränderungen	Konjunktur, politische/wirtschaftliche Veränderungen, Wechselkurse, Marktstrukturen (Käufer-/Verkäufermarkt), Rohstoffentwicklung, Ersatzgüter (Substitution)
Produkte	Qualität, Eigenschaften, Entsorgung, Umweltverträglichkeit, Fertigungsverfahren
Preise	Preispolitik/-strategie, Konditionenpolitik, Marktform
Lieferanten	Unternehmensgröße, Dauer am Markt, Finanzlage, Kapazität, Termintreue, Vorlieferanten, Kulanz, Unternehmens-/Kundenpolitik
Transport/Logistik	direkte/indirekte Wege, Mengenrabatte, Transport- und Währungsrisiken, Versicherungen

08. Welche Aufgabengebiete umfasst die Bezugspolitik?

1. Festlegung der *Beschaffungswege*:
   * Direktbezug
   * Beschaffung über Beschaffungshelfer
   * Beschaffung über den Großhandel

2. Wahl des *Ortes* und der *Anzahl der Lieferanten*:
   * geografische Anordnung
   * geringere Anzahl → geringer Logistikaufwand
   * höhere Anzahl → hoher Logistikaufwand

3. *Globalisierung der Beschaffungsvorgänge (Global sourcing)*

4. *Einkauf ganzer Funktionsgruppen* statt einzelner Teile *(Modular Sourcing)*.

Die Bezugspolitik wird von Unternehmenszielen, wie z. B. der *Versorgungssicherheit*, beeinflusst.

Dabei unterscheidet man u. a. folgende *Beschaffungskonzepte*:

Modular Sourcing	auch: Modul-Einkauf; Begriff aus der Beschaffungswirtschaft der Industrie: Es werden überwiegend vorgefertigte Baugruppen eingekauft. Meist übernimmt ein Hauptlieferant die Vormontage und die Koordination der Unterlieferanten.
Single Sourcing	Ein Artikel wird nur bei einem Lieferanten eingekauft. Vorteile: Mengenrabatt, gleichbleibende Qualität, Verringerung der Transportkosten; Nachteile: Abhängigkeit vom Lieferanten, hohe Mindestbestände erforderlich, keine Anreize bei Lieferanten zur Produktinnovation.
Multiple Sourcing	Ein Artikel/eine Artikelgruppe wird von mehreren Lieferanten bezogen. Vorteile: mehr Flexilität bei der Beschaffung, gute Verhandlungsposition.
Local Sourcing	Der/die Lieferant/en sind in der Nähe des beschaffenden Unternehmens (vgl. das Einkaufsprinzip bei Netto: Bezug von Waren der Region).
Global Sourcing	Die Beschaffung erfolgt international. Vorteile: keine inlandsbedingten Engpässe, Nutzung der international unterschiedlichen Einkaufspreise (z. B. Indien, Tschechien, Türkei, China). Global Sourcing gewinnt auch für KMU an Bedeutung aufgrund der länderübergreifenden Standardisierung, der Verminderung der Handelsbarrieren und der modernen Kommunikationstechnologie.

09. Welche Merkmale sind für die Wahl der Beschaffungsart relevant?

* relative Wertigkeit einer Materialart → ABC-Analyse
* Verbrauchsstruktur → XYZ-Analyse
* Lagerfähigkeit, z. B. Sperrigkeit, Verderblichkeit
* verfügbare Lagerkapazität
* Position auf dem Beschaffungsmarkt → Nachfragemacht
* Autonomieansprüche → Grad der Lieferantenunabhängigkeit
* erfolgs- und finanzwirtschaftliche Restriktionen, z. B. Liquiditätsabhängigkeit, Kreditlimits, Umsatzrückgang.

10. Welche Beschaffungswege können gewählt werden?

Direkte Beschaffung	Beschaffung beim Hersteller; kommt vorrangig für große Handelsunternehmen infrage; KMU können kooperieren über Einkaufsgemeinschaften.
Indirekte Beschaffung	Zwischen dem Hersteller und dem beschaffenden Unternehmen ist mindestens ein Absatzorgan geschaltet; Großhandel, Kommissionäre, Importeure, Handelsvertreter

11. Was ist Category Management?

Category Management (CM; auch: Warengruppenmanagement) ist die Abstimmung von Planungsprozessen zwischen Händler und Hersteller, um das Warensortiment optimal auf die Bedürfnisse der Kunden abzustellen. Dazu werden eine Fülle interner und externer Daten ausgewertet. Ziel von CM ist die Absatz- und Ertragssteigerung.

12. Was ist bei der Lieferantenauswahl zu beachten?

Für einen Handelsbetrieb ist die Auswahl der Lieferanten eine der schwierigsten und folgenreichsten Aufgaben. Werden Erwartungen enttäuscht, so kann der ganze geschäftliche Erfolg ausbleiben, finden die Waren keinen Anklang, so bleiben die Kunden weg. Hat man die falschen Lieferanten ausgewählt, so dürfte es in vielen Fällen nicht einfach sein, zur Konkurrenz überzuwechseln. Es ist daher entscheidend, die Wahl der Lieferanten sorgfältig vorzubereiten und sich von vornherein über einige wesentliche Probleme im Klaren zu sein:

• Welche Preisklassen und Qualitäten sollen geführt werden?
• In welcher Breite und Tiefe soll das Sortiment beschaffen sein?
• Welche Waren sind notwendig, um das notwendige Grundsortiment führen zu können?
• Auf welche Hersteller soll man sich konzentrieren?
• Welche Hersteller oder Marken müssen nicht geführt werden?
• Welches Randsortiment muss zusätzlich geführt werden?
• Welche Artikel müssen in Saisonsortimente aufgenommen werden?

Außerdem stellt sich die Frage, welche Waren bzw. Hersteller von der Konkurrenz geführt werden und ob man die gleichen Marken bzw. Artikel wie die Konkurrenz führen will oder muss bzw. wie man sich von der Konkurrenz unterscheiden kann.

13. Welche Gesichtspunkte sind für die Wahl der Lieferanten entscheidend?

Solche Faktoren können sein:

• Preis
• Qualität
• Einhaltung von Lieferterminen

- kurzfristige Bestell- und Liefermöglichkeiten
- Einräumung von Mengenrabatten
- Kundendiensterfahrungen
- Großzügigkeit bei Mängelrügen
- bilanzielle Stabilität
- ökologische Merkmale
- gute Form bei technischen Geräten usw.

14. Welche Bedeutung hat die Anfrage?

Die Anfrage ist eine Aufforderung zur Abgabe eines verbindlichen Angebots, mit dem Ziel, durch einfache Annahme den Vertragsschluss zu bewirken.

Die Anfrage ist für den Einkäufer eine Befragung von potenziellen Lieferanten, ob sie bestimmte Lieferungen und/oder Leistungen zu wettbewerbsfähigen Preisen und Bedingungen erbringen können.

15. Was sollte eine Anfrage beinhalten?

Eine ordnungsgemäße Anfrage sollte folgende Punkte beinhalten:

- präzise Bedarfs- bzw. Problembeschreibung
- genaue Mengen (ggf. Toleranzen angeben)
- Materialart (möglichst präzise Beschreibung)
- gewünschter Liefertermin
- Angebotstermin
- Richtlinie für verspätete Angebote
- alle preisbeeinflussenden Bedingungen
- ggf. Hinweis auf Zeichnungen und Muster
- allgemeine Einkaufsbedingungen beifügen
- Vertreterbesuche erwünscht (Ja/Nein)
- Hinweis auf Verbindlichkeit und Kostenneutralität des Angebotes.

Der Angebotseingang ist zu überwachen.

16. Was ist bei der formellen Prüfung von Angeboten zu beachten?

Die formelle Angebotsprüfung ist eine Prüfung auf Übereinstimmung mit der Anfrage. Zu prüfende Kriterien sind im Einzelnen:

- Qualität
- Menge

- Lieferzeit
- Lieferungs- und Zahlungsbedingungen.

Muster und Proben sind sofort zu prüfen. Weiterhin ist festzulegen, wie mit abweichenden Angeboten, z. B. Alternativen oder Substitutionsgütern, zu verfahren ist.

17. Welche Bedingungen sind bei der materiellen Angebotsprüfung zu beachten?

• *Angebotsverbindlichkeit*

• *Preise*
  - Festpreise
  - Preisgleitklausel

  - Preisvorbehalte (wie z. B. freibleibend;
    unverbindlich)

• *Zuschläge*
  - Legierungszuschlag
  - Mindermengenzuschlag
  - Rüstkosten
  - Werkzeugkosten
  - GGVS-Zuschläge

  - Teuerungszuschlag
  - Schnittkosten
  - Modellkosten
  - Altölabgabe

• *Abschläge/Nachlässe*
  - Rabatte

  - Boni

• *Zahlungsbedingungen*
  - Fristen
  - Vorauszahlungen

  - Skonti

• *Transportklauseln*
  - ab Werk, Bahnstation, Grenze,
    Flughafen, Seehafen

  - frei Werk, Empfangsstation, Haus,
    Verwendungsstelle, Grenze, Frachtbasis

• *Verpackungsklauseln*
  - einschließlich/ausschließlich
    Verpackung

  - Gutschrift bei Rücksendung
  - Leihverpackung

• *Nebenkosten*
  - Zölle
  - Garantie
  - Schulungskosten

  - Versicherungen
  - Abnahmekosten

• *Betriebskosten*
  - Strom
  - Wasser
  - Druckluft

  - Gas
  - Öl

• *Folgekosten*
  - Wartung
  - Ersatzteildienst

  - Reparaturen
  - Entsorgung

• *Lieferzeit*
  - möglichst genau fixiert (nicht schnellstens, sofort etc.).

18. Welche Ziele werden bei einer Vergabeverhandlung (Abschlussverhandlung) verfolgt?

• Konditionsverbesserung (Preise und Bedingungen)
• Unklarheiten des Angebotes beseitigen

* erforderliche Ergänzungen zum Angebot einholen
* neue Lieferanten kennen lernen.

19. Was ist das Ziel von allgemeinen Einkaufsbedingungen?

* sie geben höhere Sicherheit bei Vertragsabschluss
* sie dienen der Rationalisierung von Beschaffungsabläufen
* sie verhindern bereits im Vorfeld Einigungsmängel.

20. Was ist unabdingbarer Bestandteil einer Bestellung?

* Hinweis „Bestellung"
* Vertragsgegenstand
* Preise (Festpreise, Gleitpreise)
* Auftragswert
* Hinweis „allgemeine Geschäftsbedingungen"
* Lieferbedingungen
* Gewährleistung

* allgemeine Daten
* Mengen
* Zu-/Abschläge
* Liefertermin
* Zahlungsbedingungen
* Vorauszahlungen
* rechtsverbindliche Unterschrift
* allgemeine Hinweise (Lieferadresse etc.).

21. Welche besonderen Einkaufsverträge gibt es?

* Abrufvertrag
* Rahmenvertrag
* Kauf auf Probe
* Kauf nach Probe
* Bevorratungsvertrag

* Sukzessivliefervertrag
* Spezifikationskauf
* Kauf zur Probe
* Bedarfsdeckungsvertrag.

Vgl. dazu 5.7.2/05.

22. Welche Ziele, Aufgaben und Funktionen hat die Materialdisposition?

Materialdisposition	
Begriff	Die Materialdisposition umfasst alle Tätigkeiten, die erforderlich sind, um ein Unternehmen mit den Objekten der Materialwirtschaft nach Art, Menge und Qualität termingerecht zu versorgen.
Aufgaben	Optimale Kombination der Zielsetzungen der Materialwirtschaft: „Hohe Lieferbereitschaft ⇔ niedrige Lagerhaltungskosten", Art, Menge und Zeitpunkt der Lagerbestände in Bestellmengen und -termine umsetzen.
Ziele	Gewährleistung einer hohen Lieferbereitschaft Minimierung der Lagerhaltungskosten
Funktionen	• Bedarfsermittlung • Bestandsrechnung • Bestellmengenrechnung

23. Mit welchen grundlegenden Entscheidungen befasst sich die Beschaffungsplanung?

Die Beschaffungs*planung* bildet die Ausgangsbasis für die konkrete Durchführung der Beschaffung; es sind vor allem folgende Entscheidungen zu treffen:

Beschaffungsplanung • Entscheidungsfelder		
Beschaffungs prinzipien	Vorratsbeschaffung Einzelbeschaffung	Just-in-Time (JiT)
Beschaffungswege	direkte Beschaffungswege	indirekte Beschaffungswege
Beschaffungstermine/ Bestellzeitpunkt (Dispositionsverfahren)	bedarfsgesteuerte (= plange- steuerte) Beschaffung: • Saison • Trend • konstanter Absatz	verbrauchsgesteuerte (= sto- chastische) Beschaffung: • Bestellpunktverfahren • Bestellrhythmusverfahren
Bestellmenge	z. B. optimale Bestellmenge nach Andler	

24. Welche Verfahren der verbrauchsgesteuerten Disposition gibt es?

Bestellpunktverfahren	
Hierbei wird bei jedem Lagerabgang geprüft, ob ein bestimmter Bestand (Meldebestand oder Bestellpunkt) erreicht oder unterschritten ist.	
Merkmale:	• feste Bestellmengen • variable Bestelltermine
Meldebestand	= ø Tagesabsatz · Beschaffungszeit + Sicherheitsbestand

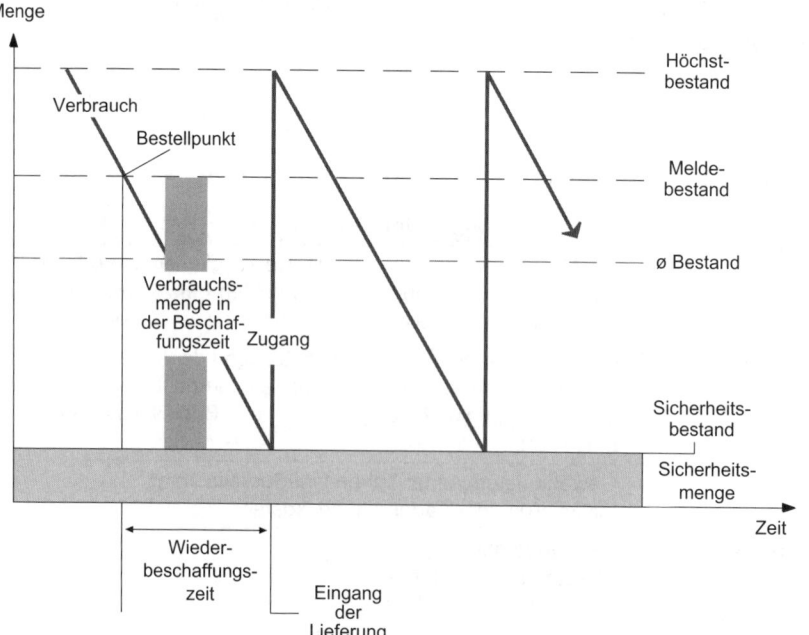

Bestellrhythmusverfahren	
Hierbei wird der Bestand in festen zeitlichen Intervallen überprüft. Er wird dann auf einen vorher fixierten *Höchstbestand* aufgefüllt.	
Merkmale:	• feste Bestelltermine • variable Bestellmengen
Höchstbestand	ø Verbrauch/Zeiteinheit · (Beschaffungszeit + Überprüfungszeit) + Sicherheitsbestand

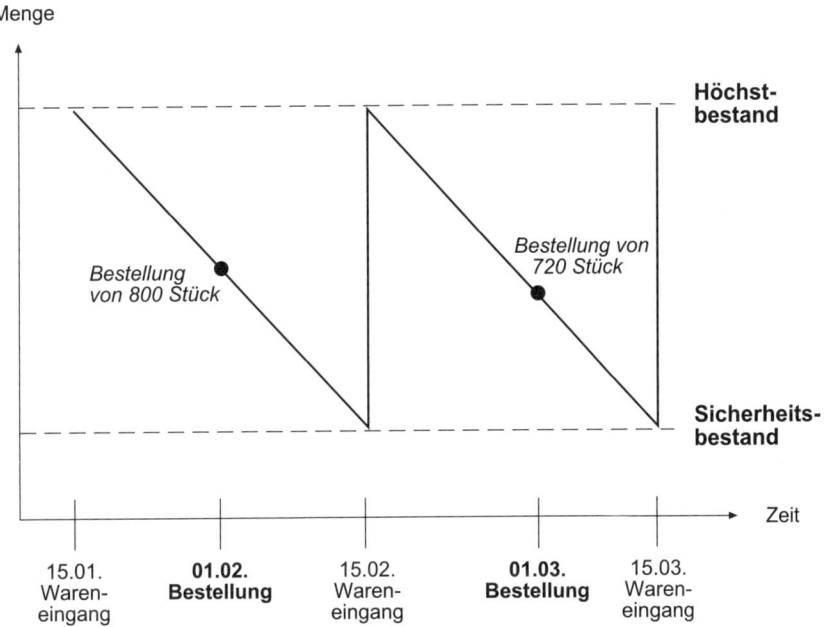

Achtung: häufig Gegenstand der Prüfung.

25. Von welchen Faktoren ist die Wiederbeschaffungszeit abhängig?

Die Wiederbeschaffungszeit ist von folgenden Faktoren abhängig:

- *Bedarfsrechnungszeit*
  = Zeit, die benötigt wird, den Bedarf unter Zuhilfenahme der jeweiligen Bedarfsrechnungsverfahren zu bestimmen.

- *Bestellabwicklungszeit*
  = Zeit, die der Einkauf benötigt, um eine rechtsverbindliche Bestellung an den Lieferanten zu übermitteln.

- *Übermittlungszeit zum Lieferanten*
  = Zeit, die benötigt wird, um die Bestellung dem Lieferanten zu übermitteln.

- *Lieferzeit*
  = Zeit, die der Lieferant benötigt, um die Ware vom Eintreffen der Bestellung zum Versand zu bringen.

- *Ein-, Ab- und Auslagerungszeit*
  = Zeit, die benötigt wird, um die angelieferte Ware der weiteren Verarbeitung/Manipulation zuzuführen.

26. Welchen Einflussfaktoren unterliegt die Bestellmenge?

- Beschaffungskosten
- Bestellkosten
- Fehlmengenkosten
- Lagerhaltungskosten
- Finanzvolumen.

27. Was sind Bestell(abwicklungs)kosten?

- Bestellkosten sind Kosten, die innerhalb eines Unternehmens für die Materialbeschaffung anfallen.

- Sie sind von der Anzahl der Bestellungen abhängig und nicht von der Beschaffungsmenge.

Bei größeren Bestellmengen x sinken die Bestellkosten je Stück; es erhöhen sich aber die Lagerkosten und umgekehrt. Bestellkosten und Lagerkosten entwickeln sich also gegenläufig. Die optimale Bestellmenge x_{opt} ist grafisch dort, wo die Gesamtkostenkurve aus Bestellkosten und Lagerkosten ihr Minimum hat:

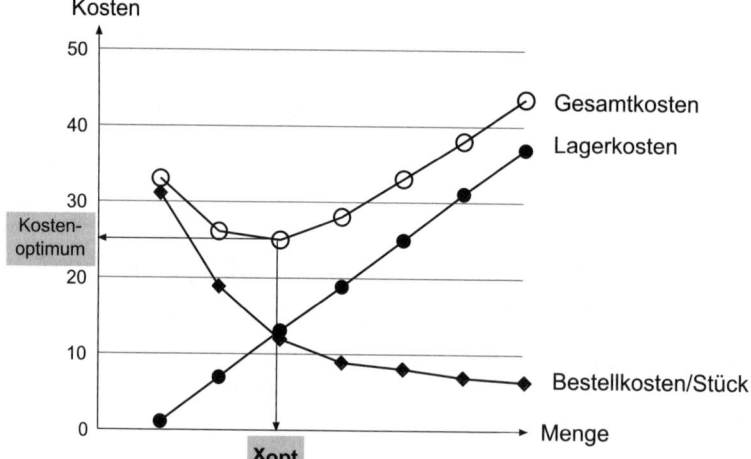

28. Wie lautet die Formel zur Berechnung der optimalen Bestellmenge nach Andler?

$$\text{Opt. Bestellmenge} = \sqrt{\frac{200 \cdot \text{Jahresbedarfsmenge} \cdot \text{Bestellkosten/Bestellung}}{\text{Einstandspreis pro ME} \cdot \text{Lagerhaltungskostensatz}}}$$

$$x_{opt} = \sqrt{\frac{200 \cdot M \cdot KB}{E \cdot L_{HS}}}$$

29. Wie lässt sich die optimale Bestellhäufigkeit berechnen?

Die optimale Bestellhäufigkeit N_{opt} lässt sich in Abwandlung der Andlerformel wie folgt berechnen:

$$N_{opt} = \sqrt{\frac{M \cdot E \cdot L_{HS}}{200 \cdot K_B}}$$

N_{opt} = optimale Beschaffungshäufigkeit
M = Jahresbedarfsmenge
E = Einstandspreis pro ME
K_B = Bestellkosten/Bestellung
L_{HS} = Lagerhaltungskostensatz

Ferner gilt auch:

$$N_{opt} = \frac{M}{x_{opt}}$$

30. Unter welchen Voraussetzungen gilt die Formel für die Errechnung der optimalen Bestellmenge nach Andler?

Dieser Formel liegen Annahmen im Hinblick auf den geschätzten Jahresbedarf und die Lagerkosten sowie die Bezugskosten zu Grunde. Es wird ferner unterstellt, dass es sich um konstante Größen handelt, die Mengenrabatte unberücksichtigt bleiben und genügend Kapital und Lagerraum zur Verfügung stehen. Da in der Praxis ein Teil der Annahmen nicht der Wirklichkeit entspricht, begegnen dieser Formel häufig Bedenken. Insbesondere spielen die Mengenrabatte bei der Festlegung der Bestellmenge eine große Rolle.

31. Welche Einschränkungen, in denen von der optimalen Bestellmenge nach Andler abgewichen wird, kann es in der Praxis geben?

Einschränkungen • Keine Anwendung der optimalen Bestellmenge	
betriebsbedingt	• Lagerkapazität • Liquidität • Limitrechnung • Abnahme von Mindest- oder Höchstmengen
lieferantenbedingt	• nur Lieferung von Mindestmengen • Verpackungseinheiten • Entwicklung der Verkaufspreise • Kapazität der Lieferanten • Dispositionstermine
marktbedingt	• allgemeine Preisentwicklung • Spekulation • Überangebot bzw. Unterangebot am Markt

32. Welche Folgen können aus einem zu ungenau bestimmten Sicherheitsbestand entstehen?

• Der Sicherheitsbestand ist im Verhältnis zum Verbrauch *zu hoch*:
  Es erfolgt eine unnötige Kapitalbindung.
• Der Sicherheitsbestand ist im Verhältnis zum Verbrauch *zu niedrig*:
  Es entsteht ein hohes Fehlmengenrisiko.

33. Wie kann der Sicherheitsbestand bestimmt werden?

• Bestimmung aufgrund subjektiver Erfahrungswerte
• Bestimmung mittels grober Näherungsrechnungen:

Sicherheitsbestand	=	ø Verbrauch pro Periode · Beschaffungsdauer

Sicherheitsbestand	=	ø Verbrauch pro Periode · Beschaffungsdauer · Lieferungsbereitschaft
	=	5 Stück · 6 Tage · 80 % = 24 Stück

- errechneter Verbrauch in der Zeit der Beschaffung + Zuschlag für Verbrauchs- und Beschaffungsschwankungen

Sicherheitsbestand	=	ø Verbrauch pro Periode + Sicherheitszuschlag

- längste Wiederbeschaffungszeit:
  herrschende Wiederbeschaffungszeit · durchschnittlicher Verbrauch je Periode
- arithmetisches Mittel der Lieferzeitüberschreitung je Periode · durchschnittlicher Verbrauch je Periode

• mathematisch nach dem Fehlerfortpflanzungsgesetz

• Bestimmung durch eine pauschale Sicherheitszeit

- Festlegung eines konstanten Sicherheitsbestandes

- statistische Bestimmung des Sicherheitsbestandes, z. B. unter Verwendung des MAD (= mittlere absolute Abweichung):

Sicherheitsbestand	=	Sicherheitsfaktor · MAD
	=	$SF \cdot \sum |x_i - \bar{x}|$

34. Welche Hilfsmittel der Beschaffung können eingesetzt werden?

- ABC-Analyse
- Lieferantenselektion und -beurteilung (vgl. dazu Ziffer 4.1.4)
- Einkaufsstatistiken
- EDV-gestützte Bestell-, Termin- und Preisüberwachung
- Qualitätssicherung
- Controlling im Einkauf.

5.1.4 E-Business

→ 2.12.1, 5.3.2

5.2 Kundenbezogene Gestaltung des Waren- und Datenflusses (Efficient Consumer Response)

5.2.1 Efficient Consumer Response (ECR)

01. Was versteht man unter „Efficient Consumer Response" (ECR)?

Efficient Consumer Response (ECR; dt.: Effiziente Reaktion auf die Kundennachfrage) ist die ganzheitliche Betrachtung der Wertschöpfungskette vom Hersteller über den Handel bis hin zum Kunden. Ziel ist dabei, die Wünsche des Kunden in Erfahrung zu bringen und bestmöglich zu befriedigen – unter Beachtung der Kosten. Dabei müssen sowohl die Waren- als auch die Informationsströme zwischen Hersteller, Handel und Kunde untersucht werden. In der Logistik wird ein ähnlicher Begriff verwendet: *Supply Chain Management* (vgl. 5.3); vgl. außerdem zu „Category Management" Ziffer 5.1.3.

5.2.2 Basisstrategien von ECR

01. Welche Basisstrategien werden im Rahmen von Efficient Consumer Response (ECR) eingesetzt?

ECR basiert auf dem Grundgedanken, den Kundennutzen im Wege einer optimalen Zusammenarbeit zwischen Hersteller und Handel in den Mittelpunkt zu stellen. Ziel ist eine Verbesserung der Wertschöpfungskette sowie die Möglichkeit der Umsatzverbesserung, indem die am Markt angebotenen Kundenvorteile erhöht werden (Sortimentsgestaltung, Preis-Nutzen-Verhältnis, Verkauf von Problemlösungen).

02. Was ist Cross-Docking?

Cross Docking (CD)	ist ein Vertriebssystem, das ohne Bestandsführung im Distributionslager auskommt. CD reduziert die Kosten des Transports und des Lagerumschlags, verbessert die Warenverfügbarkeit und verringert die Lagerkapazitäten. Beispielsweise setzt die METRO Group CD im Frischebereich und bei Fischprodukten ein. Es gibt zwei Varianten von CD.
	Variante 1 (einstufig): Alle Filialen eines Handelsunternehmens senden unabhängig und gleichzeitig ihre Bestellungen an den Lieferanten. Dieser kommissioniert filialbezogen und transportiert die gesamten Waren zum Distributionslager des Handelsunternehmens. Von dort aus werden die Kommissionen ohne weiteres Handling an die einzelnen Filialen weitergeleitet.
	Variante 2 (zweistufig): Das Handelsunternehmen sammelt die Bestellungen aller Filialen und schickt eine Gesamtbestellung an den Lieferanten. Der Gesamtauftrag wird vom Lieferanten an das Distributionslager transportiert. Erst dort erfolgt die Kommissionierung nach Filialen.

Zur Umsetzung des ECR-Konzepts werden vier Basisstrategien (Subsysteme) eingesetzt:

Efficient Replenishment	ist die Übertragung des Just-in-time-Konzeptes (der Industrie) auf den Handel: Damit soll einerseits die Abverkaufsseite optimiert werden, sodass beispielsweise keine Versorgungslücken im Einzelhandel entstehen (Out-of-Stock-Situationen); zum anderen können dadurch die Warenbestände minimiert werden und Lagerüberhänge gehören der Vergangenheit an. Instrumente, z. B.: EDI = Electronic Data Interchange, Elektronischer Datenaustausch; CD = Cross Docking, Warenvertriebssystem ohne Bestandshaltung im Distributionslager; VMI = Vendor Managed Inventory, Konzept zur Verlagerung der Bestandsführung vom Handel auf den Lieferanten.
Efficient Assortment	ist die Festlegung eines optimalen Sortimentsportfolios zwischen Hersteller und Handel. Damit soll sowohl der Kundennutzen als auch die Ertragssituation der Lieferanten und des Handels verbessert werden: Instrumente, z. B.: Gestaltung der Sortimentsbreite, -tiefe; Erhöhung der Umschlagshäufigkeit; Verbesserung der Warenpräsentation sowie Maßnahmen der Regaloptimierung (Flächenoptimierung, Standardisierung der Produktplatzierung).
Efficient Promotion	ist die Optimierung der Verkaufsförderung durch die konsequente Ausrichtung von Aktionen am Kundenbedürfnis. Instrumente, z. B.: Sonderartikel, Einsatz von Propagandisten, Erlebnisaktionen am POS.
Efficient Product Introduction	ist die zwischen Hersteller und Handel abgestimmte Markteinführung neuer Produkte – orientiert am Kundennutzen. Instrumente, z. B.: besondere Formen der Warenpräsentation und der Werbung für Neuprodukte, schnellere Reaktion auf das Verhalten der Kunden.

5.3 Effizientes Management der Wertschöpfungskette (Supply Chain Management)

5.3.1 Ziele und Aufgaben

01. Was versteht man unter Supply Chain Management (SCM)?

Als Supply Chain (dt.: Versorgungskette) wird ein unternehmensübergreifendes virtuelles Organisationsgebilde bezeichnet, das als gesamtheitlich zu betrachtendes Leistungssystem spezifische Wirtschaftsgüter für einen definierten Zielmarkt hervorbringt.

Beispiele für Supply Chains sind etwa die Lieferketten der Automobilindustrie. Im extremen Falle kann die Supply Chain dabei von der Rohstoffgewinnung bis hin zum Recycling (ggf. inkl. der Entsorgung) von Alt-Produkten reichen.

Mit dem Begriff des *Supply Chain Management* (SCM) fasst man alle Maßnahmen zusammen, die darauf abzielen, den Wertschöpfungsprozess von den Lieferanten bis hin zu den Abnehmern optimal zu gestalten. Hierzu zählen organisatorische und informationstechnische Maßnahmen, die dazu führen, dass die beteiligten Knoten der Supply Chain miteinander kooperieren können und die dazu über ausreichend Informationen verfügen. Sind diese Voraussetzungen gegeben, dann besteht ein erhebliches Optimierungspotenzial, das durch den Einsatz geeigneter Methoden erschlossen werden kann.

Die charakteristischen Merkmale von SCM sind:

- ausgedehnte Optimierung der innerbetrieblichen Logistikkette auf externe Partner
- Flexibilisierung der Leistungserstellung in Bezug auf Nachfrageschwankungen
- Erhöhung der Transparenz der Wertschöpfungsstufen.

02. Welches sind die Ziele eines effizienten Supply Chain Management?

Das Supply Chain Management (SCM) zielt in diesem Sinne auf eine langfristige, mittelfristige und kurzfristige (operative) Verbesserung von Effektivität und Effizienz industrieller Wertschöpfungsketten ab. SCM dient der Integration aller Unternehmensaktivitäten von der Rohstoffbeschaffung bis zum Verkauf an den Endkunden in einen nahtlosen Prozess.

Die Einzelteile sind dabei:

- Orientierung am Endkunden
- Steigerung der Kundenzufriedenheit durch bedarfsorientierte Lieferung
- raschere Anpassung an die Änderungen des Marktes
- Reduzierung des Bullwhip-Effekts
- Vermeidung von „Out-of-Stock" (kein Lagerbestand)
- Senkung der Lagerbestände in der gesamten Supply Chain
- Kostenvorteile durch die Gesamt-Optimierung des Lieferprozesses über mehrere Stufen hinweg

- Vereinfachung des Güterflusses
- Verkürzung von Lieferzeiten
- Qualitätsvorteile.

03. Was versteht man unter dem Bullwhip-Effekt?

Der Bullwhip-Effekt (dt.: Peitscheneffekt) ist ein zentrales Problem des Supply Chain Management, das sich aus dynamischen Prozessen der Wertschöpfungsketten ergibt. Er beschreibt, dass unterschiedliche Bedarfsverläufe bzw. kleine Veränderungen der Endkundennachfrage zu Schwankungen der Bestellmengen führen, die sich entlang der logistischen Kette wie ein Peitschenhieb aufschaukeln können.

04. Warum muss der Handel aktiv die Supply Chain mitgestalten?

Die Industrie muss zuerst produzieren, erst danach kann verkauft werden. Die meisten Produkte werden durch die Industrie auf eigenes Risiko vorproduziert. Die Industrie braucht deshalb genaue Informationen über den Kundenbedarf. Andererseits braucht der Handel Informationen über die Lieferfähigkeit. Beide Wünsche sind nur durch eine enge Zusammenarbeit von Industrie und Handel erfüllbar. Das heißt:

- Der Handel versorgt die Industrie mit aktuellen und aussagekräftigen Zahlen vom Markt.

- Die Industrie erhöht ihre Flexibilität und gibt dem Handel exaktere Informationen über die Lieferfähigkeit.

- Ein wichtiger Punkt für eine gute Planung ist die richtige Prognose der Kundenwünsche. Durch den Austausch dieser Informationen, speziell der täglichen Abverkaufszahlen und der Lieferfähigkeit, wird das Risiko beider Seiten reduziert. Das Leistungsangebot wird bedarfsgerechter, die Kunden zufriedener.

5.3.2 Bereiche des Supply Chain Management Konzeptes

In diesem Abschnitt werden folgende Komponenten (auch: Bereiche, Voraussetzungen) des SCM-Konzepts behandelt:

Komponenten des SCM-Konzepts			
Technologien zur automatischen Identifikation[1]	Logistische Standardprozesse	Warenfluss-steuerung	Waren-annahme
Lagerbestands-führung	Warenwirtschafts-systeme	Vendor Management Inventory (VMI)	Systeme zur Steuerung der SC-Aktivitäten

---

[1] Vgl. dazu 1.6.4.2.

01. Welche Bestandteile hat der EAN-Barcode?

Die Abbildung zeigt den Aufbau eines EAN-Barcodes:

Aufbau eines EAN-13-Barcodes

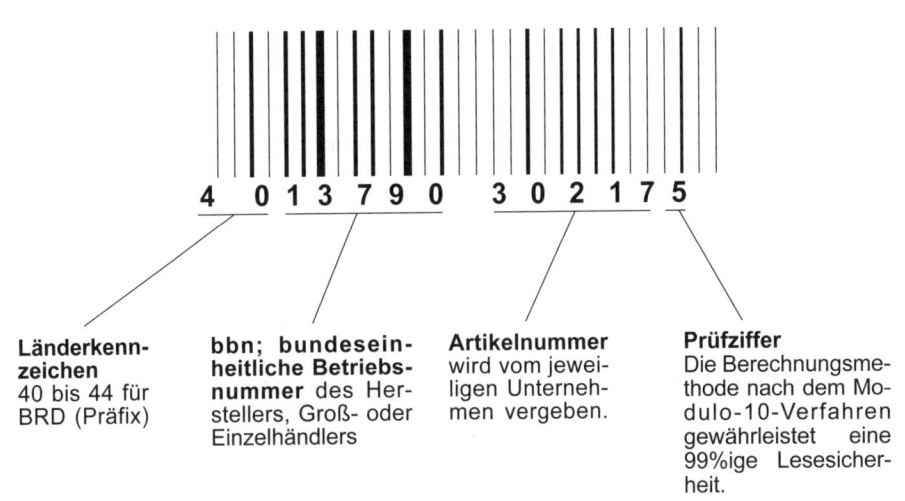

Länderkenn-zeichen 40 bis 44 für BRD (Präfix)	**bbn; bundesein-heitliche Betriebs-nummer** des Her-stellers, Groß- oder Einzelhändlers	**Artikelnummer** wird vom jewei-ligen Unterneh-men vergeben.	**Prüfziffer** Die Berechnungsme-thode nach dem Mo-dulo-10-Verfahren gewährleistet eine 99%ige Lesesicher-heit.

02. Welche Aufgabe hat die Warenflusssteuerung? → 1.6.4.2

Die Warenflusssteuerung (besser: Warenflussmanagement) umfasst die Planung, Steuerung und Kontrolle des Warenweges vom Lieferanten zum (End-)Kunden.

Die Ware muss vom Hersteller zum Endkunden gelangen. Dabei können in der Beschaffung und im Absatz Spediteure/Lagerbetriebe zwischengeschaltet sein. Man unterscheidet z. B. die Belieferung des Handels durch den Hersteller über ein zentrales Distributionslager sowie die direkte Belieferung der Filialen des Handelsunternehmens (DSD, Direct Store Delivery; vgl. auch: Cross Docking).

Der Prozess ist zeitgebunden (Liefertermin, Verderblichkeit der Ware, Haltbarkeitsdatum/Kennzeichnung, keine Unterbrechung der Kühlkette) und der Warenfluss muss aus Gründen der Qualität, der Haftung, der Eigentumsfrage (Diebstahl, Schwund u. Ä.) bzw. aufgrund gesetzlicher Vorgaben (z. B. Herkunftsland, Erzeugernachweis; vgl. Fleisch-, Wurstwaren und Eiprodukte) lückenlos dokumentiert werden. Dazu gehört auch, dass jeder Artikel eindeutig identifiziert werden kann (vgl. Warenwirtschaftssystem, Technologien zur Warenidentifikation). Im Regelfall ist der Warenfluss progressiv gerichtet. Bei Reklamation, Umtausch und anderen Sonderfällen ist der Prozess rückwärts gerichtet (retrograd; ggf bis zurück zum Hersteller; vgl. Produkthaftungsgesetz).

Warenfluss						

Zulieferer	Spediteure, Lagerbetriebe	Hersteller	Spediteure, Lagerbetriebe	Handel	Spediteure	Endkunde

Berücksichtigt man die Subsysteme des Warenein- und -ausgangs, lässt sich der interne Warenfluss beim Handel noch weiter untergliedern, z. B.:

Warenfluss							

Lieferant	Warenabholung	Warenannahme	Eingangsprüfung	Manipulation	Kommissionieren	Auslagern	Zustellung zum Kunden
	Handel						

03. Wie ist der organisatorische Ablauf bei der Warenannahme?

- Annahme der Waren
- Prüfung der Lieferberechtigung
- Art- und Mengenprüfung der Ware
- Erstellung der Wareneingangspapiere
- Qualitätsprüfung
- Einlagerung vorbereiten
- Wareneingang verbuchen
- Einlagerung durchführen.

04. Wann gilt eine Mängelrüge als rechtzeitig?

Entscheidend für die Erhaltung der Gewährleistungsansprüche ist nicht nur, dass die Ware untersucht wird, sondern ein Mangel auch rechtzeitig gerügt wird. Unverzüglich bedeutet hierbei *ohne schuldhaftes Verzögern*. Es geht zwar nicht um Stunden, aber Verzögerungen von einigen Tagen können bereits negative Folgen nach sich ziehen. Generelle Fristen gibt es nicht – auch nicht aufgrund der Rechtsprechung.

05. Welche Methoden zur Mengenerfassung in der Lagerbuchhaltung gibt es?

- *Skontraktionsmethode*
- *Inventurmethode*
- *Retrograde Methode*

Vgl. 5.5.3, S. 628.

06. Welchen Zweck erfüllt die Werterfassung bei der Lagerbuchhaltung?

• Nachweis über den Verbleib der am Lager geführten Materialien nach Handels- und Steuerrecht.

• Erfassung von Zu- und Abgängen sowie Beständen für die Buchhaltung, Kostenrechnung und Kalkulation.

• Erfassung der Zu- und Abgänge sowie der Bestände für die Materialabrechnung.

07. Wie kann eine Lieferterminüberwachung sichergestellt werden?

• *durch EDV:*
Die erteilten Bestellungen werden mittels EDV in festgelegten Abständen überwacht und den entsprechenden Stellen mittels Ausdruck oder Bildschirmausgabe zur Kenntnis gebracht.

• *durch den Einkäufer/Besteller:*
Durch Führung eines Terminkalenders, terminliches Ordnen der Bestelldurchschläge oder Führung einer Lieferterminkartei.

08. Was versteht man unter der Warenwirtschaft?

Die Warenwirtschaft ist die *Organisation der Warenbewegung vom Wareneinkauf bis zum Verkauf der Ware.*

09. Welche Bereiche umfasst die Warenwirtschaft?

Die Warenwirtschaft umfasst:

• den *physischen Warenfluss* von der Beschaffung über den Transport, die Lagerung, den Verkauf und die Auslieferung

• den *informationellen Warenfluss* der Erfassung, Verarbeitung, Speicherung und Auswertung der Daten über die Warenbewegungen. Dieser informationelle Warenfluss dient der Steuerung und Kontrolle des physischen Warenflusses.

10. Was versteht man unter einem Warenwirtschaftssystem?

Warenwirtschafts*systeme* sind Programme der Informationstechnologie, die dazu dienen, den gesamten Warenfluss mengen- und wertmäßig zu erfassen, zu steuern und zu kontrollieren. *Kernstück eines jeden Warenwirtschaftssystems ist die möglichst artikelgenaue Erfassung des Warenein- und -ausgangs.* Die Verknüpfung von Wareneingangs- und Warenausgangsinformationen ermöglicht eine permanente *Lagerbestandsfortschreibung.* Verknüpft man zusätzlich die Bestandsfortschreibung mit einer Lagersteuerung, die für die einzelnen Artikel Mindestbestandsmengen vorgibt, können automatisch Bestellungen ausgelöst oder den Disponenten Bestellvorschläge vorgelegt werden.

11. Welche Aufgaben sollen mithilfe eines Warenwirtschaftssystems erfüllt werden?

Aufgaben eines Warenwirtschaftssystems	
Steuerung und Kontrolle des Warenflusses	Bereitstellung warenbezogener Entscheidungsgrundlagen
Beispiele	
• mengen- und wertmäßige Erfassung • Optimierung des Lagerbestandes • Beschaffungsparameter • Rationalisierung	• Analyse des Käuferverhaltens • Lagerkennzahlen • Preispolitik • Ermittlung von Kennzahlen (Controlling)

12. In welche Teilsysteme lässt sich ein Warenwirtschaftssystem gliedern?

Teilsysteme (Subsysteme) eines Warenwirtschaftssystems (Wws)		
Beschaffung der Ware	Lagerung der Ware	Absatz der Ware
↓	↓	↓
Einkaufssystem	Wareneingangssystem Lagerwirtschaftssystem	Warenausgangssystem

13. Welche Voraussetzungen müssen im Einzelhandel für den Einsatz von Warenwirtschaftssystemen vorliegen?

Warenwirtschaftssysteme setzen das Vorhandensein geeigneter *Kasseneinrichtungen* für artikelgenaue Erfassung der verkauften Waren voraus, d. h. die Datenkassen müssen mit optischen Datenerfassungsgeräten (Scannern, Lesegeräten) für maschinenlesbare Schriften ausgestattet sein. Selbstverständlich müssen die Waren mit der EAN-Codierung versehen sein.

14. Wie ist ein Einkaufssystem aufgebaut?

Grundlage des Warenflusses im Handelsunternehmen sind die Beschaffungsentscheidungen – beginnend mit der Angebotsverwaltung über die Disposition, die Beschaffungsvorbereitung bis hin zur Abwicklung der eigentlichen Bestellung.

Die *Angebotsverwaltung* umfasst die verschiedenen Konditionsarten, wie Umsatzrabatt, Skonto, Aktionsrabatt, Jahresbonus, Mengenrabatt, Frachtkonditionen der einzelnen Hersteller sowie die Pflege der Lieferantenstammdaten.

Die *Disposition* als Aufgabe der Beschaffungsvorbereitung umfasst die Bestimmung der Einkaufsmengen. Die Warenbedarfsermittlung erfolgt dabei artikelbezogen auf der Basis vorhandener Aufträge und unter Berücksichtigung von Absatzprognosen. Dieser Bedarf ist die Grundlage für die Ermittlung der Einkaufs- und Bestellmengen. Wenn der

Meldebestand im WWS manuell auf Null gesetzt wird, erfolgt keine Nachbestellung durch das WWS (der Artikel „läuft aus").

Ziel der *Einkaufsmengenoptimierung* ist es, unter Berücksichtigung von Bestellkosten, Einlagerungskosten, Lagerkosten, Preisstaffeln und Mengenrabatten optimale Bestellmengen zu ermitteln. Automatisierte Disposition bedeutet, dass bei Unterschreiten einer festgelegten Mindestbestandsmenge automatisch eine Bestellung ausgelöst wird. Ein solches Verfahren ist nur bei Artikeln mit stabilen Preisen möglich. In anderen Fällen genügt bei Unterschreiten bestimmter festgelegter Mindestmengen das Ermitteln von Bestellvorschlägen. In diesen Bereich fallen auch das Schreiben der Bestellungen, die Eingangsüberwachung der Auftragsbestätigung, die Terminverfolgung, die Veraltung der Bestellungen und der Bestellrückstände.

15. Wie ist ein Wareneingangssystem aufgebaut?

Die Hauptaufgabe des Wareneingangssystems ist die computergestützte Abwicklung der Warenannahme und der Wareneingangskontrolle. Zu diesem Bereich zählt auch die Überprüfung der Übereinstimmung der Lieferung mit dem erteilten Auftrag und die Kontrollen der physischen Beschaffenheit der Ware.

16. Welche Angaben sollte der Wareneingangsschein enthalten?

Beispiele:

- Lieferantenname
- Datum des Wareneingangs
- Nummer des Artikels
- Art der Qualitätsprüfung
- empfangende Stelle

- Bestellnummer
- Bezeichnung des Artikels
- Menge bestellt, Menge geliefert
- Ergebnis der Qualitätsprüfung
- Lagerplatznummer.

17. Welche Arten der Qualitätsprüfung werden unterschieden?

Erstmusterprüfung	Es wird ein Prototyp geprüft. Zukünftige Warenlieferungen müssen bei der Prüfung dem Prototyp entsprechen.
Attributsprüfung	Es wird eine „Gut-Schlecht-Prüfung" des Prüfmerkmals durchgeführt. Die Anzahl der fehlerhaften Stücke in der Stichprobe wird mit einer vorgegebenen Kennzahl verglichen, bei der die Lieferung noch angenommen wird. Die Prüfung ist einfach, da der Stichprobenumfang festgelegt ist.
Variablenprüfung	(auch: messende Prüfung) In einem ausgewählten Stichprobenumfang wird ein festgelegtes Qualitätsmerkmal gemessen. Die Entscheidung über Annahme oder Zurückweisung der Lieferung wird anhand der Prüfgröße gefällt. Diese Prüfung ist detaillierter als die Attributsprüfung, meist aber wirtschaftlicher, da der Stichprobenumfang geringer sein kann.
Hundertprozentprüfung	Jedes Einzelstück der Lieferung wird geprüft anhand festgelegter Qualitätsstandards.
Stichprobenprüfung	Der Lieferung wird eine repräsentative Stichprobe entnommen und diese wird dann einer Qualitätsprüfung unterzogen.

18. Wie ist ein Lagerhaltungssystem aufgebaut?

Die Einlagerung der Ware ist in der Regel mit der Preisauszeichnung der Artikel verbunden. Dies kann durch Einzelauszeichnung in unterschiedlicher Weise oder neuerdings zweckmäßigerweise über Sammelauszeichnungen erfolgen. Dazu wird nur jeweils ein Regalfach mit den Einzelpreisen des Artikels versehen. Die Auszeichnung der einzelnen Artikel entfällt. Die Regalfächer werden mit elektronischen Anzeigen in Form von LCD-Displays (Flüssigkristallanzeigen) versehen, die mit einem Computer verbunden sind. Auf diese Weise lassen sich die Preise automatisch ändern. Voraussetzung ist, dass die Artikel den Strichcode der EAN-Nummerierung tragen. Alle Warenausgänge können dann an den Kassen, die mit dem Zentralrechnen verbunden sind, mittels automatischer Lesegeräte (EAN-Code) erfasst werden.

Grundlage der Bestandsführung ist eine artikelgenaue Warenzu- und -abgangserfassung zur exakten und aktuellen Bestandsfortschreibung.

19. Wie ist das Warenausgangssystem aufgebaut?

Im Einzelhandel erfolgt die Erfassung des Warenausgangs an der Kasse und zwar entweder:

a) manuell durch die Kassenbedienung, indem die Preise über eine Tastatur eingegeben werden,

b) automatisch durch Erfassung des EAN-Codes über einen Scanner oder durch Verwendung in OCR-Schrift und entsprechende Lesegeräte. Dabei werden Artikelnummer, Preis und evtl. Verkäufer registriert, bei Lieferung auf Rechnung auch der Käufer.

20. Wie ist ein Verkaufssystem aufgebaut?

Das Verkaufssystem umfasst die Auftragsbearbeitung, die Verkaufsunterstützung und die Kundenberatung. Bei der Auftragsbearbeitung sind z. B. zu erledigen:

- die Festlegung von Verkaufspreisen und Verkaufskonditionen auf der Grundlage der bisherigen Vereinbarungen und Umsätze sowie der erwarteten Geschäftsentwicklungen;

- die Verfügbarkeitsüberprüfung für die einzelnen Artikel eines Auftrages mit Überprüfung der Lieferfristen und Abstimmung von Lieferterminen mit dem Kunden;

- evtl. Aufsplittung von einzelnen Aufträgen in mehrere Teilaufträge bzw. Teillieferungen;

- die Verkaufsunterstützung dient vor allem der Bereitstellung von Informationen für die Verkäufer, wie z. B. von Daten über die mit einem Kunden getätigten Umsätze, die Preise und Lieferbedingungen für einzelne Artikel.

21. Was versteht man unter „Warenmanipulation"?

Unter Manipulation der Ware (oder „Handling") versteht man die Bewegung und Behandlung der Ware innerhalb des Handelsunternehmens. In welcher Art und Weise die

Ware manipuliert wird, hängt wesentlich von der Art des Handelsunternehmens und der Vertriebsform ab.

Im *Einzelhandelsunternehmen* durchläuft die Ware nach der Warenannahme die folgenden Stationen:

* *Lagern*; zumindest ein Teil der Ware wird zunächst gelagert. In den Selbstbedienungsgeschäften des Lebensmittel-Einzelhandels hat der Verkaufsraum einen großen Teil der Lagerfunktion übernommen. Eine Zwischenlagerung entfällt dann für den Großteil der Ware.

* *Auspacken*; es werden große Gebinde eingekauft, die ausgepackt werden müssen, denn verkauft werden Einzelstücke. Man bezeichnet dies als Umwandlung großer Einkaufs- in kleine Verkaufsmengen (Transformation der Ware).

* *Preisauszeichnen*; jeder Artikel muss mit dem Verkaufspreis versehen werden, der im Einzelhandel übrigens die Mehrwertsteuer enthalten muss. *Die Preisauszeichnung ist im Interesse der Verbraucher gesetzlich vorgeschrieben.* Sie liegt aber auch im Interesse des Handelsunternehmens, denn sie erleichtert dem Verkäufer die Bedienung sowie bei der Selbstbedienung der Kassiererin die Arbeit (heute zum großen Teil Scanner-Kassen). *Mangelhafte Preisauszeichnung kann in Selbstbedienungsgeschäften eine große Verlustquelle sein.*

* *Präsentation*; die Ware wird in den Verkaufsraum gebracht und je nach Branche und Vertriebsform in unterschiedlichen Verkaufsmöbeln präsentiert. Bei Bedienung sind die Verkaufsmöbel anders beschaffen als bei Selbstbedienung; beim Discounter fallen sie bescheidener aus als beim Fachgeschäft.

22. Welche Konsequenzen ergeben sich aus der Einführung der Warenwirtschaftssysteme für die Lagerhaltung?

Warenwirtschaftssysteme verändern die Lagerhaltung der Handelsbetriebe in mehrfacher Weise. In der Industrie z. B. müssen durch das Just-in-time-Prinzip individuelle Güter mit einem Minimum an Zeit und einem Maximum an Vorhersagesicherheit hergestellt werden. Auch der Handel geht dazu über, eine Art nachfragesynchroner Belieferung einzuführen, die den Warenbestand am Lager des Handelsbetriebes deutlich reduziert. Im Idealfall soll die Verkaufsfläche der Lagerfläche entsprechen. Dieses System führt zu geringeren Bestellmengen und einem häufigeren Bestellrhythmus. Damit werden gleichzeitig geringere Lagerkosten durch größere Lagerarbeiten kompensiert.

23. Was ist Vendor Managed Inventory?

Vendor Managed Inventory (VMI) ist ein neueres Konzept zur Verlagerung der Bestandsführung vom Handel auf den Lieferanten.

24. Welche Systeme zur Steuerung der Supply Chain Aktivitäten können eingesetzt werden?

- *Planungs- und Steuerungssystem ERP II:*
  Seit Mitte der 90er-Jahre wird ERP bzw. ERP II eingesetzt (Enterprise Ressource Planning). Es ist ein Konzept zur effizienten Steuerung der im Unternehmen vorhandenen Ressourcen (Kapital, Betriebsmittel, Personal).

- *Datenaustauschsysteme:*
  Der Datenaustausch kann über EDI (Electronic Data Interchange) oder über Internet erfolgen. Einer der EDI-Standards ist EDIFACT (Electronic Data Interchange for Administration, Commerce and Transport). Der Einführungsaufwand ist beträchtlich und nur in großen Unternehmen realisierbar. KMU können den weniger aufwändigen Datenaustausch im Internet auf der Basis von XML (Extensible Markup Language) durchführen. XML erlaubt den Geschäftspartnern die Definition geeigneter Austauschformate.

- *Anwendungssoftware von SAP:*
  Die im deutschsprachigen Raum meist installierte kommerzielle Anwendungssoftware für Großrechner stammt von SAP. Über 80 % der größten deutschen Unternehmen setzen zumindest Teile dieses umfassenden, integrierten Systems SAP (R/3) ein. SAP-Systeme werden zunehmend für Client-Server-Architekturen (z. B. für PC-Netzwerke) angepasst. Sie umfassen die folgenden Anwendungssysteme auf einer gemeinsamen Datenbasis:

- Finanzbuchhaltung	- Kostenrechnung,
- Vertrieb	- Fakturierung
- Versand	- Produktion
- Materialwirtschaft	- Qualitätssicherung
- Instandhaltung	- Personal.
- Projekte	

- *Advanced Planning System (APS)*
  ist ein Anwendungsprogramm, das das ERP-System (übergeordnet) erweitert. Hier steht die *Unterstützung von strategischen und taktischen Entscheidungen* im Vordergrund (Vertriebs- und Transportplanung, Controlling/Monitoring; vgl. ERP II).

5.4 Transport

5.4.1 Transportprozess

01. Welchen generellen Transportbedarf hat ein Unternehmen?

Berücksichtigt man die Subsysteme des Warenein- und -ausgangs, zeigt der interne
Warenfluss beim Handel auch die Transporterfordernisse:

Warenfluss							
Liefe-rant	Waren-	Waren-	Eingangs-	Manipu-	Kommis-	Aus-	**Zustellung zum Kunden**
	abholung	annahme	prüfung	lation	sionieren	lagern	
	Handel						

- Transport vom Lieferanten
- Transport beim Wareneingang
- Transport zur Lagerung
- Transport zum Zentrallager, zur Filiale
- Transport zum Kunden.

Innerbetrieblicher Transport fällt bei folgenden Verrichtungen an:

- Warenannahme
- Umlagerung
- Einlagerung
- Kommissionierung
- Bereitstellung
- Auslagerung und Beladung der externen Verkehrsträger.

02. Welche Verkehrsträger gibt es für den außerbetrieblichen Transport?

- Eisenbahngüterverkehr
- Güterkraftverkehr
- Paketdienste
- Binnenschifffahrt
- Luftfrachtverkehr
- Seeschifffahrt
- Rohrleitungssysteme.

03. Welche Leistungsmerkmale sind für die Auswahl von Verkehrsträgern von Bedeutung?

- *Schnelligkeit:*
  tatsächliche Beförderungszeit des Verkehrsmittels

- *Zuverlässigkeit:*
  Pünktlichkeit und Regelmäßigkeit des Verkehrsträgers

• *Frequenz:*
Planmäßigkeit und Häufigkeit von Verbindungen

• *Netzdichte:*
Anzahl der Stationen für die Anlieferung und Abholung von Gütern

• *Kapazität:*
Fassungsvermögen des Verkehrsträgers bezogen auf Gewicht und Volumen
der Güter

• *Kosten:*
Gesamtkosten für den Verlader

• *Rechtsbestimmungen:*
Gesetze/Verordnungen zum Straßenverkehr (z. B. Fahrverbote, Lenkzeiten), Steuern
und Abgaben (z. B. Lkw-Maut), Gefahrgutvorschriften.

04. Welche Merkmale der zu befördernden Güter sind für die Transportwahl von Bedeutung?

• das Gewicht der Güter
• der Wert der Güter
• die Verderblichkeit der Güter
• der Zustand der Güter
• die zu bewältigende Strecke

• der Umfang des Transportes
• die Dringlichkeit des Transportes
• die Häufigkeit des Transports
• die Empfindlichkeit der Güter.

05. Welche Vor- und Nachteile haben Eisenbahn und Binnenschifffahrt im Vergleich zur Straße?

	Vorteile, z. B.	**Nachteile**, z. B.
Eisenbahn	• weniger umweltbelastend • große Mengen • keine Einschränkung der Fahrzeiten • besonders für Gefahrgüter geeignet	• mitunter Umladungen erforderlich • für Stückgüter weniger geeignet • nicht so schnell wie der Transport auf der Straße
Binnenschifffahrt	• auch für große Mengen geeignet • weniger umweltbelastend • geringere Kosten • keine Einschränkung der Fahrzeiten	• an Wasserstraßen gebunden • witterungsabhängig (z. B. Eis, Hochwasser) • nicht so schnell wie der Transport auf der Straße

06. Welche innerbetrieblichen Transportsysteme werden eingesetzt?

1. *Fördermittel:*
   • Stetigförderer
   • Unstetigförderer
     - Flurförderfahrzeuge (Gabelstaplerarten usw.)
     - Hebezeuge

2. *Förderhilfsmittel:*
Paletten, Behälter, Rollen, Gebinde, Gitterboxpaletten, Container, Kisten usw.

3. *Technik der Lagereinrichtung:*
Regallager, Bodenlager, Hochregallager usw.

07. Welche Informationssysteme werden in der Logistik eingesetzt?

Unter dem Begriff *E-Logistik* (auch: E-Logistic) werden alle informationstechnisch gestützten Verfahren zur Planung und Steuerung der logistischen Prozesse zusammengefasst (z. B. Nutzung der Internet- und Intranet-Technologie).

Beispiele:

* *Sendungsverfolgung* (auch: Tracking, Tracing)
  ist ein Mittel, mit dem der Status einer Lieferung vor der Zustellung überwacht und festgestellt werden kann. Der jeweilige Status der Sendung und der aktuelle Aufenthaltsort sind jederzeit erkennbar.

  Bei der Sendungsverfolgung werden Pakete mit maschinell lesbaren Etiketten versehen (beispielsweise durch Barcode oder Radio Frequency Identification, RFID-Chip) und automatische Sortierstationen können anhand der Etiketten erkennen, wohin das Paket geleitet werden soll. Der Scanvorgang wird in einer zentralen Datenbank gespeichert. Sowohl Kunden, als auch der Paketdienst können über diese Datenbank nachvollziehen, zu welchem Zeitpunkt sich das Paket an welchem Ort befindet.

* *RFID:*
  Auf einem RFID Chip können Daten bei der Erstellung, z. B. eines Etikettes, gespeichert (geladen) werden. Diese können dann berührungslos, z. B. am Bestimmungsort, gelesen werden. Dies führt zu erheblichen Handling-Vorteilen, z. B. beim Wareneingang. Große Handelsketten wie Rewe, Metro oder WAL-Mart werden künftig ihren Lieferanten den Einsatz von RFID-Etiketten vorschreiben.

* *Container-Informations- und Kommunikationssysteme*, z. B.:
  Seedos, Taldos, Condicos, Contradis, Ships u. Ä.

* *CIR* (ComPuter Integraded Railroading):
  Computergestützte Zugsteuerung der Deutschen Bahn AG

* *EDI* (Electronic Data Interchange):
  Elektronischer Datenaustausch der Deutschen Bahn AG über Internet mit ihren Kunden, soweit diese vernetzt sind.

* *ABX-Logistics:*
  Umfassendes Logistikprogramm der Deutschen Bahn AG

* *Verkehrsmanagementsysteme*, z. B.:
  Einsatz erd- oder satellitengestützter Systeme der Kommunikation und Navigation (z. B. Verkehrsleitsysteme, Fahrerassistenzsysteme, Flottenmanagement für Spediteure).

08. Was bezeichnet man als „Knoten", als „Kanten" und als „Hub and Spoke" in einer Transportnetzwerkstruktur?

- Netzwerke im Transport haben *Knoten* (Quellen und Senken von Ladungen, Lagerorte, Speicher) und *Kanten* (Prozesse, Transporte, Bewegungen).

- *Hub and Spoke* ist eine sternförmige Anordnung der Transportwege. Dabei gehen die Transporte auf einen zentralen Knotenpunkt (hub, dt.: Nabe) zu und führen anschließend von ihm weg (Sterntopologie). Damit kann die Gesamtfläche einer Region bedient werden. Die Verbindung der Knoten A, E zum Knoten Z bezeichnet man als Speiche (engl.: spoke).

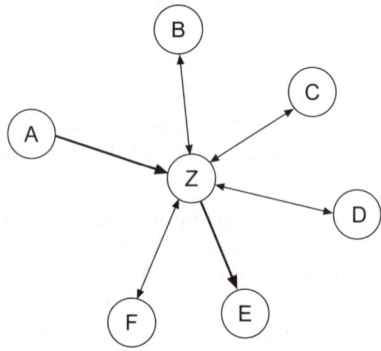

09. Welche Aufgaben hat ein Gebietsspediteur?

Ein Gebietsspediteur ist bei weltweit tätigen Unternehmen logistisch für ein bestimmtes Gebiet zuständig (geografisch oder nach Postleitzahlenbereichen, z. B. Südamerika, Asien, Süddeutschland).

10. Welche Aufgaben übernimmt ein Logistikdienstleister?

Ein Logistikdienstleister kann grundsätzlich alle Logistikdienstleistungen ganz oder teilweise für ein Unternehmen besorgen – von der Abholung der Güter beim Lieferanten/ Hersteller bis hin zur Entsorgung der Verkaufsverpackungen. Weitere Tätigkeiten können z. B. sein: Kommissionieren, Verpacken, Einschweißen, Anlieferung beim Händler, Etikettieren und Regalbefüllung.

11. Welche Aufgaben hat eine optimale Tourenplanung?

- Vermeidung von Leerfahrten
- Optimierung der Fahrtstrecken
- Optimierung der Ladung und Vermeidung von Umladeaktivitäten
- Einhaltung der zugesagten Kundentermine
- optimale Ausnutzung der Transportkapazitäten
- Schonung der Umwelt und Reduzierung der Treibstoffressourcen.

5.4.2 Logistikprozess

01. Was versteht man unter Logistik?

Eine der wichtigen Aufgaben in einem Unternehmen ist die reibungslose Gestaltung des Material-, Wert- und Informationsflusses, um den betrieblichen Leistungsprozess optimal realisieren zu können. Die Umschreibung des Begriffs „Logistik" ist in der Literatur uneinheitlich.

Ältere Auffassungen sehen den Schwerpunkt dieser Funktion im Transportwesen – insbesondere in der Beförderung von Produkten und Leistungen zum Kunden (= reine Distributionslogistik; vgl. die z. T. veraltete Terminologie im Rahmenplan).

Die Tendenz geht heute verstärkt zu einem *umfassenden Logistikbegriff*, der alle Aufgaben miteinander verbindet – und zwar nicht als Aneinanderreihung von Maßnahmen, sondern als ein in sich geschlossenes *logistisches Konzept*:

> *Logistik ist daher die Vernetzung von planerischen und ausführenden Maßnahmen und Instrumenten, um den Material-, Wert- und Informationsfluss im Rahmen der betrieblichen Leistungserstellung zu gewährleisten. Dieser Prozess stellt eine eigene betriebliche Funktion dar.*

02. Welche Aufgabe hat die Logistik?

Aufgabe der Logistik ist es,

1	die richtigen Objekte (Produkte/Leistungen, Personen Energie, Informationen),	
2	in der richtigen Menge,	Die 6 „r" der Logistik!
3	an den richtigen Orten,	
4	zu den richtigen Zeitpunkten,	
5	zu den richtigen Kosten,	
6	in der richtigen Qualität	

zur Verfügung zu stellen im Rahmen einer integrierten Gesamtkonzeption.

Die Globalisierung führt heute zu einer weltweiten Vernetzung der Beschaffungs- und Absatzmärkte. Unternehmen gewinnen damit Möglichkeiten, dort die Beschaffung vorzunehmen, wo die Kosten gering sind und sich auf den Absatzmärkten zu positionieren, wo hohe Erlöse erzielt werden können.

03. Welche Bedeutung hat die Logistik aus betriebswirtschaftlicher Sicht?

Die Logistik erfährt aus *betriebswirtschaftlicher Sicht eine Zunahme der Bedeutung*, weil

- die Produktvielfalt und der Produktwechsel ansteigen,

- die Kapitalbindung aufgrund der Lagerhaltung gesenkt werden muss,

- der weltweite Handel zu einer Zunahme der Datenmengen führt, die miteinander vernetzt werden müssen,

- die Vergleichbarkeit und die Austauschbarkeit der Produkte die Unternehmen zwingt, sich über Service und logistische Lösungen Wettbewerbsvorteile zu erarbeiten.

Diese Markterfordernisse führen dazu, *dass eine Optimierung der logistischen Prozesse heute als strategischer Faktor der Unternehmensführung angesehen werden muss*. Größere Unternehmen *(Global Player)* werden sich am Markt nur dann behaupten können, wenn es ihnen gelingt,

- durch dezentrale Beschaffung Kontakte zu geeigneten Lieferanten auf der ganzen Welt aufzubauen,

- die Produktion zu dezentralisieren (Inland/Ausland), zu segmentieren und die Fertigungsstufen zu verringern,

- die Lagerhaltungskosten zu senken und trotzdem eine kundennahe Distribution sicherzustellen,

- ein zentral gesteuertes logistisches System aller Beschaffungs-, Fertigungs- und Absatzprozesse einzurichten.

04. Welche Bedeutung hat die Logistik aus volkswirtschaftlicher Sicht?

Die Volkswirtschaft eines Landes kann heute nicht mehr isoliert betrachtet werden; sie ist eingebunden in das Wirtschaftsgeschehen der gesamten Welt. Die Volkswirtschaften einzelner Länder konkurrieren um Beschaffungsressourcen (Energie, Rohstoffe usw.), Standortbedingungen für die Fertigung von Erzeugnissen sowie um Absatzchancen für die inländischen Produkte. Sie tun das, um die Existenz ihrer Wirtschaft für die Zukunft zu gewährleisten.

Eine Volkswirtschaft, der es z. B. nicht gelingt, die Energieversorgung des eigenen Landes nachhaltig zu sichern, ist möglicherweise gezwungen, die Ressourcen am Weltmarkt zu Höchstpreisen einzukaufen. Die Folge ist ein nachhaltiger Wettbewerbsnachteil: Hohe Energiekosten führen zu hohen Produktionskosten und beeinträchtigen damit die Wettbewerbsfähigkeit der inländischen Produkte auf dem Weltmarkt. Stagnierender oder sinkender Export führt in der Folge zu einer geringeren Beschäftigung, sinkendem Steueraufkommen und damit zu geringeren Staatseinnahmen. Auftretende Haushaltsdefizite des Staates erschweren die Lösung von Zukunftsaufgaben (Bildung, soziale Sicherung, Beschäftigung usw.).

Aus diesen Gründen muss die Volkswirtschaft eines Landes logistische Voraussetzungen schaffen, um an den weltweiten Prozessen der Beschaffung, Produktion und Distribution teilhaben zu können. Geeignete Maßnahmen dazu sind:

- *Einbindung in internationale Vertragswerke und Organisationen* zur Förderung der Wirtschaftsbeziehungen der Länder (z. B. EU-Binnenmarkt, OECD – Organisation für wirtschaftliche Zusammenarbeit und Entwicklung, WTO – Welthandelsorganisation u. Ä.),

- *Aufbau und Pflege der Verkehrsnetze* für den internationalen Warenverkehr, z. B. Straßennetze, Schifffahrtswege, Containerhäfen, Flughäfen usw.,

- *Aufbau und Sicherung nationaler Standortvorteile* als Anreiz für ausländische Investoren, z. B. Genehmigungsverfahren, Infrastruktur, Steuergesetze, Potenzial der inländischen Arbeitnehmer usw.,

- Aufbau von Kompetenzen und den *technischen Voraussetzungen zur Nachrichtentechnik* und zum Datentransfer,

- *Einbindung des nationalen Bankensystems in das internationale Finanzgeschehen* (Kapitalbeschaffung und -anlage sowie Finanzierung wirtschaftlicher Vorhaben der Unternehmen und des Staates).

05. Was bezeichnet man als „Logistische Kette"?

> Als logistische Kette bezeichnet man die Verknüpfung aller logistischen Prozesse vom Lieferanten bis hin zum Kunden.

Man kann dabei differenzieren in die Betrachtung

- der *physischen Prozesse* (Beschaffung, Transport, Umschlag, Lagerung, Ver-/Bearbeitung und Verteilung der Produkte/Güter),

- der *Informationsprozesse* (Nachrichtengewinnung, -verarbeitung und -verteilung sowie

- der *monetären Prozesse* (Geldflüsse).

Die Optimierung der gesamten Prozesse der Güter, der Informationen sowie der Geldflüsse entlang der Wertschöpfungskette vom Lieferanten bis zum Kunden bezeichnet man auch als *Supply Chain Management* (SCM; englisch: supply = liefern, versorgen; chain = Kette, vgl. 5.3).

06. Welche Teilbereiche der Logistik werden unterschieden?

Entsprechend den Phasen des Güterflusses unterscheidet man die Unternehmenslogistik in die Teilbereiche:

- Beschaffungslogistik
- Produktionslogistik
- Absatzlogistik
- Entsorgungslogistik.

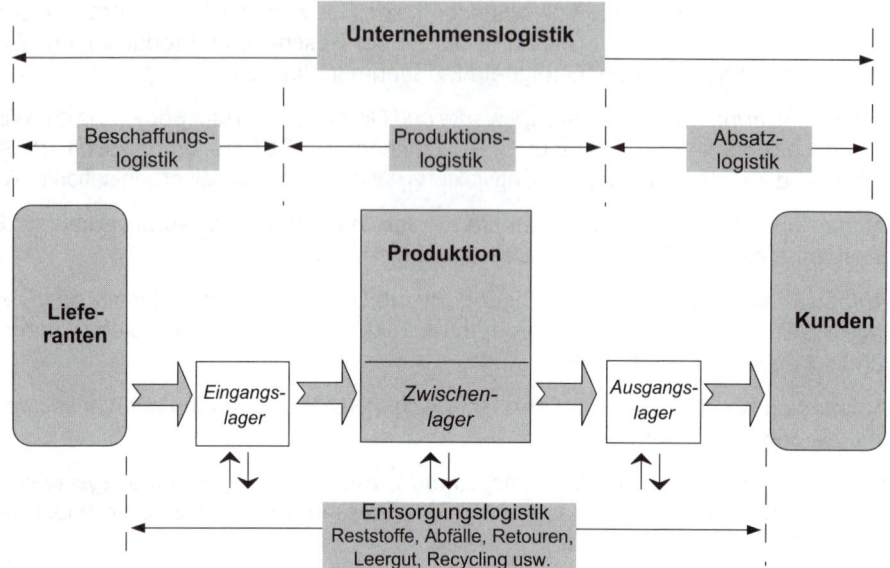

Daneben gibt es weitere Teilgebiete (Subsysteme) der Logistik:

- Lagerlogistik
- Transportlogistik
- Ersatzteillogistik
- Instandhaltungslogistik
- Informationslogistik
- Branchenlogistik, z. B.:
  - Speditionslogistik
  - Zuliefererlogistik.

Diese Teilbereiche sind nicht isoliert zu betrachten, sondern müssen als *Logistiksystem* gestaltet werden (Logistische Kette).

07. Wie unterscheiden sich die Begriffe „Transportieren, Umschlagen, Fördern und Speichern"?

In der Logistik unterscheidet man folgende Begriffe (Tätigkeiten):

Transportieren	ist das Verbringen von Gütern außerhalb eines Werksbereichs von A nach B, ohne die Gebrauchseigenschaften zu ändern.
Umschlagen	ist das Umladen von Transportgütern beim Wechsel der Transportmittel oder bei der Aufnahme aus bzw. bei der Abgabe in einen/m Speicher.
Fördern	ist das Verbringen von Gütern innerhalb eines Werkbereichs von A nach B. Die eingesetzten Instrumente und Einrichtungen heißen Fördermittel.
Speichern	ist das Aufbewahren von Stoffen (im Handel: Lagern).

Von daher können dem Transport folgende Prozesse vor- oder nachgelagert sein:

*   Verpacken (z. B. Transport-, Um- und Verkaufsverpackung)
*   Umladen
*   Speichern (Verteilungslager, Verkaufslager, Zwischenlager).

Man bezeichnet daher die Gesamtheit der Materialprozesse auch als TUL-Prozesse. Es sind die Kernprozesse des Materialflusses.

> **TUL-Prozesse = Transfer (Transport) - Umschlag - Lagerung**

5.4.3 Transportkosten

01. Von welchen Variablen ist die Höhe der Transportkosten abhängig?

*   Transportstrecke
*   Gewicht der Ladung
*   Art der Ladung (z. B. gesetzliche Auflagen bei Gefahrguttransporten)
*   Vorschriften des HGB, §§ 407 - 475h
*   Güterart (per Schiff, Bahn, Lkw, Luftfracht)
*   vertragliche Vereinbarung (Einkaufs-/Verkaufsbedingungen, Incoterms)
*   erforderliche Handlingskosten (Personaleinsatz, Verpackungsvorschriften, Sicherung der Ladung)
*   Lagerorganisation, Vertriebswege (Zentrallager/dezentrale Läger u. Ä.).

02. Wie lassen sich die Transportkosten beurteilen?

Es muss ein Vergleich der quantitativen und qualitativen Daten erfolgen:

1. *Quantitativer Vergleich:*
    *   Eigentransport versus Fremdtransport (vgl. dazu die Übung im Blauteil)
    *   Vergleich der Transportsysteme (Straße, Schiene, Luftfracht, See)
    *   Abwälzung von Transportkosten und Minimierung der Lagerhaltungskosten (vgl. JiT-Konzept)
    *   Bildung von Kennzahlen:

> **Wirtschaftlichkeitskennzahlen:**
>
> ø Transportkosten je Transportauftrag
> ø Transportkosten je Gewichtseinheit
> ø Kosten je Tonnen-Kilometer
> Kapitalbindung ruhender Transportmittel

> **Produktivitätskennzahlen:**
>
> ø Transportzeit je Transportauftrag
> Transportleistung der Transportmittel
> Auslastungsgrad der Transportmittel

2. *Qualitativer Vergleich:*
- Sicherheit der Ladung
- Unfallhäufigkeit
- Termintreue
- Schadenshäufigkeit.

5.5 Lagerwirtschaft

5.5.1 Bestimmungsgründe für Lagerhaltung

01. Was ist ein Lager?

Ein Lager ist der Aufbewahrungsort für Erzeugnisse. Der Begriff Lager deckt aber auch die mengen- und wertmäßige Summe der eingelagerten Gegenstände ab.

02. Was sind die Ziele der Lagerwirtschaft?

- Bereitstellung ausreichender Lagerkapazität
- Optimierung der Volumennutzung
- Einsatz wirtschaftlicher Technik
- Gewährleistung eines reibungslosen Materialflusses
- Sicherstellung einer sachgerechten Lagerung.

03. Welche Aufgaben werden der Lagerwirtschaft zugerechnet?

- Lagergestaltung (zentral/dezentral, Eigenlager/Fremdlager)
- Lagertechnik (Hochregal, Paletten, chaotische Lagerung usw.)
- Einlagerung: Warenannahme, -prüfung (qualitativ und quantitativ)
- Bestandsführung (Inventur, Bewertung)
- Umformung
- Auslagerung.

04. Welche Funktionen hat das Lager?

Funktionen des Lagers				
Mengenmäßige Anpassung	Räumliche Anpassung	Temporäre Anpassung	Qualitative Anpassung	Wertmäßige Anpassung

↓	↓
Ausgleichsfunktion Pufferfunktion Sicherheitsfunktion	Veredlungsfunktion Spekulationsfunktion Selektionsfunktion Darbietungsfunktion

Im Einzelnen:

- der Bedarf der Händler bzw. der Verbraucher hat in vielen Fällen einen anderen Rhythmus als die Produktion, sodass durch das Lager ein *zeitlicher Ausgleich* zwischen dem Zeitpunkt der Herstellung und dem Zeitpunkt des Verbrauchs hergestellt werden muss, d. h. es müssen Bedarfsschwankungen ausgeglichen werden;

- die Waren werden nicht immer dort erzeugt, wo sie gebraucht werden und müssen daher gelagert werden um diesen *räumlichen Ausgleich* zwischen dem Ort der Herstellung und dem Ort des Verbrauchs herbeizuführen;

- viele Waren können nur zu bestimmten *Zeiten* hergestellt werden oder bedürfen der Reifung, sie werden aber ganzjährig benötigt;

- die Industriebetriebe stellen in *größeren Mengen* her. Diese Mengen müssen durch die Lagerung auf eine Vielzahl von Händlern verteilt werden;

- viele Waren müssen noch durch *umformen/manipulieren* verkaufsfertig gemacht werden, sei es, dass andere Verpackungseinheiten hergestellt werden müssen, sei es, dass die Ware zusammengesetzt werden muss;

- die Ware muss *umgruppiert* werden, um sie kundengerecht anbieten zu können;

- es müssen *Lieferschwierigkeiten* ausgeglichen werden.

05. Was versteht man unter Lagerpolitik?

- Die Bestimmung optimaler Lagerbestände.

- Die optimale Gestaltung der Lagergebäude. Hierzu zählen sowohl die Einrichtungstechnik als auch die Technik der Zusammenstellung der Aufträge, d. h. die rationelle Gestaltung der Betriebsabläufe in organisatorischer Hinsicht.

06. Was versteht man unter der Mengendisposition im Rahmen der Lagerpolitik?

Mengendisposition erfordert die Bestimmung der Melde-, Mindest- und Höchstbestände für jeden Artikel oder jede Artikelgruppe im Rahmen der ABC-Analyse unter Berücksichtigung der Lagerkarteien und der Bestandsbuchführung.

07. Was versteht man unter der Zeitdisposition im Rahmen der Lagerpolitik?

Unter der Zeitdisposition versteht man den *Zeitpunkt der Lagerauffüllung* unter Berücksichtigung des Lagerumschlags und der besonderen Verhältnisse der Lieferanten- und Absatzsituation sowie der Wiederbeschaffungskosten.

08. Was versteht man unter der Finanzdisposition im Rahmen der Lagerpolitik?

Unter der Finanzdisposition versteht man die *Finanzierung des Einkaufs* unter Berücksichtigung der Liquidität, des Lagerumschlags und der Kapitalbeschaffung.

5.5.2 Lagerorganisation

01. Welche Warenflussprobleme müssen mithilfe des Lagers gelöst werden?

Zum einen muss es den Lieferanten bzw. Spediteuren möglich sein, die Ware ungehindert abzuladen, zum anderen muss der Warenfluss vom Lager in den Verkaufsraum so reibungslos verlaufen, dass die täglichen Kundenwünsche ohne weiteres und ohne zusätzliche Transportkosten erfüllt werden können.

02. Nach welchen Merkmalen werden Läger eingerichtet?

Im Lager werden die Waren in der Regel nach erkennbaren Systematiken zusammengestellt, wie z. B. nach dem Stoff, der Herkunft, der Gebrauchszusammengehörigkeit, dem Verwendungszweck, den Preislagen. Es sind aber auch andere Kriterien möglich, wie z. B. die gleichmäßige Auslastung aller Lagerräume, sofern nicht besondere Lagervorschriften dies verbieten oder die kontinuierliche Beschäftigung aller Mitarbeiter insbesondere von Lägern, die von Saisongeschäften (Weihnachtsverkauf) betroffen sind.

03. Nach welchen Kriterien können Läger gegliedert bzw. aufgebaut sein?

Man unterscheidet z. B. folgende *Lagerarten:*

Funktion	Beschaffungslager	Fertigungslager	Absatzlager
	Verkaufslager	Reservelager	Manipulationslager
Lagergüter	Materiallager	Erzeugnislager	Handelswarenlager
	Werkzeuglager	Materialabfalllager	Büromateriallager
Bedeutung	Hauptlager	Nebenlager	Zwischenlager
Standort	Innenlager	Außenlager	Speziallager
Eigentümer	Eigenlager	Fremdlager: Konsignationslager, Kommissionslager, Lagereien	
Bauart	offene Lager, halboffene Lager	geschlossene Lager: Baulager, Speziallager	
Lagertechnik	Flachlager	Bodenlager	Stapellager
	Blocklager	Regallager	
Produktionsstufe	Eingangslager	Werkstattlager	Erzeugnislager
Automatisierungsgrad	manuelle Lager	mechanisierte Lager	automatische Lager
Zentralisierung	Zentrallager	dezentrale Lager	

04. Welche Vorteile bietet ein Zentrallager gegenüber dezentralen Lägern?

• geringere Lagervorräte
• geringere Kapitalbindung

- geringere Mindestbestände
- bessere Nutzung der Raumkapazität
- wirtschaftlicher Personaleinsatz
- effektive Nutzung der Lagertechnik.

05. Welche Vorteile bieten dezentrale Läger?

- exaktere Disposition der Einzelmaterialien
- spezifische Arten der Lagerung möglich
- spezifische Kenntnisse des Lagerpersonal vorhanden, (z. B. Korrosionsbildung, Temperatur/Belüftung).

06. Welche Vorteile bieten Eigenlager und Fremdlager?

Vorteile	
Eigenlager, z. B.	**Fremdlager,** z. B.
• hohe Flexibilität (Kundenwünsche) • einfacher und ständiger Zugriff.	• überschaubare, kalkulierbare Kosten • Kapitalbindung wird vermieden • bessere Transport- und Lagertechnik (Effizienz).

07. Was versteht man unter einem Regallager?

Ein Regallager ist ein eingeschossiges Lager, dessen Stapelhöhe aufgrund der Leistungsfähigkeit der modernen Hochregalstapler bis zu 12 m betragen kann, in der Praxis aber häufig nur 6 m beträgt. Das Regallager eignet sich für die Lagerung unterschiedlicher Größen und Formen. Es erfordert nur geringe Investitionen, aber große Grundflächen und hohe Betriebskosten. Es ist einfach zu bedienen und lässt sich relativ schnell Veränderungen im Sortiment anpassen.

08. Was versteht man unter einem Durchlauflager?

Ein Durchlauflager besteht aus Rollen, wobei die Waren auf der einen Seite beladen und jeweils weitergeschoben werden, während die Entnahme auf der anderen Seite erfolgt. Ein Durchlauflager ermöglicht zwar eine konzentrierte Lagerung und es ist ein hoher Automatisierungsgrad möglich; die Regalkonstruktion ist jedoch wegen der Rollen sehr teuer, zusätzlich sind Bremsen und andere Vorrichtungen notwendig um den Durchlauf zu steuern. Da pro Kanal nur ein Gut gelagert werden kann, ist ein solches Durchlauflager nur bei relativ kleinem Sortiment anwendbar.

09. Was versteht man unter einem Hochregallager?

Ein Hochregallager ist ein eingeschossiges Regallager mit einer Höhe bis zu 40 m und einer Länge bis zu 200 m, bei dem die Bedienung durch Hochregalstapler erfolgt. Ein solches Lager weist eine hohe Umschlagsleistung, eine niedrige Grundfläche aber hohen Investitionsbedarf auf.

Beispiel für ein Hochregallager (Lagerfreiplatzverwaltung, chaotische Lagerung):
Alle Artikel und alle Lagerplätze werden (z. B. durch Palettierung) auf ein einheitliches Format
gebracht. Der Transport erfolgt durch Kletterkräne, die weit über die Stapelhöhen von z. B.
Gabelstaplern hinausgehen. Im Gegensatz zum Magazinierprinzip können dadurch bei einem
automatisierten Hochregallager alle Artikel an jedem beliebigen, freien Platz eingelagert werden. Jeder Lagerplatz wird per Nummerung gekennzeichnet.

Beispiel: Regalplatz 148   1   Regalwand
                                                4   Regalhöhe (Niveau)
                                                8   Regaltiefe

10. Welche besonderen Lagerformen sind in der Praxis üblich?

Für Güter, die infolge besonderer Anforderungen an die Regaltechnik – etwa weil das
Gewicht, das die Tragfähigkeit der Regale übersteigt – oder aus Wirtschaftlichkeits-
überlegungen nicht in herkömmlichen Lägern untergebracht werden können, wurden
für stapelfähige Güter Blocklager, Tanklager für Heizöl, Getränke und Chemikalien und
Schüttgutlager für staubförmige, feinkörnige oder grobkörnige Güter entwickelt. Schüttgutlager, die sich zur Lagerung von Getreide, Kohle oder Sand eignen, haben die Form
eines Silos oder einer offenen oder überdachten Lagerhalde.

11. Welche Prinzipien der Lagerhaltung und -organisation sind zu beachten?

Prinzipien	Beispiele
Lager-anpassung	Anpassung der Lagerräume und -einrichtungen an die Besonderheit der Lagergüter: staubfrei, trocken, Größe der Lagerräume passend zur Größe der Lagergüter und zu den erforderlichen Transportwe-gen, spezielle Lagerung von Gefahrstoffen, Temperatur (Haltbarkeit/Funktionserhalt von Ölen, Fetten und Lacken), Luftfeuchtigkeit (spe-ziell bei der Lagerung von Metallen und Gegenständen der Optik und Feinwerktechnik), Sonneneinstrahlung, Klima-/Kühlanlage, perma-nente Be- und Entlüftung, Vermeidung von Kondenswasserbildung.
Übersicht, Ordnung, Sauberkeit	Aufbewahrung nach einem Lagerplan, Schutz vor Verderb/Beschä-digung/Schmutz, Freihalten der Transportwege, geeignete Lageror-ganisation, Hygiene (speziell bei der Lebensmittellagerung).
Lagerverfahren (Lagerorganisation)	Einlagerungs-/Auslagerungsprinzipien, geeignete Lager-/Packmit-tel.
Transport-mittel	Eignung der Transport-/Pack-, Lagermittel und der sonstigen Hilfs-mittel (Wiege-/Messeinrichtungen).
Sicherheits-vorkehrungen	Einbruch, Diebstahl, Feuer, Schädlingsbefall.
Pflege der Lagergüter	Umlagern, Korrosions-/Staubvermeidung.
Lager-aufzeichnungen	Lagerkartei/-datei, Lagerfachkarten, Eingangs-/Entnahme-/Rücklie-ferungsscheine.

12. Welche Arbeiten sind im Lager erforderlich?

Lagerarbeiten	
Materialeinlagerung	**Materialauslagerung**
• Materialeingang	• Auftragsvorbereitung
• Materialnummerierung (Identifikation)	• Kommissionierung
• Positionierung:	• Bereitstellung:
- Magazinierprinzip	- statisch
- Lokalisierprinzip	- dynamisch
• Technische Einlagerung:	• Entnahme:
- Fördermittel	- manuell
- Einlagerungsmittel	- mechanisch
	- automatisch
• Lagerpflege	• Materialauslagerung
• Lagerkontrolle	• Entsorgung

13. Welche Einlagerungssysteme gibt es?

Einlagerungssysteme	
Magazinier-prinzip	**Festplatzsystem:** Jedes Material hat seinen festen Lagerplatz (Nummerierung der Gänge, Regale, Fächer z. B. entsprechend der ABC-Analyse).
	Vorteile: ohne EDV, keine Störanfälligkeit, häufig entnommene Waren sind im vorderen Lagerbereich.
	Nachteile: keine optimale Ausnutzung der Lager- und Regalflächen.
Lokalisier-prinzip	**Freiplatzsystem** (chaotische Lagerung): Die Festlegung des Lagerplatzes erfolgt bei jedem Eingang neu.
	Vorteile: optimale Ausnutzung der Lager- und Regalflächen, Reduzierung des Platzbedarfs
	Nachteile: Kosten der EDV, bei Störungen kann ein Artikel nicht entnommen werden, ggf. längere Entnahmewege.

14. Welche Kommissioniersysteme sind geläufig?

Kommissioniersysteme	
Statisch	**„Mann zur Ware":** Lagerpersonal geht zum Regal und entnimmt die Ware; geringe Kommissionierleistung pro Stunde; geeignet für kleine Unternehmen, geringe Investitionen für Lagersysteme.
Dynamisch	**„Ware zum Mann":** Die Ware wird durch automatische Fördereineinrichtungen zum Lagerpersonal gebracht; hohe Kommissionierleistung pro Stunde; hohe Investitionen für Lagersysteme.
Einstufig	Jeder Auftrag wird einzeln kommissioniert.

Mehrstufig	Beispiel: Es wird in der 1. Stufe artikelbezogen kommissioniert; in der 2. Stufe erfolgt die Aufteilung nach Aufträgen.
Seriell	Die Positionen eines Auftrags werden nacheinander abgearbeitet.
Parallel	Große Läger sind in Zonen eingeteilt. Für jede Zone ist ein Mitarbeiter verantwortlich. Die Aufträge werden in Teilaufträge entsprechend den Zonen zerlegt. Jeder Mitarbeiter kommissioniert die Waren je Auftrag aus seiner Zone. Danach werden im Ausgangsbereich die Teilaufträge zum jeweiligen Kundenauftrag zusammengestellt. Bei diesem Verfahren besteht ein höheres Risiko der Falsch- oder Fehllieferung.

15. Welche wesentlichen Packmittel gibt es?

Packmittel	Behälter	Dosen	Säcke
	Kartons	Fässer	Flaschen/Gläser
	Container	Collicos	Kästen

16. Welche Lagermittel werden eingesetzt?

Lagermittel	Lagerbehälter	Vitrinen	Schränke
Regale	Umlaufregal	Verschieberegal	Durchlaufregal
	Fachregal	Ständerregal	
Paletten	Rungenpaletten	Flachpaletten	Boxpaletten
Einrichtungen	Zähleinrichtungen	Wiegeeinrichtungen	Messeinrichtungen

17. Wovon ist die Größe des Lagers abhängig?

Die Größe des Lagers ist von folgenden Faktoren abhängig:

• der Betriebsgröße
• der Breite und Tiefe des Sortiments
• der Umschlagshäufigkeit
• den Konjunkturschwankungen
• den Schwankungen im Absatz oder in der Beschaffung
• den Zinskosten
• der Ausnutzung der Vorteile des Großeinkaufs
• den Bestellmengen
• der Wiederbeschaffungszeit.

18. Was ist bei der **Einrichtung eines Lagers** zu beachten?

Das Lager ist von den Besonderheiten der Branche und der Betriebsstruktur abhängig. Hat man es mit Artikeln zu tun, die jederzeit nachbestellt werden können, so kann anders disponiert werden, als wenn es sich um saisonabhängige und insbesondere starken Bedarfsschwankungen unterliegende Waren handelt. Im letzteren Fall ist man gezwungen, sich größere Warenbestände auf Lager zu legen. Hat man ein zu kleines Lager, wird das Sortiment in einem nicht zu vertretenden Maße beschränkt. Dies wirkt sich auf die Anziehungskraft gegenüber den Kunden negativ aus und ein häufiges Nachbestellen wird erforderlich. Die Ware kann letztlich nicht verkaufswirksam dargeboten werden. Ist das Lager hingegen zu groß, entstehen hohe Kosten, es besteht die Gefahr des Verderbs und von Mode- und Geschmacksänderungen.

19. Wann ist die **optimale Lagergröße** erreicht?

Die optimale Lagergröße ist zunächst vom Umsatz, der Verkaufsfläche und der beschäftigten Personen abhängig. Bei der Beschaffung von größeren Mengen für einen längeren Zeitraum fallen infolge der Ausnutzung von Mengenrabatten die Beschaffungskosten, es steigen die Lager- und Zinskosten und ein höherer Kapitalbetrag ist im Lager gebunden; der Bestellung kleinerer Mengen liegen höhere Beschaffungskosten und niedrigere Zins- und Lagerkosten bei niedrigerer Kapitalbindung zu Grunde. Es stellt sich somit das Problem, denjenigen Lagerbestand zu ermitteln, bei dem die Beschaffungs- und Lagerkosten minimiert sind, was bedeutet, dass die Hauptkosten wie Personalkosten, Kosten des Unterhalts des Lagers, Warenkosten laufend festgehalten und bestimmte Kennzahlen ermittelt werden.

20. Wovon ist die **Lagerplanung abhängig?**

Die Lagerplanung ist abhängig von:

- der Gesamtzahl der Artikel
- dem maximalen Lagerbestand pro Artikel
- der Umschlagshäufigkeit
- den Abmessungen und Gewichten
- den besonderen Lagerbedingungen (Raumtemperatur, Geruchsempfindlichkeit, Feuchte, Feuerschutz).

21. Welches System der Verpackungseinheiten ist optimal?

Ein zentrales Steuerungskriterium bei der physischen Distribution ist das System der Verpackungseinheiten, insbesondere die kombinierte Verpackungs-, Lade- und Lagereinheit und möglichst auch Verkaufseinheit.

Im Bereich der physischen Distribution wird angestrebt:

Verpackungseinheit = Transporteinheit = Lagereinheit = Umschlagseinheit = Versandeinheit.

22. Welche Warenarten müssen beim Lagerbau berücksichtigt werden?

Die Lagerhaltung wird in besonderem Maße durch die Art der Waren bestimmt. Für eine flächenrelevante Differenzierung der Waren lassen sich aufgrund der Ähnlichkeit der auf den Wareneigenarten beruhenden Anforderungen an Transport und Lagerung nennen:

Umschlagsorientierte Waren	Lagerorientierte Waren
• verderbliche Waren • Stückgut	• Produktionsgüter • Konsumgüter

5.5.3 Lagerbestands- und Lagerverbrauchsrechnung

01. Welche Methoden zur Mengenerfassung in der Lagerbuchhaltung gibt es?

Lagerbestands- und Verbrauchsrechnung	
Skontraktionsmethode auch: Fortschreibungsmethode	Alle Zu- und Abgänge werden fortlaufend erfasst und zwar in Lagerkarteien, auf Lagerbegleitkarten oder mithilfe der EDV. Sie wird auch als Fortschreibungsmethode bezeichnet.
Anfangsbestand + Zugang - Abgang = Endbestand	
Inventurmethode auch: Bestandsdifferenzrechnung, Befundrechnung	Hierbei wird auf die laufende Erfassung der Zu- und Abgänge verzichtet. Der Lagerbestand wird mithilfe von körperlichen Inventuren ermittelt. Verbräuche können dann entsprechend errechnet werden.
Anfangsbestand + Zugang - Endbestand = Verbrauch	
Retrograde Methode	Hierbei wird der Lagerbestand aus der tatsächlich hergestellten Stückzahl zurückgerechnet. Sie wird auch als Rückrechnung bezeichnet.

02. Welchen Zweck erfüllt die Werterfassung bei der Lagerbuchhaltung?

- Nachweis über den Verbleib der am Lager geführten Materialien nach Handels- und Steuerrecht.

- Erfassung von Zu- und Abgängen sowie Beständen für die Buchhaltung, Kostenrechnung und Kalkulation.

- Erfassung der Zu- und Abgänge sowie der Bestände für die Materialabrechnung.

03. Was versteht man unter dem Prinzip der Einzelbewertung und welche Ausnahmen gibt es?

- Nach § 252 Abs. 1 Punkt 3 HGB muss jedes Wirtschaftsgut und jede Schuld *einzeln bewertet werden*.

- Auch im *Steuerrecht* wird die *Einzelbewertung* im § 6 Abs. 1 des EStG ausdrücklich verlangt.

- Das bedeutet, dass nicht mehrere Wirtschaftsgüter eines Unternehmens zusammengefasst werden dürfen. Weiterhin wird im § 246 Abs. 2 HGB ein *Verrechnungsverbot* festgeschrieben, wonach die Posten der Aktivseite nicht mit der Passivseite verrechnet werden dürfen.

- Das bisher geltende handelsrechtliche Saldierungsverbot erhält durch die Ergänzung des § 246 Abs. 2 Satz 2 HGB eine Aufweichung: Vermögensgegenstände, die dem Zugriff aller übrigen Gläubiger entzogen sind und ausschließlich der Erfüllung von Schulden aus Altersversorgungsverpflichtungen dienen, sind mit diesen Schulden zu verrechnen (z. B. Pensionsverpflichtungen).

- Der allgemeine *Bewertungsmaßstab sind die Anschaffungs- oder Herstellungskosten*, wobei durch das BilMoG für zu Handelszwecken erworbene Finanzinstrumente (z. B. Aktien, Schuldverschreibungen, Optionsscheine, Swaps usw.) mit dem *Verkehrswert* anzusetzen sind.

- Da die Einzelbewertung in den Unternehmen oft zu erheblichem organisatorischen Aufwand führen kann (z. B. schwankende Einkaufspreise), sind bestimmte *Vereinfachungsmethoden in der Bewertung* für diese Fälle zulässig. Das sind die Gruppen- oder Sammelbewertung, die Festwertbewertung, die Durchschnittsbewertung und die Bewertung nach der Verbrauchsfolge.

04. Welche Verfahren der Bewertungsvereinfachung sind zulässig?

Wie bereits in Frage 03. erwähnt, ist in vielen Unternehmen eine Einzelbewertung nicht möglich. Für diese Fälle sind bestimmte *Verfahren der Bewertungsvereinfachung* zugelassen:

Verfahren	Voraussetzungen	Gesetzliche Grundlagen
Gruppen- oder Sammel- bewertung	Gleichartige Vermögensgegenstände des Vor- ratsvermögens sowie andere gleichartige oder annähernd gleichwertige bewegliche Vermögens- gegenstände	§ 240 Abs. 4 HGB § 256 Satz 2 HGB R 6.8 EStR
Festwert- bewertung	Sachanlagevermögen, sowie Roh-, Hilfs- und Be- triebsstoffe, deren Bestand keinen oder nur sehr geringen Schwankungen unterliegen, die regel- mäßig ersetzt werden und im Gesamtwert für das Unternehmen von nachrangiger Bedeutung sind	§ 240 Abs. 3 HGB § 256 Satz 2 HGB R 5.4 EStR/H 6.4 EStH
Ver- brauchs- folge- verfahren	Hier wird unterstellt, dass bei gleichartigen Ver- mögensgegenständen des Vorratsvermögens, die zuerst oder zuletzt angeschafften oder her- gestellten Vermögensgegenstände zuerst oder in einer sonstigen bestimmten Folge verbraucht oder veräußert werden: • Lifo-Verfahren • Fifo-Verfahren. Diese Verbrauchsfolgen sind nur anwendbar, wenn sie den Grundsätzen ordnungsgemäßer Buchführung entsprechen.	§ 256 HGB Steuerrechtlich ist nur das Lifo-Verfahren an- wendbar: § 6 Abs. 1 Nr. 2a EStG R 6.9 EStR

5.5.4 Kosten der Lagerhaltung

01. Welche Kosten entstehen durch die Lagerhaltung?

Kosten der Lagerhaltung: Kosten für ...		
Lagerräume, -einrichtung	Lagervorräte	Lagerverwaltung
• Miete/Pacht • AfA auf Gebäude • AfA auf Einrichtungsgegen- stände • Verzinsung des investierten Kapitals • Energie • Instandhaltung • Gebäudeversicherung	• Warenversicherung • Schwund/Leckage • Lagerzinsen: Verzinsung des investierten Kapitals • Wertverluste aufgrund Überalterung • Diebstahl	• Gehälter und Löhne der im Lager beschäftigten Mitarbeiter • anteilige Lohngemein- kosten • Organisation • Hilfsmittel

02. Welche Lagerkosten sind in der Regel fix und welche sind variabel?

• Fixe Lagerkosten: z. B. Miete/Pacht, Abschreibungen, Gebäudeversicherung

• Variable Lagerkosten: sind von der Menge der gelagerten Waren abhängig, z. B. Energiekosten, Förderkosten, Lagerzinsen, Schwund/Lecka- ge, Hilfsmittel

03. Welche Maßnahmen sind geeignet, die Lagerkosten zu senken?

Beispiele:

- Kauf auf Abruf
- Rabatte
- Streckengeschäft
- Erhöhung des Lagerumschlags
- Optimierung der Lagerfläche und -einrichtung
- Cross Docking
- Just in time.

04. Wie unterscheiden sich Lagerkosten- und Lagerhaltungskostensatz? → 5.6.3

Beispiel

Lagerkostensatz	$\dfrac{\text{Lagerkosten} \cdot 100}{\text{ø Lagerbestandswert}}$	$= \dfrac{210.000\ € \cdot 100}{1.400.000\ €} = 15\ \%$
Lagerhaltungs-kostensatz	Zinssatz des im Lager gebundenen Vorratskapitals + Lagerkostensatz	$= 4\ \% + 11\ \% = 15\ \%$

Bei der Berechnung des Lagerzinssatzes ist der Kapitalmarktzins auf die Dauer der Kapitalbindung, d. h. auf die Lagerdauer zu beziehen:

Lagerzinssatz	$\dfrac{\text{Kapitalmarktzinssatz} \cdot \text{ø Lagerdauer}}{360}$	$= \dfrac{8\ \% \cdot 180\ \text{Tg}}{360\ \text{Tg}} = 4\ \%$
Lagerzinsen	$\dfrac{\text{ø Lagerbestand} \cdot \text{Lagerzinssatz}}{100}$	$= \dfrac{1.400.000 \cdot 4}{100} = 56.000\ €$

05. Was sind Materialbewirtschaftskosten?

Materialbewirtschaftskosten sind die Summe aus Bestellkosten, Lagerhaltungskosten, Logistikkosten (Transport und Steuerung des Transports) sowie Kosten der Entsorgung (Sammeln, Lagern, Entsorgen, Recyceln).

06. Was sind Fehlmengenkosten und welche Folgen können sich daraus ergeben?

Fehlmengenkosten entstehen durch ...	Folgen:
• falsche Disposition • zu späte Bestellung • nicht ausreichende Menge • Falschlieferung • Reklamation	• Mitarbeiterkosten • Überpreise • Vertragsstrafen • Imageverlust

5.6 Controlling

5.6.1 Ziele von Beschaffungs- und Logistikcontrolling

01. Welche Aufgabenfelder bestehen für das Controlling in der Beschaffung und in der Logistik?

1. Im Funktionsbereich „Logistik" ist zu überprüfen (im Sinne von: Soll festlegen, Ist ermitteln, Soll-Ist-Vergleich, Analyse, Maßnahmen ausführen; Stichwort: Regelkreis des Controlling):

Ist das generelle Logistikziel realisiert?
Das generelle Logistikziel lautet: „Optimierung der Logistikleistung", d. h. • den Logistikservice optimieren (Zeit, Zuverlässigkeit, Flexibilität) • die Logistikkosten optimieren (Bestands-/Lagerkosten, Transport-/Handlingkosten)

2. Im Funktionsbereich „Beschaffungslogistik" (als Subsystem der Logistik) gilt das allgemeine Ziel der Logistik mit der Fokussierung auf die Beschaffungsseite (Hersteller/ Lieferant bis zum Wareneingang/Handel); es wird meist in Einzelziele gegliedert.

Im Funktionsbereich „Beschaffungslogistik" ist also zu überprüfen:

Sind die Ziele der Beschaffungslogistik realisiert?
Beispiele: • Optimierung der Warenströme Hersteller – Handel • Optimierung der Informations- und Zahlungsströme • Optimierung der Zusammenarbeit Hersteller – Handel • Standardisierung der Informationsweitergabe und der Transportsysteme

3. Im Funktionsbereich „Beschaffung" ist zu überprüfen (vgl. 5.1.1):

Sind die Ziele der Beschaffung realisiert?
Strategische Ziele: Kostenreduzierung, Leistungsverbesserung, Autonomieerhaltung
Operative Einzelziele: Sicherung der Versorgung, Minimierung der Kosten (Beschaffungskosten, Bestellkosten, Lagerkosten, Kosten der Kapitalbindung), Sicherung der Qualität

Da sich die oben dargestellten Zielbündel z. B. erheblich überschneiden aber auch Widersprüche aufweisen (vgl. 5.1.1) ist ein integriertes, funktionsübergreifendes Controllingsystem von Vorteil (Stichwort: IMS, Integrierte Managementsysteme).

5.6.2 Kontrollinstrumente
→ 1.8.2

01. Welche Controllinginstrumente werden vorrangig in den Teilbereichen der Materialwirtschaft eingesetzt?

Typische Steuerungsinstrumente im Controlling sind:

Steuerungsinstrumente im Controlling	
Strategische Instrumente, z. B.	**Operative Instrumente**, z. B.

• Produktlebenszyklus
 • Portfolioanalyse
 • Konzept der Erfahrungskurve
 • Target Costing
 • Leverage-Effekte
 • Verfahren der Investitionsrechnung
 • ABC-Analyse
 • Wertanalyse
	• Budgetierung:
	   - Soll-Ist-Vergleich
	   - Ist-Ist-Vergleich
	 • Vergleich der Kalkulationsverfahren
	 • Vorschaurechnung

Der Rahmenplan nennt aus der Fülle der Instrumente drei Beispiele, die mehrfach (!) in unterschiedlichen Handlungsbereichen zu bearbeiten sind (vgl. z. B. 1.8.2):

1.	**Wertanalyse**	Verfahren zur Kostenreduzierung durch Gegenüberstellung von Funktionswert zu Funktionskosten (streng nach DIN bzw. VDI).
2.	**ABC-Analyse**	Mithilfe der *ABC-Analyse* können die zu beschaffenden Sachmittel entsprechend ihrer Wertigkeit in A-, B- und C-Güter klassifiziert werden; auf der Basis dieser Information kann dann z. B. eine Analyse des Verbrauchs nach Materialen oder nach Lieferanten erfolgen. Außerdem zeigt die Analyse, welche Materialen bei der Bedarfsplanung im Mittelpunkt stehen müssen bzw. welche Methode der Beschaffung wirtschaftlich ist.
3.	**XY-Analyse**	Das Streudiagramm zeigt die Beziehung zwischen zwei Merkmalsgrößen (auch: Korrelationsanalyse).

5.6.3 Kennzahlen

01. Welche Kennzahlen der Lagerhaltung gibt es?

Beispiele:

Flächennutzungsgrad	Genutzte Lagerfläche : Vorhandene Lagerfläche
Raumnutzungsgrad	Genutzter Lagerraum : Vorhandener Lagerraum
Höhennutzungsgrad	Genutzte Lagerhöhe : Vorhandene Lagerhöhe

Nutzungsgrad der Lager-transportmöglichkeit	Transportierte Menge : Transportkapazität
Einsatzgrad	Einsatzzeit : Arbeitszeit
Ausfallgrad	Stillstandszeit : Einsatzzeit
Durchschnittlicher Lagerbestand	(Anfangsbestand + Endbestand) : 2 (Jahresanfangsbestand + 12 Monatsendbestände) : 13
Durchschnittsbestand	Summe der Tagesbestände : Anzahl der Tage
Umschlagshäufigkeit auf Mengenbasis	Jahresverbrauch : durchschnittlichen Lagerbestand [in Stk.]
Umschlagshäufigkeit auf Wertbasis	Jahresverbrauch : durchschnittlichen Lagerbestand [zu EP in €]
Durchschnittliche Lagerdauer	360 (Tage) : Umschlagshäufigkeit
Sicherheitskoeffizient	Sicherheitsbestand : durchschnittlichen Bestand
Lagerhaltungs-kostensatz	Zinssatz des im Lager gebundenen Vorratskapitals + Lagerkostensatz
Lagerkostensatz	Lagerkosten : durchschnittlicher Lagerbestandswert · 100
Lagerzinssatz	Kapitalmarktzinssatz : 360 · ø Lagerdauer
Lagerzinsen	ø Lagerbestand · Lagerzinssatz : 100
Lagerreichweite	durchschnittlicher Lagerbestand : durchschnittlicher Bedarf
Lagerbestand in % des Umsatzes	Lagerbestand : Umsatz · 100
Materialumschlag	Materialverbrauch : durchschnittlicher Materialbestand · 100
Lagerdauer (in Tagen)	Anzahl der Tage/Betrachtungszeitraum : Umschlagshäufigkeit · 100

02. Welche Kennzahlen der Beschaffung gibt es?

Beispiele:

Reklamationsquote	Reklamationswert : Umsatz · 100 [zu EP, Einstandspreisen]
Servicegrad	Anzahl der erfüllten Lieferungen : Anzahl der Lieferwünsche · 100

Produktivitätskennzahlen im Beschaffungsbereich:

- Anzahl ausgeführter Wareneingänge pro Personalstunde
- Warenannahmezeit pro eingehender Warensendung
- Auslastung der Entladeeinrichtung.

Wirtschaftlichkeitskennzahlen im Beschaffungsbereich:

- Kosten der Warenannahme je eingehender Sendung
- Beschaffungskosten je Bestellung
- Beschaffungskosten in Prozent des Einkaufsvolumens.

03. Welche Kennzahlen des Transports gibt es?

Beispiele:

Termineinhaltung	Anzahl termingerechter Lieferungen : Anzahl Lieferungen · 100
Unfallhäufigkeit [%]	Anzahl der Transportunfälle : Anzahl der Transporte · 100
Schadenshäufigkeit [%]	Anzahl der Schäden : Anzahl der Transporte · 100
ø Transportzeit	Summe aller Transportzeiten : Anzahl der Transporte

Produktivitätskennzahlen im Transportbereich:

- Auslastungsgrad der Transportmittel
- ø Transportleistung
- zurückgelegte Strecke pro Transportmittel
- zurückgelegte Strecke pro Fahrer
- ø Reparaturzeit.

Wirtschaftlichkeitskennzahlen im Transportbereich:

- Transportkosten je Transportauftrag
- ø Transportkosten je Gewichtseinheit
- Kosten je Tonnen-Kilometer
- ø Betriebskosten je Fördermittel
- Kapitalbindung der ruhenden Bestände.

Quelle: in Anlehnung an: Ehrmann, H., Kompakt-Training Logistik, a. a. O., S. 42 ff.

5.7 Relevante Rechtsbestimmungen

5.7.1 Rechtliche Rahmenbedingungen

01. Wie muss die Lagerung von Gefahrstoffen organisiert sein? → § 8 GefStoffV

- Die Lagerung von Gefahrstoffen muss stets so erfolgen, dass die menschliche Gesundheit und die Umwelt *nicht gefährdet* werden können. Missbrauch und Fehlgebrauch sind zu verhindern.

- Die mit der Verwendung verbundenen Gefahren müssen auch während der Lagerung durch *Kennzeichnung* erkennbar sein.

- Gefahrstoffe dürfen nicht in *Behältern* aufbewahrt werden, durch deren Form der Inhalt mit Lebensmitteln verwechselt werden kann.

- Sie müssen *übersichtlich gelagert* werden.

- Gefahrstoffe dürfen *nicht in unmittelbarer Nähe* von Arzneimitteln, Lebens- oder Futtermitteln gelagert werden.

- Gefahrstoffe, die nicht mehr benötigt werden und Behälter, die geleert worden sind, müssen vom Arbeitsplatz entfernt werden (*Einlagerung oder Entsorgung*).

- Als *Maximalmenge* von Gefahrstoffen *am Arbeitsplatz* gilt die Menge, die in der Arbeitsschicht verarbeitet werden kann.

- Diese Bestimmungen legen fest, dass für die Lagerung von Gefahrstoffen im Betrieb *spezielle Lagerräume* eingerichtet werden müssen, die den allgemeinen und speziellen Anforderungen der Stoffe genügen müssen.

02. Welchen Inhalt hat die Gefahrgutverordnung Straße, Eisenbahn und Binnenschifffahrt (GGVSEB)?

Die Gefahrgutverordnung GGVSEB reglementiert den Transport von gefährlichen Gütern (explosive, giftige, radioaktive). Sie verpflichtet alle Beteiligten Vorkehrungen zu treffen, um Schadensfälle zu verhindern und bei Eintritt eines Schadens dessen Auswirkungen so gering wie möglich zu halten. Die Gefahrgutverordnung enthält eine Fülle allgemeiner Regelungen sowie verkehrsträgerspezifische Regelungen. Sie gilt grenzüberschreitend und legt z. B. folgende Sicherheitsvorschriften fest:

- Gefährliche Güter müssen entsprechend der Verordnung gepackt und gekennzeichnet sein.

- Die Beförderungsmittel müssen entsprechend konstruiert und gekennzeichnet sein; sie sind regelmäßig zu überprüfen.

- Vorschriften zur Be- und Entladung sowie zur Beförderung.

- Schulung des Personals.

03. Welche Vorkehrungen sind zur Sicherheit im Lager zu treffen?

1. Maßnahmen zur *Abwendung von Lagerrisiken* wie

- *Diebstahl:* Sicherheitsmaßnahmen gegen Einbruch: Schließvorrichtungen, Fenster, Türen, Alarmanlagen, Standleitung, Werkschutz/Sicherheitsdienst, Regelung der internen Verantwortlichkeiten, Schlüsselaufbewahrung usw.;

- *Brand:* Versicherung, Brand- und Explosionsschutz gemäß BGV (Berufsgenossenschaftliche Vorschriften), Überprüfung der elektrischen Versorgung, Aufstellen von Feuerlöscheinrichtungen, Gefahrenkennzeichnung usw.;

- *Wasserschäden:* Versicherung, laufende Überprüfung (Regenwasser, Leitungswasser).

2. *Einhaltung der berufsgenossenschaftlichen Vorschriften* (DGUV); die nachfolgenden Vorschriften geben dazu Hinweise; die zuständige Berufsgenossenschaft (BG) berät umfassend:

- Richtwerte der Beleuchtung einhalten:
  Lagerräume, Verkehrswege: 50 lx; Treppen: 100 lx
- Lüftung gewährleisten
- Lagerbedingungen nach Sicherheitsdatenblatt einhalten (z. B. Kühlung)
- rutschhemmenden Bodenbelag einsetzen
- Verschmutzungen und Stolperstellen beseitigen
- schadhaften Fußbodenbelag ausbessern
- herumliegende Gegenstände entfernen und geeignet lagern
- Kabel und Leitungen richtig verlegen
- verbliebene Stolperstellen kennzeichnen
- geeignetes Schuhwerk (Berufsschuhe, Schutz- oder Sicherheitsschuhe) verwenden
- Tragfähigkeit der Lagerfläche beachten
- Standsicherheit von Lagern und Stapeln gewährleisten, zulässige Stapelhöhen einhalten
- Sicherheitsabstand einhalten
- Umwehrungen, Anschläge anbringen
- Persönliche Schutzausrüstung (PSA) benutzen
- Verkehrswege kennzeichnen und freihalten.

5.7.2 Vertragsrecht, Leistungsstörungen

01. Was versteht man unter vorvertraglichen Rechten und Pflichten?

Messebesuche, Verhandlungen, Korrespondenzen usw. begründen ein vorvertragliches Vertrauensverhältnis, aus dem gegenseitige Obhuts- und Sorgfaltspflichten entstehen. Diese sind im Einzelnen:

- Korrektur von Irrtümern
- gegenseitige Aufklärungspflicht
- körperliche Unversehrtheit muss gewahrt bleiben.

Bei Verletzung kann Schadenersatzpflicht auch ohne Vertragsabschluss entstehen.

02. Wie kommt ein Vertrag zu Stande?

Ein Vertrag kommt durch zwei übereinstimmende Willenserklärungen, die auf einen bestimmten Erfolg ausgerichtet sind, zu Stande:

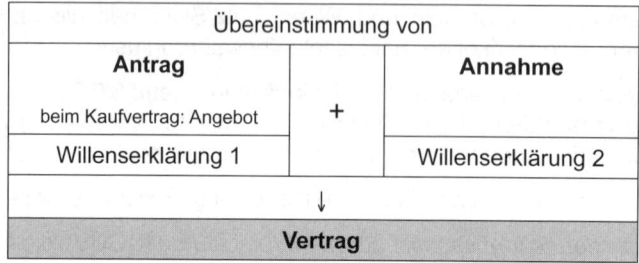

Übereinstimmung von		
Antrag beim Kaufvertrag: Angebot	+	**Annahme**
Willenserklärung 1		Willenserklärung 2
↓		
Vertrag		

Das kann

*   mündlich,
*   fernmündlich,
*   schriftlich,
*   durch moderne Kommunikationsmittel oder
*   durch konkludentes Verhalten

erfolgen. Ein Vertrag ist ein zweiseitiges Rechtsgeschäft, das durch Antrag und Annahme des Antrages zu Stande kommt.

03. Was beinhaltet der Grundsatz der Vertragsfreiheit?

Der Grundsatz der Vertragsfreiheit beinhaltet:

1. *Abschlussfreiheit:*	Mit wem schließe ich Verträge?
2. *Inhaltsfreiheit:*	Was wird vertraglich vereinbart?

Die Verträge dürfen jedoch nicht gegen bestehende Gesetze und den Grundsatz von Treu und Glauben verstoßen sowie nicht sittenwidrig sein.

04. Welche Vertragsarten sind in der Praxis von besonderer Bedeutung?

	Ziel und Inhalt des Vertrages	*Rechte und Pflichten*	
Kauf-vertrag	Abschluss durch beidersei-tige Übereinstimmung	**Verkäufer:**	**Käufer:**
	entgeltliche Veräußerung von Sachen und Rechten	übergibt Sache/Recht mangelfrei	nimmt gekaufte Sache/ Recht ab
	Ziel: Eigentumsübertragung	nimmt den vereinbarten Kaufpreis an	zahlt den vereinbarten Kaufpreis

Werk-vertrag	entgeltliche Leistung eines Werkes	**Auftraggeber:**	**Auftragnehmer:**
	Sache wird vom Auftragge-ber eingebracht	Zahlung der Vergütung bei Erfolg der Leistung	Herstellung oder Ver-änderung einer Sache
	Ziel: Erstellung eines Wer-kes mit geschuldetem Erfolg	Abnahme des Werkes	schuldet den herbeizu-führenden Erfolg
Dienst-vertrag	entgeltliche Leistung eines Dienstes	**Leistender:**	**Leistungsempfänger:**
	Dienst: Erstellung oder Ver-änderung einer Sache	erbringt Dienstleistung	zahlt den vereinbarten Kaufpreis, auch wenn der Erfolg nicht vorliegt
	Ziel: Erbringung einer Leis-tung ohne geschuldetem Erfolg	ohne Erfolgsgarantie	
Miet-vertrag	entgeltliche Nutzungsüber-lassung einer Sache	**Vermieter:** (Eigentümer)	**Mieter:** (Besitzer)
	Mieter wird Besitzer	Überlassung der Sache	kann Sache nutzen
	Ziel: Nutzungsüberlassung; nicht auf wirtschaftlichen Erfolg ausgerichtet	erhält Mietzins	zahlt Mietzins
Pacht-vertrag	entgeltliche Nutzungsüber-lassung einer Sache	**Verpächter:** (Eigentümer)	**Pächter:** (Besitzer)
	Pächter wird Besitzer	Überlassung der Sache	kann Sache nutzen und wird Eigentümer an dem durch die Nut-zung erzielten Ertrag
	Ziel: Nutzungsüberlassung mit Fruchtgenuss	erhält Pachtzins	zahlt Pachtzins
Lea-sing-vertrag	entgeltliche Nutzungsüber-lassung einer Sache	**Leasinggeber:**	**Leasingnehmer:**
	Leasingnehmer wird Besitzer	überträgt Nutzungs-recht	erhält Nutzungsrecht; trägt Gefahr für den Untergang der Sache und Kosten der In-standhaltung
	Ziel: Entgeltliche Nutzungs-überlassung	erhält Leasingraten (ggf. Sonderzahlung)	zahlt Leasingraten
Lizenz-vertrag	Nutzungsrechte	**Lizenzgeber:**	**Lizenznehmer:**
	Patente, Muster, Marken, Software usw.	erlaubt gewerbliche Nutzung	kann das Recht ge-werblich nutzen
	Ziel: Übertragung von Nutzungsrechten	erhält Lizenzgebühren	zahlt Lizenzgebühren, auch wenn er das Recht nicht nutzt

Koope-rationen	Gegenstand der Zusammenarbeit kann z. B. sein: gemeinsame Büronutzung, gemeinsame Werbung/ Markterschließung	• Kooperationspartner bleiben rechtlich selbstständig. • Es gibt verschiedene Intensitätsstufen der Zusammenarbeit. • Formen der Kooperation können sein: - Arbeits-/Interessengemeinschaften - Kartelle - Konsortien.
	Ziel: Auf Zusammenarbeit gerichteter Vertrag	

05. Welche speziellen Kaufvertragsarten sind zu unterscheiden?

Spezielle Kaufverträge	
Bürgerlicher Kauf	Parteien sind Nichtkaufleute oder Kauf ist kein Handelsgeschäft
Handelskauf	Einseitiger Handelskauf: Kaufmann (Handelsgeschäft) + Nichtkaufmann
	Zweiseitiger Handelskauf: Kaufmann + Kaufmann (für beide: Handelsgeschäft)
Stückkauf	Kauf einer nicht vertretbaren (einmaligen) Sache.
Gattungskauf	Kauf einer vertretbaren Sache (mehrfach vorhanden).
Terminkauf	Lieferung zu einem vereinbarten Termin oder innerhalb einer festgelegten Frist
Kommissionskauf	Käufer muss erst dann zahlen, wenn er die Sache selbst weiterverkauft hat.
Verbrauchs-güterkauf	§ 474 BGB: Kauf einer beweglichen Sache durch einen Verbraucher (§ 13 BGB) von einem Unternehmer (§ 14 BGB).
Kauf auf Probe	Der Kauf auf Probe ist der Abschluss eines Kaufvertrages unter der Bedingung, dass der Käufer die Ware billigt.
Abrufvertrag	Preise und Mengen sind in der Regel festgelegt
	ein Zeitraum ist festgelegt
	einzelne Abrufe gegen den Vertrag erfolgen individuell
Sukzessiv-liefervertrag	Preise, Mengen, Zeitraum sind fest
	genaue Anliefertermine sind ebenfalls fest
Konsignations-lagervertrag	Der Konsignationslagervertrag regelt die Einrichtung eines Konsignationslagers. Bei einem Konsignationslager werden im betriebseigenen Lager Vorräte gehalten, die bis zum Zeitpunkt der Entnahme Eigentum des Lieferanten bleiben.
Rahmenvertrag	Beim Rahmenvertrag sind die Vertragspartner bereit, einen Abschluss in dem alle Vertragspunkte bis auf die Mengen festgelegt sind, zu tätigen. Sollten dennoch Mengenangaben gemacht werden, sind diese als bloße Absichtserklärung zu sehen.
Spezifikations-kauf	Der Spezifikationskauf ist eine Rahmenvereinbarung über Art, Menge und Grundpreis der Waren. Erst beim Abruf werden alle weiteren Einzelheiten festgelegt.
Bedarfs-deckungsvertrag	Der Bedarfsdeckungsvertrag ist ein Bindungsvertrag an einen Lieferanten über einen Gesamt- oder Teilbedarf eines bestimmten Gutes.

06. Was ist der Unterschied zwischen Gewährleistung, Garantie und Kulanz?

Gewährleistung	Die Gewährleistung (gesetzliche Mängelhaftung) bestimmt Rechtsfolgen und Ansprüche, die dem Käufer im Rahmen eines Kaufvertrags zustehen, bei dem der Verkäufer eine mangelhafte Ware oder Sache (Recht) geliefert hat. Die Gewährleistung ist eine zeitlich befristete Nachbesserungsverpflichtung des Händlers oder Herstellers einer Sache. Der Verkäufer einer Sache muss sicherstellen, dass der Kaufgegenstand bei der Übergabe mangelfrei war.
Garantie	Die Garantie ist eine zusätzlich zur gesetzlichen Gewährleistungspflicht gemachte freiwillige und frei gestaltbare Dienstleistung gegenüber dem Kunden (Händler-/Herstellergarantie). Die Garantie sichert eine absolute Schadensregulierung unabhängig vom Schadenshergang zu. Es wird die Haltbarkeit eines Kaufgegenstandes garantiert (auch Haltbarkeits-Garantie). Der Zustand des Kaufgegenstandes bei Übergabe spielt hierbei keine Rolle.
Kulanz	ist ein Entgegenkommen des Verkäufers über die Gewährleistungs- und Garantiepflicht hinaus (weder gesetzlich noch vertraglich erforderlich).

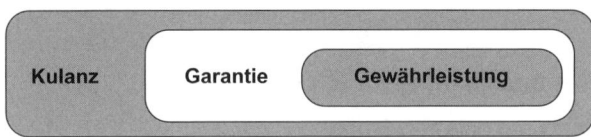

07. Ist ein Ausschluss der Gewährleistungsfrist möglich?

Ein Ausschluss der Gewährleistungspflicht kann nur bei bürgerlichem Kauf (Vertrag zwischen zwei Privatpersonen) vereinbart werden.

08. Ist eine Verkürzung der Gewährleistungspflicht möglich?

Eine Verkürzung der Gewährleistungspflicht ist in folgenden Fällen möglich:

• Verbrauchsgüterkauf und gebrauchte Sachen: ein Jahr.

• Im Übrigen ist eine Verkürzung der Gewährleistungspflicht durch vertragliche Vereinbarung möglich.

09. Welche Arten von Leistungsstörungen im Kaufvertrag gibt es?

Leistungsstörungen im Kaufvertrag (BGB)	
Unmöglichkeit	Die Leistung kann vom Schuldner nicht erbracht werden, §§ 280 ff. • anfängliche Unmöglichkeit • nachträgliche Unmöglichkeit

Verzug	Schuldnerverzug, z. B. Warenlieferung bzw. Zahlung erfolgt nicht, §§ 286 ff.
	Gläubigerverzug, z. B. Ware oder Zahlung wird nicht oder nicht rechtzeitig angenommen, §§ 293 ff.
Mangel	Die Sache ist mit einem Mangel behaftet (Sach-/Rechtsmangel), §§ 434 ff.
Positive Vertragsverletzung	Schuldhafte Verletzung der Sorgfaltspflicht, §§ 276, 280
Culpa in Contrahendo	Verschulden bei Vertragsanbahnung bzw. Aufnahme der Vertragsverhandlungen, §§ 280, 311
Störung der Geschäftsgrundlage	Eintreten schwerwiegender Umstände nach Vertragsabschluss, § 313

10. Welche Mangelarten gibt es nach § 434 f. BGB?

Man unterscheidet:

* Sachmängel und
* Rechtsmängel.

11. Wann liegt ein Sachmangel vor (§ 434 BGB)?

A. Ein *Sachmangel* (im engeren Sinne)
    liegt vor, wenn die gelieferte Sache bei Gefahrenübergang *nicht die vereinbarte Beschaffenheit aufweist* (§ 434 BGB):

* fehlerhafter Ware
* Abweichung von der vereinbarten Garantie.

B. Sofern die *Beschaffenheit nicht vereinbart wurde*, liegt ein *Sachmangel* (im engeren Sinne) dann vor, wenn

* sich die Sache nicht für die *vertraglich vorausgesetzte Verwendung* eignet
* sich die Sache nicht für die *gewöhnliche Verwendung* eignet und nicht eine Beschaffenheit aufweist, die bei Sachen der gleichen Art *üblich* ist
* die Eigenschaften der Sache *von der umworbenen Qualität* abweicht (Darstellung in der Werbung).

C. Ein Sachmangel (im weiteren Sinne) ist auch gegeben bei

* unsachgemäßer *Montage*
* mangelhafter *Montageanleitung* (so genannte „IKEA-Klausel").

D. Ein Sachmangel (im weiteren Sinne; „... einem Sachmangel steht es gleich ...") liegt ferner dann vor, bei

* *Falschlieferung* („...eine andere Sache liefert ...").

12. Was ist ein Rechtsmangel (§ 435 BGB)?

Die Sache ist frei von Rechtsmängeln, wenn Dritte (in Bezug auf die Sache) keine oder nur laut Kaufvertrag übernommene Rechte geltend machen können.

13. Welche Rechte hat der Käufer bei Mängeln (Schlechtleistung; § 437 BGB)?

Rechte des Käufers bei Mängeln nach § 433 BGB							
Ohne Nachfrist ↓ Vorrangiges Recht			Mit Nachfrist ↓ Nachrangiges Recht				
Nach-erfüllung	Schadenersatz neben der Leistung (kleiner Schadenersatz)	Rücktritt vom Vertrag	Minde-rung	Schadenersatz neben der Leistung (kleiner Schadenersatz)	Schaden-ersatz statt der Leistung	Ersatz ver-geblicher Aufwen-dungen

Im Einzelnen:

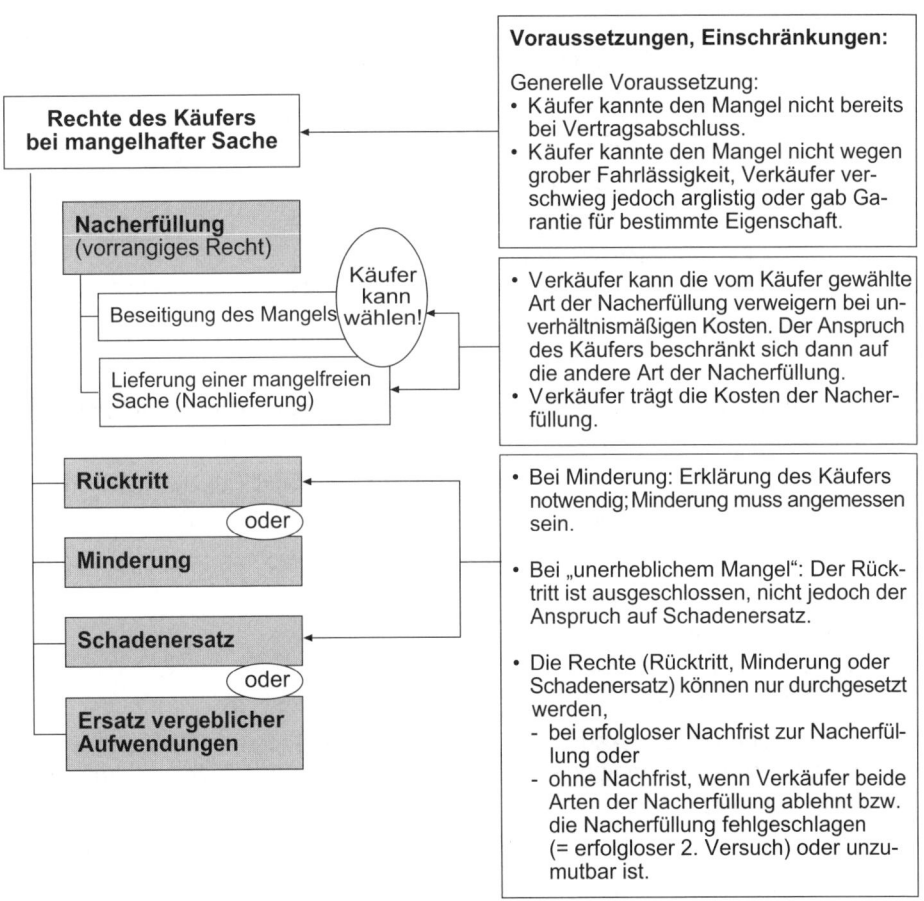

Rechte des Käufers bei mangelhafter Sache

Nacherfüllung (vorrangiges Recht)

Beseitigung des Mangels

Lieferung einer mangelfreien Sache (Nachlieferung)

Käufer kann wählen!

Rücktritt

oder

Minderung

Schadenersatz

oder

Ersatz vergeblicher Aufwendungen

Voraussetzungen, Einschränkungen:

Generelle Voraussetzung:
- Käufer kannte den Mangel nicht bereits bei Vertragsabschluss.
- Käufer kannte den Mangel nicht wegen grober Fahrlässigkeit, Verkäufer verschwieg jedoch arglistig oder gab Garantie für bestimmte Eigenschaft.

- Verkäufer kann die vom Käufer gewählte Art der Nacherfüllung verweigern bei unverhältnismäßigen Kosten. Der Anspruch des Käufers beschränkt sich dann auf die andere Art der Nacherfüllung.
- Verkäufer trägt die Kosten der Nacherfüllung.

- Bei Minderung: Erklärung des Käufers notwendig; Minderung muss angemessen sein.

- Bei „unerheblichem Mangel": Der Rücktritt ist ausgeschlossen, nicht jedoch der Anspruch auf Schadenersatz.

- Die Rechte (Rücktritt, Minderung oder Schadenersatz) können nur durchgesetzt werden,
  - bei erfolgloser Nachfrist zur Nacherfüllung oder
  - ohne Nachfrist, wenn Verkäufer beide Arten der Nacherfüllung ablehnt bzw. die Nacherfüllung fehlgeschlagen (= erfolgloser 2. Versuch) oder unzumutbar ist.

14. Innerhalb welcher Fristen verjähren Mängelansprüche?

• *Verjährung* bedeutet, dass ein Gläubiger seine Ansprüche nach Ablauf einer gesetzlich festgelegten Frist nicht mehr gerichtlich einklagen kann (§ 194 BGB). Der Schuldner hat das Recht der so genannten „Einrede der Verjährung", d. h. er kann die
Leistungspflicht verweigern (obwohl der Anspruch de facto noch besteht).

A.	Verjährungsfristen bei Sachmängeln
30 Jahre	bei dinglichen Rechten
	bei einem sonstigen Recht, das im Grundbuch eingetragen ist
5 Jahre	bei einem Bauwerk
	bei einer Sache, die für ein Bauwerk verwendet worden ist
3 Jahre	für arglistig verschwiegene Mängel
2 Jahre	**für alle übrigen Mängel;** **Hauptfall der Gewährleistungsfrist für mangelhafte Warenlieferung**
1 Jahr	bei gebrauchten Sachen im Fall des Verbrauchsgüterkaufs (Verkürzung auf ein Jahr möglich)

B.	Verjährungsfristen für sonstige Ansprüche
	rechtskräftig festgestellte Ansprüche
30 Jahre	Ansprüche aus vollstreckbaren Urkunden
	Ansprüche aufgrund eines Insolvenzverfahrens
10 Jahre	Ansprüche bei Rechten aus einem Grundstück
3 Jahre	**Regelmäßige Verjährungsfrist:** Forderungen aus Kauf, Werk und Mietverträgen sowie Lohn- und Gehalts- forderungen

15. Wann ist der Anspruch auf Leistung ausgeschlossen (Unmöglichkeit nach § 275 BGB) und welche Rechte hat in diesem Fall der Käufer?

• Der Anspruch auf Leistung ist ausgeschlossen, soweit und solange diese für den
Schuldner oder für jedermann unmöglich ist.

• Bei Unmöglichkeit der Leistung hat der Käufer – *ohne Nachfristsetzung* – folgende
Rechte:

- Rücktritt vom Vertrag
- Minderung des Kaufpreises
- Schadenersatz statt Leistung.

Beim zweiseitigen Handelskauf (= der Kauf ist für beide Seiten ein Handelsgeschäft)
gelten ergänzende Bestimmungen des HGB (z. B. Prüfungs-, Rüge- und Aufbewah-
rungsfrist; vgl. Frage 19.).

16. Wann kommt der Schuldner in Verzug nach § 286 BGB?

Unter der Voraussetzung, dass der Schuldner die verspätete Leistung zu vertreten hat (Vorsatz und Fahrlässigkeit), kommt er in Verzug ...

Fall A.: ... durch Mahnung des Gläubigers (mit Fristsetzung)

Fall B.: ... ohne Mahnung, wenn

- für die Leistung eine Zeit nach dem Kalender bestimmt ist (Fix- und Termingeschäft)
- der Schuldner die Leistung verweigert

Fall C.: ... ohne Mahnung generell *spätestens nach Ablauf von 30 Tagen* (bei einem Schuldner der Verbraucher ist, gilt dies nur, wenn auf diese Rechtsfolgen besonders hingewiesen wurde)

17. Welche Rechte hat der Käufer bei Lieferungsverzug?

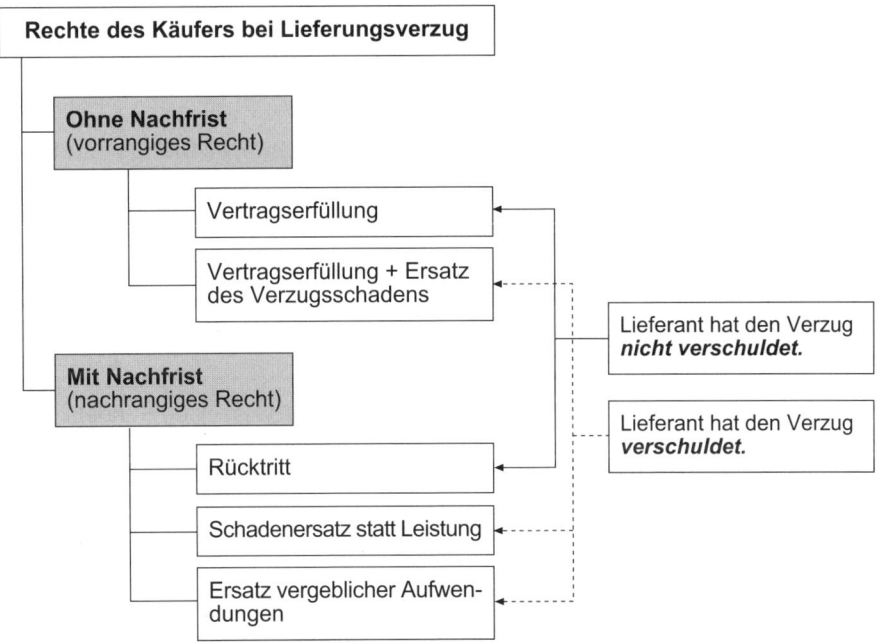

18. Welche Rechte hat der Verkäufer bei Zahlungsverzug?

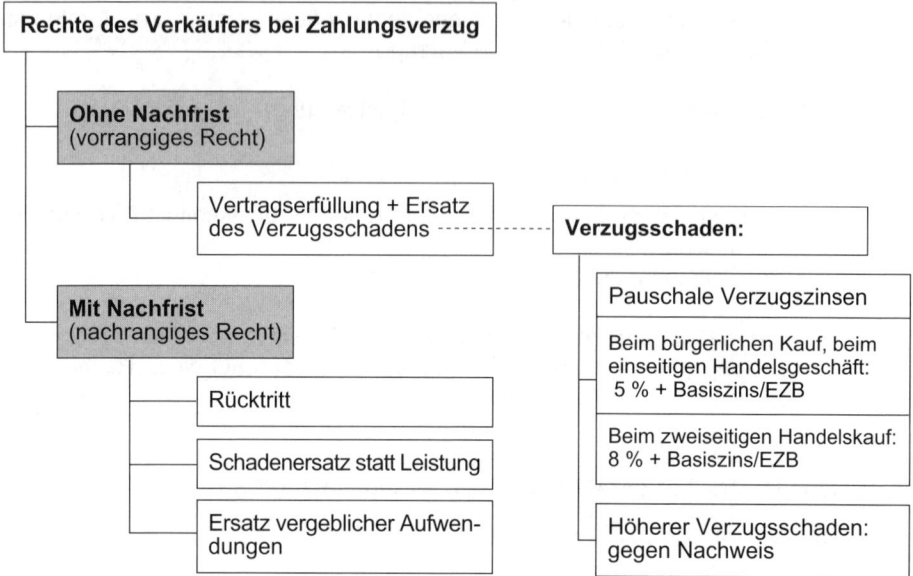

19. Was besagt die unverzügliche kaufmännische Untersuchungs- und Rüge- pflicht?

Im § 377 Abs. 1 HGB heißt es:

„Ist der Kauf für beide Teile ein Handelsgeschäft, so hat der Käufer die Ware unver- züglich nach der Ablieferung durch den Verkäufer, soweit dies nach ordnungsmäßigem Geschäftsgang tunlich ist, zu untersuchen und, wenn sich ein Mangel zeigt, dem Ver- käufer unverzüglich Anzeige zu machen.“

D. h. im Einzelnen, dass der Käufer einer Ware bei einem zweiseitigen Handelsgeschäft das gekaufte Gut unverzüglich auf seine äußere Beschaffenheit hin zu untersuchen hat und Mängel unverzüglich dem Verkäufer kundzutun hat. Unterlässt er dies, so gilt die Ware als genehmigt (vgl. § 377 Abs. 2 HGB).

20. Wann gilt eine Mängelrüge als rechtzeitig?

Entscheidend für die Erhaltung der Gewährleistungsansprüche ist nicht nur, dass die Ware untersucht wird, sondern ein Mangel auch rechtzeitig gerügt wird. Unverzüglich bedeutet hierbei *ohne schuldhaftes Verzögern*. Es geht zwar nicht um Stunden, aber Verzögerungen von einigen Tagen können bereits negative Folgen nach sich ziehen. Generelle Fristen gibt es nicht – auch nicht aufgrund der Rechtsprechung.

21. Welche Pflichten hat der Verbraucher bei unverlangt zugesandter Ware?

1. Der Verbraucher muss die Ware nicht bezahlen. Es ist kein Vertrag zu Stande gekommen (§ 241a Abs. 1 BGB).

2. Die Benutzung der Ware durch den Verbraucher gilt nicht als Annahme. Es entsteht trotz Benutzung kein Zahlungsanspruch.

3. Der Verbraucher ist nicht verpflichtet, die Ware aufzubewahren oder zurückzusenden.

22. Was bezweckt das Produkthaftungsgesetz?

Das Produkthaftungsgesetz ist eine Umsetzung der EG Richtlinie „Angleichung der Rechts- und Verwaltungsvorschriften der Mitgliedstaaten über die Haftung für fehlerhafte Produkte" (Produkthaftungsrichtlinie) in nationales Recht. Somit wurde der Verbraucherschutz EG-weit vereinheitlicht.

23. Was sind die Schwerpunkte des Produkthaftungsgesetzes?

Das Produkthaftungsgesetz ist als verschuldenunabhängige Haftung (*Gefährdungshaftung*) ausgelegt. D. h., Produzenten haften allein aufgrund des Umstandes, dass sie Produkte in den Verkehr bringen und hierdurch *Personen- oder Sachschäden* hervorgerufen werden.

24. Welches sind die Rechtsgrundlagen der Produkthaftung?

Die Haftung von Herstellern für die Fehlerfreiheit und damit auch für die Sicherheit von Produkten wird durch unterschiedliche Regelungen begründet:

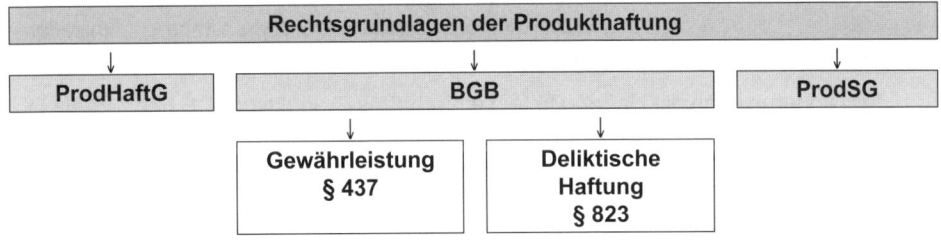

A. *Produkthaftungsgesetz*
Zum einen können Ansprüche aus speziellen gesetzlichen Sondervorschriften, wie z. B. das *Produkthaftungsgesetz* (ProdHaftG), abgeleitet werden.

§ 1 Abs. 1 ProdHaftG
„Wird durch den Fehler eines Produkts jemand getötet, sein Körper oder seine Gesundheit verletzt oder eine Sache beschädigt, so ist der Hersteller des Produkts verpflichtet, dem Geschädigten den daraus entstehenden Schaden zu ersetzen. Im Falle der Sachbeschädigung gilt dies nur, *wenn eine andere Sache als das fehlerhafte Produkt beschädigt wird* und diese andere Sache ihrer Art nach ge-

wöhnlich für den privaten Ge- oder Verbrauch bestimmt und hierzu von dem Geschädigten hauptsächlich verwendet worden ist."

Bei der Produkthaftung gibt es folgende *Ausnahmen:*

- Der Hersteller hat das Produkt nicht in den Verkehr gebracht.
- Das Produkt hat den Fehler noch nicht gehabt, als es in den Verkehr gebracht wurde.
- Das Produkt wurde nicht zum Verkauf/zu einer anderen wirtschaftlichen Nutzung hergestellt.
- Der Fehler beruht darauf, dass das Produkt zwingenden Rechtsvorschriften entsprochen hat.
- Der Fehler konnte nach dem Stand der Technik und der Wissenschaft zu dem Zeitpunkt, an dem der Hersteller das Produkt in den Verkehr brachte, nicht erkannt werden.

Im Überblick:

Produkthaftungs-gesetz →	• **Haftung für *Folgeschäden* an Leib und Leben oder einer Sache** • Voraussetzung: gewöhnlicher Ge- und Verbrauch der geschädigten Sache im privaten Bereich • Der Schaden bezieht sich nicht auf das gekaufte (fehlerhafte) Produkt, sondern auf einen aus dem gekauften Gegenstand folgenden Schaden an einem anderen Produkt. • Ein Ausschluss der Haftung ist nicht möglich. • Sachschäden bis zur Höhe von 500 € muss der Geschädigte selbst tragen. • Der Anspruch verjährt in drei Jahren nach Kenntniserlangung.

Zum anderen kann die Haftung für ein fehlerhaftes Produkt im *BGB* begründet sein. Hierbei ist noch zwischen Ansprüchen aus den gesetzlichen Gewährleistungsansprüchen und Ansprüchen aus dem vertragsunabhängigem *BGB-Deliktrecht* § 823 BGB zu unterscheiden.

B. *Gewährleistung des Verkäufers bei Sach- und Rechtsmangel* nach §§ 437 ff. BGB

Gewährleistung aus Kaufvertrag →	• **Haftung für Sach- und Rechtsmangel *an der Sache selbst*** • Rechte nach § 437 BGB: Nacherfüllung, Rücktritt oder Minderung, Schadenersatz oder Ersatz vergeblicher Aufwendungen.

C. *Vertragsunabhängige Generalklausel der deliktischen Haftung nach § 823 BGB für die Produkthaftung:*

§ 823 Abs. 1 BGB legt fest:
„Wer vorsätzlich oder fahrlässig das Leben, den Körper die Gesundheit, die Freiheit, das Eigentum oder ein sonstiges Recht eines anderen widerrechtlich verletzt, ist dem anderen zum Ersatz des daraus entstehenden Schadens verpflichtet."

Daraus kann für die Hersteller von Produkten abgeleitet werden: Er muss sich so verhalten und dafür Sorge tragen, dass nicht innerhalb seines Einflussbereiches widerrechtlich Ursachen für *Personen- und Sachschäden* gesetzt werden.

§ 823 BGB **Generalklausel** **der deliktischen** **Haftung** →	• **General-Haftung für Personen- und Sachschäden** • Voraussetzung: Vorsatz oder Fahrlässigkeit • Verstoß gegen geltendes Recht.

D. Weiterhin ist das *Produktsicherheitsgesetz* (ProdSG) zu beachten.

Im Überblick:

Produktsicher- **heitsgesetz** **(ProdSG)**	Das *Produktsicherheitsgesetz* (ProdSG) enthält Regelungen zu den Sicherheitsanforderungen von technischen Arbeitsmitteln und Verbraucherprodukten. Es ersetzt seit Dezember 2011 das Geräte- und Produktsicherheitsgesetz (GPSG). In die Pflicht genommen werden Hersteller, Inverkehrbringer und Aussteller der Produkte.

Merke: Bei der Haftung ist zwischen Schäden an der Sache selbst und Folgeschäden zu unterscheiden.

5.7.3 AGB-Recht

01. Was versteht man unter „Allgemeinen Geschäftsbedingungen" (AGB)?

Allgemeine Geschäftsbedingungen (AGB) sind alle für eine Vielzahl von Verträgen vor-formulierte Vertragsbedingungen, die eine Vertragspartei der anderen Partei bei Ab-schluss eines Vertrages stellt. Sind Vertragsbedingungen einzeln ausgehandelt, liegen keine Allgemeinen Geschäftsbedingungen vor.

Beispiele:

• Einkaufsbedingungen
• Verkaufsbedingungen.

02. Wo sind die einschlägigen Bestimmungen zum Umgang mit den „Allgemeinen Geschäftsbedingungen" geregelt?

Im Zuge der Schuldrechtsreform wurden die Bestimmungen aus dem AGB-Gesetz vom 09.12.1976 in das BGB integriert. Die §§ 305 - 311 regeln jetzt „die Gestaltung rechts-geschäftlicher Schuldverhältnisse durch Allgemeine Geschäftsbedingungen".

03. Welchen Inhalt haben in der Regel „Allgemeine Geschäftsbedingungen"?

Inhalt von Allgemeinen Geschäftsbedingungen können alle die Abreden sein, die auch Inhalt von Verträgen sein können.

Beispiele:

- Gerichtsstand
- Eigentumsvorbehalt
- Haftung
- Transportversicherung
- Verpackung

- Erfüllungsort
- Gewährleistung
- Angaben zum Zahlungsverkehr
- technische Normen.

Einzelvertraglich müssen dann nur noch folgende Punkte geregelt werden, z. B. Artikel, Preis, Menge und Lieferzeit.

04. Welchen Zweck verfolgen „Allgemeine Geschäftsbedingungen"?

Allgemeine Geschäftsbedingungen sollen die im Gesetz verankerten Vertragstypen interessengerecht ergänzen bzw. neu gestalten. Sie helfen dabei, ein einheitliches Gerüst von Regelungen zu erstellen, das dann allen entsprechenden Verträgen zu Grunde gelegt wird. Sie vermeiden damit die Verpflichtung, allgemeine Klauseln bei jedem Vertragsabschluss immer wieder neu zu vereinbaren.

05. Wie werden die „Allgemeinen Geschäftsbedingungen" Vertragsbestandteil?

Nach § 305 BGB werden Allgemeine Geschäftsbedingungen nur Vertragsbestandteil,

- wenn der Verwender bei Vertragsschluss die andere Vertragspartei ausdrücklich (oder wenn ein ausdrücklicher Hinweis wegen der Art des Vertragsschlusses nur unter unverhältnismäßigen Schwierigkeiten möglich ist) durch deutlich sichtbaren Aushang am Ort des Vertragsschlusses auf sie hinweist,

  und

- der anderen Vertragspartei die Möglichkeit verschafft, in zumutbarer Weise, ... von ihrem Inhalt Kenntnis zu nehmen,

  und

- wenn die andere Vertragspartei mit ihrer Geltung einverstanden ist.

**06. Welche Folgen ergeben sich nach BGB, wenn sich Einkaufs- und Verkaufs-
bedingungen widersprechen?**

Im BGB § 306 ist hierzu Folgendes geregelt:

1. Sind Allgemeine Geschäftsbedingungen ganz oder teilweise nicht Vertragsbestandteil geworden oder unwirksam, so bleibt der Vertrag im Übrigen wirksam.

2. Soweit die Bestimmungen nicht Vertragsbestandteil geworden oder unwirksam sind, richtet sich der Inhalt des Vertrags nach den gesetzlichen Vorschriften.

3. Der Vertrag ist unwirksam, wenn das Festhalten an ihm, …, eine unzumutbare Härte für eine Vertragspartei darstellen würde.

Der Vertrag kommt somit nur durch beiderseitige Erfüllungshandlung zu Stande. Es gelten dann die einschlägigen gesetzlichen Bestimmungen.

5.7.4 Allgemeine deutsche Spediteurbedingungen (ADSp)

01. Welchen Verbindlichkeitscharakter haben die ADSp?

Die ADSp sind Allgemeine Geschäftsbedingungen, die von einer Reihe von Verbänden zur unverbindlichen Anwendung empfohlen werden. Diese Verbände sind:

- Deutscher Industrie- und Handelskammertag (DIHK)
- Bundesverband der Deutschen Industrie (BDI)
- Bundesverband des Deutschen Groß- und Einzelhandels (BGA)
- Hauptverband des Deutschen Einzelhandels (HDE)
- Deutscher Speditions- und Logistikverband, DSLV (früher: Bundesverband Spedition und Logistik, BSL).

Die überwiegende Mehrheit der bundesdeutschen Speditionen und der Unternehmen der verladenden Wirtschaft arbeiten auf der Grundlage der ADSp, wenn nichts anderes vereinbart worden ist.

02. Für welche Unternehmen und Tätigkeiten finden die ADSp Anwendung?

- Die ADSp finden keine Anwendung auf Verkehrsverträge mit Verbrauchern.
- Voraussetzung für die Anwendung der ADSp ist, dass der Spediteur und der Auftraggeber einen Verkehrsvertrag abgeschlossen haben. Dazu gehören z. B. Speditions-, Fracht- und Lagerverträge (speditionsübliche Tätigkeit).
- Tätigkeiten, die den Handel oder die Produktion von Gütern betreffen, unterliegen nicht den Vorschriften der ADSp.
- Für nicht speditionsübliche Tätigkeiten können die Logistik-AGB Anwendung finden. Danach gelten die ADSp nicht für Geschäfte, die ausschließlich folgende Arbeiten zum Gegenstand haben, z. B.: Verpackungsarbeiten, Beförderung von Umzugsgut, Kran- und Montagearbeiten mit Ausnahme der Umschlagstätigkeit des Spediteurs, Beförderung und Lagerung von abzuschleppenden oder zu bergenden Gütern.

Vgl. weitere Einzelheiten unter: www.spediteure.de.

5.7.5 Incoterms

01. Wer definiert die Incoterms?

Die Incoterms sind von der International Chamber of Commerce (ICC), also der Internationalen Handelskammer in Paris aus der Praxis für die Praxis entwickelt worden. Die Incoterms werden alle zehn Jahre überarbeitet. Die neuen Incoterms sind gültig seit 01.01.2011.

02. Was regeln Incoterms?

Mit jedem Incoterm werden drei Sachverhalte geregelt:

1. die Übernahme der *Transportkosten,*

2. der *Übergang der Gefahr des Verlustes* oder der Beschädigung der Ware während des Transports und

3. der Abschluss und die Kosten einer *Transportversicherung.*

03. Was änderte sich seit dem 01.01.2011?

Am 01.01.2011 traten die Incoterms 2010 in Kraft. Hier sind die wichtigsten *Änderungen:*

1. *Nationale und internationale Anwendbarkeit:* Während die Incoterms bisher speziell für den internationalen Warentransport ausgelegt waren, werden die Incoterms 2010 von der ICC ausdrücklich als „nationale und internationale Handelsklauseln" deklariert.

2. *Wegfall der Klauseln DAF, DES, DEQ und DDU:* Insgesamt wurde die Zahl der Klauseln in den Incoterms 2010 von 13 auf 11 reduziert: Die Klauseln DAF, DES, DEQ und DDU wurden aufgrund ihrer geringen Praxisrelevanz aus dem Regelwerk herausgenommen.

3. *Als neue Klauseln wurden DAT und DAP in die Incoterms aufgenommen.*
   * Die Klausel DAT (delivered at terminal) kann dabei als Modernisierung der alten Klausel DEQ (delivered ex quay) betrachtet werden, denn die Ablieferung an einem Terminal entspricht der heutigen Praxis in der Containerhafenlogistik eher als die Entladung der Ware auf den Kai. Außerdem ist DAT im Gegensatz zu DEQ multimodal (also für alle Transportarten) anwendbar.
   * Die neue Klausel DAP (delivered at place) ist eine multimodale Klausel, bei der es darauf ankommt, den Bestimmungsort möglichst genau festzulegen. Damit eignet sich diese Klausel, um die alten Klauseln DAF (delivered at frontier) und DES (delivered ex ship) zu ersetzen, indem man beispielsweise den Ort des Grenzübergangs bzw. den genauen Bestimmungshafen benennt.

4. *Multimodale und spezielle Schiffstransportklauseln:*
   Die Incoterms 2010 sehen nunmehr sieben multimodal anwendbare Klauseln (für alle Transportarten geeignet) und vier speziell für den See- und Binnenschiffstransport geeignete Klauseln vor.

5. *Neuer Gefahrenübergang bei FOB, CFR und CIF:*

Bei den bisher bestehenden Klauseln FOB, CFR und CIF ändert sich der Ort des Gefahrenübergangs. Bisher erfolgte der Gefahrenübergang bei Überschreiten der Schiffsreeling. Durch die Incoterms 2010 findet der Gefahrenübergang jetzt nach Verladen des Transportgutes an Bord des Schiffs statt, also wenn das Transportgut auf dem Schiff abgesetzt worden ist. Damit hat sich das Risiko geringfügig weiter in Richtung des Verkäufers verlagert.

Incoterms 2010		
Gruppe	**Klausel**	**Beschreibung**
E	**EXW** Ex Works (ab Werk)	Der Gefahrenübergang auf den Importeur erfolgt direkt ab Werk des Exporteurs. Der Importeur transportiert die Waren komplett auf eigene Kosten.
F	**FCA** Free Carrier (frei Frachtführer benannter Ort)	Der Verkäufer verpflichtet sich, die Ware auf seine Kosten einem vom Käufer benannten Frachtführer an einem vereinbarten Lieferort zu übergeben. Das ist der Ort der Übergabe der Ware an den ersten Frachtführer am Abgangsort. Ab diesem Zeitpunkt trägt der Käufer die Transportkosten sowie das Risiko von Transportschäden.
F	**FAS** Free alongside ship (frei Längsseite Schiff)	Der Verkäufer hat seine vertraglichen Pflichten dann erfüllt, wenn er die Ware in dem benannten Verschiffungshafen bis an die Längsseite des vom Käufer benannten Schiffes verbracht hat. Ab diesem Zeitpunkt trägt der Käufer die weiteren Transportkosten der Reederei und das Transportrisiko.
F „Schiff"	**FOB – geändert** Free on board (frei an Bord benannter Verladehafen)	Die Lieferpflicht des Verkäufers endet, wenn die Ware im benannten Hafen auf das vom Käufer benannte Schiff verladen wurde. Ab diesem Zeitpunkt trägt der Käufer die weiteren Transportkosten sowie das Risiko, dass die Ware beim Transport beschädigt wird.
C „Schiff"	**CFR – geändert** Cost & Freight (Kosten & Fracht benannter Bestimmungshafen)	Hier trägt der Verkäufer die Frachtkosten bis zum vertraglich vereinbarten Bestimmungshafen, also die Kosten für die Haupttransportstrecke. Die Transportgefahr geht (wie bei FOB) auf den Käufer über, wenn die Ware auf das benannte Schiff verladen wurde.
C „Schiff"	**CIF – geändert** Cost, Insurance and Freight (Kosten, Versicherung und Fracht benannter Bestimmungshafen)	Neben den Kosten der Reederei für die Transportstrecke zwischen Verlade- und Entladehafen trägt der Verkäufer zusätzlich auf seine Kosten zugunsten des Käufers eine Seeschadensversicherung (Transportversicherung). Die Transportgefahr geht (wie bei CFR und FOB) auf den Käufer über, wenn die Ware auf das benannte Schiff verladen wurde.
C	**CPT** Carriage paid to (frachtfrei benannter Bestimmungsort)	Der Verkäufer trägt sämtliche Transportkosten der Ware bis zum Bestimmungsort. Der Gefahrenübergang auf den Importeur erfolgt bereits bei der Übergabe der Ware an den ersten Frachtführer.
C	**CIP** Carriage and Insurance paid to (frachtfrei versichert benannter Bestimmungsort)	Im Unterschied zur CPT-Klausel ist der Verkäufer hier zusätzlich verpflichtet, auf seine Kosten zugunsten des Käufers eine Transportversicherung abzuschließen. Der Gefahrenübergang auf den Importeur erfolgt wie bei CPT bei der Übergabe der Ware an den ersten Frachtführer.

D	**DAP – neu** Delivered at place (geliefert benannter Ort)	Der Verkäufer ist verpflichtet, die Ware am Bestimmungsort unentladen zur Verfügung zu stellen. Er trägt alle Transportkosten und -gefahren, bis die Ware dem Käufer auf dem ankommenden Beförderungsmittel entladebereit am benannten Bestimmungsort zur Verfügung gestellt wird.
D	**DAT – neu** Delivered at terminal (geliefert Terminal)	Der Verkäufer verpflichtet sich, die Ware an einem vom Käufer genannten Terminal (z. B. Kai, Containerdepot, Eisenbahnterminal, Luftfrachtterminal) entladen zur Verfügung zu stellen. Er trägt alle Transportkosten und -gefahren bis die Ware vom ankommenden Beförderungsmittel entladen wurde und dem Käufer an einem benannten Terminal im benannten Bestimmungshafen oder -ort zur Verfügung gestellt wird. D. h., gegenüber DAP übernimmt der Verkäufer zusätzlich noch Kosten und Risiko des Entladens.
D	**DDP** Delivered, Duty paid (geliefert verzollt benannter Bestimmungsort)	Der Verkäufer ist verpflichtet, dem Käufer die Ware am im Kaufvertrag festgelegten Ort im Einfuhrland zur Verfügung zu stellen. Alle entstehenden Kosten für die gesamte Transportstrecke sowie die Einfuhrverzollung sind vom Verkäufer zu tragen. Der Käufer ist lediglich noch für das Entladen des Transportfahrzeugs verantwortlich.

5.8 Entsorgung

5.8.1 Entsorgungslogistik

01. Welche Aufgabe hat die Entsorgungslogistik?

Die Entsorgungslogistik (auch: Retrologistik, Reverselogistik) befasst sich mit der Planung, Steuerung und Kontrolle der Reststoffströme sowie der Retouren einschließlich der dazugehörigen Informationsflüsse.

Aufgaben der Entsorgungslogistik				
Sammeln, Trennen, Verpacken	Lagern, Transportieren	Informationen bereitstellen	Entsorgungsaufträge abwickeln	Information und Schulung der Mitarbeiter
Integration in das betriebliche Umweltmanagement				

02. Welche Ziele hat die Entsorgungslogistik?

Die Entsorgungslogistik hat sowohl ökonomische als auch ökologische Ziele. Ökonomische Ziele sind beispielsweise die Reduzierung von Logistikkosten. Ökologische Ziele setzen sich zusammen aus der Schonung der natürlichen Ressourcen und der Minimierung der Emissionen im Rahmen entsorgungslogistischer Prozesse.

Sowohl Zielsetzungen als auch Aufgaben der Entsorgungslogistik werden durch gesetzliche Bestimmungen definiert. Vor allem im Bezug auf die Reihenfolge der Rückstandsbehandlung gibt es eine Fülle von gesetzlichen Vorschriften (vgl. 8.2).

5.8.2 Bedeutung der Abfallwirtschaft als Element des betrieblichen Umweltmanagements

01. Warum hat die Entsorgungslogistik an Bedeutung zugenommen?

Für die ansteigende Bedeutung der Entsorgungslogistik sowie der Abfallwirtschaft (als Teilelement) lassen sich folgende Ursachen nennen:

Entsorgungslogistik • Ursachen für die Zunahme der Bedeutung				
Gesetze (BRD, EU)[1]	Umweltbewusst-sein der Gesell-schaft	Umweltschutz als Wettbewerbsfak-tor	Kosten der Ent-sorgung steigen	Kostenvorteile durch Wiedereingliederung der Reststoffströme

5.8.3 Objekte der Entsorgung

01. Mit welchen Objekten befasst sich die Entsorgungslogistik?

Objekte der Entsorgungslogistik:

- Bewegliche Gegenstände
- Abwasser
- Gefahrstoffe
- Abluft
- Leergut
- Retouren.

5.8.4 Formen der Entsorgung als Teile der Abfallwirtschaft

Vgl. dazu 1.12.1/15.

01. Was bezeichnet man als duales System?

Das duale System ist ein *Konzept integrierter Entsorgungs- und Recyclingsysteme,* getragen von den Verbänden der Wirtschaft als Initiative zur Umsetzung der Verpa-ckungsverordnung und verfolgt das Ziel, durch die Errichtung eines flächendeckenden, haushaltsnahen Erfassungssystems für gebrauchte Verpackungen eine teilweise Be-freiung von den Pfand- und Rücknahmeverpflichtungen der Verpackungsverordnung zu erreichen. Der „Grüne Punkt" zeigt an, dass sich der Hersteller an dem Sammel- und Sortiersystem der *Dualen System Deutschland AG* (DSD) beteiligt und ein Lizenzentgelt bezahlt wurde, mit dem das System finanziert wird. Ziel des Dualen Systems ist die Abfallvermeidung/-reduzierung sowie die Rückführung der Abfallstoffe in den Wertstoff-kreislauf.

---

[1] Vgl. dazu KrWG.

02. Welche Regelungen schreibt die Verpackungsverordnung für Getränke-verpackungen vor?

Wer Getränke in Verpackungen aus Kunststoffen in Verkehr bringt und an Endverbrau-cher ausgibt, hat eine *Rücknahmepflicht*. Außerdem muss ein Pfandgeld erhoben und bei Rückgabe der leeren Flaschen erstattet werden. Weiterhin müssen die leeren Fla-schen für eine Wiederbefüllung geeignet sein. Das Pfand für Einweg-Getränkeverpa-ckungen von 0,1 - 3 l beträgt jetzt einheitlich 25 Cent.

03. Wie unterscheiden sich produktionsbedingte bzw. konsumptionsbedingte Rückstände?

Produktionsbedingte Rückstände	Konsumptionsbedingte Rückstände
↓	↓
Rückstände (Ressourcen), die beim Produk-tionsprozess anfallen und die nicht in das Produkt eingehen.	Rückstände (Ressourcen), die bei der Ver-wendung bzw. Nutzung des Produkts anfal-len.

Beispiele

↓	↓
• Schmiermittel • Kühlmittel • Reinigungsfilter	• Verpackung • Schrott am Ende der Produktnutzung • verbrauchte Energiezellen

6. Handelsmarketing und Vertrieb

———— *Prüfungsanforderungen* ————

Nachweis der Fähigkeit,

absatzbezogene Fachaufgaben aus Kundensicht strategisch zu planen, zu analysieren und zu steuern – das beinhaltet insbesondere Warengruppen-Management (Category Management) und Kundenbindungsmanagement,

mit internen und externen Zielkonflikten umgehen und Verhandlungen zielorientiert durchführen zu können.

Qualifikationsschwerpunkte (Überblick)

6.1	Vertriebsstrategien
6.2	Sortimentsstrategien
6.3	Flächenoptimierung
6.4	Auswirkungen von Kundenbedürfnissen und Kundenverhalten auf Beschaffungsprozesse
6.5	Preis- und Konditionenpolitik
6.6	Marketing-Controlling
6.7	Verhandlungsstrategien
6.8	Spezielle Aspekte des Wettbewerbs- und Markenrechts, des Verbraucherschutzes und des öffentlichen Bau- und Planungsrechts

6.1 Vertriebsstrategien

Vorbemerkung zu 6.1:
In diesem Abschnitt wird von der Gliederung des Rahmenplans abgewichen: Bevor auf die Besonderheiten der Vertriebsstrategie im Einzel- und im Großhandel eingegangen wird, behandeln wir als Einstieg die „Grundlagen des Vertriebs". Dies erscheint den Autoren zum besseren Verständnis notwendig. Außerdem wird dadurch eine Stoffwiederholung in den Vertriebsaspekten vermieden, die für alle Vertriebskanäle (Einzel-/Großhandel) gleichermaßen relevant sind, sodass die Besonderheiten unter 6.1.2 und 6.1.3 klarer bearbeitet werden können.

6.1.1 Grundlagen

01. Was bezeichnet man als Vertrieb?

Zum *Vertrieb* zählen alle Maßnahmen, die ergriffen werden müssen, *um das Produkt vom Hersteller zum Endabnehmer zu bringen.* Der Vertrieb ist das letzte Glied in der betrieblichen Wertschöpfungskette. In den Literatur finden sich eine Reihe z. T. synonym verwendeter Begriffe: Absatz, Distribution, Verkauf.

02. Welche Bedeutung hat die Entscheidung über das Vertriebssystem im Rahmen der Marketingpolitik?

Die Wahl des Vertriebssystems gehört für Hersteller und Handel zu den wichtigsten Entscheidungen innerhalb der Marketingpolitik: Die Festlegung auf ein Vertriebssystem ist strategisch und bestimmt nachhaltig Kosten und Erlöse. Sie muss in der Regel für längere Zeit beibehalten werden, da der Aufbau eines Vertriebssystems mehrere Jahre dauern kann und Veränderungen nur mit großem Aufwand und unter Risiko möglich sind. Das Vertriebssystem bestimmt nicht unerheblich die anderen Parameter des Marketing-Mix (Preispolitik, Servicepolitik, Warenpräsentation usw.).

Aufgrund der Dynamik der Märkte, der Vielfalt der Produkte und der sich laufend verändernden Machtverhältnisse auf der Angebots- und Nachfrageseite können die Vertriebssysteme des Handels nicht mehr isoliert von denen der Hersteller betrachtet werden.

03. Welche Merkmale einer exzellenten Vertriebsstrategie lassen sich erkennen?

Beispiele:

*   eindeutige Positionierung des Produkts am Markt
*   Konzentration auf bestimmte Märkte/Teilmärkte/Kundengruppen/Problemlösungen
*   Vertrieb als Prozess begreifen, der transparent und kontrollierbar ist
*   Wirtschaftlichkeit
*   Systemdenken.

04. Welche Vertriebskanäle werden unterschieden?

Grundsätzlich lassen sich die *Vertriebskanäle* (auch: Distributionskanäle) einteilen nach der Anzahl der Stufen, die eingeschaltet werden, um das Produkt vom Hersteller zum Endabnehmer zu bringen. Als *Vertriebsstufe* gilt jedes Vertriebsorgan, das bestimmte Aufgaben im Vertriebsprozess übernimmt. Bei der Anzahl der Stufen werden Hersteller und Endabnehmer nicht mitgerechnet. Die nachfolgende Darstellung beschränkt sich auf den Konsumgüterbereich.

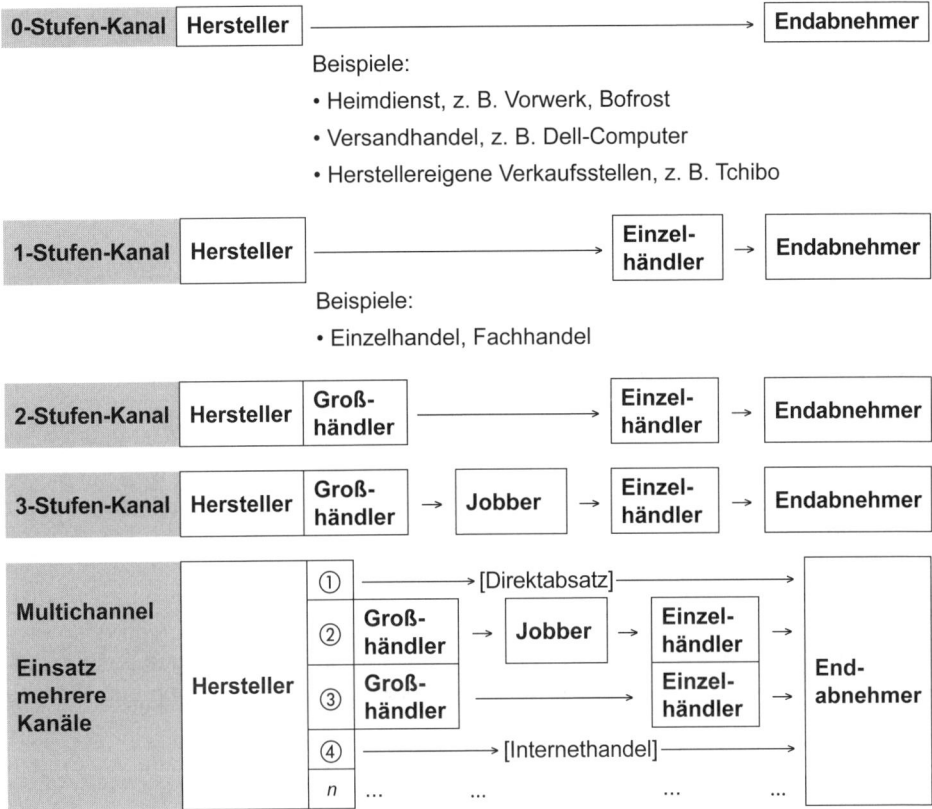

Der Einsatz eines dualen Vertriebssystems (zwei Vertriebskanäle) ist seit langem bekannt. Mit *zunehmender Marktsegmentierung* nutzen die Unternehmen verstärkt den Absatz über mehrere Vertriebskanäle (*Multichannel-System; auch: Multichannel Retailing*). Beispiel: Vertrieb über Verkaufsstätten, über Internet (E-Commerce), per Katalog (Versandhandel) und per TV-Verkaufssendung (vgl. „Schmuckkanal").

Diese Form erfordert eine besondere Vertriebskanalsteuerung, damit es nicht zu Konflikten kommt. **Beispiel:** Nicht selten wird ein Produkt über den Handel vertrieben und Großkunden werden direkt beliefert. Selbstverständlich beklagt sich z. B. der Bucheinzelhandel einer Großstadt beim Verlag, wenn dieser die Mehrzahl der Großkunden in der Region direkt beliefert.

Beispiele:

Brauereien	beliefern Gaststätten (freie/gebundene) über den Getränkegroßhandel	beliefern den Lebensmittelgroßhandel	beliefern den Lebensmitteleinzelhandel	beliefern Endkunden direkt (Großabnehmer, z. B. Kantinen)
Yves Rocher	vertreibt über Franchisenehmer im Einzelhandel		vertreibt über den Postversand direkt an den Endkunden	
Nestlé	vertreibt Kaffeekonzentrate unter seinem Markennamen Nescafé über den Lebensmitteleinzel- und -großhandel		vertreibt Kaffeekonzentrate exklusiv unter der Hausmarke Ali über den Discounter Aldi	
IBM	vertreibt über			
	eigene Verkaufsniederlassungen		Vertragshändler	METRO Group

Quelle: in Anlehnung an: Kotler/Keller/Bliemel, a. a. O., S. 806 ff., S. 833 ff.
Vgl. zu den Absatzwegen 2.7.4.

05. Welche neueren Formen des Vertriebs haben sich entwickelt?

Neben den traditionellen Formen des Vertriebs entwickeln sich neuere Formen als Reaktion auf die Veränderung der Märkte. Beispielhaft lassen sich nennen:

Neuere Vertriebssysteme		
↓	↓	↓
Vertikale Vertriebssysteme	**Horizontale Vertriebssysteme**	**Multichannel-Systeme**

1. Bei *vertikalen Vertriebssystemen*
   sind unterschiedliche Distributionsstufen (z. T. verbunden mit unterschiedlichen Produktionsstufen) eng miteinander verknüpft, sodass ein eigenständiges System entsteht, das beherrschbar wird und äußerst schnell auf Veränderungen des Marktes reagieren kann.

   Derartige Systeme können durch Eigentumsverhältnisse, Machtposition oder durch Vertrag begründet werden:

   Eigentumsverhältnisse:
   Die Produktions- und Vertriebsstufen gehören einem einzigen Eigentümer. Beispiel: Tchibo vertreibt die Produkte seiner eigenen Röstereien in eigenen Filialbetrieben; vgl. ebenso: Nordsee (Restaurant + Fischverarbeitung + Fischfangflotte).

   Machtverhältnisse:
   Anbieter von Marken mit großer Verbraucherwertschätzung bestimmen weitgehend das Verhalten der Distributionspartner, z. B. hinsichtlich Preisgestaltung, Regalfläche und Formen der Warenpräsentation; Beispiele: Ferrero, Gillette.

Vertragliche Vereinbarungen:
Unternehmen unterschiedlicher Produktions- und Vertriebsstufen bilden durch vertragliche Abstimmung ihrer Leistungen ein eigenständiges Vertriebssystem. Man kennt folgende Formen:

Von einem Großhändler geführte Einzelhandelsgruppen: Ein Großhändler entwickelt für unabhängige Einzelhändler ein Marketingprogramm um so ein Gegengewicht zu den großen Einzelhandelsketten zu schaffen
Einzelhandelsgenossenschaften: Einzelhändler bilden eine eigene Organisation, die Hersteller- und Großhandelfunktionen verbindet (gemeinsamer Einkauf, gemeinsame Herstellung und Qualitätssicherung, Werbung usw.); Beispiele: Edeka, BÄKO (Bäckerkooperative)
Franchise-Systeme:
Herstellergeführtes Einzelhandelsfranchising: z. B. Automobilhersteller + autorisierter Handel (vgl. Ford)
Herstellergeführtes Großhandelsfranchising: z. B. Coca Cola + Abfüllbetriebe (Großhändler)
Servicefranchising: z. B. Dienstleistungsunternehmer + Einzelunternehmen; vgl. Hertz, Portas, McDonald's

2. Bei *horizontalen Vertriebssystemen*
   schließen sich Unternehmen einer Produktions- oder einer Distributionsstufe vorübergehend oder generell zusammen, um ein eigenständiges Vertriebssystem zu entwickeln. Beispiel: Viele Mineralbrunnenbetriebe haben sich in Deutschland zur Vermarktung von Diätlimonaden zusammengeschlossen unter der Marke Deit®. Dadurch konnte ein flächendeckender Vertrieb realisiert werden.

3. *Multichannel-Systeme* (vgl. Frage 04.)
   werden laufend weiterentwickelt. Neue Formen entstehen, u. a. durch die fortschreitende Expansion des E-Commerce.

Zu den „Kooperationsformen" vgl. 2.2.

06. Welche Faktoren bestimmen die Wahl des Vertriebssystems?

Beispiele:

1	**Produktart**	*Verderbliche Produkte* müssen direkt vertrieben werden.
		Bei *sperrigen Produkten* mit großem Volumen sollen nur wenig Umschlagvorgänge erfolgen.
		Spezialanfertigungen werden meist direkt vertrieben (z. B. Besonderheiten der Verpackung, des Transports); ebenso Waren mit sehr hohem Wert.
		Bestimmte Produkte erfordern eine *Lagerzeit* (Bananen, Weine, Spirituosen u. Ä.). Vertrieb über den Handel, der über Speziallager verfügt.
		Ist das Produkt *erklärungsbedürftig?* Ist Fachberatung erforderlich?

2	**Standort** **Räumliche Präsenz**	Je weniger der Endabnehmer bereit ist, eine bestimmte Fahrtstrecke zum POS zurückzulegen, desto stärker muss das Vertriebssystem *dezentralisiert* sein und Vertriebsstufen müssen eingesetzt werden.
3	**Abgabe-/ Abnahme-menge**	Bei kleinen Abnahmemengen des Endverbrauchers und großen Stückzahlen in der Herstellung müssen Funktionsträger im Vertriebssystem *zwischengeschaltet* werden.
4	**Zeit**	Bei der Wahl des Vertriebssystems muss berücksichtigt werden, welche Wartezeit (Bestellung/Lieferung) der Kunde bereit ist zu akzeptieren.
5	**Wettbewerb**	Muss eine Anpassung an bestehende Vertriebswege erfolgen oder besteht die Möglichkeit, sich vom Wettbewerb zu distanzieren (vgl. Heimvertrieb von Avon).
6	**Rechtliche Vorgaben**	Vgl. den Vertrieb von Zigaretten, Gefahrstoffen, Pflanzenschutzmitteln, Arzneimitteln.
7	**Kosten**	der Vertriebskanäle, Vertriebsstufen und Vertriebspartner; vgl. Reisende/Vertreter, Direktvertrieb/Vertrieb über den Großhandel
8	**Besonderheiten des Unternehmens**	Unternehmensgröße, Marktanteil, Finanzkraft Sortiment, z. B.: Ein tiefes, hochpreisiges Sortiment wird man eher direkt oder über exklusive Fachhändler verkaufen.
9	**Kunde (Markt)**	Marktgröße, Marktnischen Erwartet der Kunde Produkt + Dienstleistung? Vgl. z. B. die Unterschiede in der Dienstleistung bei Baumärkten und im Fachhandel (z. B. Reparatur).
10	**Wirtschaftlichkeit**	Die Wirtschaftlichkeit eines Vertriebssystem bestimmt sich durch die Gegenüberstellung von Umsatz und Kosten des Systems. Je mehr Distributionspartner eingeschaltet werden, desto höher sind die Kosten des Vertriebssystems. Der Hersteller wird erwarten, dass angemessen hohe Gesamtumsätze aus den einzelnen Vertriebskanälen fließen.
11	**Möglichkeiten der Kontrolle/ Steuerung**	Je mehrstufiger und intensiver das Vertriebssystem ist, desto weniger kann der Hersteller die Umsetzung seines Marketingkonzepts bis hin zum Endkunden kontrollieren. So könnte es z. B. passieren, dass Ware, die gesondert zu platzieren ist (nach dem Konzept des Herstellers), „ungepflegt und sortimentsuntypisch irgendwo im Regal eines Baumarkts liegt".

07. Welche Strategien gibt es bei der Entscheidung über die Anzahl der Distributionspartner?

Exklusivstrategie	Der Hersteller vertreibt seine Produkte nur über wenige ausgewählte Distributionspartner. Diese erhalten für eine bestimmte Absatzregion das Exklusivrecht des Vertriebs. Oft ist damit die Auflage für den Händler verbunden, keine Produkte des Wettbewerbs gleichzeitig zu führen. Vorteile: Produktimage, Hochpreisniveau, verbesserte Handelsspanne, gute Kontrollmöglichkeiten über die Marketingaktivitäten (Transparenz, Service).
	Beispiele: Autohandel, z. B. VW, Audi, BMW; hochwertige Textiloberbekleidung in Boutiquen, z. B. Boss; Haushaltsgeräte, z. B. WMF. Interessant ist z. B., dass Grohe (Sanitärarmaturen) früher nur über das Handwerk und den Fachhandel vertrieben hat. Heute kann der Endkunde diese Produkte auch in fast jedem Baumarkt kaufen.
Selektivstrategie	Der Hersteller entscheidet sich für einige ausgewählte Vertriebspartner, z. B. Fachgeschäfte und Versandhandel. Er erreicht dadurch eine angemessene Marktabdeckung und kann (noch) kontrollieren, mit welchem Erfolg seine Ware vermarktet wird.
Intensivstrategie	Bei Massenartikeln des täglichen Gebrauchs werden so viele Distributionspartner wie möglich eingeschaltet. Das Produkt soll dadurch eine hohe Präsenz am Markt erreichen und für den Endkunden leicht verfügbar sein. Es wird für den Hersteller schwieriger zu kontrollieren, wie das Produkt von den einzelnen Distributionspartnern angeboten wird. Die Handelsspanne sinkt.
	Beispiel: Fisherman's Friend wird heute angeboten im Lebensmitteleinzelhandel, an der Tankstelle, in der Drogerie, in der Apotheke, am Kiosk, im Baumarkt usw.

08. Welche Konditionen und wechselseitigen Verpflichtungen werden zwischen Hersteller und Handel vereinbart?

Beispiele:

1. *Preisgestaltung:*
   Festlegung eines Listenpreises und eines Rabattsystems (vgl. hier insbesondere die Hersteller-Händler-Beziehung im Kfz-Handel)

2. *Verkaufsbedingungen:*
   Zahlungsziele, Herstellergarantien (z. B. über die gesetzliche Gewährleistung hinaus), Rücknahmeverpflichtungen

3. *Gebietsrechte:*
   z. B. Vereinbarung von Exklusivrechten

Die wechselseitigen Leistungsverpflichtungen sind besonders ausgeprägt vereinbart beim Exklusivvertrieb und beim Franchise-System.

6.1.2 Entscheidungskriterien für Vertriebsstrategien im Einzelhandel

01. Welche Besonderheiten hat der Vertrieb im Einzelhandel?

Für den Einzelhandel sind prinzipiell die Ausführungen im Abschnitt 6.1.1, Grundlagen des Vertriebs, ebenfalls maßgeblich. Als Besonderheit kommt hinzu, dass der Einzelhandel mehr als die Hersteller und der Großhandel mit dem Endkunden unmittelbaren Kontakt hat und die Standortfrage ein zentrales Thema ist (All business is local!). Dies bedeutet im Allgemeinen:

* höhere Anzahl der Kunden
* kleiner Einkaufswert pro Kunde
* Eine Vielzahl von Kunden bleibt anonym (bei großen Märkten).
* Direkter Wettbewerb um die begrenzte Kaufkraft des Kunden.
* Stärkere Emotionalisierung der Kaufentscheidung als beim gewerblichen Kunden (z. B. Hersteller – Großhandel).

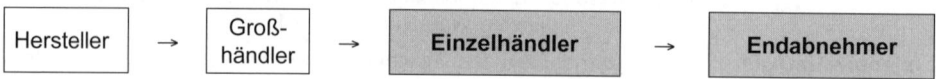

02. Welche Entscheidungskriterien sind bei der Wahl der Vertriebsstrategie im Einzelhandel maßgeblich?

Standort	Absatzmethode	Bedienungs-prinzip	Gestaltung der Verkaufsstätte

• Verkehrsorientierung
• Abnehmerorientierung
• Wettbewerbsmeidung
• Produktart
• Wettbewerbsagglomeration
• Kosten je m² Verkaufsfläche
	• Distanzprinzip, z. B. Versandhandel
	• Treffprinzip:
	  - Stationärer Handel
	  - Mobiler Handel
		• völlige Selbstbedienung
		• totale Bedienung (Kunde hat keinen Zugang zur Ware)
		• Mischformen
			• Umgebung der Verkaufsstätte
			• Gebäudegestaltung, Fassade, Schaufenster
			• Gestaltung des Innenraums und des Eingangs (Space Management, vgl. 6.3)
			• Warenplatzierung und Warenpräsentation (vgl. 6.3)

6.1.3 Entscheidungskriterien für Vertriebsstrategien im Großhandel

01. Welche Besonderheiten hat der Vertrieb im Großhandel?

Beim Großhandel wird die Entscheidung über den Standort überwiegend unter Logistik- und Kostengesichtspunkten betrachtet (vgl. Abhol- und Zustellgroßhandel). Ausnahme ist hierbei der Streckengroßhandel sowie der Cash and Carry-Großhandel. Zunehmend entwickelt der Großhandel Vertriebssysteme in Kooperation mit Herstellern, z. B. Vendor Managed Inventory (Verlagerung der Bestandsführung vom Händler an den Lieferanten) und stellt für den Einzelhandel komplett ausgearbeitete Vertriebskonzepte für bestimmte Waren/Warengruppen zur Verfügung.

| Hersteller | → | **Großhändler** | → | **Einzelhändler** | → | **Endabnehmer** |

02. Welche Entscheidungskriterien sind bei der Wahl der Vertriebsstrategie im Großhandel maßgeblich?

Standort	Absatzmethode	Absatzwege	Verkaufsorgane
Beschaffungs-orientierung	Streckengeschäft, Lagergeschäft oder Kombination	Direkter Absatz,	Wahl der Verkaufsorgane: Geschäftsleitung
Faktororientierung, z. B. Lagerraum		Indirekter Absatz	Reisende Handelsvertreter
Absatzorientierung/ Kundenorientierung	Zustellgroßhandel, Abholhandel oder Kombination		Kommissionär Makler Auktionen
Verkehrsorientierung			Großhandel = Franchisegeber

03. Welche Absatzorgane gibt es?

Beispiele:

Absatzorgan	Rechtsstellung		Aufgaben
Reisende	§§ 59 ff. HGB	Handlungsgehilfe, Angestellter eines Unternehmens	Verkauf und Beratung der Kunden, Neukundenakquisition
Handels-vertreter	§§ 84 ff. HGB	Selbstständiger Gewerbetreibender, der für einen anderen Unternehmer Geschäfte vermittelt oder in dessen Namen abschließt.	Vermittlung oder Abschluss von Geschäften; Informations- und Sorgfaltspflicht (§ 86 HGB)
Kommissionär	§§ 383 ff. HGB	K. ist, wer für Rechnung eines anderen (Kommittenten) in eigenem Namen Waren oder Wertpapiere kauft oder verkauft.	Sorgfaltspflicht, Wahrnehmung der Interessen des Kommittenten und Beachtung der Weisungen, Rechenschaftspflicht
Makler	§§ 93 ff. HGB	Selbstständiger Gewerbetreibende, der die Vermittlung von Verträgen übernimmt.	Vermittelt den Vertragsabschluss zwischen anderen

04. Wann werden zur Intensivierung des Absatzes Handelsvertreter und wann Reisende eingesetzt?

• *Handelsvertreter* sind rechtlich selbstständige Kaufleute und üben ihre Tätigkeit auf eigenes Risiko aus.

• *Reisende* hingegen sind angestellte Mitarbeiter des Unternehmens.

Es ist daher zu prüfen, ob die Kosten der Reisenden oder die der Handelsvertreter höher sind. Die Handelsvertreter erhalten eine umsatzabhängige Provision, die Reisenden ein umsatzunabhängiges Gehalt und eine umsatzabhängige Prämie.

Jedoch dürfen Kostengesichtspunkte nicht allein ausschlaggebend sein, da die Handelsvertreter in der Regel nur die Erfolg versprechenden Kunden aufsuchen. Durch Reisende, deren Aufgabe auch eine intensivere Betreuung der Kunden und potenzieller Abnehmer ist, lässt sich der vorhandene Markt für die eigenen Produkte besser erschließen.

05. Was bezeichnet man als Key-Account-Management?

Ein Key Account ist ein Schlüsselkunde (auch: Hauptkunde, wichtiger Kunde) aufgrund seines mit ihm getätigten Absatzes, Umsatzes oder Ertrages. Schlüsselkunden sichern die Existenz eines Unternehmens und erfahren daher eine besondere Zusammenarbeit und Betreuung durch sog. Key-Account-Manager.

6.1.4 Vertriebsstrategie-Konzept begründen

01. Wie lässt sich das Strategiekonzept eines Getränkegroßhandels begründen?

Fallbeispiel und Übung:

Die TRINKAUS GmbH ist ein Getränkegroßhandel am Stadtrand von Frankfurt (Oder). Der Standort des Zentrallagers (Abhol- und Zustellhandel) liegt in der Nähe der Autobahn und ist weiterhin über zwei Bundesstraßen erreichbar. Die Unternehmensberatung G. K. Consulting GmbH hat das nachfolgend dargestellte Vertriebskonzept erarbeitet.

Beschreiben Sie die Elemente des Vertriebssystems der TRINKAUS GmbH, gehen Sie dabei auf mögliche Strategiekonflikte ein und begründen Sie Ihre Auffassung. Überlegen Sie bitte, ob das Vertriebssystem noch durch weitere Absatzkanäle ergänzt werden könnte.

Vertriebskonzept der TRINKAUS GmbH		
↓	↓	↓
Direktvertrieb (Abhol-/Zustellhandel)	**Indirekter Vertrieb**	**Sondersysteme**
↓	↓	↓
Gaststätten große Firmen Großveranstaltungen Hausverkauf Versandhandel: Online-Bestellung der Exklusivmarken	Lebensmittel-Einzelhandel Vertriebspartner: Hausverkauf Einzelhandelsketten	Großhändler-Franchise-System: Die TRINKAUS GmbH vergibt Lizenz und Konzept für Getränkeeinzelhandel. In der Warengruppe „Biere" gibt es zwei Exklusivmarken (Eigenmarken). Die TRINKAUS GmbH ist Franchisenehmer bei Coca Cola (Abfüllrechte). Kooperation mit einem grenznahen polnischen Großhändler auf der Beschaffungs- und der Vertriebsseite.

Lösungsansatz:

Das Vertriebssystem der TRINKAUS GmbH ist durch folgende Merkmale gekennzeichnet: Kombination von direktem und indirektem Absatz sowie Intensivstrategie (Massenartikel über viele Vertriebskanäle/Multichannel) und Exklusivstrategie (zwei Eigenmarken); das Vertriebssystem ist absatz- und verkehrsorientiert und nutzt unterschiedliche Kooperationsformen (Franchisegeber, Franchisenehmer, Kooperation im grenznahmen Vertrieb); dabei werden unternehmenseigene und -fremde Absatzorgane eingesetzt. Aufgrund der Multichannel-Strategie kann es zu Konflikten kommen, z. B. Hausverkauf durch Unternehmen selbst und durch Vertriebspartner. Ebenso müssen z. B. die Konditionen mit Großkunden im Direktvertrieb und mit dem Lebensmitteleinzelhandel sorgfältig gestaltet werden, damit keine „Irritationen" entstehen. Als weiterer Vertriebskanal wäre der Absatz über Automaten denkbar.

Vgl. zum „Franchising" 2.7.4.

02. Was bezeichnet man als Multichannel Retailing? → 6.1.1

Multichannel Retailing ist der Vertrieb von Waren über mehrere Absatzkanäle, die prozessual miteinander verknüpft sind (Informationssystem, Warenwirtschaftssystem). Beispiel: Ein Händler bietet seine Ware an: im Markt, im Internet, im Katalog oder per TV-Werbung (z. B. Schmuckhandel, Blumenhandel, Kfz-Zubehör).

6.1.5 Vertriebsstrategien unter dem Aspekt Kundengewinnung bzw. -bindung

01. Welche Erkenntnisse gibt es über Prozesse der Kundengewinnung und Kundenbindung?

Dazu einige Thesen und Erkenntnisse der Marktforschung:

1. Ein erfolgreiches Handelsunternehmen ist ein kundenorientiertes Unternehmen. Kundenorientierung bedeutet Serviceorientierung und Problemlösung. Im Mittelpunkt der Marketingaktivitäten stehen die Bedürfnisse des Kunden.

> Der Kunde will kein Produkt kaufen sondern er sucht eine Problemlösung. Beispiele: Die Hausfrau will keine Waschmaschine sondern saubere Wäsche. Der Hauseigentümer möchte keine Dachrinne sondern die Ableitung des Regenwassers.

2. Kundenzufriedenheit ist der Schlüssel zur Kundenbindung. Kundenzufriedenheit hängt von den Erwartungen der Kunden ab. Das heißt für jedes Unternehmen, dass es die Erwartungen seiner Kunden in Erfahrung bringen muss, um darauf entsprechend reagieren zu können. Der angebotene Service richtet sich nach der Zielgruppe (Marktsegmentierung).

3. Stammkunden sind tendenziell weniger preissensibel als Neukunden.

4. Je länger eine Kundenbindung besteht, desto höher ist die Bereitschaft des Kunden „zu verzeihen", wenn der Service einmal nicht den Erwartungen entspricht.

5. Generell erwarten Kunden Freundlichkeit und Effizienz sowie eine schnelle und zuvorkommende Bedienung.

Praxisbeispiel:

> (Fast) jeder weiß beim Einkauf von Getränken und Backwaren an der Tankstelle, dass hier das Preisniveau für Lebensmittel besonders hoch ist. So kostet z. B. eine Packung Fisherman's Friend® durchschnittlich 1,45 €, während man für die gleiche Ware in der Drogerie ca. 0,99 € bezahlt – ein Zuschlag von fast 50 % (Stichprobe der Autoren).
>
> Es geht hier nicht darum, sich über die Preispolitik der Mineralölkonzerne zu entrüsten, sondern das Beispiel zeigt die Bedürfnisse des Kunden, denen hier entsprochen wird: Die Tankstellen haben sehr lange Öffnungszeiten; der Kunde muss seine knappe Zeit nicht disponieren; er kauft dann ein, wenn er das Bedürfnis hat; überwiegend ist das Verkaufspersonal freundlich und der Einkauf wird schnell ausgeführt. Mittlerweile hat sich gezeigt, dass die Tankstellenpächter ihren „eigentlichen Gewinn" über den Mini-Markt erwirtschaften und nicht über den Verkauf von Treibstoffen.

Vgl. zu „Efficient Consumer Responce" 2.11.3.

02. Was versteht man unter Marktsegmentierung? Welche Vorteile sind damit verbunden?

Marktsegmentierung ist die Aufteilung des Gesamtmarktes in genau *definierte Teilmärkte* (= Marktsegmente; Stichwort: relevanter Markt); vgl. dazu 2.5.2.

Vorteile der Marktsegmentierung:

- differenzierter Einsatz des Marketing-Mix
- spezielles Eingehen auf Kundenbedürfnisse
- präzise Markterfassung und -prognose möglich
- präzise Marktabgrenzung möglich
- Abgrenzung zum Wettbewerb.

Die Marktsegmentierung nach relevanten Merkmalen ist Grundlage der Zielgruppenbestimmung. Als Zielgruppe bezeichnet man eine relativ homogene Gruppe existierender oder potenzieller Kunden, die mit einem Produkt oder einem bestimmten Marketingkonzept angesprochen werden soll. Ein Problem liegt in der Dynamik der Zielgruppe (sie verändert sich im Zeitablauf: Gewohnheiten, Geschmack u. Ä.).

03. Welche Möglichkeiten bestehen, eine bestimmte Zielgruppe direkt anzusprechen?

Aufgrund der charakteristischen Merkmale einer Zielgruppe können spezielle Marketingaktionen für diese entwickelt werden;

Beispiele:

Zielgruppe	Marketingaktion (Beispiele)
Hauseigentümer, Hausbauer	Hausmesse im Baumarkt (im Fachhandel, in der Fußgängerzone, im Einkaufscenter): Produktvorführungen, Fragebogen, Verlosung (mit Adressengewinnung)
Autokäufer	Event: „Das neue XYZ-Cabrio steht zur Probefahrt für Sie bereit!"; Probefahrt, Wirkung des neuen Modells auf den Käufer, Fragebogenaktion, Verlosung, Aktionen für Kinder usw.
Hausfrauen	Vorführung von Küchengeräten
	Schaukochen und Verkostung
	Hersteller zeigen neue Küchenmodelle (und fragen nach Verbrauchergewohnheiten); Test neuer Produktentwicklungen
	Vorführung von Elektrogeräten (Waschmaschine, Trockner, Geschirrspüler); ggf. im Verbund mit Waschmittelhersteller
Frauen (in bestimmten Altersgruppen)	Modeschauen mit Unterhaltungswert und Moderation
	„Heute große Modenschau für die mollige Dame!"
	„Was trägt man darunter? Wir zeigen es Ihnen!" Modells präsentieren in stilvoller Umgebung Dessous für den gehobenen Anspruch.

04. Welche Zielsetzung verfolgen Hersteller mit der Etablierung von so genannten Flagshipstores?

Flagshipstores (Vorzeigeläden) sind Ladenlokale mit großer Verkaufsfläche in 1a-Lagen von Großstädten. Hier will der Hersteller sein gesamtes Sortiment in hervorragender Warenpräsentation darbieten und so Image, Markenbildung und Absatz fördern.

Weiterhin erreicht der Hersteller damit direkten Kundenkontakt und kann die gewonnenen Informationen für seine Zwecke nutzen, z. B.:

• Test der Kundenreaktion auf neue Produkte
• Zwecke der Marktforschung
• Dialog mit dem Kunden.

05. Welche neuen Medien werden heute im Vertrieb eingesetzt und können zur Kundenbindung beitragen?

Medium	Vorteile	Nachteile
Direktmarketing (Direktmailing)	direkte, individuelle Ansprache mit Adresse und ggf. Zusatzdaten	Streuverluste
Telefonmarketing	Kontaktbrücke, Informationsgewinnung	rechtliche Grenzen; vgl. UWG zu Telefonwerbung
Einrichten einer Hotline für Kundendienst/Service und Beschwerdemanagement	schneller Kontakt, Beschwerdemanagement, Kundenzufriedenheit	kostenintensiv, verlangt geschultes Personal, Kundenunzufriedenheit bei „Telefon-Schleifen" (Wartezeit)
Bestell-, Liefer-, Rücknahmeservice per Telefon	kundenorientiert, schnell	personalintensiv
Telefax	effizient, kostengünstig	rechtliche Grenzen, i. d. R. nur bei bestehenden Kontakten
Homepage im Internet (Online-PR)	Image, weltweit, kostengünstig	permanente Aktualisierung erforderlich
E-Mail	schnell, kostengünstig	Grad des Nutzens steigt
Web-TV	interaktiv, weltweit	noch geringere Verbreitung
Payback-System	Per Kundenkarte werden Bonuspunkte gutgeschrieben.	erlaubt gezielte Kundenansprache und Sonderaktionen
VIP-Bereich für Online-Besteller	Kundenkarteninhaber erhalten Zugang zu gesonderten Angeboten.	wirksames Instrument der Kundenbindung

Vgl. auch 2.12.3.

06. Welche Bedeutung hat Unique Selling Proposition (USP)?

Mit Unique Selling Proposition (USP; Alleinstellungsmerkmal) bezeichnet man die herausragende Eigenschaft eines Produkts. Es erscheint damit einzigartig und ist den Wettbewerbsprodukten überlegen. Der USP kann sich begründen auf Form, Farbe, Gebrauchseigenschaft, Problemlösung für den Kunden, Kundennutzen oder kann sich aus der Kombination mehrerer Eigenschaften ergeben. Beispielsweise hebt die Zahncreme Colgate konsequent den Schutz gegen Karies hervor, während Mercedes seine lange Tradition der Qualität betont (Quelle: Kotler/Keller/Bliemel, a. a. O., S. 489 f.). In der Einführungs- und Wachstumsphase ergeben sich daraus für das Unternehmen Vorteile: Umsetzen einer Hochpreisstrategie und hoher Werbeeffekt, der sich auf die Besonderheit des Produkts konzentriert und daher gut in der Werbebotschaft transportiert werden kann.

Mit dem Eintritt von Me-too-Produkten kann das Erzeugnis über das Alleinstellungsmerkmal nicht mehr werblich angeboten werden; man würde sich sonst unglaubwürdig machen. Es bleibt in der Sättigungsphase nur noch der Rückzug auf den Preis (monetärer USP) oder auf das am Markt erworbene Image (psychologischer USP).

Produkte mit einem *Alleinstellungsmerkmal* sollten folgende *Anforderungen* erfüllen:

wichtig	Das Produkt liefert der Zielgruppe einen wertvollen Nutzen.
präventiv	Das Produkt kann nicht leicht kopiert werden.
überlegen	Das Produkt ist in der Bedürfnisbefriedigung anderen überlegen.
erschwinglich	Das Produkt ist erschwinglich.
profitabel	Das Produkt kann Gewinn bringend vermarktet werden.
unterscheidbar	Das Produkt hebt sich eindeutig von anderen ab.
vermittelbar	Die besonderen Eigenschaften können am Markt vermittelt werden.

6.1.6 Vertriebsstrategie umsetzen

01. In welchen Schritten wird ein Vertriebskonzept erstellt und umgesetzt?

Das Vertriebskonzept ist eine strategische Entscheidung und muss daher in die generelle Marketingstrategie eingebunden sein.

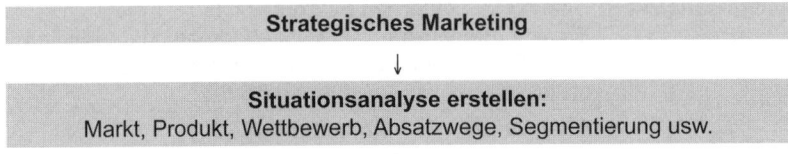

Strategisches Marketing

↓

Situationsanalyse erstellen:
Markt, Produkt, Wettbewerb, Absatzwege, Segmentierung usw.

↓

Ziele der Vertriebsstrategie entwickeln

↓

Vertriebskonzept (-strategie) erstellen: Standort, Absatzwege, Logistik, Vertriebsstufen, Vertriebspartner, Betriebs-/Rechtsformen usw.

↓

Vertriebsstrategie umsetzen: Vertriebspartner auswählen, bewerten und gewinnen, wechselseitige Leistungen aushandeln, Verträge abschließen, Logistik des Waren- und Informationsflusses klären und sichern (Artikelkennzeichnung, Datenverknüpfung usw.), Retrologistik vereinbaren usw.

↓

Kontrolle der Vertriebsstrategie

6.2 Sortimentsstrategien

6.2.1 Strategische Planung des Sortiments nach Maßgabe der Marktsituation

Vgl. zur „Sortimentspolitik" 2.6.

01. In welchen Stufen erfolgt der Prozess der strategischen Sortimentsplanung und -kontrolle?

Fragestellungen der strategischen Sortimentsplanung und -kontrolle sind komplex, vielschichtig und von weitreichender Bedeutung. Trotzdem ist es zweckmäßig den Prozess der strategischen Sortimentsbildung, d. h. der langfristigen, grundsätzlichen Ausrichtung des Sortiments, in Ablaufschritte zu gliedern. Dabei ist zu berücksichtigen, dass sich in der Praxis die einzelnen Stufen überlagern können und ggf. Rückkopplungen zu vorgelagerten Schritten notwendig werden.

Der Prozess der strategischen Sortimentsplanung erfolgt in fünf Stufen:

1	Situationsanalyse	**Analyse der externen Faktoren,** z. B.: Branche/Betriebsform, Produkt/Warengruppen, Marken, Verhalten/Erwartungen der Kunden, Wettbewerbsverhalten, Hersteller/-marken; vgl. ausführlich 2.6 ff.
		Analyse der internen Faktoren, z. B.: Sortimentskosten, Finanzkraft des Unternehmens, Liquidität, generelle Geschäftspolitik (Wer wollen wir sein?)

2	Planung	**Zielplanung:** • Ökonomische (Ober-)Ziele: Planumsatz, Planergebnis usw. • (Sortiments-)Unterziele: Profilierung, Preislagen usw. Vgl. dazu 2.6.1.
		Sortimentsplanung, z. B.: • Pflichtsortiment (Normalsortiment je nach Branche) • Wahlsortiment • Kernsortiment (Basisartikel) • Sondersortiment (Sonderposten, Jahreszeiten, Aktionen) • Randsortiment • Magnet-/Powersortiment Vgl. zu den Sortimentsstrategien ausführlich: 2.6.2.

3	Durchführung auch: Implementierung	Umsetzung der Sortimentsstrategie in die Praxis: Lieferantenauswahl, Vertriebspartner, Kooperationen, Verknüpfung von Sortimentsstrategie und Vertriebsstrategie, Sicherung der Logistik

4	Sortiments- steuerung	Operative (kurzfristige) Formen der Sortimentsveränderung: Steuerung der Sortimentstiefe und -breite, Ausdehnung des Sortiments (Diversifikation, Differenzierung, temporäre Aufnahme von Artikeln/Selfliquidating Offers), Sortimentsbereinigung (Artikel-/Sortenreduktion, Spezialisierung, Modifikation), Fragen der Sortimentsplatzierung, Schaffung eigener Handelsmarken; vgl. ausführlich: 2.6.1 ff.
		Strategische Überprüfung des Sortiments, z. B.: Ist das Kernsortiment marktorientiert? Haben sich die Sortimentserwartungen der Kunden geändert? Welche Sortimentsstrategie verfolgt der Wettbewerb?

5	Sortiments- kontrolle	Überprüfung des Sortiments mithilfe geeigneter Instrumente.	
		Operative Instrumente der Sortimentskontrolle, z. B.:	
			Deckungsbeitragsrechnung (DBR) (vgl. 1.7.7/Frage 10.); absolute und relative Deckungsbeiträge
			Kennzahlen, z. B.: • DB pro Artikel/Warengruppe • DB pro m² Verkaufsfläche • DB pro Arbeitsstunde (Verkaufsmitarbeiter) • Handelsspanne pro Artikel/Warengruppe • Rohertrag • Warenumschlag Vgl. auch: 1.8.2.
		Strategische Instrumente der Sortimentskontrolle, z. B.:	
			Portfolio-Analyse (vgl. 2.3.3)
			Swot-Analyse (vgl. 2.3.3)
			ABC-Analyse (vgl. 2.13.2)
			Konkurrenzanalyse (Benchmarking; vgl. 2.3.3)
			Analyse der Kundenbedürfnisse (vgl. 6.3.1, Bonanalyse)

02. Welche Formen der kurzfristigen Sortimentsveränderung lassen sich unterscheiden?

Zur Wiederholung (vgl. ausführlich unter 2.6.1 ff.):

A1	B1		A1	B1	C1		A1	B1		A1	B1		A1	B1*		A1
A2	B2		A2	B2	C2		A2	B2		A2	X		A2	B2		A2
A3	B3		A3	B3			A3	B3		X	B3		A3	B3		A3
A4			A4				A4	B4		A4			A4*			A4
							A5	B5								A5
							A6									A6
			Diversifikation				Differenzierung			Reduktion			Modifikation			Spezialisierung
			Selfliquidating Offer: C1, C2 werden nur temporär aufgenommen.										Markenpolitik: A4*, B1* sind Handelsmarken			
Ausgangssortiment			Sortimentserweiterung							Sortimentsbereinigung (-profilierung)						

X	Artikel wurde aus dem Sortiment genommen

Quelle: Modifizierung der Darstellung nach: Haller, S., a. a. O., S. 130

6.2.2 Sortimentsstrategie unter dem Aspekt der Hersteller- und Händlerinteressen

Vorbemerkung zu 6.2.2 f.:
Die Überschriften der Ziffern 6.2.2 und 6.2.3 (lt. Rahmenplan) suggerieren, dass es unterschiedliche Sortimentsstrategien aus der Sicht der Hersteller und des Handels gibt. Diese produkt- und handelsbezogene Sichtweise gehört längst der Vergangenheit an: Sortimentsstrategie ist für Hersteller und Handel gleichermaßen in erster Linie markt- und kundenbezogen (vgl. auch das Konzept ECR, Effiziente Reaktion auf die Kundennachfrage, und CM, Category Management, unter Ziffer 6.4). Von daher werden die beiden nachfolgenden Abschnitte unter dem Aspekt „Zusätzliche Besonderheiten der Sortimentsstrategie aus Hersteller-Händler- und aus Kundensicht" behandelt.

01. Welche Besonderheiten der Sortimentsstrategie lassen sich aus Hersteller-Händler-Sicht nennen?

Für Hersteller und Handel ist die Sortimentsgestaltung eine strategische Entscheidung, die sich an den Marktgegebenheiten und an den Kundenwünschen orientiert. Im Handel bestimmt weiterhin die Sortimentsgestaltung wesentlich die Betriebsform und die Vertriebslinie und ist damit eines der zentralen marketingpolitischen Instrumente.

Neben dieser grundsätzlichen Ausrichtung des Sortiments (Markt/Kunde) sind für Hersteller und Handel (gemeinsam) die Fragen der *effizienten Zusammenarbeit auf der Supply Side* (Beschaffungsseite der Sortimentsgestaltung) maßgebend, z. B.:

- Optimierung im Rahmen von Supply Chain Management (vgl. 2.11.3, 5.2.2)

- Efficient Replenishment (ERP): Optimierung der Waren- und Informationsprozesse, z. B. Artikelkennzeichnung, IT/Datenaustausch, EDI, Cross Docking, Losgrößen, Vendor Managed Inventory, Transportlogistik, Efficient Unit Loads (EUL), Direct Store Delivery (DSD); vgl. 5.3.2

- Abstimmung von Planungsprozessen im Rahmen vom Category Management (CM)

- Verzahnung (Synergie) der Hersteller- und der Handelskompetenzen:

Hersteller-Kompetenzen: kennt	Kompetenzen des Handels: kennt
• seine Warengruppe (intensiv)	• alle Warengruppen (weniger intensiv)
• exakt den Nutzen seiner Produkte	• seine Vertriebslinie
• die Kunden seiner Produkte (spezielles Kaufverhalten)	• seine Kunden (generelles Kaufverhalten)

02. Was ist Category Management?   → 6.4

Category Management (CM; auch: Warengruppenmanagement) ist die Abstimmung von Planungsprozessen zwischen Händler und Hersteller, um das Warensortiment optimal auf die Bedürfnisse der Kunden abzustellen. Dazu werden eine Fülle interner und externer Daten ausgewertet. Ziel von CM ist die Absatz- und Ertragssteigerung.

6.2.3 Sortimentsstrategien unter dem Aspekt der Kundengewinnung und -bindung   → 2.5, 2.12, 6.4

01. Welche Besonderheiten der Sortimentsstrategie lassen sich aus der Sicht der Kundengewinnung und -bindung nennen?

Neben den zahlreichen Einflussfaktoren, denen die Sortimentsgestaltung unterliegt (vgl. 2.6.1 ff.) ist die Umsatz- und Ergebnissicherung sowie -steigerung durch eine effiziente Reaktion auf die Kundennachfrage (Effizient Consumer Response, ECR) zentrale Bestimmungsgröße für das Sortiment. Zur Realisierung dieser Zielsetzung auf der Demand Side gibt es heute eine Reihe von Konzepten und Aktivitäten, die sich zum Teil überlagern:

1. *Sortimentsgestaltung auf der Basis von ECR* mit den Modulen (vgl. 5.2.1):
   - Efficient Assortment (EA)
   - Efficient Promotion (EP)
   - Efficient Product Introduction (EPI)
   - Effiziente Warenpräsentation.

2. *Category Management* (vgl. 6.4):
Analyse des Vertriebssystems in Bezug auf definierte Warengruppen (Kategorien) zur optimalen Befriedigung der Kundenbedürfnisse. Kategorien können z. B. sein:

- Ausrichtung nach Themen, z. B. „Italienische Woche", Bio-Kost
- Ausrichtung nach Preislagen, z. B. „Unsere besonders Günstigen"
- Ausrichtung nach Zielgruppen, z. B. Alter, Geschlecht, Kaufkraft, Diabetiker
- Ausrichtung nach Verbundwaren, z. B. „Alles zum Grillen", „Renovieren Sie Ihr Heim".

3. *Sortimentsmodifikation auf der Basis von Marktforschungsergebnissen*, z. B.:
Vergangenheitsorientiert Gaps (Lücken) erkennen, z. B. Bonanalyse (Datamining; vgl. 6.3.1).

4. *Zukunftsorientierte Produktinnovation:*
Warenangebote für latent vorhandene und nicht direkt artikulierte aber relevante Kundenwünsche (vgl. Becel, Swatch, Red Bull); Vorsicht: Me-too-Reaktionen des Wettbewerbs.

5. *Bildung von Handelsmarken im Verbund mit Service der Extra-Klasse:*
- verringert die Abhängigkeit von Herstellermarken
- bindet den Kunden an die Vertriebslinie; vgl. Galeria Kaufhof: die Marken Mark Adam New York, Miss H, Redwood bieten Komplett-Outfits und passende Accessoires für klar definierte Zielgruppen in speziell gestalteten Shops bei einem schnellen Kollektions-Rhythmus.

Übung:

Handel und Hersteller unternehmen viel, um die Wünsche des Endkunden zu erfahren und zielgruppengerechte Angebote zu positionieren. Trotzdem gibt es Möglichkeiten der Verbesserung; Beispiele: Senioren beklagen zu Recht manche Formen der Warenplatzierung: Ware liegt zu hoch/zu tief für ältere Menschen mit Einschränkungen in der Bewegung (Wirbelsäule, Gelenke); Waren sind mit kleiner Schrift ausgezeichnet (kaum lesbar; Ältere sind überwiegend Brillenträger/Altersweitsicht); Laufgänge sind zu eng oder mit Sonderware zugestellt; fehlende Zusammenstellung der Ware nach gesundheitlichen Erfordernissen (z. B. Ausweitung und Platzierung der Waren für Diabetiker; Diabetes ist eine Volkskrankheit).

Entwickelt sie einzeln oder in der Gruppe weitere Praxisbeispiele zur zielgruppengerechten Sortimentsgestaltung und Warenpräsentation.

6.3 Flächenoptimierung

6.3.1 Analytische Grundlagen

6.3.1.1 Kundenlaufstudie

01. Was ist eine Kundenlaufstudie und wie wird sie durchgeführt?

Die Kundenlaufstudie zeigt Verlauf und Stärke des Kundenstroms innerhalb einer Verkaufsstätte. Man kann erkennen, welche Plätze/Regale und Verkaufszonen viel oder wenig frequentiert werden. Die Ergebnisse einer Kundenlaufstudie erlauben Rückschlüsse darüber, ob die Anordnung der Ware und der Warengruppen im Verkaufsraum richtig vorgenommen wurde oder ob Umplatzierungsmaßnahmen erforderlich sind (verkaufsschwache/verkaufsstarke Zonen).

Die Studie kann über zwei Verfahrensarten durchgeführt werden:

* manuelle Aufzeichnungen aufgrund direkter Beobachtung
* Aufzeichnungen mithilfe von Videotechnik.

Bei der *manuell durchgeführten Kundenlaufstudie* empfiehlt sich folgende Vorgehensweise:

1.	Der Grundriss des Verkaufsraums wird auf Papier abgebildet (ggf. Bauzeichnung).	***Grundriss***

2.	Anschließend werden die Regalpositionen, Ladeneinrichtungen und Warenplatzierungen auf einer Folie eingetragen, die auf den Grundriss gelegt wird.	***Ist-Platzierung eintragen***

3.	Die Kunden werden bei ihrem Durchlauf durch den Verkaufsraum beobachtet: Für jeden Kunden wird notiert (Pfeil, Kreuz usw.): • welchen Weg der Kunde nimmt, • wo er stehen bleibt und • wo er kauft (Ware entnimmt).	***Kundenlauf erfassen***

4.	Anschließend wird die Studie ausgewertet: • verkaufsstarke Zonen oder • verkaufsschwache Zonen.	***Auswertung***

5.	Aufgrund der Analyse werden erforderliche Maßnahmen umgesetzt, z. B. Veränderungen • in der Grobplatzierung (Zonen), • in der Feinplatzierung (Warengruppen), • der Artikelstandorte (Platz im Regal) und • der Präsentationsfläche je Artikel.	***Erforderliche Maßnahmen, Soll-Platzierung***

Im Allgemeinen gelten als

* *verkaufsstarke Zonen*:
  - Hauptwege im Verkaufsgeschäft
  - Warenträger rechts vom Kundenstrom
  - Kreuzung von Laufwegen (der Kunde muss sich entscheiden)
  - Auflaufzone (Kassenzone; auch: Quengelzone)
  - Bedienzonen
  - Zonen den Beförderung (Rolltreppe, Fahrstuhl).

- verkaufsschwache Zonen:
  - Warenträger/Zonen links vom Kundenstrom
  - Eingangszone (wird vom Kunden schnell passiert)
  - Sackgassen und vom Eingang weit entfernte Zonen
  - Ecken
  - Mittelgang.

6.3.1.2 Bonanalyse

01. Was ist eine Bonanalyse?

Den meisten Handelsunternehmen stehen heute aufgrund des Einsatzes von Scanner-kassen und Warenwirtschaftssystemen (WWS) alle relevanten Daten für eine Sorti-mentsanalyse zur Verfügung. Über das WWS werden bereits eine Reihe von Auswer-tungen durchgeführt: Umsatz pro Tag, Umsatz pro Artikel oder Warengruppe, Umsatz pro Filiale usw.

Die *Bonanalyse* (auch: Warenkorb-, Assoziations-, Kassenanalyse) geht einen Schritt weiter: Die Fülle der Datenbestände im Handel (z. B 50.000 Artikel, 300 Kunden pro Tag, 30 Artikel Kunde usw.) wird mithilfe sehr leistungsfähiger Programme nach inter-essierenden Fragestellungen untersucht. Man nennt derartige Analysen großer Daten-bestände *Datamining* (Datenschürfung). Dazu werden die Daten eines Marktes in regel-mäßigen Abständen aus dem WWS in das Analyseprogramm übertragen, gefiltert, geordnet und mit Zusatzinformationen verknüpft. Man bezeichnet diesen Vorgang als ELT-Prozess (Extraktion, Laden, Transformieren; Stichwort: Data Warehouse Archi-tektur). Das Analyseprogramm bewältigt große Datenmengen in kurzer Zeit. Bei der Auswertung kann jede einzelne Kasse und jeder einzelne Bon identifiziert werden.

Das Analyseprogramm (vgl. z. B. Z-Revision; www.superdata.de) erlaubt eine Vielzahl von *Suchabfragen,* z. B.

- Abfrage aller Kenndaten eines Kassiervorgangs
- Verdichten von Kennzahlen pro Artikel, Warengruppe, Filiale, Bezirk usw.
- Warenkorbanalyse für einzelne Artikel oder für Aktionsartikel
- Verdichtung kritischer Vorgänge, z. B. Storno, Leergut
- Analyse der Tagesfrequenz.

02. Welchen Nutzen liefert die Bonanalyse?

1. *Sortimentsanalyse:*
   - systematische Auswertung des Kaufverhaltens der Kunden
   - Wirksamkeit von Aktionen auf die Kaufentscheidung
   - Basisdaten für Kundenlaufstudien
   - Überprüfung von Werbemaßnahmen
   - Ermittlung von Verbundwirkungen

- Erkennen von Artikelkombinationen; sog. Regelsätze (*conjunctive rules*) geben Auskunft über die Beziehung zwischen Artikeln; Regelsätze können mit Confidence-, Support- und Lift-Werten verbunden sein.

Beispiel einer Artikelkombination (Regelsatz)		
Wer die 125 gr.-Tüte Z-Chips kauft, kauft auch vielfach die 0,5 l-Flasche Bier der Marke Y.		
Support	= 15 %	Häufigkeit der Regel
Confidence	= 75 %	Stärke der Regel
Lift	= 6,3	Käufer von Z-Chips kaufen 6,3-mal häufiger Y-Bier als der Durchschnitt.

2. *Optimierung des Personaleinsatzes* an Kassen und Bedienbereichen durch die Darstellung von Tagesbelastungsprofilen

3. *Analyse deliktischer Handlungen:*
   Durch die Suchfunktion für kritische Vorfälle (Storno, Leergut, Schwund) im Analyseprogramm können deliktische Handlungen bei Mitarbeitern und zum Teil auch bei Kunden (Kundenkarte, EC-Karte) aufgeklärt werden.

Beispiele für die Aufklärung deliktischer Handlungen mithilfe von Datamining	
Fall 1	Ein sehr teurer Champagner verzeichnet einen hohen Schwund. Gleichzeitig „läuft" ein Artikel mit einem Instore-Etikett hervorragend. Die Bonanalyse bestätigt die Vermutung: Ein Kunde (er bezahlte mit EC-Karte) überklebte regelmäßig den EAN-Code mit dem Instore-Etikett. Der Schaden betrug ca. 10.000 € und wurde vom Kunden erstattet.
Fall 2	Eine Mitarbeiterin, die seit über 25 Jahren in einem Handelsunternehmen beschäftigt war, zeigte im Kassierverhalten überdurchschnittlich viele Storni. Die daraufhin eingesetzte Überwachungskamera ergab: Verwandschaftsverkäufe, Schaden über mehrere tausend Euro.
Fall 3	An einer Kasse traten gleiche Beträge von Leergutbons gehäuft auf. Die Untersuchung ergab: Die Kassiererin hatte die Leegutbons nicht entwertet und für eigene Einkäufe verwendet.
Fall 4	In einem anderen Fall (analog zu 3) führten nicht entwertete Leergutbons über einen Zeitraum von sechs Jahren zu einem Schaden über 5.000 €.

Quelle: www.superdata.de

6.3.2 Verkaufsflächengestaltung

01. Welche Aspekte sind bei der Verkaufsflächengestaltung von Bedeutung?

Generelle Zielsetzung	Die Gestaltung der Verkaufsfläche (auch: Space Management) muss so erfolgen, dass sich der Kunde im Verkaufsraum wohlfühlt, sich gut orientieren kann, möglichst lange verweilt und dadurch pro Kundenbesuch ein möglichst hoher Umsatz erzielt wird. Dabei soll der Verkaufsraum die von der Ware ausgehende Werbewirksamkeit unterstützen, beim Kunden Kauflust erzeugen und ihn möglichst zu Impulsivkäufen anregen.

Aufteilung in Zonen	Zuteilung der Verkaufsfläche nach der Ertragsstärke der betreffenden Artikel bzw. Warengruppen. Artikel/Warengruppen mit hohen Erträgen erhalten bestimmte Verkaufsfläche/-zonen bevorzugt. Daraus wird abgeleitet eine Zuweisung zu • verkaufsstarken Zonen und • verkaufsschwachen Zonen.
Waren-platzierung	Platzierungen rechts vom Kundenlauf sind umsatzträchtiger als links vom Kundenlauf.
	Waren, die aufgrund ihrer Platzierung ohne Bücken oder Strecken erreicht werden können, fragt der Kunde stärker nach.
	Die vertikale Blockplatzierung (Artikel einer Warengruppe in Regalböden übereinander) hat eine bessere Umsatzwirkung als die horizontale Gruppierung.
	Bildung von Einzelständen nach Lieferanten nach dem Prinzip „Shop in Shop".
	Die einmal festgelegte Warenplatzierung muss vom Verkaufspersonal eingehalten werden. Änderungen werden nur in begründeten Fällen im Rahmen eines Konzepts der Neugestaltung vorgenommen.
Waren-präsentation	Die Warenpräsentation ist zweifellos von Artikel zu Artikel und je nach Betriebsform (Supermarkt/Discounter) unterschiedlich, dennoch gibt es eine Reihe von Grundregeln: • Übersichtlichkeit, Ordnung, Information • Transparenz: Der einzelne Artikel sollte leicht erkennbar sein. • Nutzen für den Kunden (Orientierung, Erkennen der unterschiedlichen Artikel, schnelle Auffindbarkeit, gute Zugriffsmöglichkeit). • Vermittlung einer angenehmen Atmosphäre (gefühlsmäßige Anmutung). • Bildung von Warengruppen zur Förderung von Verbundkäufen (z. B. Grillsoße neben Grillfleisch).
Warenträger	Die Gestaltung der Warenträger richtet sich nach • der Betriebsform, • der Warenart (Stell-, Hängevorrichtung) und • den Kosten für die unterschiedlichen Präsentationssysteme.
	Zunehmend werden im Rahmen des Visual Merchandising von den Lieferanten *eigens geprägte Formen/Darbietungen* der Warenpräsentation gestellt bzw. dem Handel zum Teil auch vorgegeben (vgl. Maggi, Lindt usw.); auch gibt es isolierte Warendarstellung nach dem *Less-is-more-Prinzip*.
	In *Vitrinen* und *Verkaufsschränken* werden wertvolle Waren aufbewahrt. Sie erhalten durch die Art der Zurschaustellung eine besondere Wertsteigerung beim Kunden.
	Gondeln, bewegliche *Verkaufstische* und *Spezialtheken* ermöglichen im Laden einen schnellen Wechsel der Waren.
	Verbundplatzierung: Artikel und Warengruppen werden in *Bedarfszusammenhängen* präsentiert (z. B. „Alles für den Urlaub"). Accessoires ergänzen das Angebot.

Gestaltungs- elemente	Die **Innenwerbung** muss korrespondieren (in Farbe und Schrift) mit der CI-Politik und Bestandteil des Werbegesamtkonzepts sein.
	Die **Dekoration** soll bestimmte Warengruppen hervorheben und die Atmosphäre des Verkaufsraums positiv ergänzen (Einkaufserlebnis).
	Durch den Einsatz von **Farben** und **Licht** lässt sich der Kundenfluss günstig beeinflussen und einzelne Artikel oder Warengruppe können akzentuiert werden. Auch hier ist die Stimmigkeit mit der generellen CI-Politik zu beachten.

02. Welche Regalzonenwertigkeit kennt man?

Man unterscheidet:

- *Vertikale Regalzonenwertigkeit* (Einteilung nach der Höhe):
z. B. werden in Augenhöhe (Sichtzone, ca. 160 cm) Artikel mit hoher Gewinnspanne präsentiert.

Im Einzelnen:

Vertikale Regalzonenwertigkeit			
Regalzone	**Höhe, ca. (in cm)**	**Wertigkeit**	**Beispiele**
Reckzone	über 160	3	Suchartikel mit geringem Gewicht, schutzbedürftige Ware
Sichtzone (auch: Goldene Zone)	160	1	Artikel mit hoher Gewinnspanne und/oder hoher Umschlagshäufigkeit, Impulsartikel, Trendartikel
Griffzone	unter 150	2	Impulsartikel, Zusatzartikel, Waren mit hohem Interessse für den Kunden
Bückzone	unter 80	4	Artikel mit hohem Eigengewicht bzw. preisgünstige Artikel, Massenartikel

- *horizontale Regalzonenwertigkeit* (Einteilung nach der Breite):
z. B. ist ein Artikel/eine Warengruppe dann optimal präsentiert, wenn der Kunde die Regalbreite noch mit dem Blickwinkel des Auges erfassen kann.

Zum Thema „Schaufenster" vgl. 2.8.2.1.

6.3.3 Konsequenzen für das Visual Merchandising   → 2.8

01. Welcher Zusammenhang besteht zwischen Verkaufsflächenoptimierung und Visual Merchandising?

Neben den oben genannten Aspekten bewegt sich die Optimierung von Verkaufsflächen in den architektonischen Grenzen des Baukörpers und unterliegt den Vorgaben eines Kostenbudgets. Der Begriff Flächenoptimierung (auch: Space Management) hat in der Literatur seit langem Bedeutung. Visual Merchandising (VM) wird erst in jüngerer Zeit verwendet.

Visual Merchandising ist konzeptionell umfassender (als reines Flächenmanagement) und enthält alle Maßnahmen der kreativen Warenpräsentation, der bildhaften Informationsvermittlung und der Platzierung innerhalb der Verkaufsfläche (POS: Point of Sale). Es werden alle Sinne angesprochen. Damit soll dem Kunden die Orientierung erleichtert werden (Warenauswahl) und es sollen Kaufimpulse ohne den Einsatz von Verkaufspersonal entstehen. Hauptziel ist die Realisierung einer Einkaufsatmosphäre, in der der Kunde sich wohl fühlt (Erlebniseinkauf) und die bewusst oder unbewusst zum (Mehr-) Kauf animiert und damit den Umsatz steigert.

Visual Merchandising umschließt folgende Handlungsfelder (dabei gibt es zwangsläufig Überschneidungen zum reinen Flächenmanagement):

Einkaufsatmosphäre	**Dekorationsmittel,** Verkaufsmöbel, Farben, Musik, Beleuchtung, Geruch/ Düfte, Erholzone (Sitzecken, Getränkeausschank/Restaurant)
Maßnahmen der Ladengestaltung	**Unterteilung in verkaufsstarke und verkaufsschwache Flächen:** In der Regel haben die Kunden einen „Rechtsdrall": rechte Wandseite, gegen den Uhrzeigersinn, rechts greifen; vordere Verkaufsflächen passiert der Kunde zügig (mit Straßengeschwindigkeit), erst dann wird das Tempo reduziert; u. Ä.
	Waren des täglichen Bedarfs, Warengruppe, die besonders herausgestellt werden sollen. Mittlerweile weit verbreitet ist die Bildung von Sortimenten oder Artikeln auf Paletten mitten im Laufgang (zum Teil noch mit roter Etikettierung): Damit sollen dem Kunden „Sonderangebote" suggeriert werden, obwohl dies häufig nicht der Fall ist.
	Man kann generell unterscheiden: Erstplatzierung sowie Zweit- und Drittplatzierung.
	• Zusammenstellung nach Farben wie z. B. bei Textilien • Zusammenstellung nach Marken oder Herstellern • Zusammenstellung nach Preislage, z. B. Boxen „Jeder Artikel 1 €".
	Teure Waren in Blickhöhe, preiswerte im unteren Regal („Bückware"; ein Begriff, der in der ehemaligen DDR eine andere Bedeutung hatte).
	Einsatz von Licht: Licht zum Sehen, zum Ansehen, zum Hinsehen
Displays	Verkaufsdisplay („Stumme Verkäufer"), Paletten-Display (Palette vom Hersteller inkl. Dekoration), Präsentationsdisplay (Prospekthalter, Produktproben), Dauerdisplays (Regale und Regaleinbauten auf Dauer vom Hersteller)
InstoreMedien	Ladenfunk, Instore-TV, elektronische Displays, intelligente Regale (vgl. Future Shop)

Quelle: in Anlehnung an: Haller, S., a. a. O., S. 329 ff.

Quellentext:

Interview mit Herrn Huber*, dem Marktmanager des Einzelhandelsgeschäfts X in Regensburg*. (*Die Namen wurden redaktionell geändert; X ist die Filiale einer Lebensmittelkette)

- *Mit welchen Kaufanreizen versuchen Sie den Absatz zu fördern?*
  Wir versuchen dies durch Truhen mit Fertigprodukten, dadurch verbessert sich der Absatz enorm. Besonders in der Backstation arbeiten wir mit Düften, die im Unterbewusstsein Hunger hervorrufen. Außerdem arbeiten wir mit Licht, das im Kassenbereich dunkler und in der Obst- und Tiefkühlabteilung heller ist und diese Waren interessanter und frischer wirken lässt.

- *Werden die speziellen Kaufanreize von den Herstellerfirmen entwickelt/vorgeschrieben?*
  Ja, das kommt unter anderem von den Firmen. Das wird aber vorher besprochen.

- *Welcher Kaufanreiz ist sehr wirkungsvoll?*
  Die wirkungsvollsten Kaufanreize sind der Geruch und die Optik.

- *Haben Sie Erkenntnisse, dass diese Kaufanreize zu erhöhtem Umsatz führen?*
  Ja, wir wecken damit die Neugier und bekommen damit einen höheren Umsatz.

- *Glauben Sie, dass die Kunden die Kaufanreize bewusst wahrnehmen?*
  Sie sollten es auf jeden Fall, und wir nehmen es auch an.

- *Wie viele verschiedene Produkte bieten Sie an?*
  Das ist saisonbedingt. Im Standard sind es 15.000 - 16.000 Produkte, aber an Festen wie z. B. Weihnachten sind es 2.000 - 3.000 Produkte mehr.

- *„Quengelware" an der Kasse! Wie hoch ist der Umsatz im Vergleich zum normalen Standort?* Eigentlich nicht höher. An der Kasse wird nur in der Mittagszeit z. B. von Schülern und Arbeitern die Quengelware gekauft. Man wird aber eher von der Menge der Ware angezogen.

- *Nach welchen Gesichtspunkten wählen Sie die untermalende Musik für die Käufer aus?*
  Es stehen vier Kanäle zur Auswahl, die extra Werbung ausstrahlen. Mit der Musik soll die Stimmung gehoben werden, aber trotzdem kommen Beschwerden vor.

- *Werden die Oliven, eingelegter Schafskäse etc. bei der Wurstabteilung vom Kunden angenommen?* Ja, sie werden gut angenommen, da der Kunde vorher probieren kann und keine Angst haben muss, nach dem Preis oder der Sorte zu fragen.

- *Wie oft lassen Sie umräumen bzw. den Standort der Waren ändern (welche Waren)?* Wir haben da unser eigenes Schema, wo etwas stehen muss, trotzdem fließen enorme Gelder von den Firmen, die ihr Produkt an bestimmten Plätzen haben wollen (nicht im Discountbereich).

- *Welche Sonderangebotstische/Sonderangebotsaktionen haben Sie?*
  Seit letzten Februar haben wir keine Sonderangebote mehr im Foodbereich, da der Kunde durch die ständigen Preisschwankungen verwirrt wird. Die Sonderangebote im Frischebereich werden aber beibehalten.

- *Welche Werbemaßnahmen setzen Sie ein?* Wir verteilen Handzettel und setzen Werbung in die Zeitung.

- *Warum gibt es nicht mehr Verköstigungsangebote bzw. Verkaufsstände mit Probiermöglichkeiten?* Ab und zu schon noch, aber eher an Freitagen und Samstagen, da an diesen Tagen mehr Kunden im Geschäft sind. Dies wird vom Hersteller der Produkte und X angeboten.

- *Veranstalten Sie Aktionswochen/Preisausschreiben/Gewinnspiele?* Dies kommt weniger vom Haus, sondern von den Firmen. In den Werbungen befinden sich ab und an Spiele für Kinder mit Preisen von mehreren Firmen gesponsert.

- *Wie oft funktioniert der Flaschenautomat nicht einwandfrei?* Er funktioniert eigentlich immer. Und rentiert sich, auch wenn die Anschaffung sehr kostenaufwändig ist.

- *Worüber beschweren sich die Kunden am meisten?* Die meisten Kunden beschweren sich über das Sortiment. Wir bekommen aber ziemlich wenige Beschwerden (unter 1 %).

- *Was ist Sinn und Zweck der Videowand (n-tv)?* Es dient zur Ablenkung beim Warten an der Kasse und ist zudem eine gute Einnahmequelle, wegen der regelmäßig gezeigten Werbung. N-tv ist neutral und kann somit keine Beschwerden hervorrufen.

- *Wie hoch ist die Diebstahlquote?* Die aufgedeckte Diebstahlquote ist hoch, wobei ange„fressene" Tüten in den Regalen dazuzählen. Der größte Anteil der Diebe befindet sich bei den Schülern.

- *Wie versuchen Sie diese zu senken?* Durch 36 Videokameras. Mitarbeiter werden extra geschult, um unprofessionelle Alltagsdiebe zu schnappen. Außerdem werden Detektive eingesetzt, die schon bis zu 15 Diebe täglich gefasst haben.

- *Haben sich die Rabattmarken beim Kunden bewährt?* Fast alle Firmen haben dies versucht. Nach der Einführung, die super war, kam ein großer Absturz.

- *Werden Infos über den Kunden gesammelt – Umfragen, Meinungsforschung?* Forschungsinstitute haben Kundenumfragen gestartet. Dadurch haben wir einen Einblick bekommen, wie weit unser Einzugsgebiet reicht und konnten somit auch feststellen, wo wir noch Werbung verteilen müssen.

- *Der gläserne Kunde – planen Sie eine Kundenkarte?* Eine Kundenkarte ist geplant, aber ein genauer Zeitpunkt der Einführung ist noch nicht in Sicht.

- *Wird eine Bonanalyse durchgeführt?* Im Moment führen wir keine Bonanalyse durch, aber wir werten die Warengruppen aus, wann etwas gekauft wird. Dies hängt aber besonders vom Wetter ab.

Sehr geehrter Herr Huber*, wir bedanken uns für dieses Gespräch. Anna M./Birgit W.

Quelle: www.wr-unterricht.de (das Portal wurde zum 01.01.2015 geschlossen).

Zur „Koordination der Aktivitäten des visuellen Marketing" vgl. 2.8.3.

02. Wie ist die Kennziffer „Raumproduktivität" definiert?

Als betriebswirtschaftliche Größe zur Bewertung des Leistungsfaktors „Verkaufsfläche" wird im Einzelhandel die Raumproduktivitätskennziffer genommen:

Raumproduktivität	Umsatz (netto) : Anzahl m² Verkaufsfläche

Im Großhandel benutzt man häufig auch die Relation „Umsatz je m² Lagerfläche" zur Bewertung.

6.4 Auswirkungen von Kundenbedürfnissen und Kundenverhalten auf Beschaffungsprozesse

6.4.1 Category Management als Instrument des Handelsmarketing

Vgl. dazu auch Efficient Consumer Responce und Category Management 5.2

01. Was sind Categories und welche Bedeutung haben sie für den Unternehmens-erfolg von Handelsbetrieben?

Eine Warengruppe ist eine Zusammenstellung von Artikeln (vgl. Sortimentspyramide, 2.6.1/Frage 05.). Eine Category (Warengruppe) ist allgemein eine Zusammenfassung von Produkten in einer Gruppe, von denen der Kunde (Shopper) glaubt, das sie zu-sammengehören.

Im Rahmen der Unternehmensstrategie sollen Categories folgende Rolle übernehmen: Ähnlich wie beim Herstellermarketing (vgl. Produktmanagement) sollen die Categories zu strategischen Geschäftseinheiten profiliert werden, die eigenständig am Markt ge-steuert werden können. Diese Aufgabe übernimmt der Category-Manager, der als Schnittstellenmanager Einkauf, Verkauf und Marketing-Mix einer Category verantwort-lich lenkt.

02. Was bezeichnet man als Sourcing?　　　　　　　　　　→ 5.1.4

Neben der Auftragsabwicklung ist das Sourcing eine wesentliche Funktionalität von E-Procurement-Systemen (vgl. 5.1.4, E-Commerce). Sourcing beinhaltet die Suche nach Anbietern für eine gewünschte Leistung. Die Leistungen werden nach den Prin-zipien des Category Management kategorisiert, d. h. es wird eine Menge beschreiben-der Attribute definiert, nach denen unter mehreren Anbietern gesucht wird. Ein solches Kategorien-System ist z. B. der BTE-Warengruppenschlüssel (BTE: Bundesverband des Deutschen Textileinzelhandels e. V.) Jeder Lieferant muss seine Leistungen ent-sprechend diesen Attributen kategorisieren.

03. Auf welchen Basisstrategien beruht das ECR-Konzept?　　　→ 5.2.2

Zur Umsetzung des ECR-Konzepts werden vier Basisstrategien (Subsysteme; vgl. auch 5.2.2) eingesetzt:

Basisstrategien von ECR			
↓		↓	
Supply Side	**Demand Side**		
Efficient Replenishment ERP	**Efficient Assortment EA**	**Efficient Promotion EP**	**Efficient Product Introduction EPI**
Effizienter Waren- und Datenfluss	Effiziente Sortimentsgestaltung	Effiziente Verkaufsförderung (inkl. Warenpräsentation[1])	Effiziente Produktneueinführung
————————→	←————————		
Push-Strategie	Pull-Strategie		

6.4.2 Zusammenspiel zwischen Category Management, Beschaffung und den Bedürfnissen der Kunden

01. In welche Phasen lässt sich der Category Managementprozess gliedern?

Überwiegend gliedert die Literatur den Prozess des Category Management in *fünf Phasen*:

1	**Analyse der Warengruppen**	Aufgrund der Auswertung interner und externer Daten (Marktforschungsinstitute, z. B. AC Nielsen, GfK) werden die Warengruppen analysiert in Bezug auf Marketing-Mix (Sortiment, Preisniveau, Werbung, Platzierung) und Kennzahlen (Umsatz, Absatz, Deckungsbeitrag, Vergleich der Warengruppen-Umsatzanteile mit dem Branchendurchschnitt).
2	**Analyse des Kundenpotenzials**	Allgemeine Analyse des Kundenpotenzials bezogen auf die Verkaufsstätte (Zielgruppe der Verkaufsstätte): Welche Kunden kaufen häufig/nicht häufig/gar nicht? Vergleich mit der Situation beim relevanten Wettbewerb.
		Spezielle Analyse der Category (Zielgruppe der Category): Wie hoch ist der Anteil der Ausgaben für eine bestimmte Category in der eigenen Verkaufsstätte/beim Wettbewerber?
		Gegenüberstellung der allgemeinen und der speziellen Zielgruppenanalyse

---

[1] Vielfach wird in der Literatur die effiziente Warenpräsentation als fünfte Basisstrategie genannt. Die Einzelstrategien werden ausführlich unter 5.2.2 behandelt.

3	Strategieplanung	Aufgrund der Ergebnisse der ersten und zweiten Phase wird für jede Warengruppe (Category) festgelegt: Sortimentsstrategie (Ausdehnung, Reduktion, Modifikation usw.), Preisniveau, Promotion-Mix, Platzierung und Regaloptimierung. Mithilfe von What-if-Modellen (Simulationsmodelle) wird versucht, dass (voraussichtliche) Ergebnis der Strategieentscheidung in Erfahrung zu bringen.
4	Strategieumsetzung	Die Strategieentscheidung wird in die Praxis umgesetzt. Dies geschieht zunächst in Test-/Kontrollverkaufsstätten unter Einbeziehung der Verkaufsmitarbeiter. Die Ergebnisse der Teststudie werden vom Category-Manager gesammelt, ausgewertet und veranlassen ihn ggf. zu einer Korrektur des ursprünglichen Category-Ansatzes. Nach erfolgreicher Testphase erfolgt die generelle Einführung des Category-Konzepts.
5	Ergebnis-Bewertung	Im Wege des Soll-Ist-Vergleichs werden die Ergebnisse nach einer bestimmten Zeit ausgewertet, mit den Sollvorgaben (Phase 3) verglichen und die Ursachen für Abweichungen bewertet. Daraus können sich „Kurskorrekturen" im Marketing-Mix der jeweiligen Category ergeben, z. B. Preisniveaukorrektur, Promotionkorrektur.

6.5 Preis- und Konditionenpolitik

6.5.1 Verhältnis von strategischer und operativer Preispolitik im Handel

01. Wie ist das Verhältnis von strategischer und operativer Preispolitik?

Die Preispolitik umfasst alle Maßnahmen und Entscheidungen durch eine zweckgerichtete Preisfestsetzung die Unternehmensziele zu realisieren (z. B. Gewinnabschöpfung, Marktanteilsgewinnung).

Im Rahmen der *strategischen Preispolitik* werden Entscheidungen über die Preisfestsetzung getroffen, die für Einzel- oder Gesamtmärkte/für Einzelprodukte oder das gesamte Sortiment einen längeren Bestand haben (ganzheitliche Handlungskonzepte der Preispolitik).

Derartige Festlegungen sind eng verknüpft mit der Unternehmensstrategie und der CI-Politik („Wer wollen wir sein?"). Dies kann zum Beispiel zu der Entscheidung einer generellen Hochpreispolitik in Verbindung mit hoher Qualität und hervorragendem Service führen (Strategie der Prämienpreise; der (hohe) Preis soll Qualität signalisieren).

Dagegen stehen im Rahmen der *operativen Preispolitik* kurzfristige Maßnahmen der Preisfindung und -anpassung im Vordergrund – zum Beispiel als Reaktion auf veränderte Einkaufspreise oder auf veränderte Wettbewerbsbedingungen.

Operative Maßnahmen der Preispolitik müssen in die generelle, strategische Preispolitik eingebettet (integriert) sein und dürfen zu dieser nicht im Widerspruch stehen. Zum Beispiel kann es nicht marktgerecht sein, wenn ein Niedrigpreisanbieter bei allgemeiner Erhöhung der Einstandpreise für ein bestimmtes Sortiment den Verkaufspreis in gleicher Weise anhebt wie dies die gesamte Branche macht.

Zur „Preispolitik" vgl. auch 2.6.3/07. ff.

6.5.2 Preispolitische Strategien

01. Welche preispolitischen Möglichkeiten bestehen vor allem für ein Handelsunternehmen?

Das Unternehmen kann sich bei seiner Preispolitik auf *eine bestimmte Strategie* stützen; es kann aber *auch zwei oder mehrere Strategien* in Kombination einsetzen, vgl. dazu 2.4.3.

02. Welche Bedeutung haben Preisbeurteilungstechniken der Konsumenten?

Die Preispolitik muss die Preisbeurteilungstechniken der Konsumenten berücksichtigen. In vielen Fällen wird der Konsument *die absolute Preishöhe als Beurteilungskriterium* wählen und die Qualität, die technischen Besonderheiten sowie den Service außer Acht lassen.

In anderen Fällen verändert sich die Verkaufsmöglichkeit bei Überschreiten bestimmter *Preisschwellen* sprunghaft. In solchen Fällen müssen Qualität und Menge verändert werden, um ein bestimmtes Preisniveau halten zu können. In bestimmten Fällen wird der *Preis als Qualitätsindikator* herangezogen. Dies ist dann der Fall, wenn der Kunde Produktkenntnisse bzw. Erfahrungen nicht oder nur gering hat, wenn keine Produktinformationen vermittelt werden, wenn das zu beurteilende Produkt sehr komplex ist oder wenn das Kaufrisiko hoch ist.

Außerdem werden *Preise durch den Konsumenten nicht kontinuierlich bewertet.* Der Konsument bildet bestimmte Preisintervalle, die durch Preisschwellen begrenzt sind. Preisänderungen innerhalb dieser Intervalle haben geringere Auswirkungen als solche, die derartige Preisschwellen über- oder unterschreiten (Stichwort: Preiselastizität des Einkommens und der Nachfrage).

6.5.3 Konditionenpolitik

01. Welche Ziele und Aufgaben hat die Konditionenpolitik?

* *Begriff:*
  Die Konditionenpolitik befasst sich mit der Gestaltung der Vertragskonditionen, also der Bedingungen, die über die eigentliche Preisfestsetzung hinausgehen (*Zahlungs- und Lieferbedingungen sowie Absatzfinanzierung;* enge Definition).

  Die Terminologie ist in der Literatur uneinheitlich:

  1. Konditionenpolitik im Sinne von *Kontrahierungspolitik* (einschließlich der Preispolitik; *weite Definition*)
  2. Konditionenpolitik als Bestandteil der Kontrahierungspolitik (auch: Preispolitik; *engere Definition*).

* *Ziele:*
  Die Konditionenpolitik ergänzt die Ziele der Preispolitik im Sinne einer *Feinsteuerung:* Der vereinbarte Preis kann durch unterschiedliche Formen der Zahlungs- und Lieferbedingungen sowie der Kreditierung des Kaufpreises variiert werden. Dies schafft Absatzförderung und vermindert die Preistransparenz für den Käufer.

* *Aufgaben:*
  Die Konditionenpolitik ist die Gestaltung der Liefer- und Zahlungsbedingungen, der Absatzfinanzierung und der Servicepolitik.

02. Welche Gestaltungsfelder hat der Unternehmer im Rahmen der Konditionenpolitik?

Die Darstellung ist in der Literatur uneinheitlich. Überwiegend werden folgende Instrumente genannt:

Konditionenpolitik • Instrumente		
Zahlungsbedingungen	**Lieferbedingungen**	**Absatzfinanzierungspolitik**
Festlegung von • Zahlungsbetrag • Zahlungsart • Zahlungsort • Zahlungszeitpunkt	Festlegung von • Lieferzeit • Verpackung • Lieferort • Lieferkosten • Lieferart	Festlegung der Kreditpolitik • gegenüber Absatzorganen • gegenüber Konsumenten
Ergänzung/Spezifizierung durch Nationale Standards Internationale Standards (Incoterms) Allgemeine Geschäftsbedingungen		

03. Wie lassen sich die Zahlungsbedingungen gestalten?

1. Festlegung des Zahlungsbetrages, z. B. Zahlungsziel, Minderung durch …	
Rabatt	sofortiger Abzug aus bestimmten Gründen
	Rabattarten, z. B.:
	• **Funktionsrabatte** werden dem Groß- und Einzelhandel zur Deckung seiner Funktionskosten eingeräumt.
	• **Mengenrabatte** werden bei Abnahme größerer Mengen gewährt (z. B. als Bar- oder Naturalrabatte; Boni, vgl. unten).
	• **Zeitrabatte** werden bei Abnahme zu bestimmten Zeitpunkten oder innerhalb bestimmter Zeiträume eingeräumt (z. B. Einführungs-, Saison-, Vordispositions- oder Auslaufrabatte).
	• **Barzahlungsrabatte:** bei Barzahlung
Skonto	Abzug bei vorzeitiger Zahlung; vgl. ausführlich unter 1.9.2, Finanzierung
Bonus	Nachträglicher Abzug bei Erreichen bestimmter Menge (Werte) bezogen auf eine Geschäftsperiode (auch: Jahresumsatzrabatt).
Preisnachlass	aus besonderen Gründen (Kulanz, Ausgleich für frühere Lieferungen u. Ä.)
Inzahlung-nahme	des gebrauchten Artikels bei Neukauf; vgl. Fahrzeugbranche, Waschmaschinen u. Ä.

2. Festlegung der Zahlungsart	
Barzahlung	Bezahlung mit Bargeld
Halbbare Zahlung	Bareinzahlung auf das Konto des Verkäufers oder Zahlung per Nachnahme
Bargeldlose Zahlung	Zahlung per Überweisung oder per V-Scheck; Sonderfälle: Dauerauftrag, Lastschriftverfahren

3. Festlegung des Zahlungsortes	
Zahlungsort	ist der Wohnort des Gläubigers bzw. die Niederlassung des Gläubigers (§ 270 BGB).

4. Festlegung des Zahlungszeitpunkts	
Zahlung vor Leistung	Anzahlung, Vorauszahlung
Zahlung bei Leistung	Zahlung bei Übergabe; „Zug um Zug", z. B. Ware gegen Bargeld an der Kasse im Warenhaus
Zahlung in Raten	bei vereinbarter Ratenzahlung; bei Zahlung nach Baufortschritt
Zahlungsziel	Einräumen einer Zahlungsfrist nach Rechnungsstellung (mit/ ohne Skonto)

04. Wie lassen sich die Lieferbedingungen gestalten?

1. Festlegung der Lieferzeit

Leistungszeit	Ist keine besondere Vereinbarung getroffen, so ist sofort zu liefern (zu leisten); § 271 BGB

2. Festlegung des Lieferortes

Leistungsort	ist der Wohnsitz des Schuldners bzw. der Niederlassungsort des Schuldners (§ 269 BGB) soweit nichts anderes bestimmt ist.

3. Festlegung der Lieferart

Beförderungsweg, Transportmittel	per Straße, Schiene, Flugzeug, Schiff oder kombiniert

4. Festlegung der Verpackung, z. B.

Konstruktion	Verpackungsart: Papier, Pappe, Metall usw.; Erfüllung bestimmter Funktionen: Schutz, Transport, Lagerfähigkeit, Wiederverwendung u. Ä.
Form	Größe, Proportionen, in Teilen, als Ganzes
Bestandteile	Zubehör, Gebrauchsanleitung
Kosten	Vereinbarung, wer die Kosten der Verpackung trägt (Schuldner oder Gläubiger).
Entsorgung	Vereinbarungen über Rücknahme, Rückvergütung, Kosten der Entsorgung usw.

5. Lieferkosten

Kostenarten	Fracht, Rollgeld, Versicherung, Kosten der Zwischenlagerung
Kostenübernahme	Ist nichts anderes vereinbart, so trägt der Schuldner der Leistung die Kosten bis zum Erfüllungsort.
Nationale Standards	**ab Werk:** Der Käufer trägt alle Kosten.
	unfrei: Der Verkäufer trägt die Transportkosten bis zur Absendestation (z. B. Bahnhof).
	frachtfrei: Der Verkäufer trägt die Transportkosten bis zur Empfangsstation (z. B. Bahnhof).
	frei Haus: Der Verkäufer trägt alle Transportkosten.

05. Wie können die Zahlungs- und Lieferbedingungen durch die AGB bzw. die Incoterms gestaltet werden?

Allgemeine Geschäftsbedingungen (AGB) sind alle für eine Vielzahl von Verträgen vorformulierten Vertragsbedingungen, die eine Vertragspartei der anderen Partei bei Abschluss eines Vertrages stellt. Sind Vertragsbedingungen einzeln ausgehandelt, liegen keine Allgemeinen Geschäftsbedingungen vor (vgl. ausführlich unter 5.7.3).

Die *Incoterms* sind internationale Handelsklauseln (International Commercial Terms). Sie regeln vorwiegend den Gefahrenübergang und die Transportkosten im internationalen Handelsverkehr (vgl. ausführlich unter 5.7.5).

06. Welche Varianten der Absatzfinanzierung gibt es?

Die Absatzfinanzierung soll den Verkauf der Produkte durch bestimmte Kreditangebote an den Kunden fördern. Man unterscheidet z. B.:

Direkte Kreditvergabe	Der Hersteller/Händler gewährt selbst das Zahlungsziel bzw. den Ratenkredit.
Indirekte Kreditvergabe	Der Hersteller vermittelt den Kredit (Hausbank oder Verbraucherbank, z. B. Santander Bank).

07. Kann die Servicepolitik der Konditionenpolitik zugeordnet werden?

Ja! Nach Auffassung der Autoren. Servicepolitik ist die Summe aller zielorientierten Entscheidungen über die Gestaltung des immateriellen Leistungsangebotes eines Handelsunternehmens an die Kunden (vgl. ausführlich unter 2.7.3). Service ist damit ein Bestandteil der Leistung und kann von daher der Konditionenpolitik zugeordnet werden.

Die Darstellung ist allerdings in der Literatur uneinheitlich. Vielfach wird die Servicepolitik auch der Distributionspolitik zugeordnet.

08. In welcher Weise sind Preis- und Konditionenpolitik zu integrieren?

Die operative Preispolitik muss in die strategische Preispolitik eingebunden sein (vgl. 6.5.1/Frage 01.). Die Preispolitik im übergeordneten Sinne (als Oberbegriff) muss die operative Preispolitik sowie die Gestaltung der Konditionen aufeinander abstimmen. Die Gestaltungsparameter von Preis und Konditionen müssen sich ergänzen und dürfen nicht im Widerspruch zueinander stehen.

Beispiele:

1. Bei Premiummarken (Prämienpreisen) erwartet der Kunde z. B. eine „großzügige" Handhabung der Lieferbedingungen: Kauft beispielsweise ein Kunde einen Pkw zu einem Preis von 90.000 €, so wird er es als Irritation empfinden, wenn über Zulassungskosten von 70 € „lamentiert" wird.

2. Im Gegensatz dazu können bei niedrigpreisigen Massenartikeln keine besonderen Zahlungsbedingungen vereinbart werden.

3. In einem Möbelhaus, in dem Produkte des oberen Preisniveaus angeboten werden, sollten Möglichkeiten zur flexiblen Gestaltung der Zahlungskonditionen selbstverständlich sein. Die Kunden in diesem Preissegment erwarten das.

6.5.4 Überwachung und Kontrolle des Preis- und Konditionensystems

01. Warum muss das Preis- und Konditionensystem überwacht werden?

Die Preis- und Konditionenpolitik kann nicht statisch sein: Sie wird sich den internen Veränderungen (Ertragslage, Unternehmensziele usw.) sowie den Marktbedingungen laufend anpassen müssen. Es gelten die Bedingungen des Controlling: interne Vergleiche im Zeitablauf, externe Vergleiche (Benchmarking), Ableitung von Korrekturmaßnahmen.

02. Wie lässt sich das Preis- und Konditionensystem überwachen?

Hinweis: Die Frage lässt sich nicht erschöpfend beantworten. Es wäre ohne Weiteres möglich, mehr als 40 Ansätze zur Überwachung und Kontrolle des Preis- und Konditionensystems zu beschreiben (Soll-Ist-Vergleiche, Ist-Ist-Vergleiche, interne/externe Vergleiche, operative/strategische Kontrolle, Kontrolle der Einzelinstrumente, Kontrolle der Systeme, Kontrolle mithilfe von Kennzahlen, qualitative Bewertung der Maßnahmen usw.). Dies zeigt einmal mehr die „Maßlosigkeit" des Rahmenplans. Eine Präzisierung der Lerninhalte wäre wünschenswert.

Aus der Fülle der möglichen Ansätze werden nachfolgend wichtige Beispiele beschrieben:

Überwachung und Kontrolle der Preis- und Konditionenpolitik durch/mithilfe ...	
eine laufende Beobachtung der operativen Preispolitik	Widerspruchsfreiheit zur strategischen Preispolitik?
	Entwicklung der Preise pro Produkt, Warengruppe usw. • im Zeitvergleich • im externen Vergleich (Wettbewerb).
der Deckungs-beitragsrechnung	Deckungsbeiträge je Produkt, je Warengruppe usw.
	Veränderung der Deckungsbeiträge
der Break-even-Analyse	z. B. Ermittlung des Sicherheitskoeffizienten (SK) = (Umsatzerlöse - Break-even-Umsatz) · 100 : Break-even-Umsatz
	Ein Sicherheitskoeffizient von z. B. 15 % zeigt an, dass nur noch sehr wenig preispolitischer Spielraum existiert. Der Ist-Umsatz ist „gefährlich" nahe dem Break-even-Umsatz, bei dem kein Gewinn mehr realisiert wird.
eine Beobachtung der Wirksamkeit der praktizierten Preis-strategie(n)	Sind die praktizierten Preisstrategien in ein preispolitisches Gesamtkonzept eingebettet?
	Welche Marktwirkung wird mit einzelnen Preisstrategien erzielt?
der Kosten der Konditionenpolitik	Ermittlung der Gesamtkosten der gewährten Konditionen je Produkt/je Warengruppe
	Auswirkungen auf die Erlössituation
	Möglichkeiten der Veränderung, z. B. Verlagerung von Kosten der Zahlung/der Lieferung auf Kunden/Lieferanten?

Kosten-Nutzen-Analysen der Konditionen	Nimmt der Kunde die angebotenen Konditionen wahr?
	Besteht eine Differenzierung zum Wettbewerb?
	Ist die Rabattpolitik angemessen? (Problem der „Rabatt-titis" im Handel; Rabatte mindern den Erlös! Rabatte müssen mit Vorsicht gewährt werden!).
	Entwickeln sich am Markt „neue" Konditionsformen, die praktiziert werden sollten (z. B. Bonussysteme, Kundenkarten, Rabattkarten, Kreditkartenverbund).

6.6 Marketing-Controlling

6.6.1 Budgetierung

01. Welche Einzelschritte umfasst der Vorgang des Controlling?

Der Vorgang des Controlling umfasst vier Schritte:

Controlling		
1. Schritt	Soll-Wert festlegen	Planung (Budgetierung)
2. Schritt	Ist-Wert ermitteln	Realisierung und Informationsbedürfnis
3. Schritt	Vergleich: Soll-Ist	Kontrolle und Analyse
4. Schritt	Steuerung	Geeignete Korrekturmaßnahmen ergreifen

02. In welchen Phasen verläuft das Marketing-Controlling?

1. *Soll-Größen festlegen*, z. B.:
   Gewinn, Umsatz, Marktanteil, Image, Werbekosten pro Umsatz usw.

2. *Ist-Werte ermitteln*:
   Ggf. die Istwerte um Zufallsschwankungen bereinigen.

3. *Soll-Ist-Vergleich durchführen*

4. *Soll-Ist-Analyse*:
   Die Ursachen der Abweichungen von den Sollwerten sind zu ermitteln und die Störungen zu beseitigen.

5. *Korrekturmaßnahmen.*

03. Welche Funktion hat das Marketing-Controlling und welche Instrumente können eingesetzt werden?

Das *Marketing-Controlling* ist die letzte, abschließende Phase im Prozess des Marketing-Managements. Sie ist (ex post = im Nachhinein oder permanent) die *Rückkopplung* des realisierten Zustandes (Ergebnis) zu den vorhergehenden Phasen des Marketing-

Managements und kann/muss infolge von Lernprozessen zu einer Veränderung der Zielgrößen, der Strategien und des Instrumenteneinsatzes führen. Sie wird heute unterteilt in folgende Gebiete:

- Das *ergebnisorientierte Marketing-Controlling* ist eine ex-post-Betrachtung mit den bekannten, meist operativen Instrumenten der Kosten- und Leistungsrechnung (Leistungskennzahlen im Handel, Wirtschaftlichkeitsbetrachtungen) und einer Vielzahl strategischer Instrumente der Planung, Analyse und Kontrolle.

- Beim *Marketing-Audit* (auch als *Marketing-Revision* bezeichnet; Audit: Prüfung) ist der Ansatz *grundsätzlicher und zukunftsbezogener Natur*. Es geht um die generelle Überprüfung der Strategien und Führungsmaßnahmen im Marketingprozess und ihre laufende Anpassung an Veränderungen der Umwelt (z. B. kürzere Produktzyklen, veränderte Anforderungen der Kunden).

Vgl. zu den „Instrumenten des Marketing-Controlling" auch 2.13.2.

04. Welche Steuerungsinstrumente kennt das Controlling?

Steuerungsinstrumente im Controlling	
Strategische Instrumente, z. B.:	**Operative Instrumente, z. B.:**
• Produktlebenszyklus	• Budgetierung:
• Portfolioanalyse	- Soll-Ist-Vergleich
• Konzept der Erfahrungskurve	- Ist-Ist-Vergleich
• Target Costing	• Berichtswesen
• Leverage-Effekte	• Vergleich der Kalkulationsverfahren
• Verfahren der Investitionsrechnung	• Vorschaurechnung (Prognosen)
• ABC-Analyse	
• Wertanalyse	
• Balanced Scorecard	

05. Welche Instrumente verwendet vorrangig das operative Controlling?

Grundsätzlich setzt jeder Controller zur Erfüllung seiner Aufgaben verschiedene Instrumente ein, gleichgültig, ob er in der Industrie oder im Handel tätig ist. Man kann diese Instrumente auch als den „Werkzeugkasten des Controllers" bezeichnen. Dazu gehören im operativen Bereich vor allem der „*Soll-Ist-Vergleich*" und (in der Praxis ebenfalls sehr wichtig) der *Ist-Ist-Vergleich*.

Vgl. dazu ausführlich unter 1.8 Controlling.

6.6.2 Prozessorientierte Erfolgskontrollen

01. Was ist Gegenstand der Ablaufkontrolle (Prozesskontrolle) im Marketing?

Bei der Ablaufkontrolle steht der gesamte Prozess der Marketingaktivitäten im Mittelpunkt der Betrachtung – von der Zielplanung über die Maßnahmenplanung bis hin zur Planung der Marketingkontrolle. Einzelfragestellungen sind dabei z. B.:

- Ist das Planungsverfahren zielführend?
  → Zielbildungsprozess

- Ist der Marketingprozess effizient?
  → Abstimmung der Absatzlogistik, der Werbung, der Konditionen, der Marktsegmentierung, der Marktanteile usw.

- Sind die Kontrollverfahren effizient?

- Ist die Informationsversorgung ausreichend?

- Entspricht die Aufbau- und Ablauforganisation den gesetzten Zielen?

6.6.3 Konsequenzen aus dem Marketing-Controlling umsetzen

01. Welche Fragestellungen eignen sich besonders für eine Kontrolle der Marketing-Aktivitäten?

Beispiele:

- Wie verteilen sich die *Umsätze* auf die verschiedenen Auftragsgrößenklassen?

- Kann durch Selektion bestimmter Kleinabnehmer der *Vertriebsaufwand* ohne größere Einbußen gesenkt werden?

- Wie verteilen sich der *Umsatz und der Gewinn* auf die verschiedenen Abnehmergruppen?

- Welche *Absatzgebiete* oder Filialen haben einen besonders hohen Vertriebsaufwand? Wäre es sinnvoller, sich auf bestimmte Absatzgebiete zu beschränken?

- Welche *Absatzmethode* weist die höchste Produktivität auf?

- Welche *Produkte* oder Produktgruppen tragen über- bzw. unterdurchschnittlich zum Unternehmensergebnis bei?

- Welche absatzpolitischen *Instrumente* fördern den Umsatz besonders stark? Hat der Einsatz eines neuen Instruments den gewünschten Erfolg gebracht?

Zu den „Kennzahlen der Warenwirtschaft", der „Wunschkontrolle" und „Imageanalyse", vgl. 1.8.2/03.

6.7 Verhandlungsstrategien

6.7.1 Kommunikative Grundlagen der Verhandlungsführung

01. Warum muss man für eine erfolgreiche Verhandlungsführung die Grundlagen der Kommunikation beherrschen?

Erfolgreich verkaufen kann nur, wer die Grundlagen einer wirksamen Kommunikation beherrscht. Das Gespräch mit dem anderen ist das zentrale Instrument in Verkaufssituationen. Dabei ist *Kommunikation* die Übermittlung von verbalen (sprachlichen) und nonverbalen (nicht-sprachlichen) Reizen vom Sender zum Empfänger.

Im betrieblichen Alltag erlebt man oft genug die Aussagen:

- „Ich rede und rede, – keiner hört mir zu!"
- „Der hat überhaupt nicht verstanden, was ich meine!"

Dies sind Beispiele für eine nicht-erfolgreiche Kommunikationen, denn „bewirkt" hat die Kommunikation in diesen Fällen nichts. Es gilt immer:

- „Wir müssen wirken, um etwas zu bewirken."

Wirken kann man aber nur, wer die Grundlagen und Instrumente erfolgreicher Kommunikation kennt und bewusst einsetzt, denn

- „Gesagt heißt nicht (unbedingt)   gehört."
  „Gehört heißt nicht (unbedingt)   verstanden."
  „Verstanden heißt nicht (unbedingt)   angewendet."

Nachfolgend werden ausgewählte Grundlagen der Kommunikation behandelt, die für eine erfolgreiche Verhandlungsführung von Bedeutung sind. Im Einzelnen sind dies:

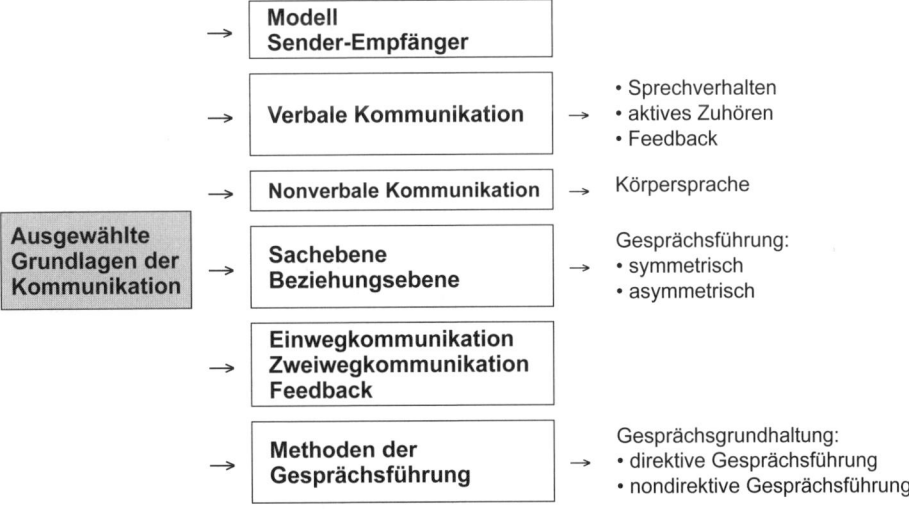

Vgl. dazu auch das „Sender-Empfänger-Modell" und „Sach- und Beziehungsebene" sowie „Die vier Seiten einer Nachricht" (Schulz von Thun, F., a. a. O.) 3.3.1/06. ff.

02. Welche Bedeutung hat eine symmetrische Beziehung zwischen Sender und Empfänger für das Gelingen der Kommunikation?

Eine zwischenmenschliche Beziehung kann ...	
symmetrisch sein	Gleichgewicht der hierarchischen Stellung, des gesellschaftlichen Status, der fachlichen Kompetenz oder vor allem der gegenseitigen Achtung (vgl. dazu die Stichworte aus der Transaktionsanalyse: „Ich bin o. k.!" „Du bist o. k.!")
asymmetrisch sein	Gegenteil der symmetrischen Beziehung

Fazit für die Verhandlungspraxis:
Eine symmetrische Beziehung ist Voraussetzung für eine partnerzentrierte Kommunikation und damit einer der Garanten für wirksames „Miteinander reden". Die Beziehungsebene ist in Ordnung oder kann bei „kleineren Störungen" leicht repariert werden.

03. Welche Bedeutung haben Einweg- oder Zweiwegkommunikation sowie Feedback für das Gelingen der Kommunikation?

Einweg-kommunikation	Bei der Einwegkommunikation verläuft das Senden der Nachrichten nur in einer Richtung (vom Sender zum Empfänger).
	Vorteil: geringer Zeitaufwand
	Nachteile: Keine Überprüfung der Kommunikation („Wurde ich verstanden?") Evtl. Gefühle der Unsicherheit über das Ergebnis der Kommunikation.
Zweiweg-kommunikation	Die Zweiwegkommunikation verläuft in beiden Richtungen. Es findet ein ständiger Rollenwechsel statt: Der Sender wird zum Empfänger und umgekehrt.
	Vorteile: Der Erfolg der Kommunikation kann wechselseitig überprüft werden. Es bildet sich ein Gefühl der Sicherheit bei den Gesprächspartnern heraus.
	Nachteil: zeitaufwändiger als die Einwegkommunikation

Fazit für die Verhandlungspraxis:
In bekannten (Routine-)Situationen, bei stabiler Beziehungsebene wird vielfach auch die Einwegkommunikation unproblematisch sein und zum erwünschten Ziel führen. Anders dagegen in schwierigen oder neuen Gesprächssituationen und insbesondere bei Störungen der Beziehungsebene. Hier muss die Zweiwegkommunikation mit laufendem *Feedback* gewählt werden.

Feedback	bedeutet Rückmeldung geben und holen, wie der Sachinhalt und der Beziehungsinhalt einer Nachricht vom anderen verstanden und erlebt wird. Feedback liefert Informationen, wie die Nachricht beim anderen ankam und eröffnet damit Steuerungsmöglichkeiten (z. B. Verstärken, Korrigieren, Wiederholen).
	Die Gesprächstechniken, die Feedback beinhalten, sind • das Paraphrasieren („Umschreiben"), d. h. Nachrichtenteile des anderen mit eigenen Worten wiederholen (kein „Nachplappern"), • das Verbalisieren von gefühlsmäßigen Informationsgehalten und • das Ausdrücken eigener Gefühle (Ich-Botschaften).

04. Welche Empfehlungen lassen sich für die verbale und die non-verbale Kommunikation geben?

verbale Kommunikation	Unter der verbalen Kommunikation versteht man den sprachlichen Inhalt von Nachrichten. Von Bedeutung sind hier Wortschatz und Wortwahl, Satzbauregeln, Regeln für das Zusammenfügen von Wörtern (Grammatik) sowie Regeln für den Einsatz von Sprache (Pragmatik; z. B. aktive oder passive Verben).

	Regeln/Empfehlungen, z. B.:
	• Satzbau: einfache und kurze Sätze bilden (Hauptsätze)
	• KKP: kurz, knapp und präzise ausdrücken („Minirock-Prinzip")
	• möglichst alle Sinne ansprechen (Ohren, Augen, ...)
	• Sprache des Empfängers verwenden (Wortwahl, Satzbau)
	• Kommunikationsverstärker einsetzen:
	  - visualisieren (Tafel, Flipchart, Overhead usw.)
	  - gliedern (erstens, zweitens usw.), wiederholen, zusammenfassen, akzentuieren/hervorheben
	  - zusätzlich stimulieren (anregend, interessant, abwechslungsreich, persönlich, bildhaft).

Für die Verhandlungspraxis gilt:
Der Sender hat immer die höhere Verantwortung für das Gelingen der Kommunikation; er muss sich z. B. hinsichtlich Wortwahl und Satzbau der Gesprächssituation/dem Empfängerkreis anpassen.

non-verbale Kommunikation	Unter non-verbaler Kommunikation versteht man alle Verhaltensäußerungen außer dem eigentlich sprachlichen Informationsgehalt einer Nachricht (Körperhaltung, Mimik, Gestik, aber auch Stimmmodulation).
	Eigentlich ist der oft verwendete Begriff „Körpersprache" irreführend: Obwohl es in der Interpretation bestimmter Körperhaltungen zum Teil ein erhebliches Maß an Übereinstimmung gibt (z. B. hochgezogene Augenbrauen, verschränkte Arme) unterliegen doch die Signale des Körpers einem weniger eindeutigen Regelwerk als das gesprochene Wort.
	Körpersprache kann einmal für sich selbst stehen – ohne das gesprochene Wort; dies ist bei Symbolen häufig der Fall (Finger in V-Form = Sieg; gereckte Faust = Drohung). In der Mehrzahl der Fälle ist Körpersprache jedoch situationsabhängig und insofern nicht eindeutig. Die Signale des Körpers sollen meist die verbale Kommunikation unterstreichen/untermalen (Gestik und Mimik laufen begleitend/synchron zum gesprochenen Wort). Symbole können innerhalb einer Kommunikation auch allein stehen; Frage: „Wollen Sie das erreichen?" Antwort: „Kopfnicken"). Insofern haben sie dann Ersatzfunktion für die Sprache.

Fazit für die Verhandlungspraxis:
Es macht weder Sinn, sich als Verkäufer im Schnellverfahren zu einem „zweiten Samy Molcho" (bekannter Pantomime) ausbilden zu lassen, noch ist es für den Praktiker machbar. Er sollte vielmehr einige wenige Empfehlungen, die leicht umzusetzen und höchst effektiv sind, bewusst einsetzen:

• Sich das eigene non-verbale Verhalten und dessen Wirkung auf andere bewusst machen (Eigenbeobachtung, Fremdbeobachtung; „Helfer" suchen).

• Die eigene Körpersprache gezielt zur Verdeutlichung und Verstärkung des gesprochenen Wortes einsetzen (z. B. bei einer Verkaufspräsentation).

• Das nonverbale Verhalten der anderen beobachten und vorsichtig (!) interpretieren. Die Betonung liegt auf „vorsichtig". Nicht jedes „Verschränken der Arme" beim anderen bedeutet Ablehnung. Als Faustregel lässt sich sagen: Massive und deutliche Signale der Mimik und Gestik beim anderen deuten fast immer daraufhin, dass der Gesprächspartner „bewegt" ist.

• Einige Grundregeln der Kinesik (Körpersprache) „erlernen", mit Bekannten und Kollegen die Erfahrungen darüber austauschen und bereit sein, vorgefasste Meinungen zu ändern.

05. Welche Empfehlungen lassen sich für schwierige Gesprächssituationen geben?

Schwierige Gesprächssituationen (z. B. massive Reklamation eines A-Kunden) verlangen besonderen Aufwand in der Vorbereitung und ein hohes Augenmaß in der Durchführung. An den Sender werden sehr hohe Anforderungen hinsichtlich seiner Kommunikationsfertigkeiten gestellt. Besonders folgende Verhaltensregeln sind zu beachten:

- keine Sieg-Niederlage-Strategie betreiben, sondern Einigung durch Klärung praktizieren

- sich selbst annehmen und den anderen respektieren (positive Grundhaltung zueinander; „jeder hat ein Recht auf seine Meinung")

- klare Aussagen treffen: selbstsicher sagen, was man wirklich sagen will; widersprüchliche Aussagen vermeiden; Möglichkeitsformen unterlassen (nicht: „eigentlich", „würde", „vielleicht", „unter Umständen" u. Ä.)

- den/m anderen
  - sprechen lassen und zuhören
  - helfen, Gründe und Ursachen zu klären
  - helfen, Lösungsmöglichkeiten selbst finden zu lassen (= Mäeutik)
  - nicht vorschnell bewerten
  - nicht „den eigenen Maßstab überstülpen" (nicht Recht behalten wollen).

6.7.2 Verhandlungstypen

01. Welche Verhandlungstypen gibt es?

Die Psychologie hat sehr viele Modelle entwickelt, um konkretes Verhalten in der Verhandlungsführung zu erklären. Bekannt ist z. B. die Einteilung der Verhandlungstypen
in Analytiker, Driver, Team-Player und Emotionaler:

Der Analytiker	Der Driver
agiert logisch, präzise, ernsthaft, systematisch und umsichtig;	agiert effizient, unabhängig, aufrichtig, bestimmend und pragmatisch;
ist nüchtern, zurückhaltend, leise, monoton, sachlich, förmlich, praktisch, prägnant, nachdenklich, knapp und trocken.	ist bestimmend, impulsiv, sucht Grenzen, dynamisch, energisch, provokativ und ausschmückend.
ist nett, gesellig, einladend, sanft, freundlich, sucht Nähe, angepasst, modisch, erklärend, diplomatisch und freundlich;	ist kreativ, individuell, Künstler, angepasst und spontan;
agiert loyal, kooperativ, unterstützend, diplomatisch und geduldig.	agiert impulsiv, überredend, spontan und ist oft ein Spaßvogel.
Der Team-Player	Der Emotionale

Quelle: in Anlehnung an: www.tuhh.de; vgl. auch das DISG-Modell in: Seiwert/Gay, a. a. O.

6.7.3 Phasen der Verhandlung

01. Wie sind Verkaufsgespräche vorzubereiten?

Es ist eine Binsenweisheit: „Eine sorgfältige Vorbereitung der Verkaufsverhandlung ist entscheidend für den Erfolg; sie ist die halbe Miete!" Wichtige Vorbereitungsmaßnahmen sind z. B.:

* Tourenplanung, Besuchsanmeldung
* Verhandlungsplan („Ablaufzettel") und Taktik festlegen
* Information auf mehreren Ebenen sicherstellen:
  Unternehmen, Gesprächspartner, Stand der Verhandlungen, Unterlagen usw.
* Gesprächsziel(e), ggf. Rückzugsziele, Taktik und Techniken „zurechtlegen", Engpass des Kunden?, mögliche Einwände/Lösungsmöglichkeiten, Gesprächsdauer
* „Verbündete" suchen (in den eigenen Reihen/beim Kunden)
* Vorbereitung guter Einstiegsformulierungen („Aufhänger").

Eine sorgfältige Vorbereitung gibt dem Verkäufer Sicherheit, darf aber kein Hemmschuh für Kreativität und flexibles Handeln sein. Unvorbereitet in ein Verkaufsgespräch zu gehen, ist Leichtsinn und zeigt gegenüber dem Kunden mangelnde Wertschätzung.

02. Wie können die Bedürfnisse des Kunden ermittelt und berücksichtigt werden?

Was will der Kunde eigentlich? Auf keinen Fall will der Kunde ein Produkt kaufen!

> Der Kunde will **eine Problemlösung!**
> Der Kunde will **Nutzen!**

Beispiel: Die Annahme, dass eine Hausfrau eine Waschmaschine will, ist nur bedingt richtig. Was sie will, ist saubere Wäsche – schnell, kräftesparend, problemlos. Verkauft wird also nicht ein Produkt, sondern eine Idee, eine Problemlösung („mehr gewinnen, mehr Qualität, mehr Sicherheit usw.).

Neben dieser Grundregel lassen sich spezifische *Kundenbedürfnisse* nennen, die im Einzelfall (Besuchsvorbereitung und Verhandlungsdurchführung) herauszuarbeiten sind:

* *Allgemein,* z. B.:
  - gute Beratung und Betreuung
  - maßgeschneidertes Angebot
  - Eingehen auf die spezifische Kundensituation (konkrete Wünsche, Einwände, Engpässe).

* *Wirtschaftlich,* z. B.:
  - Gewinn, Deckungsbeitrag (Mehrgewinn)
  - Kostenersparnis, Rendite, verbessertes Kosten-Nutzen-Verhältnis
  - Bequemlichkeit, Wiederverkaufswert, Wertbeständigkeit.

- *Technisch*, z. B.:
  - Qualität, verschleißarm
  - Sicherheit, Zweckmäßigkeit, kein Risiko
  - umweltfreundlich
  - Einarbeitung.
- *Design*, z. B.
  - schön, zweckmäßig, imageträchtig
  - umweltfreundliche Verpackung.

03. In welche Phasen lässt sich die Verkaufsverhandlung einteilen?

Obwohl jede Verkaufsverhandlung sicherlich ihren individuellen Verlauf haben wird („Verkaufen ist keine statische Angelegenheit!), folgt sie doch einem bestimmten Grundmuster:

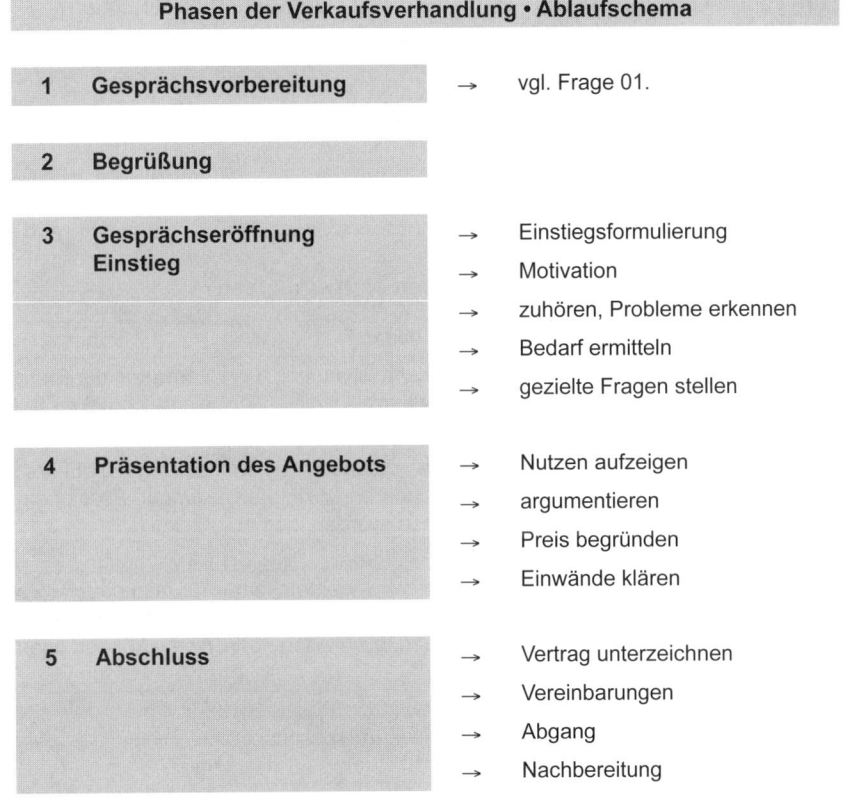

Phasen der Verkaufsverhandlung • Ablaufschema	
1 Gesprächsvorbereitung	→ vgl. Frage 01.
2 Begrüßung	
3 Gesprächseröffnung Einstieg	→ Einstiegsformulierung → Motivation → zuhören, Probleme erkennen → Bedarf ermitteln → gezielte Fragen stellen
4 Präsentation des Angebots	→ Nutzen aufzeigen → argumentieren → Preis begründen → Einwände klären
5 Abschluss	→ Vertrag unterzeichnen → Vereinbarungen → Abgang → Nachbereitung

04. Wie werden (Verkaufs-)Verhandlungen systematisch ausgewertet?

Die systematische Auswertung von Verkaufsverhandlungen heißt, zukünftige Verkaufserfolge vorbereiten und Kundenbeziehungen stabilisieren. Gerade im Erfolgsfall (Abschluss) muss der Kunde das absolute Vertrauen gewinnen/behalten, dass seine Entscheidung richtig war.

* *Generelle Nachbereitung, z. B.:*
  - War der eigne Name/die eigene Firma bekannt?
  - Wie verlief das Gespräch?
  - Konnte der Plan eingehalten werden?
  - War die Gesprächsvorbereitung ausreichend?
  - Müssen Kundendaten intern geändert werden?
  - Waren die Argumentationen kundenorientiert?
  - Waren Zeit und Ort der Gesprächsführung richtig gewählt?
  - Was ist im Nachgang zu veranlassen?
  - Welche Vorbereitungen sind für den nächsten Besuch zu treffen?

* Im Erfolgsfall gelten darüber hinaus folgende Nacharbeiten, z. B.:
  - Auftragsbestätigung (ggf. persönliches Schreiben)
  - Extrawünsche? Einarbeitung? Sondertermine? Unterlagen nachreichen?
  - Terminvorlage für den Auslieferungstermin (persönlicher Kontakt/Anruf!)
  - bei Terminverschiebung/Lieferproblemen:
    · persönlich den Kunden anrufen!
    · keine Ausreden! bei der Wahrheit bleiben!

6.7.4 Verhandlungspraxis

01. Welche Verhandlungsstrategien lassen sich einsetzen?

Strategie	Inhalt	Problem
Offensivstrategie **auch: Forderungsstrategie**	Die eigene Position wird von Anfang an festgelegt.	Verhärten der Fronten, eingeschränkter Spielraum
Defensivstrategie **auch: Konzessionsstrategie**	Die eigenen Zugeständnisse und die von anderen erwarteten Zugeständnisse werden vorher festgelegt (geplant).	Festlegung auf bestimmte Positionen
Konstruktivstrategie **auch: Problemlösungsstrategie**	Die Situation wird gemeinsam analysiert; ebenso die Suche nach Lösungsmöglichkeiten.	Für faktenreiche Sachverhalte geeignet; Probleme können quantifiziert werden.
Harvard Konzept	Übergang von der Positionsverhandlung zur Interessenverhandlung	
Strategie der kleinen Schritte **(„Salami-Taktik")**	Unterschiede zwischen den Parteien verkleinern, Annäherung an das Limit (auf beiden Seiten)	

02. Welche Regeln zur Verhandlungsführung enthält das Harvard Konzept?

Verhandlungen im betrieblichen Alltag sind nicht selten von Machtstrukturen und Positionsdenken geprägt. Das Ergebnis ist häufig: Unterordnung/Niederlage einer Partei oder ein Kompromiss, der beide Seiten nicht wirklich zufriedenstellt.

Ziel des Harvard Konzepts ist es, die Verhandlung so zu führen, dass für beide Parteien eine Gewinnsituation entsteht, die dem herkömmlichen Kompromissergebnis überlegen ist. Dabei sind vier Prinzipien zu beachten:

Prinzipien des Harvard Konzepts			
1 **Sachorientiert verhandeln!**	**2** **Interessen erkennen!**	**3** **Optionen entwickeln!**	**4** **Objektive Beweise erbringen!**
Menschen und Probleme werden getrennt voneinander behandelt.	Die Interessenlage der Beteiligten wird offen dargelegt → Warum-Fragen.	Es werden Wahlmöglichkeiten entwickelt, die die beiderseitigen Interessen erfassen.	Die Entscheidung baut auf objektiven (nachvollziehbaren) Prinzipien auf.

Das nachfolgende Beispiel ist in der Literatur vielfach bekannt und soll in einfacher Weise die vier Prinzipien veranschaulichen:

Quellentext:

> Die Sache mit den Orangen: Regula, die Mutter zweier Kinder, hat noch eine Orange in der Früchteschale. Da kommen beide Töchter gerannt und rufen: „Ich will die Orange unbedingt haben!" Was tun? Soll nun Mutter Regula die Frucht zerschneiden? Soll sie eine Münze werfen? Oder soll sie Anna und Lea um die Orange kämpfen lassen? Intuitiv macht die Mutter das Richtige und fragt: „Warum wollt ihr die Orange unbedingt haben?" Anna will einen Kuchen backen und braucht dazu nur die Schale. Lea hat Durst und möchte nur den frisch gepressten Orangensaft trinken. Die Orange ohne Schale genügt ihr. Nach der Klärung der Bedürfnisse ist die Lösung plötzlich einfach ... Beim schnellen Kompromiss mit zwei halben Orangen hätten zwei unzufriedene Kinder die Küche verlassen.

Quelle: Vgl. z. B.: Knill + Knill Kommunikationsberatung (www.rhetorik.ch/Harvardkonzept); www.mam.de; Fisher/Ury/Patton, a. a. O.

Weiterhin werden Gesprächstechniken eingesetzt, die aus der allgemeinen Rhetorik-Literatur bekannt sind (vgl. auch: 3.3.1, Kommunikation):

- Aktives Zuhören
- Fragetechnik
- positives Gesprächsklima
- sprachliche/nichtsprachliche „Türöffner" (Nicken, Zuwendung, Blickkontakt).

Der Grundtenor der Verhandlungsführung nach dem Harvard Konzept lässt sich mit der Aussage umschreiben:

Hart in der Sache, freundlich zur Person!

Die Prinzipien des Harvard Konzepts sind jedermann einleuchtend, in der Praxis allerdings ohne Training nur schwer umzusetzen (vgl. dazu 9.6.4, Rollenspiele). Trotz aller
guten Vorsätze zu Verhandlungsbeginn gewinnt nicht selten im Verlauf der Besprechung
„Henne Bertha"[1] die Oberhand.

03. Wie lassen sich kritische Situationen in Verkaufsgesprächen meistern?

Kaum ein Verkaufsgespräch mit dem Kunden verläuft linear bis hin zum Verkaufsab-
schluss. Der Verkäufer muss mit kritischen Situationen rechnen und sie meistern. Dazu
einige Beispiele, die im Vorbereitungslehrgang in Form von Rollenspielen bearbeitet
werden können:

1. *Der Kunde hat Bedenken und Einwände!* (bewusst/unbewusst), z. B.:
* Werden die Zusagen eingehalten?
* Stimmt die Qualität?
* Ist der Preis marktgerecht?
* Wird die „Nachbetreuung" eingehalten?

Einwände müssen richtig analysiert werden, z. B.
* „Wie meinen Sie das genau?"
* „Können Sie mir das genauer erläutern?"

Einwände können
* ausgeräumt werden oder
* akzeptiert werden (hier Pluspunkte auf anderen Gebieten als Ausgleich aufzeigen).

Auf Standardeinwände kann sich der Verkäufer vorbereiten, z. B auf die Aussagen:
* zu teuer
* will mir das überlegen
* keinen Bedarf, rufen Sie wieder an, Sie wollen mir bloß etwas verkaufen.

2. *Die Argumentation des Kunden ist objektiv falsch!*

Nie direkt korrigieren, sondern Technik der bedingten Zustimmung: „Ich kann Ihre
Argumentation verstehen. Berücksichtigt man allerdings, dass ..."

3. *Dem Kunden ist der Preis zu hoch!*

Die beste Technik ist, den Preis als Zahl zu verkaufen oder Zahlen dagegensetzen,
z. B.:
* Produktvorteile in Zahlen ausdrücken
* dem Kunden „vorrechnen".

Weitere kritische Situationen im Verkaufsgespräch und mögliche Lösungsansätze können im Lehrgang in Kleingruppenarbeit diskutiert werden.

---

[1] Henne Bertha kennt jeder – bei sich und anderen: „Sie ist immer die erste am Futternapf, weiß alles
besser, hat immer Recht und auch wenn sie keine Körner pickt, weil sie satt ist, verteidigt sie ihr Revier
energisch." (... sie fährt auf der Autobahn immer links, weiß alles besser und überhaupt ...).

6.8 Spezielle Aspekte des Wettbewerbs- und Markenrechts, des Verbraucherschutzes und des öffentlichen Bau- und Planungsrechts

6.8.1 Wettbewerbsrecht

Vgl. dazu 2.14.

01. Welche Bestimmungen gelten für den Fernabsatzvertrag?

Es geht um Verträge, die nicht im Geschäft und ohne Kontakt zum Verkäufer, z. B. im Versandhandel (Internet, Katalog, Telefonverkauf) abgeschlossen wurden. Die Bestimmungen wurden mit Wirkung zum 01.01.2002 in das BGB integriert:

„Der Verbraucher kann bei Online-Verträgen über Waren innerhalb von 14 Tagen ohne Angabe von Gründen widerrufen." Bei hochwertigen Waren trägt der Verkäufer die Kosten der Rücksendung.

Im November 2004 erregte eine Entscheidung des BGH Aufsehen, nach der auch bei Käufen/Versteigerungen über eBay ein Rücktrittsrecht von 14 Tagen eingeräumt werden muss, wenn der Kunde von einem Unternehmer gekauft/ersteigert hat.

6.8.2 Markenrecht

01. Welchen Inhalt hat das Markengesetz?

Das *Gesetz über den Schutz von Marken und sonstigen Kennzeichnungen* (MarkenG) ist seit dem 01.01.1995 in Kraft und das umfangreichste wettbewerbsrechtliche Nebengesetz. Es besteht aus 158 Vorschriften zuzüglich 55 Vorschriften des Erstreckungsgesetzes. Das Markenrecht ist eine Verbindung von Wettbewerbsschutz und Verbraucherschutz: Waren eines Unternehmens sollen bewusst durch entsprechende Zeichen von Waren anderer Wettbewerber unterschieden werden können. Sie erlangen den Schutz durch die Eintragung als Marke in das Register des betreffenden Markenamtes oder durch die im geschäftlichen Verkehr erlangte Verkehrsgeltung (§ 4 MarkenG). Nach erfolgter Registrierung und dem Ablauf der 3-monatigen Widerspruchsfrist wird die angemeldete Marke bestandskräftig und darf mit dem Zusatz ® geführt werden (z. B. InDesign® = DTP-Software, mit der dieses Buch erstellt wurde). Das Patentrechtsmodernisierungsgesetz vom Oktober 2008 verbessert die Rechtslage bei der Anmeldung von Patenten und Marken und soll die Verfahrensdauer halbieren.

Quellentext:

> Als Marke können alle Zeichen, insbesondere Wörter einschließlich Personennamen, Abbildungen, Buchstaben, Zahlen, Hörzeiche ionale Gestaltungen einschließlich der Form einer Ware oder ihrer Verpackung sowie sonstige Aufmachungen einschließlich Farben und Farbzusammenstellungen geschützt werden, die geeignet sind, Waren oder Dienstleistungen eines Unternehmens von denjenigen anderer Unternehmen zu unterscheiden.

Quelle: § 3 Abs. 1 MarkenG

Geschützte Marken und sonstige Kennzeichen sind nach dem Markenrecht „Marken", „geschäftliche Bezeichnungen" und „geografische Herkunftsangaben":

1. *Marken:* Man unterscheidet u. a. Wortmarken, Bildmarken und Hörmarken, z. B. „NIVEA", „Nicht immer, aber immer öfter", Standard-Software „WORD".

2. *Geschäftliche Bezeichnungen* sind Unternehmenskennzeichen und Werktitel. Beispiele: „Lufthansa AG" ist ein Unternehmenskennzeichen, der „Spiegel" ist als Druckerzeugnis ein Werktitel.

3. *Geografische Herkunftsangaben* sind Namen von Orten, Gegenden, Gebieten oder Ländern oder sonstige Angaben und Zeichen, die im geschäftlichen Verkehr zur Kennzeichnung der geografischen Herkunft von Waren oder Dienstleistungen verwendet werden. Beispiele: „Bordeaux-Wein", „Champagner", „Rügenwalder Teewurst", „Meißner Porzellan".

02. Welche Ansprüche hat der Inhaber einer Marke bei Markenrechtsverletzungen?

(1) Ein *Unterlassungsanspruch*
    besteht nach § 14 Abs. 2 MarkenG, wenn der Verletzer eine identische oder verwechselbar ähnliche Marke benutzt. Voraussetzung ist, dass eine Wiederholungsgefahr besteht. Bei der Beurteilung der sich gegenüberstehenden Geschäftszeichen ist die Verwechselbarkeit maßgeblich.

(2) Ein *Schadenersatzanspruch* (§§ 14, 15 MarkenG)
    setzt Verschulden voraus (vorsätzliche oder fahrlässiger Verletzungshandlung). Der Anspruchsinhaber hat die Wahl zwischen einer konkreten Schadensberechnung, einer angemessenen, fiktiven Lizenzgebühr oder der Herausgabe des erzielten Gewinns.

(3) *Vernichtungsanspruch:*
    Ein Anspruch auf Vernichtung der gekennzeichneten Gegenstände sowie der im Eigentum des Verletzers befindlichen, der widerrechtlichen Kennzeichnung dienenden, Vorrichtungen besteht zusätzlich zu den Ansprüchen aus (1) und (2). Begrenzt wird der Vernichtungsanspruch durch den Grundsatz der Verhältnismäßigkeit. Der Vernichtungsanspruch umfasst weiterhin Ansprüche auf Urteilsveröffentlichung sowie im Falle von verletzenden Internet-Domains auf Abgabe einer Erklärung des Domain-Verzichts (so genannter Folgenbeseitigungsanspruch).

(4) *Auskunftsanspruch* (§ 19 MarkenG):
Der Markeninhaber hat einen umfassenden Auskunftsanspruch gegen den Verletzer (Herkunft und Vertriebsweg des unrechtmäßig gekennzeichneten Produkts). Der Auskunftsanspruch ist verschuldensunabhängig und kann im Wege der einstweiligen Verfügung geltend gemacht werden.

(5) *Beschlagnahme* (§ 146 ff. MarkenG):
Unrechtmäßig gekennzeichnete Ware kann auf Antrag des Markeninhabers bei Einfuhr oder Ausfuhr durch die zuständige Zollbehörde beschlagnahmt werden. Dabei sind bestimmte Voraussetzungen zu erfüllen.

(6) *Verjährung der Ansprüche* (§ 20 Markengesetz):
Die Ansprüche nach (1) bis (5) verjähren regelmäßig in drei Jahren. Die Frist beginnt an dem Tag, an dem der Rechtsinhaber sowohl von der Rechtsverletzung als auch von dem Verletzer Kenntnis erlangt hat. Der Lauf der Verjährung wird durch Verhandlungen des Inhabers mit dem Verletzer über die Höhe des zu leistenden Schadenersatz gehemmt.

Quelle: in Anlehnung an: www.marken-recht.de

03. Wie lassen sich Markenrecherchen durchführen?

Es gibt Markenrechte auf nationaler, europäischer und internationaler Ebene (nationale Marken, EU-Marken, IR-Marken). Will ein Unternehmen eine bestimmte Kennzeichnung als Marke registrieren lassen, muss der lokale Geltungsbereich festgelegt werden und es ist in den betreffenden Ländern zu recherchieren, ob ggf. kollidierende Markenrechte bereits existieren. Einen groben Vorcheck kann man selbst über das Internet durchführen: Es gibt Firmen, die gegen Honorar eine umfangreiche Recherche professionell durchführen und diesen Vorcheck kostenlos anbieten (vgl. z. B. www.tulex.de; www.markenbusiness.com). Der Vorcheck kann natürlich keine Rechtssicherheit bieten. Weiterhin bieten derartige Firmen eine professionelle Überwachung der eigenen Markenrechte an (Monitoring).

04. Welche Bedeutung hat heute die Markenpiraterie?

Den deutschen Unternehmen (Markeninhabern) entstehen heute durch Fälschung und Imitation von Markenprodukten finanzielle Schäden in Milliardenhöhe. Hinzu kommt die Imageschädigung der betreffenden Marken. Mittlerweile gibt es organisierte Fälscherbanden auf der ganzen Welt, die ihre Herstellungs- und Vertriebssysteme laufend verfeinern, sodass der Laie nicht ohne Weiteres die Imitation vom Original unterscheiden kann. Bevorzugt im Visier der Fälscher sind z. B. Luxusartikel (Schuhe, Designer-Uhren) und Produkte der Kfz-Technik (Bremsbeläge, Stoßdämpfer). Trotz spektakulärer Erfolge der Zollbehörden ist der Wirkungskreis der Bandenkriminalität auf diesem Sektor weltweit ungebrochen. Beim Besuch der Bundeskanzlerin in China in 2007 wurde das Thema „Produktpiraterie" offen angesprochen.

6.8.3 Zulässigkeit von Handelsbetrieben innerhalb des Baurechts

Die bauplanungsrechtlichen Grundlagen und damit die wesentlichen Rahmenbedingungen für die Beurteilung der Zulässigkeit von Einzelhandelsbetrieben regelt das *Baugesetzbuch* (BauGB) und die auf seiner Grundlage erlassene *Baunutzungsverordnung* (BauNVO). Da beide Gesetze Rechtsnormen des Bundes sind, gelten sie bundesweit einheitlich.

Gemäß der Systematik des BauGB hinsichtlich der Zulässigkeit von Bauvorhaben ist zur Klärung, ob bzw. inwieweit ein Einzelhandelsbetrieb auf einem konkreten Standort errichtet werden kann, zunächst die Existenz eines *Bebauungsplans* (B-Plans) zu prüfen (§ 30 BauGB). Ein derartiger Plan entfaltet als gemeindliche Satzung Allgemeinverbindlichkeit (*verbindlicher Bauleitplan*), d. h. er stellt bindendes Recht für jedermann dar. In ihm werden (in Verbindung mit der BauNVO) u. a. Festsetzungen getroffen

- zur *Art der Bebauung* (Baugebiet, Regelungen zu zulässigen bzw. nicht zulässigen Nutzungen),

- zum *Maß der Bebauung* (insbesondere Grundflächen, Höhen, Anzahl der Vollgeschosse) und

- zu *überbaubaren Grundstücksflächen* (so genannte „Baufelder").

Dies erfolgt sowohl in Form von zeichnerischen als auch textlichen Regelungen. Dem B-Plan muss eine Begründung beigefügt sein, aus dem Hintergründe für die getroffenen wesentlichen Festsetzungen ersichtlich sein müssen.

Entgegen dem B-Plan entfaltet der ihm „übergeordnete" *Flächennutzungsplan* (F-Plan) der Gemeinde keine (zumindest für die hier zu behandelnde Thematik) für Jedermann rechtsverbindliche Wirkung. Als so genannter vorbereitender *Bauleitplan,* der auf das gesamte Gemeindegebiet bezogen ist, kann er allerdings für die Standortwahl von Einzelhandelsbetrieben durchaus *wichtige Informationen bieten,* da er die Ziele der gemeindlichen Entwicklung (als Selbstbindung der Gemeinde) in ihren Grundzügen darstellt und somit Aufschluss z. B. über die geplante Wohnbaulandentwicklung der Kommune gibt.

Existiert für ein Gebiet bzw. einen Standort kein Bebauungsplan, so regelt sich die Zulässigkeit von Handelsbetrieben nach § 34 BauGB. Voraussetzung hierfür ist, dass das betreffende Grundstück im so genannten *Innenbereich* bzw. innerhalb eines „im Zusammenhang bebauten Ortsteils" liegt. In diesem Fall gilt der Grundsatz, dass ein Vorhaben dann zulässig ist, wenn es sich „in die Eigenart der näheren Umgebung einfügt". Allerdings hat hier der Bundesgesetzgeber mit der Novellierung des BauGB im Jahr 2004 erstmals eine Regelung eingefügt, die auf eine *Beschränkung der Zulässigkeit von Handelsbetrieben* zielt. Danach sind nämlich solche *Vorhaben* – selbst wenn sie sich in die Umgebung einfügen – *unzulässig, wenn von Ihnen schädliche Auswirkungen auf zentrale Versorgungsbereiche in der Gemeinde* (oder in anderen Gemeinden) *zu erwarten sind.* Will eine Gemeinde allerdings von dieser Regelung Gebrauch machen, so muss sie in der Regel über ein Einzelhandels- bzw. Zentrenkonzept verfügen, aus welchem schlüssig eine derartige Beeinträchtigung abgeleitet werden kann. Ein solches Konzept ist im Übrigen auch für die Rechtssicherheit einschränkender Regelungen eines B-Plans regelmäßig erforderlich. Anderenfalls ist in der Regel ein Gutachten zur konkreten Problematik zu erstellen.

Ab einer bestimmten Größenordnung ist allerdings die *Zulässigkeit von Einzelhandelsnutzungen generell eingeschränkt.* Dies betrifft die so genannten Einkaufszentren und großflächigen Handelsbetriebe, die laut aktueller Rechtssprechung des Bundesverwaltungsgerichts eine *Verkaufsfläche von 800 m²* bzw. lt. BauNVO eine *Geschossfläche von 1.200 m² und mehr aufweisen.* Derartige Vorhaben sind in der Regel *nur in so genannten Kerngebieten,* die außerhalb von B-Plänen vorrangig lediglich in Großstädten anzutreffen sind, und (durch einen B-Plan) speziell dafür festgesetzten Sondergebieten *zulässig.* Allerdings obliegt in diesen die Entscheidung darüber, ob ein derartiger Betrieb zulässig ist bzw. zugelassen werden soll, nicht allein der Gemeinde bzw. der Baugenehmigungsbehörde. Generell müssen diese Vorhaben nämlich der Landesplanungsbehörde angezeigt werden, die dann darüber entscheidet, ob hierfür ein Raumordnungsverfahren eingeleitet wird. Ein derartiges Verfahren erfolgt immer dann, wenn festgestellt wird, dass das Vorhaben „raumbedeutsam" ist und „überörtliche Bedeutung" hat (lt. Raumordnungsverordnung der Bundesrepublik).

Auf Standorten, die weder im Geltungsbereich eines Bebauungsplans noch innerhalb eines im Zusammenhang bebauten Ortsteils und somit *im so genannten Außenbereich liegen, sind Einzelhandelsbetriebe generell unzulässig.* Dies ergibt sich aus den dazu heranzuziehenden Regelungen des § 35 BauGB.

Sofern die Zulässigkeit eines Handelsbetriebes unter bauplanungsrechtlichen Gesichtspunkten gegeben ist, gilt es *die bauordnungsrechtlichen Vorgaben zu prüfen bzw. einzuhalten.* Sie sind wegen der hierfür bestehenden Zuständigkeit der Länder in den einzelnen Landesbauordnungen (LBauO) geregelt.

Von besonderer Bedeutung sind hierbei insbesondere Vorschriften über

- *Abstandsflächen* (die allerdings ggf. durch einen B-Plan oder eine andere gemeindliche Satzung modifiziert werden können),
- zur *Standsicherheit,*
- zum *Brand-, Wärme- und Schallschutz* sowie
- zu *Stellplätzen.*

Letzteres ist insbesondere bezüglich der konkreten erforderlichen Anzahl der Stellplätze laut aktueller LBauO ebenfalls Sache der Gemeinde. Sie muss dazu eine entsprechende Satzung erlassen.

Quelle: Dieser Text wurde erstellt mit freundlicher Unterstützung des Amtes für Stadtplanung und Grundstücksentwicklung der Stadt Neustrelitz.

6.8.4 Verbraucherschutz

01. Welche Rechtsquellen zählen zum Verbraucherschutz?

Rechtsgrundlagen des Verbraucherschutzes							
BGB			Sonstige Gesetze				
AGB	Haustür-geschäf-te	Fernab-satz-verträge	Preisan-gaben-verord-nung	Gesetz über die Haftung fehlerhafter Produkte	Produktsi-cherheits-gesetz	Gesetz gegen den un-lauteren Wettbe-werb	Gesetz gegen Wettbe-werbs-be-schrän-kungen
§§ 305 ff.	§§ 312 ff.	§§ 312b ff.	PAngV	ProdHaftG	ProdSG	UWG	GWB

Daneben gibt es so genannte wettbewerbsrechtliche Nebengesetze (Ladenschluss-gesetz, Fernabsatzgesetz usw.; vgl. den nachfolgenden Text).

02. Welche Vorschriften bestehen im Hinblick auf die Preisauszeichnung?

Die Preisauszeichnungspflicht ist als Verbraucherschutzverordnung in der Verordnung zur Regelung der Preisangaben vom 14.03.1985 enthalten. Im Einzelnen:

- Bei Angeboten von Waren oder Leistungen an Letztverbraucher oder bei der Werbung sind die Preise anzugeben, die einschließlich der Umsatzsteuer und sonstiger Preis-bestandteile unabhängig von einer Rabattgewährung zu zahlen sind (*Endpreise*).

- Soweit es der allgemeinen Verkehrsauffassung entspricht, *sind auch die Verkaufs-oder Leistungseinheit und die Gütebezeichnungen anzugeben*, auf die sich die Prei-se beziehen.

- Die Angaben müssen im Übrigen der allgemeinen Verkehrsauffassung und *den Grundsätzen von Preisklarheit und Preiswahrheit entsprechen*.

- Die Preise müssen dem Angebot oder der Werbung eindeutig zugeordnet, leicht er-kennbar und deutlich lesbar sein (z. B. *Preisauszeichnung* im Schaufenster). Bei der Aufgliederung von Preisen sind die Endpreise hervorzuheben.

- Bei Krediten ist neben dem nominalen auch der effektive Zinssatz anzugeben.

03. Welche Vorschriften bestehen für die Preisauszeichnung im Gastgewerbe?

Inhaber von Gaststättenbetrieben haben Preisverzeichnisse für Speisen und Getränke aufzustellen und in hinreichender Zahl auf den Tischen aufzulegen oder jedem Gast vor Entgegennahme von Bestellungen und auf Verlangen bei Abrechnung vorzulegen.

Neben dem Eingang zur Gaststätte ist ein Preisverzeichnis anzubringen. Inhaber von Beherbergungsbetrieben haben in jedem Zimmer ein Preisverzeichnis auszulegen, aus dem der Zimmerpreis und ggf. der Frühstückspreis ersichtlich sind.

04. Welche Vorschriften gelten für die Preisauszeichnung bei Tankstellen und Parkplätzen?

Inhaber von Tankstellen haben ihre Kraftstoffpreise so auszuzeichnen, dass sie für den heranfahrenden Kraftfahrer deutlich lesbar sind. Wer für weniger als einen Monat Garagen, Einstellplätze oder Parkplätze vermietet oder bewacht oder Kraftfahrzeuge verwahrt, hat am Anfang der Zufahrt ein Preisverzeichnis anzubringen, aus dem die von ihm geforderten Preise ersichtlich sind.

05. Welche Vorschriften bestehen zur Kennzeichnung von Lebensmitteln?

Das Lebensmittel- und Bedarfsgegenständegesetz bestimmt, dass alle Lebensmittel (mit Ausnahme namentlich aufgeführter Erzeugnisse, die in besonderen Verordnungen aufgezählt sind) in Fertigpackungen gewerbsmäßig nur in Verkehr gebracht werden, wenn sie folgende Angaben enthalten: die Angabe der Verkehrsbezeichnung, die Namensangabe des Herstellers, des Verpackers oder eines in der EU niedergelassenen Verkäufers, das Verzeichnis der Zutaten, das Mindesthaltbarkeitsdatum. Ausnahmen von der Verpflichtung zur Kennzeichnung bestehen lediglich für Kleinstpackungen oder für Portionspackungen im Rahmen einer Mahlzeit in Gaststätten.

Für bestimmte Lebensmittel sind weitere Angaben erforderlich. Diese betreffen Fleisch, Fisch, Krusten-, Schalen- und Weichtiere und erfordern die Angabe der Tierart. Bei Speisefetten muss die Fettart und bei Rohr- und Rübenzucker die Bezeichnung der Sorte angegeben sein.

Erforderlich ist bei allen Lebensmitteln die unverschlüsselte Angabe des Herstellungs-, Abpackungs- oder Abfülldatums bzw. die Mindesthaltbarkeitsdauer bei allen Lebensmitteln tierischer Herkunft sowie eine Datumsangabe nach Tag, Monat und Jahr zur Kenntlichmachung der Abpackungszeit bzw. des *Mindesthaltbarkeitszeitpunktes*. Der Hinweis auf Tag und Monat kann entfallen, wenn das Erzeugnis mindestens ein Jahr haltbar ist. Diese Regelung entfällt für in Scheiben geschnittene Wurst- oder Fleischwaren, bei denen eine schnellere Verderbnis als bei Stückware angenommen wird. Bei tiefgefrorenen Lebensmitteln, sterilisierter Milch und Sahne und deren Erzeugnissen sowie bei Dauerwurst und Rauchfleisch ist die Haltbarkeit lediglich nach Monat und Jahr anzugeben.

06. Welche Pflichtangaben müssen Rechnungen enthalten?

Rechnungen müssen folgende Angaben enthalten damit der Vorsteuerabzug berechtigt ist:

1. Name und Anschrift des leistenden Unternehmens und des Leistungsempfängers
2. fortlaufende Rechnungsnummer
3. Steuernummer oder Umsatzsteuer-Identifikationsnummer des Rechnungsausstellers
4. Menge und Bezeichnung der Ware/Umfang der Leistung
5. Zeitpunkt der Lieferung/Leistung
6. Entgelt und Steuerbetrag/-satz (bzw. Hinweis auf Steuerbefreiung)
7. im Voraus vereinbarte Entgeltminderungen (Skonti, Rabatte).

Dies gilt mittlerweile auch für die elektronische Rechnungsstellung (Steuervereinfachungsgesetz 2011).

7. Handelslogistik

Prüfungsanforderungen

Nachweis der Fähigkeit,

beschaffungs- und logistikbezogene Fachaufgaben strategisch zu planen, zu analysieren und zu steuern,

mit internen und externen Zielkonflikten umgehen und Verhandlungen zielorientiert durchführen zu können.

Qualifikationsschwerpunkte (Überblick)

7.1   Planung, Steuerung, Kontrolle und Optimierung von Prozessen und Abläufen

7.2   Investitionsplanung

7.3   Controlling

7.4   Spezifische Bedingungen bei der Warenanlieferung und -lagerung

7.5   Transportsteuerung

7.6   Versicherungen

7.7   Spezielle rechtliche Vorschriften

7.1 Planung, Steuerung, Kontrolle und Optimierung von Prozessen und Abläufen

7.1.1 Bausteine der Logistikkette   → 5.3.2

01. In welche Teilprozesse lässt sich der logistische Gesamtprozess im Handel gliedern?

Berücksichtigt man die Subsysteme des Warenein- und -ausgangs, so lässt sich der logistische Gesamtprozess im Handel in folgende *„Bausteine der Logistikkette"* (Terminus des Rahmenplans) gliedern; dabei werden die *Logistikanwendungen* zugeordnet:

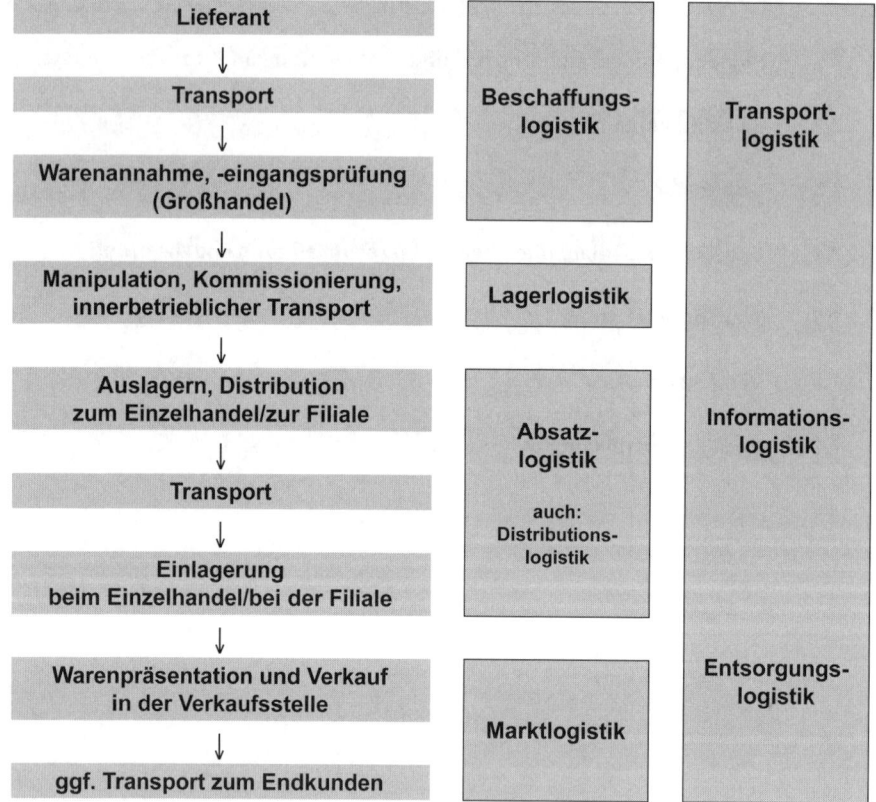

Die Ware muss vom Hersteller zum Endkunden gelangen. Dabei können in der Beschaffung und im Absatz Spediteure/Lagerbetriebe zwischengeschaltet sein. Man unterscheidet z. B. die Belieferung des Handels durch den Hersteller über ein zentrales Distributionslager sowie die direkte Belieferung der Filialen des Handelsunternehmens (DSD, Direct Store Delivery; vgl. auch: Cross Docking).

Der Prozess ist zeitgebunden (Liefertermin, Verderblichkeit der Ware, Haltbarkeitsdatum/Kennzeichnung, keine Unterbrechung der Kühlkette) und der Warenfluss muss aus Gründen der Qualität, der Haftung, der Eigentumsfrage (Diebstahl, Schwund u. Ä.) bzw.

aufgrund gesetzlicher Vorgaben (z. B. Herkunftsland, Erzeugernachweis; vgl. Fleisch-, Wurstwaren und Eiprodukte) lückenlos dokumentiert werden. Dazu gehört auch, dass jeder Artikel eindeutig identifiziert werden kann (vgl. Warenwirtschaftssystem, Technologien zur Warenidentifikation). Im Regelfall ist der Warenfluss progressiv gerichtet. Bei Reklamation, Umtausch und anderen Sonderfällen ist der Prozess rückwärts gerichtet (retrograd; ggf. bis zurück zum Hersteller; vgl. Produkthaftungsgesetz).

Die Teilanwendungen „Informations-, Transport- und Entsorgungslogistik" erstrecken sich über alle „Bausteine der Logistikkette" (Anmerkung: Die Entsorgungslogistik fehlt an dieser Stelle des Rahmenplans; vgl. aber: 5.8 Entsorgung).

Vgl. zum Begriff „Logistische Kette" 5.4.2.

02. Welche Vorteile bringt eine logistische Kette?

- Durch das Zusammenfassen der Hauptprozessketten wird die Duplizierung logistischer Aktivitäten vermieden (Synergieeffekte).

- Transporteinheiten werden aufeinander abgestimmt, wodurch der Umschlags- und Verpackungsaufwand vermindert wird.

- Die logistische Flussorientierung wird verwirklicht.

Hinweis: Nachfolgend werden nur die im Rahmenplan geforderten Logistikanwendungen behandelt (Ziffer 7.1.1.1 bis 7.1.1.5). Dabei werden Themen, die in anderen Handlungsbereichen/ Qualifikationsschwerpunkte ausführlich behandelt werden, hier nur knapp angesprochen (vgl. Verweis auf Rahmenplanziffern).

7.1.1.1 Beschaffungslogistik

01. Welche Aufgabe hat die Beschaffungslogistik?

Logistikanwendung	*Aufgaben, Schwerpunkte*
Beschaffungslogistik	**Logistikprozess vom Lieferanten bis zum Eingangslager**
	Die Beschaffungslogistik steht am Anfang der logistischen Kette und umfasst die Bereitstellung der physischen Güter sowie der Informationen, die zur Leistungserstellung erforderlich sind. Sie beginnt also nicht erst mit der Prüfung eingehender Waren, sondern bereits bei der Beschaffungsplanung.
	Schwerpunkte, z. B.: • Lieferantenauswahl und -bewertung • Auswahl der Liefer-/Beschaffungswege • Belieferungsvarianten • Optimierung des Materialeingangs • Optimierung der Material- und Qualitätsprüfung • Globalisierung der Beschaffungsvorgänge (Global sourcing) • Einkauf ganzer Funktionsgruppen (Modular Sourcing) • Behebung von Leistungsstörungen im Beschaffungsprozess.

02. Welche Maßnahmen zur Behebung von Leistungsstörungen im Beschaffungsprozess sind geeignet?

Funktionsbereich	Maßnahmen, z. B.
Materialbereich	• Verbesserung des Qualitätsmanagement-Systems • Optimierung der Materialflusssysteme • Überprüfung der Vertragsgestaltung.
Personalbereich	Verbesserung der Personalauswahl, -führung und -entwicklung
Informationsbereich	Informationsmanagement

Vgl. zu „Beschaffungskonzepte" und „Beschaffungswege" 5.1.3.
Vgl. zur „Lieferantenauswahl" 5.1.3/12. ff.

7.1.1.2 Transportlogistik

01. Welche Aufgabe hat die Transportlogistik?

Logistikanwendung	Aufgaben, Schwerpunkte
Transportlogistik	umfasst die Planung und Durchführung von Maßnahmen zur optimalen Gestaltung des Transports bezogen auf die gesamte logistische Kette.
	Schwerpunkte, z. B.: • Auswahl der Verkehrsdienstleister • Auswahl der Transportmittel • Auswahl der Transportwege • Fragen der Be- und Entladung • Regelungen zum Gefahrenübergang (Incoterms) • Bündelung von Transportleistungen.

02. Welche Incoterms sind in der Praxis von zentraler Bedeutung? → 5.7.5

Die neuen Incoterms sind gültig ab 01.01.2011 (vgl. ausführlich 5.7.5).

Incoterms 2010		
Gruppe	**Klausel**	**Beschreibung**
E	**EXW** Ex Works (ab Werk)	Der Gefahrenübergang auf den Importeur erfolgt direkt ab Werk des Exporteurs. Der Importeur transportiert die Waren komplett auf eigene Kosten.
F	**FCA** Free Carrier (frei Frachtführer benannter Ort)	Der Verkäufer verpflichtet sich, die Ware auf seine Kosten einem vom Käufer benannten Frachtführer an einem vereinbarten Lieferort zu übergeben. Das ist der Ort der Übergabe der Ware an den ersten Frachtführer am Abgangsort. Ab diesem Zeitpunkt trägt der Käufer die Transportkosten sowie das Risiko von Transportschäden.

F	**FAS** Free alongside ship (frei Längsseite Schiff)	Der Verkäufer hat seine vertraglichen Pflichten dann erfüllt, wenn er die Ware in dem benannten Verschiffungshafen bis an die Längsseite des vom Käufer benannten Schiffes verbracht hat. Ab diesem Zeitpunkt trägt der Käufer die weiteren Transportkosten der Reederei und das Transportrisiko.
F „Schiff"	**FOB – geändert** Free on board (frei an Bord benannter Verladehafen)	Die Lieferpflicht des Verkäufers endet, wenn die Ware im benannten Hafen auf das vom Käufer benannte Schiff verladen wurde. Ab diesem Zeitpunkt trägt der Käufer die weiteren Transportkosten sowie das Risiko, dass die Ware beim Transport beschädigt wird.
C „Schiff"	**CFR – geändert** Cost & Freight (Kosten & Fracht benannter Bestimmungshafen)	Hier trägt der Verkäufer die Frachtkosten bis zum vertraglich vereinbarten Bestimmungshafen, also die Kosten für die Haupttransportstrecke. Die Transportgefahr geht (wie bei FOB) auf den Käufer über, wenn die Ware auf das benannte Schiff verladen wurde.
C „Schiff"	**CIF – geändert** Cost, Insurance and Freight (Kosten, Versicherung und Fracht benannter Bestimmungshafen)	Neben den Kosten der Reederei für die Transportstrecke zwischen Verlade- und Entladehafen trägt der Verkäufer zusätzlich auf seine Kosten zugunsten des Käufers eine Seeschadensversicherung (Transportversicherung). Die Transportgefahr geht (wie bei CFR und FOB) auf den Käufer über, wenn die Ware auf das benannte Schiff verladen wurde.
C	**CPT** Carriage paid to (frachtfrei benannter Bestimmungsort)	Der Verkäufer trägt sämtliche Transportkosten der Ware bis zum Bestimmungsort. Der Gefahrenübergang auf den Importeur erfolgt bereits bei der Übergabe der Ware an den ersten Frachtführer.
C	**CIP** Carriage and Insurance paid to (frachtfrei versichert benannter Bestimmungsort)	Im Unterschied zur CPT-Klausel ist der Verkäufer hier zusätzlich verpflichtet, auf seine Kosten zugunsten des Käufers eine Transportversicherung abzuschließen. Der Gefahrenübergang auf den Importeur erfolgt wie bei CPT bei der Übergabe der Ware an den ersten Frachtführer.
D	**DAP – neu** Delivered at place (geliefert benannter Ort)	Der Verkäufer ist verpflichtet, die Ware am Bestimmungsort unentladen zur Verfügung zu stellen. Er trägt alle Transportkosten und -gefahren, bis die Ware dem Käufer auf dem ankommenden Beförderungsmittel entladebereit am benannten Bestimmungsort zur Verfügung gestellt wird.
D	**DAT – neu** Delivered at terminal (geliefert Terminal)	Der Verkäufer verpflichtet sich, die Ware an einem vom Käufer genannten Terminal (z. B. Kai, Containerdepot, Eisenbahnterminal, Luftfrachtterminal) entladen zur Verfügung zu stellen. Er trägt alle Transportkosten und -gefahren, bis die Ware vom ankommenden Beförderungsmittel entladen wurde und dem Käufer an einem benannten Terminal im benannten Bestimmungshafen oder -ort zur Verfügung gestellt wird. D. h., gegenüber DAP übernimmt der Verkäufer zusätzlich noch Kosten und Risiko des Entladens.
D	**DDP** Delivered, Duty paid (geliefert verzollt benannter Bestimmungsort)	Der Verkäufer ist verpflichtet, dem Käufer die Ware am im Kaufvertrag festgelegten Ort im Einfuhrland zur Verfügung zu stellen. Alle entstehenden Kosten für die gesamte Transportstrecke sowie die Einfuhrverzollung sind vom Verkäufer zu tragen. Der Käufer ist lediglich noch für das Entladen des Transportfahrzeugs verantwortlich.

03. Welche Merkmale sind bei der Auswahl außerbetrieblicher Transportsysteme maßgeblich?

Merkmale bei der Auswahl außerbetrieblicher Transportsysteme (Transportmittel)		
Merkmale	*Beispiele*	
Rechtliche Merkmale	Gesetze/Verordnungen, z. B. GGVSE (Gefahrgutverordnung Straße und Eisenbahn)	Fahr-/Lenkzeiten, -verbote / Tarife (Einfluss des Staates, der EU)	Steuern/Abgaben (z. B. Maut)
Infrastruktur	Straßennetz, Schienennetz, Wasserstraßen	Standorte der Verkehrsdienstleister	Klimatische Bedingungen
Transportkosten	Frachtkosten und Frachtzusatzkosten, z. B.: Handlingkosten, Maut, Liegegebühren im Hafen, Zollgebühren; maßgeblich sind: Gewicht, Versandart, Transportgeschwindigkeit, Abmessungen des Transportgutes, Transportzeit		
Leistung, Eignung des Transportmittels	Transportzeit, Transportfrequenz	Flexibilität	Sicherheit, Zuverlässigkeit
	Transportkombinationsmöglichkeiten (z. B. Schiene – Straße)	Anfangs- und Endpunkte des Transportsystems	Eignung des Transportträgers für Versendungsart/ Warenart
Transportgut	Art des Transportgutes, z. B. Gefahrgut	Qualitätsvorgaben	Maße und Gewicht

04. Welche wichtigen Verkehrsträger gibt es?

- Straße: Straßengüterverkehr (Ladungsverkehr und Sammelgutverkehr),
- Schiene: Eisenbahngüterverkehr
- Schifffahrt:
  - Binnenschifffahrt
  - Seeschifffahrt
- Lufttransport,
- kombinierter Verkehr
- Rohrleitungssystem.

05. Welche Formen des kombinierten Verkehrs gibt es?

Beim kombinierten Transport versucht man die Vorteile der einzelnen Transportsysteme zu verbinden (z. B. Schiene – Wasser – Straße – Luft).

Formen des kombinierten Verkehrs	
Straße – Schiene (Huckepackverkehr)	**Rollende Landstraße:** Komplette Lastzüge werden auf die Schiene verladen.
	Transport von Sattelaufliegern: Der Sattelauflieger wird ohne die Zugmaschine auf die Schiene verladen.
	Wechselbehälter werden vom Lkw auf die Schiene verladen.
Straße – Schifffahrt (Ro/Ro-Verkehr)	**Schwimmende Landstraße:** Lkws werden auf Schiffe umgeladen und befördert.

Binnenschifffahrt – Seeschifffahrt	Lash-Verkehr: Schwimmende Leichter werden auf Seeschiffe verladen und transportiert.
Straße – Schiene – Luftfracht – Schifffahrt	Container wechseln laufend das Transportmittel.
	Rail Ro Cargo: Haus-zu-Haus-Verkehr unter Einsatz von Straße, Schiene, Schifffahrt und Lufttransport

Quelle: in Anlehnung an: Ehrmann, H., Kompakt-Training Logistik, a. a. O., S. 65.

06. Welche Vor- und Nachteile bieten die einzelnen Transportsysteme?

Transportsystem	Vorteile	Nachteile
Straße	kostengünstig	Terminabstimmung
	Nah- und Flächenverkehr	keine „Fahrpläne"
	flexibel, anpassungsfähig	witterungsabhängig
	spezifische Anforderungen können erfüllt werden	Ladebegrenzung
		nicht für alle Gefahrgüter zugelassen
Schiene	hohes Ladungsgewicht	Gleisanschluss erforderlich
	transparente Fahrpläne	Zusatzkosten bei kombiniertem Verkehr
	witterungsunabhängig	
	auch für Gefahrgüter	
Binnenschifffahrt	hohes Ladungsgewicht	Anlegestelle erforderlich
	sehr große Ladungsräume	Zusatzkosten bei kombiniertem Verkehr
	sehr gut für Schüttgüter	
	kostengünstig	witterungsabhängig (Wasserstand, Eisbildung)
	Spezialschiffe, z. B. Treibstoffe	
		begrenztes Wasserstraßennetz
Seeschifffahrt	hohes Ladungsgewicht	Verkehrsanbindung zu großen Häfen (Hamburg, Rotterdam) erforderlich
	sehr große Ladungsräume	
	Spezialschiffe	
		Zusatzkosten bei kombiniertem Verkehr
		witterungsabhängig
		meist an Schifffahrtsrouten gebunden
Lufttransport	sehr schnell	hohe Kosten
	keine Seeverpackung	
	zuverlässig, termingenau	
Kombinierter Verkehr	nutzt in Kombination die Vorteile der unterschiedlichen Transportsysteme	Zeitnachteile wegen Güterumschlag (ggf. Wartezeiten)
		Störungen bei mangelhafter Planung der Kombination

Quelle: in Anlehnung an: Ehrmann, H., Kompakt-Training Logistik, a. a. O., S. 65.

07. Welche Variablen bestimmen die Höhe der Transportkosten?

- Transportstrecke
- Ladungsgewicht
- Art des Beförderungsgutes (Größe, Sperrigkeit, zerbrechlich usw.)
- Handlingkosten.

08. Welche außerbetrieblichen Transporteure gibt es?

Transport	
zu Land	Deutsche Post AG (z. B. DHL Paket Services), Deutsche Bahn AG, private Paket- und Kurierdienste, private Fuhrunternehmen
zu Wasser	Binnenschifffahrt, z. B. Einzelschiffer, Reedereien, Befrachter
	Seeschifffahrt, z. B. Reedereien
in der Luft	Luftpost der DP AG; Luftfracht, z. B. Lufthansa Cargo

09. Welche Merkmale sind bei der Entscheidung „Eigen- oder Fremdtransport" zu berücksichtigen?

- *Quantitative Merkmale, z. B.:*
  - Investitionskosten für den eigenen Fuhrpark (Lkw/AfA, Kapitalbindung, Stellflächen/ Garagen, Betankungsanlage usw.)
  - variable Kosten (Treibstoffe, Wartungskosten, Steuern, Personalkosten usw.)
  - Lizenzgebühren, Maut
  - ggf. Subventionen/Investitionsförderhilfen/Steuervorteile für eigenen Fuhrpark
  - externe Frachtkosten/Frachtsätze
  - Fragen der Haftung und Versicherung.

Vgl. dazu Übung S. 1219.

- *Qualitative Merkmale, z. B.:*
  - Knowhow, ggf. Knowhow-Verlust
  - Verfügbarkeit über die Transportkapazität/Flexibilität
  - Einflussnahme auf die Besonderheiten der Beförderung
  - Nutzen der Werbefläche bei eigenem Fuhrpark (Image).

10. Welche Bedeutung hat die Bündelung von Transportleistungen für Hersteller und Handel?

Durch die Bündelung von Transportleistungen können Handelsunternehmen in Zusammenarbeit mit Herstellern erhebliche Kostenreduzierungen beim Service, Handling und Transport realisieren, z. B. Reduzierung der Transportdisposition und -überwachung, der Anzahl der Anlieferungen an der Laderampe, der Umschlagsvorgänge und der Lagerkosten. Große Handelsunternehmen haben für diese Querschnittsfunktion eine eigene Abteilung bzw. Gesellschaft (vgl. bei der METRO Group die MGL, METRO Group Logistics, die für fast alle Vertriebslinien in Europa spartenübergreifend zuständig ist).

11. Welche innerbetrieblichen Transportsysteme werden eingesetzt? → **5.4.1**

1. *Fördermittel*
   - Stetigförderer
   - Unstetigförderer
     - Flurförderfahrzeuge (Gabelstaplerarten usw.)
     - Hebezeuge.

2. *Förderhilfsmittel:*
   Paletten, Behälter, Rollen, Gebinde, Gitterboxpaletten, Container, Kisten usw.

3. *Technik der Lagereinrichtung:*
   Regallager, Bodenlager, Hochregallager usw.

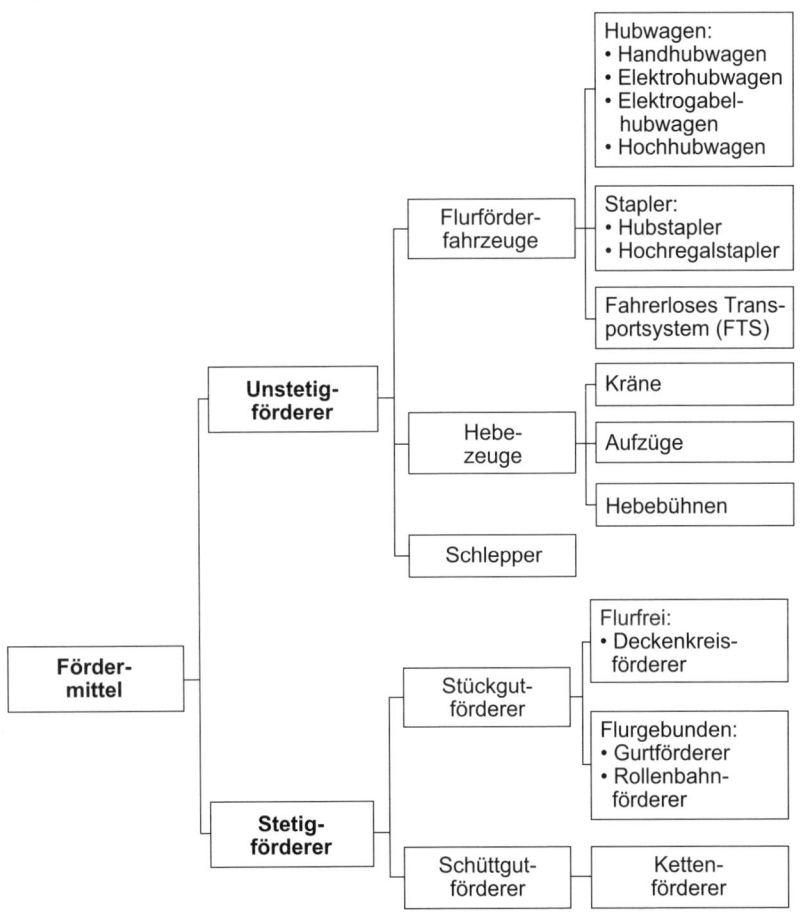

7.1.1.3 Lagerlogistik

→ 5.5

01. Welche Aufgabe hat die Lagerlogistik?

Logistikanwendung	Aufgaben, Schwerpunkte
Lagerlogistik	Planung und Durchführung von Maßnahmen zur Entscheidung über den Standort des Lagers, zur Gestaltung der Lagersysteme, Lagerorganisation und Lagertechnik.
	Schwerpunkte, z. B.: • Flächenmanagement • Bestandssteuerung • Kommissionierung • Eigenlager/Fremdlager • Logistikzentren • Automatisierung, chaotische Lagerhaltung • Identifikationssysteme, Lagerbeschilderung.

Vgl. dazu auch „Einlagerungs- sowie Kommissionssysteme" 5.5.2/13. f.

02. Wovon ist die Lagerplanung abhängig?

Die Lagerplanung ist abhängig von:

• der Gesamtzahl der Artikel
• den besonderen Lagerbedingungen (z. B. Raumtemperatur, Geruchsempfindlichkeit, Feuchte, Feuerschutz)
• dem maximalen Lagerbestand pro Artikel
• der Umschlagshäufigkeit
• den Abmessungen und Gewichten der Lagerware.

Vgl. auch „Lagerbuchhaltung (Mengen- und Werterfassung)" 5.5.3.

03. Was ist Vendor Managed Inventory?

Vendor Managed Inventory (VMI) ist ein neueres Konzept zur Verlagerung der Bestandsführung vom Handel auf den Lieferanten.

04. Welche Aufgaben sind im Rahmen des Lager-Flächenmanagements zu bearbeiten?

Der Lagerflächenbedarf ist abhängig von folgenden Faktoren:

• Lagergut und seinen Eigenschaften
• Betriebsform (z. B. Großhandel/Einzelhandel)
• Bestandsvolumen
• Manipulations- und Verkehrsfläche
• Bauart und Lagerraumhöhe.

Je größer die Lagerfläche ist, desto höher sind im Regelfall die damit verbundenen Kosten (u. a. Grundstück, Gebäude, Transportwege). Der Handel ist deshalb bestrebt, die Lagerflächen zu minimieren ohne die Servicequalität zu verringern. Dies ist zum Beispiel möglich durch eine nachfragesynchrone Belieferung, die den Warenbestand am Lager des Handelsbetriebes deutlich reduziert. Zum anderen können geeignete Lagertechniken genutzt werden, um die Höhe der Lagerräume zu nutzen. Mit wachsender Lagerraumhöhe bei gleich bleibendem Flächennutzungsgrad sinkt der Bedarf an Lagerfläche. Für die Entscheidung über die Flächennutzung ist dann ein Vergleich der eingesparten Grundstückskosten zum Zusatzaufwand an Lagertechnik erforderlich.

Im Rahmen des Lagerflächenmanagements ist also vor allem über folgende Fragen zu entscheiden:

- Lagerfläche (z. B. Größe und Tragfähigkeit)
- Lagerhöhe
- Anordnung der Verkehrswege
- Verhältnis der Verkehrswege zur Lagerfläche
- Fläche für Sozial- und Verwaltungsräume
- Fläche für Wareneingang/-ausgang und Warenmanipulation
- Bereitstellungszone (z. B. für Lkw-Verkehr).

Beispiel für den Grundriss eines Großhandelslagers (Prinzipskizze):

Warenannahme	Sozialräume	Verwaltungsräume	Sonderlager	Bereitstellungszone
	Hauptlager			

Produktivität und Wirtschaftlichkeit des Lagers und der Lagereinrichtung lassen sich z. B. mit folgenden Kennzahlen messen:

Flächennutzungsgrad	Genutzte Lagerfläche : Vorhandene Lagerfläche
	Fläche pro Regaleinrichtung : gesamte Lagerfläche

Raumnutzungsgrad	Genutzter Lagerraum : Vorhandener Lagerraum

Höhennutzungsgrad	Genutzte Lagerhöhe : Vorhandene Lagerhöhe

Nutzungsgrad der Lagertransportmöglichkeit	Transportierte Menge : Transportkapazität

Einsatzgrad	Einsatzzeit : Arbeitszeit

Ausfallgrad	Stillstandszeit : Einsatzzeit

Pickrate	Anzahl der kommissionierten Einheiten (Stk./Std.) : Mitarbeiterstunden

7.1.1.4 Marktlogistik

01. Welche Aufgabe hat die Marktlogistik im Handel? → 6.3

Logistikanwendung	Aufgaben, Schwerpunkte
Marktlogistik	Planung und Durchführung von Maßnahmen zur optimalen Gestaltung des Verkaufsraumes (= Markt, Laden) und der Verkaufsfläche

	Schwerpunkte, z. B.:
	• Flächenmanagement:
	  - Verhältnis von Verkaufsfläche zu Verkehrsfläche
	  - Ladenlayout (Visual Merchandising)
	  - Regalanordnung innerhalb der Verkaufsfläche
	  - Aufteilung in verkaufsstarke/-schwache Zonen
	• Bestandsmanagement.

Viele Betriebsformen des Einzelhandels liegen im Zentrum der Städte. Die Möglichkeit der flexiblen Kostengestaltung für Ladenmiete/Pacht ist gering. Die Raumkosten sind in den Ballungszentren (z. B. München, Hamburg, Stuttgart und Frankfurt) steigend und erreichen Größenordnungen von 100 - 500 € pro m² Ladenfläche. Der Verkaufsraum (Markt, Laden) ist daher bedeutender Leistungsfaktor – speziell im Einzelhandel.

Die Marktlogistik muss insbesondere folgende Aufgaben bearbeiten:

• Planung und Realisierung einer optimalen Verkaufsfläche des Marktes:
Dabei sollte die Verkaufsfläche zur Betriebsfläche möglichst groß sein ohne den „Erlebniswert" für den Kunden einzuschränken. Zur Betriebsfläche werden gerechnet: Sozial- und Verwaltungsräume, Parkfläche, Verkehrs- und Grünfläche, Lagerraum, Verkaufsfläche, Ausstellungsfläche.

• Optimale Aufteilung und Nutzung der Verkaufsfläche:
  - Warenplatzierung, Regalanordnung
  - Ermittlung verkaufsstarker und verkaufsschwacher Zonen und entsprechende Warenplatzierung (rechts zum Kunden, in der Hauptlaufrichtung)
  - Ziel ist eine möglichst große Verweildauer des Kunden im Markt.

02. Welche Faktoren sind bei der Wahl des Standortes grundsätzlich relevant?

Standortfaktoren – ausgewählte Beispiele –			
Faktoren der Beschaffung	**Faktoren des Absatzes**	**Staatliche Rahmen-bedingungen**	**Landschafts-bedingungen**
Rohstoffe, Hilfsstoffe	Absatz, Umsatz, Nachfrage, Kaufkraft, Einzugsgebiet	Steuern, Zölle, Abgaben, Subventionen	Klima, Umwelt
Energie, Fremdleistungen	Konkurrenz: Zahl, Größe, Entfernung, Attraktivität	Wirtschaftspolitik, Bildungspolitik,	Geologische Bedingungen
Arbeitskräfte, Qualifikationen	Objekt: **Verkaufsfläche, Lagerfläche, Raumhöhe,** gute Anlieferung, Baunutzungs-verordnung	Verbraucherschutz	
		Soziale Umwelt, Politische Umwelt	
		Forschung	
Verkehrsverhältnisse, Transportkosten	Verkehrsverhältnisse, Parkplätze, Verkehrsanbindung	Umweltschutz	
	Transportkosten		
	Absatzmittler		

Daraus ergibt sich unter anderem, dass für Lagen mit hohen Preisen je m^2 Ladenfläche der Deckungsbeitrag pro Flächeneinheit ein wichtiges Auswahlkriterium für die Wahl des Sortiments ist.

Kennzahlen zur Produktivität und zur Wirtschaftlichkeit der Verkaufsflächen können z. B. sein:

Deckungsbeitrag pro Fläche	Deckungsbeitrag pro Stk. : Flächenbedarf pro Stk.

Umsatz je m^2 Verkaufsfläche	Bruttoumsatz : Verkaufsfläche in m^2

Anteil der Verkaufsfläche in %	Verkaufsfläche in m^2 : Betriebsfläche in m^2 · 100

03. Welche Handlungsfelder des Visual Merchandising lassen sich unterscheiden?

Einkaufs-atmosphäre	Dekorationsmittel, Farben, Musik, Beleuchtung, Geruch/Düfte, Erholzone (Sitzecken, Getränkeausschank/Restaurant)
Maßnahmen der Laden-gestaltung	**Unterteilung in verkaufsstarke und verkaufsschwache Flächen:** In der Regel haben die Kunden einen „Rechtsdrall": rechte Wandseite, gegen den Uhrzeigersinn, rechts greifen; vordere Verkaufsflächen passiert der Kunde zügig (mit Straßengeschwindigkeit), erst dann wird das Tempo reduziert; u. Ä.
	Warenplatzierung: Zusammenstellung nach Warengruppen (Categories): Waren des täglichen Bedarfs, Warengruppe, die besonders herausgestellt werden sollen. Mittlerweile weit verbreitet ist die Bildung von Sortimenten oder Artikeln auf Palette mitten im Laufgang (zum Teil noch mit roter Etikettierung): Damit sollen dem Kunden „Sonderangebote" suggeriert werden, obwohl dies häufig nicht der Fall ist. Man kann generell unterscheiden: Erstplatzierung sowie Zweit- und Drittplatzierung. Zusammenstellung nach Farben wie z. B. bei Textilien; Zusammenstellung nach Marken oder Herstellern; Zusammenstellung nach Preislage, z. B. Boxen „Jeder Artikel 1 €"; teure Waren in Blickhöhe, preiswerte im unteren Regal („Bückware"; ein Begriff, der in der ehemaligen DDR eine andere Bedeutung hatte).
	Einsatz von Licht: Licht zum Sehen, zum Ansehen, zum Hinsehen
Displays	Verkaufsdisplay („Stumme Verkäufer"), Paletten-Display (Palette vom Hersteller inkl. Dekoration), Präsentationsdisplay (Prospekthalter, Produktproben), Dauerdisplays (Regale und Regaleinbauten auf Dauer vom Hersteller)
Instore-Medien	Ladenfunk, Instore-TV, elektronische Displays, intelligente Regale (vgl. Future Shop)

Quelle: in Anlehnung an: Haller, S., a. a. O., S. 329 ff.

04. Wie ist das Bestandsmanagement im Verkaufsraum (Markt) zu steuern?

Verkaufsfläche ist kostenintensiv. Die Bestände im Markt (Laden) sind zu optimieren zwischen dem Ziel der Bestandsminimierung und der Liefer-/Servicefähigkeit. Zu große Bestände im Markt bzw. dem ggf. angrenzenden Verkaufs-/Manipulationslager erhöhen die Bestandskosten, zu geringe Bestände können das Warenangebot mindern und führen zu Umsatzeinbußen (im Einzelfall oder auf Dauer).

Im Idealfall könnte die Verkaufsfläche der Lagerfläche entsprechen (nachfragesynchrone Belieferung des Marktes; vgl. z. B. Aldi). Dieses System führt allerdings zu geringeren Bestellmengen und einem häufigeren Bestellrhythmus (laufende Handlingkosten).

Beispiel für den Grundriss einer Verkaufsfläche (Markt) im Einzelhandel (Prinzipskizze):

7.1.1.5 Informationslogistik

→ 1.6.4.2, 7.5.3

01. Welche Aufgabe hat die Informationslogistik im Handel?

Logistikanwendung	Aufgaben, Schwerpunkte
Informationslogistik	Planung und Durchführung der Maßnahmen zur Gestaltung eines reibungslosen Informationsflusses. Dabei lässt sich unterteilen in den warenbezogenen und den sonstigen Informationsfluss.
	Schwerpunkte: • Kennzeichnung der Ware • Vereinheitlichung der Identifikationssysteme • Datenerfassung und -pflege (z. B. Artikelstammdaten) • Informationsgewinnung über Kundenverhalten • Steuerung des Datenflusses.

Der Informationsfluss lässt sich unterteilen in den warenbezogenen und den sonstigen Informationsfluss.

• *Warenbezogener Informationsfluss:*
Für ein funktionierendes Warenwirtschaftssystem muss die Ware eindeutig gekennzeichnet werden (Menge, Preis, Haltbarkeitsdatum u. Ä.). Der Handel setzt dabei verschiedene Systeme der Datenerfassung und -übertragung ein (z. B. Barcode, RFID; vgl. Frage 03.). Zur Optimierung der Prozesskette ist es heute in weiten Bereichen gelungen, die Warenkennzeichnung zwischen den einzelnen Distributionsstufen zu vereinheitlichen. Auch setzt der Handel leistungsfähige Systeme der Warenidentifizierung ein (EAN, SSCC usw.). Der Prozess der Informationsweiterleitung muss umkehrbar (retrograd) sein (Reklamationen, Rücksendungen, Gutschriften).

- *Sonstiger Informationsfluss:*
Der Handel ist bestrebt, von den vor- und nachgelagerten Teilnehmern des Distributionsprozesses Informationen zu erhalten, die nicht direkt warenbezogen sind. So wird z. B. angestrebt, über Preisausschreiben die persönlichen Daten, Vorlieben und Verkaufsverhalten des Kunden in Erfahrung zu bringen und datenmäßig zu verdichten. Ähnliche Informationen können über Payback-Karten und Kundenkarten gewonnen werden. Im Online-Handel sind diese Ziele bereits vielfach realisiert (vgl. eBay, Amazon). Energisch wendet sich der Verbraucherschutz gegen Selbstzahlerkassen, weil hier eine eindeutige Verknüpfung zwischen dem gekauften Warensortiment und einem identifizierten Kunden hergestellt werden kann.

Informationsfluss

Zulieferer	Spediteure, Lagerbetriebe	Hersteller	Spediteure, Lagerbetriebe	**Handel**	Spediteure	Endkunde

02. Was versteht man unter „Efficient Consumer Response" (ECR)?

Efficient Consumer Response (ECR) ist die ganzheitliche Betrachtung der Wertschöpfungskette vom Hersteller über den Handel bis hin zum Kunden. Ziel ist dabei, die Wünsche des Kunden in Erfahrung zu bringen und bestmöglich zu befriedigen – unter Beachtung der Kosten. Dabei müssen sowohl die Waren- als auch die *Informationsströme* zwischen Hersteller, Handel und Kunde untersucht werden.

In der Logistik wird ein ähnlicher Begriff verwendet: *Supply Chain Management* (SCM; englisch: supply = liefern, versorgen; chain = Kette). Darunter versteht man die Optimierung der gesamten Prozesse der Güter, der *Informationen* sowie der Geldflüsse entlang der Wertschöpfungskette vom Lieferanten bis zum Kunden.

Zu den „Systemen der Informationstechnologie (EDI, RFID usw.)" vgl. 1.6.4.2.

7.1.2 Kontroll- und Optimierungsinstrumente einsetzen → 7.3

01. Welche Instrumente können zur Kontrolle und Optimierung logistischer Prozesse eingesetzt werden?

Instrumente	Anwendungsbeispiele
Kennzahlen	Verhältniszahlen, Gliederungszahlen, Beziehungszahlen, z. B. Beschaffungs- und Transportkosten je Bestellung, Umsatz pro m² Verkaufsfläche; Kennzahlen der Lagerwirtschaft; Kennzahlen der Wirtschaftlichkeit, Rentabilität und Produktivität, z. B. Transportzeit pro Transportauftrag; Kennzahlen der Materialwirtschaft, z. B. optimale Bestellmenge (Andler)

Kostenvergleichsrech-nungen	Make-or-Buy-Analyse/kritische Menge, z. B. Eigen-/Fremdtrans-port, Eigen-/Fremdlager; Break-even-Analyse; Lieferantenver-gleich; Vertrag der Vertragsinhalte (Incoterms); DB-Rechnung
Verfahren der Investitionsrechnung	Kostenvergleichsrechnung, Gewinnvergleichsrechnung, Kapi-talwertmethode, Kapitalrückflusszeit
ABC-/XYZ-Analyse	Lager-/Sortimentsrechnung, Bestellverfahren
Portfolio-Analyse	Sortimentsbewertung, Bestellverfahren
Bewertungsverfahren	Screening-/Scoring-Modelle, Nutzwertanalyse
Konkurrenzanalyse, Benchmarking	Analyse und Vergleich der Transport- und Informationsprozesse
Produktlebenszyklus	Lagerhaltung, Sortimentsanalyse
Diagrammtechniken	Flussdiagramm, Ursache-Wirkungsdiagramme (z. B. Ishikawa); Raumplanung, z. B. Verkaufsfläche zu Betriebsfläche, Layout-planung des Marktes (der Verkaufsstelle)
Mathematische Entscheidungsmodelle	Lineare Optimierung (Optimierung der Transportstrecken, Tou-renplanung)
Wertschöpfungs-analyse	bezogen auf die einzelnen Stufen („Bausteine") des logistischen Gesamtprozesses
Kundenzufriedenheits-analysen	Kundenbefragung, Reklamationsquote, Rücklaufquote bei Akti-onen
Balanced Scorecard Logistik	Entwicklung eines logistischen Zielsystems für die Bereiche Fi-nanzen, Kunden, Betriebsprozesse und Innovation/Wissen und Formulierung geeigneter Kenngrößen (z. B. Personalkosten, Fuhrparkkosten, Vernetzung der Informationsflüsse vom Liefe-ranten bis hin zum Kunden).

Vgl. dazu auch 7.3 Logistikcontrolling.

7.2 Investitionsplanung

7.2.1 Logistische Investitionen

01. Welche logistischen Investitionen sind für ein Handelsunternehmen von be-sonderer Bedeutung?

Die Optimierung logistischer Prozesse erhält ein Handelsunternehmen nicht zum „Null-tarif". Es muss finanzielle Mittel für die Komponenten der logistischen Kette verwenden (Investitionen für Zwecke der Logistik). Man kann logistische Investitionen in zwei Hauptbereiche unterteilen:

Logistische Investitionen	
Logistische Hardware	**Logistische Software**
Lagerbauten, Lagersysteme, z. B.: • Gebäude, innerbetriebliche Infrastruktur • Lagertechnik, Lagereinrichtung	Einkauf von **Beratungsleistungen** zur Vorbe-reitung logistischer Entscheidungen, z. B. Filial-netz, Lagerstandorte
Fördermittel, z. B.: • Flurfördersysteme • Stetig-/Unstetigförderer	Kauf oder Leasing logistischer **Systemsoft-ware**, z. B. Informationsübermittlung per Inter-net, SAP-Programme, Programme zur Trans-
Außerbetriebliche Transportsysteme, z. B.: • Lastkraftwagen • Behältersysteme (EUL) • Container	portplanung, Programme zum Flächenmana-gement und Ladenlayout
	Verfahren zur Kennzeichnung und **Diebstahl-sicherung** (AM, AA; vgl. 1.6.4.2)
Investitionen in Personal, z. B.: • Beschaffung qualifizierter Mitarbeiter • Weiterbildung/Qualifizierung • laufende Schulung	Verfahren zur Vereinheitlichung der Transpor-teinheiten (RFID, EPC, EUL); Systeme der Rückverfolgung (Tracking-/Tracing-Systeme)
Informationstechnologie, z. B.: • Großrechner, PC • Client-Server-Architektur • Peripheriegeräte • Leitungstechnologie (z. B. Standleitung)	Investition in Systeme der Datenerfassung und Weiterleitung; Verfahren zur Standardisierung der Artikelidentifikation – intern und weltweit (EAN-Systeme), z. B. ESL, EPC, GLN, GTIN, NVE (vgl. 1.6.4.2)
	Aufbau eines Managementinformationssys-tems (MIS), z. B. über SAP-Module oder Data Warehouse-Architektur (vgl. 1.6.4.2)

02. Wie sind logistische Investitionen zu planen?

Es gibt dazu unterschiedliche Verfahren. Möglich ist z. B. folgende Vorgehensweise:

1. *Analyse der logistischen Defizite, z. B.:*
   fehlende oder veraltete logistische Komponenten; z. B. manuelle Warenkennzeich-nung, veraltete Scannerkassen).

2. *Einteilung der Investitionsobjekte* (vgl. logistische Hardware/Software) in *strategische* (langfristiger Charakter) und *operative* Investitionen (kurzfristiger Natur), z. B.:
   • operativ: Lagereinrichtung, Kassensystem
   • strategisch: Aufbau eines Informationssystems.

3. *Einteilung der Investitionsobjekte* in *notwendige* und *erwünschte* (Engpassbetrach-tung, Finanzmittel).

4. *Beurteilung der ausgewählten Investitionsobjekte, z. B.:*
   Vergleich der Investitionsalternativen mithilfe geeigneter Verfahren (statische/dyna-mische Verfahren der Investitionsrechnung; qualitative Verfahren, z. B. Nutzwert-analyse)

5. *Ermittlung des Kapitalbedarfs und Festlegung der Finanzierungsvarianten, z. B.:*
   Kapitalbedarfsrechnung, Beschaffung von Eigen- und Fremdkapital (vgl. 1.9 Finan-zierung).

7.2.2 Investitionsalternativen

01. Wie lassen sich Investitionsalternativen auswählen?

Dazu bieten sich folgende Möglichkeiten an:

1. *Ranking der Investitionsobjekte,* z. B. nach den Merkmalen
   • notwendig/erwünscht
   • dringlich/wichtig
   • operativ/strategisch
   • Beitrag der Investition zur Realisierung logistischer Ziele.

2. *Beurteilung der Investitionsalternativen* mithilfe
   • quantitativer Verfahren, z. B. statische/dynamische Investitionsanalyse
   • qualitative Verfahren, z. B. Nutzwertanalyse, Wertanalyse.

Vgl. dazu 7.1.2.

7.3 Controlling

7.3.1 Traditionelles Logistikcontrolling

01. Welche Aufgabe steht im Vordergrund des traditionellen Logistikcontrolling?

Im Bereich des traditionellen Logistikcontrolling steht die intern ausgerichtete Kontrolle der Wirtschaftlichkeit, Produktivität und Rentabilität im Vordergrund. Die Logistikleistungen und die entsprechenden Mengen und Kosten sind zu analysieren und mithilfe geeigneter Kennzahlen zu kontrollieren (Regelkreis des Controlling: Soll-Werte planen – Ist-Werte ermitteln – Soll-Ist-Vergleiche durchführen und analysieren – Steuerungsmaßnahmen ableiten; vgl. 1.8 Controlling). Die dafür notwendigen Eckdaten liefert das Rechnungswesen (Planungsrechnung, Kosten- und Leistungsrechnung, Statistik).

Dabei werden die Ziele des strategischen und des operativen Controlling folgendermaßen abgegrenzt:

Ziele des Logistikcontrolling	
Strategisches Logistikcontrolling	**Operatives Logistikcontrolling**

• wettbewerbsfähiges Logistikcontrolling
• Einsatz eines Führungsinstruments
  (z. B. Balanced Scorecard)
• Anpassung der Logistikorganisation und
  der Personalorganisation an die Strategie.
	• Kosten- und Leistungstransparenz entlang
	  der gesamten Lieferkette
	• operative Kennzahlen
	• aussagefähiges Berichtswesen.

Beispiele für *Kennzahlen der Warenwirtschaft und der Logistik:*

Logistik-anwendung	Beispiele	
Beschaffung	Absatz	= Menge der verkauften Ware
	Umsatzerlöse	= Absatz · Verkaufspreis
	Wareneinsatz (WE)	= Absatz · Wareneinstandspreis
	WE-Quote	= WE : Umsatzerlöse · 100
	Rohgewinn	= Umsatzerlöse - WE
	Handelsspanne (in %)	= Rohgewinn : Umsatzerlöse · 100
	Produktivität:	= Wareneingänge : Arbeitsstunden
		= Warenannahmezeit : Anzahl Eingänge
	Wirtschaftlichkeit	Beschaffungskosten pro Bestellung
		Beschaffungskosten in % des Beschaffungsvolumens
	Qualität	Quote der Warenrücksendungen
		Anzahl der Fehllieferungen
Lagerhaltung	Umschlagshäufigkeit	= WE : ø Lagerbestand
	ø Lagerdauer (in Tg.)	= 360 : ø Lagerbestand
	Lagerkostenanteil (in %)	= Lagerkosten : Gesamtkosten · 100
	Flächen-, Höhen-, Raumnutzungsgrad	
	Anzahl der Lagerbewegungen pro Mitarbeiter	
	Lagerkostensatz, Lagerhaltungskostensatz	
	Kosten der Kommissionierung pro Kundenauftrag	
	Lagerverlust pro Periode; Lagerservicegrad	
Absatz	ø Umsatz pro Mitarbeiter	= Umsatzerlöse : Anzahl der Mitarbeiter
	ø Umsatz pro Verkaufsfläche	= Umsatzerlöse : Verkaufsfläche (in m²)
	ø Umsatz pro Kasse	= Umsatzerlöse : Anzahl der Kassen
Transport	Transportzeit pro Auftrag; pro Transporteinheit	
	Transportstrecke pro Auftrag; pro Transportmittel	
	Anzahl der Transportunfälle; ø Schadenshöhe	
	Anteil der Kosten für Fördermittel an den Kosten der Lagerhaltung	
Markt (Laden)	Verkaufsfläche in m² : Betriebsfläche in m² · 100	
	Deckungsbeitrag/Fläche = Deckungsbeitrag pro Stk. : Flächenbedarf/Stk.	
	Bruttoumsatz : Verkaufsfläche in m²	
Information	Summe der Kosten für Informationssysteme	
	Qualität der Information	
	Dauer der Übertragungszeiten beim Datentransfer	
	Anzahl der Störungen im Datenfluss pro Periode	

7.3.2 Prozessorientiertes Logistikcontrolling

7.3.2.1 Grundlagen des Prozesscontrolling

01. Was ist ein Prozess?

Ein Prozess ist gekennzeichnet durch

- Anfang und Ende,
- sachlich und zeitlich zusammenhängende Aufgaben sowie
- gemeinsame Informationsbasis.

02. Welche Prozessarten werden unterschieden?

Prozessarten	
Unterscheidungsmerkmal	*Beispiele*
Inhalt	Geschäftsprozesse
	Projektprozesse
	Logistikprozesse
	Fertigungsprozesse
Bedeutung	Kernprozesse
	Supportprozesse
Hierarchie	Hauptprozesse
	Teilprozesse
Fristigkeit und Ebene	Strategische Prozesse
	Operative Prozesse

Beispiele für Teil- und Hauptprozesse:

Teilprozesse		Hauptprozess
• Material disponieren	1	**Material beschaffen**
• Material bestellen		
• Material annehmen		
• Material prüfen		
• Material einlagern		
• Fertigungsauftrag fakturieren	2	**Debitorenbuchhaltung steuern**
• Rechnung versenden		
• Zahlungseingang überprüfen		
• außergerichtliches Mahnwesen steuern		
• ggf. gerichtliche Mahnung veranlassen		

03. Was sind die Hauptaufgaben des Prozesscontrolling?

* *Prozesscontrolling* ist eine Aktivität im Rahmen des Prozessmanagements (überge-ordnet oder parallel).

* Die *Hauptaufgaben* des Prozesscontrolling sind:
  - *Überwachung* von Unternehmens- und Geschäfts*prozessen*
  - Ermittlung von *Schwachstellen*
  - Erarbeitung von Vorschlägen zur *Prozessoptimierung*
  - Bereitstellen von *Informationen* über die Prozessorganisation (Berichtswesen).

* *Ziel des Prozesscontrolling* ist die Verbesserung der Effektivität (Hebelwirkung) und der Effizienz (Qualitätsgedanke) der relevanten Unternehmensprozesse.

04. In welchen Schritten ist ein prozessorientiertes Logistikcontrolling zu ge-stalten?

Prozesscontrolling in der Logistik bedeutet die Umsetzung des Controllingkonzepts (Sollwerte festlegen – Istwerte ermitteln – Soll-Ist-Analyse – Ableitung von Maßnahmen) auf Anwendungsbereiche der Logistik (Beschaffungslogistik, Transportlogistik usw.) bzw. auf die gesamte logistische Kette. Es ist folgender Gestaltungsprozess erforder-lich, der hier mithilfe von (verkürzten) Beispielen aus der Beschaffungslogistik veran-schaulicht wird:

1   Prozessstandardisierung

Abläufe strukturieren, vereinheitlichen und Prozessvorgaben definieren; Beispiele:

* Beschaffungspolitik festlegen
* Einkaufsbedingungen formulieren und rechtlich prüfen lassen
* Merkmale zur Lieferantenauswahl festlegen
* Vereinbarungen mit externen und internen Lieferanten (z. B. Zeitpunkt der Leistungs-erbringung) auf der Basis der visualisierten Abläufe.

↓

2   Prozessüberwachung

Überprüfung der Prozessvorgaben mit den tatsächlichen vorhandenen Daten und Ab-läufen; die interne Überprüfung wird als Prozessaudit bezeichnet; Beispiele:

* Wurden die Einkaufsbedingungen gegenüber den Lieferanten strikt eingehalten?
* Hat sich das Instrumentarium zur Lieferantenbewertung und Auswahl bewährt oder bestehen Schwächen in der Umsetzung?

↓

3 Prozessmessung

Die Leistungsfähigkeit der zu überwachenden Logistikprozesse wird (so weit wie möglich) mit Kennzahlen abgebildet (Kosten, Mengen, Zeiten, Qualitätsgrößen, Kennzahlen der Produktivität/Wirtschaftlichkeit/Rentabilität); Beispiele:

- Liegt die Beanstandungsquote (Fehlerquote) im Toleranzbereich (Stichwort: Annehmbare Qualitätslage)?
- Wird die durchschnittlich festgelegte Wiederbeschaffungszeit eingehalten?

4 Prozessverbesserung

Die Ergebnisse der Prozessüberwachung und -messung werden analysiert und (soweit erforderlich) in Maßnahmen der Prozessverbesserung umgesetzt; Beispiele:

- Ist: Die Anzahl der Beanstandungen beim Lieferanten Z liegt oberhalb der vereinbarten Toleranz.
  Maßnahmen: Ursachen ermitteln, ggf. Qualitätssicherungsvereinbarung mit dem Lieferanten treffen/erneuern oder auch Lieferantenaudit durch den Kunden (Handelsbetrieb) durchführen.
- Ist: Die durchschnittlichen Transportkosten pro Tonne liegen um x % über dem festgelegten Wert.
  Maßnahmen: Ursache ermitteln, Transportprozesse überprüfen; ggf. Transportmittel oder Frachtführer/Spediteur wechseln bzw. Vergleich Eigen-/Fremdtransport u. Ä.

05. Wie können die Transportkosten verringert werden?

Beispiele:

- Distributionsnetz besser auslasten
- Wahl des günstigsten Transportträgers
- Vergleich der Angebote von Speditionen
- Wahl eines günstigen Incoterms (unter Übernahme der Transportkosten durch den Lieferanten)
- Leihverpackung verwenden
- Verwendung von Retouren für wiederverwendbare Transportmittel
- günstige Transportversicherung (z. B. Generalpolice).

7.3.2.2 Prozesskostenrechnung

01. Von welchem gedanklichen Ansatz geht die Prozesskostenrechnung aus?

Die Prozesskostenrechnung (PKR) sieht das gesamte betriebliche Geschehen als eine Folge von Prozessen (Aktivitäten). Zusammengehörige Teilprozesse werden kostenstellenübergreifend zu *Hauptprozessen* zusammengefasst.

Beispiel für die Zusammenfassung von Teilprozessen zu Hauptprozessen (Ausschnitt):

Teilprozesse		Hauptprozesse
• Material disponieren	1	**Material**
• Material bestellen		**beschaffen**
• Material annehmen, prüfen und lagern		
• Fertigung planen	2	**Fertigungsaufträge**
• Fertigung veranlassen		**ausführen**
• Fertigung steuern		
• Teile/Baugruppen zwischenlagern		
• Baugruppen montieren		
• Versand vorbereiten		
• Versand ausführen (Transport)		
• Fertigungsauftrag fakturieren	3	**Debitoren-**
• Rechnung versenden		**buchhaltung**
• Zahlungseingang überprüfen		**steuern**
• außergerichtliches Mahnwesen steuern		
• ggf. gerichtliche Mahnung veranlassen		

Bei der Prozesskostenrechnung steht also der Prozess im Vordergrund der Betrachtung und nicht mehr die einzelne Kostenstelle – wie bei der Zuschlagskalkulation.

02. Welche Bezugsgrößen wählt die Prozesskostenrechnung (PKR) zur Verteilung der Gemeinkosten?

Die PKR ist eine Vollkostenrechnung und gliedert die Prozesse in

1. *leistungsmengeninduzierte* Aktivitäten (lmi)   →   mengenvariabel zum Output
   z. B. Materialbeschaffung: Bestellvorgang,
   Transport, Ware prüfen

2. *leistungsmengenneutrale* Aktivitäten (lmn)   →   mengenfix zum Output
   z. B. Materialwirtschaft: Leitung der Abteilung

3. *prozessunabhängige* Aktivitäten (pua)   →   unabhängig vom Output
   z. B. *Kantine, Arbeit des Betriebsrates*

Primäre Aufgabe der PKR ist die Ermittlung der sog. *„Kostentreiber"* (Cost-Driver) je *leistungsmengeninduzierter Aktivität.*

Typische Beispiele für Kostentreiber sind:

Teilprozesse	Kostentreiber – Beispiele
• Material bestellen	**Anzahl der Bestellungen**
• Fertigung planen	**Anzahl der Fertigungsaufträge**
• Fertigung veranlassen	
• Fertigung steuern	
• Fertigungsabteilung leiten	kein Kostentreiber (lmn)
• Teile/Baugruppen zwischenlagern	**Anzahl der Transportbewegungen** **Anzahl der Teile**
• Baugruppen montieren	**Anzahl der Baugruppen** **Anzahl der Verrichtungen je Montagevorgang**
• Versand vorbereiten	**Anzahl der Versandstücke** **Anzahl der Verichtungen je Versandvorgang**
• Fertigungsauftrag fakturieren	**Anzahl der Rechnungen**
• Rechnung versenden	
• Zahlungseingang überprüfen	**Anzahl der Kunden**

03. Wie wird der Prozesskostensatz ermittelt?

Für die lmi-Teilprozesse ist der Teilprozesskostensatz:

$$\text{Teilprozesskostensatz} \quad = \quad \frac{\text{lmi-Teilprozesskosten}}{\text{Teilprozessmenge}}$$

Beispiel (Datenbasis in Auszügen; geschätzt für eine Periode):

	Teilprozess	Kosten-treiber	lmi-Pro-zessmenge (Stück)	Teilprozesskosten (€)		
				gesamt	davon: lmi	davon: lmn
1	Angebote einholen	Anzahl der Angebote	300	5.000	4.000	1.000
2	Material bestellen	Anzahl der Bestellungen	500	9.500	7.500	2.000
3	Abteilung Einkauf leiten	–	–	40.000	–	40.000
4	Auftrag fakturieren	Anzahl der Rechnungen	900	10.800	10.800	–
	Summe der Kosten			65.300	22.300	43.000

Berechnung der Teilprozesskostensätze:

Teilprozess	Berechnung	Teilprozesskostensatz
1	4.000 : 300	= 13,33 €
2	7.500 : 500	= 15,00 €
4	10.800 : 900	= 12,00 €

04. Wie werden die Hauptprozesskostensätze ermittelt?

In der Regel wird nicht mit Teilprozesskostensätzen kalkuliert sondern mit *Hauptprozesskostensätzen*; dazu werden die Teilprozesskostensätze je Hauptprozess addiert.

Beispiel (schematische Darstellung):

Hauptprozess	Teilprozess	Teilprozesskostensatz
	1.1	67,00
	1.2	12,00
	1.3	15,00
1 Hauptprozesskostensatz		**94,00**
	2.1	20,00
	2.2	10,00
	2.3	30,00
	2.4	30,00
2 Hauptprozesskostensatz		**90,00**
...		

Die Hauptprozesskostensätze werden in die Kostenträgerrechnung übertragen. Die Kosten für die lmn-Aktivitäten sowie für die pua-Aktivitäten werden – wie in der Zuschlagskalkulation – mit den bestehenden Zuschlagssätzen kalkuliert (als Rest-Gemeinkostenzuschlagssätze).

05. Wie ist das Grundschema bei der Kalkulation mit Hauptprozesskostensätzen?

Grundschema einer Prozesskostenkalkulation (Fertigung)			
	Materialeinzelkosten		
+	Materialprozesskosten	Menge/ Cost-Driver	Prozess- kostensatz
+	Rest-Materialgemeinkosten		Zuschlags- satz
=	**Materialkosten**		
	Fertigungseinzelkosten		
+	Fertigungsprozesskosten	Menge/ Cost-Driver	Prozess- kostensatz
+	Rest-Fertigungsgemeinkosten		Zuschlags- satz
+	Sondereinzelkosten der Fertigung		
=	**Fertigungskosten**		
=	**Herstellkosten**		
	Verwaltungsgemeinkosten		Zuschlags- satz
+	Vertriebsprozesskosten	Menge/ Cost-Driver	Prozess- kostensatz
+	Rest-Vertriebsgemeinkosten		Zuschlags- satz
+	Sondereinzelkosten des Vertriebs		
=	**Selbstkosten** (pro Stück/pro Auftrag)		

7.3.2.3 Target Costing

01. Wie ist der Ansatz bei der Zielkostenrechnung (Target Costing)?

Beim Target Costing (Zielkostenrechnung) wird für ein geplantes Produkt der auf dem Markt zu realisierende Preis ermittelt (Schätzung bzw. Marktstudien). Die Fragestellung lautet also nicht „Was kostet das Produkt?", sondern „Was darf das Produkt kosten?" *Von der Zielgröße* (Marktpreis · Planmenge) *wird der gesamte Aufwand subtrahiert.* Der traditionelle Bottom-up-Ansatz wird zu einem Top-down-Vorgehen umgekehrt: Forschung & Entwicklung, Fertigung und Vertrieb müssen sich an der Preisbereitschaft der Kunden orientieren. *Damit werden die maximal zulässigen Fertigungs- und Vertriebskosten aus dem möglichen Marktpreis retrograd ermittelt (externe Ausrichtung der Kalkulation auf den Markt/Kunden/Wettbewerber).*

Beispiel, Fertigungsbetrieb:

Möglicher Marktpreis pro Stück			200 €
Planabsatz			500 Stück
Zielkostenermittlung (Fertigungsbetrieb)			
	Planumsatz		100.000
-	Mindestgewinn	15 %	-15.000
=	Zwischensumme		85.000
-	Vertriebskosten		-10.000
-	Verwaltungskosten		-9.600
=	Zwischensumme		65.400
-	Konstruktion		-20.000
-	Arbeitsvorbereitung		-4.000
-	Werkzeuge		-10.000
=	Zwischensumme		31.400
-	Materialkosten		-7.150
=	**Zulässige Fertigungskosten**		**24.250**

Beispiel, Handelsbetrieb:
Ein Textileinzelhändler möchte seine Winterkollektion um einen hochwertigen Anorak erweitern. Der maximale Verkaufspreis darf bei 400 € liegen. Der Händler muss mit 20 % Handlungskosten und einem Mindestgewinn von 15 % kakulieren. Zu ermitteln ist der zulässige Einstandspreis.

			Hinweise zur Berechnung
Möglicher Marktpreis pro Stück			400 €
Zielkostenermittlung (Handelsbetrieb)			
			Hinweise zur Berechnung
	Bruttoverkaufspreis	400,00	
-	Mehrwertsteuer, 19 %	63,87	= 400,00 · 19 : 119
=	Nettoverkaufspreis	336,13	
-	Gewinn, 15 %	43,84	= 336,13 · 15 : 115
=	Selbstkosten	292,29	
-	Handlungskosten, 20 %	48,72	= 292,29 · 20 : 120
=	Einstandspreis	243,57[1]	

Der zulässige Einstandspreis darf bei rd. 245 € liegen.

---

[1] Beachten Sie, dass bei der Probe (Vorwärtsrechnung) Rundungsdifferenzen von 0,02 € auftreten.

7.3.2.4 Benchmarking

01. Was ist Benchmarking?

Benchmarking ist ein kontinuierlicher und systematischer Vergleich der eigenen Effizienz in Produktivität, Qualität und Prozessablauf mit den Unternehmen und Organisationen, die Spitzenleistungen repräsentieren (Konkurrenten und Nicht-Konkurrenten).

Benchmarking	heißt „Lernen von den Besten". Vergleich des eigenen Unternehmens mit dem Branchenprimus oder einem relevanten Wettbewerber der Region; kann quantitativ und/oder qualitativ durchgeführt werden.

02. Welche Formen des Benchmarking gibt es?

- *Internes Benchmarking* ist vor allem zum Einstieg empfohlen, da hierbei Befürchtungen vor dem Instrument genommen werden. Es werden damit meist innerbetriebliche Prozesse bei Konzernen analysiert und optimiert.

- Beim *externen/wettbewerbsorientierten Benchmarking* werden die internen Prozesse, Produkte und Beziehungen mit denen von Wettbewerbern verglichen.

- *Funktionales Benchmarking:* Hier wird der Vergleich mit einem Benchmarkpartner durchgeführt, der auf einem anderen Sektor als das eigene Unternehmen tätig ist (Beispiel: ein Versandhaus wird als Maßstab für die Optimierung im Bereich der Kommissionierung gewählt).

- Beim *System-Benchmarking* wird ein unternehmensumfassender Vergleich durchgeführt.

03. In welchen Phasen wird der Benchmarking-Prozess durchgeführt?

1. Vorbereitung
2. Bestimmen des Gegenstandes des Benchmarking:
   betrieblicher Funktionsbereich mit seinen „Produkten" (physische Produkte, Aufträge, Berichte).
3. Leistungsbeurteilungsgrößen:
   ausgewählte monetäre und nicht-monetäre Kennzahlen
4. Vergleichsunternehmen festlegen:
   Konkurrenten und Nicht-Konkurrenten
5. Informationsquellen bestimmen:
   Primär- und Sekundärinformationen (z. B. Betriebsbesichtigungen bzw. Jahresberichte, Tagungsbände, externe Datenbanken)
6. Analyse des Datenmaterials
7. Bestimmen der Leistungslücken:
   Kosten- und Qualitätsunterschiede in Bezug auf das Vergleichsunternehmen

8. Ursachen der Leistungslücken ermitteln
9. Maßnahmen umsetzen
10. Erfolg der Maßnahmen kontrollieren.

7.3.2.5 Prozessorientierte Kennzahlen   → 7.1.2

01. Welche Kennzahlen können zur Überwachung und Messung logistischer Prozesse gewählt werden?

Die Leistungsfähigkeit der zu überwachenden Logistikprozesse wird (so weit wie möglich) mit Kennzahlen abgebildet. Dazu eignen sich Gliederungs-, Verhältnis- und Beziehungszahlen aus den logischischen Anwendungsbereichen zur Überprüfung der Prozessleistungsfähigkeit bezüglich Zeit, Qualität, Prozesskosten und Kundenorientierung.

Vgl. die Beispiele in 7.1.2.

02. Was ist ganzheitliche Prozessorientierung?

Ziel der Prozessorientierung im Unternehmen ist es, komplexe Abläufe zu beschleunigen, zu vereinfachen, um qualitativ besser und kostengünstiger zu Ergebnissen zu gelangen.

Ganzheitlicher Prozessgestaltungsansatz bedeutet dabei, dass im Unternehmen nicht mehr das Denken in hierarchischen Strukturen (entlang der Aufbauorganisation) vorherrscht, sondern Abteilungen/Teams oder Orgaeinheiten die Verantwortung für einen Prozess übernehmen und dabei an den Schnittstellen so wenig wie möglich Reibungs- und Informationsverluste auftreten. Im Mittelpunkt der Geschäftsprozesse steht die Kundenorientierung (Kundenanforderungen, Kundenzufriedenheit).

03. Welche Bedeutung hat die Schnittstellenanalyse im Rahmen des Prozesscontrollings?

Bei der Prozessabwicklung treten Schnittstellen auf, d. h. Übergänge von einem Funktionsbereich zu einem anderen. Beispiel „Transport": Kommissionierung beim Lieferanten → Transport in die Filialen → Mengen- und Werterfassung im Zentraleinkauf → Weiterleitung des Datengerüstes an das Rechnungswesen.

Jede Schnittstelle bedeutet: Übergabe der Aufgabe, der Informationen, Abstimmung, Rückkopplung, Gefahr der Verzögerung, ggf. Reibungsverluste (Inhalt und Qualität). Je komplexer ein Prozess ist und je mehr ein Unternehmen gegliedert ist, desto stärker wird der Prozess durch Übergänge von einer Organisationseinheit zur nächsten fragmentiert. Man versucht daher bei der Neugestaltung bzw. der Reorganisation von Unternehmensstrukturen soweit wie möglich die Anzahl der Schnittstellen zu reduzieren/ zu vermeiden, indem die Organisationsstruktur dem Prozess folgt und nicht umgekehrt.

04. Was versteht man unter der Potenzialanalyse im Rahmen der Prozessgestaltung?

Als *Potenzialanalyse* im Rahmen der Prozessgestaltung bezeichnet man die Diagnose, welche Ressourcen im Basisgeschäft gebunden sind und welche ggf. für strategische Aktionen noch (oder nicht mehr) zur Verfügung stehen. Ziel der Prozessorganisation ist es, die bestehenden Ressourcen auf Kernprozesse mit hoher Wertschöpfung zu konzentrieren und dabei freiwerdende Ressourcen für strategische Aktionen zu nutzen (z. B. Aufbau einer Auslandsniederlassung, verbessertes Controlling, verbesserte Kunden-/Marktorientierung, Investition in Human Ressources).

7.4 Spezifische Bedingungen bei der Warenanlieferung und -lagerung

Hinweis: Für den Abschnitt 7.4 wird von der Gliederung des Rahmenplans abgewichen, da diese unsystematisch, unvollständig und eher willkürlich ist. Beispielsweise wird nur das Stichwort „Gefahrgut" erwähnt und der weite, für den Handel ebenfalls relevante Bereich der „Gefahrstoffe" (vgl. Lagerung von Gefahrstoffen nach der Gefahrstoffverordnung sowie dem Chemikaliengesetz) nicht erwähnt wird. Im Übrigen ist der Umgang und die Lagerung von Gefahrstoffen keine Formalität (lt. Rahmenplan) sondern richtet sich nach strikt einzuhaltenden Rechtsvorschriften zur Vermeidung von Unfällen und Gesundheitsgefährdungen.

7.4.1 Umgang mit Gefahrstoffen (GefStoffV, ChemG)

01. Welchen wesentlichen Zweck und Inhalt hat das Chemikaliengesetz?

Das Chemikaliengesetz (ChemG; Gesetz zum Schutz vor gefährlichen Stoffen) gilt sowohl für den *privaten* als auch für den *gewerblichen* Bereich. Es soll *Menschen und Umwelt* vor gefährlichen Stoffen und gefährlichen Zubereitungen schützen. Stoffe bzw. Zubereitungen sind dann gefährlich, wenn sie folgende Eigenschaften haben (§ 4 GefStoffV):

- explosionsgefährlich
- giftig
- reizend
- hoch entzündlich
- brandfördernd
- sehr giftig
- entzündlich.

Hersteller und Handel

- haben die Eigenschaften der in Verkehr gebrachten Stoffe zu ermitteln und
- entsprechend zu verpacken und zu kennzeichnen.

02. Welche Stoffe gelten als Gefahrstoffe?

Welche Stoffe als Gefahrstoffe gelten, regelt die Gefahrstoffverordnung (GefStoffV). Nicht nur *reine Stoffe* sind Gefahrstoffe, auch *Zubereitungen* aus mehreren Stoffen können Gefahrstoffe sein. Gefahrstoffe können aber auch erst *im Prozess während der Herstellung* aus zunächst ungefährlichen Stoffen entstehen.

Gefahrstoffe können explosionsfähig sein, aber auch krebserregend, erbgutverändernd oder fruchtbarkeitsgefährdend. Gefahrstoffe sind Stoffe, die ein oder mehrere Gefährlichkeitsmerkmale aufweisen. Die Gefährlichkeitsmerkmale sind in § 4 der *Gefahrstoffverordnung*, in § 3a des *Chemikaliengesetzes* aber auch in der *Gefahrstoffrichtlinie 67/548/EWG* aufgeführt.

03. Welches Konzept verfolgt die überarbeitete Gefahrstoffverordnung?

Achtung! Die Gefahrstoffverordnung ist völlig überarbeitet und neu gestaltet worden. Sie gehört damit zu den jüngsten Gesetzen im Themenkreis Arbeits- und Umweltschutz und ist Anfang 2010 in Kraft getreten. Die (neue) GefStoffV setzt die Gefahrstoffrichtlinie der EU für Deutschland um. Sie ergänzt das Arbeitsschutzgesetz und baut auf dessen Schutzzielen auf. Die Verordnung enthält *Maßnahmen in gefährdungsorientierter Abstufung und schließt in das Schutzkonzept auch Stoffe ohne Grenzwert ein.*

Die Beurteilung der Gefährdungen wird im Betrieb nach folgenden Gesichtspunkten durchgeführt:

1. gefährliche Eigenschaften der Stoffe (auch Zubereitungen physikalisch-chemische Wirkungen)

2. Informationen des Herstellers (auch Inverkehrbringers) zum Gesundheitsschutz (Sicherheitsdatenblatt)

3. Art und Ausmaß der Exposition, Expositionswege, Messwerte, andere Ermittlungen

4. Möglichkeit des Ersatzes von Gefahrstoffen durch weniger gefährliche oder ungefährliche Stoffe

5. Arbeitsbedingungen, Arbeitsmittel, Menge der Gefahrstoffe

6. Grenzwerte

7. Wirksamkeit der Schutzmaßnahmen

8. medizinische Erkenntnisse, Ergebnisse der medizinischen Vorsorge.

04. Welche Schutzmaßnahmen schreibt die neue GefStoffV vor?

Grundlage aller Handlungen, die der Unternehmer in Gang setzen muss, ist, wie im Arbeitsschutzgesetz gefordert, die *Gefährdungsbeurteilung*. Sie muss *dokumentiert werden*. Die anzuwendenden Schutzmaßnahmen ergeben sich aus dem Gefährdungsgrad, der im Rahmen der Gefährdungsbeurteilung ermittelt wurde.

Die Schutzstufen umfassen

- *allgemeine* Schutzmaßnahmen (§ 8 GefStoffV),
- *zusätzliche* Schutzmaßnahmen (§ 9 GefStoffV) und
- *besondere* Schutzmaßnahmen (§ 10 GefStoffV).

* *allgemeine Schutzmaßnahmen:*

§ 8 GefStoffV beschreibt die Grundmaßnahmen, die in jedem Fall ergriffen werden müssen. Die Reihenfolge der Maßnahmen gliedert sich in

- Beseitigung der Gefährdung,
- Verringerung der Gefährdung auf ein Mindestmaß und
- Substitution des Stoffes durch weniger gefährliche Stoffe.

Greifen diese Maßnahmen nicht oder nicht ausreichend, müssen

- technische oder verfahrenstechnische Maßnahmen nach dem Stand der Technik ergriffen werden,
- kollektive Schutzmaßnahmen in Gang gesetzt werden und organisatorische Maßnahmen als Ergänzung umgesetzt werden sowie
- individuelle Schutzmaßnahmen (persönliche Schutzausrüstungen, PSA) ergänzen die vorstehend aufgeführten.

Die Schutzmaßnahmen umfassen:

- Arbeitsplatzgestaltung, Organisation

- Bereitstellung geeigneter Arbeitsmittel

- Begrenzung der Anzahl der Mitarbeiter

- Begrenzung der Dauer und Höhe der Exposition

- Hygienemaßnahmen, Reinigung der Arbeitsplätze

- Begrenzung der Menge des Gefahrstoffs am Arbeitsplatz

- Anwendung geeigneter Arbeitsmethoden und -verfahren (Gefährdung so gering wie möglich)

- Vorkehrungen zur sicheren Handhabung, Lagerung und sicherem Transport (inkl. der Abfälle).

Es besteht die Pflicht zu ermitteln, ob die Arbeitsplatzgrenzwerte eingehalten werden. In Arbeitsbereichen, in denen eine Kontamination besteht, darf nicht gegessen, getrunken oder geraucht werden. Es müssen besondere Maßnahmen ergriffen werden, wenn Arbeiten mit Gefahrstoffen von Mitarbeitern allein ausgeführt werden müssen.

* *zusätzliche Schutzmaßnahmen:*

Sie geht von *Tätigkeiten mit hoher Gefährdung* aus. Hier sind zusätzliche Schutzmaßnahmen notwendig wie

- Verwendung in geschlossenen Anlagen und Systemen

- technische Maßnahmen der Luftreinhaltung

- besondere Entsorgungstechniken

- Messen von Gefahrstoffkonzentrationen

- Bereitstellung von besonders geeigneter PSA

- Evtl. müssen getrennte Aufbewahrungsmöglichkeiten für Arbeits- bzw. Schutzkleidung und Straßenkleidung bereitgestellt werden.

- Reinigung der kontaminierten Kleidung muss durch den Arbeitgeber zu seinen Lasten veranlasst werden.

- wirksame Zutrittsbeschränkungen zu gefährdeten Arbeitsbereichen

- Aufsicht (auch Aufsicht unter Zuhilfenahme technischer Mittel).

Insbesondere Tätigkeiten, bei denen mit Überschreitungen von Grenzwerten zu rechnen ist, erfordern *zusätzliche* Schutzmaßnahmen.

- *besondere Schutzmaßnahmen* bei Tätigkeiten mit krebserzeugenden, erbgutverändernden und fruchtbarkeitsgefährdenden Gefahrstoffen:

  Hier werden zusätzlich sehr wirksame technische Lösungen, besondere Schutzkleidungen usw. notwendig und die Dauer der Exposition für die Beschäftigten darf nur ein absolutes Minimum darstellen. Abgesaugte Luft darf unabhängig von ihrem Reinigungsgrad nicht wieder an den Arbeitsplatz zurückgeführt werden.

  Besondere Schutzmaßnahmen sind im Einzelnen:

  - exakte Ermittlung der Exposition (schnelle Erkennbarkeit von erhöhten Expositionen muss möglich sein, z. B. bei unvorhersehbaren Ereignissen, Unfällen)

  - Gefahrbereiche sicher begrenzen (z. B. Verbotszeichen für Zutritt, Rauchverbot)

  - Beschränkung der Expositionsdauer

  - PSA mit besonders hoher Schutzwirkung (Tragepflicht für die Mitarbeiter während der gesamten Expositionsdauer)

  - keine Rückführung abgesaugter Luft an den Arbeitsplatz

  - Aufbewahrung der genannten Stoffe unter Verschluss.

- *besondere Schutzmaßnahmen* gegen physikalische und chemische Einwirkungen – insbesondere Brand- und Explosionsgefährdungen:

  Ergibt sich aus der Gefährdungsbeurteilung, dass besondere Schutzmaßnahmen gegen physikalische und chemische Einwirkungen – insbesondere Brand- und Explosionsgefährdungen – notwendig sind, eignen sich folgende Schutzmaßnahmen:

  - Tätigkeiten vermeiden und verringern

  - gefährliche Mengen und Konzentrationen vermeiden

  - Zündquellen vermeiden

  - schädliche Auswirkungen von Bränden und Explosionen auf die Sicherheit der Mitarbeiter und anderer Personen verringern; dies geschieht i. d. R. durch besondere technische Einrichtungen, die durch organisatorische Maßnahmen unterstützt werden.

Im Überblick: *Die Schutzmaßnahmen der neuen GefStoffV 2010:*

§ 7	**Grundpflichten** bei der Durchführung von Schutzmaßnahmen	
	§ 8	**+ Allgemeine Schutzmaßnahmen,** die bei geringer und „normaler" Gefährdung ausreichen
		§ 9

		§ 9	**+ Zusätzliche Schutzmaßnahmen** bei „erhöhter" Gefährdung

			§ 10	**+ Besondere Schutzmaßnahmen** bei Tätigkeiten mit krebserzeugenden, erbgutverändernden und fruchtbarkeitsgefährdenden Gefahrstoffen der Kategorie 1 oder 2 **+ Besondere Schutzmaßnahmen** gegen physikalische und chemische Einwirkungen – insbesondere Brand- und Explosionsgefährdungen:

05. Was sind TRGS?

Die Ausschüsse für Gefahrstoffe ermitteln regelmäßig *Technische Regeln* für den sicheren *Umgang mit Gefahrstoffen* (TRGS), die dem Unternehmer helfen, die *Gefahrstoffverordnung* richtig anzuwenden.

06. Wie gelangen Gefahrstoffe in den menschlichen Körper?

Feste, flüssige und pastöse Gefahrstoffe gelangen über die Mundöffnung in den Verdauungstrakt. Stäube, Rauche, Nebel, Aerosole, Dämpfe und Gase werden über die *Atmungsorgane* aufgenommen. *Flüssige* Gefahrstoffe gelangen *über die Haut* in den Körper, wenn sie hautresorptiv sind (z. B. Benzol im Ottokraftstoff). Unfälle, bei denen Gefahrstoffe in fester Form in den menschlichen Körper gelangen, sind selten. Die *Aufnahme von gefährlichen Flüssigkeiten* ist *häufiger* anzutreffen. Beide Arten von Unfällen geschehen leider immer dann, wenn Gefahrstoffe in Behältnissen, die eigentlich für die Aufbewahrung von Lebensmittel vorgesehen sind, aufbewahrt werden. Deswegen verbietet die Gefahrstoffverordnung dies streng.

07. Welche Gefahrenpiktogramme gibt es?

Es gibt neun (neue) international festgelegte Gefahrenpiktogramme als Warnzeichen. Sie weisen auf die Hauptgefahren hin, die von einem Stoff oder Gemisch ausgehen. Sie sind *weiß* und *rot umrandet*; der Druck des eigentlichen Piktgramms ist *schwarz*.

GHS01
Explodierende Bombe
z. B.
• Explosive Stoffe

GHS02
Flamme
z. B.
• Entzündbare Feststoffe, Flüssigkeiten, Aerosole, Gase
• Pyrophore Stoffe
• Organische Peroxide

GHS03
Flamme über einem
Kreis
• Oxidierende Feststoffe
• Oxidierende Flüssig-
  keiten
• Oxidierende Gase

GHS04
Gasflasche
• Gase unter Druck

GHS05
Ätzwirkung
• Hautätzend, Kat. 1
• Schwere Augenschädi-
  gung, Kat. 1
• Korrosiv gegenüber Me-
  tallen, Kat. 1

GHS06
Totenkopf mit gekreuz-
ten Knochen
• Akute Toxizität,
  Kat. 1 - 3

GHS07
Ausrufezeichen
z. B.
• Akute Toxizität, Kat. 4
• Hautreizend, Kat 2

GHS08
Gesundheitsgefahr
z. B.
• Karzinogenität,
  Kat. 1A/B, 2
• Aspirationsgefahr
• Atemwegs-
  sensibilisierend
• Spezifische Zielorgan-
  toxizität

GHS09
Umwelt
• Gewässergefährdend

Zur Lagerung von „Gefahrstoffen" vgl. 5.7.1.

08. Welche wichtigen Bestimmungen enthält das Jugendarbeitsschutzgesetz zum Umgang mit Gefahrstoffen?

Das Jugendarbeitsschutzgesetz bestimmt, dass Jugendliche schädlichen Einwirkungen von Gefahrstoffen nicht ausgesetzt werden dürfen; Einzelheiten regelt § 22 Abs. 1 Nr. 5 - 6 JArbSchG (bitte lesen).

09. Welchen Schutz genießen werdende Mütter?

Werdende Mütter dürfen während ihrer Tätigkeit gesundheitsgefährlichen Stoffen, Strahlen, Gasen, Dämpfen nicht ausgesetzt sein. Es existiert ein absolutes Beschäftigungsverbot für werdende Mütter; Einzelheiten sind in § 4 MuSchG sowie in der Mutterschutzverordnung (MutterschutzVO) geregelt.

7.4.2 Gefahrguttransport

01. Was sind gefährliche Güter?

Gefährliche Güter sind Stoffe und Gegenstände, von denen aufgrund ihrer Natur, ihrer Eigenschaften oder ihres Zustandes im Zusammenhang mit der Beförderung Gefahren für die öffentliche Sicherheit oder Ordnung, insbesondere für die Allgemeinheit, für wichtige Gemeingüter, für Leben und Gesundheit von Menschen sowie für Tiere und Sachen ausgehen können.

02. Wie lassen sich gefährliche Güter unterscheiden?

Gefährliche Güter lassen sich hinsichtlich ihrer physikalischen und chemischen Eigenschaften unterscheiden. Zur Unterscheidung wurden Gefahrenklassen gebildet. Jede Gefahrenklasse wird durch ein bestimmtes Zeichen symbolisiert.

Beispiele (Auszug):

Gefahrenklasse	Stoffe	gefährliche Güter, z. B.:
1	Explosive Stoffe	Munition, Feuerwerkskörper
2	Gase	technische Gase, Spraydosen
3	Entzündliche Stoffe	Benzin, Spiritus
4	Entzündbare feste Stoffe	Feueranzünder, Streichhölzer

Wenn von einem Transportgut mehrere Gefahren ausgehen (unterschiedliche Gefahrstoffe), werden diese nach Haupt- und Nebengefahren unterschieden.

03. Welche Vorgänge umfasst die Beförderung von gefährlichen Gütern?

Die Beförderung gefährlicher Güter umfasst folgende Vorgänge:

• Ortsveränderung

• Übernahme und Ablieferung

• zeitweilige Aufenthalte im Verlauf der Beförderung (z. B. Wechsel der Beförderungsart/des Beförderungsmittels)

• Vorbereitungs- und Abschlusshandlungen (Verpacken, Auspacken, Beladen, Entladen).

04. Welche Rechtsvorschriften regeln den Transport gefährlicher Güter?

Der Transport gefährlicher Stoffe unterliegt nationalen und internationalen Rechtsvorschriften. Für den Transport mit den einzelnen Verkehrsträgern gelten z. B. folgende Vorschriften:

• Gesetz über die Beförderung von gefährlichen Gütern (GGBefG)

• Verordnung über die innerstaatliche und grenzüberschreitende Beförderung gefährlicher Güter auf der Straße, mit Eisenbahnen und auf Binnengewässern(GGVSEB)

- Europäisches Übereinkommen über die internationale Beförderung gefährlicher Güter auf der Straße (ADR)

- Europäisches Übereinkommen über die internationale Beförderung gefährlicher Güter auf der Eisenbahn (RIO)

- Europäisches Übereinkommen über die internationale Beförderung gefährlicher Güter auf Binnenwasserstraßen (ADN)

- International Maritime Dangerous Goods Code (IMDG-Code)

- Vorschriften über die Beförderung gefährlicher Güter im Luftverkehr des internationalen Verbandes der Fluggesellschaften (IATA-DGR).

05. Welche Funktion haben Gefahrenzettel?

Gefahrenzettel auf den Versandstücken weisen auf die Hauptgefahr und die möglichen Nebengefahren hin, die von einem Transportgut ausgehen können (Quadrat auf der Spitze mit Pictogramm für die Gefahr und Nummer der Gefahrenklasse).

06. Welche Funktion haben Warntafeln?

Warntafeln vor Gefahrstoffen sind am Transportmittel anzubringen (Lkw, Tankfahrzeuge, Eisenbahnwaggon). Sie sind rechteckig und orangefarben. Unter bestimmten Voraussetzungen wird in ihrem oberen Teil die Gefahr (sog. Kemlernummer) und in ihrem unteren Teil der Stoff (UN-Nummer) gekennzeichnet.

07. Was ist bei der Transportverpackung gefährlicher Güter zu beachten?

Für den Transport sind Gefahrgüter in UN-zertifizierten Behältern zu verpacken.

08. Welche Papiere sind beim Transport gefährlicher Güter mitzuführen?

- Beförderungspapiere/Gefahrgutdokument (u. a. Gefahrstoffbezeichnung, Menge, UN-Nummer usw.)
- Unfallmerkblatt (für den Straßenverkehr)
- ADR-Bescheinigung über die durchgeführte Schulung des Fahrers.

09. Welche Inhalt hat der Frachtbrief nach § 408 HGB?

§ 408 HGB (Frachtbrief) bestimmt u. a.:

Der Frachtführer kann die Ausstellung eines Frachtbriefes mit folgenden Angaben verlangen: ... 6. die übliche Bezeichnung der Art des Gutes und die Art der Verpackung, *bei gefährlichen Gütern ihre nach den Gefahrgutvorschriften vorgesehene,* sonst ihre allgemein anerkannte *Bezeichnung* ...

Quelle: Ziffer 7.4.2 wurde zum Teil verfasst in Anlehnung an: Vry, W., Die Prüfung der Fachkaufleute für Einkauf und Logistik, a. a. O., S. 404 ff.

7.4.3 Gefahrgutbeauftragter

01. Welche Unternehmen müssen einen Gefahrgutbeauftragten bestellen?

Unternehmen, die an der Beförderung von Gefahrgut beteiligt sind (nach GGVSEB) müssen mindestens einen Gefahrgutbeauftragten (Sicherheitsberater) schriftlich bestellen. Dies ergibt sich aus dem Gefahrgutbeförderungsgesetz (GGBefG) i. V. m. der Gefahrgutbeauftragtenverordnung (GbV). Schulungen für Gefahrgutbeauftragte bieten die IHKn an.

02. Welche Aufgaben hat der Gefahrgutbeauftragte?

- *Überwachung der Einhaltung der Gefahrgutvorschriften:*
  Der Gefahrgutbeauftragte hat als Beauftragter des Unternehmers die Einhaltung der Vorschriften zur Beförderung gefährlicher Güter für den jeweiligen Verkehrsträger zu beachten. Er hat in dieser Eigenschaft keine Weisungsbefugnis, sondern ist „Berater" des Unternehmers.

- *Überwachung und Dokumentation der Gefahrguttransporte:*
  Er überwacht die Abwicklung der Gefahrguttransporte. Dazu hat er Aufzeichnungen anzufertigen. Diese sind fünf Jahre aufzubewahren und den Überwachungsbehörden bei Bedarf vorzulegen. Weiterhin hat er einen Jahresbericht zu erstellen.

- *Anzeige von Mängeln/Fehlern bei der Gefahrgutbeförderung*

- *Unfallbericht:*
  Bei schwereren Unfällen mit Gefahrgut hat er einen Unfallbericht zu erstellt.

- *Weitere Mitarbeit,* z. B.:
  - Kauf von neuen Beförderungsmitteln
  - Schulung der Mitarbeiter.

03. Welche Anforderungen werden an den Gefahrgutbeauftragten gestellt?

- Als Gefahrgutbeauftragter darf nur tätig werden, wer Inhaber eines für den oder die betreffenden Verkehrsträger gültigen Schulungsnachweises ist. Der Schulungsnachweis wird von einer Industrie- und Handelskammer erteilt, wenn der Betroffene an einem Grundlehrgang teilgenommen und die Prüfung mit Erfolg abgelegt hat (anerkannter Schulungsveranstalter; von der IHK öffentlich bekannt gegeben).

- Der Schulungsnachweis hat eine Geltungsdauer von fünf Jahren und kann bei einer ergänzenden Schulung verlängert werden. Der Schulungsnachweis muss der zuständigen Überwachungsbehörde auf Verlangen vorgelegt werden.

7.4.4 Kühlkette

01. Was bezeichnet man als Kühlkette?

Unter der Kühlkette wird die lückenlose Kette der Lagereinrichtungen und Transportmittel vom Erzeuger bis zum Endkunden verstanden, die die Einhaltung der vorgeschriebenen Temperatur sicherstellt. Dies betrifft vorrangig Lebensmittel und zunehmend auch medizinische Produkte.

Beispiel einer Kühlkette für Fleisch:

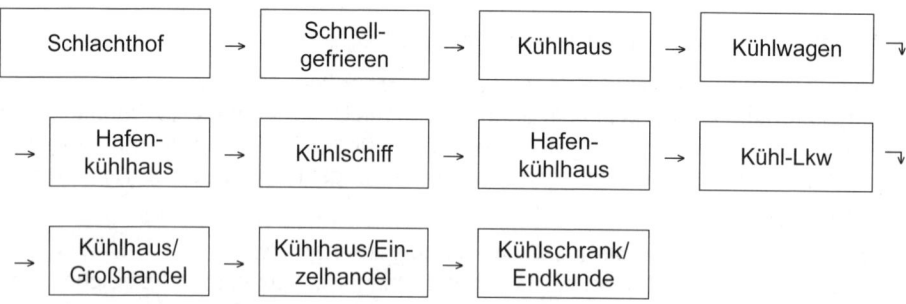

Die Logistikbranche setzt unterschiedliche Spezialfahrzeuge ein, um die Kühlkette von der Herstellung bis zum Verbraucher zu sichern. Teilweise verfügen die Fahrzeuge über unterschiedliche Kühlkammern, da für die transportierte Ware unterschiedliche Temperaturzonen erforderlich sind. Wird die Kühlkette unterbrochen, so ist die Ware zu vernichten.

02. Welche Temperaturzonen schreibt der Gesetzgeber vor?

Beispiele:

Ware	Temperaturzonen (Transport)
Fleisch, Fisch – tiefgefroren	-18 °C, dauerhaft
Frischfleisch	4 °C
Milch, Molkereiprodukte	8 °C
Schokolade	15 - 18 °C
Obst, Gemüse	unterschiedlich, je nach Sorte, z. B. Äpfel: 1 - 4 °C

7.5 Transportsteuerung

7.5.1 Transportsteuerung als Teilgebiet der Transportlogistik

Vgl. dazu „Begriffe und Aufgaben der Transportlogistik" 5.4.2/07.

01. Welche Ziele verfolgt die Transportlogistik?

Bei der Gestaltung der Transportlogistik werden vor allem folgende Ziele verfolgt:

- optimale Nutzung der Transportsysteme (Transportwege, -mittel)
- Minimierung der Transportkosten und -zeiten
- Flexibilität des Transportsystems an veränderte Bedingungen
- Transparenz (Kennzeichnung, Rückverfolgungssystem u. Ä.)
- hoher Servicegrad.

02. Welche Funktion hat die Transportsteuerung im Rahmen der Transportlogistik?

Der Gestaltungsprozess der Transportlogistik ist ein *Regelkreis,* der im Rahmen der gesetzten Ziele (vgl. Frage 03.) folgende Phasen umfasst:

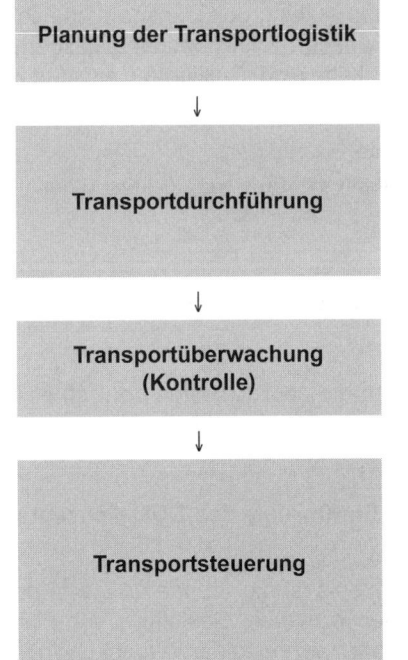

Planung der Transportlogistik

Transportmittel, -wege, -abläufe, -verträge, -strategien; das *Planungs-Soll* ist Ausgangsbasis für die Transportdurchführung.

Transportdurchführung

Bei der Durchführung wird periodisch ein *Ist-Zustand* realisiert: kurzfristige Disposition der Transportmittel und -kapazitäten in Abhängigkeit von den Transportaufträgen und -bedingungen.

Transportüberwachung (Kontrolle)

Die Transportüberwachung kontrolliert laufend im Wege eines Soll-Ist-Vergleichs, ob die gesetzten Ziele erreicht werden.

Transportsteuerung

Bei Soll-Ist-Abweichungen ist es Aufgabe der Transportsteuerung, korrigierend einzugreifen. Dies erfolgt durch weitere Maßnahmen im Ist (z. B. Änderung der Logistikpartner, der Verkehrsträger) oder ggf. durch eine Korrektur der Logistikziele (Problem der realistischen Zielplanung).

Die nachfolgende Abbildung zeigt schematisch den dynamischen Zusammenhang von Transportplanung, -durchführung, -überwachung und -steuerung als Regelkreis:

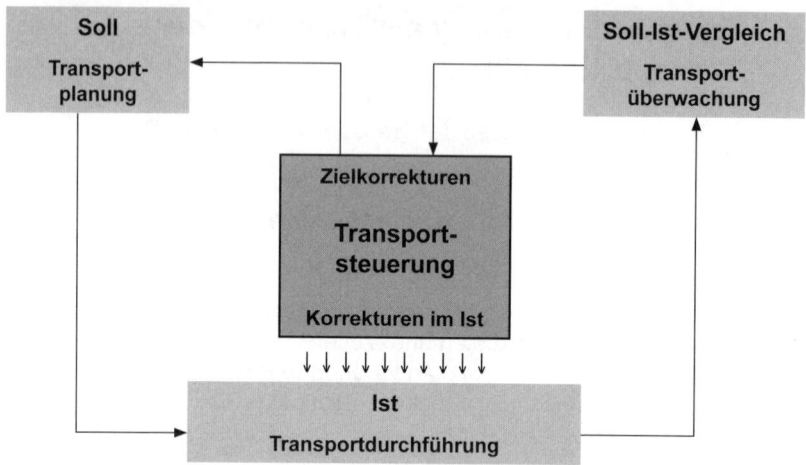

7.5.2 Efficient Unit Loads (EUL)

01. Welche Zielsetzung hat das EUL-Konzept?

Efficient Unit Loads ist ein System zur *effizienten Gestaltung logistischer Einheiten*. Das System ist dann effizient, wenn alle Komponenten entlang der Transportkette so aufeinander abgestimmt sind, dass die Ziele der Transportlogistik bestmöglichst erreicht werden können. Die *Komponenten* der Transportkette sind: Effiziente Gestaltung der

- Verpackung,
- Transportträger (z. B. Paletten, Regale, Behälter, Container),
- Lkw-Ladeflächen, Frachtdimensionen der sonstigen Verkehrsträger (Flugzeug, Schiene, Schifffahrt),
- Laderampen,
- Wareneingangs- und -ausgangstore,
- innerbetriebliche Fördermittel (z. B. Transportbänder, Flurförderfahrzeuge) und
- Warenumschlags- und Lagereinrichtung.

Durch die Einführung des EUL-Konzepts können die Logistikkosten deutlich gesenkt werden.

02. Welche Vorraussetzungen müssen zur Einführung des EUL-Konzepts geschaffen werden?

Voraussetzung für die Einführung des EUL-Konzepts ist die *Standardisierung der logistischen Einheiten* (Abmessungen, Ladeflächenverbrauch, Gestaltung von Einweg- und Mehrwegsystemen) sowie die einheitliche Kennzeichnung der Verpackung und der Transporteinheiten. Seit dem Jahr 2002 existiert eine Anwendungsempfehlung für EUL, die von der GS1 Germany (Global Standards One) in Zusammenarbeit mit namhaften Hersteller- und Handelsfirmen verfasst wurde. Die METRO Group war daran maßgeblich beteiligt.

03. Welche Anforderungen werden an Verpackungen gestellt?

Die Verpackungsverordnung (VerpackV) unterscheidet:

* Verkaufsverpackung
* Umverpackung
* Transportverpackung.

* *Transportverpackungen* müssen folgende Eigenschaften erfüllen: z. B. gewichtsreduziert, platzsparend, optimale Dimensionen für Transport und Umschlag [stapelbar, handhabbar, automatisierbar, unterfahrbar, beanspruchungsresistent (Stoß, Druck)]. Die Verpackung gefährlicher Güter muss so beschaffen sein, dass die Umwelt nicht in Mitleidenschaft gezogen wird.

* Die Verpackungsverordnung schreibt weiterhin die *Rücknahmepflicht* für Transport und Verkaufsverpackungen vor.

* Außerdem enthält die Verpackungsverordnung die Verpflichtung, sich an einem *flächendeckenden haushaltsnahen Rücknahmesystem* zu beteiligen.

7.5.3 IT-gestützte Transportsteuerung anhand von Waren-Identifikationsnummer-Systemen

01. Welche Nummern- und Codiersysteme werden heute bei der IT-gestützten Transportsteuerung eingesetzt?

Zur Optimierung der inner- und außerbetrieblichen Transportlogistik (Waren-, Daten- und Wertlogistik) werden heute mithilfe von EAN-Standards logistische Informationen (Artikelkennzeichnung, Adressen/Herkunft, Versandeinheiten) numerisch verschlüsselt und maschinell lesbar gemacht. Gleichzeitig wird damit eine optimale Entsorgungslogistik sowie eine Rückverfolgung der Herkunft möglich.

Man bedient sich dabei des Strichcodes (EAN-Code) und der Nachrichtensprache EAN-COM. Man unterscheidet im Wesentlichen drei Nummern- und Codiersysteme:

* die Internationale *Lokationsnummer* ILN

* die Internationale *Artikelnummer* EAN-Code bzw. GTIN (Global Trade Item Number)

* die Nummer der *Versandeinheit* NVE bzw. SSCC (Serial Shipping Container Code).

Einzelheiten dazu vgl. 1.6.4.2.

02. Welche Vorgabe enthält die Richtlinie 2001/95/EG hinsichtlich der Rückverfolgung?

Die Richtlinie 2001/95/EG des Europäischen Parlaments und des Rates vom 03.12.2001 über die allgemeine Produktsicherheit (ABl. Nr. L 11 vom 15.01.2002, S. 4) schreibt vor, dass Vertreiber die Rückverfolgung der Produktherkunft und die Rücknahme oder den Rückruf gefährlicher Produkte sicherstellen müssen. Im Rahmen ihrer jeweiligen Geschäftstätigkeit haben sie außerdem an der Überwachung der Sicherheit der in Verkehr gebrachten Produkte mitzuwirken, insbesondere durch Weitergabe von Hinweisen auf eine von den Produkten ausgehende Gefährdung, *durch Aufbewahren und Bereitstellen der zur Rückverfolgung von Produkten erforderlichen Dokumentation* und durch Mitarbeit an Maßnahmen der Hersteller und zuständigen Behörden zur Vermeidung der Gefahren.

7.6 Versicherungen

7.6.1 Versicherungswesen und -systematik

Wir beschränken uns auf eine Übersicht der Versicherungssystematik in Deutschland. Wir empfehlen den Lesern, sich im Rahmen ihrer Prüfungsvorbereitung auf das spezielle Thema „Transportversicherung" zu konzentrieren.

01. Auf welchen Tatbeständen basiert das Versicherungswesen?

1	Gefahren	Unternehmen und Privatpersonen sind von Gefahren bedroht, deren Eintritt mit wirtschaftlich nachteiligen Risiken verbunden sein kann.
2	Ereignisse/Risiken	Gefahren wirken auf • Personen (Krankheit, Unfall, Invalidität, Tod) • Sachen (Diebstahl, Brand, Unwetter) • Vermögen (Schadenersatzleistung, Verdienst-/Betriebsausfall)
3	Ursachen	für Risiken können sein: • objektiv (vom menschlichen Verhalten unabhängig; Unwetter) • subjektiv (bedingt durch menschliches Verhalten; Diebstahl)
4	Schäden	können sein:
		Materielle Schäden: • Personenschäden (Unfall, Tod) • Sachschäden (Beschädigung, Verlust) • Vermögensschäden (finanzielle Aufwendungen)
		Immaterielle Schäden: • seelische Schmerzen (Verlust) • körperliche Schmerzen (Verletzung)

5	Maßnahmen zur Risikobegrenzung	Risikovorbeugung, z. B. Diebstahlsicherung, kritische Auswahl des Lieferanten
		Risikoabwälzung, z. B. der Versender überträgt das Transportrisiko auf den Frachtführer; Abschluss von Versicherungsverträgen
		Risikostreuung, z. B. Verteilung des Risikos (Eigenanteil = Selbstbehalt und Fremdanteil bei Versicherungsverträgen), Wahl der Rechtsform
		vertragliche Risikobegrenzung, z. B. Vereinbarung im Kaufvertrag über Erfüllungsort (AGB, Incoterms)
		Finanzielle Vorsorge, z. B. Rücklagen, Rückstellungen
		Risikoabsicherung im Außenhandel: Risikoübernahme durch den Staat (Hermes-Bürgschaft), Incoterms
6	Merkmale der Versicherung	Deckung des Geldbedarfs bei Schadeneintritt durch Versicherungsvertrag; bei Unterversicherung wird die Schadenssumme nur anteilig erstattet.
		Höhe des Geldbedarfs ist ungewiss, aber schätzbar.
		Ausgleich des Risikos innerhalb des Kollektivs der Versicherten

02. Welche Bestimmungen wirken auf Versicherungsverträge?

BGB	Geschäftsfähigkeit (§§ 104 - 113), Willenserklärungen (§§ 116 - 144), Vertrag (§§ 145 - 157), Vertretung, Vollmacht (§§ 164 - 181), Allgemeine Geschäftsbedingungen (AGB, §§ 305 - 310), Verträge zu Gunsten Dritter (§§ 330 - 332), Nießbrauch (§§ 1045 - 1046), Schutz der Hypothekengläubiger durch Gebäudeversicherung (§§ 1127 - 1139)
HGB	Versicherungsvertreter (§ 92), Versicherungsmakler (§ 104), Versicherungsunternehmen (§§ 341 ff.); bestimmte Berufsgruppen sind nach HGB (oder anderen Rechtsgrundlagen) verpflichtet eine Berufshaftpflichtversicherung abzuschließen.
VVG	Versicherungsvertragsgesetz
VVG-InfoV	Seit 01.07.2008 müssen die Versicherungsunternehmen in Euro und Cent angeben, was die von ihnen angebotenen Lebens-, Berufsunfähigkeits- und Krankenversicherungen kosten. Verbindlich vorgeschrieben ist zusätzlich *ein Produktinformationsblatt*, das in übersichtlicher und verständlicher Form über die für den Abschluss oder die Erfüllung des Vertrages besonders wichtigen Umstände Auskunft gibt.
AVB	Allgemeine Versicherungsbedingungen; sie unterliegen der Kontrolle nach Maßgabe der AGB des BGB und der staatlichen Versicherungsaufsicht.
Versicherungsvertrag	ist ein zweiseitiges Rechtsgeschäft (Antrag + Annahme) und unterliegt den o. g. Bestimmungen

03. Welche Versicherungszweige gibt es?

Nach dem *Gegenstand der Versicherung* gibt es folgende Versicherungszweige (auch: Versicherungssparten):

Versicherungszweige		
Personenversicherung	**Sachversicherung**	**Vermögensversicherung**
	Beispiele	
Lebensversicherung Krankenversicherung Unfallversicherung	Glasversicherung Feuerversicherung Verbundene Hausrat- versicherung	Rechtsschutzversicherung Haftpflichtversicherung Kreditversicherung

Nach dem *Träger der Versicherung* unterscheidet man:

A. Gesetzliche Sozialversicherung	
Gesetzliche Kranken- versicherung (GKV)	Aufgrund der Gesundheitsreform 2007 sind alle Bürger der BRD verpflichtet, eine Krankenversicherung abzuschließen (bei einer Ersatzkasse oder eine privaten Krankenversicherung); Arbeitge- ber und Arbeitnehmer tragen (vereinfacht) die Beiträge zu je 50 %; vgl. SGB V.
Gesetzliche Unfall- versicherung (GUV)	Die Beiträge übernimmt der Arbeitgeber allein; versichert sind Ar- beits- und Wegeunfälle sowie anerkannte Berufskrankheiten; ver- sichert kraft Gesetzes ist der Personenkreis lt. § 2 SGB VII, versi- cherungsfrei ist der Personenkreis nach § 4 SGB VII.
Arbeitsförderung	(ehemals: Arbeitslosenversicherung); Arbeitgeber und Arbeitneh- mer tragen (vereinfacht) die Beiträge zu je 50 %; Leistungen sind z. B. ALG I, ALG II, Berufsberatung, Arbeitsvermittlung, Kurzarbei- tergeld; vgl. SGB III.
Gesetzliche Renten- versicherung (GRV)	Arbeitgeber und Arbeitnehmer tragen (vereinfacht) die Beiträge zu je 50 %; Leistungen, z. B. Renten (Regel-Altersrente, vorgezoge- ne Altersrente, Erwerbsminderungsrente, Witwen-, Waisenrente), Reha-Maßnahmen); vgl. SGB VI.
Gesetzliche Pflegever- sicherung (GPV)	Pflichtversichert sind alle gesetzlich und privat Krankenversicher- ten; Arbeitgeber und Arbeitnehmer tragen (vereinfacht) die Beiträ- ge zu je 50 %; Leistungen nach Pflegestufe I bis III bei häuslicher Pflege, teilstationärer und vollstationärer Pflege; vgl. SGB XI.

B. Individualversicherung (Beispiele)	
Lebens- versicherung (LV)	Todesfallversicherung, kapitalbildende Lebensversicherung, Ver- sicherung mit festem Auszahlungstermin, Risikolebensversiche- rung, Rentenversicherung, Vermögenswirksame Lebensversiche- rung, Zusatzversicherungen (BUZ = Berufsunfähigkeitszusatzver- sicherung), Gruppenversicherungen
Private Kranken- versicherung (PKV)	Krankheitskostenvoll- oder -teilversicherung mit Regelleistungen, Zusatzleistungen; Pflegepflichtversicherung
Private Unfall- versicherung	Invalidität, Krankentagegeld, Genesungsgeld, Todesfallleistung, Bergungskosten, Kurkostenbeihilfe

Betriebliche Alters-versorgung	Formen: Einzelvertragliche Zusage, Betriebliche Übung, Pensionskasse, Unterstützungskasse, Pensionsfond; Unverfallbarkeit und Insolvenzsicherung richten sich nach dem BetriebsrentenG.
Sachversicherungen	Hausratversicherung, Glasversicherung Wohngebäude-/Geschäftsversicherung; versicherte Gefahren: Feuer, Einbruchdiebstahl, Leitungswasserschaden, Sturmschaden
Vermögens-versicherungen	Haftpflichtversicherungen: Privathaftpflicht, Bauherrenhaftpflicht, Gewässerschadenhaftpflicht, Berufshaftpflicht, Produkthaftpflicht, Umwelthaftpflicht
	Kraftfahrzeugversicherung: Kfz-Haftpflicht, Fahrzeugvoll-/-teilversicherung, Insassenunfallversicherung
	Rechtsschutzversicherung: Verkehrsrechtsschutz, Privatrechtsschutz, Wohnungs- und Grundstücksrechtsschutz

7.6.2 Transportversicherungen

01. Welche Schäden deckt die Transportversicherung?

Mit der Transportversicherung wird das Transportgut, also die transportierte Ware versichert (bei Beschädigung, Zerstörung, Verlust). Nicht versichert ist das Transportgut im Fall von Vorsatz oder grober Fahrlässigkeit. Das Frachtgut ist in vielen Fällen wertvoller als das haftpflichtversicherte Transportmittel selbst.

Die Versicherung der Transportgüter wird als Kargoversicherung, die der Transportmittel als Kaskoversicherung bezeichnet.

02. Wer muss die Transportversicherung abschließen?

Frachtführer sind gesetzlich verpflichtet, eine Transportversicherung abzuschließen. Unternehmen, die ihre Waren selbst befördern – entweder als Abholhandel oder als Zustellhandel – schließen eine Werkverkehrsbescheinigung ab.

Ob die Transportversicherung vom Verkäufer oder vom Käufer abzuschließen ist, hängt von dem vereinbarten Incoterm ab (vgl. 7.6.3). Ist keine Regelung lt. Incoterm vorgesehen, muss sie vom Verkäufer und vom Käufer vereinbart werden.

03. Tritt die Transportversicherung auch bei der Großen Havarie ein?

Unter Großer (gemeinschaftlicher) Havarie versteht man die Kosten, die unmittelbar durch eine Rettung aus gemeinsamer (Schiff und Ladung bedrohender) Gefahr entstehen oder infolge von Rettungsmaßnahmen zu Schäden an Schiff oder Ladung führen. Dazu gehört auch das bewusste Über-Bord-Werfen von Teilen des Ladungsgutes (= Aufopferung), um ein Schiff wieder manövrierfähig zu bekommen. Die Transportversicherung erstattet den entstandenen Aufwand. Die Versicherer müssen übrigens – wenn der Versicherte das verlangt – Sicherheiten stellen, z. B. in Form einer Bürgschaft.

04. In welcher Form können Transportversicherungen abgeschlossen werden?

Je nachdem, wie häufig und in welchem Umfang ein Großhändler Transporte in eine bestimmte Region selbst durchführt, kann er zwischen verschiedenen Policen wählen:

Policen • Arten	
Einzelpolice	Jeder Transport wird für sich versichert. Einzelpolicen sind sinnvoll, wenn das Unternehmen ständig unterschiedlich wertvolle Transporte und in unterschiedliche Risikogebiete durchführt.
Generalpolice	Ist geeignet für ständig gleichartige Transporte (z. B. Transportwert, Transportgut); die Versicherungsprämie wird nachträglich z. B. monatlich für die durchgeführten Transporte abgerechnet und bezahlt.
Abschreibungs-police	Im Vorhinein wird eine bestimmte Versicherungssumme vereinbart und die Prämie hierfür bezahlt. Jeder durchgeführte Transport wird von der Versicherungssumme abgezogen, die sich so allmählich immer weiter verringert. Ist sie aufgebraucht, wird der Vertrag automatisch erneuert.

05. Wie kann ein Verkäufer das Transportrisiko verringern?

* Transportversicherung abschließen
* vereinbaren, dass der Käufer eine Transportversicherung abschließt
* geeigneten Incoterm auswählen
* Abholhandel statt Zustellhandel vereinbaren.

7.6.3 Incoterms und Transportversicherung

01. Welcher Zusammenhang besteht zwischen den Incoterms und den Transportkosten sowie der Transportversicherung?

Die Incoterms haben drei Regelungsaspekte: *Transportkosten* i. w. S., *Transportrisiko* und *Transportkapazität*. Sie sind daher nicht vergleichbar mit den Lieferungsbedingungen im deutschen Handelsbrauch.

1. *Incoterms und Transportkosten:*
   Bei der Gruppe E entstehen dem Exporteur (Verkäufer) keinerlei Transportkosten.

   Einigen sich Ex- und Importeur auf eine Klausel der Gruppe F, so trägt auch hier der Importeur den „Löwenanteil" der Kosten, weil ihm die Kosten des Haupttransports zugerechnet werden. Der Exporteur muss lediglich die Transportkosten übernehmen, die von seinem Lager bis zur Versandstation (das kann ein See- oder ein Flughafen oder eine Bahnverladestation sein) entstehen.

   Bei den Klauseln der Gruppe C übernimmt der Exporteur zusätzlich die Kosten des Haupttransports, sodass der Importeur lediglich die Kosten für den Transport vom Bestimmungshafen bzw. der Bahnentladestation bis zu seinem Lager trägt.

   Die D-Klauseln schließlich lassen die Gesamttransportkosten fast ausschließlich zu Lasten des Exporteurs gehen. Der Importeur wird kaum oder gar nicht belastet.

2. *Incoterms und Transportversicherung:*
Von dem vereinbarten Incoterm hängt ab, wer die Ware versichern muss. Die Versicherungsprämie richtet sich nach dem zu versichernden Wert. Der Versicherungswert findet sich auf der Versicherungspolice.

Transportversicherung/ Incoterm	Bei den Klauseln CIF und CIP muss der Verkäufer auf eigene Kosten zu Gunsten des Käufers eine Transportversicherung im Umfang der Mindestdeckung der Institut Cargo Clauses abschließen. Die Mindestversicherung muss den Kaufpreis zuzüglich 10 % (d. h. 110 %) decken und in der Währung des Kaufvertrages abgeschlossen werden.

Alle anderen Incoterms enthalten keine Vereinbarung zur Übernahme der Kosten der Transportversicherung. Verkäufer und Käufer müssen sich hierüber verständigen.

7.6.4 Haftung der Verkehrsträger

01. In welcher Weise haften Frachtführer, Spediteure und Lagerhalter?

Frachtführer §§ 407 ff. HGB	haften für den Schaden, der durch Verlust oder Beschädigung des Gutes in der Zeit von der Übernahme zur Beförderung bis zur Ablieferung oder durch Überschreitung der Lieferfrist entsteht (§ 425 HGB). Bei bestimmten Gefahren ist der Frachtführer von der Haftung befreit (§§ 426 f. HGB), z. B. bei ungenügender Verpackung durch den Absender. Die Haftung des Frachtführers umfasst die Kosten für die Feststellung des Schadens (§ 430 HGB). Nach § 431 gibt es Haftungshöchstbeträge. Die Haftung für Vermögensschäden ist begrenzt (§ 433 HGB).
Spediteure §§ 453 HGB	haften für den Schaden, der durch Verlust oder Beschädigung des in seiner Obhut befindlichen Gutes entsteht; die §§ 426 ff. HGB sind entsprechend anzuwenden.
Lagerhalter §§ 467 HGB	haften für den Schaden, der durch Verlust oder Beschädigung des Gutes in der Zeit von der Übernahme zur Lagerung bis zur Auslieferung entsteht, es sei denn, dass der Schaden durch die Sorgfalt eines ordentlichen Kaufmanns nicht abgewendet werden konnte (§ 475 HGB).
	Der Lagerhalter ist verpflichtet, das Gut auf Verlangen des Einlagerers zu versichern. Ist der Einlagerer ein Verbraucher, so hat ihn der Lagerhalter auf die Möglichkeit hinzuweisen, das Gut zu versichern.
Haftung der DHL	DHL = Marke der Deutschen Post World Net; Haftung für Schäden, die vorsätzlich oder leichtfertig durch DHL-Mitarbeiter entstehen.
	Haftung für Verlust oder Beschädigung nur im Umfang des unmittelbaren Schadens bis zu bestimmten Höchstbeträgen; Haftungsausschluss in bestimmten Fällen, z. B. Streik oder höhere Gewalt. Für Postpakete beträgt z. B. der Haftungshöchstbetrag 500 €. Der Abschluss einer Transportversicherung über die DHL ist möglich, z. B. bei Paketen bis zu 25.000 €.

Güterkraft- verkehr	Unternehmer des gewerblichen Güterkraftverkehrs müssen eine Güter-schaden-Haftpflichtversicherung abschließen.
Seeschifffahrt	Der Verfrachter haftet nach den Bestimmungen für Frachtführer (§§ 407 HGB). Der Abschluss einer Transportversicherung ist üblich.
Luftfracht- verkehr	Fluggesellschaften haften für alle Schäden am Transportgut, auch bei höherer Gewalt. Der Luftfrachtbrief ist gleichzeitig Zollpapier und Versicherungsurkunde.
Private Paketdienste	Beispielsweise haften UPS, DPD, GLS, Hermes für selbstverschuldete Schäden am Transportgut innerhalb bestimmter Höchstgrenzen. Hermes haftet z. B. bis 500 € bei allen Paketklassen.

7.6.5 Versicherungsschutz für Vermögensschäden

01. Was ist ein Vermögensschaden?

Vermögensschäden sind Schäden, die weder die Person noch die Sache des Geschädigten betreffen. Der Ersatz ist ausschließlich in Geld möglich. Beispiele für Vermögensschäden: Schadenersatzansprüche Dritter, Forderungsverluste, Prozesskosten, entgangener Gewinn, z. B. durch Betriebsschließung.

02. Wie kann man sich gegen Vermögensschäden versichern?

Das Risiko von Vermögensschäden kann nur durch besondere Vereinbarungen oder Versicherungsverträge abgewehrt bzw. vermindert werden, z. B. Haftpflichtversicherung, Rechtsschutzversicherung, Kreditversicherung.

7.7 Spezielle rechtliche Vorschriften

7.7.1 Außenwirtschaftsgesetz und Außenwirtschafts-verordnung

Vgl. dazu 8.4.1/01. - 12.

7.7.2 Zollrecht

Vgl. zu 7.7.2 Zollrecht:

* tarifäre Handelshemmnisse
* Motive für Zölle
* Zollwert
* Abschöpfungen   →   8.7.1/01. - 04.

- Zolllager
- Lager im Freihafen   →   8.5.2/03. - 04.

- Zollfaktura
- Ursprungszeugnisse
- Certificate of Origin
- Freihandelsabkommen
- Präferenzabkommen   →   8.5.3/02. - 11.

7.7.3 Statistische Meldepflichten

Vgl. zu 7.7.3 Statistische Meldepflichten:

- Meldepflichten
- Meldung von Zahlungen   →   8.4.1/09. - 12.

- Zahlungen ins Ausland
- Welche Zahlungen ...   →   8.6.1/03. - 04.

7.7.4 Steuerrecht im grenzüberschreitenden Wirtschaftsverkehr

01. Was ist ein Doppelbesteuerungsabkommen?

Ein Doppelbesteuerungsabkommen (DBA) ist ein Vertrag zwischen zwei Staaten, in dem das Besteuerungsrecht für die in dem jeweiligen Staaten erzielten Einkünfte geregelt ist. Durch das Doppelbesteuerungsabkommen soll eine Doppelbesteuerung von natürlichen und juristischen Personen vermieden werden. Die Wahrung der Einmalbesteuerung ist der Grundsatz. Die Vermeidung der Doppelbesteuerung erfolgt durch die *Freistellungsmethode* (Einbezug des Progressionsvorbehaltes), Anrechnungsmethode (z. B. Quellensteuer) oder Abzugsmethode.

Vgl. zu 7.7.4 außerdem:

- Einfuhr-Umsatzsteuer   →   8.4.2.
- Verbrauchssteuern   →   8.7.1/01. - 06.

7.7.5 UN-Kaufrecht

01. Welchen Inhalt hat das UN-Kaufrecht?

Das UN-Kaufrecht (United Nations Convention on Contracts for the International Sale of Goods; Übereinkommen der Vereinten Nationen über Verträge über den internationalen Warenkauf) regelt die Pflichten und Ansprüche des Importeurs und des Exporteurs und findet dann Anwendung, wenn Kaufverträge international geschlossen wurden. Der Vertragstext wurde von der United Nations Commission on International Trade Law am 11.04.1980 erstellt. Es gilt in allen Staaten, die diese Konvention ratifiziert haben.

02. Welche Vorteile ergeben sich aus der Anwendung des UN-Kaufrechts?

Unternehmen, die in unterschiedlichen Staaten tätig sind und somit verschiedene Vertragspartner haben, können die Verträge einheitlich gestalten und müssen nicht die einzelnen staatlichen Rechtsnormen beachten. Das UN-Kaufrecht gibt beiden Vertragspartnern Rechtssicherheit. Niemand muss befürchten, einseitig übervorteilt zu werden.

03. Was ist das ICC-Arbitration?

Die Risiken und der Ausgang gerichtlicher Auseinandersetzungen bei Konflikten im Zuge der Vertragserfüllung bei internationalen Geschäften sind nicht abwägbar. Kaufleute sollten weitestgehend versuchen, pragmatische Lösungen zu finden. Hierbei hilft ein bewährtes außergerichtliches Instrument der International Chamber of Commerce (ICC), das Schiedsgericht (ICC-Arbitration).

Die Vertragparteien vereinbaren z. B. Folgendes:

„Alle Streitigkeiten, die in Verbindung mit dem gegenwärtigen Vertrag entstehen, werden letztendlich den Versöhnungs- und Ausgleichsregeln der Internationalen Handelskammer unterworfen. Sie werden durch einen oder mehrere, in Übereinstimmung mit den genannten Regeln bestimmten Schlichter, geregelt."

Hier wird sich das Schiedsgericht bemühen, den Streit durch einen Schiedsspruch zu schlichten. Der Schiedsspruch ist dann endgültig und es wird keinem der Vertragspartner gelingen, dennoch Ansprüche entgegen dem Schiedsspruch bei der ordentlichen Gerichtsbarkeit durchzusetzen.

04. Was versteht man unter der Rechtswahl?

Bei schuldrechtlichen Verträgen im Außenhandelsgeschäft ist den Parteien die freie Wahl des jeweils anwendbaren nationalen Rechts erlaubt. Zulässig ist die Wahl jeden Rechts. Möglich ist auch eine partielle Rechtswahl oder die Zuweisung des Rechtsverhältnisses teilweise zu einem und teilweise zu einem anderen Recht.

05. Wie sieht eine Klausel aus, die deutsches Recht in einem Auslandsgeschäft festschreibt?

Der Vertrag wird die Klausel enthalten:

„Für diesen Vertrag gilt ausschließlich deutsches Recht."

06. Ist die Vertragsklausel aus Frage 06 in der Praxis sinnvoll?

Eine solche Klausel ist zur Minderung des Risikos im Auslandsgeschäft nicht sehr hilfreich. Sie ist zwar ein klarer Vertragsbestandteil, bereitet aber Schwierigkeiten, wenn sich der ausländische Vertragspartner nicht an die deutsche Gesetzgebung gebunden fühlt und diese unter Umständen nicht kennt. Eine Durchsetzung der Ansprüche würde hier sehr schwierig sein.

07. Welche Bedeutung hat der Gerichtsstand?

Gerichtsstand bedeutet grundsätzlich die örtliche, ausnahmsweise auch die sachliche Zuständigkeit eines Gerichtes. Man unterscheidet:

* Der allgemeine Gerichtsstand einer Person ist derjenige, der für alle Klagen gegen diese Person gilt. Er wird bei einer *natürlichen Person* durch den *Wohnsitz* oder den Aufenthaltsort und bei einer *juristischen Person oder Behörde* durch den *Sitz* dieser bestimmt.

* Besondere Gerichtsstände sind für bestimmte Klagen im Gesetz ausdrücklich vorgesehene Gerichtsstände, wie z. B. bei Unterhaltsklagen der Wohnsitz des Klägers.

8. Außenhandel

Prüfungsanforderungen

Nachweis der Fähigkeit,

systematisch internationale Marktentwicklungen zu beobachten und auszuwerten sowie Import-, Export- und Transithandelsgeschäfte anzubahnen und abzuwickeln,

spezifische Risiken von im Außenhandel tätigen Unternehmen bei der Vorbereitung von Entscheidungen zu beachten,

die kalkulatorische, finanztechnische und logistische Durchführbarkeit zu prüfen.

Qualifikationsschwerpunkte (Überblick)

8.1   **Anbahnung von Außenhandelsgeschäften**

8.2   **Quellen zur Beratung und Unterstützung im Außenhandel**

8.3   **Außenhandelsrisiken und Geschäfte zur Risikominderung**

8.4   **Spezielle rechtliche Aspekte für den Außenhandel**

8.5   **Transport und Lagerung, Zertifizierung und Versicherungen**

8.6   **Zahlungsverkehr, Zahlungsbedingungen und Finanzierung von Außenhandelsgeschäften**

8.7   **Zölle und Verbrauchssteuern, Handelshemmnisse und Organisationen zur Förderung des Handels**

8.1 Anbahnung von Außenhandelsgeschäften

8.1.1 Motive für außenwirtschaftliche Aktivitäten

01. Warum betreibt ein Unternehmen Außenwirtschaft?

Unternehmen treten als Kunden oder Lieferer mit Unternehmen in anderen Volkswirtschaften in Geschäftsbeziehungen, weil

... sie ihre Kapazitäten auslasten wollen	**Auslastungsmotiv**
... der heimische Markt gesättigt ist und sie weiterhin steigende Umsätze erzielen wollen	**Wachstumsmotiv**
... sie so Risiken auf einem Markt durch Chancen auf einem anderen Markt ausgleichen können	**Risikoausgleichsmotiv**
... ihre Konkurrenten international ausgerichtet sind	**Wettbewerbsmotiv**
... sie Abhängigkeiten von heimischen Lieferern verringern wollen	**Verbesserung der eigenen Nachfragerposition**
... sie sich neue Beschaffungsmärkte und Bezugsquellen erschließen und sichern wollen	**Zukunftssicherungsmotiv**
... sie Abhängigkeiten von heimischen Abnehmern verringern wollen	**Verbesserung der eignen Anbieterposition**
... sie im Ausland höhere Verkaufspreise bzw. günstigere Beschaffungspreise erzielen können	**Ertragssteigerungsmotiv**
... bestimmte Produkte nur von Unternehmen im Ausland bezogen werden können	**Beschaffungssicherung**
... sie Synergieeffekte nutzen wollen.	**Ertragssteigerungsmotiv**

8.1.2 Determinanten für die Auswahl von Auslandsmärkten

01. Nach welchen Gesichtspunkten wählt man Lieferer aus?

Die Auswahlkriterien sind dieselben, die man auch an Lieferer aus der eigenen Volkswirtschaft anlegen würde: Preis, Zahlungsbedingungen und Lieferbedingungen. Diese Kriterien schlagen sich im Einstandspreis nieder. Darüber hinaus sind die qualitativen Auswahlgesichtspunkte von Bedeutung: Werden Zahlungsziele eingeräumt? Wie lange sind sie? Wie schnell kann geliefert werden? Kann man sich auf Zusagen des Lieferers verlassen? Hält er Termine ein? Sind die gelieferten Waren einwandfrei oder weisen sie Mängel auf? Wie kulant verhält sich der Lieferer?

Während Zahlungsziele und Lieferfristen aus dem Angebot ersichtlich sind, setzen die übrigen Aspekte Erfahrungen voraus, d. h. man muss mit dem Lieferer erst einmal ein Geschäft abgeschlossen haben, um zu wissen, wie zuverlässig er ist und ob er sich termintreu verhält.

02. Wie kann man Länderrisiken analysieren?

Bevor ein Unternehmen erstmals in einem anderen Land Geschäftsbeziehungen eingeht, wird es sich ein Bild über die damit verbundenen Risiken machen wollen. Dabei wird es nicht nur in Erfahrung bringen wollen, *welche* Risiken bestehen, sondern auch, *wie wahrscheinlich* es ist, dass der Risikofall eintreten wird (*Country Rating*). Das Unternehmen kann das eher unsystematisch und zufällig tun, indem es z. B. bei Messen, Kongressen oder geschäftlichen Treffen die Erfahrungen anderer erfragt; man spricht hierbei nicht von einer Risikoanalyse, sondern von einer *Risikoerkundung*.

Es kann aber auch systematisch und mit wissenschaftlichen Methoden Informationen sammeln und auswerten; dann handelt es sich um tatsächlich um eine *Risikoanalyse*. Sie ist aufwändig, zeitintensiv und erfordert methodisches Wissen. Dafür dürfte i. d. R. im Unternehmen nicht genug Kapazität frei sein, sodass es die Risikoanalyse fremd erstellen lässt, d. h. entweder Analysen eigens erstellen lässt oder vorhandene aktuelle Analysen erwirbt.

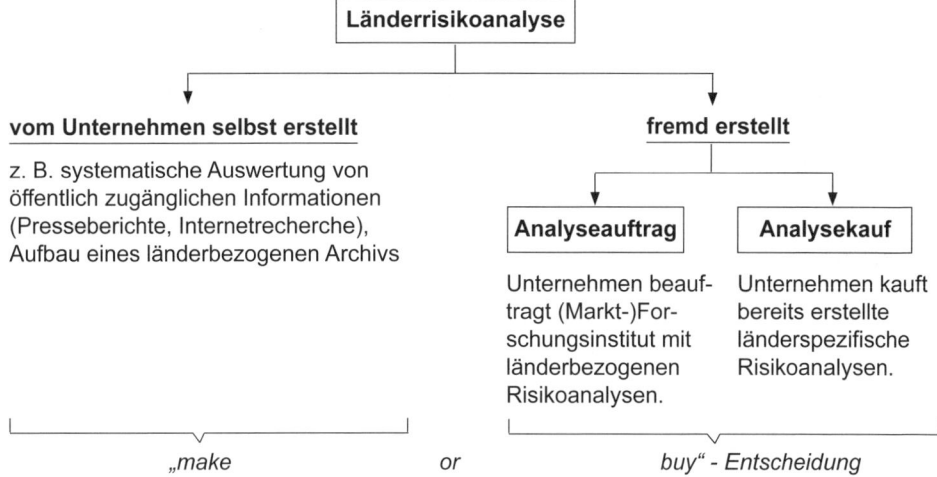

03. Worin liegt der Vorteil eines Analyseauftrags?

Der Vorteil besteht darin, dass das Unternehmen nur für die Analyseleistung bezahlen muss, die es auch benötigt und daher in Auftrag gegeben hat. Bei einer vorgefertigten Analyse zahlt es auch für Informationen, die es gar nicht benötigt.

04. Von wem kann man Risikoanalysen erwerben?

Es gibt Fachverlage, die länderspezifische Risiken analysieren. So gibt z. B. die Coface Holding AG, Mainz, in Zusammenarbeit mit dem F. A. Z.-Institut für Management-, Markt- und Medieninformationen, Frankfurt am Main, jährlich ein aktualisiertes „Handbuch Länderrisiken" heraus, das die Regionen Europa und GUS; Amerika; Asien-Pazifik; Nordafrika, Naher und Mittlerer Osten sowie Afrika südlich der Sahara analysiert und 152 Länderprofile erstellt. Anders als beim Analyseauftrag stehen diese Analysen natürlich jedem Erwerber zur Verfügung, d. h. wer die Risikoanalyse erwirbt, besitzt keine Exklusivinformationen.

Darüber hinaus besteht die Möglichkeit, Länderrisikoanalysen von Universitäten bzw. deren angeschlossenen wissenschaftlichen Instituten zu kaufen. Eine der berühmtesten und erfolgreichsten Analysen findet sich im *Business Environment Risk Index* (BERI), der das aktuelle Geschäftsklima in verschiedenen Ländern mittels 15 gewichteter Kriterien ausdrückt. Der BERI beruht auf der Befragung von Managern aus Industrie und Banken sowie von Wirtschaftsinstituten, die in den analysierten Ländern ihren Sitz haben. Die Befragung wird mit denselben Befragten (= Panel) dreimal jährlich durchgeführt. So wird erkennbar, ob und ggf. in welchen Bereichen sich Veränderungen abzeichnen. Der BERI stellt ein Frühwarnsystem zum Investitionsklima dar. Ihm steht mit dem *Political Risk Index* (PRI) ein Instrument zur Seite, das aufgrund einer Panel-Befragung von 55 europäischen, amerikanischen und asiatischen Politikwissenschaftlern eine Einschätzung der politischen Stabilität eines Landes ermöglicht.

05. Was wird analysiert?

Der PRI analysiert das politische Risiko anhand der folgenden Fragestellungen:

* Ist das zu analysierende Land von einer unfreundlich gesinnten Großmacht abhängig?
* Haben regionale politische Kräfte einen ungünstigen Einfluss auf das Land?
* Wie zersplittert ist das Parteiensystem in diesem Land?
* Wie heterogen sind Sprachen, ethnische Herkunft und religiöse Überzeugungen in diesem Land?
* Hält sich die Regierung des zu analysierenden Landes durch Unterdrückung an der Macht?
* In welchem Ausmaß existiert in dem Land Fremdenfeindlichkeit?
* Wie ist die soziale Lage (z. B. Einkommensverteilung, BIP je Einwohner, Steuersystem)?
* Welchen Einfluss haben kommunistische Organisationen in dem Land?

Ob in dem Land ein positives (geringes Risiko) oder negatives (hohes Risiko) Investitionsklima besteht, misst der BERI u. a. mithilfe folgender Fragen:

* Wie ist die Einstellung gegenüber ausländischen Investitionen und Gewinnen?
* Gibt es Enteignungen und Verstaatlichungen?
* Wie hoch ist die Inflation und welche Maßnahmen werden dagegen ergriffen?
* Wie sieht die Zahlungsbilanz des zu analysierenden Landes aus?
* Wie effizient bzw. wie bürokratisch verhalten sich Zoll und die öffentliche Verwaltung?
* Wie hoch ist das langjährige Wirtschaftswachstum?
* Ist die Landeswährung konvertierbar?
* Besteht im Land Vertragstreue oder gibt es mentalitätsbedingte Schwierigkeiten bei der Erfüllung von Verträgen?
* Wie hoch sind die Lohnkosten und die Arbeitsproduktivität?
* Sind im Land Dienstleistungen und Beratungs-Knowhow vorhanden?
* Wie ausgebaut ist das Transport- und Informationswesen?
* Gibt es qualifiziertes einheimisches Führungspersonal?
* Ist der Zugang zu Kreditmöglichkeiten offen?

8.1.3 Internationale Messen

01. Ist es sinnvoll, an einer Messe teilzunehmen?

Messen sind eine einzigartige Gelegenheit, Kontakte zu knüpfen und sich Informationen zu beschaffen. Auf begrenztem Raum und innerhalb eines klar definierten Zeitraums ist es einfach, nach neuen Geschäftspartnern Ausschau zu halten. Forscht man nach Bezugsquellen und ist auf der Suche nach potenziellen Lieferern, so empfiehlt sich eine passive Teilnahme als Besucher. Will man hingegen sein Leistungsangebot bekannt machen und potenzielle Kunden kontakten, ist eine aktive Teilnahme als Messebeschicker mit einem Messestand sinnvoller.

Funktionen der Messe im Überblick:

* Kontakte zu potenziellen Kunden
* Produktanforderungen der potenziellen Kunden (Technik, Gebrauchseigenschaften)
* Anbahnung von Geschäftsabschlüssen
* Analyse des Wettbewerbs (Produkte, Preise, Leistungsangebot, Messepräsentation)
* Trends, Entwicklungen.

02. Welche Arten von Messen gibt es?

Fachmessen	Bei Fachmessen haben nur Gewerbetreibende Zutritt, d. h. es begegnen sich gewerbliche Einkäufer und gewerbliche Verkäufer. *Chancen:* • gezielte Kontakte mit Fachpublikum • Herstellen persönlicher Kontakte auch zu potenziellen Kunden, die weit entfernt sind • Dialog während der Produktpräsentation. *Risiken:* • Gefahr der Imitation durch Wettbewerber • nicht unerhebliche Kosten • unmittelbare Konkurrenz der Messestände.
Publikumsmessen	Bei Publikumsmessen hat jedermann Zutritt. Manche Messen – z. B. die Frankfurter Buchmesse – sind an einigen Tagen dem Fachpublikum vorbehalten und stehen an anderen Tagen allen Interessierten offen.

Zu unterscheiden ist zudem zwischen einer *Mehrbranchenmesse* und einer *Spezialmesse*. Ging früher der Trend von der Mehrbranchenmesse zur Spezialmesse – so ist z. B. die cebit (als Spezialmesse) aus der Hannover-Messe (Mehrbranchenmesse im Investitionsgüterbereich) hervorgegangen – so hat in den letzten Jahren ein Umdenken bei Messeveranstaltern und Messebesuchern eingesetzt. Firmen mit einer umfangreichen und diversifizierten Produktpalette bevorzugen wieder die Mehrbranchenmesse anstelle einer teueren Präsenz auf mehreren Spezialmessen.

03. Was ist bei einer aktiven oder passiven Messeteilnahme zu beachten?

Will man Geschäftsbeziehungen anbahnen, so sollte man schon aus rein praktischen Gründen *einer Fachmesse Vorrang geben* vor einer Publikumsmesse. Beim Besuch einer Messe fallen Fahrt- und Übernachtungskosten an. Da die Hotelpreise zu Messezeiten besonders hoch sind, ist vorab zu überlegen, wer aus dem Unternehmen alles mitfahren soll. Fahrt- und Übernachtungskosten fallen selbstverständlich auch bei aktiver Teilnahme mit eigenem Messestand an. Hierbei entstehen aber weitere Kosten:

• Kosten für Messestandbau und -gestaltung
• Auf- und Abbaukosten am Messeort
• Überstundenzuschlagskosten für die Mitarbeiter/-innen am Messestand
• Kosten für Dolmetscher- und Übersetzerdienste
• Honorarkosten für Aushilfskräfte vor Ort (z. B. Service-Kräfte, Telefondienst usw.).

Zur Messe sollten auf jeden Fall Mitarbeiter/-innen mitgenommen werden, die die Sprache des Landes beherrschen, in dem die Messe stattfindet. Ein großer Teil der Messebeschicker und Messebesucher ist einheimisch, und wenn auch Englisch als Geschäftssprache vorausgesetzt werden kann, so öffnet die Kommunikation in der Landessprache doch Türen.

Darüber hinaus muss sichergestellt sein, dass das laufende Geschäft am Firmensitz weitergeht. Möglicherweise entstehen für die „Daheimgebliebenen" ebenfalls Überstunden. Nicht zuletzt aber bedürfen die auf der Messe geknüpften Kontakte bzw. die akquirierten Aufträge *sorgfältiger Nachbereitung.*

04. An welcher Messe beteiligt man sich?

Da man nicht an allen Messen teilnehmen kann, muss man auswählen, welche Messe man beschicken will. Das hängt zunächst von der eigenen Zielsetzung ab. Einen umfassenden nach Geschäftszweig bzw. nach Land sortierten Überblick über Messen im In- und Ausland bietet der „Ausstellungs- und Messe-Ausschuss der Deutschen Wirtschaft e. V." unter www.auma-messen.de an. Sehr aufschlussreiche Informationen über internationale Messen, Ausstellungen und Konferenzen finden sich auch unter www.gima.de.

8.1.4 Internationale Ausschreibungen

01. Was sind Internationale Ausschreibungen?

Aufträge werden mittels eines Ausschreibungsverfahrens international ausgeschrieben. Interessierte Auftragnehmer lassen sich die Auftragsspezifikationen zusenden, sofern die Spezifikationen nicht bereits in der Ausschreibung selbst aufgeführt waren. Innerhalb einer bestimmten Frist können dann Angebote abgegeben werden. Möglicherweise müssen die Anbieter eine Bietungsgarantie (= *Bid Bond*) leisten, d. h. die Bank des Bieters garantiert, dass der Bieter die Leistung ausschreibungsgemäß erfüllen kann. Erhält er den Zuschlag und kann dann doch nicht leisten, ist Schadenersatz fällig.

02. Welche Ausschreibungsverfahren gibt es?

offene Ausschreibung	**Ausschreibung mit Vorqualifikation**	**beschränkte Ausschreibung**

für alle interessierten Anbieter

für Anbieter, die Vorbedingungen – z. B. Referenznachweise – erfüllen

nur für Anbieter, die vom Ausschreibenden zur Abgabe eines Angebots aufgefordert werden.

03. Was ist bei einer Ausschreibung öffentlicher Stellen innerhalb der EU zu beachten?

Wer als EU-ansässiges öffentliches Unternehmen Aufträge ausschreibt, muss dies i. d. R. mindestens gemeinschaftsweit tun, sodass sich alle in der EU ansässigen Unternehmen um den Auftrag bemühen können. Das fördert den Wettbewerb und verhindert Diskriminierung. Nach dem Zuschlag sind die vergebenen Aufträge zu veröffentlichen. Das fördert die Markttransparenz.

04. Was ist bei einer Ausschreibung ausschlaggebend?

Neben der strikten Einhaltung der Vergabebedingungen (Fristen usw.) ist allein der Preis ausschlaggebend. Es nützt einem Unternehmen also gar nichts, wenn es die geforderten Spezifikationen übererfüllen könnte, dafür aber teurer als ein Wettbewerber wird.

Allerdings kann man versuchen, im Vorfeld der Ausschreibung auf die auszuschreibenden technischen Spezifikationen Einfluss zu nehmen, indem man über die eigene Leistungsfähigkeit und die Qualität der eigenen Produkte informiert. Dazu muss man natürlich vorher wissen, wer wann welche Ausschreibung plant.

8.1.5 Aufbau von Niederlassungen

01. Wann ist eine Niederlassung im Ausland sinnvoll?

Eine Niederlassung im Ausland ist erwägenswert, wenn man

- viele Kunden in diesem Land hat und in *Kundennähe* präsent sein will,
- dadurch einen *leichteren Zugang zum Markt* findet,
- *Kostenvorteile* ausschöpfen will,
- im Ausland *unbürokratischer* behandelt wird (z. B. Genehmigungen schneller erteilt werden, geringere Umweltschutzauflagen erfüllen muss),
- *Transportzeiten* verringern möchte.

02. Welche Probleme müssen vorab bedacht werden?

Bevor man sich entschließt, im Ausland eine Niederlassung zu eröffnen, müssen einige Fragen geklärt sein:

- Soll eine eigene Niederlassung gegründet werden oder erreicht man die angestrebten Ziele besser, indem man mit einem einheimischen Partner ein *Joint Venture* gründet?
- Erlaubt die dortige Rechtsordnung, dass Ausländer *Grundstücke* erwerben?
- Gibt es im Ausland *qualifizierte Arbeitskräfte*?
- Wie ist die *Mitbestimmung* im Ausland geregelt?
- Welche *steuerliche Belastung* ist im Ausland zu erwarten?
- Mit welchen *Gründungskosten* ist zu rechnen?

03. Was ist ein Joint Venture?

Bei einem Joint Venture gründen zwei oder mehrere rechtlich selbstständige und voneinander unabhängige Unternehmen ein *Gemeinschaftsunternehmen* unter gemeinsamer Leitung der Gesellschafterunternehmen (z. B. XY AG in Deutschland mit der Z AG in China; Zweck: Bau und Vertrieb landwirtschaftlicher Traktoren). Die Gründung von Gemeinschaftsunternehmen ist besonders häufig bei Investitionen im Ausland gegeben, wenn der ausländische Staat die Beteiligung von Ausländern beschränkt bzw. die Zusammenarbeit mit einheimischen Unternehmen fordert.

Weitere Ziele für die Gründung von Joint Ventures sind:

- Synergieeffekte in- und ausländischer Unternehmen
- Bündelung von Knowhow (Forschung & Entwicklung)
- Erschließung von Absatzmärkten
- Sicherung der Versorgung mit Rohstoffen.

8.2 Quellen zur Beratung und Unterstützung im Außenhandel

01. Warum benötigt man im Außenhandel Beratung und Unterstützung?

Rat braucht, wer Rat sucht; Rat sucht, wer Rat braucht! Wer wenig Erfahrung mit Außenhandelsgeschäften hat – z. B. weil er als neues Unternehmen auf den Markt tritt –, wird seine Erfahrungen selbst machen müssen. Die Frage ist nur, wie teuer sollen ihn diese Erfahrungen kommen. In allen Bereichen nutzt man das Knowhow, das anderswo verfügbar ist. Man organisiert komplizierte Transporte nicht selbst, wenn es Spediteure gibt, die das viel besser oder viel schneller oder viel billiger können. Man entwirft nicht selbst eine Werbekampagne, wenn es Agenturen gibt, die auf das Konzipieren und Realisieren von Kampagnen spezialisiert sind. Warum also sollte man fremde Erfahrungen, fremdes Knowhow ausgerechnet im Außenhandel ignorieren?

02. Welche Beratung und Unterstützung benötigt man?

Die entscheidende Unterstützung besteht darin, den *Zugang zu Informationen und Kontakten* zu eröffnen. Wer als Kunde oder als Lieferer auf einem ausländischen Markt aktiv werden will, muss wissen, welche Gepflogenheiten dort gelten. Er muss über Mentalitätsunterschiede ebenso Bescheid wissen wie über unterschiedliche Handelsbräuche. Er muss die „do's" und die „don't's" kennen, will er nicht in Fettnäpfchen treten.

Überdies gilt im Ausland eine andere Rechtsordnung, was ihn vor ganz praktische Probleme stellt. Wie will er etwa einen vertragsgemäß vereinbarten Eigentumsvorbehalt durchsetzen, wenn die Rechtsordnung des Auslandes eine dem deutschen Recht entsprechende Regelung nicht kennt? Wie will er Ansprüche gegen säumige Kunden im Ausland durchsetzen, wenn er nicht weiß, ob dort die Möglichkeit eines gerichtlichen Mahnverfahrens besteht und falls ja, wie das Verfahren funktioniert?

Schließlich muss er wissen, welche zollrechtlichen Bestimmungen im In- und Ausland zu beachten sind. Je nachdem, welche Produkte gehandelt werden, sind außerdem andere Rechtsvorschriften von Belang. So kann sich ein deutscher Exporteur eine Werbekampagne in Neuseeland für deutsches (Frisch-)Obst sparen, weil nach Neuseeland aus Sorge vor Schädlingseinfuhr kein Frischobst eingeführt werden darf.

Plant ein deutsches Unternehmen gar eine Niederlassung im Ausland, benötigt es wahrscheinlich sogar Unterstützung vor Ort (von der Standortwahl bis zum Bauantrag, Handwerkerauswahl usw.).

03. Wann braucht man die Hilfe?

Guter Rat ist sowohl vor als auch nach der Entscheidung, im Ausland aktiv aufzutreten, vonnöten.

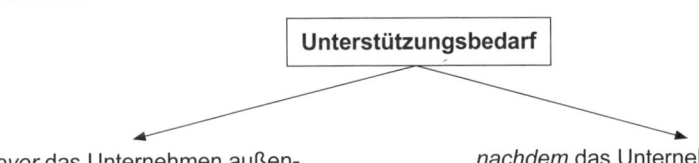

bevor das Unternehmen außenwirtschaftlich aktiv wird, z. B.:

- Wie funktionieren Ein- bzw. Ausfuhr?
- Welche Fristen/Termine sind zu beachten?
- Wer versichert?
- Gibt es Subventionen?
- Art, Höhe und Fälligkeit der Steuern?

nachdem das Unternehmen außenwirtschaftlich aktiv wurde, z. B.:

- Welche Behörden sind zuständig und anzusprechen?
- Wer kann wobei helfen? (connections)
- Es hakt! Wer kann helfen?
- Wo gibt es geeignetes Bauland?

8.2.1 Öffentlich-rechtliche Einrichtungen

01. Welche öffentlich-rechtlichen Einrichtungen helfen beim Außenhandel?

Die im Folgenden aufgelisteten öffentlich-rechtlichen Institutionen nehmen einem Unternehmen, das Außenhandel betreiben will, keine Risiken ab, helfen ihm aber, Risiken zu erkennen und Lösungen zu entwickeln.

Außenhandelsberater der örtlichen Industrie- und Handelskammern	• Außenwirtschaftsrecht • Bezugsquellennachweise • Dokumentenbeglaubigungen und Ausstellung von certificates of origin (Ursprungszeugnisse) • Informationen über den ausländischen Markt usw.
Germany Trade and Invest www.gtai.de	Die Germany Trade and Invest entstand 2009 aus der Fusion der Bundesagentur für Außenwirtschaft (bfai) und der Invest in Germany GmbH. • Informationen über den ausländischen Markt • Zollwesen • Steuerrecht • Direktinvestitionen usw.
iXPOS – Das Außenwirtschaftsportal www.ixpos.de	Das Außenwirtschaftsportal ist eine Initiative des Bundesministeriums für Wirtschaft und Technologie und wird von der bfai koordiniert. Es bündelt alle Serviceangebote und Dienstleistungen von Ministerien, Kammern, Verbänden und Ländervereinen, die deutsche Unternehmen in ihren Auslandsgeschäften beraten, fördern und unterstützen.
Auslandsvertretungen (Botschaften und Konsulate)	• Handelsattachés ausländischer Botschaften in Deutschland • Handelsattachés deutscher Botschaften im Ausland • Konsulate Besonders wirksam sind diese bei der (politischen) Unterstützung gegenüber ausländischen Behörden und bei der Kontaktanbahnung mit ausländischen Geschäftspartnern sowie bei Übersetzungsproblemen.

8.2.2 Verbände und andere private Institutionen

01. Welche Verbände können bei Außenhandelsfragen helfen?

Verbände sind zwar immer zunächst Interessenvertretungen nach außen, müssen aber immer mehr auch Serviceleistungen nach innen anbieten. Das hat folgenden Grund: Ist ein Verband nach außen erfolgreich, indem er z. B. in seinem Sinne auf die Gesetzgebung einwirkt, so kommt sein Erfolg auch allen Unternehmen zugute, die dem Verband nicht angehören. Die verbandsangehörigen Unternehmen haben also keinen Vorteilsvorsprung, sondern müssen im Gegenteil mit ihren Beiträgen den Verband unterhalten. Einzelwirtschaftlich wäre es also vorteilhaft, aus dem Verband auszutreten und als „Trittbrettfahrer" an seinen Erfolgen zu partizipieren. Die Verbände müssen daher ihren Mitgliedern Vorteile bieten, um sie zu binden. Das gelingt ihnen durch Serviceleistungen, u. a. in der Beratung bei Außenhandelsaktivitäten und durch die Unterstützung bei schwierigen Fragen.

Verbände können sowohl branchenspezifisch (z. B. BGA, VDMA) als auch branchen-übergreifend (z. B. BDI, BDA) organisiert sein.

- BDI   Bundesverband der Deutschen Industrie
- BGA   Bundesverband des Groß- und Außenhandels
- HDE   Hauptverband des Deutschen Einzelhandels
- DBV   Deutscher Bauernverband
- BDA   Bundesverband der Deutschen Arbeitgeber
- VDMA   Verband Deutscher Maschinen- und Anlagenbauer.

02. Welche privaten Institutionen können hilfreich sein?

Auslandsvereine/ Ländervereine z. B. Ost- und Mitteleuropa-Verein, Ibero-Amerika-Verein usw.	Sie helfen, Kontakte zu knüpfen und zu pflegen und Geschäftspartner zu akquirieren.
Ausländische „Kolonien"	Siedeln sich Unternehmen im Ausland konzentriert in bestimmten Regionen an, bilden sich dort informelle ausländische Kolonien (z. B. japanische Kolonie im Raum Düsseldorf, deutsche Kolonie im Raum Shanghai), die es leicht machen, Kontakte herzustellen, die auch – aber nicht in erster Linie – geschäftlichen Zwecken dienen.
Außenhandelskammern www.ahk.de	Freiwilliger Zusammenschluss von Unternehmen, Handelsorganisationen und auch Einzelpersonen aus Deutschland und dem jeweiligen Ausland. Sie wollen den Handelsaustausch fördern und leisten daher konkrete Hilfestellungen, indem sie • Kontakte anbahnen • Märkte analysieren • bei Investitionen im Ausland beraten • Auskünfte über Unternehmen erteilen • Sachverständige, Gutachter, Anwälte benennen • bei Messeauftritten helfen • bilaterale Kooperationen fördern • beim Technologietransfer unterstützen.
International Chamber of Commerce (ICC) Internationale Handelskammer Sitz: Paris	Sie erleichtert den freien Welthandel v. a. durch ihre Schiedsgerichtsbarkeit. Vertragspartner können in beiderseitigem Einvernehmen Streitfälle endgültig und ohne Revisionsmöglichkeit durch einen Schiedsspruch der ICC beilegen. Überdies setzt die ICC Standards, die den internationalen Handel durch eindeutige Auslegung der Standards vereinfachen und dadurch fördern (z. B. Incoterms, ERA, ERV, ERI, ICC-Verhaltensrichtlinien zur Bekämpfung der Korruption im Geschäftsverkehr).

Ausstellungs- und Messe-Ausschuss der Deutschen Wirtschaft e. V. (AUMA) www.auma.de	Gibt Auskunft, für welche Branchen in welchen Ländern, wann Messen stattfinden und darüber, in welchen Ländern wann für welche Branchen Messen terminiert sind.
Kreditanstalt für Wiederaufbau (KfW) www.kfw.de	Im Rahmen des Mittelstandsprogramms Ausland finanziert die KfW Direktinvestitionen im Ausland. Die Kreditsumme kann 66 %, 75 % oder 100 % der Investitionssumme ausmachen, je nachdem, wie hoch der Umsatz des Antragstellers ist. Allerdings gilt für den Kredit eine Höchstgrenze. Der Kredit ist ausschließlich über die Hausbank zu beantragen.
AKA Ausfuhrkredit-Gesellschaft mbH www.akabank.de	Die AKA-GmbH ist ein Bankenkonsortium, das mittel- und langfristige Exportfinanzierungen aus verschiedenen Plafonds anbietet: • *AKA-Plafond A* – Refinanzierung der Zahlungsziele, die Exporteure ihren Kunden einräumen (Lieferkredite). • *AKA-Plafond C* – Kredite aus diesem Plafond können auf Antrag des Exporteurs seinen Kunden bzw. deren Banken als Bestellerkredit bereitgestellt werden. Überdies finanziert die AKA-GmbH hieraus ihre Ankäufe von Exportforderungen eines Exporteurs, die von ihm durch Ausfuhrgarantien bzw. Ausfuhrbürgschaften abgesichert wurden. • *AKA-Plafond D* – Teilkreditlinie des Plafonds C, die auf LIBOR- bzw. FIBOR-Basis als Bestellerkredit vergeben wird. • *AKA-Plafond E* – ermöglicht Bestellerkredite, die durch Ausfuhrgarantien bzw. Ausfuhrbürgschaften abgesichert sind.

Quellentext:

Arbeitshilfe für den Handel. Jeden zweiten Euro verdient die Industrie am Mittleren Niederrhein im Export. Die IHK bietet den im Handel zahlreich tätigen Mitarbeitern nun eine „Praktische Arbeitshilfe 2014 Export/Import", 17. Aufl., ISBN 978-3-7639-5299-1 an. Basisinformationen und viele Hinweise zu Formularen helfen bei der Abwicklung. Ergänzt werden sie durch eine Ausfüll-Software auf CD-ROM. Das Nachschlagewerk leitet Außenhandelssachbearbeiter ebenso wie Führungskräften durch den Dschungel der Regelungen bei Zoll und Außenhandel. Die „Praktische Arbeitshilfe" kostet 32,90 € und kann beim Mendel-Verlag online bestellt werden: www.mendel-verlag.de/praktische-arbeitshilfe/index.htm.

8.3 Außenhandelsrisiken und Geschäfte zur Risikominderung

8.3.1 Risiken im Auslandsgeschäft

01. Welche Arten von Risiken gibt es?

Je nachdem, ob ein einzelnes Wirtschaftssubjekt das Eintreten des Risikos beeinflussen kann oder nicht, unterscheidet man zwischen politischen und ökonomischen Risiken. Die Folgen des Risikoeintritts schlagen sich aber in beiden Fällen beim einzelnen Wirtschaftssubjekt wirtschaftlich nieder.

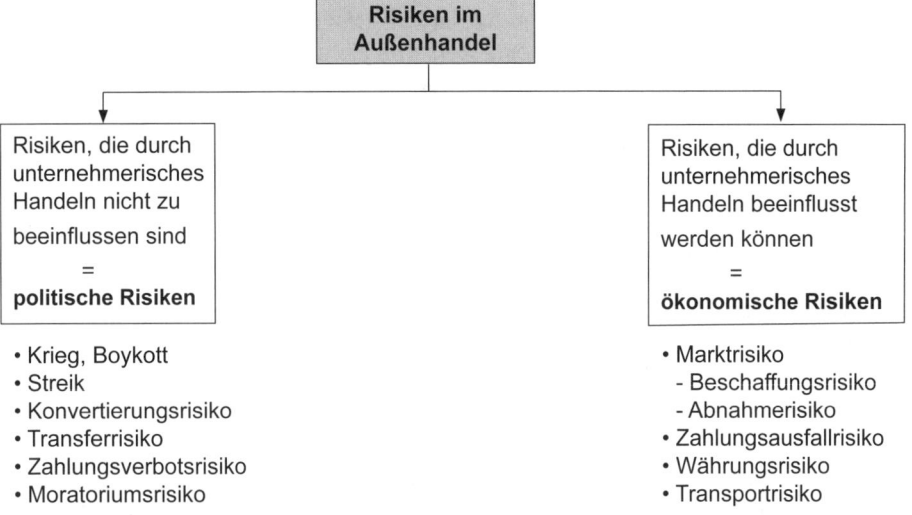

02. Wie wirken sich die einzelnen politischen Risiken aus?

- *Krieg, Boykott*
  Wird das Land, in dem der Geschäftspartner sitzt, in kriegerische Auseinandersetzungen verwickelt, ist es fraglich, ob die bestellte Ware überhaupt noch eintrifft. Wurde die Ware bereits bezahlt, ist der Betrag verloren. Der Wegfall einer Bezugsquelle erhöht die Beschaffungspreise und beeinträchtigt die eigene Lieferfähigkeit.

- *Streik*
  Werden infolge eines Streiks im Ausland Waren nicht mehr befördert bzw. nicht mehr be- oder entladen, entgehen dem Exporteur Umsatzeinnahmen. Heimische Importeure geraten in Lieferschwierigkeiten, weil Warenlieferungen ausbleiben. Neue anderweitige Bezugsquellen zu erschließen, ist zeitaufwändig. Die Beschaffungspreise werden ansteigen.

- *Konvertierungsrisiko*
Exporteure erleiden einen Zahlungsausfall, wenn ihre Kunden im Ausland die auf Euro lautenden Rechnungen nicht begleichen können, weil deren Regierung es untersagt hat, Eurodevisen zu erwerben.

- *Transferrisiko*
Anders als beim Konvertierungsrisiko untersagt die ausländische Regierung ihren Bürgern zwar nicht den Erwerb von Devisen, aber deren Ausfuhr. Für Exporteure, die in Euro fakturiert haben, wirkt das wie ein Zahlungsausfall. Auch Exporteure, die die Rechnungen in der Währung des Einfuhrlandes stellten, haben ein Transferrisiko, wenn die Regierung des importierenden Landes es verbietet, die heimische Währung auszuführen.

- *Zahlungsverbotsrisiko*
Konvertierungs- und Transferrisiken haben ihre Ursache meistens in der Devisenknappheit eines Landes. Verbietet eine Regierung ihren Bürgern hingegen ausländische Rechnungen zu bezahlen, so verfolgt sie damit politische Ziele, die sie auf normalem politischem Weg nicht durchsetzen kann. Sie hofft, auf diese Weise ausländische Regierungen unter Druck setzen zu können. I. d. R. ist ein solches Verhalten kontraproduktiv.

- *Moratoriumsrisiko*
Bei einem Moratorium handelt es sich um ein befristetes und deshalb vorübergehendes Zahlungsverbot. Der Exporteur erleidet einen Zinsverlust, weil seine Forderung vom Kunden erst beglichen werden kann, sobald das Zahlungsverbot wieder aufgehoben ist.

03. Was ist Besonderes an den ökonomischen Risiken?

Von den o. g. ökonomischen Risiken ist lediglich das Währungsrisiko (Kursrisiko) außenhandelsspezifisch. Alle anderen ökonomischen Risiken treten auch im Binnenhandel auf. Lediglich ihre wirtschaftliche Größenordnung wird vielleicht eine andere sein.

04. Worin besteht das Währungsrisiko?

Ein Währungsrisiko besteht bei Außenhandelsgeschäften nur, wenn

- der Exporteur ein Angebot in der Währung des Kunden (Fremdwährung) abgeben soll und das Angebot auf der Basis von Kursen kalkuliert, die bei Auftragserteilung nicht mehr gelten;

- der Exporteur die Rechnung in der Fremdwährung fakturiert, dem Kunden ein Zahlungsziel einräumt und sich der Währungskurs zwischen dem Tag des Vertragsabschlusses und dem Tag der Zahlung ungünstig verändert; sodass er für denselben Fremdwährungsbetrag weniger Euro bekommt als kalkuliert;

- der Importeur die Rechnung in Fremdwährung (d. h. in Euro) zu begleichen hat und sich der Währungskurs zwischen Vertragsabschluss und Zahlung ungünstig verändert, sodass er für denselben Fremdwährungsbetrag mehr aufwenden muss.

05. Wer erleidet das Währungsrisiko?

Das Risiko kann sowohl Importeur als auch Exporteur treffen. Ist vereinbart, dass in Fremdwährung fakturiert wird, so muss der Exporteur beim Zahlungseingang vielleicht feststellen, dass er weniger als Gegenwert für die Fremdwährung erhält als er für den gleichen Fremdwährungsbetrag am Tag des Vertragsabschlusses bekommen hätte. Umgekehrt kann es dem Importeur passieren, dass er am Tag des Zahlungsausgangs mehr inländische Währung für die Fremdwährung aufwenden muss als er es am Tag des Vertragsabschlusses hätte tun müssen.

06. Wie berechnet sich das Währungsrisiko für den Importeur?

Beispiel:

Ein deutscher Importeur bezieht lt. Rechnung von einem amerikanischen Lieferer Waren im Wert von 320,000.00 USD[1]. Die Zahlungsbedingung lautet cash on delivery. Vertragsabschluss war am 10.01. d. J., Liefer- und Zahlungstermin ist der 31.03. d. J. Am 10.01. betrug der Kurs 1,1978.

Kurs 1,1978 bedeutet, dass 1 € den Wert von 1,1978 $ hat.[2]

a) *Wie viele Euro müsste der Importeur am 10.01. aufwenden?*

$$1.1978 \ \$ \text{ entsprechen } 1 \ €$$
$$\underline{320.000.00 \quad \$ \text{ entsprechen } x \ €}$$

Lösung mittels Dreisatz:

1. Satz: 1.1978 $ entsprechen einem Euro   - x = 1

2. Satz: Ein Dollar entspricht dem 1,1978 Teil
eines Euro   - x = 1 : 1,1978

3. Satz: 320000 $ entsprechen dem Dreihundert-
zwanzigtausendfachen eines Dollars   - x = (1 : 1,1978) · 320.000

$$\underline{x \approx 267.156{,}45 \ €}$$

Um 320,000.00 $ bezahlen zu können, müsste der deutsche Importeur am 10.01. also 267.156,45 € aufwenden.

---

[1] Es ist zu beachten, dass die Schreibweise von Dollarbeträgen anders ist als im Deutschen. Werden Euro und Cent im Deutschen durch Komma getrennt, setzt man im Amerikanischen zwischen Dollar und Cent einen Punkt. Anstelle des Tausender-Punktes im Deutschen, verwendet man im Amerikanischen ein Komma.

[2] Da der Kurs in Deutschland gilt, ist er in Deutschland auch in deutscher Schreibweise 1,1978 $ statt in amerikanischer Form 1.1978 $ angegeben.

b) *Wie viele Euro müsste der Importeur am 31.03. aufwenden, wenn der Kurs dann 1,1234 beträgt?*

$$1.1234 \ \$ \text{ entsprechen } 1 \ €$$
$$\underline{320,000.00 \qquad \$ \text{ entsprechen } x \ €}$$

$$x = (1 : 1{,}1234) \cdot 320000 \approx \underline{284.849{,}56 \ €}$$

Bei diesem Kurs benötigt der deutsche Importeur 284.849,56 €, um 320,000.00 $ bezahlen zu können.

c) *Wie viele Euro müsste der Importeur am 31.03. aufwenden, wenn der Kurs dann 1,1990 beträgt?*

$$1.1990 \ \$ \text{ entsprechen } 1 \ €$$
$$\underline{320,000.00 \qquad \$ \text{ entsprechen } x \ €}$$

$$x = (1 : 1{,}1990) \cdot 320000 \approx \underline{266.889{,}07 \ €}$$

Bei diesem Kurs müsste der deutsche Importeur 266.889,07 € aufwenden, um 320,000.00 $ bezahlen zu können.

Der Risikofall trifft den deutschen Importeur also nur, wenn die Fremdwährung im Vergleich zum Vertragsabschluss bei Zahlungseingang teurer ist. Im Fall b) wären vom Importeur 17.693,11 € mehr für dieselbe Dollarsumme aufzuwenden gewesen.

Grund: Am 10.01. kostete 1 $ ca. 0,51 €, während am 31.03. der Dollar nur für 0,83 € zu haben war.

Wäre der Dollar am 31.03. – wie im Fall c) – billiger als bei Vertragsabschluss gewesen, so hätte der Importeur am 31.03. hingegen 267,38 € gespart.

Der Exporteur bekommt bei jedem Kurs den vereinbarten Erlös von 320,000.00 $ und hat somit kein Kursrisiko!

07. Wie berechnet sich das Währungsrisiko für den Exporteur?

Beispiel:

Ein deutscher Exporteur liefert an einen amerikanischen Kunden Waren im Wert von 320,000.00 USD. Die Zahlungsbedingung lautet cash on delivery. Vertragsabschluss war am 10.01. d. J., Liefer- und Zahlungstermin ist der 31.03. d. J. Die Rechnung wird in USD gestellt.

Am 10.01. betrug der Kurs 1,1978.

a) *Wie viele Euro bekäme der Exporteur am 10.01.?*

$\quad\quad$ 1.1978 $ entsprechen 1 €

$\quad$ 320,000.00 $\quad$ $ entsprechen x €

x = (1 : 1,1978) · 320.000

x ≈ 267.156,45 €

Für 320,000.00 $ bekäme der deutsche Exporteur am 10.01. 267.156,45 €, wenn er die Devisen in Deutschland wechselt.

b) *Wie viele Euro bekäme der Exporteur am 31.03., wenn der Kurs dann 1,1234 beträgt?*

$\quad\quad$ 1.1234 $ entsprechen 1 €

$\quad$ 320,000.00 $\quad$ $ entsprechen x €

x = (1 : 1,1234) · 320000 ≈ 284.849,56 €

Zu diesem Kurs bekäme der deutsche Exporteur sogar 284.849,56 € für die mit 320,000.00 $ berechneten Waren.

c) *Wie viele Euro bekäme der Exporteur am 31.03., wenn der Kurs 1,1990 beträgt?*

$\quad\quad$ 1.1990 $ entsprechen 1 €

$\quad$ 320,000.00 $\quad$ $ entsprechen x €

x = (1 : 1,1990) · 320000 ≈ 266.889,07 €

Bei diesem Kurs bekäme der deutsche Exporteur für 320,000.00 $ nur 266.889,07 €.

Im Fall c) ist der Dollar am Tag der Umwechslung geringfügig billiger als bei Vertragsabschluss, sodass er am 31.03. weniger Euro erhielte als er am 10.01. bekommen hätte.

8.3.2 Garantien/Bürgschaften

01. Wozu dienen Garantien bzw. Bürgschaften?

Garantien bzw. Bürgschaften mindern die Risikofolgen bei Außenhandelsgeschäften. Somit wird es vor allem auch kleineren und mittleren Unternehmen möglich, ebenfalls Außenhandelsgeschäfte zu tätigen. Ohne die Verringerung der Risikofolgen würden diese Unternehmen möglicherweise nicht exportieren, wenn sie befürchten müssten, dass der Risikofall die wirtschaftliche Existenz des Unternehmens gefährdet. Garantien bzw. Bürgschaften beleben somit den Wettbewerb und sind zugleich ein erprobtes Instrument der Exportförderung.

02. Wer garantiert?

Die Bundesrepublik Deutschland garantiert deutschen Exporteuren, dass die aus den Exportgeschäften resultierenden Forderungen auch (größtenteils) zu Zahlungseingängen führen. M. a. W.: Zahlt der ausländische Kunde nicht, begleicht der deutsche Steuerzahler den größten Teil der offenen Forderung. Ein Restrisiko muss der Exporteur allerdings selbst tragen.

03. Wer bürgt für wen?

Die Bundesrepublik Deutschland bürgt deutschen Exporteuren gegenüber für die Zahlungsfähigkeit ausländischer Staatshandelsunternehmen bzw. ausländischer Staaten. M. a. W.: Bleibt ein ausländisches Staatsunternehmen einem deutschen Exporteur die Zahlung schuldig, begleicht der deutsche Steuerzahler den größten Teil der offenen Forderung. Ein Restrisiko muss der Exporteur aber selbst übernehmen.

04. Was ist der Unterschied zwischen Garantie und Bürgschaft?

Ausfuhrgarantien und Ausfuhrbürgschaften unterscheiden sich nicht in der Höhe des Risikos für das ggf. die Bundesrepublik Deutschland einspringt. Der Unterschied besteht lediglich in den Kunden eines Exporteurs. Handelt es sich um staatliche Kunden oder um ausländische Staatsunternehmen, so bürgt die Bundesrepublik dem deutschen Exporteur. Handelt es sich hingegen um privatwirtschaftliche Kunden, so übernimmt die Bundesrepublik Deutschland Garantien.

05. Worauf erstrecken sich Garantien bzw. Bürgschaften?

Die Gewährleistungen in Gestalt einer Garantie oder einer Bürgschaft erstrecken sich auf die Absicherung von

- Krediten, die dem Kunden seitens des Lieferers gewährt wurden (*Liefererkredite*); abgesichert sind sowohl wirtschaftliche als auch politische Risiken. Jedoch wird das Risiko niemals zu 100 % übernommen; der Exporteur muss sich in einem gewissen Umfang am Risiko beteiligen. Diese Selbstbeteiligungsquote ist bei wirtschaftlichen Risiken natürlich höher als bei politischen Risiken. Durch die Selbstbeteiligung am Risiko wird der Exporteur zu einem rationalen Verhalten gezwungen. Umfasst der Exportauftrag z. B. ein Volumen von 1 Mio. € und beträgt die Selbstbeteiligungsquote 10 %, so muss der Exporteur den Ausfall von 0,1 Mio. € verkraften können. Würde das seine Existenz gefährden, darf er diesen Auftrag nicht annehmen!

- Krediten, die dem Besteller seitens des Lieferers gewährt wurden (*Bestellerkredite*); Bestellerkredite sind *gebundene Finanzkredite*. Die Bank des Exporteurs (selten der Lieferer selbst) gewährt dem Kunden des Lieferers einen Kredit, der aber zweckgebunden ist, d. h. der Kunde darf ihn nur dazu verwenden, die Rechnung seines Lieferers für gelieferte Waren zu begleichen. Für den Exporteur ist das eine feine Sache, entpuppt sich sein Exportauftrag dadurch doch als Bargeschäft. Es ist seine Bank, die sich hier absichert, wobei sie 5 % der Kreditsumme aber als Selbstbeteiligungsquote tragen muss, die sie auch nicht auf den Exporteur abschieben darf.

- *Fabrikationsrisiken*
Unter diesen Risiken versteht man alle Situationen, die bereits vor dem Versenden der Ware eintreten können und dann die Lieferung unmöglich machen. Das wäre z. B. der Fall, wenn ein deutscher Großhändler für Nutzfahrzeuge einen Auftrag von einem Kunden in Aserbeidschan erhält. Der Großhändler ordert die Nutzfahrzeuge bei einem oder mehreren Nutzfahrzeugherstellern. Noch bevor die Fahrzeuge geliefert werden können, kommt es in Aserbeidschan zu einem Putsch und die neue Regierung verhängt ein Transferverbot. Der deutsche Händler weiß nun, dass der Kunde die Fahrzeuge nicht bezahlen können wird und liefert sie erst gar nicht aus. Aber nun sitzt er auf Nutzfahrzeugen, die er in Auftrag gegeben hat und bezahlen muss. Hier springt die Fabrikationsrisiko-Deckung ein. Die Deckung spränge auch ein, wenn der Kunde den Auftrag stornieren würde und der Exporteur im Vertrauen auf die Vertragstreue des Kunden bereits Verpflichtungen eingegangen wäre. Beim Fabrikationsrisiko werden allerdings immer nur die Selbstkosten gedeckt; entgangene Gewinne werden nicht aufgefangen.

- *Sonderrisiken*
Bestimmte Geschäfte bergen spezifische Risiken, die im Einzelfall gedeckt werden:
  - Absicherung von Konsignations-, Messe-, Zoll- und Auslieferungsläger im Ausland gegen das politische Risiko der Beschlagnahme und Plünderung;

  - Absicherung eines Leasinggebers, dass der Leasingnehmer im Ausland innerhalb der Grundmietzeit die Leasingraten nicht begleicht (das Leasingobjekt befindet sich ja beim Leasingnehmer):

  - Absicherung (gegen wirtschaftliche und politische Risiken) deutscher Bauunternehmen, die im Ausland Baustellen einrichten, Material und Gerät dort haben.

  - Sind im Kaufvertrag *Preisgleitklauseln* vereinbart worden, kann es infolge eines Preisverfalls zu Erlöseinbußen beim Exporteur kommen, die u. U. – sobald der realisierbare Verkaufspreis unter den Einstandspreis gesunken ist – sogar zu einem Verlustgeschäft führen. Hiergegen kann sich der Exporteur absichern. Ebenso kann ein Importeur das den Preisgleitklauseln immanente Risiko absichern, dass die Beschaffungspreise höher ausfallen als kalkuliert.

  - Joint Ventures, Direktinvestitionen im Ausland und Kapitalanlagen im Ausland können gegen politische Risiken abgesichert werden.

  - Absicherung von Krediten für Projektfinanzierungen im Ausland gegen wirtschaftliche und politische Risiken. Vorab musste der Kreditgeber aber nachgewiesen haben, dass das Projekt sich selbst tragen kann. Er kann für Verluste aus einem unrentablen Projekt keine Deckung aus Garantie oder Bürgschaft beanspruchen.

06. Wann muss der Exporteur die Garantie bzw. Bürgschaft beantragen?

Grundsätzlich gilt, dass Garantien bzw. Bürgschaften nicht rückwirkend gewährt werden. Das bedeutet, dass ein deutscher Exporteur, der ein geplantes Exportgeschäft über Garantie bzw. Bürgschaft absichern will, den Garantie- bzw. Bürgschaftsantrag stellen muss, bevor er den Exportauftrag angenommen hat. Das Datum der Vertragsunterzeichnung muss also später als der Deckungsantrag liegen.

07. Bei wem beantragt der Exporteur die Garantie bzw. die Bürgschaft?

Es handelt sich zwar um staatliche Garantien bzw. Bürgschaften, Ansprechpartner des Exporteurs ist aber nicht die Bundesregierung, sondern das mit der Abwicklung betraute Versicherungsunternehmen, die Euler-Hermes Kreditversicherungs-AG oder PwC. Dieses Unternehmen versichert die Risikofälle; man spricht daher kurz von einer Hermes-Absicherung. Die Mittel, die ggf. im Risikofall zur Deckung benötigt werden, stammen aber nicht vom Unternehmen, sondern sind staatliche Ausgaben.

08. Wie funktionieren die Hermes-Absicherungen?

Alljährlich stellt der Bundesminister der Finanzen einen bestimmten Betrag zur Absicherung von Außenhandelsrisiken in den Bundeshaushalt ein. Ein interministerieller Ausschuss, in dem die Ministerien für Finanzen, für Wirtschaft und Technologie, für wirtschaftliche Zusammenarbeit und das Auswärtige Amt vertreten sind, empfiehlt, welche Risiken gegenüber welchen Ländern abgesichert werden sollen. Unternehmen, die diesen Risiken ausgesetzt sind, können bei der Euler-Hermes Kreditversicherungs-AG eine Ausfuhrgarantie bzw. -bürgschaft beantragen. Tritt der Risikofall ein, wird die Garantie bzw. Bürgschaft eingelöst, d. h. abzüglich der Selbstbeteiligungsquote zahlt die Versicherung aus den vom Bundeshaushalt bereitgestellten Mitteln. Übersteigen die eingetretenen Risikofälle den Haushaltsposten, wird es entweder eine Umschichtung im Bundeshaushalt geben oder es wird ein Nachtragshaushalt eingebracht oder bestimmte Risiken werden künftig nicht mehr abgesichert.

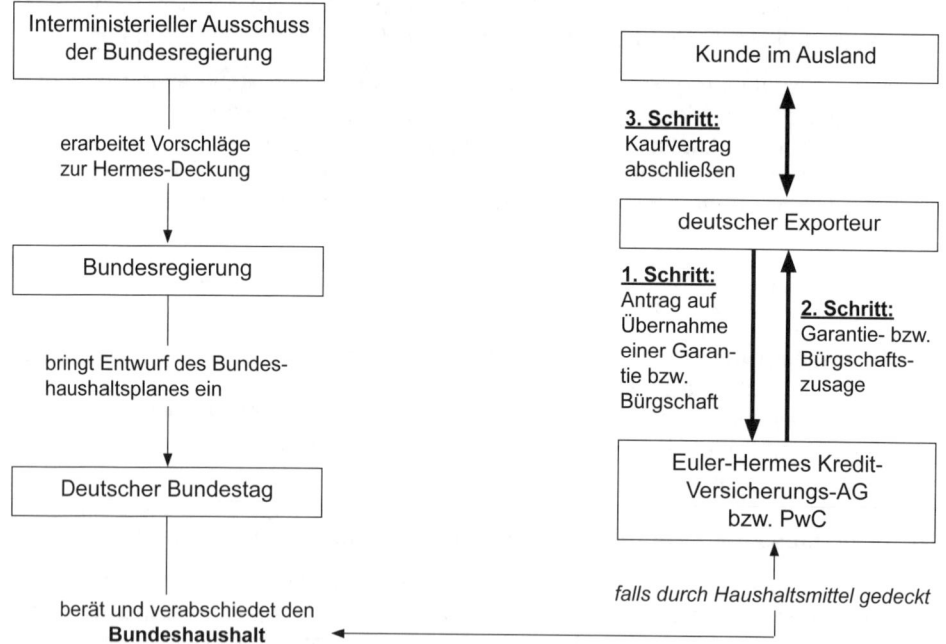

8.3.3 Risikopolitische Maßnahmen

01. Wie kann man Risiken generell verringern?

Generell verringern sich Risiken, wenn man

* sich vor Geschäftsabschluss kundig macht, den Auslandsmarkt analysiert und sich über den Vertragspartner informiert, damit man das Risiko überhaupt einschätzen kann;

* private Versicherungen abschließt.

02. Wie kann man speziell dem Währungsrisiko begegnen?

* *Währungsrisiko ausschließen,*
  indem man als Exporteur in Euro fakturiert bzw. als Importeur darauf besteht, dass die Rechnung in Euro gestellt wird.

* *Währungsrisiko verringern,*
  indem man im Inland oder im Ausland ein Fremdwährungskonto führt. Das ist insbesondere sinnvoll, wenn man nicht nur gelegentlich im Außenhandel aktiv ist. Ist man sowohl Exporteur als auch Importeur, verfügt man mit dem Fremdwährungskonto durch Deviseneingänge bereits über Devisen, um Importrechnungen begleichen zu können. Nicht benötigte Devisen können zu einem Zeitpunkt in Euro gewechselt werden, wenn einem der Wechselkurs passt.

* *Währungsrisiko verringern,*
  indem man ein Devisentermingeschäft abschließt.

  1. Beispiel:
  - Vertragspartner: deutscher Importeur, ausländischer Lieferer
  - Vertragsabschluss: 23.04. d. J
  - Rechnungsbetrag: 15,000.00 $
  - zahlbar 31.08. d. J.

  Der deutsche Importeur kauft am 23.04. bei seiner Bank 15,000.00 $, die ihm von der Bank aber erst am 31.08. zur Verfügung gestellt werden. Der Importeur und seine Bank vereinbaren am 23.04. bereits den Preis, d. h. den Kurs, der am 31.08. für die 15,000.00 $ zu zahlen sein wird.

  Der Importeur weiß also bereits am 23.04., wie viele Euro er aufwenden muss. Auf den tatsächlichen Kurs am 31.08. kommt es jetzt nicht mehr an. Das Devisentermingeschäft ist für ihn eine Sicherheit, dass er auf gar keinen Fall mehr Euro benötigt als am 23.04. vereinbart. Natürlich kann es sein, dass der Kurs, der am 31.08. tatsächlich gilt, für ihn viel günstiger ausfällt als der Kurs, den er mit seiner Bank vereinbart hat.

  2. Beispiel:
  - Vertragspartner: deutscher Exporteur, ausländischer Kunde
  - Vertragsabschluss: 23.04. d. J
  - Rechnungsbetrag: 15,000.00 $
  - zahlbar 31.08. d. J.

Der Exporteur verkauft am 23.04. die Devisen, die er erst am 31.08. bekommen wird, an eine Bank zu einem am 23.04. vereinbarten Kurs. Er weiß also bereits am 23.04., wie viel Euro er am 31.08. für die Dollar erhält – ganz egal, wie der Kurs am 31.08. tatsächlich ist. Natürlich könnte es ihm passieren, dass er für den Dollarbetrag viel mehr Euro bekäme, hätte er am 31.08. zum dann geltenden Kurs gewechselt.

Devisentermingeschäfte schützen den Importeur davor, mehr Euro aufwenden zu müssen als kalkuliert und den Exporteur davor, weniger Euro zu erhalten als kalkuliert.

*   *Währungsrisiko verringern,*
    indem man ein Devisenoptionsgeschäft abschließt.

Devisenoptionsgeschäfte funktionieren wie Devisentermingeschäfte. Der Unterschied besteht darin, dass bei den Optionsgeschäften dem Akteur bis kurz vor Fälligkeit eine Option (= Wahlmöglichkeit) bleibt, ob er das Devisengeschäft zum Tages- oder zum Terminkurs abschließen will.

03. Wie kann der Exporteur speziell das Transportrisiko verringern?

*   Transportversicherung abschließen
*   geeigneten Incoterm auswählen
*   Abholhandel statt Zustellhandel

04. Wie kann der Exporteur speziell das Zahlungsausfallrisiko verringern?

*   Kreditversicherung abschließen
*   geeignete terms of payment vereinbaren
*   für den Fall, dass ein Kunde aus der EU in Zahlungsverzug ist: Europäisches Mahnverfahren anwenden

05. Wie kann der Exporteur speziell das Annahmerisiko verringern?

Es muss Akkreditivzahlung vereinbart werden. In diesem Fall versendet der Exporteur die Ware erst, wenn die Bank seines Kunden die Zahlung zugesichert hat. Da die Zahlung zugesichert ist, ist es unwahrscheinlich, dass der Kunde die Ware – für die seine Bank die Zahlung bereits gewährleistet hat – nicht annimmt. Und selbst wenn: Der Exporteur bekommt sein Geld!

06. Wie kann man das Risiko verringern, dass es zu gerichtlichen Auseinandersetzungen über die Vertragserfüllung kommt?

Exporteur und Importeur vereinbaren, im Streitfall das Schiedsgericht der International Chamber of Commerce anzurufen und sich dem Schiedsspruch zu unterwerfen.

8.4 Spezielle rechtliche Aspekte für den Außenhandel

8.4.1 Bestimmungen nach AWG/AWV

01. Wofür stehen die Abkürzungen AWG bzw. AWV?

AWG = Außenwirtschaftsgesetz
AWV = Außenwirtschaftsverordnung

Die jeweils letzte Fassung ist unter www.juris.de downloadbar.

02. In welchem Verhältnis stehen AWG und AWV zueinander?

Kennzeichnend für einen demokratischen Staat ist die Teilung der Staatsgewalt in die gesetzgebende Gewalt (Legislative = Deutscher Bundestag), in die die Gesetze ausführende Gewalt (Exekutive = Bundesregierung und nachgeordnete Behörden) und in die richterliche Gewalt (Judikative = Gerichte). Judikative und Exekutive sind an die Gesetze gebunden und die Gesetze sind an die Verfassung gebunden. Ob exekutives Handeln gesetzmäßig ist, lässt sich vor Gerichten überprüfen; ob Gesetze dem Grundgesetz entsprechen, kann vor dem Bundesverfassungsgesetz überprüft werden.

Im Sinne dieser Gewaltenteilung ist das Außenwirtschaftsgesetz vom Parlament verabschiedet. Der Gesetzgeber hat in diesem Gesetz die Exekutive berechtigt, zu genau im AWG definierten Bereichen Rechtsverordnungen zu erlassen. Nur insofern der Gesetzgeber eine Ermächtigung ins Gesetz hineingeschrieben hat, darf die Regierung Rechtsverordnungen erlassen. Um eine solche Rechtsverordnung handelt es sich bei der Außenwirtschaftsverordnung.

Beachte: Auf europäischer Ebene gilt eine andere Terminologie. Eine EVO (= Europäische Verordnung) gilt in allen EU-Staaten als Gesetz, sobald der Rat der Europäischen Union und das Europäische Parlament die EVO beschlossen haben. Die nationalen Parlamente sind damit nicht mehr befasst. Eine EVO ist im deutschen Sinne also Gesetz, keine Rechtsverordnung!

03. Wozu ermächtigt das AWG die Regierung?

§ 2 Abs. 1 AWG ermächtigt die Regierung, Rechtsverordnungen zu erlassen, die Rechtsgeschäfte (z. B. Verträge) oder Handlungen (z. B. Auslandsüberweisungen) generell oder unter bestimmten Bedingungen genehmigungspflichtig macht oder sogar verbietet. Grundsätzlich ist allerdings gemäß § 1 Abs. 1 AWG der Waren-, Dienstleistungs-, Kapital-, Zahlungs- und sonstiger Wirtschaftsverkehr mit anderen Volkswirtschaften frei und unterliegt keiner Genehmigungspflicht.

04. Gibt es generell Einfuhr- bzw. Ausfuhrverbote?

Ja, es gibt sie aufgrund internationaler Abkommen (z. B. Washingtoner Artenschutz-
abkommen, Kernwaffensperrvertrag, Kriegswaffenkontrollgesetz).

05. Woher weiß man, welche Waren genehmigungspflichtig sind oder genehmi-
gungsfrei ex- bzw. importiert werden dürfen?

Für Waren, deren Ein- bzw. Ausfuhr verboten ist (vgl. Frage 04.), sind im folgenden
Überblick über die Ausfuhr- bzw. Einfuhrverfahren nicht enthalten. Aus- bzw. Einfuhr-
genehmigungen kann es nur für die Waren geben, die prinzipiell ex- bzw. importierbar
sind.

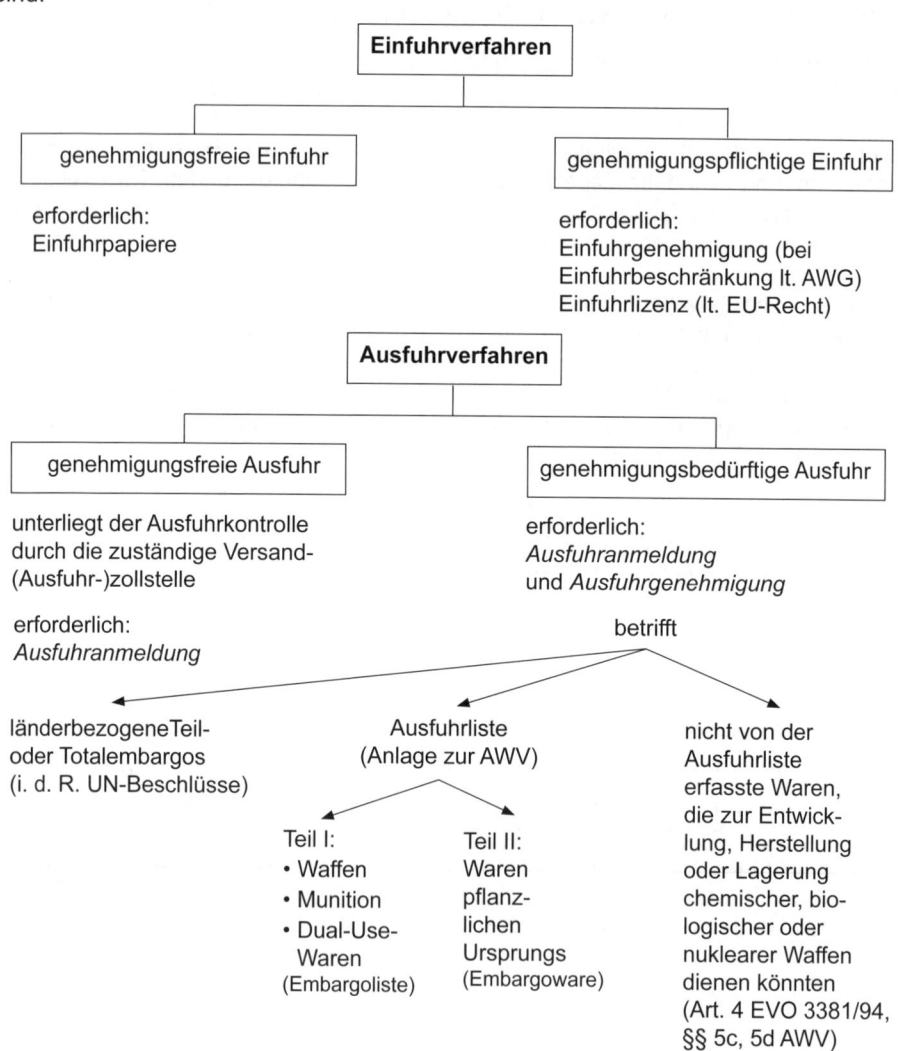

06. Was beinhaltet die Ausfuhrliste?

Die Ausfuhrliste liegt der AWV als Anlage AL bei und kann durch Rechtsverordnung angepasst werden. Sie enthält *Embargolisten* und *Embargowaren.*

Embargolisten:
- Waffen, Munition, Rüstungsmaterial und Spezialgerät zur Fertigung von Rüstungsmaterial
- sonstige Güter (z. B. Elektroschocker)
- Dual-Use-Produkte, d. h. Produkte, die sowohl für zivile als auch für militärische Zwecke verwendet werden können. Es liegt auf der Hand, dass diese Liste die politisch am meistumstrittene ist. Schließlich kann fast jede Technik sowohl zivil als auch militärisch genutzt werden.

Embargowaren:
- Waren pflanzlichen Ursprungs
- Nichtedelmetalle, Eisen- und Stahlerzeugnisse, die zwingend benötigt werden, um den inländischen Bedarf zu decken
- Waren, die infolge multilateraler Abkommen nicht ohne Weiteres exportiert werden dürfen
- minderwertige ernährungs- und landwirtschaftliche Erzeugnisse.

07. Was ist die Einfuhrliste?

Die Einfuhrliste ist eine Anlage zum AWG (nicht zur AWV wie die Ausfuhrliste). Sie umfasst zum einen eine Liste ehemaliger Erzeugnisse der Europäischen Gemeinschaft für Kohle und Stahl (EGKS) (auch Montan-Union genannt). Aufgelistet sind die Produkte mit ihren Zolltarifnummern. Die Einfuhrliste umfasst zum anderen eine in fünfzehn Abschnitte unterteilte Liste, deren Systematik sich an die Systematik der Außenhandelsstatistik anlehnt.

- Abschnitt I   Lebende Tiere und Waren tierischen Ursprungs
- Abschnitt II   Waren pflanzlichen Ursprungs
- Abschnitt III   tierische und pflanzliche Fette und Öle; Erzeugnisse ihrer Spaltung; genießbare verarbeitete Fette; Wachse tierischen und pflanzlichen Ursprungs
- Abschnitt IV   Waren der Lebensmittelindustrie; Getränke, alkoholhaltige Flüssigkeiten und Essig; Tabak und verarbeitete Tabakersatzstoffe
- Abschnitt V   Mineralische Stoffe
- Abschnitt VI   Erzeugnisse der chemischen Industrie und verwandter Industrien
- Abschnitt VII   -
- Abschnitt VIII   -
- Abschnitt IX   -
- Abschnitt X   -

- Abschnitt XI   Spinnstoffe und Waren daraus
- Abschnitt XII   -
- Abschnitt XIII   -
- Abschnitt XIV   -
- Abschnitt XV   Unedle Metalle und Waren aus unedlen Metallen

08. Wer genehmigt Einfuhren?

Genehmigungsbehörden sind je nach Produktart entweder

- das *Bundesamt für Wirtschaft und Ausfuhrkontrolle* (www.bafa.de), Frankfurter Str. 29 - 35, 65760 Eschborn oder
- die *Bundesanstalt für Landwirtschaft und Ernährung* (www.ble.de), Marktstr. 10, 50968 Köln.

09. Welche Beschränkungen lt. AWG/AWV sind noch von Bedeutung?

In §§ 26, 26a AWG wird die Regierung ermächtigt, durch Rechtsverordnung *Meldepflichten* für Rechtsgeschäfte und Handlungen einzuführen, die infolge von Zahlungsvorgängen die Zahlungsbilanz der Bundesrepublik Deutschland beeinflussen. Es geht hierbei also um *statistische Meldungen.* In den §§ 56 ff. AWV sind entsprechende Regelungen erlassen.

Eine besondere Meldepflicht gibt es für Waren und Technologien im kerntechnischen, biologischen oder chemischen Bereich der Ausfuhrliste. Geschäfte, die in diese Kategorie fallen, sind dem Bundesamt für Wirtschaft und Ausfuhrkontrolle zu melden.

10. Für welche Zahlungen sind Meldepflichten zu beachten?

Unternehmen in Deutschland haben gemäß § 59 AWV Zahlungen aus dem Ausland und Zahlungen ins Ausland zu melden, sofern sie 12.500 € (= Freigrenze) überschreiten und nicht aus Warenex- bzw. -importgeschäften resultieren.

11. An wen sind die Zahlungen zu melden?

Da es um die deutsche Zahlungsbilanz geht, sind sie der Deutschen Bundesbank auf dem in der AWV vorgeschriebenen Weg zu melden. Entsprechende downloads sind z. B. unter der Infomail: aussenwirtschaft@lzb-nrw.bundesbank.de abrufbar. Überdies gibt es eine gebührenfreie Telefon-Hotline zur Deutschen Bundesbank unter 0800/1 23 41 11.

12. Welche Zahlungen müssen nicht gemeldet werden?

Für Außenhandelsunternehmen von besonderer Bedeutung ist § 59 Abs. 2 AWV, weil dort die Zahlungen genannt werden, die von der Meldepflicht ausgenommen sind:

* Zahlungen unter der Freigrenze von 12.500 €

* Zahlungen für Warenimporte und Warenexporte

* Zahlungseingänge infolge eines im Ausland aufgenommenen Kredits, dessen Laufzeit längstens ein Jahr beträgt

* Zahlungsausgänge zur Tilgung eines im Ausland aufgenommenen Kredits, dessen Laufzeit nicht länger als ein Jahr beträgt

* Zahlungen von einem oder auf ein im Ausland geführtes Konto, dessen Kündigungsfrist nicht länger als ein Jahr ist.

8.4.2 Weitere rechtliche Bestimmungen

01. Welche weiteren rechtlichen Bestimmungen sind neben dem AWG und der AWV zu beachten?

* Einschlägige Europäische Verordnungen (EVO)
* Zollbestimmungen
* Umsatzsteuergesetz (UStG) sowie
* Umsatzsteuerdurchführungsverordnung (UStDVO).

02. Wie ermittelt man den Zollwert?

Soweit der Zoll als *Wertzoll* erhoben wird, errechnet sich der Zollwert wie folgt:

```
  Warenwert
- Liefererskonto (auch wenn er später nicht in Anspruch genommen wird)
+ Verpackungskosten
+ Auslandsfracht (= Transportkosten bis zur EU-Außengrenze)
= Zollwert
```

03. Wie berechnet man die Einfuhr-Umsatzsteuer?

Die Berechnungsbasis für die Einfuhr-Umsatzsteuer ergibt sich wie folgt:

```
  Zollwert (siehe Frage 02.)
+ Zoll (auf den Zollwert bezogen)
+ ggf. Verbrauchssteuern (z. B. Kaffeesteuer)
+ Inlandsfracht (Transportkosten innerhalb der EU)
= Berechnungsbasis für die Einfuhr-Umsatzsteuer
```

Faktisch ist die Einfuhr-Umsatzsteuer also auch eine „Steuer auf die Steuer" und eine „Steuer auf den Zoll". Buchhalterisch ist sie Vorsteuer und verringert im Zuge des Vorsteuerabzugs die Umsatzsteuerschuld.

04. Warum werden Exporte nicht versteuert?

Das Umsatzsteuergesetz zählt die Umsätze auf, die zu versteuern sind und nennt sie steuerbare Umsätze. Steuerbar sind alle Leistungen, die ein Unternehmen im Inland gegen Entgelt im Rahmen seines Unternehmens ausführt. Zu den steuerbaren Umsätzen gehören:

• Einkäufe von Waren und sonstigen Leistungen im Inland
• Verkäufe von Waren und sonstigen Leistungen im Inland
• Wareneinfuhren aus dem Ausland
• Innergemeinschaftlicher Erwerb von Waren und sonstigen Leistungen.

Exporte erfüllen zwar die Voraussetzungen der Steuerbarkeit, sind jedoch nach § 4 Nr. 1a UStG i. V. m. § 6 Abs. 1 Nr. 1 UStG umsatzsteuerfrei. Das ist praktische Exportförderung. Deutsche Exporteure wären benachteiligt, müssten ihre ausländischen Kunden den Bruttobetrag für die Produkte zahlen, während andere Anbieter ihre Waren im Ausland netto, also ohne Umsatzsteuer, anbieten würden.

05. Welche Besonderheit gibt es beim Warenverkehr innerhalb der EU?

Solange es innerhalb der Europäischen Union noch keinen harmonisierten Umsatzsteuersatz gibt, *gelten in den EU-Staaten unterschiedliche Umsatzsteuersätze.* Bis es irgendwann zu einer Steuersatzharmonisierung kommt, gilt für den gewerblichen Warenverkehr innerhalb der Europäischen Union folgende Regelung:

• Der Lieferer aus einem EU-Staat berechnet keine Umsatzsteuer.
• Der Kunde versteuert die Ware mit dem Steuersatz, der in seinem Land gilt, sobald die Ware im anderen EU-Staat ist.

Kurz gefasst:

> 1. **Versteuert wird der Erwerb der Ware,** nicht der Verkauf.
> 2. **Die Besteuerung fällt erst an, wenn die Ware tatsächlich ins andere EU-Land verbracht worden ist.**

Sollte der Erwerber die Umsatzsteuer nicht entrichten, wird der Lieferer zur Versteuerung herangezogen. Umsätze aus dem innergemeinschaftlichen Warenverkehr müssen dem Finanzamt unter Angabe der USt-ID-Nr. gesondert gemeldet werden. Durch den Datenabgleich können die Finanzbehörden feststellen, ob ein Erwerber seiner Steuerverpflichtung nicht nachgekommen ist und greifen dann auf den Verbringer zurück.

8.5 Transport und Lagerung, Zertifizierung und Versicherungen

8.5.1 Incoterms

01. Wofür steht der Ausdruck Incoterms?

Incoterms ist die Kurzfassung für „International Commercial Terms of Trade", also die Internationalen Handelsbedingungen.

02. Wer definiert die Incoterms?

Die Incoterms sind von der International Chamber of Commerce (ICC), also der Internationalen Handelskammer in Paris aus der Praxis für die Praxis entwickelt worden. Geschäftspartner können sie in ihren Kaufverträgen anwenden und haben damit Gewissheit, dass der Vertragspartner unter einem bestimmten Incoterm genau dasselbe versteht wie sie selbst. Die ICC will mit ihnen den internationalen Handel vereinfachen, indem sie praktische Lösungen anbietet und muss die Terms daher so definieren, dass sie auch auf längere Sicht praktikabel bleiben. Andererseits sind die Incoterms keine statische Größe, sondern müssen offen für Veränderungen im internationalen Handel sein. Deshalb werden die Incoterms von Zeit zu Zeit überarbeitet und ergänzt. Die ICC kennzeichnet die letzte Fassung, indem sie diese Jahreszahl mit angibt. Aktuell sind also die Incoterms 2010. Von der ICC ist ausschließlich die englische Fassung autorisiert.

03. Was regeln Incoterms?

Mit jedem Incoterm werden drei Sachverhalte geregelt:

1. Welche *Kosten* trägt bei einem bestimmten Incoterm der Exporteur und welche Kosten muss der Importeur übernehmen?

2. Wo ist der *Gefahrenübergang,* d. h. wo geht die Gefahr, dass die Ware untergeht oder beschädigt wird vom Exporteur auf den Importeur über?

3. Muss der Exporteur oder der Importeur den *Beförderungsvertrag* abschließen?

Die Incoterms haben drei Regelungsaspekte: Transportkosten i. w. S., Transportrisiko und Transportkapazität. Sie sind daher nicht vergleichbar mit den Lieferungsbedingungen im deutschen Handelsbrauch.

04. Wie unterscheiden sich die einzelnen Incoterms?

Es gibt vier Gruppen von Incoterms: E-Klauseln, F-Klauseln, C-Klauseln und D-Klauseln. Die Klauseln einer Gruppe unterscheiden sich zwar voneinander, haben aber etwas gemeinsames, was sie von den Klauseln der anderen Gruppen abhebt. Kriterium für die Gruppierung sind ausschließlich die Kosten. Bei der Gruppe E entstehen dem Exporteur (Verkäufer) keinerlei Transportkosten. Sie belasten ausschließlich den Importeur (Kunden). Der einzige Incoterm in dieser Gruppe wird daher als *Abholklausel* beschrieben. Einigen sich Ex- und Importeur auf eine Klausel der Gruppe F, so trägt auch hier der Importeur den „Löwenanteil" der Kosten, weil ihm die Kosten des Haupttransports zugerechnet werden. Der Exporteur muss lediglich die Transportkosten übernehmen, die von seinem Lager bis zur Versandstation (das kann ein See- oder ein Flughafen oder eine Bahnverladestation sein) entstehen.

Bei den Klauseln der Gruppe C übernimmt der Exporteur zusätzlich die Kosten des Haupttransports, sodass der Importeur lediglich die Kosten für den Transport vom Bestimmungshafen bzw. der Bahnentladestation bis zu seinem Lager trägt. Die D-Klauseln schließlich lassen die Gesamttransportkosten fast ausschließlich zu Lasten des Exporteurs gehen. Der Importeur wird kaum oder gar nicht belastet.

Incoterms enthalten stets eine Ortsangabe. Bei Seeklauseln ist entweder der Verschiffungshafen (port of shipment) oder der Bestimmungshafen (port of destination) anzugeben. In allen anderen Fällen ist statt von einem benannten Hafen (named port) von einem benannten Ort (named place) die Rede.

Incoterms 2010		
Gruppe	Klausel	Beschreibung
E	EXW	Ex Works (ab Werk)
F	FCA	Free Carrier (frei Frachtführer benannter Ort)
	FAS	Free alongside ship (frei Längsseite Schiff)
F	FOB – *geändert*[1]	Free on board (frei an Bord benannter Verladehafen)
C	CFR – *geändert*[1]	Cost & Freight (Kosten & Fracht benannter Bestimmungshafen)
	CIF – *geändert*[1]	Cost, Insurance and Freight (Kosten, Versicherung und Fracht benannter Bestimmungshafen)
C	CPT	Carriage paid to (frachtfrei benannter Bestimmungsort)
	CIP	Carriage and Insurance paid to (frachtfrei versichert benannter Bestimmungsort)
D	DAP – *neu*[1]	Delivered at place (geliefert benannter Ort)
	DAT – *neu*[1]	Delivered at terminal (geliefert Terminal)
	DDP	Delivered Duty Paid

[1] Neu/geändert gegenüber Incoterms 2000.

Die folgende Übersicht stellt die wesentlichen Merkmale und Unterschiede der Incoterms gegenüber. Sie ist entnommen aus: www.speedtrans.com. Zum besseren Verständnis sind vorab einige einschlägige Fachbegriffe erklärt:

Incoterms · Fachbegriffe	
Ausfuhr	Übernahme der Kosten der Ausfuhrabfertigung und Beschaffung der erforderlichen Dokumente im Exportland.
Import	Übernahme der Kosten der Einfuhrabfertigung und Beschaffung der erforderlichen Dokumente im Importland.
Durchfuhr	Übernahme der Kosten der Durchfuhr und Beschaffung der erforderlichen Dokumente im Transitland.
	Kostenteilung zwischen Verkäufer und Käufer bei der Durchfuhr der Waren bis bzw. ab dem benannten Bestimmungsort. Der Verkäufer hat auf eigene Kosten und Gefahren die für den Transport bis zum Bestimmungsort erforderlichen Dokumente zu beschaffen, der Käufer ab dem benannten Bestimmungsort.
Transport	Der Vertragspartner, der für den Abschluss des Transportvertrages und für die Kosten des ordnungsgemäßen Transportes bis zum Ort des Kostenüberganges verantwortlich ist.
Lieferort	Ort, an dem der Verkäufer zu liefern hat (genaue Bestimmung!).
Gefahren-übergang	Übergang des Risikos vom Verkäufer auf den Käufer.
Kosten-übergang	Ort, an dem die Kosten vom Verkäufer auf den Käufer übergehen.
Transportver-sicherung	Bei den Klauseln CIF und CIP muss der Verkäufer auf eigene Kosten zu Gunsten des Käufers eine Transportversicherung im Umfang der Mindestdeckung der Institut Cargo Clauses abschließen. Die Mindestversicherung muss den Kaufpreis zuzüglich 10 % (d. h. 110 %) decken und in der Währung des Kaufvertrages abgeschlossen werden.

Incoterms 2010[1]							
	Ausfuhr	Import	Durch-fuhr	Transport-vertrag und Kosten	Lieferort	Gefahren-übergang	Kosten-über-gang
EXW	Käufer	Käufer	Käufer	Käufer	Werk des Verkäufers	Lieferort	
FCA	Verkäufer	Käufer	Käufer	Käufer	Ort der Übergabe an den Frachtführer	Lieferort	

---

[1] Änderungen gegenüber 2000: Insgesamt wurde die Zahl der Klauseln in den Incoterms 2010 von 13 auf 11 reduziert. Vier Klauseln wurden gestrichen, zwei neue hinzugefügt. Die Klauseln DAF, DES, DEQ und DDU wurden aufgrund ihrer geringen Praxisrelevanz aus dem Regelwerk der Incoterms herausgenommen.

FAS	Verkäufer	Käufer	Käufer	Käufer	Längsseite Schiff im Verschiffungshafen	Lieferort	
FOB	Verkäufer	Käufer	Käufer	Käufer	auf dem Schiff im Verschiffungshafen	nach Verladung auf das vom Käufer benannte Schiff	
CFR	Verkäufer	Käufer	Käufer	Verkäufer	Bestimmungshafen	wie bei FOB	Bestimmungshafen
CIF	Verkäufer	Käufer	Käufer	Verkäufer	Bestimmungshafen	wie bei FOB	Bestimmungshafen; inkl. Transportkosten
CPT	Verkäufer	Käufer	Käufer	Verkäufer	Ort der Übergabe an den 1. Frachtführer	Lieferort	Bestimmungsort
CIP	Verkäufer	Käufer	Käufer	Verkäufer	Ort der Übergabe an den 1. Frachtführer	Lieferort	Bestimmungsort
DAP	Verkäufer	Käufer	Verkäufer	Verkäufer	unentladen am Bestimmungsort	Bestimmungsort	
DAT	Verkäufer	Käufer	Verkäufer	Verkäufer	entladen am Bestimmungsort	Terminal (nach Entladung)	
DDP	Verkäufer	Verkäufer	Verkäufer	Verkäufer	Bestimmungsort	Bestimmungsort	

05. Wie wirken sich die Incoterms praktisch aus?

Beispiel (1) zur Anwendung der Incoterms:
Die WMBH-GmbH, Willich, hat Traktoren an die Cheney & Winthrop Ltd., Boston (USA), versandt. Die Ware wird von Willich nach Rotterdam gebracht und von dort nach Boston verschifft. Im Folgenden werden die Konsequenzen für den Exporteur und den Importeur aufgezeigt, die sich ergäben, wäre zwischen der WMBH-GmbH und der Cheney & Winthrop Ltd. der jeweilige Incoterm vereinbart worden.

Incoterm	Exporteur trägt Kosten bis ...	Importeur trägt Kosten ...	Gefahrenübergang
EXW Willich	... die Ware der *Cheney & Winthrop* Ltd. in Willich zur Verfügung steht. Die Ware muss *konkretisiert* sein, d. h. es muss erkennbar sein, dass sie für den Käufer bestimmt ist.	... ab dem Moment, wo ihm die Ware zur Verfügung gestellt wurde einschließlich aller Zölle, Steuern und Aufwendungen, die bei Aus- und Einfuhr oder beim Transit durch ein drittes Land entstehen.	Ab dem benannten Ort, an dem dem Käufer die Ware zur Verfügung gestellt wurde, tragen *Cheney & Winthrop Ltd.* das Risiko, dass die Ware beschädigt wird oder verloren geht.

FCA Willich **FCA Rotterdam**	... die Ware dem Frachtführer oder Spediteur übergeben ist. Im Kaufvertrag ist festzulegen, ob der Exporteur oder der Importeur den Frachtführer bzw. den Spediteur bestimmt. Dazu gehören auch die Verladekosten, wenn 1. bei <u>Bahntransport</u> die Ware im Container oder als komplette Wagenladung versandt wird; 2. bei <u>Lkw-Transport</u> die Verladung auf dem Gelände des Lieferers erfolgt; 3. bei <u>Binnenverschiffung</u>, wenn beim Lieferer verladen wird. In allen anderen Fällen hat der Exporteur geliefert, wenn die Ware vom Frachtführer bzw. Spediteur übernommen wurde. Wenn die Reederei die Ware bspw. erst in Rotterdam übernimmt, wird sie ihr erst dort übergeben. WMBH-GmbH müsste also die Transportkosten bis Rotterdam tragen. Soweit bei der Ausfuhr Kosten für Zollformalitäten anfallen, sind sie ebenfalls vom Exporteur zu tragen.	... ab dem Moment, wo die Ware geliefert ist, d. h. an den Frachtführer bzw. Spediteur übergeben (u. U. verladen – siehe linke Spalte) ist. Einfuhrzölle und Aufwendungen, die bei der Einfuhr oder beim Transit durch ein drittes Land entstehen, trägt er ebenfalls.	Der Importeur trägt das Risiko, dass die Ware beschädigt wird oder verloren geht ab dort wo die Ware geliefert wurde, d. h. nachdem sie an den Frachtführer bzw. an den Spediteur übergeben (u. U. verladen) wurde.
FAS Rotterdam	... die Ware *an dem von Cheney & Winthrop benannten Ladeplatz* im Verschiffungshafen Rotterdam längsseits des Schiffes liegt. Wie bei allen Incoterms muss auch hier die Ware durch den Exporteur konkretisiert worden sein. Soweit bei der Ausfuhr Kosten für Zollformalitäten anfallen, sind sie ebenfalls vom Exporteur zu tragen.	... ab dem Moment, an dem die Ware im Verschiffungshafen Rotterdam am von ihm benannten Ladeplatz längsseits liegt. Trifft das von ihm benannte Schiff nicht rechtzeitig ein, entstehen im Verschiffungshafen Kosten; diese Kosten trägt der Importeur als Käufer. Gleiches gilt, wenn er dem Exporteur nicht rechtzeitig Ladeplatz und Schiff mitgeteilt haben sollte. Einfuhrzölle und Aufwendungen, die bei der Einfuhr oder beim Transit durch ein drittes Land entstehen, trägt er ebenfalls.	Der Importeur trägt das Risiko, dass die Ware beschädigt wird oder verloren geht ab dem Moment, wo sie im Liegeplatz des Verschiffungshafens vereinbarungsgemäß längsseits des Schiffes liegt. Verladung erfolgt also auf seine Gefahr.

FOB Rotterdam	... die Ware im Verschiffungshafen Rotterdam an Bord des *vom Cheney & Winthrop Ltd. benannten Schiffes* verladen wurde. Soweit bei der Ausfuhr Kosten für Zollformalitäten anfallen, sind sie ebenfalls vom Exporteur zu tragen.	... ab dem Moment, ab dem die Ware im Verschiffungshafen Rotterdam auf das von ihm benannte Schiff verladen wurde; also nicht die Kosten für die Verstauung an Bord. Einfuhrzölle und Aufwendungen, die bei der Einfuhr oder beim Transit durch ein drittes Land entstehen, trägt er ebenfalls.	Die Gefahr, dass die Ware beschädigt wird oder verloren geht, geht auf die *Cheney & Winthrop Ltd.* über, wenn die Ware auf das vom Käufer benannten Schiff verladen wurde.
CFR Boston	... die Ware im Verschiffungshafen Rotterdam an Bord geliefert ist einschließlich der Verladekosten sowie die Kosten für die Frachtkosten bis Boston und die Kosten der Entladung (= Löschung) im Bestimmungshafen Boston, <u>sofern</u> diese Löschkosten beim Abschluss des Beförderungsvertrags von der Reederei erhoben werden. Soweit bei der Ausfuhr Kosten für Zollformalitäten anfallen, sind sie ebenfalls vom Exporteur zu tragen.	... die nach der Löschung in Boston anfallen. Einfuhrzölle und Aufwendungen, die bei der Einfuhr oder beim Transit durch ein drittes Land entstehen, trägt er ebenfalls.	wie bei FOB: Die Gefahr, dass die Ware beschädigt wird oder verloren geht, geht auf die *Cheney & Winthrop Ltd.* über, wenn die Ware auf das vom Käufer benannten Schiff verladen wurde.
CIF Boston	... die Ware im Verschiffungshafen Rotterdam an Bord geliefert ist einschließlich der Verladekosten sowie die Kosten für die Frachtkosten bis Boston und die Kosten der Entladung (= Löschung) im Bestimmungshafen Boston. Überdies muss die WMBH-GmbH eine Transportversicherung (nur zu den Mindestbedingungen) auf ihre Kosten abschließen und dem Importeur die Versicherungspolice zustellen. Soweit bei der Ausfuhr Kosten für Zollformalitäten anfallen, sind sie ebenfalls vom Exporteur zu tragen.	wie bei CFR: Einfuhrzölle und Aufwendungen, die bei der Einfuhr oder beim Transit durch ein drittes Land entstehen, trägt er ebenfalls.	wie bei FOB: Die Gefahr, dass die Ware beschädigt wird oder verloren geht, geht auf die *Cheney & Winthrop Ltd.* über, wenn die Ware auf das vom Käufer benannten Schiff verladen wurde.

CPT Boston	… die Ware dem Frachtführer bzw. dem Spediteur übergeben ist sowie die Kosten für die Frachtkosten bis Boston und die Kosten der Entladung am Bestimmungsort Boston, <u>sofern</u> diese Entladekosten beim Abschluss des Beförderungsvertrags vom Frachtführer/ Spediteur erhoben werden oder in der Fracht enthalten sind. Soweit bei der Ausfuhr Kosten für Zollformalitäten anfallen, sind sie ebenfalls vom Exporteur zu tragen.	… alle Kosten, die nach dem Ausladen in Boston anfallen (die Entladekosten nur, wenn sie nicht bereits beim Abschluss des Beförderungsvertrags vom Exporteur erhoben wurden). Einfuhrzölle und Aufwendungen, die bei der Einfuhr oder beim Transit durch ein drittes Land entstehen, trägt er ebenfalls.	*Cheney & Winthrop Ltd.* tragen ab dem Moment das Risiko, dass die Ware beschädigt wird oder verloren geht, ab dem WMBH-GmbH die Warensendung an den Frachtführer bzw. an den Spediteur übergeben hat.
CIP Boston *Die CIP-Klausel ist statt der CIF-Klausel anzuwenden, wenn es bspw. um multimodale Transporte geht.*	… die Ware dem Frachtführer bzw. dem Spediteur übergeben ist sowie die Kosten für die Frachtkosten bis Boston und die Kosten der Entladung am Bestimmungsort Boston, <u>sofern</u> diese Entladekosten beim Abschluss des Beförderungsvertrags vom Frachtführer/ Spediteur erhoben werden oder in der Fracht enthalten sind. Überdies muss die WMBH-GmbH auf ihre Kosten eine Transportversicherung abschließen und die Police *Cheney & Winthrop Ltd.* zustellen. Soweit bei der Ausfuhr Kosten für Zollformalitäten anfallen, sind sie ebenfalls vom Exporteur zu tragen.	wie bei CPT: … alle Kosten, die nach dem Ausladen in Boston anfallen (die Entladekosten nur, wenn sie nicht bereits beim Abschluss des Beförderungsvertrags vom Exporteur erhoben wurden). Einfuhrzölle und Aufwendungen, die bei der Einfuhr oder beim Transit durch ein drittes Land entstehen, trägt er ebenfalls.	wie bei CPT: *Cheney & Winthrop Ltd.* tragen ab dem Moment das Risiko, dass die Ware beschädigt wird oder verloren geht, ab dem WMBH-GmbH die Warensendung an den Frachtführer bzw. an den Spediteur übergeben hat.
DDP Boston	… bis die Ware verzollt am vereinbarten Ort (z. B. dem Bostoner Lager) dem Importeur *Cheney & Winthrop Ltd.* zur Verfügung gestellt wird. Alle Aufwendungen, die bei der Ausfuhr entstehen oder beim Transit durch dritte Länder anfallen und die Einfuhrzölle sind vom Exporteur zu bezahlen.	… die entstehen, nachdem ihm die Ware verzollt am vereinbarten Ort zur Verfügung gestellt worden ist.	Nachdem die Ware *Cheney & Winthrop Ltd.* am vereinbarten Ort in Boston zur Verfügung gestellt wurde, tragen sie das Risiko, dass die Ware beschädigt wird oder verloren geht.

Beispiel (2) zur Anwendung der Incoterms:

Ein praktischer Fall: Ein Werkzeugmaschinenhersteller mit Sitz in Hannover erhält einen Auftrag über eine Spezialmaschine von einem Kunden aus Johannesburg (Südafrika). Die Ware wird per Lkw vom Montagewerk in Hannover zum Hamburger Containerhafen transportiert, dort auf ein Containerschiff verladen und über den Seeweg nach Durban (Südafrika) transportiert. Dort wird die Maschine vom Containerschiff entladen und per Lkw zum Kunden nach Johannesburg gebracht.

Anhand von vier ausgewählten Incoterms, sollen die unterschiedlichen Konsequenzen für den deutschen Exporteur aufgezeigt werden. (Hinweis: In der Praxis sollten Ort bzw. Hafen so genau wie möglich angegeben werden, z. B. genaue Anschrift, um keinen Spielraum für evtl. falsche Interpretationen zu lassen. Außerdem ist auf eine Übereinstimmung der Ortsangaben im Kaufvertrag und Frachtvertrag zu achten.)

	Pflichten des Verkäufers	Vom Verkäufer zu tragende Kosten	Gefahren- übergang
FOB Hamburg	• Ausfuhrabfertigung • Lieferung bis an Bord des Schiffes im Verschiffungshafen (Hamburg)	• Lkw-Transportkosten bis zum Hamburger Hafen • Verladekosten im Hamburger Hafen • Kosten der Ausfuhrabfertigung	nach Verladung an Bord des Schiffs im Hamburger Hafen
CIF Durban	Pflichten aus FOB, zusätzlich • Lieferung bis zum Bestimmungshafen (Durban) • Abschluss einer Transportversicherung bis zum Bestimmungshafen (Durban)	Kosten wie FOB, zusätzlich • Seefrachtkosten bis zum Hafen in Durban • Kosten der Transportversicherung für den Seeweg bis Durban	wie bei FOB
DAT Durban	Pflichten aus FOB sowie • Lieferung bis zum benannten Terminal im Hafen von Durban • Der Abschluss einer Transportversicherung durch den Verkäufer ist empfehlenswert, wird jedoch durch die DAT-Klausel nicht zwingend vorgeschrieben. • Der Verkäufer muss nicht die Kosten für die Einfuhrabfertigung übernehmen.	wie bei FOB, zusätzlich • Seefrachtkosten bis zum Hafen von Durban • Entladekosten am vereinbarten Terminal im Hafen von Durban	nach Entladen am vereinbarten Terminal im Hafen von Durban
DDP Johannesburg	Pflichten wie bei DAT, zusätzlich • Lieferung bis zum Kunden nach Johannesburg • Einfuhrabfertigung • Die Entladung des Lkw ist nicht mehr Pflicht des Verkäufers.	wie bei DAT, zusätzlich • Kosten für den Lkw-Transport von Durban nach Johannesburg (inkl. Verladung auf Lkw) • Kosten der Einfuhrabfertigung (Zoll + Einfuhrumsatzsteuer)	am vereinbarten Bestimmungsort in Johannesburg

8.5.2 Arten und Unterschiede der Lagerhaltung

01. Welche Läger sind außenhandelstypisch?

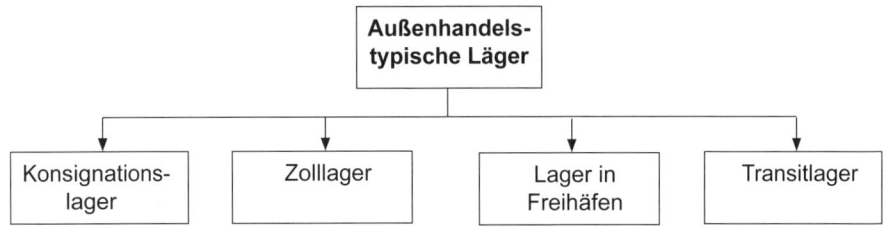

02. Was versteht man unter einem Konsignationslager?

Als Konsignationslager wird das Lager eines Kommissionärs im Außenhandel bezeichnet. Zwischen einem Exporteur und einem Kommissionär (= Konsignatar) im Ausland besteht ein Kommissionsvertrag (= Konsignationsvertrag). Der Exporteur stellt dem Konsignatar Waren zur Verfügung, die der Konsignatar lagert. Er verkauft diese Ware im eigenen Namen für fremde Rechnung. Der Exporteur ist Eigentümer der gelagerten Warenbestände (der Konsignant ist lediglich Besitzer) und ihm gehört auch die Lagerkapazität. Der Konsignatar führt zwar das Lager, aber ihm gehört es nicht. Manchmal ist das Konsignationslager zugleich Zolllager. Verzollt wird die Ware erst, wenn sie an den Kunden ausgeliefert wird.

03. Was ist ein Zolllager?

Als Zolllager bezeichnet man ein Lager, in dem ein EU-ansässiges Unternehmen importierte Ware unverzollt (zwischen-)lagert. Erst wenn der Importeur diese Ware weiterverarbeitet oder an Kunden versendet, wird sie verzollt. Für den Importeur hat das den Vorteil, dass seine Zollschuld (bestehend aus Zoll und Einfuhr-Umsatzsteuer) nicht schon zum Zeitpunkt des Imports fällig ist, sondern erst, wenn sie aus dem Zolllager entnommen wird. Ein Großhändler, der mit einem Abnehmer einen Kauf auf Abruf vereinbart hat, zahlt also nur in dem Maß Zollschulden, wie der Abnehmer Ware abruft. Die Menge, die der Kunde abruft, wird aus dem Zolllager entnommen und wird verzollt und versteuert.

Man muss sich ein Zolllager nicht als ein separates Gebäude vorstellen; es genügt, dass die noch unverzollte Ware – deutlich als Zollgut gekennzeichnet – von der übrigen Ware separiert ist.

Ein Unternehmen, das wegen des o. g. Vorteils daran interessiert ist, in seinem Lager ein Zolllager einzurichten, muss dies beantragen. Die Errichtung eines Zolllagers bedarf nämlich der Genehmigung. Die Genehmigung wird erteilt, wenn das Unternehmen bestimmte Voraussetzungen erfüllt. Es muss sich als vertrauenswürdig erwiesen haben, dem Finanzamt keinen Grund zur Beanstandung gegeben haben, weil seine Buchführung nicht ordnungsmäßig war und es muss die Zollbürgschaft einer Bank beibringen. Das bedeutet, die Bank des Unternehmens muss dem Zoll für die Einfuhrabgaben des

Importeurs bürgen. Die Höhe der Zollbürgschaft entspricht den durchschnittlichen Jahreszollabgaben des Unternehmens, zu denen bei bestimmten Produkten (z. B. Kaffee, Tee) noch die Verbrauchssteuern sowie die Einfuhrumsatzsteuer kommen. Die Einfuhrumsatzsteuer bemisst sich an dem Betrag, der sich aus der Addition des vom Zollwert berechneten Zolls, den Inlandstransportkosten und den Verbrauchssteuern ergibt.

04. Welche Bedeutung hat ein Lager im Freihafen?

Waren, die in Freihäfen lagern, unterliegen nicht dem Zoll, d. h. sie sind – vorerst – frei von Zöllen. Verzollt werden sie erst, wenn sie aus dem Freihafen ins Wirtschaftsgebiet gehen. Es kommt auf die physische Bewegung der Produkte an, d. h. erst wenn sie wirklich aus dem Freihafen ins Wirtschaftsgebiet transportiert werden, fällt der Zoll an. Wann der Kaufvertrag geschlossen wurde, ist unerheblich.

Freihäfen gehören zwar zum Staatsgebiet, sind aber nicht Zollgebiet. Freihäfen sind räumlich exakt definiert und gegenüber dem Wirtschaftsgebiet abgegrenzt.

05. Was ist ein Transithandel?

Transithandel ist nicht mit Transitverkehr gleichzusetzen. Um Transitverkehr handelt es sich, wenn Ware von einem Unternehmen aus einem Nicht-EU-Land durch EU-Gebiet zu einem anderen Unternehmen in einem Nicht-EU-Land transportiert wird. Es ist völlig unerheblich, wie der Kaufvertrag zu Stande kam.

Von Transithandel spricht man hingegen, wenn importierte Ware nicht im Binnenland verbleibt, sondern wieder exportiert wird.

06. Welche Möglichkeiten bietet der Transithandel?

Für Unternehmen, die global agieren, ist Transithandel das tägliche Geschäft. Dies gilt erst recht, wenn es sich bei der gehandelten Ware um Güter handelt, die weltweit nachgefragt aber nicht weltweit erzeugt werden (z. B. Rohkaffee, Kakaobohnen, Diamanten, Kupfer, Uran, Rohöl usw.).

Transithandel ist für manche Unternehmen häufig die einzige Chance, um überhaupt an bestimmte Produkte heranzukommen, weil sie selbst nicht als Käufer auftreten können. Verbietet beispielsweise die Regierung eines südamerikanischen Staates den Unternehmen in diesem Staat, Waren aus den USA zu importieren, so bleibt den Firmen immer noch die Möglichkeit, diese Waren von Transithändlern zu beziehen.

8.5.3 Zertifizierung

01. Was wird zertifiziert (= bescheinigt)?

Eine Zertifizierung ist letztlich nichts anderes als eine Bescheinigung. Im Zusammenhang mit Qualitätssicherung und Qualitätsmanagement sind Zertifizierungen hinlänglich bekannt. Um Qualitätszertifizierungen geht es bei den Abläufen im Außenhandel nicht. Hierfür sind andere Merkmale zu bescheinigen: Entspricht der in Rechnung gestellte Preis der Realität? Woher stammen die Produkte? usw. Die Antworten auf diese Fragen sind in bestimmten Dokumenten nachweisbar bescheinigt, d. h. die Angaben sind durch und mit diesen Dokumenten zertifiziert.

02. Was bescheinigt die Zollfaktura?

Beispiel:
Ein kanadisches Unternehmen kauft von einem deutschen Großhändler Waren zur Lieferung nach Kanada.

Die Außenwirtschaftsbestimmungen der USA und der Commonwealth-Staaten (dazu gehört auch Kanada) verlangen die Vorlage der Zollfaktura. Ihr liegt die Handelsrechnung (commercial invoice) des Exporteurs zugrunde. Der Exporteur lässt sich auf einem amtlichen Vordruck von seiner Industrie- und Handelskammer bestätigen, dass der in der commercial invoice genannte Preis marktüblich ist. An dieser Bescheinigung ist der kanadische Zoll interessiert. Da der berechnete Preis die Basis zur Ermittlung des Zollwertes bildet, weiß die kanadische Zollbehörde nun, dass der kanadische Kunde den Zoll nicht betrügen wird. Es hätte ja sein können, dass auf der Rechnung ein viel zu niedriger Preis ausgewiesen wird, sodass der Importeur viel weniger Zoll entrichten müsste. Die Differenz zwischen dem auf der Rechnung ausgewiesenen fiktiven niedrigen Preis und dem tatsächlich vom Kunden zu zahlenden Wert würde dann in einer zweiten Rechnung gestellt werden; als Rechnungsgrund wäre ein Sachverhalt angegeben, der nach kanadischem Recht nicht zollpflichtig ist (z. B. Beratungsdienstleistung o. Ä.).

03. Was bescheinigt eine Konsulatsfaktura?

Im Prinzip zertifiziert die Konsulatsfaktura ebenfalls die Marktüblichkeit in Rechnung gestellter Preise. Anders als bei der Zollfaktura bescheinigt aber nicht die IHK den Sachverhalt, sondern das im Land des Exporteurs residierende Konsulat des Importeurlandes. Ebenso wie die Zollfaktura ist die Konsulatsfaktura nur erforderlich, soweit die Einfuhrbestimmungen des Importlandes das vorsehen. Die Länder, in die importiert wird, sind nicht die USA und nicht die Commonwealth-Staaten, da sie statt auf die Konsulatsfaktura auf die Zollfaktura bestehen. Wie bei der Zollfaktura ist auch bei der Konsulatsfaktura die commercial invoice (Handelsrechnung) zu Grunde zu legen.

04. Worüber geben Ursprungszeugnisse Auskunft?

Auf Ursprungszeugnissen wird bezeugt, dass eine gelieferte Ware in einem bestimmten Land hergestellt wurde. Diese Herkunftsbescheinigung ist bei Importen besonders wichtig, weil Produkte, die aus bestimmten Ländern stammen, mit einem anderen Zollsatz belegt werden als die gleichen Produkte, die von anderswo stammen.

05. Welche Arten von Ursprungszeugnissen gibt es?

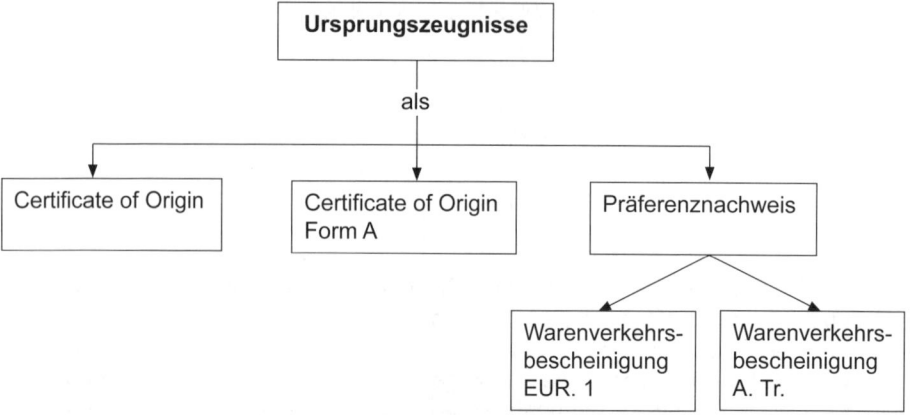

06. Wer bezeugt beim Certificate of Origin die Herkunft ?

Das Certificate of Origin benötigt der Exporteur, wenn es entweder die Zollbehörde des Importlandes verlangt oder weil es der Kunde wünscht (um damit seinen Kunden gegenüber die Herkunft der Produkte dokumentieren zu können). Der Exporteur beantragt es bei der IHK, wenn er die Ware versandbereit hat.

07. Wer benötigt das Certificate of Origin Form A?

Die Form A benötigt ein Importeur, wenn er bestimmte landwirtschaftliche, industrielle oder textile Produkte aus Entwicklungsländern importieren und er für diese Importe Zollvergünstigungen in Anspruch nehmen möchte. Diese Zollvergünstigungen beruhen auf bi- oder multilateralen Staatsabkommen.

Der Exporteur in dem Entwicklungsland beantragt die Form A bei den Behörden seines Landes. Bescheinigt wird, dass die betreffenden Waren in diesem Land erzeugt bzw. bearbeitet oder verarbeitet wurden.

08. Was sind Präferenznachweise?

Wie das Certificate of Origin bezeugen die Präferenznachweise, dass die Produkte aus einem bestimmten Land stammen, dort erzeugt, be- oder verarbeitet worden sind. Aufgrund ihrer Herkunft werden sie von den Zollbehörden des Importlandes bevorzugt,

d. h. präferiert. Die Präferenz, die diese Produkte genießen, indem sie z. B. mit einem geringeren Zoll belegt werden, fußt auf Abkommen, die die Europäische Gemeinschaft mit Drittstaaten abgeschlossen hat.

09. Wann benötigt man die Warenverkehrsbescheinigung EUR. 1?

Sie ist für den Warenverkehr mit Staaten erforderlich, mit denen die EG

• Freihandelsabkommen,
• Präferenzabkommen,
• Kooperationsabkommen,
• Assoziierungsabkommen

abgeschlossen hat.

Ausgestellt wird EUR. 1 von der zuständigen Versandzollstelle.

10. Was sind Freihandelsabkommen?

Freihandelszonen führen verschiedene staatliche Territorien zu einem Gebiet (Zone) zusammen, auf dem freier Handel herrscht, also keine Zölle erhoben werden. Neben der Mercosur-Zone in Amerika ist der *Europäische Wirtschaftsraum (EWR)* die größte Freihandelszone. Der EWR wurde 1993 nach der Vollendung des EU-Binnenmarktes geschaffen und umfasst die Mitgliedsstaaten der Europäischen Gemeinschaft und die Mitgliedsstaaten Island, Liechtenstein und Norwegen der früheren EFTA (European Free Trade Association). Unternehmen aus Island, Liechtenstein und Norwegen werden so behandelt wie die Unternehmen der Europäischen Gemeinschaft.

11. Was sind Präferenzabkommen?

Mit diesen Abkommen wird es Unternehmen aus bestimmten Ländern leichter gemacht, ihre Waren auf dem Europäischen Binnenmarkt anzubieten. Sie stoßen dort auf keine Marktzutrittsschranken und stehen damit günstiger als Unternehmen, denen in Form des Zolls der Marktzugang erschwert wird. Denn Produkte, auf die Zoll zu entrichten war, können auf dem Markt natürlich nicht so günstig angeboten werden wie Waren, die durch niedrigere Zölle oder sogar völlige Zollfreiheit begünstigt werden.

12. Haben sich Präferenzabkommen bewährt?

Das wohl bekannteste Präferenzabkommen ist das sog. AKP-Abkommen. Staaten aus Afrika, der Karibik und des Pazifiks einerseits und die Europäische Union andererseits vereinbarten erstmals im Pakt von Lomé, dass Unternehmen der AKP-Staaten ihre Waren zollfrei auf dem Europäischen Binnenmarkt anbieten können. Umgekehrt gilt natürlich, dass auch auf Warenlieferungen von Unternehmen aus dem Gemeinschaftsgebiet von den AKP-Staaten keine Zölle erhoben werden. Dieses erste Abkommen ist inzwischen mit immer mehr Staaten aus dem AKP-Raum durch weitere Abkommen erweitert und ergänzt worden.

Kritiker wenden ein, dass damit die AKP-Staaten dauerhaft in Abhängigkeit von modernen Volkswirtschaften bleiben. Die Unternehmen des AKP-Raumes haben zwar freien Zugang zum Binnenmarkt; da sie im Wesentlichen jedoch Rohprodukte auf dem Europäischen Binnenmarkt anbieten und verkaufen, werden sie zum einen niemals soviel einnehmen, wie sie für den Import von Fertigerzeugnissen ausgeben müssen. Um die Importe bezahlen zu können, müssen sie sich weiter verschulden.

Dieser Sichtweise ist entgegenzuhalten, dass der freie Zugang zum Europäischen Binnenmarkt den Unternehmen aus dem AKP-Raum mehr Umsatz bringt. Sie entrichten dementsprechend mehr Steuern, sodass die AKP-Staaten höhere Steuereinnahmen erzielen. Mit diesen Einnahmen kann die örtliche Infrastruktur verbessert werden, was wiederum die Wettbewerbsfähigkeit der Unternehmen steigert. Präferenzabkommen sind also praktizierte Entwicklungspolitik.

13. Was bewirken Assoziierungsabkommen?

Mit Assoziierungsabkommen werden Drittstaaten mit der Europäischen Gemeinschaft verbunden. Der Drittstaat (und die darin ansässigen Unternehmen und Bürger) wird so behandelt, als sei er kein Drittstaat, sondern Mitglied der Europäischen Gemeinschaft. So besteht z. B. zwischen der Türkei und der EU ein Assoziierungsabkommen. Das hat zur Folge, dass die meisten türkischen Produkte zollfrei auf dem Europäischen Binnenmarkt angeboten werden können, ohne dass es der Türkei möglich ist, Einfluss auf die Politikgestaltung der EU zu nehmen.

14. Wofür wird die Warenverkehrsbescheinigung A. Tr. benötigt?

Der Präferenznachweis EUR. 1 ist sehr viel häufiger zu finden als die Warenverkehrsbescheinigung A. Tr. Sie betrifft industrielle Waren der Kapitel 27 - 97 des gemeinsamen Zolltarifs der EG für Waren, die unmittelbar von der Türkei in die EU oder von der EU in die Türkei befördert werden. Sie gilt nicht für Kohle und Stahl sowie bestimmte landwirtschaftliche Produkte.

8.5.4 Transportversicherung

01. Welche Schäden deckt die Transportversicherung?

Mit der Transportversicherung wird das Transportgut, also die transportierte Ware versichert. Das Frachtgut ist in vielen Fällen wertvoller als das haftpflichtversicherte Transportmittel selbst.

02. Wer muss die Transportversicherung abschließen?

Frachtführer sind gesetzlich verpflichtet, eine Transportversicherung abzuschließen, die aber nur eine Mindestversicherung darstellt.

Ob die Transportversicherung vom Exporteur oder vom Importeur abzuschließen ist, hängt von dem vereinbarten Incoterm ab. So schließt bei einer CIF-Klausel der Exporteur die (See-)Transportversicherung bis zum Bestimmungshafen ab und trägt die Versicherungsprämie. Der Versicherungswert beinhaltet zum Wert des Transportgutes noch einen imaginären Gewinnzuschlag von 10 %. Ist anstelle des CIF-Terms stattdessen CPT bzw. CFR vereinbart, muss der Importeur die Transportversicherung finanzieren.

03. Tritt die Transportversicherung auch bei der Großen Havarie ein?

Unter Großer (gemeinschaftlicher) Havarie versteht man die Kosten, die unmittelbar durch eine Rettung aus gemeinsamer (Schiff und Ladung bedrohender) Gefahr entstehen oder infolge von Rettungsmaßnahmen zu Schäden an Schiff oder Ladung führen. Dazu gehört auch das bewusste Über-Bord-Werfen von Teilen des Ladungsgutes (= Aufopferung), um ein Schiff wieder manövrierfähig zu bekommen. Die Transportversicherung erstattet den entstandenen Aufwand. Die Versicherer müssen übrigens – wenn der Versicherte das verlangt – Sicherheiten stellen, z. B. in Form einer Bürgschaft.

04. In welcher Form können Transportversicherungen abgeschlossen werden?

Je nachdem, wie häufig und in welchem Umfang ein Großhändler Transporte in eine bestimmte Region selbst durchführt, kann er zwischen verschiedenen Policen wählen:

Policen • Arten	
Einzelpolice	Jeder Transport wird für sich versichert. Einzelpolicen sind sinnvoll, wenn das Unternehmen ständig unterschiedlich wertvolle Transporte und in unterschiedliche Risikogebiete durchführt;
Generalpolice	Ist geeignet für ständig gleichartige Transporte (z. B. Transportwert, Transportgut); die Versicherungsprämie wird nachträglich z. B. monatlich für die durchgeführten Transporte abgerechnet und bezahlt.
Abschreibungspolice	Im Vorhinein wird eine bestimmte Versicherungssumme vereinbart und die Prämie hierfür bezahlt. Jeder durchgeführte Transport wird von der Versicherungssumme abgezogen, die sich so allmählich immer weiter verringert. Ist sie aufgebraucht, wird der Vertrag automatisch erneuert.

8.6 Zahlungsverkehr, Zahlungsbedingungen und Finanzierung von Außenhandelsgeschäften

8.6.1 Nicht-dokumentärer Zahlungsverkehr

01. Wie unterscheidet sich der nicht-dokumentäre vom dokumentären Zahlungsverkehr?

Grundsätzlich sind alle Zahlungsbedingungen, die im Inland Anwendung finden, auch im Außenhandel anwendbar. Verbindet einen Exporteur in Korea mit einem Importeur in Deutschland eine rege und vertrauensvolle Geschäftsbeziehung, so braucht der koreanische Gläubiger keine besondere Maßnahme zum Schutz seiner Forderung zu ergreifen, weil er sich auf den deutschen Schuldner erfahrungsgemäß verlassen kann. Bei Neukunden geht der Exporteur allerdings ein großes Risiko ein, wenn der seine Forderung nicht in irgendeiner Weise sichert. Bei einem ganz normalen Zielkauf ohne weitere Absicherung riskiert der Exporteur, dass er nicht nur kein Geld erhält, sondern überdies auch die Ware verliert. Um dieses Risiko auszuschließen, kann im Kaufvertrag eine Zahlungsbedingung vereinbart werden, derzufolge der Kunde bestimmte Dokumente benötigt, um in den Besitz der Ware zu gelangen. Diese Dokumente erhält er allerdings nur, wenn er die Zahlung leistet oder ein anderer die Zahlung garantiert. Man spricht dann von einem dokumentengebundenen Zahlungsverkehr. Eine solche Bindung an Dokumente besteht beim nicht-dokumentären Zahlungsverkehr nicht. Im Wesentlichen zählen zum nicht-dokumentären Zahlungsverkehr die Überweisung und die Scheckzahlung.

02. Welche Zahlungsbedingungen passen zum nicht-dokumentären Zahlungsverkehr?

Der Gläubiger braucht die Verfügbarkeit über die Ware nicht an Dokumente zu binden, wenn er mit dem Kunden Vorauszahlung vereinbart hat. In diesem Fall wird er Ware erst liefern, wenn die Zahlung vereinnahmt ist. Bei dieser Bedingung ist es der Importeur, der das Risiko eingeht, sein Geld zu verlieren, ohne dafür auch tatsächlich Ware zu bekommen. Diese Zahlungsbedingung setzt also Vertrauen in die Seriosität und Zuverlässigkeit des liefernden Exporteurs voraus.

Umgekehrt genießt der Importeur einen Vertrauensvorschuss, wenn als Zahlungsbedingung *Cash on Delivery (CAD)* vereinbart wurde. CAD entspricht etwa der im Deutschen geläufigen Zahlungsbedingung „zahlbar netto Kasse". Bei einem Kauf auf Basis dieser Zahlungsbedingung handelt es sich um einen Barkauf. Ebenso ist ein Zielkauf vorstellbar, z. B. „30 days net".

Nicht-dokumentäre Zahlungen werden als *clean payment* bezeichnet.

03. Wem müssen Zahlungen ins Ausland gemeldet werden?

Innerhalb der Europäischen Union ist der Zahlungsverkehr vollständig liberalisiert. Soweit Auslandszahlungen vom Zahlungsleistenden oder vom Zahlungsempfänger gemeldet werden müssen, steckt hinter der Meldepflicht nicht die Absicht einer Kapitalverkehrskontrolle, sondern die Meldungen erfolgen ausschließlich aus den in § 26 Abs. 2, 3 AWG genannten Zwecken.

§ 26 AWG eröffnet der Regierung die Möglichkeit, durch Rechtsverordnung die Meldung von Zahlungen zu verlangen, wenn die Meldung notwendig ist, um

1. feststellen zu können, ob Beschränkungen aufgehoben oder erleichtert oder angeordnet werden können;

2. die Zahlungsbilanz zu erstellen;

3. außenwirtschaftspolitische Interessen der Bundesrepublik Deutschland wahrzunehmen;

4. um bilaterale Verpflichtungen erfüllen zu können.

Die Meldung erfolgt an das Bundesamt für Wirtschaft und Ausfuhrkontrolle (BAFA). Der Meldepflichtige gibt die formulargebundene Meldung allerdings nicht selbst an das BAFA, sondern seiner Bank. Die Bank leitet die Meldung an das BAFA weiter.

04. Welche Zahlungen müssen gemeldet werden?

§ 59 AWV definiert im Absatz 3, was außer dem Geldtransfer ebenfalls als Zahlung gilt: Aufrechnung und Verrechnung sowie „ferner das Einbringen von Sachen und Rechten in Unternehmen, Zweigniederlassungen und Betriebsstätten."

Gemäß § 59 Abs. 1 AWV müssen Gebietsansässige alle Zahlungseingänge melden, die Gebietsfremde leisten und ebenso alle Zahlungsausgänge, die an Gebietsfremde geleistet werden, es sei denn, sie brauchen nicht gemeldet zu werden, weil sie unter die im § 59 Abs. 2 AWV genannten Fälle fallen, für die es keine Meldepflicht gibt:

1. Zahlungen unter 12.500 €

2. Zahlungen für Warenausfuhr und Wareneinfuhr: Diese Geschäfte sind ja bereits über das INTRASTAT-Verfahren dem Statistischen Bundesamt in Wiesbaden gemeldet worden.

3. Tilgungszahlungen von mindestens einjährigen Krediten.

Ziffer 2 zeigt, dass die meisten Handelsunternehmen von der Meldepflicht nicht betroffen sind.

05. Wie funktionieren die Internationalen Zahlungsverkehrssysteme?

Die EU hat mit der Payment Services Directive (PSD) eine Richtlinie erlassen, die bis zum 01.11.2009 in jedem EU-Staat in nationales Recht umgesetzt werden musste. Die PSD

- begründete das Single Euro-Payment Area (SEPA), den einheitlichen Euro-Zahlungs-verkehrsraum;
- schreibt vor, dass alle Überweisungen (auch die ins SEPA-Ausland) innerhalb eines Bankarbeitstages ausgeführt sein müssen;
- begrenzt die Haftung eines Bankkunden auf 150 €, wenn von seinem Konto nicht genehmigte Zahlungen erfolgen und sofern er seinen Sorgfaltspflichten nachgekommen ist (also z. B. nicht die PIN auf der Girocard vermerkt hat);
- lässt „Zahlungsinstitute" als Dienstleister im Zahlungsverkehr zu. Hierbei handelt es um Dienstleister, die Zahlungsvorgänge ausführen, aber nicht die vollständige Leistungspalette einer Bank anbieten, dafür aber auch nur geringeren Eigenkapitalanforderungen genügen müssen.

Paneuropäische Zahlungsinstrumente:

1. Die **SEPA-Überweisung:** Hier ersetzt die Internationale Bank Account Number (IBAN) die bisherige Kontonummer und der Bank Ident-Code (BIC) die traditionelle Bankleitzahl. Für Auslandsüberweisungen dürfen keine höheren Bankgebühren verlangt werden als für Inlandsüberweisungen. Das hatte bereits der Bundesgerichtshof in früheren Entscheidungen verlangt.

2. Die **SEPA-Direct Debit:** Sie löst das bisherige Lastschrifteinzugsverfahren ab. Der Schuldner erteilt künftig seinem Gläubiger das Mandat (früher: Einzugsermächtigung), das Konto des Schuldners mit bestimmten Beträgen zu belasten.

3. Die **SEPA-Kartenzahlung:** Hier ist das Ziel des SEPA, zu einer Vereinfachung und zu einer Vereinheitlichung zu kommen. Dies kann geschehen durch
   a) internationale Kartenprogramme anstelle nationaler Programme
   b) Co-Branding, d. h. einer Kooperation zwischen nationalen und internationalen Kartenprogrammen
   c) Expansion nationaler Kartensysteme.

Rechtlich besteht zwischen dem Zahlungspflichtigen und dem ausführenden Geldinstitut ein Geschäftsbesorgungsvertrag. Damit gilt auch bei Aufträgen zur Auslandsüberweisung das BGB, das in § 675a den Auftragnehmer, in diesem Fall also die Bank, verpflichtet, unentgeltlich den Auftraggeber über die durch die Überweisung auf ihn zukommenden Kosten (Gebühren, Auslagen) zu informieren. Um den Zahlungsverkehr schnell abzuwickeln, muss ein direkter Zahlungsweg gewählt werden. Dazu benötigt ein Unternehmen ein umfangreiches *Korrespondenzbankennetz*.

Korrespondenzbankennetz	
Konto-korrespondenz	Die Bank des Exporteurs führt bei der Bank des Importeurs und umgekehrt ein Konto in der jeweils eigenen Währung und in der Fremdwährung.
Brief-korrespondenz	Die Banken des Exporteurs und des Importeurs führen Konten bei einer dritten Bank, über die die Zahlungen abgewickelt werden.

Der Vorteil des Korrespondentennetzes besteht außer in der schnellen Zahlungsabwicklung vor allem darin, dass die Korrespondenzbanken über Informationen verfügen und – vor allem bei der Kontokorrespondenz – ihre Gebühren harmonisieren.Natürlich hat auch die technische Entwicklung zur Beschleunigung des Zahlungsverkehrs beigetragen. So hat die Society for Worldwide Interbank Financial Telecommunication (SWIFT) seit 1977 Standardisierungen geschaffen, sodass in allen angeschlossenen Ländern bestimmte Begrifflichkeiten gleich interpretiert werden und damit elektronisch übermittelt werden können, ohne zu Rückfragen zu führen. Die Banken übermitteln standardisierte Nachrichten an einen „Konzentrator", der sie an das SWIFT-Kontrollzentrum durchreicht, von wo aus sie den Empfänger erreichen.

06. Was ist bei Überweisungen ins Ausland zu beachten?

Überweisungen können sowohl über Euro als auch über Fremdwährungen lauten. Dafür sind besondere Überweisungsträger zu verwenden. Der Kunde, der einen Betrag überweisen will, muss neben dem Betrag und der Währung des zu überweisenden Betrags auch die IBAN des Zahlungsempfängers sowie den BIC der Bank des Zahlungsempfängers sowie die Zahlstelle angeben. Für Auslandszahlungen, die meldepflichtig sind, wird der dreiteilige „Auslandsauftrag im Außenwirtschaftsverkehr" verwendet. Das Original dieses Belegsatzes stellt den Zahlungsauftrag an die Bank dar, eine Kopie verbleibt beim Auftraggeber und eine Kopie leitet die Bank an die Bundesbank weiter.

07. Wie relevant sind Schecks für Auslandszahlungen?

Die Papierform des Schecks ist bei Inlandszahlungen zwar selten geworden (vor allem weil mit Kreditkarten, mit POS effektivere Zahlungsmöglichkeiten zur Verfügung stehen), aber bei Auslandszahlungen hat der Scheck immer noch seine Berechtigung. Das gilt besonders dann, wenn der Zahlungspflichtige die Kontoverbindung des Zahlungsempfängers nicht kennt (was bei Handelsgeschäften nicht vorstellbar ist). Sehr wohl kann es aber sein, dass der Zahlungspflichtige keine Korrespondenzbank hat, bzw. es im Land des Zahlungsempfängers keine gibt. Schickt der Schuldner seinem Gläubiger einen Scheck, kann ihn der Empfänger einlösen, sobald er ihn bekommen hat. Das mag immer noch schneller sein, als die Überweisung ohne Korrespondenzbank dauern würde.

08. Warum ist ein Bank-Orderscheck sinnvoller als das Scheckinkasso?

Beim Scheckinkasso stellt der Importeur als zahlungspflichtiger Schuldner einen Scheck aus und sendet ihn seinem Gläuber, dem Exporteur, zu. Der Exporteur reicht ihn bei seiner Bank ein. Die Bank wird den Scheckbetrag aber erst dann gutschreiben, wenn sie sich – unter Einschaltung der bezogenen Bank des Scheckausstellers – davon überzeugt hat, dass das Konto des Scheckausstellers Deckung aufweist. Das kann – je nachdem, ob es Korrespondenzbanken gibt – einige Zeit dauern.

Beim Bank-Orderscheck hingegen weist die Bank des den Scheck ausstellenden Importeurs (= Scheckaussteller) die Korrespondenzbank (= bezogene Bank) an, zu Lasten des Korrespondenzkontos des Ausstellers den Betrag an den als Empfänger genannten Exporteur oder an dessen Order zu zahlen. Die ausstellende Bank des Importeurs informiert über das SWIFT-System die Bank des Exporteurs, dass ein solcher Scheck mit dieser Anweisung an den Exporteur unterwegs sei, d. h. sie avisiert den Scheck. Sobald der Exporteur den Scheck erhalten hat, reicht er ihn seiner Bank ein, der er ja bereits avisiert war. Die Bank wird den Scheck zwar vorbehaltlich des Eingangs annehmen, dem Exporteur den Betrag aber unverzüglich gut schreiben, weil sie es als sicher ansieht, dass das bezogene Geldinstitut den Betrag an sie zahlen wird. Somit verfügt der Exporteur bei einem Bank-Orderscheck sehr viel früher über den Scheckbetrag als beim Scheckinkasso.

09. Worauf muss ein deutscher Exporteur achten, wenn seine Auslandskunden mit Scheck zahlen?

Wenn der ausländische Kunde des deutschen Exporteurs mit Scheck zahlen will, so sollte der Exporteur darauf achten, dass es sich um einen Bank-Orderscheck handelt. Das sollte daher auch im Kaufvertrag vereinbart worden sein. Des Weiteren muss er auf den Ausstellungstag achten, den der Scheckaussteller auf dem Scheck eingetragen hat. Da der deutsche Exporteur den Scheck in Deutschland einreichen wird, gilt das deutsche Scheckgesetz. § 29 Abs. 2 ScheckG setzt für Schecks, die in Europa ausgestellt und hier auch zur Einreichung vorgelegt werden, eine Vorlegungsfrist von zwanzig Tagen ab Ausstellungstag und für Schecks, die zwar in Europa eingelöst werden sollen, aber außerhalb Europas ausgestellt wurden, eine Frist von siebzig Tagen ab Ausstellungstag.

10. Warum muss die gesetzlich genannte Vorlegungsfrist eingehalten werden?

Schecks, die innerhalb der im § 29 ScheckG genannten Fristen der Bank zur Einlösung vorgelegt werden, müssen von der Bank auch eingelöst werden, sofern der Kontostand des Scheckausstellers das möglich macht. Der Scheckaussteller muss seinerseits – will er sich nicht des Scheckbetrugs schuldig machen – dafür sorgen, dass sein Konto während dieses Zeitraums genügend Deckung aufweist. Legt der Exporteur den Scheck seiner Bank erst vor, nachdem dieser Zeitraum verstrichen ist, kann die Bank – Deckung vorausgesetzt – den Scheck zwar einlösen, muss es aber nicht. Umgekehrt ist dem Scheckaussteller kein Vorwurf zu machen, wenn sein Kontostand nach Ablauf der Vorlegungsfrist nicht ausreicht, um den Scheckbetrag abzubuchen. In diesem Fall wird die bezogene Bank natürlich auf gar keinen Fall den Scheckbetrag an den Exporteur auszahlen. Sie wird ihm stattdessen Gebühren in Rechnung stellen (die er nicht an seinen Schuldner weiterreichen kann, weil der ja keinen Fehler gemacht hat). Selbstverständlich schuldet der Importeur nach wie vor den Betrag. Das Überschreiten der Vorlegungsfrist ändert daran nichts.

8.6.2 Dokumentärer Zahlungsverkehr

01. Welche Dokumente begründen eine Zahlung?

Grundsätzlich gilt, dass es keine Buchung ohne Belege gibt. Zahlungsein- und Zahlungsausgänge sind zu buchen. Infolgedessen gibt es Belege, ganz gleich, ob es sich um nicht-dokumentären oder dokumentären Zahlungsverkehr handelt.

Das wichtigste Papier ist die Handelsrechnung. Als *commercial invoice* dokumentiert sie, wer wann an wen welche Waren in welchen Mengen und in welchen Verpackungseinheiten geliefert hat. Sie ist zugleich Grundlage für die Berechnung des Zollwertes.

Je nachdem, welcher Incoterm vereinbart ist, muss der Exporteur oder der Importeur die Transportkosten bezahlen. Eine Auslandszahlung fällt an, wenn der Frachführer bzw. Verfrachter oder der Spediteur in einem anderen Land sitzen als ihr Auftraggeber.

Ebenfalls von dem vereinbarten Incoterm hängt ab, wer die Ware versichern muss. Die Versicherungsprämie richtet sich nach dem zu versichernden Wert. Der Versicherungswert findet sich auf der Versicherungspolice (zu den möglichen Versicherungspolicen vgl. 8.5.4/Frage 04).

02. Welche dokumentären Zahlungsarten gibt es?

Als dokumentäre Zahlungsarten kommen zwei Zahlungsarten in Betracht, bei denen der Importeur über bestimmte Dokumente verfügen muss, um an die Ware zu gelangen. Diese Dokumente bekommt er aber erst, wenn die Zahlung erfolgt bzw. sichergestellt ist. Damit wird das Zahlungsausfallrisiko des Exporteurs ausgeschaltet. Möglich wird das zum einen durch die Zahlungsart Inkasso, zum anderen durch die Zahlungsart Akkreditiv.

03. Welche Zahlungsbedingungen passen zum dokumentären Zahlungsverkehr?

Dokumentärer Zahlungsverkehr wird praktiziert, wenn eine der folgenden terms of payment vereinbart ist:

documents against payment	**d/p**	Inkasso
documents against acceptance	**d/a**	Inkasso
Letter of Credit	**L/C**	Akkreditiv

04. Wodurch unterscheiden sich d/p und d/a?

Bei d/p erhält der Importeur die Dokumente, die ihm die Verfügbarkeit über die Warenlieferung ermöglichen nur ausgehändigt, wenn er unmittelbar zahlt bzw. die Zahlung veranlasst. Bei d/a erhält er die erforderlichen Dokumente nur, wenn er einen Wechsel akzeptiert. Dadurch verschafft sich der Importeur ein Zahlungsziel, weil der Wechsel erst zu einem späteren Zeitpunkt fällig sein wird. In der Zwischenzeit verkauft der Importeur die gelieferten Waren weiter und verschafft sich so die Liquidität, mit der er am Fälligkeitstag des Wechsels seine Wechselschuld begleicht. Der Exporteur seinerseits wird den akzeptierten Wechsel vor dem Fälligkeitstag (z. B. noch am selben Tag, zu dem das Akzept erfolgte) bei seiner Bank zum Diskont einreichen und verschafft sich somit Liquidität. Natürlich erhält er nur den abgezinsten Barwert des Wechsels gutgeschrieben. Beim Ausstellen des Wechsels muss er also eine Wechselsumme eintragen, bei der der Barwert genau seiner Forderung entspricht, d. h. die Wechselsumme ist um den Diskont höher als der Forderungsbetrag aus der Handelsrechnung.

Der Exporteur muss beachten, dass er als Wechselaussteller der Bank gegenüber für die Einlösung des Wechsels durch den Wechselschuldner haftet. Das bedeutet, dass die Bank, die ihm den Wechsel vor Fälligkeit abkaufte, von ihm den Wechselbetrag eintreibt, falls der Wechselschuldner am Fälligkeitstag den Wechsel nicht einlösen sollte.

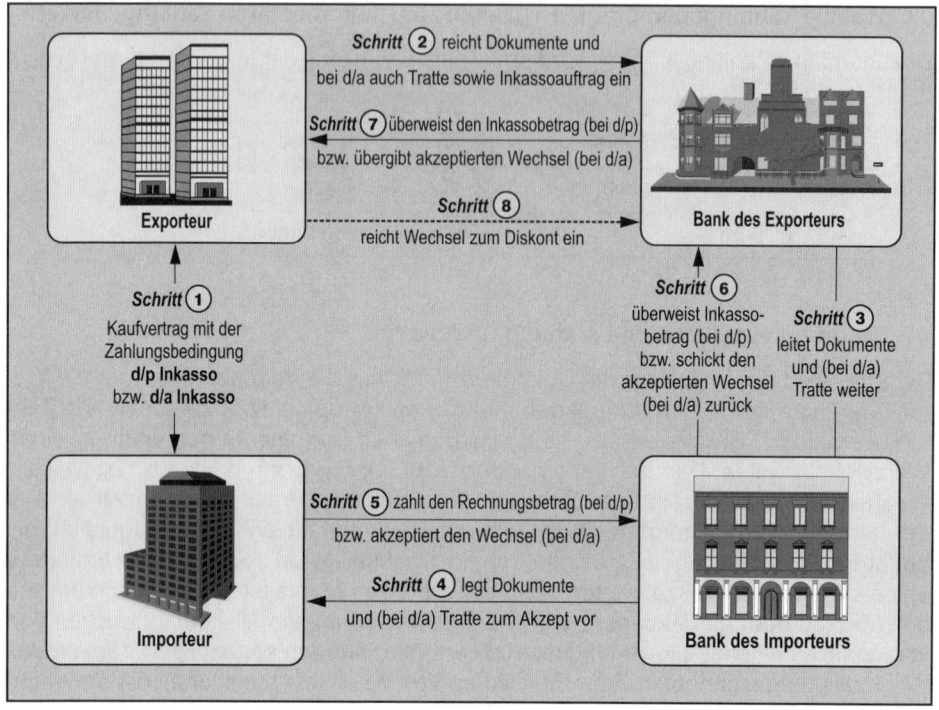

05. Welche Dokumente sind für d/p und d/a notwendig?

Da der Importeur nur mit den Dokumenten an die Ware herankommt und die Dokumente nur gegen Zahlung bzw. Wechselakzept in die Hand bekommt, müssen Exporteur und Importeur in ihrem Kaufvertrag eindeutig definieren, welche Dokumente die Voraussetzung für den Warenzugang bilden sollen. Beide Vertragspartner müssen auch festlegen, in wie vielen Ausfertigungen die Dokumente übergeben werden müssen.

Welche Dokumente das im Einzelnen sein sollen, bleibt letztlich den Vertragspartnern überlassen. Der Exporteur muss aber darauf achten, dass nur solche Dokumente festgeschrieben werden, die er selbst überhaupt beschaffen kann. Der Importeur wiederum muss darauf achten, dass er von bestimmten Dokumenten immer sämtliche Ausfertigungen erhält. So gibt es von einem bill of lading (See-Konnossement) immer mehrere Ausfertigungen, die jeweils für sich ein Warenwertpapier darstellen. Der Importeur muss also wissen, wie viele Originalausfertigungen ausgestellt wurden, um sicherzustellen, dass er nur zahlt, wenn er auch sämtliche Originale bekommen hat.

06. Wie ist der organisatorische Ablauf bei d/p und d/a?

Exporteur und Importeur schließen den Kaufvertrag und legen die Konditionen fest. Sie vereinbaren den Liefertermin, den anzuwendenden Incoterm und die Zahlungsbedingung, z. B. d/p und die Dokumente, die gegen Zahlung zu übergeben sind, z. B. commercial invoice (zweifach), Packliste (zweifach), bill of lading in dreifacher Ausfertigung (als Bordkonnossement) sowie eine Ausfertigung des certificate of origin.

Nach Vertragsabschluss versendet der Exporteur vereinbarungsgemäß die Ware und übergibt sie einer Reederei. Die Reederei stellt ihm zunächst ein Übernahmekonnossement aus, das später – bei der Verschiffung – durch ein Bordkonnossement abgelöst wird. Im Übernahmekonnossement bestätigt die Reederei, dass sie vom Exporteur eine bestimmte Menge Ware in augenscheinlich gutem Zustand und guter Beschaffenheit zur Versendung an einen Kunden in einen bestimmten Hafen übernommen hat. Im Bordkonnossement bestätigt sie, dass sie diese Menge Ware in eben diesem offensichtlichen, d. h. äußerlich erkennbaren, guten Zustand und in guter Beschaffenheit an Bord genommen hat und in einen bestimmten Bestimmungshafen transportieren wird. Die Originale erhält der Exporteur.

Die Ware befindet sich nun an Bord und das Schiff legt ab. Der Exporteur erteilt jetzt seiner Bank einen Inkassoauftrag (Geschäftsbesorgungsauftrag). Die Bank wird sich zur Durchführung dieses Auftrags an die Korrespondenzbank (oder direkt an die Bank des Importeurs) wenden. Der Auftrag lautet, dem Importeur die aufgeführten Dokumente gegen Zahlung bzw. Veranlassung der Zahlung auszuhändigen. Die Korrespondenzbank (bzw. die Bank des Importeurs) benötigt dazu die Dokumente, die sie von der Bank des Exporteurs treuhänderisch erhält.

Der Importeur wird die Dokumente erst benötigen, wenn das Schiff mit der Ware angekommen ist (es sei denn, er will die Ware schon während des Transports verkaufen, dann benötigt er die b/l und muss die Dokumente deshalb vorher einlösen). Er bekommt die Dokumente gegen Zahlung bzw. Veranlassung der Zahlung. Sobald seine Bank das Geld vereinnahmt hat, wird sie es an die Bank des Exporteurs weiterleiten, die es dann dem Konto des Exporteurs gutschreibt.

Bei d/a ist der Ablauf genauso, allerdings braucht der Importeur keine Zahlung leisten, wenn er die Dokumente in Empfang nimmt, sondern muss einen vom Exporteur ausgestellten Wechsel akzeptieren. Der akzeptierte Wechsel wird dann über die Banken dem Exporteur zugeleitet, der ihn dann diskontieren kann.

07. Welche Bedeutung haben die Dokumente aus Sicht der Banken?

Keine! Die Banken prüfen nicht, ob die Dokumente inhaltlich zutreffen. Sie prüfen lediglich, ob sie jeweils die Dokumente vollständig bekommen haben, die im Inkassoauftrag angegeben wurden.

08. Welches Risiko trägt der Importeur bei d/p bzw. d/a?

Da der Importeur erst im Besitz der Dokumente sein muss, um an die Ware heran zu können und er diese Dokumente nur erhält, wenn er zuvor gezahlt (d/p) bzw. einen Wechsel akzeptiert (d/a) hat, besteht für ihn keine Möglichkeit, die eingetroffene Ware vorher in Augenschein zu nehmen, um ggf. offene Mängel zu erkennen. Das bedeutet für ihn, dass er gewissermaßen „die Katze im Sack" kauft. Um dennoch die Ware vorab prüfen zu können, gibt die Bank des Importeurs guten Kunden die Dokumente zu treuen Händen. Damit hat der Kunde die Dokumente, kann an die Ware heran und sehen, ob die Lieferung ordnungsgemäß erfolgte und ob offene Mängel vorliegen. Ist alles in Ordnung, wird der Kunde nun die Zahlung bzw. das Akzept leisten und die Dokumente behalten; andernfalls wird er die Dokumente der Bank zurückgeben und keine Zahlung bzw. kein Akzept leisten. Es versteht sich von selbst, dass die Bank sich nur gegenüber vertrauenswürdigen Klienten so verhalten kann.

09. Welches Risiko trägt der Exporteur bei d/p bzw. d/a?

Der Exporteur hat sich mit d/p und d/a zwar vor dem Zahlungsausfallrisiko geschützt. Verweigert der Importeur die Zahlung, bekommt er die Dokumente nicht und somit auch keine Ware. Beide Zahlungsbedingungen verringern aber nicht das Annahmerisiko. Sollte es dem Importeur also einfallen, die Dokumente nicht abzunehmen (indem er einfach keine Zahlung leistet bzw. kein Akzept abgibt), weil er die Ware nicht mehr benötigt, hat der Exporteur die Ware zwar nicht verloren, aber ihm entstehen Kosten für den Rücktransport bzw. – was naheliegender ist – die Einlagerung vor Ort. Falls es sich nicht um kundenspezifische Ware handelt, muss er versuchen, die Ware vor Ort zu verkaufen. Er muss also einen Kommissionär finden oder einen anderen Absatzhelfer, die den Markt kennen und die Ware für seine Rechnung verkaufen. Dass der Exporteur die ihm entstehenden Kosten vom Importeur einklagen kann, sei als theoretische Möglichkeit erwähnt.

10. Welche Vorteile bietet die Akkreditivvereinbarung dem Exporteur?

Die Vereinbarung einer Akkreditivzahlung schützt den Exporteur ebenso wie d/p und d/a vor dem Zahlungsausfallrisiko. Darüber hinaus schützt es ihn auch vor dem Annahmerisiko, das durch d/p und d/a nicht beseitigt wird. Das Risiko, dass der Importeur gelieferte Ware nicht annimmt und der Exporteur damit vor dem Problem steht, was er mit der Ware machen soll, die sich jetzt fernab im vereinbarten Bestimmungshafen bzw. -ort befindet, tritt deshalb nicht ein, weil der Exporteur die Ware erst versendet, wenn ihm die Bank des Importeurs zusichert, dass er das Geld auf jeden Fall von ihr bekommen werde. Den Exporteur selbst braucht es nicht zu interessieren, wie die Bank des Importeurs sich gegenüber dem Importeur absichert. Ihm genügt, dass er sicher sein kann, auf jeden Fall die Zahlung zu erhalten. Da die Ware in jedem Fall ohnehin bezahlt wird, gibt es für den Importeur also keinen Grund, die Warenlieferung nicht anzunehmen.

Die Bank sichert die Zahlung allerdings nur unter bestimmten Bedingungen zu. Die Bedingungen bestehen darin, dass ihr genau definierte Dokumente fristgerecht vorgelegt werden.

11. Was ist ein Akkreditiv?

Vereinfacht gesagt ist das Akkreditiv die im Letter of Credit formalisierte Zusicherung der Bank des Importeurs, dass sie den darin genannten Betrag an den Exporteur zahlen wird, sofern der Exporteur rechtzeitig die im Letter of Credit aufgeführten Dokumente vorlegt.

Das **Akkreditiv** ist ...	
• die *vertragliche Zusicherung*	letter of credit
• eines *Geldinstituts*	Akkreditivbank
• für Rechnung des *Auftraggebers*	Akkreditivsteller
• (innerhalb eines festgelegten Zeitraums)	befristetes Akkreditiv
• an einen bestimmten *Empfänger*	Akkreditierter
• über *dessen Bank*	Akkreditivstelle/ Avisabank
• gegen Übergabe vereinbarter Dokumente	documents
• einen *bestimmten Betrag in der vereinbarten Währung*	Akkreditivbetrag
zu zahlen.	

Der Importeur wird als Akkreditivsteller bezeichnet, weil er bei seiner Bank den Antrag stellt, ihm ein Akkreditiv zu eröffnen. Kommt seine Bank diesem Wunsch nach, eröffnet sie das Akkreditiv zu Gunsten des Exporteurs. Er ist also der vom Akkreditiv Begünstigte. Die o. g. Begriffe darf man nicht verwechseln. Ebenso ist auf präzise Formulierung anstelle umgangssprachlicher Ausdrucksweise zu achten. Zwar sprechen viele Importeure davon, dass sie ein Akkreditiv eröffnen werden (Umgangssprache!). Tatsächlich können sie ihre Bank lediglich um die Eröffnung eines Akkreditivs bitten. Es ist die Bank, die sich gegenüber dem Exporteur zur Zahlung verpflichtet!

12. Was muss einer Akkreditivvereinbarung im Kaufvertrag vorausgehen?

Anders als bei den nichtdokumentären Zahlungsbedingungen und bei den dokumentären Zahlungsbedingungen d/p und d/a hängt es nicht allein vom Exporteur und vom Importeur ab, ob sie im Kaufvertrag Akkreditivzahlung festlegen können. Bevor der Importeur seine Unterschrift unter einen Kaufvertrag setzt, indem als Zahlungsbedingung Akkreditivzahlung vereinbart ist, muss er vorher mit seiner Bank gesprochen haben, ob sie bereit sei, ihm ein Akkreditiv zu eröffnen. Es darf nicht passieren, dass Exporteur und Importeur etwas vereinbaren, dass sie selbst gar nicht bewirken können. Ob sie ein Akkreditiv eröffnen wird, entscheidet die Bank. Die Bank wird i. d. R. dem Wunsch des Importeurs nachkommen, da er ja schließlich ihr Kunde ist. Es ist aber entscheidend, welche Bedingungen sie daran knüpft. Die Bedingungen bestehen zum einen darin, dass sie bestimmte Dokumente benennen kann und zum zweiten könnte sie verlangen, dass die Bank des Exporteurs ebenfalls eine Zahlungszusicherung gibt, man spricht dann von einem durch die Bank des Exporteurs, der Akkreditivstelle, bestätigtem Akkreditiv. Dann müsste nämlich auch der Exporteur vor der Unterzeichnung des Kaufvertrags seine Bank kontakten, um herauszufinden, ob sie dazu bereit ist.

Die Abbildung (nächste Seite) stellt die Abläufe dar, die vor dem Abschluss des Kaufvertrags stattfinden.

Das Akkreditiv erteilt die Bank natürlich nicht umsonst, sondern berechnet dafür Akkreditivgebühren. Sie sind vom Begünstigten zu tragen. Der wird sie wahrscheinlich nicht tragen wollen und rechnet sie in den Akkreditivbetrag ein. Der Akkreditivbetrag muss also nicht mit der Summe identisch sein, die sich aus der Handelsrechnung ergibt.

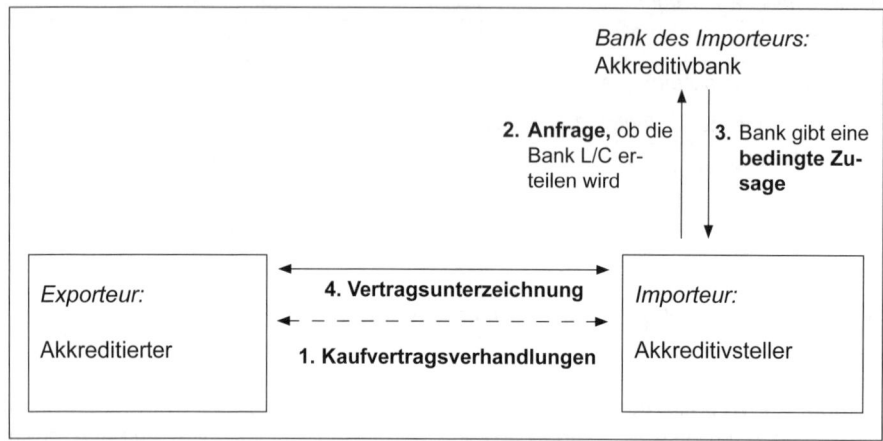

13. Was ist hinsichtlich der Dokumente zu beachten?

Für die Akkreditivzahlung entscheidend sind die Dokumente, die die Akkreditivbank im Letter of Credit ausdrücklich aufführt. Die Dokumente müssen wie bei d/p und d/a vom Exporteur beschafft werden. Er muss also darauf achten, dass keine Dokumente im L/C stehen, die er gar nicht herbei bringen kann. Des Weiteren sollten Exporteur und Importeur darauf achten, dass sie im Kaufvertrag nicht nur das Dokumentenakkreditiv als Zahlungsbedingung hineinschreiben (nachdem die Akkreditvbank signalisiert hat, dass sie ein Akkreditiv zu eröffnen bereit sei), sondern auch dieselben Dokumente benennen, wie sie nachher im L/C stehen werden.

14. Wann ist die Akkreditivbank nicht an ihre Akkreditveröffnung gebunden?

Die Akkreditivbank braucht ihre Zahlungszusicherung nicht aufrecht zu halten, wenn

- ihr nicht sämtliche im L/C aufgeführten Dokumente vorgelegt werden;

- ihr die im L/C aufgeführten Dokumente in anderer Form vorgelegt werden als lt. L/C vorgeschrieben, z. B. wird ihr nur ein Übernahmekonnossement vorgelegt, obwohl lt. L/C ein Bordkonnossement vorgelegt werden muss;

- ihr die im L/C aufgeführten Dokumente nicht in der im L/C genannten Anzahl vorgelegt werden, z. B. wird ihr die commercial invoice in sechsfacher Ausfertigung vorgelegt, obwohl lt. L/C neunfache Ausfertigung erforderlich ist.

Akkreditivkonforme Dokumente müssen der Bank fristgerecht vorgelegt werden. Geschieht das nicht, braucht die Bank diese nicht mehr entgegenzunehmen und wird natürlich auch nicht zahlen.

15. Wie wird das Dokumentenakkreditiv abgewickelt?

Die Abbildung verdeutlicht den Ablauf eines Dokumentenakkreditivs:

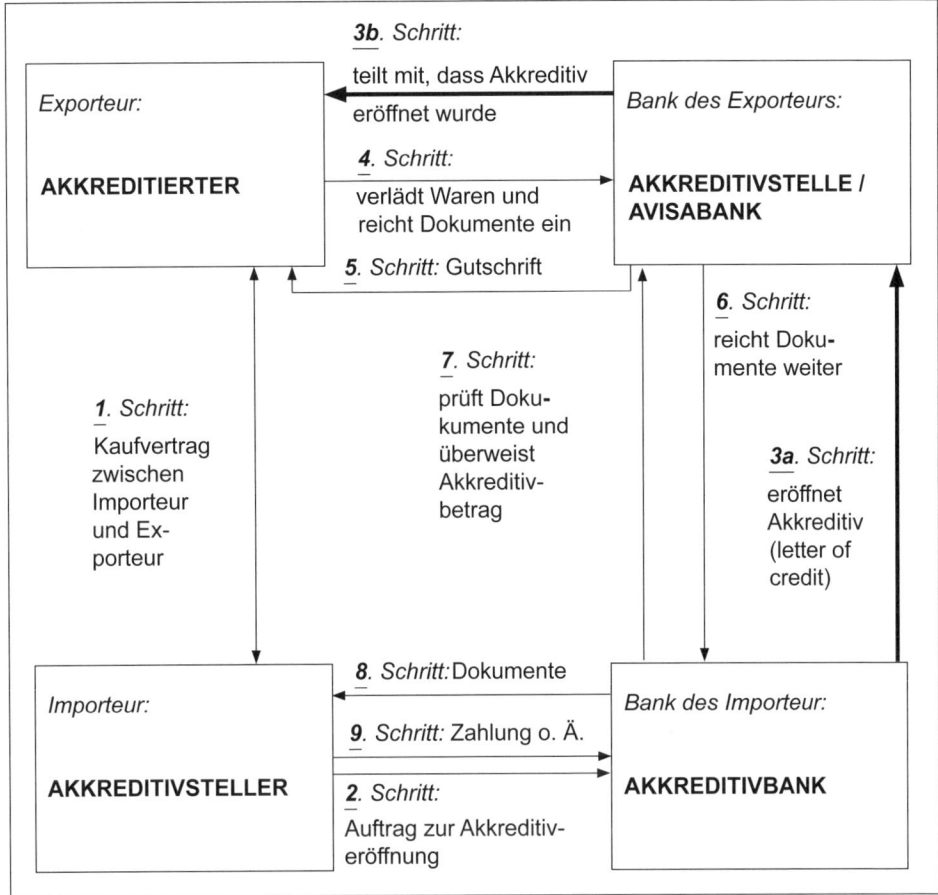

Die Schritte 5 und 6 können in der Reihenfolge auch umgekehrt erfolgen. Schritt 9 ist für den Exporteur ohne Interesse; bei diesem Schritt kommt es auf die vertragliche Beziehung zwischen Akkreditivsteller und Akkreditivbank an.

16. Wo sind die Akkreditivverfahren geregelt?

Wie ein Akkreditivverfahren erfolgt, wie die Beteiligten bezeichnet werden, welche Fristen zu beachten sind und in welchen Formen Akkreditive gestaltet sein können, ergibt sich aus den von der Bankenkommission der Internationalen Handelskammer erstellten *„Einheitlichen Richtlinien und Gebräuche für Dokumentenakkreditive – ERA 600".* Verwenden Exporteur und Importeur die ERA 600, so bietet ihnen das den gleichen Vorteil, den sie auch erlangen, wenn sie bei den Lieferbedingungen die Incoterms anwenden: Klare, eindeutige Regelungen, die von allen Handelspartnern in derselben Weise verstanden werden.

17. Welche Formen des Akkreditivs gibt es?

Die in der vorausgehenden Abbildung dargestellte Grundform des Akkreditivs kann in verschiedener Weise modifiziert werden – je nachdem, wie es für Exporteur und Importeur sinnvoll ist –, sodass es verschiedene Akkreditivformen gibt, wobei die meisten Formen miteinander kombinierbar sind.

* *Befristete und nicht befristete Akkreditive*
  Im Normalfall sind die Letter of Credits befristet, d. h. die Akkreditivbank muss bis zu diesem Datum zu Ihrer Zahlungszusicherung stehen, sofern der Akkreditierte sich akkreditivkonform verhält (also z. B. fristgerecht die korrekten Dokumente einreicht).

* *Bestätigte (confirmed) und nicht bestätigte (unconfirmed) Akkreditive*
  Es ist immer die Akkreditivbank, die letztlich dem Akkreditierten die Zahlung zusichert. Ist sie die einzige Instanz, die diese Zusicherung macht, liegt ein unbestätigtes Akkreditiv vor. Die Akkreditivbank wird den fälligen Betrag zahlen, wenn sie von der Akkreditivstelle (Bank des Exporteurs) die akkreditivkonformen Dokumente bekommen hat, die diese wiederum vom Exporteur erhielt. Bei einem bestätigten Akkreditiv hingegen tritt die Akkreditivstelle in die Zahlungsverpflichtung der Akkreditivbank ein, d. h. sie bestätigt das Akkreditiv, was für den Exporteur so wirkt, als habe sie die Zahlung zugesichert. Reicht beim bestätigten Akkreditiv der Exporteur die akkreditivkonformen Dokumente an seine Bank weiter, wird sie dem Exporteur den Akkreditivbetrag gut schreiben. Danach gibt sie die erhaltenen Dokumente an die Akkreditivbank weiter, die den Akkreditivbetrag an sie überweist.

* *Revolvierende Akkreditive und kumulativ revolvierende Akkreditive*
  Wenn ein Importeur immer wieder Importgeschäfte von annähernd gleichem Wert unter der Zahlungsbedingung Dokumentenakkreditiv macht, kann er zwar für jedes einzelne Geschäft einen neuen Akkreditivauftrag erteilen; einfacher, billiger und schneller wäre es, wenn er bei der Akkreditivbank einen L/C beantragen würde, der das Akkreditiv immer wieder neu aufleben (revolvieren) ließe.
  Beispiel: Das Akkreditiv lautet über 100.000 € und wird gegenüber einem Akkreditierten benutzt, von dem der Importeur Waren in Höhe dieses Wertes bezogen hat. Nachdem die Akkreditivbank die Dokumente gegen Zahlung des Akkreditivbetrags erworben hat, reicht sie sie an den Importeur weiter, der die Dokumente benötigt, um an die Ware zu gelangen. Im Gegenzug erstattet der Importeur seiner Akkreditivbank vereinbarungsgemäß den vorgestreckten Akkreditivbetrag. Bei einem revolvierenden Akkreditiv lebt der Akkreditivbetrag in Höhe von 100.000 € jetzt sofort wieder auf, d. h. der Importeur kann die Zahlungszusicherung der Bank für das nächste Importgeschäft sofort wieder einsetzen.

Wenn es sich um ein *kumulativ revolvierendes Akkreditiv* handelt, könnte der Importeur damit sogar Importgeschäfte mit unterschiedlichen Summen tätigen.

Beispiel: Die Akkreditivbank eröffnet ein kumulativ revolvierendes Akkreditiv über 100.000 €. Der Akkreditivsteller will es für einen Import einsetzen, der sich auf lediglich 60.000 € beläuft. Die Bank hat also für 100.000 € Zahlung zugesichert, braucht aber nur 60.000 € zu zahlen, weil der Exporteur als Akkreditierter auf mehr keinen Anspruch erheben kann. Der Importeur könnte jetzt das Akkreditiv gleichzeitig für ein zweites Importgeschäft bis zur Höhe von 40.000 € einsetzen. Hat er gerade kein zweites Importgeschäft abgeschlossen, bleibt das

Akkreditiv ja weiterhin bestehen, da es ja revolvierend ist. Nachdem er seiner Bank die 60.000 € zurückgezahlt hat, könnte er das Akkreditiv bei einer Importsumme von bis zu 140.000 € benutzen. Die Summe ergibt sich aus 40.000 €, die beim ersten Import nicht beansprucht wurden, zuzüglich dem wiederaufgelebten Akkreditivbetrag von 100.000 €.

Revolvierende Akkreditive und erst recht kumulativ revolvierende Akkreditive setzen ein besonderes Vertrauen der Akkreditivbank in die Bonität ihres Kunden voraus.

- *Sichtakkreditive*
  Diese Akkreditivform ist der Regelfall: Die Zahlung erfolgt, sobald die Dokumente der Akkreditivbank vorliegen; beim bestätigten Akkreditiv zahlt die Akkreditivstelle ebenfalls bereits, sobald ihr die Dokumente übergeben worden sind. Voraussetzung ist in jedem Fall, dass die Dokumente akkreditivkonform sind.

- *Nachsichtakkreditive* (Defered-Payment-Akkreditiv)
  Mit dieser Form gelingt es, dem Exporteur einerseits die Vorteile aus einer Akkreditivvereinbarung zu verschaffen – nämlich kein Zahlungsausfall- und kein Annahmerisiko tragen zu müssen – und andererseits dem Importeur ein Zahlungsziel zu verschaffen. Die Akkreditivstelle nimmt vom Exporteur die Dokumente entgegen und bescheinigt stellvertretend für die Akkreditivbank den Zahlungsanspruch und die hinausgeschobene Fälligkeit der Zahlung.

- *Akzeptakkreditiv* (Remboursakkreditiv)
  Wie beim Nachsichtakkreditiv erfolgt die Zahlung nicht zeitnah zur Dokumentenvorlage, sondern wird hinausgeschoben. Die Akkreditivbank akzeptiert einen Wechsel und verpflichtet sich hierbei, ihn bei Fälligkeit einzulösen. Der Exporteur erhält den akzeptierten Wechsel, sobald er die Dokumente bei der Akkreditivstelle vorlegt und kann den Wechsel diskontieren, sodass er sofort Liquidität erhält.

- *Negoziierungsakkreditiv*
  Der Exporteur legt der Akkreditivstelle die akkreditivkonformen Dokumente sowie einen auf die Akkreditivbank gezogenen aber noch nicht akzeptierten Wechsel (= Tratte) vor, der bei Sicht fällig ist. Die Bank schreibt dem Exporteur die Wechselsumme gut und zwar stellvertretend für die Akkreditivbank. Die Negoziierung besteht nun darin, dass die Akkreditivstelle die Tratte selbst ankaufen (d. h. negoziieren) kann. Für den Exporteur ändert sich dadurch nichts: Auch jetzt schreibt ihm die Akkreditivstelle die Wechselsumme gut. Die Akkreditivstelle wird den Wechselbetrag nun mit der Akkreditivbank verrechnen.

- *Standby-Akkreditiv*
  Bei diesem Akkreditiv ist nicht der Exporteur der Begünstigte, sondern der Importeur. Die Akkreditivbank verpflichtet sich nämlich zu zahlen, wenn der Garantiefall eintritt. Als Dokument, das den Zahlungsfall auslöst, könnte z. B. die Erklärung des Importeurs sein, dass der Garantiefall eingetreten sei.

18. Können Akkreditive übertragen werden?

Ja, wenn es lt. Art. 48 Buchstabe b) ERA 600 von der Akkreditivbank ausdrücklich als „übertragbar" („transferable") bezeichnet worden ist. Alle anderen Ausdrücke (z. B. divisible, fractionable, assignable, transmissable) machen das Akkreditiv nicht übertragbar und sind zu ignorieren.

19. Welche Konsequenzen hat die Übertragbarkeit?

Wenn das Akkreditiv übertragbar ist, kann der Exporteur als erster Akkreditierter seine Ansprüche aus dem Akkreditiv (je nach Art des Akkreditivs also den Anspruch auf Zahlung, auf Akzept oder auf Negoziierung) ganz oder teilweise einem anderen zur Verfügung stellen. Er wird nach Art. 48 Buchstabe a) ERA 600 als Zweitbegünstigter bezeichnet.

20. Wann ist ein übertragbares Akkreditiv unbedingt sinnvoll?

Ob es sinnvoll ist, die Akkreditivansprüche zu übertragen, kann nur der Erstbegünstigte entscheiden. Hält er es nicht für sinnvoll, wird er sie nicht übertragen. Hält er es aber für erforderlich, muss ihm eben ein übertragbares Akkreditiv zur Verfügung stehen.

Sinnvoll sind übertragbare Akkreditive immer, wenn ein Export- und ein Importgeschäft in einem wirtschaftlichen Zusammenhang anfallen.

Beispiel: Ein tunesisches Unternehmen hat einem Großhändler in Deutschland einen Auftrag zur Lieferung von Nähmaschinen erteilt. Als Zahlungsbedingung vereinbaren der tunesische Kunde und der deutsche Lieferer ein Dokumentenakkreditiv. Die Nähmaschinen hat der Großhändler in der benötigten Menge nicht vorrätig, sondern kauft sie von einem Hersteller in der Türkei. Auch hierbei ist Dokumentenakkreditiv vereinbart. Aus Sicht des Großhändlers liegt also ein Exportgeschäft vor, dem ein Importgeschäft folgt. Die Lieferung der Nähmaschinen an den Kunden in Tunesien erfolgt natürlich als Streckengeschäft direkt von der Türkei aus.

Für das Exportgeschäft (Exportakkreditiv) ist der Großhändler der Akkreditierte und der tunesische Kunde der Akkreditivsteller, dessen Bank die Akkreditivbank. Für das Importgeschäft (Importakkreditiv) ist der Großhändler hingegen der Akkreditivsteller, seine Bank die Akkreditivbank (die hinsichtlich des Exportgeschäfts als Akkreditivstelle fungiert) und der türkische Produzent ist der Akkreditierte. Die Abwicklung als Streckengeschäft legt es nahe, nicht mit zwei separaten Export- und Importakkreditiven zu arbeiten – was selbstverständlich möglich wäre –, sondern das Exportakkreditiv übertragbar zu stellen. Dann kann der deutsche Großhändler seine Akkreditivbegünstigung zum Teil an den türkischen Hersteller abtreten, nämlich in Höhe des Betrags der Eingangsrechnung. In dieser Höhe ist dann das türkische Unternehmen Begünstigter aus dem Akkreditiv geworden. Für den Restbetrag bleibt natürlich der Großhändler begünstigt.

21. Was ist bei einem übertragbaren Akkreditiv unbedingt zu beachten?

Entscheidend ist, dass die Dokumente akkreditivkonform sind. Beim Streckengeschäft ist das einfach zu bewerkstelligen. Die bill of lading, die der deutsche Exporteur als Dokument der Bank vorlegen muss ist ja genau dasselbe, das der türkische Hersteller seiner Bank vorzulegen hat, denn er hat die Ware ja verschifft.

Natürlich wird der deutsche Großhändler nicht wollen, dass der tunesische Kunde und der türkische Lieferer seine Kalkulation erkennen können. Deshalb erlaubt Art. 38 Buchstabe g) ERA 600, die Akkreditivbedingungen bei übertragbaren Akkreditiven in folgenden Punkten abzuändern:

- Akkreditivbetrag
- im Akkreditiv genannte Preis je Mengeneinheit
- Dokumentenvorlagefrist oder letztes Verladedatum bzw. letzte Verladefrist.

22. Was kann man mit nicht übertragbaren Akkreditiven anfangen?

Die Antwort findet sich in den Artikeln 38 und 39 ERA 600. Bei Akkreditiven, die nicht übertragbar sind, kann der Akkreditierte zwar seine Akkreditivansprüche nicht übertragen, aber selbstverständlich kann er die *Akkreditiverlöse* jederzeit abtreten. Der Akkreditierte muss also seine Ansprüche erst eingelöst haben, bevor er sie z. B. zur Kreditsicherung abtreten kann.

23. Was sind die „essentials" beim dokumentären Zahlungsverkehr?

Im Überblick:

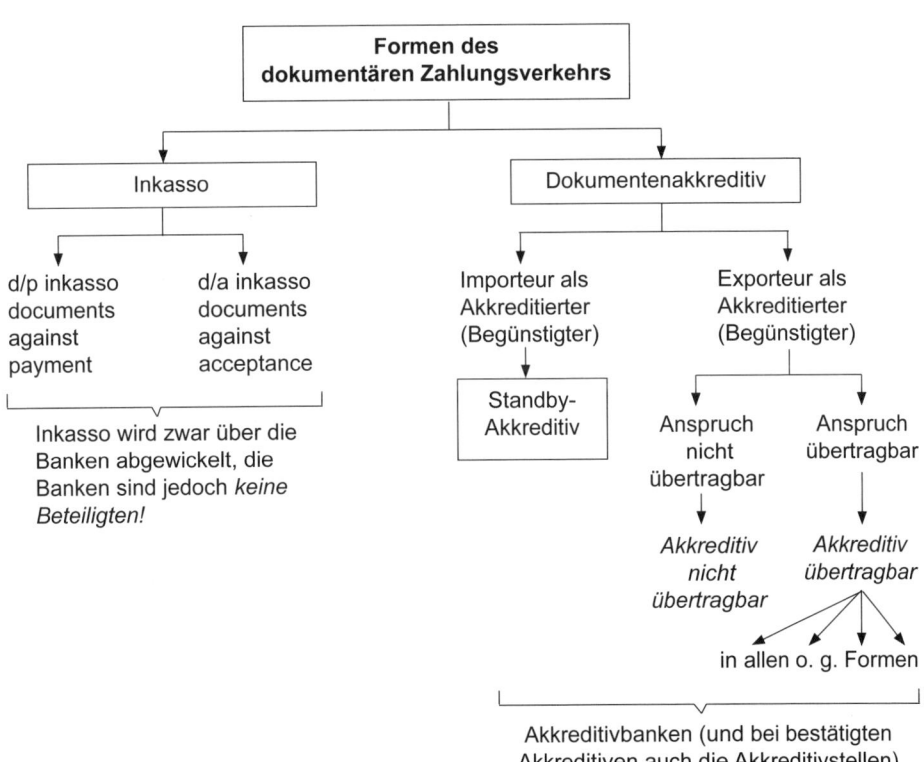

8.6.3 Bankgarantien

01. Was kennzeichnet Bankgarantien?

Bankgarantien schützen den Exporteur bzw. den Importeur vor Verlusten, wenn der Vertragspartner seinen vertraglichen Pflichten nicht nachkommt. Mit der Bankgarantie übernimmt die Bank die Haftung dafür, dass in der Zukunft ein bestimmter Erfolg oder ein bestimmtes Verhalten eintreten wird. Tritt der Erfolg oder das Verhalten nicht ein, steht sie für den Schaden ein, der sich dann ergibt.

Bankgarantien

• sind nicht gesetzlich geregelt,

• verpflichten zur Zahlung, wenn der Garantiefall eintritt,

• verpflichten im Garantiefall lediglich zur Zahlung, nicht zur Naturalleistung,

• sind selbstschuldnerisch,

• setzen anders als die Bürgschaft keine Hauptforderung voraus und sind daher nicht wie die Bürgschaft akzessorisch, sondern fiduziarisch, d. h. der Begünstigte genießt durch die Garantie mehr Rechte als er selbst aus dem Schuldverhältnis mit seinem Vertragspartner hat,

• sind formlos möglich, obgleich sie natürlich i. d. R. schriftlich vereinbart werden (leichtere Beweisfunktion),

• können in der Höhe begrenzt werden (Zahlungsobergrenze),

• führen beim Begünstigten zu Aufwendungen, weil die Banken Avalprovisionen berechnen,

• stellen einen einseitig verpflichtenden Vertrag zwischen Garant und Begünstigtem dar.

02. Welches sind die rechtlichen Grundlagen für Bankgarantien?

Einer gesetzlichen Regelung bedarf es nicht, weil die Handels- und Bankpraxis dafür selbst Regelungen gefunden hat, die in den *„Einheitlichen Richtlinien für Vertragsgarantien (ERV)"* und den *„Einheitlichen Richtlinien für auf Anforderung zahlbare Garantien (ERG)"* von der Internationalen Handelskammer für den globalen kommerziellen Verkehr verwendungsfähig festgelegt sind. Die ERG spiegeln die Bankpraxis mehr wider als die ERV. Beide Richtlinien können wahlweise angewendet werden, allerdings muss der Garant deutlich machen, welche der beiden Einheitlichen Richtlinien er seiner Garantie zu Grunde legt.

03. Was sind die wesentlichen Bestimmungen der ERV?

- Die Währung in der die Garantie zu zahlen ist, sollte klar definiert werden. Fehlt die Währungsangabe, ist die Garantie in der Währung zu leisten, in der der Preis genannt ist.
- Wenn für die Garantie kein Höchstbetrag festgelegt wird, haftet der Garant unbegrenzt.
- Es sollte eine Garantielaufzeit festgelegt werden; andernfalls gelten
  - Bietungsgarantien sechs Monate (ab Garantieerklärung),
  - Lieferungsgarantien sechs Monate (ab Liefertermin),
  - Gewährleistungsgarantien bis einen Monat nach Ablauf der Gewährleistungsfrist,
  - Auszahlungsgarantien sechs Monate (nach Fertigstellung).
- Die Zahlungsfrist des Garanten beträgt bei Garantien i. S. d. ERV 30 Tage und bei Garantien i. S. d. ERG sieben Arbeitstage.
- Es ist das Recht anzuwenden, das am Sitz des Garanten gilt, wenn nicht die Anwendung anderen Rechts – z. B. ICC-Arbitration – vereinbart ist.
- Zum Nachweis, dass der Garantiefall eingetreten ist, genügt eine eindeutige Erklärung des Begünstigten.

04. Auf welchem Weg werden Bankgarantien gegeben?

Bankgarantien können auf zweierlei Weise gegeben werden:

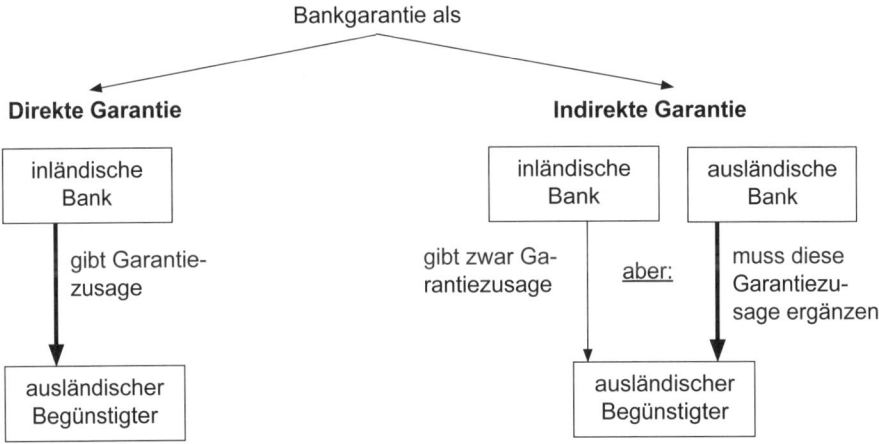

Die indirekte Bankgarantie kann man mit dem bestätigten Akkreditiv vergleichen. Dort tritt die Zahlungszusicherung der Akkreditivstelle an die Seite der von der Akkreditivbank abgegebenen Zusicherung und hier muss die Bank des Begünstigten die Garantiezusage der fremden Bank so ergänzen, dass sie den gesetzlichen Anforderungen im Land des Begünstigten entspricht.

05. Welche Garantiearten sind im Außenhandel typisch?

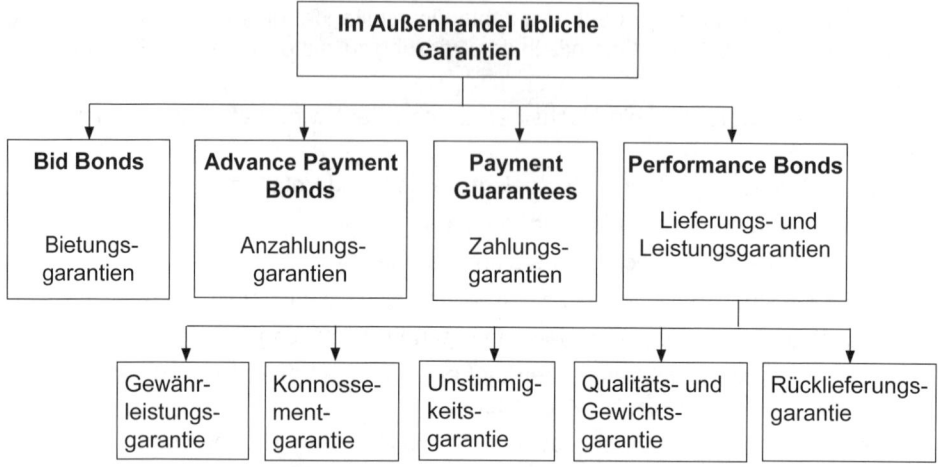

06. Was ist ein Bid Bond?

Hier garantiert die Bank, dass der Auftrag, für den ein Unternehmen im Rahmen einer öffentlichen Ausschreibung den Zuschlag bekam, vom Auftragnehmer auch ausgeführt wird. Die Bank haftet dem Auftraggeber also dafür, dass der Auftragnehmer die Ausschreibungsbedingungen einhält, sein Angebot aufrecht erhält und wirtschaftlich leistungsfähig ist.

Die Bietungsgarantie wird in den Ausschreibungen häufig verlangt, um unseriöse Anbieter fernzuhalten. Bietungsgarantien für Anbieter, die den Zuschlag nicht bekommen haben, erlöschen.

Garant ist die Bank des Auftragnehmers. Der Auftraggeber ist Begünstigter!

07. Was ist ein Advance Payment Bond?

Die Bank garantiert dem Importeur, geleistete Anzahlungen zurückzuzahlen, wenn der Exporteur nicht vertragsgemäß und termingetreu liefert. Ob sie auch Zinskomponenten beinhalten, ist abhängig davon, was Garantiebank und Importeur vereinbaren. Eine solche Garantie ist insbesondere im industriellen Anlagegeschäft sinnvoll, weil hier entsprechend lange Liefer- bzw. Fertigungszeiten entstehen und der Kunde mit der Anzahlung den Auftragnehmer häufig erst in die Lage versetzt, entsprechendes Fertigungsmaterial zu beschaffen.

Garant ist die Bank des Exporteurs (Auftragnehmer). Der Importeur (Auftraggeber) ist Begünstigter.

08. Was ist eine Payment Guarantee?

Die Bank garantiert dem Exporteur, dass seine Forderung beglichen wird, auch wenn der Importeur zahlungsunfähig werden sollte. Diese Zahlungsgarantie wirkt wie ein Akkreditiv. Der Vorteil besteht darin, dass die Garantie kostengünstiger als eine Kreditversicherung oder das Akkreditiv ist. Zudem geht die Avalprovision zu Lasten des Importeurs und nicht zu Lasten des Begünstigten. Garantiert wird neben dem Betrag auch, dass die Fälligkeitstermine eingehalten werden.

Garant ist die Bank des Importeurs (Auftraggeber). Der Exporteur (Auftragnehmer) ist Begünstigter.

09. Was sind Performance Bonds?

Bei der Lieferungs- und Leistungsgarantie haftet der Garant dafür, dass der Auftragnehmer seine vertraglichen Pflichten insgesamt vertragsadäquat und termingerecht erfüllt. Das betrifft sowohl die Lieferung der Ware also auch vereinbarte Dienstleistungen (z. B. Montage). Erfüllt der Auftragnehmer seinen Teil des Vertrages nicht, muss die garantierende Bank Schadenersatz leisten.

Garant ist die Bank des Exporteurs (Auftragnehmer). Der Importeur (Auftraggeber) ist Begünstigter.

Für den Importeur ist diese „Vertragserfüllungsgarantie" sehr viel nützlicher als die Festschreibung einer Vertragsstrafe im Vertrag mit dem Auftragnehmer. Die Vertragsstrafe wäre vom Auftragnehmer zu zahlen. Wenn er seine Lieferungs- und Leistungspflichten nicht vertragsgemäß erbracht hat, wird er seiner Pflicht zur Zahlung der Vertragsstrafe wahrscheinlich auch nicht nachkommen und zahlreiche Gründe anführen, warum er nicht erfüllen konnte oder sich in eigenwilligen Definitionen von Vertragserfüllung ergehen. Dem Importeur bleibe nur, seinen Anspruch gerichtlich durchzusetzen. Die Lieferungs- und Leistungsgarantie ist hingegen abstrakt, d. h. es kommt nicht auf das Wie und Warum der Nichterfüllung an, sondern nur auf die Tatsache, dass nicht erfüllt worden ist. Eine Vertragsstrafenvereinbarung ist auch deshalb ein stumpfes Schwert, weil sie nicht eingetrieben werden kann, wenn der Auftragnehmer insolvent ist. Die Garantieleistung hingegen kommt von der Bank.

10. Welche Bedeutung haben die Sonderformen der Performance Bonds?

Statt die Lieferungs- und Leistungsgarantie auf die gesamte Vertragserfüllung zu richten, kann sie sich in den einzelnen Facetten auf bestimmte Aspekte erstrecken.

- *Gewährleistungsgarantie*
  Die Bank garantiert, dass die gelieferte Ware technisch einwandfrei ist. Die Garantie greift auch, wenn Mängel nicht einwandfrei abgestellt werden.

- *Konnossementgarantie*
  Diese Garantie tritt in dem Fall ein, wenn Originale der bill of lading missbräuchlich verwendet werden, sodass sich ein anderer als der Importeur mit einer der Original-

ausfertigung in den Besitz der Ware gebracht hat. Der Garantiefall wäre ebenfalls gegeben, wenn im Letter of Credit die Vorlage von drei (Original-)Ausfertigungen als Bedingung für das Akkreditiv verlangt wird und diese Bedingung nicht erfüllt werden kann, weil eine Ausfertigung verschwunden ist. Begünstigter dieser Garantie können entweder der Exporteur oder die Reederei sein, die die Ware zur Verschiffung entgegennahm und sie an einen Empfänger auslieferte, der zwar die b/l vorwies, aber dort nicht als Empfänger genannt ist, und gegen die der Exporteur nun Schadenersatzansprüche erhebt.

• *Unstimmigkeitsgarantie*
Der Importeur wird i. d. R. im Zuge eines Dokumenteninkassos die Dokumente nur entgegennehmen und zahlen, wenn es sich um die im Kaufvertrag vereinbarten Dokumente handelt und die vereinbarte Menge geliefert wird. Ist eines davon oder beides nicht der Fall, ermöglicht die Unstimmigkeitsgarantie der Bank, dass der Importeur die Dokumente dennoch entgegennimmt (und zahlt), weil die Bank garantiert, dass die Unstimmigkeiten beseitigt werden, d. h. die fehlenden Dokumente nachgereicht bzw. die fehlende Menge nachgeliefert wird. Gelingt das nicht, leistet sie Schadenersatz.

• *Qualitäts- und Gewichtsgarantie*
Hier tritt der Garantiefall ein, wenn der Importeur – nachdem er beim Dokumenteninkasso die Ware vollständig bezahlt hat, um die Dokumente zu bekommen und mit den Dokumenten an die Ware zu gelangen – bei der Warenprüfung feststellt, dass das in Rechnung gestellte Gewicht bzw. die berechnete Qualität nicht mit dem tatsächlich erhaltenen Gewicht bzw. der tatsächlich eingetroffenen Qualität übereinstimmt. Die Garantie sichert ihm einen angemessenen Preisabschlag zu. Allerdings ist hierbei nicht die Bank, sondern der Exporteur der Garant.

• *Rücklieferungsgarantie*
Diese Garantie ist für den Veredelungsverkehr von Bedeutung. Ware wird zur Veredelung ins Ausland gebracht und soll nach der Veredelung wieder zurück zum Auftraggeber kommen. Mit der Rückzahlungsgarantie wird der Schadenersatzanspruch abgedeckt, wenn dem Unternehmen ein Schaden erwächst, weil die Ware nicht rechtzeitig zurückgekommen ist.

8.7 Zölle und Verbrauchssteuern, Handelshemmnisse und Organisationen zur Förderung des Handels

8.7.1 Tarifäre Handelshemmnisse

01. Was versteht man unter tarifären Handelshemmnissen?

Als tarifäre Handelshemmnisse gilt alles, was den freien Verkehr von Gütern, Dienstleistungen und Kapital zwischen Volkswirtschaften dadurch beeinträchtigt, dass Importe künstlich verteuert und Exporte künstlich verbilligt werden. Die tarifären Handelshemmnisse lassen sich also in Euro und Cent ausdrücken. Insbesondere zählen Zölle, Verbrauchssteuern und Kontingente zu den Instrumenten, die den internationalen Handel auf tarifäre Weise behindern.

Zölle sind das klassische tarifäre Handelshemmnis. Deshalb setzte sich die Europäische Wirtschaftsgemeinschaft bei ihrer Gründung 1957 zum Ziel, die Zölle innerhalb der Gemeinschaft allmählich abzubauen. Mit dem im Maastrichter Vertrag vereinbarten und am 01.01.1993 verwirklichten Binnenmarkt hat die Europäische Gemeinschaft dieses Ziel inzwischen erreicht.

02. Aus welchen Motiven gibt es Zölle?

Zwar kann es demjenigen, der den Zoll entrichten muss, gleichgültig sein, aus welchem Grund Zoll überhaupt erhoben wird, dennoch ist es interessant, welche Motive – vorgeschobene oder tatsächliche – einst zu Zöllen geführt haben, wobei die Motivlage durchaus nicht immer eindeutig und klar war.

1. Motiv: Der Staat braucht Einnahmen → *Finanzzoll*
Die Ausgaben des Staates überstiegen seine Einnahmen. Eine (weitere) Erhöhung der Steuern war vielleicht aus politischen Gründen nicht ratsam, sodass Zölle eingeführt bzw. erhöht wurden. Die Zolleinnahmen wuchsen mit dem Handelsverkehr und füllten somit die Staatskasse.

2. Motiv: Der Staat schützt inländische Arbeitsplätze → *Schutzzoll*
Dies ist das verlogenste Argument, das je für Zölle angeführt wurde und verschleierte häufig nur das tatsächliche Motiv, die Staatseinnahmen zu erhöhen. Besonders ärgerlich ist, dass dieses Motiv bei vielen Unbedarften Beifall findet. Es ist ja auch plausibel: Wenn die Menschen japanische Autos kaufen, verkaufen europäische Autohersteller weniger Autos und müssen Arbeitskräfte entlassen. Verteuert man billigere Importware, lohnt sich deren Kauf für europäische Kunden nicht und sie kaufen europäische Produkte und tragen damit dazu bei, Arbeitsplätze zu erhalten. Tatsächlich schotten Importzölle den Inlandsmarkt vor ausländischer Konkurrenz und ausländischen Qualitätsprodukten ab. Die inländischen Produzenten haben also gar keinen Grund, Produkte zu verbessern und Qualität zu steigern. Die Konsumenten können ja nicht auf bessere Importprodukte ausweichen. „Schutzzölle" schützen also schlafmützige Anbieter und bevormunden die Verbraucher. Sie sind gleichzeitig Fortschrittsbremse und Unverschämtheit.

3. Motiv: Importe verteuern, um inländischen Produkten
bessere Absatzchancen zu verschaffen → *Importzoll*
Die Wirkung ist dieselbe wie beim Schutzzollmotiv. Importierte Produkte werden durch Zölle künstlich verteuert, sodass sie ihren Preisvorteil gegenüber den Inlandsprodukten verlieren.

4. Motiv: Produkte dürfen im Inland nicht knapp werden → *Exportzoll*
Knappe und begehrte Produkte werden dort verkauft, wo der Verkäufer am meisten erlösen kann. Kann er im Ausland bessere Preise als im Inland erzielen, wird er die Waren exportieren und dort verkaufen. Dies gelingt ihm um so besser, wenn die Preise dieser Güter auf dem ausländischen Markt immer noch niedriger sind als die Preise der dortigen einheimischen Produkte. Wird auf Warenexporte Zoll erhoben, verlieren die Exporte ihren Preisvorteil und die darauf basierenden Absatzchancen. Da die Produkte

aber vorhanden sind, stehen sie im Inland zur Verfügung und verbessern die inländische Angebotsmenge. In der deutschen Realität sind Exportzölle ein lediglich theoretisches Modell; schließlich ist die deutsche Wirtschaft auf Exporte angewiesen. Kein verantwortlich politisch Handelnder käme auf die Idee, Exportchancen zu reduzieren.

5. *Motiv:* Partizipation am Transitverkehr und am Transithandel   → *Transitzoll*
Ware, die lediglich durch das Wirtschaftsgebiet durchgeleitet wird, ohne hier in den Wirtschaftsverkehr zu gelangen, belastet die hiesige Infrastruktur, führt aber zu keinen staatlichen Einnahmen. Wird der Transitverkehr mit Zoll belastet, erhält der Staat dadurch Einnahmen. Gleiches trifft auf den Transithandel zu. Wird die Ware gar nicht ins Wirtschaftsgebiet eingeführt, sondern verbleibt im Freihafen und wird von dort aus in andere Länder transportiert, verzeichnet der Staat keine Zolleinnahmen und auch keine Einfuhrumsatzsteuer, weil eine Einfuhr ja gar nicht stattgefunden hat. Mit einem Transitzoll könnte der Staat aber Zölle einnehmen, wenn der Transithändler seinen Sitz im Wirtschaftsgebiet (also außerhalb der Freihäfen) hat.

6. *Motiv:* Verhalten der Nachfrager verändern   → *Erziehungszoll*
Dieses Motiv geht davon aus, dass der Staat ein bestimmtes Verhalten als richtig oder als vernünftig oder als sozialadäquat ansieht und die Konsumenten dazu bringen will, ihr Kaufverhalten entsprechend auszurichten. Das Verhalten wird über den Preis gesteuert, indem Importe, die dieser staatlichen Vorstellung nicht entsprechen durch Zölle verteuert werden. So könnten z. B. ausländische Produkte, die kein Zertifikat haben, dass sie nicht in Kinderarbeit hergestellt wurden oder dass bei ihrer Herstellung bestimmte Arbeits- oder Umweltschutzvorschriften eingehalten wurden, beim Import mit Zoll belegt werden, sodass sie für den inländischen Konsumenten zu teuer werden bzw. er bei dessen Kauf ein schlechtes Gewissen bekommt.

7. *Motiv:* Nicht marktgerechtes Verhalten der
ausländischen Anbieter verändern   → *Antidumpingzölle*
Wenn der ausländische Anbieter seine Produkte zu niedrigeren Preisen exportiert als er sie auf seinem inländischen Markt anbietet, ohne dass die Märkte sich in ihrer Marktform oder in ihrer Struktur oder in den Präferenzen der Nachfrager wesentlich unterscheiden, liegt die Vermutung nahe, dass er sie künstlich verbilligt hat. Das kann zum einen seine individuelle betriebswirtschaftliche Entscheidung sein, auf dem ausländischen Markt preispolitisch eine Penetrationstrategie zu verfolgen, um schnell Marktanteile zu gewinnen; es kann aber zum anderen auch auf Exportsubventionen seiner Regierung zurückzuführen sein. Erhebt der Importstaat auf diese Produkte nunmehr Zoll, macht er den künstlich erzeugten Preisvorteil des ausländischen Anbieters zunichte.

8. *Motiv:* Handelshemmnisse fremder Staaten bekämpfen   → *Retorsionszölle*
Diese Zölle stellen einen „Gegenschlag" gegen Handelshemmnisse dar, die die Regierung eines ausländischen Staates errichtet hat und die Export- und/oder Importmöglichkeiten der inländischen Unternehmen beeinträchtigen. Mehrfach hat es solche Retorsionszölle als Drohkulisse in handelspolitischen Auseinandersetzung zwischen der EU und den USA gegeben.

Erziehungs-, Antidumping- und Retorsionszölle sind ihrer Natur nach zeitlich begrenzt; ist das beabsichtigte Ziel erreicht, entfällt das Motiv, diese Zölle weiter zu erheben.

03. Was wird verzollt?

Die meisten Zölle sind Wertzölle, d. h. sie werden auf den Zollwert erhoben (zur Berechnung des Zollwerts vgl. 8.4.2/02). Es gibt aber auch Produkte, bei denen nicht der Zollwert, sondern das Zollnettogewicht die Basis für die Verzollung bildet, z. B. Stahl. Zur Unterscheidung vom Wertzoll bezeichnet man diesen Zoll als Gewichtszoll. Desgleichen ist eine Kombination der Zollbasis aus Wert und Gewicht denkbar, sodass Mischzölle entstehen.

04. Was sind Abschöpfungen?

Zölle sind selten Fixbeträge, sondern stellen einen bestimmten prozentualen Aufschlag auf den Zollwert dar. Beabsichtigt der inländische Staat, durch Zölle Importwaren so zu verteuern, dass sie ihren Preisvorteil gegenüber den inländischen Produkten verlieren (z. B. Antidumpingzölle), sind variable Einfuhrabgaben wirkungsvoller. Für Importe bestimmter landwirtschaftlicher Erzeugisse praktiziert die EU ein solches Verfahren. Beim Import verteuern sich diese Produkte durch eine Ausgleichsabgabe in Höhe der Differenz zwischen dem höheren EU-Binnenpreis und dem niedrigeren Weltmarktpreis, sodass die importierten Produkte innerhalb der EU genauso teuer angeboten werden wie die im Binnenmarkt erzeugten Produkte. Dieser Ausgleichsbetrag wird abgeschöpft und stellt eine Eigeneinnahme der EU dar (aus denen sie selbst Subventionen finanziert). Da sowohl der Weltmarktpreis als auch der Binnenpreis veränderlich sind, muss die Abschöpfung natürlich ebenfalls variabel sein.

05. Wie wirken Verbrauchssteuern?

Verbrauchssteuern verteuern wie alle Steuern den Preis der Produkte. Anders als z. B. die Umsatzsteuer werden sie allerdings nicht offen ausgewiesen, sondern sind im gelisteten Preis enthalten. So wird in Deutschland gemäß § 2 Kaffeesteuergesetz auf 1 kg *Röstkaffee* Kaffeesteuer in Höhe von 2,19 € und auf 1 kg *löslichen Kaffee* 4,78 € erhoben. Die 2,19 € bzw. 4,78 € fließen für den Händler beim Einkauf mit in den Einstandspreis ein. Der Händler berechnet hierauf seinen Kalkulationszuschlag und erhält so seinen Verkaufspreis. Dieser Verkaufspreis wird dann mit Umsatzsteuer belegt, die zwar nicht den Händler, wohl aber den Konsumenten belastet. Er zahlt mit der Umsatzsteuer Steuern auf die Steuer. Der Staat verdient also am Kilogramm Kaffee zweimal: über die Kaffeesteuer und über die Umsatzsteuer.

06. Warum stellen Verbrauchssteuern ein Handelhemmnis dar?

Verbrauchssteuern werden im Inland erhoben. Soweit Produkte einer Verbrauchssteuer unterliegen, betreffen sie sowohl die inländischen Erzeugnisse als auch die importierten Produkte. Die Verbrauchssteuer wird auf den verzollten Warenwert erhoben.

Als Handelshemmnis wirken die Verbrauchssteuern vor allem aus einem Grund: Sie sind in der EU nicht einheitlich. Anders als die Zölle sind die Steuern innerhalb der EU noch nicht harmonisiert, sodass Kaffee in Deutschland der Kaffeesteuer unterliegt, in den Niederlanden jedoch nicht. Kaufen Kunden aus Deutschland Kaffee in den Niederlanden, zahlen sie zwar einen niedrigeren Preis für den Kaffee an sich und müssen ihn auch bei der Verbringung nach Deutschland nicht verzollen – es gibt innerhalb der EU keine Zollschranken mehr –, aber sie müssen die Kaffeesteuer entrichten. Die Finanzbehörden erhalten u. a. durch die vierteljährlichen Meldungen über innergemeinschaftliche Umsätze Kenntnis vom Kaffeekauf und können feststellen, ob ein Kaffeekäufer die Kaffeesteuer ggf. hinterzogen hat.

Nun wird innerhalb der EU kein Kaffee angebaut. Aber Verbrauchssteuern auf Produkte, die auch in der EU erzeugt werden können, sind für Anbieter aus dem Drittstaatsgebiet hinderlich, weil sie ihre Waren auf dem EU-Markt künstlich verteuern.

07. Was sind Kontingente?

Während Zölle die Preise der Waren verteuern, beschränken Kontingente die Warenmenge, die importiert (Importkontingente) bzw. exportiert (Exportkontingente) werden darf. Exportkontingente sind in der EU unüblich; Importkontingente wendet die EU allerdings an. Die Beschränkung kann in Mengeneinheiten (z. B. Einfuhr eines bestimmten Produkts 2007: maximal 2 Mio. Tonnen) oder in Werteinheiten (z. B. Einfuhr eines bestimmten Produkts 2007: maximal 200 Mio. €) erfolgen.

08. Inwiefern hemmen Kontingente den freien Handel?

Ob Mengenbeschränkungen den freien Handel tatsächlich hemmen, hängt von der Höhe des Kontingents ab. Liegt die Kontingenthöhe über dem tatsächlich von den Marktteilnehmern gewollten Import- bzw. Exportvolumen, so liegt keine Handelsbeschränkung vor. Kontingente liegen aber normalerweise niedriger als das von Importeuren und Exporteuren gewolltem Handelsvolumen, sodass der Handel in dem gewünschten Umfang nicht stattfinden kann.

09. In welchen Bereichen gibt es Kontingentierungen?

Soweit die EU Importkontingente eingeführt hat, betrifft das Produkte, die in Konkurrenz zu Waren stehen, die auch innerhalb der EU hergestellt werden. Das jüngste Beispiel sind die Importkontingente für Textilwaren aus der Volksrepublik China.

10. Wie werden Kontingentanteile zugeteilt?

Kontingente werden von der EU für einen bestimmten Zeitraum festgelegt. So hat die EU ein bestimmtes Mengenkontingent für den Import chinesischer Textilerzeugnisse für das Jahr 2006 erlaubt. Bereits im März 2006 war das Kontingent für das ganze Jahr 2006 ausgeschöpft. Mehr durfte nicht importiert werden.

Für Importhändler ist es wichtig, Anteile am Kontingent zu erhalten. Da Kontingentierung nur sinnvoll ist, wenn die Nachfrage größer als die Kontigentmenge ist, kann der Händler mit einem nahezu sicheren Absatz rechnen. Wie viele Waren er im Rahmen des Kontingents importieren kann, hängt von dem Verfahren ab, in dem Anteile (Quoten) am Kontingent vergeben werden.

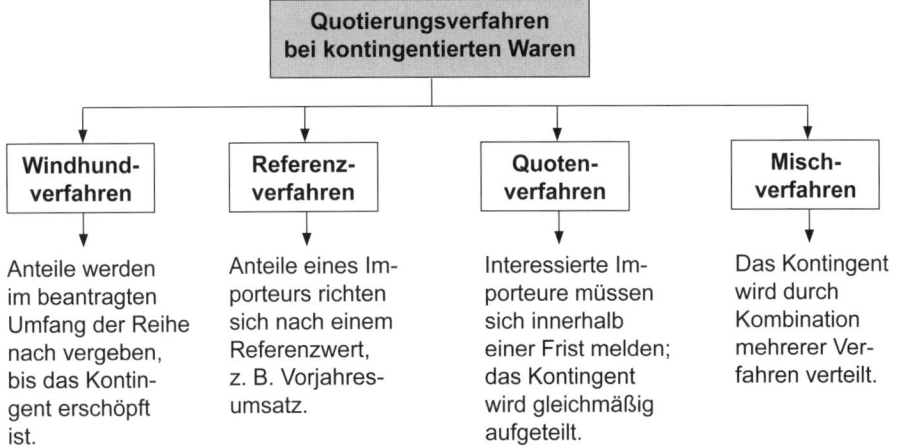

11. Was sind Exportsubventionen?

Exportsubventionen verbilligen teuere Inlandsprodukte, um sie auf dem Weltmarkt wettbewerbsfähig anbieten zu können. Die EU erstattet für manche Produkte (vor allem Agrarprodukte) dem Anbieter, der seine Erzeugnisse auf dem Binnenmarkt nicht (vollständig) absetzen kann und daher seine Überschussproduktion auf Weltmarkt anbietet, die Differenz zwischen dem niedrigeren Weltmarktpreis und dem höheren EU-Referenzpreis.

Subventionen sind mit der marktwirtschaftlichen Ordnung allenfalls als Anpassungssubventionen (also zeitlich befristet und in der Höhe abnehmend) vereinbar, keinesfalls aber als Erhaltungssubventionen, mit denen veraltete Strukturen verfestigt werden, sodass Erhaltungssubventionen unbefristet gezahlt werden müssten. Je mehr sich die verfesteten Strukturen von der Marktrealität entfernen, um so höhere Erhaltungssubventionen fallen an. Ob Exportsubventionen Anpassungs- oder Erhaltungssubventionen darstellen, war, ist und bleibt eine politische Frage.

8.7.2 Nicht-tarifäre Handelshemmnisse

01. Was sind nicht-tarifäre Handelshemmnisse?

Alle Maßnahmen, die den freien Handel behindern, ohne direkt auf die Preise zu wirken, stellen nicht-tarifäre Handelshemmnisse dar. Hierzu gehören neben den klassischen Fällen eines Import- oder Exportverbots und eines Embargos vor allem Vorschriften, die bei Import bzw. Export eingehalten werden müssen, z. B. Kennzeichnungspflichten und die Vorgabe technischer Normen. Nicht in jedem Fall ist damit allerdings die Absicht verbunden, den freien Handel zu behindern und Importe bzw. Exporte zu erschweren. Was immer auch die Absicht bestimmter Vorschriften sein mag: In der Wirkung sind sie immer handelshemmend.

Nicht fassbar sind hingegen Hemmnisse infolge schleppender Zollbehandlung, umständlicher Genehmigungsverfahren, nicht bekannter Vorschriften, unverständlicher Formulare usw. Die handelshemmende Wirkung bürokratischer Verfahren ist zwar unstrittig, aber ob dahinter auch eine handelshemmende Absicht steckt, ist schlicht nicht nachweisbar.

02. Was sind Embargos?

Ein Embargo richtet sich nicht gegen einzelne Unternehmen, sondern gegen Staaten. Mit einem Land, gegen das ein Embargo verhängt ist, dürfen keine Handelsbeziehungen unterhalten werden. Unternehmen dürfen aus dem Embargoland weder Waren importieren noch dorthin exportieren (Totalembargo) oder nur die Waren beziehen oder liefern, die vom Embargo ausdrücklich ausgenommen sind (Teilembargo).

Welche Waren betroffen sind, ergibt sich aus der *Ausfuhrliste* im Anhang der Außenwirtschaftsverordnung (AWV).

03. Wann wirkt eine Kennzeichnungspflicht handelshemmend?

In der EU gibt es unter anderem die Vorschrift, dass technische Produkte, die auf dem Binnenmarkt angeboten werden, den technischen Sicherheitsstandard erfüllen müssen, der auf dem Binnenmarkt gilt und in verschiedenen technischen Normen und Europäischen Verordnungen seinen Niederschlag findet. Zum Nachweis, dass die importierten Produkte diesen Mindeststandard erfüllen, muss der ausländische Hersteller, der seine Produkte in den Binnenmarkt exportieren will, für seine Produkte die *Konformitätserklärung* abgeben. Sichtbar wird das am Produkt selbst, weil ihm das CE-Zeichen eingeprägt wird. Der Hersteller erklärt damit, dass sein Produkt mit den einschlägigen Sicherheitsvorschriften, die er präzise auflisten muss, konform geht. Produkte, für die es in der EU-Sicherheitsvorschriften gibt, und die nicht mit dem CE-Zeichen gekennzeichnet sind, dürfen auf dem Binnenmarkt nicht angeboten werden.

Die Konformitätserklärung dient der Sicherheit der Verbraucher. Dieses Motiv überwiegt den scheinbaren Nachteil, dass Anbieter, die die Konformitätserklärung nicht abgeben können, in ihren Handelsaktivitäten beeinträchtigt seien, weil sie ihre Ware in der EU nicht anbieten können.

04. Kann eine Kennzeichnungspflicht den Außenhandel auch fördern?

Die Kennzeichnungspflicht kann durchaus den Export bestimmter Ware begünstigen, wenn die Nachfrager, die Kennzeichnung als Qualitätsmerkmal ansehen. Das gilt auch dann, wenn Kennzeichnungspflicht selbst mit durchaus handelhemmender Absicht eingeführt wurde. So verpflichtete die britische Regierung 1927 die britischen Unternehmen, aus Deutschland importierte Waren mit „made in Germany" zu versehen. Die

Erwartung war, dass die britischen Konsumenten – den wenige Jahre zurückliegenden 1. Weltkrieg noch in Erinnerung habend – statt deutscher Produkte dann lieber britische Fabrikate kaufen würden. Das Gegenteil trat ein. Die britischen Kunden konnten deutsche Produkte jetzt leichter identifizieren und sahen in diesen Produkten Qualitätserzeugnisse. Die deutschen Hersteller zogen daraus die Konsequenzen und prägten allen in Deutschland produzierten Erzeugnissen „made in Germany" auf. Der deutsche Export wurde also durch eine Maßnahme beflügelt, die genau die entgegengesetzte Absicht verfolgte.

05. Gibt es weitere in der Praxis erprobte nicht-tarifäre Handelshemmnisse?

Außer der Bürokratie gibt es weitere Maßnahmen, die sich in einer Grauzone bewegen. Sie haben nicht unbedingt die Absicht, den internationalen freien Handel zu behindern, können aber dennoch die Chancen ausländischer Anbieter beeinträchtigen.

• *Patente*
Wenn ein Staat das Patentrecht dergestalt ändert, dass Patente oder Verwertungslizenzen nicht an Unternehmen im Ausland verkauft werden dürfen, beeinträchtigt das natürlich indirekt auch den freien Handel. Das Patent kann von Firmen im Ausland nicht verwertet werden. Sie können allenfalls Substitutionsprodukte exportieren oder auf dem fremden Markt Niederlassungen oder Joint Ventures gründen, um dann als Inländer Patentrechte erwerben zu können.

• *Kampagnen*
„Buy british" war einmal eine Kampagne der britischen Wirtschaft, um die Konsumenten dazu zu bewegen, weniger importierte und stattdessen mehr britische Waren zu kaufen. Die Kampagne richtete sich nicht gegen ausländische Produkte, sondern war eine Kampagne für einheimische Erzeugnisse. Tatsächlich hemmte diese Kampagne den britischen Import und damit die Exportchancen ausländischer Anbieter kaum. Das hat mehrere Gründe und dürfte auch ähnliche Kampagnen in anderen Ländern wirkungslos bleiben lassen:

- der „Nationalappell" verfängt nicht, wenn Konsumenten Preis und Qualität als Kaufkriterien anlegen;

- Produkte werden heutzutage nie komplett in einem Land hergestellt; das Endprodukt enthält Bauteile aus aller Herren Länder und womöglich wurde es sogar im Ausland endmontiert.

8.7.3 Organisationen zum Abbau von Handelshemmnissen

01. Was verhindert Handelshemmnisse am ehesten?

Neben dem politischen Willen, den freien Handel international zu fördern, schützt am besten die gegenseitige Abhängigkeit der Volkswirtschaften davor, dass dauerhaft Handelshemmnisse errichtet werden. Keine Volkswirtschaft ist autark. Globalisierung ist somit nicht nur die Folge freien Handels, sondern garantiert ihn zugleich.

02. Seit wann ist der freie Handel ein politisches Ziel?

Als politische Ziele traten der freie Handel und der Abbau von Protektionismus ganz nachhaltig nach dem Ende des Zweiten Weltkrieges in den Vordergrund. Neben den ökonomischen Vorteil wurden nämlich auch politischen Erwartungen postuliert: Wer miteinander Handel treibt, führt nicht gegeneinander Krieg. So kam es bereits 1948 zum ersten Allgemeinen Zoll- und Handelsabkommen, dem General Agreement on Tariffs and Trade (GATT). Das unterzeichneten damals zwar nur 48 Staaten, man muss aber auch bedenken, dass es seinerzeit viel weniger Staaten als heute gab. Der afrikanische Kontinent bestand noch zum größten Teil aus Kolonien. Erst seit den sechziger Jahren des letzten Jahrhunderts wurden aus Kolonien unabhängige Staaten, die ihrerseits ein Interesse daran haben, international Waren kaufen und verkaufen zu können.

03. Welche Rolle für den freien Handel spielt die Meistbegünstigungsklausel?

War es vorzeiten üblich, dass in bilateralen Handelsabkommen unterschiedliche Bedingungen vereinbart wurden, sodass Produkte, die von Land A aus Land B importiert wurden einem höheren Zoll unterworfen wurden als die gleichen Produkte, die Land A aus Land C bezog, so verpflichteten sich die Unterzeichnerstaaten des GATT, allen ihren Handelspartnern die Bedingungen einzuräumen, die sie dem Partner mit der günstigsten Bedingung gewährt haben. Auf diese Weise wurden wirkungsvoll Diskriminierungen abgebaut. Die Meistbegünstigung ist nur bilateral unzulässig, nicht jedoch, wenn Zollunionen (z. B. die EU) manche Staaten durch Präferenzabkommen günstiger stellt als andere (z. B. die AKP-Staaten).

04. Welche Organisationen und Abkommen bauen Handelshemmnisse ab?

Im Laufe der Zeit haben eine Reihe multistaatlicher Organisationen dazu beigetragen, den freien Handel auszuweiten und Handelshemmnisse abzubauen. Zum Teil kümmerten sich diese Organisationen lediglich um den freien Handel zwischen den ihnen angehörenden Staaten und beließen es gegenüber organisationsfremden Handelspartnern bei Einschränkungen. Beispielhaft seien einige Organisationen bzw. Freihandelsabkommen genannt:

- *European Free Trade Association* (EFTA) – inzwischen ohne größere Bedeutung, da die meisten EFTA-Staaten heute der EU angehören; ursprünglich strebten die EFTA-Staaten lediglich eine Freihandelszone an, ohne Europa politisch einigen zu wollen.

- *Europäische Union* (EU) – hervorgegangen aus der Europäischen Wirtschaftsgemeinschaft, der Europäischen Gemeinschaft für Kohle und Stahl und der Euratom und seit dem Maastrichter Vertrag mit der Gemeinsamen Außen- und Sicherheitspolitik und der Gemeinsamen Innen- und Rechtspolitik zur Europäischen Union geworden.

- *Pakte von Lomé* – mehrfach erweiterte Präferenzabkommen zwischen der Europäischen Gemeinschaft und Entwicklungs- bzw. Schwellenländer aus den Regionen Afrika, Karibik und Pazifik, zum bevorzugten Zugang zum Binnenmarkt.

- *Weltbank*
- *World Trade Organization* (WTO).

05. Welche besondere Bedeutung hat die WTO für den Freihandel?

Nachdem dem GATT nahezu 150 Staaten beigetreten sind, kann das politische Ziel des freien Handels als allgemein akzeptiert gelten. Wichtig ist es jetzt, eine Regelung für Handelskonflikte zwischen Unterzeichnerstaaten zu finden und ein Verfahren zu finden, um den freien Handel auch in Zukunft zu sichern und auf künftigen Märkten anzuwenden.

Deshalb gründeten die GATT-Unterzeichner die World Trade Organization (WTO), die Welthandelsorganisation und übertrugen ihr die Befugnis, die Handelspolitik der WTO-Mitgliedsstaaten zu beobachten und zu überwachen, dass sich die Mitgliedsstaaten freihandelsgemäß verhalten und keine protektionistische Marktabschottung betreiben. Darüber hinaus soll die WTO Handelskonflikte zwischen Mitgliedsstaaten zu schlichten. Schließlich wurde eine Ministerkonferenz vereinbart, die im zweijährlichen Rhythmus darüber verhandelt, wie weitere Handelshemmnisse abgebaut werden können.

Konkret hat sich das seit der WTO-Gründung in der Liberalisierung bei der Informationstechnologie und der Telekommunikation sowie bei Finanzdienstleistungen ausgedrückt. Auf der Tagesordnung der WTO bleiben der Subventionsabbau und der freie Dienstleistungsverkehr.

06. Was versteht man unter der Politik „Beggar-my-Neighbour" und welche Mittel werden im Rahmen dieser Politik eingesetzt?

Die Politik „Beggar-my-Neighbour" (Schädige den Nachbarn) hat zum Ziel, die eigene Wirtschaft zu Lasten der ausländischen Nachbarn zu schützen, um so z. B. die eigene Konjunktur anzuregen, die inländische Beschäftigung zu stützen und die eigene Zahlungsbilanz zu verbessern.

Bevorzugte Mittel dieser Politik sind:

- Subventionierung des Exports
- Beschränkung des Imports
- Abwertung der eigenen Währung.

Es versteht sich von selbst, dass eine solche Politik mit den Prinzipien des freien Handels nicht vereinbar ist und von der WTO entsprechend sanktioniert wird.

9. Mitarbeiterführung und Qualifizierung

Prüfungsanforderungen

Nachweis der Fähigkeit,

die kommunikativen Mittel der Mitarbeiterführung einzusetzen sowie Aus- und Weiterbildung zu planen, durchzuführen und zu kontrollieren.

Qualifikationsschwerpunkte (Überblick)

9.1 Zeit- und Selbstmanagement

9.2 Individuelle Mitarbeiterförderung und -entwicklung

9.3 Mitarbeiterbesprechungen, Kritik-, Beurteilungs-, Förder- und Zielvereinbarungsgespräche

9.4 Planung und Organisation von Qualifizierungsmaßnahmen

9.5 Auswahl und Einstellung von Mitarbeiterinnen und Mitarbeitern

9.6 Qualifizierung am Arbeitsplatz

9.7 Förderung von Lernprozessen, methodische und didaktische Aspekte

9.8 Personalkosten und -leistung

Besonderer Hinweis:
Teilnehmer, die die Prüfung im Handlungsbereich „Mitarbeiterführung und Qualifizierung" bestanden haben, brauchen für die Ausbildereignungsprüfung nur noch den praktischen Teil abzulegen (§ 9 der Rechtsverordnung).

9.1 Zeit- und Selbstmanagement

9.1.1 Bedeutung von Zeit- und Selbstmanagement

Vorbemerkung

In diesem Abschnitt geht es weniger darum, sich Wissen anzueignen, sondern die eigenen Verhaltensweisen, Einstellungen und Gefühle zum Umgang mit der Zeit zu überprüfen und sich einige Techniken anzueignen, um bewusster mit der Ressource Zeit umzugehen.

Ziel der eigenen Reflexion ist dabei, Störungen zu erkennen, Störungsursachen zu lokalisieren und wirksame Verhaltensalternativen zur Vermeidung „schlechter Angewohnheiten" zu trainieren. Nicht die Kenntnis von Arbeits- und Zeittechniken führt primär zum Ziel, sondern das Einüben einiger weniger Methoden – zugeschnitten auf die eigene Lebens- und Arbeitssituation.

01. Wie viel Zeit hat der Einzelne? Wie verwendet er sie?

Beispiel: Am Montag letzter Woche telefonierte ich mit Klaus; ich schlug vor, dass wir uns mal wieder treffen sollten. Seine Antwort: „Du, ... tut mir leid, ich habe keine Zeit." Ich daraufhin: „Ich denke, deine Antwort ist falsch formuliert. Du müsstest sagen: Ich nehme mir nicht die Zeit. Das wäre richtiger – und übrigens auch ehrlicher – oder hat dein Tag weniger als 24 Stunden, deine Woche weniger als 7 Tage, dein Jahr weniger als 52 Wochen?" Klaus war etwas „verschnupft" und schwieg nachdenklich.

Schlussfolgerungen aus dem Beispiel:

Im Allgemeinen kann man für den Tag (mehr oder weniger) folgende Zeitverwendung unterstellen:

* Arbeitsstunden pro Tag inkl. zwei Stunden Fahrzeit   10
* Schlafstunden pro Tag   8
* Rüstzeit in Stunden pro Tag (Mahlzeiten, Körperhygiene)   2

Es verbleibt also effektiv nur noch eine Restzeit von vier Stunden pro Tag, über die man tatsächlich frei verfügen kann.

Merke:

> **Die Zeit ist nicht vermehrbar!**

Verändert man diese Relationen auf Dauer und erheblich – um z. B. die verfügbare Restzeit zu vermehren – so geschieht dies bei vielen Menschen zu Lasten der „Schlafzeit" – sie treiben Raubbau mit ihrer Gesundheit. Bezieht man die oben genannten Werte auf das Jahr (bei 365 Kalendertagen und 213 Arbeitstagen), so erhält man die Relationen:

- Arbeitsstunden pro Jahr: 2.130
- Schlafstunden pro Jahr: 2.920
- Rüstzeit in Std. pro Jahr: 730

Es verbleibt also effektiv nur noch eine Restzeit von 2.980 Stunden (= ca. 124 Tage) pro Jahr, über die man tatsächlich noch frei verfügen kann. Diese Zahl erscheint im ersten Moment vielleicht hoch. Subtrahiert man aber davon 30 Tage Urlaub (es verbleiben nur noch rd. 94 Tage) und bezieht dies auf 52 Wochen, so erhält man einen Wert von ca. 1,8 Tagen disponible Restzeit pro Woche. Unterstellt man beispielsweise, dass der Sonntag im Allgemeinen der Erholung, der Familie, der Freizeit usw. dient, verbleibt

eine noch verfügbare Restzeit von 0,8 Tagen pro Woche oder ca. 2,5 Stunden pro Tag.

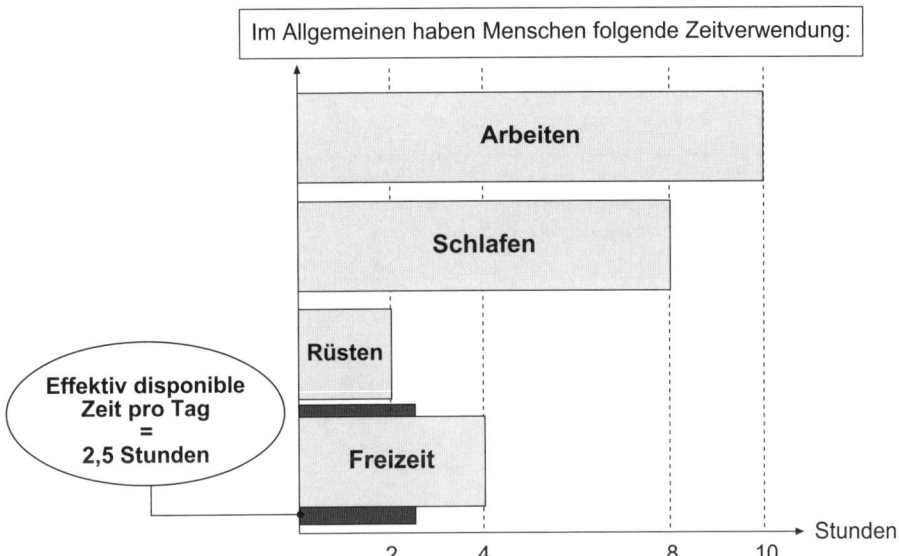

Im Allgemeinen haben Menschen folgende Zeitverwendung:

Übung (Fragen an den Leser):

- Wie ist Ihre Zeitplanung für
  - die nächste Woche?
  - den nächsten Monat?
  - das nächste Jahr?
- Haben Sie genügend Zeit für Kontakte mit Menschen, die Ihnen wichtig sind?
- Bleibt Ihnen genügend Zeit für Spiel, Sport, Entspannung und Muße?
- Empfinden Sie, dass Ihre Zeitrelationen (Arbeit, Schlafen, Freizeit, Erholung, Familie, ...) in der Balance sind?
- Bietet Ihnen Ihre derzeitige Zeiteinteilung Lebensqualität?
- Welche Zeitsektoren sind bei Ihnen unterrepräsentiert – nach Ihrem eigenen Empfinden?
  - Worin liegen die Ursachen?
  - Wollen Sie das ändern?
  - Wie wollen Sie das ändern?

02. Wie gehen Manager mit ihrer Zeit um?

Manager in den USA gaben auf die Frage „Wie viel Arbeitszeit könnten Sie mehr gebrauchen?" an:

* 10 (von 100) brauchen 10 % mehr Zeit
* 40 (von 100) brauchen 25 % mehr Zeit
* 49 (von 100) brauchen 50 % mehr Zeit

> **Nur 1 (von 100) Manager hatte genügend Zeit!**

R. W. Stroebe (a. a. O., 2010, S. 13 ff.) ermittelte in seinen Zeitmanagement-Seminaren auf die Frage „Wie viel zusätzliche Zeit brauche ich, um das zu tun, was ich beruflich gerne tun würde ? (Voraussetzung: 9 Stunden Arbeitszeit pro Tag):

* Ca. 68 % benötigen 20 % mehr Zeit!
* Das heißt, gut 2/3 der Manager könnten einen zusätzlichen Arbeitstag gut gebrauchen!

Merke:

> **„Zeit ist Leben!**
> **Erfüllte Zeit ist erfülltes Leben!**
> **Vergeudete Zeit ist vergeudetes Leben!"**
> (Alan Lakein)

Daher resultiert aus schlechtem Zeitmanagement:

* ständiger Zeitdruck
* Stress/Krankheit
* Anspannung
* Überforderung
* Unzufriedenheit.

9.1.2 Zeitdiebe, Zeitfresser

01. Wie lassen sich Zeitdiebe/Zeitfresser erkennen und eliminieren?

Übung:
Lassen Sie Ihre Arbeitsmethodik und Ihr Zeitmanagement bewerten durch

* ihre Mitarbeiter,
* ihren Chef,
* ihren (Ehe-)Partner und
* ihre Kollegen.

Vergleichen Sie diese Erkenntnisse mit Ihrer eigenen Meinung sowie mit den nachfolgenden Ergebnissen/Veröffentlichungen/Meinungen:

Der Berater H. Mintzberg schrieb bereits im Manager-Magazin 1977 („Was Manager wirklich tun") aufgrund seiner Beobachtung der Arbeitsweise von Vorstandsvorsitzenden:

„Manager arbeiten unstetig, ihre Aktivitäten sind vielfältig, diskontinuierlich und kurz. Manager sind aktionsorientiert und reflektierenden Tätigkeiten abgeneigt."

Der Unternehmensberater R. A. Mackenzie kam nach der Tätigkeitsanalyse schwedischer Unternehmensleiter zu der traurigen Schlussfolgerung:

„Bisher hatte ich mir den Chef als Dirigenten eines Orchesters vorgestellt. Jetzt weiß ich, dass dieser Vergleich nicht zutrifft. Ich muss mir den Chef eher als eine Marionette vorstellen, deren Fäden von einer Menge unbekannter und unorganisierter Menschen gezogen werden."

R. W. Stroebe stellte in seinen Seminaren die Frage: „Welche Zeitverschwender belasten Sie?" (a. a. O., 2010, S. 20 ff.). Er erhielt folgende Antworten (nach der Häufigkeit der Nennungen):

- zu viele Sitzungen
- zu viel Lesestoff
- zu viele Schwierigkeiten mit Vorgesetzten
- zu viele Telefonate
- die Mitarbeiter
- die eigene Zeiteinteilung.

02. Wie lässt sich der eigene Arbeitsstil analysieren?

Übung: Finden Sie heraus, wo Ihre persönlichen Zeitfresser liegen. Reflektieren Sie bitte über folgende Fragen:

- Ist mein Schreibtisch aufgeräumt?
- Kann ich in der Firma in Ruhe essen?
- Nehme ich häufiger Akten mit nach Hause?
- Lasse ich mich im Urlaub anrufen? Lasse ich mir die Post nachschicken?
- Kann ich meinen Urlaub in Ruhe vorbereiten?
- Agiere ich oder reagiere ich in meiner Arbeitsgestaltung?
- Arbeite ich oder werde ich gearbeitet?
- Bin ich tätigkeitsorientiert oder arbeite ich zielorientiert?
- Bis wann will ich meine Zeitverschwender analysiert haben?
- Habe ich Ansätze einer Arbeitssucht?
- Kann ich in Muße Dinge tun?
- Kann ich nichts tun?
- Neige ich zum Perfektionismus?
- Arbeite ich oft unter Stress? Warum?

> **Störfaktoren kann man nur bearbeiten, wenn man sie kennt, d. h., wenn man sie sich bewusst macht!**

Dabei sollte man folgendermaßen vorgehen:

1. Schritt: *Einteilen der Störfaktoren in die zwei Hauptgruppen:*
    - *Außen* (Organisation, Chef, Mitarbeiter, ...) und
    - *Innen* (meine Motivation, Unlust, Hektik, ...)

2. Schritt: *Quantitatives Erfassen der Störungsursachen:*
    Parallel zu Ihren Tagesplänen machen Sie auf einer „Checkliste der Störungen" jeweils am Ende eines Tages mit einer Strichliste Art und Häufigkeit der

Störungen sichtbar. Diese Aufschreibung sollten Sie zwei Wochen lang durchführen.

3. Schritt: *Eliminieren oder Vermindern der Störungen:*

Sie kennen nun Art und Häufigkeit der auftretenden Störungen. Gehen Sie jetzt daran, die Störungsquellen zu analysieren und über Maßnahmen und Mittel zur Eliminierung oder Verminderung nachzudenken.
Dabei helfen die Fragen:

• Welche Störungen behindern mich am meisten?
• Welche Störungen lassen sich (unter den bestehenden Umständen) nicht beeinflussen?
• Welche lassen sich beeinflussen, mindern, eliminieren?
  Wie? Wodurch?

Die nachfolgende Abbildung zeigt die möglichen *Störungsquellen:*

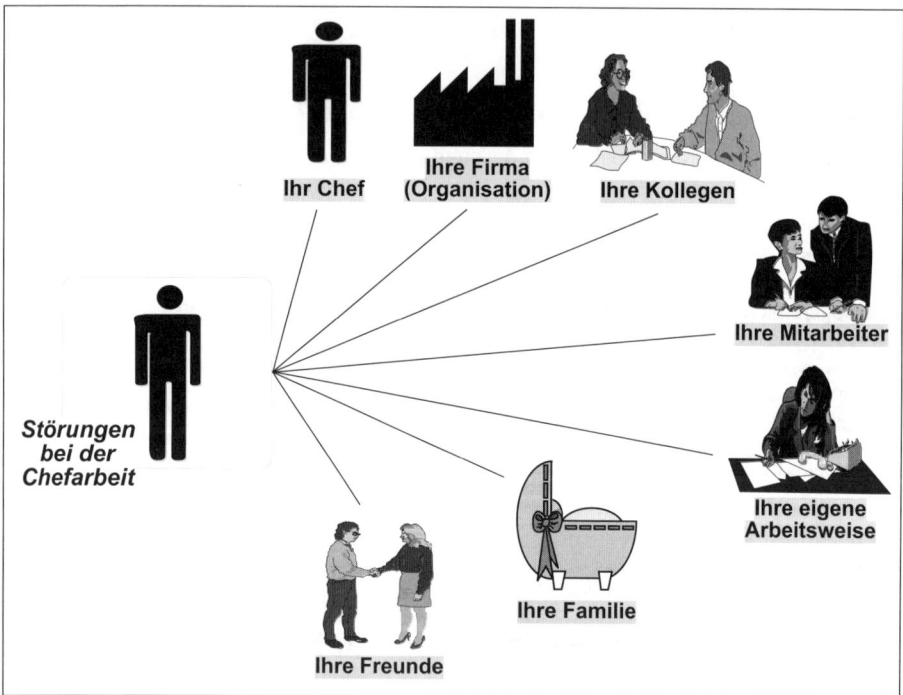

Checkliste zur Erfassung und Gewichtung der Störfaktoren (Beispiel):

• Das Telefon stört mich laufend; viele Gespräche sind unnötig.
• Durch zu viele Besucher komme ich gar nicht zu meiner eigentlichen Arbeit.
• Besprechungen dauern häufig zu lange; die Ergebnisse sind oft unbefriedigend.
• Unangenehme (zeitintensive) Aufgaben schiebe ich vor mir her.

- Morgens habe ich oft keine Lust anzufangen.
- Ich versuche oft, zu viele Aufgaben auf einmal zu erledigen.
- Ich bekomme den Kleinkram einfach nicht vom Schreibtisch.
- Abends bin ich oft unzufrieden mit meinem Arbeitsergebnis.
- Ich arbeite oft (ständig) unter Termindruck.
- Die Kommunikation mit Kollegen (mit dem Chef, mit Mitarbeitern) klappt nicht. Oft gibt es Missverständnisse, Verzögerungen oder sogar Reibereien.
- Ich nehme oft Arbeit mit nach Hause.

9.1.3 Unterscheidung zwischen Dringendem und Wichtigem

01. Welcher Unterschied besteht zwischen Dringlichkeit und Wichtigkeit?

- Eine Sache ist *wichtig,* wenn sie für die Zielerreichung von *hoher Bedeutung* ist.
  → *Priorität.*

- Eine Sache ist *dringlich,* wenn sie *sofort* erledigt werden muss.
  → *Fristigkeit.*

Beispiel: Die Vorbereitung der Budgetbesprechung ist wichtig (hat eine hohe Bedeutung für die Zielerreichung), aber nicht dringlich (die Besprechung findet erst in drei Monaten statt).

02. Welcher Unterschied besteht zwischen Effektivität und Effizienz?

- *Effektivität* → *Zielbeitrag: Die richtigen Dinge tun! (*Hebelwirkung)
  bezieht sich auf die Frage, welchen Beitrag eine Sache zur Erreichung der Ziele leistet.

- *Effizienz* → *Genauigkeit/Qualität: Die Dinge richtig tun!*
  beantwortet die Frage, *wie* eine Sache getan wird (mit welcher Qualität, mit welchem Grad der Genauigkeit usw.).

Beispiel: Für das Ziel „Reduzierung der Personalkosten um 20 % innerhalb der nächsten sechs Monate" ist es effektiv, die Hauptkostenverursacher zu analysieren und hier Kostensenkungsmaßnahmen einzuleiten (große Hebelwirkung). Nicht effektiv wäre es z. B., die Sonderzahlung bei der Geburt eines Kindes aus dem Paket der Sozialleistungen zu streichen, wenn diese Position nur 4.500 € pro Jahr im gesamten Unternehmen ausmacht.

Effizient ist es, Arbeiten die sich ständig wiederholen, mithilfe von Checklisten und EDV-Unterstützung zu lösen. Nicht effizient ist es z. B., eine Sache mit 150 %-iger Genauigkeit zu erledigen, obwohl die Angelegenheit nur eine untergeordnete Bedeutung hat.

Man kann an diesen Beispielen erkennen, dass die Begriffspaare „Wichtigkeit/Dringlichkeit" und „Effektivität/Effizienz" in einem Zusammenhang stehen. Handlungsempfehlungen bei wichtigen und dringlichen, nicht wichtigen aber dringlichen Angelegenheiten usw. hat Eisenhower (vgl. 9.1.4) in seiner 4-Felder-Matrix (auch: *Zeitmanagementmatrix*) entwickelt.

9.1.4 Instrumente des Zeitmanagements

01. Welche Techniken sind geeignet, um die Zeitverwendung durch Setzen von Prioritäten zu verbessern und wie werden sie angewendet?

Techniken (1)	Prioritäten setzen
Eisenhower-Prinzip	
Pareto-Prinzip	
ABC-Analyse	
Nein-Sagen	
4-Entlastungsfragen	
Einsparen gefühlsmäßiger und geistiger Energie	

1. Das *Eisenhower-Prinzip* ist ein einfaches, pragmatisches Hilfsmittel, um schnell Prioritäten zu setzen. Man unterscheidet bei einem Vorgang zwischen der

   • *Dringlichkeit* (Zeit-/Terminaspekt) und der
   • *Wichtigkeit* (Bedeutung der Sache)

in den Ausprägungen „hoch" und „niedrig". Ergebnis ist eine 4-Felder-Matrix, die eine einfache aber wirksame Handlungsorientierung bietet:

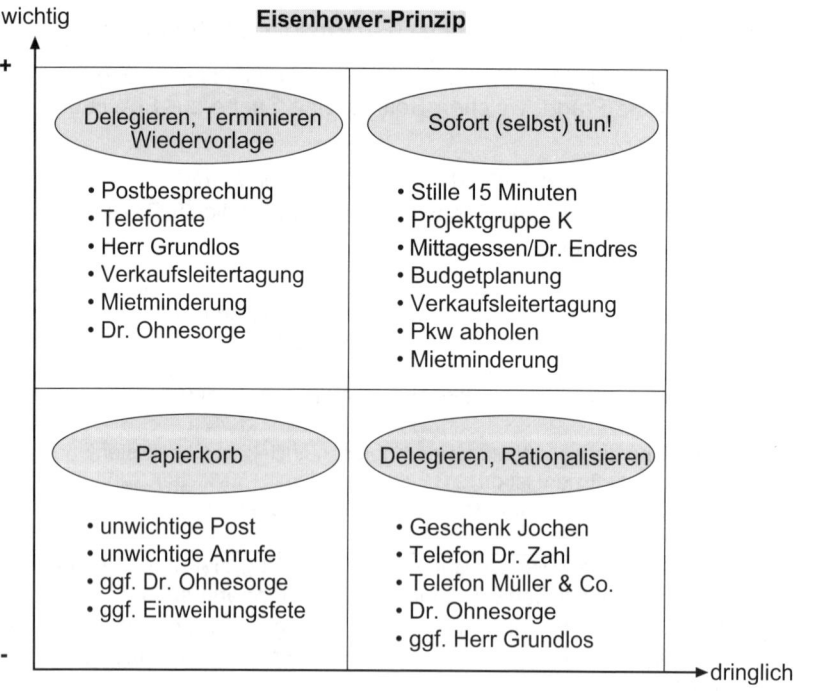

wichtig	**Eisenhower-Prinzip**

Delegieren, Terminieren Wiedervorlage
• Postbesprechung
• Telefonate
• Herr Grundlos
• Verkaufsleitertagung
• Mietminderung
• Dr. Ohnesorge

Sofort (selbst) tun!
• Stille 15 Minuten
• Projektgruppe K
• Mittagessen/Dr. Endres
• Budgetplanung
• Verkaufsleitertagung
• Pkw abholen
• Mietminderung

Papierkorb
• unwichtige Post
• unwichtige Anrufe
• ggf. Dr. Ohnesorge
• ggf. Einweihungsfete

Delegieren, Rationalisieren
• Geschenk Jochen
• Telefon Dr. Zahl
• Telefon Müller & Co.
• Dr. Ohnesorge
• ggf. Herr Grundlos

dringlich

Die Vorfahrtsregel lautet: Wichtigkeit geht vor Dringlichkeit!

2. Das *Pareto-Prinzip* (Ursache-Wirkungs-Diagramm)
   (benannt nach dem italienischen Volkswirt und Soziologen Vilfredo Pareto, 1848 -
   1923) besagt, dass wichtige Dinge normalerweise einen kleinen Anteil innerhalb einer
   Gesamtmenge ausmachen. Diese Regel hat sich in den verschiedensten Lebens-
   bereichen als sog. 80 : 20-Regel bestätigt:

20 % der Kunden	bringen	80 % des Umsatzes
20 % der Fehler	bringen	80 % des Ausschusses

   Überträgt man diese Regel auf die persönliche Arbeitssituation, so heißt das:
   20 % der Arbeitsenergie bringen (bereits) 80 % des Arbeitsergebnisses bzw.
   die restlichen 80 % bringen nur noch 20 % der Gesamtleistung.

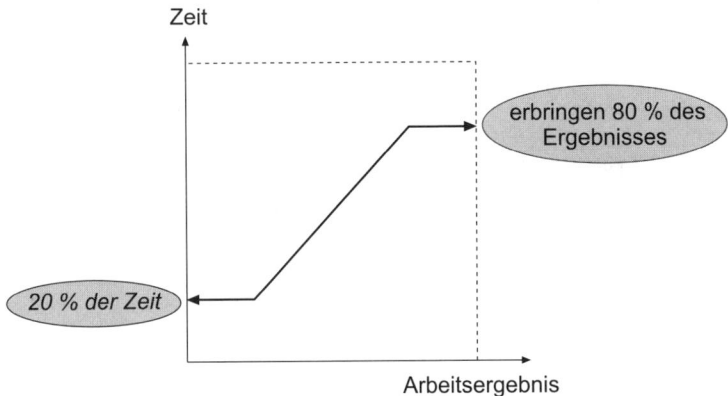

3. *ABC-Analyse:*
   Das Pareto-Prinzip ist ein relativ grobes Verfahren zur Strukturierung der Aufgaben
   nach dem Kriterium „Wichtigkeit". Der ABC-Analyse liegt die Erfahrung zu Grunde,
   dass

15 % aller Aufgaben	65 % zur Zielerreichung beitragen
20 % aller Aufgaben (nur)	20 % zur Zielerreichung beitragen
65 % aller Aufgaben (nur)	15 % zur Zielerreichung beitragen.

   Kriterien für A-Aufgaben sind z. B.:
   • Welche Aufgaben leisten den größten Zielbeitrag?
   • Welche Einzelaufgaben können gleichzeitig mit anderen gelöst werden (Synergie-
     effekt)?
   • Welche Aufgaben sichern langfristig den größten Nutzen?
   • Welche Aufgaben bringen im Fall der Nichterledigung den größten Ärger/Schaden
     („Engpass-Prinzip")?

4. Die *ALPEN-Methode* ist eine weitere Technik, um mehr Zeit für das Wesentliche zu gewinnen:

A ufgaben zusammenstellen,
L änge der Zeiten schätzen,
P ufferzeiten für Unvorhergesehenes reservieren,
E ntscheidungen für Prioritäten treffen,
N otizen in ein Planungsinstrument übertragen.

5. *Einsetzen der Projektkarte:*

• wichtige Aufgaben (Projekte) werden durchnummeriert
• für jedes Projekt wird eine Karte angelegt (zweckmäßig: Hartkarton, DIN-A-5)
• die Projektkarte hat einen zweckmäßige Struktur wichtiger Punkte und dient der Kontrolle der einzelnen Arbeitspakete und dem Grad der Zielerreichung.

Beispiel für den Aufbau einer Projektkarte:

Projekt Nr. :			
Ereignis Nr.	Kurz-zeichen	Ergebnisse, Kommentare	erledigt bis ... durch ...
A: Auftrag	B: Beschluss	E: Empfehlung T: Termin	V: Verantwortlich

6. *Nein-Sagen* fällt den meisten Menschen schwer. Die Folgen: Sie können sich oft nicht mehr aus dem Netz der sie umgebenden Erwartungshaltungen und Wünsche anderer befreien. Ein „gesunder" und vertretbarer Egoismus schafft oft ungeahnte Zeitreserven – indem man „Nein" sagt. Ein guter Ratgeber ist dabei die Überlegung: „Was passiert bei mir, wenn ich „Nein" sage?" „Welche Folgen hat das für den anderen?" Hier gilt es abzuwägen – bewusst, im konkreten Fall und immer wieder.

7. Die *4-Entlastungsfragen:*

Häufig wiederkehrende Arbeiten werden oft unreflektiert versehen; man spricht von Routine. Es lohnt sich, das zu ändern, indem man sehr bewusst an die Tagesarbeit herangeht und sich jedesmal vor Beginn einer Aktivität die vier Entlastungsfragen stellt:

Warum gerade ich?	Fazit: Delegieren!
Warum gerade jetzt?	Fazit: Auf Termin legen!
Warum so?	Fazit: Vereinfachen, „schlanke" Lösung, rationalisieren!
Warum überhaupt?	Fazit: Weglassen, beseitigen!

8. *Einsparen gefühlsmäßiger und geistiger Energie:*

Nicht jede Diskussion ist es wert, dass man sich zu 100 % engagiert. Nicht jeder Ärger ist so bedeutsam, dass man seinen Gefühlshaushalt völlig durcheinander bringt usw. Man sollte also lernen, seiner psychischen und physischen Kräfte dort einzusetzen, „wo es sich lohnt" (z. B. bei wichtigen Angelegenheiten, die eine hohe Bedeutung haben).

02. Mit welchen Techniken lassen sich Arbeitsvorgänge rationalisieren und wie werden sie angewendet?

Techniken (2)	Arbeit rationalisieren
6-Info-Kanäle	
3-Körbe-System	
Schreibtischmanagement	
Telefonmanagement	
Terminplanung, Arbeitsplanung	
Zielplanung	

1. Die *6-Informationskanäle:*

Was auf den Schreibtisch kommt, ist unterschiedlich wichtig und unterschiedlich dringend. Die „6-Info-Kanäle" kann man nutzen, um die Papiermenge zu beherrschen:

Kanal 1: Lesen und vernichten
Kanal 2: Lesen und weiterleiten
Kanal 3: Lesen und delegieren
Kanal 4: Wiedervorlage
Kanal 5: Laufende Vorgänge
Kanal 6: Sofort selbst erledigen

2. Das *3-Körbe-System:* Der Schreibtisch hat drei Körbe:

- den Eingangskorb
- den Ausgangskorb
- den Papierkorb.

Tipps:
- Jedes Schriftstück kommt in den Eingangskorb.
- Jeder Vorgang wird nur einmal in die Hand genommen.
- Auf dem Schreibtisch liegt nur der Vorgang, an dem man gerade arbeitet.
- Eingangskorb, Ausgangskorb und Schreibtisch sind jeden Abend leer.
- Der Papierkorb ist der „Freund des Menschen".

3. *Schreibtischmanagement:*

Es gibt Menschen, die gehören zu den „Volltischlern". Ihr Schreibtisch gleicht einer Fundgrube, getreu nach dem Motto: „Nur ein kleines Hirn braucht Ordnung, ein Genie hat den Überblick über das ganze Chaos."

Andere wiederum räumen ihren Schreibtisch ganz leer, um damit z. B. ihre Besucher zu beeindrucken. Das Chaos und die Fülle in den Schubladen kann der Besucher natürlich nicht sehen. Beide Formen sind natürlich Extreme und treffen nur für einen geringen Teil der „Schreibtischarbeiter" zu.

Tipps für eine „unsichtbare" Schreibtischeinteilung, z. B. so:
- Eingangs-, Ausgangs-, Papierkorb sind rechts (in der Nähe der Tür)
- das Telefon steht links
- links ist ein „Korb" mit Notizen für Telefon-Gesprächsblöcke
- links ist ein „Korb" mit den heute zu bearbeitenden Vorgängen
- man arbeitet immer von links nach rechts
- der Schreibtisch ist jeden Abend leer.

4. *Telefonmanagement:*

Für ein rationelles Telefonieren sind z. B. folgende Überlegungen hilfreich:

- Wann telefoniere ich?
- Wie plane ich das Telefonat?
- Wen will ich anrufen?
- Wie bereite ich mich vor?
- Welche Gesprächsregeln gelten für das Telefonieren?
- Wann und wie schirme ich mich vor Telefonaten ab?

5. *Terminplanung:*

Die 5 Schritte der Arbeits- und Terminplanung lauten:

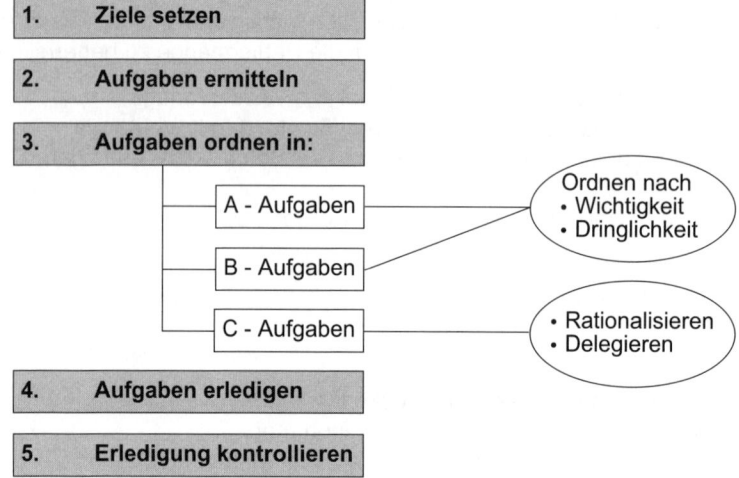

Die Prinzipien der Arbeits- und Terminplanung sind vor allem:

1. *Immer schriftlich planen.*

2. *Nicht den ganzen Tag verplanen* (50:50 Regel! Pufferzeiten!).

3. *Planen mit Erfolg:*

E	Erfassen von Zielen und Aktivitäten!
R	Ressourcen beachten!
F	Frage: Was benötige ich?
O	Organisieren!
L	Lass leben & arbeiten!
G	Geh ran, mach es gleich, gut, ganz, gelassen!

9.2 Individuelle Mitarbeiterförderung und -entwicklung

9.2.1 Potenzialanalyse

01. Welche Bedeutung hat die Potenzialanalyse innerhalb der Personalentwicklung?

Das Konzept einer systematischen Personalentwicklung (PE) beruht auf vier Säulen:

- dem festgestellten *Personalbedarf*,
- dem *Potenzial* der Kandidaten (intern und extern),
- den eingesetzten *Methoden und Instrumenten* sowie
- den daraus abgeleiteten *PE-Maßnahmen*.

Jedes Personalentwicklungskonzept ruht auf vier Säulen:			
Personal- bedarf	Potenzial- erfassung	Methoden und Instrumente	Personalentwicklungs- Maßnahmen

Die Erfassung der Mitarbeiterpotenziale ist also unverzichtbare Grundlage der Planung und Durchführung von Qualifizierungsmaßnahmen. Geht man hier nicht systematisch vor, so degeneriert die Personalentwicklung leicht zur „Aus-, Fort- und Weiterbildung per Gießkanne".

02. Welche Informationsquellen können zur Potenzialanalyse herangezogen werden?

Informationsquellen/Instrumente zur Potenzialerfassung	
Quellen, Instrumente	**Mögliche Informationsaspekte**
Personalakte	• persönliche Daten des Mitarbeiters • Bewerbungsunterlagen • Interessen, Erfahrungen • Beurteilungen, Beförderungen, Versetzungen • ggf. Mobilitätshindernisse (z. B. Hausbau, Gesundheit, Familie)
Personalstammdaten, Personalinformations-system	• Grunddaten • Veränderungsdaten • selektive Suche nach Merkmalen
PE-Datei, -Kartei, PE-Gespräche, PE-Datenbank	• durchgeführte Lehrgänge, Seminare • interne Qualifizierungsmaßnahmen • Interessen, Neigungen, Wünsche
Mitarbeiterbefragung	• Wünsche, Neigungen • Erwartungen, Einstellungen
Leistungsbeurteilung	• Beurteilung der gegenwärtigen und zurückliegenden Leistung • merkmalsorientiert
Potenzialbeurteilung	• Prognose der Leistungsreserven • zukünftiges Leistungsvermögen

Testverfahren	• Fähigkeiten
	• Persönlichkeit
Assessmentcenter	• Eignungsprofile
	• Anforderungsprofile
	• Mehrfachbeobachtung

**03. Welche Inhalte, Fragestellungen und Kategorien sind bei einer Potenzial-
beurteilung relevant?**

Potenzialbeurteilungen sind zukunftsorientiert. Sie stellen den Versuch dar, in systematischer Form Aussagen über zukünftiges, wahrscheinliches Leistungsverhalten zu
treffen. Man ist bestrebt – ausgehend vom derzeitigen Leistungsbild sowie erkennba-
rer Leistungsreserven und ggf. unter Berücksichtigung ergänzender Qualifizierungs-
maßnahmen – das wahrscheinlich zu erwartende Leistungsvermögen (Potenzial) zu
erfassen.

• Die Potenzialaussage kann sich dabei auf die nächste hierarchische Stufe beziehen
  - sequenzielle Potenzialanalyse oder generell langfristig
  - absolute Potenzialanalyse angelegt sein.

• Im Mittelpunkt der Potenzialbeurteilung und -analyse stehen vor allem folgende Fragestellungen:

  - Wohin kann sich der Mitarbeiter entwickeln?   → Entwicklungsrichtung
  - Wie weit kann er dabei kommen?   → Entwicklungshorizont
  - Welche Potenzialkategorien sollen beurteilt   → Fachpotenzial
    werden?   → Führungspotenzial
  - Welche Veränderungsprognose wird abgegeben?
  - Welche Einsatzalternativen sind denkbar?
  - Welche Fördermaßnahmen sind geeignet?

• Kategorien der Potenzialbeurteilung
  Hinsichtlich der Beurteilungskategorien gibt es keine allgemein gültige Klassifizie-
  rung. Von Interesse sind insbesondere folgende Merkmale:

  - Fachkompetenz
  - Führungskompetenz (umfassender: Sozialkompetenz)
  - Methodenkompetenz sowie ggf.
  - spezielle persönliche Eigenschaften (Stärken/Schwächen), die als besonders leis-
    tungsfördernd oder leistungshemmend angesehen werden, z. B.:
    · Lernbereitschaft
    · Leistungsbereitschaft (Antrieb)
    · intellektuelle Beweglichkeit
    · Organisationsgeschick (sich selbst und andere organisieren).

Die einzelnen Kategorien überlagern sich zum Teil. Welche Aspekte letztendlich in der betrieblichen Praxis einer durchgeführten Potenzialbeurteilung gewählt werden, hängt z. B. ab

- von der Wertestruktur des Unternehmens (Stichworte: Unternehmensleitlinien, -philosophie),
- von der Wertestruktur der Führungskräfte,
- von den kurz- und mittelfristig zu besetzenden (Schlüssel-)Positionen und deren Anforderungsprofil,
- von den prognostizierten Veränderungen im mittelbaren und unmittelbaren Umfeld des jeweiligen Unternehmens (z. B. politische Entwicklungen, Veränderung der Märkte).

04. Wie kann eine Potenzialbeurteilung konkret aussehen?

Das dargestellte Beispiel (vgl. nächste Seite) einer strukturierten Potenzialbeurteilung stammt aus der Praxis und wurde von den Autoren für einen Handelskonzern mit dezentraler Struktur entwickelt – als Instrument zur Personalentwicklung der unteren und mittleren Führungsebene.

05. Wie ist die Potenzialanalyse auszuwerten?

Erkenntnisse aus der Potenzialanalyse müssen mit dem Mitarbeiter besprochen und (handschriftlich) dokumentiert werden. Die Integration derartiger Informationen in eine Datenbank unterliegt dem Datenschutz und ist i. d. R. mitbestimmungspflichtig.

Wesentlich bei der Auswertung der Potenzialanalyse ist, dass der Vorgesetzte mit dem Mitarbeiter bespricht, welche Konsequenzen und Maßnahmen daraus ggf. abgeleitet werden können oder müssen. Hier ist Offenheit und Klarheit gefragt. Denkbar sind z. B. folgende Situationen (Anforderungsprofil im Vergleich zum Eignungsprofil):

(1) Der Mitarbeiter ist in seiner derzeitigen Position richtig eingesetzt.
 → Anpassungsförderung.

(2) Der Mitarbeiter hat auf Dauer nicht das entsprechende Potenzial für die derzeitige Aufgabe.
 → Suche nach geeigneter Versetzung.

(3) Der Mitarbeiter zeigt deutlich mehr Potenzial als die derzeitige Stelle erfordert.
 → Suche nach geeigneter Förderung/Beförderung, horizontal oder vertikal.

Führen Potenzialergebnisse nicht zu nachvollziehbaren Handlungen und Aktionen (Versetzung, Förderung, Beförderung u. Ä.) erzeugt das Unternehmen eine „Heerschar von Frustrierten". Das Instrument „Potenzialanalyse" kehrt sich in seiner Wirkung um. Weiterhin sollten alle Vorgesetzten die Philosophie praktizieren: „Potenzialunterdrückung ist Pflichtverletzung gegenüber dem Unternehmen und den Mitarbeitern."

Potenzialbeurteilung (Praxisbeispiel)

Potenzialbeurteilung		Stärken-Schwächen-Analyse	
Führungskraft [ ]		Führungsnachwuchskraft [ ]	
Name, Vorname:	....	Stelle/Funktion:	....
Geburtsdatum	....	seit:	....
Familienstand:	....	Bisherige betriebliche Aufgaben:	
Stärken/Neigungen		**Schwächen/Abneigungen**	
....		....	
Potenziale			
Fachpotenzial:	Methodenpotenzial:	Führungspotenzial:	Sozialpotenzial:
....	....	....	....
Fördermaßnahmen			
....			
Veränderungsprognose/Einsatzalternativen			
Folgende Aufgaben/Positionen/Entwicklungsschritte sind denkbar:			
Aufgabe/Position:		Zeitpunkt:	
1.		....	
2.		....	
3.		....	
Kommentar, Bemerkungen			
....			
Erstellt am:	....	Besprochen am:	....
Unterschriften:	ppa. *Krause*	i. V. Hurtig	i. A. *Kantig*

9.2.2 Coaching

01. Was versteht man unter Coaching?

Aus dem Sport ist der Begriff „Coach" als Bezeichnung für einen Betreuer oder Unterstützer bekannt. Dieser Begriff ist in die Personalarbeit übertragen worden, um neuartige Probleme zu lösen, die mit dem bisherigen, vorwiegend dem autoritären Führungsstil entstammenden Führungsmethoden nicht lösbar waren. Für viele Führungskräfte blieb die persönliche Situation, das Offenlegen eigener Fragestellungen ein nicht aus eigener Kraft zu lösendes Problem. Hierzu zählen:

- sachliche Probleme des Alltags, für die der Betreffende keine Lösung weiß, oder über die er vorerst nicht mit jemand anderem aus seinem Betrieb sprechen möchte
- Schwierigkeiten mit Mitarbeitern und Mitarbeiterverhalten, die er trotz versuchter Problemlösungen nicht beseitigen konnte
- persönliche Fragen, wie Karriereplanung, Entwicklungsaufgaben, Zukunftsplanung, Weiterbildungsgestaltung
- rasches persönliches Fitmachen für neue Aufgaben und Herausforderungen
- schwierige persönliche Situationen, die auf die eigene Leistungsbereitschaft und Leistungsfähigkeit abfärben und die der Betreffende ändern möchte
- Spannungen entwirren und auflösen
- Ängste abbauen, die sich aus veränderten Beziehungsstrukturen ergeben.

Coaching ist eine Trainingsform, in der ein „Problemträger" sich an eine geeignete Person wendet in der Absicht, von dieser eine Problemlösung zu erhalten. Ausgangspunkt ist immer eine Problem- oder Fragestellung des Betroffenen, die durch den Gesprächsprozess zu einem selbstgefundenen oder -entwickelten Lösungsweg hinführt. Der sich in individuelle Gegebenheiten einfühlende und sich darauf einstellende Coach und die Einbeziehung des sachlichen, beziehungsmäßigen und geistigen Umfeldes des Betroffenen sind wesentliche Säulen eines erfolgreichen Coachings.

Die oben dargestellte Form des Coaching ist die ursprüngliche Variante. Mittlerweile wurde der Begriff und die Anwendung von Coaching erweitert in der Forderung, dass generell jeder Vorgesetzte der Coach seiner Mitarbeiter sein sollte. Er sollte seiner Mannschaft mit seiner Erfahrung zur Seite stehen und „Hilfe zur Selbsthilfe" in schwierigen Situationen leisten. Diese Forderung ist verständlich und wünschenswert. Es bleiben jedoch Zweifel, ob die Mehrheit der deutschen Führungskräfte dieser Aufgabe gewachsen ist.

02. Welche Vorteile bietet das Coaching?

- Es stellt sich auf die besonderen Bedürfnisse des Lernenden (Coaching-Teilnehmers) ein.

- Die Art und Weise ermutigt Ideen, Innovationen und direktes Einbezogensein.

- Es hilft, analytische und zwischenmenschliche Fähigkeiten zu entwickeln und einzusetzen.

- Es schafft einen Probebehandlungsrahmen und mehr Vertrauen in eine erfolgreiche Anwendung.

- Es fördert die Stärkung der Selbsthandlungskraft.

03. Welche Blockaden behindern ein erfolgreiches Coaching?

Der Lernende muss sich zunächst als sein eigener Einflussfaktor sehen und kann sich durch eine positive Einstellung zur Selbstentwicklung ebenso selbst fördern wie durch grundsätzliches Selbstvertrauen in seine Fähigkeiten und durch die Bereitschaft, an die wichtigen Fragen oder Probleme herangehen zu wollen. Behindernd wirken sich aus:

- Wahrnehmungsblockade:
  Der Lernende sieht das Problem nicht oder erkennt nicht, was geschehen ist.

- Kultur- und Mentalitätsblockade:
  Der Lernende ist fixiert auf einmal gelernte Normen und schließt andere mögliche Lösungen aus.

- Emotionale Blockade:
  Negative Reaktionen und wenig hilfreiche Empfindungen zum Problem.

- Intellektuelle Blockade:
  Er besitzt nicht die notwendigen mentalen und geistigen Werkzeuge zur Problemlösung.

Weitere Einflüsse sind Selbstabwertung der Fähigkeit, eine Lösung zu finden oder selbst etwas zu tun, aber auch das Gefühl der Nichtakzeptanz durch die Umgebung, in der der Lernende die Lösungen und Lernvorhaben anwenden soll.

04. Welche Fähigkeiten muss ein Coach besitzen?

- Begleiten und Anerkennen: Achtung, Interesse, Sorgsamkeit, Zuwendung, Respektieren

- Aufmerksamkeit und Einfühlsamkeit

- Gefühle wahrnehmen und ausdrücken

- Beurteilungen und Entscheidungen durch den Lernenden treffen lassen

- Ruhe ausstrahlen, Zeit geben, Stille aushalten können, nachdenken lassen und durch ruhige Sprache und Handlungen dem Lernenden seine Entscheidungen möglich machen

- offene Fragen stellen, zum Erzählen einladen

- Feedback fördern und geben, auf Zusammenhänge achten

- Schutz und Kompetenz ausstrahlen, sodass der Lernende auf den Coach vertrauen kann und einen Gesprächsfreiraum ohne negative Wirkungen erhält

- Selbstreflexion, d. h. das Erkennen eigener Verhaltensweisen, ihrer Wirkungen und deren Überprüfung

- Kenntnis von der Persönlichkeitsentwicklung

- Klarheit, Konkretheit und Stimmigkeit in seinem Tun

- Breites Spektrum von Verhalten und Fähigkeiten

- psychologische und kommunikative Kenntnisse und Fähigkeiten, d. h. Entwicklungsphasen, Verknüpfungen und psychologische Zusammenhänge, Gesprächsverläufe und -abhängigkeiten

- Arbeitsmethoden beherrschen: Ziele vereinbaren, Fragetechniken, Vorgehensmethodik, Ablauforganisation, Zusammenfassung, Diagnosemethoden, Strategien.

05. Was unterscheidet Coaching von (Personal-)Training?

Coaching ist eine auf das Individuum bezogene Methode, während Training gruppenorientiert ist.

9.2.3 Laufbahnentwicklung

Vgl. dazu auch „Laufbahnpläne" 4.6.5.

01. Welchen Inhalt können konkrete Qualifizierungspläne in der Praxis haben?

Grundstruktur eines positionsbezogenen Laufbahnsystems
(Unternehmen mit drei Sparten):

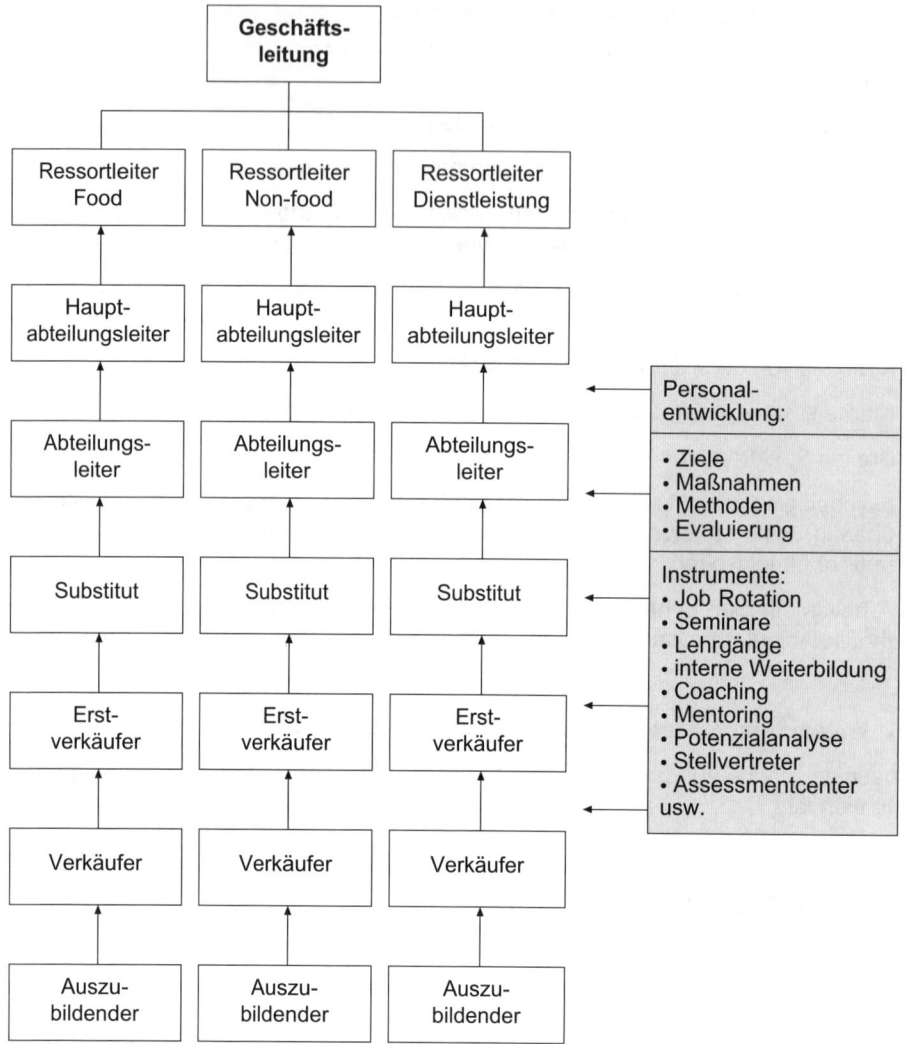

02. Wie werden Nachfolgepläne gestaltet?

Nachfolgepläne sind gedanklich vorweggenommene Überlegungen zur zukünftigen Besetzung von Positionen – bezogen auf feste Termine, bei sich relativ deutlich abzeichnenden Vakanzen.

Als Grundregel gilt: Je knapper der Planungshorizont ist, desto konkreter sollten die Nachfolgeüberlegungen gestaltet und mit den Beteiligten schrittweise besprochen werden. Konkrete Nachfolgepläne (als Kartei oder Datei) enthalten überwiegend folgende Informationen:

• Stellendaten
• Angaben über den derzeitigen Stelleninhaber
• Angaben über (mehrere) Nachfolgekandidaten (meist inkl. einer Potenzialeinschätzung)
• ggf. erforderliche PE-Maßnahmen
• Vermerke/Kommentare zur Besetzungsentscheidung.

9.2.4 Mentoring

01. Was ist Mentoring?

Mentoring (Mentor, lat.: Ratgeber, Berater) dient der Unterstützung und Anleitung neuer Mitarbeiter (z. B. Ausbildung, Führungsnachwuchskräfte). Der Mentor/die Mentorin geben ihr Wissen und ihre Erfahrung an weniger erfahrene Personen (die Mentees) weiter. Mentoren sind im Regelfall hierarchisch höhere Mitarbeiter mit langjähriger Erfahrung im Unternehmen (Fachabteilung, Personalabteilung, Experten).

• *Zielsetzung* ist

   - die Vermittlung formeller/informeller Regeln im Unternehmen
   - die Bildung von Netzwerken zur Stabilisierung und Orientierung (Vermittlung von „Fahrgefühl und Stallgeruch", wie man es z. B. im Hause RAAB KARCHER bezeichnete)
   - die Vermittlung praktischer Tipps im Rahmen der Tätigkeit und ggf. auch darüber hinaus.

• *Chancen/Vorteile* für den Mentee und den Mentor:

Chancen für den Mentee	Chancen für den Mentor
• Erkennen und Einschätzen der eigenen Fähigkeiten und Potenziale	• Einblick in neue Ansichten und Wissensentwicklungen (z. B. aus dem Studium des Mentees)
• Unterstützung, Hinweise, Tipps	• Reflexion über die eigene Arbeitsweise
• Mut machen und Strategien entwickeln	• Training der eigenen Sozialkompetenz
• Einbinden in Netzwerke	• Bestätigung durch Weitergabe von Erfahrung und Wissen

• *Formen* des Mentoring:

Informelles Mentoring	zufälliger Kontakt, i. d. R. nicht offen herausgestellt
Institutionalisiertes Mentoring	formal und bewusst eingerichtet, offiziell dargestellt
Internes Mentoring	innerhalb der Organisation, Mentor stammt aus dem Unternehmen
Externes Mentoring	Mentor stammt aus einer anderen Organisation
Individuelles Mentoring	für eine Einzelperson (one-to-one-Beziehung)
Team-Monitoring	Beratung eine Gruppe von Mentees (z. B. Auszubildende, Nachwuchskräfte)
Cross-Gender-Mentoring Equal-Gender-Mentoring	- gemischtgeschlechtlich - gleichgeschlechtlich
E-Mentoring	überwiegend Beratung per Internet/Intranet; wenig persönlicher Kontakt

02. Welcher Unterschied besteht zwischen Mentoring und Coaching?

Der Mentor ist Ratgeber, Ausbilder, Betreuer und (auch) ggf. Freund. Er ist (in vertretbarem Maße) parteiisch und persönlich für den Mentee (den Betreuten) engagiert.

Der Coach nimmt eine neutrale Position ein und hat Distanz zu wahren.

9.2.5 Spezielle Methoden der individuellen Mitarbeiterförderung und -entwicklung

In diesem Abschnitt werden behandelt:

Spezielle Methoden der Personalentwicklung (lt. Rahmenplan)			
Job Rotation	Job Enlargement	Job Enrichment	Supervision

01. Welche Zielsetzung haben Job-Rotation-Programme und welche Vorteile können damit verbunden sein?

• *Job Rotation* (= Arbeitsplatzringtausch) ist die systematisch gesteuerte Übernahme unterschiedlicher Aufgaben in Stab oder Linie bei vollgültiger Wahrnehmung der Verantwortung einer Stelle. Jedem Arbeitsplatzwechsel liegt eine Versetzung zu Grunde.

Entgegen der zum Teil häufig geübten Praxis ist also Job Rotation nicht „das kurzfristige Hineinschnuppern in ein anderes Aufgabengebiet", das „Über-die-Schulterschauen", sondern die vollwertige, zeitlich befristete Übernahme von Aufgaben und Verantwortung einer Stelle mit dem Ziel der Förderung bestimmter Qualifikationen.

- *Vorteile* von Job Rotation, z. B.:
  - Das Verständnis von Zusammenhängen im Unternehmen wird gefördert.
  - Der Mitarbeiter wird von Kollegen und unterschiedlichen Vorgesetzten „im Echtbetrieb" erlebt; damit entstehen Grundlagen für fundierte Beurteilungen.
  - Fach- und Führungswissen kann horizontal und vertikal verbreitert werden.
  - Die Einsatzmöglichkeiten des Mitarbeiters werden flexibler; für den Betrieb wird eine personelle Einsatzreserve geschaffen; „Monopolisierung von Wissen" wird vermieden.
  - Lernen und Arbeiten gehen Hand in Hand; „Produktion und Information", d. h. die Bewältigung konkreter Aufgaben und die Aneignung neuer Inhalte sind eng verbunden.

02. Was ist Job Enlargement?

Darunter versteht man eine Aufgabenerweiterung, bei der der bestehenden Aufgabe neue qualitativ gleich- oder ähnlichwertige Aufgaben hinzugefügt werden: Übernahme von verwandten Tätigkeiten, die bislang an anderen Arbeitsplätzen ausgeführt wurden.

- *Vorteile:*
  - Verbesserung der Motivation der Mitarbeiter
  - Individuelle Steuerung der Entwicklung des Mitarbeiters
  - Förderung der Flexibilität des Mitarbeiters und damit seiner Arbeitsgruppe.

- *Regeln für die Durchführung:*
  - Die Tätigkeiten sollen Möglichkeiten und Anreize für die Mitarbeiter bieten, ihre Kenntnisse und Fähigkeiten eigenverantwortlich weiterzuentwickeln.
  - Die Aufgabenzuordnung soll sinnvoll sein, ganzheitlich strukturiert oder in inhaltlichen Zusammenhängen.

03. Was versteht man unter Job Enrichment?

Darunter versteht man eine *Aufgabenbereicherung,* bei der der bestehenden Aufgabe qualitativ höherwertige (schwierigere, anspruchsvollere) Aufgaben hinzugefügt werden: Erweiterung der Planungs-, Entscheidungs-, Durchführungs-, Kontrollspielräumen, Vollmachten, Kompetenzen.

Die Mitarbeiter müssen zusätzlich qualifiziert werden und qualifizieren sich durch die Wahrnehmung der neuen Herausforderung höher; es eröffnen sich Möglichkeiten zur Persönlichkeitsentfaltung und Selbstverwirklichung.

- *Vorteile:*
  - individuelle Steuerung der Entwicklung des Mitarbeiters
  - Entwicklung einer übergeordneten Sicht für den Mitarbeiter, bereichsübergreifendes Denken und Handeln wird möglich
  - Förderung der individuellen Motivation.

- *Regeln für die Durchführung:*
  - Der Handlungs- und Gestaltungsspielraum sollte so beschaffen sein, dass der Mitarbeiter ihn entsprechend seinem persönlichen Leistungsvermögen auch sinnvoll ausschöpfen kann (Erfolgserlebnisse müssen möglich sein).
  - Die Arbeitsaufgabe sollte so herausfordernd sein, dass sie dem Mitarbeiter Anreize zur persönlichen selbstverantwortlichen Weiterbildung bietet.
  - Es müssen ganzheitliche oder bereichsübergreifende Tätigkeitszusammenhänge entstehen.

04. Was bedeutet Supervision im Rahmen der Personalentwicklung?

Es treffen sich Teilnehmer aus gemeinsamen Berufs- und Erfahrungsfeldern (Trainer, Personalentwickler, Verkäufer usw.) unter der Leitung eines professionellen und (möglichst) psychologisch und pädagogisch geschulten Supervisors, um ihr persönliches Erleben darzustellen und ihre Beziehungen zu anderen Menschen (im Betrieb) zu reflektieren. Die Supervision (lat.: Beaufsichtigung, Über-Blick) kann sich auf eine Einzelperson oder eine Gruppe beziehen.

Beispiel: Ein erfahrener Verkäufer bittet einen Verkaufstrainer oder einen (ebenfalls erfahrenen) Verkäufer einer anderen Niederlassung, an seinen Verkaufsgesprächen teilzunehmen – mit anschließendem Feedback.

Zielsetzung, z. B.: Klärung und ggf. Korrektur

- des eigenen Führungsverhaltens
- der Arbeitssituation aus sozialer Sicht
- der persönlichen Verhaltensmuster.

Wichtig ist die Klärung der Affekte, der Einstellungen, der Stimmungen, der Gefühle und die Rückmeldung durch andere (Fremdbild).

9.3 Mitarbeiterbesprechungen, Kritik-, Beurteilungs-, Förder- und Zielvereinbarungsgespräch

9.3.1 Zielsetzung von Mitarbeitergesprächen

01. Welche generelle Zielsetzung haben Mitarbeitergespräche?

Im betrieblichen Alltag gibt es verschiedene Gesprächsanlässe: Beratung, Beurteilung, Kritik, Anerkennung, Konflikt, Zielvereinbarung usw. *Jedes dieser Gespräche hat eine spezifische Zielsetzung,* die unter Ziffer 9.3.4 behandelt wird.

Unabhängig davon wird generell der *Erfolg von Gesprächen und Besprechungen an drei Bewertungskriterien* gemessen:

Mitarbeitergespräche – Generelle Bewertungskriterien für eine erfolgreiche Gesprächsführung –		
Zielerfolg	Erhaltungserfolg	Individualerfolg

1. Der *Zielerfolg*
   ist dann realisiert, wenn das Thema inhaltlich angemessen bearbeitet wurde; dabei ist das Prinzip der Wirtschaftlichkeit zu beachten: Der Zeit- und Kostenaufwand hat in einem vertretbaren Verhältnis zur Bedeutung des Problems zu stehen.

2. Mit dem *Erhaltungserfolg*
   ist gemeint, dass eine Besprechung die Zusammenarbeit zwischen dem Mitarbeiter und dem Vorgesetzen (Einzelgespräch) bzw. zwischen den Gruppenmitgliedern verbessert und stabilisiert. Bei Gruppenbesprechungen soll das Wir-Gefühl gestärkt werden und das Bewusstsein, dass Besprechungen im Team bei bestimmten Themen bessere Ergebnisse erbringen als in Einzelarbeit.

3. Der *Individualerfolg*
   setzt voraus, dass jedes Gruppenmitglied als Einzelperson respektiert wird und seine (berechtigten) persönlichen Bedürfnisse erfüllt worden sind: Fragen des einzelnen Mitarbeiters werden beantwortet, Bedenken werden berücksichtigt, auf spezielle Arbeitssituationen wird eingegangen u. Ä.

Grundsätzlich *gehört das Gespräch* mit dem einzelnen Mitarbeiter oder der Gruppe *zu den zentralen Führungsinstrumenten*. Mitarbeiter führen heißt, ihr Verhalten gezielt (und berechtigt) beeinflussen und dies bedeutet, „mit ihnen verbal oder nonverbal kommunizieren".

Merke: | **Der sprachlose Vorgesetzte führt nicht!** |

9.3.2 Voraussetzungen und Kriterien von Mitarbeitergesprächen

01. Welche Vorbereitungen und Rahmenbedingungen sind für erfolgreiche Mitarbeitergespräche zu beachten?

Obwohl jedes Gespräch je nach Anlass Besonderheiten aufweist, gibt es doch allgemein gültige *Regeln, die der Vorgesetzte bei jedem Gespräch einhalten sollte*:

A. *Vorbereitung/Rahmenbedingungen schaffen:*
   • Ziel festlegen, Fakten sammeln, ggf. Termin vereinbaren, Notizen anfertigen
   • geeigneten Gesprächsort und -termin wählen, Gesprächsdauer planen.

B. *Gesprächsdurchführung/innere Bedingungen beachten und herstellen:*
   Vertrauen, Offenheit, Takt, Rücksichtnahme, Zuhören, Aufgeschlossenheit, persönliche Verfassung, Vorurteilsfreiheit, Fachkompetenz, Ausdrucksfähigkeit, sich Zeit nehmen. Zu vermeiden sind: Ablenkung, Zerstreutheit, Ermüdung, Überforderung, Misstrauen, Ängstlichkeit, Kontaktarmut, Vorurteile, Verallgemeinerungen i. S. von „immer, stets, niemals" usw.

C. *Phasen der Gesprächsführung* beachten und einhalten:
Vgl. dazu 9.3.3.

9.3.3 Ablauf von Mitarbeitergesprächen

01. Welche Empfehlung lässt sich für den Ablauf von Mitarbeitergesprächen geben?

Eine allgemein gültige Regel gibt es nicht, da jedes Gespräch je nach Anlass spezifische Besonderheiten aufweist (vgl. 9.3.4, Ausprägungen von Mitarbeitergesprächen).

Trotzdem lässt sich als „grobe Orientierung" folgende, allgemeine *Gesprächsgliederung* empfehlen:

Allgemeine Gesprächsgliederung	
1	Analyse des Sachverhalts/des Problems
2	Zielsetzung des Gesprächs
3	Diskussion alternativer Lösungsansätze unter Beteiligung der Betroffenen
4	Gemeinsame Entscheidung für einen Lösungsansatz
5	Formulierung von Maßnahmen; Kontrakte für die Zukunft
6	Feedback über den Gesprächsverlauf; Vereinbarung über das weitere Vorgehen

02. Welches Frageverhalten des Vorgesetzten (des Senders) ist zu empfehlen?

Bei jedem Gespräch sollte die *Fragetechnik* gezielt eingesetzt werden:

> **„Wer fragt, der führt!"**
>
> **„Fragen statt behaupten!"**
>
> **„Fragen stellen und den anderen selbst darauf kommen lassen!"**

- *Offene Fragen* ermutigen den Gesprächspartner, über einen Beitrag nachzudenken und darüber zu sprechen, z. B.:
  - Was halten Sie davon?
  - Wie denken Sie darüber?

- *Geschlossene Fragen* sind nur mit „ja" oder „nein" zu beantworten und können ein Gespräch ersticken.

- *Die wiederholenden Fragen* i. S. einer Wiederholung der Argumente des Gesprächspartners zeigen die Technik des *„aktiven Zuhörens"* und können z. B. lauten:
  - „Sie meinen also, dass ..."
  - „Sie haben also die Erfahrung gemacht, dass ..."
  - „Sie sind also der Überzeugung, dass ..."
  - „Habe ich Sie richtig verstanden, wenn ..."

- *Mit richtungsweisenden Fragen* werden im Gespräch Akzente gesetzt und der Gesprächsverlauf gesteuert, z. B.:
  - „Sie sagten, Ihnen gefällt besonders ..."
  - „Dann stimmen Sie also zu, dass ..."
  - „Was würden Sie sagen, wenn ..."

- Beim *aktiven Zuhören* ist es das Ziel, den Mitarbeiter *zum Weiterreden zu animieren*. Dies kann geschehen durch Reaktionen wie „hm, hm, hm", durch Bestätigen bzw. durch Wiederholen seiner letzten Aussage.

Beispiel:

Mitarbeiter: „Sie haben eben von leistungsgerechter Bezahlung gesprochen. Nun, so großartig ist das ja bei uns auch nicht."

Vorgesetzter: „Sie meinen, die Bezahlung ist in unserem Unternehmen nicht leistungsgerecht?"

Mitarbeiter: „Genau das! Wenn ich mir anschaue, wie mein Kollege in der Sparte X, der genau den gleichen Job macht wie ich, bezahlt wird, dann kann ich das nur als ungerecht empfinden." u. Ä.

03. Wie können Erkenntnisse aus Mitarbeitergesprächen mithilfe der Reflexionstechnik gewonnen werden?

Reflexion bedeutet „Rückbezug" und ist das Nachdenken über das eigene Denken, die kritische Überprüfung des eigenen Denkens und Handeln, um auf diese Weise zu neuen Erkenntnissen zu gelangen.

Beispiel:
Nach Abschluss eines schwierigen Gesprächs reflektiert der Vorgesetzte über den Ablauf des Gesprächs:

- „Habe ich das Gesprächsziel erreicht?"
- „Wie war der Gesprächsverlauf strukturiert?"
- „Welche Regeln der Gesprächsführung habe ich beachtet und welche nicht?"
- „Was kann ich in meinem Gesprächsverhalten beibehalten und was sollte ich wirksamer gestalten?"

Über etwas *reflektieren heißt, sich etwas bewusst machen* und dadurch zu Selbsterkenntnissen zu kommen. Man kann dabei u. a. folgende Ansätze wählen:

1. *Reflexion* durch Thematisieren der *Vergangenheit*, der *Gegenwart* und der *Zukunft*:
   - In welcher Situation befinde ich mich zurzeit?
   - Wie ist das alles so gekommen?
   - Was kann weiterhin passieren?

2. *Reflexion mithilfe anderer Verfahren*, z. B.:
   - *Erkenntnis über Bedürfnisse und Probleme*:
     - Was läuft zurzeit falsch?
     - Was fehlt mir?

- *Bewertung von Handlungen:*
  - Habe ich das gut gemacht?
  - Soll ich das wiederholen?
  - Was kann ich daraus lernen?

3. *Veränderung des Bezugsrahmens mithilfe von Metaphern:*
Eine Metapher ist ein sprachlicher Ausdruck, der aus dem Zusammenhang in einen anderen Bedeutungskontext übertragen als Bild Verwendung findet, z. B.:

- „Unser Dozent schwebt wie ein Fesselballon am wissenschaftlichen Himmel, anstatt sich einmal Gedanken über die Praxis zu machen!"

- „Ein Dozent, der keinen Blickkontakt zu seinem Publikum hat, unternimmt einen Blindflug!"

- „Reden ist Silber, Zeigen ist Gold!" (vgl. Visualisierung im Rahmen der Präsentation)

Metaphern können dadurch zu Erkenntnissen verhelfen, indem sie den Zusammenhang mithilfe bildhafter Umschreibungen (die aus anderen Zusammenhängen stammen) verdeutlichen. Eine Gefahr kann darin liegen, dass die Realität verschleiert wird, wenn die Metaphern völlig ungeeignet sind, den Sachverhalt zu charakterisieren.

9.3.4 Ausprägungen von Mitarbeitergesprächen

Entsprechend dem Rahmenplan werden behandelt:

Mitarbeitergespräche			
Kritik-gespräch	Beurteilungs-gespräch	Förder-gespräch	Zielvereinbarungs-gespräch

9.3.4.1 Kritikgespräch

01. Welches Ziel verfolgt das Kritikgespräch?

Hauptziel des Kritikgesprächs ist die Überwindung des fehlerhaften Verhaltens eines Mitarbeiters in der Zukunft. Es gilt, sich nicht in der Vergangenheit aufzuhalten, sondern positiv nach vorne zu schauen. Um dieses Hauptziel zu erreichen, werden zunächst die folgenden zwei *Unterziele* verfolgt:

1. *Die Ursachen* des fehlerhaften Verhaltens werden im gemeinsamen Vier-Augen-Gespräch sachlich und nüchtern erforscht. Dabei ist mit emotionalen Reaktionen auf beiden Seiten zu rechnen. Der Mitarbeiter wird die Kritik nur dann akzeptieren, wenn seine Gefühle vom Vorgesetzten ausreichend berücksichtigt werden und das Gespräch in einem allgemein ruhigen Rahmen verläuft.

2. *Bewusstwerden und Einsicht* in das fehlerhafte Verhalten durch den Mitarbeiter zu erreichen, ist das nächste Unterziel. Eine besonders schwierige Führungsaufgabe

im Kritikgespräch ist es, die Affekte zu bewältigen und Einsicht in die notwendige Verhaltensänderung zu erzielen.

02. Welche Voraussetzungen müssen vorliegen, damit das Ziel des Kritikgespräches erreicht werden kann?

1. *Der Maßstab* für das kritisierte Verhalten *muss o. k. sein*, d. h.
   - er muss *existieren*, z. B. Gleitzeitregelung aufgrund einer Betriebsvereinbarung
   - er muss *bekannt* sein, z. B. dem Mitarbeiter wurde die Gleitzeitregelung ausgehändigt
   - er muss *akzeptiert* sein, z. B. der Mitarbeiter erkennt die Notwendigkeit dieser Regelungen
   - die *Abweichung* ist eindeutig, z. B. der Mitarbeiter verstößt nachweisbar gegen die Gleitzeitregelung (Zeugen, Zeiterfassungsgerät).

2. Kritik muss *mit Augenmaß* erfolgen (sachlich, angemessen, konstruktiv, zukunftsorientiert).

3. Das Kritikgespräch muss vorbereitet und strukturiert geführt werden.

4. Nicht belehren, sondern *Einsicht erzeugen* (fragen statt behaupten!).

5. Kritik
   - an der Sache/nicht an der Person
   - sprachlich einwandfrei (keine Beschimpfung)
   - nicht vor anderen
   - nicht über Dritte
   - nicht bei Abwesenheit des Kritisierten
   - nicht per Telefon.

6. Die Wirkung des negativen Verhaltens aufzeigen.

7. Bei der Sache bleiben, nicht abschweifen! Keine ausufernde Kritik! Keine „Nebenkriegsschauplätze", z. B.: „... und überhaupt, was ich immer schon mal sagen wollte ...").

03. Welche Formen der Kritik sind denkbar?

- Nicht jede unerwünschte Verhaltensweise erfordert eine ausführliche Kritik in Verbindung mit einem Kritikgespräch. Oft wird die *Verhaltenskorrektur mit „einfachen Mitteln"* erreicht:

  „Bitte noch einmal überarbeiten!"; „Beim Kunden ... ist die Reklamation noch nicht bearbeitet. Bitte sofort erledigen!"

- Sprachliche bzw. arbeitsrechtliche *Sonderformen* der Kritik sind: Ermahnung, Abmahnung, Verweis, Betriebsbuße aufgrund einer Arbeitsordnung.

04. Wie sollte das Kritikgespräch geführt werden (Gesprächsphasen)?

1. Phase: *Der Vorgesetzte:*   → *Kontakt/Begrüßung, Sachverhalt*

Sachlich-nüchterne, präzise Beschreibung des Gesprächs- und Kritikanlasses durch den Vorgesetzten. Dabei soll er auf eine klare, prägnante und ruhige Sprache achten.

2. Phase: *Der Mitarbeiter:*   → *Seine Sicht der Dinge.*

Der Mitarbeiter kommt zu Wort. Auch wenn die Sachlage scheinbar klar ist, der Mitarbeiter muss zu Wort kommen. Nur so lassen sich Vorverurteilungen und damit Beziehungsstörungen vermeiden. Diese Phase darf nicht vorschnell zu Ende kommen. Erst wenn die Argumente und Gefühle vom Mitarbeiter bekannt gemacht wurden, ist fortzufahren.

3. Phase: *Vorgesetzter/Mitarbeiter:*   → *Ursachen erforschen*

Gemeinsam die Ursachen des Fehlverhaltens feststellen – liegen sie in der Person des Mitarbeiters oder der des Vorgesetzten, oder in der betrieblichen Situation usw.

4. Phase: *Vorgesetzter/Mitarbeiter:*   → *Lösungen/Vereinbarungen für die Zukunft*

Wege zur zukünftigen Vermeidung des Fehlverhaltens vereinbaren. Erst jetzt erreicht das Gespräch seine produktive, zukunftsgerichtete Stufe. Auch hier gilt es, die Vorschläge des Mitarbeiters mit einzubeziehen.

9.3.4.2 Beurteilungsgespräch   → 3.4

Vgl. dazu
* Vorbereitung,
* Durchführung und
* wirksames Gesprächsverhalten vgl. 3.4.2, S. 363 ff.

9.3.4.3 Fördergespräch

01. Welche Bedeutung hat das Fördergespräch?

Innerhalb von Mitarbeitergesprächen auf der Basis einer strukturierten Potenzialbeurteilung ist die Potenzialerkennung ohnehin zentraler Gesprächsgegenstand. Aber auch in Verbindung mit anderen Gesprächsanlässen lassen sich für den Vorgesetzten Erkenntnisse zu vermuteten Leistungsreserven und Veränderungswünschen des Mitarbeiters gewinnen, z. B.:

* allgemeine Förder- und Beratungsgespräche
* Feedback-Gespräche *vor* und *nach* einer Qualifizierungsmaßnahme.

Auch wenn es im Unternehmen kein institutionalisiertes Fördergespräch gibt, sollte der Vorgesetzte

* mindestens einmal pro Jahr,
* unter vier Augen,

- kooperativ,
- individuell,
- beratend,
- ziel- und leistungsorientiert

ein Fördergespräch (auch: Personalentwicklungs-Gespräch; Qualifizierungsgespräch) führen. Es dient u. a. der Rückkopplung über erreichte Qualifizierungsziele und schließt mit der Zielvereinbarung über den kommenden Zeitraum ab.

02. Welche Empfehlung lässt sich für die Durchführung des Fördergesprächs geben?

Auch das Fördergespräch muss von beiden Seiten gut vorbereitet werden; zu empfehlen ist folgender Gesprächsleitfaden:

Leitfaden für das Fördergespräch
1. Vorbereitung
Termin, Ort, Zeit
Vorbereitung auf das Gespräch: Fakten, Erkenntnisse, Argumente, Gesprächsziel
2. Durchführung
Einstieg: Begrüßung, Atmosphäre, Gesprächsziel und -verlauf nennen
Mitarbeiter: schildert seine Sicht der Dinge, z. B. Hauptaufgaben, Störungen bei der Arbeit, Zusammenarbeit mit dem Vorgesetzten, Lernzuwächse, Wünsche/Erwartungen
Vorgesetzter: schildert die genannten Aspekte aus seiner Sicht
Dialog: Gemeinsamkeiten/Unterschiede; Diskussion tragfähiger Lösungsansätze; Maßnahmen: • des Mitarbeiters (Welche? Wie? Bis wann?) • des Vorgesetzten (Welche? Wie? Bis wann?)
Abschluss: Feedback über den Gesprächsverlauf • Was war positiv? • Was kann noch verbessert werden? • Ausblick?
3. Nachbereitung, Follow up
Überprüfung der Ziele und Maßnahmen: • Was konnte realisiert werden? • Was nicht? Warum nicht? • Lern- und Leistungstransfer?

9.3.4.4 Zielvereinbarungsgespräch

01. Wie sind Zielvereinbarungsprozesse zu gestalten?

Führen durch Zielvereinbarung (Management by Objectives; MbO) bedeutet: Die Entscheidungsebenen arbeiten gemeinsam an der Zielfindung. Dabei legen Vorgesetzter und Mitarbeiter zusammen das Ziel fest, überprüfen es regelmäßig und passen das Ziel an. Da das Gesamtziel der Unternehmung und die daraus abgeleiteten Unterziele ständig am Markt orientiert sein müssen, ist „Führen durch Zielvereinbarung" aufgrund kontinuierlicher Zielpräzisierung ein Prozess.

Als Voraussetzungen von MbO müssen u. a. geschaffen werden:

• ein System hierarchisch abgestimmter und klar formulierter Ziele
• klare Abgrenzung der Kompetenzen
• Bereitschaft der Vorgesetzten zur Delegation
• Fähigkeit und Bereitschaft der Mitarbeiter, Verantwortung zu übernehmen.

02. Welche Chancen bietet MbO?

• Entlastung der Vorgesetzten.
• Das Streben der Mitarbeiter nach Eigenverantwortlichkeit und selbstständigem Handeln wird unterstützt.
• Das Konzept ist auf allen hierarchischen Ebenen anwendbar.
• Die Beurteilung kann am Grad der Zielerreichung fixiert werden und wird damit unabhängig von den Schwächen merkmalsorientierter Bewertungsverfahren (vgl. 3.4).
• Die Mitarbeiter werden gefördert.

Vgl. dazu auch „Vorbereitung, Durchführung und Nachbereitung von MbO-Gesprächen" 3.1.2/08.

9.3.5 Mitarbeitergespräche führen (Rollenspiel)   → 3.10.3

01. Wie wird das Rollenspiel durchgeführt? Was kann es als Trainingsinstrument leisten?

Das Rollenspiel setzt voraus, dass sich der „Spieler" (besser: Rolleninhaber) in einen gegebenen Sachverhalt hineinversetzen kann, der ihm durch Stichworte über Vorgehen, zu behandelnde Probleme und eigene Verhaltensweisen bekannt gemacht wird.

Durch das Rollenspiel kann geübt werden, Partner zu überzeugen und Konflikte angemessen zu bearbeiten (vgl. 3.10.3; Havard-Konzept). Rollenspiele sind somit kein „Theater". Sie helfen bei mehrfacher Wiederholung, Verhaltensmuster zu üben und zu verinnerlichen. Ein häufiges Vorurteil „in der Praxis ist doch alles ganz anders" kann leicht widerlegt werden: Auch im Seminar/Training zeigen die Rolleninhaber (Spieler) die für sie typischen (positiven oder negativen) Verhaltenstendenzen. Rollenspiele sollten nur von erfahrenen Dozenten durchgeführt werden.

Es empfiehlt sich im Lehrgang folgender Ablauf:

1. *Einstieg:*
   - Rollenspiel erläutern:
     - Sinn
     - Ablauf
     - Spielregeln
   - Spieler festlegen und Rollen zuweisen (Rollenblätter; vgl. Frage 02.)
   - Beobachter einteilen (ggf. Beobachtungsbogen).

2. *Spielphase:*
   - Gesprächsverlauf beobachten (Beobachter, Plenum, Notizen)
   - Spielregeln einhalten.

3. *Auswertung:*
   - Regel: Die Spieler (Akteure) haben zuerst das Wort!
   - Bewertung durch „Spieler 1", dann „Spieler 2"
   - Bewertung durch Beobachter
   - Bewertung durch Plenum
   - Bewertung durch Ausbilder
   - Diskussion.

4. *Lernkontrolle:*
   - Erkenntnisse festhalten (Visualisieren)
   - erneut üben (im Lehrgang)
   - üben in der Praxis.

02. Welche Informationen enthalten die Rollenblätter?

Dazu ein **Beispiel** aus dem Themenkreis „Bewerberauswahl":

| Interviewrunde: Programmierer | → **Bewerber** |

Sie haben sich um die Position eines Programmierers in der EDV-Abteilung beworben. Der Stelleninhaber soll ein Programm der Warenwirtschaft aufbauen und pflegen. Sie sind 32 Jahre alt und technischer Betriebswirt. Berufsbegleitend haben Sie sich die beiden Programmiersprachen Cobol und Assembler angeeignet. Seit acht Jahren sind Sie in der EDV-Abteilung einer Lebensmittelkette beschäftigt.

| Interviewrunde: Programmierer | → **Interviewer** |

Sie suchen als Leiter einer EDV-Abteilung einen Programmierer für den Aufbau und die Pflege eines Programms der Warenwirtschaft. Ihr neuer Mitarbeiter muss zumindest zwei Programmiersprachen beherrschen und eine betriebswirtschaftliche und/oder technische Ausbildung haben. Von dem eingeladenen Bewerber wissen Sie:

Er ist 32 Jahre alt und technischer Betriebswirt. Er hat sich die Programmiersprachen Cobol und Assembler berufsbegleitend angeeignet. Er ist seit acht Jahren in der EDV-Abteilung einer Lebensmittelkette beschäftigt.

9.4 Planung und Organisation von Qualifizierungs-
maßnahmen

9.4.1 Qualifizierungsbedarf

01. Welche Grundsätze und Aufgaben im Zusammenhang mit der Qualifizierung der Mitarbeiter müssen im Unternehmen von allen Führungskräften berücksichtigt werden?

- *Grundsätze:*
  - Die Förderung der Mitarbeiter ist die zentrale Aufgabe aller Führungskräfte!
  - Unterlassene Fortbildung und Potenzialunterdrückung ist eine Pflichtverletzung gegenüber dem Unternehmen!
- Der Vorgesetzte hat die *Aufgabe,*
  - zu ermitteln, *wo und bei welchen Mitarbeitern* Qualifizierungsbedarf besteht, (Bedarfsermittlung; Qualifizierungsbedarf; auch: Fortbildungsbedarf)
  - zu entscheiden, welche Maßnahmen *er veranlassen kann* bzw. *muss* (Versetzung, Teilnahme an Schulungen, Kurse und Lehrgänge, Umschulungsmaßnahmen, Aufgabenerweiterung usw.)
  - zu planen, *welche Unterstützung er selbst geben muss* (sorgfältige Einarbeitung, methodisch erfahrene Unterweisung, Lernstattmodelle innerhalb der Arbeitsgruppe, Kenntnis inner- und überbetrieblicher Aus- und Weiterbildungsmaßnahmen, Coaching der Mitarbeiter, Prägen durch Vorbildfunktion usw.) und *welche Verantwortung der Mitarbeiter übernehmen muss.*

02. Wie ist der Qualifizierungsbedarf zu ermitteln?

Die Bedarfsermittlung hat immer von den beiden Eckpfeilern auszugehen

- den „Stellen-Daten" und
- den „Mitarbeiter-Daten".

Der Qualifizierungsbedarf (auch: Fortbildungsbedarf; qualitativer Personalbedarf) ist in folgenden Schritten zu ermitteln:

Ermittlung des quantitativen Personalbedarfs	Zunächst muss der Vorgesetzte den quantitativen Personalbedarf ermitteln, d. h., wie viele Mitarbeiter für die kommende Planungsperiode an welchem Ort benötigt werden. Überwiegend steht hier zunächst der Bedarf aus betrieblicher Sicht im Vordergrund. Daneben ist der Bedarf aus der Sicht der Mitarbeiter zu berücksichtigen (Erwartungen, Wünsche, Karriereziele).
Ermittlung der Stellenanforderungen	Anforderungsanalyse: Für die relevanten Stellen werden die Anforderungsprofile ermittelt: Welche Anforderungen stellt der betreffende Arbeitsplatz/die Stelle an den Mitarbeiter (vgl. Genfer Schema bzw. REFA-Schema; Stichwort → Arbeitsbewertung).

Ermittlung der Mitarbeiter- qualifikation	Eignungsanalyse (Eignungsprofil): Es wird die Qualifikation der Mitarbeiter analysiert. Dabei sollten die Anforderungsmerkmale der Stellenbewertung genommen werden. Als Informationsquellen kommen infrage, z. B.: Personalakte, Leistungs- und Potenzialbeurteilung, PE-Gespräche, PE-Kartei/-datei, PIS, Befragungen, AC.
Profilvergleichs- analyse	Anschließend ist pro Stelle und pro Stelleninhaber der Vergleich zwischen dem Anforderungsprofil und dem Eignungsprofil zu ziehen. Aus dieser Profilvergleichsanalyse sind die ggf. vorhandenen Defizite abzuleiten und als Bildungsziele zu formulieren (= qualitativer Personalbedarf).
Ermittlung des Qualifikations- bedarfs	Aus der Defizitanalyse werden geeignete Qualifizierungsmaßnahmen abgeleitet (vgl. 9.4.2, Organisation von Qualifizierungsmaßnahmen). Dabei sind nicht nur die betrieblichen Belange, sondern auch die (berechtigten) Interessen der Mitarbeiter zu berücksichtigen. Grundsätzlich lassen sich bei der Ermittlung des qualitativen Bedarfs folgende Methoden/Instrumente einsetzen: Befragung (einmalig/wiederkehrend; schriftlich/mündlich; strukturierte/freie Abfrage), PE-Gespräche, Bildungs-Workshops u. Ä.

9.4.2 Organisation von Qualifizierungsmaßnahmen

01. In welchen Schritten sind die als notwendig erkannten Qualifizierungsmaßnahmen zu planen, zu organisieren und durchzuführen?

Die Planung, Organisation, Durchführung und Evaluierung von Qualifizierungsmaßnahmen (auch: Fortbildungsmaßnahmen, PE-Maßnahmen) ist ein geschlossener Regelkreis:

Organisation von Qualifizierungsmaßnahmen			
Maßnahme	*Inhalte, Beispiele*		*Fundstelle*
1 **Formulierung der Lernziele**	Lernzielarten: • Richtziele • Grobziele • Feinziele Lernzieltaxonomie	Lernzielinhalte • kognitive • affektive • psychomotorische	9.6.2 9.7.4
2 **Festlegen der Zielgruppen**	Aus der Bedarfsanalyse ergibt sich die Anzahl der Teilnehmer je Qualifizierungsmaßnahme. Bei der Festlegung von Teilnehmergruppen sind betriebliche und individuelle Belange zu berücksichtigen (Chancengleichheit). Der Betriebsrat hat bei der Zusammensetzung ein Mitbestimmungsrecht (§ 98 BetrVG). Aus lerntheoretischen Aspekten sollte eine Homogenität der Teilnehmer (Vorwissen) angestrebt werden. Beispiele für Zielgruppen: Sachbearbeiter, Führungskräfte, Verkäufer, Mitarbeiter eines Funktionsbereichs.		

3	Festlegung der Lerninhalte	Die ermittelten Lernziele werden strukturiert und gebündelt zu Lernmodulen zusammengefasst. Beispiel: „Deckungsbeitragsrechnung für Nachwuchskräfte im Verkauf". Dimensionen der Vermittlung: Grundkenntnisse, Anwendungskenntnisse, Expertenwissen.		
4	Planung der Ressourcen	Planung und Organisation von Ort, Zeit, Pausen, Termine, Kosten u. Ä.	• extern/intern • während der Arbeitszeit oder außerhalb usw.	9.6.5
5	Festlegen der Methoden	• Didaktik/Methodik • aktive/passive Lernmethoden • Sozialformen des Lernens	• on the job • off the job • near the job • Planspiel • Leittexte usw.	9.6.4
6	Festlegen der Medien	• visuelle • akustische • audio-visuelle	• Tafel • Flipchart • Video • Kassette • TV/Film usw.	9.7
7	Durchführung der Qualifizierungsmaßnahme			
8	Evaluierung	• ökonomische Erfolgskontrolle • pädagogische Erfolgskontrolle: - Kontrolle des Lernerfolgs - Kontrolle des Anwendungserfolgs		9.6.6

Damit wichtige Punkte bei der Planung und Umsetzung von Qualifizierungs-Maßnahmen nicht verloren gehen, empfiehlt sich der Einsatz einer *Checkliste*:

Checkliste zur Planung und Umsetzung von PE-Maßnahmen		
Schlüsselfrage	*Planung/Entscheidung/Umsetzung*	*erledigt?*
Warum?	Lernziele	√
Wer?	Zielgruppe, Mitarbeiter, Teilnehmer	√
Was?	Inhalte	√
Wie?	Methoden, Hilfsmittel	
Wann?	Zeitpunkt, Dauer	
Wo?	Ort (intern/extern)	
Wozu?	erwartetes Ergebnis (Evaluierung)	

02. Wie sind Qualifikationsanalysen vorzunehmen und was muss bei der Vereinbarung von Bildungsmaßnahmen berücksichtigt werden?

Innerhalb des Fördergesprächs (auch: PE-Gespräch) wird der Vorgesetzte/der Bildungsverantwortliche zu Beginn einer Qualifizierungsmaßnahme die Entwicklungsziele vereinbaren. Er wird gemeinsam mit dem Mitarbeiter vor allem festlegen:

• Welche Entwicklungsziele werden angestrebt (positions-/aufgabenbezogen oder potenzialorientiert)?

• Welche Kompetenzfelder sollen gefördert werden?

• Welcher Lernzuwachs ist besonders wichtig und muss in jedem Fall erreicht werden?

• Welche Maßnahmen werden ergriffen – wann, in welcher Zeit, mit welchen Mitteln?

• Welche Führungsverantwortung hat dabei der Vorgesetzte und welche Handlungsverantwortung muss der Mitarbeiter übernehmen?

• Welche Teilschritte der Transferkontrolle werden vereinbart? (Maßstabsbildung; Kategorien für den Erfolg).

03. Wie unterscheidet man Qualifizierungsvorgänge im Lernfeld und im Funktionsfeld?

• Als *Lernfeld* bezeichnet man den Ort, an dem sich Lernen außerhalb des Arbeitsplatzes vollzieht; Beispiele: Lernen im Seminar, im Lehrgang, in der Schulung beim Lieferanten.

• Als *Funktion* bezeichnet man in der Betriebswirtschaftslehre die Betätigungsweise und die Leistung von Bereichen eines Unternehmens. So unterscheidet man im Wesentlichen die betrieblichen Funktionen: Leitung, Beschaffung, Fertigung, Materialwirtschaft usw.

• Das *Funktionsfeld* ist ein Teilbereich einer betrieblichen Funktion; beispielsweise lässt sich die Fertigung gliedern in die Funktionsfelder Materialdisposition, Arbeitsplanung, Dreherei, Schweißerei, Lackieren, Montage 1, Montage 2, Lager usw. Der Vertrieb lässt sich gliedern in: Lagerhaltung, Verkauf, Transport/Logistik.

Lernen im Funktionsfeld bedeutet also Lernen vor Ort, am zugewiesenen Arbeitsplatz.

04. Welche Maßnahmen der Qualifizierung kommen grundsätzlich infrage?

Die Maßnahmen der Qualifizierung (auch: Personalentwicklung, Aus-, Fort- und Weiterbildung) sind vielfältig und lassen sich nach unterschiedlichen Gesichtspunkten klassifizieren; dabei gibt es zwischen den einzelnen Formen Überschneidungen:

1. Unterscheidung der Qualifizierungs-Maßnahmen *nach der Phase der beruflichen Entwicklung*:

Maßnahmen der Qualifizierung (1)		
Berufsausbildungs- vorbereitung, Berufsausbildung	• Berufsausbildung (Lehre) • Traineeausbildung • Übungsfirma	• Anlernausbildung • Einarbeitung • Praktikum
Fortbildung, Weiterbildung, Umschulung	• interne/externe Seminare • Coaching • Junior Board	• Lernstattmodelle • allgemeine Beratung und Förderung der Mitarbeiter
Aufgaben- strukturierung	• Job Enlargement • Job Enrichment • Job Rotation • Bildung von Arbeitsgruppen/ Teambildung • teilautonome Arbeitsgruppen	• Projekteinsatz • Sonderaufgaben • Assistentenmodell • Auslandsentsendung • Qualitätszirkel • Stellvertretung
Karriereplanung, Nachfolgeplanung	• horizontale/vertikale Versetzung • innerbetriebliche Stellenausschreibung (innerbetrieblicher Stellenmarkt) • Bildung von Parallelhierarchien • Nachfolge-, Laufbahnplanung	

2. Qualifizierungs-Maßnahmen können in „Aktivitäten des Betriebes" und „Selbststän-dige Maßnahmen des Mitarbeiters" unterteilt werden:

Maßnahmen der Qualifizierung (2)		
Maßnahmen des Betriebes, z. B.:		**Maßnahmen der Mitarbeiter,** z. B.:
Intern:	**Extern:**	
• Fachliteratur • Fachzeitschriften • Lehrgänge • Kurse • Unterweisungen • Betriebsführungen • Workshops • Zirkel • Lernstatt	• Messen • Ausstellungen • Seminare • Erfahrungsaus- tauschgruppen	• Studium (berufsbegleitend) • Akademiebesuch • Seminare • Fernlehrgänge • Aufstiegsfortbildung der IHKn • Fachbücher

Die Eigeninitiative der Mitarbeiter kann der Betrieb unterstützen; z. B. durch

• finanzielle Zuschüsse zu den Fortbildungskosten
• Empfehlungen an bestimmte Bildungsträger zur Durchführung spezieller Maßnah-men
• unterschiedliche Formen der Freizeitgewährung
• andere Formen der Unterstützung (Bereitstellung von Räumen, Lernmitteln u. Ä.).

3. Weiterhin lassen sich Qualifizierungs-Maßnahmen nach *„Zielsetzung, Inhalt und Dauer"* gliedern:

Maßnahmen der Qualifizierung (3)				
Zielsetzung/Inhalt				**Dauer**
Aufstiegs-fortbildung	Fach-kompetenz	Seminare	schulische Abschlüsse	Vollzeit
Anpassungs-fortbildung	Methoden-kompetenz	Lehrgänge	berufliche Abschlüsse	Teilzeit
Erhaltungs-fortbildung	Sozial-kompetenz	mit Prüfung		Tage, Wochen
Erweiterungs-fortbildung		ohne Prüfung		Jahre (lebenslanges Lernen)

Die Erhaltungsqualifizierung will
mögliche Verluste von Kenntnissen und Fertigkeiten ausgleichen (z. B. Auffrischung von CNC-Kenntnissen, SPS-Kenntnissen, die über längere Zeit nicht eingesetzt werden konnten).

Die Erweiterungsqualifizierung soll
zusätzliche Berufsfähigkeiten vermitteln (z. B. Erwerb von „Elektronikzertifikaten" eines gelernten Elektrotechnikers).

Die Anpassungsfortbildung hat zum Ziel
eine Angleichung an veränderte Anforderungen am Arbeitsplatz sicherzustellen (z. B. Erwerb von Kenntnissen zur Maschinenbedienung beim Hersteller, wenn eine neue Maschinengeneration in Betrieb genommen wird).

Die Aufstiegsfortbildung soll
auf die Übernahme höherwertiger Aufgaben oder Führungsaufgaben vorbereiten (z. B. Beförderung zum Teamsprecher, zum Vorarbeiter, zum Einrichter usw.).

4. Häufig wird auch eine Unterscheidung der Qualifizierungs-Maßnahmen *„nach der Nähe zum Arbeitsplatz"* vorgenommen (on the job, near the job, off the job); vgl. 3.6.4/03.

05. Welche Informationsquellen über externe Bildungsanbieter gibt es?

Für den Praktiker gestaltet sich die Suche nach geeigneten externen Anbietern von Bildungsmaßnahmen nicht immer einfach. Daher werden an dieser Stelle eine Reihe von Informationsquellen über außerbetriebliche Bildungsangebote exemplarisch aufgezählt; z. B.:

• Branchenverzeichnis
• Fachzeitschriften
• Fachbeiträge und Sonderdrucke des Deutschen Industrie- und Handelstages
• Veröffentlichungen und Monatszeitschriften der Kammern
• Vorlesungsverzeichnisse der Fachhochschulen und Universitäten

- Veröffentlichungen des Vereins Deutscher Ingenieure (VDI), VDI-Verlag, Düsseldorf
- Mitgliederverzeichnis des BDVT (Bund Deutscher Verkaufsförderer und Trainer e. V.), Köln
- Bundesinstitut für Berufsbildung (BIBB), Berlin
- Deutsches Institut für Normung e. V. (DIN), Berlin
- Institut für Auslandsbeziehungen, Stuttgart
- Rationalisierungskuratorium der deutschen Wirtschaft e. V. (RKW), Eschborn
- kommerzielle Verzeichnisse über Personal- und Unternehmensberater sowie Trainer in Deutschland
- Internet, z. B.: www.ihk.de; www.arbeitsagentur.de; www.wis.de oder die Abfrage über: Suchmaschine + Stichwort; weiterhin gibt es zwischenzeitlich auch Datenbanken über regionale Anbieter.

06. Welche externen Weiterbildungsmöglichkeiten gibt es?

An Bildungsmaßnahmen im *außerbetrieblichen Sektor* werden vor allem angeboten:

- offene ein- oder mehrtägige Seminare
- Lehrgänge mit Zertifikatsabschluss oder mit dem Ziel einer öffentlich-rechtlichen Prüfung
- Maßnahmen zur Umschulung oder zur beruflichen Rehabilitation
- Fernunterricht und Fernstudium.

07. Welche Bildungsträger sind am externen Markt von Interesse?

Infrage kommen z. B.:

- Angebote der Arbeitgeberverbände und Gewerkschaften
- Betriebe mit überbetrieblichen Maßnahmen und offenen Seminaren
- TÜV-Akademien
- Industrie- und Handelskammern
- Handwerkskammern
- private Bildungsträger
- öffentlich-rechtliche Träger
- Kirchen
- Krankenkassen
- Wohlfahrtseinrichtungen (z. B. DRK, Caritas)
- Volkshochschulen
- Berufsgenossenschaften.

08. Welche Argumente sprechen für externe Veranstaltungen?

- Es werden leichter Anregungen für interne Maßnahmen gewonnen.
- Das Zusammentreffen mit Teilnehmern aus anderen Unternehmen wirkt ideenanregend für die eigene Arbeit.
- Die Teilnehmer verhalten sich unbefangener, wenn sie nicht im Kreis bekannter Mitarbeiter oder im Beisein von Vorgesetzten argumentieren müssen.

- Der organisatorische Aufwand ist geringer.
- Externe Bildungsträger verfügen über bessere Ausrüstungen und Seminarräume.

09. Welche Argumente sprechen für innerbetriebliche Bildungsveranstaltungen?

- Es sollen u. a. Betriebsgeheimnisse erörtert werden.
- Die zu lösenden Aufgaben, die sich in Bildungsangeboten niederschlagen müssen, sind zu betriebsspezifisch.
- Es sind keine geeigneten außerbetrieblichen Angebote bekannt.
- Die Kosten sind geringer.
- Ort und Termin können vom Unternehmen nach innerbetrieblichen Gesichtspunkten festgelegt werden.
- In die Programmplanung können innerbetriebliche Probleme und aus dem Unternehmen stammende Fachleute als Dozenten eingesetzt werden.
- Es wird ein besserer Kontakt zwischen den Mitarbeitern angestrebt.

10. Welche Probleme müssen vor dem Besuch einer Bildungsveranstaltung geklärt werden?

- Was soll mit der Veranstaltung erreicht werden?
- Welches Verhalten wird durch die Veranstaltung angestrebt?
- Welche Mitarbeiter sind als Teilnehmer vorgesehen?
- Sind alle Vorgesetzten mit der Entsendung ihrer Mitarbeiter einverstanden?
- Wie sind die Kenntnisse, Fähigkeiten und Fertigkeiten der Teilnehmer auf dem Gebiet der Veranstaltung? Wie sind sie voraussichtlich motiviert?
- Welche Lehrmethoden werden eingesetzt, um die Ziele zu erreichen?
- Wer trägt die Kosten?
- Wann wird die Veranstaltung durchgeführt?
- Wer ist als Referent tätig?
- Sind geeignete Räumlichkeiten vorhanden?

11. Welche Informationen sind vor dem Besuch externer Veranstaltungen notwendig?

- Entspricht das Seminar den zu lösenden Problemen?
- Wird ein besonderes Vor- oder Einführungswissen benötigt?
- Zielt die Veranstaltung auf die Vermittlung neuen Wissens oder auf einen Erfahrungsaustausch?
- Hat der Teilnehmer Zeit, sich auf die Veranstaltung vorzubereiten?
- Werden verschiedene Lehr- und Lernmethoden eingesetzt?
- Arbeiten die Teilnehmer aktiv mit oder werden sie nur mit Vorträgen gefüttert?
- Ist es realistisch, dass die Themen in der vorgesehenen Zeit, in der notwendigen Tiefe und Vollständigkeit behandelt werden?
- Welche Unterlagen oder Bücher erhält der Teilnehmer? Fallen hierfür zusätzliche Kosten an?
- Wie liegen Beginn und Ende der Veranstaltung?

- Kann der Teilnehmer das Seminar von Anfang bis Ende besuchen?
- Wie hoch ist die Teilnehmergebühr, wie sind die Kosten für Unterkunft, Verpflegung und Pausengetränke geregelt?
- Wie sind die Stornobedingungen?

12. Welche Aspekte sind bei der Auswahl externer Dozenten/Trainer zu beachten?

Es empfiehlt sich folgende Vorgehensweise:

- Im *Vorgespräch* werden Ursachen der Probleme erörtert. Dabei sollte der Trainer vor Ort das Unternehmen und die Beteiligten kennen lernen und in der Lage sein, die „wunden Punkte" herauszufiltern und zu benennen. Anhand der Person, der Art der Gesprächsführung und der Präsentation möglicher Lösungsansätze lassen sich für das Unternehmen erste Erkenntnisse über die Qualifikation des Trainers gewinnen. Von Bedeutung ist auch die Frage nach Referenzen und nach dem beruflichen Background des Anbieters. Ein Gespräch, das sich nur um Preise und Termine dreht, ist fruchtlos. In der Regel sind Erstgespräche kostenlos, da sie Bestandteil der Akquisitionsarbeit des Trainers sind.

- Das Unternehmen erhält danach ein *Seminarangebot*, das auf seine speziellen Bedürfnisse zugeschnitten ist. In schriftlicher Form werden

  - Seminarziel,
  - Inhalte,
  - Methoden,
  - Medien sowie
  - Ort, Zeiten und Kosten

  dargestellt. Seminarangebote, die nach „serienmäßiger Standardware aussehen", sind abzulehnen und dequalifizieren den Trainer. In jedem Fall ist anzuraten, dass man den Trainer, der das Seminar durchführt, auch persönlich kennen lernt; ggf. ist zu prüfen, ob die Möglichkeit besteht, den Anbieter in einem Seminar „live" zu erleben. Eine sorgfältige Auswahl kann einem Unternehmen manche unliebsame Überraschung ersparen.

- Oft ist es zweckmäßig, sich das *Angebot* im eigenen Hause *präsentieren* zu lassen.

- *Seriöse Trainer*
  - werden sich auf die berechtigten Wünsche des Unternehmens einstellen oder – falls ihnen dies nicht möglich erscheint – lieber auf den Auftrag verzichten;
  - sind an einer langfristigen Zusammenarbeit interessiert;
  - wissen, dass Erfolge in der Bildungsarbeit nicht von heute auf morgen entstehen.

- Ebenfalls interessant bei der Auswahl des Trainers sind z. B. *folgende Aspekte*:
  - Ist die Qualität der Seminarunterlage in Ordnung?
  - Besteht die Möglichkeit der (kostenlosen) Nachbetreuung?
  - Gibt es eine Kostendegression bei Mehrfachseminaren bzw. bei längerfristiger Zusammenarbeit?
  - Gibt es eine (kostenlose) Nachbesprechung und Auswertung?

- *Kosten/Honorare:*
  Von daher ist der billigste Anbieter nicht immer der beste. Viele der regional arbeitenden Trainer haben Tagessätze, die zzt. zwischen 500 € und 1.500 € zuzüglich Mehrwertsteuer liegen.

13. Welche Argumente sprechen für und gegen den Einsatz innerbetrieblicher Referenten?

- Eigene Referenten bieten *Vorteile*:
  - Die betriebsspezifischen Besonderheiten sind bekannt und können in die Gestaltung der Seminarinhalte exakt eingearbeitet werden; zeitaufwändiges „Briefing" externer Trainer entfällt.
  - Die Kosten sind meist geringer als bei externen Referenten.
  - Für innerbetriebliche Fach- und Führungskräfte bedeutet die Wahrnehmung von Referentenaufgaben eine Aufwertung; dies kann Zusatzmotivation zur Folge haben.
  - Der Einsatz bei externen Fortbildungsmaßnahmen kann persönliche Anerkennung bedeuten und das Firmenimage sowie den Bekanntheitsgrad stärken.
  - Der interne Referent ist auch später, nach der Maßnahme, als Ansprechpartner erreichbar.

- Mögliche *Nachteile*:
  Demgegenüber stehen mögliche Nachteile, die aber bei sorgfältiger Auswahl der internen Referenten und ggf. durch flankierende Maßnahmen (z. B. Train the Trainer) zum Teil gemildert werden können:
  - Nicht jede Fach- und Führungskraft ist ein guter Pädagoge bzw. Andragoge.
  - Mitunter fehlt es an der Lust, am Mut und an der Erfahrung als Referent zu wirken.
  - Methodik und Medieneinsatz sind nicht immer adressatengerecht.

Trotzdem sollte der Einsatz interner Referenten bei der Planung von Bildungsmaßnahmen einen hohen Stellenwert haben, insbesondere bei Veranstaltungen mit stark kognitiven Inhalten. Bei Seminarinhalten mit überwiegend affektiven Lernzielen (z. B. Verkaufstraining, Führungstraining) bleibt vielfach nur der Einsatz externer Trainer, weil intern keine ausreichenden psychologischen und soziologischen Fachkenntnisse zur Verfügung stehen.

9.4.3 Besonderheiten der Ausbildung

In diesem Abschnitt werden lt. Rahmenplan behandelt:

Besonderheiten der Ausbildung				
Ausbildungs-berufe	Eignung des Betriebs	Organisation der Ausbildung	Ausbildungs-plan	Einstellungs-gespräche
Notwendigkeit der Kooperation mit der Berufsschule		Beurteilungen	Vorbereitung auf Prüfungen	Übernahme prüfen

Die Inhalte von Ziffer 9.4.3, Besonderheiten der Ausbildung, wurden den Handlungsfeldern „Ausbildung der Ausbilder" entnommen (vgl. Frage 05.) Insofern können die Leser, die die Inhalte der AEVO bereits beherrschen, den Abschnitt 9.4.3 vernachlässigen oder als Wiederholung/Ergänzung betrachten.

01. Welche Ausbildungsberufe gibt es?

Ausbildungsberuf ist ein spezieller Begriff des Berufsbildungsgesetzes (§ 4 BBiG). Die *Ausbildungsordnungen* (§ 5 BBiG) für staatlich anerkannte Ausbildungsberufe werden im Wesentlichen vom Bundesministerium für Wirtschaft und Technologie im Einvernehmen mit dem Bundesministerium für Bildung und Forschung erlassen. Es gibt in Deutschland mehr als 300 Ausbildungsberufe. Sie sind nach *Ausbildungsbereichen* geordnet: Industrie, Handel, Handwerk, Landwirtschaft, Öffentlicher Dienst, Hauswirtschaft und Freie Berufe. Jeder Ausbildungsbereich ist in *Berufsgruppen* geordnet. Beispiel:

Berufsgruppe 68	Waren- kaufleute	Kaufmann im Einzelhandel	Kaufmann im Groß- und Außen- handel	Buch- händler	...

02. Welche Ausbildungsberufe sind im Handel vorrangig vertreten?

Im deutschen Handel sind rd. 4 Mio. Menschen beschäftigt, davon etwa 175.000 Auszubildende (vgl. auch: Metro-Handelslexikon 2014/2015, S. 266).

Folgende Ausbildungsberufe sind im Handel vorrangig vertreten:

Ausbildungsberuf	Aufgaben	Ausbildungs- dauer (Jahre)	Zugangs- voraussetzungen
Automobilkauf- mann/-frau	Einkauf, Beratung, Verkauf	3	meist Abitur
Buchhändler/-in	Verkauf und Recherche von Büchern und elektronischen Medien, Beratung	3	Realschule Abitur
Bürokauf- mann/-frau	Rechnungswesen, Buchhaltung, Verwaltungsaufgaben	3	Realschule
Drogist/-in	Verkauf, Beratung über Inhalt und Wirkungsweise von Artikeln	3	Hauptschule Realschule
Fachmann/-frau für Systemgastronomie	Organisation aller Bereiche des Restaurants, z. B. Personalplanung, Einkauf, Arbeitsabläufe	3	Hauptschule Realschule Abitur
Fachinformatiker/-in	Konzeption und Realisierung komplexer EDV-Systeme	2,5	Fachabitur Abitur
Fachkraft für Lager- logistik	Versand und Lagerung von Gütern	3	Hauptschule Realschule
Fachlagerist/-in	Entgegennahme, Versand und Lagerung von Waren in Einzelhandels-, Großhandels- oder Speditionsunternehmen	2	Hauptschule

Fachverkäufer/-in im Lebensmittelhandwerk	Verkauf und Beratung	3	Hauptschule
Florist/-in	Beratung und Verkauf, Pflanzenpflege, Gestaltung von Blumenschmuck	3	Hauptschule Realschule
Kaufmann/-frau für Bürokommunikation	interne und externe Kommunikation (Korrespondenz und Öffentlichkeitsarbeit)	3	Realschule
Kaufmann/-frau im Einzelhandel	Organisation von Import- und Exportgeschäften und Bindeglied zwischen Produzent und Einzelhandel	3	Hauptschule Realschule
Verkäufer/-in	Warenverkauf und Kundenberatung	2	Hauptschule
Werbekaufmann/-frau	Planung und Entwicklung von Werbekampagnen und -strategien	3	Abitur

Quelle: in Anlehnung an: Metro-Handelslexikon 2014/2015.

03. Welche Voraussetzungen müssen bei Ausbildungsbeginn erfüllt sein?

Voraussetzungen für die Eignung als Ausbildungsbetrieb		
Eignung der Ausbildungsstätte	Die **Ausbildungsstätte** muss nach Art und Einrichtung für die Berufsausbildung geeignet sein.	§ 27 Abs. 1 Nr. 1 BBiG
	Die **Zahl der Auszubildenden** muss in einem angemessenen Verhältnis zur Zahl der Ausbildungsplätze (zur Zahl der Fachkräfte) stehen.	§ 27 Abs. 1 Nr. 2 BBiG
	Es müssen alle erforderlichen Fertigkeiten, Kenntnisse und Fähigkeiten vermittelt werden können; ist dies nicht der Fall, so sind sie außerhalb anzubieten (z. B. Verbundausbildung)	§ 27 Abs. 2 BBiG
Eignung von Ausbildenden und Ausbildern/ Ausbilderinnen	**Persönliche Eignung:** Nicht geeignet ist, wer Kinder und Jugendliche nicht beschäftigen darf. bzw. wer wiederholt oder schwer gegen geltende Bestimmungen verstoßen hat (BBiG, JArbSchG, JSchG).	§ 29 BBiG
	Fachliche Eignung: Fachlich geeignet ist, wer die beruflichen sowie die berufs- und arbeitspädagogischen Fertigkeiten, Kenntnisse und Fähigkeiten besitzt. *Berufliche Voraussetzungen:* Abschlussprüfung in einem Ausbildungsberuf entsprechender Fachrichtung und eine angemessene Zeit der Berufspraxis. *Berufs- und arbeitspädagogische Voraussetzungen:* Nachweis der Prüfung gemäß AEVO.	§ 30 BBiG

Eignung der Auszubilden- den	Es müssen die körperlichen, geistigen und charakter- lichen Voraussetzungen für einen erfolgreichen Ab- schluss vorliegen.	Untersu- chungen nach §§ 32 ff. JArb- SchG

04. Was ist eine Verbundausbildung?

• Bei der Verbundausbildung beteiligen sich z. B. mehrere Unternehmen mit ihren Auszubildenden gemeinsam an der Ausbildung. Die Auszubildenden wechseln jeweils
die Ausbildungsorte, um evtl. Defizite im eigenen Ausbildungsbetrieb auszugleichen.
Dabei bleiben sie rechtlich immer ihrem Ausbildungsbetrieb zugeordnet. Durch eine
Verbundausbildung können auch diejenigen Unternehmen ausbilden, die allein nicht
die gesamten Ausbildungsinhalte vermitteln können.

• Rahmenbedingungen einer Verbundausbildung, z. B.:

  - Die Verbundausbildung muss im Ausbildungsplan vermerkt sein.
  - Jeder Betrieb, der daran beteiligt ist, muss einzeln als Ausbildungsbetrieb von der
    zuständigen Stelle anerkannt sein.
  - Jeder Betrieb, der daran beteiligt ist, muss geeignetes Ausbildungspersonal haben.
  - Jeder Betrieb, der daran beteiligt ist, muss über die erforderlichen Ausbildungs-
    mittel verfügen.

• Nachteile, die für die Auszubildenden evtl. bei der Durchführung einer Verbundausbildung auftreten können, sind z. B.:

  - ungewohnte Arbeitsumgebung und jeweils neue Ansprechpartner
  - evtl. lange Anfahrtswege für einige Auszubildende
  - Unsicherheit/Gewöhnung beim Verständnis von Anweisungen und Regeln
    (Usancen) im jeweiligen Ausbildungsbetrieb
  - Umgang mit jeweils anderen Kollegen.

05. Welche Regelungen enthält die Novellierung der AEVO?

Eine fachlich und pädagogisch hochwertige Arbeit der AusbilderInnen soll die *Wiedereinführung der überarbeiteten Ausbilder-Eignungsverordnung* (AEVO), die zum
01.08.2009 in Kraft trat, leisten. In der neuen Rechtsverordnung ist geregelt, dass all
diejenigen, die während der Aussetzung der AEVO als Ausbilder tätig waren, auch in
Zukunft von der Verpflichtung, ein Prüfungszeugnis nach der AEVO vorzulegen, befreit
sind. Dies gilt nur dann nicht, wenn die bisherige Ausbildertätigkeit zu gravierenden
Beanstandungen durch die zuständige Stelle geführt hat.

06. In welchen Phasen wird die betriebliche Ausbildung geplant, durchgeführt und kontrolliert?

Die Planung, Durchführung und Kontrolle der Ausbildung ist ein geschlossener *Regelkreis,* der folgende Phasen und Einzelaspekte umfasst:

Ablauf der betrieblichen Ausbildung als Regelkreis		
Planung der Ausbildung	**Betriebliche Planung:**	
	Voraussetzungen lt. BBiG prüfen	Eignung des Unternehmens (§ 27 BBiG) Eignung der Ausbilder (§§ 28 ff. BBiG)
	Ziele festlegen	Ausbildungsberufsbild (§ 4 BBiG) Ausbildungsordnung (§ 5 BBiG) Ausbildungsrahmenplan Anrechnungsverordnung nach (§ 7 BBiG) Prüfungsordnung Prüfungswesen (§§ 37 ff. BBiG)
	Inhalte festlegen und koordinieren	
	Planung der Zeiten: • Ausbildungsdauer • Ausbildungsverkürzung • Urlaubszeit • betriebliche Ausbildungsorte • Koordination: Schule/Betrieb • Prüfungen	
	Schulische Planung:	
	• Rahmenlehrplan • Berufsschulunterricht	Wochenunterricht Blockunterricht
Durchführung der Ausbildung	**Didaktische Koordination** von praktischer Ausbildung im Betrieb und theoretischer Ausbildung in der Berufsschule; dabei sind die Formen des Unterrichts zu berücksichtigen (Blockunterricht, Unterricht an einzelnen Wochentagen).	Didaktik Methodik Unterweisungsformen Unterweisungsmethoden Unterweisung vor Ort Lehrgespräch Fallmethode Lehrwerkstatt Übungsfirma usw.
	Methoden und Medien der Ausbildung organisieren.	betrieblicher Ergänzungsunterricht Lehr- und Lernmittel Arbeitsmittel Ausbildungsmittel Ausbildungsräume
Kontrolle der Ausbildung	Interne Kontrollinstrumente	Berichtshefte prüfen Zwischenprüfung (soweit erforderlich; vgl. § 48 BBiG) Abschlussprüfung (§ 37 BBiG) Beurteilungen der Fachabteilung (Beurteilungssystem) Leistungen in der Berufsschule
	Externe Kontrollinstrumente	
	Zielkontrolle	
	Maßnahmenkontrolle	
	Wirtschaftlichkeitskontrolle: Kosten-Nutzen-Analyse	

Vgl. auch „Struktur der Ausbildung" (AEVO) 3.6.3.

07. Warum müssen Ausbildungsbetrieb und Berufsschule miteinander kooperieren?

1. *Gründe:*

Rechtlich betrachtet ist der Ausbildungsbetrieb für den Erfolg der Ausbildung allein verantwortlich. Trotzdem ist nur durch eine enge Kooperation mit der Berufsschule dieser Erfolg zu gewährleisten

Gegenstand der IHK-Prüfung ist nicht nur der praktische Teil der betrieblichen Ausbildung sondern auch der Lehrstoff der Berufsschule (§ 38 BBiG).

2. *Geeignete Maßnahmen:*

Ausbilder und Berufschullehrer sollten den persönlichen Kontakt suchen und sich über folgende *Fragen abstimmen:*

Themenkreise:	Betrieb	Berufsschule
Koordination der Ausbildungsinhalte: • inhaltliche Abstimmung • zeitliche Abstimmung • Verzahnung von Betrieb/Berufsschule • Vorwissen • fehlendes Wissen • aktueller Leistungsstand • Lernstörungen	Ausbildungsstation von ... bis ... Name ... Ausbildungsjahr ...	Unterricht von ... bis ... mit den Inhalten ... Name ... Klasse ...
Tätigkeitsanforderungen im Betrieb		Information
Arbeitsmaterialien, Lernsoftware der Berufsschule	Information	
Arbeitsmittel, Unterweisungsmaßnahmen des Betriebs		Information

Weiterhin sind folgende Maßnahmen geeignet, die Koordination und das gegenseitige Verständnis für die jeweiligen Probleme des anderen zu fördern:

• Exkursionen, Betriebsbesichtigungen (Klasse und Berufschullehrer in Ausbildungsbetrieben)
• Einrichtung von Arbeitskreisen (ggf. unter Betreuung der IHK)
• gegenseitige Hospitation von Ausbilder und Berufschullehrer im Unterricht
• Betriebspraktika der Berufsschullehrer in Ausbildungsbetrieben
• Einrichtung eines Pools für Ausbildungsmittel/Medien.

08. Wie ist der individuelle Ausbildungsplan zu erstellen?

Der individuelle Ausbildungsplan ist die konkrete Planung des Ausbildungsverlaufs eines (bestimmten) Auszubildenden. Er ist dem Ausbildungsvertrag beizufügen (vgl. § 11 Abs. 1 Nr. 1 - 4 BBiG) und der IHK zusammen mit dem Ausbildungsvertrag vorzulegen. Der Ausbildungsplan wird erstellt auf der Grundlage der *Ausbildungsordnung* (§ 5 BBiG), des *Ausbildungsberufsbildes* (§ 5 Abs. 1 Nr. 3 BBiG) und des Ausbildungsrahmenplans (§ 5 Abs. 1 Nr. 4 BBiG). Der Betriebsrat hat dabei ein Mitbestimmungsrecht

(§ 98 Abs. 1 BetrVG). Der Ausbildungsplan soll sachlich und zeitlich mit dem Lehrplan der Berufsschule abgestimmt sein. Er wird die persönlichen und betrieblichen Besonderheiten beachten und dabei die Anzahl der Auszubildenden sowie die Anzahl der Ausbildungsbeauftragten je Berufsbild berücksichtigen.

Im Überblick:

Ausbildungsordnung:	Berufsschule:	Ausbildungsbetrieb:
• Ausbildungsberufsbild • Ausbildungsrahmenplan	• Lehrplan • Blockunterricht • ausbildungsbegleitender Unterricht	• Anzahl der Ausbildungsplätze • Anzahl der Ausbilder • Anzahl der Ausbildungsbeauftragten • betriebsinterner Unterricht

↓

Betrieblicher Ausbildungsplan	
+ Berücksichtigung persönlicher Aspekte des Auszubildenden (Eignung, Neigung, Vorwissen, Ausbildungsverkürzung usw.)	**+** Berücksichtigung betrieblicher Aspekte (Urlaubszeiten, Betriebsurlaub, externe Maßnahmen, Spezialkenntnisse usw.)

↓

Individueller Ausbildungsplan von Herrn .../Frau ...

Der Bundesausschuss für Berufsbildung hat Kriterien für die Erstellung individueller Ausbildungspläne erstellt (vgl. Internet, z. B. www.ihk.de/Suchwort). Wir empfehlen dem Leser, sich mit den wichtigen Ausbildungsplänen Ihres Betriebes vertraut zu machen.

Beispiel: Auszug aus dem individuellen Ausbildungsplan von „Gerd Grausam":

Individueller Ausbildungsplan			
Ausbildender: *RAAB KARCHER AG, Essen*		Auszubilder: *Hubert Kernig*	
Auszubildender: *Gerd Grausam*		Ausbildungsberuf: *Bürokaufmann*	
Zeit	Ziffer des Ausbildungsberufsbildes	Zu vermitteln sind folgende Fertigkeiten und Fähigkeiten	Lernort
01.10. - 30.11.20..	*2.1 Leistungserstellung und Leistungsverwertung*	*a) Grundfunktionen des Ausbildungsbetriebes erläutern*	*Unterrichtsgebäude, Raum 4;*
		b) Leistungen des Ausbildungsbetriebes beschreiben	*Begehung der Betriebsbereiche*
	1.3 Arbeitssicherheit, Umweltschutz und rationale Energieversorgung	*a) Bedeutung von Arbeitssicherheit, Umweltschutz und rationeller Energieversorgung an Beispielen des Ausbildungsbetriebes erklären*	*Abt. Sicherheit, Abt. Umweltschutz, Heizkraftwerk, Abt. Controlling*
...	...	...	...

09. Wie sind Einstellungsgespräche mit Ausbildungsplatzbewerbern zu führen?

Bitte beachten Sie, dass die grundsätzlichen Aspekte der Personalauswahl, wie sie unter den Ziffern 3.7.4, 3.12 sowie 9.5.1/Fragen 16. f. behandelt werden, in angepasster Form auch hier gelten.

Für das Auswahlgespräch mit Ausbildungsplatzbewerbern sind folgende Aspekte zu beachten:

Einstellungsgespräche führen		
Zielsetzung	Persönlicher Eindruck vom Bewerber	
	Klären offener Fragen	
	Vorstellen des Unternehmens	
	Basis für die Auswahlentscheidung	
	Positiven Eindruck beim Bewerber vermitteln (Image, Personalmarketing)	
Vorbereitung	Ort, Raum, Zeit, keine Störungen	*Nicht zu viele Personen!*
	Teilnehmer, z. B. Personalleiter, Ausbildungsleiter/Ausbilder, ggf. Betriebsrat	*Nicht zu viele Gespräche an einem Tag!*
	Unterlagen und von Bewerbern häufig gestellte Fragen vorbereiten	
	Zu klärende Fragen lt. Bewerbung vorbereiten; ggf. Interviewbogen einsetzen	*Sich Notizen machen!*
Durchführung	Offene, freundliche Atmosphäre	*Der überwiegende Gesprächsanteil liegt beim Bewerber!*
	Gespräch strukturieren und diese Gliederung dem Bewerber nennen, z. B.:	
	1. Begrüßung 2. Vorstellen der Gesprächsteilnehmer 3. Fragen an den Bewerber (Schule, familiärer Hintergrund, Interessen usw.) 4. Information über das Unternehmen 5. Information über die Ausbildung 6. Klärung offener Fragen 7. Verabschiedung, Dank, Information über das weitere Vorgehen	*W-Fragen stellen!* *Schlüsselfragen stellen, z. B. „Warum interessiert Sie dieser Ausbildungsberuf besonders?" „Welche Befähigung bringen Sie dafür mit?" „Was wissen Sie über unseren Betrieb?"* *Ausreden lassen!*
Auswertung	Bewertung der Gesprächsinformation Bewertung der Unterlagen Entscheidung diskutieren	*Notizen auswerten!* *Unterschiede/Konsens?* *ggf. Auswertungsbogen!*

10. Wann sind Beurteilungen für Auszubildende zu erstellen?

Am Ende eines jeden Ausbildungsabschnittes ist mit dem Auszubildenden ein *Beurteilungsgespräch* zu führen. Dabei soll gemeinsam herausgearbeitet werden, ob die Ausbildungsinhalte vermittelt wurden/vermittelt werden konnten, welches Lern- und Arbeitsverhalten zu beobachten war und ob ggf. ergänzende Fördermaßnahmen erforderlich sind.

Neben diesen wiederkehrenden – mehr kurzzeitigen Kontroll- und Feedbackgesprächen – ist i. d. R. zweimal pro Ausbildungsjahr ein generelles Beurteilungsgespräch zu führen, dessen Ergebnis schriftlich festzuhalten ist (meist in Verbindung mit einem standardisierten Beurteilungsbogen; vgl. das Beispiel unter Frage 12.).

Dieses Beurteilungsgespräch ist als *Dialog* zu betrachten. Im Vordergrund stehen Führungs-, Steuerungs- und Motivationsaspekte. Das Beurteilungsgespräch ist zentrales Instrument der Personalentwicklung. Gegenstand des Gesprächs kann auch die Frage sein, ob in dem betreffenden Ausbildungsabschnitt alle notwendigen personellen, methodisch-didaktischen Voraussetzungen zur Vermittlung der Ausbildungsinhalte geschaffen wurden.

Für die Vorbereitung, Durchführung und Nachbearbeitung der Beurteilungsgespräche mit Auszubildenden gelten die gleichen, allgemeinen Grundsätze für Beurteilungsverfahren, die speziell in Ziffer 9.3.4, Mitarbeiterbeurteilung, behandelt werden.

11. Warum sind Erfolgskontrollen notwendig?

Erfolgskontrollen sind notwendig:

• *Aus der Sicht des Betriebes*, z. B.:
  - Probezeit = „Ausprobierzeit"
  - Verkürzung/Verlängerung der Ausbildungszeit
  - Prüfen der Übernahme im Anschluss an die Ausbildung
  - Überprüfung der Ausbildungsorganisation und -prozesse.

• *Aus der Sicht des Auszubildenden*, z. B.:
  - Feststellen der Eignung für den Ausbildungsberuf
  - Feedback und „Kontrast" zu seiner eigenen Einschätzung
  - Beurteilung = Anerkennung und Wertschätzung sowie Steuerungsmöglichkeit.

12. Welche Standards und Instrumente können für die Erfolgskontrolle herangezogen werden?

Maßstab für die Erfolgskontrolle der Ausbildung sind vor allem folgende Rechtsquellen:

• der Ausbildungsvertrag
• die Ausbildungsordnung

• der Prüfungsgegenstand
• die Prüfungsordnung.

Geeignete Instrumente der Erfolgskontrolle sind z. B. folgende Maßnahmen:

• Auswertung der Zwischen- und Abschlussprüfungen, die vor der Kammer abgelegt wurden
• Auswertung der Berichtshefte
• schriftliche und/oder mündliche Lernerfolgskontrollen
• fachpraktische Prüfungen im Labor, in der Lehrwerkstatt usw.
• Projektarbeiten
• Anfertigen von Arbeitsproben
• Einsetzen der Fähigkeiten und Fertigkeiten innerhalb von Planspielen, Simulationen, Übungsfirmen usw.

13. Wie können Beurteilungssysteme für Auszubildende gestaltet sein?

1. *Merkmalsorientierter Beurteilungsbogen:*
Der Beurteilungsbogen enthält Beurteilungsmerkmale bzw. Gruppen von Beurteilungsmerkmalen sowie eine plausible Skalierung der Merkmalsausprägungen. Der nachfolgende Beurteilungsbogen (Auszug) kann nur beispielhaften Charakter haben:

	Beurteilungsbogen für Auszubildende								
	Ausprägung der Merkmale								
	sehr gering								sehr hoch
Beurteilungsmerkmale	-4	-3	-2	-1	0	1	2	3	4
1. Interesse									
Lernbereitschaft									
Zielstrebigkeit									
...									
2. Auffassungsgabe									
geist. Beweglichkeit									
logisches Denken									
...									
3. Praktische Leistungen									
Qualität									
Quantität									
Menge/Tempo									
Systematik									
...									
4. Theoretische Leistungen									
Fachkunde/Fachwissen									
Betriebliche Zusammenhänge									
Produktkenntnisse									
...									
5. Eigenschaften/Verhalten									
Offenheit									
Kommunikationsverhalten									
Initiative									
Kooperationsbereitschaft									
...									
Zusammenfassung/Gesamtaussage: ...									
Vereinbarte Maßnahmen: ...									

2. Zunehmend werden in Betrieben auch Beurteilungsverfahren eingesetzt, die sich auf die Erfassung von Kompetenzfeldern konzentrieren; Beispiel (in Auszügen):

Beurteilungsbogen für Auszubildende		
Richtziele	**Grobziele**	**Bewertungsskala 1 - 7**
Methodenkompetenz	Planung	
	Durchführung	
	Selbstkontrolle/Reflexion	
	...	
Sozialkompetenz	Kommunikation	
	Kooperation	
	...	
Individualkompetenz	Eigenverantwortlichkeit	
	Leistungsbereitschaft	
	Belastbarkeit	
	...	

Beurteilungsverfahren

- sind mitbestimmungspflichtig,
- müssen hinreichend beschrieben sein und
- verlangen eine Schulung der Beurteiler.

14. Welche Rechtsbestimmungen sind bei Beurteilungsverfahren/Lernerfolgskontrollen zu beachten?

- Allgemeines Gleichbehandlungsgesetz (AGG)
- Mitbestimmung des Betriebsrats (§§ 94, 98, 99 BetrVG)
- Ausbildungszeugnis (§ 16 BBiG)
- Ausbildungsvertrag.

15. Wie ist der Auszubildende auf Prüfungen vorzubereiten?

Es wird empfohlen, den Auszubildenden über folgende Aspekte zu informieren bzw. ihn in den genannten Punkten bei der Prüfungsvorbereitung zu begleiten:

Auszubildende auf Prüfungen vorbereiten		
Information über die Art der Prüfung	Zwischenprüfung	Zunehmend entfallen Zwischenprüfungen nach § 48 Abs. 2 BBiG
	Abschlussprüfung	§§ 37 ff. BBiG
Information über die Arbeit des Prüfungsausschusses	paritätische Besetzung	§§ 39 ff. BBiG
	mindestens drei Mitglieder	
	die Mitglieder haben Stellvertreter	
	ehrenamtliche Tätigkeit für 5 Jahre	
	Der Ausschluss beschließt mit Stimmenmehrheit; bei Stimmengleichheit entscheidet die Stimme des Vorsitzenden.	
	Beschlüsse sind Verwaltungsakte; Widerspruch und Klage sind zugelassen.	
	Über Inhalt und Ablauf gibt Materialien: IHKn, DIHK, BiBB	
Vorbereitung der Auszubildenden	Empfehlungen geben zum Umgang mit der Prüfungssituation (Stress, Vorbereitung, Systematik usw.).	
	Originalprüfungsaufgaben aus zurückliegenden Jahren bearbeiten – unter Echtbedingungen!	
	Mündlich Prüfungssituation simulieren und auswerten.	

Außerdem: Individuelle Schwachstellen des Auszubildenden anhand von Gesprächen, Test, Beurteilung und des Berufsschulzeugnisses feststellen.

16. Welche Aspekte sind bei der Übernahme von Auszubildenden in ein Arbeitsverhältnis zu prüfen?

Die Vorteile, den Personalbedarf über „eigene" Auszubildende zu besetzen ist hinreichend bekannt. Für die betriebliche Ausbildung sprechen folgende Nutzenüberlegungen (Beispiele):

Nutzenüberlegungen zur Notwendigkeit der betrieblichen Ausbildung (Beispiele)	
Ausbildung ist die erste Stufe der Personalentwicklung.	Fachkräftebedarf abdecken
Nachwuchs aus den eigenen Reihen.	Führungsnachwuchs, Image, Motivation
Der Betrieb „kennt seine Leute".	Vermindertes Risiko: • bei der Personalauswahl • bei PE-Maßnahmen
	Verringerung der Personalbeschaffungskosten
Der „zukünftige" Mitarbeiter kennt seinen Betrieb.	Firmen-Knowhow
Der „zukünftige" Mitarbeiter passt in den Betrieb.	Identifikation, Bindung, Sozialverhalten, Kontakte, Gehaltsstruktur
Duale Ausbildung ist eine doppelte Chance.	Theorie + Praxis

Der intern ausgebildete Mitarbeiter ist zügig einsetzbar.	Kenntnis der Abläufe, der Besonderheiten, der Produkte usw.
Betriebliche Ausbildung ist Investition in Humankapital.	Image, Wettbewerbsvorteile

Es gibt einige Unternehmen, die aus gesellschaftspolitischen Gründen generell über Bedarf ausbilden. Den Ausbildungsbewerbern wird dies bereits während der Auswahlgespräche mitgeteilt, sodass klar ist, dass schon von daher nicht alle Auszubildenden nach Beendigung ihrer Ausbildung übernommen werden können. Der allgemeine Trend der letzten fünf Jahre war allerdings gegenläufig: Insbesondere Groß- und Mittelbetriebe haben ihre Ausbildungsquote deutlich gesenkt. Dies trifft pikanterweise auch auf Gewerkschaftsunternehmen zu.

Bereits jetzt mehren sich die Pressestimmen, die fast dramatisch beschreiben, wo und in welchen Funktionsbereichen Fachkräftemangel trotz der rd. 3 Mio. Arbeitslosen herrscht. Hier kann man nur sagen: Ein hausgemachtes Problem!

Konkret sind bei der Übernahme von Auszubildenden in ein Beschäftigungsverhältnis im Wesentlichen ähnliche Merkmale zu prüfen, die bei der Mitarbeiterauswahl generell gelten (vgl. 3.7.4, Personalauswahl):

Merkmale/Instrumente/Phasen bei der Übernahme von Auszubildenden in ein Beschäftigungsverhältnis	
1 **Existiert ein genehmigter Personalbedarf?**	Frühzeitig sollte der Ausbildungsleiter/der Ausbilder mit den Fachabteilungen Kontakt aufnehmen: • Welche Vakanzen zeichnen sich ab? • Welche Auszubildenden beenden wann ihre Ausbildung?
2 **Ermittlung des Anforderungsprofils der vakanten Stelle**	Gespräch Ausbilder/Fachabteilung: Welche fachlichen oder persönlichen Anforderungen sind zu erfüllen (Stellen-/Funktionsbeschreibung, Anforderungsprofil)?
3 **Ermittlung des Eignungsprofils des (noch) Auszubildenden**	• Schulabschlüsse • innerbetriebliche Beurteilungen • Zeugnis der Berufsschule (voraussichtlich) • (voraussichtliches) Ergebnis der Abschlussprüfung • ggf. Zusatzqualifikationen (IT-Lehrgang, Schweißen u. Ä.) • Personalakte • sonstige Informationen und Erkenntnisse
4 **Vergleich von Anforderungs- und Eignungsprofil**	Profilvergleichsanalyse: Welche Anforderungen werden erfüllt/nicht erfüllt? Welche Eignungsdefizite können kurzfristig durch geeignete Maßnahmen ausgeglichen werden?
5 **Zeitliche Abstimmung**	Zu welchem Termin soll die vakante Stelle neu besetzt werden (Vakanz wegen Mutterschaft, Wehrdienst, Kündigung, Alter u. Ä.)?
	Wann ist die Ausbildung beendet?
	Können/müssen Zeitdifferenzen überbrückt werden?
6 **Übernahmegespräch**	Führen alle oben genannten Aspekte zu einem positiven Ergebnis, ist das Gespräch mit dem Auszubildenden zu suchen: Seine Erwartungen? (Tätigkeit, Funktionsbereich, Gehalt usw.) Seine beruflichen und privaten Pläne? (Wohnortwechsel, Studium, Interessen/Neigungen usw.) und Ähnliches.

| 7 | Vorbereitung des Arbeitsvertrages | Bei positivem Ergebis der geführten Gespräche (Ausbilder/aufnehmende Fachabteilung) werden die Eckdaten des Arbeitsvertrages notiert und an die Personalabteilung zur weiteren Veranlassung weitergegeben. |

Der dargestellte Ablauf ist nicht als starres Schema zu verstehen und muss sich den betrieblichen Gegenheiten anpassen. Zu beachten ist auch, dass es jedem Auszubildenden frei gestellt ist, sich in Eigeninitiative auf interne Stellenausschreibungen zu bewerben.

17. Welche rechtlichen Bestimmungen sind bei der Übernahme von Auszubildenden in ein Arbeitsverhältnis zu beachten

Rechtliche Bestimmungen bei der Übernahme von Auszubildenden in ein Beschäftigungsverhältnis	
§ 21 BBiG	Das Ausbildungsverhältnis endet mit dem Ablauf der Ausbildungszeit.
	Besteht der Auszubildende die Abschlussprüfung vor Ende der Ausbildungszeit, so endet das Ausbildungsverhältnis mit Bekanntgabe des Prüfungsergebnisses.
§ 24 BBiG	Werden Auszubildende im Anschluss an ihre Ausbildung weiterbeschäftigt, so gilt ein unbefristetes Arbeitsverhältnis als begründet.
§ 12 Abs. 1 Satz 1 BBiG	Eine Vereinbarung im Berufsausbildungsvertrag über die Weiterbeschäftigung nach Beendigung der Ausbildung ist nichtig.
§ 12 Abs. 1 Satz 2 BBiG	Vereinbarungen über ein Beschäftigungsverhältnis dürfen frühestens innerhalb der letzten sechs Monate der Ausbildung geschlossen werden.
§ 78a BetrVG, § 9 BPersVG	Der Arbeitgeber hat Mitgliedern der Jugend- und Auszubildendenvertretung drei Monate vor Ende der Ausbildung schriftlich mitzuteilen, wenn er sie nicht weiterbeschäftigen will.
	Verlangt ein Mitglied der Jugend- und Auszubildendenvertretung vom Arbeitgeber schriftlich die Weiterbeschäftigung innerhalb der letzten drei Monate der Ausbildung, so gilt ein unbefristetes Arbeitsverhältnis als begründet. Der Arbeitgeber kann davon nur durch einen Beschluss des Arbeits- bzw. Verwaltungsgerichts entbunden werden.
Tarifverträge	Etliche Tarifverträge sehen vor, dass der Arbeitgeber nach Ende der Ausbildung zu einer befristeten Weiterbeschäftigung verpflichtet ist (sog. Beschäftigungsbrücke bzw. Beschäftigungssicherung). Die Befristungen erstrecken sich auf Zeiträume von drei bis zu zwölf Monaten (so z. B.: zwölf Monate in der westdeutschen Eisen- und Metallindustrie).
AltersteilzeitG	Die Bundesagentur für Arbeit fördert die Altersteilzeit unter bestimmten Bedingungen. Dies betrifft auch die Weiterbeschäftigung nach Abschluss der Ausbildung auf einen freigemachten Arbeitsplatz (§ 3 Abs. 2a AltersteilzeitG).

9.5 Auswahl und Einstellung von Mitarbeiterinnen und Mitarbeitern

9.5.1 Auswahlinstrumente → 3.7.4

Vgl. dazu „Ziel und Grundsätze der Personalauswahl" 3.7.4.

01. Welche Methoden der Bewerberauswahl können eingesetzt werden?

Methoden/Instrumente der Bewerberauswahl				
Analyse der Bewerbungsunterlagen	Interview	Referenzen, Auskünfte	Arbeits-proben	Personal-bogen
Ärztliche Eignungsuntersuchung	Schriftbild-analyse	Assessment-center	Test-verfahren	Biografischer Fragebogen

02. Welche Unterlagen enthält eine vollständige Bewerbung im Regelfall?
- Bewerbungsschreiben (Anschreiben)
- Lebenslauf
- Lichtbild
- Arbeitszeugnisse
- Schulzeugnisse
- relevante Zertifikate/Prüfungsergebnisse zu Weiterbildungsmaßnahmen
- ggf. Arbeitsproben (falls erforderlich)
- ggf. Referenzen (falls erforderlich).

03. Nach welchen Kriterien werden die Bewerbungsunterlagen geprüft?

Es werden die Unterlagen *formal* und *inhaltlich* geprüft und analysiert.

Prüfung der Bewerbungsunterlagen	
Formale Prüfung	Inhaltliche Prüfung

04. Was bedeutet die formale Prüfung eingereichter Unterlagen?

Unter der formalen Prüfung eingereichter Unterlagen versteht man eine Sichtung im Hinblick auf die formale Gestaltung, d. h. auf die *äußere Form* und die positionsbezogene *Gliederung,* die Prüfung auf *Vollständigkeit* der Unterlagen, wobei es darauf ankommt, festzustellen, ob alle angeforderten Unterlagen eingereicht worden sind, ob alle Zeiten lückenlos und mit Zeugnissen versehen sind.

05. Was bedeutet die inhaltliche Prüfung eingereichter Unterlagen?

Die Unterlagen können nach dem Informationsgehalt, d. h., den Hinweisen zur Qualifikation, über ausgeübte Tätigkeiten, des Gehaltswunsches, des gekündigten oder ungekündigten Beschäftigungsverhältnisses, des bezogenen Einkommens, des Eintrittsdatums, vom Arbeitgeber überprüft werden, um festzustellen, ob der Bewerber die geforderten Voraussetzungen erfüllen könnte und zu einer Vorstellung eingeladen werden soll. Bei einer Vielzahl von Bewerbungen ist eine solche Vorauswahl unerlässlich.

06. Welche Aspekte sind bei der Analyse des Bewerbungsschreibens relevant?

Grundsätzlich werden folgende Aspekte bewertet:

* äußere Form
* Rechtschreibung, Sprache (Satzbildung, prägnante Ausdrucksweise?)
* Wortwahl (z. B. Aktiv-/Passivform? Flüssig/Unbeholfen? Wortschatz?)
* Stil (Nüchtern/Sachlich/Übertrieben?)
* Gliederung (Systematik erkennbar?)
* Bezug zur Anzeige (Anforderungsprofil/Eignungsprofil)
* Vollständigkeit (Wechseltermin, derzeitiges Gehalt)
* Bewerbungsmotiv (Sachliche Gründe: Wechsel des Tätigkeitsbereichs, Ausdehnung der Verantwortung, Höhe des Gehalts; Persönliche Gründe: Fehlende Entwicklungsmöglichkeit, Führungsstil des Vorgesetzten, Ortswechsel).

07. Welchen Stellenwert hat das Foto des Bewerbers?

Das Foto dient zunächst der *Wiedererkennung*. Die am Interview beteiligten Personen des Arbeitgebers können sich anhand des Fotos leichter an den Gesprächseindruck sowie an Einzelheiten des Interviews erinnern („visuelle Gedächtnisbrücke"). Im Allgemeinen geht es nicht darum, ob der Kandidat auf dem Foto sympathisch oder unsympathisch wirkt, sondern ob das Lichtbild

* professionell erstellt wurde und
* Ausdruck sowie Pose

dem Anlass (Bewerbung, Position) angemessen sind.

9.5.2 Arbeitsvertragsform festlegen → 3.12.1.3

01. Welche Arbeitsvertragsformen (auch: -arten) kommen grundsätzlich infrage?

Aufgrund der Interessenslage der Vertragsparteien haben sich besondere Arten von Arbeitsverhältnissen herausgebildet, die gesetzlich nur unvollständig geregelt sind, z. B.:

- Aushilfsarbeitsverhältnis
- Probearbeitsverhältnis
- Ausbildungs-/Arbeitsverträge mit Praktikanten
- Ausbildungs-/Arbeitsverträge mit Volontären
- Heimarbeitsverhältnis
- Teilzeitarbeitsverhältnis
- Arbeitsverhältnisse mit ausländischen Arbeitnehmern
- unbefristete/befristete Verträge
- tariflich gebundener Vertrag/außertariflicher Vertrag
- Altersteilzeitvertrag
- Telearbeitsvertrag.

Vgl. zu den Arten des Arbeitsvertrages ausführlich unter 3.12.1/16.

9.5.3 Einführung der Mitarbeiter

01. Welche Aufgaben gehören zur „Einführung neuer Mitarbeiter"?

Die Einführung neuer Mitarbeiter umfasst zum einen *formale Vorgänge* wie Übergabe der Arbeitspapiere an die Personalabteilung, Untersuchung durch den Werksarzt, Kontakt mit dem Betriebsrat und Aushändigen betrieblicher Unterlagen/Broschüren.

Daneben muss der neue Mitarbeiter mit seiner *Arbeitsumgebung, seinem Arbeitsplatz, den Kollegen und den zuständigen Vorgesetzten* bekannt gemacht werden. Diese Aufgabe ist im Regelfall Sache des Vorgesetzten oder kann an einen besonders geeigneten Mitarbeiter delegiert werden (Stichwort: Patenmodell).

02. Warum muss die Einführung neuer Mitarbeiter einen hohen Stellenwert haben?

Für den neuen Mitarbeiter sind die ersten Arbeitstage von hoher Bedeutung. Die Eindrücke, die er hier gewinnt, *bestimmen nachhaltig seine Einstellung zu seiner Tätigkeit und zu dem Betrieb.* Er muss das Gefühl vermittelt bekommen, dass er wichtig ist, dass man ihn erwartet und sich um ihn kümmert. Man weiß heute, dass eine nachlässige und fehlerhafte Einführung und Einarbeitung neuer Mitarbeiter ein häufiger Kündigungsgrund ist bzw. Ursache später auftretender Konflikte. *Im Einzelnen* lassen sich folgende Aspekte nennen, die eine sorgfältige Einführung neuer Mitarbeiter begründen:

- Die Personalanwerbung neuer Mitarbeiter ist *teuer*.

- Nur eine erfolgreiche Integration des „Neuen" in die bestehende Arbeitsgruppe führt zu einem positiven *Klima* und damit zu einer stabilen *Leistung*.

- Eine gut vorbereitete und durchgeführte Einführung vermeidet *Ängste* beim neuen Mitarbeiter und kann ihm die *Zuversicht* vermitteln, dass er den Anforderungen und Erwartungen gerecht wird.

- Nach *§ 81 BetrVG hat der Mitarbeiter ein Recht* darauf, „über die Art seiner Tätigkeit und ihre Einordnung in den Arbeitsablauf des Betriebes" unterrichtet zu werden. Dieses Recht gehört zu den so genannten Individualrechten des Betriebsverfassungsgesetzes und gilt unabhängig davon, ob ein Betriebsrat existiert oder nicht.

03. **Welche Einzelschritte sind bei der Einführung und Integration neuer Mitarbeiter empfehlenswert?**

1. Vorbereiten
Sich persönlich auf den Neuen vorbereiten; Einführung und Einsatz planen und den Arbeitsplatz herrichten.

2. Empfangen
Freundlich und persönlich begrüßen; zum Ausdruck bringen, dass man über die fachliche und persönliche Qualifikation des neuen Mitarbeiters im Bilde ist; ihm die Befangenheit nehmen, die er als „Neuer" empfindet. Die Begrüßung ist wesentlich mitbestimmend für den ersten Eindruck vom neuen Betrieb, von der neuen Arbeitsgruppe und vom neuen Vorgesetzten.

3. Bekanntmachen
Den neuen Mitarbeiter mit allen Betriebsangehörigen persönlich bekannt machen, mit denen er es in erster Linie zu tun hat, auch mit Vorgesetzten und Betriebsrat – allerdings schrittweise, nicht unbedingt „alle und sofort"; ihm helfen, mit seinen Arbeitskollegen Kontakt zu finden; dafür sorgen, dass er alle wichtigen Betriebseinrichtungen und -gepflogenheiten kennen lernt.

4. Informieren
Eine Vorstellung von der Organisation und der Arbeit des Betriebes vermitteln; die Funktion des neuen Mitarbeiters im Arbeitszusammenhang aufzeigen; ihm die wichtigsten Arbeitsregeln vermitteln.

5. Einarbeiten, korrigieren und kontrollieren
Den neuen Mitarbeiter mit seiner Arbeit vertraut machen, sich in der ersten Zeit häufig um ihn kümmern, einschließlich periodischer Fortschrittskontrollen; ihm einen Kollegen als „Paten" zur Seite geben; Einzelheiten im Arbeitszusammenhang erklären, vormachen und tun lassen.

9.5.4 Controlling des Auswahlverfahrens → 3.8

01. Auf welche Objekte erstreckt sich das Controlling der Personalauswahl?

Controlling ist (verkürzt dargestellt) der Soll-Ist-Vergleich eines Betrachtungsobjekts und die Ableitung geeigneter Steuerungsmaßnahmen (vgl. 3.8, Personalcontrolling).

Als *Soll-Werte* im Rahmen der Personalauswahl können die Zielaspekte gesetzt werden (vgl. 9.5.1); zur Wiederholung:

Ziel der Personalauswahl ist es,

• auf rationellem Wege,
• zum richtigen Zeitpunkt, den Kandidaten zu finden,
• der möglichst schnell die geforderte Leistung erbringt und
• der in das Unternehmen „passt" (in die Gruppe, zum Chef).

Daraus lassen sich folgende *Messbereiche* ableiten, die für eine Überprüfung der quantitativen und qualitativen Aspekte der Personalauswahl herangezogen werden können:

Controlling der Personalauswahl	
Messbereiche:	**Betrachtungsobjekte, z. B.:**
Auswahlprozess:	Abläufe, Dauer, Beteiligte (Anzahl und Kompetenz)
Auswahlinstrumente:	Effektivität und Effizienz
Kosten- und Zeitgrößen:	Kosten der Beschaffung, der Auswahl, der Einarbeitung
ausgewählte Mitarbeiter:	Leistungsverhalten in der Praxis, Integration

Es gibt in der Literatur kein in sich geschlossenes System des Controllings von Personalauswahlprozessen. Ersatzweise wird meist empfohlen, die Effektivität (Hebelwirkung) und die Effizienz (Qualität) anhand geeigneter Kennzahlen zu überprüfen; dazu folgende Beispiele:

Controlling des Personalauswahlverfahrens	
Controllinggegenstand	Untersuchungsansatz, geeignete Kennzahlen
Beschaffungsinstrumente, -prozess	Anzahl der Bewerber pro ausgeschriebener Stelle
	Anzahl der Bewerbungen pro Beschaffungsweg (Printmedien, Internet)
	Vorstellungsquote (Anzahl der Gespräche : Anzahl der Bewerbungen)
	Beschaffungskosten pro Stellenbesetzung
	ø Zeitdauer je Beschaffungsprozess in Tagen
Auswahlinstrumente, -prozess, Einführung der Mitarbeiter	Anzahl der Vorstellungsgespräche pro Stellenbesetzung
	ø Dauer je Vorstellungsgespräch
	ø Kosten je Vorstellungsgespräch
	Ablaufprozesse (intern, nach außen), z. B.: Bewerberinformation, Handling der Unterlagen
	Zusammenarbeit, innerbetriebliche Kommunikation (Fachabteilung, Personalabteilung, Betriebsrat)
	Liegen die erforderlichen Instrumente der Personalauswahl vor? (Vollständig? Qualität? Erprobung?)
	Kompetenz (Befähigung) der Beteiligten: Gesprächsführung, Rechtsgrundlagen
	Grad der Personaldeckung (offene Stellen/besetzte Stellen/Stellen insgesamt)
	Frühfluktuationsrate (z. B. bezogen auf 6 Monate)
	Arbeitnehmerseitige Frühkündigungsrate
	Anzahl der Versetzungswünsche im 1. Jahr
	Entwicklung der Produktivität (Zeitraum, Orga-Einheit)

9.6 Qualifizierung am Arbeitsplatz

9.6.1 Mitarbeiter und Auszubildende → 3.6.2

Zur Bedeutung einer systematischen Personalentwicklung vgl. 3.6.2.

9.6.2 Lernziele → 9.7.4

01. Was ist ein Lernziel?

Ein Lernziel enthält die eindeutige Beschreibung der Verhaltensform, die ein Teilnehmer nach Abschluss einer Qualifizierungsmaßnahme erworben haben soll. Es legt fest, was der Lernende tun oder wissen muss, um zu zeigen, dass er das Ziel erreicht hat.

Man unterscheidet:

Lernziele (Grad der Detaillierung)		
Zielart	**Begriffsbeschreibung**	**Beispiel**
Richtziele	sind eine allgemeine Orientierung; ihnen sind (meist) mehrere Grobziele untergeordnet.	Der Substitut muss die Entscheidungsprozesse in seinem Verantwortungsbereich kennen, analysieren und erklären können.
Grobziele	zeigen eine vage Beschreibung des erwünschten Verhaltens ohne Beurteilungsmaßstab; ihnen sind (meist) mehrere Feinziele untergeordnet.	Der Substitut ist in der Lage die Personalplanung in seinem Verantwortungsbereich erstellen zu können.
Feinziele	weisen einen hohen Grad an Genauigkeit auf und sind operational (messbar).	Der Substitut kann den Personaleinsatz seiner Abteilung für einen Monat im Voraus festlegen. Er setzt dabei die betrieblichen Instrumente ein – wie z. B. Umsatz- und Personalstatistiken. Die Fähigkeit gilt als nachgewiesen, wenn die Ist-Situation um maximal ± 5 % vom Planwert abweicht.

02. Wann ist ein (Fein-)Lernziel operational formuliert?

Ein (Fein-)Lernziel ist operational formuliert, wenn es drei Kriterien erfüllt:

Lernziele (Operationalisierung)		
	Kriterium	**Beispiel**
1.	Beschreibung des Endverhaltens	Der Mitarbeiter ist in der Lage, den Beurteilungsbogen für Auszubildende mit 6 Merkmalen und 5 Stufen ausfüllen zu können.
2.	Festlegen der Bedingungen, unter denen das Endverhalten zu erbringen ist	Hilfsmittel: keine; die Aufgabe muss in 12 Minuten erbracht werden.
3.	Bestimmung des Beurteilungsmaßstabs für ein ausreichendes Endverhalten	Der ausgefüllte Bogen darf nicht mehr als eine fehlerhafte Zuordnung enthalten.

03. Welche Lernzielbereiche werden unterschieden?   → 9.7.4

Lernzielbereiche	Beispiele
Kognitive Lernziele	betreffen die geistige Wahrnehmung: Kenntnisse, Wissen; z. B.: Kenntnis der Sicherheitsvorschriften, Beherrschen der Zuschlagskalkulation.
Affektive Lernziele	beziehen sich auf die Veränderung des Verhaltens und der Gefühle; z. B.: Einsicht in die Notwendigkeit der Teamarbeit, Respektieren der Meinung anderer sowie seine eigene Meinung überzeugend vertreten.
Psychomotorische Lernziele	umfassen den Bereich der körperlichen Bewegungsabläufe; z. B.: Bedienen eines Verpackungsautomaten; Anfertigen einer Layoutskizze für Werbeaktionen.

04. Was versteht man unter der Lernzieltaxonomie?

Die Lernzieltaxonomie ist ein *Klassifikationsschema,* das Feinlernziele hierarchisch nach ihrem Schwierigkeitsgrad (Komplexität) ordnet. Ranghöhere Lernziele haben einen größeren Schwierigkeitsgrad als rangniedrigere und können erst erreicht werden, wenn das untergeordnete Ziel erfolgreich bewältigt wurde. Die Rahmenpläne der IHK-Weiterbildung legen folgende Anwendungstaxonomie fest:

Taxonomie	Erklärung	Zuordnung
Wissen	beschreibt den Erwerb von Kenntnissen	beherrschen (kognitiv), kennen, überblicken
Verstehen	beschreibt das Erkennen und Verinnerlichen von Zusammenhängen	ableiten, analysieren, auswerten, begründen, beurteilen, bewerten ...
Anwenden	beschreibt die aus dem Verstehen der Zusammenhänge resultierende Fähigkeit zu sach- und fachgerechtem Handeln	abstimmen, anleiten, anwenden, aufbereiten, ausüben, auswählen, beachten, bearbeiten, beherrschen (praktisch) ...

Quelle: Geprüfter Handelsfachwirt/Geprüfte Handelsfachwirtin, Rahmenplan mit Lernzielen, April 2006, Seite V

Beispiel:

Wissen	Der Handelsfachwirt kennt verschiedene Ausbildungsberufe, die für den Handel relevant sind. (9.4.3.1, Rahmenplan[1])
Verstehen	Der Handelsfachwirt versteht die Notwendigkeit der Kooperation mit der Berufsschule. (9.4.3.4, Rahmenplan[1])
Anwenden	Der Handelsfachwirt ist in der Lage, Einstellungsgespräche zu führen. (9.4.3.6, Rahmenplan[1])

05. Warum ist es erforderlich, Lernziele zu formulieren?

Die Formulierung exakter Lernziele

• ermöglicht die Lernzielkontrolle

• ermöglicht den Lerntransfer in die Praxis

• objektiviert den Lernprozess (der Lernende kennt die an ihn gestellten Erwartungen)

• ermöglicht dem Ausbildenden sein Lehrverhalten zu überprüfen

• erleichtert das Erkennen der notwendigen Eingangsvoraussetzungen bei der Auswahl von Mitarbeitern zu inner- und außerbetrieblichen Qualifizierungsmaßnahmen.

9.6.3 Didaktische Prinzipien

01. Was versteht man unter Didaktik? Welcher Unterschied besteht zur Methodik?

• *Didaktik ist die Theorie des Unterrichts.* Lehre des Lehrens und Lernens (Duden, Fremdwörterbuch).

• Didaktik ist eine Theorie der *Bildungsinhalte, ihrer Struktur und Auswahl* (Klafki). In dieser Begriffsbestimmung kommt zum Ausdruck, dass sich die Didaktik schwerpunktmäßig mit dem Inhalt und der Struktur von Lernprozessen, dem „Was?" beschäftigt, während sich die *Methodik* dem „Wie?" zuwendet (Art und Weise der Vermittlung von Lerninhalten).

02. Welche didaktischen Prinzipien und Methoden können zur Unterstützung des Lernens eingesetzt werden?

Vorherrschend sind folgende didaktischen Prinzipien und Methoden:

Didaktische Prinzipien		
Didaktische Reduktion	den Lernstoff vereinfachen, auf das Wesentliche beschränken	Beispiele: Kreislaufmodell der Wirtschaft, Stromkreislauf, Aufbau der Atome

---

[1] Geprüfter Handelsfachwirt/Geprüfte Handelsfachwirtin, Rahmenplan mit Lernzielen, S. 52

Didaktische Analyse	Sonderform der didaktischen Reduktion: den Lernstoff in Teile zerlegen, Aspekte auswählen und strukturieren (gliedern), Erkenntnisse und Regeln ableiten	Beispiele: Strukturieren des Lernstoffs mithilfe von Übersichten, Tabellen und Baumdiagrammen; dabei auswählen und ggf. kommentieren (vgl. die Aufbereitung des Lernstoffs in diesem Prüfungsbuch)
Didaktische Methoden		
Induktive Methode	vom Besonderen zum Allgemeinen	Der Ausbildende beschreibt unternehmerisches Verhalten an einem Fallbespiel und verallgemeinert anschließend die Erkenntnisse.
Deduktive Methode	vom Allgemeinen zum Besonderen	Allgemeine Regeln und Erkenntnisse der Wirtschaft, Soziologie oder Psychologie werden auf das Verhalten einer Einzelperson übertragen.

9.6.4 Methoden

01. Was ist eine Methode?

Eine Methode ist ein *planmäßiges Verfahren* (zur Untersuchung eines Objekts, zur Vermittlung von Lerninhalten usw.). Die Methodik des Lehrens und Lernens beschäftigt sich also mit dem *„Wie?" der Vermittlung von Lerninhalten*.

02. Welche Aspekte muss der Vorgesetzte bei der Umsetzung von Qualifizierungsmaßnahmen berücksichtigen?

Bei der *Durchführung* vereinbarter Qualifizierungsziele sind die spezifisch erforderlichen Maßnahmen zu planen, zu veranlassen und zu kontrollieren. Der Vorgesetzte muss dabei folgende Aspekte berücksichtigen:

• Welche *Maßnahmen* sind im vorliegenden Fall besonders geeignet?

• Welche *Methoden* und *Instrumente* „passen" speziell zu den angestrebten Entwicklungszielen?

Beispiel: *Kognitive Lernziele* lassen sich i. d. R. gut in Form von internen oder externen Lehrgängen vermitteln. Bei *psychomotorischen Lernzielen* wird man meist auf die Unterweisung vor Ort, bei *affektiven Lernzielen* auf Rollenspiele, Coaching, Mentoring und/oder gruppendynamische Seminare zurückgreifen. Die Vorbereitung auf höherwertige Führungsaufgaben kann über Methoden wie Stellvertretung, Assistenzaufgaben, Job Rotation, Job Enlargement bzw. Mitarbeit in Projektgruppen erfolgen. Veränderungen in der Arbeitsstrukturierung können durch interne Maßnahmen der Teamentwicklung unterstützt werden.

Die Entscheidung des Vorgesetzten bei der Wahl geeigneter Maßnahmen, Methoden und Instrumente ist vor allem eine Frage

- der angestrebten *Entwicklungsziele,*
- des jeweiligen *Teilnehmerkreis* (z. B. einzelne Mitarbeiter oder Gruppen) sowie
- der *Ressourcen* (z. B. Zeiten, Kosten, Personen, innerbetriebliche Schulungsmöglichkeiten).

Dabei sind die Maßnahmen am betrieblichen Bedarf sowie den berechtigten Interessen der Mitarbeiter auszurichten:

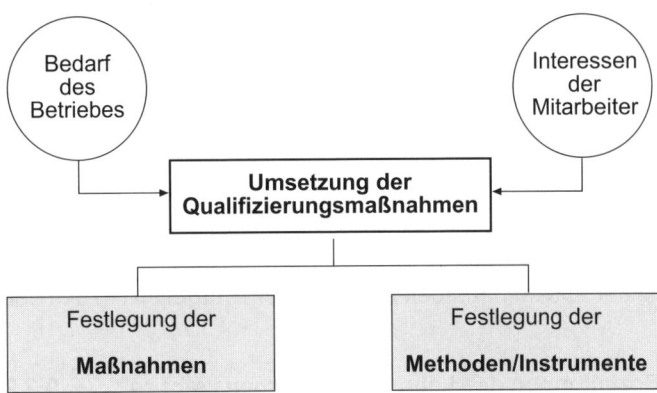

03. Welche Methoden muss der Handelsfachwirt bei der Umsetzung von Qualifizierungsmaßnahmen anwenden können? → 3.6.4, 9.7.4

Im Rahmenplan werden (an dieser Stelle) genannt:

- 4-Stufen-Methode
- Lehrgespräch
- Leittextmethode
- Sozialformen.

Es gibt darüber hinaus zahlreiche Methoden, die in der Praxis im Rahmen von Qualifizierungsmaßnahmen eingesetzt werden können; ihre Darstellung erfolgt in diesem Buch schwerpunktmäßig unter Ziffer 9.7.4, Lernhilfen (Überschneidung im Rahmenplan). Nachfolgend werden ergänzend die „4-Stufen-Methode" und „Sozialformen" (des Lernens) näher behandelt.

04. Warum spielt die Arbeitsunterweisung im Rahmen der Mitarbeiterqualifizierung eine zentrale Rolle?

Die Arbeitsunterweisung ist eine spezifische Maßnahme der Mitarbeiterqualifikation – *am Arbeitsplatz, durch den Vorgesetzten.* Sie ist die *gesteuerte Weitergabe* von Erfahrungen des Vorgesetzten an den Mitarbeiter.

- Bewährte Methode der Unterweisung ist die *4-Stufen-Methode* (vgl. AEVO):

Die 4-Stufen-Methode

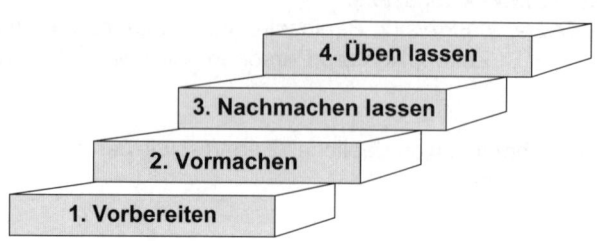

- *Vorteile der 4-Stufen-Methode:*
  - kostengünstig
  - praxisnah
  - flexible Anpassung der Lerninhalte und -zeiten
  - unmittelbare Kontrolle des Lernfortschritts
  - Der Vorgesetzte wird zum Coach.
  - Förderung der Zusammenarbeit zwischen dem Vorgesetzten und dem Mitarbeiter.

05. Welche Sozialformen des Lehrens und Lernens gibt es? → 9.2.2, 9.6.5, 9.7.4

Die Methoden des Lehrens und Lernens lassen sich nach verschiedenen Merkmalen systematisieren, z. B.:

- Lernen als Einzelperson
- aktives Lernen
- internes Lernen (on the job)

- Lernen in Gruppen
- passives Lernen
- externes Lernen (off the job).

Das Lernen als Einzelperson bzw. das Lernen in Gruppen kann auch als *Sozialform des Lernens* bezeichnet werden (eine eher unübliche Begrifflichkeit des Rahmenplans). In der Praxis werden folgende *Einzelverfahren* (der Sozialformen des Lernens) eingesetzt:

- *Sensitivity Training:*
  Im Rahmen gruppendynamischer Übungen werden im Seminar alte Verhaltensweisen infrage gestellt (Verunsicherung) und neue, wirksamere Muster eingeübt und konsolidiert. Derartige Seminare verlangen einen speziell ausgebildeten Trainer/ Psychologen.

- *Encounter Gruppen:*
  Trainingsmethode zur Stabilisierung und Entwicklung der Persönlichkeit der Teilnehmer.

- *Transaktionsanalyse*:
  Gruppentherapeutische Methode auf der Basis verschiedener Ich-Zustände (Eltern-Ich, Erwachsener-Ich, Kind-Ich).

- Coaching:
  → Siehe 9.2.2.

- Teamentwicklung
  → Siehe 9.7.4.

- Intergruppen-Intervention:
  Methode zur Bearbeitung von Konflikten an der Schnittstelle zwischen Gruppen

- Lernstatt (Lernen + Werkstatt):
  Methode des Lernens vor Ort; ursprünglich auf rein kognitive Inhalte bezogen; verzichtet weitgehend auf die klassische Lehrer-Schüler-Situation.

- Arbeitsstrukturierung:
  Job Enrichment, Job Enlargement, Job Rotation, teilautonome Gruppen
  → Siehe ausführlich unter 9.6.5.

06. Welche Medien und Hilfsmittel können im Qualifizierungsprozess eingesetzt werden? Welche Regeln gelten für den Einsatz der Methoden und Medien?

- Aktive Lernmethoden sind passiven vorzuziehen!

- Kein Lernvorgang sollte ohne visuelle Unterstützung erfolgen!

- Frequenzgesetz:
  Häufiges Üben eines Lerninhaltes verstärkt den Lernfortschritt!

- Effektgesetz (Erfolgsgesetz):
  Lernen muss mit Erfolgserlebnissen verbunden sein! Man lernt am Erfolg!

- Motivationsgesetz:
  Kein Lernvorgang sollte ohne eine stabile Motivationslage erfolgen!
  (Sich bewusst machen, warum lerne ich? Was habe ich davon?)

Erfolge im Lernfeld sowie Erfolge im Funktionsfeld bewirken einen Motivationsschub – auch für zukünftiges Lernen.

Der Vorgesetzte ist bei internen PE-Maßnahmen für die Wahl der Methoden verantwortlich oder zumindest mitverantwortlich. Im konkreten Qualifizierungsprozess sind die Lernziele oft unterschiedlich und die Teilnehmer sind meist heterogen zusammengesetzt (Alter, Berufserfahrung, Lerngewohnheit, Bildungsniveau usw.). Der Vorgesetzte muss also darauf hinwirken, dass ein lernförderndes Klima geschaffen wird, z. B.:

- Der Teilnehmer „ist dort abzuholen, wo er steht" (seine Erfahrung, sein Wissen, seine Motivation, „Bahnhofsprinzip").
- Methoden und Maßnahme müssen sich entsprechen.
- Der Praxisbezug ist herzustellen (Nutzen aufzeigen).
- Möglichkeiten zur Umsetzung des Gelernten müssen angeboten werden (Übungen, Fallbeispiele, aktive Lernmethoden, Hilfe zur Selbsthilfe, Handlungsorientierung).

9.6.5 Methoden des Training on the job

Vgl. dazu 3.6.4/03, S. 399.

9.6.6 Lernerfolgskontrolle   → 9.6.6

01. Was versteht man unter Evaluierung?

Evaluierung (auch: Evaluation, Erfolgskontrolle) ist die *Überprüfung und Bewertung von Qualifizierungsmaßnahmen* hinsichtlich

* ihres Inputs,
* ihres Prozesses und
* ihres Outputs.

Von zentraler Bedeutung bei der Erfolgskontrolle von Qualifizierungsmaßnahmen ist der Transfer des Gelernten in die Praxis (Umsetzung vom Lernfeld in das Funktionsfeld). Inhalte und Erfahrungen von Qualifizierungsmaßnahmen, die keinen Eingang in die Praxis finden sind das Geld nicht wert, das sie kosten.

Es müssen daher im Rahmen der Evaluierung folgende *Schlüsselfragen* bearbeitet werden:

Was sollte gelernt werden?	→ Evaluierung der **Lernziele**
Was wurde tatsächlich gelernt?	→ Evaluierung der **Lernprozesse und -methoden**
Was wurde davon behalten?	→ **Evaluierung des Lernerfolges**
Was wurde davon in die Praxis umgesetzt?	→ Evaluierung des **Anwendungserfolges**
In welchem Verhältnis stehen Aufwand und Nutzen zueinander?	→ Evaluierung des **ökonomischen Erfolges**

Hinweis: Der Rahmenplan nennt also an dieser Stelle (unzutreffenderweise) nur einen Aspekt der Evaluierung.

Die Evaluierung eines Qualifizierungsprozesses ist mehr als die „bloße Kontrolle einer Bildungsmaßnahme". Ebenso wie in anderen betrieblichen Funktionen ist sie ein geschlossenes System von Zielsetzung, Planung, Organisation, Durchführung und Kontrolle – mit den generellen Phasen:

Evaluierungssystem	
1	Analyse der Ist-Situation
2	Zielsetzung (Sollwert)
3	Vergleich von Soll und Ist (Abweichungsanalyse)
4	Ursachenanalyse
5	Entwicklung von Maßnahmen und Methoden
6	Kontrolle der Wirkung der durchgeführten Maßnahmen

02. Welche Methoden zur Evaluierung können eingesetzt werden?

Zur Erfolgskontrolle von Maßnahmen der Personalentwicklung sind vor allem drei Methoden geeignet:

Methoden zur Evaluierung von Qualifizierungsmaßnahmen		
Kontrolle der Kosten	Kontrolle des Erfolges • Lernerfolg • Anwendungserfolg	Kontrolle der Rentabilität

03. Wie wird die Kontrolle des Lernerfolgs durchgeführt?

Die *Kontrolle des Lernerfolgs* (auch: pädagogische Erfolgskontrolle im Lernfeld) wird über die Beantwortung folgender Fragen durchgeführt:

• Was *sollte gelernt* werden?
• Was *wurde gelernt*?
• Was *wurde* davon im Lernfeld *behalten*?

Zu überprüfen sind also beispielsweise die ausreichende und messbare Formulierung der Lernziele (vgl. 9.6.2), ihre Übermittlung an den Mitarbeiter, der Vergleich der angestrebten Lernziele mit den tatsächlich vermittelten Lernzielen sowie die Wirksamkeit der im Lernfeld eingesetzten Methoden (vgl. 9.6.4 f.).

Die Absicherung des Lernerfolges wird durchgeführt:

1. *Vor* der Maßnahme: → *Gespräch* Vorgesetzter – Mitarbeiter:
Ziele und Inhalte der Maßnahme

2. *Während* der Maßnahme: → *Tests* oder *Prüfungen*

3. *Nach* der Maßnahme: → Befragung der Teilnehmer am Schluss der Maßnahme: strukturierte oder freie *Seminar- bzw. Lehrgangsbewertung*

→ *Feedback-Gespräche:*

3.1 *Vorgesetzter – Mitarbeiter:*
• direkt nach Beendigung der Maßnahme
• im Rahmen von Beurteilungs- und PE-Gesprächen

3.2 *Vorgesetzter – Trainer:*
Selbsteinschätzung, Fremdeinschätzung der Teilnehmer, Einleitung von begleitenden Maßnahmen zur Umsetzung

Der Lernerfolg sagt noch nichts aus über den Anwendungserfolg, d. h. die Umsetzung der Lernzuwächse in der Praxis. Es gilt die Erfahrung aus der Kommunikationslehre:

> **„Gesagt heißt (nicht unbedingt) gehört."**
> **„Gehört heißt (nicht unbedingt) verstanden."**
> **„Verstanden heißt (nicht unbedingt) angewendet."**

04. Mit welchen Problemen kann die Umsetzung des Gelernten in die Praxis verbunden sein (Transferbarrieren)?

Die Umsetzung des Gelernten in die Praxis kann mit folgenden Schwierigkeiten verbunden sein:

• Lerninhalte, vereinbarte Lernziele und Methoden entsprechen sich nicht.

• Lernerfolge führen beim Mitarbeiter erst zu einem späteren Zeitpunkt zu Anwendungs-erfolgen (z. B. Transferblockaden, Transferhemmnisse).

• Die Praxis bietet kurzfristig keine Transfermöglichkeiten: neue Fertigkeiten können im Funktionsfeld nicht sofort erprobt werden.

Daher ist neben der Kontrolle des Lernerfolgs auch die Kontrolle des Anwendungserfolgs durchzuführen.

05. Wie erfolgt die Kontrolle des Anwendungserfolgs?

Die *Kontrolle des Anwendungserfolgs* beantwortet die Frage: „Welche der zu lernenden Inhalte konnten kurz- und mittelfristig in die Praxis umgesetzt werden?"

Die Anwendungskontrolle sollte unmittelbar nach der Qualifizierung im Lernfeld aber auch zu späteren Zeitpunkten erfolgen, da die Mitarbeiter sich in der Transferleistung unterscheiden. Sie kann erfolgen über

• Befragung der Mitarbeiter (Selbsteinschätzung)
• Befragung des Vorgesetzten (Fremdeinschätzung)
• Beobachtung und Bewertung im Rahmen der Leistungsbeurteilung
• Erörterung im Rahmen von PE-Gesprächen:
  - Lernzuwächse im Bereich der Problembewältigung
  - verbesserte Sensibilisierung für neue Probleme und Lösungsansätze
  - Identifikationszuwächse (für die gestellte Aufgabe; für neu erlernte Methoden)
• Follow-up-Maßnahmen: Arbeits-/Lerngruppen und Anschlussmaßnahmen bieten den Teilnehmern die Möglichkeit, Erfahrungen über den Transfer auszutauschen und zusätzlich erforderliche Maßnahmen einzuleiten.

9.7 Förderung von Lernprozessen, methodische und didaktische Aspekte

9.7.1 Lernmechanismen   → AEVO

01. Was ist Lernen?

Lernen ist jede Veränderung des Verhaltens und der Einstellung, die sich als Reaktion auf Reize der Umwelt ergibt.

Beispiel: Das Kind verbrennt sich an der Herdplatte den Finger. Die Mutter erklärt, dass die Herdplatte heiß ist, wenn eine rote Lampe „Restwärme" anzeigt. Das Kind ändert sein Verhalten: Es fasst nicht mehr an die Herdplatte, wenn die rote Lampe brennt.

02. Was ist soziales Lernen?

Soziales Lernen ist die Aneignung von Verhaltensnormen und Wissensbeständen, die ein Mensch braucht, um in der Gesellschaft zu existieren.

Beispiel: Ein Stadtmensch zieht in ein Dorf. Im Laufe der Zeit ändert er sein Verhalten in Bezug auf die Mitbewohner des Dorfes: Er gibt dem Drängen nach, doch endlich dem örtlichen Schützenverein beizutreten; er sorgt peinlich genau dafür, dass der Vorgarten gepflegt aussieht; jeden Freitag wird die Straße gekehrt usw. Dies wird von den Dorfbewohnern erwartet und belohnt mit einem freundlichen „Na, mal wieder fleißig!"

03. Welche subjektiven und objektiven Rahmenbedingungen beeinflussen das Lernen (Lernmechanismen)?

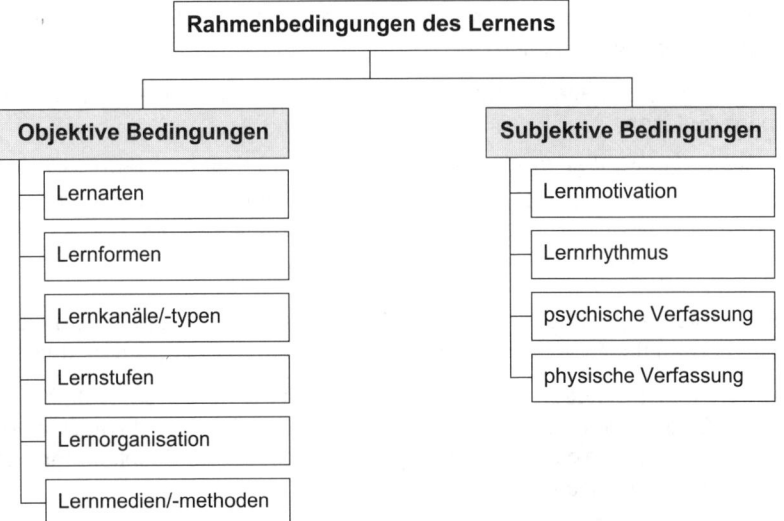

04. Welche Lernarten werden unterschieden?

Lernarten			

• Pauken
• Verstärkung
• bedingte Reaktion
	• Begreifen
	• Einsicht
	• Versuch und Irrtum
		• gedankliche Beo-
		  bachtung
		• Übung
		• positives/negatives
		  Lernen
			• Nachahmen
			• praktische Erfahrung
			• bewusstes/unbe-
			  wusstes Lernen

- *Bewusstes Lernen*
  ist geplant, geschieht nach einer Aufforderung oder aufgrund einer bestimmten Motivation und mit Absicht.

  Beispiel: Lernen von Vokabeln für eine bevorstehende Klausur.

- *Unbewusstes Lernen*
  geschieht im Gegensatz zu oben ohne Lernabsicht und ist ein häufig vorkommender,
  natürlicher Einprägungsvorgang.

  Beispiel: Beim Lernen bestimmter Passagen eines Buches hat der Leser hinterher nicht nur
  den Stoff im Gedächtnis, sondern weiß vielfach auch, ob das Thema „im Buch links unten
  oder rechts oben steht".

- *Positives Lernen*
  ist z. B. das Übernehmen von Verhaltensmustern einer Person, die für den Lernenden
  Vorbildfunktion hat.

  Beispiel: Der Auszubildende imitiert die Handhaltung des Meisters bei der Bearbeitung eines
  Werkstoffes.

- *Negatives Lernen*
  Die Begriffsfestlegung ist in der Literatur nicht eindeutig. Im Bereich des sozialen
  Lernens kann „negativ" bedeuten:

  - die Aneignung „fehlerhafter" Verhaltensweisen; z. B. Konflikte über Aggression oder
    Dominanz zu lösen.

  - das „Unvermögen" einer Person, sich bestimmte Verhaltensweisen anzueignen;
    z. B. einem Mitarbeiter gelingt es nicht, trotz guter Unterstützung des Vorgesetzten,
    sich in der wöchentlichen Besprechung emotional ausgewogen und sachlich zu
    äußern. Er ist aufbrausend und fällt den Kollegen ins Wort.

Oft gibt es Lernthemen, bei denen nicht eine Lernart isoliert eingesetzt wird, sondern
erfolgreiches Lernen über die Kombination zwei oder mehrerer Lernarten stattfindet:

Beim Erlernen einer Fremdsprache geht es nicht ohne „Pauken der Vokabeln" und
grammatischer Grundregeln. Später kommt das Begreifen (Erkennen von Satzbildung
und Strukturen) und die praktische Erfahrung (Anwendung der Sprachkenntnisse z. B.
im Betrieb oder bei einem Auslandsaufenthalt) hinzu.

Fazit:
Man muss die verschiedenen Lernarten kennen, um sie gezielt einsetzen und kombinieren
zu können.

- *Lernen durch Pauken:*
  In vielen Lernsituationen bleibt einem das Lernen durch Pauken nicht erspart. So müssen sich z. B. Dolmetscher, Mathematiker, Chemieingenieure erst ein bestimmtes Grundwissen durch Auswendiglernen aneignen (Vokabeln, Formeln, chemische Elemente), um sie später sinnvoll anwenden und strukturieren zu können. Man weiß heute, dass es für das Pauken und Vergessen von Einzelinhalten Regeln und Gesetzmäßigkeiten gibt:

  Am Anfang ist der Lernfortschritt beim Pauken recht hoch; er nimmt aber ab, je mehr man sich dem endgültigen Lernziel (Beherrschen von 100 % des Wissens) nähert.

> Fazit:
> Wer einen Lernstoff 100-prozentig beherrschen will, darf nicht resignieren. Er muss wissen, dass sich der Lernfortschritt zunehmend verlangsamt. Dies ist „normal" und bei jedem Menschen so.

- *Lernen durch Begreifen:*
  Vorab eine kleine **Übung:**
  „Lernen Sie die folgende Zahlenkolonne auswendig, bis Sie sie 100-prozentig beherrschen":

  23, 1, 21, 3, 19, 5, 17, 7, 15, 9, 13, 11

  Nun, – das war mühsam, wenig motivierend und zeitaufwändig. Besser ist es, sich den logischen Aufbau dieser Zahlenreihe zu verdeutlichen: Man erkennt sehr schnell die Gesetzmäßigkeit:

  $23 - 2 = 21$
  $1 + 2 = 3$ usw.

  Es reicht also aus, sich die ersten beiden Zahlen (23 und 1) einzuprägen, und zu wissen, dass jede übernächste Zahl einmal durch Subtraktion und dann durch Addition von 2 gebildet wird.

> Fazit:
> Soweit es vom Lernstoff her möglich ist: Lernen durch Begreifen ist dem Lernen durch Pauken vorzuziehen. Es gilt, sich die Strukturen und Regeln eines Lernstoffs zu verdeutlichen. Durch „Begreifen" erlerntes Wissen behält man wesentlich länger als dies beim Pauken der Fall ist.

- *Lernen durch gedankliche Beobachtung:*
  Gedankliche Beobachtung heißt, sich zunächst Vorgänge anzusehen (z. B. Lehrfilme oder der Auszubildende schaut dem Meister zu bei der Installation einer Wechselschaltung). Fragen der praktischen Anwendung werden später behandelt – entweder theoretisch (z. B. Tests) oder praktisch (Anwendung des Wissens vor Ort).

- *Lernen durch Nachahmen:*
  Soziales Lernen kann sich dadurch vollziehen, indem eine Person die Verhaltensweisen einer anderen (Vorbild) imitiert. Personen mit ausgeprägter Persönlichkeit sind meist Quellen der Nachahmung.

- *Lernen durch Verstärkung:*
  „Der Mensch tut das, womit er Erfolg hat!" Verstärker in diesem Sinne können sein: Anerkennung, Lob, Lernerfolg, Aufmerksamkeit usw.

• *Lernen durch Einsicht:*
Man kann Einsicht definieren als das *Erkennen von Handlungszusammenhängen und -notwendigkeiten.*

Beispiel: Im Rahmen eines Kritikgesprächs kommt der Mitarbeiter zu der Überzeugung, dass seine „Drückebergerhaltung" dem Gesamtergebnis der Arbeitsgruppe schadet. Er erkennt die Konsequenzen seiner Handlung und beschließt für sich, sein Verhalten zu ändern – ohne Zwang, ohne äußere Sanktionen.

• *Lernen durch Übung:*
Es gibt Verhaltensmuster, die man auch in Stresssituationen beherrschen muss; z. B.: Maßnahmen zur Ersten Hilfe bei Unfällen, ausgewogenes Verhalten des Moderators bei Aggressionen aus der Arbeitsgruppe. Aufgrund biologischer Vorgänge ist unter Stress und besonderer Belastung die Leistungsfähigkeit des Gehirns eingeschränkt (Stichwort: Stresshormone; z. B. in einer Prüfung).

Hier eignet sich besonders das Lernen durch Übung: Durch ständige Wiederholung derselben Wissensinhalte oder Verhaltensmuster festigt sich das Erlernte, sodass es im Idealfall auch unter besonderer Belastung „abrufbar" ist – quasi automatisch erfolgt – ohne dass es einer bewussten gedanklichen Leistung bedarf.

• *Lernen durch praktische Erfahrung:*
Praktische Erfahrung bedeutet, Lerninhalte vor Ort (on the job) zu erlernen; z. B.: Schulungsveranstaltungen werden nur soweit wie nötig angesetzt. Die Lernkontrolle ist der Erfolg in der Praxis.

Beispiel: Der Elektromeister hat innerhalb seiner Meisterausbildung u. a. die grundsätzlichen Regeln bei der Elektroinstallation eines Mehrfamilienhauses kennen gelernt. In der täglichen Praxis verfestigt er diese Kenntnisse und lernt (on the job), wann welche Vorgehensweise sinnvoll und ökonomisch ist und welche „Tücken im Detail" ihm begegnen können.

• *Lernen durch bedingte Reaktion (klassische Konditionierung):*
Eng verwandt mit dem Lernen durch Übung ist das Lernen durch bedingte Reaktion. Ziel des Lernens ist hier – vereinfacht beschrieben – dass jemand beim Vorliegen einer bestimmten Bedingung mit einer spezifischen Reaktion antwortet. Diese Lernart spielt eine wichtige Rolle bei der Aneignung von nützlichen oder lebensnotwendigen Gewohnheiten.

Beispiele:

Bedingung:	Reaktion:
• Maschine bedienen	→ vorher Schutzeinrichtung überprüfen
• Ampel zeigt Rot	→ Fahrzeug anhalten

Das Lernen durch bedingte Reaktion wird auch als *klassische Konditionierung* (nach *Pawlow*) bezeichnet (konditionieren = Bedingungen schaffen).

• *Lernen durch Versuch, Irrtum und Erfolg* (= Lernen durch aktives Probieren):
Hier versucht der Lernende, sich mit einer Anzahl von Versuchen der Problemlösung zu nähern. Erfolglose Versuche werden zukünftig unterlassen. Richtige Ansätze brin-

gen Erfolge oder zumindest Teilerfolge und werden als „Lernerfolg abgespeichert". Dieser positive Effekt kann später auf dieselben oder auf ähnliche Probleme angewandt werden.

05. Welche Formen des Lernens sind grundsätzlich möglich (Überblick)?

Formen des Lernens (Überblick)				
zentral	betrieblich	aktiv	als Einzelner	on the job
dezentral	überbetrieblich	passiv	in der Gruppe	off the job

06. Welche Formen des überbetrieblichen und betrieblichen Lernens können entwickelt werden?

- *Überbetriebliches Lernen*, z. B. Lernen
  - im Rahmen eines Ausbildungsverbundes
  - im Rahmen von externen Seminaren/Lehrgängen (betriebliche Veranlassung)
  - in Kooperation mit Kunden/Lieferanten
  - aufgrund von Eigeninitiative der Mitarbeiter außerhalb des Betriebes (Weiterbildung bei der VHS, IHK und anderen Bildungsträgern).

- *Betriebliches Lernen*, z. B. Lernen
  - am Arbeitsplatz (on the job)
  - im Rahmen von Qualitätszirkel, Übungsfirmen, Projektgruppen, Rotationsmodellen, Stellvertreter-Modellen, Einarbeitungsprogrammen usw. (near the job).

07. Wie unterscheiden sich formales (formelles) und informelles Lernen?

- *Formales Lernen* = von außen vorgegebenes, bewusstes und organisiertes Lernen, z. B. Unterweisung, Unterricht, Seminar

- *Informelles Lernen* = Lernen ohne äußere Vorgabe (z. T. unbewusstes Lernen), z. B. Lernen aufgrund praktischer Erfahrung, durch Vorgesetzte, durch Wahrnehmung.

08. Welche Einzelschritte umfasst der gesamte Lernvorgang?

1.	Vorarbeiten	→ Lernziel, Eigenmotivation
2.	Aufnahme der Information	
3.	Verstehen der Information	
4.	Einprägen der Information	
5.	Beherrschen der Information	→ Verhaltensänderung

09. Welche Phasen des Lernprozesses sind beim sozialen Lernen zu berücksichtigen?

In der Lerntheorie kennt man zwei Grundrichtungen:

1. *Aneignung von Wissensinhalten:*
   Lernen findet z. B. durch „Versuch und Irrtum" statt; bekannt geworden sind hier die „4-Stufen-Methode des Lernen" (vgl. AEVO) und die „6 Lernstufen nach H. Roth".

b)*Aneignung von Werten und Verhaltensmustern:*
   Im Bereich des sozialen Lernens, d. h. der Veränderung von Verhalten und Einstellungen eines Menschen, hat sich die Ansicht durchgesetzt, dass *Lernen die Folge von Konsequenzen ist.* Dazu drei grundsätzliche Erkenntnisse:

1. Der Mensch tut das, womit er Erfolg hat/was ihm angenehm ist.
   Mehrmaliger Erfolg führt also zu einer Stabilisierung des Verhaltens.

2. Der Mensch vermeidet das, womit er Misserfolg hat/was ihm unangenehm ist.
   Mehrmaliger Misserfolg führt zu einer Änderung des Verhaltens.

3. Erfolg ist das, was der einzelne Mensch als angenehm empfindet.
   Angenehm ist alles, was zur Befriedigung von Bedürfnissen führt (vgl. Maslow).

Beispiel:

Aktion: Ein Mitarbeiter kommt häufiger zu spät zu einer Besprechung. Dieses Verhalten ist unerwünscht; es ist dem Mitarbeiter aber angenehm (er hat keine Lust zur Besprechung).

Reaktion 1:   Der Vorgesetzte unternimmt nichts. Folge: Der Mitarbeiter kommt weiterhin zu spät. Das unerwünschte Verhalten ist erfolgreich/wird als angenehm empfunden und stabilisiert sich daher.

Reaktion 2:   Der Vorgesetzte kritisiert das Fehlverhalten des Mitarbeiters. Wenn nun

              a) pünktliches Erscheinen belohnt wird („ist angenehm" → Stabilisierung) oder

              b) bei weiterem unpünktlichen Erscheinen eine „Strafe" droht (erneute, aber scharfe Kritik o. Ä.; „ist unangenehm" → Vermeidung/Misserfolg), so kann unerwünschtes Verhalten geändert werden.

10. Was versteht man unter Habitualisierung?

Habitus bedeutet Gewohnheit. Mit Habitualisierung bezeichnet man also den Vorgang, dass ein bestimmtes Verhalten zur Gewohnheit wird; es wird verinnerlicht. Vorgesetzte müssen insbesondere die Qualifikationen verinnerlichen, die eine zentrale Bedeutung im Führungsprozess besitzen.

Beispiel:
Es reicht nicht aus, die Phasen eines Kritikgespräches „kopfmäßig" (kognitiv) zu lernen. Das wissensmäßige Erlernen ist nur der erste Schritt. Hinzukommen muss die permanente Übung mit ggf. notwendigen Korrekturen, bis sich das Verhaltensmuster „einschleift" (verinnerlicht wird) und dann im Laufe der Zeit auch ohne Anstrengung (unbewusst) abrufbar ist. Verdeutlichen

kann man sich die Verinnerlichung z. B. motorischer Vorgänge, wenn man sich daran erinnert, wie lange es gedauert hat, bis ein „Führerscheinneuling" ohne Anstrengung fehlerfrei Auto fahren konnte.

11. Welche Lerntypen werden unterschieden?

Bekanntlich lernt nicht jeder in gleicher Weise. Lernen ist dann besonders erfolgreich, wenn Lerntyp und Lernmethode übereinstimmen. Man unterscheidet:

1. den *visuellen Lerntyp*. Er lernt am besten *mithilfe der Augen*: Dias, Bilder, Tonbild-schauen, Folien helfen ihm, den Lernstoff optimal zu erarbeiten und zu behalten.

2. den *auditiven Lerntyp*. Er lernt am besten *durch Hören* mithilfe von Vorträgen, Refe-raten, Lehrgesprächen, Diskussionen.

3. den *motorischen Lerntyp*. Er lernt am besten durch *Selbsttun*.

Aus den genannten Gründen empfiehlt sich heute ein aufgelockertes Lernen in Gruppen unter Zuhilfenahme verschiedener, auf die einzelnen Lerntypen zugeschnittenen Lern-hilfsmittel. Der Dozent ist in diesen Fällen nur Moderator, der Lernende lernt anhand vorgegebener und strukturierter Unterlagen – Leittexten – und der Dozent greift korri-gierend ein. Er wird bei diesem Training unterstützt durch: interaktiven Fernunterricht, Multimedia-Lernmethoden mit Zugriff auf digitalisierte Bilder, Texte, grafische Darstel-lungen, Sprache und Musik. Der Dozent muss darauf achten, dass alle Teilnehmer durch aktive Mitarbeit in die Erarbeitung der Aufgabenstellung eingebunden sind.

12. Welche Rolle spielt die Wahl der Lernwege für den Lernerfolg?

Lernwege sind – grob gesprochen – die Kanäle, auf denen die Informationen in den Kopf kommen:

* Zuhören   →   Ohren
* Lesen und Anschauen   →   Augen
* Handeln und Tun   →   Hände, Körper.

Entsprechend wurde früher in der Literatur ein großer Unterschied zwischen

* Visuellen (sehend Lernenden),
* Akustikern (hörend Lernenden) und
* Motorikern (tuend Lernenden)

gemacht.

Die Praxis zeigt jedoch, dass es solche Lerntypen in Reinkultur nicht gibt. Alle Menschen stellen eine Mischform dieser drei Typen dar, allerdings mit verschiedenen Schwer-punkten. Je mehr Lernwege man einsetzt, umso besser ist der Lerneffekt: z. B. kann man eine Sprachlektion lernen durch Lesen im Buch (Lesen/Augen); anschließend verwendet man eine Sprachkassette (Hören/Augen) und spricht dann laut die Übungen dieser Lektion nach (Tun/Körper).

Fazit:
Beim Lernen möglichst viele Lernwege einsetzen.
Die Lernwege wechseln.
Erkennen, ob ein bestimmter Lernweg bei einem selbst stärker ausgeprägt ist.

---

13. Welche Bedeutung hat die Lernorganisation für den Erfolg des Lernens?

Eine weitere Technik des Lernens heißt:

Lernen ist umso erfolgreicher, je besser es geplant und organisiert wird.

Die meisten Erwachsenen haben schon recht gute Erfahrung im Lernen, deshalb werden an dieser Stelle die wichtigsten Regeln der Lernorganisation lediglich in Merksätzen wiederholt:

* Den Lernstoff (inhaltlich und grafisch) *gliedern und strukturieren*. Nach Oberbegriffen suchen und den Stoff entsprechend ordnen.

* Sich nach jedem erfolgreich absolvierten Lernabschnitt *belohnen* (eine Tasse Kaffee, der Krimi, das Fußballspiel; und wenn man schon raucht, dann danach – nach dem Lernfortschritt).

* Sich den Lernstoff, das Lernmaterial und *den Lernort attraktiv machen* – das stärkt die Motivation zum Lernen (gute Beleuchtung, richtige Belüftung des Raumes, Raumtemperatur, Bilder, Pflanzen, Ordnung und Übersicht, das Lieblingsschreibgerät usw.).

* Den Lernstoff *portionieren*. „Man kann auch einen Elefanten essen, man muss ihn nur in Scheiben schneiden." Sich Zwischenziele setzen und belohnen, wenn sie erreicht sind.

* Sich einen geeigneten *Lernpartner suchen* (Lernen in Gruppen, Hilfe durch Kollegen, Ehegatten). Der Lernpartner muss motivieren können, er darf nicht die Lernorganisation stören.

* Nur lernen, wenn man sich *körperlich, geistig und seelisch fit* fühlt.

* Häufig genug *Pausen machen* – nach den Mahlzeiten, entsprechend dem Biorhythmus, bei Erschöpfung. Man weiß heute aus Untersuchungen, dass die ersten kleinen „Aussetzer" beim Lernen nach 20 Minuten und stärkere Konzentrationsmängel nach 40 Minuten kommen. Man sollte also mindestens alle 60 Minuten eine Pause von 5 bis 10 Minuten machen.

* *Ordnungsmittel nutzen:* Es ist ratsam, für jedes Lernfach einen Aktenordner anzulegen sowie für verschiedene Themenbereiche Trennblätter anzulegen und Lernmaterialien nach Fachgebieten getrennt abzulegen. Mitschriften sollten nicht als „Sammlung fliegender Blätter" angelegt werden, sondern generell zum jeweiligen Thema abgeheftet werden.

* Für so genanntes Faktenwissen wie z. B. Rechnungswesen, Finanzierung und Rechtskunde empfiehlt sich das *Arbeiten mit Karteikarten*.

* Für die meisten Menschen gilt beim Lernen: *Störungen* und häufige Ablenkungen *vermeiden* (Lärm, Musik, fehlendes Lernmaterial).

- *Konzentration:* All dies führt abschließend zum Thema Konzentration. Nur konzentriertes Arbeiten führt zum Lernerfolg. Deshalb sind die Berücksichtigung der Lern- und Pausenperioden ebenso wie die Lernabsicht und die Lernplanung und -organisation so entscheidend. Darüber hinaus hängt Konzentration auch von der jeweiligen Tagesform ab. Während längerer Studien darf der Aspekt *körperlicher Bewegung* (Sport, Spaziergänge) nicht vernachlässigt werden.

14. Welche Bedeutung hat die Lernmotivation für den Lernerfolg?

Eine der Lerntechniken besteht darin, *sich die Gründe zu verdeutlichen, aus denen man lernt.*

Beispiel: Es reicht nicht aus, an einer Qualifizierungsmaßnahme (z. B. Handelsfachwirt) „nur so" oder „weil man geschickt wurde" teilzunehmen. Wichtig ist, dass man sich ein Ziel setzt („Ich will Spanisch lernen für meinen nächsten Urlaub.") und sich die Vorteile und den Nutzen des eigenen Lernens vor Augen hält („Mit meinen Spanischkenntnissen kann ich mich verständigen und dadurch Land und Leute viel genauer kennen lernen"). Die Vorteile und der Nutzen beim Lernen können individuell sehr unterschiedlich sein.

Fazit:
Lernen darf nicht Selbstzweck sein. Es muss auf ein konkret formuliertes Ziel hinauslaufen. Je höher der Nutzen ist, den man durch sein Lernen erzielen will, desto größer ist die Motivation und desto höher ist der Lernerfolg.

---

15. Welcher Wandel hat sich in den Lernauffassungen vollzogen?

Aus heutiger Sicht ist folgender Wandel in den Lernauffassungen feststellbar:

- von der Stoffvermittlung zum sozialen Lernen
- von der Stoffzentrierung zur Teilnehmerorientierung
- vom individuellen zum sozialen Lernen
- vom vorstrukturierten, voll geplanten zum offenen, interaktionalem Lernen
- vom frontalen Fremdlernen zum autonomen Lernen
- vom Informationsvermitteln zum informationsverarbeitenden Lernen
- vom analytischen zum mehrdimensionalen, ganzheitlichen Lernen
- vom organischen zum natürlichen Lernen
- vom tradierten zum innovativ-zukunftsorganisierten Lernen.

16. Was versteht man unter Lernschwierigkeiten?

Lernschwierigkeiten drücken das Auseinanderfallen von tatsächlichem und erwartetem Leistungs- und Verhaltensniveau aus.

17. Welche typischen Lern- und Transferhemmnisse können in Seminaren eintreten?

- Der Teilnehmer hat keine Zeit, sich vorzubereiten oder ihm übergebene Unterlagen durchzuarbeiten.

- Der Teilnehmer empfindet den Seminarbesuch als Urlaub bzw. als Sozialleistung oder als Bestrafung wegen zwangsweiser Entsendung („Warum muss es gerade mich treffen?").

- Die Unterlagen sind nicht zum Selbststudium oder zum Nachschlagen geeignet.

- Vorkenntnisse der Teilnehmer wurden nicht ermittelt, sodass sie entweder unter- oder überfordert sind.

- Auf Probleme und offene Fragen des Teilnehmers wird im Seminar nicht eingegangen (Zeitmangel).

- Dem Teilnehmer sind die Seminarziele nicht klar bzw. fragt er sich, weshalb er es besuchen soll.

- Im Seminar werden keine den Teilnehmer interessierende praktisch verwertbare Lösungen geboten.

- Der Teilnehmer fühlt sich nach der Rückkehr noch nicht reif zur Anwendung des Gelernten.

- Im Unternehmen ist niemand an der Umsetzung des Gelernten interessiert.

- Der Mitarbeiter muss nach der Rückkehr liegen gebliebene Arbeit selbst erledigen.

- Bildungsveranstaltungen werden nur punktuell und ohne ersichtliches Konzept durchgeführt.

- Die Veranstaltung findet zu einem für den Teilnehmer ungünstigen Zeitpunkt statt.

9.7.2 Dreispeichermodell des Gedächtnisses

01. Wie werden Wahrnehmungen vom Menschen gespeichert?

Überwiegend wird die Auffassung vertreten, dass das Gedächtnis drei „Speicher" hat (wesentlich mitbegründet von Vester in: Denken, Lernen und Vergessen, 1975):

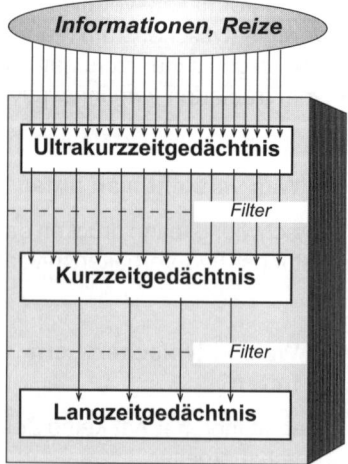

- Im *Ultrakurzzeitgedächtnis* (auch: Wahrnehmungsspeicher) werden Informationen nur wenige Sekunden festgehalten. Man mag es bedauern, dass flüchtige Wahrnehmungen sehr schnell verloren gehen, doch darin liegt eine Schutzfunktion des Gehirns (Vermeidung psychischer Reizüberflutung).

- Werden Informationen besonders hervorgehoben oder haben sie eine spezielle Bedeutung (Interesse, Emotion, Sinnhaftigkeit, Aktualität, gegliederte Informationen, Wiederholungen), so gelangen sie in das *Kurzzeitgedächtnis* (auch: Arbeitsspeicher, Arbeitsgedächtnis). Die Behaltenswirksamkeit dieses „Speichers" beträgt bis zu 20 Minuten; sie ist individuell unterschiedlich.

- Einige Informationen werden im *Langzeitgedächtnis* abgelegt. Dies ist z. B. der Fall bei Wahrnehmungen von großer Intensität, bei häufigem und systematischem Wiederholen, bei der Verknüpfung mit bestehenden Gedächtnisinhalten u. Ä. Informationen, die im Langzeitgedächtnis gespeichert sind, können zum Teil lebenslang abgerufen werden. Man kennt die Erfahrung, dass z. B. fundiertes Wissen auch nach 15 Jahren bei kurzer „Auffrischung" wieder zur Verfügung steht oder dass Wahrnehmungen, die mit starken Emotionen verbunden sind (Tod, Unfall, Liebe), ein Leben lang vorhanden sind.

9.7.3 Ganzheitliches Lernen

01. Was ist ganzheitliches Lernen?

Der Begriff *ganzheitliches Lernen* hat in der Pädagogik (griech.: Erziehungswissenschaft) und Andragogik (Erwachsenenlernen) eine mehrfache Bedeutung. Man umschreibt damit im Wesentlichen folgende Ansätze:

1. Ganzheitliches Lernen umfasst nicht nur „Lernen mit dem Kopf" (Aneignung von Wissen, von kognitiven Inhalten) sondern auch körperliche und affektive-emotionale Aspekte. *Ganzheitliches Lernen ist Lernen mit allen Sinnen* (Verstand, Gemüt, Körper; vgl. Pestalozzi, Schweizer Pädagoge: Lernen mit Kopf, Herz und Verstand; vgl. auch *Lernkanäle, 9.7.1/09.*).

2. Ganzheitliches Lernen meint weiterhin, dass *die Aneignung von Informationen mehrere Dimensionen berücksichtigen muss:*

   - die Einzelperson
   - die Gruppe
   - das Thema
   - das Umfeld.

3. Ganzheitliches Lernen bedeutet auch, dass die linke und die rechte Gehirnhälfte gleichermaßen in den Lernprozess einbezogen werden: Häufig lernen Menschen nur mit der linken Gehirnhälfte: logisch, linear, sachlich, Daten. Die rechte Gehirnhälfte verarbeitet Bilder, Gefühle und stellt Ähnlichkeiten fest:

   Ganzheitliches Lernen heißt also in diesem Sinne, beide Gehirnhälften gleichermaßen nutzen:

   - Worte durch Bilder ergänzen (Visualisierung)
   - Worte durch Beispiele und Erlebtes unterstreichen (Fantasie, Vorstellungskraft)
   - sich Wissen aneignen und selbst anwenden usw.

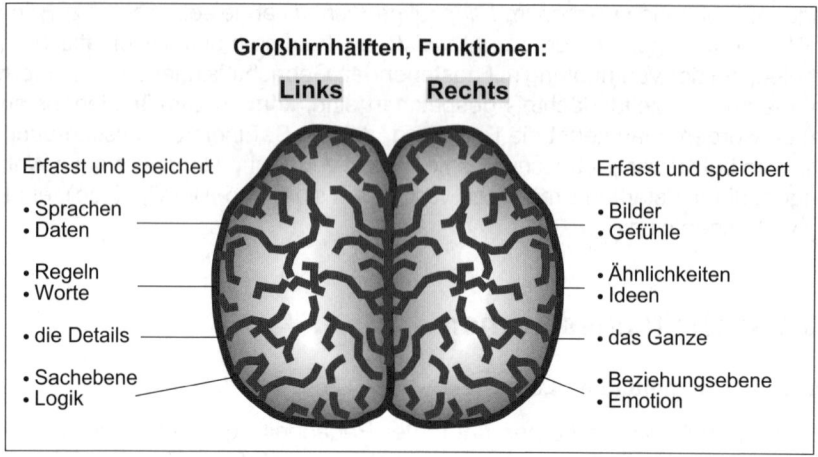

9.7.4 Lernhilfen

Hinweis: Aus der Fülle der möglichen Aspekte zum Thema „Lernhilfen" werden die in der nachfolgenden Übersicht dargestellten Felder behandelt – orientiert am Rahmenplan:

Lernhilfen				
Lernziel-bereiche	Lernziel-kategorien	• Kognitive Lernziele • Affektive Lernziele • Psychomotorische Lernziele		
	Kompetenz-felder	• Fachkompetenz • Methodenkompetenz • Sozialkompetenz • Handlungskompetenz		
	Schlüsselqualifikationen			
Lehr- und Lernmethoden	Vortrag	Tonbildschau	Rollenspiel	Fallmethode
	Planspiel	Projektmethode	Superlearning	E-Learning
	Programmierte Unterweisung		Computerunterstütztes Lernen	
Lernstufen	1 Stoff sammeln	2 Stoff aufnehmen	3 Stoff ordnen	4 Stoff verarbeiten
	5 Stoff wiedergeben			
Einzelaspekte	SQR3-Methode, S. 932 f.	Zweckmäßiges Mitschreiben		Mind-Mapping
	Gedächtnistraining (Behalten und Vergessen)			Qualitätszirkel
	Wissensmanage-ment	Maßnahmen des Vorgesetzten zur Förderung der Lernbereitschaft der Mitarbeiter		

01. Welche Lernzielkategorien gibt es?

• *Kognitive Lernziele*
betreffen die geistige Wahrnehmung: Kenntnisse, Wissen; z. B. Kenntnis der Sicherheitsvorschriften, Beherrschen der Zuschlagskalkulation.

• *Affektive Lernziele*
beziehen sich auf die Veränderung des Verhaltens und der Gefühle ; z. B. Einsicht in die Notwendigkeit der Teamarbeit, Respektieren der Meinung anderer sowie seine eigene Meinung überzeugend vertreten.

• *Psychomotorische Lernziele*
umfassen den Bereich der körperlichen Bewegungsabläufe; z. B. Bedienen eines Gewindeschneiders, Anfertigen einer Schweißnaht, Zweihandbedienung einer Verpackungsmaschine.

02. Welche Kompetenzfelder gibt es?

Kompetenz hat hier die Bedeutung von „Befähigung"; bezogen auf die Befähigungsinhalte unterscheidet man folgende *Kompetenzfelder:*

• *Fachkompetenz*:   → *fachliche Qualifikationen/Sachkenntnisse,* z. B.:
Schweißverfahren; Grundlagenkenntnisse der Hydraulik und Pneumatik; Prinzipien der Beschaffung, Bestellverfahren, Kalkulationsmethoden.

• *Methodenkompetenz:* → *überfachliche Qualifikationen,* z. B.:
Beherrschen von Methoden und Techniken der Präsentation, Moderation, Entscheidungsfindung, Analyse, Problemlösung (Wertanalyse, Mindmapping, Techniken der Visualisierung, Moderation von Gruppengesprächen, Präsentationstechnik usw.).

• *Sozialkompetenz:*   → *soziale Qualifikationen* (nichtfachliche Qualifikationen):
Fähigkeit, mit anderen konstruktiv in Kontakt zu treten, z. B.:
Fähigkeit zur Kommunikation, Kooperation, Integration; soziale Verantwortung für das eigene Handeln übernehmen; Führungskompetenz ist (nach Auffassung der Autoren) Teil der Sozialkompetenz.

• *Handlungskompetenz*
umschließt als Obergriff die Fach-, Methoden- und Sozialkompetenz und bezeichnet die Fähigkeit, sich beruflich und privat sachlich angemessen sowie individuell und gesellschaftlich verantwortungsvoll zu verhalten.

03. Was sind Schlüsselqualifikationen?

Damit sind Qualifikationen gemeint, die relativ *positionsunabhängig* und *langfristig von Bedeutung sind,* z. B. die Moderation, d. h. die Fähigkeit, Gruppenaktivitäten ausgewogen steuern zu können; ähnlich: Präsentationsfähigkeit, Führungsfähigkeit, analytisches Denken.

Schlüsselqualifikationen sind die Basis („der Schlüssel") zum Erwerb spezieller Fachqualifikationen.

04. Welcher Unterschied besteht zwischen den Begriffen „Kompetenz" und „Qualifikation"?

* *Kompetenz* ist ein doppelwertiger Begriff:

  1. *Kompetenz ist die Befugnis* für ein bestimmtes Handeln, die einem Mitarbeiter im Rahmen der Delegation übertragen wurde, z. B. Entscheidungs-, Weisungskompetenz.

  2. *Kompetenz* im Sinne der Personalentwicklung *ist weitgehend identisch mit dem Begriff „Qualifikation"* und beschreibt das individuelle Arbeitsvermögen eines Mitarbeiters – erfasst anhand unterschiedlicher Qualifikationsmerkmale (vgl. nachstehende Abbildung).

* *Qualifikation* ist das *individuelle Arbeitsvermögen* eines Mitarbeiters zu einem bestimmten Zeitpunkt bezogen auf ein bestimmtes Arbeitsgebiet; es wird i. d. R. erfasst durch folgende Merkmale:

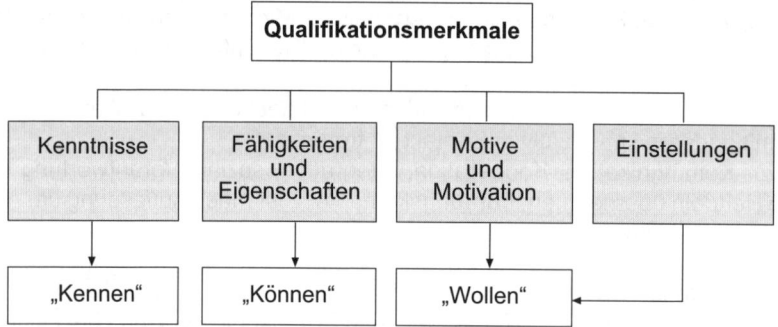

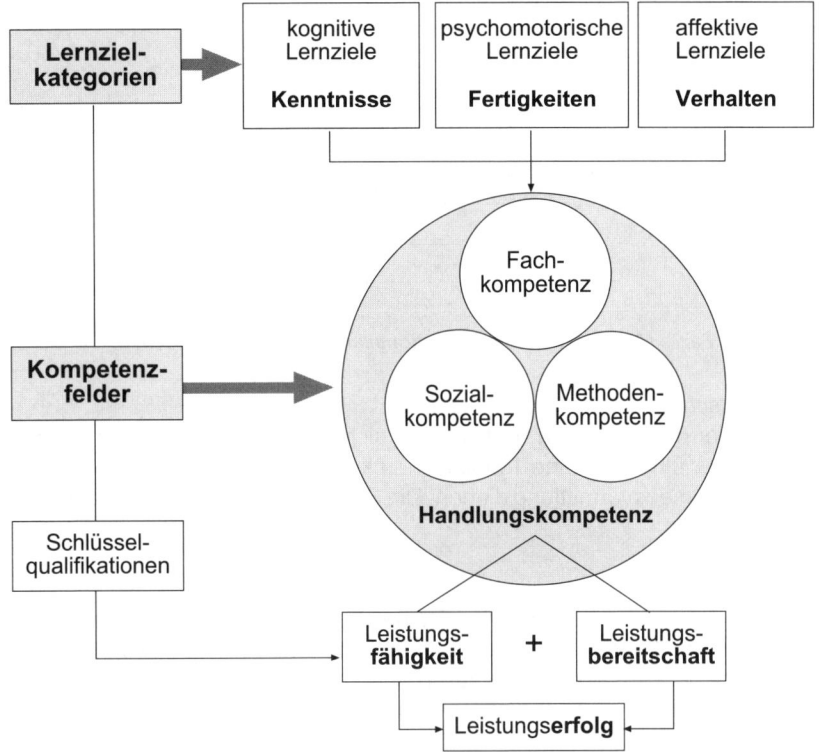

05. Welche Lehr- und Lernmethoden werden in der Weiterbildung angewandt?

Es sind zahlreiche Methoden üblich. Die gebräuchlichsten sind der Vortrag, die Ton-bildschau, die Gruppenarbeit, das Rollenspiel, die Fallmethode, das Planspiel, die Pro-jektmethode und die Programmierte Unterweisung.

- Der *Vortrag*
  ist die älteste Form der Darbietung eines Stoffes, aber auch die umstrittenste, denn es ist erwiesen, dass der Hörer nur einen Bruchteil der Informationen eines Vortrages aufnimmt und behält, weil das Lerntempo, das ein Vortrag erfordert, viel zu schnell ist. Wissenschaftliche Untersuchungen haben ergeben, dass ein Mensch durch-schnittlich 20 % dessen, was er hört, 30 % dessen, was er sieht, 50 % dessen, was er hört und sieht und 90 % dessen, was er selbst erarbeitet, behält. Der Lerneffekt eines Vortrages ist weitgehend vom Vortragsstil abhängig. Auch spielt es eine Rolle, ob die Teilnehmer über Vorkenntnisse verfügen.

Der Mensch behält durch ...

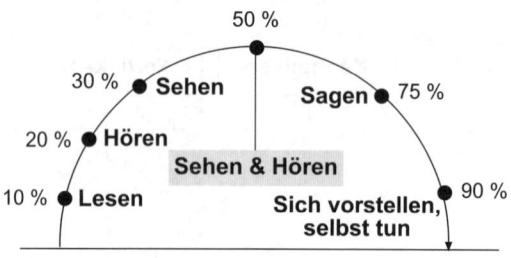

Fazit: Möglichst viele Informationskanäle nutzen/ansprechen!

- Eine *Tonbildschau*
  hat gegenüber dem Film den Vorteil, dass sich das stehende Bild mit einer Worter-klärung stärker einprägt. Eine Tonbildschau kann nur unter der Leitung eines Fach-mannes zur Wissensvermittlung dienen. Die Schlussfolgerungen müssen gemeinsam erarbeitet werden.

- Von *Gruppenarbeit*
  spricht man dann, wenn sich mehrere Teilnehmer zusammenfinden, von denen jeder zu seinem Teil zur Lösung eines bestimmten Problems beiträgt. In einer Gruppe kann der Einzelne in der Auseinandersetzung mit unterschiedlichen Beiträgen sein Wissen erweitern. Beim Lernen in der Gruppe kann das Lerntempo des Einzelnen besser berücksichtigt werden.

- Das *Rollenspiel*
  setzt voraus, dass sich der Spieler in einen gegebenen Sachverhalt hineinversetzen kann, der ihm durch Stichworte über Vorgehen, zu behandelnde Probleme und eige-ne Verhaltensweisen bekannt gemacht wird. Durch das Rollenspiel kann geübt wer-den, Partner zu überzeugen.

- Bei der *Fallmethode*
  handelt es sich um die Untersuchung, Darstellung und Analyse eines tatsächlichen oder fingierten Falles. Die Teilnehmer sollen lernen, die Probleme zu erkennen, über sie zu diskutieren, die optimale Lösung zu finden bzw. verschiedene Lösungsmög-lichkeiten miteinander zu vergleichen.

- Das *Planspiel*
  wird sowohl für das Treffen von Entscheidungen im Bereich der Unternehmensfüh-rung als auch in der betrieblichen Aus- und Fortbildung angewandt. Die Fehler, die bei dieser Übungsmethode gemacht werden, helfen zum besseren Verständnis und tragen zum Lernen bei, ohne dass Zeit versäumt wird oder ein Schaden entsteht. Das Planspiel ist in jedem Bereich die kritische Durchführung einer Kette von Ent-scheidungen, von denen jede einzelne Entscheidung auf dem Ergebnis einer voran-gegangenen aufbaut.

- Bei der *Projektmethode*
  werden in Form der Gruppenarbeit komplizierte, umfassende und in der Regel mehrere Fachgebiete betreffende Probleme bearbeitet. Die Projekt-Methode ist geeignet, Selbstständigkeit im Denken und Entscheiden zu fördern und die Teilnehmer zu motivieren.

- Bei der *Programmierten Unterweisung*
  erfolgt das Lernen anhand eines Programms mit genau festgelegten Lernschritten und ständiger Lernerfolgskontrolle. Ein solches Programm muss sich in logisch verknüpfter, lückenloser Folge von kleinsten Lernschritten nach einem vorausberechneten Ablauf auf ein Lernziel hin erstrecken (z. B. Skinner-Methode).

- *Superlearning*
  (auch: ganzheitliches Lernen; vgl. Ziffer 9.3.7) bezeichnet, ist eine Methode des Schnelllernens, insbesondere von Fremdsprachen. Der Lernende kann hohe Lernleistungen erzielen, wenn er sich mit einer durch Atemtechnik und Musik unterstützten Entspannungstechnik in den sog. Alpha-Zustand versetzt, Ängste und das Gefühl der Beanspruchung, die den Lernerfolg beeinträchtigen können, abbaut und dann den Lernstoff bei Barockmusik in einem bestimmten Rhythmus monoton, kontinuierlich bzw. von einer speziell gestalteten Lernkassette aufnimmt. Diese Methode beruht auf dem Versuch, die wenig genutzte rechte kreative Gehirnhälfte, in der der Sitz des Langzeitgedächtnisses vermutet wird, in den Lernprozess einzubeziehen. Dies ist nach Ansicht von Hirnforschern im Zustand körperlicher Entspannung und einem ganz nach innen gerichteten Bewusstsein am ehesten möglich.

- *Computerunterstütztes Lernen*
  Die computerunterstützte Weiterbildung mithilfe des Lernmittels Computer gewinnt immer größere Bedeutung. Die Kosten der Weiterbildung können auf diese Weise reduziert werden, weil der Lernende zeitweise ohne Dozentenbetreuung arbeiten kann. Er kann ferner seinen Wissensstand selbst prüfen, seine Lernzeit individuell einteilen und entsprechend dem Stand seiner Vorkenntnisse, Auffassungsgabe und Gedächtniskapazität den Lernfortschritt selbst beeinflussen.

- *E-Learning*
  ist der Oberbegriff für „Lernen unter Nutzung elektronischer Medien". Beispiele: Computer Based Training (CBT), Multimediales Lernen (MML), Computerunterstütztes Lernen (CUL). Weiterhin werden dazu Lern- und Studienprogramm hinzugerechnet, die von IHKn und anderen Bildungsträgern gegen Einschreibegebühren im Internet angeboten werden (→ www.ihk-e-learning.de).

- *Transfertraining*
  ist eine kombinierte Trainings- und Kommunikationsmethode, die es Vorgesetzten und Mitarbeitern ermöglicht, regelmäßig und problemorientiert miteinander zu reden. Es ist gewissermaßen die Fortentwicklung des Lernens am Arbeitsplatz mithilfe systematischer Lernmethoden. Die Mitarbeiter lernen, während sie arbeiten, und zwar wird der Stoff in kleine Lernschritte zerlegt, die sowohl auf die Interessen des Unternehmens als auch auf die Bedürfnisse und Lernfähigkeiten der Mitarbeiter ausgerichtet sein können.

06. In welchen Stufen sollte gelernt werden (Lernstufen, Stufen der Informationsaufnahme)?

Lernen ist – im Nachhinein betrachtet – nur geglückt, wenn Sie in der Prüfung und in der Praxis über die Kenntnisse, Fähigkeiten und Fertigkeiten verfügen, die jeweils gefordert sind. Dazu empfiehlt sich folgende Systematik der Informationsbearbeitung:

1. *Stoff sammeln, z. B.:*
   - Notizzettel
   - verschiedene Quellen
   - ein Thema = ein Blatt.

2. *Stoff aufnehmen, z. B.:*
   - erste Sichtung
   - Verbindung zu anderen Stoffgebieten.

3. *Stoff ordnen, z. B.:*
   - Gliederungssysteme
   - Ordnungskriterien
   - Farben, Formen
   - Karteien.

4. *Stoff verarbeiten, z. B.:*
   - Material sichten
   - Wesentliches von Unwesentlichem trennen
   - Grob-/Feingliederung
   - Strukturen, Zusammenhänge
   - an Bekanntes anknüpfen
   - Lernportionen einteilen.

5. *Stoff wiedergeben, z. B.:*
   - schriftlich und mündlich
   - Zusammenfassung
   - detaillierte Ausarbeitung (Strukturen/Übersichten)
   - jede Form der Wiedergabe üben.

07. Welche Vorteile bietet die SQ3R-Methode?

Beim Lesen von Texten hat sich die SQ3R-Methode bewährt:

- **S**urvey = *Überblick gewinnen!*
  Blättern Sie den Text, das Buch kurz durch, bevor Sie mit dem eigentlichen Lesen beginnen. Vorwort, Einleitung, Lernzielkatalog und Inhaltsverzeichnis der Texte geben wichtige Hinweise auf Ziele, Inhalte und Struktur. Kapitelüberschriften vermitteln einen Überblick. Rufen Sie sich dabei in Erinnerung, was Sie bereits über das Thema wissen. Sie können so an Bekanntes anknüpfen.

- **Q**uestion = *Fragen stellen!*
  Stellen Sie sich z. B. folgende Fragen:
  - Was weiß ich bereits über dieses Wissensgebiet?
  - Was möchte ich/muss ich noch erfahren?

- Welche Struktur hat der Inhalt? → Baumdiagramm erstellen!
- Welche zentralen Begriffe muss ich mir aneignen? → Heraus schreiben!

Auf diese Weise wird das Lesen zu einem aktiven Lernprozess und nicht zu einem passiven Aufnehmen. Mit einem klaren Lernziel und überschaubaren Lernportionen ist es leichter, sich zu konzentrieren und bei der Sache zu bleiben.

- **R**ead = *Gründlich lesen, Wichtiges kennzeichnen!*
  Beginnen Sie nun gezielt und aktiv zu lesen, um Antwort auf Ihre Lernziele zu erhalten. Achten Sie im Text auf Lernhinweise der Autoren, z. B. Hervorhebungen, Übersichten und Strukturdarstellungen. Komprimieren Sie größere Textpassagen auf Kernaussagen bzw. Grundideen. Klären Sie unbekannte Fremdworte und Fachtermini.

Kennzeichnen Sie wichtige Textstellen durch Unterstreichen, Randzeichen und persönliche Randnotizen mithilfe von Markierungsstiften. Verwenden Sie ggf. für Fachbegriffe Ihre eigene Übersetzung. Der Text wird so zu Ihrem eigenen Gedankengut. Der Vorteil dieser Arbeitsweise:

- Sie sind direkt beim Lesen zu einer Gewichtung des Inhalts gezwungen.
- Ist die Information bearbeitet, so haben Sie sofort einen Überblick über das Gesamtthema.
- Der Inhalt einer von Ihnen selbst strukturierten Information ist auch nach längerer Zeit wieder schnell ins Gedächtnis zurückzurufen.

- **R**ecite = *Aufsagen, Wichtiges zusammenfassen, strukturieren!*
  Nach einer größeren Textpassage sollten Sie beim Lesen eine Pause machen: Rufen Sie sich in Erinnerung, was Sie gelesen haben und halten Sie sich das Wichtigste des Textes auf einem Notizzettel fest – möglichst in strukturierten Übersichten. Ihr Notizzettel gehört zum gelesenen Text.

- **R**eview = *abschließend durchsehen und wiederholen!*
  Vermitteln Sie sich am Schluss einen Überblick über den Gesamttext und die dargestellten Zusammenhänge. Ergänzen Sie ggf. Ihre Notizen. Überprüfen Sie, ob Sie Ihr Lernziel erreicht haben.

08. Wie gestaltet man das Mitschreiben zweckmäßig?

Kaum jemand ist in der Lage, den gesamten Stoff einer Unterrichtseinheit zu behalten. Sinnvoll gestaltete Notizen, „ökonomisches Mitschreiben" ist in der Regel unabdingbar. Dazu einige Tipps:

- Das Mitschreiben ist auf ein *ökonomisches Maß* zu reduzieren, damit das Mithören nicht zu kurz kommt.

- Zum Mitschreiben empfehlen sich folgende Aspekte einer Unterrichtseinheit:
  - Hauptaussagen eines Fachgebietes
  - Strukturierungen des Dozenten zum Stoffgebiet
  - Definitionen, Fachausdrücke, logische Schlussfolgerungen oder Regeln

- Inhalte, auf die der Dozent besonders hinweist
- offene Fragen/nicht verstandene Begriffe, sofern sie nicht sofort im Unterricht geklärt werden können.

- *Nicht mitgeschrieben* werden sollten alle Aussagen, die im Skript ohnehin enthalten sind; statt dessen: im Text Markierungen vornehmen.

- Weitere Tipps zum Mitschreiben (vgl. DIN 5008)
  - vorbereitetes, gelochtes Papier verwenden
  - für jedes Fach gesondert lose Blätter in DIN-A4-Größe einsetzen; dabei nummerieren und mit der Fachbezeichnung kennzeichnen
  - die Blätter nur einseitig beschriften
  - breiten Rand lassen für spätere Notizen beim Ordnen des Stoffgebietes.

09. Wie lässt sich das Gedächtnis trainieren (Behalten und Vergessen)?

Es ist bekannt, dass ein Stoff, auch wenn man ihn noch so gut „gepaukt" hat, im Laufe der Zeit vergessen wird. Im Allgemeinen werden die Inhalte dabei nicht vollständig gelöscht, sondern durch andere Eindrücke überlagert. Das noch vieles vorhanden ist, merkt man, wenn man sich erneut mit dem Thema befasst. Man braucht jetzt wesentlich weniger Zeit als beim ersten Mal und der Stoff „sitzt" länger – der Behaltenseffekt verbessert sich mit jeder Wiederholung. Die Ursache dafür liegt in der biologischen Arbeitsweise der drei Gedächtnisformen (Ultra-Kurzzeitgedächtnis, Kurzzeit-Gedächtnis, Langzeit-Gedächtnis; vgl. Ziffer 9.7.2).

Fazit (1):

- Wichtigen Lernstoff wiederholen!
- Regelmäßig wiederholen!
- Erst dann wiederholen, wenn sich der Lernstoff „gesetzt" hat! Man verbessert so entscheidend den Behaltenseffekt.

Bereits als Schüler hat man vielleicht die Erfahrung gemacht: Man lernte 1 1/2 Stunden eine Spanischlektion und begann anschließend mit englischen Vokabeln. Ergebnis: Das Lernen wollte nicht so recht klappen. Dies liegt darin begründet, dass sich ähnliche Lernthemen gegenseitig hemmen.

Fazit (2):

- Ähnlichen Lernstoff nicht unmittelbar hintereinander lernen!
- Falls man trotzdem weiterlernen muss, ein anderes Lernthema dazwischen schieben.

---

10. Welche Möglichkeiten des Lernens bietet das Internet bzw. das Intranet?

Dazu ausgewählte Beispiele:

- *Lernen via Intranet*, z. B.:
  - Installation von eigener/gekaufter Lernsoftware, von Planspielen usw.
  - Verknüpfung von Intranet und Internet mit Hinweis auf Wissensdatenbanken (z. B. Ministerien, Datenbanken, Arbeits-, Steuerrecht)
  - Links zum Internet, die für den Betrieb relevant sind
  - Zugang zum betrieblichen Wissensmanagement via Intranet
  - innerbetriebliche Foren (z. B. Erfahrungsaustausch von Außen- und Innendienst bei stark dezentralen Unternehmen)
  - Abbildung der Organigramme und Mitarbeiter sowie der Produktpalette
  - Präsentation:
    - von Veröffentlichungen des Unternehmens
    - des innerbetrieblichen Weiterbildungsangebots
    - der Werkszeitung usw.

- *Lernen via Internet*, z. B.:
  - E-Learning (siehe z. B. www.ihk.de/Online-Akademie)
  - Aktualisierung von Wissen (z. B. Download von Softwareaktualisierungen)
  - Austausch mit ausländischen Tochtergesellschaften
  - Versand von Lehrbriefen per E-Mail
  - Suche nach Sachverhalten/neueren Entwicklungen über geeignete Suchmaschinen
  - Zugang zu Weiterbildungsdatenbanken (z. B. www.wis.de).

12. Wie kann der Vorgesetzte die Lernfähigkeit und die Lernbereitschaft fördern?

- *Lernfähigkeit* = Das Lernen *können*/beherrschen!

  → Förderungsmöglichkeiten, z. B.:
  - Vermittlung von *Lernarten* und *Lerntechniken* sowie Kenntnissen über eine effektive *Lernorganisation*, z. B.
    - immer über mehrere *Lernkanäle* lernen (Zuhören → Ohren, Lesen/Anschauen → Augen, Handeln/Tun → Hände, Körper)
  - Lesetechniken (SQ3R-Methode)
  - zweckmäßiges Mitschreiben
  - Gedächtnistraining
  - Lernorganisation (gliedern, portionieren, Helfer, Ordnungsmittel, Zeiteinteilung, Störungen vermeiden/Konzentration usw.)
  - Bereitstellung von Hilfsmitteln (Intranet, Buch, PC, Lieferanteninformation).

• *Lernbereitschaft* = Das Lernen *wollen*!

→ Förderungsmöglichkeiten, z. B.:
- Lernziele/Lernnutzen vermitteln/bewusst machen!
- Je höher der Lernnutzen, desto höher die Motivation, desto größer der Lernerfolg!
- Unterstützung beim Lernen/bei Lernhemmnissen anbieten!
- finanzielle/materielle Förderung.

13. Welche Aufgaben sollten mithilfe von Qualitätszirkeln erledigt werden?

Qualitätszirkel sind Kleingruppen von maximal 7 - 12 Mitarbeitern mit dem Ziel, unter Anleitung eines Moderators Schwachstellen im eigenen Arbeitsgebiet aufzudecken. Häufige Themen, die in Form von Qualitätszirkeln aufgegriffen werden, sind: Verbesserungsvorschläge zur Produktivitätssteigerung, das Ausschalten von Fehlern, die Qualitätssicherung, die Lernförderung, die Verbesserung von Kreativität, Mobilität, Arbeitszufriedenheit und Betriebsklima sowie die Entwicklung neuer Einstellungen und Verhaltensweisen.

14. Wie können die Möglichkeiten des Wissensmanagement effektiv eingesetzt werden?

Die *Elemente* des (betrieblichen) Wissensmanagement sind:

• betriebliches Wissen erkennen/erwerben
• ... entwickeln
• ... verteilen und nutzen
• ... bewahren/dokumentieren
• ... bewerten/weiterentwickeln.

Für den Aufbau eines betrieblichen Wissensmanagement sind einige *Voraussetzungen* erforderlich, z. B.:

• *Wissenskultur:*
  Wissen an andere weitergeben, dokumentieren (Wissensmarktplätze)

• *Ressourcen:*
  Freiräume und Zeit einräumen zur Erprobung und Weiterentwicklung von Wissen

• geeignete *Software/Hardware:*
  Informationssystem/Intranet

• *Anreize:*
  Motivation und ggf. spezielle Vergütungs-/prämiensysteme (vgl. Betriebliches Vorschlagswesen, BVW).

15. Was versteht man unter der „Bildung von Netzwerken" im Rahmen von Lernprozessen?

Der Begriff „Netzwerk" hat mehrere Dimensionen (vgl. z. B: Soziologie → soziales Netzwerk; Informationstechnologie → Kopplung mehrerer Computer).

Im Zusammenhang mit Lernprozessen findet der Ausdruck „Netzwerk" vielfältige Verwendung. Es gibt also keinen eindeutigen Begriffsinhalt. Unter „Bildung von Netzwerken" können im Rahmen des Lernens folgende Inhalte zugeordnet werden:

* *Netzwerkbildung im Sinne „ganzheitlichen Lernens":*
  Lernen mit Kopf, Gefühl und Körper (vgl. 9.7.3); Nutzen beider Gehirnhälften (vgl. 9.7.2).

* *Netzwerkbildung im Sinne „Lernen mit anderen":*
  Erfahrungen austauschen, Wissensdefizite abbauen, eigenes Lernen durch Lernen mit anderen aktivieren und stimulieren, gegenseitige Hilfe vermeidet Frust beim Lernen usw.

* *Netzwerkbildung im Sinne der „Vernetzung von Informationsquellen":*
  Buch + Fachzeitschrift + eigener PC + Intranet + Internet + Foren (z. B. www.fachwirte.de, www.uni-protokolle.de, www.google.de/handelsfachwirte) + Lexika (z. B. www.wikipedia.com) + eigene Notizen + eigenes Ordnungssystem usw.

* *Netzwerkbildung als „Angebot des Buchhandels":*
  Mittlerweile gibt es Buchhandlungen und Verlage, die unter der Überschrift „Netzwerk-Lernen" als Verbundwerbung Lehr- und Lernmittel zu reduzierten Preisen per Download anbieten, vgl. z. B.: www. netzwerk-lernen.de.

9.8 Personalkosten und -leistung

9.8.1 Maßnahmen zur Steigerung der Personalleistung

01. Was ist Leistung?

Klärung des Leistungsbegriffs: Leistung ist ...		
Leistung	Arbeit : Zeit	*in der Physik*
Arbeitsleistung	Arbeitsergebnis : Zeit	*nach REFA*
Mengenleistung	Menge : Zeit	
Personalleistung	Bruttoumsatz/Monat : Anzahl der Mitarbeiter (Vollzeit)	
Umsatzleistung pro bezahlter Stunde	Bruttoumsatz/Monat : Anzahl der bezahlten Stunden/Monat	*im Handel*
Umsatzleistung pro geleisteter Stunde	Bruttoumsatz/Monat : Anzahl der geleisteten Stunden/Monat	

Die Personalleistung ist (mengenmäßig) identisch mit der betriebswirtschaftlichen Größe Arbeitsproduktivität:

Arbeitsproduktivität	= Erzeugte Menge : Arbeitsstunden

02. Von welchen Faktoren ist die Leistung des einzelnen Mitarbeiters abhängig?

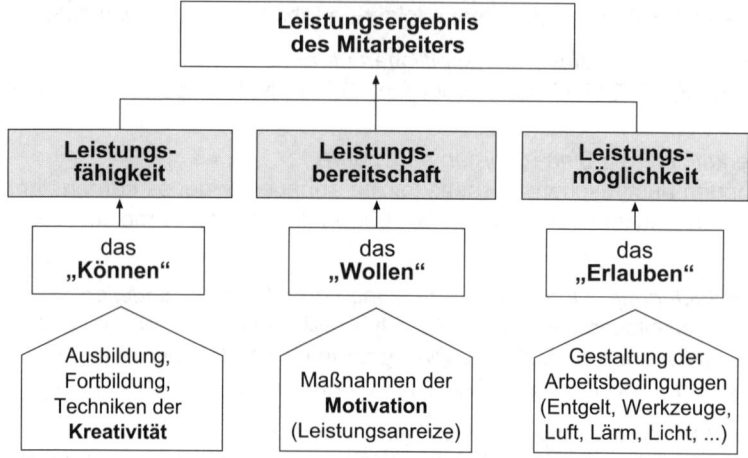

03. Von welchen Faktoren ist die Leistung einer (Arbeits-)Gruppe abhängig?

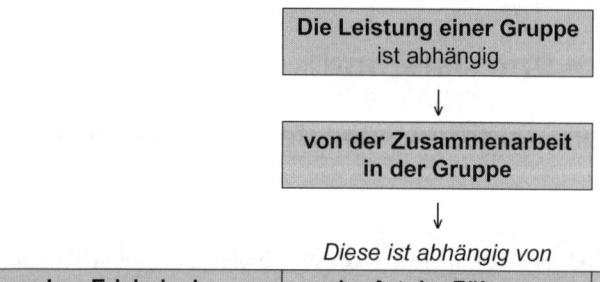

dem Erlebnis der Gruppenzugehörigkeit	der Art der Führung durch den Vorgesetzten	der Gruppendisziplin und der Gruppenmoral

Dies ist abhängig von:

• der Befriedigung persönlicher Bedürfnisse und Erwartungen

• der Kommunikation innerhalb der Gruppe

• den Beziehungen zwischen den Gruppenmitgliedern.

04. Welche Maßnahmen sind geeignet, die Personalleistung zu steigern?

Die Antwort lässt sich aus der Betrachtung der Faktoren ableiten, die die Einzel- bzw. Gruppenleistung beeinflussen:

Maßnahmen zur Verbesserung der Personalleistung (der Arbeitsproduktivität)	
Maßnahmenfelder	*Beispiele*
Verbesserung der Leistungsfähigkeit	Aus-, Fort- und Weiterbildung, Training on the job, off the job
	Vermittlung von Arbeitstechniken
Verbesserung der Leistungsbereitschaft	Mitarbeiterorientierte Führung
	Motivation durch immaterielle Anreize: Anerkennung, Lob, Bestätigung, Ermuntern, Verstärken, Unterstützen, Entscheidungsfreiräume (Delegation) usw.
	Motivation durch materielle Anreize: Prämien-/Akkordlohn, Provisionen, Incentives, Erfolgsbeteiligung am Umsatz/Absatz usw.
Verbesserung der Arbeitsbedingungen	Ergonomische Gestaltung der Arbeitsräume, -mittel (Licht, Luft, Temperatur u. Ä.)
	Vermeiden schwerer körperlicher und monotoner Arbeiten durch den Einsatz von Hilfsmitteln und Maschinen, z. B. Transportbänder, Flurförderfahrzeuge
Veränderung der Arbeitsstrukturierung	Arbeitsteilung/Spezialisierung: Artteilung, Mengenteilung
	Job Rotation, Job Enrichment, Job Enlargement
	Verbesserte Auslastung der Anlagen
Verbesserung der Organisation	Organisation der Gruppenarbeit, Teamentwicklung
	Berücksichtigung informeller (positiver) Netzwerke
	Effektive Formen der Gruppenarbeit, z. B. teilautonome Gruppen mit Teamsprecher
	Effektive und offene Formen der Konfliktbearbeitung
	Schaffen einer Unternehmensorganisation, die Leerlauf vermeidet, Sinn erkennen lässt und nachvollziehbar ist.

05. Welche Bedeutung hat der Aspekt „Qualität" bei der Betrachtung der Personalleistung? → 1.11

Die unter Frage 04. dargestellten Ausführungen beziehen sich lediglich auf den „Mengenaspekt" der Personalleistung. Selbstverständlich müssen vorgegebene oder mit dem Kunden vereinbarte Qualitätsstandards eingehalten werden (Einzelheiten vgl. 1.11).

9.8.2 Maßnahmen zur Senkung der Personalkosten

01. Welche Bedeutung haben die Personalkosten?

Personalkosten haben in vielen Betrieben einen relativen oder sogar einen absoluten Fixkostencharakter. Politische Entscheidungen, Gesetze, arbeitsrechtliche Vorschriften und die Tarifentwicklung lassen die Personalkosten ständig steigen, obwohl die Tarifabschlüsse der letzten Jahre sehr maßvoll waren (z. T. nur zwischen 1,5 - 2,5 % im Handel). Oftmals betragen die Personalkosten einschließlich des kalkulatorischen Unternehmerlohnes im Gesamtdurchschnitt des Einzelhandels ca. 50 - 60 % der Handlungskosten.

Die Senkung der Personalkosten ist betriebswirtschaftlich das Gegenstück zur Verbesserung der Personalleistung. In beiden Fällen besteht die Zielsetzung des Unternehmers darin, die betriebliche Wertschöpfung zu verbessern:

Betriebliche Wertschöpfung	= Erlöse - Vorleistungen

Die Personalkosten sind im Handel ein bedeutender Bestandteil der Vorleistungen. Auf die Entwicklung der betrieblichen Wertschöpfung haben folgende Einkommensbestandteile (Stichwort: Verteilungsrechnung der betrieblichen Wertschöpfung) entscheidende Auswirkungen:

- *Arbeitseinkommen:*
  Bruttobezüge, freiwillige Sozialaufwendungen und Pensionszahlungen

- *Gemeineinkommen:*
  Gesetzliche Abgaben und Steuern

- *Fremdkapitaleinkommen:*
  Aufwandszinsen und Vergütung stiller Einlagen

- *Unternehmenseinkommen:*
  Jahresüberschuss, Abschreibungen.

02. Wie werden die Personalkosten aufgegliedert?

Personalkosten lassen sich untergliedern in *direkte Kosten* und *Personalzusatzkosten:*

1.   Direkte Personalkosten (= Löhne und Gehälter; Personalgrundkosten)

2.1 Personalzusatzkosten aufgrund von *Gesetz und Tarif*

2.2 Personalzusatzkosten aufgrund *freiwilliger* Leistungen, unterteilt in
   - freiwilligen Personalaufwand und
   - freiwilligen Sozialaufwand.

Die Personalzusatzkosten (gesetzlich und freiwillig) betragen heute im Bundesdurchschnitt ca. 70 % der Personalgrundkosten.

- Personalkosten können weiterhin in *Einzelkosten* und *Gemeinkosten* unterteilt werden:

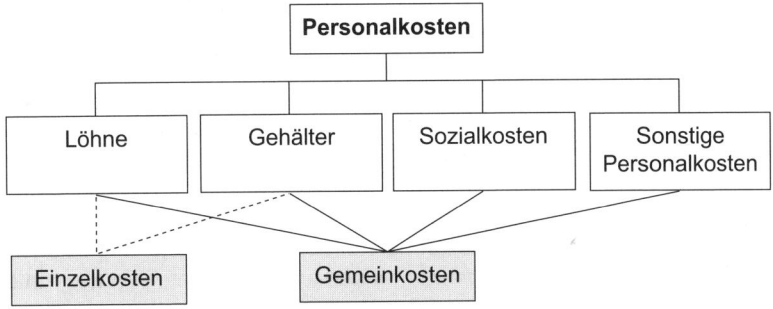

03. Welche Tatbestände verursachen besonders hohe Personalkosten?

Von besonderem Einfluss auf die Kostenstruktur sind z. B. Fluktuation, Fehlzeiten und Mehrarbeit.

04. Wie ist der methodische Ansatz bei der Suche nach geeigneten Maßnahmen zur Kostensenkung?

1. *Ermittlung der relevanten Kostenarten* im Personalsektor, z. B. Löhne, Gehälter, Aushilfen, Personalzusatzkosten, betriebliche Renten usw.

2. *Analyse der Kostenentwicklung* mithilfe von Soll-Ist-Abweichungen (Abweichungen zum Plan) bzw. von Ist-Ist-Abweichungen (Abweichungen zum Monat des Vorjahres)

3. *Ermittlung der Kostentreiber* (Costdriver; vgl. Prozesskostenrechnung); dabei sind die zentralen Fragen des Controlling maßgebend:

   - Wann war die Abweichung?   → Zeitpunkt
   - Wo war die Abweichung?   → Kostenstelle, Kostenart
   - Welches Ausmaß hatte die Abweichung?   → Bedeutung der Abweichung.

Als Instrument der Kostenkontrolle wird sehr häufig die *Budgetierung* (frz.: Haushaltsplan, Voranschlag) eingesetzt, zum Beispiel in Form eines *Kostenbudgets*. Eingetragen werden z. B. die Kostenarten je Kostenstelle, ihre aktuelle Entwicklung bezogen auf den laufenden Monat (Ist, lfd.) und auf den bisher abgelaufenen Zeitraum (Ist, aufgel.). Abweichungen zum Vorjahr (Ist - Ist) bzw. zum Plan (Soll-Ist) in Euro bzw. Prozent sind vom Kostenstellenverantwortlichen ab einer bestimmten Höhe zu kommentieren (z. B. bei einer Überschreitung ≥ 5 %), vgl. dazu 3.5.3/05.

05. Welche Maßnahmen zur Senkung der Personalkosten sind denkbar?

Die Antwort darauf muss theoretisch und unvollständig sein. Sie lässt sich in der Praxis nur aufgrund der Analyse der konkreten Kostenarten, -strukturen und der Entwicklung je Kostenart und je Kostenstelle beantworten (vgl. Budgetierung). Insofern hat die nachfolgende Auflistung (vgl. nächste Seite) beispielhaften Charakter; die potenziellen Maßnahmen sind gegliedert nach Kostenarten in den Personalsektoren.

In der Praxis ist jeweils zu beachten, welche Negativwirkungen ggf. mit der Einleitung von Maßnahmen der Personalkostensenkung verbunden sein können (z. B. Widerstand der regionalen Öffentlichkeit und der Gewerkschaften bei Verlagerung von Standorten in das Ausland). Außerdem sind die Beteiligungsrechte des Betriebsrates einzuhalten (z. B. bei der Kündigung von Betriebsvereinbarungen). Weiterhin wird keine Einschätzung vorgenommen, ob die genannte Maßnahme personalpolitisch angemessen erscheint bzw. Zielkonflikte zwischen den Einzelmaßnahmen auftreten. Die Darstellung spiegelt die derzeitige Praxis deutscher Unternehmen wieder und wird hier keiner Wertung unterzogen:

Maßnahmen zur Senkung der Personalkosten	
Kostenarten:	Beispiele:
Löhne, Gehälter, tarifliche Zulagen, Mehrarbeits-vergütung	Reduzierung der Belegschaft (Kopfzahlen): Einzel-, Massenentlassung
	Verlagerung von Leistungsstandorten in Länder mit geringerem Lohnniveau (z. B. Ungarn, Rumänien, Bulgarien)
	Veränderung der Tarifstruktur, z. B. Austritt aus dem geltenden Flächentarifvertrag und Abschluss eines Haustarifes
	Auslagerung von Unternehmensteilen in selbstständig agierende Profitcenter (z. B. GmbH) mit eigener Lohnstruktur (meist geringer als bei der Muttergesellschaft).
	Kürzung, Streichung freiwilliger Zulagen
	Ersatz der Stammbelegschaft durch Leiharbeitnehmer (Reduzierung des arbeitsrechtlichen Risikos und der Personalbeschaffungskosten)
Gesetzl. Sozialabgaben	Verträge mit freiberuflichen Mitarbeitern auf Honorarbasis
Betr. Altersversorgung, Sozialeinrichtungen	Reduzierung/Streichung der Leistungen für neu eintretende Mitarbeiter; evtl. Kündigung der Betriebsvereinbarung
Werksärztlicher Dienst	Auflösung der eigenen werksärztlichen Versorgung und Outsourcing (vgl. Make-or-Buy)
Arbeitssicherheit	Senkung der Unfallzahlen, Verbesserung der Sicherheitsunterweisungen; Prämien für unfallfreies Arbeiten
Betriebsratsarbeit	Kontrolle der Reisekosten; Reduzierung der Ausgaben auf das gesetzlich vorgeschriebene Niveau
Personalbeschaffung	Outsourcing der Beschaffung; Leiharbeiter; Abbau der innerbetrieblichen Stelle „Personalbeschaffung"
Personaleinsatz	verbesserter Personaleinsatz: Vermeidung von Leerlauf, Einsatz geringer qualifizierter Kräfte (geringeres Lohnniveau)
	Reduzierung der Fehlzeiten und der Fluktuation; verbesserte Relation zwischen bezahlten und geleisteten Arbeitsstunden
Ausbildung, Fortbildung	Reduzierung, Streichung der Leistungen; Outsourcing
	verbesserte Inanspruchnahme staatlicher Leistungen und Zuschüsse (vgl. SGB III, Arbeitsförderung)

9.8.3 Betriebsvergleiche

01. Was ist die Aufgabe eines Betriebsvergleichs?

Ein Betriebsvergleich soll einen Vergleich der Vorgänge im eigenen Unternehmen verschiedener Jahre sowie einen Vergleich mit anderen Unternehmen ein- und desselben Jahres ermöglichen (Branchendurchschnitt bzw. Marktführer der Branche; vgl. Benchmarking). Man unterscheidet also:

Betriebsvergleich	
Innerbetrieblicher Vergleich	Externer Vergleich

02. Welche Voraussetzung muss bei einem Betriebsvergleich erfüllt sein?

Bei einem Betriebsvergleich *müssen die Erhebungsdaten einheitlich definiert sein,* z. B. können die Größen „Fluktuation" und „Personalzusatzkosten" Unterschiede in der Erhebung oder Definition aufweisen. Diese Forderung gilt für den innerbetrieblichen und für den externen Vergleich. Eine Nichtbeachtung dieser Forderung führt zu Fehlinterpretationen.

03. Welche Kennzahlen der Statistik können für Zwecke des Personalcontrolling genutzt werden? → 3.8

Überwiegend werden im Personalsektor Verhältniszahlen zur Steuerung der Wirtschaftlichkeit und der Produktivität des Faktors Arbeit eingesetzt. Man analysiert

*   *Mengendaten* (Kopfzahlen, Beschäftigte, Pensionäre, Abgänge usw.)
*   *Strukturdaten* (Angestellte, Arbeiter, männlich, weiblich, Nationalität, Alter usw.)
*   *Kostendaten* (fixe Personalkosten, variable, tarifliche, übertarifliche usw.)
*   *qualitative Daten* (Qualifikation, Bildungsabschlüsse, Betriebszugehörigkeit usw.)
*   *Verhaltens-/Ereignisdaten* (Krankenstand, Fluktuation, Versetzungen, Urlaub usw.).

Bei dieser Systematisierung gibt es zahlreiche *Überschneidungen.* Letztlich muss jeder Betrieb das personalstatistische Instrumentarium und Berichtswesen für sich selbst entwickeln. Beobachtet werden müssen besonders diejenigen *Eckdaten,* die *für die betriebliche Wertschöpfung* relevant sind. Im Handel sind beispielsweise die betrieblichen Funktionen „Einkauf", „Verkauf" und „Warenmanipulation" sowie die dortige Personalleistung von Interesse.

Daneben ist für die Prüfung zu beachten, dass personalstatistische Kennzahlen nicht stur auswendig gelernt werden können: Sie sind in ihrer Definition in Literatur und Praxis nicht einheitlich (vgl. z. B. die Definition „Fluktuation"). Letztlich ist jede Zahlenrelation sinnvoll, die zur Beantwortung einer bestimmten interessierenden Fragestellung führt.

Die Kennzahlen des Personalcontrolling werden ausführlich unter Ziffer 3.8, Controlling im Personalmanagement, behandelt.

10. Hinweise zur mündlichen Prüfung (Präsentation und Fachgespräch)

01. Welche Bestimmungen enthält die Rechtsverordnung zur mündlichen Prüfung?

§ 3 Abs. 7	Die mündliche Prüfung gliedert sich in eine **Präsentation** und ein situationsbezogenes **Fachgespräch**.
§ 3 Abs. 11	Die mündliche Prüfung gemäß Absatz 7 ist nur durchzuführen, wenn in den Prüfungsleistungen gemäß Absatz 4 **mindestens ausreichende Leistungen** erbracht wurden.

Mit anderen Worten:
In den „Pflichtfächer" 1 - 5 (Unternehmensführung bis Beschaffung/Logistik) ist mindestens die Note 4 zu erreichen (schriftliche Prüfung und ggf. mündliche Ergänzungsprüfung).

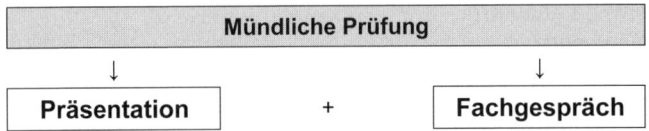

§ 3 Abs. 8	**Präsentation:**
	In der Präsentation soll nachgewiesen werden, dass eine **komplexe Problemstellung der betrieblichen Praxis** erfasst, dargestellt, beurteilt und gelöst werden kann.
	Die Themenstellung muss sich auf **mindestens zwei Handlungsbereiche** gemäß Absatz 1 beziehen.
	Die Präsentationszeit soll dabei **zehn Minuten** nicht überschreiten.
	Die Präsentation geht mit einem Drittel in die Bewertung der mündlichen Prüfung ein.
§ 3 Abs. 9	**Das Thema** der Präsentation **wird von dem Prüfungsteilnehmer** oder der Prüfungsteilnehmerin **gewählt** und dem Prüfungsausschuss bei der ersten schriftlichen Prüfungsleistung eingereicht.

§ 3 Abs. 10	**Situationsgebundenes Fachgespräch:**
	Ausgehend von der Präsentation soll in dem Fachgespräch die Fähigkeit nachgewiesen werden, dass **Berufswissen in handelsbetriebstypischen Situationen** angewendet werden kann und sachgerechte Lösungen vorgeschlagen werden können.

> Insbesondere soll nachgewiesen werden, dass angemessen mit Gesprächs-
> partnern kommuniziert werden kann und dabei argumentations- und präsen-
> tationstechnische Instrumente sachgerecht eingesetzt werden können.
>
> Das Fachgespräch soll in der Regel **20 Minuten** nicht überschreiten.

02. Welche Kriterien müssen bei der Themenwahl der Präsentation eingehalten werden?

Die Themenstellung der Präsentation muss folgenden Kriterien genügen (vgl. § 3 Abs. 8):

* Praxisbezug
* komplex
* mindestens zwei der Handlungsbereiche 1 - 9 (also Pflicht- und/oder Wahlfächer)
* abgegrenzt
* „erfassen, darstellen, beurteilen und lösen einer Problemstellung“.

Falsch wären zum Beispiel folgende Ansätze bei der Präsentation:

* reine *Theoriedarstellungen*; daher sind also keine allgemein gültigen Inhalte in lang-
  atmiger Form zu erläutern
* *fehlender Praxisbezug*
* *ohne eigene Lösung*
* eingeengte Betrachtungsweise (vgl. „komplex“); Beispiel: Bei einer Problemstellung
  aus dem Themenkreis „Personal und Qualifizierung“ wird übersehen, dass interne
  und externe Aspekte sowie die Mitbestimmung des Betriebsrates zu berücksichtigen
  sind.

03. Wie erfolgt die Anmeldung des Themas der Präsentation beim Prüfungsaus-schuss der zuständigen Kammer?

Das Thema der Präsentation wird von dem Prüfungsteilnehmer oder der Prüfungsteil-
nehmerin *gewählt* und dem Prüfungsausschuss bei der *ersten schriftlichen Prüfungsleistung eingereicht* (vgl. § 3 Abs. 9).

Mit anderen Worten:
Erarbeiten Sie rechtzeitig vor der ersten schriftlichen Prüfung den Themenvorschlag
für Ihre Präsentation und geben Sie ihn bei der Person ab, die bei der Klausur Aufsicht
führt. In der Regel werden die Kammern dazu *Informationen/Merkblätter* herausgeben.
Achten Sie darauf, *dass das Thema Ihrer Präsentation den oben genannten Anforderungen genügt.*

In Anlehnung an andere Prüfungsverordnungen werden die Kammern im Regelfall fordern, dass *Ihr Themenvorschlag folgende Punkte enthält* (vgl. auch hier das Merkblatt
der Kammer oder fragen Sie den zuständigen Prüfungsausschuss):

Themenvorschlag für die Präsentation · Inhalte
(1) Thema
(2) Problemstellung
(3) Grobgliederung

Zu (1): *Themenstellung*
Das Thema ist *als Entscheidungsvorschlag* zu formulieren; es heißt zum Beispiel <u>nicht</u> „Optimierung der Materialzuführung in der ...“ – das wäre eine reine (theoretische) Vergangenheitsbeschreibung – sondern die Formulierung muss z. B. lauten:

Vorschlag zur Optimierung der Transportkette in der XY-GmbH

Zu (2): *Problemstellung*
Die Problemstellung soll den betrieblichen Hintergrund, den Problemauslöser sowie die Ansätze zur Problemlösung erkennen lassen.

Zu (3): *Grobgliederung*
Unter Umständen wird der Prüfungsausschuss eine Grobgliederung fordern. Sie dient ihm zur Information und soll ihm zeigen, wie der Teilnehmer das Thema strukturiert hat.

Nachfolgend ein Beispiel zur Themeneinreichung bei der Kammer (ohne Gewähr):

Name Vorname Anschrift Telefonnummer Prüfungsnummer   **Entscheidungsvorschlag für ein Maßnahmenkonzept zur dauerhaften Kundenbindung bei einem privaten Bildungsträger – dargestellt am Beispiel des Lehrgangs „Geprüfte Handelsfachwirte"** Problemstellung: . . . .   Gliederung: - . . . . - . . . . - . . . . - . . . .

04. Welche Themenstellungen der Praxis eignen sich für die Bearbeitung als Präsentation?

Die nachfolgenden Beispiele werden aufgeführt, um dem Leser ein „Gefühl" für die Formulierung seines Themas zu vermitteln. Sie können gleichzeitig Anregung bei der Suche nach einem geeigneten Thema sein. Die dargestellten Beispiele *sind bitte nicht als „Musterthemen" zu verstehen.*

- Vorschlag zur Einrichtung eines Call-Centers für eine Weinhandelsgenossenschaft

- Entscheidungskriterien für die Anschaffung und Errichtung eines Hochregallagers zur Optimierung der Distribution in einem Vertriebszentrum

- Verbesserung der Flächenproduktivität durch Maßnahmen der Kundenbindung und des Space Management in einem Geschäft des Drogerieeinzelhandels

- Konzept einer zielgruppenspezifischen Werbeansprache für ein Warenhaus mittlerer Größe

- Strategische Sortimentskontrolle mithilfe der Portfolio-Analyse für einen Büromöbel-Großhändler.

05. Welche Möglichkeiten sind geeignet, um effizient und rechtzeitig ein geeignetes Thema für die Bearbeitung als Präsentation zu finden?

Aus der Erfahrung vieler Lehrveranstaltungen kann man erkennen, dass es den Teilnehmern unterschiedlich schwer fällt, ein geeignetes Thema für die Präsentation zu finden. Dies hängt z. B. damit zusammen, welche berufliche Erfahrung der Teilnehmer mitbringt, ob er bereits Erfahrung als Teammitglied von Projekten hat, auf welcher Hierarchieebene er derzeit arbeitet und wie leicht oder wie schwer er Zugang zu konkreten betrieblichen Daten findet.

Daher ist es ratsam, möglichst rechtzeitig mit der Unterweisung über Planung und Durchführung der Präsentation zu beginnen. Im Prinzip ist dafür jeder Handlungsbereich geeignet: Bei der Stoffvermittlung kann parallel über geeignete Themenstellungen reflektiert werden. Insbesondere sollte der Abschnitt 3.12.2, Präsentation, dazu genutzt werden.

Damit wird sichergestellt, dass

- der Teilnehmer genügend Zeit hat, innerbetriebliche Recherchen anzustellen, sich mit Fachleuten zu unterhalten, die Komplexität und den Schwierigkeitsgrad eines Themas abzuschätzen und

- das Präsentationsthema ohne Zeitdruck formuliert werden kann und der Teilnehmer Gelegenheit hat, es im Lehrgang mit anderen Teilnehmern und dem Dozenten zu diskutieren und zu erproben.

06. Welche Methoden zur Ideen- und Themenfindung für die Präsentation können im Lehrgang eingesetzt werden?

Oft beginnt die Suche nach einem geeigneten Thema im Lehrgang recht schwerfällig (den Teilnehmern fällt nichts ein). Den Prozess der Themenfindung kann man gut unterstützen durch folgende Methoden, die sich im Lehrgangsalltag bewährt haben:

- *Der Dozent* beschreibt geeignete Themen und deren Strukturierung und weist auf mögliche Probleme in der Bearbeitung hin.

- *Die Teilnehmer* schildern im Plenum oder in Kleingruppenarbeit Einzelheiten über ihr Unternehmen, ihre Tätigkeit, die Besonderheiten der Betriebsform, der Produkte, des Marktes usw. und erläutern, welche derzeitigen und zukünftigen Aufgaben der Betrieb zu bewältigen hat. Spätestens hier entdecken die Teilnehmer in der gemeinsamen Diskussion erste Ansätze für eine Themenstellung, die dann verfeinert werden können.

- *Die Teilnehmer erhalten* innerhalb des Lehrgangs die Gelegenheit, eine sog. „Übungspräsentation" anzufertigen, bei der die Vorgaben lt. Prüfungsordnung einzuhalten sind, und der Teilnehmer die Formulierung und Durchführung eines Themas üben kann. Er wird vom Dozenten und den Lehrgangsteilnehmern wertvolle Hinweise erhalten. Gleichzeitig dient diese Form des Unterrichts einer Vertiefung, Vernetzung und Anwendung der Lehrgangsinhalte.

07. Wie ist der Ablauf der Präsentation und des situationsbezogenen Fachgesprächs?

Zu Beginn der Präsentation wird sich der Teilnehmer *kurz vorstellen* und zunächst das *Ergebnis* seiner Themenbearbeitung unter Einsatz sachgerechter Präsentationstechniken *darstellen*. Er kann dabei z. B. wählen: Overhead-Projektor (Folien), Flipchart oder Beamer. Der Teilnehmer sollte <u>das</u> Präsentationsmedium wählen, mit dem er am Besten vertraut ist.

Der Präsentation schließt sich *ein vertiefender Dialog* an (situationsbezogenes Fachgespräch). Der Prüfungsausschuss wird hier zunächst von der Präsentation ausgehen und dabei ggf. Einzelaspekte des vorgetragenen Themas hinterfragen und vertiefen.

Im Weiteren wird sich der Ausschuss mehr oder weniger weit von dem Thema der Präsentation entfernen und *bestimmte, handelstypische (Kurz-)Situationen schildern*. Aufgabe des Teilnehmers ist es, die geschilderten Situationen richtig zu erfassen und dazu geeignete Lösungsvorschläge zu unterbreiten, in diesem Prüfungsdialog soll der Teilnehmer neben seiner Fachkompetenz zeigen, dass er „angemessen kommunizieren und präsentationstechnische Instrumente" (vgl. § 3 Abs. 19) sachgerecht einsetzen kann.

Mit anderen Worten: Zeigen Sie, dass Sie z. B. Ihre Antworten gliedern können, ggf. auch auf (scheinbar) provozierende Fragen richtig reagieren und seien Sie nicht erstaunt, wenn Sie noch einmal zur Tafel/zum Flipchart gebeten werden, um einen Diskussionspunkt zu *visualisieren*.

Jeder Prüfungsausschuss ist im Rahmen der Rechtsverordnung relativ frei in der Gestaltung des Gesprächsablaufs (vgl. Merkblatt der Kammern). Mittlerweile hat sich gezeigt, dass *die Ausschüsse folgenden Ablauf bevorzugen:*

Präsentation und Fachgespräch • Ablauf			
1	**Präsentation**		*Hinweise, Empfehlungen*
	Der Teilnehmer **stellt sich kurz vor.**	ca. 2 min	Der Teilnehmer nennt in prägnanter Form Eckdaten zu seiner Person: Ausbildung, Alter, Unternehmen und Tätigkeit (keine weitschweifigen Beschreibungen).
	Der Teilnehmer **präsentiert** sein Thema.	ca. 8 min	Der Teilnehmer präsentiert prägnant und überzeugend (als „Regelkreis") • das Problem • die Ist-Situation • die Soll-Situation • die Lösungsansätze • die Wirkung der Maßnahmen • die Kontrolle der Zielerreichung. Dabei sind die Merkmale einer wirksamen Präsentation zu beachten (vgl. ausführlich unter 3.12.2): • Zeitlimit einhalten • Sprache/Körpersprache • Visualisierung • Gliederung • Schlusssatz.
	gesamt:	**max. 10 min**	

2	**Situationsbezogenes Fachgespräch**	ca. 20 min	Der Teilnehmer soll hier zeigen, dass er die Kernpunkte seines Themas beherrscht und auch vertiefende Fragen erläutern kann. Er soll in der Lage sein, das Wissen auf handelstypische Situationen anwenden zu können
	insgesamt	**ca. 30 min**	

Im Anschluss an die Präsentation und das Fachgespräch wird der Prüfungsausschuss beraten und dem Teilnehmer das Ergebnis der mündlichen Prüfung mitteilen.

08. Wie bewertet der Prüfungsausschuss die Präsentation und das Fachgespräch?

Die mündliche Prüfung besteht – wie gesagt – aus zwei Teilen. Das Ergebnis der Präsentation „geht mit einem Drittel in die Bewertung der mündlichen Prüfung ein" (vgl. § 3 Abs. 8). Im Übrigen enthält die Rechtsverordnung keine weiteren, detaillierten Angaben zur Bewertung. Aufgrund der Erfahrung aus vielen Prüfungen der Autoren wird sich der Ausschuss mehr oder weniger stark an folgendem *Bewertungsraster* orientieren:

Prüfungsabschnitt – mündliche Prüfung –	Bewertungskriterien (beispielhaft)	Punkte	*Beispiel*
1. Präsentation	Sprache?		3
	Körpersprache?		2
	Gliederung?	max. 30 Punkte	5
	Visualisierung?		3
	Zusammenfassung?		3
	Überzeugungskraft?		3
			19
2. Fachgespräch	Fachkompetenz?		20
	überzeugende Vortragsweise?	max. 70 Punkte	12
	Kommunikation?		12
	ggf. Präsentieren?		8
			52
		insgesamt	**71**
		Note	*3 (drei)*

09. Wie kann sich der Teilnehmer auf die Präsentation und das Fachgespräch vorbereiten?

Es gibt dafür kein Patentrezept. Trotzdem lassen sich aufgrund der langjährigen Prüfungspraxis der Autoren folgende Empfehlungen geben:

1. Präsentation:
Der Teilnehmer sollte die Präsentation vorbereiten, indem er neben der inhaltlichen Bearbeitung des Themas die *Durchführung vorher ausreichend übt* (freie Rede, Körpersprache, Einsatz und Wirksamkeit der Overhead-Folien usw.).

2. Der Teilnehmer kann sich auf das *Fachgespräch* vorbereiten, indem er

- den *theoretischen Background* seines Themas *sicher beherrscht.* Beispiel: Angenommen, in der Präsentation werden Maßnahmen der Preisdifferenzierung diskutiert, so sollte der Prüfling auch in anderen „Strategien der Preisgestaltung zu
Hause sein". Dazu eignet sich die nochmalige Lektüre der relevanten Basisliteratur;

- sich die derzeitige Situation des eigenen Betriebes argumentativ zurechtlegt (z. B.
Sortiment, Kundensegmente, Wettbewerb, Entwicklung der Branche, Logistkon-
zept des eigenen Unternehmens usw.);

- einige Tage vor der Prüfung den *Wirtschaftsteil der Tagespresse* intensiv liest
(z. B. volkswirtschaftliche und politische Geschehnisse und deren Auswirkungen
auf betriebliche Fragestellungen und Ziele). Viele Prüfungsausschüsse bevorzugen
verständlicherweise die Anwendung gelernten Wissens auf aktuelle Sachverhalte.

Klausurtypischer Teil

Klausurtypischer Teil

Die Rechtsverordnung sieht für die *schriftliche Prüfung* der Handelsfachwirte je eine Aufsichtsarbeit (Klausur) in folgenden Handlungsbereichen vor:

1. **Unternehmensführung und -steuerung**	**120 min**
2. **Handelsmarketing**	**90 min**
3. **Führung und Personalmanagement**	**90 min**
4. **Volkswirtschaft für die Handelspraxis**	**60 min**
5. **Beschaffung und Logistik**	**90 min**
Handlungsbereiche zur Wahl	
6. **Handelsmarketing und Vertrieb**	**90 min**
7. **Handelslogistik**	**90 min**
8. **Außenhandel**	**90 min**
9. **Mitarbeiterführung und Qualifizierung**	**90 min**

Das Fach **Arbeitsmethodik** wird in diesem Band nicht behandelt. Es ist nicht Bestandteil der Prüfung.

Der **berufs- und arbeitspädagogische Prüfungsteil** kann nachgelesen werden in den zahlreichen Sonderveröffentlichungen der Verlage. Bei Kiehl ist dazu ein eigenes Prüfungsbuch erschienen: Ruschel/Kreißl, Die Ausbildereignungsprüfung.

Die **nachfolgenden, klausurtypischen Fragestellungen** bearbeiten für alle Handlungsbereiche Schwerpunkte des Rahmenplans, die für die schriftliche Prüfung besonders relevant sind (vgl. Taxonomie des Rahmenplanes: Kenntnis, Fähigkeit, Beherrschung, Vertrautheit usw.). Dieser Übungsteil soll den Leser auf die Bearbeitung der Prüfungsklausuren vorbereiten.

Die **Lösungen** zu den Aufgabenstellungen finden Sie ab Seite 1013.

Inhalte und Ablauf der schriftlichen und mündlichen Prüfung werden im Vorspann zu den Musterklausuren ab Seite 1131 ausführlich behandelt.

1. Unternehmensführung und -steuerung

01. Geschäftsidee

Welche Aspekte müssen bei der Überlegung, sich selbstständig zu machen, geprüft werden? Nennen Sie fünf Beispiele.

02. Führungsmerkmale bei der Unternehmensgründung

Was versteht man unter den Führungsmerkmalen bei der Unternehmensgründung? Beschreiben Sie drei Beispiele.

03. Unternehmensbewertung

a) Nennen Sie fünf Kriterien der Unternehmensbewertung.

b) Herr N. überlegt, ob er bei seiner Existenzgründung ein bestehendes Unternehmen übernehmen oder sein Unternehmen neu gründen soll. Stellen Sie jeweils drei Vorteile gegenüber.

04. Vergleich von Rechtsformen

Sie beabsichtigen, ein kleines Fachgeschäft zu eröffnen. Nennen Sie vier geeignete Rechtsformen und geben Sie jeweils einen Vor- und einen Nachteil an.

05. Anmeldung und Steuerarten

Frau Müller beabsichtigt, die Boutique „La Bella" in der Strelitzer Straße zu eröffnen. Zur Unterstützung muss sie eine Verkäuferin einstellen.

a) Nennen Sie vier Anmeldungen, die erforderlich sind.

b) Nennen Sie vier Steuerarten, die anfallen.

06. Zielformulierung

In Ihrem Unternehmen wird nach dem Prinzip „Management by Objectives" geführt. Bei der Zielkontrolle kommt es verstärkt zu Differenzen zwischen den Führungskräften. Eine genaue Analyse der Ursachen zeigt, dass die vereinbarten Ziele überwiegend nicht messbar formuliert wurden.

a) Nennen Sie die Bestandteile einer messbaren (operationalen) Zielformulierung.

b) Derzeit haben Sie eine Fehlzeitenrate von 12 %. Sie wollen die Situation verbessern. Formulieren Sie zu diesem Sachverhalt ein messbares Ziel.

07. Unternehmensziele

Schwerpunktthema des diesjährigen Führungskräftetreffens ist die Überarbeitung der Unternehmensziele für den kommenden Fünf-Jahres-Zeitraum. Alle Führungskräfte sind dazu aufgefordert, Beiträge aus ihrem Verantwortungsbereich zu leisten.

a) Beschreiben Sie den Gegenstand strategischer Unternehmensziele und formulieren Sie zwei Beispiele.

b) Im Rahmen der Ist-Analyse sind interne und externe Einflussfaktoren zu untersuchen. Nennen Sie vier Faktoren, die innerhalb der Umweltanalyse zu betrachten sind.

c) Jeder der Führungskräfte ist aufgefordert, ein operatives Ziel für die nachfolgenden Bereiche zu formulieren und jeweils zwei geeignete Maßnahmen zur Zielerreichung zu beschreiben:

- Erlössituation
- Finanzierung
- Personal
- Sortiment
- Image.

08. Improvisation

Bei der Gestaltung von Systemen lassen sich Organisation, Disposition und Improvisation unterscheiden.

Erläutern Sie das Instrument „Improvisation", geben Sie ein konkretes Beispiel und nennen Sie drei Gründe für diese Regelungsart.

09. Stablinienorganisation

Ein Unternehmen mittlerer Größe hat zwei Leitungsebenen unterhalb der Geschäftsleitung. Im Einzelnen gibt es folgende Abteilungen: Finanzen, Marktforschung, Verkaufs-Innendienst, Beschaffung, Allgemeine Verwaltung, Lagerhaltung, Verkaufs-Außendienst, Rechnungswesen. Außerdem existieren zwei Stabsstellen der Geschäftsleitung: Assistent und Sekretariat.

a) Entwerfen Sie ein geeignetes Stab-Linien-Organigramm nach dem Verrichtungsprinzip. Fassen Sie dabei die genannten Abteilungen in geeigneter Weise zu Hauptabteilungen zusammen. Weisen Sie alle drei Instanzen aus.

b) Aufgrund der Übernahme eines Konkurrenten im süddeutschen Raum soll der Verkauf regional gegliedert werden – in Region Nord und Region Süd. Zeichnen Sie ein entsprechendes Organigramm.

c) Eine weitere Überlegung der Geschäftsleitung besteht darin, den Einkauf in den Bereich Food (Sparte 1) und den Bereich Non Food (Sparte 2) zu gliedern. Stellen Sie den entsprechenden Organigramm-Auszug dar.

10. Formelle, informelle Organisation (Gruppen)

In einem Betrieb gibt es neben der formellen Organisation auch informelle Organisationsstrukturen bzw. formelle und informelle Gruppen.

a) Unterscheiden Sie beide Organisationsstrukturen anhand von vier Merkmalen.

b) Geben Sie zu jeder Gruppenart drei Beispiele.

c) Welche Wirkungen (positive oder negative) können von einer informellen Gruppe auf die formelle Organisationsstruktur ausgehen? Nennen Sie je drei Beispiele.

11. Unterschiede und Gemeinsamkeiten der Aufbau- und Ablauforganisation Organisationsstrukturen (Vergleich)

a) Charakterisieren Sie stichwortartig die Unterschiede und Gemeinsamkeiten der Aufbau- und Ablauforganisation.

b) Ein Unternehmen möchte die Organisationsstruktur verändern und steht vor der Frage, ob es sich verstärkt der Mithilfe von Stäben bedienen soll und ob das bisherige Liniensystem durch ein Stabliniensystem oder durch ein Mehrliniensystem ersetzt werden soll. Als Entscheidungsgrundlage wird eine Gegenüberstellung der Vor- und Nachteile der einzelnen Systeme erwartet.

12. Zentralisierung, Dezentralisierung

Die ROHR AG ist ein Unternehmen mit mehreren Sparten und hat ca. 5.000 Mitarbeiter. Der Sitz der Holding ist Köln. Daneben gibt es sechs Tochtergesellschaften (GmbH) an den Standorten Hamburg, Köln, Hannover, Berlin, Frankfurt a. M. und München. Eine der Sparten betreibt Handel mit Sanitär- und Heizungsartikeln für Klein- und Großkunden. Gegenwärtig wird über eine Veränderung der Aufbaugestaltung des „Einkaufs von Sanitär- und Heizungsartikeln" sowie der „Lagerhaltung" dieser Artikel nachgedacht.

a) Nennen Sie fünf Argumente, die für eine Dezentralisierung der Lagerhaltung sprechen.

b) Geben Sie vier Überlegungen an, die für eine teilweise Zentralisierung des Einkaufs sprechen.

c) Erklären Sie die nachfolgenden drei Zentralisierungsarten am Beispiel der ROHR AG:

- Verrichtungszentralisierung
- Objektzentralisierung
- regionale Zentralisierung.

13. Vorteile der Linienorganisation im Vergleich zur Matrixorganisation

Vergleichen Sie die Linienorganisation mit der Matrixorganisation und nennen Sie jeweils drei Vorteile.

14. Moderne Bürokommunikation

Elektronische Hilfsmittel unterstützen die moderne Bürokommunikation. Erläutern Sie Arbeitsschritte der Büroarbeit mit den dazu passenden Hilfsmitteln der IT am Beispiel „Bearbeiten einer Kundenanfrage" o. Ä.

15. Vorteile eines Intranets

Das Informationsmanagement eines Unternehmens soll neu strukturiert werden. Aus diesem Grund wird über den Einsatz eines Intranets diskutiert. Welche Vorteile bietet ein Intranet in einem Unternehmen?

16. Prüfziffer

Was versteht man unter einer Prüfziffer?

17. Datenorganisation

Eine Datenorganisation muss organisatorischen und technischen Gesichtspunkten genügen. Erläutern Sie die genannten Begriffe.

18. Datenbanksystem

Erläutern Sie die Eigenschaften und die Vorteile eines Datenbanksystems.

19. Datensicherungsverfahren

Welche Forderungen werden an ein Datensicherungsverfahren gestellt?

20. Passwörter

Worauf ist bei der Verwendung von Passwörtern zu achten?

21. Personenbezogene Daten

Ein Mitarbeiter der Personalabteilung erhält eine Anfrage auf Herausgabe von Mitarbeiterdaten bezüglich Name, Geburtsdatum und Eintrittsdatum. Welchen der folgenden Anfragen darf der Mitarbeiter nachkommen und welchen nicht?

1. Geschäftsfreund des Chefs
2. zuständiger Abteilungsleiter
3. Leiter einer anderen Abteilung
4. Datenschutzbeauftragter
5. Mitarbeiter der Abteilung
6. Versicherungsvertreter.

22. Homebanking

Wie ist der organisatorische Ablauf beim Homebanking? Geben Sie eine Beschreibung.

23. Risiken für Daten und IT-Systeme

Nennen Sie die grundsätzlichen Risiken für Daten und IT-Systeme.

24. Gefahren für IT-Systeme, Risikoursachen

Welche Risikoursachen lassen sich unterscheiden?

25. Organisationshandbuch

Beschreiben Sie exemplarisch den Inhalt eines Organisationshandbuches.

26. Stellenbeschreibung

In Ihrem Hause sollen für die Ebene der Führungskräfte Stellenbeschreibungen verfasst werden. Entwerfen Sie das Muster einer Stellenbeschreibung für Führungskräfte.

27. Wagniskosten-Zuschlag

Aufgrund von Schwund, Diebstahl und anderer Ursachen ist bei den Lagervorräten in der Vergangenheit ein Ausfall von 35.000 € entstanden. Der Wareneinsatz betrug während dieser Zeit 2,5 Mio. €.

a) Berechnen Sie den Wagniskosten-Zuschlag.

b) Welche Konsequenzen hat dieses Ergebnis für die Kalkulation?

28. Handelsspanne

Der Großhändler Huber kalkuliert mit einer Handelsspanne von 60 % bei der Warengruppe X. Im März d. J. muss er eine Erhöhung des Einstandspreises um 10 % hinnehmen. Ermitteln Sie die neue Handelsspanne

a) bei unverändertem Angebotspreis,

b) bei einer Erhöhung des Angebotspreises um 5 %.

29. Deckungsbeitragssatz (Handel)

Der Großhändler Kern überlegt, ob er sein Warensortiment um die Warengruppe X erweitern soll. In seiner Vorkalkulation geht er von folgenden Eckdaten aus:

- Fixkosten der Warengruppe K_f = 85.000
- variable Kosten der Warengruppe K_v = 50.000
- geplanter Netto-Umsatz der Warengruppe X U = 900.000
- Wareneinsatz (WE) der Warengruppe X = 70 % des Netto-Umsatzes.

Der angestrebte Deckungsbeitragssatz der Warengruppe X soll mindestens 15 % vom Netto-Umsatz betragen. Geben Sie rechnerisch eine Empfehlung, ob der Großhändler unter diesen Bedingungen sein Warensortiment erweitern soll.

30. Cashflow-Rate

Nachfolgend ist die Bilanz (zum 01.04.2008 und 01.04.2009) sowie die aktuelle Gewinn- und Verlustrechnung eines Unternehmens in Auszügen wiedergegeben:

Bilanzauszug			Auszug aus der GuV-Rechnung	
	Jahr 01	Jahr 02	Umsatzerlöse	12.800.300
Gesamtkapital	14.200.100	13.100.000	Abschreibung auf Sachanlagen	381.500
Rücklagen	96.000	85.200	Abschreibung auf Finanzanlagen	24.400
Rückstellungen	2.400.300	2.000.000	Zinsen auf Fremdkapital	449.700
Wertberichtigung auf Forderungen	800.000	650.000	Jahresüberschuss	203.600

Ermitteln Sie den Cashflow in Prozent des Gesamtkapitals.

31. Provision Handelsvertreter

Eine Großhandlung vertreibt ihre Produkte über Handelsvertreter. Für den Auftrag eines Einzelhandelsgeschäfts liegen folgende Angaben vor:

Listenverkaufspreis	5.000 €
Liefererskonto	3 %
Liefererrabatt	20 %
Bezugskosten	120 €

Gewinnzuschlag	15 %
Handlungskostenzuschlag	25 %
Kundenskonto	4 %
Kalkulationszuschlag	75 %

Berechnen Sie die Provision des Handelsvertreters (vom Zielverkaufspreis) als Absolut-betrag und in Prozent.

32. Vollkostenrechnung (Handel)

Das Handelsunternehmen „Profitex" kauft Textilien im Wert von 70.000 € ein. Es wird Liefererrabatt von 10 % und Skonto von 2 % gewährt. Für „Profitex" fallen 5.000 € Frachtkosten an. Aus dem Betriebsabrechnungsbogen sind folgende Angaben bekannt: 30 % Handlungskostenzuschlag, Gewinn in Höhe von 7 %, 2 % Kundenskonto und 10 % Kundenrabatt.

a) Ermitteln Sie die Selbstkosten.

b) Ermitteln Sie den Verkaufspreis netto.

33. Bezugspreiskalkulation

Ein Sportwarenhändler kauft Badmintonschläger im Wert von 1.000 € ein. Er macht mit dem Hersteller einen Rabatt von 5 % aus; ihm werden 2 % Skonto gewährt. Für den Sportwarenhändler sind 5 € Porto angefallen, und er musste der Spedition 70 € Rollgeld zahlen.

Wie hoch ist der Einstandspreis?

34. Rückwärtskalkulation (Handel)

Ein Händler hat nicht genügend Marktmacht und muss herausfinden, zu welchem Be-zugspreis er beziehen darf, denn er muss seine Kosten decken und möchte dabei auch noch Gewinn machen. Der Listenpreis seiner Ware beträgt 159,08 €, und er muss 8 % Rabatt gewähren (Handlungskosten 15,5 %; Gewinn 10,45 %; Skonto 2 %).

Ermitteln Sie den Bezugspreis.

35. Rückwärtskalkulation, Differenzkalkulation (Handel)

Einem Gemüsehändler liegt ein Angebot von 100 kg Kartoffeln zu 30 € (inklusive Roll-geld) vor.

a) Ermitteln Sie den Listenpreis per Angebotskalkulation (Rabatt 5 %, Skonto 2 %, Gewinn 10,12 %, HKZ 15,5 %).

b) Nehmen Sie einen Rabatt in Höhe von 8 % an und ermitteln Sie den Bezugspreis per Rückwärtskalkulation (HKZ 15,5 %, Gewinn 10,12 %, Skonto 2 %).
   Hinweis: „Starten" Sie mit dem durch die Angebotskalkulation ermittelten Listenpreis.

c) Ermitteln Sie den Gewinn bei nur 6 % Rabatt und 2 % Skonto. Benutzen Sie die Differenzkalkulation.

d) Wie viel Prozent der Selbstkosten macht der Gewinn aus?

36. Direct Costing

Ein Großhandelsunternehmen hat Spinnereimaschinen im Sortiment:

Maschine A kostet 2.500.000 € und Maschine B kostet 4.657.640 €:

Der Kunde verlangt einen Rabatt von 16 % für Maschine A und einen Rabatt von 17 % für Maschine B (Kundenskonto 1 %; variable Kosten 1.875.000 € bei Maschine A und bei Maschine B 3.493.230 €; fixe Kosten bei Maschine A 184.027,78 € und bei Maschine B 342.854,06 €).

Welche Maschine bringt den größten Gewinn?

37. Kostenrechnungsverfahren (Vergleich)

Vergleichen Sie die Kostenrechnungsverfahren hinsichtlich ihrer Zielsetzung:

• Istkostenrechnung
• Normalkostenrechnung
• Plankostenrechnung
• Teilkostenrechnung.

38. Produktivität, Rentabilität, ROI

Aufgrund der Angaben aus dem Rechnungswesen ermitteln Sie für die letzten beiden Monate u. a. folgende Kennzahlen:

Monat	Absatz in Stück	Arbeitsstunden	Gesamtkapitalrentabilität (in %)
Mai	50.000	2.000	12,5
Juni	42.000	1.400	12,5

a) Berechnen Sie die Veränderung der Arbeitsproduktivität in Prozent und nennen Sie zwei mögliche Ursachen für die Veränderung.

b) Erklären Sie anhand von drei Beispielen, warum sich bei einer Veränderung der Arbeitsproduktivität die Gesamtkapitalrentabilität des Unternehmens nicht zwangsläufig verändert.

c) Als Grundlage für Ihre Unternehmensplanung wird u. a. der Return on Investment (ROI) verwendet. Wie wird diese Kennzahl ermittelt?

d) Welcher Unterschied besteht zwischen dem ROI und der Rentabilität?

e) Die ROI-Kennzahlen ihres Unternehmens sind im ersten und zweiten Quartal identisch. Ist es trotzdem notwendig, das Zahlengerüst des jeweiligen ROI näher zu analysieren? Begründen Sie Ihre Antwort mit zwei Beispielen.

39. Stabscontrolling

Nicht selten wird das Controlling der Unternehmensleitung als Stabsfunktion zugeordnet. Wie lassen sich trotzdem die sonst üblichen Nachteile von Stäben reduzieren?

40. Dezentrales Controlling

Auf dem diesjährigen Jahresabschlusstreffen der Spartenleiter eines Handelskonzerns wird mit erheblicher Zeitverzögerung bekannt, dass es im süddeutschen Filialnetz zu Verlusten aufgrund von Unterschlagung und Manipulationen gekommen ist. Der langjährig erfolgreiche Spartenleiter Kernig attackiert geradezu wütend den Controller der Holding, Herrn Gunter Kruse: „Ich habe Ihnen ja schon bei Ihrem Amtsantritt gesagt, dass ich vom zentralen Controlling nichts halte. Jetzt haben wir den Salat. Unter meiner Regie vor Ort wäre das nicht passiert." Die Geschäftsleitung bittet um Versachlichung der Diskussion und verspricht die Frage des zentralen/dezentralen Controlling zu prüfen.

Erstellen Sie für das nächste Meeting ein Thesenpapier, das Chancen und Risiken des dezentralen Controlling gegenüberstellt.

41. Verbesserung der kurzfristigen Liquidität

Nennen Sie acht geeignete Maßnahmen zur Verbesserung der kurzfristigen Liquidität.

42. Ziele der Finanzierung

Erläutern Sie zwei Ziele der Finanzierung und nennen Sie geeignete Fragestellungen, die dabei zu beantworten sind.

43. Vermögens- und Kapitalstruktur

Nennen Sie sechs Kennzahlen zur Beurteilung der Vermögens- bzw. der Kapitalstruktur.

44. Beurteilung der Liquiditätsgrade

Zur Ermittlung der Liquidität verwendet man unterschiedliche Liquiditätsgrade (Barliquidität, Liquidität auf kurze Sicht/auf mittlere Sicht).

Die Aussagefähigkeit dieser Kennzahlen ist eingeschränkt. Beschreiben Sie zwei Beispiele.

45. Fremdfinanzierung, Vor-/Nachteile

Nennen Sie jeweils zwei Vorteile bzw. Nachteile der Fremdfinanzierung.

46. Innenfinanzierung

Ein Unternehmen erwirtschaftet in der zurückliegenden Periode 10 Mio. € Nettoerlöse. Weiterhin sind der GuV-Rechnung zu entnehmen:

4 Mio. € Materialkosten
3 Mio. € Personalkosten
0,75 Mio. € Steuer.

In der kommenden Periode sollen Nettoinvestitionen in Höhe von 4,5 Mio. € getätigt werden. Berechnen Sie den Cashflow und ermitteln Sie den Prozentsatz der Investitionsfähigkeit aus Mitteln der Innenfinanzierung.

47. Mehrwertsteuer, Grundsteuer, Einkommensteuer

a) Welche Bedeutung hat die Mehrwertsteuer für die Kostenrechnung?

b) Wie sind die Grundsteuer bzw. die Einkommensteuer in der Kostenrechnung zu berücksichtigen?

48. Vertragsschluss

Ein Vertrag kommt durch zwei *übereinstimmende Willenserklärungen*, die auf einen bestimmten Erfolg ausgerichtet sind, zu Stande. Er ist ein *zweiseitiges Rechtsgeschäft*, das sich durch *Antrag* und *Annahme* des Antrages begründet.

Beantworten Sie in den nachfolgenden Situationen, ob ein Vertrag geschlossen wurde und begründen Sie Ihre Antwort.

a)	unverbindliches Angebot	+	gleichlautende Bestellung	+	gleichlautende Auftragsbestätigung	→	?
b)	Zusendung von Katalog	+	gleichlautende Bestellung	+	gleichlautende Auftragsbestätigung	→	?
c)	verbindliches Angebot	+	abweichende Bestellung	+	Auftragsbestätigung lt. Bestellung	⇒	?
d)	schriftliche Anfrage	+			Lieferung	⇒	?
e)	unverbindliches Angebot	+	gleichlautende Bestellung	+	Lieferung gemäß Angebot	⇒	?
f)	unverbindliches Angebot	+	gleichlautende Bestellung	+	abweichende Auftragsbestätigung	⇒	?

49. Sicherungsübereignung

Ihre Firma hat zur Absicherung einer Forderung eine Maschinenanlage an die Bank sicherungsübereignet.

Erklären Sie diesen Begriff und stellen Sie den Unterschied zum Pfandrecht dar.

50. Umweltmanagement (1)

Ihr Unternehmen feiert demnächst ein Firmenjubiläum. Es sind mehrere hundert Gäste eingeladen. Beschreiben Sie vier Prinzipien für eine ökologische Durchführung der Feier.

51. Betriebsbeauftragte

Nennen Sie vier Betriebsbeauftragte für Umweltschutz, die die Gesetzgebung benennt. Geben Sie jeweils das zu Grunde liegende Gesetz an.

52. Umweltmanagement (2)

Die Geschäftsleitung hat beschlossen, zukünftig Fragen des Umweltschutzes stärker in die gesamte Organisation einzubinden und noch stärker in das Bewusstsein der Mitarbeiter zu bringen. Der betriebliche Umweltschutz soll zu einem laufenden Thema im Unternehmen werden.

Nennen Sie sechs Maßnahmen, die geeignet sind, diese Zielsetzung zu realisieren.

53. Entsorgungsnachweis

Wesentlicher Bestandteil der Abfall- und Reststoffüberwachungsverordnung ist der Entsorgungsnachweis.

a) Erläutern Sie den Zweck eines Entsorgungsnachweises.

b) In welchen Fällen ist der vereinfachte Entsorgungsnachweis zu führen?

c) Welche Einzelerklärungen sind beim Entsorgungsnachweis abzugeben?

2. Handelsmarketing

01. Präferenzen im Einzelhandel schaffen

Die Merkmale des unvollkommenen Marktes sind u. a.:

(1) kein freier Marktzugang
(2) keine vollkommene Markttransparenz
(3) zeitliche Verzögerung der Entscheidungsprozesse
(4) vorhandene Präferenzen auf der Nachfrageseite.

Eine der Zielsetzungen des Marketing ist es, diese „Schwächen" des unvollkommenen Marktes zu nutzen. Geben Sie zu jedem der o. g. Merkmale (1) - (4) je zwei konkrete Marketingaktivitäten an (Beispiele aus der Praxis, z. B. Eröffnung eines Computer-Shops).

02. Konzentration und Nachfragemacht im Handel

Die Konzentration im Handel ist fortschreitend – insbesondere im Lebensmitteleinzelhandel (LEH).

a) Beschreiben Sie drei Gründe für die fortschreitende Konzentration.

b) Beschreiben Sie zwei Folgen der zunehmenden Nachfragemacht des Handels.

03. Dynamik der Betriebsformen im Einzelhandel

Die Entwicklung der Betriebsformen im Einzelhandel unterliegt einer laufenden Veränderung. Beurteilen Sie in knappen Worten die Zukunftsaussichten der nachfolgenden Betriebsformen:

• Selbstbedienungsgeschäfte
• Fachgeschäfte
• Spezialgeschäft
• Fachmarkt
• Verbrauchermarkt
• Bedienungsgeschäfte
• Convenience Store
• Supermarkt
• niedrigpreisbestimmte Betriebsform
• Shop in Shop.

04. Marktanalysen

Man kann demoskopische und ökoskopische Marktforschung sowie Konkurrenzforschung unterscheiden.

Nennen Sie jeweils drei Beispiele für Untersuchungsobjekte.

05. Sortimentsportfolio

Erstellen Sie für die nachfolgenden Sorten ein Sortimentsportfolio (Ordinate: DB; Abzisse: LUH) und entwickeln Sie für Sorte 4 eine Strategie:

Sorte	Einkaufspreis (EP)	Verkaufspreis (VP)	Absatz	ø Lagerbestand (LB)
1	5,00	7,00	12.000	300
2	8,00	8,80	9.000	250
3	6,20	7,50	17.000	250
4	6,80	9,90	3.000	200
5	6,50	7,30	3.000	100

06. Marketingstrategie, -taktik

Marketingmaßnahmen lassen sich unterteilen in strategische und taktische.

a) Erläutern Sie den Unterschied zwischen Strategie und Taktik im Rahmen des Marketing.

b) Nennen Sie drei grundlegende Strategien des Marketing.

c) Geben Sie jeweils zwei Beispiele für Marketinginstrumente, die eher strategischen bzw. eher taktischen Charakter haben.

07. Produkt-/Marktstrategie

Im Rahmen der Produktstrategie will Ihr Unternehmen über folgende Frage entscheiden: „Welche Produkte wollen wir auf welchen Märkten absetzen?"

a) Erstellen Sie die Produkt-Markt-Matrix nach Ansoff.

b) Außerdem denkt man über eine Verbesserung des Marketing-Mix nach. Als Vorbereitung für die nächste Besprechung sollen Sie eine Übersicht aller marketingpolitischen Instrumente erstellen.

08. Auswahlverfahren bei Teilerhebungen

Beschreiben Sie zwei Auswahlverfahren, die auch bei Teilerhebungen in der Marktforschung zuverlässige Ergebnisse liefern. Welche Voraussetzungen müssen jeweils erfüllt sein?

09. Befragungsarten

Zur Vorbereitung einer Befragung erhalten Sie die Aufgabe, die Vor- und Nachteile der Befragungsarten „schriftlich, telefonisch und mündlich" in einer vergleichenden Synopse gegenüberzustellen. Erwartet werden sechs Merkmale.

10. Erhebungsarten

Ihr Unternehmen, ein Großhändler von Bad- und Sanitärartikeln, möchte zukünftig die Marktinformationsgewinnung verbessern. Erstellen Sie dazu eine vergleichende Matrix der primär- und der sekundärstatistischen Erhebung, nennen Sie jeweils einen Vor- und Nachteil sowie vier Beispiele für Ihr Unternehmen.

11. Entscheidungshilfen für Marketingentscheidungen (Produktlebenszyklus)

Für das Kinderspielzeug „HILO" war ein Lebenszyklus von ca. zwei Jahren geplant. Für den zurückliegenden Zeitraum haben sich die nachfolgenden Quartalsumsätze (in T€) ergeben:

Quartalsumsätze			Quartalsumsätze	
03.01	510		03.02	2.000
06.01	900		06.02	2.280
09.01	1.600		09.02	2.050
12.01	1.900		12.02	1.710

a) Zeichnen Sie ein Liniendiagramm der Quartalsumsätze und ordnen Sie die Phasen des Produktlebenszyklus zu.

b) Charakterisieren Sie die Umsatzentwicklung und die Tendenz des Netto-Cashflows innerhalb der einzelnen Phasen des Produktlebenszyklus.

c) Geben Sie der Geschäftsleitung eine strategische Empfehlung zum Kinderspielzeug „HILO" aufgrund der vorliegenden Daten.

12. Produktlebenszyklus

a) Der Produktlebenszyklus eines Produktes zeigt einen Verlauf vom Typ der Normal- verteilung. Ordnen Sie den einzelnen Phasen des Lebenszyklus die typischen Norm- strategien (= produktpolitische Strategien) zu.

b) Beschreiben Sie in Stichworten die nachfolgenden Produktlebenswege und stellen Sie diese in einem Diagramm dar:

- Flop
- erfolgreiches Produkt
- nostalgisches Produkt
- langsam aussterbendes Produkt
- Produkt-Relaunch.

13. Verkaufsabwicklung

Beschreiben Sie vier Schritte der Verkaufsabwicklung in sachlogischer Reihenfolge.

14. Verkaufsförderung, Öffentlichkeitsarbeit

Die ROHR-Großhandels-GmbH hat die Hochleistungspumpe „SCHLUCK" in ihr Verkaufsprogramm aufgenommen. Die Anwendung ist Kellerentwässerung und Gartenbewässerung. Die Marketingabteilung geht davon aus, dass gezielte Maßnahmen der Verkaufsförderung den Absatz steigern werden.

a) Welche verkaufsfördernden Maßnahmen können im vorliegenden Fall geeignet sein? Erwartet werden vier Beispiele.

b) Beschreiben Sie die unterschiedliche Zielsetzung von Verkaufsförderung und Öffentlichkeitsarbeit anhand von zwei Beispielen.

15. Werbeträger, Werbekosten

Für die Neueröffnung einer Filiale sollen Sie in der Samstagsausgabe der regionalen Tageszeitung eine Werbeanzeige schalten. Die Anzeige soll 250 mm (Höhe) und 5-spaltig sein. Der mm-Preis beträgt 1,20 €. Da die Anzeige 5-mal geschaltet werden soll, gewährt die Zeitung einen Rabatt von 8 %.

Berechnen Sie die Anzeigen-Gesamtkosten.

16. Werbeträger

Ein Betrieb plant die Verteilung seines Werbeetats. Es stehen zwei Werbeträger (Printmedien) mit folgenden Eckdaten zur Verfügung:

Werbeträger	Gesamtbevölkerung im Verbreitungsgebiet	quantitative Reichweite	qualitative Reichweite	Seitenpreis
A	1.500.000	40 %	30 %	15.000 €
B	1.200.000	40 %	45 %	20.000 €

Zeigen Sie rechnerisch, für welchen Werbeträger sich der Betrieb entscheiden sollte.

17. Endverbraucherwerbung, Zielgruppenorientierung

Sie sind Mitglied in einem Team, das über die Stabilisierungswerbung Ihres Produktes „Häkeldeckchen für den festlichen Anlass" berät. Eine Consultingfirma hat bereits eine Marktsegmentierung unter Beachtung der psychografischen, geografischen und demografischen Merkmale durchgeführt. Als potenzielle Zielgruppe präsentiert die Beratungsfirma folgenden Personenkreis:

„Alle weiblichen Bewohner von Bremen im Alter von 40 bis 60 Jahren, die Wert auf gepflegte, häusliche Atmosphäre legen, in einem Mehrpersonenhaushalt leben, finanziell abgesichert sind, nicht allzu gerne verreisen, aber trotzdem einen Pkw einer bekannten deutschen Automarke in der Farbe silbergrau fahren."

a) Ordnen Sie die Merkmale der potenziellen Zielgruppe den jeweiligen übergeordneten Merkmalen zu.

b) Erläutern Sie das AIDA-Schema.

c) Treffen Sie sowohl für die umworbene Zielgruppe als auch für das beworbene Produkt eine geeignete Intermedia-Auswahl und begründen Sie Ihren Vorschlag.

d) Erläutern Sie den Begriff „Tausender-Kontakt-Preis" (TKP) anhand des Mediums Zeitung. Wählen Sie dazu ein geeignetes Zahlenbeispiel.

18. Werbeetat (Werbebudget)

Ihr Unternehmen beabsichtigt, für das kommende Jahr einen groß angelegten Werbefeldzug für einen neuen Markenartikel zu starten. Als Grundlage für die Festlegung des Werbeetats sollen Sie vier Bestimmungsgrößen erläutern, an denen Sie sich hierbei orientieren können. Beschreiben Sie außerdem jeweils Vor- und Nachteile der genannten Ansätze.

19. Werbeerfolgsmessung

Ihr Unternehmen hat den Universalbohrer „BORI" erfolgreich in den Markt eingeführt. Die Verkaufsstatistik weist für die zurückliegende Periode im Marktgebiet A sowie im Marktgebiet B jeweils einen Umsatz von 400.000 € aus. Beide Marktgebiete sind annähernd gleich groß und ähnlich strukturiert.

In der kommenden Periode wurde im Absatzgebiet A das Produkt „BORI" mit einer speziellen Anzeigenkampagne intensiv beworben. Die Werbemaßnahme kostete 10.000 €.

Danach ergab sich für den Markt A ein Umsatz von 560.000 € und für den Markt B ein Umsatz von 440.000 €. Der Verkaufspreis des „BORI" wurde nicht verändert. Das Unternehmen geht von einer Umsatzrendite von 10 % aus.

Erläutern Sie den Hintergrund der Werbesituation und beurteilen Sie den Werbeerfolg der geschilderten Anzeigenkampagne.

20. Standortplanung

a) Die Baumarktkette TACKER plant die Eröffnung eines Baumarktes in der Stadt N im Land Mecklenburg-Vorpommern. Diese hat 30.000 Einwohner. Ein Baumarkt ist dort nicht vorhanden. Der nächste Obi-Baumarkt ist in der 50 km entfernten Stadt NB. Im Umland von N (Entfernungsradius: 20 km) gibt es einige Dörfer mit insgesamt 4.000 Einwohnern. Die renommierte Beratungsfirma G. K. Consulting aus Schwerin hat für TACKER ermittelt, dass im Land Mecklenburg-Vorpommern jeder Einwohner durchschnittlich 150 € pro Jahr für Baumarktartikel ausgibt. Aus der Erfahrung weiß man bei TACKER, dass die jährlichen Gesamtkosten für den Baumarkt 4,6 Mio. € betragen werden. Die Vorgabe der Geschäftsleitung für neue Standorte liegt bei einer Umsatzrendite von mindestens 10 %.

Beurteilen Sie den Standort N und nennen Sie zwei Risiken, die mit dieser Beurteilung verbunden sind.

b) Beschreiben Sie ein Beispiel dafür, dass sich ausgewählte Standortfaktoren häufig gegenläufig verhalten (Problematik).

21. Absatzplanung

Ihr Unternehmen plant den Absatz der neuen Schlauchpumpe „TACK". Das Rechnungswesen und der Vertrieb liefern folgende Eckdaten:

Die fixen Kosten K_f belaufen sich auf 800.000 € pro Periode. Die variablen Stückkosten pro Einheit k_v betragen 300 €. Man weiß, dass am Markt ein Verkaufspreis p von 400 € pro Einheit realisiert werden kann. Das Unternehmen strebt mit diesem Produkt ein Periodenergebnis G von 200.000 € an.

Welcher Absatz x muss unter diesen Bedingungen realisiert werden?

22. Verbraucherschutz, gesetzliche Regelungen

Welche Gesetze und Verordnungen enthalten Vorschriften zum Schutz des Verbrauchers? Nennen Sie fünf Beispiele.

23. Betriebsform

Im Rahmen einer Marktuntersuchung liegen Ihnen folgende Daten vor:

Verkaufsfläche	1.400 m²
Sortiment	16.000 Artikel
Kunden pro Woche	9.200
Bon pro Einkauf	19 €

Anzahl der Mitarbeiter	48; davon 14 Vollzeit
Kassenplätze	6
Öffnungszeiten	Mo - Sa: 08.00 - 20:00 Uhr

Beschreiben Sie mit Begründung, welche Betriebsform und Branche hier vorliegt.

3. Führung und Personalmanagement

01. Führungsstile

Unterscheiden Sie den autoritären, den kooperativen Führungsstil sowie den Führungsstil „Laissez-faire" nach folgenden Gesichtspunkten:

- Grad der Mitarbeiterbeteiligung
- Delegationsumfang
- Art der Kontrolle
- Art der Information
- Art der Motivation.

02. Zielvereinbarung

In einem Presseartikel lesen Sie folgende Auffassung zur Mitarbeiterführung:

„Wir brauchen einen neuen Mitarbeitertypus. Nicht mehr der „NvD", der „Nicker vom Dienst" ist gefragt, der Arbeitsanweisungen erledigt, sondern der eigenverantwortlich handelnde, gut ausgebildete Mitarbeiter ist die Leistungssäule der Zukunft. Nicht die Arbeitsweise des Einzelnen steht im Vordergrund der Betrachtung, sondern die Arbeitsergebnisse, die im Dialog mit ihm verabschiedet wurden. Aufgabe der Führungskräfte wird es primär sein, die Voraussetzungen für die angestrebten Ziele zu schaffen."

a) Wie nennt man die im Presseartikel angesprochene Managementtechnik (Führungstechnik)?

b) Nennen Sie vier Voraussetzungen zur Einführung dieses Führungsprinzips.

03. Qualitätsmanagement im Personalwesen

Wie lässt sich der Gedanke des Total Quality Management im Personalwesen etablieren?

04. Personalwesen als Dienstleister

Welches Rollenverständnis kann heute von Mitarbeitern und Führungskräften des Personalwesens erwartet werden?

05. Motivation, Arbeitszufriedenheit

Die 2-Faktoren-Theorie nach Herzberg spricht von Faktoren, die zu besonderer Arbeitszufriedenheit führen können (Motivatoren) bzw. von Faktoren, die – wenn sie nicht vorhanden sind – zur Arbeitsunzufriedenheit führen (Hygienefaktoren).

a) Nennen Sie je drei Beispiele aus Ihrem betrieblichen Alltag für Motivatoren und Hygienefaktoren.

b) Welche Konsequenzen können Sie – trotz mancher Kritik an diesem Modell – aus der Theorie von Herzberg für Ihre betriebliche Führungsarbeit ziehen? Schildern Sie drei Argumente.

06. Mitarbeiterbeurteilung

Nennen Sie je vier Merkmale zur Beurteilung von Führungskräften und von gewerblichen Arbeitnehmern.

07. Beurteilungsgespräch, Vorbereitung

Am Donnerstag der nächsten Woche werden Sie das Beurteilungsgespräch mit einem Ihrer Mitarbeiter führen. Wie bereiten Sie dieses Gespräch vor? Gehen Sie auf zehn Aspekte ein und bringen Sie diese in eine sachlogische Struktur.

08. Personalentwicklungskonzeption

Die SEIKERT Bekleidungs-GmbH hat sich in den letzten Jahren erfreulich entwickelt. Per 31.12.20.. hatte das Unternehmen 280 Mitarbeiter. Auch für die Zukunft wird mit einer stabilen Auftragslage und einem verhaltenen Wachstum gerechnet. Um die künftige Entwicklung auch von der Personalseite her auf ein sicheres Fundament zu stellen, erwartet die Geschäftsleitung von Ihnen eine Personalentwicklungskonzeption für die nächsten drei Jahre. Derzeit existieren keine personalpolitischen Instrumente. Die Lohn- und Gehaltsabrechnung wird intern über SAP-Software durchgeführt. Präsentieren Sie in Ihrem Strategiepapier acht konkrete Arbeitsschritte in sachlogischer Reihenfolge, die im Rahmen der zukünftigen Personalentwicklung angegangen werden sollen.

09. Das duale Bildungssystem

a) Nennen Sie vier charakteristische Merkmale des dualen Bildungssystems.

b) Stellen Sie Vor- und Nachteile des Dualen Bildungssystems gegenüber; nennen Sie dabei jeweils vier Argumente.

10. Erfolgskontrolle in der Ausbildung

a) Nennen Sie vier Rechtsquellen, die als Maßstab bei der Erfolgskontrolle der Ausbildung heranzuziehen sind.

b) Der Ausbilder hat den Erfolg der durchgeführten Ausbildungsmaßnahmen zu überprüfen. Nennen Sie sechs geeignete Maßnahmen (inner- und überbetrieblich) zur Erfolgskontrolle in der Ausbildung.

11. Methoden der Personalbedarfsplanung

a) In einem Verkaufsgebiet sind derzeit 20 Reisende eingesetzt. Man erzielt einen Umsatz von 5 Mio. €. Für das kommende Jahr rechnet man mit einem Umsatzanstieg von 20 %, da einer der Hauptkonkurrenten insolvent geworden ist. Im Übrigen geht man für das kommende Jahr von gleichen Planungseckdaten aus. Wie viele Mitarbeiter werden für die Verkaufsregion im neuen Jahr zusätzlich benötigt?

b) In einer größeren Niederlassung beträgt das Gesamtarbeitsvolumen 600 Stunden pro Monat. Die derzeitige Arbeitszeit geht von 09:00 bis 18:30 Uhr. Die Regelarbeitszeit laut Tarif ist 35 Std./Woche. Wie viele Arbeitskräfte müssen eingesetzt werden? Gehen Sie bei der Berechnung von vier Wochen pro Monat aus.

c) Sie betreuen zwei Filialen (Verkauf von Sporttextilien) von denen Ihnen folgende Angaben vorliegen:

Filiale 1	Umsatz p. a.: 2,3 Mio. €	
Mitarbeiter	**Alter (Jahre)**	**Arbeitszeit (Vollzeit in %)**
Teamleiter	50	100
Mitarbeiter	30	100
Mitarbeiterin	40	100
Mitarbeiter	25	100
Mitarbeiterin, Teilzeit	45	50
Auszubildende	19	50
Auszubildender	18	50

Filiale 2	Umsatz p. a.: 1,95 Mio. €	
Mitarbeiter	**Alter (Jahre)**	**Arbeitszeit (Vollzeit in %)**
Teamleiterin	60	100
Mitarbeiterin	50	100
Mitarbeiterin	40	100
Mitarbeiterin	55	100
Mitarbeiterin, Teilzeit	45	30
Mitarbeiterin, Teilzeit	38	40
Mitarbeiterin, Teilzeit	30	70

c1) Ermitteln Sie für beide Filialen die Produktivität der Mitarbeiter.

c2) Leiten Sie aus den vorliegenden Daten vier Ergebnisse ab, die bei der Personalplanung berücksichtigt werden sollten.

12. Handlungsschritte der Personalauswahl

Für Ihren Chef sollen Sie eine Personalvorauswahl treffen und dann geeignete Bewerber präsentieren. Für die zu besetzende Stelle „Substitut-Herrenoberbekleidung" existiert eine Stellenbeschreibung. Die Stelle wurde intern und extern ausgeschrieben. Es liegen zahlreiche Bewerbungen vor.

Nennen Sie alle wesentlichen Handlungsschritte der Personalauswahl – in sachlogischer Reihenfolge – und berücksichtigen Sie dabei geeignete Auswahlinstrumente.

13. Zeitlohn

Ein Lagerarbeiter erhält eine Vergütung auf Zeitlohnbasis. Die tarifliche Arbeitszeit beträgt 167 Stunden pro Monat. Der Überstunden-Zuschlag ist 50 %, der Grundlohn beträgt 12 € pro Stunde. Ermitteln Sie den Monatslohn bei 205 Arbeitsstunden für den Monat September.

14. Praxisfall „Keine Wortmeldung"

Sie sind Abteilungsleiter. An Sie berichtet Gruppenleiter G. Herr G. hat sechs Mitarbeiter zu einer Besprechung eingeladen. In Punkt 1 geht es um die Beschaffung eines Analysegerätes für die Qualitätsprüfung im Wareneingang. Alle Mitarbeiter haben vorher verschiedene Angebote vergleichen können. Herr G. eröffnet die Besprechung:

„Meine Herren, ich glaube nicht, dass wir lange diskutieren müssen. Ich habe mir selbst einige Zeit Gedanken gemacht und glaube, dass das Angebot von Fischer & Seldimann unseren Vorstellungen voll entspricht. Aber bitte, ich will Ihnen nicht vorgreifen ..." (Daraufhin gibt es keine Wortmeldungen.)

Humorvoll wendet sich Herr G. an einen Teilnehmer:

„Nun, Herr Richter, kein Widerspruch von Ihnen ...? Das ist ja ganz ungewöhnlich; ist Ihnen heute nicht wohl?"

Sie haben an der Besprechung teilgenommen um zu anderen Punkten der Tagesordnung Stellung zu nehmen. So wie bei dieser Eröffnung verhält sich Herr G. oft. Sie wollen Herrn G. helfen, in Zukunft wirksamer mit seinen Mitarbeitern zu kommunizieren. In einer Stunde haben Sie ein Gespräch mit ihm.

a) Was macht Herr G. falsch? Beschreiben Sie drei Aspekte aus dem Sachverhalt.

b) Was können Sie tun um eine Verhaltensänderung einzuleiten? Beschreiben Sie zwei geeignete Maßnahmen.

15. Gruppendynamik

Innerhalb einer (sozialen) Gruppe wirken verschiedene Kräfte auf die einzelnen Mitglieder dieser Gruppe. Eine dieser Kräfte bezeichnet man mit „Gruppendruck".

Geben Sie zwei Praxisbeispiele für dieses Phänomen.

16. Informeller Führer

Geben Sie ein Beispiel dafür, wann sich innerhalb einer formalen Gruppe ein informeller Führer herausbilden wird, wodurch die formale Leitungsfunktion des Vorgesetzten gestört werden kann.

17. Gruppenstörungen

Geben Sie drei Beispiele für Ursachen, die zu massiven Gruppenstörungen bis hin zum Zerfall einer Gruppe führen können.

18. Projektteam

Im Rahmen eines Projekts „Category-Management" sollen Sie für ein Teilprojekt ein geeignetes Team bilden.

a) Nennen Sie vier Merkmale, die Sie bei der Gruppenbildung beachten müssen.

b) Innerhalb der ersten Teamsitzungen kann es zu Konflikten in der Gruppe kommen. Nennen Sie zwei geeignete Strategien der Konfliktbearbeitung.
Nennen Sie drei Beispiele für untaugliche Verhaltensmuster.

c) Für den reibungslosen Ablauf der Projektarbeit ist es erforderlich, dass Ihr Team über den aktuellen Stand der Bearbeitung permanent auf dem Laufenden ist. Nennen Sie dazu drei geeignete Maßnahmen.

19. Projektstrukturplan, Arbeitspakete

Der Projektstrukturplan (PSP) ist ein zentrales Element innerhalb der Projektplanung.

a) Beschreiben Sie die Aufgabe des PSP.

b) Beschreiben Sie die Funktion von Arbeitspaketen.

c) Nennen Sie vier Inhalte einer Arbeitspaketbeschreibung.

20. Zeugniscodierung

a) Im Arbeitszeugnis eines Bewerbers lesen Sie u. a.: „Herr Kernig war tüchtig und wusste sich zu verkaufen ... Seine Leistungen stellten uns voll zufrieden." Das Zeugnis wurde von der Personalabteilung eines großen Unternehmens verfasst und gegengezeichnet. Wie sind diese Aussagen zu werten?

b) Das qualifizierte Arbeitszeugnis von Magnus Effenberger enthält u. a. folgende Formulierungen: „...Herr Effenberger hat die ihm übertragenen Aufgaben zu unserer Zufriedenheit erledigt. Sein Verhalten zu Vorgesetzten war ohne Beanstandung. Das Arbeitsverhältnis endet mit dem heutigen Tag."

21. Begründung des Arbeitsverhältnisses

Bei der Begründung des Arbeitsverhältnisses sind eine Reihe von Rechtsvorschriften zu beachten. Beantworten Sie in diesem Zusammenhang folgende Fälle bzw. Fragen:

a) Anfechtung des Arbeitsvertrages

   Die Schwangere Luise Herrlich verschweigt auf Befragen des Arbeitgebers ihre Schwangerschaft im Rahmen des Einstellungsgesprächs. Man schließt einen Arbeitsvertrag. Als der Arbeitgeber nach einem Monat von der Schwangerschaft erfährt, ficht er den Arbeitsvertrag an und beruft sich auf § 23 BGB. Zu Recht?

b) Rechtsgrundlagen des Arbeitsvertrages

   Nennen Sie sechs mögliche Rechtsgrundlagen, die bei der Gestaltung von Arbeitsverträgen zu berücksichtigen sind.

c) Mängel des Arbeitsvertrages

   Mit welchen rechtlichen Mängeln kann ein vereinbarter Arbeitsvertrag ggf. behaftet sein und welche Rechtsfolgen ergeben sich daraus? Geben Sie drei Beispiele.

22. Direktionsrecht (Weisungsrecht)

Nennen Sie sechs Sachverhalte, die der Arbeitgeber aufgrund seines Direktionsrechtes inhaltlich näher bestimmen kann.

23. Versetzung und Mitbestimmung

Als zuständiger Referent betreuen Sie die beiden Tochtergesellschaften in Krefeld und Erkelenz. Beide Tochtergesellschaften sind rechtlich selbstständig und haben 80 bzw. 120 Mitarbeiter; in beiden Gesellschaften existiert ein Betriebsrat. Sie haben die Aufgabe, die Versetzung von zwei Lagerarbeitern von Krefeld nach Erkelenz durchzuführen.

Welche kollektivrechtlichen Schritte müssen Sie einleiten?

24. Mitbestimmung bei personellen Einzelmaßnahmen

Die Geschäftsleitung möchte von Ihnen wissen, ob in den nachfolgenden zwei Fällen die Mitbestimmung des Betriebsrates nach § 99 BetrVG anzuwenden ist:

a) Umwandlung eines befristeten Arbeitsverhältnisses in ein unbefristetes,

b) Übergang eines Probearbeitsverhältnisses in ein unbefristetes Arbeitsverhältnis (entsprechend der Vereinbarung mit dem Arbeitnehmer und gleichlautender Mitteilung an den Betriebsrat zum Zeitpunkt des Abschlusses des Probearbeitsverhältnisses).

25. Betriebsübergang

Welche Rechtsfolge ergibt sich für ein bestehendes Arbeitsverhältnis beim Betriebsübergang?

26. Schutz besonderer Personengruppen

Bestimmte Personengruppen genießen im Arbeitsrecht einen besonderen Kündigungsschutz, da sie nach Meinung des Gesetzgebers aufgrund ihrer persönlichen Umstände anderen Arbeitnehmern gegenüber benachteiligt sind. Nennen Sie acht dieser Personengruppen sowie die entsprechenden Schutzgesetze.

27. Beendigung des Arbeitsverhältnisses

Die nachfolgenden Fragen beziehen sich auf die Beendigung von Arbeitsverhältnissen:

a) Nennen Sie fünf Gründe, aus denen das Arbeitsverhältnis endet.

b) Nennen Sie fünf Pflichten des Arbeitgebers bei der Beendigung von Arbeitsverhältnissen.

28. Beschäftigungsverbot nach dem Mutterschutzgesetz

Erläutern Sie das relative und das absolute Beschäftigungsverbot nach dem Mutterschutzgesetz.

29. Gesundheitliche Betreuung Jugendlicher

Jugendliche, die in das Berufsleben eintreten, dürfen nur beschäftigt werden, wenn die vorgeschriebenen Untersuchungen durchgeführt wurden. Stellen Sie dar, wann bestimmte Untersuchungen vorgeschrieben sind.

30. Mutterschutz

Werdende Mütter, die in einem Arbeitsverhältnis stehen, genießen den besonderen Schutz der Gemeinschaft. Stellen Sie diese besonderen Schutzbestimmungen – nach Themenbereichen zusammengefasst – dar.

31. Arbeitnehmerschutzrechte

Luise Selig wurde am 01.01. d. J. bei der X-GmbH als Vertretung für die erkrankte Selma Harthöf befristet eingestellt. Sie ist im 3-Schicht-Betrieb tätig und verpackt in der Halle 3 Spielzeugartikel im Akkord. Im April wird Frau Selig in den Betriebsrat gewählt.

Im Oktober d. J. teilt Frau Harthöf der X-GmbH mit, dass sie ihre Arbeit am 01.12. d. J. wieder aufnehmen kann, da die Erkrankung ausgeheilt ist. Daraufhin teilt die X-GmbH der Frau Selig am 20.10. d. J. mit, dass das bestehende Arbeitsverhältnis zum 30.11. d. J. endet.

Am 25.10. d. J. erscheint Frau Selig in der Personalabteilung und legt einen Schwerbehindertenausweis (GdB > 50 %) sowie eine Schwangerschaftsbescheinigung (6. Schwangerschaftswoche) ihres Hausarztes vor. Mit einem „gewissen Lächeln" bemerkt sie nebenbei: „Damit dürfte ja wohl die Kündigung zum 30.11. hinfällig sein."

a) Welche arbeitsorganisatorischen Maßnahmen und Vorkehrungen muss die X-GmbH durchführen aufgrund der Schwerbehinderteneigenschaft sowie der Schwangerschaft von Frau Selig?

b) Endet das Arbeitsverhältnis von Frau Selig zum 30.11. d. J.? Erläutern Sie die Rechtslage.

32. Ausbildungsvertrag und Formvorschriften

Annette Tronto, 19 Jahre, hat sich bei der Chemikalien-Handels AG in Leipzig für eine Ausbildung als Chemielaborantin beworben. Am 22.05. ist sie dort zu einem Bewerbungsgespräch eingeladen. Das Gespräch verläuft für beide Seiten positiv und man wird sich einig, dass Anette die Ausbildung am 01.08. des Jahres beginnen wird. Am 29.05. erhält Anette den Ausbildungsvertrag, den sie unterzeichnet. Der Vertrag geht der Chemikalien AG am 02.06. zu. Wann ist der Ausbildungsvertrag zu Stande gekommen? Geben Sie eine Erläuterung.

33. Präsentation

Die Abläufe im Wareneingang und in der Lagerhaltung sind nach Abschluss eines erfolgreichen Projekts komplett neu gestaltet worden. Ihr Vorgesetzter beauftragt Sie, der Belegschaft die wesentlichen Änderungen zu präsentieren.

a) Nennen Sie vier geeignete Medien zur Visualisierung Ihres Themas.

b) Zur Darstellung betrieblicher Abläufe gibt es geeignete Diagrammformen. Nennen Sie zwei Beispiele.

c) Nennen Sie drei Vorteile der Visualisierung.

d) Keine Präsentation erfolgt ohne Zielsetzung. Nennen Sie vier Einzelziele Ihrer Präsentation und beziehen Sie sich dabei auf den Sachverhalt.

34. Anerkennung

Anerkennung gehört zu den (zentralen) Führungsmitteln. Anerkennung wird in der Praxis häufig vernachlässigt. Erläutern Sie daher folgende Fragestellungen:

a) Was ist Anerkennung und welche Bedeutung hat sie als Führungsmittel?

b) Welche Grundsätze sind bei der Anerkennung einzuhalten?

c) Welche Formen der Anerkennung sind denkbar?

4. Volkswirtschaft für die Handelspraxis

01. Nachfrage und Preisentwicklung

Bei einem Gut stellt man fest, dass die Nachfrage steigt, obwohl der Preis angehoben wurde. Wie erklären Sie sich diesen Vorgang? Geben Sie drei plausible Beispiele.

02. Staatlich festgelegte Höchst-/Mindestpreise

a) Welche Ziele verfolgt der Staat mit der Festsetzung von Höchst-/Mindestpreisen?

b) Welche Wirkung kann sich aus der Festlegung von Höchst-/Mindestpreisen ergeben?

03. Vollkommener Markt

a) Beschreiben Sie die Merkmale des vollkommenen Marktes.

b) Welche Konsequenz ergibt sich für ein Unternehmen, das auf einem vollkommenen Markt agiert?

04. Veränderung von Angebot und Nachfrage

Nachfolgend sind drei Situationen dargestellt. Beschreiben Sie jeweils die Veränderung des Marktpreises für Erdöl. Vernachlässigen Sie dabei andere Einflüsse, die ggf. in der Praxis eine Rolle spielen können (Ceteris paribus-Betrachtung).

1. In den Industriestaaten prognostizieren die Wirtschaftsfachleute ein deutliches Wirtschaftswachstum; die Produktionstechnologie der Unternehmen bleibt unverändert.

2. Es werden neue Erdölvorkommen in erheblichem Umfang erschlossen.

3. Die OPEC-Staaten beschließen, die Rohölproduktion um 15 % zu reduzieren.

05. Wettbewerb in der Marktwirtschaft

Beschreiben Sie die Funktion des Wettbewerbs in der freien Marktwirtschaft.

06. Formen der Arbeitslosigkeit

Die Beschäftigungspolitik des Staates muss ihre Maßnahmen an den Formen der Arbeitslosigkeit ausrichten.

a) Beschreiben Sie drei Formen der Arbeitslosigkeit.

b) Geben Sie drei Beispiele für geeignete Maßnahmen des Staates, der Arbeitslosigkeit entgegenzuwirken?

07. Verlagerung der Produktion in das Ausland, Unternehmenskonzentration

a) Deutsche Unternehmen verlagern ihre Produktion in das Ausland. Beschreiben Sie drei Gründe für diese Standortpolitik.

b) Die Konzentration von Unternehmen hat in den zurückliegenden Jahren weiter zugenommen. Nennen Sie beispielhaft drei Ziele, die die Einzelunternehmen damit verbinden.

c) Beschreiben Sie drei Entwicklungen, die sich volkswirtschaftlich aus der zunehmenden Tendenz von Unternehmenszusammenschlüssen ergeben können.

08. Antizyklische Finanzpolitik

Welche Möglichkeiten hat der Staat, durch eine Erhöhung seiner Ausgaben die Konjunktur antizyklisch zu beeinflussen? Erwartet werden drei Beispiele.

09. Aufgaben der Tarifparteien

Welche Aufgaben haben die Gewerkschaften bzw. die Arbeitgeberverbände in der sozialen Marktwirtschaft? Nennen Sie jeweils drei Beispiele.

10. Feste und flexible Wechselkurse

Welche Chancen und Risiken können mit festen bzw. mit flexiblen Wechselkursen verbunden sein? Welche Faktoren beeinflussen den Wechselkurs?

11. Konjunkturindikatoren

Die Bundesrepublik verzeichnet seit einiger Zeit eine konjunkturelle Veränderung. Welche Konjunkturindikatoren sind geeignet, diese Entwicklung zu erfassen?

12. Struktur der Zahlungsbilanz

a) Welche Einzelbilanzen enthält die Zahlungsbilanz?

b) Geben Sie jeweils zwei Beispiele, welche Vorgänge erfasst werden.

c) Welche Vorgänge einer Wirtschaft werden nicht erfasst?

13. Direktinvestitionen

In der Zahlungsbilanz wird der Saldo der Direktinvestitionen dargestellt.

a) Was versteht man unter Direktinvestitionen?

b) Welche Auswirkungen kann ein negativer Saldo der Direktinvestitionen auf den Standort Deutschland haben?

14. Begriffe der Volkswirtschaftlichen Gesamtrechnung

Beschreiben Sie folgende Größen der Volkswirtschaftlichen Gesamtrechnung:

- Bruttoinlandsprodukt
- Bruttoinländerprodukt
- Bruttonationaleinkommen
- Volkseinkommen
- Nominelle Wachstumsrate
- Reale Wachstumsrate
- Lohnquote
- Gewinnquote.

15. Erhöhung der Einfuhrzölle

Ein Land erhöht seine Einfuhrzölle. Welche Absicht kann damit verbunden sein? Beschreiben Sie drei Beispiele.

16. Haushalt der Europäischen Union

Wie wird der Haushalt der EU finanziert?

17. Preisniveaustabilität, Inflation, Zinsentwicklung

Die Europäische Zentralbank (EZB) hatte in der Vergangenheit mehrfach den Leitzins gesenkt, um das Ziel „Preisniveaustabilität" zu sichern und die Konjunktur anzuregen.

a) Beschreiben Sie, wie die EZB das Ziel „Preisniveaustabilität" definiert.

b) Wie wirkt sich eine Inflation aus
  - für die Bezieher fester Einkommen?
  - für Unternehmer?

c) Beschreiben Sie den Verteilungseffekt, der mit einer Inflation verbunden sein kann.

d) Wie wirkt sich eine Zinssenkung aus
  - für die Bezieher fester Einkommen?
  - für Unternehmer?

18. Währungsunion

Welche Vor- und Nachteile haben sich durch die gemeinsame Währungsunion für die Mitgliedsstaaten ergeben?

19. Nachfragesteuerung

Nennen Sie drei Maßnahmen zur Erhöhung der binnenwirtschaftlichen Nachfrage und dazu jeweils zwei geeignete Instrumente.

5. Beschaffung und Logistik

01. Beschaffungsmarktforschung

Sie sind Assistent der Geschäftsleitung der Leuchtkraft-Handels-GmbH. Im Rahmen der innerbetrieblichen Weiterbildung sollen Sie vor interessierten Kollegen ein Referat über die Ziele und Aufgaben der Beschaffungsmarktforschung halten.

a) Beschreiben Sie die Aufgabe der Beschaffungsmarktforschung.

b) Welches sind die Ziele der Beschaffungsmarktforschung?

c) Welchen Stellenwert haben moderne Kommunikationsmittel in der Beschaffungs-marktforschung gewonnen?

02. Optimale Bestellmenge

In Ihrem Eisenwarengroßhandelsunternehmen beträgt der Jahresbedarf für Keramik-scheiben 2.000 Stück, die auftragsfixen Kosten 50 €, die auftragsproportionalen Kosten 5 € und der Lagerhaltungskostensatz 20 %. Der Disponent Herr Zahl disponiert die Keramikscheiben schon seit langem immer mit einer Stückzahl von 500 – dies sei op-timal.

Überprüfen Sie die Behauptung von Herrn Zahl.

03. Efficient Consumer Response (ECR) und Supply Chain Management (SCM)

Erläutern Sie den Zusammenhang zwischen ECR und SCM.

04. Checkliste Inventur

Sie sind der Lagerleiter der Firma „ÖKOPROOF GmbH". Die gesetzlich vorgeschrie-bene *Inventur* wird als *Stichtagsinventur* jeweils drei Tage vor dem Bilanzstichtag durch-geführt. In der Vergangenheit ist es immer wieder zu Problemen bei der Durchführung der Arbeiten gekommen.

Erstellen Sie eine sinnvolle *Checkliste zur Vorbereitung der Inventur*.

05. Bestandsbewertung

Der Lagerbuchhaltung weist folgende Vorgänge aus:

Anfangsbestand:	01.01.	1.800 kg	80 €/E
Zugang:	10.03.	3.800 kg	70 €/E
Zugang:	01.09.	3.000 kg	90 €/E
Zugang:	01.11.	3.500 kg	85 €/E
Verbrauch:	01.01. - 31.12.	9.000 kg	

Ermitteln Sie den Wert des Schlussbestandes mithilfe des Lifo-Verfahrens.

06. Transport

a) Nennen Sie vier Vorteile des Straßengüterverkehrs.

b) Nennen Sie zwei Aspekte, die unabhängig von den Kosten für die Inanspruchnahme fremder Transportleistungen sprechen.

07. Eigentransport oder Fremdtransport

Ermitteln Sie mithilfe der Formel die kritische Anzahl der Kilometer, bei der die Kosten für Eigentransport und Fremdtransport gleich sind. Dabei soll gelten:

	Eigentransport (E)	Fremdtransport (F)
fixe Kosten	K_E	K_F
variable Kosten pro km	k_E	k_F

Führen Sie die Berechnung für folgendes Beispiel durch:

	Eigentransport	Fremdtransport
fixe Kosten	80.000 €	12.000 €
variable Kosten pro km	0,60 €	2,20 €

08. Lagerkosten

Bei dem Unternehmen „Nietweck" sollen die Lagerkosten durchleuchtet werden.

Ermitteln Sie:

a) den durchschnittlichen Lagerbestand

b) die Umschlagshäufigkeit

c) die durchschnittliche Lagerdauer

d) die *jährlichen* Lagerzinsen.

Die Lagerabgänge sind gleichmäßig. Aus der Lagerbuchhaltung stehen für das abgelaufene Jahr folgende Eckdaten zur Verfügung:

Lageranfangsbestand	125.000 €
Lagerzugänge	1.438.000 €
Lagerendbestand	240.000 €
kalkulatorischer Zinssatz	9 %

09. Vergleich der Beschaffungskosten

Ein Artikel wurde bisher viermal pro Jahr bestellt – bei einem Jahresbedarf von 24.000 Stück. Der neu eingestellte Disponent, Herr Zahl, legt fest, dass zukünftig zwölfmal bestellt wird – bei unverändertem Jahresbedarf. Bisher betrug der Jahresanfangsbestand (AB) 6.000 Stück und der Schlussbestand (SB) 2.000 Stück. Nach Einführung des neuen Bestellverfahrens lagen die Werte bei AB = 2.000 Stück und SB = 600 Stück.

Ermitteln Sie, um wie viel Prozent die Kosten durch das neue Bestellverfahren gesenkt werden konnten. Unterstellen Sie dabei: Einkaufspreis pro Stück = 10 €, Lagerhaltungskostensatz = 20 %, Kosten je Bestellvorgang = 100 €.

10. ABC-Analyse

Sie sind der Disponent der „Durchlauf KG". Zur Sicherung des Unternehmens und zur Kompensation des enormen Kostendrucks, sind Optimierungspotenziale in allen Unternehmensbereichen zu ermitteln und geeignete Maßnahmen einzuleiten. Im Bereich Materialwirtschaft scheint hierbei eine Analyse der *Jahresverbrauchswerte* der Lagermaterialien erforderlich.

Aus der Lagerbuchhaltung liegen folgende Angaben vor:

Artikelnummer	Verbrauch/Monat in Einheiten (E)	Preis je Einheit in €
9004	30.000	0,30
9790	15.000	0,10
10576	200	3,00
11362	5.000	0,08
12148	8.000	0,04
12934	500	0,50
13720	720	0,25
18990	6.000	0,02
19416	10.000	0,07
19842	9.000	5,00
20268	250	1,40
20694	6.000	0,01

21120	4.000	0,07
21546	1.200	5,00
21972	1.500	0,90
22398	600	0,05
22824	800	3,75
45425	10	15,00
47424	315	0,73
49423	200	125,00
51422	4.000	0,05
53421	715	0,70
55420	15.000	0,02
57419	2.000	0,19
59418	5.000	1,00

a) Errechnen Sie den Verbrauchswert je Position.

b) Ordnen Sie die Artikel nach fallenden Verbrauchswerten und unterteilen Sie in die Gruppen A, B und C.

c) Erarbeiten Sie eine Studie für Ihre Geschäftsleitung und zeigen Sie darin geeignete Maßnahmen.

11. Sachmängelhaftung

Sie betreiben einen Autohandel. Bei Ihnen kauft Herr Meierdirks am 12.11. einen gebrauchten VW Polo für 14.800 €. Zehn Tage später kommt der Kunde zu Ihnen und reklamiert das Schaltgetriebe. Es stellt sich heraus, dass ein Defekt vorliegt und das Getriebe komplett ausgewechselt werden muss. Die Reparaturkosten betragen 2.186,24 €.

a) Wie lautet der Fachbegriff für den Kaufvertrag, der zwischen Ihnen und Herrn Meierdirks entstanden ist?

b) Welche Rechte hat Herr Meierdirks? Wer muss die Kosten für die Reparatur tragen? Muss Herr Meierdirks beweisen, dass der Schaden schon vorher bestanden hat?

12. Verkauf per Internet

Der Einzelhändler Müller führt ein Ladengeschäft am Neustrelitzer Markt und verkauft dort Zubehör für Angler. Er möchte den Verkauf erweitern und seine Ware in einem Internetshop unter eigenem Namen anbieten.

a) Nennen Sie drei Informationen, über die Müller seine Kunden vor Vertragsabschluss per Internet unterrichten muss.

b) Ein Kunde bestellt bei Müller online eine „Superwurfangel" für 89,99 €. Nach 12 Tagen widerruft der Kunde die Bestellung. Zwischenzeitlich hat Müller jedoch die Angel schon verschickt.

Hat der Kunde ein Widerrufsrecht? Wer trägt die Kosten für die Rücksendung der Angel?

c) Wie ist der Sachverhalt zu werten, wenn es sich bei der Bestellung nicht um Gattungsware, sondern um einen Spezifikationskauf handelt. (Die Angel wurde nach den Angaben des Kunden konfiguriert.)

6. Handelsmarketing und Vertrieb

01. Kommissionär, Makler

Vergleichen Sie die beiden Vertriebsorgane „Kommissionär" und „Makler".

02. Marktchancen, Vertriebswege

Die Firma SOLATEC-Großhandels-GmbH plant, einen neuen Typ von Sonnenkollektoren zur Unterstützung der Brauchwasseraufbereitung für Einfamilienhäuser bis 150 m² in ihr Sortiment aufzunehmen. Mit dem neuen Typ lässt sich 30 % mehr Wirkungsgrad als mit herkömmlichen Kollektoren erzielen.

a) Erläutern Sie drei relevante Fragestellungen, um die Marktchancen des neuen Typs beurteilen zu können.

b) Als Interessenten kommen vor allem Bauherren von Einfamilien-, Doppel- und Reihenhäusern infrage. Im Rahmen der Distribution werden zwei Vertriebswege diskutiert:

   1. Lieferung über den Fachhandel und das Handwerk (Heizungsinstallationsbetriebe und Dachdeckermeister) unter Nutzung des vorhandenen Kundendienstes

   2. Direktvertrieb mit einem aufzubauenden, zentralen firmeneigenen Kundendienst.

   Beschreiben Sie für die beiden Vertriebswege je zwei Vor- und Nachteile.

03. Veröffentlichung von Testergebnissen

In Ihrem Sortiment haben Sie u. a. die Hochleistungsrasenmäher A bis D. Nehmen Sie an, Sie würden in der Veröffentlichung einer Verbraucherzeitschrift folgende Ergebnisse (in Auszügen) lesen:

Produkt	Preis in €	Technische Prüfung	Sicherheits-prüfung	Eigen-schaften	Hand-habung	Testurteil
		Gewichtung der Merkmale				
		25 %	15 %	35 %	25 %	
A	370	+	++	+	-	zufriedenstellend
B	460	+	+	-	-	mangelhaft
C	490	-	++	-	-	mangelhaft
D	580	+	++	+	+	gut

a) Welche produktpolitischen Maßnahmen empfehlen Sie Ihrem Hersteller der Produkte A bis D?

b) Welche generellen Kritikansätze lassen sich zu dem Testurteil vorbringen?

04. Space Management, Visual Merchandising

Erläutern Sie den Unterschied zwischen Space Management (Flächenmanagement) und Visual Merchandising (VM). Beschreiben Sie zwei Handlungsfelder von VM und geben Sie jeweils drei Beispiele.

05. Category Management

Sie sind Mitglied in der Projektgruppe zur Einführung des Category Management.

a) In der nächsten Sitzung soll den einzelnen, definierten Categories ihre spezifische Rolle zugewiesen werden. Nennen Sie vier Beispiele.

b) Im weiteren Schritt sollen die Category-Leistungsziele für das nächste Jahr festgeschrieben werden. Entwerfen Sie eine Scorecard mit den Bereichen „Finanzen, Kunde, Produktivität und Markt" für zwei Categories mit unterschiedlicher Rolle und tragen Sie ein plausibles Zahlengerüst ein.

06. Rabattarten, Rabattpolitik, Skonto

a) Erläutern Sie den Zusammenhang zwischen Preispolitik und Rabattpolitik.

b) Beschreiben Sie drei Rabattarten.

c) Welche Ziele verfolgt ein Unternehmen mit der Rabattpolitik?

07. Markenpolitik

Die WMK AG will ihr Lieferprogramm um Dampfgartöpfe erweitern. Aus Kostengründen entscheidet man sich dafür, die Produktpalette von einem Produzenten aus China zu beziehen. Derzeit wird geprüft, ob die Dampfgartöpfe unter der eigenen Hausmarke vertrieben werden sollen.

a) Welche Merkmale sind für einen Markenartikel charakteristisch? Beschreiben Sie drei Aspekte.

b) Nennen Sie Risiken, die mit der geplanten Strategie für die Dampfgartöpfe verbunden sein können.

08. Marktanteil, Sättigungsgrad

a) Erläutern Sie den Unterschied zwischen den beiden Begriffen Marktanteil und Sättigungsgrad.

b) Die Aussagefähigkeit des Marktanteils als Controllinggröße ist eingeschränkt. Geben Sie zu dieser These zwei Beispiele.

09. Marketing-Mix

Geben Sie einen Überblick über die Instrumente des Marketing-Mix.

10. Programmstrategien

Für die Breite und die Tiefe des Verkaufsprogramms eines Herstellers stehen grundsätzlich vier Basisvarianten zur Verfügung. Stellen Sie diese vier Möglichkeiten in einer Matrix dar.

11. Produktdifferenzierung, -variation, -diversifikation

Sie arbeiten in einem Großhandelsbetrieb für Herrenoberbekleidung. Im Zusammenhang mit der Überprüfung des Sortiments sollen Sie für die nächste Strategiesitzung der Geschäftsleitung folgende Fragestellungen vorbereiten:

a) Wie unterscheiden sich die folgenden Programmstrategien:

- Produktdifferenzierung
- Produktvariation
- Produktdiversifikation.

Geben Sie jeweils ein Beispiel für Ihren Betrieb.

b) Welche Marketingstrategie ist Grundlage der Produktdifferenzierung?

c) Wie könnte Ihr Betrieb seine Produktlinie verlängern? Geben Sie konkrete Empfehlungen für Maßnahmen der Produktdifferenzierung. Gehen Sie in Ihren Beispielen davon aus, dass Ihr Betrieb bisher Herrenoberbekleidung – und zwar Mäntel, Saccos, Hosen und Anzüge – hergestellt hat.

d) Mit welchen Risiken kann die Strategie der Produktdifferenzierung verbunden sein?

12. Preisstrategie

Der Lebensmittel-Großhändler TACKI bezieht seine Milchprodukte ausschließlich von der Nordmilch AG. Sie befinden sich auf einer gemeinsamen Strategiesitzung über die Einführung neuer Produkte, die der Hersteller nicht ohne ihre Fachkompetenz entscheiden möchte. Aufgrund einer Marktanalyse gibt es gesicherte Erkenntnisse, dass die Nachfrage nach sojaangereicherten Produkten für Diabetiker ansteigen wird. Sie wollen daher das Produkt „Schlucki" (Magermilch + Sojazusätze + Kakao + Süßungsmittel) in ihr Verkaufsprogramm aufnehmen. Bisher ist nicht bekannt, dass der Wettbewerb plant, ähnliche Produkte in sein Sortiment aufzunehmen. Für die Produkteinführung stehen zwei Strategien zur Diskussion – die Skimmingpreisstrategie und die horizontale Preisdifferenzierung.

Erläutern Sie fallbezogen beide Preisstrategien und nennen Sie jeweils zwei Vorteile.

13. Werbung und Verkaufsförderung

Stellen Sie den Zusammenhang zwischen Werbung und Verkaufsförderung in einer Skizze grafisch dar.

14. Maßnahmen der Verkaufsförderung

Als Großhändler haben Sie vor kurzem den Universalbohrer „BORI" in ihr Programm aufgenommen. Da das neue Produkt nur schleppend vom Kunden angenommen wird, wollen Sie geeignete Maßnahmen der Verkaufsförderung durchführen.

Nennen Sie drei geeignete Maßnahmenbereiche und geben Sie dazu jeweils zwei Beispiele.

15. Marketing-Audit

a) Auf welche Teilgebiete erstreckt sich das Marketing-Audit?

b) In welchen Schritten erfolgt der Prüfprozess?

16. Verbrauchertyp

Auf welchen Verbrauchertyp müssen sich die Unternehmen heute in ihrer Marketing-politik einstellen? Geben Sie eine Erläuterung.

17. Verbraucherschutz, gesetzliche Regelungen

Welche Gesetze und Verordnungen enthalten Vorschriften zum Schutz des Verbrauchers? Nennen Sie fünf Beispiele.

18. Trading-up, Trading-down

a) Was versteht man unter „Trading-up" und „Trading-down"?

b) Nennen Sie zwei Maßnahmen, mit denen ein Fachgeschäft die Trading-up-Strategie umsetzen kann.

19. Unter-, Mittel- und Oberzentren

In der deutschen Raumordnung kennt man die genannten Begriffe. Beschreiben Sie diese und grenzen Sie diese voneinander ab.

7. Handelslogistik

01. Ziel der Logistik

Nennen Sie das Hauptziel der Logistik.

02. Logistikaufgaben im Handelsbetrieb

Nennen Sie fünf Logistikaufgaben (auch: logistische Teilprozesse) im Handelsbetrieb und ergänzen Sie jeweils zwei Teilaspekte/-aufgaben.

03. Lagerprozess

Beschreiben Sie den Lagerprozess.

04. Instrumente der Logistikkontrolle

Welche Istrumente lassen sich zur Kontrolle und Optimierung der Logistik einsetzen?

05. Logistische Investitionen (Kostenvergleichsrechnung, Rangstufenmethode)

Beschreiben Sie die Kostenvergleichsrechnung und die Rangstufenmethode als Instrumente zur Beurteilung der Vorteilhaftigkeit von Investitionen.

06. Kosten der Lagerhaltung

Nennen Sie die Einzelkosten der Lagerhaltung.

07. Eigenlager, Fremdlager, Rack Jobber

Vergleichen Sie die wesentlichen Merkmale von Eigen- und Fremdlager und erläutern Sie die Funktion eines Rack Jobbers.

08. Kommissionieren

a) Was versteht man unter Kommissionieren? Welche Teilaufgaben sind erforderlich?

b) Beschreiben Sie den Unterschied zwischen statischer und dynamischer Kommissionierung.

09. Warenfluss und Datentechnik

Welche Grunddaten müssen vorliegen, um den Warenfluss im Lager und im außerbetrieblichen Bereich zu steuern?

10. Benchmarking

a) Definieren Sie Benchmarking.

b) Beschreiben Sie vier Arten des Benchmarking.

c) Was ist eine Selbstbewertung und wie kann sie durchgeführt werden?

11. Prozesskostenrechnung

In einem selbstständig disponierenden Zentrallager soll die Prozesskostenrechnung eingeführt werden. Für die Modellrechnung wurden drei Hauptprozesse ermittelt: Einkauf, Transport und Lager. Die Jahreskosten betragen je Hauptprozess 150.000 €, 180.000 € und 352.000 €. Als Cost-Driver wird folgendes Mengengerüst zu Grunde gelegt: Einkauf: 8.000 Arbeitsstunden, Transport: 120.000 km, Lager: 2.200 Arbeitsstunden.

Für einen Auftrag aus zwei Artikeln sollen die Selbstkosten ermittelt werden:

	Warenwert	anteilige Arbeitsstunden Einkauf	anteilige Transport-km	anteilige Arbeitsstunden Lager
Artikel 1	10.000 €	2	600	2
Artikel 2	80.000 €	1	120	4

In der Modellrechnung sind die kalkulatorischen Zinsen für das Lager sowie lmu-Kosten nicht zu berücksichtigen.

12. Gefahrstoffe

Beschreiben Sie die Gefahrstoffe nach § 19 Abs. 2 ChemG.

13. Gefahrstoffe, Betriebsanweisungen

Welche Informationen müssen Betriebsanweisungen für Gefahrstoffe enthalten und welche Quellen gibt es hierfür?

14. Aufgaben der Verpackung

a) Nennen Sie die Aufgaben, die eine Verpackung erfüllen soll.

b) Nennen Sie die Verpackungsarten im Sinne der Verpackungsverordnung.

15. Entscheidung über Transportlösung

Die neu errichtete Lagerzentrale eines Filialunternehmens in Thüringen benötigt Transportmittel für die Warenbeschaffung und für die Belieferung der Filialen.

Schlagen Sie ein Transportkonzept für die Warenbeschaffung im Zentrallager und für die Belieferung der Filialen vor.

16. Verpackungs- und Logistikeinheiten

a) Welche Anforderungen werden in Logistiksystemen an die Verpackung gestellt?

b) Beschreiben Sie die Merkmale von Paletten, Collico-Behältern und Containern.

17. Versicherungsarten

Beschreiben Sie die Risiken, die durch die nachfolgenden Versicherungen abgedeckt sind und kommentieren Sie kurz die Notwendigkeit für den Unternehmer (vgl. dazu die Qualifikationsinhalte in Ziffer 7.6.1 des Rahmenplans).

* Haftpflichtversicherung
* Vermögensschadenversicherung
* Umwelthaftpflichtversicherung
* Produkthaftpflichtversicherung
* Maschinenversicherung
* Betriebsunterbrechungsversicherung
* Elektronikversicherung.

18. Incoterms und Transportversicherung

Beantworten Sie folgende Fragen zum Thema „Incoterms":

a) Welche Sachverhalte regeln Incoterms und welche regeln sie nicht?

b) Ein Verkäufer in Greifswald will nach Xian/China liefern. Welche Klausel muss er wählen, wenn er außer den Verpackungskosten keine weiteren Kosten für den Versand übernehmen und weiterhin die Kosten für die Transportversicherung ausschließen will?

c) Bei welcher Klausel übernimmt der Verkäufer die Kosten für die Transportversicherung?

d) Welche Incoterm-Gruppe ist für den Verkäufer bezüglich der Kosten und der Haftung am ungünstigsten?

e) Welche Vorteile bieten Incoterms im Gegensatz zu frei ausgehandelten Verträgen?

f) Welche Incoterms eignen sich nur für See-/Binnenschifftransporte?

19. Transportversicherung

Beantworten Sie folgende Fragen:

a) Welche Schäden deckt die Transportversicherung?

b) Wer muss die Transportversicherung abschließen?

c) Tritt die Transportversicherung auch bei der Großen Havarie ein?

20. Transportkosten

Nennen Sie acht Maßnahmen zur Senkung der Transportkosten.

21. Incoterms, Kosten- und Gefahrenübergang

Sie haben eine Ware in China bestellt. Der Transport erfolgt u. a. per Seefracht. Welche Kosten- und Gefahren müssen Sie als Käufer tragen – bei FOB, CIF bzw. EXW?

8. Außenhandel

01. Aufbau einer Exportabteilung bei der Lanz GmbH

Sie sind nach Abschluss Ihrer Prüfung als Handelsfachwirt vor der IHK seit acht Monaten bei der Lanz GmbH mit Sitz in Bremen beschäftigt. Das Unternehmen verkauft im deutschsprachigen Raum gebrauchte Landmaschinen. Aufgrund einer Vorstudie werden gute bis sehr gute Absatzmöglichkeiten in den Drittländern A und D (Südamerika) gesehen.

a) Die Lanz GmbH zieht in Erwägung, ein eigenes Auslandsgeschäft aufzubauen. Dazu soll eine Exportabteilung eingerichtet werden. Beschreiben Sie vier interne, organisatorische Fragestellungen, die geklärt werden müssen.

b) Erstellen Sie für die Lanz GmbH ein Anforderungsprofil für die Stelle „Exportsachbearbeiter".

c) Der Aufbau des eigenen Außenhandelsgeschäfts wird zusätzliche Finanzmittel erfordern. Nennen Sie dafür sechs Beispiele.

d) Entgegen dem Rat des Außenhandelsberaters der örtlichen Industrie- und Handelskammer möchte der ehrgeizige kaufmännische Geschäftsführer der Lanz GmbH bereits im ersten Auftakt eine eigene Verkaufsniederlassung im Land A errichten.

Neben der Variante „eigene Niederlassung" gibt es andere Formen des Exports in Auslandsmärkte. Beschreiben Sie in knappen Worten vier weitere Möglichkeiten, staffeln Sie diese nach Höhe des Engagements und des Risikos und nennen Sie jeweils sechs Chancen und Risiken einer Auslandsniederlassung.

e) Sie sind der Auffassung, dass das derzeitige Unternehmenspotenzial für die Gründung einer Auslandsniederlassung im Land A nicht ausreichend ist und wollen den kaufmännischen Geschäftsführer davon überzeugen. In dem geführten Gespräch zeigt er sich uneinsichtig: „Was Sie hier vortragen, ist mir zu dünn. Ich selbst sehe es so, dass wir im Land A eine hervorragende Rendite erwirtschaften können. Da bin ich sicher."

Vom Außenhandelsberater Ihrer Industrie- und Handelskammer haben Sie bereits einiges an Informationen über die Risiken des Exports in das Land A erhalten. Nennen Sie acht weitere, preisgünstige Informationsquellen, die im vorliegenden Fall geeignet sind, Ihre Argumentation besser „untermauern" zu können.

f) Aufgrund Ihrer erneuten Überzeugungsarbeit hat der kaufmännische Geschäftsführer das Thema „Auslandsniederlassung" zurückgestellt. Er ist aber inzwischen etwas verunsichert und möchte von Ihnen am nächsten Tag eine Kurzaufstellung der fünf häufigsten Risiken im Auslandsgeschäft (mit Beispielen) und wissen, welche Möglichkeiten bestehen, sich dagegen abzusichern. Sie nicken wenig erfreut und machen sich an die Arbeit; es ist 19:30 Uhr.

02. Internationale Ausschreibungen (Tenderbusiness)

Die im Auslandsgeschäft erfahrene TRANSATLANTIC OHG plant, zukünftig an internationalen Ausschreibungen teilzunehmen.

a) Erläutern Sie drei Formen der internationalen Ausschreibung.

b) Nennen Sie sechs typische Bestandteile einer internationalen Ausschreibung.

c) Nennen Sie beispielhaft fünf Medien/Organe, in/von denen internationale Ausschreibungen veröffentlicht werden.

d) Erläutern Sie in diesem Zusammenhang den Unterschied zwischen einem Bid Bond und einem Performance Bond.

03. Incoterms und Transportversicherung

Beantworten Sie folgende Fragen zum Thema „Incoterms":

a) Welche Sachverhalte regeln Incoterms und welche regeln sie nicht?

b) Ein Verkäufer in Greifswald will nach Xian/China liefern. Welche Klausel muss er wählen, wenn er außer den Verpackungskosten keine weiteren Kosten für den Versand übernehmen und weiterhin die Kosten für die Transportversicherung ausschließen will?

c) Bei welcher Klausel übernimmt der Verkäufer die Kosten für die Transportversicherung?

d) Welche Incoterm-Gruppe ist für den Verkäufer bezüglich der Kosten und der Haftung am ungünstigsten?

e) Welche Vorteile bieten Incoterms im Gegensatz zu frei ausgehandelten Verträgen?

f) Welche Incoterms eignen sich nur für See-/Binnenschifftransporte?

04. Transportversicherung

Beantworten Sie folgende Fragen:

a) Welche Schäden deckt die Transportversicherung?

b) Wer muss die Transportversicherung abschließen?

c) Tritt die Transportversicherung auch bei der Großen Havarie ein?

d) In welcher Form können Transportversicherungen abgeschlossen werden?

05. Zahlungsverkehr

Der Geschäftsführer der Lanz GmbH ist hoch erfreut. Soeben hat er einen Auftrag über die Lieferung von zehn gebrauchten Traktoren nach Chile an die Firma OREGANO Ltd. bestätigt. Im Kaufvertrag wurde u. a. „DDP Puerto Montt" (Chile) vereinbart. Die Traktoren werden per Lkw nach Bremerhaven gebracht und von dort nach Puerto Montt verschifft.

a) Erläutern Sie den Kosten- und Gefahrenübergang.

b) Nennen Sie fünf Möglichkeiten zur Absicherung des Zahlungsrisikos.

c) Erläutern Sie, welchen Vorteil die Vereinbarung „L/C" gegenüber „d/p" und „d/a" für die Lanz GmbH hat.

d) Nennen Sie fünf Dokumente, die die Lanz GmbH für den Seetransport benötigt.

e) Welche Vereinbarung enthält der Incoterm DDP bezüglich der Transportversicherung?

06. Embargo

Bevor das Geschäft mit der ORGANO Ltd. abgewickelt wird, kommen dem kaufmännischen Geschäftsführer Zweifel, ob die Landmaschinen der Lanz GmbH nicht evtl. einem Ausfuhrverbot unterliegen.

Erläutern Sie den Begriff Embargo und beantworten Sie die Frage des Geschäftsführers.

9. Mitarbeiterführung und Qualifizierung

01. Pareto-Prinzip

Am Jahresende sind Sie dabei, Ihre persönlichen und beruflichen Ziele für das kommende Jahr zu notieren.

a) Welche Bedeutung haben Ziele für das persönliche Zeitmanagement?

b) Eines Ihrer persönlichen, beruflichen Ziele für das nächste Jahr heißt: „Aufstieg innerhalb der Firma in eine höher bezahlte Tätigkeit mit mehr Gestaltungsfreiraum und mehr Führungsverantwortung". Erstellen Sie eine Liste mit fünf geeigneten Aktionen zur Erreichung dieses Zieles. Erläutern Sie das Pareto-Prinzip und wenden Sie es auf Ihren Maßnahmenkatalog an.

02. Tagesplanung

Vor Ihnen liegt ein Auszug aus dem Terminkalender von Hubert Kernig, dem neuen Assistenten der Geschäftsleitung, den Sie zurzeit als Mentor betreuen. Der Firmensitz ist Hilden (im Großraum Düsseldorf). Kernig ist verheiratet (ohne Kinder; seine Frau heißt Lisa) und bewohnt ein Reihenhaus im Norden von Leverkusen (ca. 30 Min. Fahrtzeit zur Arbeit). Es folgen Hinweise zu einzelnen Vorgängen/Sachverhalten:

- Herr Grundlos ist ein neuer Mitarbeiter; es geht um die Vermittlung von Einblicken in Betriebsabläufe; dafür sind mehrere Gespräche angesetzt.

- Herr Dr. Ohnesorge ist der technische Berater einer Consulting-Firma, der „auf der Durchreise" ist und sein neues Konzept „Innerbetriebliche Transportautomatisierung" vortragen möchte. Herr Dr. Ohnesorge hatte Kernig vor drei Wochen bei einem Termin „versetzt".

Hubert Kernig • Montag, 05.09.20..			
Zeit	Termine, Vorhaben	Notizen	erledigt √
07:00		*Tel. Müller & Co.: Reklamation*	
08:00	*Besprechung mit Dr. Ohnesorge, Raum 5*	*Tel. Lisa: Geschenk Jochen*	
09:00	*Meeting Projektgruppe K, ca. 2 - 2,5 Std., Konferenzraum, Verwaltung*	*Brief Frau Strackmann: Mietminderung*	
10:00		*Tel. Dr. Zahl: EDV-Liste, Budget für nächstes Jahr*	

11:00	Postbesprechung mit Sekretärin Frau Knurr, ca. 30 Min.	Auto von der Inspektion abholen	
12:00	Mittagessen mit Dr. Endres: neue Marketingstudie, neue Verkaufs- zahlen		
13:00			
14:00	Präsentation für Verkaufsleiterta- gung: am Mittwoch vorbereiten		
15:00	Einweisung von Herrn Grundlos		
16:00	Budgetplanung für nächstes Jahr: Vorbereitung der Unterlagen für Dienstag Morgen (09:00 - 10:30)		
17:00			
18:00			
19:00		Privat: Einweihungsfete bei Jochen in Ratingen	
20:00			
21:00			

a) Nennen Sie sieben Prinzipien der Tagesplanung, gegen die Kernig verstößt und geben Sie ein Beispiel für eine „kritische Terminplanung" (= vorhersehbare Verzögerung bzw. Unvereinbarkeit von Vorgängen bzw. Terminkollision).

b) Gestalten Sie eine neue Tagesplanung aufgrund der Ihnen vorliegenden Informationen und berücksichtigen Sie dabei die in Frage a) geschilderten Prinzipien. Nennen Sie beispielhaft sechs markante Veränderungen Ihrer Wahl.

c) Übertragen Sie die Termine und Vorhaben von Hubert Kernig in die 4-Felder-Matrix nach Eisenhower.

03. Umgang mit anderen

Formulieren Sie als Führungskraft sechs Regeln für eine effektive Zeitverwendung „im Umgang mit anderen".

04. Zeitplanung

Nennen Sie fünf Vorteile der schriftlichen Zeitplanung.

05. Mitarbeiterpotenzialeinschätzung

Was versteht man unter der Mitarbeiterpotenzialeinschätzung? Geben Sie eine Erläuterung und nennen Sie sechs Ansätze (Maßnahmen/Instrumente) zur Erfassung von Mitarbeiterpotenzialen.

06. Laufbahnpläne

a) Erläutern Sie die Zielsetzung von Laufbahnplänen im Rahmen der Mitarbeiterförderung.

b) Entwerfen Sie für ein Warenhaus mittlerer Größe ein einfaches Standardlaufbahn-Modell; Einstiegsposition: Ausbildung; Zielposition: Geschäftsführer des Warenhauses.

07. Job Rotation

Am kommenden Montag sollen Sie den Führungskräften Auszüge aus der neuen Personalentwicklungs-Konzeption präsentieren. Unter anderem werden Sie auch über Job Rotation sprechen.

a) Beschreiben Sie den Führungskräften Ihres Hauses Job Rotation als Instrument der Personalentwicklung.

b) Beschreiben Sie vier Vorteile von Job Rotation, um die Führungskräfte von der Notwendigkeit des Konzepts zu überzeugen.

c) Im Rahmen Ihres Vortrags wollen Sie die Führungskräfte von der Vorteilhaftigkeit der Instrumente „Job Enlargement" und „Job Enrichment" überzeugen.

Nennen Sie acht Vorteile, die für beide Personalentwicklungs-Instrumente zutreffen und ergänzen Sie drei weitere Aspekte, die ausschließlich für „Job Enrichment" gelten.

08. Kritikgespräch „Im Versand"

Rudi Hurtig ist verantwortlich für Qualität und Termine im Versand. Innerhalb der letzten Monate kam es wiederholt zu Störungen in seinem Arbeitsbereich. Die Qualitätsprobleme im Versand haben sich verstärkt. Die Kollegen beschweren sich über mangelnde Zusammenarbeit und Unterstützung durch Hurtig. Sie sind Vorgesetzter von Herrn Hurtig und haben ihn in diesen Punkten bereits mehrfach angesprochen und dabei auch Hinweise gegeben, wie er durch standardisierte Abläufe die Qualitätsnormen besser einhalten sowie Terminverzögerungen vermeiden kann. Am Mittwoch einer jeden Woche gibt es einen „Jour fixe", an dem Kundenprobleme, Terminsachen und Qualitätsstandards besprochen werden. Herr Hurtig kommt – obwohl Sie diese Verpflichtung bereits mehrfach „angemahnt" haben – nur selten zu diesem Termin.

Am Donnerstag der letzten Woche hatte Hurtig zugesagt, eine späte Auslieferung von 12 Teilen für 18:00 Uhr beim Pförtner I für den Kunden Gram zu hinterlegen. Um 18:20 Uhr werden Sie vom Pförtner angerufen, dass der Kunde Gram sein Material abholen möchte. Ihre Recherchen (bis 19:35 Uhr) ergeben: Das Material steht im Arbeitsraum von Hurtig – aber nur fünf Teile sind fertig verpackt.

Sie beschließen, am kommenden Dienstag mit Herrn Hurtig ein Kritikgespräch zu führen.

a) Was sagen Sie Hurtig (Phasen und Inhalte Ihrer Gesprächsführung)?

b) Was wollen Sie dabei erreichen (Zielsetzung)?

c) Mit welchen möglichen Gegenargumenten müssen Sie rechnen? Nennen Sie drei Beispiele.

09. Förder- und Entwicklungsgespräche

Welches Ziel verfolgen Förder- und Entwicklungsgespräche? Nennen Sie vier Beispiele für Fragestellungen, die hier im Vordergrund stehen.

10. Bildungsbedarfserhebung und -analyse (Qualifizierungsbedarf)

Erläutern Sie die Notwendigkeit der Bildungsbedarfsanalyse und geben Sie sechs Beispiele für unterschiedliche Arten der Bildungsbedarfserhebung.

11. Planung der betrieblichen Ausbildung

Nennen Sie beispielhaft fünf grundsätzliche Einzelfragen (Voraussetzungen), die vor Beginn einer Ausbildung im Lernort Betrieb zu klären sind.

12. Schwangerschaft während der Ausbildung

Eine Auszubildende teilt Ihnen mit, dass sie schwanger ist. Welche Möglichkeit zum zeitlichen Ablauf der Ausbildung gibt es?

13. Aufgaben des Ausbilders

Der Ausbilder hat innerbetrieblich eine Reihe von Aufgaben im Rahmen der Ausbildung wahrzunehmen. Nennen Sie beispielhaft sechs dieser Aufgaben. Daneben muss der Ausbilder im Außenverhältnis den Kontakt zu verschiedenen Stellen halten. Geben hierzu sechs Beispiele an.

14. Förderung des Lernerfolgs in der Ausbildung

Der Ausbilder kann den Lernerfolg fördern, indem er geeignete Prinzipien der Führung und Kommunikation einsetzt. Gemeint sind hier Prinzipien wie z. B. „dem Auszubildenden Geduld, Verständnis und Einfühlungsvermögen entgegenbringen". Nennen Sie in diesem Zusammenhang sechs weitere Prinzipien dieser Art.

15. Erfolgskontrolle in der Ausbildung

a) Nennen Sie vier Rechtsquellen, die als Maßstab bei der Erfolgskontrolle der Ausbildung heranzuziehen sind.

b) Der Ausbilder hat den Erfolg der durchgeführten Ausbildungsmaßnahmen zu überprüfen. Nennen Sie sechs geeignete Maßnahmen (inner- und überbetrieblich) zur Erfolgskontrolle in der Ausbildung.

16. Personalanzeige

Sie arbeiten seit einiger Zeit in einem mittelständischen Unternehmen. Ihre Firma hatte in der regionalen Tageszeitung eine Personalanzeige geschaltet, die keine geeigneten Bewerber ergab:

Mittelständischer Metallgroßhändler mit ca. 150 Mitarbeitern
sucht kurzfristig einen

Versandleiter.

Zuschriften sind erbeten unter PA-KRA 5003211 an die RHEINLAND-PRESSE,
Postfach 15 54, 41855 Rheinland.

---

a) Nennen Sie fünf Argumente für den Misserfolg der Anzeigenaktion, die in der inhaltlichen Gestaltung der Anzeige begründet sein können.

b) Nennen Sie sechs Medien, in denen die Stellenausschreibung *außerdem* veröffentlicht werden könnte.

17. Analyse von Bewerbungsschreiben

Im Rahmen einer Personalbeschaffungsaktion sichten Sie die eingegangenen Bewerbungen.

a) Beurteilen Sie die folgenden Beispiele in den auszugsweise dargestellten Bewerbungsschreiben:

---

1   Sehr gehrte Damen und Herren,

mit großem Interesse habe ich am Wochende Ihre Anzeige gelesen, die mich besonders interessiert. Da ich seit ca. drei Jahren im Verkauf tätig bin, glaube ich, dass ich mich für diese Aufgabe eigne.

Lebenslauf und Arbeitszeuge sind beigefügt.

Mit freundlichen Grüßen

Hubertus Streblich
Hubertus Streblich

| 2 | Sehr geehrter Frau Zimmer-Adelmann, |

> Sehr geehrter Frau Zimmer-Adelmann,
>
> die ausgeschriebene Stelle Ihrer Firma interessiert mich sehr. Erlauben Sie mir, mich kurz vorzustellen:
>
> ... Aus o. g. Gründen möchte ich mich wieder dem Bereich Verkauf zuwenden und mich möglichst bald ... Während meiner Tätigkeit legte ich immer besonders großen Wert auf ... Als Gehalt stelle ich mir einen Betrag von 2.600 € vor. Falls ich noch bis Ende nächste Woche von Ihnen hören sollte, könnte ich noch zum Monatsenbde kündigen und Ihnen ab Januar zur Verfügung stehen.
>
> Mit freundlichen Grüßen
>
> _Gerd Grausam_
> Gerd Grausam

b) Beurteilen Sie folgende Beispiele in den auszugsweise dargestellten Arbeitszeugnissen:

1 Zeugnis

> Herr Hubertus Streblich, geb. am 18. Oktober 1980 in Kassel, war vom ... bei uns beschäftigt.
>
> Herr Streblich war hilfsbereit und höflich. Sein Verhalten zu Vorgesetzten und Mitarbeitern war einwandfrei. Die von ihm erbrachten Leistungen stellten uns zufrieden.
>
> Kapp Handels-GmbH
>
> _Gernegroß_   _Meier_
> ppa. Gernegroß   i. V. Meier

2 Zeugnis

> Herr Gerd Grausam war vom 1.4.2012 bis 4.5.2012 als Verkäufer bei uns tätig. ... Gerne bestätigen wir, dass Herr Grausam an den Einführungsveranstaltungen in unserem Hause regelmäßig und pünktlich teilgenommen hat. Herr Grausam schied am 4.5.2012 aus unserer Firma aus.
>
> Für seinen weiteren Berufsweg wünschen wir ihm alles Gute.
>
> Roland Kahne GmbH
>
> _Kahne_

c) Nennen Sie die einzelnen Stufen der Zeugniscodierung (Formulierungsskala).

d) Beschreiben Sie die Aussagekraft von Bewerberfotos. Welche Schlüsse lassen sich ziehen?

18. Controlling der Auswahlverfahren

Nach Abschluss einer größeren Personalbeschaffungsmaßnahme sollen Sie die Wirksamkeit der Auswahlverfahren überprüfen. Nennen Sie dazu geeignete Instrumente/ Verfahren.

19. Transferkontrolle

Die Effektivität von Fortbildungsmaßnahmen ist eng verbunden mit der Frage, ob das „Gelernte in die Praxis umgesetzt werden kann" (Transfer). Erläutern Sie vier Maßnahmen einer geeigneten Transferkontrolle bei Weiterbildungsmaßnahmen.

20. Kosten-Controlling

Die Geschäftsleitung ist der Auffassung, dass die Höhe der Fortbildungskosten im zurückliegenden Jahr „aus dem Ruder gelaufen sind". Sie erhalten daher die Aufgabe das Controlling der Bildungskosten zu verbessern. Als ersten Schritt dazu erwartet das Rechnungswesen von Ihnen eine detaillierte Aufstellung aller möglichen Fortbildungskosten – gestaffelt nach Kostenarten. Liefern Sie ansatzweise diese Aufstellung.

21. Bildungsbudget

Erläutern Sie drei Ansätze, die zur Planung der Höhe des Bildungsbudgets herangezogen werden können.

Lösungen

1. Unternehmensführung und -steuerung

01. Geschäftsidee

Die Ausgangslage muss anhand folgender Schlüsselfragen überprüft werden:

- persönliche Eignung
- Produkt-/Leistungsangebot
- Kunden, Zielgruppe, Kundenbedürfnisse
- Standort
- Marktsituation, Wettbewerb.

02. Führungsmerkmale bei der Unternehmensgründung

1. Die *Unternehmensziele* müssen realistisch und messbar gestaltet sein. Sie sind abzuleiten aus der Analyse der Umwelt und den Potenzialen des eigenen Unternehmens.

2. Die *Strategie* muss „passend" sein:

   - Wie will ich mich am Markt positionieren?
   - Wer will ich sein/wer will ich nicht sein?
   - Wie hebe ich mich vom Wettbewerb ab?

3. Die *Gründerpersönlichkeit* muss über hinreichend persönliche und fachliche Voraussetzungen verfügen.

03. Unternehmensbewertung

a) Kriterien der Unternehmensbewertung, z. B.:

   - Warenbestand
   - Betriebs- und Geschäftsausstattung
   - zu übernehmende Forderungen und Verbindlichkeiten
   - Rechte
   - Good Will
   - Ertragslage.

b)

Kauf des Unternehmens	Neugründung des Unternehmens
Vorteile, z. B.:	**Vorteile**, z. B.:
• Kundenstamm ist vorhanden. • Das Unternehmen ist am Markt bekannt. • Die Mitarbeiter haben Erfahrung. • Es gibt Erfahrungswerte (Kennzahlen) aus der Vergangenheit. • keine Gründungskosten. • geringeres Risiko.	• Wahl des Standorts ist frei. • Es können neue Ideen realisiert werden. • Probleme des Vergangenheit müssen nicht übernommen werden (z. B. Image, Betriebsklima).

04. Vergleich von Rechtsformen

	Vorteile, z. B.	**Nachteile**, z. B.
BGB-Gesellschaft	• Kreditwürdigkeit ist hoch • keine Gründungskosten • geringe gesetzliche Auflagen	• Haftung ist solidarisch, gesamtschuldnerisch und unbeschränkt
OHG	• kaum Gründungskosten • Kreditwürdigkeit ist hoch • kein Grundkapital notwendig • kein Notarvertrag erforderlich	• Vertretungsbefugnis der Gesellschafter ist uneingeschränkt • Haftung – auch nach dem Ausscheiden
KG	• vorteilhafte Möglichkeit der Kapitalbeschaffung • Tätigkeit im Unternehmen ist nicht erforderlich • Haftung des Kommanditisten ist eingeschränkt	• Haftung des Komplementärs ist wie bei der OHG
UG	• haftungsbeschränkt • Mindestkapital: 1 € • Vergütung der Arbeit in der Gesellschaft möglich und steuerlich gewinnmindernd	• geringe Kreditwürdigkeit • Verpflichtung zur Gewinnthesaurierung bis 25.000 € erreicht sind

05. Anmeldung und Steuerarten

a) Anmeldungen, z. B.

- Gewerbeamt (Boutique ist ein Gewerbebetrieb)
- Finanzamt
- IHK (da nicht freiberuflich)
- Berufsgenossenschaft (Unfallversicherung, da Angestellte)
- Krankenkasse (da Angestellte).

b) Steuerarten:

- Umsatzsteuer
- Einkommensteuer
- Gewerbesteuer
- Lohnsteuer (ist abzuführen wegen der Angestellten).

06. Zielformulierung

a) • Zielinhalt
   • Zielausmaß
   • Zielzeitpunkt (Zeithorizont).

b) Beispiel: „Die Fehlzeitenrate soll bis Mitte des Jahres auf 6 % gesenkt werden."

07. Unternehmensziele

a) Gegenstand strategischer Unternehmensziele ist die grundsätzliche Ausrichtung des Unternehmens an bestehenden und noch zu definierenden Erfolgspotenzialen. Strategische Erfolgsfaktoren sind betriebsspezifische Voraussetzungen, die für die Realisierung des späteren Erfolges notwendig sind und bis zum Zeitpunkt ihrer Realisierung zu entwickeln sind, z. B.

   • die Qualität der Unternehmensführung
   • die Qualifikation des Personals
   • die Leistungsfähigkeit der Organisation
   • die Investitionsintensität in Produkte und Service.

b) Die Umweltanalyse umfasst vor allem folgende Faktoren:

   • das politische Umfeld
   • die gesetzlichen Umweltbedingungen
   • die gesellschaftliche Entwicklung
   • die gesamtwirtschaftliche Entwicklung
   • die ökologische Umwelt
   • die technologische Umwelt.

c) Operative Ziele sind kurzfristiger Natur und sollten – soweit wie möglich – messbar (operational) formuliert sein (Inhalt, Ausmaß, Zeitaspekt):

Zielbereich	Formulierung operativer Ziele	Maßnahmen zur Zielerreichung
Erlössituation	Verbesserung der Handelsspanne bei der Category X um fünf Prozentpunkte innerhalb von sechs Monaten.	Entwicklung von Orientierungshilfen am Regal der Category X Verbesserung der Artikelverfügbarkeit durch Just-in-Time-Anlieferung.
Finanzierung	Verringerung des Verschuldungsgrades von 60 % auf 50 % innerhalb des kommenden Jahres.	Erhöhung des Eigenkapitals um 20 % im Rahmen der nächsten Gewinnverwendung. Rückführung des Kredites bei der Z-Bank auf 200.000 € innerhalb eines Jahres
Personal	Verbesserung der Mitarbeiterqualifikation innerhalb der nächsten 1 $\frac{1}{2}$ Jahre.	Erweiterung der Ausbildungsberufe um das Berufsbild XY. Förderung der Nachwuchskräfte durch Einrichtung von Laufbahnpositionen.

Sortiment	Verbesserung des Deckungsbeitrages der Profil-Categories um 10 % innerhalb von sechs Monaten.	Spezifische Maßnahmen der Verkaufsförderung je Category. Entwicklung von Category KX zur Handelsmarke.
Image	Erhöhung des Bekanntheitsgrades um 5 % innerhalb eines Jahres.	Entwicklung eines Konzepts für Öffentlichkeitsarbeit. Verbesserte Synergie zwischen Werbe- und Imageanzeigen.

08. Improvisation

- *Begriff „Improvisation":*
  Entscheidungen werden einmalig und „aus dem Stand heraus" getroffen.

- *Beispiel:*
  Aufgrund eines erhöhten Frachtaufkommens wird einmalig eine holländische Spedition beauftragt.

- *Gründe für Improvisation:*
  - Dauerhafte Regelungen sind nicht möglich, da sich die Umweltbedingungen laufend ändern.

  - Dauerhafte Regelungen sind derzeit nicht möglich, da sich in Kürze die Umweltbedingungen ändern (z. B. gesetzgeberische Maßnahme ist zu erwarten).

  - Sammeln von Erfahrungen mit Provisorien; erst später soll auf der Basis der Erfahrungen eine generelle Regelung entwickelt werden.

09. Stablinienorganisation

a)

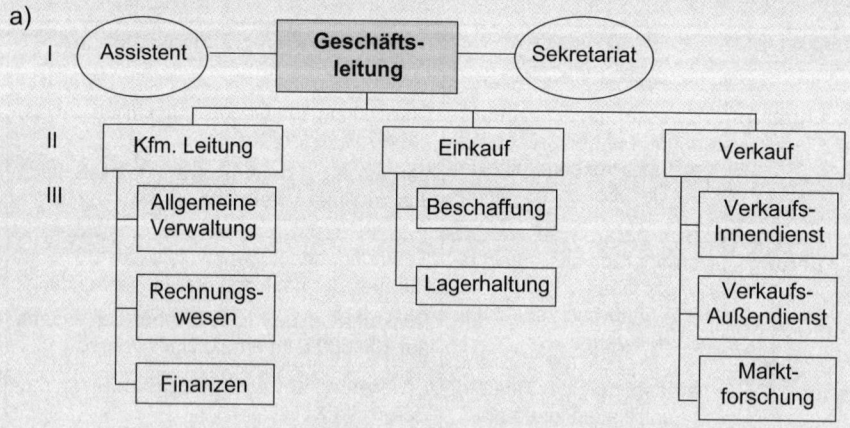

b)

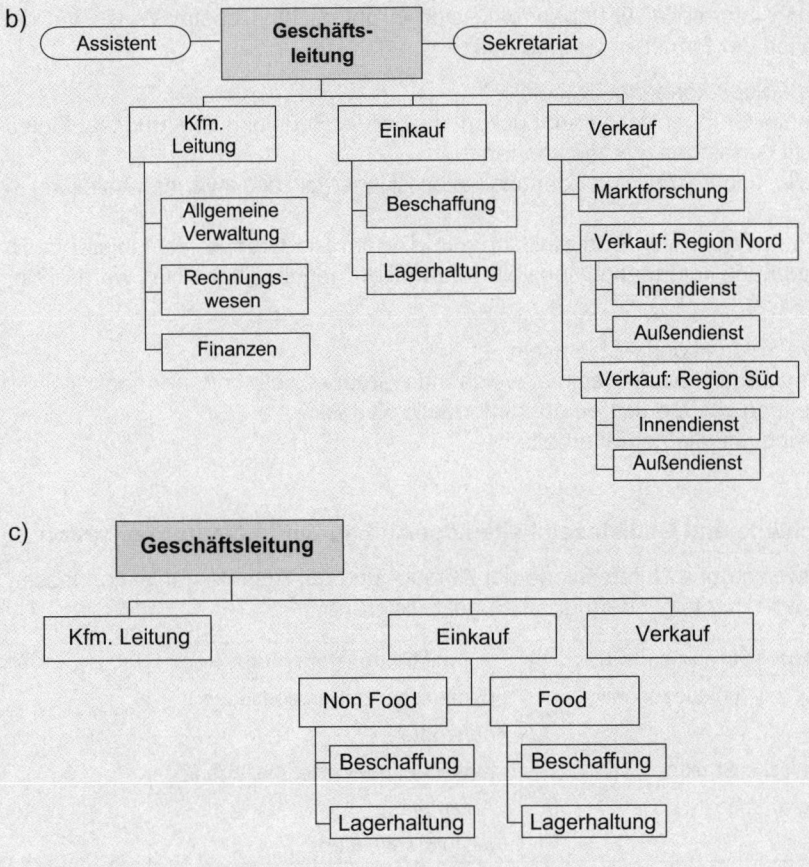

c)

10. Formelle, informelle Organisation (Gruppen)

a) und b)

Formelle Gruppen	Informelle Gruppen
rational organisiert	relativ spontane, ungeplante Beziehungen
bewusst geplant und eingesetzt	innerhalb oder neben formellen Gruppen
Verhaltensweisen normiert und extern vor-gegeben	Ziele, Normen und Rollen weichen meist von denen der formellen Gruppe ab
existieren über längere Zeit oder befristet	Gruppenbildung geht auf Bedürfnisse der Mitglieder zurück
Effizienz steht im Vordergrund	
Beispiele	
• Abteilungen • Stäbe • Projektgruppen	• Fahrgemeinschaften • Betriebssportgruppen • relativ regelmäßige Treffen zum gemein-samen Mittagessen in der Kantine

c) Die Bildung informeller Gruppen wirkt sich in unterschiedlichster Weise auf die Organisation der formellen Gruppe aus:

- *Positive Folgen* können z. B. sein:
  - Informelle Gruppen schließen Lücken, die bei der Regelung von Arbeitsabläufen oft nicht vermieden werden können.
  - Schnelle, unbürokratische Kommunikation ist innerhalb und zwischen Abteilungen möglich.
  - Die Befriedigung von Bedürfnissen, die die formelle Gruppe nicht leistet (z. B. Anerkennung, Information/spezielle Information, gegenseitige Hilfe), werden hier verwirklicht.

- *Negative Folgen* können z. B. sein:
  - von den Organisationszielen abweichende Gruppenziele und -normen
  - Verbreitung von Gerüchten über informelle Kanäle
  - Isolierung unbeliebter Mitarbeiter.

11. Unterschiede und Gemeinsamkeiten der Aufbau- und Ablauforganisation

a) Die Sichtweisen und Unterschiede der Aufbau- und der Ablauforganisation lassen sich stichwortartig folgendermaßen charakterisieren:

Aufbauorganisation	Ablauforganisation
• statisch, zeitpunktbezogen	• dynamisch, zeitraumbezogen
• vertikal	• horizontal
• hierarchische Struktur	• funktional oder objektbezogen
• Organigramme	• Ablaufpläne
	• leistungsorientiert
orientiert am Unternehmensziel	

b)

Organisationsstrukturen im Vergleich		
	Vorteile, z. B.:	**Nachteile, z. B.:**
Linien-system	• klare Anordnungs- und Entscheidungsbefugnisse • keine Kompetenzschwierigkeiten • gute Kontrollmöglichkeiten.	• Dienstweg zu lang und zu schwerfällig • Arbeitskonzentration an der Unternehmensspitze • fachliche Überforderung an der Unternehmensspitze.
Stablinien-system	• klare Anordnungs- und Entscheidungsbefugnisse • Verminderung von Fehlerquellen infolge der Beratung durch Fachkräfte • Entlastung der Unternehmensleitung.	• Da der Stab nur Beratungsfunktionen hat, werden Vorschläge unter Umständen nicht befolgt. • langer Instanzenweg.

Mehrlinien-system	• Spezialwissen wird genutzt • Unternehmensleitung wird entlastet • keine schwerfälligen Instanzen.	• keine alleinverantwortliche Stelle • mangelnde Information an die Unternehmensleitung • Gefahr der Kompetenzüberschreitung.
Stäbe	• Die Entscheidungsvorbereitung der Instanzen wird schneller und sicherer. • Die Pläne werden nicht allein von ihrer Durchsetzbarkeit her, sondern zunächst von ihrer Zweckmäßigkeit her betrachtet. • Die Mitarbeiter in Stabsstellen werden nicht durch Tagesarbeiten in ihrer konzeptionellen Tätigkeit unterbrochen und können sich gezielt speziellen Problemen widmen.	• Es erfolgt eine Verlagerung von Sachwissen der Mitarbeiter aus den Abteilungen in die Stäbe. • Zwischen Stab und Linie entwickelt sich ein Konkurrenzdenken, weil beide der Unternehmensleitung direkt unterstehen und teils identische Aufgaben wahrzunehmen haben, die sich nicht immer in Grundsatz- und in Detailaufgaben trennen lassen. • Die Mitarbeiter der Stabsstellen können wegen mangelnder Kenntnis der einzelnen praktischen Aufgaben in den Betriebsabteilungen Planungen aufstellen, die die Konsequenzen für den Arbeitsablauf im Fall ihrer Realisierung außer Betracht lassen.

12. Zentralisierung, Dezentralisierung

a) *Dezentralisierung*, z. B.:
  • verbesserte Marktnähe (Sortiment auf den Kunden zugeschnitten)
  • schnellere Entscheidungsprozesse und Reaktionen auf dem Markt
  • regionale Spezialisierung möglich
  • höhere Motivation der Führungskräfte vor Ort („Freiräume")
  • Entlastung der Führungsspitze/Holding.

b) Teilweise *Zentralisierung*, z. B:
  • gebündeltes Fachwissen in der Holding, z. B. Abteilung Einkauf
  • Synergie und Einkaufsmacht
  • Ressourcen werden nicht mehrfach vorgehalten; Kapazitäten werden besser genutzt
  • einheitliche Entscheidungen werden getroffen – z. B. bei strategisch wichtigen Sortimentsentscheidungen.

c) • *Verrichtungszentralisierung:*
    Zusammenfassung gleicher Tätigkeiten (hier: Einkauf) im Zentraleinkauf der Holding

  • *Objektzentralisierung:*
    Zusammenfassung aller Tätigkeiten (meist unterschiedliche Funktionen bezogen auf ein Objekt; hier: Sparte „Handel mit Sanitär- und Heizungsartikeln"; z. B. Produktmanager oder Spartenvorstand)

- *Regionale Zentralisierung:*
  Zusammenfassung von Tätigkeiten nach geografischen Gesichtspunkten; in der Praxis kombiniert mit Verrichtungs- oder Objektzentralisierung; z. B. Einrichtung eines „Zentraleinkaufs Nord" (in Hannover) und eines „Zentraleinkaufs Süd" (in Köln).

13. Vorteile der Linienorganisation im Vergleich zur Matrixorganisation

Vorteile der Linienorganisation, z. B.	Vorteile der Matrixorganisation, z. B.
• eindeutig, klar • Verantwortung klar abgegrenzt • Kompetenzen klar abgegrenzt • eindeutige Weisungen	• Führungskräfte werden entlastet • Instanzenwege sind flexibel • Nutzung des Fach- und Expertenwissens der Mitarbeiter • Entscheidungen aus unterschiedlicher Sicht

14. Moderne Bürokommunikation

Beispiel: Bearbeiten einer Kundenanfrage:

a) Beschaffung von Informationen (Datenbankabfrage, Informationssystem, Internet, Intranet, elektronische Ablage)
b) Besprechungen (Electronic Mail, Telekonferenz)
c) Bearbeitung von Vorgängen (workflow computing, workgroup computing)
d) Schreiben (Textverarbeitung, Grafikgestaltung)
e) Versenden (Electronic Mail, Telefax)
f) Ablegen (Archivierungssystem, elektronische Ablage).

15. Vorteile eines Intranets

Das Intranet bietet sehr viele Vorteile in einem Unternehmen:

- Unternehmensdaten und Informationen können multimedial aufbereitet und dadurch für einen Nutzer attraktiver gestaltet werden.

- Die angebotenen Informationen können sehr schnell im Unternehmen zur Verfügung stehen.

- Die Verteilung der Informationen erfolgt nach dem Pull-Prinzip. Das bewirkt, dass man sich als Mitarbeiter die benötigten Informationen selber abruft und nicht mit Informationen überflutet wird (Push-Prinzip).

- Die Informationen können über Zugangsberechtigungen sehr einfach auf bestimmte Mitarbeiter oder Abteilungen eingeschränkt werden.

- Die Bereitstellung der Unternehmensinformationen kann dezentralisiert werden.

- Mitarbeiter oder Abteilungen stellen die Informationen, für die sie zuständig bzw. verantwortlich sind, selber über das Intranet zum Abruf zur Verfügung.

- Das Intranet ist eine geeignete Plattform für die Zusammenarbeit in virtuellen Projekt-teams, in denen die Projektmitarbeiter in verschiedenen Bereichen oder sogar an verschiedenen Orten beschäftigt sind.

- Das Intranet ist über einen Browser sehr einfach und intuitiv zu bedienen, sodass der Einarbeitungsaufwand zur Nutzung des Intranets minimal ist.

- Ein Intranet kann von verschiedensten Rechner- und Betriebssystemen aus genutzt werden.

- Die Investitionen pro Arbeitsplatz für die Nutzung des Intranets sind relativ gering.

- Es lassen sich auch einfache Zugänge auf das Intranet und somit zu Unternehmens-daten und -informationen für Partnerfirmen, Kunden und Lieferanten einrichten.

- Das Informationsmanagement kann mithilfe eines Intranets papierlos erfolgen.

16. Prüfziffer

Die Prüfziffer ist eine zusätzliche Ziffer, die nach verschiedenen Verfahren aus den zu übertragenden Zeichen ermittelt wird und der Überprüfung der übertragenen Zeichen auf Fehler dient. Die Prüfziffer dient ausschließlich zur Fehlererkennung. Sie ist nicht Bestandteil der übertragenen Daten.

17. Datenorganisation

Der *organisatorische Gesichtspunkt* befasst sich mit dem passenden Datenformat. Es geht hierbei um die Auswahl von Datentypen und Datenhierarchie.

Unter dem *technischen Gesichtspunkt* wird die entsprechende Speicherform erfasst. Es geht um die Auswahl einer sequenziellen, gestreuten oder index-sequenziellen Spei-cherform.

18. Datenbanksystem

Daten werden einmalig und an zentraler Stelle gespeichert. Wenig Speicherplatz und eine übersichtlichere Pflege sind die Folge. Der Zugriff ist über unterschiedliche Ord-nungsbegriffe möglich. Der Zugriff kann unabhängig von bestimmten Anwendungen erfolgen, d. h. die Daten sind nicht an bestimmte Programme und Programmiersprachen gebunden. Der Zugang zu Daten kann direkt über einfache Abfragesprachen erfolgen. Der Speicherbedarf ist insgesamt betrachtet höher als bei einer dateiorientierten Spei-cherform, weil zu den Daten noch Tabellen mit Indizes und dazugehörende Verknüp-fungsparameter bereitzustellen sind.

19. Datensicherungsverfahren

Ein Datensicherungsverfahren sollte regelmäßig und möglichst automatisch ablaufen. Die Zuständigkeiten müssen geregelt sein und in unregelmäßigen Abständen überprüft werden. Das Sicherungsverfahren muss in festzulegenden zeitlichen Abständen erprobt werden. Es ist hierbei darauf zu achten, dass die bei der Datensicherung eingesetzten technischen und organisatorischen Maßnahmen wieder so hergestellt werden können, dass eine neuerliche Verwendung der Daten möglich ist.

20. Passwörter

Passwörter werden grundsätzlich dazu verwendet, um die Nutzung eines Computers, einer Anwendung oder des Zugriffs auf bestimmte Daten nur einem definierten Personenkreis zu ermöglichen. Ein Passwort muss geheim gehalten werden. Es sollte nicht schriftlich notiert werden. Von Zeit zu Zeit muss es geändert werden. Es sollte nicht aus Daten bestehen, die leicht zu erraten sind, z. B. Namen oder Geburtsdaten aus dem Bekanntenkreis.

21. Personenbezogene Daten

1. Dem Geschäftsfreund ist keine Auskunft zu geben, es sei denn, der Mitarbeiter wird vorher gefragt und ist einverstanden.

2. Dem zuständigen Abteilungsleiter kann Auskunft gegeben werden, weil er der Vorgesetzte des Mitarbeiters ist.

3. Der Leiter einer anderen Abteilung erhält keine Auskunft, weil er kein Vorgesetzter ist.

4. Der Datenschutzbeauftragte erhält bedingt Auskunft, nämlich nur dann, wenn ein konkreter Anlass zu einer Prüfung besteht.

5. Der Mitarbeiter der Abteilung erhält Auskunft, falls er der Mitarbeiter ist, den es betrifft. Ein anderer Mitarbeiter der Abteilung erhält keine Auskunft.

6. Der Versicherungsvertreter erhält keine Auskunft, es sei denn, der Mitarbeiter wird vorher gefragt und ist einverstanden.

22. Homebanking

Mit Homebanking, teilweise auch *Online-Banking* genannt, bezeichnet man die Durchführung von Bankgeschäften per Computer. Unter Berücksichtigung der technischen Voraussetzungen wählt man den Rechner seiner Bank an und kann die Konten- und Depot-Verwaltung mithilfe eines Computers durchführen. Hierzu ist es erforderlich, dass man selbst als Homebanking-Benutzer bei seiner Bank registriert ist und die Konten und Depots für das Homebanking freigeschaltet sind. Heute gibt es ca. 1.500 Geldinstitute, die Homebanking anbieten. Beim Homebanking wird ein zweistufiges Sicherungskonzept verwendet.

Zur Identifikation auf dem Bankrechner erhält man eine so genannte PIN, eine Persönliche Identifikations-Nummer. Diese gibt man zu Beginn einer Online-Verbindung zum Bankrechner ein.

Die zweite Stufe sichert die Durchführung von Bankaufträgen mittels einer so genannten TAN, einer Transaktions-Nummer, die man als elektronischen Ersatz der Unterschrift betrachten kann. Die TAN schaltet eine einzelne Transaktion, wie z. B. eine Überweisung, frei und ist anschließend ungültig bzw. wird vom Bankrechner nicht mehr für weitere Transaktionen akzeptiert. Die TAN wird dem Kunden in generierten Listen zur Verfügung gestellt. Dieses Verfahren ist mit Sicherheitsrisiken behaftet. Deshalb wurde das Verfahren durch die Einbindung von SMS (mTAN oder smsTAN) verbessert: Nach dem Ausfüllen der Online-Überweisung erhält der Kunde per SMS von der Bank eine nur für diese Überweisung verwendbare TAN. Die Ausführung des Auftrags erfolgt mit Bestätigung der TAN durch den Kunden.

23. Risiken für Daten und IT-Systeme

Vgl. IT-Grundschutzhandbuch des Bundesamtes für Sicherheit in der Informationstechnik (BSI; Behörde des Bundesinnenministeriums, BMI).

Grundsätzliche Risiken für IT-Systeme	
Vertraulichkeit	Zugriff unberechtigter Personen und/oder Systeme
Verfügbarkeit	Systeme oder Daten stehen ganz oder teilweise nicht zur Verfügung.
Integrität	Die Verlässlichkeit der Daten ist beeinträchtigt durch Verfälschung/Veränderung von Daten oder Programmen.
Authentizität	Die Herkunft von Daten ist nicht zweifelsfrei; der Urheber der Daten kann nicht mehr eindeutig zugeordnet werden.
Autorisierung	Die Überprüfung der Zugangsberechtigung ist beeinträchtigt oder verfälscht.

24. Gefahren für IT-Systeme, Risikoursachen

Das IT-Grundschutzhandbuch des BSI nennt fünf Gefährdungsursachen. Man erkennt, dass bei den Gefahrenquellen aufgrund von „Mängeln in der Organisation" menschliches Einwirken zwar nicht unmittelbar aber doch indirekt eine Rolle spielt (Überschneidung).

1. Gefährdungen der Informationstechnologie ohne menschliches Einwirken:	
Höhere Gewalt	Feuer, Wasser, Sturm, Blitzschlag, Erdbeben
Technisches Versagen	Stromausfall, -unterbrechung, -schwankung, Überspannungsschäden
	Ausfall/Unterbrechung in Computernetzwerken
	Fehler in der Hardware (vgl. Badewannenkurve der Instandhaltung: Früh-, Zufalls-, Spätausfälle)
	Fehler in der Software, z. B. Programmierfehler

Mängel in der Organisation	Mangelnde Übereinstimmung der Rechnerprozesse mit der Realität (Fehler bei der Systemanalyse)
	Fehlerhafte oder nicht eindeutige Zugangs- oder Zugriffsberechtigung
	Fehlerhafte oder fehlende Zugangs- oder Zugriffsberechtigung im Vertretungsfall
	Fehlerhafte oder fehlende Dokumentation
	Fehler bei der Entsorgung von Hardware oder von Datenträgern, z. B. vertrauliche Daten des Betriebs werden versehentlich nicht gelöscht.

2. Gefährdungen der Informationstechnologie durch menschliches Einwirken:	
Bedienfehler	Versehentliches Löschen oder Verändern von Daten
	Fehlerhafte Bedienung oder Beschädigung der Hardware
	Fehlerhafte Bedienung der Software, z. B. fehlerhafte Formatierung von Datenträgern
Fehler im Umgang mit Informationen bzw. Sicherheitsmaßnahmen	Unzulässige Weitergabe vertraulicher Daten (bewusst/unbewusst)
	Unsachgemäßer Umgang mit dem Passwort
	Fehlender Passwortschutz
	Ungeschützter Versand von Datenträgern und Daten
	Verwendung privater Datenträger auf dem Betriebs-PC
Gefährdungen durch vorsätzliche Handlungen	Computerkriminalität
	Schäden, die von ausscheidenden oder demotivierten Mitarbeitern verursacht werden, z. B. Löschen von Daten, Unterlassen der Dokumentation, Falscheingaben.
	Das IT-Grundschutzhandbuch des BSI nennt mehr als 100 Gefährdungsarten.

25. Organisationshandbuch

Organisationshandbücher bestehen häufig aus folgenden Abschnitten:

1. Allgemeiner Teil
Darstellung der Unternehmensziele, der Unternehmenspolitik sowie der generellen Organisationsprinzipien; ggf. sind weiterhin enthalten: Sinn und Zweck des Organisationshandbuches sowie allgemeine Führungsanweisungen.

2. Aufbauorganisation
Beschreibung der Aufbauorganisation in Text und Grafiken: Organigramm, Besetzungsplan, Kostenstellenplan, Stellenbeschreibungen, Unterschriftenregelungen, Kassenvollmachten.

3. Ablauforganisation

Dieser Abschnitt enthält Arbeitsanweisungen, Beschreibung von Abläufen und Verfahrens-regelungen (z. B. Kassen- /Spesenordnung, Regelung zur Aus- und Weiterbildung, Dienst-wagenregelung u. Ä.).

4. Anhang

Im Anhang können enthalten sein: Definition von Begriffen, Verzeichnis der Formulare und Abkürzungen, AGB, Lage- und Wegeplan.

26. Stellenbeschreibung

Muster einer Stellenbeschreibung für Führungskräfte:

Firma	Stellenbeschreibung		Seite 1
Stelleninhaber:	*Name, Vorname:*		Stellen-Nr.:
Bezeichnung der Stelle:			
Dienstrang-Bezeichnung:			
Bereich:			
Unterstellung:	Überstellung:	Vertritt:	Wird vertreten von:
Ziel der Stelle:			
Hauptaufgaben, wichtigste Zuständigkeiten (WIZUs nach Hay):			
Allgemeine Aufgaben:			
Fachaufgaben:			
Führungsaufgaben:			
Sonderaufgaben:			
Zusammenarbeit mit anderen Stellen:			
Berichterstattung:			
Einzelaufträge:			
Tritt in Kraft am:	Nächste Überprüfung am:		Verteiler:
Unterschriften:			
Stelleninhaber am:	Vorgesetzter am:	Bearbeiter am:	Anzahl Seiten:

Anmerkung: Häufig enthalten die Stellenbeschreibungen zusätzlich das Anforderungsprofil für den Stelleninhaber.

27. Wagniskosten-Zuschlag

a)

Wagniskostenzuschlag	= Vorräteverlust : Wareneinsatz · 100
	= 35.000 : 2.500.000 · 100
	= 1,4 %

b) Auf den Wareneinsatz sind in der Kalkulation 1,4 % Wagniskostenzuschlag zu verrechnen.

28. Handelsspanne

Die Formel für die Handelsspanne beim Großhandel in Prozent lautet:

Handelsspanne	= (Nettoverkaufspreis - Bezugspreis) : Nettoverkaufspreis · 100

Es gilt: BP = Bezugspreis
            VP = Verkaufspreis
            HSP = Handelsspanne

	„alt"	„neu": Fall a)	„neu": Fall b)
BP =	40 €	44 €	44 €
HSP =	60,0 %	56,0 %	58,1 %
VP =	100 €	100 €	105 €

29. Deckungsbeitragssatz (Handel)

	U	900.000	
-	WE, 70 %	630.000	
=	Rohertrag	270.000	
-	K_v	50.000	
=	DB I	220.000	
-	K_f	85.000	
=	**DB II**	**135.000**	**= 15 % vom Nettoumsatz**

Der Deckungsbeitragssatz der Plankalkulation entspricht gerade noch dem angestrebten Wert. Das Warensortiment kann erweitert werden. Es ist jedoch zu beachten, dass kein Abweichungsspielraum vorliegt (Risiko der Entscheidung).

30. Cashflow-Rate

ø Gesamtkapital = (14.200.100 + 13.100.000) : 2
= 13.650.050

	Jahresüberschuss	203.600
+	AfA Sachanlagen	381.500
+	AfA Finanzanlagen	24.400
-	Rücklagen[1]	10.800
-	Rückstellungen[1]	400.300
=	**Cashflow**	**198.400**

Cashflow-Rate	= Cashflow : ø Gesamtkapital · 100
	= 198.400 : 13.650.050 · 100
	= 1,45 %

31. Provision Handelsvertreter

Listeneinkaufspreis		5.000						
- Liefererrabatt	20 %	1.000						
= Zieleinkaufspreis		4.000						
- Liefererskonto	3 %	120						
= Bareinkaufspreis		3.800						
+ Bezugskosten		120						
= Einstandspreis		4.000						
+ Handlungskostenzuschlag	25 %	1.000						
= Selbstkostenpreis		5.000						
+ Gewinnzuschlag	15 %	750						
= Barverkaufspreis		5.750			▼		**75 %**	
+ Kundenskonto	4 %	252						
+ Provision		298	**4,73 %**					
= Zielverkaufspreis		6.300		▼ ▼				
+ Kundenrabatt	10 %	700				▼		
= Listenverkaufspreis		7.000					▼	

Beschreibung des Rechenweges:

1. In der Vorwärtskalkulation ist der Barverkaufspreis zu berechnen.

2. Mithilfe des Kalkulationsfaktors ist der Listenverkaufspreis zu berechnen:

   Einstandspreis · Kalkulationsfaktor = Listenverkaufspreis

   4.000 € · 1,75 = 7.000 €

---

[1] Auflösung zu Gunsten des Gewinns

3. Vom Listenverkaufspreis ist der Kundenrabatt zu ermitteln:

7.000 € · 10 % = 700 €

4. Durch Subtraktion ergibt sich der Zielverkaufspreis (= 6.300 €).

5. Die Differenz vom Barverkaufspreis minus dem Zielverkaufspreis ergibt die Summe von Kundenskonto und Provision:

6.300 € - 5.750 € = 550 €

6. Davon ist Kundenskonto (= 4 % von 6.300 € = 252 €) zu subtrahieren und ergibt damit den Absolutwert der Provision (= 298 €). Dieser ist durch den Zielverkaufspreis zu dividieren. Man erhält damit die Provision in Prozent:

298 € : 6.300 € · 100 = 4,73 %

32. Vollkostenrechnung (Handel)

a)		
	Einkaufspreis	70.000,00 €
	- Liefererrabatt 10 %	7.000,00 €
	= Zieleinkaufspreis	63.000,00 €
	- Liefererskonto 2 %	1.260,00 €
	= Bareinkaufspreis	61.740,00 €
	+ Bezugskosten	5.000,00 €
	= Einstandspreis	66.740,00 €
	+ Handlungskostenzuschlagssatz 30 %	20.022,00 €
	= Selbstkosten	86.762,00 €
b)	Selbstkosten	86.762,00 €
	+ Gewinnzuschlag 7 %	6.073,34 €
	= Barverkaufspreis	92.835,34 €
	+ Kundenskonto 2 %	1.894,60 €
	= Zielverkaufspreis	94.729,94 €
	+ Kundenrabatt 10 %	10.525,55 €
	= Verkaufspreis netto	105.255,49 €

33. Bezugspreiskalkulation

Einkaufspreis	1.000,00 €
- Liefererrabatt 5 %	50,00 €
= Zieleinkaufspreis	950,00 €
- Liefererskonto 2 %	19,00 €
= Bareinkaufspreis	931,00 €
+ Bezugskosten	70,00 €
= Einstandspreis	1.001,00 €

Bemerkung: Portokosten sind Handlungskosten und werden in der Kontenklasse 4 geführt.

34. Rückwärtskalkulation (Handel)

Listenpreis	159,08 €
- Rabatt 8 %	12,73 €
= Zielverkaufspreis	146,35 €
- Skonto 2 %	2,93 €
= Barverkaufspreis	143,42 €
- Gewinn 10,45 %	13,57 €
= Selbstkosten	129,85 €
- Handlungskosten 15,5 %	17,43 €
= Bezugspreis	112,42 €

35. Rückwärtskalkulation, Differenzkalkulation (Handel)

a)
Bezugspreis	30,00 €	
+ HKZ 15,5 %	4,65 €	
= Selbstkosten	34,65 €	(wichtig für die Differenzkalkulation)
+ Gewinn 10,12 %	3,51 €	
= Barverkaufspreis	38,16 €	
+ Skonto 2 %	0,78 €	
= Zielverkaufspreis	38,94 €	
+ Rabatt 5 %	2,05 €	
= Listenpreis	40,99 €	(wichtig für die Rückwärtskalkulation)

b) **Rückwärtskalkulation**

Listenpreis	40,99 €
- Rabatt 8 %	3,28 €
= Zielverkaufspreis	37,71 €
- Skonto 2 %	0,75 €
= Barverkaufspreis	36,96 €
- Gewinn 10,12 %	3,40 €
= Selbstkosten	33,56 €
- HKZ 15,5 %	4,50 €
= Bezugspreis	29,06 €

c) **Differenzkalkulation**

Listenpreis	40,99 €
- Rabatt 6 %	2,46 €
= Zielverkaufspreis	38,53 €
- Skonto 2 %	0,77 €
= Barverkaufspreis	37,76 €
- Gewinn	3,11 €
= Selbstkosten	34,65 €

Barverkaufspreis - Selbstkosten   = Gewinn

37,76 € - 34,65 €   = 3,11 € Gewinn

d) 3,11 multipliziert mit 100 und dividiert durch 34,65 = 8,98 % der Selbstkosten.

36. Direct Costing

Maschine A:	Verkaufspreis netto	2.500.000,00 €
	- Kundenrabatt 16 %	400.000,00 €
	= Zielverkaufspreis	2.100.000,00 €
	- Kundenskonto 1 %	21.000,00 €
	= Barverkaufspreis	2.079.000,00 €
	- variable Kosten	1.875.000,00 €
	= Deckungsbeitrag	204.000,00 €
	- fixe Kosten	184.027,78 €
	= Gewinn	19.972,22 €
Maschine B:	Verkaufspreis netto	4.657.640,00 €
	- Kundenrabatt 17 %	791.798,80 €
	= Zielverkaufspreis	3.865.841,20 €
	- Kundenskonto 1 %	38.658,41 €
	= Barverkaufspreis	3.827.182,79 €
	- variable Kosten	3.493.230,00 €
	= Deckungsbeitrag	333.952,79 €
	- fixe Kosten	342.854,06 €
	= Gewinn	- 8.901,27 €

Da mit Maschine B sogar Verlust gemacht würde, sollte man nur Maschine A verkaufen.

37. Kostenrechnungsverfahren (Vergleich)

• *Die Istkostenrechnung:*
In der Istkostenrechnung werden nur die tatsächlich angefallenen Kosten erfasst; ihre Hauptaufgabe ist die Kostenerfassung und ihre Zuteilung auf die verschiedenen Waren.

• *Die Normalkostenrechnung:*
Ihr Kennzeichen ist das Rechnen mit festen Verrechnungspreisen für den Wareneinsatz, die Ermittlung von festen Verrechnungssätzen bei der Kostenzurechnung auf die Kostenstellen sowie die Ermittlung fester Kalkulationssätze für die Kostenträger.

• *Die Plankostenrechnung:*
Sie untersucht als Bestandteil der Unternehmensplanung alle Kostensätze weitgehend unabhängig von früheren Entwicklungen im Hinblick auf ihre voraussichtliche künftige Entwicklung.

- *Teilkostenrechnung:*
Während bei der Vollkostenrechnung die effektiven oder die geplanten Kosten vollständig den Kostenträgern zugerechnet werden, werden bei der Teilkostenrechnung
von den effektiven oder geplanten Kosten nur diejenigen Kosten den Kostenträgern
zugerechnet, die von ihnen direkt verursacht worden sind. Die Teilkostenrechnung
wird auch als Deckungsbeitragsrechnung bezeichnet. Mithilfe der Teilkostenrechnung
werden die Gesamtkosten in direkt und in nicht direkt zurechenbare Kosten aufge-
spalten und nur die direkt zurechenbaren Kosten verrechnet. Die Differenz zwischen
den Umsatzerlösen (der Leistung) und den direkten Kosten ist der Deckungsbeitrag
des Kosten- und Leistungsträgers. Die Summe der Deckungsbeiträge soll die ver-
bleibenden indirekten Kosten und den Gewinn abdecken. Die Teilkostenrechnung
verfolgt aber auch das Ziel, eine kurzfristige Ergebnisrechnung für die einzelnen
Waren, Warengruppen oder Abteilungen des Unternehmens sowie für das gesamte
Unternehmen zu ermitteln.

38. Produktivität, Rentabilität, ROI

a)

Arbeitsproduktivität	= Absatz [E, Stk.] : Arbeitsstunden

Monat Mai:	50.000 : 2.000	=	25 Stück pro Arbeitsstunde
Monat Juni:	42.000 : 1.400	=	30 Stück pro Arbeitsstunde
Veränderung:	(30 - 25) : 25 · 100	=	20 %

Die Arbeitsproduktivität ist gestiegen. Als Ursachen kommen z. B. infrage:

- Rückgang von Störungen im Fertigungsablauf
- verbesserte Leistung der Mitarbeiter pro Zeiteinheit.

b) Die Rentabilität misst die „Ergiebigkeit des Faktors Kapital". Insofern ist bei einer
gestiegenen Arbeitsproduktivität eine Konstanz der Gesamtkapitalrentabilität möglich; folgende Fälle sind z. B. denkbar:

- Die Ergiebigkeit des Einsatzes beim Faktor Kapital verändert sich *mengenmäßig*,
z. B.:
  - Maschinenausfall
  - Materialverbrauch.

- Das Ergebnis des Leistungsprozesses verändert sich *wertmäßig*, z. B.:
  - veränderte Materialkosten
  - veränderte Personalkosten.

- Die *Struktur des Kapitaleinsatzes* verändert sich (Verhältnis von Eigenkapital und
Fremdkapital).

c) **Beispiel:**

| ROI | = (Gewinn : Umsatz) · (Umsatz : Kapitaleinsatz) · 100 |

Anstelle der Gewinngröße kann auch z. B. der Return (= Gewinn + FK-Zinsen) verwendet werden.

d) **Beispiele:**

- die Rentabilität wird ermittelt als
  - Umsatzrentabilität   und/oder als
  - Kapitalrentabilität   und diese wiederum

- als Rentabilität des Eigenkapitals   oder

- als Rentabilität des Fremdkapitals   oder

- als Rentabilität des Gesamtkapitals.

  Der ROI ergibt sich als das Ergebnis zweier Faktoren:

  Umsatzrendite · Kapitalumschlag

  Anders als bei der Rentabilitätskennziffer ermöglicht diese Aufspaltung eine differenzierte Analyse.

e) Ja, es ist notwendig, das Zahlengerüst näher zu betrachten. Begründung:
   Der ROI ergibt sich aus der Multiplikation zweier Faktoren, die sich wiederum aus dem Zusammenwirken zahlreicher Kenndaten des Unternehmens ergeben.

   Beispiele:

   - Umsatz: Menge · Preis
   - Gewinn: Ertrag - Aufwand
   - investiertes Kapital, z. B.:   Vorräte, Forderungen, Anlage-/Umlaufvermögen.

39. Stabscontrolling

Die sonst üblichen Nachteile von Stäben lassen sich reduzieren, indem das Controlling als Stab mit *funktionaler Weisungsbefugnis und einem Vetorecht* ausgestattet wird. Der Controller kennt die Stärken und Schwächen sowie die Leistungspotenziale des Unternehmens. Er spürt die Cost-Driver auf und vermittelt den Führungskräften die Wertschöpfungstreiber im Unternehmen.

40. Dezentrales Controlling

Thesenpapier:

Dezentrales Controlling	
Chancen	**Risiken**
vertrauensvolle Zusammenarbeit des Controllers mit den anderen Linieninstanzen	kein Gesamt-Konzept des Controlling
(meist) hohen Akzeptanz des Controllers in der Linie	Mangelnde Distanz und ggf. Objektivität können hinderlich sein; die Berichterstattung an das Zentralcontrolling kann darunter leiden.
Controller hat guten Zugang zu formellen und auch informellen Quellen.	Meist stehen beim dezentralen Controlling mehr kurzfristige Ergebnismaximierungen im Vordergrund; strategische Weichenstellungen werden vernachlässigt.
Controller kann die Linieninstanzen bei Entscheidungen direkt (vor Ort) unterstützen.	
Controller in der Linie (vor Ort) kennt die Bedürfnisse seiner Kunden.	Dezentrales Controlling läuft Gefahr überregionale Zusammenhänge und Entwicklung zu vernachlässigen.
Dezentrales Controlling kennt die Besonderheiten des regionalen Marktes.	

41. Verbesserung der kurzfristigen Liquidität

Geeignete Maßnahmen, z. B.:

- sofortige Fakturierung nach Leistungserstellung
- Abbau der Außenstände (Forderungen)
- Verkauf der Forderungen (Factoring)
- Erhöhung der Kundenanzahlung (falls umsetzbar)
- Verschiebung von Ausgaben
- systematisches Mahnwesen (ggf. Outsourcing des Mahnwesens)
- Vereinbarung von Zahlungszielen mit Lieferanten (Anstieg der Verbindlichkeiten)
- „Finanzierung auf Kosten der Lieferanten/Verschleppen von Zahlungen"
- Inanspruchnahme der (freien) Kreditlinien
- Reduzierung der Privatentnahmen
- Lagerbestände reduzieren.

42. Ziele der Finanzierung

Beispiele:

- Ziel *„Rentabilität"*:
  Der Kapitalbedarf soll mit möglichst geringen Kosten gedeckt werden; geeignete Fragen:
  - Höhe des Eigenkapitals/des Fremdkapitals?
  - Kosten des Geldverkehrs?
  - Vergleich der Zinskosten?
  - kurzfristige versus langfristige Finanzierung?

- Ziel *„Sicherheitsstreben":*
Reduzierung der Unsicherheiten der Zahlungseingänge hinsichtlich Höhe und Zeitpunkt; geeignete Fragen:
  - Gibt es bei den Kunden Insolvenzrisiken?
  - Welche Sicherheiten können/müssen von den Kunden verlangt werden?
  - Ist eine Änderung der vereinbarten Zinssätze zu erwarten?
  - Gibt es Inflationsrisiken?

43. Vermögens- und Kapitalstruktur

Kennzahlen der Vermögensstruktur, z. B.:

- Anlagevermögen : Umlaufvermögen
- Anlagendeckungsgrad
- Anlagenintensität.

Kennzahlen zur Kapitalstruktur, z. B.:

- Eigenkapitalquote
- Verschuldungskoeffizient
- Verschuldungsgrad
- Fristigkeit der Verbindlichkeiten
- Liquidität (1., 2., 3. Grades).

44. Beurteilung der Liquiditätsgrade

Die Aussagefähigkeit der Kennzahlen ist eingeschränkt; Beispiele:

- Die Höhe der Zahlungseingänge/-ausgänge ist meist recht gut quantifizierbar, nicht jedoch der Zeitpunkt. Dies führt zu Risiken.

- Zahlungsein-/-ausgänge der nächsten Periode sind der Bilanz nicht zu entnehmen.

- Relevante Eckdaten zur Liquidität sind in unterschiedlichen Informationsquellen bzw. zum Teil nicht dokumentiert, z. B.: Bonität der Kunden, Bankenrating, stille Reserven.

45. Fremdfinanzierung, Vor-/Nachteile

- *Vorteile:*
  - Verbesserung der Liquidität
  - kein Einfluss von Gläubigern/Gesellschaftern auf die Unternehmensentscheidungen
  - Zinsen sind i. d. R. steuerlich abzugsfähige Betriebsausgaben.

- *Nachteile:*
  - Zinsverbindlichkeiten sind laufende Verpflichtungen, die auch bei kritischer Ertragslage beglichen werden müssen.

- Abhängigkeit von Gläubigern wächst mit zunehmender Fremdkapitalaufnahme; beachte Insolvenzordnung: Gläubiger können Insolvenzantrag stellen.

- Die Fremdkapitalaufnahme bei Banken ist mit Kosten verbunden: Vertragskosten, Stellen von Sicherheiten, ggf. Beurkundung von Pfandrechten.

46. Innenfinanzierung

Nettoerlöse	10,00
- Materialkosten	4,00
- Personalkosten	3,00
- Steuern	0,75
= Cashflow	2,25

$$\text{Investitionsfähigkeit (in \%)} = \frac{\text{Cashflow} \cdot 100}{\sum \text{Nettoinvestitionen (in €)}}$$

$$= 2{,}25 \cdot 100 : 4{,}5$$

$$= 50\ \%$$

47. Mehrwertsteuer, Grundsteuer, Einkommensteuer

a) Die Mehrwertsteuer ist für den Betrieb ein durchlaufender Posten in der Kostenrechnung.

b) Die Grundsteuer ist Aufwand; Teil der Raumkosten. Die Einkommensteuer ist keine Kostenart; sie ist aus dem Gewinn zu zahlen.

48. Vertragsschluss

a)

unverbindliches Angebot	+	gleichlautende Bestellung	+	gleichlautende Auftragsbestätigung	⇒	**Vertrag**

Da das Angebot unverbindlich war, stellt es keinen Antrag im Sinne des BGB dar. Der Antrag ist die verbindliche Bestellung und die Auftragsbestätigung ist die Annahme des Antrages.

b)

Zusendung von Katalog	+	gleichlautende Bestellung	+	gleichlautende Auftragsbestätigung	⇒	**Vertrag**

Kataloge und Preislisten sind lediglich eine Aufforderung zur Abgabe eines Angebotes. Daher kommt auch hier der Vertrag erst mit Bestellung und Auftragsbestätigung zu Stande.

c)

verbindliches Angebot	+	abweichende Bestellung	+	Auftragsbestätigung lt. Bestellung	⇒	**Vertrag**

In diesem Fall folgt auf ein verbindliches Angebot (könnte als Antrag gewertet werden) eine abweichende Bestellung. Diese Bestellung ist eine Ablehnung des Antrages verbunden mit einem neuen Antrag. Dieser wird durch eine mit der Bestellung übereinstimmende Auftragsbestätigung angenommen. Der Vertrag kommt wiederum durch Bestellung und Auftragsbestätigung zu Stande.

d)

schriftliche Anfrage	+	Lieferung	⇒	**kein Vertrag**

Bei diesem Beispiel ist kein rechtsverbindlicher Vertrag zu Stande gekommen, da eine Anfrage vollkommen unverbindlich und eine Lieferung aufgrund einer Anfrage nicht statthaft ist.

e)

unverbindliches Angebot	+	gleichlautende Bestellung	+	Lieferung gemäß Angebot	⇒	**Vertrag**

Die Bestellung entspricht dem (unverbindlichen) Angebot; ebenso die Lieferung. Damit stimmen die Willenserklärungen überein.

f)

unverbindliches Angebot	+	gleichlautende Bestellung	+	abweichende Auftragsbestätigung	⇒	**kein Vertrag**

Das Angebot ist nicht als Antrag zu werten. Da der Bestellung (Antrag) eine Ablehnung (abweichende Auftragsbestätigung) folgt, ist kein Vertrag geschlossen.

49. Sicherungsübereignung

- *Sicherungsübereignung*:
  Der Schuldner übereignet eine bewegliche Sache an den Gläubiger, *bleibt aber Besitzer*, er kann also mit der Maschinenanlage arbeiten. Die Bank kann als Eigentümerin bei Zahlungsunfähigkeit des Schuldners die Maschine herausverlangen und sich daraus befriedigen.

Sicherungsübereignung		
Gläubiger	Forderung →	**Schuldner**
wird (Treuhand-) Eigentümer der Sache	← Eigentumsübertragung	bleibt Besitzer und Nutzungs- berechtigter der Sache
	← Vereinbarung des → Besitzkonstituts	

- *Pfandrecht*:
  Hier ist die Besitzübergabe erforderlich, das Eigentum bleibt beim Schuldner. Im vorliegenden Fall liegt dies nicht im beiderseitigen Interesse.

50. Umweltmanagement (1)

* *Transport*, z. B.:
  - Beförderung der Gäste mit einem Zubringerdienst
  - Einladungskarte und ggf. Fahrkarte für die öffentlichen Verkehrsmittel auf chlorfrei gebleichtem Recyclingpapier drucken lassen.

* *Versorgung*, z. B.:
  - Getränkeausgabe in Gläsern
  - für Speisen Mehrweggeschirr verwenden
  - Bierausschank vom Fass (statt Flaschenbier).

* *Entsorgung*, z. B.:
  - getrennte Abfallbehälter
  - ausreichend vorhandene sanitäre Einrichtungen.

* *Öffentlichkeitsarbeit*, z. B.:
  - Pressemitteilung mit besonderem Hinweis auf die Einhaltung ökologischer Gesichtspunkte bei der Ausrichtung der Feier.

51. Betriebsbeauftragte

* Betriebsbeauftragter für Abfall
  → Kreislaufwirtschaftsgesetz

* Betriebsbeauftragter für Gewässerschutz
  → Wasserhaushaltsgesetz

* Betriebsbeauftragter für Immissionsschutz
  → Bundesimmissionsschutzgesetz

* Betriebsbeauftragter für Gefahrgut
  → Gefahrgutverordnung

* Betriebsbeauftragter für Störfälle
  → Bundesimmissionsschutzgesetz.

52. Umweltmanagement (2)

Maßnahmen zur verstärkten Integration des betrieblichen Umweltschutzes in die Gesamt-Organisation, z. B.:

* Bildung eines Wirtschaftsausschusses zu Fragen des betrieblichen Umweltschutzes nach § 106 Abs. 3 Nr. 5a BetrVG

* Einrichtung eines internen Audit-Teams unter Beteiligung des Betriebsrates

* Analyse betrieblicher Schwachstellen und Verabschiedung geeigneter Korrekturmaßnahmen

* Einrichtung von Ideenwettbewerben in allen Betriebsbereichen

- Durchführung von betriebsspezifischen Umweltschutzprojekten

- laufende Diskussion und Berichterstattung in der Firmenzeitschrift

- Aushänge und Plakataktionen

- Bildung von Schwerpunktthemen zu Fragen des Umweltschutzes innerhalb des vierteljährlichen Treffens der Führungskräfte (Einladung von Fachexperten, Gastdozenten)

- Integration des Umweltschutzes in das Betriebliche Vorschlagswesen.

53. Entsorgungsnachweis

a) Der Entsorgungsnachweis kontrolliert die Zulässigkeit der Art der Entsorgung.

b) Ein vereinfachter Entsorgungsnachweis ist nur dann zu führen, wenn eine Einsammlungs- und Beförderungsgenehmigung nach § 12 AbfG erforderlich ist.

   Für einen genehmigungsfreien Beförderungsvorgang ist kein vereinfachter Entsorgungsnachweis zu führen (Beispiel: Erdaushub).

c) Einzelerklärungen:

   - verantwortliche Erklärung des Abfallerzeugers
   - Annahmeerklärung des Abfallentsorgers
   - Entsorgungsbestätigung der für die Entsorgungsanlage zuständigen Behörde.

2. Handelsmarketing

01. Präferenzen im Einzelhandel schaffen

Beispiel: „Eröffnung eines Computer-Shops".

Merkmale des unvollkommenen Marktes/geeignete Marketingaktivitäten:

(1) den *freien Marktzugang begrenzen*, z. B. durch
- Aufbau produktspezifischer Fachkenntnisse beim Verkaufspersonal
- Aufbau eines kundenorientierten Sortiments, das sich vom Wettbewerb abhebt.

(2) *Verstärken der unvollkommenen Markttransparenz*, z. B. durch
- Maßnahmen der Preisgestaltung (z. B. Produktpakete – Hardware und Software – komplett anbieten, die einen Preisvergleich erschweren)
- Anbieten von Zusatzleistungen (Service, Garantie)
- Schaffen eines geeigneten Ladenprofils („beim CS-Markt … ist Ihr Geld richtig angelegt").

(3) *Entscheidungsprozesse beim Verbraucher beschleunigen*, z. B. durch
- Kundenfinanzierungsangebote (Ratenkauf, Verbraucherbank)
- Produktvorführungen überzeugen den Kunden von der Leistungsfähigkeit
- Ergebnisse der Verbraucherschutzeinrichtungen werden sinnvoll genutzt (Stiftung Warentest).

(4) *Beim Kunden eine positive Präferenzstruktur schaffen*, z. B. durch
- freundliche, fachkundige Beratung, die auf die Wünsche des Kunden eingeht
- „zuerst am Markt sein", „zuerst den Markt machen" (zeitliche Präferenz durch frühzeitiges Aufgreifen von Veränderungen im Verbraucherverhalten)
- attraktive Warenpräsentation und Zusatzleistungen (z. B. Transport, Installation).

02. Konzentration und Nachfragemacht im Handel

a) Gründe für die fortschreitende Konzentration, z. B.:

- Kleine und mittlere Betriebe können sich nicht rechtzeitig den Marktveränderungen anpassen und verlieren Kunden (z. B. Kapitalausstattung).

- Die Unternehmensnachfolge wird bei kleinen und mittleren Unternehmen nicht rechtzeitig genug vorbereitet.

- Kleinen und mittleren Unternehmen fehlt die Nachfragemacht um auf der Einkaufsseite ihre Preisvorstellungen durchsetzen zu können. Sie haben damit steigende Kostennachteile und können dem Kunden nicht die Rabatte gewähren, die von den großen Unternehmen eingeräumt werden (Verdrängungswettbewerb).

b) Folgen der zunehmenden Nachfragemacht des Handels, z. B.:

- Gegenüber Herstellern und Lieferanten „diktiert" der Handel in einigen Brachen (z. B. LEH) die Einkaufspreise und zum Teil auch die Aufmachung der Verpackung. Zum Teil wird mit „Auslistung" gedroht. Damit besteht für einige Hersteller und Lieferanten ein ständiger Preisdruck.

- Großabnehmer führen laufend Nachverhandlungen mit Herstellern und Lieferanten über getroffene Preisvereinbarungen und Serviceleistungen.

03. Dynamik der Betriebsformen im Einzelhandel

Betriebsform des Einzelhandels	Zukunftsaussichten sind	
	eher positiv	eher negativ
Selbstbedienungs-geschäfte		sind angesichts der zunehmenden Convenience-Orientierung anderer Betriebsformen negativ zu beurteilen.
Bedienungs-geschäfte		sehr negativ
Fachgeschäfte		eher ungünstig – mit Unterschieden in Abhängigkeit von Branche und Standort; in Konkurrenz mit Fachmärkten und -discountern.
Convenience Store	kleinflächiger Einzelhandelsbetrieb (ehemals: Tante-Emma-Laden); aufgrund der guten Kommunikationspolitik sind die Aussichten gut bis sehr gut.	
Spezialgeschäft	Entwicklung ist unterschiedlich je nach Branche, Zielgruppe und Kundenorientierung.	
Supermarkt	stabil; Wachstum wird nicht erwartet.	
niedrigpreisbestimmte Betriebsform	gute Wachstumschancen	
Fachmarkt	Gute Entwicklungschancen, wenn es gelingt Freizeit und Einkauf zu verbinden.	
Verbrauchermarkt	positiv aber ohne Zuwachs	
Shop in Shop	gute Aussichten, wenn attraktiv und erlebnisorientiert gestaltet	

04. Marktanalysen

- *Demoskopische Marktforschung:*
  - Kaufhandlungen
  - demografische Merkmale, z. B. Alter, Geschlecht
  - Beruf
  - soziale Schicht
  - Wahrnehmung/Wiedererkennung
  - Werthaltungen.

- • *Ökoskopische Marktforschung:*
  - Preisgestaltung
  - Mengen
  - Verpackungsgestaltung.

- • *Konkurrenzforschung:*
  - Anzahl und Standort der Wettbewerber
  - Marktanteil
  - Absatzgebiete
  - Einsatz des Marketing-Mix.

05. Sortimentsportfolio

Sorte	EP	VP	Absatz	ø LB	Deckungs-beitrag (DB)	Lagerumschlags-häufigkeit (LUH)
1	5,00	7,00	12.000	300	24.000	40
2	8,00	8,80	9.000	250	7.200	36
3	6,20	7,50	17.000	250	22.100	68
4	6,80	9,90	3.000	200	9.300	15
5	6,50	7,30	3.000	100	2.400	30

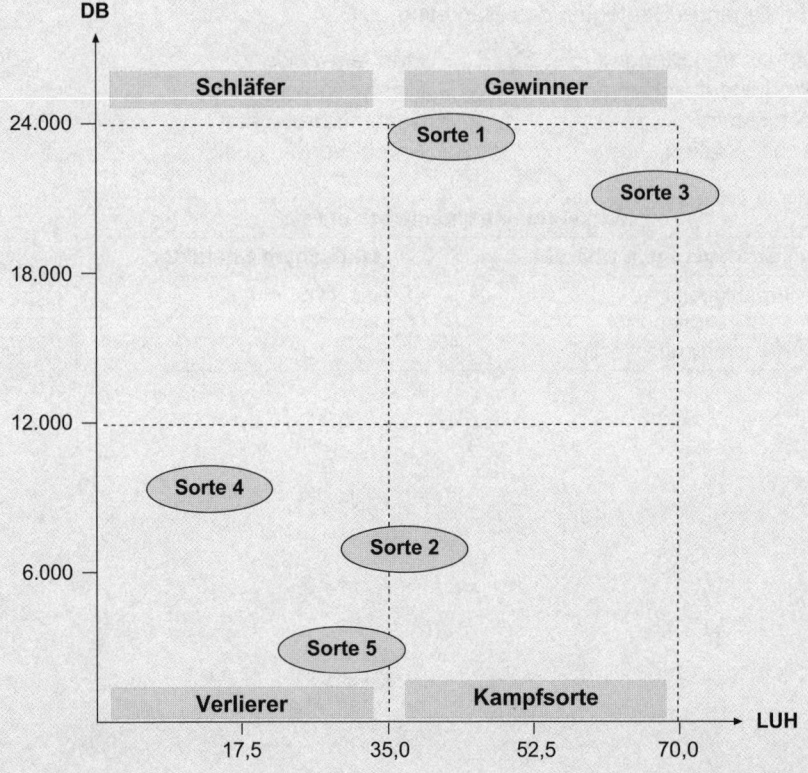

Strategie für Sorte 4:

- Sorte 4 ist das Hochpreisprodukt
- ggf. auslisten; es sei denn, dass die Sorte aus Imagegründen benötigt wird
- prüfen, ob Preissenkung sinnvoll ist
- Regalplatz reduzieren
- Lagerbestand und Bestellmenge senken.

Quelle: in Anlehnung an: Haller, S., a. a. O., S. 469

06. Marketingstrategie, -taktik

a) • *Strategie*:

   - langfristig angelegt
   - an Erfolgspotenzialen orientiert
   - Korrekturen sind schwieriger.

   • *Taktik*:

   - kurzfristiger angelegt
   - bewegen sich im Rahmen der Strategie („Strategiekorridor")
   - Korrekturen sind einfacher.

b) Grundlegende Strategien des Marketing, z. B.:

• Marktdurchdringung	• Marktentwicklung
• Produktentwicklung	• Diversifikation
• Wachstum	• Kostenführerschaft
• Konzentration	• Angriff/Verteidigung.

c)

Marketinginstrumente mit eher ...	
strategischem Charakter	**taktischem Charakter**
• Produktpolitik • Distributionspolitik • Kommunikationspolitik	• Preispolitik • Verkaufsförderung

07. Produkt-/Marktstrategie

a) *Produkt-Markt-Matrix nach Ansoff:*

		Märkte	
		bestehende	neue
Produkte	bestehende	**Marktdurchdringung** • Marktbesetzung • Verdrängung	**Marktentwicklung** • Internationalisierung • Segmentierung
	neue	**Produktentwicklung** • Innovation • Differenzierung	**Diversifikation** • vertikal • horizontal • lateral

b) *Übersicht der marketingpolitischen Instrumente* (ohne Anspruch auf Vollständigkeit):

Marktpolitische Instrumente der ...			
Produktpolitik	**Kontrahierungspolitik**	**Distributionspolitik**	**Kommunikationspolitik**
Produktpolitik i. e. S.	Preispolitik	Distributionspolitik i. e. S.	Werbung
• Programmpolitik • Produktdesign • Namenspolitik • Verpackung • Qualität • Markenpolitik • Diversifikation • Produktvariation • Sortimentspolitik • Kundendienst	• Prämienpreispolitik • Promotionpreispolitik • Penetrationspolitik • Abschöpfungspolitik • Preisdifferenzierung • Rabattpolitik • Lieferbedingungen • Zahlungsbedingungen • Garantiepolitik • Kulanz	• Absatzwege • Absatzmittler • Standortpolitik • Niederlassungspolitik • Marketinglogistik • Auslieferungspolitik	• Werbeträger • Werbemittler • Werbebotschaft • Verkaufsförderung • Öffentlichkeitsarbeit • Persönlicher Verkauf • Corporate Identity

08. Auswahlverfahren bei Teilerhebungen

• Das *Zufallsauswahlverfahren* liefert auch bei Teilerhebungen repräsentative Ergebnisse. Voraussetzung: Jedes Element der Grundgesamtheit muss die gleichen Chancen haben, in die Auswahl einbezogen zu werden. Dazu muss die Grundgesamtheit, aus der die Stichprobe gezogen wird, vollständig aufgelistet sein.

• Das zweite Verfahren, das sich für Teilerhebungen anbietet, ist das *Quotenauswahlverfahren*. Voraussetzung: Es muss ein Quotenplan vorliegen, der die nach den Quotenmerkmalen gekennzeichneten Elemente anteilmäßig wiedergibt.

09. Befragungsarten

Merkmale	Befragungsart		
	schriftlich	telefonisch	mündlich
Umfang der Fragen	++	+	+++
Rücklaufquote	unterschiedlich	+++	+++
Beeinflussung durch Dritte	++	+	-
Interviewereinfluss	-	+++	+++
Genauigkeit	+	++	+++
Zuverlässigkeit	unterschiedlich	++	+++
Dauer	+++	+	++
Kosten	+	++	+++
Repräsentanz	+	+	+++
Erläuterung der Fragen	+	++	+++
Legende:	*hoch*	*niedrig*	*entfällt*
	+++	+	-

10. Erhebungsarten

	Erhebungsart	
	Sekundärstatistik	Primärstatistik
Charakteristik:	Basis der Erhebung ist bereits vorhanden	neue, bisher nicht vorhandene Marktdaten werden ermittelt
Vorteile, z. B.:	• kostengünstig • schneller Zugriff • geringer Zeitaufwand	• präzise Problemorientierung
Nachteile, z. B.:	• ggf. veraltete Daten • ggf. unpräzise Fragestellung	• Zeitaufwand • hohe Kosten
Beispiele:	Betriebsintern, z. B.: • Auftragsstatistik • Umsatzstatistik • Außendienst • Reklamationen Betriebsextern, z. B.: • Verbände • Bauämter • Bausparkassen • Banken • Innung	Vollerhebungen oder Teilerhebungen, z. B.: • Zufallsauswahlverfahren • Quotenauswahlverfahren • Konzentrationsauswahlverfahren Zielgruppen, z. B.: • Bauherren • Architekten • Handwerker

11. Entscheidungshilfen für Marketingentscheidungen (Produktlebenszyklus)

a)

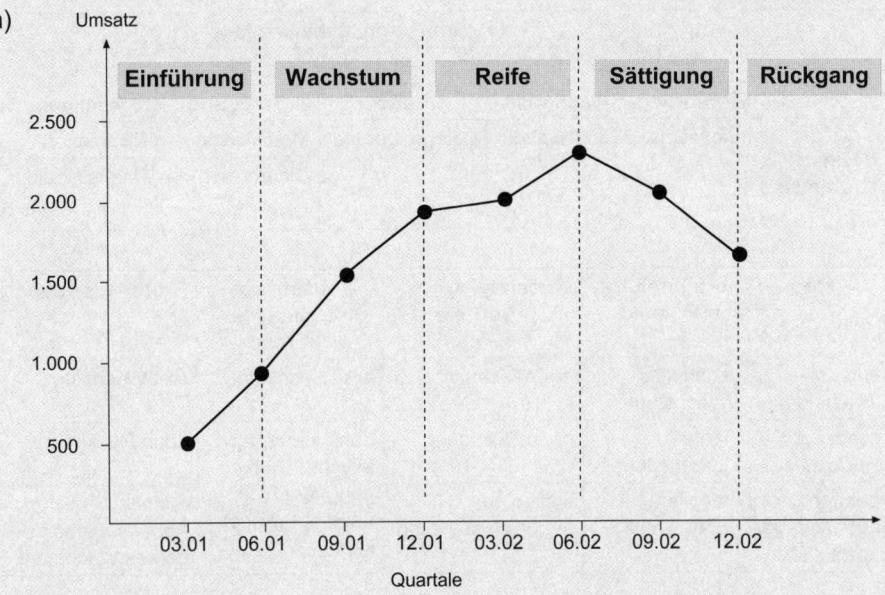

b)

Phasen des Produktlebenszyklus	Umsatz, Tendenz	Cashflow, Tendenz
Einführung	steigend	≤ 0
Wachstum	steigend	≥ 0; steigend
Reife	konstant	> 0; konstant
Sättigung	fallend	< 0
Rückgang	fallend	< 0

c) Beim Artikel „HILO" ist die Sättigungsphase erreicht. Die Strategie heißt

- entweder:
  keine Aufwendungen mehr für Marketing usw.; Produkt auslaufen lassen und Platzierung eines Folgeprodukts

- oder:
  massive Maßnahmen zur Verkaufsförderung, ggf. in Verbindung mit einer Produktvariante, falls es dafür begründete Annahmen (Käuferverhalten) gibt.

12. Produktlebenszyklus

a)

	Phasen im Produktlebenszyklus				
	I	II	III	IV	V
	Einführung	Wachstum	Reife	Sättigung	Rückgang
Norm-strategien	Innovation	Modifikation	Differenzierung	Modifikation	Elimination
				Differenzierung	Diversifikation
				Diversifikation	

b)

Flop	erfolgreiches Produkt	nostalgisches Produkt	langsam aus-sterbendes Produkt	Produkt-Relaunch
kurzes Wachstum	schnelles Wachstum	erst Wachstum,	erst Wachstum,	erst Wachstum,
schneller Rückgang	lange Lebensdauer	dann Rückgang	dann kontinu-ierlicher Rück-gang, der nicht gestoppt werden kann	dann Rückgang
geringe Lebensdauer	stabiler Marktanteil	später: neuer Aufschwung		danach: Anpassung und er-neutes Wachstum

Grafische Darstellung:

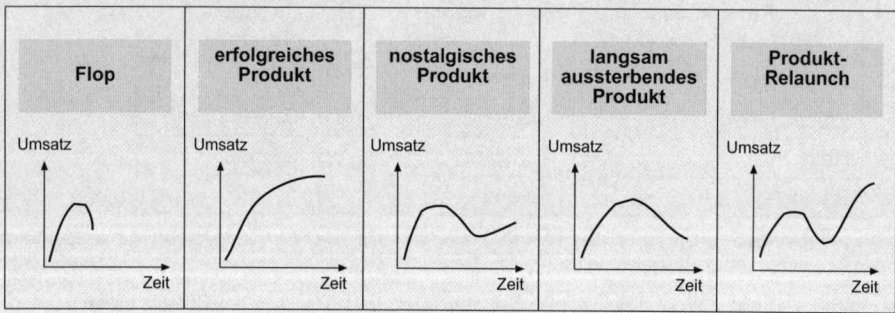

13. Verkaufsabwicklung

1. *Auftragseinholung:*
   - Gestaltung absatzpolitischer Instrumente
   - Bearbeiten der Anfragen
   - Erstellen von Angeboten
   - direkte und telefonische Beratung der Kunden.

2. *Auftragsbearbeitung:*
   - Prüfung des Auftrags (z. B. technische Durchführbarkeit)
   - Prüfung der Kundenwünsche in Bezug auf die Angebotsbedingungen
   - Prüfung der Kreditwürdigkeit des Kunden
   - Auftragsbestätigung mit Angabe des Liefertermins
   - Überwachen der Fertigungs- und Liefertermine
   - Koordination der beteiligten betrieblichen Funktionsbereiche.

3. *Versand:*
   • sachgemäße Verpackung
   • Ausfertigung der Versandorder
   • Ausfertigung der Warenbegleitpapiere (Lieferschein, Frachtbrief, Zollpapiere u. Ä.)
   • Versand der Ware
   • Erstellung der Ausgangsrechnung.

4. *Überwachung des Zahlungseingangs, Mahnwesen*

5. *Steuerung des technischen und kaufmännischen Kundendienstes*
   (z. B. Reklamationsbearbeitung).

14. Verkaufsförderung, Öffentlichkeitsarbeit

a) Beispiele für verkaufsfördernde Maßnahmen:

   • Einsatz von Promotern in Heimwerkermärkten
   • Anreize für Verkäufer im Handel
   • Schulung des Verkaufspersonals
   • Werksbesichtigungen, Tag der offenen Tür
   • Herausgabe von Broschüren, Werks- und Kundenzeitschriften.

b) • *Öffentlichkeitsarbeit* ist „Werbung" für das Gesamtunternehmen. In erster Linie soll das Image des Unternehmens verbessert bzw. gepflegt werden; Beispiele:

   - Schaltung von Imageanzeigen
   - Öffnung des Unternehmens durch einen Tag der offenen Tür
   - regelmäßige Publikationen
   - Sponsoring in Verbindung mit geeigneten Themen/Aktivitäten (z. B. Sport).

   • *Verkaufsförderung* (= Sales Promotion) ist die gezielte Einwirkung auf den gesamten Absatzkanal (Unterstützung, Information und Motivation des Außendienstes, des Einzelhandels); Beispiele:

   - Verkaufspromotion (Außendienst, Innendienst usw.)
   - Einzelhandelpromotion (Training, Verkaufshilfen usw.)
   - Verbraucherpromotion (Zugaben, Preisausschreiben, Proben usw.).

15. Werbeträger, Werbekosten

Anzeigenpreis = Anzeigenhöhe (mm) · €/mm · Anzahl der Spalten

$$250 \text{ mm} \cdot 1{,}20 \text{ €} \cdot 5 \text{ Spalten} = 1.500 \text{ €}$$
$$(1.500 \text{ €} \cdot 5) - 8 \text{ \% Rabatt} = 6.900 \text{ €}$$

Für die 5-malige Schaltung der Anzeige entstehen Werbekosten von insgesamt 6.900 €.

16. Werbeträger

*   *Werbeträger A:*   40 % von 1,5 Mio.   =   600.000
    davon 30 %   =   180.000

    Für den Tausenderpreis ergibt sich:

    $$\frac{180.000 \; \hat{=} \; 15.000 \; €}{1.000 \; \hat{=} \; x}$$

    x   =   83,33 €

*   *Werbeträger B:*   40 % von 1,2 Mio.   =   480.000
    davon 45 %   =   216.000

    Für den Tausenderpreis ergibt sich 92,59 €.

Der Betrieb sollte sich für Werbeträger A entscheiden.

17. Endverbraucherwerbung, Zielgruppenorientierung

a) • *psychografische* Merkmale:
       - Wert auf häusliche, gepflegte Atmosphäre
       - fehlende Reiselust
       - Vorliebe für Pkw einer bestimmten Automarke in silbergrau.

    • *geografische* Merkmale:
       - Wohnort Bremen.

    • *demografische* Merkmale:
       - weibliche Bewohner
       - Alter 40 - 60 Jahre
       - Mehrpersonenhaushalt
       - finanziell abgesichert.

b) Durch das AIDA-Schema soll eine ganzheitliche Werbewirkung erzielt werden:

    Der Umworbene soll die Phasen

    • Aufmerksamkeit (**A**ttention),
    • Interesse (**I**nterest),
    • Wunsch (**D**esire) und
    • Aktion (**A**ction)

    durchlaufen.

c) Stellt man eine Verbindung zwischen der Zielgruppe (Bremen, häuslich, finanziell abgesichert usw.) und dem Produkt („Häkeldeckchen für den festlichen Anlass") her, bieten sich folgende werbliche Kommunikationsmittel speziell an:

    • Frauen-/Haushaltszeitschriften
    • regionaler Fernsehsender im Raum Norden (z. B. N3).

Hier kommt es auf niveauvolle Werbung an, die über Ton und Bild (Sprache, Musik, Stimmung usw.) den entsprechenden Rahmen und die Atmosphäre schafft und damit eine Plattform für die Präsentation der „Häkeldeckchen für den festlichen Anlass" bietet.
Prospekte und Anzeigenblätter eignen sich hier eher nicht.

d) Der TKP ist eine Kennzahl, die bei der Medienauswahl als Vergleich herangezogen werden kann – unter Berücksichtigung der Merkmale:

- räumliche Reichweite
- zeitliche Verfügbarkeit
- quantitative und qualitative Reichweite
- Nutzungspreis.

Der TKP ist der Preis, der dafür gezahlt werden muss, dass man mit einer einmaligen Schaltung in einem bestimmten Werbeträger 1.000 Personen erreicht. Er errechnet sich über die Formel:

$$TKP = \frac{Kosten}{Anzahl\ der\ Kontaktpersonen} \cdot 1.000$$

Beispiel:
Angenommen, eine regionale Zeitschrift in Bremen berechnet für eine einmalige Anzeigenschaltung 4.000 €. Die quantitative Verbreitung beträgt 600.000 €, so beträgt der TKP:

4.000 : 600.000 · 1.000 = 6,67 €

18. Werbeetat (Werbebudget)

Orientierungsgrößen für die Festlegung des Werbeetats:

- *Prozentsatz-von ... Methode:*
  Die Höhe des Werbeetats orientiert sich prozentual an bestimmten Kennziffern (Umsatz, Gewinn, Menge u. Ä.).

Vorteil:	einfache Ermittlung
Nachteile:	Orientierungsgröße ist Datenmaterial der Vergangenheit
	kein Zusammenhang zwischen Werbezweck und aktueller Finanzkraft

- *Orientierung an der Konkurrenz:*
  Die Höhe des Werbeetats orientiert sich an den Aktivitäten der Konkurrenz.

Vorteile:	relativ einfache Ermittlung
	Extreme Fehleinschätzungen werden vermieden („man liegt im Trend").
Nachteile:	Es besteht die Gefahr, dass die eigene Werbung und die der Konkurrenz sich neutralisieren.
	kein Zusammenhang zwischen eigenen Werbezielen sowie der eigenen Finanzkraft und der Höhe der Werbeausgaben

- *Ausgabenorientierte Methode:*
  Die Höhe des Werbeetats orientiert sich an der Finanzkraft zu Beginn der Werbeperiode und damit indirekt an dem Return der zurückliegenden Periode.

Vorteil:	einfache Ermittlung
Nachteile:	keine Orientierung an den aktuellen Zielwerten (Planumsatz, Plangewinn)
	Verstärkung von Entwicklungen der Vergangenheit, also keine antizyklische sondern eine prozyklische Wirkung

- *Ziel-Aufgaben-Methode:*
  Die Höhe des Werbeetats orientiert sich an den geplanten Werbezielen. Dabei werden das Konkurrenzverhalten sowie die eigene Finanzkraft als Rahmenbedingungen berücksichtigt.

Vorteil:	Es besteht eine logisch überzeugende Kausalität zwischen angestrebtem Umsatz/Gewinn, den Marketingzielen, dem geplanten Marketing-Mix und den daraus abgeleiteten Werbezielen.
Nachteil:	Aufwändige und präzise Planung der maßgebenden Größen erforderlich: Planung der Absatz-Umsatz-Gewinn-Relation, Planung der Marketing-Mix-Aktivitäten, Planung der Werbeziele, Ableitung des Werbeetats.

19. Werbeerfolgsmessung

Hintergrund der Situation ist die Werbeerfolgskontrolle über den so genannten „Gebiets-Verkaufstest". Dabei bedient man sich gleich strukturierter Verkaufsgebiete: Der Markt A (= Testmarkt) wird umworben, der Markt B (= Kontrollmarkt) nicht. Der vorliegende Fall führt zu folgenden Ergebnissen:

	Markt A Testmarkt	Markt B Kontrollmarkt
Umsatz <u>vor</u> der Werbeaktivität	400.000 €	400.000 €
Umsatz <u>nach</u> der Werbeaktivität	560.000 €	440.000 €
Umsatzanstieg in €	160.000 €	40.000 €
Umsatzanstieg in %	40 %	10 %

Da beide Absatzgebiete gleich strukturiert sind und der Umsatz in der Vorperiode in identischer Höhe lag, kann der Umsatzzuwachs, der sich aufgrund der Anzeigenkampagne ergab, als Differenz der prozentualen Umsatzzuwächse ermittelt werden:

Umsatzzuwachs: 120.000 €   = 160.000 - 40.000
aufgrund der Werbung: 30 %   = 120.000 : 400.000 · 100

Bei einer Umsatzrendite von 10 % entspricht der Umsatzzuwachs von 120.000 € einem Gewinnzuwachs von 12.000 €. Subtrahiert man davon die Kosten der Anzeigenkampagne in Höhe von 10.000 €, ergibt sich ein realer Gewinnzuwachs von 2.000 € aufgrund der Werbemaßnahme.

Mit anderen Worten: Rein rechnerisch führt die Werbemaßnahme zu einem „Mehrge-winn" von 2.000 €. Fraglich ist jedoch, ob sich für einen derart schmalen Gewinnzu-wachs diese Werbemaßnahme lohnt.

Anders ist die Frage zu beantworten, wenn man die Maßnahme aus der Sicht der ge-stiegenen Absatzmenge beantwortet: Hier kann z. B. die Werbemaßnahme positiv be-urteilt werden, da sich aufgrund der gestiegenen Stückzahlen mit einer Degression der fixen Stückkosten argumentieren lässt.

Allgemein gilt:

Werbeerfolg	werbebedingter Umsatzzuwachs : Werbeaufwand

Ökonomischer Werbeerfolg	= werbebeeinflusster Umsatz - werbeloser Umsatz
	= werbebeeinflusster Umsatz : Gesamtumsatz

20. Standortplanung

a)
Kaufkraft der Stadt N:	30.000 · 150 =	4.500.000 €
Kaufkraft des Umlandes:	4.000 · 150 =	600.000 €
Summe		5.100.000 €

Umsatzrendite	Gewinn : Umsatz · 100	
	(5,1 - 4,6) : 5,1 · 100 =	9,8 %

Die Vorgabe der Geschäftsleitung wird mit 9,8 % Umsatzrendite knapp erreicht.

Bei der endgültigen Entscheidung ist z. B. zu berücksichtigen:

• wirtschaftliche Entwicklung des Bundeslandes

• Entwicklung der Kaufkraft der Einwohner (Inflationsrate, Abwanderung, Arbeits-losenquote usw.)

• ggf. Kaufkraftabzug durch Obi-Markt in der Stadt NB.

b) Standorte, die eine hohe Kundenfrequenz aufweisen (Vorteil), sind meist mit hohen Mieten bzw. hohen Immobilienpreisen (Nachteil) verbunden.

21. Absatzplanung

$$\text{Gewinn} = \text{Umsatz} - \text{Kosten}$$
$$G = x \cdot p - K_f - x \cdot k_v$$
$$\rightarrow x = (G + K_f) : (p - k_v)$$
$$= (200.000 + 800.000) : (400 - 300)$$
$$= 10.000 \text{ Einheiten}$$

Unter den genannten Bedingungen muss der Absatz 10.000 Einheiten betragen.

Allgemein lautet die Gleichung für die kritische Absatzmenge bei vorgegebenem Zielgewinn:

Kritische Absatzmenge	$= \dfrac{\text{(Gewinn + fixe Kosten)}}{\text{(Verkaufspreis - variable Stückkosten)}}$

22. Verbraucherschutz, gesetzliche Regelungen

Beispiele:

- BGB
- UWG
- GWB
- ProdSG
- Verbraucherinformationsgesetz
- Verordnung über Preisangaben
- Lebensmittelrecht
- Europäisches Wettbewerbsrecht (hat gegenüber den nationalen Gesetzen Vorrang).

23. Betriebsform

- Branche: Lebensmitteleinzelhandel Betriebsform: Supermarkt

- Dafür sprechen: Die große Verkaufsfläche, die hohe Anzahl der Kunden, der relativ geringe Einkaufswert pro Bon (kurze Einkaufsintervalle), die langen Öffnungszeiten.

- Ein Fachgeschäft (z. B. Tapeten, Bodenbeläge) hätte einen höheren Bon pro Einkauf.

3. Führung und Personalmanagement

01. Führungsstile

Aspekte:	Führungsstile		
	autoritär	kooperativ	laissez-faire
Mitarbeiter-beteiligung	gering bis nicht vorhanden	hoch bis sehr hoch	Mitarbeiter entscheidet allein
Delegations-umfang			total
Kontrolle	hoch	dort, wo erforderlich als Feedback und Unterstützung	keine
Information	wenig, begrenzt	hoch	wenig bis keine
Motivation	gering; bis hin zu totaler Demotiva-tion	i. d. R. hoch	je nach Fallsituation von hoch bis sehr gering; u. U. auch hohe De-motivation

02. Zielvereinbarung

a) *Management by Objectives* (Führen durch Zielvereinbarung)

b) *Voraussetzungen,* z. B.:
  - Vorliegen einer abgestimmten Zielhierarchie; Ableitung der Ressortziele aus dem Unternehmensgesamtziel
  - eindeutige Abgrenzung der Aufgabengebiete
  - Vereinbarung der Ziele im Dialog (kein Zieldiktat)
  - Festlegung von messbaren Zielgrößen, d. h. Bestimmung von
    - Zielinhalt, z. B. „Fluktuation senken"
    - Zielausmaß, z. B. „um 5 %"
    - und zeitlicher Bezugsbasis, z. B. „innerhalb eines Jahres"
  - gemeinsame Überprüfung der Zielerreichung.

03. Qualitätsmanagement im Personalwesen

Total Quality Management (TQM) gilt auch für alle administrativen Bereiche und Dienstleistungen. Von wesentlicher Bedeutung und somit entscheidend für die Umsetzung des Gedankens ist der Begriff:

- *Total:*
  Er steht für alle Mitarbeiter im Unternehmen. Qualität von der Putzfrau bis in den Vorstand.

- *Quality:*
  steht für Qualifikation. Die Kreativität, die Innovationsfähigkeit aller, ist zu nutzen.

- *Management:*
  steht für Top-down-Verantwortung. Der Manager muss seine Verantwortung mit den Mitarbeitern teilen können.

TQM ist langfristig angelegt. Gelebtes Qualitätsbewusstsein kann nicht kurzfristig installiert werden. Bisher konnte keine Definition für TQM entwickelt werden, die von allen Fachleuten gleichermaßen getragen wird. Eine der gebräuchlisten ist hier wiedergegeben:

„Umfassendes Qualitätsmanagement bedeutet:
Auf die Mitwirkung aller ihrer Mitglieder gestützte Management-Methode einer Organisation, die Qualität in den Mittelpunkt stellt und durch Zufriedenstellung der Kunden auf langfristigen Geschäftserfolg sowie auf Nutzen für die Mitglieder der Organisation und die Gesellschaft zielt."

Anmerkung 1:
Der Ausdruck „alle ihre Mitglieder" bezeichnet jegliches Personal in allen Stellen und allen Hierarchie-Ebenen der Organisationsstruktur.

Anmerkung 2:
Wesentlich für den Erfolg dieser Methode ist, dass die oberste Leitung überzeugend und nachhaltig führt und dass alle Mitglieder der Organisation ausgebildet und geschult sind.

Anmerkung 3:
Der Begriff Qualität bezieht sich beim umfassenden Qualitätsmanagement auf das Erreichen aller geschäftlichen Ziele.

Anmerkung 4:
Der Begriff „Nutzen für die Gesellschaft" bedeutet Erfüllung der an die Organisation gestellten Forderungen der Gesellschaft.

Die Unternehmensphilosophie des TQM gehört zu den meistdiskutierten betriebswirtschaftlichen Aufgabenstellungen in der Literatur. Der besondere Reiz von TQM liegt darin, ganzheitlich, d. h. unter Einbeziehung aller Hierarchieebenen und entlang der gesamten, vom Lieferanten bis zum Kunden reichenden *Wertschöpfungskette*, das Unternehmen auf ein marktorientiertes Qualitätsverständnis auszurichten und dies top-down umzusetzen.

Sieht man in TQM ein Konzept, dessen Innovationsgehalt weniger in seinen Einzelelementen als vielmehr in der Konsequenz der Umsetzung sowie in der Sensibilisierung für qualitätsrelevante Fragestellungen liegt, so *ist der wesentlichste Faktor* für die erfolgreiche Umorientierung zu einem gesamtheitlich qualitätsorientierten Unternehmen *das Personal* (strategy follows people).

Von daher müssen die Mitarbeiter des Personalwesens den TQM-Gedanken täglich mit Vorbildfunktion wahrnehmen und weiterhin die TQM-Verpflichtung allen Mitarbeitern des Unternehmens vermitteln ("vorleben und trainieren").

04. Personalwesen als Dienstleister

Viele Personalabteilungen verstehen sich (leider) nach wie vor als Buchhalter für Lohn- und Gehaltsabrechnung, Hüter der Personalakten und geheimnistragende Jongleure der zu verwaltenden Daten. Die mögliche und *erforderliche Dynamik*, d. h. *sinnvolle Impulsgebung* aus der täglich praktischen und *initiativen Personalarbeit* mit dem Ziel *individueller Personalbetreuung und Wirtschaftlichkeit* einschließlich sich entwickelnder evolutionärer *Unternehmenskultur*, existiert sehr oft nicht oder bleibt auf der Strecke.

Das Personalwesen darf kein geduldetes und behindertes Körperteil eines Unternehmens sein, das sich als Kostenverursacher zu verstehen hat. Statt dessen soll es die Rolle eines *aktiven, kreativen und kostenminimierenden Bindegliedes in der Wertschöpfungskette* mit dem Wissens- und Erfahrungsmix aus vertieft fachlicher und persönlicher Kompetenz übernehmen.

Personalarbeit heute – ist „Personalentwicklungsarbeit", die von Dienstleistern (keinen Personalgewaltigen) *im Sinne von Beratung, Betreuung, Wegbereitung und Coaching* für alle Führungskräfte und Mitarbeiter ohne Eitelkeit und hierarchisches Denken, dafür aber mit hohem Engagement, Situations- und Menschengefühl vorangebracht wird. Verwaltungsfetischisten oder „bloße Umsetzer" sind heute fehl am Platze.

Personalarbeit – heute – heißt:

• **Betreuung aller Mitarbeiter**

• **Sicherstellen der Wirtschaftlichkeit und der Wertschöpfung**

• **Initiator sein für Prozesse der Personalentwicklung.**

---

05. Motivation, Arbeitszufriedenheit

a) *Motivatoren,* z. B.:

  • Selbstbestätigung   (+)
  • Anerkennung
  • Arbeitsinhalte.

Hygienefaktoren, z. B.:

  • schlechte Organisation   (-)
  • schlechtes Führungsverhalten
  • schlechte Arbeitsbedingungen.

b) *Argumente,* z. B.:

  • Das effektive Führungsverhalten des Vorgesetzten ist eine wichtige Quelle für die Arbeitszufriedenheit der Mitarbeiter.

  • Der Vorgesetzte muss sich für angemessene und ergonomische Arbeitsbedingungen einsetzen.

  • Er muss seinen Verantwortungsbereich klar und transparent organisieren.

06. Mitarbeiterbeurteilung

- *Merkmale zur Beurteilung von Führungskräften:*
  - Dynamik
  - Flexibilität
  - Führungsfähigkeit
  - psychische Stabilität.

- *Merkmale zur Beurteilung von gewerblichen Arbeitnehmern:*
  - Arbeitsmenge
  - Arbeitsqualität
  - Sorgfalt
  - Zusammenarbeit.

07. Beurteilungsgespräch, Vorbereitung

- Dem Mitarbeiter rechtzeitig den *Gesprächstermin* mitteilen und ihn bitten, sich ebenfalls vorzubereiten.
  - Ggf. prüfen, ob ein Dolmetscher erforderlich ist.
  - Den *„äußeren Rahmen"* gewährleisten; keine Störungen, ausreichend Zeit, keine Hektik, geeignete Räumlichkeit, unter „vier Augen" u. Ä.

- *Sammeln und strukturieren der Informationen:*
  - Wann war die letzte Leistungsbeurteilung?
    - Mit welchem Ergebnis?
    - Was ist seitdem geschehen?
    - Welche positiven Aspekte?
    - Welche negativen Aspekte?
    - Sind dazu Unterlagen erforderlich?

  - *Was ist das Gesprächsziel?*
    - Mit welchen Argumenten?
    - Was wird der Mitarbeiter vorbringen?

08. Personalentwicklungskonzeption

Die Personalentwicklungskonzeption der SEIKERT Bekleidungs-GmbH sollte z. B. folgende Arbeitsschritte enthalten:

- Erarbeitung personalpolitischer Instrumente (z. B. Stellenbeschreibungen, Anforderungsprofile, Beurteilungssystem usw.)
- Eckdaten zur quantitativen und qualitativen Personalplanung der nächsten drei Jahre aufstellen – in Abstimmung mit den Unternehmenszielen; Feinplanung der qualitativen Erfordernisse in Gesprächen mit den Ressortleitern
- frühzeitige Einbindung des Betriebsrates
- Ermittlung von Potenzialdaten anhand von
  - Auswertungen aus dem Abrechnungssystem
  - PE-Gesprächen mit den Mitarbeitern

- Schaffung geeigneter PE-Instrumente (z. B. Stellvertretung, Bildung von Förderkreisen, Leitung von Projektgruppen, Traineeausbildung einrichten u. Ä.)
- Entwicklung des externen Arbeits- und Bildungsmarkts ermitteln
- Planung und Genehmigung eines Bildungsbudgets durchführen
- Durchführung der Maßnahmen sicherstellen
- Controlling der Maßnahmen gewährleisten.

09. Das duale Bildungssystem

a) Im dualen System ist der Betrieb (der Ausbildende) für den praktischen Teil und die Berufsschule für den theoretischen Teil der Ausbildung verantwortlich.

- Das Berufsbildungsgesetz, die Ausbildungsordnungen sowie die Berufsbilder regeln den betrieblichen Teil der Ausbildung.
- Die Schulgesetze der Länder bestimmen die Rahmenstoffpläne der Berufsschule.

b)

Duales Bildungssystem	
Vorteile	**Nachteile**
• Praxisbezug der Ausbildung	• ggf. fehlende Systematik im Betrieb
• Anpassung der Ausbildungsinhalte an betriebliche Gegebenheiten	• Abhängigkeit vom Leistungsprozess
	• mangelnde Abstimmung der Träger
• selbstständiges Lernen	• Problem der „ausbildungsfremden Arbeiten"
• Kompetenz der Ausbilder vor Ort	• fehlende Aktualität in der Berufsschule
• Motivation durch Lernen vor Ort	

10. Erfolgskontrolle in der Ausbildung

a) Maßstab für die Erfolgskontrolle der Ausbildung sind vor allem folgende Rechtsquellen:
- der Ausbildungsvertrag (§§ 10, 11 BBiG)
- die Ausbildungsordnung (§ 5 BBiG)
- der Prüfungsgegenstand (§ 38 BBiG)
- die Prüfungsordnung (§ 47 BBiG).

b) Geeignet sind z. B. folgende Maßnahmen:
- Auswertung der Prüfungen, die vor der Kammer abgelegt wurden
- Auswertung der Berichtshefte
- schriftliche und/oder mündliche Lernerfolgskontrollen
- fachpraktische Prüfungen im Labor, in der Lehrwerkstatt usw.
- Projektarbeiten
- Anfertigen von Arbeitsproben
- Einsetzen der Fähigkeiten und Fertigkeiten innerhalb von Planspielen, Simulationen, Übungsfirmen usw.

11. Methoden der Personalbedarfsplanung

a) 5 Mio € · 1,2 = 6 Mio. € (geplanter Umsatz)

$$5,0 \; \hat{=} \quad 20$$
$$\frac{6,0 \; \hat{=} \quad x}{x \; = \quad 24 \text{ Mitarbeiter}}$$

Für den im kommenden Jahr geplanten Umsatzzuwachs von 20 % werden zusätzlich vier neue Mitarbeiter benötigt.

b)
35 Std.	·	4 Wo	=	140 Std.
600 Std.	:	140 Std.	=	4,2857 Mitarbeiter
28,57 %	von	140 Std.	=	ca. 40 Std. pro Monat

Die Filiale benötigt vier Vollzeitkräfte und eine Teilzeitkraft mit ca. 40 Stunden pro Monat.

c1) Produktivität = Umsatz : Anzahl der Mitarbeiter (in Vollzeit)

= 2,3 Mio. € : 5,5 ≈ 418.000 €/Mitarbeiter (Fil. 1)

bzw. = 1,95 Mio. € : 5,4 ≈ 361.000 €/Mitarbeiter (Fil. 2)

c2) *Ausbildung:*
Bei der Filiale 1 dürfte die Anzahl der Auszubildenden im Verhältnis zu den Mitarbeiter zu hoch sein (2 zu 5). Bei Filiale 2 ist kein Auszubildender; hier sollte für die Zukunft die Einstellung eines Auszubildenden geprüft werden.

Geschlecht des Verkaufspersonals:
In der Filiale 2 sind nur Verkäuferinnen vorhanden. Hier sollte bei zukünftigem Ersatzbedarf die Einstellung eines männlichen Verkäufers geprüft werden.

Alter:
In der Filiale 2 ist das Durchschnittsalter des Verkaufspersonals recht hoch. Dies sollte bei der zukünftigen Planung von Ersatzbedarf beachtet werden. Außerdem ist die Nachfolge der Teamleiterin in absehbarer Zeit zu planen.

Produktivität:
Die Produktivität in Filiale 2 liegt deutlich unter der von Filiale 1. Sie muss in den kommenden Jahren gesteigert werden.

12. Handlungsschritte der Personalauswahl

Personalauswahl	
Handlungsschritte	**Auswahlinstrumente**
1 Vorauswahl anhand der Unterlagen, Bildung von „Bewerberklumpen" (Grobauswahl): • geeignet • bedingt geeignet („Reserve") • Absage (mit Rücksendung der Unterlagen)	Bewerbungsunterlagen: • Anschreiben • Arbeitszeugnisse • Zeugnisse der Aus-/Weiterbildung • Zertifikate
2 Zwischenbescheide, ggf. Absagen: • intern • extern	
3 Erstellen einer Qualifikationsmatrix: • relevante Merkmale lt. Stellenbeschreibung • Muss-, Soll-, Kannkriterien • Fach-, Sozial-, Methodenkompetenz	Checkliste, Entscheidungsmatrix
4 Entscheidung über „Einladung zum Gespräch": • Personalabteilung • Fachabteilung • gemeinsame Entscheidung	
5 Korrespondenz: Einladung zum Gespräch: • ggf. Informationsmaterial • Angabe der erstattungsfähigen Vorstellungskosten	
6 Organisation und Durchführung der Auswahlgespräche	

7 Ggf. Einsatz flankierender Auswahlinstrumente	• Arbeitsproben
	• Fallsituationen
	• Assessmentcenter
	• Testverfahren
	  - Intelligenzstrukturtest
	  - Fachwissen u. Ä.

8 Gemeinsame Entscheidung (Fach-/Personalabteilung) über die Besetzung der Stelle: • Berücksichtigung aller relevanten Beobachtungen • Bewertung quantitativer und qualitativer Daten	Auswahlgespräch Entscheidungsmatrix ergänzende Ergebnisse

13. Zeitlohn

Beim „Zeitlöhner" erfolgt die Entlohnung auf Stundenbasis (Anzahl der Stunden · Lohnsatz pro Stunde):

Grundlohn: 167 Std. · 12 €   = 2.004 €

Überstunden-Vergütung: 38 Std. · 12 € · 1,5 =   684 €

Der Gesamtlohn im Monat September beträgt 2.688 €.

14. Praxisfall „Keine Wortmeldung"

a)	• Herr G. fragt nicht nach der Meinung seiner Mitarbeiter (obwohl den Mitarbeitern die verschiedenen Angebote zum Vergleich vorlagen).
	• Herr G. nimmt die Entscheidung (autoritär) zu Beginn der Sitzung vorweg.
	• unpassende Sprache („ich habe mir ... unseren Vorstellungen ...")
	• Bloßstellung des Mitarbeiters Richter.

b)	• Im Gespräch mit Herrn G. Einsicht erzeugen, welche Negativwirkungen durch sein Gesprächsverhalten entstehen (klar, konkret, sachlich).
	• Mit Herrn G. Maßnahmen zur Verhaltensänderung/zum Verhaltenstraining vereinbaren (innere Zustimmung des Herrn G. erforderlich), z. B. Seminar „Führungs-/Gesprächsverhalten", Coaching, Teilnahme an betriebsinternen Besprechungen zu Trainingszwecken u. Ä.

15. Gruppendynamik

• Beispiel 1:
Innerhalb einer Gruppe von Lagerarbeitern, die sich lange kennen, muss der „Neue" ungeliebte Arbeiten verrichten. Jeder der („alten") Mitarbeiter empfindet dies als „völlig normal und richtig".

• Beispiel 2:
Eine Arbeitsgruppe arbeitet im Gruppenakkord. Die Arbeitsmenge entspricht im Durchschnitt genau der Normalleistung, obwohl die Arbeiter physisch in der Lage wären, mehr zu leisten. Wer (vorübergehend) mehr leistet, wird als „Sollbrecher" – wer weniger leistet als „Drückeberger" zurechtgewiesen und sanktioniert. Die Gruppe hat also als Norm einen informellen Leistungsstandard entwickelt.

16. Informeller Führer

Beispiel: Eine Führungskraft nimmt ihre Vorgesetztenrolle nur unzureichend wahr – mit dem Ergebnis, dass der informelle Führer die „eigentliche Lenkung" der Gruppe übernimmt. Konflikte werden vor allem dann entstehen, wenn der informelle Führer subjektive und egoistische Ziele verfolgt.

17. Gruppenstörungen

Ursachen für Gruppenstörungen können z. B. sein:

• Über- oder Unterforderung einer Gruppe durch den Vorgesetzten (es fehlt das gemeinsame Sachziel)

• unüberwindbare Gegensätze (z. B. Einstellungen von „Alt" und „Jung")

• gravierende Führungsfehler des Vorgesetzten (Fehler in der Kritik, mangelnder Kontakt, unangemessene Vertraulichkeit u. Ä.).

18. Projektteam

a) Merkmale der Gruppenbildung für ein Projektteam, z. B.:
- Größe der Gruppe
- interdisziplinäre Zusammensetzung
- Projekterfahrung (ja/nein)
- Dauer des Teilprojekts/Häufigkeit der Teamsitzungen.

b) Wirksame Konfliktstrategien:
- tragfähiger Kompromiss
- Konsens (Harvard Konzept).

Beispiele für untaugliche Verhaltensmuster
- Flucht
- den „Gegner" besiegen
- sich unterordnen.

c) Permanente Information des Projektteams, z. B.:
- rechtzeitige Information über die nächste Teamsitzung
- keine Teamsitzung ohne Protokoll
- laufende Information per E-Mail oder Intranet.

19. Projektstrukturplan, Arbeitspakete

a) *Aufgabe des Projektstrukturplans:*
- Übersicht aller Aufgaben und Teilaufgaben eines Projekts, die hierarchisch geordnet sind
- zeigt die Notwendigkeit von Teilprojekten und Arbeitspaketen
- ist ein Informationsmedium bei Projektbesprechungen (übersichtlich, leicht verständlich).

b) *Funktion von Arbeitspaketen:*
Jedes Arbeitspaket ist eine klar definierte Aufgabe; die Summe aller Arbeitspakete ergibt den Leistungsumfang des gesamten Projektes. Für ein Arbeitspaket kann ein Mitarbeiter oder eine Gruppe zuständig sein.

c) *Inhalte einer Arbeitspaketbeschreibung,* z. B.:
Datum der Erstellung; Bezeichnung; Verantwortlichkeit; Start- und Endtermin; Plankosten; Ziel; Inhalt; Leistungen; Abhängigkeiten zu anderen Arbeitspaketen.

20. Zeugniscodierung

a) Im vorliegenden Fall ist davon auszugehen, dass die Formulierungen bewusst gewählt wurden (Großunternehmen; Personalabteilung). Bei Herrn Kernig liegt der Schluss nahe, dass es sich um einen Mitarbeiter mit eher durchschnittlicher Leistung handelt, der weiß, wie man sich gut darstellt.

b) *Qualifiziertes Arbeitszeugnis, Analyse:*

1) *„Herr Effenberger hat die ihm übertragenen Aufgaben zu unserer Zufriedenheit erledigt."*

→ Die Beschreibung der Arbeitsleistung entspricht der Note „ausreichend".

2) *„Sein Verhalten zu Vorgesetzten war ohne Beanstandung."*

→ Es fehlt die Steigerung „war stets ohne Beanstandung", d. h. es gab Probleme. Außerdem fehlt der Hinweis auf die Zusammenarbeit mit Kollegen. Dies deutet auf Schwierigkeiten hin.

3) *„Das Arbeitsverhältnis endet mit dem heutigen Tag."*

→ Da der Hinweis „endet auf eigenen Wunsch" fehlt, ist anzunehmen, dass eine arbeitgeberseitige Kündigung vorliegt.

21. Begründung des Arbeitsverhältnisses

a) *Anfechtung des Arbeitsvertrages:*
Nein! Eine Frage nach dem Bestehen einer Schwangerschaft im Rahmen der Einstellungsverhandlungen ist grundsätzlich unzulässig (Es gibt nur Ausnahmen in Sonderfällen, wenn für Kind/Mutter eine Gefährdung von der Tätigkeit ausgehen kann). Wird die Frage trotzdem unzulässigerweise gestellt, ist die unwahre Beantwortung erlaubt. Von daher kann der Arbeitsvertrag nicht angefochten werden (BAG-Urteil vom 15.10.1992).

b) *Rechtsgrundlagen des Arbeitsvertrages:*
Als Rechtsgrundlagen beim Abschluss eines Arbeitsvertrages sind grundsätzlich zu berücksichtigen:

• zwingende gesetzliche Bestimmungen (z. B. GG; BGB, speziell die §§ 611 - 630; die Schutzgesetze wie z. B. JArbSchG, MuSchG, SGB IX usw.)
• zwingende tarifliche Bestimmungen (z. B. Lohn- und Urlaubsregelungen)
• zwingende Bestimmungen von Betriebsvereinbarungen sowie
• Regelungen aufgrund betrieblicher Übung (sog. Gewohnheitsrecht) sowie
• die Rechtsprechung der Arbeitsgerichte.
• Abweichend von diesen nationalen Rechtsquellen kann es sein, dass das Recht eines ausländischen Staates zur Geltung kommt, wenn das Arbeitsverhältnis seinen Schwerpunkt im Ausland hat (vgl. Gesetz zur Neuregelung des Internationalen Privatrechts; speziell § 27 EGBGB (= Einführungsgesetz zum BGB)).
• NachwG.

c) • *Mängel bei Vertragsabschluss* führen zur Nichtigkeit des gesamten Vertrages mit Wirkung für die Zukunft (= faktisches Arbeitsverhältnis; Ausnahme: salvatorische Klausel).

Beispiele:
- Verstoß gegen die guten Sitten
- Verstoß gegen ein gesetzliches Verbot (z. B. Kinderarbeit; Beschäftigung ausländischer Mitarbeiter ohne Arbeitserlaubnis)
- Willensmangel
- Unmöglichkeit der Leistung.

- *Mängel im Inhalt* führen zur Teilnichtigkeit der mit Mängeln behafteten Regelung. Es gilt die gesetzlich oder tariflich vorgeschriebene Regelung.

  Beispiele:
  - fehlerhafte Arbeitszeit
  - Nichteinhaltung der tariflichen Mindestlöhne (bei Tarifgebundenheit)
  - fehlerhafte Anzahl der Urlaubstage.

22. Direktionsrecht (Weisungsrecht)

Zum Beispiel Festlegung

- der Arbeitsinhalte (im Rahmen des vertraglich festgelegten Aufgabengebietes),
- der Arbeitsabläufe,
- von Terminen,
- der eingesetzten Arbeitsmittel,
- des Arbeitsplatzes und
- von Maßnahmen des Arbeitseinsatzes

soweit anderslautende Schutzvorschriften dem nicht entgegenstehen (z. B. JArbSchG, MuSchG, tarifliche Rationalisierungsschutzabkommen, Mitbestimmungsrechte des BR).

23. Versetzung und Mitbestimmung

- Es liegt eine mitbestimmungspflichtige Versetzung i. S. des § 95 Abs. 3 BetrVG vor.

- Der Betriebsrat in Krefeld muss der Versetzung nach § 99 Abs. 1 BetrVG zustimmen (abgebender Betrieb; Versetzung).

- Der Betriebsrat in Erkelenz muss der Einstellung nach § 99 Abs. 1 BetrVG zustimmen (aufnehmender Betrieb; Einstellung).

24. Mitbestimmung bei personellen Einzelmaßnahmen

a) Bei der Umwandlung eines befristeten Arbeitsverhältnisses in ein unbefristetes ist der Betriebsrat erneut zu beteiligen – er muss der Umwandlung zustimmen. Begründung: Dem Betriebsrat steht das erneute Mitbestimmungsrecht zu, da seit der Zustimmung zum vorliegenden befristeten Arbeitsverhältnis geraume Zeit vergangen ist. Es ist bei der Umwandlung erneut zu prüfen, ob z. B. den beschäftigten Mitarbeitern Nachteile durch die Umwandlung erwachsen können.

b) Der Betriebsrat ist in diesem Fall nicht erneut zu beteiligen, da er bereits bei der Zustimmung zum Probearbeitsverhältnis erkennen konnte, dass der Arbeitgeber den Übergang in ein unbefristetes Arbeitsverhältnis beabsichtigte.

25. Betriebsübergang

Der neue Inhaber tritt in die Rechte und Pflichten der zum Zeitpunkt des Übergangs bestehenden Arbeitsverhältnisse ein.

26. Schutz besonderer Personengruppen

Beispiele:

Personengruppe	Schutzgesetze
Frauen	Art. 3, 6 GG; FFG; MuSchG; BeschSchG, AGG
jugendliche Arbeitnehmer	JArbSchG
schwerbehinderte Menschen	SGB IX
Auszubildende	BBiG, JArbSchG
Personen, die ein Kind erziehen	BEEG
Mitglieder einer Arbeitnehmervertretung	KSchG, BetrVG
ältere Arbeitnehmer	AltTzG

27. Beendigung des Arbeitsverhältnisses

a) • Tod des Arbeitnehmers
    • Erreichen der Altersgrenze („Pensionierung")
    • Kündigung (fristgerecht oder fristlos)
    • Aufhebung des Vertrages
    • Fristablauf (bei befristeten Verträgen).

b) Pflicht
    • zur Zeugniserteilung
    • zur Erstellung der Urlaubsbescheinigung
    • Aushändigung der Arbeitspapiere
    • Freistellung für Bewerbungen
    • Gewährung noch ausstehender Leistungen (z. B. Resturlaub).

28. Beschäftigungsverbot nach dem Mutterschutzgesetz

• *Relatives Beschäftigungsverbot:*
  Nach § 3 Abs. 2 MuSchG dürfen werdende Mütter *in den letzten sechs Wochen vor der Entbindung* nicht beschäftigt werden. Dieses Verbot richtet sich in erster Linie an den Arbeitgeber. Für die Arbeitnehmerin lässt das Gesetz eine Ausnahme dann zu, wenn sie sich ausdrücklich zur Arbeitsleistung bereiterklärt.

• *Absolutes Beschäftigungsverbot:*
  Nach § 6 Abs. 1 MuSchG besteht *für Wöchnerinnen bis zum Ablauf von acht Wochen* nach der Entbindung ein absolutes Beschäftigungsverbot. Das Gesetz lässt keine

Ausnahmen zu. Auch bei Zustimmung der Arbeitnehmerin darf während dieser Schutzfrist nach der Entbindung keine Beschäftigung erfolgen.

29. Gesundheitliche Betreuung Jugendlicher

Die gesundheitliche Betreuung Jugendlicher, die in das Berufsleben eintreten, ist geregelt in den §§ 32 ff. JArbSchG. Danach sind vor allem folgende Untersuchungen erforderlich:

Dauer der Beschäftigung	Maßnahme
Beginn der Ausbildung	Vorlage des Gesundheitszeugnisses
9 Monate	Hinweis des Arbeitgebers auf Nachuntersuchung
12 Monate	Nachuntersuchung
14 Monate	Beschäftigungsverbot, falls Nachuntersuchung fehlt
24 Monate	ggf. weitere Nachuntersuchungen

30. Mutterschutz

Kündigungsschutz:	während der Schwangerschaft und vier Monate danach (ggf. Elternzeit beachten)
Beschäftigungsverbot:	sechs Wochen vor der Entbindung; acht bzw. 12 Wochen nach der Entbindung
Gefahrenschutz:	unzulässig sind Arbeiten, die Gesundheit und Leben von Mutter und Kind gefährden
Mutterschaftshilfe:	Mutterschaftsvorsorge; Mutterschaftsgeld

31. Arbeitnehmerschutzrechte

a) Maßnahmen aufgrund der *Schwangerschaft* von Frau Selig:
 • relatives Beschäftigungsverbot nach § 4 MuSchG
 • absolutes Beschäftigungsverbot nach §§ 4 Abs. 3, 8 Abs. 1 MuSchG:
  Verbot der Akkordarbeit und Verbot der Nachtarbeit zwischen 20:00 und 06:00 Uhr
 • Maßnahmen aufgrund der *Schwerbehinderteneigenschaft* von Frau Selig:
  - Einschaltung des Integrationsamtes, der Gewerbeaufsicht und der Schwerbehindertenvertretung (§§ 81 ff. SGB IX)
  - Schaffung eines behindertengerechten Arbeitsplatzes (§§ 81 ff. SGB IX).

b) Das Arbeitsverhältnis von Frau Selig endet zum 31.11. d. J. Es liegt ein zweckbefristeter Arbeitsvertrag nach §§ 14, 15 TzBfG vor. Er „endet frühestens zwei Wochen nach Zugang der schriftlichen Unterrichtung des Arbeitnehmers (Mitteilung am 20.10.) über dem Zeitpunkt der Zweckerreichung." Der mehrfache, besondere Kündigungsschutz (Mitglied des Betriebsrates, Schwerbehinderung, Schwangerschaft) hat bei einem befristeten Vertrag keine Relevanz, da keine Kündigung vorliegt und auch nicht erforderlich ist.

32. Ausbildungsvertrag und Formvorschriften

Der Ausbildungsvertrag kommt am 22.05. rechtswirksam zu Stande (übereinstimmende Willenserklärung; vgl. §§ 145 ff. BGB). Anette Tronto ist voll geschäftsfähig. Die Vertragsniederschrift hat lediglich deklaratorischen Charakter (vgl. § 11 BBiG). Ein Verstoß gegen die Schriftform würde (lediglich) eine Ordnungswidrigkeit nach § 102 BBiG darstellen.

33. Präsentation

a) Geeignete Medien zur Visualisierung, z. B.:
   • Folien/Overhead-Projektor
   • Präsentationen mithilfe einer Software (z. B. PowerPoint) und Einsatz eines Beamers
   • Flipchart
   • Pinnwand.

b) Darstellung betrieblicher Abläufe, z. B.:
   • Arbeitsablaufdiagramm
   • Blockdiagramm
   • Flussdiagramm.

c) Die Visualisierung
   • verbessert das Verstehen von Zusammenhängen
   • verbessert die Behaltenswirksamkeit
   • motiviert den Teilnehmerkreis.

d) Einzelziele der Präsentation im vorliegenden Sachverhalt:
   • Erfolg als Person/als Präsentator
   • die Belegschaft von der Notwendigkeit der Änderungen im Ablauf zu überzeugen
   • erreichen, dass die Belegschaft die Implementierung der organisatorischen Veränderungen aktiv unterstützt.

34. Anerkennung

a) *Anerkennung, Begriff und Bedeutung:*
   Anerkennung ist die *Bestätigung positiver (erwünschter) Verhaltensweisen.* Da jeder Mensch nach Erfolg und Anerkennung durch seine Mitmenschen strebt, verschafft die Anerkennung dem Mitarbeiter ein Erfolgsgefühl und bewirkt eine Stabilisierung positiver Verhaltensmuster. Wichtig ist: Anerkennung und Kritik müssen sich die Waage halten; besser noch: häufiger richtiges Verhalten bestätigen, als (nur) falsches kritisieren. Zur Unterscheidung:

   Anerkennung bezieht sich auf die *Leistung*:
   → „Dieses Werkstück ist passgenau angefertigt. Danke!"

   Nur in seltenen Fällen ist Lob angebracht. *Lob* ist die Bestätigung der *Person*:
   → „Sie sind ein sehr guter Fachmann!"

Merke: → Mehrmaliger Erfolg führt zur Stabilisierung des Verhaltens.
　　　 → Mehrmaliger Misserfolg führt zu einer Änderung des Verhaltens.

b) *Anerkennung, Grundsätze:*
   * (scheinbare) *Selbstverständlichkeiten* bedürfen der Anerkennung. Der Grundsatz „Wenn ich nichts sage, war das schon o. k." ist falsch.
   * Die beste Anerkennung kommt *aus der Arbeit selbst.* Arbeit und Leistung müssen *wichtig* sein und *Sinn* geben.
   * Anerkennung muss *verdient* sein.
   * Anerkennung soll
     - anlassbezogen　　　- zeitnah
     - sachlich　　　　　- eindeutig
     - konstruktiv　　　　- konkret sein.
   * Anerkennung muss sich an einem klaren Maßstab orientieren:
     - Was ist erwünscht?
     - Was ist unerwünscht?
   * Das *Maß der Anerkennung* muss sich am Zielerfolg und dessen Bedeutung orientieren (wichtige/weniger wichtige Aufgabe).
   * Anerkennung *unter vier Augen* ist i. d. R. besser, als Anerkennung vor der Gruppe.
   * Anerkennung und Kritik sollten sich auf lange Sicht die *Waage* halten.

c) *Formen der Anerkennung,* Beispiele:

Nonverbal	ohne Worte: Kopfnicken, Zustimmung signalisieren, Daumen nach oben, „Hm, hm, ..."
Verbal	in einzelnen Worten: „Ja!", „Prima"!, „Klasse!", „Freut mich!"
	in (ganzen) Sätzen: • „Klasse, dass wir den Termin noch halten können!" • „Scheint gut geklappt zu haben?"
• unter *vier Augen*/vor der *Gruppe* • Anerkennung der *Einzel*leistung/der *Gruppen*leistung • Anerkennung *verbunden mit einer materiellen/immateriellen Zuwendung:* 　Prämie, Geschenk, Sonderzahlung, Beförderung, Erweiterung des Aufgabengebietes u. Ä.	

4. Volkswirtschaft für die Handelspraxis

01. Nachfrage und Preisentwicklung

Mögliche Erklärungsansätze:

- Prestigeeffekt des Gutes (z. B. Porsche).
- Die Preise konkurrierender Güter sind stärker gestiegen.
- Der Konsument erwartet weitere Preissteigerungen.
- Das verfügbare Einkommen der Haushalte ist gestiegen.

02. Staatlich festgelegte Höchst-/Mindestpreise

a) *Ziele staatlicher Eingriffe in den Preismechanismus,* z. B.:
  - Schutz des Verbrauchers
  - Schutz der abhängig Beschäftigten
  - Schutz einzelner Branchen/Wirtschaftszweige.

b) *Wirkungen,* z. B.:
  - Festgelegte Höchstpreise beeinflussen das Gewinnstreben; mögliche Wirkung: Verringerung des Angebots, ggf. Unterversorgung der Wirtschaft.

  - Festgelegte Mindestpreise (z. B. Löhne im Bausektor); mögliche Wirkung: den Nachfragern ist der Preis zu hoch, sie beschaffen im Ausland oder auf „grauen Märkten" (z. B. Schwarzarbeit).

03. Vollkommener Markt

a) 1. *Homogene Güter:* Es werden nur gleichartige Güter nachgefragt oder angeboten.

  2. Es existieren *keine Präferenzen* der Marktteilnehmer bezüglich örtlicher, personeller oder sachlicher Art.

  3. Es besteht absolute *Markttransparenz:* Anbieter und Nachfrager haben vollständige Marktübersicht und Qualitätseinsicht.

  4. *Hohe Reaktionsgeschwindigkeit* der Marktteilnehmer auf Veränderungen.

  5. *Offener Punktmarkt:* Der Raum spielt keine Rolle und es existieren keine Marktzugangsbeschränkungen.

b) Im Gegensatz zu unvollkommenen Märkten gibt es auf dem vollkommenen Markt für ein Gut nur einen Preis. Der Preis ist ein Datum. Das einzelne Unternehmen kann den Preis nicht beeinflussen. Es kann sich nur mit der Menge anpassen (Mengenanpasser).

04. Veränderung von Angebot und Nachfrage

1. Die Nachfrage nach Rohöl steigt → die Nachfragekurve verschiebt sich nach rechts → der Marktpreis für Rohöl steigt.

2. Das Angebot an Rohöl steigt → die Angebotskurve verschiebt sich nach rechts → der Marktpreis für Rohöl fällt.

3. Das Angebot an Rohöl geht zurück → die Angebotskurve verschiebt sich nach links → der Marktpreis für Rohöl steigt.

05. Wettbewerb in der Marktwirtschaft

- Der Wettbewerb in der freien Marktwirtschaft soll z. B. die Entwicklung von Monopolstrukturen verhindern. Damit soll erreicht werden, dass einzelne Anbieter eine unangemessene Marktbeeinflussung zu Lasten anderer Wirtschaftsteilnehmer realisieren.

- Wettbewerb zwingt die Unternehmen, sich am Markt zu behaupten durch kostengünstige Leistungserstellung unter Beachtung der Qualität und des Umweltschutzes.

06. Formen der Arbeitslosigkeit

a) Beispiele:
- *Saisonale* Arbeitslosigkeit:
  Bedingt durch den Wechsel der Jahreszeiten.

- *Friktionelle* Arbeitslosigkeit:
  Entsteht durch Arbeitsplatzwechsel (Zeit zwischen Beendigung der alten Tätigkeit und Aufnahme der neuen Tätigkeit; Anpassung an neue Arbeitsbedingungen → Umschulungsmaßnahmen).

- *Strukturelle* Arbeitslosigkeit:
  Bedingt durch Bedarfs- und Nachfrageverschiebungen nach Arbeit (z. B. Rückgang der Industriearbeit).

- *Konjunkturelle* Arbeitslosigkeit:
  Unterbeschäftigung aufgrund eines konjunkturellen Rückgangs.

b) Geeignete, staatliche Maßnahmen, z. B. bei struktureller Arbeitslosigkeit:
- Förderung durch Subventionen
- verbesserte Abschreibungsmöglichkeiten für bestimmte Investitionen
- Steuervergünstigungen.

07. Verlagerung der Produktion in das Ausland, Unternehmenskonzentration

a) Gründe für die Standortpolitik deutscher Unternehmen, z. B.:

- geringere Produktionskosten, insbesondere niedrige Personal-/Personalzusatzkosten

- Marktnähe der Produktion zum Kunden

- Der Eintritt in ausländische Märkte gelingt zum Teil nur dann, wenn im Ausland Arbeitsplätze geschaffen werden (Forderung der ausländischen Regierung).

- geringere Logistikkosten.

b) Betriebswirtschaftliche Zielsetzungen bei Unternehmenszusammenschlüssen können z. B. sein:

- Realisierung von Synergieeffekten (gleiche Abläufe, Zentralisierung von Strukturen, Verbesserung der Wirtschaftlichkeit in der Verwaltung und der Logistik)

- Ausbau der Marktposition und der Finanzkraft gegenüber dem Wettbewerb

- Schaffen neuer, ggf. ergänzender Produktbereiche zur Komplettierung der Angebotspalette sowie zur Risikostreuung.

c) Volkswirtschaftliche Auswirkungen der zunehmenden Tendenz von Unternehmenszusammenschlüssen; Beispiele für mögliche Entwicklungen:

- Die internationale Wettbewerbsfähigkeit deutscher Unternehmen wird gestärkt. Damit kann im Inland eine Sicherung der Beschäftigungslage verbunden sein.

- Eine zunehmende Konzentration der Wirtschaft kann Monopolstrukturen verstärken. Für den Verbraucher kann dies bedeuten: Verringerung der Angebotsvielfalt, der Qualität sowie steigende Preise (vgl. z. B. die Entwicklung im Baumarktsektor).

- Die Einflussnahme großer Unternehmen auf die Volksvertreter steigt (Lobby) und führt zu einer verstärkten Berücksichtigung egoistischer Unternehmensinteressen zu Lasten der Allgemeinheit.

08. Antizyklische Finanzpolitik

- Eine Erhöhung der Staatsausgaben führt zu einem Anstieg der gesamtwirtschaftlichen Nachfrage.

- Eine Erhöhung der Personalausgaben kann zu einem Anstieg der Beschäftigung führen.

- Eine Anhebung der Transferzahlungen des Staates (Wohngeld, Bafög, ALG II) kann indirekt die gesamtwirtschaftliche Nachfrage erhöhen (Multiplikator- und Akzeleratoreffekte).

09. Aufgaben der Tarifparteien

- Aufgaben der Gewerkschaften, z. B.:
  - Führen der Tarifverhandlungen mit den Arbeitgebern
  - Verbesserung der Arbeitsbedingungen
  - Beratung der Arbeitnehmer in Fragen des Arbeitsrechts und Vertretung vor Arbeits-
    gerichten
  - Sicherung der Arbeitsplätze
  - Lohnanpassung (Beteiligung der Arbeitnehmer am wirtschaftlichen Fortschritt)
  - Förderung der staatlichen Sozialversicherung
  - Förderung der Vermögensbildung der Arbeitnehmer.

- Aufgaben der Arbeitgeberverbände, z. B.:
  - Führen der Tarifverhandlungen mit den Gewerkschaften
  - Beobachtung und Steuerung des Arbeitsmarktes
  - arbeitsrechtliche Beratung der vertretenen Unternehmen
  - internationale Ausrichtung der Lohn- und Sozialpolitik.

10. Feste und flexible Wechselkurse

- *Feste Wechselkurse:*
  - Keine/geringe Kursschwankungen (Sicherheit für den Außenhandel)
  - ggf. Zahlungsbilanzungleichgewichte.

- *Flexible Wechselkurse:*
  - Ausgleich von Export und Import (Zahlungsbilanzgleichgewicht)
  - Unsicherheit für den Außenhandel bei „schnellen und starken" Kursveränderungen
  - Beeinflussung des Kurses durch Spekulationsgeschäfte.

- Folgende Faktoren beeinflussen den Wechselkurs, z. B.:
  - Verhältnis von Export/Import
  - Preisniveaustabilität und Zinsgefälle der Länder
  - Währungsspekulationen
  - Vertrauen in die Leistungsfähigkeit der Wirtschaft der betrachteten Länder
  - Unterschiede in der wirtschaftlichen Entwicklung.

11. Konjunkturindikatoren

Konjunkturindikatoren sind z. B.:
- Inlandsnachfrage
- Entwicklung der Auslandsnachfrage (Export)
- Arbeitslosenquote/Zahl der offenen Stellen
- Beurteilung des Geschäftsklimas
- Auftragsbestand/Auslastung der Kapazitäten.

12. Struktur der Zahlungsbilanz

a) und b)

Einzelbilanzen	Beispiele
Dienstleistungsbilanz	Reisen, Patente
Übertragungsbilanz	Zahlungen an internationale Organisationen, Überweisungen der Gastarbeiter in ihre Heimat, Entwicklungshilfe
Handelsbilanz	Wareneinfuhr/Warenausfuhr
Devisenbilanz	Nettozunahme/-abnahme der Währungsreserven
Kapitalverkehrsbilanz	Kapitalbewegungen in das Ausland/vom Ausland

c) Nicht erfasst werden z. B.:
   • produktive Leistungen im Haushalt und in der Erziehung
   • ehrenamtliche Tätigkeiten
   • Schwarzarbeit.

13. Direktinvestitionen

a) Direktinvestitionen sind Investitionen der deutschen Wirtschaft im Ausland, z. B. Aktienkäufe, Unternehmensbeteiligungen, Vergabe langfristiger Darlehen; diesen stehen Investitionen der ausländischen Wirtschaft im Inland gegenüber.

b) Ein negativer Saldo der Direktinvestitionen kann z. B. folgende Wirkung haben: Kapitalexport: Es fließt mehr Kapital in das Ausland als von dort in das Inland kommt → im Inland entsteht eine Kapitalverknappung für Investitionen → sinkende Wettbewerbsfähigkeit und abnehmende Produktion → ggf. Konjunkturrückgang und Preissteigerung im Inland.

14. Begriffe der Volkswirtschaftlichen Gesamtrechnung

• *Bruttoinlandsprodukt:*   →   geografische Abgrenzung
Wert aller Güter und Dienstleistungen, der im Inland produziert wurde (auch von Ausländern)

• *Bruttoinländerprodukt:*   →   personelle Abgrenzung
Wert aller Güter und Dienstleistungen, der von allen Inländern im In- und Ausland produziert wurde

• Das *Bruttonationaleinkommen* (früher: Bruttosozialprodukt) stellt die Leistung einer Volkswirtschaft innerhalb einer Rechnungsperiode unter Berücksichtigung von Steuern, Subventionen, Abschreibungen, Abgaben, u. a. dar.

• Das *Volkseinkommen* (auch Nettonationaleinkommen oder Nettoinländereinkommen) ist die Summe aller von Inländern im Laufe eines Jahres aus dem In- und Ausland bezogenen Erwerbs- und Vermögenseinkommen, wie Löhne, Gehälter, Mieten, Zinsen, Pachten und Vertriebsgewinne.

- *Nominelle* Wachstumsrate:
  Jährliche Wachstumsrate des BIP zu aktuellen Preisen

- *Reale* Wachstumsrate:
  Preisbereinigte Wachstumsrate des BIP

- *Lohnquote:*
  Einkommen aus unselbstständiger Arbeit : Volkseinkommen

- *Gewinnquote:*
  Einkommen aus Unternehmertätigkeit und Vermögen : Volkseinkommen

15. Erhöhung der Einfuhrzölle

- *Schutzeffekt:* Die Einfuhr ausländischer Güter soll begrenzt/reduziert werden.

- *Konsumeffekt:* Die Inländer sollen mehr inländische und weniger ausländische Produkte kaufen.

- *Einnahmeneffekt:* Die Zolleinnahmen können steigen.

16. Haushalt der Europäischen Union

Der EU-Haushalt wird finanziert aus:

- *Eigenmitteln* (Einnahmen, die der EU zufließen, ohne dass hierfür ein spezieller Beschluss der einzelstaatlichen Behörden erforderlich wäre); sie umfassen Agrarabschöpfungen, Zölle, Zuckerabgaben, MwSt.-Eigenmittel und BNE-Eigenmittel[1]; mit den Eigenmitteln wird der größte Teil des EU Haushalts finanziert; und

- *sonstigen Einnahmen* (z. B. Steuern auf die und Abzüge von den Dienstbezügen des Personals, Bankzinsen, Beiträge von Drittländern zu bestimmten Unionsprogrammen).

17. Preisniveaustabilität, Inflation, Zinsentwicklung

a) Preisstabilität wird von der EZB als Anstieg des Harmonisierten Verbraucherpreisindex (HVPI) von weniger als 2 v. H. gegenüber dem Vorjahr definiert.

b) • Beziher fester Einkommen: → der Reallohn sinkt.
   • Unternehmer: → Gewinne sinken, es sei denn, die Preissteigerungen können an die Verbraucher überwälzt werden.

c) Die Inflation benachteiligt in der Regel die Beziher fester Einkommen (vgl. b)) und begünstigt die Eigentümer von Sachwerten. Da die reiche Bevölkerungsschichten über den Großteil der Sachwerte verfügen, bewirkt eine Inflation auf Dauer eine Vermögensumverteilung zu Lasten der armen Bevölkerungsschichten.

d) Auswirkungen der Zinssenkung, z. B.:

---

[1] Die BNE-Eigenmittel beruhen auf einem einheitlichen Prozentsatz auf das Bruttonationaleinkommen (BNE) der einzelnen EU-Mitgliedsstaaten.

- für Bezieher fester Einkommen:
  - Kreditzinsen sinken (meist mit Verzögerung)
  - Zinsen für Spareinlagen sinken (ohne Verzögerung).

- für Unternehmer:
  - Kreditzinsen sinken; dadurch wird die Investitionstätigkeit angeregt
  - Zinsen für Geldanlage sinken (ggf. Kapitalflucht in das Ausland).

18. Währungsunion

- *Vorteile/Chancen:*
  - keine Wechselkursrisiken; Absicherungskosten entfallen
  - geringere Transaktionskosten (vereinfachter Währungstausch)
  - freier Kapitalverkehr (verbesserte Allokation)
  - Anstieg des Warenverkehrs zwischen den Mitgliedsländern.

- *Nachteile/Risiken:*
  - Aufhebung der geldpolitischen Autonomie
  - Notwendigkeit der Abstimmung fiskalpolitischer Maßnahmen
  - Probleme der „Sogwirkung" bei wirtschaftlicher Instabilität eines Mitgliedslandes
  - der Wechselkurs verliert seine Funktion als Anpassungsmechanismus.

19. Nachfragesteuerung

Erhöhung der binnenwirtschaftlichen Nachfrage durch ...	Geeignete Instrumente
Anregung der Investitionstätigkeit	• kurzfristige Senkung der Einkommen- und Körperschaftsteuersätze • Sonderabschreibungen • Investitionszulagen • Erhöhung der direkten Subventionen
Anregung des privaten Konsums	• befristete Senkung der Lohn- und Einkommensteuer • Anhebung der staatlichen Transferleistungen
höhere Staatsnachfrage	• Konjunkturprogramme • Zunahme der Aufträge der öffentlichen Hand

5. Beschaffung und Logistik

01. Beschaffungsmarktforschung

a) Die *Aufgabe* der Beschaffungsmarktforschung ist die systematische und methodische Ermittlung von Beschaffungsmöglichkeiten.

b) Ihr *Ziel* ist es, die relevanten Märkte für die zuständigen Einkaufsstellen transparent zu gestalten.

   Hierbei wird unterschieden in:

   • *Marktanalyse*
   Zeitpunktuntersuchung (Momentaufnahme)

   • *Marktbeobachtung*
   Zeitraumbetrachtung (Trends und Veränderungen sollen erkannt werden)

   • *Marktprognose*
   Vorschau (Ableitung aus Analyse und Beobachtung).

c) *Moderne Kommunikationsmittel:*
   Moderne Kommunikationsmittel, allen voran das World Wide Web, sind in der heutigen Beschaffungsmarktforschung zur wichtigsten Datenquelle geworden. Durch leistungsfähige Suchmaschinen, wie z. B. Google, Altavista, Lycos, Fireball etc., sind mannigfaltige Informationen einholbar. Auch die gängigen Bezugsquellenverzeichnisse sind mittlerweile online verfügbar. Weiterhin haben viele Firmen einen eigenen Internetauftritt. Je nach Qualität und Umfang der Seiten sind hier das gesamte Lieferprogramm und selbst technische Datenblätter verfügbar. Dies erleichtert die Suche nach potenziellen Bietern enorm.

   Nachteil hierbei ist allerdings, bedingt durch die immense Vielfalt der abrufbaren Daten, die in der Regel sehr hohe Trefferquote. Es ist häufig sehr mühselig, die Ergebnisse der Suchmaschinen auszuwerten. Eine qualifizierte Suchabfrage ist hier hilfreich. Auch das Suchen in den „ersten Ergebnissen" kann zum Erfolg führen.

02. Optimale Bestellmenge

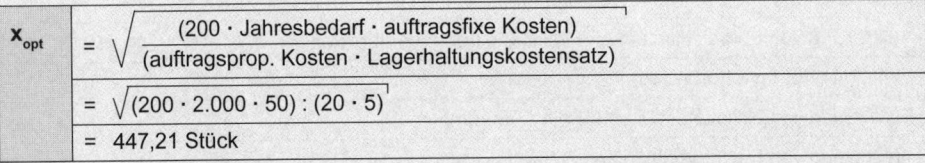

$$x_{opt} = \sqrt{\frac{(200 \cdot \text{Jahresbedarf} \cdot \text{auftragsfixe Kosten})}{(\text{auftragsprop. Kosten} \cdot \text{Lagerhaltungskostensatz})}}$$

$$= \sqrt{(200 \cdot 2.000 \cdot 50):(20 \cdot 5)}$$

$$= 447,21 \text{ Stück}$$

Vergleicht man die Bestellkosten in Abhängigkeit von der Bestellmenge, so ergibt sich bei

$$x = 450 \text{ Stück} \Rightarrow K = 447 \text{ €}$$
$$x = 500 \text{ Stück} \Rightarrow K = 450 \text{ €}$$

Andere Mengen (500 < x < 450) führen zu höheren Gesamtkosten. Mit anderen Worten: Herr Zahl disponiert im Bereich der optimalen Losgröße.

03. Efficient Consumer Response (ECR) und Supply Chain Management (SCM)

- *Efficient Consumer Response* (ECR) ist die ganzheitliche Betrachtung der Wertschöpfungskette vom Hersteller über den Handel bis hin zum Kunden. Ziel ist dabei, die Wünsche des Kunden in Erfahrung zu bringen und bestmöglich zu befriedigen – unter Beachtung der Kosten. Dabei müssen sowohl die Waren- als auch die Informationsströme zwischen Hersteller, Handel und Kunde untersucht werden.

- *Supply Chain Management* (SCM; englisch: supply = liefern, versorgen; chain = Kette; Fachbegriff der Logistik). Darunter versteht man die Optimierung der gesamten Prozesse der Güter, der Informationen sowie der Geldflüsse entlang der Wertschöpfungskette vom Lieferanten bis zum Kunden.

04. Checkliste Inventur

Die Grundsätze einer ordnungsgemäßen Inventur sind vom Gesetzgeber festgeschrieben:

- Forderung nach Vollständigkeit
- Forderung nach Genauigkeit
- Forderung nach Einhaltung des Prinzips der Einzelaufnahme
- Forderung nach einer übersichtlichen und verständlichen Darstellung
- Forderung nach Nachprüfbarkeit.

Um diese Forderungen zu erfüllen, ist eine sorgfältige Vorbereitung unabdingbar. Eine Checkliste kann dabei sehr hilfreich sein, z. B.:

Maßnahme	Termin	verantwortlich	o. k.
Erstellung eines detaillierten Inventurplanes			
Aufstellung von übersichtlichen und vollständigen Inventarlisten			
Einteilung der Inventurbezirke			
Festlegung von Stillstandszeiten für die Aufnahme			
Aufstellung von Inventurrichtlinien			
Unterschriftenregelung bei Differenzen festlegen			
Auswahl bzw. Einstellung geeigneter Mitarbeiter und Aushilfen			
Trennung von Lagerfunktion und Aufnahmefunktion			

Vorbereitung der Bestände			
Bereitstellung geeigneter Messwerkzeuge (Waagen etc.)			

05. Bestandsbewertung

Anfangsbestand:	01.01.	1.800 kg	80 €/E
Zugang:	10.03.	3.800 kg	70 €/E
Zugang:	01.09.	3.000 kg	90 €/E
Zugang:	01.11.	3.500 kg	85 €/E
Verbrauch:	01.01. - 31.12.	9.000 kg	

AB	1.800 kg	Bestände	12.100 kg	SB	3.100 kg
Zugänge	3.800 kg	- Verbrauch	- 9.000 kg	- AB	- 1.800 kg
	3.000 kg	= SB	3.100 kg	= Saldo	1.300 kg
	3.500 kg				
Bestände	12.100 kg				

AB	1.800 kg · 80 =	144.000 €
+ Saldo	1.300 kg · 70 =	91.000 €
= SB	3.100 kg · x =	235.000 €
⇒	x =	235.000 € : 3.100 kg
		75,81 €/kg

06. Transport

a) Vorteile des Straßengüterverkehrs, z. B.:
  • in der Regel geringere Kosten als andere Transportsysteme
  • Flexibilität
  • Schnelligkeit/Zeit
  • keine oder wenige Umschlagvorgänge
  • gute Erreichbarkeit des Kunden
  • Anpassungsfähigkeit an spezielle Transporterfordernisse (Transportmenge, Besonderheiten des Handlings).

b) Aspekte, die unabhängig von den Kosten für die Inanspruchnahme fremder Transportleistungen sprechen:
  • fehlende Kapazität (generell oder aktueller Engpass)
  • besondere Transporterfordernisse (Kühl-, Gefahrenguttransport, Dimensionen des Transportgutes).

07. Eigentransport oder Fremdtransport

Es soll gelten:

	Eigentransport	Fremdtransport
fixe Kosten	K_E	K_F
variable Kosten pro km	k_E	k_F

Im kritischen Punkt gilt:

$$K_E + km \cdot k_E = K_F + km \cdot k_F$$
$$km \cdot k_E - km \cdot k_F = K_F - K_E$$
$$km\,(k_E - k_F) = K_F - K_E$$

$$km = (K_F - K_E) : (k_E - k_F)$$

$$\textbf{Anzahl der kritischen Kilometer} = \frac{(\textbf{Fixkosten}_F - \textbf{Fixkosten}_E)}{(\textbf{variablen Kosten}_E - \textbf{variable Kosten}_F)}$$

Beispiel:

	Eigentransport	Fremdtransport
fixe Kosten	80.000 €	12.000 €
variable Kosten pro km	0,60 €	2,20 €

$$km = (12.000 - 80.000) : (0,6 - 2,2)$$
$$km = -68.000 : -1,6$$
$$km = 42.500 \text{ €}$$

Probe: 80.000 + 25.500 = 12.000 + 93.500

Hinweis: Analog ist die Entscheidung „Eigenlager/Fremdlager" zu berechnen.

08. Lagerkosten

Lageranfangsbestand	125.000 €
Lagerzugänge	1.438.000 €
Lagerendbestand	240.000 €
kalkulatorischer Zinssatz	9 %

a) *durchschnittlicher Lagerbestand:*

ø Lagerbestand	= (Anfangsbestand + Endbestand) : 2
	= 125.000 + 240.000 : 2
	= 182.500 €

b) *Umschlagshäufigkeit:*

Umschlagshäufigkeit	= Jahresverbrauch : ø Lagerbestand
	= (125.000 + 1.438.000 - 240.000) : 182.500
	= 7,25

c) *durchschnittliche Lagerdauer:*

ø Lagerdauer	= 360 (Tage) : Umschlagshäufigkeit
	= 360 : 7,25
	= 49,66 Tage

d) *jährliche Lagerzinsen:*

Lagerzinsen	= ø gebundenes Kapital · Zinssatz : 100
	= 182.500 · 9 : 100
	= 16.425 €

09. Vergleich der Beschaffungskosten

	Berechnung	Bestellverfahren 1	Bestellverfahren 2
Anzahl der Bestellungen p. a.		4	12
Jahresbedarf		24.000 Stk.	24.000 Stk.
AB		6.000 Stk.	2.000 Stk.
SB		2.000 Stk.	600 Stk.
Einkaufspreis/Stk.		10,00 €	10,00 €
Lagerhaltungs- kostensatz (LH)		20 %	20 %
Kosten je Bestellvorgang		100 €	100 €
ø Lagerbestand	(AB + SB) : 2	(6.000 + 2.000) : 2 = 4.000 Stk.	(2.000 + 600) : 2 = 1.300 Stk.
Kapitalbindung	ø Lagerbestand · Einkaufspreis/Stk.	4.000 Stk · 10 € = 40.000 €	1.300 Stk. · 10 € = 13.000 €
Kosten der Kapitalbindung	Kapitalbindung · LH	40.000 € · 20 % = 8.000 €	13.000 € · 20 % = 2.600 €
Bestellkosten		4 · 100 € = 400 €	12 · 100 € = 1.200 €
Gesamtkosten	Kosten der Kapitalbindung + Bestellkosten	8.400 €	3.800 €
Kostenvorteil, absolut			4.600 €
Kostenvorteil	(3.800 - 8.400) : 8.400 · 100		**- 54,76 %**

10. ABC-Analyse

a) + b)

Arti- kel- num- mer	Verbrauch/ Monat in Einheiten	Preis je Einheit in €	Verbrauchs- wert je Monat in €	Sortierung (fallende Verbr.-Werte)		ABC- Klas- se	Wert in %
				Art. Nr.	Wert in €		
9004	30.000	0,30	9.000,00	19842	45.000,00	A	~ 70
9790	15.000	0,10	1.500,00	49423	25.000,00	A	
10576	200	3,00	600,00	9004	9.000,00	B	
11362	5.000	0,08	400,00	21546	6.000,00	B	~ 20
12148	8.000	0,04	320,00	59418	5.000,00	B	

12934	500	0,50	250,00	22824	3.000,00	C	
13720	720	0,25	180,00	9790	1.500,00	C	
18990	6.000	0,02	120,00	21972	1.350,00	C	
19416	10.000	0,07	700,00	19416	700,00	C	
19842	9.000	5,00	45.000,00	10576	600,00	C	
20268	250	1,40	350,00	53421	500,50	C	
20694	6.000	0,01	60,00	11362	400,00	C	
21120	4.000	0,07	280,00	57419	380,00	C	
21546	1.200	5,00	6.000,00	20268	350,00	C	
21972	1.500	0,90	1.350,00	12148	320,00	C	~10
22398	600	0,05	30,00	55420	300,00	C	
22824	800	3,75	3.000,00	21120	280,00	C	
45425	10	15,00	150,00	12934	250,00	C	
47424	315	0,73	229,95	47424	229,95	C	
49423	200	125,00	25.000,00	51422	200,00	C	
51422	4.000	0,05	200,00	13720	180,00	C	
53421	715	0,70	500,50	45425	150,00	C	
55420	15.000	0,02	300,00	18990	120,00	C	
57419	2.000	0,19	380,00	20694	60,00	C	
59418	5.000	1,00	5.000,00	22398	30,00	C	

$$\approx 100.900,00$$

c) • *A-Teile:*
  - erhöhte Aufmerksamkeit
  - sorgfältige Überwachung der Lagerbestände (Ziel: Bestandsreduzierung)
  - Kontrolle der Verbräuche
  - besondere Sorgfalt bei der Disposition
  - mehr Wettbewerbsangebote einholen
  - intensive Verhandlungen
  - Sondervereinbarungen
  - intensive Beschaffungsmarktforschung
  - Durchführung wertanalytischer Maßnahmen.

• *B-Teile:*
  - Maßnahmen wie in der Gruppe A, allerdings mit etwas geringerem Aufwand
  - durch Bedarfszusammenfassung sollte versucht werden in die Gruppe A zu gelangen.

- *C-Teile:*
  - intensive Bedarfszusammenfassung
  - Rahmenabkommen
  - Einsatz von Bestelloptimierungsverfahren
  - größere Abstände bei Lagerkontrollen
  - Kleinbedarf auf wenige Lieferanten konzentrieren
  - Sukzessivlieferverträge schließen
  - Bedarf für eine gesamte Planperiode bestellen.

11. Sachmängelhaftung

a) Es liegt ein *Verbrauchsgüterkauf* vor (Käufer = Privatperson; Verkäufer = Kaufmann).

b) Herr Meierdirks hat das Recht auf Nacherfüllung (Beseitigung des Mangels oder Lieferung einer mangelfreien Sache; Herr Meierdirks kann hier wählen). Die Kosten für den Getriebeschaden muss er nicht tragen. Er muss auch nicht beweisen, dass er den Schaden nicht verursacht hat. Es gilt beim Verbrauchsgüterkauf eine Gewährleistungsfrist von einem Jahr. Innerhalb der ersten sechs Monate gilt die Beweislastumkehr: Es wird angenommen, dass der Schaden bereits bei Lieferung bestand.

Außer der Nacherfüllung kann Herr Meierdirks den sog. „kleinen Schadenersatz" geltend machen, z. B. Ersatz von Fahrtkosten mit dem Taxi, Abschleppkosten.

12. Verkauf per Internet

a) § 312c BGB schreibt vor, dass Müller den Verbraucher klar und verständlich über

- die Einzelheiten des Vertrages und der Person des Unternehmers,
- Widerrufs- und Kündigungsrechte sowie
- den gewerblichen Zweck des Vertrages

unterrichten muss.

Außerdem gilt § 312e BGB.

b) Der Kunde hat ein Widerrufsrecht nach § 312d BGB (14 Tage). Die Kosten der Rücksendung der Angel muss Müller tragen. Die Rücksendekosten muss der Verbraucher nur dann tragen, wenn er vom Unternehmer auf diese Rechtsfolge hingewiesen wurde und der Unternehmer sich nicht dazu bereit erklärt hat, dass er diese Kosten selbst trägt.

c) Das Widerrufsrecht besteht nicht bei Waren, die nach Kundenspezifikationen angefertigt worden sind (§ 312d Abs. 4 Nr. 1 BGB).

6. Handelsmarketing und Vertrieb

01. Kommissionär, Makler

• Der *Kommissionär* ist ein selbstständiger Gewerbetreibender, der im *eigenen Namen für Rechnung* des Auftraggebers (Kommittenten) *Verkäufe* von Waren *abwickelt*. Er wird nicht Eigentümer der Ware.

• Der *Makler* ist selbstständiger Gewerbetreibender, der Geschäftsabschlüsse nachweist oder diese vermittelt.

   Beide Vertriebsorgane werden nur im Auftragsfall tätig und erhalten für ihre Dienste eine Courtage (Kommission oder Provision).

02. Marktchancen, Vertriebswege

a) Zum Beispiel sind folgende Fragestellungen relevant:

   • Anzahl und Marktanteile der Konkurrenten?
   • Nachfragesituation?
      - Anzahl der interessierten Bauherren?
      - Weisen die Interessenten ähnliche Merkmale auf?
   • Allgemeine wirtschaftliche Rahmenbedingungen?
      - Konjunkturentwicklung?
      - Situation auf dem Wohnungsbausektor?

b) 1. *Indirekter Vertrieb* über den Fachhandel und das Handwerk, z. B.:

   Vorteile: • Serviceeinrichtungen sind vorhanden
                 • Fachhandel ist eingeführt und bekannt

   Nachteile: • Fachhandel könnte das Produkt in Bezug auf die Präsentation bzw. die Beratungsqualität nicht genügend herausstellen
                 • geringerer Deckungsbeitrag: Provision muss gezahlt werden bzw. Wiederverkäuferrabatt.

   2. *Direktvertrieb:*

   Vorteile: • die eigenen Marketing-Aktivitäten sind unabhängig
                 • keine Provisionszahlungen bzw. Wiederverkäuferrabatt
                 • direkter Kundenkontakt (Lernerfahrungen über den Markt)

   Nachteile: • hohe Investitionskosten für den Aufbau eines eigenen Service-Netzes
                 • geringerer Bekanntheitsgrad im Vergleich zum Vertrieb über die regional eingeführten Handwerksbetriebe.

03. Veröffentlichung von Testergebnissen

a) Empfehlungen für produktpolitischen Maßnahmen, z. B.:

* *Produkt A:*   sofortige Verbesserung der Handhabung; danach besteht die Möglichkeit, bei der nächsten Bewertung der Verbraucherzeitschrift zu einem Urteil „gut" zu kommen. Da das Produkt A den niedrigsten Preis hat, könnte die Verbindung von Preis und Testurteil als Werbeaussage genutzt werden.

* *Produkt B, C:* Bei Produkt B – und in noch stärkerem Maße bei Produkt C – kommt es darauf an, insbesondere die Handhabung und die Eigenschaften zu verbessern. Zu überprüfen ist ebenfalls, ob die Schaffung interner Kostenvorteile zu einer Preissenkung führen können.

* *Produkt D:*   Die Hochpreisstategie ist vertretbar, da das Produkt im Testergebnis als bestes abgeschnitten hat. Das Testergebnis sollte sofort werblich genutzt werden.

b) Generelle Kritikansätze (Beispiele):

* Gewichtung der Testmerkmale
* Es ist nicht erkennbar, wie der Preis und die übrigen Merkmale im Testergebnis berücksichtigt werden.
* Ebenso: Welche Normen wurden bei der technischen Prüfung zu Grunde gelegt?

04. Space Management, Visual Merchandising

Visual Merchandising ist konzeptionell umfassender (als reines Flächenmanagement) und enthält alle Maßnahmen der kreativen Warenpräsentation, der bildhaften Informationsvermittlung und der Platzierung innerhalb der Verkaufsfläche. Es werden alle Sinne angesprochen. Damit soll dem Kunden die Orientierung erleichtert werden und es sollen Kaufimpulse ohne den Einsatz von Verkaufspersonal entstehen. Hauptziel ist die Realisierung einer Einkaufsatmosphäre, in der der Kunde sich wohl fühlt (Erlebniseinkauf) und die bewusst oder unbewusst zum (Mehr-) Kauf animiert und damit den Umsatz steigert.

Visual Merchandising umschließt z. B. folgende Handlungsfelder:

* *Einkaufsatmosphäre:*
  Dekorationsmittel, Farben, Musik, Beleuchtung, Geruch/Düfte, Erholzone.

* *Maßnahmen der Ladengestaltung und der Warenplatzierung:*
  - Unterteilung in verkaufsstarke und verkaufsschwache Flächen
  - Erstplatzierung, Zweit- und Drittplatzierung
  - Zusammenstellung nach Farben
  - Zusammenstellung nach Marken oder Herstellern
  - Zusammenstellung nach Preislage
  - teure Waren in Blickhöhe, preiswerte im unteren Regal
  - Einsatz von Licht
  - Displays.

05. Category Management

a) • Profilierungs-Categories
   • Pflicht-Categories (auch: Kern-Categories)
   • Ergänzungs-Categories
   • Saison-Categories.

b) Scorecard zur Festlegung und Kontrolle der Category-Leistungsziele:

Category-Rolle	Bereich	Kennzahl	Zielwert für die kommende Periode
Kern-Category Y	Finanzen	Umsatz	290.000 €
Profilierungs-Category Z		Absatz	80.000 Stück

Kern-Category Y	Kunde	Bedarfsdeckung	zu 85 %
Profilierungs-Category Z		Einkaufshäufigkeit	5-mal

Kern-Category Y	Produktivität	Lagerumschlag	18
Profilierungs-Category Z		Warenverfügbarkeit	90 %

Kern-Category Y	Markt	Marktanteil (Menge)	4,5 %
Profilierungs-Category Z			8,5 %

06. Rabattarten, Rabattpolitik, Skonto

a) Die Rabattpolitik kann als *preispolitische Feinsteuerung* bezeichnet werden, die vor allem zwischen Hersteller und Handel eine Rolle spielt.

b) Es wird heute üblicherweise zwischen folgenden Rabattarten unterschieden:

   • *Funktionsrabatte* (oder auch: Stufenrabatte; Nachlass an Handelsstufen) = Rabatt aufgrund der Übernahme spezieller Funktionen (z. B. Lagerungsfunktion, Absatzfunktion).

   • *Mengenrabatte* = bei Abnahme großer Mengen (als Barrabatt oder Naturalrabatt); nachträglicher Mengenrabatt = *Bonus*. Im weitesten Sinne kann dazu auch der *Treuerabatt* gerechnet werden.

   • *Zeitrabatte* werden gewährt, wenn der Auftrag zu bestimmten Zeiten erfolgt, z. B.: Einführungsrabatte, Saisonrabatte, Vordispositionsrabatte, Auslaufrabatte. Zeitrabatte sind ein Entgelt des Herstellers an den Handel für die Übernahme der Lagerhaltungsfunktion.

c) *Ziele der Rabattpolitik*, z. B.:
   • Umsatzsteigerung/Kaufanreize
   • Erhaltung/Erweiterung des Kundenstamms
   • zeitliche Lenkung des Umsatzes

- „Abwälzen von Funktionen" (z. B. Lagerhaltung)
- Rationalisierung der Auftragabwicklung.

07. Markenpolitik

a) Merkmale eines Markenartikels:
- gleich bleibende Qualität und Aufmachung
- weit verbreitet
- am Markt bekannt
- Name und Design sind geschützt
- werden auch vom Hersteller beworben.

b) Risiken:
- Lieferterminprobleme des chinesischen Herstellers muss die WMK AG abfedern.

- Evtl. Qualitätsprobleme der neuen Dampfgartöpfe gehen zu Lasten der WMK AG und schädigen die Hausmarke (ein hohes Risiko).

- Nach einer gewissen Zeit wird am Markt bekannt werden, dass „die WMK AG nun auch Waren aus China im Programm hat" (erheblicher Imageverlust am Markt).

08. Marktanteil, Sättigungsgrad

a)

Markt			
Marktpotenzial	Marktvolumen	Absatzvolumen : Marktvolumen	**= Marktanteil**
↓	↓		
Absatzpotenzial	Absatzvolumen	Marktvolumen : Marktpotenzial	**= Sättigungsgrad**

b)
- Der eigene Marktanteil verändert sich, weil ein Mitbewerber z. B. aus dem Markt ausscheidet. Der Grund kann beispielsweise im Qualitätsniveau oder in der ungelösten Nachfolge liegen.

- Die Nachfrage nach einem Produkt sinkt. Dadurch scheiden viele Mitbewerber aus dem Markt aus. Der eigene Marktanteil steigt, obwohl der Absatz sinkt.

09. Marketing-Mix

Marktpolitische Instrumente der ...			
Produktpolitik	**Kontrahierungspolitik**	**Distributionspolitik**	**Kommunikationspolitik**
• Produktpolitik i. e. S. • Programmpolitik • Produktdesign • Namenspolitik • Verpackung • Qualität • Markenpolitik • Diversifikation • Produktvariation • Sortimentspolitik • Kundendienst	• Preispolitik • Prämienpreispolitik • Promotionpreispolitik • Penetrationspolitik • Abschöpfungspolitik • Preisdifferenzierung • Rabattpolitik • Lieferbedingungen • Zahlungsbedingungen • Garantiepolitik • Kulanz	• Distributionspolitik i. e. S. • Absatzwege • Absatzmittler • Standortpolitik • Niederlassungspolitik • Marketinglogistik • Auslieferungspolitik	• Werbung • Werbeträger • Werbemittler • Werbebotschaft • Verkaufsförderung • Öffentlichkeitsarbeit • Persönlicher Verkauf • Corporate Identity

10. Programmstrategien

Basisvarianten „Programmbreite/-tiefe":

		Programmbreite	
		gering	**hoch**
Programmtiefe	**gering**	wenige Produkte wenige Versionen	viele Produkte wenige Versionen
	hoch	wenige Produkte viele Versionen	viele Produkte viele Versionen

11. Produktdifferenzierung, -variation, -diversifikation

a) • *Produktdifferenzierung*
= Aufnahme zusätzlicher Produkte mit besondereren Eigenschaften (Spezifikation in *vertikaler* Richtung).
Beispiel: Herren*oberbekleidung* für den Urlaub (Camping o. Ä.)

• *Produktvariation*
= Veränderung bereits im Verkaufsprogramm enthaltener Produkte.
Beispiel: Herrenwesten aus Seide und neuem Schnittmuster (bisher: aus Stoff, nach altem Schnittmuster).

• *Produktdiversifikation*
= Verbreiterung des Verkaufsprogramms durch Hinzunahme weiterer Produkte in *horizontaler* Richtung.
Beispiel: Herren*unterbekleidung*.

b) Grundlage der Produktdifferenzierung ist die Marketingstrategie der *Marktsegmentierung*.

c) Marktsegmentierung nach bestimmten Merkmalen wie z. B.:

- Körpergröße   • Alter
- Preiselastizität   • Qualität

Konkrete Beispiele:
Hosen, z. B.: • speziell für Übergewichtige
- speziell für Ältere/Jüngere (Farbgebung, Material usw.)
- speziell für Freizeit, für festliche Anlässe
- Schaffung einer eigenen Marke
  („*TRIMPOL* = die Hose mit der besonderen Note").

d) Risiken der Strategie der Produktdifferenzierung, z. B.:

- das Angebot wird unübersichtlich
- erhöhter Marketingaufwand durch unterschiedliche Werbestrategien
- kleine Marktsegmente
- hoher Handlingsaufwand
- hohe Kapitalbindung.

12. Preisstrategie

	Skimmingpreisstrategie	Horizontale Preisdifferenzierung
Merkmale:	In der Phase der Markteinführung wird ein relativ hoher Preis festgelegt (Abschöpfungsstrategie), da noch keine Wettbewerbsprodukte am Markt sind. Man geht davon aus, dass ausreichend Kunden vorhanden sind, die bereit sind, für die Neuartigkeit den entsprechenden Preis zu zahlen.	Das Produkt „Schlucki" wird auf unterschiedlichen Teilmärkten (Einzelhandel, Fachgeschäft, Einkaufszentren, Supermärkte) zu unterschiedlichen Preisen angeboten.
Vorteile:	hoher Deckungsbeitrag – bereits zu Beginn Die zurückfließenden Mittel können zur Festigung der Marktposition (Werbung) bzw. zur Entwicklung neuer Produkte eingesetzt werden.	Die Kunden der unterschiedlichen Teilmärkte (z. B. Einkaufszentrum, Einzelhandelsgeschäft) haben ein unterschiedliches Kaufverhalten (preisbewusst/nicht preisbewusst, Kenntnis der Produktpreise/oder nicht, besondere Präferenzen usw.). Dadurch ist es möglich, in bestimmten Teilmärkten höhere Preise durchzusetzen als in anderen.

13. Werbung und Verkaufsförderung

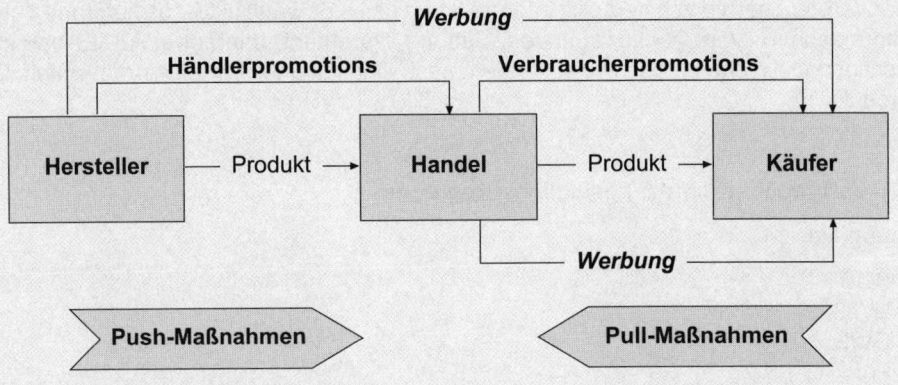

14. Maßnahmen der Verkaufsförderung

Maßnahmenbereiche	Beispiele
• eigenes Verkaufspersonal:	- Schulung - monetäre Anreize - geeignete Verkaufshilfen
• Händlerpromotions:	- Erfahrungsaustausch etablieren - Werbehilfen - Rabatte, Sonderkonditionen
• Verbraucherpromotions:	- Produktvorführungen in Heimwerkermärkten - Anwendungsberatung (persönlich/Video) - Sonderpreisaktionen - Zusatznutzen (Verpackung o. Ä.).

15. Marketing-Audit

a) Prüfung
  • der Verfahren (Planungs-, Kontroll-, Informationsverfahren)
  • des Marketing-Mix (Strategie, Mittel, Maßnahmen)
  • der Strategien (Prämissen, Ziele)
  • der Organisation (Organisationsform, Koordination).

b) • Sollgrößen festlegen
  • Ist-Größen ermitteln
  • Abweichungen ermitteln
  • Abweichungen analysieren und bewerten
  • Maßnahmen ergreifen.

16. Verbrauchertyp

Der Verbrauchertyp von heute ist informiert und aktiv: Er wählt aktiv aus aufgrund guter Informationen (Verbraucherzentralen, Stiftung Warentest, Internet u. Ä.). Er berücksichtigt dabei nicht nur den Preis, sondern auch Qualität und Umweltverträglichkeit der Produkte.

17. Verbraucherschutz, gesetzliche Regelungen

Beispiele:

- BGB
- UWG
- GWB
- ProdSG
- Verbraucherinformationsgesetz
- Verordnung über Preisangaben
- Lebensmittelrecht
- Europäisches Wettbewerbsrecht (hat gegenüber den nationalen Gesetzen Vorrang).

18. Trading-up, Trading-down

a) Als *Trading-up* bezeichnet man die Strategie, das Leistungsangebot eines Handelsunternehmens zu verbessern. Zentrales Anliegen des Handelsunternehmens ist der Ausbau von Beratung, Kundenbetreuung und Geschäftsausstattung, um durch qualitativ höhere Leistungen die bestehende Kundschaft stärker an sich zu binden, neue Zielgruppen zu erschließen und höhere Preise erzielen zu können. In verkürzter Form bezeichnet man als *Trading-up* die Preiserhöhung eines Produkts bei verbesserter Leistung (z. B. angemessene Preisanhebung bei einem Buch bei steigender Seitenanzahl der Neuauflage).

Trading-down ist die gegenteilige Strategie, bei der man z. B. zu einfacheren, kostengünstigeren Vertriebsmethoden wechselt, um eine weitere Abwanderung der bestehenden Kundenschaft zu vermeiden.

b) Umsetzung der Trading-up-Strategie in einem Fachgeschäft, z. B.:

- Niedrigpreisige Produkte werden aus dem Sortiment entfernt.
- Das Sortiment wird mit Markenartikeln aufgefüllt.
- Der Service „Pre-Sale" und „After-Sale" wird verbessert.
- Ladenbild und Warenpräsentation werden exklusiv gestaltet.

19. Unter-, Mittel- und Oberzentren

Unterzentren	Unterzentren sind zentrale Orte der untersten Stufe zur Versorgung des *allgemeinen Bedarfs,* z. B. kleine Städte.
Mittelzentren	Mittelzentren dienen außerdem zur Versorgung des *mittelfristigen und gehobenen Bedarfs*, z. B. Kreisstädte.
Oberzentren	Oberzentren dienen außerdem zur Versorgung des *langfristigen und des höheren Bedarfs,* z. B. Großstädte.

7. Handelslogistik

01. Ziel der Logistik

Zusammengefasst hat die Logistik zum Ziel

*   die richtige Ware,
*   zur richtigen Zeit,
*   in richtiger Menge,
*   in richtiger Struktur,
*   mit richtigem Effekt (kostengünstig)

zur Verfügung zu stellen.

02. Logistikaufgaben im Handelsbetrieb

*   *Beschaffungslogistik* (Beschaffungswege, -vereinbarungen)

*   *Transportlogistik* (Verkehrsdienstleister, Transportwege/-mittel, Transportkosten, Gefahrenübergang, Incoterms, Bündelung von Einzeltransporten, Optimierung der Frachträume und Transportmittel)

*   *Lagerlogistik* (Lagerraumoptimierung, Lagerarten, Fördermittel, Bestandssteuerung, Kommissionierung)

*   *Marktlogistik* (Flächen- und Bestandsoptimierung, Warenplatzierung)

*   *Informationslogistik* (= Schnittstellenfunktion entlang der gesamten Logistikkette; Datenflusssteuerung, Stammdatenpflege, Kennzeichnung logistischer Einheiten)

*   *Retrologistik* (Recycling, Umtausch/Reklamation, Mehrwegverpackungen).

03. Lagerprozess

Beispiel:

| Wareneingang | → | Lager | → | Warenausgang |

| | | | | |

Auspacken
↓
Kontrollieren   Transport
↓   ↓
Prüfen   Kommissionieren
↓   Einlagern   ↓
Umpacken   Ruhe   Verpacken
↓   Pflege
Palettieren   Kontrolle   Bereitstellen
↓   Auslagern   ↓
Zwischenlagern   Kontrolle
↓   ↓
Leergutbehandlung   Leergutbehandlung
↓
Transport

04. Instrumente der Logistikkontrolle

- *Strategische Instrumente,* z. B.:
  - ABC-Analyse
  - XYZ-Analyse
  - Wertanalyse
  - Stärken-Schwächenanalyse
  - Benchmarking
  - Balanced Scorecard
  - Kundenzufriedenheitsanalyse
  - Wertschöpfungsanalyse
  - Marktanalyse.

- *Operative Instrumente,* z. B.:
  - Kennzahlensysteme (z. B. der Beschaffung, der Lagerhaltung, des Transports)
  - Mathematische Verfahren (z. B. lineare Optimierung zur Lösung von Transport-
    problemen).

05. Logistische Investitionen (Kostenvergleichsrechnung, Rangstufenmethode)

- *Kostenvergleichsrechnung:*
  Die Kosten verschiedener Alternativen (Ist zu Soll bzw. Soll 1 zu Soll 2) werden ver-
  gleichend gegenübergestellt. Das Verfahren ist statisch und dann einsetzbar, wenn
  die Kosten der jeweiligen Alternativen exakt quantifiziert werden können, z. B. Investitionsvorhaben 1 im Vergleich zu Investitionsverfahren 2.

• *Gewichtete Rangstufenmethode:*

Lassen sich die Kosten verschiedener Alternativen nicht exakt ermitteln, ist ein qualitatives Vergleichsverfahren möglich:

Die für die Alternativen relevanten Merkmale werden erfasst, mit Faktoren oder Prozentsätzen gewichtet und pro Merkmal und Alternative wird der gewichtete Punktwert ermittelt, z. B.:

Merkmal	Gewich-tung	Alternative 1		Alternative 2	
		ungewichtet	gewichtet	ungewichtet	gewichtet
Personalbedarf	0,1	4,0	0,4	2,0	0,2
Reparaturanfälligkeit	0,2	2,0	0,4	4,0	0,8
Durchlaufzeit	0,5	6,0	3,0	2,0	1,0
Kosten	0,1	3,0	0,3	5,0	0,5
Korrosion	0,1	1,0	0,1	3,0	0,3
Summe	1,0		4,2		2,8

Skalierung:	
0 bis unter 2	schlecht
2 bis unter 4	mittel
4 bis unter 6	gut
6 bis unter 8	sehr gut

Das Verfahren mit dem höchsten Punktwert ist zu bevorzugen; im dargestellten Beispiel ist dies die Alternative 1.

06. Kosten der Lagerhaltung

Die Gesamtkosten der Lagerhaltung ergeben sich aus der Summe der Lagerkosten und der Kapitalbindungskosten:

	Lagerraumkosten
+	Lagerbestandskosten
+	Lagerverwaltungskosten
+	Warenbehandlungskosten
+	Lagerrisikokosten
=	**Lagerkosten**
+	Kapitalbindungskosten (Lagerzinsen)
=	**Lagerhaltungskosten**

07. Eigenlager, Fremdlager, Rack Jobber

* *Eigenlager*
  - gehören zum Vermögenswert des Unternehmens oder sind gemietete Flächen/ Räume
  - stehen ständig zur Verfügung
  - binden Kapital
  - verursachen Kosten
  - sind auf die betrieblichen Erfordernisse zugeschnitten (Art der Ware, Lagerbestand, Zu- und Abführung des Lagergutes).

* *Fremdlager*
  - Lagergut wird für eine bestimmte Zeit fremd eingelagert (meist gegen Entgelt)
  - Abruf nach Bedarf
  - der Handel spart Kapital und hat kein Kapazitätsrisiko
  - Fremdlager werden teilweise auch als Franchiseunternehmen geführt (erscheint nach außen wie ein Betriebsteil).

* *Rack Jobber* (RJ)
  - sind Regalgroßhändler
  - mieten im POS Verkaufs- oder Regalfläche
  - bieten für eigene Rechnung (in Kommission) Ware an, die das vorhandene Sortiment ergänzt
  - nach dem Verkauf erfolgt die Rechnungslegung und Bezahlung an den RJ
  - der RJ trägt das Absatzrisiko (nicht verkaufte Ware geht zurück).

08. Kommissionieren

a) Unter Kommissionieren ist das auftragsgebundene Zusammenstellen von Teilmengen aus einer bestimmten Gesamtmenge zu verstehen.

Dazu sind die folgenden Teilaufgaben notwendig:

* Entnahme, d. h. aus dem Lagerbestand werden einzelne Artikel herausgelöst. Dies kann manuell oder auch automatisch erfolgen.
* Fortbewegen, d. h. einen vorgegebenen Weg zwischen Entnahmestelle und Abgabeort ausführen.
* Abgabe der Teilmengen und Quittung für den Empfang
* Zusammenstellen zu einem Kundenauftrag
* Verpacken der Kundenkommission
* Transport zur Bereitstellungsfläche für den Abtransport.

b) *statisch:* („Mann zur Ware")
Der Kommissionierer geht zur Ware, stellt den Kundenauftrag im Regalgang zusammen und legt dabei ggf. größere Strecken zurück.

**Kommissionierung im Regalgang
statisch: „Mann zur Ware"**

dynamisch: („Ware zum Mann")
Die Ware wird am Arbeitsplatz des Kommissionierers (Mann) vorbeigeführt. Auf-
tragsgebunden entnimmt der Kommissionierer eine bestimmte Menge und fügt diese zur Kundenkommission zusammen.

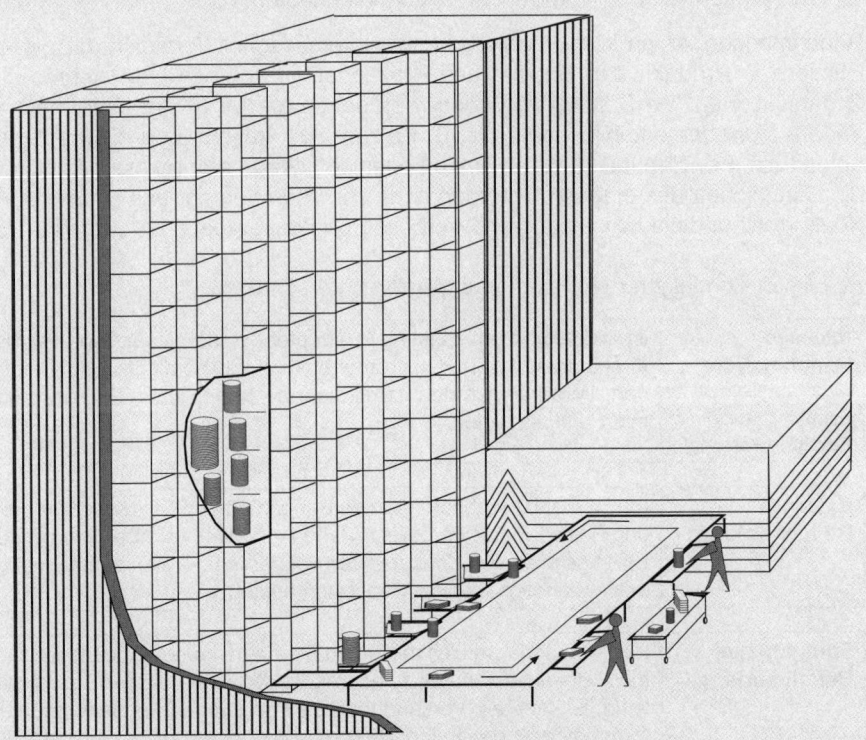

**Kommissionierung im Hochregallager
dynamisch: „Ware zum Mann"**

09. Warenfluss und Datentechnik

Wichtige Daten sind:

- *Artikelstammdaten:* Grunddaten eines Artikels, wie z. B. Artikelbezeichnung, Internationale Artikelnummer (EAN-Code bzw. GTIN), Mengeneinheit, Nummer der Versandeinheit (NVE bzw. SSCC), Lagerbereichskennzahl (Lagerortbezeichnung für das Gut), Internationale Lokationsnummer (ILN)

- *lagerbezogene Daten:* Lagerort, Lagerbereich, Lagerzone, Lagerplatz

- *Bestandsdaten:* Gesamtmenge, reservierte Menge, gesperrte Menge, disponible Menge, bestellte Menge, unterwegs befindliche Menge

- *Auslagerungsdaten:* Auftragsnummer, Positionsnummer, Artikelnummer, Auslagerungsmenge, Auslagerungskriterien, Auslagerungszeitpunkt, Arbeitsanweisung zur Auslagerung

- *Versanddaten.*

10. Benchmarking

a) Eine mögliche Definition von Benchmarking kann lauten:

Benchmarking ist ein kontinuierlicher und systematischer Vergleich der eigenen Effizienz in Produktivität, Qualität und Prozessablauf mit den Unternehmen und Organisationen, die Spitzenleistungen repräsentieren. Es ist ein Instrument das andere Managementphilosophien (z. B. Kaizen, Just-in-time, Lean Management) unterstützt. Benchmarking ist auf einen kontinuierlichen Lernprozess gestützt, der die Bereitschaft des eigenen Unternehmens zur Veränderung, das Verstehen der Konkurrenz und die Umsetzung und Verbesserung neuer Ideen voraussetzt.

b) Es lassen sich folgende Benchmarking-Arten unterscheiden:

Internes Benchmarking **auch:** **Selbstbewertung**	ist vor allem zum Einstieg zu empfehlen, da dieser Typ erste Befürchtungen vor dem Instrument nimmt und somit die Offenheit fördert. Weiterhin werden damit die innerbetrieblichen Prozesse optimiert und analysiert.
Externes Benchmarking	(auch: wettbewerbsorientiertes Benchmarking) Prozesse, Produkte und Beziehungen werden mit denen von Wettbewerbern verglichen. Es ist schwer, von Konkurrenten verlässliche Daten zu beschaffen, da verständlicherweise Misstrauen besteht.
Funktionales Benchmarking	Hier wird der Vergleich mit einem Benchmarkunternehmen durchgeführt, der auf einem ganz anderen Sektor als der eigene Betrieb tätig ist (z. B. kann ein Versandhaus als hervorragendes Benchmarkunternehmen für den Faktor „Kommisionierung" dienen, da dieser Prozess in Versandhäusern zuverlässig optimiert ist).

System Benchmarking	ist die schwerste Benchmarking-Art. Hier wird ein unternehmens-umfassender Systemvergleich durchgeführt. Die Anwendung erfolgt überwiegend in Verbindung mit TQM (Total Quality Management).

Bei der Arbeit mit Benchmarking und Total Quality Management kommt ein Unternehmen heute nicht mehr um ein Analyseinstrument zur Einschätzung des Ist-Zustandes herum. Dieses Instrument ist die Selbstbewertung (engl.: Self Assessment).

c) Eine *Selbstbewertung* (Self Assessment)
   ist eine umfassende, regelmäßige und systematische Überprüfung von Strukturen, Abläufen und Ergebnissen im eigenen Unternehmen (vgl. internes Systemaudit nach DIN ISO 9000). Ziel ist es, die Leistung des Unternehmens zu überprüfen und die Verbesserung der internen und externen Prozesse voranzubringen. Der Prozess der Selbstbewertung entspricht in seiner Logik der Analyse des Ist-Zustandes.

   Eine Selbstbewertung kann auf verschiedene Weisen durchgeführt werden:

   • aufgrund von Interviews mithilfe eines Fragebogens
   • Workshop mit Führungskräften
   • Anforderungsbewertung auf der Basis einer bereits eingeführten Managementphilosophie (z. B. DIN ISO 9000).

11. Prozesskostenrechnung

1. Ermittlung der Hauptprozesskostensätze:

Hauptprozess	lmi-Prozessmenge	Hauptprozesskosten	Prozesskostensatz
Einkauf	8.000 Std.	150.000 €	18,75 €/Std.
Transport	120.000 km	180.000 €	1,50 €/km
Lager	2.200 Std.	352.000 €	160,00 €/Std.

2. Kalkulation des Auftrags:

		Artikel 1		Artikel 2	
	Warenwert		10.000,00 €		80.000,00 €
+	Einkauf	18,75 · 2	37,50 €	18,75 · 1	18,75 €
+	Transport	1,50 · 600	900,00 €	1,50 · 120	180,00 €
+	Lager	160,00 · 2	320,00 €	160,00 · 4	640,00 €
=	Selbstkosten		11.257,50 €		80.838,75 €
⇒	**Selbstkosten insgesamt**				**92.096,25 €**

12. Gefahrstoffe

Unter Gefahrstoffen werden nach der GefStoffV verstanden:

- gefährliche Stoffe und Zubereitungen sowie Stoffe und Zubereitungen, die sonstige chronisch schädigende Eigenschaften besitzen
- Stoffe, Zubereitungen und Erzeugnisse, die explosionsfähig sind
- Stoffe, Zubereitungen und Erzeugnisse, aus denen bei der Herstellung oder Verwendung gefährliche oder explosionsfähige Stoffe oder Zubereitungen entstehen oder freigesetzt werden können
- Stoffe, Zubereitungen sowie Erzeugnisse, die erfahrungsgemäß Krankheitserreger übertragen können (infektiöses Material).

13. Gefahrstoffe, Betriebsanweisungen

Bevor der Unternehmer Mitarbeiter mit Stoffen, Zubereitungen oder Erzeugnissen umgehen lässt, hat er nach der GefStoffV zu ermitteln und zu beurteilen, ob es sich um Gefahrstoffe handelt und – wenn dies zutrifft und sie sich nicht durch weniger gefährliche Stoffe ersetzen lassen – die erforderlichen Schutzmaßnahmen festzulegen. Diese Erkenntnisse sind – ggf. um weitere Informationen ergänzt – den Mitarbeitern in Form einer schriftlichen Anweisung, der Betriebsanweisung, zugänglich zu machen.

Die folgenden Punkte sind in der Betriebsanweisung ausführlich zu beschreiben:

- Arbeitsplatz, -bereich, Tätigkeit
- Gefahrstoffe (Bezeichnungen)
- Gefahren für Mensch und Umwelt
- Schutzmaßnahmen und Verhaltensregeln
- Verhalten im Gefahrfall
- Erste Hilfe
- sachgerechte Entsorgung.

14. Aufgaben der Verpackung

a) Aufgaben der Verpackung:
  - Schutzaufgabe
  - Lageraufgabe
  - Lade- und Transportaufgabe
  - Verkaufsaufgabe, wie z. B. Werbeträger, Informationsträger
  - Zusätzlicher Kundendienst
  - Mittel zur Rationalisierung des Verkaufsvorganges
  - Warnfunktion
  - Verpackung als Zusatznutzen.

b) Verpackungsarten im Sinne der Verpackungsverordnung sind:
   • Transportverpackungen
   • Verkaufsverpackungen
   • Umverpackungen
   • Getränkeverpackungen.

15. Entscheidung über Transportlösung

• Für die Filialbelieferung ist der Straßenverkehr sinnvoll. Zur Entscheidung, ob mit eigenen Fahrzeugen gearbeitet wird oder Fremdfirmen (Spediteure, Frachtführer) eingeschaltet werden, sind die bekannten Überlegungen anzustellen (vgl. im Weißteil unter 7.1.1.2/Frage 09.).

• Für die Entscheidung über Transportlösungen zur Belieferung der Handelslagers sind die folgenden Überlegungen relevant:

   - verkehrstechnische Infrastruktur (Anbindung an Fernverkehrsstraßen, Schienen, Wasserstraßen)
   - Beförderungspreis und voraussichtliche Transportkosten
   - Gutart, Auftragsgröße und Auftragsvolumen
   - Transportentfernung
   - Zeitfaktor.

Dabei können auch mehrere Transportarten kombiniert werden, z. B. Lieferung nachts durch die Bundesbahn zur Bahnstation am Empfangsort und von dort aus Weitertransport durch ortsansässigen Frachtführer.

16. Verpackungs- und Logistikeinheiten

a) In Logistiksystemen soll die Verpackung als logistische Einheit so lange wie möglich unverändert als Lade-, Lager-, Transport- und Umschlagseinheit genutzt werden. Voraussetzung dazu ist ein standardisiertes Maßsystem, das sowohl die Maße des Warengutes als auch die Anforderungen an die Lager-, Transport- und Umschlagstechnik berücksichtigt. In der Praxis dient dazu das Grundmaß der EURO-Palette (1.200 mm x 800 mm).

b)

Paletten	sind tragbare Plattformen mit und ohne Aufbau. Sie dienen dazu, einzelne Gebinde zusammenzufassen. Sie sind genormt und werden hauptsächlich als Flachpalette bzw. Gitterboxpalette verwendet.
Collico-Behälter	sind stabile Behälteraufbauten, die im Leerzustand volumenreduzierbar sind. Diese Behälter sind in 20 verschiedenen Maßen verfügbar und in Europa genormt.
Container	sind Großbehälter, die nach dem englischen Fußmaß genormt sind. Das Containermaß ist passfähig zu Transportmitteln im Straßen-, Luft und Seeverkehr aber (noch) nicht abgestimmt mit dem Palettengrundmaß.

17. Versicherungsarten

Haftpflicht-versicherung	Sie ist eine der wichtigsten Versicherungen überhaupt – privat wie beruflich. Sie tritt für die Folgen ein, wenn Personen oder Sachen durch eine Unachtsamkeit zu Schaden kommen. Oft lässt sich die Berufshaftpflicht um andere Bestandteile ergänzen.
Vermögens-schaden-versicherung	Sie ersetzt verlorenes Geld, wenn Dienstleister ihre Kunden falsch beraten haben oder wenn durch eine fehlerhafte Kalkulation ein Schaden entsteht. Für Finanzberater ist die Versicherung sogar Pflicht, für alle anderen ein klarer Fall von „kann". Interessant kann eine Vermögensschadenversicherung für Manager im Rahmen einer Directors & Officers (D&O)-Police sein. Sie richtet sich an GmbH-Geschäftsführer und AG-Vorstände und übernimmt das Risiko der persönlichen Haftung.
Umwelthaft-pflichtver-sicherung	Sie kommt für Umweltschäden, zum Beispiel durch ausgelaufenes Heizöl oder Lösungsmittel auf. Wichtig ist diese Versicherung für produzierende Unternehmen aber auch für Handels- und Logistikunternehmen, die mit Gefahrstoffen umgehen.
Produkt-haftpflicht-versicherung	Sie zahlt, wenn Schäden durch fehlerhaft hergestellte Produkte entstehen. Ob diese Versicherung wirklich notwendig ist, hängt allerdings stark von den Produkten und Dienstleistungen des Unternehmens ab. Ein gutes Qualitätsmanagement kann die Versicherung ebenso überflüssig machen wie die oft im Paket angebotene Rückrufkostenversicherung. Hinzu kommt, dass Existenz bedrohende Produktklagen vor allem Unternehmen betreffen, die ihre Produkte in die USA liefern. Doch dieses Risiko versichern deutsche Assekuranzen in der Regel nicht.
Maschinen-versicherung	Wenn ein Mitarbeiter bei der mehrere hunderttausend Euro teuren Maschine den falschen Knopf drückt und damit das elektronische Steuerelement durch eine Unachtsamkeit zerstört, zahlt diese Versicherung den Schaden. Sie lohnt sich vor allem, wenn Betriebe wenige oder sehr teure Maschinen im Einsatz haben.
Betriebsunter-brechungs-versicherung	Ein zentrales Risiko wird oft unterschätzt: Wenn eine zentrale Maschine defekt geht, kann der ganze Betrieb eine lange Zeit stillstehen. Dabei laufen die Löhne und Mieten unerbittlich weiter. Ganz zu schweigen, dass versprochene Aufträge nicht termingerecht abgewickelt werden können. Schutz vor derartigen Folgerisiken bieten Betriebsunterbrechungsversicherungen.

Elektronik-versicherung	Wenn Computer ausfallen oder ein Blitz die Telefonanlage außer Gefecht setzt, ist der momentane Ärger oft größer als der tatsächliche Schaden. Das Gleiche gilt für Datenträger- oder Softwareversicherungen, welche zum Beispiel Schäden durch Virenbefall absichert. Mehrkostenversicherungen ersetzen bei einem längeren Ausfall der EDV-Anlage die anfallenden Überstunden oder die Kosten für die Anmietung einer Ersatz-EDV. Die meisten Versicherer bieten hier so genannte Allgefahrendeckungen an. Diese schließen zum Beispiel Diebstahl, Bedienungsfehler, Ungeschicklichkeit, Fahrlässigkeit, Überspannung, Feuchtigkeit, Vandalismus und andere Ereignisse ein. Benötigt wird davon meist nur ein Bruchteil, bezahlt wird aber für alles. Hier heißt es, genau zu kalkulieren, ob sich diese Versicherungen lohnen. Gerade bei kleineren Betrieben mit einer guten Datensicherung ist das meist nicht der Fall. Wer dagegen teure medizinische Apparate in seiner Praxis stehen hat, sollte den Abschluss einer solchen Police in Betracht ziehen.

18. Incoterms und Transportversicherung

a) Incoterms regeln
   - den Gefahren- und Kostenübergang vom Verkäufer an den Käufer
   - die Frage, wann eine Transportversicherung abzuschließen ist
   - die Frage, wer den Beförderungsvertrag abzuschließen hat.

   Incoterms regeln nicht
   - die Modalitäten des Kaufvertrags (sie ersetzen ihn also nicht)
   - den Inhalt von Beförderungs-, Versicherungs- und Finanzierungsverträgen
   - Vertragsstrafen bei Vertragsbruch
   - die Lieferung immaterieller Güter.

b) Der Verkäufer muss EXW Greifswald vereinbaren.

c) Bei den Klauseln CIF und CIP übernimmt der Verkäufer die Kosten für die Transportversicherung.

d) Die D-Klauseln. Der Verkäufer übernimmt hier sämtliche Kosten und Gefahren bis zum Bestimmungsort.

e) Incoterms bieten eindeutige, standardisierte und international gültige Regelungen. Die Gefahr von Fehlinterpretationen wird vermieden. Vertragliche Regelungen werden vereinfacht.

f)

Transportart	Incoterms
Geeignet nur für See-/Binnenschifftransporte:	FOB, CFR, CIF

19. Transportversicherung

a) Mit der Transportversicherung wird das Transportgut, also die transportierte Ware versichert. Das Frachtgut ist in vielen Fällen wertvoller als das haftpflichtversicherte Transportmittel selbst.

b) Frachtführer sind gesetzlich verpflichtet, eine Transportversicherung abzuschließen. Unternehmen, die ihre Waren selbst befördern – entweder als Abholhandel oder als Zustellhandel – schließen eine Werkverkehrsbescheinigung ab.

   Ob die Transportversicherung vom Exporteur oder vom Importeur abzuschließen ist, hängt von dem vereinbarten Incoterm ab. So schließt bei einer CIF-Klausel der Exporteur die (See-)Transportversicherung bis zum Bestimmungshafen ab und trägt die Versicherungsprämie. Ist anstelle des CIF-Terms stattdessen CPT bzw. CFR vereinbart, muss der Importeur die Transportversicherung finanzieren.

c) Unter großer (gemeinschaftlicher) Havarie versteht man die Kosten, die unmittelbar durch eine Rettung aus gemeinsamer (Schiff und Ladung bedrohender) Gefahr entstehen oder infolge von Rettungsmaßnahmen zu Schäden an Schiff oder Ladung führen. Dazu gehört auch das bewusste Über-Bord-Werfen von Teilen des Ladungsgutes (= Aufopferung), um ein Schiff wieder manövrierfähig zu bekommen. Die Transportversicherung erstattet den entstandenen Aufwand. Die Versicherer müssen übrigens – wenn der Versicherte das verlangt – Sicherheiten stellen, z. B. in Form einer Bürgschaft.

20. Transportkosten

Transport-planung	• Bündelung von Transporten • Vermeidung von Leertouren • Optimierung der Routen • Wahl der kostengünstigen Transportmittel • Ausnutzung der Vorteile spezieller Transportträger
Verpackung	• Einsatz klappbarer Behälter • erhöhter Verfüllungsgrad der Behälter • Leihverpackung • Wiederverwendung • Paletten
Versicherung	• Generalpolice (günstige Tarife)
Controlling	• effektives Controlling der Frachtkostenrechnungen • Verbesserung der Vertragsgestaltung/der Tarife • Nachverhandlung mit Carriern (Angebotsvergleiche)

21. Incoterms, Kosten- und Gefahrenübergang

	FOB	CIF	EXW
Kosten bis zum Verschiffungshafen	–	–	x
Kosten der Verladung auf das Schiff	–	–	x
Frachtkosten/See	x	–	x
Versicherung/See	x	–	x
Verzollung	x	x	x
Einlagerung am Bestimmungshafen	x	x	x
Transportkosten vom Hafen zum Werk	x	x	x

Legende:
–   Käufer trägt keine Kosten und Gefahren
x   Käufer trägt Kosten und Gefahren
FOB: Nach der Verladung auf das Schiff gehen Kosten und Gefahren auf den Käufer über.
CIF: Der Verkäufer trägt die Kosten bis zum Bestimmungshafen.
EXW: Der Käufer trägt alle Kosten und Gefahren.

8. Außenhandel

01. Aufbau einer Exportabteilung bei der Lanz GmbH

a) Interne, organisatorische Fragestellungen beim Aufbau einer eigenen Exportabteilung, z. B.:

- Wer ist verantwortlich für das Projekt „Aufbau der Exportabteilung"?
- Wie ist die neue Exportabteilung in die bestehende Organisation der Lanz GmbH zu integrieren?
- Wie viele Mitarbeiter mit welcher Qualifikation werden benötigt?
- Welches Entlohnungssystem ist für die Mitarbeiter der Exportabteilung zu wählen (z. B. fixe und variable Lohnbestandteile)?

b) Das Anforderungsprofil wird auf der Basis der Stellenbeschreibung erstellt und kann z. B. folgenden Inhalt haben:

Anforderungsprofil
Stelle: Exportsachbearbeiter

A. Fachliche Anforderungen:

- abgeschlossene Berufsausbildung als Kaufmann/Kauffrau im Groß- und Außenhandel
- mindestens drei Jahre Berufserfahrung in einem international orientierten Handelsunternehmen
- Weiterbildung zum Geprüften Handelsfachwirt mit Schwerpunkt Außenhandel
- Fremdsprachen: Englisch fließend in Wort und Schrift; Grundkenntnisse in mindestens einer weiteren Fremdsprache
- Landeskenntnisse (Südamerika)
- vertiefte Kenntnisse des Außenhandels, insbesondere Risikoabsicherung, Bestimmungen über Zoll, Devisen, Steuern und Zahlungsverkehr.

B. Persönliche Anforderungen:

- Anpassungs- und Lernfähigkeit
- Belastbarkeit, auch in Stresssituationen
- Kommunikationsfähigkeit
- Toleranz gegenüber anderen ethnischen Gepflogenheiten.

c) Beispiele für zusätzliche Finanzmittel beim Aufbau eines Außenhandelsgeschäfts, z. B.:

- Einrichtung der Exportabteilung (Gehälter, Sachmittel)
- Kosten für Länderstudien
- zusätzliche Reisekosten
- zusätzliche Werbungskosten

• Kosten für länderspezifische Produktanpassungen
• erhöhte Lagerhaltungskosten für den Mehrumsatz in das Ausland
• Kosten für Bürgschaften und Garantien im Auslandsgeschäft.

d) Möglichkeiten des Exports in Auslandsmärkte:

Indirekter Export	Export über unabhängige Handelspartner, z. B. Exporthändler mit Sitz im Inland, Exportvertreter mit Sitz im Inland, Exportverbände, ausländischer Importhändler, Niederlassung eines anderen Unternehmens.	*gering*
Direkter Export	Unmittelbarer Verkauf in das Ausland über unternehmenseigene oder unternehmensfremde Distributionsorgane.	↑
Lizenzerteilung	z. B. Übertragung von Vertriebslizenzen an Handelspartner im Ausland	↑ **Engagement, Risiko**
Joint Ventures	(dt.: Gemeinschaftsunternehmen) Zusammenschluss mit einem ausländischen Handelspartner bei geteiltem Eigentum, gemeinsamer Leitung und Kontrolle sowie Aufteilung des Gewinns.	↓
Direktinvestition	Errichtung/Kauf von Niederlassungen/Unternehmen im Ausland bzw. Erwerb von Unternehmensbeteiligungen	↓ *hoch*

Chancen, z. B.:
• Kostenersparnis
• geringere Lohnkosten als im Inland
• verbessertes Image im Exportland
• verbesserte Beziehungen zum Exportland
• Präsenz im Absatzmarkt (Information und Kontrolle)
• kein Währungsrisiko
• verbesserte Akzeptanz im Exportland
Risiken, z. B.:
• hoher Kapitalbedarf
• strategische Entscheidung
• geringere Produktivität
• mangelndes Qualitätsbewusstsein
• Rechtsunsicherheit (Gewinntransfer, Enteignung)
• evtl. Rückzug ist schwierig und aufwändig
• ethnische Besonderheiten (Käuferverhalten)

e) Preisgünstige Informationsquellen für den Export der Lanz GmbH in das Land A:

• Bundesagentur für Außenwirtschaft (bfai)
• Außenwirtschaftsportal – iXPOS
• Handelsattaché des Landes A in Deutschland
• Handelsattaché der deutschen Botschaft für Land A
• Konsulat von Land A
• Bundesverband der Deutschen Industrie (BDI)

- Bundesverband des Groß- und Außenhandels (BGA)
- Bundesverband der Deutschen Arbeitgeber (BDA)
- Länderverein
- Außenhandelskammer (AHK).

f)

Risiken	Beispiele	Absicherung, z. B.
Politische Risiken	KT-ZM-Risiken: • Konvertierungsrisiko • Transferrisiko • Zahlungsverbotsrisiko • Moratoriumsrisiko	• Euler-Hermes-Deckung • private Kreditversicherung • Bank-Garantie • Akkreditvzahlung
Ökonomische Risiken	Annahmerisiko	Akkreditvzahlung
	Zahlungsausfallrisiko	• Kreditversicherung abschließen • geeigneten term of payment vereinbaren
	Währungsrisiko	• Vertragsabschluss in Euro • Fremdwährungskonto • Devisentermingeschäft
	Transportrisiko	• Transportversicherung abschließen • geeigneten Incoterm wählen • Abholhandel statt Zustellhandel
Rechtliche Risiken bei Leistungs-störungen	Exporteur und Importeur vereinbaren, im Streitfall das Schiedsgericht der International Chamber of Commerce anzurufen und sich dem Schiedsspruch zu unterwerfen.	

02. Internationale Ausschreibungen (Tenderbusiness)

a) *Formen* der internationalen Ausschreibung:

Offene Ausschreibung auch: Global Tender	für alle interessierten Anbieter
Ausschreibung mit Präqualifikation auch: Public Tender	für Anbieter, die die Vorbedingungen erfüllen (Referenznachweise) bzw. sich im Rahmen früherer Ausschreibungen bereits qualifiziert haben.
Ausschreibung mit Beschränkung	auf Anbieter, die vom Ausschreibenden zur Abgabe eines Angebots aufgefordert werden (registrierte Firmen).

b) *Bestandteile* einer internationalen Ausschreibung, z. B.:

- Datum der spätesten Abgabe des Angebots
- Lieferbedingungen
- Zahlungsbedingung
- Mindestgültigkeitsdauer der Preisangaben
- Lieferzeit nach Erteilung des Zuschlags
- erforderliche Garantien, z. B. Bid Bond, Performance Bond
- Referenzen
- Muster.

c) Internationale Tender werden z. B. in/von folgenden Medien/Organen veröffentlicht:

- internationale Wirtschaftszeitungen
- Informationsdienste der Banken
- Amtsblatt der EU
- Bundesagentur für Außenwirtschaft (bfai)
- Wirtschaftsverbände
- „Nachrichten für den Außenhandel" (Zeitschrift).

d)

Bid Bond	ist eine Garantie für die wirtschaftliche Leistungsfähigkeit. Die Bank garantiert dem Auftraggeber, dass der Auftrag, für den ein Unternehmen im Rahmen einer öffentlichen Ausschreibung den Zuschlag bekam, vom Auftragnehmer auch ausgeführt wird.
Performance Bond	ist eine Lieferungs- und Leistungsgarantie. Der Garant (Bank des Exporteurs) haftet dafür, dass der Auftragnehmer seine vertraglichen Pflichten erfüllt.

03. Incoterms und Transportversicherung

a) Incoterms regeln
- den Gefahren- und Kostenübergang vom Verkäufer an den Käufer
- die Frage, wann eine Transportversicherung abzuschließen ist
- die Frage, wer den Beförderungsvertrag abzuschließen hat.

Incoterms regeln nicht
- die Modalitäten des Kaufvertrags (sie ersetzen ihn also nicht)
- den Inhalt von Beförderungs-, Versicherungs- und Finanzierungsverträgen
- Vertragsstrafen bei Vertragsbruch
- die Lieferung immaterieller Güter.

b) Der Verkäufer muss EXW Greifswald vereinbaren.

c) Bei den Klauseln CIF und CIP übernimmt der Verkäufer die Kosten für die Transportversicherung.

d) Die D-Klauseln. Der Verkäufer übernimmt hier sämtliche Kosten und Gefahren bis zum Bestimmungsort.

e) Incoterms bieten eindeutige, standardisierte und international gültige Regelungen. Die Gefahr von Fehlinterpretationen wird vermieden. Vertragliche Regelungen werden vereinfacht.

f)

Transportart	Incoterms
Geeignet nur für See-/Binnenschifftransporte:	FOB, CFR, CIF

04. Transportversicherung

a) Mit der Transportversicherung wird das Transportgut, also die transportierte Ware versichert. Das Frachtgut ist in vielen Fällen wertvoller als das haftpflichtversicherte Transportmittel selbst.

b) Frachtführer sind gesetzlich verpflichtet, eine Transportversicherung abzuschließen. Unternehmen, die ihre Waren selbst befördern – entweder als Abholhandel oder als Zustellhandel – schließen eine Werkverkehrsbescheinigung ab.

Ob die Transportversicherung vom Exporteur oder vom Importeur abzuschließen ist, hängt von dem vereinbarten Incoterm ab. So schließt bei einer CIF-Klausel der Exporteur die (See-)Transportversicherung bis zum Bestimmungshafen ab und trägt die Versicherungsprämie. Der Versicherungswert beinhaltet zum Wert des Transportgutes noch einen imaginären Gewinnzuschlag von 10 %. Ist anstelle des CIF-Terms stattdessen CPT bzw. CFR vereinbart, muss der Importeur die Transportversicherung finanzieren.

c) Unter großer (gemeinschaftlicher) Havarie versteht man die Kosten, die unmittelbar durch eine Rettung aus gemeinsamer (Schiff und Ladung bedrohender) Gefahr entstehen oder infolge von Rettungsmaßnahmen zu Schäden an Schiff oder Ladung führen. Dazu gehört auch das bewusste Über-Bord-Werfen von Teilen des Ladungsgutes (= Aufopferung), um ein Schiff wieder manövrierfähig zu bekommen. Die Transportversicherung erstattet den entstandenen Aufwand. Die Versicherer müssen übrigens – wenn der Versicherte das verlangt – Sicherheiten stellen, z. B. in Form einer Bürgschaft.

d) Je nachdem, wie häufig und in welchem Umfang ein Großhändler Transporte in eine bestimmte Region selbst durchführt, kann er zwischen verschiedenen Policen wählen:

Policen • Arten	
Einzelpolice	Jeder Transport wird für sich versichert. Einzelpolicen sind sinnvoll, wenn das Unternehmen ständig unterschiedlich wertvolle Transporte und in unterschiedliche Risikogebiete durchführt;
Generalpolice	Ist geeignet für ständig gleichartige Transporte (z. B. Transportwert, Transportgut); die Versicherungsprämie wird nachträglich z. B. monatlich für die durchgeführten Transporte abgerechnet und bezahlt.
Abschreibungspolice	Im Vorhinein wird eine bestimmte Versicherungssumme vereinbart und die Prämie hierfür bezahlt. Jeder durchgeführte Transport wird von der Versicherungssumme abgezogen, die sich so allmählich immer weiter verringert. Ist sie aufgebraucht, wird der Vertrag automatisch erneuert.

Als Arten der Transportversicherung lassen sich unterscheiden:
Transportmittelversicherung, Werkverkehrsversicherung, Warenversicherung, Verkehrshaftungsversicherung.

05. Zahlungsverkehr

a)

DDP Puerto Montt:		
Die Lanz GmbH	Die OREGANO Ltd.	Gefahrenübergang:
trägt die Kosten bis die Ware in Puerto Montt der OREGANO Ltd. zur Verfügung gestellt wird. Alle Aufwendungen, die bei der Ausfuhr entstehen oder beim Transit durch dritte Länder anfallen, sind von der Lanz GmbH zu übernehmen (Verpackung, Transportdokumente, Fracht, Ausfuhrdokumente, Ausfuhrabgaben, Einfuhrzoll).	trägt alle Kosten die entstehen, nachdem ihr die Ware in Puerto Montt zur Verfügung gestellt worden ist (inkl. Entladungskosten).	Nachdem die Ware der OREGANO Ltd. in Puerto Montt zur Verfügung gestellt wurde, (vor dem Entladen) trägt sie das Risiko, dass die Ware beschädigt wird oder verloren geht.

b) *Möglichkeiten zur Absicherung des Zahlungsrisikos,* z. B.:
   • Vorauszahlung
   • Zahlung durch Nachnahme
   • Dokumente gegen Zahlung (d/p inkasso: documents against payment)
   • Dokumente gegen Akzept (d/a inkasso: documents against acceptance)
   • Dokumentenakkreditiv (L/C).

c) Die Vereinbarung L/C schützt nicht nur vor dem Zahlungsausfallrisiko, sondern darüber hinaus auch vor dem Annahmerisiko, das durch d/p und d/a nicht beseitigt wird.

d) Dokumente für den Seetransport nach Puerto Montt:
   • Handelsfaktura (Commercial Invoice)
   • See-Konnossement (bill of lading)
   • Ausfuhranmeldung für die deutschen Zollbehörden
   • ggf. Zollfaktura (Customs Invoice)
   • ggf. Ursprungszeugnis (Certificate of Origin)
   • ggf. Nachweis über die Einhaltung technischer Normen
   • Warenbegleitpapiere (z. B. Aufmaßliste, Verpackungsliste, Gewichtszertifikat, Qualitätszertifikat).

e) Der Incoterm DDP enthält bezüglich der Transportversicherung keine Regelung. Die Lanz GmbH und die OREGANO Ltd. müssen diesen Teil des Kaufvertrages regeln.

06. Embargo

Ein Embargo richtet sich gegen einzelne Staaten. Mit einem Land, gegen das ein Embargo verhängt ist, dürfen keine Handelsbeziehungen unterhalten werden. Unternehmen dürfen aus dem Embargoland weder Waren importieren noch dorthin exportieren (Totalembargo) oder nur die Waren beziehen oder liefern, die vom Embargo ausdrücklich ausgenommen sind (Teilembargo). Welche Waren davon betroffen sind, ergibt sich aus der *Ausfuhrliste* im Anhang der AWV. Man unterscheidet *Embargolisten* und *Embargowaren.*

---

9. Mitarbeiterführung und Qualifizierung

---

01. Pareto-Prinzip

a) Ziele bilden den Maßstab für menschliches Handeln. Wer klar umrissene Ziele hat, weiß wohin er will.

b) Das Pareto-Prinzip (auch: 80:20-Regel) besagt u. a., dass 80 % des Zeiteinsatzes nur 20 % Ergebnisbeitrag bringen. Daraus folgt in der Umkehrung: In der Regel bringen 20 % des Kräfte- und Zeiteinsatzes bereits einen Ergebnisbeitrag von 80 %.

Beispiel/Liste: - ....
                           - ....   (individuelle Lösung)

Im Beispiel (vgl. Aufgabenstellung) heißt dies, nicht einen zeit- und kräfteverzehrenden Aktionismus zu entfalten, sondern die 20 % der Maßnahmen herauszufiltern, die bereits 80 % Zielbeitrag ergeben. Beispiel: Man entscheidet sich aus der Fülle geeigneter Fortbildungsmaßnahmen zunächst nur für eine Veranstaltung „Konferenztechnik/Moderation von Gesprächen", da man der Auffassung ist, dass man mit dem Erwerb dieser Schlüsselqualifikation den stärksten Zielerreichungsbeitrag gewinnt.

02. Tagesplanung

a) • *Sieben Prinzipien der Tagesplanung*, z. B.:
1. Nicht den ganzen Tag verplanen (50:50-Regel).
2. „Stille Minute" zum Arbeitsbeginn fehlt (Einstimmung und Tagesplan einprägen/ überprüfen).
3. Termin mit Dr. Ohnesorge liegt ungünstig (08:00; z. B. Verspätung wegen Stau usw.).
4. Zum Teil keine Pufferzeiten (Termin Dr. Ohnesorge/Projektgruppe K).
5. Die einzelnen Aktivitäten haben keine Prioritäten-Kennzeichnung (A, B, C).
6. Keine Kennzeichnung von
   - Termine „mit mir selbst"
   - Termine mit anderen.
7. Keine Kennzeichnung von Vorgängen, die an die Sekretärin, Frau Knurr delegiert werden können.

• *Kritische Terminplanung*, z. B.:
- sehr später Beginn der Vorbereitung zur Budgetsitzung; ab 17:00 evtl. interne Ansprechpartner nicht mehr im Hause; A-Priorität für Dienstag Morgen!
- kaum Zeitpuffer zwischen 16:00 bis 19:00
- Vorbereitung Budget nächstes Jahr: Zeitbedarf?
- Auto von der Inspektion abholen: Zeitbedarf?

- Fahrt nach Hause: 30 Min.
- Umziehen, Duschen: 30 Min.
- Fahrt von Leverkusen nach Ratingen: ca. 30 Min.

b) *Neue Tagesplanung; Änderungen in **Fett-Kursiv**:*

Hubert Kernig • Montag, 05.09.20..

Zeit	A, B, C		Termine, Vorhaben	Notizen	erl. √
07:00					
08:00	B		*Stille 15 Min. und Postbespre-chung bis 08:45*	Tel. Lisa: Geschenk Jo-chen	
09:00	A		Meeting Projektgruppe K, ca. 2 bis 2,5 Std., Konferenzraum, Verwaltung		
10:00					
11:00			*Puffer*	Auto von der Inspektion abholen	
12:00	A		Mittagessen mit Dr. Endres: neue Marketingstudie, neue Verkaufs-zahlen		
13:00	B		*ab ca. 13:30: Telefonate, Dikate (Block bilden)*	Tel. Müller & Co.: Rekla-mation; Brief Frau Strack-mann: Mietminderung; Tel. Dr. Zahl: EDV-Liste, Budget für nächstes Jahr; Tel. mit Lisa und Autohaus	
14:00	A		*Budgetplanung für nächstes Jahr: Vorbereitung der Unterlagen für Dienstag Morgen (09:00 - 10:30)*		
15:00					
16:00					
17:00			*bis ca. 17:30/18:00*		
18:00					
19:00					
20:00	C			*Privat: Einweihungsfete bei Jochen in Ratingen ab 20:00*	
21:00					
22:00			*ca. 22:30 Rückfahrt*		
23:00			*ab 23:30: Nachtruhe*		
	Agenda		Termine mit anderen		

Veränderungsvorschläge:

		Aktion/Vorgang:	Veränderungsmaßnahmen
	C	Besprechung mit Dr. Ohnesorge, Raum 5	**vertagen/delegieren!**
	B	Postbesprechung	**verlegen auf 08:15 oder kurz vor dem Mittagessen**
	A	Präsentation für Verkaufsleitertagung vorbereiten	**verlegen auf Dienstag, 14:00**
	C	Einweisung von Herrn Grundlos	**vertagen, delegieren**
	A	Auto abholen	**Tel. mit Autohaus; Auto bringen lassen ggf. gegen Aufpreis**
	C	Tel. Lisa: Geschenk für Jochen	**Lisa bitten, Geschenk zu besorgen und bei Jochen anzurufen (kommen erst 20:00)**

c) *Eisenhower-Prinzip (auch: Zeitmanagement-Matrix):*

wichtig

Delegieren Terminieren Wiedervorlage	**Sofort (selbst) tun**
Postbesprechung Telefonate Herr Grundlos Verkaufsleitertagung Mietminderung Dr. Ohnesorge	Stille 15 min Projektgruppe K Mittagessen Dr. Endres Budgetplanung Verkaufsleitertagung
unwichtige Post unwichtige Anrufe ggf. Dr. Ohnesorge ggf. Einweihungsfete	Geschenk Jochen Tel. Dr. Zahl Tel. Müller & Co. (Zwischenbescheid) Dr. Ohnesorge ggf. Herr Grundlos
Papierkorb	**Delegieren Rationalisieren**

–   **+**   **Dringlich**

03. Umgang mit anderen

Beispiele:

- Ich lerne „Nein" sagen.
- Ich stelle Fragen, statt permanent Antworten zu geben.
- Ich führe meine Mitarbeiter über Delegation und Zielvereinbarung.
- Ich nehme mir Zeit für Führungsgespräche.
- Ich setze mich nur dort ein, wo es sich lohnt (Einsparen gefühlsmäßiger und geistiger Energie).
- Ich diskutiere nicht über Behauptungen, sondern frage nach den Gründen.

04. Zeitplanung

Vorteile der schriftlichen Zeitplanung, z. B.:

- entlastet den Kopf
- schafft Überblick
- schafft Eigenmotivation
- erlaubt eine Konzentration auf das Wesentliche
- erlaubt einen permanenten Soll-Ist-Vergleich (erledigt?/unerledigt?)
- bildet in gesammelter Form eine Dokumentation der Ziel- und Maßnahmenpläne
- erlaubt ein besseres Aufspüren von Zeit- und Ressourcenverschwendern.

05. Mitarbeiterpotenzialeinschätzung

- *Potenzialeinschätzungen* (Potenzialbeurteilungen) sind zukunftsorientiert und stellen den Versuch dar, Aussagen über zukünftiges, wahrscheinliches Leistungsverhalten zu treffen. Man ist bestrebt – ausgehend vom derzeitigen Leistungsbild und ggf. unter Berücksichtigung ergänzender Weiterbildungsmaßnahmen – das wahrscheinlich zu erwartende Leistungsvermögen (Potenzial) zu erfassen. Die Potenzialaussage kann sich dabei auf die nächste hierarchische Stufe beziehen oder generell langfristig angelegt sein.

- Als *Ansätze zur Gewinnung von Potenzialeinschätzungen* können folgende Ansätze (einzeln oder kombiniert) genutzt werden:
  - strukturierte Interviews
  - Beratungs- und Fördergespräche
  - Stärken-Schwächen-Analysen
  - Einzeltests und Testbatterien
  - Assessmentcenter
  - Qualifikationsspiegel und Zeugnisse
  - Arbeitsproben und -ergebnisse
  - Analyse der Personalunterlagen (Stammdaten, Bildungsgang usw.).

06. Laufbahnpläne

a) Laufbahnpläne (auch: Karrierepläne) legen eine bestimmte Stellenfolge (horizontal oder vertikal) im betrieblichen Stellengefüge fest – meist im Hinblick auf eine bestimmte Zielposition – an der sich das jeweilige PE-Ziel orientiert (z. B. Verkäufer-Nachwuchs, Junior-Verkäufer, Verkäufer, regionaler Verkaufsleiter, Bereichsleiter Verkauf o. Ä.). Man unterscheidet: standardisierte Laufbahnmodelle und individuelle Laufbahnpläne.

b) *Standardlaufbahn-Modell* für ein Warenhaus mittlerer Größe (Beispiel):

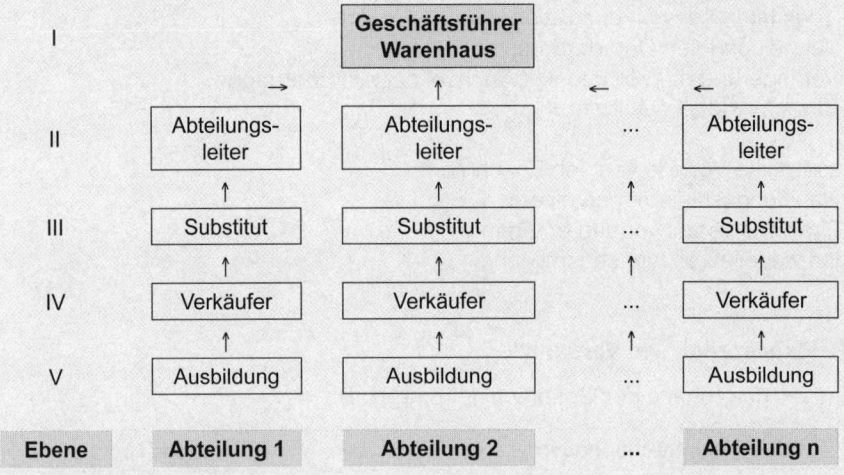

07. Job Rotation

a) Job Rotation (dt.: Arbeitsplatzringtausch) ist die systematisch gesteuerte Übernahme unterschiedlicher Aufgaben in Stab oder Linie bei vollgültiger Wahrnehmung der Verantwortung einer Stelle. Jedem Arbeitsplatzwechsel liegt eine Versetzung zu Grunde.

Entgegen der zum Teil häufig geübten Praxis ist also Job Rotation nicht „das kurzfristige Hineinschnuppern in ein anderes Aufgabengebiet", das „Über-die-Schulterschauen", sondern die vollwertige, zeitlich befristete Übernahme von Aufgaben und Verantwortung einer Stelle mit dem Ziel der Förderung bestimmter Qualifikationen.

b) Vorteile, z. B.:
- Das Verständnis von Zusammenhängen im Unternehmen wird gefördert.

- Der Mitarbeiter wird von Kollegen und unterschiedlichen Vorgesetzten „im Echtbetrieb" erlebt; damit entstehen Grundlagen für fundierte Beurteilungen.

- Fach- und Führungswissen kann horizontal und vertikal verbreitert werden.

- Die Einsatzmöglichkeiten des Mitarbeiters werden flexibler; für den Betrieb wird eine personelle Einsatzreserve geschaffen; „Monopolisierung von Wissen" wird vermieden.

- Lernen und Arbeiten gehen Hand in Hand; „Produktion und Information", d. h. die Bewältigung konkreter Aufgaben und die Aneignung neuer Inhalte sind eng verbunden.

c) Vorteile von Job Enlargement und Job Enrichment:
- Flexibilität des Personaleinsatzes verbessern
- Produktqualität verbessern
- Erhöhung
  - der Arbeitszufriedenheit
  - der Arbeitsmotivation
  - des Interesses an der Tätigkeit
- Vermeidung von Unterforderung
- Verringerung der Monotonie (Wechsel der Anforderungen)
- Basis für Höherqualifizierung.

Zusätzliche Vorteile von Job Enrichment:
- Handlungsspielraum erweitern
- Grad der Verantwortung erhöhen
- individuelle Leistungsbestätigung.

08. Kritikgespräch „Im Versand"

a) Phasen und Inhalte der Gesprächsführung, z. B.:

	Gesprächsphasen	Inhalte
1	Vorgesetzter hat das Wort	Konkrete Darlegung des fehlerhaften Verhaltens: • Qualitätsprobleme • Zusammenarbeit mit Kollegen • Teilnahme am Jour fixe • aktuelles Problem: Kunde Gram
2	Mitarbeiter hat das Wort	Stellungnahme zu den Einzelpunkten der Kritik
3	Dialog: Vorgesetzter/Mitarbeiter	• Auffassungsunterschiede • Gemeinsamkeiten in der Bewertung • Ursachenanalyse • Lösungen (Mitarbeiter ist gefordert)
4	Gesprächsabschluss	Vereinbarung zukünftiger Verhaltensmaßstäbe: • Jour fixe • Qualitätsnormen, Termine • Standardisierung der Abläufe

b) Zielsetzung, z. B.:
- Einsicht in fehlerhaftes Verhalten erzeugen
- (innere) Zustimmung gemeinsam verabschiedeter Lösungsansätze
- langfristig: Änderung des fehlerhaften Verhaltens.

Ggf. muss – aufgrund der Vielzahl der Kritikpunkte – zunächst ein Aspekt vorrangig behandelt werden.

c) Kritik ruft oft beim Kritisierten eine Verteidigungshaltung hervor (sog. Nebenkriegsschauplätze), so könnte Rudi Hurtig z. B. sagen:

- „Die Kollegen unterstützen mich auch nicht bei meiner Arbeit – aber da kümmert sich ja kein Mensch drum."

- „Der Jour fixe bringt mir nichts. Immer dieses Gerede. Es kommt doch nichts dabei heraus."

- „Ich wollte ja die restlichen Teile für den Kunden Gram noch verpacken – aber unser Big Boss kam mal wieder mit seinen Sonderwünschen dazwischen."

09. Förder- und Entwicklungsgespräche

Bei diesem Thema geht es für den Vorgesetzten in erster Linie darum, dass er erkennt,

- wo und bei welchen Mitarbeitern Qualifizierungsbedarf besteht,

- welche Potenziale erkennbar sind,

- welche Maßnahmen er veranlassen kann (Versetzung, Teilnahme an Schulungen, Kursen, Lehrgängen und Umschulungsmaßnahmen, Job Enrichment, Job Enlargement usw.),

- welche Unterstützung er als Vorgesetzter selbst geben muss (sorgfältige Einarbeitung, methodisch erfahrene Unterweisung, Lernstattmodelle innerhalb der Arbeitsgruppe, Kenntnis inner- und überbetrieblicher Aus- und Weiterbildungsmaßnahmen, Coaching der Mitarbeiter, Prägen durch Vorbildfunktion usw.) und

- welche Erwartungen der Mitarbeiter hat.

10. Bildungsbedarfserhebung und -analyse (Qualifizierungsbedarf)

Betriebliche Bildungsarbeit hat sich an den Zielen des Unternehmens zu orientieren und soll dabei weitgehend die Interessen der Mitarbeiter einbeziehen. Fortbildung soll vom Ansatz her mehr „proaktiv" als reaktiv sein. Die unterschiedlichen Formen der Bildungsbedarfsanalyse geben Antworten auf die Frage „Wo drückt der Schuh?". Infrage kommen vor allem folgende Arten der Bedarfserhebung, z. B.:

- freie Abfrage im Gespräch
- strukturierter Fragenkatalog
- Bildungsworkshop
- Personalentwicklungskonzept
- Fördergespräche
- gesetzliche Bestimmungen
- Profilvergleichsanalysen (Anforderungs- und Eignungsprofile)
- Assessmentcenter
- Investitionsprogramme.

11. Planung der betrieblichen Ausbildung

Bei der Planung und Durchführung der betrieblichen Ausbildung hat der Betrieb eine Reihe von Einzelaspekten zu berücksichtigen:

1. Ausbildungsfähigkeit für den geplanten Ausbildungsberuf:
   - Eignung der Ausbildungsstätte (§ 27 BBiG)
   - Eignung der Ausbilder (§ 28 BBiG).

2. gesetzliche Vorgaben für die betriebliche Ausbildung:
   - Ausbildungsberufsbild (§ 5 Abs. 1 Nr. 3 BBiG)
   - Ausbildungsordnung (§ 5 BBiG)
   - Ausbildungsrahmenplan
   - Abkürzung/Verlängerung der Ausbildungszeit (§ 8 BBiG)
   - Prüfungsgegenstand, -ordnung (§§ 38, 47 BBiG).

3. Erstellung der Ausbildungspläne:
   - Ausbildungsinhalte
   - zeitliche Anpassung an die Gegebenheiten des Betriebes und der Berufsschule
   - Festlegung der Ausbildungs-Fachabteilungen.

4. didaktische Koordination von praktischer Ausbildung im Betrieb und theoretischer Ausbildung in der Berufsschule; dabei sind die Formen des Unterrichts zu berücksichtigen (Blockunterricht, Unterricht an einzelnen Wochentagen).

5. Methoden und Medien der Ausbildung, z. B.:
   - Unterweisung vor Ort, Lehrgespräch, Fallmethode, Lehrwerkstatt usw.
   - betrieblicher Ergänzungsunterricht
   - Lehr- und Lernmittel, Arbeitsmittel, Ausbildungshilfsmittel.

12. Schwangerschaft während der Ausbildung

- Wird die Auszubildende während der Schwangerschaft häufiger fehlen, sodass abzusehen ist, dass sie die Abschlussprüfung nicht schaffen wird, besteht die Möglichkeit, einen Antrag auf Verlängerung zu stellen. Sie kann dann die Prüfung zu einem späteren Zeitpunkt ablegen.

- Nimmt die Auszubildende im Anschluss an die Schwangerschaft eine längere Elternzeit (z. B. 12 Monate), kann sie ebenfalls einen Antrag auf Verlängerung der Ausbildung stellen. Wird Elternzeit in Anspruch genommen, verlängert sich die Ausbildungszeit i. d. R. um diesen Zeitraum.

- Die Auszubildende hat auch die Möglichkeit einer Teilzeitausbildung (verkürzte tägliche oder wöchentliche Ausbildungszeit).

- Einen gesetzlichen Anspruch auf Verlängerung der Ausbildungszeit gibt es nicht.

13. Aufgaben des Ausbilders

Aufgaben des Ausbilders	
Aufgaben im Innenverhältnis	Kontakte im Außenverhältnis
• Planung und Durchführung der Ausbildung	• zur zuständigen Stelle, z. B. IHK
• didaktische/methodische Aufbereitung der Lerninhalte	• ggf. zu überbetrieblichen Ausbildungsstätten
• Vermittlung der Lerninhalte	• zur Berufsschule
• Überprüfung des Lerntransfers	• ggf. zum Elternhaus (bei Minderjährigen)
• Gewährleistung der Arbeitssicherheit	• zur Arbeitsagentur
• Beurteilung und Förderung der Auszubildenden	• zu Fachverbänden
• Beurteilung der Ausbildungsbeauftragten	

14. Förderung des Lernerfolgs in der Ausbildung

Infrage kommen z. B. Prinzipien der Führung und Kommunikation wie:

• Auszubildende von dem Entwicklungsstand aus fördern, auf dem sie jeweils sind (altersspezifisch und individuell; das sog. *Bahnhofsmodell*, d. h. den anderen dort abzuholen, wo er sich befindet, gilt auch hier)

• für zunehmend schwierigere und komplexere Aufgaben *Verantwortung übergeben*, dabei den Lernprozess unterstützen ohne dem Auszubildenden vorschnell Lösungen anzubieten

• Vertrauen entgegenbringen

• mit den Auszubildenden *reden* und ihnen *zuhören*

• Lob aussprechen

• klare, eindeutige *Ziele* setzen

• konstante *Rückmeldung* über die Leistung auf dem Weg zum vereinbarten Ziel (Feedback geben und holen)

• Wissen vermitteln und *informieren* (z. B. Zweck, Bedeutung und Ablauf eines Arbeitsprozesses erklären).

15. Erfolgskontrolle in der Ausbildung

a) Maßstab für die Erfolgskontrolle der Ausbildung sind vor allem folgende Rechtsquellen:
   • der Ausbildungsvertrag (§§ 10, 11 BBiG)
   • die Ausbildungsordnung (§§ 5, 6 BBiG)
   • der Prüfungsgegenstand (§ 38 BBiG)
   • die Prüfungsordnung (§ 47 BBiG).

b) Geeignet sind z. B. folgende Maßnahmen:
   • Auswertung der Zwischen- und Abschlussprüfungen, die vor der Kammer abgelegt wurden
   • Auswertung der Berichtshefte

- schriftliche und/oder mündliche Lernerfolgskontrollen
- fachpraktische Prüfungen in der Lehrwerkstatt usw.
- Projektarbeiten
- Anfertigen von Arbeitsproben
- Einsetzen der Fähigkeiten und Fertigkeiten innerhalb von Planspielen, Simulationen, Übungsfirmen usw.

16. Personalanzeige

a) Beispiele zum Sachverhalt:
   - Ausschreibung erfolgte nicht für weibliche Bewerber (m/w)
   - Problematik der Chiffren-Anzeige (i. V. m. fehlendem Ansprechpartner)
   - geringe oder fehlende Information über
     - die Firma
     - die Stellenanforderungen
     - die exakten Aufgaben der Stellen
     - die Konditionen
     - die Gründe für die Vakanz.

b) Beispiele:
   - überregionale Presse
   - Werbung im regionalen Rundfunk
   - Schwarzes Brett in Bildungs-
     einrichtungen (z. B. IHK)
   - Anschlag am Werktor
   - Videotext
   - Fachzeitschriften
   - Internet/Job-Börsen/Homepage.

17. Analyse von Bewerbungsschreiben

a) *Bewerbungsschreiben:*

1	Hubertus Streblich
	• sprachliche Mängel: 4-mal „ich"; Rechtschreibfehler • Wechselmotiv fehlt • ungeeignete Formulierung, selbstgefällig: glaube ich, sind beigefügt

2	Gerd Grausam
	• Rechtschreibfehler • Sprachstil: erlaube ich mir, stelle ich mir vor • Wechselmotiv fehlt • unrealistische Annahme/unangemessene Eile: hören sollte, könnte ich noch

b) *Arbeitszeugnisse:*

1	Hubertus Streblich → negativ!
	• Unwichtiges wird hervorgehoben: hilfsbereit, höflich • Führung: es fehlt die Steigerung „war stets einwandfrei" • nach dem Zeugniscode ist eine „zufriedenstellende Leistung" (nur) ausreichend • Schlussformel (Wir wünschen ...) fehlt

2	Gerd Grausam → negativ! • Tätigkeit dauerte objektiv nur fünf Wochen • Nebensächliches wird hervorgehoben (regelmäßig und pünktlich) • Grund der Beendigung wird nicht genannt

c) *Zeugniscode* (Formulierungsskala):

sehr gut	... stets zu unserer vollsten Zufriedenheit
gut	... stets zu unserer vollen Zufriedenheit
befriedigend	... zu unserer vollen Zufriedenheit
ausreichend	... zu unserer Zufriedenheit
mangelhaft	... im Großen und Ganzen zu unserer Zufriedenheit
ungenügend	... hat sich bemüht

d) *Aussagekraft von Bewerbungsfotos:*
Grundsätzlich gilt: Das Bewerbungsfoto dient der Wiedererkennung: Herstellen der späteren, gedanklichen Verbindung zwischen Bewerber und dem Eindruck im Vorstellungsgespräch. Subjektive Entgleisungen wie „der ist sympathisch, sieht doff/komisch aus" u. Ä. sind unangebracht.

Daneben lassen sich vorsichtige Rückschlüsse aus der Qualität, dem Format und ggf. dem „Hintergrund" der Aufnahme ziehen, z. B.:

Automatenfoto, **Foto mit** **minderer Qualität**	fehlende Wertschätzung für den potenziellen Arbeitgeber
	Kandidat/in hat sich keine Mühe gegeben
	Kandidat/in wollte (unangemessener Weise) Ausgaben sparen

Passbild vom **Fotografen**	angemessen, professionell, richtig
	Aufwand ist passend zum Anlass

Größeres **Atelierfoto**	unpassend und unangemessen teuer Ausnahme: Positionen, in denen die äußere Erscheinung eine besondere Rolle spielt, z. B. Empfang, Öffentlichkeitsarbeit, Mannequin, ggf. Hotelgewerbe
	Bewerber stellt sich zu sehr heraus

Foto zeigt **Bewerber/in in** **unpassender** **Umgebung**	z. B. Hintergrund „im Urlaub", „im Liegestuhl auf der Terrasse"
	Bewerber möchte sich besonders herausstellen oder „hat einfach nicht nachgedacht"; absolut unpassend
	unangemessener Einblick in den Privatbereich

18. Controlling der Auswahlverfahren

Geeignete Instrumente/Verfahren sind z. B.:

• Sind die Verfahren geeignet, alle relevante Informationen über die laut Stellenbeschreibung geforderten Anforderungen zu liefern, sodass ein Vergleich von Anforderungs- und Eignungsprofil möglich wird? (Überprüfung der Auswahlinstrumente „Auswahlgespräch, Assessmentcenter usw.; Ergebnisse der Auswahlverfahren)

• Vergleich der Kandidateneignung nach Abschluss des Auswahlverfahrens mit den in der Praxis tatsächlich gezeigten Leistungen (Einarbeitung, Probezeit)

• Vergleich der langfristigen Eignung:
  - Wie hoch ist die durchschnittliche Fluktuation von neu eingestellten Mitarbeitern in den ersten zwei Jahren?
  - Welche Fluktuationsgründe gibt es?

19. Transferkontrolle

Es gibt kein schlüssiges, überzeugendes Gesamtkonzept zur Erfolgskontrolle von Fortbildungsmaßnahmen. Trotzdem existieren gute Erfahrungen mit einigen Einzelmaßnahmen zur Erfolgskontrolle, die gerade für den Praktiker, den Fachvorgesetzten, empfehlenswert sind:

• *Vor dem Seminar* mit dem Mitarbeiter über die Maßnahme sprechen und Lernziele festlegen.

• *Im Seminar* eine abschließende Befragung der Teilnehmer (freie Form und/oder über Fragebogen) zur Seminarbewertung durchführen.

• *Unmittelbar nach dem Seminar* mit dem Mitarbeiter sprechen (sein Eindruck, seine Erkenntnisse u. Ä.) und Schritte zur Umsetzung des Gelernten am Arbeitsplatz formulieren (Was? Wie? Bis wann?).

• *In der Folgezeit* den Lerntransfer des Mitarbeiters zu beiderseits vereinbarten Terminen unterstützen und kontrollieren (nach vier Wochen, nach zwei Monaten usw.).

• Bei internen Seminaren und Lehrgängen ist ggf. zu prüfen, ob *Prüfungen* oder Leistungskontrollen anderer Art durchgeführt werden können und sollen; dies ist u. a. auch eine Frage der Akzeptanz durch die Teilnehmer.

Mitarbeiter und Vorgesetzter sind gemeinsam verantwortlich für den Transfer der Lerninhalte in den betrieblichen Alltag. Fortbildung ohne Transferkontrolle heißt, betriebliche Ressourcen vergeuden.

20. Kosten-Controlling

An Fortbildungskosten können folgende Kostenarten entstehen:

A.	Direkte Kosten	
	A. 1	Personalkosten, z. B.: • Honorare und Entgelte für Dozenten
	A. 2	Sachmittel, z. B.: • Lehrmittel • Lernmittel • Raumkosten • Hilfsmittel, Medien (z. B. Metaplanwände, Projektoren, Soft-/Hardware)
	A. 3	Sonstige Kosten, z. B. • Prüfungsgebühren • Reise- und Unterbringungskosten
B.	Indirekte Kosten:	
	B. 1	Lohnausfallkosten, z. B. • Entgeltfortzahlung für Weiterbildungsteilnehmer • Mitarbeiter, die z. B. als Seminarleiter eingesetzt werden
	B. 2	Kosten für Hilfskräfte, z. B. • Personal- und Personalnebenkosten, soweit sie mit der Planung, Durchführung und Nachbereitung der Weiterbildung zusammenhängen • Verwaltungs- und Sachkosten, soweit sie ursächlich mit der Weiterbildung zusammenhängen (z. B. Telefon, Porto, Papier, Kopieren, Reinigung)

21. Bildungsbudget

Die Höhe des Bildungsbudgets kann planerisch von unterschiedlichen Ansätzen ausgehen:

• Die Budgethöhe orientiert sich *an Kenngrößen* (z. B. ein bestimmter Prozentsatz vom Gewinn).

• Die Budgethöhe ergibt sich aufgrund der Summe der exakt geplanten, *anstehenden Bildungsmaßnahmen.*

• Die Weiterbildungskosten *der Vorperiode* werden fortgeschrieben.

Neben diesen systematischen Ansätzen ist die Höhe des Bildungsbudgets untrennbar mit den „Weiterbildungserfolgen" aus der Sicht der „internen Kunden" verbunden. Insofern ist die Höhe des Bildungsbudgets immer auch eine „Verhandlungssache" (Geschäftsleitung, Fachvorgesetzte).

Musterprüfungen

Prüfungsanforderungen sowie Tipps und Techniken zur Prüfung

1. Prüfungsanforderungen

Die Prüfung basiert auf der Verordnung über den anerkannten Abschluss Geprüfter Handelsfachwirt/Geprüfte Handelsfachwirtin vom 17.01.2006.

1.1 Zulassungsvoraussetzungen

Zur Prüfung ist zuzulassen, wer

1. eine mit Erfolg abgelegte Abschlussprüfung in einem anerkannten dreijährigen kaufmännischen Ausbildungsberuf im Handel und danach eine mindestens einjährige Berufspraxis oder

2. eine mit Erfolg abgelegte Abschlussprüfung zum Verkäufer/zur Verkäuferin oder in einem anderen anerkannten Ausbildungsberuf und danach eine mindestens zweijährige Berufspraxis oder

3. eine mindestens fünfjährige Berufspraxis nachweist.

Die Berufspraxis muss in Verkaufstätigkeiten oder anderen kaufmännischen Tätigkeiten im institutionellen oder funktionellen Handel erworben sein.

Abweichend davon kann auch zugelassen werden, wer durch Vorlage von Zeugnissen oder auf andere Weise glaubhaft macht, Fertigkeiten, Kenntnisse und Fähigkeiten (berufliche Handlungsfähigkeit) erworben zu haben, die die Zulassung zur Prüfung rechtfertigen.

1.2 Gliederung und Durchführung der Prüfung

Die Prüfung gliedert sich in folgende Handlungsbereiche:

A. Schriftliche Prüfung			
1.	Unternehmensführung und -steuerung	120 Min.	**Pflichtprüfung** in den Handlungsbereichen 1 bis 5.
2.	Handelsmarketing	90 Min.	
3.	Führung und Personalmanagement	90 Min.	
4.	Volkswirtschaft für die Handelspraxis	60 Min.	
5.	Beschaffung und Logistik	90 Min.	
6.	Handelsmarketing und Vertrieb	90 Min.	Aus den Handlungsbereichen 6 bis 9 **ist <u>ein Gebiet</u> auszuwählen,** bei der Anmeldung zur Prüfung mitzuteilen und bei Wiederholungsprüfungen beizubehalten.
7.	Handelslogistik	90 Min.	
8.	Außenhandel	90 Min.	
9.	Mitarbeiterführung und Qualifizierung	90 Min.	
B. Mündliche Prüfung			
10.	Präsentation und Fachgespräch	30 Min.	**Pflichtprüfung:** Zugelassen wird nur, wer in allen Klausuren mindestens ausreichende Leistungen erzielt hat.
	Mündliche Ergänzungsprüfung	20 Min.	**Wahlprüfung:** Sie ist anzubieten, wenn in nicht mehr als zwei Klausuren mangelhafte Leistungen vorliegen.
Zusätzliche/weitere Prüfungen und AEVO-Anerkennung vgl. Ziffer 1.4			

Hinweise:

• Das im Rahmenplan ausgewiesene Unterrichtsfach „Arbeitsmethodik" ist ein Grundlagenfach, das weder schriftlich noch mündlich geprüft wird.

• *Mündliche Ergänzungsprüfung* (§ 3 Abs. 6)
Wurden in nicht mehr als zwei Klausuren mangelhafte Leistungen (Note 5) erbracht, ist darin eine mündliche Ergänzungsprüfung anzubieten. Bei einer oder mehreren ungenügenden Leistungen (Note 6) besteht diese Möglichkeit nicht.

Die Ergänzungsprüfung soll anwendungsbezogen durchgeführt werden und je Ergänzungsprüfung in der Regel nicht länger als 20 Minuten dauern. Die Bewertungen der schriftlichen Prüfungsleistung und der mündlichen Ergänzungsprüfung werden zu einer Note zusammengefasst. Dabei wird die Bewertung der schriftlichen Prüfungsleistung doppelt gewichtet.

Beispiel:		
Schriftliche Prüfung	40 Punkte	40 · 2 = 80
Mündliche Ergänzungsprüfung	70 Punkte	70 · 1 = 70
		150 : 3
Gesamtnote	Note 4 (vier)	50 Punkte

- Die *Mündliche Prüfung*
  gliedert sich in eine Präsentation und ein situationsbezogenes Fachgespräch. Präsentation und Fachgespräch werden im Weißteil des Buches unter Ziffer 10, Mündliche Prüfung, ausführlich behandelt.

- Die Aufgabensätze der Klausuren sind bundeseinheitlich und werden von Arbeitskreisen (DIHK-Bildungs GmbH in Zusammenarbeit mit Fachexperten verschiedener Kammern) vorbereitet und vom Aufgabenerstellungsausschuss (paritätisch besetztes Gremium) verabschiedet.

- Pro Jahr gibt es zwei bundeseinheitliche Prüfungstermine (Frühjahr und Herbst).

- Die Leistungen werden nach einem einheitlichen Punkteschlüssel bewertet:

  100 - 92 Punkte = Note 1
   91 - 81 Punkte = Note 2
   80 - 67 Punkte = Note 3
   66 - 50 Punkte = Note 4
   49 - 30 Punkte = Note 5
   29 - 0 Punkte = Note 6

1.3 Hilfsmittel

In der Regel handelt es sich um folgende Hilfsmittel:

Dokumentenechtes Schreibmaterial, netzunabhängiger, nicht kommunikationsfähiger Taschenrechner, IHK-Formelsammlung für Fachwirte (wird von der IHK zur Verfügung gestellt), notwendige Gesetzestexte (z. B. BGB, HGB, Arbeitsgesetze, GWB, UWG; hier dürfen nur unkommentierte Fassungen verwendet werden; **als Hilfestellung sind Klebezettel, Unterstreichungungen und Anmerkungen, soweit es sich ausschließlich um Querverweise auf andere Paragrafen handelt, zulässig)**. Auf diese Weise kann man „seine" Gesetzestexte „vorbereiten".

Diese Hilfsmittel werden von den für die Aufgabenerstellung zuständigen Gremien der IHK-Organisation für jede Prüfung definiert und festgelegt. Bitte informieren Sie sich rechtzeitig vor der Prüfung bei Ihrer IHK (Internet oder Merkzettel der IHK).

1.4 Zusätzliche/weitere Prüfungen, Ausbildereignung

1. *Zusätzliche Prüfung:*
   Auf Antrag des Prüfungsteilnehmers kann – ausgehend vom Handlungsbereich „Mitarbeiterführung und Qualifizierung" – eine zusätzliche Prüfung durchgeführt werden, sofern dieser Handlungsbereich ausgewählt und bestanden worden ist.

   Diese zusätzliche Prüfung besteht aus einer *praktischen Demonstration* mit den Inhalten „Vorbereiten und Durchführen einer Ausbildungseinheit" oder „Vorbereiten und Durchführen einer Mitarbeiterqualifizierung" sowie aus einem *Fachgespräch.*

   Die Dauer der zusätzlichen Prüfung beträgt höchstens 30 Minuten. Die Konzeption für die praktische Demonstration ist vorab schriftlich einzureichen. Diese zusätzliche Prüfung ist bestanden wenn in dem Handlungsbereich „Mitarbeiterführung und Qualifikation" und in der zusätzlichen Prüfung mindestens ausreichende Leistungen erbracht wurden.

2. *Ausbildereignung*
   Wer die Prüfung in dem Handlungsbereich „Mitarbeiterführung und Qualifizierung" bestanden hat, ist vom schriftlichen Teil der AEVO-Prüfung befreit.

   Wer in diesem Handlungsbereich auch die zusätzliche Prüfung bestanden hat (vgl. Nr. 1), hat damit die berufs- und arbeitpädagogischen Fertigkeiten, Kenntnisse und Fähigkeiten nach dem Berufsbildungsgesetz nachgewiesen.

3. *Weitere Prüfung:*
   Der Prüfungsteilnehmer kann beantragen, in diesem Prüfungsverfahren oder danach die Prüfung in einem weiteren Wahlfach (Handlungsbereiche 6 bis 9) abzulegen.

1.5 Anrechnung anderer Prüfungsleistungen

Der Prüfungsteilnehmer kann auf Antrag von der Ablegung einzelner schriftlicher Prüfungsleistungen befreit werden, wenn in den letzten fünf Jahren vor einer zuständigen Stelle, einer öffentlichen oder staatlich anerkannten Bildungseinrichtung oder vor einem staatlichen Prüfungsausschuss eine Prüfung mit Erfolg abgelegt wurde, die den Anforderungen der entsprechenden Prüfungsinhalte nach dieser Verordnung entspricht.

Eine Freistellung von der mündlichen Prüfung ist nicht zulässig.

1.6 Bestehen der Prüfung

Die Prüfung ist bestanden, wenn in allen schriftlich geprüften Handlungsbereichen und in der mündlichen Prüfung mindestens ausreichende Leistungen erbracht wurden.

Die schriftlich geprüften Handlungsbereiche und die mündliche Prüfung sind jeweils gesondert zu bewerten.

1.7 Wiederholen der Prüfung

Eine Prüfung, die nicht bestanden ist, *kann zweimal wiederholt werden.*

Wer an einer Wiederholungsprüfung teilnimmt und sich innerhalb von zwei Jahren dazu anmeldet, ist von einzelnen Prüfungsleistungen zu befreien, wenn die dort in einer vorangegangenen Prüfung erbrachten Leistungen mindestens ausreichend sind.

Der Antrag kann sich auch darauf richten, bestandene Prüfungsleistungen zu wiederholen. Werden bestandene Prüfungsleistungen erneut geprüft, gilt in diesem Fall das Ergebnis der letzten Prüfung. Mit anderen Worten: Sie können ihre Prüfungsleistung in einem Handlungsbereich durch eine Wiederholungsprüfung verbessern – aber auch verschlechtern (!).

2. Tipps und Techniken zur Prüfung

2.1 Prüfungsvorbereitung

Über die Frage der optimalen Prüfungsvorbereitung lassen sich ganze Bücher schreiben. An dieser Stelle sollen nur einige Merkpunkte ins Gedächtnis gerufen werden:

• Sorgen Sie vor der Prüfung für ausreichend Schlaf. Stehen Sie rechtzeitig auf, sodass Sie „aufgeräumt" und ohne Stress beginnen können!

• Akzeptieren Sie eine gewisse Nervosität und beschäftigen Sie sich nicht permanent mit Ihren Stresssymptomen!

• Beginnen Sie frühzeitig mit der Vorbereitung. Portionieren Sie den Lernstoff und wiederholen Sie wichtige Lernabschnitte. Setzen Sie inhaltliche Schwerpunkte: Insbesondere sollten Sie die Gebiete des Rahmenstoffplans mit hoher Lernzieltaxonomie beherrschen. Es heißt dort „… Kenntnis, Vertrautheit, Fertigkeit, Beherrschung, Verständnis …" (Lernzielbeschreibung). Lernen Sie nicht bis zur letzten Minute vor der Prüfung. Dies führt meist nur zur Konfusion im Kopf. Lenken Sie sich stattdessen vor der Prüfung ab und unternehmen Sie etwas, das Ihnen Freude bereitet.

2.2 Prüfungsdurchführung

• Lesen Sie jede Fragestellung konzentriert und in Ruhe durch – am besten zweimal. Beachten Sie die Fragestellung, die Punktgewichtung und die Anzahl der geforderten Argumente.

Beispiel:
- *„Nennen* Sie fünf Verfahren der Personalauswahl …" Das bedeutet, dass Sie fünf (!) Argumente auflisten – am besten mit Spiegelstrichen – und ohne Erläuterung.

- *„Erläutern* Sie zwei Verfahren der Marktforschung und geben Sie jeweils ein Beispiel" heißt, dass Sie zwei Verfahren nennen – jedes der Verfahren mit eigenen Worten beschreiben (als Hinweis über den Umfang der erwarteten Antwort kann die Punktzahl nützlich sein) und zu jedem Argument ein eigenes Beispiel (keine Theorie) bilden.

• Wenn Sie eine Fragestellung nicht verstehen, bitten Sie die Prüfungsaufsicht um Erläuterung. Hilft Ihnen das nicht weiter, „definieren" Sie selbst, wie Sie die Frage verstehen; z. B.:

„Personalplanung wird hier verstanden als abgeleitete Planung innerhalb der Unternehmensgesamtplanung ...". Es kann auch vorkommen, dass eine Fragestellung recht allgemein gehalten ist und Sie zu der Aufgabe keinen Zugang finden. Klammern Sie sich nicht an diese Aufgabe, Sie verlieren dann wertvolle Prüfungszeit. Bearbeiten Sie zunächst andere Fragen, die Ihnen leichter fallen.

• Hilfreich kann mitunter auch folgendes Lösungsraster sein, das für viele Antworten passend ist; dies gilt insbesondere für Fragen mit offenen Antwortmöglichkeiten: Sie strukturieren die Antwort nach der Unterscheidung

- interne/externe Betrachtung (Faktoren)
- kurzfristig/langfristig
- hohe/geringe Bedeutung
- Arbeitgeber-/Arbeitnehmersicht
- Vorteile/Nachteile
- sachlogische Reihenfolge nach dem „Management-Regelkreis": Ziele setzen, planen, organisieren, durchführen, kontrollieren
- Unterschiede/Gemeinsamkeiten.

• Beachten Sie die Bearbeitungszeit: Wenn z. B. für ein Fach 120 Minuten zur Verfügung stehen, ergibt sich ein Verhältnis von 1,2 Minuten je Punkt; beispielsweise haben Sie für eine Fragestellung mit fünf Punkten sechs Minuten Zeit.

• Speziell für die mündliche Ergänzungsprüfung gilt: Üben Sie zu Hause „laut" die Beantwortung von Fragen. Bitten Sie den Dozenten, die Prüfungssituation zu simulieren. Gehen Sie ausgeglichen in die mündliche Prüfung. Sorgen Sie für emotionale Stabilität, denn die Psyche ist die Plattform für eine angemessene Rhetorik. Kurz vor der Prüfung: Sprechen Sie sich frei! z. B. durch lautes „Frage- und Antwort-Spiel" im Auto auf dem Weg zur Prüfung. Damit werden die Stimmbänder aktiv und der Kopf übt sich in der Bildung von Argumentationsketten.

• Zum Schluss: Wenn Sie sich gezielt und rechtzeitig vorbereiten und einige dieser Tipps ausprobieren, ist ein zufriedenstellendes Punkteergebnis fast unvermeidbar. Die nachfolgenden „Musterprüfungen" liefern dazu reichlich Stoff zum Üben.

Die Autoren wünschen Ihnen viel Erfolg bei der Vorbereitung sowie in der bevorstehenden Prüfung.

Aufgaben

Geprüfte Handelsfachwirte

1. Unternehmensführung und -steuerung

Bearbeitungszeit:	*120 Minuten*						*100 Punkte*
Hilfsmittel:		*BGB, HGB*

Aufgabe 1

Ein Großhandelsunternehmen hat folgende Organisationsstruktur:

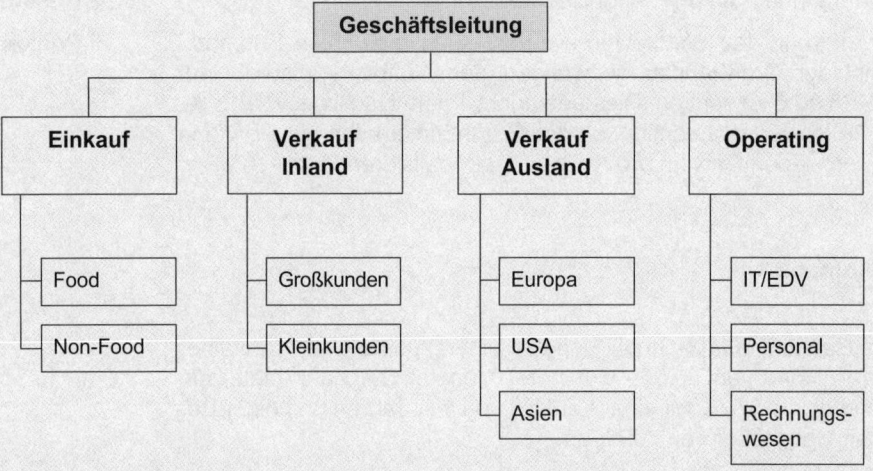

a) Welches Leitungssystem liegt dem dargestellten Organigramm zu Grunde? **1 Punkt**

b) Welches Gliederungsprinzip liegt jeweils bei den Leitungsstellen der 2. Ebene vor? **4 Punkte**

c) Wie nennt man eine Leitungsstelle, die Weisungsbefugnis an die nachfolgende Ebene hat? **1 Punkt**

d) Wie könnte die Gliederung der Stelle „Einkauf" aussehen, wenn sie nach dem Prinzip der „Phasenorientierung" strukturiert ist? **4 Punkte**

e) Nennen Sie vier Nachteile dieser Organisationsstruktur. **4 Punkte**

f) Erläutern Sie den Begriff Key Account. Nennen Sie zwei Aufgaben eines Key Account-Managers. **2 Punkte**

Aufgabe 2

Ein Landmaschinengroßhändler kauft beim Hersteller 20 Rasenmäher, Listeneinkaufspreis je Stück 380 €. Der Hersteller gewährt
12 % Rabatt und 3 % Skonto. Es entstehen Bezugskosten von
213 €. Der Händler kalkuliert mit 25 % Handlungskosten, 15 % Gewinn und 3 % Kundenskonto. Bei Abnahme von mehr als 5 Stück
räumt er 10 % Rabatt ein.

a) Kalkulieren Sie den Listenverkaufspreis pro Stück (ohne MwSt).   **8 Punkte**

b) Ermitteln Sie den Kalkulationsfaktor und erläutern Sie die Aus-   **4 Punkte**
   sagekraft dieser Größe für einen Handelsbetrieb.

c) Berechnen Sie die Handelsspanne.   **2 Punkte**

d) Aufgrund des Wettbewerbs durch einen regionalen Baumarkt   **5 Punkte**
   ist der Großhändler gezwungen den Nettoverkaufspreis auf
   468,90 € zu senken. Dies entspricht einem Nachlass von 15 %.
   Prüfen Sie rechnerisch, ob der Großhändler nach dieser Aktion
   noch einen Gewinn pro Rasenmäher realisieren kann.

Aufgabe 3

Das Handelshaus X-GmbH benötigt einen zusätzlichen Kapitalbedarf in Höhe von 50.000 € für drei Monate. Die Bank bietet ein
Darlehen zu 7,5 % mit einer Laufzeit von vier Jahren und einer Bearbeitungsgebühr von 600 € an.

a) Nennen Sie vier Vor- und Nachteile eines Darlehens im Ver-   **4 Punkte**
   gleich zu einem Kontokorrentkredit.

b) Geben Sie für das Handelshaus eine begründete Empfehlung   **4 Punkte**
   ab, ob der Kapitalzusatzbedarf über eine Erhöhung der Konto-
   korrentlinie (vereinbarter Zinssatz 12,5 %) oder über das Darlehen gedeckt werden sollte.

c) Aufgrund des erhöhten Kapitalbedarfs sollen Maßnahmen zur   **3 Punkte**
   Liquiditätsverbesserung geprüft werden. Nennen Sie jeweils
   drei Maßnahmen zur Verbesserung der Einnahmenseite sowie
   zur Entlastung der Ausgabenseite.

d) Im Gespräch mit der Bank wird erwähnt, dass sich das Rating   **4 Punkte**
   der X-GmbH verschlechtert habe. Erläutern Sie diese Aussage.

Aufgabe 4

Der Gewinn- und Verlustrechnung bzw. der Bilanz entnehmen Sie
folgende Angaben (in Mio. €)

Fremdkapital	4,00	Gewinn	0,31
Eigenkapital	1,40	Fremdkapitalzinsen	0,50
Anlagevermögen	2,00	Umsatz	4,20

a) Als Vorbereitung zur Unternehmensbeurteilung sollen Sie fol-   **8 Punkte**
   gende Kennziffern berechnen:

   • Anspannungskoeffizient
   • Kapitalintensität
   • Eigenkapitalrentabilität
   • Gesamtkapitalrentabilität.

b) Berechnen Sie den ROI. Nennen Sie vier Maßnahmen zur Ver-   **6 Punkte**
   besserung des ROI.

Aufgabe 5

Der Großhändler Huber möchte von Ihnen wissen, ob er sein Ge-   **8 Punkte**
schäft als Einzelunternehmung weiterführen soll oder besser in
eine Gesellschaft umwandeln sollte. Erläutern Sie Ihrem Chef Huber jeweils vier Vor- und Nachteile der Rechtsform „Gesellschaft".

Aufgabe 6

Die Großhandelskette Schlackmann & Co. ist gezwungen, den
Verkaufspreis eines Artikels um 20 % zu reduzieren. Sie erhalten
folgende Angaben:

Verkaufspreis, alt	VP_{alt}	5,00 €
Absatz	x	1.000.000 Stück
Stückkosten, variabel	k_v	2,20 €
Kosten, fix	K_f	400.000,00 €
Beschäftigungsgrad		70 %

a) Ermitteln Sie den Deckungsbeitrag sowie den Gewinn – vor und nach der Preissenkung (bei gleichem Absatz). **4 Punkte**

b) Berechnen Sie den *Deckungsbeitragssatz* – vor und nach der Preissenkung. **4 Punkte**

c) Ermitteln Sie Absatz, Umsatz und Beschäftigungsgrad im Break-even-Point – vor und nach der Preisreduzierung. **6 Punkte**

Aufgabe 7

Nach dem erfolgreichen Abschluss Ihrer Weiterbildung zum Geprüften Handelsfachwirt wollen Sie sich selbstständig machen. Ihre Geschäftsidee: Eröffnung eines Einzelhandelsgeschäfts für Anglerbedarf im Zentrum einer Kleinstadt in Mecklenburg-Vorpommern. Derzeit bereiten Sie sich auf das Gespräch mit Ihrem Gründungsberater der IHK vor.

a) Der Businessplan enthält zehn Bestandteile. Nennen Sie fünf davon. **2 Punkte**

b) Erstellen Sie einen Ertragsplan. Er soll acht relevante Positionen mit einem plausiblen Zahlengerüst entsprechend der Ausgangslage enthalten. Dazu ist bekannt, dass Sie eine Vollzeitkraft beschäftigen werden und die Ladenmiete 7 € pro m^2 bei einer Ladenfläche von 100 m^2 beträgt. **12 Punkte**

Geprüfte Handelsfachwirte
2. Handelsmarketing

Bearbeitungszeit: 90 Minuten   100 Punkte
Hilfsmittel: UWG, GWG

Aufgabe 1

Sie leiten das Autohaus Wiebeck OHG. Zwei Straßen weiter ist der Standort Ihres Hauptwettbewerbers Z-Automobile.

a) Ihr Konkurrent wirbt mit dem Slogan: „Sei doch nicht blöd. Komm in die Verkaufsräume von Z-Automobile. Hier zahlst Du weniger als nebenan." Wie beurteilen Sie diese Werbung – subjektiv und nach dem UWG? **5 Punkte**

b) Ihr Autohaus Wiebeck will anlässlich seines 20-jährigen Bestehens folgende Anzeige schalten **5 Punkte**

   „Wiebeck – das freundliche Autohaus in Ihrer Nähe feiert sein 20-jähriges Bestehen. Feiern Sie mit uns. Es erwarten Sie tolle Modelle mit Super-Sonder-Extrapreisen."

   Beurteilen Sie die geplante Werbung nach dem UWG.

Aufgabe 2

Sie sind leitender Mitarbeiter in einem Fachgeschäft, das vor einem Jahr in der neuen „Einkaufspassage am Klosterbogen" eröffnet hat. Die Geschäfte gehen schlecht. Der bisherige monatliche Umsatz liegt im Durchschnitt erheblich unter dem Zielumsatz.

a) In einem ersten Schritt bittet Sie der Inhaber, ein absatzpolitisches Soll-Profil für ein Fachgeschäft in Citylage zu erstellen. Gehen Sie in Ihrer Darstellung auf drei Instrumente der Absatzpolitik ein (z. B. Sortimentspolitik, Preispolitik, Werbung), erläutern Sie jeweils zwei Aspekte, und begründen Sie dabei, warum gerade die von Ihnen gewählten Beispiele typisch für die Betriebsform (Vertriebs-)Fachgeschäft sind. **6 Punkte**

b) Als zweiten Schritt zur Verbesserung der Umsatzsituation sollen Sie die bisherigen Maßnahmen der Verkaufsförderung bewerten, ggf. korrigieren und ergänzen. Nennen Sie sechs Beispiele für Maßnahmen der Verkaufsförderung (im Sektor „Verbraucher-Promotion"), die Sie im vorliegenden Fall für geeignet halten.   **6 Punkte**

c) Die Inhabergesellschaft der Passage hat bei einer Befragungsaktion in der Innenstadt ermittelt, dass nur etwa 40 % der Befragten die Geschäfte der Einkaufspassage bzw. deren Warenangebot kennen. In einem kurzfristig angesetzten Meeting der „Werbegemeinschaft Passage am Klosterbogen" soll über geeignete PR-Maßnahmen nachgedacht werden. Beschreiben Sie drei wirksame PR-Maßnahmen, um den Bekanntheitsgrad und das Image der Passage zu verbessern.   **6 Punkte**

d) Einer der Teilnehmer des Meetings äußert: „Wir sollten hier eine *Panelerhebung* einrichten, um so zu nachhaltigen Ergebnissen zu kommen". Nehmen Sie zu der Aussage Stellung und erläutern Sie dabei den Fachbegriff.   **4 Punkte**

Aufgabe 3

Im Einzelhandel ist ein zunehmender Konzentrationsprozess sowie eine Veränderung der Betriebsformen zu verzeichnen.

a) Nennen Sie jeweils vier Vor- und Nachteile, die sich aus der zunehmenden Konzentration für den Endverbraucher ergeben.   **8 Punkte**

b) Erläutern Sie die Betriebsform „Discounter" und beschreiben Sie die Entwicklung dieser Betriebsform in den letzten zehn Jahren.   **6 Punkte**

Aufgabe 4

Sie sind leitender Mitarbeiter in einem großen Einzelhandelunternehmen. Das Filialnetz soll erweitert werden. Aktuell sind Sie mit der Recherche nach geeigneten, neue Standorten beschäftigt.

a) Bei der Standortanalyse ist der Faktor „Verkehr" von entscheidender Bedeutung für den Unternehmenserfolg. Geben Sie sechs Beispiele, welche Fragestellungen in diesem Zusammenhang für den Einzelhandel (Innenstadtlage) zu untersuchen sind.   **6 Punkte**

b) Beschreiben Sie drei Entwicklungen, die für eine Ansiedlung von Einzelhandelsgeschäften in der Innenstadt sprechen.   **6 Punkte**

Aufgabe 5

Im Rahmen der Absatz-/Umsatzplanung ist es für einen Handelsbetrieb von großem Interesse, das *Marktpotenzial* und das *Marktvolumen* eines bestimmtes Absatzgebietes zu kennen. In Verbindung mit der Kenntnis des eigenen *Marktanteils* können daraus relevante Entscheidungen abgeleitet werden.

a) Erläutern Sie diese drei Kenngrößen und stellen Sie ihren Zusammenhang grafisch dar.   **8 Punkte**

b) In dem relevanten Markt gibt es 30 Mio. Haushalte. Aufgrund einer Marktstudie weiß man, dass 40 % der Haushalte eine Mikrowelle haben. Drei große Handelsketten beliefern („teilen sich") derzeit den Markt. Ihre Absatzmengen sind   **6 Punkte**

 • Unternehmen 1:   4 Mio. Stück
 • Unternehmen 2:   5 Mio. Stück

Ermitteln Sie das Marktpotenzial, das Marktvolumen und den Marktanteil von Unternehmen 3.

Aufgabe 6

Sie erhalten die Aufgabe, die Werbeplanung in Ihrem Unternehmen zu systematisieren. Dazu soll u. a. je Warengruppe ein Werbeplan entwickelt werden.

a) Nennen Sie fünf Phasen eines Werbeplans in sachlogischer Reihenfolge.   **5 Punkte**

b) In der Werbung wird die Technik der „Werbekonstante" eingesetzt. Erläutern Sie den Fachbegriff und nennen Sie vier Beispiele für Erscheinungsformen.   **5 Punkte**

c) Beschreiben Sie den Begriff „Copy Strategie".   **2 Punkte**

Aufgabe 7

Aufgrund der seit zwei Jahren laufend zurückgehenden Ertragslage hat Ihr Unternehmen endlich eine Unternehmensberatung eingeschaltet. Die G. K. Consulting Group erstellt u. a. eine Sortimentsanalyse auf der Basis des Portfolio-Konzepts (BCG-Matrix). Das Ergebnis ist in der nachstehenden Abbildung dargestellt. Die Größe der Kreise symbolisiert die Höhe des Umsatzes.

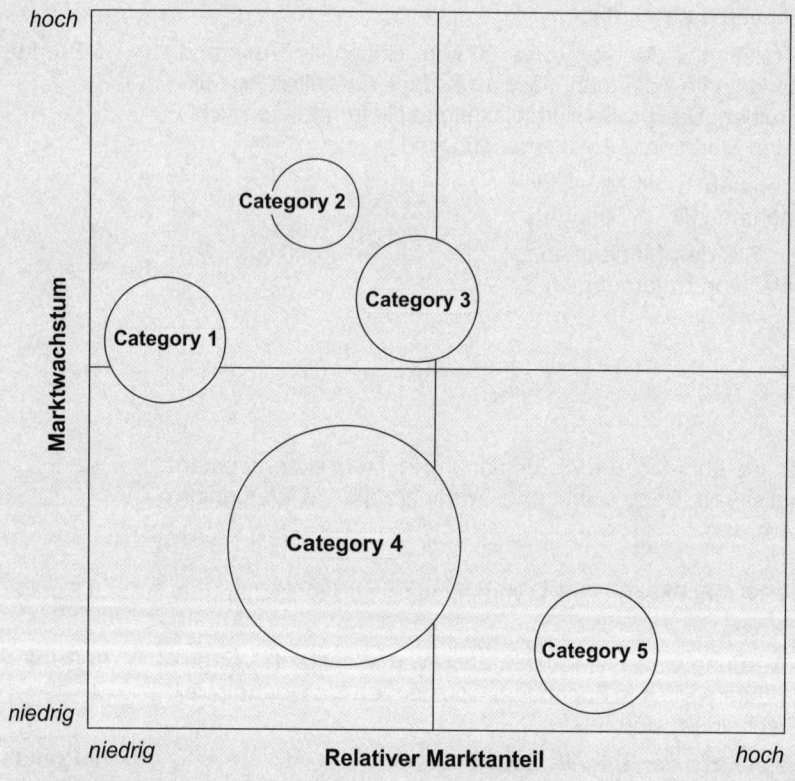

a) Erläutern Sie die strategische Ausgangsposition anhand des Portfolios. **10 Punkte**

b) Empfehlen Sie für die Category 3 eine Normstrategie und begründen Sie Ihre Aussage. **6 Punkte**

3. Führung und Personalmanagement

Geprüfte Handelsfachwirte

3. Führung und Personalmanagement

Bearbeitungszeit: 90 Minuten   100 Punkte
Hilfsmittel: Arbeitsgesetze

Aufgabe 1

Sie sind Abteilungsleiter in einem großen Warenhaus. Aufgrund Ihrer Personalführung und der effizienten Marketing-Aktionen konnten Sie den Umsatz Ihrer Abteilung deutlich steigern. Mit Ihrem derzeitigen Team ist das Arbeitsvolumen nicht zu schaffen. Sie beantragen bei der Geschäftsleitung die Einstellung eines Verkäufers/einer Verkäuferin auf Vollzeitbasis.

a) Beschreiben Sie drei Methoden der Bedarfsermittlung zur Begründung Ihres Antrags.   **6 Punkte**

b) Nennen Sie jeweils drei interne und externe Suchwege der Personalbeschaffung, die effektiv sind und nur geringe Kosten verursachen.   **6 Punkte**

c) Beschreiben Sie drei Vor- und Nachteile der internen Personalbeschaffung.   **6 Punkte**

Aufgabe 2

Im Rahmen Ihrer Beschaffungsaktion (vgl. Aufgabe 1) lesen Sie bei der Analyse der Bewerbungsunterlagen in einem Arbeitszeugnis: *„Frau Mischberger konnte den an sie gestellten Aufgaben weitgehend gerecht werden, wenn diese nicht termingebunden und überschaubar waren. Zu ihren Kolleginnen hatte sie ein sehr freundschaftliches Verhältnis."* Das Zeugnis trägt zwei Unterschriften und wurde von einem bekannten, großen Handelsunternehmen ausgestellt.

a) Beurteilen Sie die Textpassage in dem Arbeitszeugnis.   **6 Punkte**

b) Ein Arbeitszeugnis kann als so genanntes einfaches oder qualifiziertes Zeugnis erstellt werden. Erläutern Sie den Unterschied.   **6 Punkte**

c) Nennen Sie vier Grundsätze, nach denen ein Arbeitszeugnis lt. BAG-Rechtsprechung zu erstellen ist.   **4 Punkte**

Aufgabe 3

Ihre Mitarbeiterin, Frau Ortrud Spät, Abt. VKM, Personalnummer 34008, hat eine Regelarbeitszeit von 08:00 - 16:30 Uhr täglich. Im Oktober diesen Jahres kam sie an mehreren Tagen zu spät und wurde deshalb von Ihnen am 03.11. mündlich ermahnt. Trotzdem kommt Frau Ortrud Spät auch im November unpünktlich zur Arbeit. Die elektronische Zeiterfassung weist folgende Zeiten des Arbeitsbeginns aus:

08:07 Uhr	am 02.11.	08:18 Uhr	am 09.11.
08:22 Uhr	am 11.11.	08:13 Uhr	am 13.11.
08:09 Uhr	am 16.11.		

Sie führen am 17.11. erneut ein Gespräch mit Frau Spät. Sie entgegnet, dass sie an den genannten Tagen leider verschlafen hätte. Sie erklären ihr daraufhin, dass sie gezwungen sind, eine Abmahnung zu verfassen.

a) Erstellen Sie den Text der Abmahnung für Frau Spät aufgrund des Sachverhalts.   **9 Punkte**

b) Man unterscheidet bei der Abmahnung zwischen der Disziplinarfunktion und der kündigungsrechtlichen Warnfunktion. Nennen Sie konkret vier Bestandteile, die Ihre Abmahnung enthalten muss, um die Warnfunktion zu erfüllen.   **4 Punkte**

c) Müssen Sie bei diesem Vorgang den Betriebsrat beteiligen?   **2 Punkte**

Aufgabe 4

Als Assistent der Geschäftsleitung eines größeren Handelsbetriebes erhalten Sie den Entwurf der „Personalpolitischen Ziele für die Jahre 2015 - 2017". In diesem Papier lesen Sie u. a. folgende Zielsetzungen:

(1)   „ ... wird eine nachhaltige Senkung der Personalkosten angestrebt".

(2)   „ ... sollen Arbeitszeitmodelle entwickelt und eingesetzt werden, die sich an den Erfordernissen des Marktes ausrichten".

(3)   „ ... ist für einen optimalen Mitarbeitereinsatz zu sorgen, der sich an dem Können und der Neigung der Mitarbeiter orientiert".

(4)   „ ... muss für eine Senkung der Fluktuation durch geeignete Maßnahmen gesorgt werden".

a) Welche dieser Zielsetzungen haben kurzfristig mehr wirtschaftli-   **6 Punkte**
   chen und welche mehr sozialen Charakter? Begründen Sie Ihre
   Antwort.

b) Erläutern Sie am Beispiel der Zielsetzung (4) „Senkung der Fluk-   **4 Punkte**
   tuation", dass dieses Ziel langfristig sowohl wirtschaftlichen als
   auch sozialen Charakter haben kann.

c) Die oben dargestellten Ziele haben einen Mangel: Sie sind nicht   **4 Punkte**
   messbar. Formulieren Sie die Beschreibung in (1) „Senkung der
   Personalkosten" so um, dass daraus ein messbares (operatio-
   nales) Ziel wird.

Aufgabe 5

Sie sind Mitglied in der Projektgruppe „Personalagenda 2015". Ein
Teilprojekt ist die Überarbeitung der Mitarbeiterbeurteilung. Teilpro-
jektdauer: sechs Monate. Die Leistungsbeurteilung der Tarifmitarbeiter soll weiterhin merkmalsorientiert gestaltet sein. Bei den Führungskräften erwartet der Vorstand ein Konzept auf der Basis von
Potenzialbeurteilung und Management by Objectives (MbO).

a) Erläutern Sie den Unterschied zwischen einer Leistungsbeurtei-   **4 Punkte**
   lung und einer Potenzialbeurteilung.

b) Beschreiben Sie fünf Prozessschritte zur Einführung des MbO-   **10 Punkte**
   Konzepts.

c) Welche Merkmale kennzeichnen ein Projekt? Geben Sie drei   **3 Punkte**
   Beispiele bezogen auf den Sachverhalt.

d) In welcher Form müssen Sie bei diesem Projekt den Betriebs-   **5 Punkte**
   rat beteiligen? Nennen Sie die Rechtsgrundlage(n) und den/die
   Paragrafen.

Aufgabe 6

Die Geschäftsleitung hat Sie beauftragt, die Eckpfeiler des neu-
en Beurteilungskonzepts (vgl. Aufgabe 5) auf dem nächsten Füh-
rungskräftetreffen zu präsentieren.

Beschreiben Sie konkret und auf den Sachverhalt bezogen jeweils   **15 Punkte**
drei Aspekte, die Sie im Rahmen der Vorbereitung, Durchführung
und Nachbereitung der Präsentation beachten müssen (bitte keine
theoretischen Beschreibungen).

> **Geprüfte Handelsfachwirte**
>
> # 4. Volkswirtschaft für die Handelspraxis

Bearbeitungszeit: 60 Minuten *100 Punkte*

Aufgabe 1

a) Was versteht man unter der Allokationsfunktion des Preises? Geben Sie eine Erläuterung. **4 Punkte**

b) Erläutern Sie anhand von zwei Beispielen, warum der Staat Eingriffe in die Preisbildung vornimmt. **6 Punkte**

c) Nennen Sie drei Formen für staatliche Eingriffe in die Preisbildung und zeigen Sie jeweils ein konkretes Beispiel aus der Praxis. **9 Punkte**

Aufgabe 2

Die Unternehmen müssen bei ihrer Preisgestaltung die Elastizität der Nachfrage berücksichtigen.

a) Erklären Sie den Fachbegriff „direkte Preiselastizität der Nachfrage". **4 Punkte**

b) Die nachfolgende Abbildung enthält vier grundsätzliche Marktsituationen 1 bis 4. Entscheiden Sie, welche Elastizität der Nachfrage vorliegt und nennen Sie jeweils ein Beispiel. **16 Punkte**

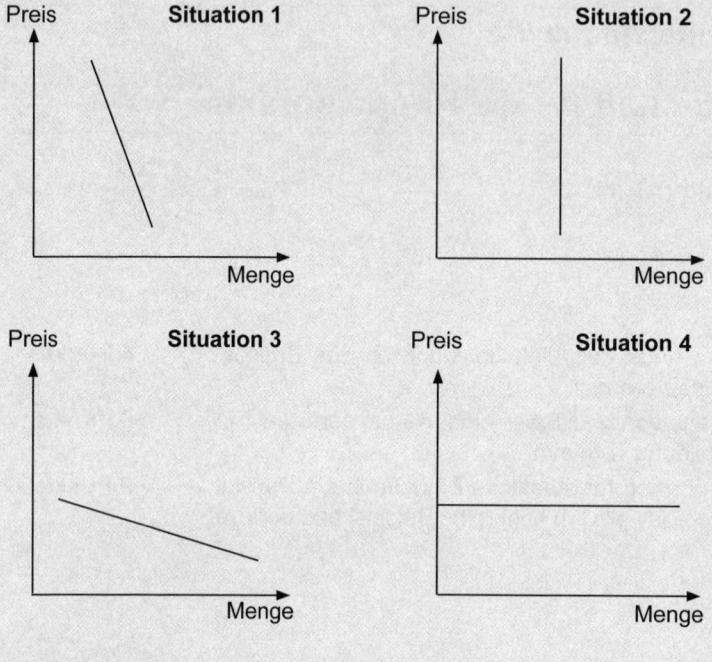

Aufgabe 3

Aufgrund der Weltwirtschaftskrise und der Haushaltsdefizite einiger **12 Punkte**
EU-Länder rechnen Experten mit einem Verfall des Euro gegenüber
dem US-Dollar.

Beschreiben Sie drei Auswirkungen für die deutsche Wirtschaft, die
mit dieser Entwicklung verbunden sein können.

Aufgabe 4

Länder und Kommunen klagen über Haushaltsdefizite. Eine Möglichkeit, dem entgegen zu wirken, ist die Erhöhung der Verbrauchssteuern.

a) Erläutern Sie, welche Auswirkungen eine Erhöhung der Ver- **12 Punkte**
   brauchssteuern für den Staat, die Unternehmen und für die
   Haushalte haben kann.

b) Beschreiben Sie allgemein, was man unter fiskalpolitischen **3 Punkte**
   Maßnahmen versteht.

Aufgabe 5

Tragen Sie in dem abgebildeten Marktmodell folgende Preissituationen ein:

12 Punkte

P 1: Es gibt keinen Umsatz, da die Anbieter keine Menge offerieren.
P 2: Die angebotene Menge entspricht der nachgefragten Menge.
P 3: Es existiert ein Angebotsüberhang.
P 4: Es findet keine Nachfrage statt.
P 5: Die nachgefragte Menge ist größer als die angebotene.
P 6: Der Marktpreis führt zu einer Markträumung.

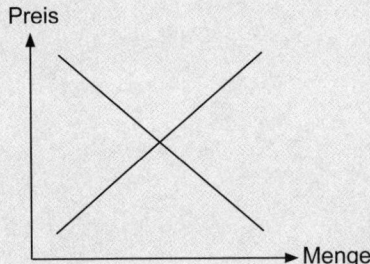

Aufgabe 6

Die Europäische Zentralbank (EZB) hatte in der zurückliegenden Zeit bereits mehrfach den Leitzins gesenkt.

a) Erläutern Sie unter Berücksichtigung der gesamtwirtschaftlichen Situation im Euro-Raum, warum diese geldpolitische Maßnahme durchgeführt wurde.

4 Punkte

b) Beschreiben Sie drei gesamtwirtschaftliche Auswirkungen dieser Maßnahme.

9 Punkte

c) Beurteilen Sie die Wirksamkeit dieser Maßnahme. Gehen Sie dabei auf drei Aspekte ein.

6 Punkte

d) Nennen Sie drei weitere, hoheitliche Aufgaben der EZB.

3 Punkte

Geprüfte Handelsfachwirte

5. Beschaffung und Logistik

Bearbeitungszeit: 90 Minuten   100 Punkte
Hilfsmittel: BGB, HGB

Aufgabe 1

Die Lagerbuchhaltung eines Großhandels weist für den Artikel X folgende monatliche Endbestände (in Stück) aus:

Januar	300	April	280	Juli	360	Oktober	300
Februar	350	Mai	440	August	380	November	340
März	500	Juni	420	September	410	Dezember	320

Der Lagerbestand am 31.12. des Vorjahres betrug 300 Stück.

a) Wie hoch ist der durchschnittliche Lagerbestand (in Stück)?   **5 Punkte**
b) Wie hoch ist die durchschnittliche Kapitalbindung bei einem Ein-   **3 Punkte**
   standspreis des Artikels von 30 €?
c) Es wurde folgender Lagerabgang verzeichnet (in Stück):   **4 Punkte**

Januar	80	April	200	Juli	70	Oktober	180
Februar	0	Mai	50	August	90	November	130
März	120	Juni	166	September	0	Dezember	0

   Berechnen Sie den Lagerumschlag.
d) Berechnen Sie die durchschnittliche Lagerdauer in Tagen.   **3 Punkte**
e) Ermitteln Sie Zinskosten des Lagers bezogen auf die durch-   **3 Punkte**
   schnittliche Lagerdauer; unterstellen Sie dabei einen Kapital-
   zins von 12 %.

Aufgabe 2

Ein kleines Handelsunternehmen stellt fest, dass es mit der Warengruppe 1, die 20 % des Lagerwertes ausmacht, 800.000 € Umsatz erzielte. Mit der zweiten Warengruppe wurde ein Umsatz von 150.000 realisiert – bei 30 % des Lagerwertes. Der verbleibende Lagerwert erbrachte 50.000 € Umsatz.

Um die Relationen zu verdeutlichen, erhalten Sie für das nächste Meeting der Einkaufsabteilung folgende Aufgaben:

a) Erstellen Sie (rechnerisch) eine ABC-Analyse.   **4 Punkte**

b) Zeigen Sie grafisch das Ergebnis der ABC-Analyse.   **4 Punkte**

c) Geben Sie jeweils fünf Empfehlungen für die Disposition von   **10 Punkte**
   A- und C-Teilen.

Aufgabe 3

Der Floristikgroßhandel „Trockenblume" will zur Abrundung seines Sortiments wertvolle Miniaturfiguren aus Ton ordern. Der Jahresbedarf wird auf 1.200 Stück geschätzt – bei einem Einstandspreis von 200 € pro Stück; die Bestellkosten je Vorgang betragen 50,63 €; der Lagerhaltungskostensatz liegt bei 30 %.

a) Errechnen Sie die optimale Beschaffungsmenge.   **4 Punkte**

b) Beschreiben Sie vier Beispiele, in denen die Berechnung der Be-   **8 Punkte**
   schaffungsmenge nach der Optimierungsformel (Andler) nicht
   bzw. weniger geeignet ist.

Aufgabe 4

Aufgabe eines Warenwirtschaftssystems ist die genaue mengen- und wertmäßige Erfassung und Steuerung des Warenflusses.

a) Welche Teilaufgaben können (müssen) von einem derartigen EDV-System wahrgenommen werden? Speziell im   **6 Punkte**

 • Wareneingang
 • Lager
 • Warenausgang.

 Nennen Sie jeweils zwei Beispiele.

b) Erläutern Sie Efficient Replenishment (ERP) als Teilstrategie von Efficient Consumer Response (ECR).   **6 Punkte**

c) Zur Umsetzung von ERP bedient man sich verschiedener Instrumente. Nennen Sie dafür zwei Beispiele, die außer dem VMI-Konzept infrage kommen.   **4 Punkte**

d) Erläutern Sie das Konzept Vendor Managed Inventory (VMI).   **4 Punkte**

e) Erläutern Sie die RFID-Technologie und beschreiben Sie zwei Einsatzgebiete im Handel.   **10 Punkte**

Aufgabe 5

Sie sind Beschaffungsmarktforscher einer Großhandelskette. Ihrem Einkauf liegt von einem neuen Lieferanten eine sehr günstige Offerte für einige Ihrer Produkte vor.

a) Sie sind aufgefordert, die Leistungsfähigkeit des Lieferanten zu beurteilen.   **10 Punkte**

 Nennen Sie zehn Kriterien, die hierbei zu beachten sind.

b) Im Einkauf gibt es hinsichtlich der Festlegung der Lieferantenanzahl verschiedene Sourcing-Strategien. Beschreiben Sie vier dieser Strategien und nennen Sie jeweils eine Chance/ein Risiko.   **8 Punkte**

c) Der neue Lieferant hat sein Angebot konkretisiert. Es wurde mit ihm ein Termin zur Vergabeverhandlung vereinbart.   **4 Punkte**

 Nennen Sie vier Ziele, die bei einer Vergabeverhandlung verfolgt werden.

Geprüfte Handelsfachwirte

6. Handelsmarketing und Vertrieb

Bearbeitungszeit:	90 Minuten					100 Punkte
Hilfsmittel:		UWG, GWB

Aufgabe 1

In der neu eröffneten Filiale einer Handelskette ist die Raumproduktivität nicht zufriedenstellend.

a) Definieren Sie die Kennziffer Raumproduktivität im Einzelhandel.	**2 Punkte**

b) Um die Raumproduktivität zu verbessern soll die Kundenfrequenz sowie die Einkaufssumme pro Kunde gesteigert werden.	**10 Punkte**

Beschreiben Sie fünf geeignete Maßnahmen.

c) Welche Konsequenzen werden im Allgemeinen aus den Erkenntnissen über „Impulskauf und Gewohnheitskauf des Kunden" hinsichtlich der Warenpräsentation in SB-Märkten gezogen?	**8 Punkte**

Geben Sie eine Erläuterung und nennen Sie vier Beispiele.

Aufgabe 2

Der neu gegründete Sanitärgroßhandel „Fließflott & Söhne" prüft derzeit, ob er den Vertrieb über Reisende oder Handelsvertreter organisieren soll. Dazu ermittelt er folgende Vergleichsdaten:

Der Reisende wird ein monatliches Bruttogehalt von 4.000 € erhalten. Die Gehaltszusatzkosten betragen 80 %. Seine Umsatzprovision ist 2 %.

Der Handelsvertreter erhält eine fixe Vergütung von 2.000 € monatlich sowie eine Vertreterprovision von 10 % des Umsatzes.

Als Berechnungsgrundlage wird ein durchschnittlicher Verkaufspreis der Artikelgruppe von 480 € angenommen.

a) Berechnen Sie für beide Absatzmittler die monatlichen Vertriebskosten. Unterstellen Sie dabei einen monatlichen Zielumsatz von 200 Stück.	**6 Punkte**

b) Ermitteln Sie die kritische Menge, bei der die Kosten für beide Alternativen gleich sind.	**4 Punkte**

c) Neben diesem rein rechnerischen Vergleich der Alternative Vertreter/Reisender gibt es noch qualitative Aspekte, die bei einer Entscheidung zwischen den beiden Absatzmittlern relevant sind.   **8 Punkte**

Nennen Sie sechs Merkmale für eine solche Entscheidung und bewerten Sie die Kriterien in einer Matrix mithilfe einer einfachen Skalierung (++; +; -; - -).

Aufgabe 3

Als Assistent des Verkaufsleiters nehmen Sie an der diesjährigen Verkaufstagung teil; u. a. wird von den insgesamt 20 Verkäufern beklagt, dass „sie hoffnungslos überlastet seien und für eine sachgerechte Betreuung des einzelnen Kunden kaum noch richtig Zeit hätten".

Der Verkaufsleiter bittet Sie, dieses Thema genauer zu untersuchen. Dabei sollen Sie folgende Fragen beantworten:

a) Ist die Zahl der Verkäufer Ihrer Meinung nach ausreichend? Gehen Sie bei Ihren Überlegungen davon aus, dass ein Verkäufer durchschnittlich fünf Kunden pro Tag besuchen kann. Die Anzahl der Arbeitstage (pro Jahr, pro Verkäufer) beträgt 230.   **10 Punkte**

b) Lässt sich eine „repräsentative" Anzahl der durchzuführenden Besuche pro Verkäufer pro Jahr als zukünftige Orientierungsgröße ermitteln? Berücksichtigen Sie bei diesen Überlegungen das Instrument der ABC-Analyse und unterscheiden Sie zwischen Groß- und Einzelhandel.   **10 Punkte**

Ihre Befragung der 20 Verkäufer ergibt folgende Häufigkeitstabelle:

Kundentyp		Anzahl der Kunden	Anzahl der Besuche pro Kunde pro Jahr
Groß-handel	A-Kunde	50	20
	B-Kunden	120	10
	C-Kunden	300	5
Einzel-handel	A-Kunde	400	16
	B-Kunden	1.600	6
	C-Kunden	4.000	4

Aufgabe 4

Die Weingroßhandlung Trebe GmbH mit Sitz in Mainz verkauft Wein- und Sektsorten der Anbaugebiete Saar und Mosel. Sie setzt ihre Ware über folgende Vertriebswege ab:

(1) zu 25 % im Direktvertrieb (fester Kundenstamm;
                Auslieferung mit eigenem Lkw)
(2) zu 35 % über Vertreter und
(3) zu 45 % über eine Warenhauskette.

Zur Handelsspanne bzw. Umschlagshäufigkeit in den einzelnen Vertriebswegen wurden folgende Werte ermittelt:

(1)   35 % 15
(2)   28 % 10
(3)   25 % 05

In den letzten beiden Jahren war der Umsatz stagnierend bis leicht rückläufig. Er liegt zurzeit bei 1,2 Mio. € p. a. Für das kommende Geschäftsjahr entschließt sich die Inhaberfamilie – als eine der ersten Maßnahmen – eine größere Verkaufsförderungsaktion für alle drei Vertriebswege durchzuführen. Das Sortiment soll im Moment noch nicht verändert werden. Sie sind bei der Firma Trebe für sechs Monate tätig, um Erfahrung für Ihren elterlichen Betrieb zu sammeln.

a) Sie sollen – je Zielgruppe (Vertriebsweg) – drei geeignete Maßnahmen der Verkaufsförderung vorschlagen (konkret und praxisnah).   **9 Punkte**

b) Das Budget für die Aktion soll 5 % des Umsatzes betragen und auf die einzelnen Vertriebswege entsprechend ihrer Wertziffer verteilt werden.   **12 Punkte**

Aufgabe 5

Die Firma MCT (Mecklenburger Computer Team) vertreibt und installiert kleine und mittlere Computer an Privat- und Geschäftskunden. Der Verkauf erfolgt über Mitarbeiter und Vertreter. Weiterhin bietet sie Zubehör und PC-Spiele sowie Dienstleistungen an (Kopieren und Erstellen von pdf-Dateien, Datenkonfiguration u. Ä.). Das Geschäft läuft recht erfolgreich. Derzeit gibt es keine systematische Information über die Zufriedenheit der Kunden. Sie sind beauftragt worden, für die MCT eine Kundenbefragung zur systematischen Analyse der Kundenzufriedenheit zu erstellen und sollen zu folgenden Fragen Stellung nehmen:

a) Ziel der Untersuchung.   **4 Punkte**

b) Auswahl der zu Befragenden und Befragungsmethode.   **4 Punkte**

c) Da die Geschäftsleitung der Auffassung ist, dass das Sortiment   **6 Punkte**
unzureichend profiliert ist, soll ein Category-Managementpro-
zess eingeleitet werden.

Beschreiben Sie in knappen Worten die Analyse der Warengruppen als Ausgangsbasis für diesen Prozess. Entwickeln Sie
– unabhängig vom Ergebnis der Befragung – drei Vorschläge
für Categories, die Ihnen aufgrund des Sachverhalts zielführend
erscheinen.

Aufgabe 6

Herr Grün hat in Ihrem Unternehmen vor einigen Tagen seine Tätigkeit als Verkäufer begonnen. Da er noch wenig Erfahrung im Verkaufsgeschäft hat, bittet Sie die Geschäftsleitung, ihn als Mentor zu
betreuen. Ihr Unternehmen verkauft Werkzeuge für den Baufach-
handel.

Für das erste Verkaufsgespräch hat sich Herr Grün sehr gut vorbereitet und beginnt das Gespräch beim Kunden (Erstkontakt) mit folgenden Worten: „Guten Tag, Herr Kerner, meine Name ist Grün, ich
komme von der Firma ... Wir sind ein führender Hersteller auf dem
Gebiet der Werkzeugmaschinen. Ich möchte heute kurz darlegen,
über welche hervorragenden Eigenschaften unsere neu entwickelte
Kreissäge Flott hat."

a) Nennen Sie vier Beispiele, warum die Gesprächseröffnung von   **4 Punkte**
Herrn Grün nicht wirksam ist.

b) Im Verlauf des Gesprächs kommt eines der Hauptargumente   **3 Punkte**
des Kunden „... ist zu teuer."
Wie könnte Herr Grün auf diesen Einwand antworten? Nennen
Sie drei Beispiele.

Geprüfte Handelsfachwirte

7. Handelslogistik

Bearbeitungszeit: *90 Minuten* *100 Punkte*
Hilfsmittel: *BGB, HGB*

Aufgabe 1

Die Zuweisung von Lagerplätzen kann nach unterschiedlichen Verfahren erfolgen.

Beschreiben Sie zwei Verfahren und nennen Sie jeweils einen Vor- und einen Nachteil.

10 Punkte

Aufgabe 2

Die Incoterms regeln u. a. die Transportkosten, das Transportrisiko und die Transportkapazität.

Nennen Sie zu den nachfolgenden Sachverhalten den zutreffenden Incoterm.

a) Der Exporteur trägt die Kosten bis an das Schiff. **3 Punkte**

b) Der Exporteur trägt die Kosten bis an das Schiff einschließlich der Verladungskosten auf das Schiff. **3 Punkte**

c) Der Exporteur trägt alle Kosten des Schiffstransports inkl. Fracht- und Versicherungskosten. **3 Punkte**

Aufgabe 3

Ihr Unternehmen möchte die Transportlogistik verbessern und plant daher, das EUL-Konzept (Efficient Unit Loads) einzuführen.

a) Nennen Sie sechs Komponenten der Transportkette, die standardisiert werden müssen, um das System einführen zu können. **6 Punkte**

b) Begründen Sie anhand von zwei Beispielen, warum die Transportkosten durch die Einführung des EUL-Konzepts gesenkt werden können. **6 Punkte**

Aufgabe 4

Zur Messung und Optimierung des Logistikprozesses bedient man sich geeigneter Kennzahlen.   **12 Punkte**

Entwickeln Sie für den Logistikbereich „Materialfluss und Transport" zwei Wirtschaftlichkeitskennzahlen sowie zwei Qualitätskennzahlen, die geeignet sind, logistische Prozesse zu quantifizieren.

Aufgabe 5

Die Rheinsberg Handels-GmbH vertreibt generalüberholte Werkzeugmaschinen. Bisher wurde der Transport mit einem eigenen Lkw durchgeführt. Da eine Ersatzinvestition für den Lkw erforderlich wird, soll geprüft werden, ob die Beauftragung eines Spediteurs kostengünstiger ist als der Eigentransport.

Für die Ersatzinvestition liegen folgende Daten vor:
AfA: 60.000 € p. a.; Steuern und Versicherung: 6.000 € p. a.; monatliche Lohnkosten des Fahrers inkl. Lohnnebenkosten: 3.200 €; laufende Treibstoffkosten: 0,30 € pro km; lfd. Wartungskosten: 0,10 € pro km.

Das Angebot des Spediteurs lautet: mtl. Fixbetrag für Servicebereitschaft: 1.500 €; 2,20 € pro Transportkilometer.

a) Ermitteln Sie rechnerisch den kritischen km-Wert, bei dem das Angebot des Spediteurs mit den Kosten des Eigentransports identisch ist.   **10 Punkte**

b) Zeigen Sie grafisch die Lösung von Aufgabe a) mithilfe einer Freihandzeichnung.   **8 Punkte**

c) Neben dem Kostenvergleich gibt es generelle Kriterien, die bei der Entscheidung „Eigentransport versus Fremdtransport" herangezogen werden sollten.   **9 Punkte**

Beschreiben Sie drei dieser Kriterien.

Aufgabe 6

Ihr Unternehmen plant die Rationalisierung des Vertriebslagers   **15 Punkte**
durch die Anschaffung einer neuen Fördereinrichtung. Es liegen
dazu zwei Angebote vor:

	Investitions-objekt 1	Investitions-objekt 2
Anschaffungskosten (AW)	800.000 €	600.000 €
Restwert (RW)	40.000 €	20.000 €
Nutzungsdauer (n)	5 Jahre	5 Jahre
Zinssatz (i)	8 %	8 %
Betriebskosten (K_B)	90.000 €	150.000 €

Ermitteln Sie mithilfe der Kostenvergleichsrechnung, welche Investition vorteilhafter ist. Die Kapazität der Anlagen ist gleich.

Aufgabe 7

Mithilfe des EAN-Codes können heute Artikel eindeutig identifiziert
werden.

a) Erläutern Sie die Bestandteile des EAN-Codes.   **10 Punkte**
b) Beschreiben Sie den Unterschied zum Electronic Product Code   **5 Punkte**
   (EPC).

Geprüfte Handelsfachwirte

8. Außenhandel

Bearbeitungszeit: *90 Minuten*   *100 Punkte*

Aufgabe 1

Ein Bremer Importeur führt Spielwaren aus Taiwan im Werte von 250.000 US-$ ein. Fracht, Versicherung und Nebenkosten frei Bremen machen insgesamt 3.750 US-$ aus. Der Zollsatz beträgt 8 %. (Wechselkurs: 1 € = 1,45 US-$)

a) Berechnen Sie die Einfuhrabgaben in Euro.   **4 Punkte**

b) Beschreiben Sie die Hauptaufgabe der Institutionen WTO, Welt-   **9 Punkte**
   bank und IWF im Rahmen der Weltwirtschaft.

Aufgabe 2

a) Beschreiben Sie drei Motive, aus denen Staaten Zölle erheben.   **9 Punkte**

b) Beschreiben Sie, welche Formen des Außenhandels den nachfolgenden Transaktionen aus deutscher Sicht zu Grunde liegen
   und wie diese zollrechtlich zu bewerten sind.

b1) Ein süddeutsches Unternehmen der Bekleidungsindustrie lie-   **4 Punkte**
    fert Stoffe, Zubehör und Etiketten nach Ungarn an einen Kon-
    fektionsbetrieb und verkauft die Fertigprodukte in Deutschland.

b2) Ein italienischer Modedesigner verkauft 40 % seiner Aktien an   **4 Punkte**
    einen sächsischen Investor.

b3) Ein deutscher Holzhändler kauft Hölzer der Marke „Red Pine"   **4 Punkte**
    von der Niederlassung eines kanadischen Anbieters in Bre-
    men. Der Weiterverkauf erfolgt über die Vertriebsfilialen des
    deutschen Holzhändlers.

Aufgabe 3

Die Industrie- und Handelskammern empfehlen seit der Erweiterung des EU-Binnenmarktes auch den KMU (kleine und mittlere Unternehmen) sich verstärkt neue Absatzmärkte durch Direktinvestitionen zu sichern.

a) Erläutern Sie den Begriff „Direktinvestitionen"   **3 Punkte**

b) Nennen Sie drei Formen der Direktinvestition.   **6 Punkte**

c) Beschreiben Sie anhand von zwei Beispielen, welche Vorteile   **8 Punkte**
   sich für KMU aus einer Direktinvestition im EU-Binnenmarkt ergeben können.

d) Nennen Sie vier Probleme, die sich aus diesen Aktivitäten erge-   **8 Punkte**
   ben können.

Aufgabe 4

Die Bremer Metallhandelsgesellschaft Krause & Söhne hat von der Firma Watering S. L. aus einem südamerikanischen Land eine Anfrage über die Lieferung von Präzisionsstählen erhalten. Dem Länderbericht der Hausbank ist über dieses Importland zu entnehmen:

... hat ein Leistungsbilanzdefizit. ... hat kürzlich einen Schuldenerlass bekommen und ein langfristiges Umschuldungsabkommen geschlossen ... die Währungsreserven decken rd. vier Monatsimporte ... Devisentransfers sind genehmigungspflichtig.

a) Nennen Sie vier Handelsrisiken, die sich aufgrund des Berichts   **4 Punkte**
   der Hausbank ergeben können.

b) Sie schließen mit der Firma Watering S. L. einen Kaufvertrag   **3 Punkte**
   über 80.500 US-$. Beschreiben Sie das Kursrisiko bei diesem
   Geschäft.

c) Nennen Sie zwei Maßnahmen, um sich bei diesem Geschäft   **6 Punkte**
   gegen Kursrisiken abzusichern.

d) Nennen Sie zwei Papiere, die bei diesem Exportgeschäft erfor-   **4 Punkte**
   derlich sein können.

e) Beschreiben Sie zwei Beispiele, wie Sie das Transportrisiko ab-   **4 Punkte**
   sichern können.

Aufgabe 5

Die nachfolgende Tabelle stellt die Regelungen eines Incoterms dar:

Ausfuhr	Import	Durch-fuhr	Transport-vertrag und Kosten	Lieferort	Gefahren-übergang	Kosten-über-gang
Ver-käufer	Käufer	Käufer	Käufer	Ort der Übergabe an den Frachtführer	Lieferort	Lieferort

a) Nennen Sie die Bezeichnung für diesen Incoterm und beschreiben Sie anhand eines selbstgewählten Beispiels die inhaltlichen Regelungen (Gefahrenübergangs, Kosten usw.).   **8 Punkte**

b) Beschreiben Sie den Unterschied zwischen Einpunkt- und Zweipunktklauseln und nennen Sie jeweils zwei Incoterm-Beispiele.   **8 Punkte**

c) Beschreiben Sie die Bedeutung der Internationalen Handelskammer für den Welthandel.   **4 Punkte**

Geprüfte Handelsfachwirte

9. Mitarbeiterführung und Qualifizierung

Bearbeitungszeit: 90 Minuten 100 Punkte
Hilfsmittel: Arbeitsgesetze

Aufgabe 1

Sie arbeiten derzeit im Personalmanagement eines Handelskonzerns. Zu Ihrem Personalbetreuungsbereich gehört u. a. der Vertrieb Non-Food. Nach längeren Bemühungen wurde endlich der
neue Category-Manager gefunden. Er wird seine Arbeit in zwei
Monaten aufnehmen. Der neue Mann, Herr Graber, ist Diplom-
Betriebswirt. Aufgrund der geführten Gespräche wird er als guter
Fachmann des Handelsmarketing gesehen. Von der Persönlichkeit
her wirkt Graber überzeugend, initiativ und scheint in seiner Arbeitsweise eher pragmatisch zu sein. Führungs- und Vertriebserfahrung
hat er bisher noch wenig. Graber soll mit seiner Mannschaft von
acht Mitarbeitern vorrangig folgende Projekte angehen:

Ausbau des Vertriebsnetzes in Europa; Neuentwicklung von Pro-
grammvariationen; Erstellung aktualisierter Kalkulationsunterlagen
und Entwicklung eines Category-Managements für den Non-Food-
Bereich; Erschließung neuer Marktsegmente; Aufbau eines QS-
Systems und Verbesserung der Wertschöpfung. Der Vertriebsvor-
stand erwartet von Ihnen in wenigen Tagen ein Konzept zur individuellen Qualifizierung von Herrn Graber. Ein internes Fortbildungs-
programm ist erst in Vorbereitung. Lediglich Produktschulungen
werden in Zusammenarbeit mit Lieferanten durchgeführt.

a) Gehen Sie vom Sachverhalt aus und nennen Sie konkret fünf **5 Punkte**
   intern notwendige Maßnahmen der Personalentwicklung.

b) Welche externen Weiterbildungsmaßnahmen erscheinen Ihnen **7 Punkte**
   bei Herrn Graber erforderlich zu sein? Geben Sie sieben aus
   dem Sachverhalt abgeleitete Beispiele.

Nachdem Herr Graber seine Tätigkeit aufgenommen hat, bittet er Sie, für seine Mitarbeiter Vorschläge zur Anpassungsqualifizierung zu entwickeln. Von seinem Vorgänger wurde das Thema Qualifizierung sehr „stiefmütterlich" behandelt.

c) Erläutern Sie den Begriff „Anpassungsfortbildung" und nennen Sie zwei Beispiele.   **4 Punkte**

d) Nennen Sie vier geeignete Methoden der Qualifizierung on the job für die Mitarbeiter von Herrn Graber.   **4 Punkte**

Aufgabe 2

a) Im Rahmen Ihrer Überlegungen zur Förderung von Herrn Graber entscheiden Sie sich für Mentoring und können dafür den erfahrenen Hauptabteilungsleiter Herrn Knurr gewinnen. Erläutern Sie das Instrument „Mentoring" und nennen Sie drei Vorteile für den Mentee.   **6 Punkte**

b) Beschreiben Sie die Unterschiede zwischen Mentoring, Coaching und Training.   **6 Punkte**

Aufgabe 3

Sie sind Abteilungsleiter und für Visual Merchandising in einem größeren Handelshaus zuständig. Ihnen ist u. a. der Gruppenleiter Herr Kalle unterstellt. Herr Kalle wird innerhalb der nächsten drei Monate das Unternehmen aus persönlichen Gründen verlassen: Seine Ehefrau ist Lehrerin und hat sich nach Mecklenburg-Vorpommern versetzen lassen. Herr Schmied ist Mitarbeiter von Herrn Kalle, seit fünf Jahren im Unternehmen, ein äußerst versierter Fachmann, der auch Sonderaufgaben problemlos löst. Er hat außerdem Herrn Kalle einige Male bei dessen Abwesenheit vertreten. Fachlich gab es dabei keine Beanstandungen. Herr Schmied zeigte jedoch deutliche Führungsschwächen, die sich nach Auskunft von Herrn Kalle nicht grundsätzlich beheben lassen. Herr Schmied geht davon aus, dass er Nachfolger von Herrn Kalle werden wird und hat diese Erwartung bereits geäußert. Nach reiflicher Überlegung entscheiden Sie sich dafür, die frei werdende Stelle von Herrn Kalle mit einem externen Bewerber zu besetzen, der überzeugende Fach- und Führungskompetenzen nachweisen kann. In der nächsten Woche ist ein Gespräch zwischen Ihnen und Herrn Schmied angesetzt, in dem Sie ihm Ihre Entscheidung mitteilen wollen. Sie kennen Herrn Schmied kaum, Störungen zwischen ihnen beiden gibt es keine.

a) Entwickeln Sie einen Leitfaden für dieses schwierige Gespräch   **15 Punkte**
   und beschreiben Sie dabei Lösungsansätze für die erkennbare
   Konfliktsituation.

b) Nennen Sie drei Regeln, die Sie bei diesem schwierigen Mitar-   **3 Punkte**
   beitergespräch beachten werden.

c) Erläutern Sie die Bedeutung der Beziehungsebene bei diesem   **6 Punkte**
   Gespräch und beziehen Sie sich dabei auf den Sachverhalt.

Aufgabe 4

Im Rahmen eines Beurteilungsgesprächs zwischen Ihnen und Ihrem Mitarbeiter Herrn Beckmann stellt sich heraus, dass er sich völlig überarbeitet fühlt und seine „Papierberge" auf dem Schreibtisch
ihn erdrücken. Es kommt auch häufiger vor, dass sich Kollegen und
Kunden über Terminverschleppungen beschweren.

a) Beschreiben Sie, welche Empfehlung Sie Herrn Beckmann ge-   **6 Punkte**
   ben werden, damit dieser seine Störungsursachen in der Zeitverwendung („Zeitfresser") erkennen und analysieren kann.

b) Empfehlen Sie Herrn Beckmann vier Instrumente des Zeitma-   **4 Punkte**
   nagements, um besser Dringendes und Wichtiges unterscheiden zu können.

c) Welche Techniken zur Organisation seines Arbeitsplatzes könn-   **4 Punkte**
   ten Herrn Beckmann helfen, seine Probleme zu lösen? Geben
   Sie vier Beispiele.

Aufgabe 5

Die Sparte K Ihres Handelshauses sucht einen neuen Personal-
referenten. Der Stellenbeschreibung entnehmen Sie das Anforderungsprofil:

Anforderungsprofil, fachlich:
• abgeschlossene Berufsausbildung, möglichst im Handel
• fundierter theoretischer Hintergrund (z. B. FH-Studium mit Schwerpunkt Personalwesen; ggf. auch Bewerber mit ausreichender Praxis
  und einer Weiterbildung als Geprüfter Handelsfachwirt)
• mindestens drei Jahre Praxis im Personalwesen eines Handelsbetriebes – möglichst in unterschiedlichen Funktionen („Generalist")
• Kenntnisse in der Lohn- und Gehaltsabrechnung
• sichere Beherrschung des Arbeits- und Sozialrechts
• Erfahrung in der Zusammenarbeit mit der Arbeitnehmervertretung.

Anforderungsprofil, persönlich:
• überzeugend und ausgewogen in der Persönlichkeit
• emotional stabil
• kontaktfähig und sicher im Auftreten
• vertrauenserweckend in der Gesprächsführung
• sichere Behandlung von Konfliktsituationen.

Am 24.08.20.. schalten Sie eine entsprechende Personalanzeige
in der Tagespresse im Großraum Düsseldorf (Samstagsausgabe).
Am 28.08.20.. liegen Ihnen bereits die ersten Bewerbungen vor.
Darunter auch die von Herrn Hubertus Streblich.

a) Analysieren Sie das Bewerbungsschreiben (Anlage 1).   **15 Punkte**
b) Analysieren Sie das Arbeitszeugnis (Anlage 2).   **15 Punkte**

Nennen Sie dabei jeweils zehn Bewertungsaspekte konkret aufgrund des Sachverhalts.

Anlage 1: Bewerbungsschreiben von Herrn Hubertus Streblich

Hubertus Streblich   Düsseldorf, den 20.08.20..
Am Knötchenbogen 33
40001 Düsseldorf   0211/756 66 66

IKF-Präzisionsapparaturen
z. Hd. Herrn Rolf Grausam
Heerstraße 999
40008 Düsseldorf

Bewerbung

Sehr geehrte Damen und Herren,

wie in unserem gestrigen Telefonat vereinbart, überreiche ich Ihnen anliegend meine Bewerbungsunterlagen mit der Bitte um Prüfung. Meine Qualifikationen entnehmen Sie bitte dem beigefügten Lebenslauf.

Ich suche ein vielseitiges und interessantes Aufgabenfeld, in dem ich sowohl meine umfangreichen Erfahrungen auf dem Gebiet der Personalbeschaffung und -betreuung einsetzen kann als auch meine Spezialerfahrung und -kenntnis im Sektor „Eignungsdiagnostik" Eingang finden kann. Besonders hervorheben möchte ich, dass ich berufsbegleitend und auf eigene Kosten die Ausbildereignungsprüfung absolviert habe und diese auch in meiner jetzigen Position vorteilhaft einsetzen konnte. Neben dem Ausbildereignungsschein verfüge ich über en REFA-Schein Teil A und B. Selbstverständlich bin ich jederzeit gern bereit, über meine dienstliche Obliegenheiten mich fortwährend weiterzubilden und mich mit betrieblichen Neuerungen und Erkenntnissen zu beschäftigen.

Seit Beginn meiner Tätigkeit in meiner jetzigen Firma oblagen mir vielfältige, eigenverantwortliche Aufggaben. Dazu gehörten z. B. die Bearbeitung von Projekten im Personalwesen und die Umsetzung neuer, interner Reisekostenrichtlinien. In diesem Zusammenhang wurde mir die Aufgabe gestellt, ein innerbetriebliches Marketing der neuen Richtlinien zu verfassen, welches ich erfolgreich durchführen konnte. Außerdem bin ich mit der Ausarbeitung bzw. Überarbeitung von Arbeitsverträgen befasst.

Im Laufe meiner beruflichen Tätigkeit kristallisierte sich besonders die Arbeit mit Menschen heraus. Daher suche ich eine erfolgreiche Weiterführung meiner beruflichen Karriere in einem anderen Unternehmen.

Ich möchte dabei betonen, dass ich eine berufliche Veränderung aus rein persönlichen Gründen suche. Berufliche bundesweite Mobilität und Flexibilität können Sie dabei bei mir als selbstverständlich voraussetzen.

Ich würde mich freuen, Sie in einem persönlichen Gespräch von meiner Selbständigkeit, Teamfähigkeit und von meinem Engagement überzeugen zu können.

Sollten meine Bewerbung nicht von Interesse sein, bitte ich Sie, die Unterlagen an mich zurückzusenden. Meinen Arbeitsvertrag kann ich jederzeit mit der gesetzlichen Kündigungsfrist kündigen.

Da ich mich in einem ungekündigten Arbeitsverhältnis befinde, bitte ich Sie, meine Bewerbung mit der entsprechenden Vertraulichkeit zu handhaben.

Mit frdl. Grüßen

Hubertus Streblich

Anlagen
- Lebenslauf
- Zeugnis „G.W.F.-Zeitarbeit", Wattenscheid
- Zeugnis „Internationales Logistikunternehmen", Düsseldorf

Anlage 2: Lebenslauf von Herrn Hubertus Streblich

Lebenslauf

Angaben zur Person

Name:	Hubertus Streblich
Geburtsdatum u. -ort:	26.07.1974, Düsseldorf
Familienstand:	verheiratet seit 2007
Kinder:	keine
Anschrift:	Am Knötchenbogen 33
	40001 Düsseldorf
Telefon:	(02 11) 756 66 66

Schulbildung:

1981-1988 Katholische Volksschule Viersen

1988-1995 Städtisches Jungengymnasium Kaarst

20.06.1995 Ablegen der Reifeprüfung

1995-2000 Studium der Wirtschaftswissenschaften an der Gesamthochschule in Bochum
mit dem Schwerpunkt Unternehmensführung und Personalwesen

26.06.2001 Diplomprüfung zum Diplom-Ökonom
Diplomarbeit: Psychologische Testverfahren bei der
Bewerberauswahl, Note: 3,5

20.08.2002 Ausbildereignungsprüfung vor der IHK Düsseldorf
08/02–11/02 Verschiedene Aushilfstätigkeiten

Berufsweg

01.02.2002 G.W.F.-Zeitarbeit, Wattenscheid; bis Ende Juli als Personaldisponent; zu-
30.11.2002 ständig für Personalbeschaffung, -betreuung und Lohnbuchhaltung; seit Au-
gust: Abteilungsleiter; Übernahme der Ressorts Arbeitsrecht und Allgemeine
Verwaltung

01.12.2002 arbeitslos
18.06.2003

19.06.2003 Sachbearbeiter im Personalwesen eines großen internationalen Logistikun-
30.08.2006 ternehmens mit den Schwerpunkten: Personalbeschaffung, -betreuung und
allgemeine Verwaltung, Düsseldorf

seit Hauptsachbearbeiter, Personalwesen und Dienstreisen der International
01.10.2006 Insurance Company, Köln, Handlungsvollmacht in Aussicht gestellt

Geprüfte Handelsfachwirte

10. Mündliche Prüfung (Präsentation, Fachgespräch)

Prüfungszeit: *Präsentation:*   *max. 10 Minuten*

Fachgespräch: *max. 20 Minuten*

insgesamt: *ca. 30 Minuten*

Thema:

Entscheidungsvorschlag für ein Maßnahmenkonzept zur dauerhaften Kundenbindung bei einem privaten Bildungsträger – dargestellt am Beispiel des Lehrgangs „Geprüfte Handelsfachwirte"

Problemstellung (Ausgangslage):

In einem privaten Bildungsträger im Großraum Düsseldorf mit rd. zwölf fest angestellten Mitarbeitern und ca. 50 Honorarkräften ist in den letzten zwei Jahren die Nachfrage nach Fortbildungs- und Umschulungsmaßnahmen zurückgegegangen. Wenn diese Entwicklung nicht gestoppt werden kann, ist mit Entlassungen zu rechnen. Da das Realeinkommen der Haushalte gesunken ist und die Zuschüsse des Bundes zu privaten, berufsbegleitenden Fortbildungsmaßnahmen verringert wurden, reagierte der Kunde bei Qualitätsmängeln im Angebot des Bildungsträgers äußerst preiselastisch und sensibel: Er verzichtete auf die Fortbildungsmaßnahme oder wandte sich an die Konkurrenz.

In dieser Präsentation sollen alternative und praxisgerechte Maßnahmen der dauerhaften Kundenbindung dargestellt werden, um der Negativentwicklung der letzten Jahre in unserem Unternehmen entgegenzuwirken – dargestellt am Beispiel des Lehrgangs „Geprüfte Handelsfachwirte".

Grobgliederung:

• Darstellung des Unternehmens

• Analyse der Ist-Situation

• Zielsetzung

• Diskussion der Maßnahmen zur Problemlösung

• Zusammenfassung und Entscheidungsvorschlag.

Lösungen

Geprüfte Handelsfachwirte

1. Unternehmensführung und -steuerung

Aufgabe 1

a) Einlinienorganisation (auch: Liniensystem)

b) • Einkauf   → Objektorientierung
   • Verkauf Inland   → Objektorientierung
   • Verkauf Ausland   → Objektorientierung
   • Operating   → Funktionsorientierung.

c) Instanz

d) Einkauf (Phasenorientierung), z. B.:
   • Wareneingang
   • Wareneingangskontrolle
   • Lagern
   • Lagerbuchhaltung.

e) *Nachteile der Einlinienorganisation:*
   • Dienstweg zu lang und zu schwerfällig
   • Arbeitskonzentration an der Unternehmensspitze
   • Fachliche Überforderung an der Unternehmensspitze
   • fehlende Dynamik des Systems.

f) *Key Account*s sind Hauptkunden, oft auch Schlüsselkunden genannt. In vielen Fällen sichern die Key Accounts die wirtschaftliche Existenz der Unternehmen. Ihre Bedeutung für das Unternehmen wird an den Umsatzerlösen bzw. den Deckungsbeiträgen gemessen, die das Unternehmen mit diesen Kunden erwirtschaftet.

   Aufgaben eines Key Account-Managers:
   Eigenverantwortliche Betreuung von Schlüsselkunden, Akquisition neuer (bedeutender) Kunden, kundenspezifische Maßnahmen planen und realisieren, Marketingkonzepte für Großkunden.

Aufgabe 2

a)

Listeneinkaufspreis	7.600,00
- Rabatt: 12 %	912,00
= Zieleinkaufspreis	6.688,00
- Skonto: 3 %	200,64
= Bareinkaufspreis	6.487,36
+ Bezugskosten	213,00
= Einstandspreis	6.700,36
+ Handlungskosten: 25 %	1.675,09
= Selbstkosten	8.375,45
+ Gewinn: 15 %	1.256,32
= Barverkaufspreis	9.631,77
+ Kundenskonto: 3 %	297,89
= Zielverkaufspreis	9.929,66
+ Kundenrabatt: 10 %	1.103,30
= Listenverkaufspreis	11.032,96

11.032,96 : 20 = 551,65 €
Listenverkaufspreis pro Stück

b) Kalkulationszuschlag
= (Nettoverkaufspreis - Bezugspreis) · 100 : Bezugspreis
= (11.032,96 - 6.700,36) : 6.700,36
= 0,646622
→ Kalkulationsfaktor = 1,646622

Wenn der Kalkulationszuschlag für eine Warengruppe bekannt ist, kann überschlägig
sehr schnell der Verkaufspreis ermittelt werden.
Probe: 1,646622 · 6.700,36 = 11.032,96

c) Handelsspanne
= (Nettoverkaufspreis - Bezugspreis) · 100 : Nettoverkaufspreis
= (11.032,96 - 6.700,36) : 11.032,96
= 0,392696
≈ 39 %

d)   Listenverkaufspreis (alt)   = 551,65 €
→ Listenverkaufspreis (neu)   = 468,90 €
→ *Neue Kalkulation:*

	Selbstkosten	418,77 (= 8.375,45 : 20)
-	Gewinn: - 2,25 %	- 9,42
=	Barverkaufspreis	409,35
+	Kundenskonto: 3 %	12,66
=	Zielverkaufspreis (103 %/100 %)	422,01
+	Kundenrabatt: 10 %	46,89
=	Listenverkaufspreis (100 %)	468,90

Der Gewinn ist negativ (= - 2,25 %).

Aufgabe 3

a) *Vorteile eines Darlehens* (Vergleich zu Kontokorrentkredit):
   • Zins ist geringer
   • Zins kann fest vereinbart werden.

   Nachteile eines Darlehens:
   • festgelegte Höhe, festgelegte Rückzahlung
   • keine flexible Inanspruchnahme möglich.

b) Der Kapitalzusatzbedarf wird nur kurzfristig benötigt. Daher sollte das Handelshaus den Kontokorrentkredit wählen (vgl. Vorteile; Frage a)).
   Unterstellt man für drei Monate eine komplette Inanspruchnahme des Kontokorrents, so ergeben sich Kreditzinsen in Höhe von rd. 1.562,50 € (ohne Kontoführungsgebühr, Überziehungsprovision). Unterstellt man beim Darlehen die Möglichkeit einer vorzeitigen Ablösung (z.B. bei variabler Verzinsung) so ergeben sich ähnlich hohe Kreditkosten (937,50 + 600). Die Bearbeitungsgebühr ist überproportional hoch. Im Ergebnis: Kontokorrentkredit, kein Darlehensvertrag.

c) *Verbesserung der Einnahmenseite*, z.B.:
   • Absatz nur gegen Barzahlung
   • forcierte Eintreibung fälliger Forderungen
   • Verkauf von Forderungen durch Factoring.

   Entlastung der Ausgabenseite, z.B.:
   • Verschiebungen von Anschaffungen
   • Leasing statt Kauf
   • Reduzierung der Privatentnahmen.

d) Rating ist die Einschätzung der Zahlungsfähigkeit eines Schuldners bei der Kreditvergabe. Das Rating erfolgt i.d.R. durch die Bank (Bankenrating; auch: internes Rating) oder ggf. durch Ratingagenturen (externes Rating). Durch die Aufnahme von zusätzlichem Fremdkapital verschlechtert sich das Rating eines Unternehmens (wenn sonst alle andere Bedingungen konstant bleiben).

Aufgabe 4

a) Anspannungskoeffizient
   = Fremdkapital : Gesamtkapital · 100
   = 4,0 : 5,4 · 100 = 74,07 %

   Kapitalintensität
   = Anlagevermögen : Gesamtkapital · 100
   = 2,0 : 5,4 · 100 = 37,03 %

   Eigenkapitalrentabilität
   = Gewinn : Eigenkapital · 100
   = 0,31 : 1,4 · 100 = 22,14 %

   Gesamtkapitalrentabilität
   = (Gewinn + Fremdkapitalzinsen) : Gesamtkapital · 100
   = (0,31 + 0,5) : 5,4 · 100 = 15 %

b) ROI = (Gewinn + FK-Zinsen) : Umsatz · Umsatz : inv. Kapital
   = (0,31 + 0,5) : 4,2 · 4,2 : (4,0 + 1,4) · 100 = 15 %

   Verbesserung des Gewinns (der Umsatzrendite) z. B. durch:
   • Kostenreduktion (z. B. Wareneinsatz-, Handlungskosten-Reduzierung)

   Verbesserung des Kapitalumschlags z. B. durch:
   • Senkung der Kapitalbindung (z. B. Erhöhung des Lagerumschlags, Senkung der Forderungsaußenstände, Erhöhung der Verbindlichkeiten)

Aufgabe 5

Vorteile der Rechtsform „Gesellschaft" (gegenüber Einzelunternehmen):
• Entscheidungen werden von mehreren verantwortet
• Risikoverteilung auf mehrere
• Verbreiterung der Kreditbasis
• i. d. R. mehr Knowhow
• ggf. steuerliche Vorteile
• ggf. Haftungsbeschränkung.

Nachteile der Rechtsform „Gesellschaft":
• Gewinn muss aufgeteilt werden
• Interessenkonflikte können entstehen
• Geschäft ist gefährdet bei Verlust der Vertrauensbasis
• keine alleinige Entscheidungsbefugnis.

Aufgabe 6

a)

	Situation	
	„alt"	„neu"
Verkaufspreis, p	5 €	4 €
Absatz, x	1.000.000 Stück	1.000.000 Stück
Umsatz, U	5.000.000 €	4.000.000 €
Stückkosten, variabel, k_v	2.200.000 €	2.200.000 €
DB	2.800.000 €	1.800.000 €
Gewinn, G	2.400.000 €	1.400.000 €

b)

	Situation	
	„alt"	„neu"
$p - k_v$	5 - 2,20	4 - 2,20
$DB_{Stück}$ = db	2,80	1,80
DB-Satz	56 %	45 %

c) Im Break-even-Point gilt: $x = K_f : (p - k_v)$

	Situation	
	„alt"	„neu"
Absatz, x	400.000 : (5 - 2,20) = 142.857	400.000 : (4 - 2,20) = 222.222
U = x · p	142.857 · 5 = 714.285	222.222 · 4 = 888.888
Beschäfti-gungsgrad	70 % = 1.000.000 100 % = x → x = 1.428.571	
	$x_1 = \dfrac{142.857 \cdot 100}{1.428.571}$ ≈ 10,0 %	$x_2 = \dfrac{222.222 \cdot 100}{1.428.571}$ ≈ 15,6 %

Aufgabe 7

a) 1. Zusammenfassung des Konzepts
    2. Geschäftsidee
    3. Unternehmen
    4. Produkt, Leistungsangebot
    5. Markt, Wettbewerb
    6. Marketing
    7. Unternehmensorganisation
    8. Chancen, Risiken
    9. Finanzierung
    10. Unterlagen.

   Vgl. 1.1.1/Frage 03.

b)

	Ertragsplan[1]		
		in €	in %[4]
	Geplante Umsatzerlöse	8.000	100,00
-	Material/Wareneinkauf	3.200	40,00
=	**Rohertrag 1**	**4.800**	**60,00**
	Personalkosten 167 Std. · 8 € · 1,50[3]	2.000	25,00
=	**Rohertrag 2**	**2.800**	**35,00**
	Sachgemeinkosten		
-	Raumkosten 7 · 100	700	8,75
-	Energiekosten[2]	220	2,75
-	Kfz-Kosten (ohne Steuern)[2]	150	1,88
-	Werbe-/Reisekosten[2]	200	2,50
-	Abschreibungen[2]	300	3,75
-	Bürobedarf, Telefon[2]	80	1,00
-	Sonstige Kosten[2]	150	1,80
=	**Betriebsergebnis**	**1.000**	**12,50**

Hinweis zur Lösung: Jedes andere plausible Zahlengerüst ist richtig.

Auswertung/Überschlagsrechnung (in der Lösung nicht gefordert):

Ein Umsatz von monatlich 8.000 € ergibt bei 26 Öffnungstagen einen Tagesumsatz von rd. 308 €. Bei acht Stunden täglicher Öffnungszeit ergibt dies einen durchschnittlichen Umsatz von rd. 38 € pro Stunde. Das heißt: Im Durchschnitt müssen pro Stunde ca. vier Kunden in den Angelladen kommen und für 10 € kaufen.

---

[1] Die Angaben sind gerundet und beziehen sich auf einen Monat.
[2] Die Angaben sind geschätzt.
[3] Personalzusatzkosten
[4] Rundungsdifferenzen

Geprüfte Handelsfachwirte

2. Handelsmarketing

Aufgabe 1

a) Die Werbung ist „bezugnehmend/vergleichend" und dürfte irreführend sein, da der Wettbewerber Z-Automobile vermutlich nicht bei allen Produkten billiger als die Konkurrenz ist; Verdacht auf Verstoß gegen § 3 UWG. Im Übrigen könnte die Wahl der Sprache geeignet sein, bestimmte Zielgruppen vom Kauf abzuschrecken" (Aufbau eines Negativimage).

b) Die Bestimmungen über Sonderverkäufe (Schluss-/Räumungs-/Jubiläumsverkäufe usw.) wurden nach dem neuen UWG aufgehoben. Es gibt bei Sonderverkäufen keine Beschränkungen mehr bei Terminen, Anlässen und beim Warensortiment. Zukünftig ist jede Aktion erlaubt, sofern sie nicht unlauter ist. Die Werbung ist also zulässig, wenn die Firma tatsächlich ihr 20-jähriges Jubiläum hat.

Aufgabe 2

a) *Sortimentspolitik/Fachgeschäft:*
   • tiefes Sortiment
   • i. d. R. qualitativ (sehr) hochwertig
   • gepflegte, anspruchsvolle, aufwändige Warenpräsentation.

   Preispolitik/Fachgeschäft:
   • mittleres bis hohes Preisniveau (Miete in Citylage, Fachpersonal)
   • dem Kunden Zusatznutzen anbieten (z. B.: hohe Qualität der Ware, hervorragende Beratung durch geschultes Fachpersonal, Zusatzservice wie Beratung vor Ort, kostenlose Lieferung usw.).

   Werbung/Fachgeschäft:
   • vorrangig über Schaufenster (Größe und Erscheinungsbild)
   • niveauvolle Werbung, ggf. zielgruppenspezifisch
   • passende Werbeträger (Tageszeitung, Beilagen) mit anspruchsvoller Aufmachung.

   Weitere Lösungsansätze:
   • Verkaufsförderung/Fachgeschäft
   • Kundendienst, Service/Fachgeschäft.

b) *Maßnahmen der Verkaufsförderung*, z. B.:
  • Vermittlung eines „Einkaufserlebnisses" (z. B. Ausstattung und Atmosphäre des Verkaufsraumes)
  • geschultes Personal (fachlich, persönlich)
  • Produktproben
  • Produktvorführungen
  • Tauschaktionen/Entsorgung
  • spezielle Kundeninformation (Produktbeschreibungen des Herstellers, Zeitschrift des Herstellers u. Ä.)
  • Treuerabatt
  • Rücknahmegarantie.

c) *Beispiele:*
  Zukünftig gemeinsame Werbemaßnahmen aller Fachgeschäfte der Passage „unter einem Dach" (Slogan: „Ihr Fachgeschäft in der Einkaufspassage am Klosterbogen erwartet Sie ...");

  Verbesserte Wiedererkennung der Passage und der Aktionen dieser Passage (Logo, einheitliches Erscheinungsbild in den Anzeigenaktionen, in der Passage selbst usw.);

  Gemeinsame Aktionen wie „Passagefest", Sonderveranstaltungen, Ausstellungen, periodische Kundeninformation („Neues aus Ihrer Passage am Klosterbogen") u. Ä.

d) *Begriff:*
  Bei einer Panelerhebung wird ein gleich bleibender Personenkreis zum selben Thema über einen längeren Zeitraum hinweg mehrfach und in regelmäßigen Abständen befragt. Der Vorteil des Panelverfahrens liegt in der Feststellung der Entwicklung des Marktgeschehens, im Gegensatz zu einer einmaligen Befragung. Der Nachteil besteht darin, dass Teilnehmer am Panelverfahren sterben, wegziehen, krank werden oder durch Unlust an der Teilnahme unzuverlässige Angaben machen (sog. nachteilige Paneleffekte).

  Das Instrument ist im vorliegenden Fall nicht praktikabel (wechselnder Kundenkreis).

Aufgabe 3

a) *Vorteile, z. B.:*
   - günstige Preise
   - verbesserte Preistransparenz
   - Tendenz zu verbesserter Zusatzleistung (Service/Transport)
   - größere Verkaufsflächen, dadurch verbesserte Auswahl
   - Insolvenz unrentabler Unternehmen.

   Nachteile, z. B.:
   - Verlust der Typenvielfalt und der individuellen Bedienung
   - Konzentration mit der Folge von Marktmacht
   - Verödung der Innenstädte
   - längere Verkehrswege/höherer Zeitaufwand.

b) Die Betriebsform „Discounter" ist gekennzeichnet durch ein eng begrenztes Sortiment von Waren mit hoher Umschlagshäufigkeit ist. Die Waren werden ohne großen Aufmachung präsentiert und über eine Niedrigpreispolitik vertrieben. Auf Beratung und Service muss der Kunde weitgehend verzichten. Am weitesten verbreitet sind Discounter im Lebensmittelhandel. Die Ladenfläche liegt bei Discountgeschäften unterhalb von 1.000 Quadratmetern.

   Der Marktanteil der Betriebsform „Discounter" ist im Lebensmitteleinzelhandel gestiegen.

Aufgabe 4

a) *Standortanalyse, Faktor „Verkehr";* mögliche Fragestellungen, z. B.:
   - Parkplätze?
   - Erreichbarkeit für Kunden?
   - mit PKW?
     - mit öffentlichen Verkehrsmitteln?
     - mit dem Fahrrad?
     - zu Fuß?
   - Erreichbarkeit für Lieferanten?
   - Verkehrsdichte?
   - Straßenführung?
   - Straßenbeschaffenheit? (Bauarbeiten?)

b) *Argumente für die Ansiedlung von Einzelhandelsgeschäften in der Innenstadt* (sind zu beschreiben):

- Hohe Personenfrequenz wegen öffentlicher Einrichtungen und Behörden; im Sommer auch nach 18:00 Uhr.

- Hohe Personenfrequenz, wenn geeignete Einrichtungen der Gastronomie (Restaurant, Bistro, Café) sowie die Architektur Anziehungspunkte bilden.

- Gut zu Fuß oder mit öffentlichen Verkehrsmitteln zu erreichen.

- Flair und Erlebnis für potenzielle Kunden; in der Mittagspause: Kurzeinkäufe der Angestellten, die in der Innenstadt arbeiten.

Aufgabe 5

a) *Marktpotenzial:* generell mögliche Aufnahmefähigkeit eines Marktes für ein Produkt.

Marktvolumen: die tatsächlich in einem bestimmten Markt abgesetzte Menge eines Produktes in einer Periode.

Marktanteil ist der Anteil eines bestimmten Unternehmens am Marktvolumen (gemessen in Mengen- oder Werteinheiten).

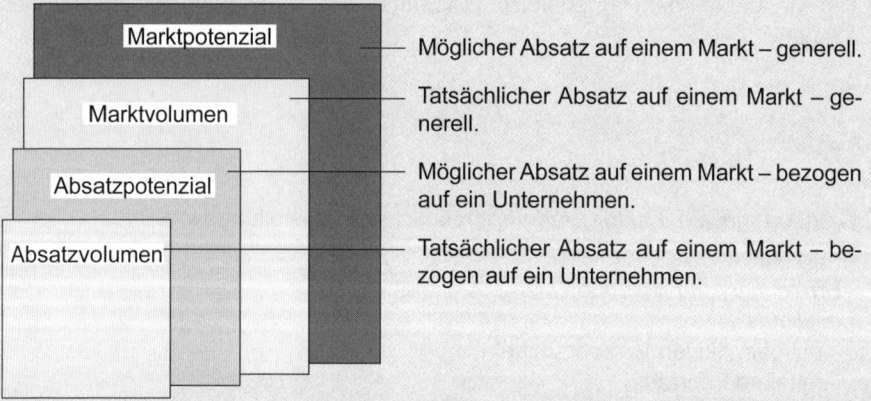

Marktpotenzial — Möglicher Absatz auf einem Markt – generell.

Marktvolumen — Tatsächlicher Absatz auf einem Markt – generell.

Absatzpotenzial — Möglicher Absatz auf einem Markt – bezogen auf ein Unternehmen.

Absatzvolumen — Tatsächlicher Absatz auf einem Markt – bezogen auf ein Unternehmen.

b)

Marktpotenzial	30 Mio.	wenn unterstellt wird, dass jeder Haushalt grundsätzlich nur eine Mikrowelle kaufen würde/könnte.
Marktvolumen		30 Mio. · 40 : 100 = 12 Mio.
Absatzvolumen, Firma 3		12 - 4 - 5 = 3 Mio.
Marktanteil, Firma 3		3 : 12 · 100 = 25 %

Aufgabe 6

a) *Werbeplan*:
   1. Werbeziel festlegen
      (im Rahmen der Marketingziele)
   2. Werbeetat festlegen/ermitteln
   3. Auswahl und Festlegung der Werbeobjekte
      und -subjekte
   4. Gestaltung der Werbeinhalte (-botschaften)
   5. Auswahl der Werbemittel
   6. Prognose des Werbeerfolgs (Pretest)
   7. Auswahl der Werbeträger
   8. Auswahl der Werbezeitpunkte,
      -zeiträume, -gebiete
   9. Durchführung der Werbung
   10. Werbeerfolgskontrolle.

b) *Werbekonstante:*
   Gestaltung der Werbung, sodass für den Kunden ein hoher Wiedererkennungseffekt entsteht, z.B. über folgende Erscheinungsformen:

   • einheitliches Logo
   • einheitlicher charakteristischer Schriftzug
   • wiederkehrende Hervorhebung bestimmter Leistungsmerkmale „Wir sind für Sie da!" „... sind vor Ort!" „... haben den zuverlässigen Service" u. Ä.
   • Identitätsfarben, z.B.: gelb = yellow strom; blau = Aral usw.

c) Copy ist der Fließtext einer Werbeanzeige. Die Copy Strategie ist daher der „Rote Faden" eines Werbetextes. Die Copy Strategie (Grundkonzept) setzt sich aus vier Elementen zusammen:

   • Kommunikationsziel, z. B. „unser Waschmittel ist besser"
   • Produktversprechen (Kundennutzen), z. B. „weiße Wäsche auch bei 60 °C"
   • Begründung des Produktversprechens (Reason Why), z. B. „einzigartiger Wirkstoff"
   • Gestaltungsstil (Tonality), z. B. dynamisch.

Aufgabe 7

a) *Strategische Ausgangsposition Ihres Unternehmens:*

  • Keine Categories im Segment „Spitzenprodukte/Sterne".
  • Hauptumsatzträger ist die Category 4; sie liegt allerdings im Segment „Arme Hunde".
  • Einzige „Melkkuh" ist die Category 5 – allerdings mit bescheidenem Umsatz.
  • Die übrigen Categories sind im Segment „Fragezeichen" positioniert; der Umsatzbeitrag ist überwiegend gering.

Im Ergebnis: Das Portfolio ist in einer unausgewogenen Schieflage: Ihrem Unternehmen fehlen Zukunfts-Categories und Cash-Kühe. Damit mangelt es zurzeit auch an finanziellen Ressourcen, um geeignete strategische Geschäftseinheiten (SGE) zu entwickeln und am Markt zu positionieren. Evtl. Hoffnungsträger könnten die Categories 2 und 3 sein. Gelingt Ihrem Unternehmen keine strategische Weichenstellung ist ein Verkauf bzw. die Insolvenz vermutlich nicht zu vermeiden.

b) *Normstrategie für die Category 3:*

Die grundsätzliche Strategieempfehlung für „Fragezeichen" lautet „Ausbau" oder „Eliminieren". Aufgrund Ihrer Ausgangsposition kommt „Eliminieren" nicht infrage (vgl. Antwort zu a)). Category 3 sollte ausgebaut werden; eine offensive Marktstrategie ist zu empfehlen, z. B.:

  • Verbesserung des Bekanntheitsgrade
  • Verbesserung von Beratung und Service
  • Preisstrategien (z. B. Preisdifferenzierung nach Regionen, Kundengruppen; Preisaktionen)
  • ggf. Entwicklung einer eigenen Marke.

Die dazu erforderlichen Mittel müssen beschafft werden (Fremdkapital, Beteiligungsfinanzierung u. Ä.).

Geprüfte Handelsfachwirte

3. Führung und Personalmanagement

Aufgabe 1

a) *Schätzverfahren* sind relativ ungenau, trotzdem – gerade in Klein- und Mittelbe-trieben – sehr verbreitet. Die Ermittlung des Personalbedarfs erfolgt aufgrund sub-jektiver Einschätzung einzelner Personen (Experten und/oder die kostenstellen-verantwortlichen Führungskräfte). Die Antworten werden einer Plausibilitätsprüfung unterworfen.

Die Kennzahlenmethode kann sowohl als globales Verfahren sowie als differen-ziertes Verfahren durchgeführt werden. Bei der Kennzahlenmethode versucht man, Datenrelationen, die sich in der Vergangenheit als relativ stabil erwiesen haben, zur Prognose zu nutzen. Beispiel:

geplanter Umsatz : Planleistung pro Mitarbeiter

Verfahren der Personalbemessung: Hier wird auf Erfahrungswerte oder arbeitswis-senschaftliche Ergebnisse zurückgegriffen. Zu ermitteln ist die Arbeitsmenge, die dann mit dem Zeitbedarf pro Mengeneinheit multipliziert wird („Zähler").

Arbeitsmenge · Zeitbedarf/Einheit : Arbeitszeit pro Mitarbeiter

b) Interne Suchwege:
- Versetzung
- interne Stellenausschreibung (Personalentwicklung)
- Übernahme von Auszubildenden.

Externe Suchwege (effektiv, geringe Kosten):
- Empfehlung von Firmenangehörigen
- Arbeitsagentur
- Internet
- Weiterbildungseinrichtungen.

c) Argumente für eine interne Personalbeschaffung, z. B.:
   • zügige Stellenbesetzung
   • geringere Einarbeitungszeit
   • geringeres Auswahlrisiko
   • kaum Kosten der Personalauswahl
   • Motivation und Förderung der Mitarbeiter
   • kein arbeitsrechtliches Risiko
   • Gehalt ist passend zum Entgeltniveau.

   Argumente gegen eine interne Personalbeschaffung, z. B.:
   • „Aufreißen von Lücken" (Personalbedarf wird verlagert)
   • „Betriebsblindheit"
   • Frustration bei abgewiesenen Bewerbern
   • Abschottung nach außen (kein „frisches Blut")
   • Negativimage am externen Arbeitsmarkt
   • geringere Auswahlmöglichkeiten
   • ggf. relativ hohe Fortbildungskosten
   • Kollege wird zum Chef (Gefahr der „Verkumpelung").

Aufgabe 2

a) Das Zeugnis wurde von sachkompetenten Verfassern erstellt (großes Handelsunternehmen), die bewusst diese Formulierungen gewählt haben. Im Ergebnis: Es
   darf angenommen werden, dass Frau M. nur einfache Arbeiten ohne Zeitdruck ausführen kann. Vermutlich hält sie ihre Kolleginnen mit „Tratsch" von der Arbeit ab.

b) Einfaches Zeugnis (auch: Arbeitsbescheinigung):
   • Angaben über den Mitarbeiter
   • Art der Tätigkeit
   • Dauer der Beschäftigung.

   Das qualifiziertes Zeugnis enthält zusätzlich:
   • Beurteilung der Leistung
   • Verhalten zu Vorgesetzten und Mitarbeitern (Führung).

c) Die BAG-Zeugnisgrundsätze lauten: Das Zeugnis
   • muss wahrheitsgemäß und
   • wohlwollend sein,
   • darf die Interessen des Arbeitnehmers nicht unangemes-
     sen beeinträchtigen,
   • muss die Interessen Dritter berücksichtigen.

Aufgabe 3

a)

An:	Frau Ortrud Spät Kopie: BR [1]
	Abt.: VKM
	PN: 34008
Von:	PL3, Krause
am:	19.11. ....

Sehr geehrte Frau Spät,

leider sind Sie trotz der am 03.11. .... erfolgten mündlichen Ermahnung in diesem Monat an folgenden Tagen erst zu den aufgeführten Uhrzeiten zur Arbeit erschienen – lt. elektronischem Zeitnachweis:

08:07 Uhr   am 02.11.
08:18 Uhr   am 09.11.
08:22 Uhr   am 11.11.
08:13 Uhr   am 13.11.
08:09 Uhr   am 16.11.[2]

In dem am 17.11. .... mit Ihnen geführten Gespräch haben Sie erklärt, Sie hätten an den genannten Tagen verschlafen.

Es ist Ihnen bekannt, dass die Art Ihrer Tätigkeit absolute Pünktlichkeit erfordert. Durch Ihr Verhalten haben Sie gegen diese arbeitsvertragliche Verpflichtung verstoßen.[3] Wir fordern Sie daher nachdrücklich auf, zukünftig die für Sie geltenden Arbeitszeiten einzuhalten.[4] Sollten Sie erneut schuldhaft unpünktlich zur Arbeit erscheinen, sind wir zu unserem Bedauern gezwungen, das Arbeitsverhältnis zu kündigen.[5]

Wir hoffen, dass Sie aus diesem Schreiben die notwendigen Schlüsse ziehen und sich die Maßnahme der Kündigung ersparen.

b) zu [2]

Es ist exakt anzugeben, wann genau, in welcher Form gegen welche arbeitsrechtlichen Pflichten verstoßen wurde. Der Arbeitgeber hat die Soll-Ist-Abweichung zu belegen (Zeugen, Dokumente).

zu [3]

Erneute Nennung der arbeitsrechtlichen Pflicht, gegen die verstoßen wurde.

zu [4]

Aufforderung zur korrekten Erfüllung.

zu [5]

Androhung der Kündigung; die pauschale Formulierung „... wird Ihr Verhalten arbeitsrechtliche Konsequenzen haben ..." ist nicht ausreichend.

c) zu [1]

Der Betriebsrat muss bei einer Abmahnung nicht informiert werden; es existiert kein Mitbestimmungsrecht. In der Praxis erfolgt häufig eine Mitteilung an den Betriebsrat um ein evtl. Kündigungsverfahren schon im Vorfeld vorzubereiten.

Aufgabe 4

a) • Kurzfristig haben folgende Ziele *mehr wirtschaftlichen Charakter:*

- Senkung der Personalkosten: Im Mittelpunkt steht die Ergebnisverbesserung durch Kostensenkung.

- Arbeitszeitmodelle: Zentrales Anliegen ist die Ausrichtung an den Erfordernissen des Marktes.

- Fluktuation: Bei diesem Ziel fehlt die Ausrichtung/Präzisierung. Vermutlich ist eine wirtschaftliche Zielsetzung gemeint mit der Absicht der Kostensenkung. Erschwerend kommt hinzu, dass der Begriff Fluktuation in der Fachliteratur uneinheitlich definiert wird.

• Kurzfristig *mehr sozialen Charakter* hat das Ziel „optimaler Mitarbeitereinsatz" (da die Orientierung an „dem Können und der Neigung" der Mitarbeiter erfolgen soll.)

b) Definiert man „Fluktuation = Summe der Personalabgänge", so lassen sich über die Senkung der Fluktuation und den damit verbundenen Maßnahmen (direkt und indirekt)

wirtschaftliche Ziele wie z. B.
• Senkung der Personalbeschaffungskosten,
• Verbesserung des Firmenimages (intern und extern) u. Ä.

sowie

soziale Ziele wie z. B.
• Erhöhung der Mitarbeiterzufriedenheit durch Stabilität
  bestehender Arbeits- und Sozialstrukturen,
• Verbesserung der Zusammenarbeit durch Kontinuität in
  der Mitarbeiterzusammensetzung u. Ä.

erreichen.

c) Ziele sind dann messbar (operational), wenn sie präzisiert sind hinsichtlich:

	Beispiel:	Kommentar:
Inhalt	Senkung der Personalkosten	im Sachverhalt o. k.
Ausmaß	um 25 %	fehlt im Sachverhalt
Zeitraum	im Jahr 2015	

Eine messbare Zielformulierung wäre z. B.: „Die Personalkosten sollen bis Ende 2015 um 25 % gesenkt werden".

Aufgabe 5

a) Die Potenzialbeurteilung ist zukunftsorientiert und versucht eine Prognose über die zukünftigen Entwicklungsmöglichkeiten des Mitarbeiters zu treffen.

Im Gegensatz dazu ist die Leistungsbeurteilung vergangenheitsbezogen; sie bewertet die Leistung eines Mitarbeiters über einen längeren, zurückliegenden Zeitraum mithilfe geeigneter Merkmale, z. B. Quantität/Qualität der Leistung, Einsatzbereitschaft, Teamfähigkeit.

b) *Zielfindung, Zielformulierung:*
Beschreibung der aktuellen Unternehmensziele und Ableitung der nachgelagerten (Abteilungs-)Ziele; Kick-off-Meeting der Geschäftsleitung über MbO-Konzept.

Umsetzung der Ziele:
Vermittlung der Arbeitstechniken; Erkennen der Prioritäten; Erstellen der Planungsunterlagen (Zielkataloge/Formulare); Einzelgespräche; Unterstützung durch Vorgesetzte.

Kontrolle des Zielerreichungsgrades und *Aktualisierung* der Ziele: Veränderungen am Markt; Veränderungen in der Priorität der Ziele.

Bewertung des Zielerreichungsgrades in Einzelgesprächen.

Erkennen von Leistungsstärken und -defiziten und *Gestaltung von Fördermaßnahmen.*

c) Merkmale von Projekten, z. B.:
• zeitliche Befristung: sechs Monate
• Zielvorgabe: Vorgabe des Vorstands
• Komplexität: MbO, Potenzial-/Leistungsbeurteilung
• interdisziplinäre Zusammensetzung des Projekteams.

d) Der Betriebsrat hat ein Mitbestimmungsrecht nach § 94 BetrVG, Beurteilungsgrundsätze; dies gilt mindestens für die Beurteilungsverfahren der Nicht-Leitenden.

Aufgabe 6

Vorbereitung (Beispiele):

Im Rahmen der *Zielgruppenanalyse* gilt es, sich Gedanken zu machen über die Frage: „Wem will ich etwas präsentieren? Hier: Führungskräfte, anspruchsvoll bezogen auf Inhalt und Form der Präsentation.

Inhaltsanalyse:
Keine langatmigen Ausführungen über Beurteilungsverfahren, sondern konkret die neuen Ansätze schildern.

Organisation:
Anzahl der Teilnehmer; Wahl einer geeigneten Präsentationszeit, die den Betriebsablauf wenig stört; zuverlässige Technik einsetzen.

Durchführung:

Blickkontakt und Anrede zu Beginn: „Sehr geehrte Kolleginnen und Kollegen ..." (o.Ä.)
Sich persönlich vorstellen: „Mein Name ist ... Ich bin in der ... verantwortlich für ..."
Thema nennen und Gliederung zeigen: „Ich werde Sie heute über das neue ... und habe meine Präsentation in drei Hauptpunkte gegliedert ..."
Persönliche Wirkung beachten: Sprache und Körpersprache
Zusammenfassungen geben: „Ich fasse zusammen: Die zentralen Änderungen des neuen Ansatzes ..."
Präsentation richtig abschließen: „Ich danke Ihnen für Ihre Aufmerksamkeit und bitte Sie ..."

Nachbereitung:

War die Präsentation wirksam?
Ist das Ziel erreicht worden?
Was kann ich bei zukünftigen Präsentationen wirksamer gestalten? (Feedback von Kollegen)
Protokoll erstellen und verteilen
Einleitung von Aktionen zum neuen Beurteilungskonzept

Geprüfte Handelsfachwirte

4. Volkswirtschaft für die Handelspraxis

Aufgabe 1

a) Als Allokationsfunktion bezeichnet man die Lenkungsfunktion des Preises auf einem Markt. Besteht z. B. auf einem Teilmarkt ein Nachfrageüberhang, so werden zusätzliche Anbieter auftreten, weil sie sich Gewinnchancen erhoffen. In der Folge werden diese Anbieter Produktionsfaktoren nachfragen (Arbeitskräfte, maschinelle Anlagen, Kredite), um ihr Gut produzieren zu können.

b) Der Staat greift in die Preisbildung aus unterschiedlichen Gründen ein, z. B.:

In der Landwirtschaft ist zu beobachten, dass bei Preiserhöhungen nach einem Gut mit zeitlicher Verzögerung ein Überangebot erfolgt und umgekehrt (sog. „Schweine-zyklus"). Die EU setzt daher landwirtschaftliche Richtpreise fest.

Der Staat setzt Mindestpreise fest, um einer Branche ein bestimmtes Einkommen zu sichern.

Es gibt weiterhin soziale Gründe für den Staat, bestimmte Subventionen zu leisten (z. B. Wohngeldzahlung).

c) Beispiele für staatliche Eingriffe in die Preisbildung:

Mindest-/ Höchstpreis	Der Staat legt bestimmte Mindest-/ Höchstpreise fest.	Landwirtschaftliche Produkte (EU-Agrarmarkt), Sozialmieten
Preis-festsetzung	Der Staat legt Preise privater oder öffentlicher Anbieter fest.	Gebühren für GEZ, Müllabfuhr, Behörden-leistungen
Preis-kontrolle	Private Anbieter müssen ihre Preise genehmigen lassen.	Post, Energiekontrollkom-mission, öffentlich-rechtliche Rundfunkanstalten
Preis-beeinflus-sung	Über Verbrauchssteuern und Zölle versucht der Staat die Nachfrage zu beeinflussen.	Kraftstoffe, Tabak
Subven-tionen	Unterstützungszahlungen des Staa-tes an Regionen, Branchen oder Unternehmen.	Landwirtschaft, Bergbau, Exis-tenzförderung, Bürgschaften, Wohngeld

Aufgabe 2

a) Die direkte Preiselastizität der Nachfrage gibt die prozentuale Änderung der nachgefragten Menge eines Gutes an, wenn sich der Preis dieses Gutes um 1 % ändert.

b) *Situation 1:*
   Unelastische Nachfrage: Preisänderung ist stärker als die Mengenänderung, z.B.
   notwendige Güter, bei denen wenig Substitutionsmöglichkeiten bestehen (Energie).

   Situation 2:
   Vollkommen unelastische Nachfrage: Preisänderungen führen zu keinen Menge-
   nänderungen, z.B. notwendiges Gut, bei denen der Anbieter eine Monopolstellung
   hat (Fertigungspatent).

   Situation 3:
   Elastische Nachfrage: Mengenänderung ist stärker als die Preisänderung, z.B.
   Massenartikel bei denen es Substitutionsmöglichkeiten gibt oder es nicht unbedingt
   benötigt wird (Bier, Brot).

   Situation 4:
   Vollkommen elastische Nachfrage: Auf eine sehr kleine Preisänderung erfolgt eine
   unendlich große Mengenänderung; Grenzfall, der z.B. dann eintreten kann, wenn
   der Konsument bei einem homogenen Gut völlige Markttransparenz hat und äußerst preissensibel reagiert (z.B. vier Anbieter teilen sich einen überschaubaren
   Markt: Café, Tankstelle).

Aufgabe 3

Zu beschreiben sind z.B. folgende Entwicklungen, die sich aus einem Kursverfall des
Euro gegenüber dem US-Dollar ergeben können:

1. Deutsche Produkte werden auf dem US-Markt billiger.
   → Verbesserung der Marktsituation für deutschen Unternehmen in den USA.

2. Für Deutschland verteuern sich die Importe aus den USA.
   → Gefahr eines Anstiegs des Preisniveaus; ggf. Anstieg der inländischen Nachfrage
   nach heimischen Produkten; Anstieg der Energiepreise (Rohöl in US-Dollar).

3. Urlaubsreisen werden für Deutsche nach den USA teurer; für US-Bürger verbilligt
   sich der Urlaub in Deutschland.

Aufgabe 4

a) Mögliche Auswirkungen der Erhöhung einer Verbrauchssteuer sind zu beschreiben, z. B.:

Für den Staat:
- Mehreinnahmen
- ggf. gegenläufige Wirkung: Rückgang der indirekten Steuereinnahmen aufgrund sinkender Konsumnachfrage.

Für die Unternehmen:
- Keine Auswirkungen, wenn die Preisanhebung auf die Verbraucher problemlos überwälzt werden kann.
- Gewinnminderung, wenn der Preisanstieg nicht oder nur zum Teil weitergegeben werden kann.
- Umsatzrückgang, wenn die Haushalte mit Konsumzurückhaltung reagieren.

Für die Haushalte:
- Haushalte fragen weniger Konsum nach.
- Die sinkende Nachfrage führt zu einem Beschäftigungsrückgang. Gefahr eines Anstiegs der Arbeitslosenzahlen wächst.
- Sparquote sinkt.

b) Fiskalpolitische Maßnahmen sind solche, die die Einnahmen- und Ausgabenseite des Staates gestalten, z. B. Steuer-, Subventions- und Verteilungspolitik.

Aufgabe 5

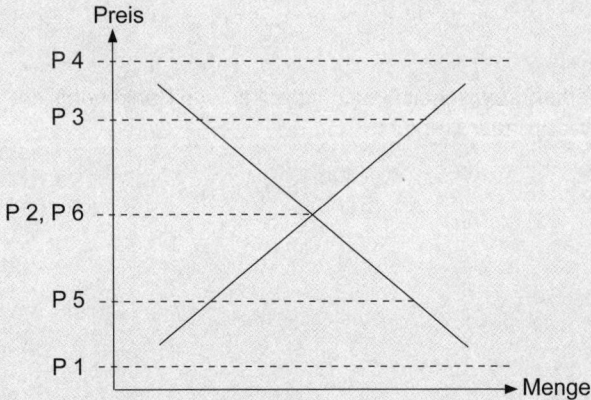

P 1: Es gibt keinen Umsatz, da die Anbieter keine Menge offerieren.

P 2: Die angebotene Menge entspricht der nachgefragten Menge.

P 3: Es existiert ein Angebotsüberhang.

P 4: Es findet keine Nachfrage statt.

P 5: Die nachgefragte Menge ist größer als die angebotene.

P 6: Der Marktpreis führt zu einer Markträumung.

Aufgabe 6

a) Aufgrund der weltweiten Wirtschaftskrise ging die gesamtwirtschaftliche Nachfrage auch in Deutschland zurück. Der Preisanstieg der Vorjahre verflachte sich und die Inflationsrate sank sogar zeitweilig unter die 2,0 %-Marke. Zur Anregung der Investitionstätigkeit der Unternehmen senkte die EZB mehrfach den Leitzins.

b) 1. Die Senkung des Leitzinses führt zu einer Reduzierung der Kreditzinsen und zu einem Sinken der Zinsen für Spareinlagen.

   2. In der Folge kann dies zu einem Anstieg des Konsums und einer Zunahme der Investitionstätigkeit führen.

   3. Maßnahmen des Staates, die mit einer Nettokreditaufnahme finanziert sind, verbilligen sich.

c) 1. Dieses geldpolitische Instrument wirkt – wenn überhaupt – nur sehr langfristig (vgl. die Preisentwicklung für Kraftstoffe).

   2. Die Sparneigung der Haushalte ist nicht nur vom Zinsniveau abhängig, sondern z. B. auch vom Vorsichtsmotiv.

   3. Ebenso ist auch die Investitionstätigkeit der Unternehmen von den Konjunkturerwartungen und nicht nur von den Kreditkosten abhängig.

d) Weitere Aufgaben der EZB:

   • Emission von Zentralbankgeld
   • Regulierung des Zahlungsverkehrs zwischen Geschäftbanken und Bankenaufsicht
   • Verwaltung der Gold- und Währungsreserven.

Geprüfte Handelsfachwirte

5. Beschaffung und Logistik

Aufgabe 1

a) Der ø Lagerbestand ist bei monatlicher Ermittlung:
   = (Anfangsbestand + 12 Monatsendbestände) : 13

Jan.	300	April	280	Juli	360	Okt.	300	$\Sigma \Sigma$
Feb.	350	Mai	440	Aug.	380	Nov.	340	
März	500	Juni	420	Sept.	410	Dez.	320	
$\Sigma \Sigma$								4.400
+ Anfangsbestand (= Endbestand per 31.12. d. Vorj.)								300
= Zwischensumme								4.700
: 13 ≈ ø Lagerbestand								362

b) durchschnittliche Kapitalbindung
   = 362 Stück · 30 € = 10.860 €
c) Lagerumschlag
   = Mengenabgang [in Stück] : ø Lagerbestand [in Stück]

Jan.	80	April	200	Juli	70	Okt.	180	$\Sigma \Sigma$
Feb.	0	Mai	50	Aug.	90	Nov.	130	
März	120	Juni	166	Sept.	0	Dez.	0	
Σ	200		416		160		310	1.086

   Lagerumschlag = 1.086 : 362 = 3,0

d) ø Lagerdauer in Tagen
   = Anzahl Tage/Rechnungsperiode : Umschlagshäufigkeit
   = 360 : 3 = 120 Tage
e) Zinskosten des Lagers bezogen auf die durchschnittliche Lagerdauer
   = ø Kapitalbindung · Zinssatz : 100
   = 10.860 · 12 : 100 = 1.303,20 €

   $= \dfrac{1.303,20 \cdot 120 \text{ Tg.}}{360 \text{ Tg}} = 434,40 €$

Aufgabe 2

a) ABC-Analyse, rechnerisch:

	Warengruppe			Σ
	A	B	C	
Umsatz [T€]	800	150	50	1.000
Umsatzanteil	80 %	15 %	5 %	100 %
Lagerwert-Anteil	20 %	30 %	50 %	100 %

b) ABC-Analyse, grafisch:

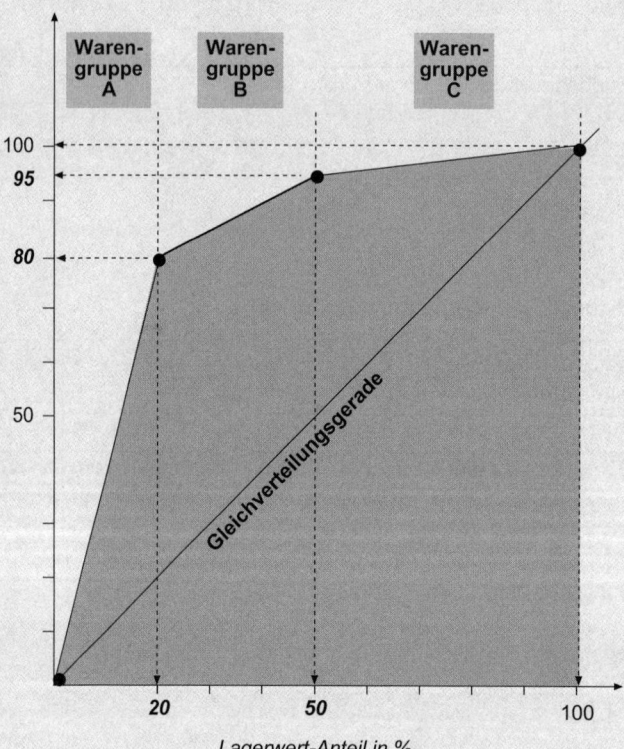

c) *A-Teile:*
  • erhöhte Aufmerksamkeit
  • sorgfältige Überwachung der Lagerbestände (Ziel: Bestandsreduzierung)
  • Kontrolle der Verbräuche
  • besondere Sorgfalt bei der Disposition
  • mehr Wettbewerbsangebote einholen
  • intensive Verhandlungen
  • Beschaffung optimaler Bestellmengen
  • Sondervereinbarungen
  • intensive Beschaffungsmarktforschung
  • Durchführung wertanalytischer Maßnahmen.

  C-Teile:
  • intensive Bedarfszusammenfassung
  • Rahmenabkommen
  • Einsatz von Bestelloptimierungsverfahren
  • größere Abstände bei Lagerkontrollen
  • Kleinbedarf auf wenige Lieferanten konzentrieren
  • Sukzessivlieferverträge schließen
  • Bedarf für eine gesamte Planperiode bestellen.

  B-Teile (lt. Aufgabenstellung nicht verlangt/zur Ergänzung):
  • Durch Bedarfszusammenfassung sollte versucht werden, in die Gruppe A zu
    gelangen.

Aufgabe 3

a) Optimale Beschaffungsmenge:

$$\sqrt{\frac{200 \cdot 1.200 \cdot 50{,}63}{200 \cdot 30}} = \sqrt{2.025} \approx 45 \text{ Stück}$$

b) Die Optimierungsformel nach Andler findet ihre Grenzen, z.B. in folgenden Fällen:

  • Die optimale Beschaffungsmenge (hier: 45 Stück) kann nicht tatsächlich geordert
    werden, weil z.B. der Lieferant nur Verpackungsgebinde je 100 ME anbietet.

  • Der Lieferant bietet Sonderkonditionen bei einem Staffelwert ≥ 1.200 Stück (= ge-
    schätzte Jahresmenge).

  • Der Lieferant gibt keine feste Preiszusage für die gesamte Lieferperiode.

  • Der geschätzte Jahresverbrauch wurde falsch ermittelt oder ändert sich aufgrund
    der Rahmenbedingungen des Marktes.

Aufgabe 4

a) Aufgabe eines Warenwirtschaftssystems, z. B.

Im Wareneingang:
• mengen-/wertmäßige Erfassung des Eingangs
• Lagerort.

Im Lager:
• Bestandsführung
• Kennzahlen.

Im Warenausgang:
• Fakturierung
• mengen-/wertmäßige Erfassung des Ausgangs.

b) Efficient Replenishment (ERP) ist die Übertragung des Just-in-Time-Konzeptes (der Industrie) auf den Handel: Damit soll einerseits die Abverkaufsseite optimiert werden, sodass beispielsweise keine Versorgungslücken im Einzelhandel entstehen (Out-of-Stock-Situationen); zum anderen können dadurch die Warenbestände minimiert werden, und Lagerüberhänge gehören der Vergangenheit an.

c) _Instrumente zur Umsetzung von ERP_, z. B.:

EDI = Electronic Data Interchange, Elektronischer Datenaustausch

CD = Cross Docking, Warenvertriebssystem ohne Bestandshaltung im Distributionslager

d) Vendor Managed Inventory (VMI) ist ein neueres Konzept zur Verlagerung der Bestandsführung vom Handel auf den Lieferanten; es wird als Komponente von Supply Chain Management gesehen.

e) _Radiofrequenz-Identifikation, Funktionsweise:_
Die Artikelnummer (EPC) ist auf einem Smart-Chip unter dem Warenetikett angebracht. Der Smart Chip verfügt über eine Miniantenne, sodass die EPC ohne Sichtverbindung von einem Empfangsgerät (Reader) gelesen werden kann. Die Reichweite liegt zwischen einem und zehn Metern.

Einsatzgebiete:
Die RFID kann auch zur Warensicherung eingesetzt werden: Mithilfe von Sende- und Empfangsantennen wird ein räumlich begrenztes Frequenzfeld erzeugt. Wird eine Ware aus diesem Feld entfernt, ertönt ein Alarmsignal.

Bei der _Sendungsverfolgung_ werden Pakete mit maschinell lesbaren Etiketten versehen (Barcode oder RFID-Chip) und automatische Sortierstationen können anhand der Etiketten erkennen, wohin das Paket geleitet werden soll. Der Scanvorgang wird in einer zentralen Datenbank gespeichert.

Aufgabe 5

a) Ein neuer Lieferant ist insbesondere hinsichtlich seiner wirtschaftlichen und technischen Leistungsfähigkeit zu überprüfen:

Lieferantenmerkmale	
Betriebseinrichtung	Investitionsbereitschaft
Finanzlage	Management
Marktstellung	Personalstamm/Fachpersonal
Fluktuation	Forschung und Entwicklung
Knowhow	Fertigungsprogramm
Ruf/Image	Konzernzugehörigkeit
Lagerhaltung	räumliche Entfernung
Referenzen	Preisverhalten und Preispolitik
Zuverlässigkeit	Kooperationsbereitschaft
Service	Kulanzverhalten
Kundendienst	Kapazitätsauslastung
Beratung	Behandlung des Umweltschutzes
Verkaufsprogramm	Entwicklung der Geschäftsbeziehung

b) *Sourcing-Strategie bei der Lieferantenfestlegung:*

Sourcing-Strategie	Beschreibung	Chancen	Risiken
	Einkauf bei ...	*Beispiele*	
Single-Sourcing	einem Lieferanten	Einkaufsvolumen	hohe Abhängigkeit
		Einkaufsmacht	fehlender Vergleich
		Informationsfluss	
Duales Sourcing	zwei Lieferanten	Vergleich möglich	Abhängigkeit
Triple-Sourcing	drei Lieferanten	Einkaufsvorteile noch realisierbar	Abhängigkeit noch gegeben
		geringere Abhängigkeit	abnehmende Einkaufsmacht
Multiples Sourcing	vielen Lieferanten	keine bis geringe Einkaufsvorteile	hoher Handlingsaufwand
		Marktvergleiche	keine Synergieeffekte

c) *Ziele der Vergabeverhandlung*, z. B:

- Verbesserung der Konditionen (Preise, Bedingungen)
- Unklarheiten des Angebots beseitigen
- erforderliche Ergänzungen einholen
- den neuen Lieferanten persönlich kennen lernen.

Geprüfte Handelsfachwirte

6. Handelsmarketing und Vertrieb

Aufgabe 1

a) Raumproduktivität = Umsatz (netto) : Anzahl m² Verkaufsfläche

b) Maßnahmen zur Verbesserung der Kundenfrequenz sowie zur Steigerung der Einkaufssumme pro Kunde, z. B.:

Schaffen eines eindeutigen Profils der Filiale, z. B.:
Bekanntheitsgrad, Image, Preis-Leistungs-Verhältnis, Fachkompetenz, Aufbau von Kundenpräferenzen

Schaffen einer Einkaufsatmosphäre, z. B.:
Dekorationsmittel, Farben, Musik, Beleuchtung, Geruch/Düfte, Erholzone (Sitzecken, Getränkeausschank/Restaurant)

Unterteilung in verkaufsstarke und verkaufsschwache Flächen, z. B.:
Kunden haben einen „Rechtsdrall": rechte Wandseite, gegen den Uhrzeigersinn, rechts greifen usw.; verstärkte Warenplatzierung nach diesen Erkenntnissen.

Warenplatzierung:
Zusammenstellung nach Warengruppen (Categories)

Einsatz von Licht:
Licht zum Sehen, zum Ansehen, zum Hinsehen

Einsatz von Displays:
Verkaufsdisplay („Stumme Verkäufer"), Paletten-Display (Palette vom Hersteller inkl. Dekoration), Präsentationsdisplay

c) Artikel, die der Kunde überwiegend regelmäßig kauft, werden meist
   • im hinteren Teil des Marktes und/oder
   • an weniger auffälligen Stellen angeboten.

Artikel, die der Kunde (zusätzlich) spontan kaufen soll, werden
   • im vorderen Teil des Marktes und/oder
   • in der Kassenzone und/oder
   • auffällig (rechts der Laufrichtung, in Augenhöhe, in der Gangmitte) präsentiert.

Aufgabe 2

a) Zielumsatz: 480 € · 200 Stück = 96.000 €

Reisender		4.000 €	Bruttogehalt, mtl.
	+	3.200 €	Gehaltszusatzkosten
	=	7.200 €	Gehaltskosten, mtl.
	+	1.920 €	Provision
	=	**9.120 €**	**Gehaltskosten, gesamt**
Vertreter		2.000 €	Fixum, mtl.
	+	9.600 €	Provision
	=	**11.600 €**	**Gesamtkosten**

b) 7.200 + x · 480 · 0,02 = 2.000 + x · 480 · 0,1

   → x = 135,42 (rund 135 Stück)

c)

Merkmal	Reisender[1]	Vertreter[1,2]
Verkaufstechnik	+	++
Kundenbetreuung	++	+
Einsatz, Engagement	-	++
Kontrolle	+	-
Flexibilität	-	+
Kundenpflege	++	-
Loyalität zum Unternehmen	+	-
Produktkenntnisse	++	-

[1] Die Bewertung ist subjektiv.
[2] Bei einem Mehrpoduktvertreter verschlechtert sich i. d. R. die Bewertung.

Aufgabe 3

a) Ermittelt man aufgrund der Ausgangslage die insgesamt pro Jahr durchgeführten Besuche aller Verkäufer, ergibt sich folgendes Zahlenbild:

Kundentyp		Anzahl der Kunden	Anzahl der Besuche pro Kunde pro Jahr	Anzahl der Besuche pro Jahr, gesamt
Groß-handel	A-Kunde	50	20	1.000
	B-Kunden	120	10	1.200
	C-Kunden	300	5	1.500
Einzel-handel	A-Kunde	400	16	6.400
	B-Kunden	1.600	6	9.600
	C-Kunden	4.000	4	16.000
Σ		6.470		35.700

230 Arbeitstage · 5 Besuche pro Tag
= 1.150 Besuche pro Jahr pro Verkäufer

Soll: 35.700 : 1.150 = 31,04 Verkäufer
d. h. durchschnittlich müssten rund 31 Verkäufer zur Verfügung stehen. Es lässt sich also die These vertreten, dass im vorliegenden Fall rund 11 Verkäufer „fehlen".

Ist: 35.700 : 20 : 230 = 7,76 Besuche pro Tag
d. h. durchschnittlich führt derzeit jeder Verkäufer rund 8 Kundenbesuche pro Tag durch.

Von daher ist die „Klage" der Verkäufer berechtigt.

b) Eine Alternativbetrachtung ermöglicht die Unterscheidung zwischen A-, B- und C-Kunden sowie die Differenzierung in Kunden des Großhandels und die des Einzelhandels:

A-Kunden sind wichtige Umsatzträger und müssen daher häufiger besucht werden. Der Großhandel liefert einen höheren Umsatzbeitrag als der Einzelhandel – ggf. allerdings bei einer geringeren Handelsspanne. Ein genaues Bild über die Zusammenhänge „Umsatz, Umsatzbeitrag, Ergebnisbeitrag pro Kundentyp" lässt sich aus der Analyse der Umsatz- und Ergebnisstatistik gewinnen. Von diesen Überlegungen ausgehend lassen sich neue „Sollwerte der Besuche pro Tag pro Verkäufer pro Kunden-Typ" formulieren, sodass sich die in Fragestellung a) notwendig erscheinende Neueinstellung von Verkäufern vermeiden lässt.

Es wird im Folgenden angenommen, dass pro Kundentyp eine bestimmte Anzahl von Besuchen pro Jahr für die Betreuung des Kunden ausreichend ist; dabei wird die Anzahl der Besuche bei A-Kunden erhöht und die bei C-Kunden deutlich gesenkt (C-Kunden werden zukünftig verstärkt über IT-Techniken betreut). Mit der neuen Besuchsstruktur ist Erfahrung zu sammeln. Die Verkäufer werden auf der nächsten Verkaufstagung darüber berichten.

Kundentyp		Anzahl der Kunden	Anzahl der Besuche pro Kunde pro Jahr – Soll –	Anzahl der Besuche pro Jahr, gesamt – Soll –
Groß-handel	A-Kunde	50	25	1.250
	B-Kunden	120	10	1.200
	C-Kunden	300	2	600
Einzel-handel	A-Kunde	400	20	8.000
	B-Kunden	1.600	5	8.000
	C-Kunden	4.000	1	4.000
	Σ	6.470		23.050

23.050 Besuche p.a. : 20 Verkäufer : 230 Arb.tg.
≈ 5 Besuche pro Tag pro Verkäufer

Aufgabe 4

a) Aufgrund des Sachverhalts können sich folgende Sales Promotion-Maßnahmen als geeignet erweisen:

Verbraucher-Promotion; Vertriebsweg (1):
• Gewinnspiele
• Produktproben
• Treuerabatte.

Außendienst-Promotion; Vertriebsweg (2):
• Sonderprämien für das kommende Geschäftsjahr
• Verkaufswettbewerbe
• Ideenwettbewerbe.

Händler-Promotion; Vertriebsweg (3):
• Händlerpreisausschreiben
• Schaufensteraktion
• Kostenübernahme für Propagandisten.

b) Um die Wertziffer zu ermitteln, existieren folgende Relationen:

		Beispiel: Vertriebsweg (1)
Umschlags-häufigkeit	= Wareneinsatz : ø Lagerbestand	15
Handels-spanne (HSP)	= Rohertrag : Umsatz · 100	35 %
Umsatzanteil	= Umsatz/Warengruppe X : Umsatz/gesamt · 100	25 %
Ertragskenn-ziffer	= HSP · Umschlagshäufigkeit : 100	35 · 15 : 100 = 5,25
Wertziffer	= Ertragskennziffer · Umsatzanteil : 100	5,25 · 25 : 100 = 1,3125

Für alle drei Vertriebswege ergeben sich folgende Mittel für Sales Promotion:

	Vertriebswege			Σ
	(1)	(2)	(3)	
Umsatzanteil	25 %	35 %	40 %	100 %
Umschlagshäufigkeit	15	10	5	
HSP	35 %	28 %	25 %	
Ertragskennziffer	5,25	2,8	1,25	
Wertziffer	1,3125	0,9800	0,5000	2,7925
Mittel für Sales Promotion, 5 % von 60.000	28.200[1]	21.056	10.744	60.000

---

[1] Beispielrechnung: 28.200 = 60.000 · 1,3125 : 2,7925

Aufgabe 5

a) Ziel der Untersuchung (Kundenzufriedenheit) ist es, direkte (unverfälschte) Aussagen über den Grad der Kundenzufriedenheit zu erhalten. Weiterhin können sich aus der Tatsache, dass die Kunden nach ihrer Meinung gefragt werden, positive Effekte der Unternehmens-Kunden-Relation ergeben (CRM).

b) Die Anzahl der Kunden bei der Firma MCT ist überschaubar. Aus Kostengründen sollte die Befragung telefonisch und professionell durch ein externes Institut durchgeführt werden. Dabei sollte zwischen A-, B- und C-Kunden differenziert werden:

A-Kunden: mehrere Kontaktpersonen werden befragt
B-Kunden: eine Kontaktperson wird befragt
C-Kunden: Es werden die C-Kunden mit hohem Potenzial befragt.

c) Die Warengruppen werden analysiert in Bezug auf den Marketing-Mix und auf relevante Kennzahlen (Umsatz, Absatz, Deckungsbeitrag, Umsatzanteil usw.).

Beispiele für Categories der Firma MCT:
1. Mittlere Datentechnik für Großkunden/Professionells
   (Hardware und Softwareberatung/-entwicklung)
2. PCs und Standardsoftware für Privatkunden
3. Datenkonfiguration.

Aufgabe 6

a) *Fehler in der Gesprächseröffnung von Herrn Grün:*

- Inhalt und Ausdruck sind monoton, eintönig und abgegriffen.

- Es fehlt die „Sie-Ansprache". Herr Grün redet von sich und seiner Firma.

- Monolog statt Dialog.

- Es wird keine Interesse geweckt, z. B. mit einem Angebot für eine Problemlösung des Kunden.

b) Beispiele für Einwandbehandlung („zu teuer"):
- „Warum meinen Sie, dass unsere Kreissäge zu teuer ist?"
- „Zu teuer – im Verhältnis wozu?"
- „Zu teuer – im Verhältnis zum Wettbewerb oder wie meinen Sie das?"

> # Geprüfte Handelsfachwirte
>
> # 7. Handelslogistik

Aufgabe 1

Festplatzsystem (auch: Magazinierprinzip)
Jedes Material hat seinen festen Lagerplatz (Nummerierung der Gänge, Regale, Fächer z. B. entsprechend der ABC-Analyse).

Vorteile:
ohne EDV, keine Störanfälligkeit, häufig entnommene Waren sind im vorderen Lagerbereich

Nachteil:
keine optimale Ausnutzung der Lager- und Regalflächen

Freiplatzsystem (auch: chaotische Lagerung, Lokalisierprinzip):
Die Festlegung des Lagerplatzes erfolgt bei jedem Eingang neu.

Vorteile:
optimale Ausnutzung der Lager- und Regalflächen, Reduzierung des Platzbedarfs

Nachteile:
Kosten der EDV, bei Störungen kann ein Artikel nicht entnommen werden, ggf. längere Entnahmewege

Vgl. 7.1.1.3/Frage 02.

Aufgabe 2

a) Der Exporteur trägt die Kosten bis an das Schiff.
   → **FAS**

b) Der Exporteur trägt die Kosten bis an das Schiff einschließlich der Verladungskosten.
   → **FOB**

c) Der Exporteur trägt alle Kosten des Schiffstransports inkl. Fracht, Versicherungskosten und Transportversicherung.
   → **CIF**

Aufgabe 3

a) Voraussetzung für die Einführung des EUL-Konzepts ist die Standardisierung der logistischen Einheiten, z.B.:

- Verpackung (Abmessungen, Gewicht)
- Transportträger (z.B. Paletten, Behälter, Container)
- Lkw-Ladeflächen, Frachtdimensionen
- Laderampen
- Gestaltung von Einweg- und Mehrwegsystemen
- Wareneingangs- und -ausgangstore
- innerbetriebliche Fördermittel
- Warenumschlags- und Lagereinrichtung
- einheitliche Kennzeichnung (Verpackung, Transporteinheiten).

b) *Senkung der Transportkosten* (EUL-Konzept; Beispiele):

- Durch die Standardisierung der Komponenten entlang der Prozesskette können die Handlingskosten beim Umschlag (Wechsel der Transportmittel) verringert werden.

- Durch die Anpassung der Frachtdimensionen können die kostengünstigsten Transportmittel/Verkehrswege ausgewählt werden. Es müssen spezifische Transportbedingungen weniger berücksichtigt werden.

Aufgabe 4

Beispiele für logistische Kennzahlen:

Wirtschaftlichkeitskennzahlen zeigen das Verhältnis von Kosten zu Leistungen, z.B.:	
ø Transportkosten je Transportauftrag	Summe aller Transportkosten : Anzahl aller Transportaufträge
Anteil der Förderkosten an den Handlingskosten	Summe der Förderkosten : Summe der gesamten Handlingskosten

Qualitätskennzahlen zeigen die Einhaltung vereinbarter Standards z.B.:	
Grad der Termineinhaltung	Anzahl der termintreuen Lieferungen : Anzahl aller Lieferungen · 100
Grad der Lieferqualität	Anzahl der fehlerfreien Lieferungen : Anzahl aller Lieferungen · 100

Aufgabe 5

a) Kritische Werte-Rechnung „Eigen- versus Fremdtransport":

18.000 € + 2,20 € · x = 60.000 € + 6.000 € + 38.400 € + 0,40 x
　　　1,8 x €/km　= 86.400 €
　　　　　　x　= 48.000 km p. a.
　　　　　　x　= 4.000 km pro Monat

b)

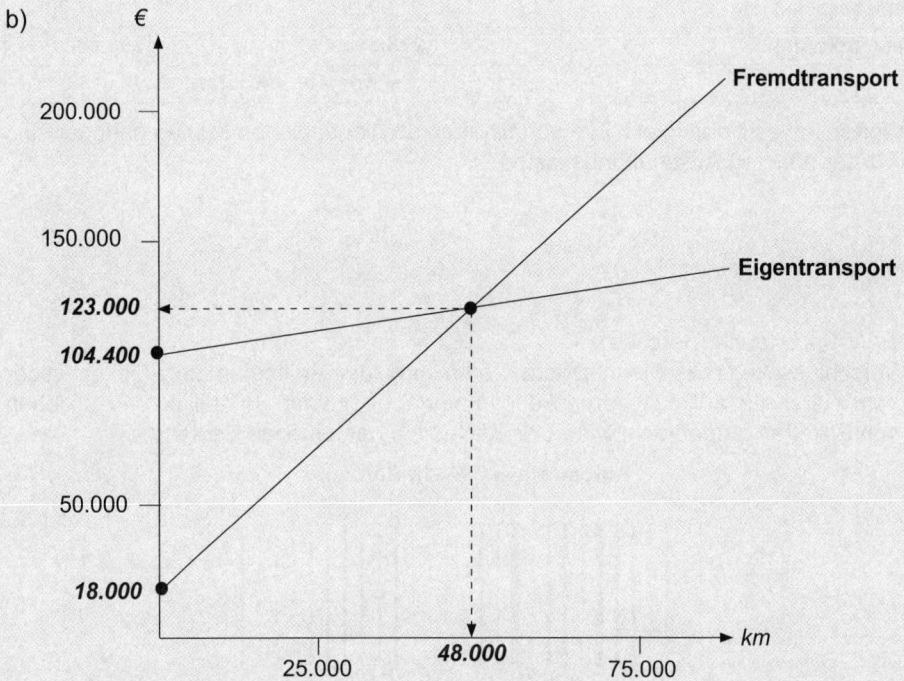

c) Neben einem Vergleich der Kosten gibt es weitere Kriterien, die bei der Entscheidung „Eigentransport versus Fremdtransport" herangezogen werden sollten, z. B.:

Knowhow:
Fahrpersonal (Ausbildung, Erfahrung), Gefahrgutbeauftragter, laufende Schulungen, gesetzliche Änderungen

Werbung, Image:
Der eigene Fuhrpark kann für Werbezwecke genutzt werden. Außerdem kann der Eigentransport die Imagewirkung verbessern – er beweist Kompetenz.

Abhängigkeit vom Spediteur/Frachtführer:
Je nach Größe des Transportvolumens besteht eine bestimmte Abhängigkeit vom Spediteur/Frachtführer (Transportvolumen, Termingestaltung, Servicebereitschaft).

Aufgabe 6

	Berechnung	Objekt 1	Objekt 2
AfA	(AW - RW) : n	(800.000 - 40.000) : 5 = 152.000	(600.000 - 20.000) : 5 = 116.000
Zinsen	(AW + RW) : 2 · i	(800.000 + 40.000) : 2 · 0,08 = 33.600	(600.000 + 20.000) : 2 · 0,08 = 24.800
Betriebskosten		90.000	150.000
Gesamtkosten		**275.600 €**	**290.800 €**
→		**Kosten$_1$ < Kosten$_2$**	

In Worten: Investitionsobjekt 1 ist vorteilhafter, da die jährlichen Kosten geringer sind – trotz der höheren Anschaffungskosten.

Aufgabe 7

a) *EAN-Code* (auch: Barcode):
   Verschlüsselte, maschinenlesbare Darstellung der Artikelnummer, die entweder vom Hersteller auf das Verpackungsmaterial oder vom Handel durch Aufkleben von Etiketten aufgebracht wird. Der EAN-Code hat folgende Bestandteile:

Aufbau eines EAN-13-Barcodes

Länderkenn-zeichen
40 bis 44 für BRD (Präfix)

bbn; bundesein-heitliche Betriebs-nummer des Herstellers, Groß- oder Einzelhändlers

Artikelnummer
wird vom jeweiligen Unternehmen vergeben.

Prüfziffer
Die Berechnungsmethode nach dem Modulo-10-Verfahren gewährleistet eine 99 %-ige Lesesicherheit.

b) *Electronic Product Code* (EPC):
   Man geht davon aus, dass der Barcode langfristig durch den EPC ersetzt wird. Der EPC ist eine Identifikationsnummer, die sich aus der EAN und einer neunstelligen Seriennummer zusammensetzt. Damit können zusätzliche Artikeldaten (Hersteller, Markenbezeichnung) gespeichert werden, sodass der Warenfluss lückenlos zu identifizieren ist. Trägertechnologie ist die RFID.

Geprüfte Handelsfachwirte

8. Außenhandel

Aufgabe 1

a)

	Warenwert	250.000 US-$
+	Fracht usw.	3.750 US-$
=	Zollwert in US-$	253.750 US-$
=	Zollwert in €	175.000 €
+	**Zoll, 8 %**	**14.000 €**
=	Berechnungsbasis/Einfuhrumsatzsteuer	189.000 €
⇒	**Einfuhrumsatzsteuer, 19 %**	**35.910 €**

Die Einfuhrabgaben betragen 49.910 € (14.000 € Zoll + 35.910 € EUSt).

b) *WTO* (World Trade Organization; Welthandelsorganisation):
Überwachung der Handelspolitik der WTO-Mitgliedsstaaten,
Schlichtung von Handelskonflikten zwischen Mitgliedsstaaten

Die *Weltbank*
vergibt vorrangig Kredite an Länder in einem fortgeschrittenen Stadium der wirtschaftlichen und sozialen Entwicklung. Sie finanziert z. B. landwirtschaftliche Programme, Projekte im Energiesektor sowie im Bereich des Bildungswesens.

Der *IWF* (Internationaler Währungsfond)
hat die Aufgabe, für eine stabile Währungsordnung zu sorgen. Er vergibt an seine Mitglieder Kredite zum Ausgleich von Zahlungsbilanzdefiziten.

Die Unterstützung der Entwicklungsländer und die Bewältigung von Schuldenkrisen zählen zu den Hauptaufgaben der Weltbank und des IWF.

Aufgabe 2

a)   *1. Motiv: Finanzzoll*
Der Staat braucht neben dem Steueraufkommen zusätzliche Einnahmen.

2. Motiv: Schutzzoll
Der Staat schützt die eigenen Produzenten vor ausländischen Wettbewerbern
(z. B. Sicherung der inländischen Arbeitsplätze).

3. Motiv: Importzoll
Importe werden verteuert, um inländischen Produkten im Inland bessere Absatzchancen zu verschaffen. Die Wirkung ist dieselbe wie beim Schutzzollmotiv.

b1) Es liegt ein passiver Veredlungsverkehr vor. Bei der Wiedereinfuhr der veredelten
Ware ist der entstandene „Mehrwert" zu verzollen.

b2) Es handelt sich um eine Direktinvestition, die nicht der zollrechtlichen Behandlung
unterliegt.

b3) Es liegt ein indirekter Import vor, da der kanadische Anbieter über eine selbstständige Distributionsstufe in Deutschland verfügt. Die Einfuhrabgaben sind von der
Niederlassung des kanadischen Anbieters in Bremen zu entrichten.

Aufgabe 3

a) *Direktinvestitionen* sind langfristige Kapitalanlagen im Ausland, die ein inländischer
Investor tätigt, um sich Absatzmärkte zu erschließen oder zu sichern.

b) *Formen der Direktinvestition:*
  • Gründung eines neuen Unternehmens im Ausland als Niederlassung oder Toch-
    tergesellschaft

  • Erwerb eines Unternehmens im Ausland

  • Beteiligung an einem Unternehmen im Ausland.

c) *Mögliche Vorteile:*
Die Aktivitäten können neue Absatzmärkte erschließen und sind weniger risikoreich
als Exporte in Drittländer (z. B. Angleichung der Rechtsbestimmungen).

Produkte, die sich in Deutschland bereits in der Sättigungsphase befinden, können
im EU-Binnenmarkt u. U. noch ertragreich abgesetzt werden.

d) *Mögliche Probleme:*

Die Absatzchancen werden aufgrund unzureichender Informationen falsch eingeschätzt.

Die Ware entspricht nicht den angenommenen Verbrauchergewohnheiten bzw. den
-erwartungen.

Der Finanzbedarf wird unterschätzt und Möglichkeiten der Exportförderung sind
nicht hinreichend bekannt.

Die Organisation des Unternehmens sowie die Qualifikation ist nicht auf die Aus-
landsbeteiligung ausgerichtet.

Aufgabe 4

a) *Handelsrisiken,* z. B.:
   - Konvertierungsrisiko und Transferrisiko (K/T-Risiko)
   - Devisenmangel (vgl. Genehmigungspflicht)
   - Kreditwürdigkeit des Landes ist negativ
   - Moratoriumsrisiko.

b) Wenn der Kurs des US-$ in der Zeit zwischen Vertragsabschluss und dem Zah-
   lungseingang erheblich unter den rechnerischen Kurs bei Angebotsabgabe sinkt,
   entsteht ein Verlust bezogen auf den kalkulierten Erlös.

c) *Absicherung gegen Kursrisiken,* z. B.:
   - Fremdwährungskonto
   - Risikozuschlag in der eigenen Kalkulation.

d) *Papiere beim Exportgeschäft,* z. B.:
   - Ursprungszeugnis
   - Handelsrechnung
   - Zollfaktura.

e) *Absicherung des Transportrisikos,* z. B.:
   - Transportversicherung abschließen
   - geeigneten Incoterm auswählen
   - Abholhandel statt Zustellhandel tätigen.

Aufgabe 5

a) Incoterm: FCA, Free Carrier (... named place)

Beispiel: Die WMBH-GmbH, Willich, hat Traktoren an die Cheney & Winthrop Ltd., Boston (USA), versandt. Die Ware wird von Willich nach Rotterdam gebracht und von dort nach Boston verschifft. Es wurde vereinbart: FCA Willich (vgl. ausführlich unter 8.5.1/Frage 05.).

Der *Exporteur* trägt die Kosten bis die Ware dem Frachtführer oder Spediteur übergeben ist.

Der *Importeur* trägt die Kosten ab dem Moment, wo die Ware geliefert ist, d.h. an den Frachtführer bzw. Spediteur übergeben ist; er trägt weiterhin Einfuhrzölle und Aufwendungen, die bei der Einfuhr oder beim Transit durch ein drittes Land entstehen.

b) *Einpunktklauseln:*
Risiko- und Kostenübergang an einem Ort, z.B. E-, F- und D-Klauseln.

Zweipunktklauseln:
Risikoübergang im Versandland und Kostenübergang im Bestimmungsland; z.B. CIF, CIP.

c) Die Internationale Handelskammer (International Chamber of Commerce; ICC) erleichtert den Welthandel vor allem durch ihr Schiedsgericht. Weiterhin setzt die ICC Standards, die den internationalen Handel durch eindeutige Auslegung vereinfachen und fördern (z.B. Incoterms, ERA, ERI).

Geprüfte Handelsfachwirte

9. Mitarbeiterführung und Qualifizierung

Aufgabe 1

a) Interne Maßnahmen der Personalentwicklung, z. B.:
   • Teilnahme an Produktschulungen der Lieferanten
   • Kennenlernen der derzeitigen Vertriebsstruktur
   • Hospitation im Rechnungswesen zum Kennenlernen der firmeninternen Kalkulationsstruktur
   • Kennenlernen der internen Führungskräfte, mit denen der Category-Manager eng zusammenarbeiten muss.

b) Besuch externer Seminare sowie geeigneter Messen und Veranstaltungen zu folgenden Themen, z. B.:
   • Projektmanagement
   • Führung und Zusammenarbeit
   • Vertriebsstrategie/Category-Management
   • Zeitmanagement, Selbstmanagement
   • Qualitätsmanagement
   • Wertanalyse
   • Entwicklung der Märkte in Europa im Sektor Non-Food.

c) Anpassungsfortbildung ist die Angleichung der Mitarbeitereignung an veränderte Anforderungen, z. B. Schulung der Mitarbeiter zu Themen wie „Warenflussmanagement", „neue Formen der Retrologistik".

d) Methoden der Qualifizierung on the job, z. B.:
   • planmäßige Unterweisung
   • Job Rotation
   • Sonderaufgaben
   • Lernstatt (innerhalb der Abteilungsbesprechungen).

Aufgabe 2

a) Mentoring dient der Unterstützung und Anleitung neuer Mitarbeiter. Der Mentor/die Mentorin geben ihr Wissen und ihre Erfahrung an weniger erfahrene Personen (die Mentees) weiter.

Vorteile für den Mentee, z. B.:
• Erkennen und Einschätzen der eigenen Fähigkeiten
• Unterstützung, Hinweise und Tipps bekommen
• Einbinden in Netzwerke.

b) Coaching ist eine auf das Individuum bezogene Methode, während Training gruppenorientiert ist.

Der Mentor ist Ratgeber, Ausbilder, Betreuer und (auch) ggf. Freund. Er ist (in vertretbarem Maße) parteiisch und persönlich für den Mentee (den Betreuten) engagiert.

Der Coach nimmt eine neutrale Position ein und hat Distanz zu wahren.

Aufgabe 3

a) Hinweis zur Lösung: Der Lösungsansatz sollte eine Strukturierung des Gesprächsablaufes sowie eine Beschreibung der Konfliktbearbeitung erkennen lassen.

A. *Einstieg:*
• Atmosphäre schaffen
• Gesprächsanlass und Zielsetzung nennen
• Zielsetzung: Verständnis für die Entscheidung erreichen, Mitarbeiter für die zukünftige Arbeit behalten und gewinnen.

B. *Hauptteil:*
• Rückschau und Anerkennung der guten fachlichen Leistung in der Vergangenheit
• Hintergrund für die Entscheidung „Stellenbesetzung" sachlich erläutern
• Verständnis für Herrn Schmied zeigen
• Herr Schmied erhält Gelegenheit zur Stellungnahme
• Sieg-und-Niederlage-Situation vermeiden
• Zielsetzung der Firma und Erwartungshaltung des Mitarbeiters aufarbeiten und nach Lösungsansätzen suchen, z. B.: die besondere fachliche Qualifikation von Herrn Schmied wird „honoriert": Sonderaufgaben, Job Enrichment o. Ä.

C. *Abschluss:*
• sich gegenseitig versichern, dass für die Zukunft eine tragfähige Arbeitsbeziehung besteht
• dass Herr Schmied bereit ist, mit dem neuen Gruppenleiter loyal zusammenzuarbeiten
• dass er seine Interessen einbringen konnte
• freundliche Verabschiedung.

b) Gesprächsregeln, z. B.:
- Zuhören (aktiv zuhören)
- den Mitarbeiter zu Wort kommen lassen
- keine Störungen von außen.

c) Man unterscheidet Sachebene (Inhalte, Fakten, was gesagt wird) und Beziehungs-ebene (wie Sender und Empfänger zueinander stehen). Im vorliegenden Fall ist die Beziehungsebene nicht gestört, da beide Personen sich kaum kennen. Dies bedeutet allerdings auch, dass es keine gefestigte Beziehungsebene z. B. aus vielen Jahren der positiven Zusammenarbeit gibt. Sie müssen daher die Tragfähigkeit der Beziehungsebene im Verlauf dieses schwierigen Gesprächs besonders beobachten.

Aufgabe 4

a) Zum Erkennen der Störungsursachen in der Zeitverwendung kann z. B. die Selbst-aufschreibung verwendet werden: Für zwei bis vier Wochen werden alle Vorgänge/Tätigkeiten kategorisiert und ihr Zeitbedarf ermittelt. Anschließend wird über Maßnahmen einer effektiven Zeitverwendung nachgedacht.

b) Techniken zum Setzen von Prioritäten, z. B.:
- ABC-Analyse
- Pareto-Analyse
- Eisenhower-Prinzip
- Blockbildung (Telefonieren, Besprechen, Konzepte usw.)
- störungsfreie Zeiten organisieren.

c) Organisation des Arbeitsplatzes, z. B.:
- 3-Körbe-System
- (unsichtbare) Schreibtischeinteilung
- 6-Informationskanäle
- Einsatz des PC zur Archivierung und Terminverfolgung
- abends den nächsten Tag vorbereiten
- ALPEN-Methode.

Aufgabe 5

Hinweis: Es gibt hier keine „Musterlösung". Der Sachverhalt enthält mehr Auswertungs-aspekte als in der Lösungsskizze (beispielhaft) aufgeführt sind.

a) Analyse des Anschreibens:
   * Bewerbung datiert vom 20.08.
   * Anrede lautet auf „Damen und Herren" (obwohl z. Hd. Herrn Rolf Grausam)
   * der Betreff bezieht sich nicht auf die Anzeige
   * Vollständigkeit:
     - Abiturzeugnis fehlt
     - Zertifikat „AEVO-Prüfung" fehlt
     - Beschreibung der derzeitigen Tätigkeit fehlt
     - Wechselmotiv bleibt unklar
     - Bezugnahme auf die Stellenanzeige fehlt
     - Gliederung: ist vorhanden
     - Text enthält eine Fülle von Redundanzen.

   * *Sprache:*
     - Fehler in der Rechtschreibung:
       über en REFA-Schein, mir die Aufggabe, neuen Richlinien, Selbständigkeit, frdl.
     - teilweise Passivform; teilweise ungeschickte und „hölzerne" oder unpassen-de Ausdrucksweise bzw. Wortwahl: Meine Qualifikationen entnehmen Sie bitte dem beigefügten Lebenslauf (dies sollte im Anschreiben prägnant dargestellt werden)
     - und auf eigene Kosten (das ist überwiegend selbstverständlich)
     - oblagen mir vielfältige
     - wurde mir die Aufgabe gestellt
     - welches ich erfolgreich
     - kristallisierte sich besonders
     - berufliche bundesweite Mobilität (ist hier nicht gefragt)
     - über meine dienstlichen Obliegenheiten.

b) Analyse des Lebenslaufes:

Zeitfolgenanalyse:
• die beruflichen Stationen enthalten Monatsangaben
• ca. *6 Monate* nach dem Studium ohne qualifizierte Tätigkeit?
• ca. *9 Monate:* G.W.F.-Zeitarbeit
• ca. *7 Monate:* arbeitslos
• ca. *3 Jahre:* Internationales Logistikunternehmen
• *1 Monat:* arbeitslos (keine Angaben)?
• seit *rd. 1 Jahr:* International Insurance Company
• Berufspraxis, ca: 1 Jahr → 3 Jahre → 1 Jahr; Tendenz?
• Beendigungstermine: 30.11. + 30.08. ??

Entwicklungsanalyse:
• lt. Lebenslauf „Abteilungsleiter" (1. Position) → danach Sachbearbeiter →
  Hauptsachbearbeiter (?)
• der Trend scheint stagnierend zu sein
• Handlungsvollmacht in Aussicht gestellt?
• keine markante Zunahme der Sachverantwortung erkennbar
• Warum wird ein Wechsel angestrebt?

Firmen- und Branchenanalyse:
• kleine Filiale eines Zeitarbeitsunternehmens
• großes Logistikunternehmen (Sachbearbeiter)
• Versicherungskonzern (Sachbearbeiter)
• die früheren Wechselmotive sind nicht erkennbar.

Geprüfte Handelsfachwirte

10. Mündliche Prüfung (Präsentation, Fachgespräch)

Hinweis:
Natürlich gibt es zur Präsentation dieses Themas keine „Musterlösung". Die nachfolgende Darstellung ist exemplarisch. Sie enthält keine vollständige Lösung, sondern Lösungsansätze und soll Ihnen Hinweise zur Gliederung und präsentationsgerechten Aufbereitung eines Themas geben. Die Struktur eines Lösungsvorschlages für eine innerbetriebliche Problemstellung wird immer mehr oder weniger stark der Logik des Management-Regelkreises folgen: Ziele setzen (auf der Basis der Ist-Situation) → planen → organisieren → durchführen → kontrollieren. Im Folgenden wird gezeigt, wie das Thema mithilfe von OH-Folien visualisiert wird. Die Darstellung zeigt Ansätze und kann aufgrund der Komplexität nicht alle, in der Praxis denkbaren Lösungsansätze enthalten.

1. Präsentation

1.1 Der Teilnehmer stellt sich vor	ca. 2 Min.
„Meine Name ist Gerd Mustermann. Ich bin 27 Jahre, verheiratet und habe eine Tochter von vier Jahren. Nach dem Abitur schloss ich bei der Firma Klatt OHG, einem Handelsunternehmen in Köln, die Ausbildung als Kaufmann im Groß- und Außenhandel ab und war anschließend im selben Unternehmen als Sachbearbeiter im Personalwesen tätig. Da mich dieser Funktionsbereich besonders interessierte, wechselte ich vor einem Jahr zu einem privaten Bildungsträger im Großraum Düsseldorf. Als Fortbildungsreferent betreue ich hier verschiedene Großkunden, z.B. die Stadtwerke Düsseldorf, und organisiere Vollzeit- und Teilzeitlehrgänge mit unterschiedlichem Lehrgangsinhalt. Vor zwei Jahren habe ich mich entschlossen, den Weiterbildungslehrgang „Geprüfte Handelsfachwirte" zu besuchen, da ich in einiger Zeit beabsichtige, wieder in ein Handelsunternehmen zu wechseln, um dort im Personalsektor eine verantwortungsvolle Aufgabe zu übernehmen. Als Wahlfach für diese Prüfung habe ich den Handlungsbereich „Mitarbeiterführung und Qualifizierung" gewählt. In meiner Präsentation werde ich ein Konzept vorschlagen, um durch geeignete Maßnahmen der Kundenbindung in unserem Hause die Negativentwicklung der letzten zwei Jahre zu stoppen. Dazu werde ich nach einer kurzen Darstellung des Unternehmens die derzeitigen Situation analysieren und darauf aufbauend Maßnahmen der Kundenbindung in verschiedenen Bereichen der Fortbildung diskutieren."	

1. Präsentation	
1.2	**Der Teilnehmer präsentiert seinen Lösungsvorschlag.**	ca. 8 Min.

Thema

Entscheidungsvorschlag für ein Maßnahmenkonzept zur dauerhaften Kundenbindung bei einem privaten Bildungsträger – dargestellt am Beispiel des Lehrgangs „Geprüfte Handelsfachwirte"

Folie 1

Das Unternehmen • Erlöse und Mitarbeiter

→ Mitarbeiter: ca. 20

→ Kunden: Klein- und Mittelbetriebe, Privatpersonen

→ Erlös pro Mitarbeiter: rd. 45.000 € pro Jahr

→ Erlös pro Kursteilnehmer: rd. 450 €

Folie 2

Das Unternehmen • Organigramm und Produkte

Geschäftsleitung			
↓	↓	↓	↓
Referat	Referat	Referat	Referat
Tageslehr-gänge	Existenz-gründung	Langzeit-lehrgänge	Neue Technologien

Folie 3

Kunden- und Nachfragestruktur, Wettbewerb

Firmenkunden:	75 % Anpassungsfortbildung	Übrige
Privatkunden:	90 % Aufstiegsfortbildung	Übrige

→ Marktform: Oligopol, aggressive Preispolitik

→ hohe Preiselastizität der Nachfrage

→ hohe Qualitätsansprüche der Kunden

Folie 4

Analyse der Ist-Situation

Erlöse 2002	1.400.000 €
Erlöse 2014	900.000 €
ø Verkaufspreis 2002	450 € Tagessatz
ø Verkaufspreis 2014	280 € pro Tag
ø Anzahl Lehrgangstage 2002	800 p. a.
ø Anzahl Lehrgangstage 2014	550 p. a.

→ sinkende Verkaufspreise

→ sinkende Mengen

→ steigende Sachmittelkosten (AfA)

→ höhere Personalkosten

→ höhere Kosten für Fremdleistungen und Werbung

Folie 5

Zielsetzung und Teilprojekte

Verbesserung des Deckungsbeitrags um 50 %

innerhalb von 1,5 Jahren

Teilprojekt 1:

→ Maßnahmen der Preispolitik

Teilprojekt 2:

→ Maßnahmen der Absatzsteigerung

Teilprojekt 3:

→ Maßnahmen der Kostenreduzierung

Teilprojekt 4:

→ Maßnahmen der Werbung und Öffentlichkeitsarbeit

Teilprojekt 5:

→ **Konzept zur dauerhaften Kundenbindung**

Folie 6

Diskussion des Begriffs „Kundenbindung"

Kundenbindung lässt sich realisieren als Folge von Kundenzufriedenheit (Satisfaction)!

Kundenzufriedenheit macht sich an folgenden Merkmalen fest:

→ Kunden-Nutzen (Preis-Leistungsverhältnis, Qualität)

→ Freundlichkeit der Mitarbeiter

→ Qualität des Telefonkontakts

→ Qualität der fachlichen Beratung

Aus Kundenzufriedenheit folgt:

→ Wiederkaufsabsicht

→ Weiterempfehlungsabsicht

→ keine/geringe Wechselbereitschaft

Folie 7

Ist-Analyse der Kundenzufriedenheit

Auswertung der Lehrgangsbewertung „Geprüfte Handelsfachwirte" der letzten zwei Jahre:

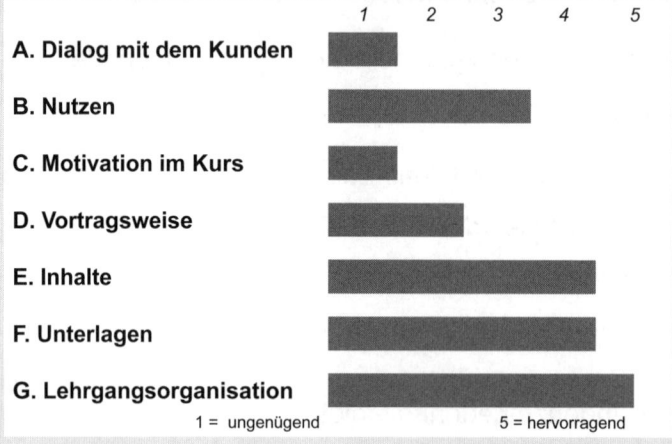

Folie 8

Maßnahmenfelder

Aufgrund der Detailanalyse ergeben sich Defizite in den Feldern

1. Dialog mit dem Kunden → **Satisfaction-Driver 1**

2. Dozenten (B. + C. + D.) → **Satisfaction-Driver 2**

Folie 9

Maßnahmen • Satisfaction-Driver 2 = Dozenten

→ Aufbau und Pflege einer Dozentendatenbank

Verbesserung der Dozentenauswahl
• Anforderungs-, Eignunungsprofil
• Interview
• Lehrprobe

→ Schulung der Dozenten
(Methodik, Didaktik, Taxonomie)

→ Supervision

→ Nachwuchsdozenten (Transfer der Erfahrung)

→ „Kaminabende"

→ Funktion „Dozent als Lehrgangsleiter" einrichten

→ Überarbeitung der Honorarverträge

→ Checkliste zur Einsatzorganisation (+ Controlling)

Folie 10

Maßnahmen • Satisfaction-Driver 1 = Dialog

Der Dialog mit dem Kunden zeigt sich vor allem in der Qualität

• der Dialogbereitschaft („ansprechbar sein")
• der Dialogzufriedenheit („Kundennutzen stiften")
• der Bearbeitung von Reklamationen

Maßnahmenfelder:
1. Erarbeitung einer Kundenbefragung
2. Analyse der Kundenbefragung
3. Ableitung wirksamer Maßnahmen

Folie 11

Zusammenfassung

Der Geschäftleitung wird empfohlen, die dargestellten Maßnahmen umzusetzen.

Ziel:	Verbesserung der Kundenbindung
	Verbesserung des Skalenwertes auf „4 bis 5"
Kosten:	rd. 25.000 €
Dauer:	sechs Monate
Verantwortlich:	Referent 2
Beginn:	sofort

Folie 12

Der hier dargestellte Lösungsvorschlag ist eine der „möglichen Lösungsvarianten". Wichtig ist dabei, dass Sie bei der Vorbereitung „Ihrer Lösung" folgende Aspekte berücksichtigen:

- Klar erkennbar und sachlogisch zutreffend *gliedern* (vgl. Management-Regelkreis);

- die Präsentationsmittel (hier: Overhead-Folien) *inhaltlich nicht überfrachten*: der Lösungsvorschlag enthält zwölf Schaubilder; für eine 10-Minuten-Präsentation sollte diese Anzahl nicht überschritten werden (kein „Folien-Film");

- Empfehlung: Erstellen Sie sich parallel zu den Overhead-Folien *Kartei-Karten*, die die wichtigsten Ergänzungen zu den einzelnen Schaubildern enthalten und an denen Sie sich inhaltlich in Ihrer Vortragsweise orientieren können; achten Sie dabei trotzdem auf eine weitgehend freie und lebendige Vortragsweise;

- Halten Sie die *Zeitvorgabe* von insgesamt 10 Minuten ein.

- Falls Sie während der Präsentation von den Prüfern durch Fragen unterbrochen werden: Bitte abwägen, ob Sie die Frage sofort beantworten oder im Anschluss an Ihre Präsentation darauf eingehen. In der Regel ist es nicht üblich, die Präsentation zu unterbrechen („Die Präsentation ist eine Einweg-Kommunikation und kein Dialog.")

- Weitere Hinweise zur Präsentationstechnik entnehmen Sie bitte dem Weißteil des Buches unter Ziffer 3.13.2.

• *Hinweise zum Fachgespräch:*

Nachdem Sie sich persönlich vorgestellt und Ihren Lösungsvorschlag präsentiert haben, können Sie wieder vor den Prüfern Platz nehmen und sich auf das Fachgespräch konzentrieren. Im Verlauf dieses Gespräches werden die Prüfer in der Regel zunächst auf Ihre Präsentation eingehen (Hintergrund-/Verständnisfragen, Ergänzungen): Zeigen Sie bei Ihren Antworten, dass Sie das Thema sachlich beherrschen und argumentieren Sie treffsicher. Stellen Sie sich darauf ein, dass sich die Prüfer auch „relativ weit" von Ihrem Thema entfernen und z. B. auf aktuelle Sachverhalte Ihres Betriebes oder aktuelle Ereignisse aus der Tagespresse eingehen können. Also: Bereiten Sie sich auch dadurch auf das Fachgespräch vor, indem Sie vor der Prüfung aufmerksam den Wirtschaftsteil Ihrer Tageszeitung lesen und den theoretischen Hintergrund Ihres Themas sorgfältig aufbereiten: Nochmals die entsprechenden Passagen dieses Buches bzw. Ihre Unterrichtsmitschriften lesen und ggf. Sekundärliteratur zu Rate ziehen.

Nach Abschluss der Präsentation und des Fachgesprächs (maximal 30 Minuten) wird der Prüfungsausschuss beraten und Ihnen anschließend die Note dieses Prüfungsteiles bekannt geben.

Literaturverzeichnis

Basisliteratur

Krause/Krause: Die Prüfung der Industriemeister – Basisqualifikationen, 10. Aufl., Herne 2014

Krause/Krause: Die Prüfung der Fachwirte – Wirtschaftsbezogene Qualifikationen, 5. Aufl., Herne 2014

Metro Group, (Hrsg): Metro-Handelslexikon 2014/2015, Düsseldorf 2014

Olfert/Rahn: Einführung in die Betriebswirtschaftslehre, 11. Aufl., Herne 2013

Olfert/Rahn/Zschenderlein: Lexikon der Betriebswirtschaftslehre, 8. Aufl., Herne 2013

Staehle, W. H.: Management – Eine verhaltenswissenschaftliche Perspektive, 9. Aufl., München 2014

Wöhe, G.: Einführung in die allgemeine Betriebswirtschaftslehre, 25. Aufl., München 2013

Internet:
www.handelswissen.de (Abrufdatum 25.05.2015)
www.metrogroup.de/handelslexikon (Abrufdatum 25.05.2015)

01. Unternehmensführung und -steuerung

Bamberger/Wrona: Strategische Unternehmensführung – Strategien, Systeme, Methoden, Prozesse, 2. Aufl., München 2012

Däumler/Grabe: Kostenrechnung 1 – Grundlagen, 11. Aufl., Herne 2013

Däumler/Grabe: Kostenrechnung 2 – Deckungsbeitragsrechnung, 10. Aufl., Herne 2013

Däumler/Grabe: Kostenrechnung 3 – Plankostenrechnung und Kostenmanagement, 8. Aufl., Herne 2009

Däumler/Grabe: Grundlagen der Investitions- und Wirtschaftlichkeitsrechnung, 13. Aufl., Herne 2014

Däumler/Grabe: Kostenrechnungs- und Controllinglexikon, 3. Aufl., Herne/Berlin 2009

Weil-Kliebisch, U.: Chance Einzelhandel – Arbeitsbuch für Existenzgründer und Jungunternehmer, Berlin 2007

Ehrmann, H.: Unternehmensplanung, 6. Aufl., Herne 2013

Greßler/Göppel: Qualitätsmanagement – Eine Einführung, 9. Aufl., Köln 2014

Kamiske/Brauer: ABC des Qualitätsmanagement, 4. Aufl., München 2012

Krause/Krause: Unternehmensführung – 138 Klausurtypische Aufgaben und Lösungen, Herne 2012

Krause/Krause: Finanzierung und Investition – 115 Klausurtypische Aufgaben und Lösungen, 2. Aufl., Herne 2014

Krause/Krause: Kosten- und Leistungsrechnung – 101 Klausurtypische Aufgaben und Lösungen, 2. Aufl., Herne 2013

Olfert, K.: Kostenrechnung, 17. Aufl., Herne 2013

Olfert, K.: Organisation, 16. Aufl., Herne 2012

Olfert/Pischulti: Kompakt-Training Unternehmensführung, 6. Aufl., Herne 2013

Olfert/Rahn: Kompakt-Training Organisation, 6. Aufl., Herne 2012

Olfert, K.: Kompakt-Training Finanzierung, 8. Aufl., Herne 2014

Rahn, H. J.: Unternehmensführung, 8. Aufl., Herne 2012

Schmolke/Deitermann: Industriebuchführung mit Kosten- und Leistungsrechnung IKR, 37. Aufl. Darmstadt 2010

Ziegenbein, K.: Controlling, 10. Aufl., Herne 2012

Internet:

www.existenzgruender.de (Abrufdatum 25.05.2015)

www.ifex.de (Abrufdatum 25.05.2015)

www.ihk.de (Abrufdatum 25.05.2015)

www.ihk.de/Rating (Abrufdatum 25.05.2015)

www.kfw.de (Abrufdatum 25.05.2015)

www.nexxt.org (Abrufdatum 25.05.2015)

www.next-business-generation.net (Abrufdatum 25.05.2015)

www.newcome.de (Abrufdatum 25.05.2015)

www.nwb.de/service (Abrufdatum 25.05.2015)

www.spannuth-ihk.de/scripts/winrating.dll (Abrufdatum 25.05.2015)

www.wis.ihk.de (Abrufdatum 25.05.2015)

www.zdh.de (Abrufdatum 25.05.2015)

02. Handelsmarketing

Haller, S.: Handelsmarketing, 3. Aufl., Herne 2009

Hau, W.: Grundlagen der Rechtslehre, 8. Aufl., Herne 2010

Kotler/Keller/Bliemel: Marketing-Management – Strategien für wertschaffendes Handeln, 12. Aufl., Hallbergmoos 2007

Krause/Krause: Absatzwirtschaft – Marketing und Vertrieb – 104 Klausurtypische Aufgaben und Lösungen, Herne 2011

Lerchenmüller, M.: Handelsbetriebslehre, 5. Aufl., Herne 2014

Meffert/Burmann/Kirchgeorg: Marketing, 11. Aufl., Heidelberg 2012

Vry, W.: Die Prüfung der Fachkaufleute für Marketing, 6. Aufl., Herne 2012

Weis, H. Ch.: Marketing, 16. Aufl., Herne 2012

Weis, H. Ch.: Kompakt-Training Marketing, 7. Aufl., Herne 2013

Internet:

www.kom.tu-darmstadt.de/Handel_im_Wandel_Metro.pdf (Abrufdatum 25.05.2015)

www.viking.de (Abrufdatum 25.05.2015)

03. Führung und Personalmanagement

Arbeitsgesetze: Beck-Texte, 85. Aufl., München 2014

Becker, F. G.: Lexikon des Personalmanagements, 2. Aufl., München 2002

Crisand/Crisand: Psychologie der Gesprächsführung, 9. Aufl., Hamburg 2010

Crisand/Rahn: Psychologie der Persönlichkeit – Eine Einführung, 9. Aufl., Hamburg 2010

DIHK, (Hrsg.): Arbeitsrecht von A bis Z – Ratgeber für Mittelstand und Existenzgründer, von Rechtsanwalt Martin Bonelli, 6. Aufl., Berlin 2010

Fisher/Ury/Patton: Das Harvardkonzept. Sachgerecht verhandeln – erfolgreich verhandeln, 19. Aufl., Frankfurt/New York 2000

Krause/Krause: Die Prüfung der Personalfachkaufleute, 10. Aufl., Herne 2014

Krause/Krause: Führung und Zusammenarbeit – Kommunikation und Kooperation – 176 Klausurtypische Aufgaben und Lösungen, Herne 2012

Krause/Krause: Personalwirtschaft – Klausurtypische Aufgaben und Lösungen, Herne 2011

Olfert, K.: Bücherpaket Personalwirtschaft, 4. Aufl., Herne 2012

Olfert, K.: Kompakt-Training Personalwirtschaft, 9. Aufl., Herne 2014

Olfert, K.: Kompakt-Training Projektmanagement, 9. Aufl., Herne 2014

Rahn, H. J.: Erfolgreiche Teamführung, 6. Aufl., Hamburg. 2010

Rahn, H. J.: Prozessorientiertes Personalwesen, Hamburg 2012

Schulz von Thun, F.: Miteinander reden, 4 Bände, Reinbek 2014

Seifert, J. W.: Moderation und Konfliktklärung, 2. Aufl., Offenbach 2009

Seifert, J. W.: Visualisieren. Präsentieren. Moderieren, 35. Aufl., Offenbach 2011

Seiwert/Gay: Das neue 1x1 der Persönlichkeit, München 2012

Staehle, W. H.: Management – Eine verhaltenswissenschaftliche Perspektive, 9. Aufl. München 2014

Stroebe, R. W.: Kommunikation I – Grundlagen, Gerüchte, schriftliche Kommunikation, 5. Aufl., Heidelberg 2001

Stroebe, R. W.: Kommunikation II – Verhalten und Techniken in Besprechungen, 8. Aufl., Heidelberg 2002

Stroebe/Stroebe: Gezielte Verhaltensänderung – Anerkennung und Kritik, 4. Aufl., Heidelberg 2000

Stroebe/Stroebe: Motivation, 9. Aufl., Heidelberg 2004

Weisbach/Sonne-Neubacher: Professionelle Gesprächsführung, 8. Aufl., München 2013

Internet:

www.aba-online.de (Abrufdatum 25.05.2015)

www.boeckler.de (Abrufdatum 25.05.2015)

www.kienbaum.de/Anforderungen (Abrufdatum 25.05.2015)

www.mam.de (Abrufdatum 25.05.2015)

www.rhetorik.ch/Harvardkonzept (Abrufdatum 25.05.2015)

04. Volkswirtschaft für die Handelspraxis

Brombierstäudl, U.: Abitur-Wissen: Wirtschaft/Recht/Volkswirtschaft, 2. Aufl., Freising 2011

Guckelsberger/Kronenberger: Grundzüge der Volkswirtschaftslehre – Lehr- und Übungsbuch, 5. Aufl., Herne 2009

Herrmann, M.: Arbeitsbuch Grundzüge der Volkswirtschaftslehre, 4. Aufl., Stuttgart 2012

Institut der deutschen Wirtschaft (Hrsg.): Deutschland in Zahlen 2014, Köln 2014

Mankiw/Taylor: Grundzüge der Volkswirtschaftslehre, 5. Aufl., Stuttgart 2012

Siebert/Lorz: Einführung in die Volkswirtschaftslehre, 15. Aufl., Stuttgart 2007

Vry, W.: Volkswirtschaftslehre, 12. Aufl., Herne 2014

Internet:

www.de.statista.com (Abrufdatum 25.05.2015)

www.destatis.de (Abrufdatum 25.05.2015)

www.oekonomenstimme.org (Abrufdatum 25.05.2015)

05. Beschaffung und Logistik

Ehrmann, H.: Kompakt-Training Logistik, 6. Aufl., Herne 2013

Arnolds/Heege/Röh/Tussing: Materialwirtschaft und Einkauf – Grundlagen – Spezialthemen – Übungen, 12. Aufl., Heidelberg 2013

Krause/Krause: Materialwirtschaft – 117 Klausurtypische Aufgaben und Lösungen, Herne 2012

Oeldorf/Olfert: Material – Logistik, 13. Aufl., Herne 2013

Vry, W.: Die Prüfung der Fachkaufleute für Einkauf und Logistik, 3. Aufl., Herne 2013

Internet:

www.spediteure.de (Abrufdatum 25.05.2015)

06. Handelsmarketing und Vertrieb

Ehrmann, H.: Logistik, 8. Aufl., Herne 2014

Ehrmann, H.: Kompakt-Training Logistik, 6. Aufl., Herne 2013

Fisher/Ury/Patton: Das Harvardkonzept. Sachgerecht verhandeln – erfolgreich verhandeln, 19. Aufl., Frankfurt/New York 2000

Haller, S.: Handelsmarketing, 3. Aufl., Herne 2009

Kotler/Keller/Bliemel: Marketing-Management – Strategien für wertschaffendes Handeln, 12. Aufl., Hallbergmoos 2007

Krause/Krause: Absatzwirtschaft – Marketing und Vertrieb – 104 Klausurtypische Aufgaben und Lösungen, Herne 2011

Lerchenmüller, M.: Handelsbetriebslehre, 5. Aufl., Herne 2014

Meffert/Burmann/Kirchgeorg: Marketing, 11. Aufl., Wiesbaden 2012

Schulz von Thun, F.: Miteinander reden, 4 Bände, Reinbek 2014

Seiwert/Gay: Das neue 1x1 der Persönlichkeit, München 2012

Vry, W.: Die Prüfung der Fachkaufleute für Marketing, 6. Aufl., Herne 2012

Weis, H. Ch.: Marketing, 16. Aufl., Herne 2012

Weis, H. Ch.: Kompakt-Training Marketing, 7. Aufl., Herne 2013

Weis, H. Ch.: Verkaufsmanagement, 7. Aufl., Herne 2010

Internet:

www.mam.de (Abrufdatum 26.05.2015)

www.markenbusiness.com (Abrufdatum 26.05.2015)

www.marken-recht.de (Abrufdatum 26.05.2015)

www.rhetorik.ch/Harvardkonzept (Abrufdatum 26.05.2015)

www.superdata.de (Abrufdatum 26.05.2015)

www.tuhh.de (Abrufdatum 26.05.2015)

www.tulex.de (Abrufdatum 26.05.2015)

07. Handelslogistik

Ehrmann, H.: Kompakt-Training Logistik, 6. Aufl., Herne 2013

Ehrmann, H.: Logistik, 8. Aufl., Herne 2014

Haller, S.: Handelsmarketing, 3. Aufl., Herne 2009

Krause/Krause: Absatzwirtschaft – Marketing und Vertrieb – 104 Klausurtypische Aufgaben und Lösungen, Herne 2011

Vereinigung der Metall-Berufsgenossenschaften, (Hrsg.): Prävention 2013/2014, Arbeitssicherheit und Gesundheitsschutz, DVD, Düsseldorf 2013

Vry, W.: Die Prüfung der Fachkaufleute für Einkauf und Logistik, 3. Aufl., Herne 2013

08. Außenhandel

Coface Holding AG (Hrsg.) in Zusammenarbeit mit FAZ-Institut: Handbuch Länderrisiken 2008 – Auslandsmärkte auf einen Blick, Frankfurt am Main 2008

Floren, F. J.: Wirtschaftspolitik im Zeichen der Globalisierung, Paderborn 2008

Jahrmann, F.-U.: Außenhandel, 13. Aufl., Herne 2010

Jahrmann, F.-U.: Kompakt-Training Außenhandel, 4. Aufl., Herne 2013

Kuttner, K.: Exportfinanzierung – Nachschlagewerk für die Praxis, 3. Aufl., Heidelberg 1992

Pepels, W.: Außenhandel, 4. Aufl., Berlin 2000

Schlick, H.: Außenhandel, Internationale Handelsgeschäfte, 4. Aufl., Köln 2011

Internet:

www.auma-messen.de (Abrufdatum 26.05.2015)

www.bafa.de (Abrufdatum 26.05.2015)

www.ble.de (Abrufdatum 26.05.2015)

www.gima.de (Abrufdatum 26.05.2015)
www.ixpos.de (Abrufdatum 26.05.2015)
www.juris.de (Abrufdatum 26.05.2015)
www.speedtrans.com (Abrufdatum 26.05.2015)

09. Mitarbeiterführung und Qualifizierung

Becker, M.: Personalentwicklung – Bildung, Förderung und Organisationsentwicklung in Theorie und Praxis, 6. Aufl., Stuttgart 2013

Krause/Krause: Die Prüfung der Personalfachkaufleute, 10. Aufl., Herne 2014

Krause/Krause: Führung und Zusammenarbeit – Kommunikation und Kooperation – 176 Klausurtypische Aufgaben und Lösungen, Herne 2012

Mentzel, W.: Personalentwicklung – Wie Sie Ihre Mitarbeiter erfolgreich fördern und weiterbilden, 4. Aufl., München 2012

Seiwert, J. L.: 30 Minuten des Zeitmanagement, 19. Aufl., Offenbach 2012

Stroebe, R. W.: Arbeitsmethodik, 9. Aufl., Hamburg 2010

Stroebe, R. W.: Besprechungen zielorientiert führen, 9. Aufl., Hamburg 2011

Internet:
www.arbeitsagentur.de (Abrufdatum 26.05.2015)
www.fachwirte.de (Abrufdatum 26.05.2015)
www.ihk.de (Abrufdatum 26.05.2015)
www.ihk-e-learning.de (Abrufdatum 26.05.2015)
www.ihk.de/Online-Akademie (Abrufdatum 26.05.2015)
www.netzwerk-lernen.de (Abrufdatum 26.05.2015)
www.uni-protokolle.de (Abrufdatum 26.05.2015)
www.wis.de (Abrufdatum 26.05.2015)

Stichwortverzeichnis

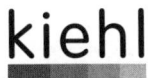

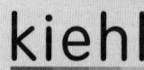